GRAMMATIK DER GRIECHISCHEN PAPYRI AUS DER PTOLEMÄERZEIT

MIT EINSCHLUSS DER GLEICHZEITIGEN OSTRAKA UND DER IN ÄGYPTEN VERFASSTEN INSCHRIFTEN

BAND I

LAUT- UND WORTLEHRE

VON

DR. EDWIN MAYSER

PROFESSOR AM KARLSGYMNASIUM IN STUTTGART

NEUE AUSGABE

BERLIN UND LEIPZIG 1923

WALTER DE GRUYTER & CO.

VORMALS G. J. GÖSCHEN'SCHE VERLAGSHANDLUNG / J. GUTTENTAG, VERLAGSBUCHHANDLUNG / GEORG REIMER / KARL J. TRÜBNER / VEIT & COMP.

WILHELM SCHMID

IN FREUNDSCHAFT GEWIDMET

INHALT.

EINLEITUNG.

ERSTER HAUPTTEIL: LAUTLEHRE.

ZWEITER HAUPTTEIL: WORTLEHRE.

VERZEICHNIS DER HAUPTSÄCHLICH BENÜTZTEN LITERATUR UND DER DAFÜR GEBRAUCHTEN ABKÜRZUNGEN.

I. Papyrustexte, Inschriften, Ostraka.

Die Siglen stimmen überein mit den von U. Wilcken im Archiv für Papyrusforschung I 25 ff., 122 f., 544 f.; II 117, 385; III 113, 300 eingeführten Abkürzungen. Das P. (Papyrus) ist der Kürze wegen in den meisten Fällen weggelassen, da Mißverständnisse ausgeschlossen sind.

P. Alex. = Botti, Papyrus ptolémaïques du Musée d'Alexandrie im „Bulletin de la Société archéologique d'Alexandrie" Nr. 2. Alexandrie 1899. S. 65 ff. Vgl. Arch. f. Pap. I 172 ff. (U. Wilcken).

P. Amh. I = The Amherst Papyri, beeing an account of the greek papyri in the collection of the right hon. Lord Amherst of Hackney by B. P. Grenfell and Arthur S. Hunt. Part I. The Ascension of Isaiah and other theological Fragments. London 1900.

P. Amh. II = The Amherst Papyri ... by B. P. Grenfell and A. S. Hunt. Part II. Classical fragments and documents of the ptolemaic roman and byzantine Periods. London 1901.

P. Anton. = Schreiben des Triumvir M. Antonius an das asiatische κοινόν. Hermes 32, 509 ff.; 33, 422. Philol. LVII (= N. F. XI) 422 ff.

P. Artem. = Klage der Artemisia. F. Blaß, Ein griech. Papyrus in Wien, Philol. XLI 746 ff. C. Wessely, Die griechischen Papyri der kaiserlichen Sammlungen Wiens 1885.

P. Ashmol. = Mahaffy, On new papyrus-fragments from the Ashmolean-Museum at Oxford, in „The transactions of the Royal Irish Academy" XXXI 6 (1898) S. 197 ff.

BGU oder **BU** = Ägyptische Urkunden aus den königlichen Museen zu Berlin, herausgegeben von der Generalverwaltung. Griechische Urkunden. Berlin I 1895. II 1898. III 1903.

P. Buttmann = H. Buttmann, Erklärung der griechischen Beischrift auf einem ägyptischen Papyrus aus der Minutolischen Sammlung, in „Abhandl. der Berl. Akademie" 1824, S. 89 ff.

P. Chrysipp. = Theodori Bergkii, Commentatio de Chrysippi libris περὶ ἀποφατικῶν. Cassel 1841. Neuausgabe von Arnim, Stoicorum veterum fragmenta II 52 ff.

P. Cop. = Chr. Blinkenberg, Un contrat de vente de l'époque ptolémaique, Acad. roy. de Danemark. Bulletin 1901. S. 119 ff.

P. Dresd. = C. Wessely, Die griechischen Papyri Sachsens in den Berichten über die Verhandlungen der Königl. Sächsischen Gesellschaft der Wissenschaften, phil.-histor. Klasse 1885, S. 276 ff.

P. Eud. = Eudoxi ars astronomica, qualis in charta aegyptiaca superest, denuo edita a Friderico Blaß. Kiliae 1887.

P. Fay. = Fayûm towns and their papyri by Bernard P. Grenfell, Arth. S. Hunt and David G. Hogarth. London 1900.

P. Goodsp. = The decennial publications of the university of Chicago. First series vol. V. 1904. S. 1—78 Greek Papyri from the Cairo Museum, together with Papyri of Roman Egypt from American collections, by Edgar Johnson Goodspeed.

P. Gen. = Les papyrus de Genève transcrits et publiés par Jules Nicole. I. volume Papyrus grecs actes et lettres. I. fascicule Genève 1896 (Nr. 1—18); II. fascicule 1900 (Nr. 19—81). Die Nummern 20 und 21 ptolemäisch, alle anderen aus römischer Zeit.

P. Grenf. I = B. P. Grenfell, An alexandrian erotic fragment and other greek papyri chiefly ptolemaic. Oxford 1896.

P. Grenf. II = B. P. Grenfell and Arthur S. Hunt, New classical fragments and other greek and latin papyri. Oxford 1897.

Kenyon Class. = Classical Texts from papyri in the British Museum edited by F. G. Kenyon. Lond. 1891.

P. Leid. = Papyri graeci musei antiquarii publici Lugduni-Batavi ed. C. Leemans. Tom. I 1843. [Tom. II 1885 enthält nur Stücke aus nachchristlicher Zeit.] Vgl. auch Mélanges Nicole S. 579 ff.: der Traum des Königs Nektonabos = Leid. U, neu herausg. v. U. Wilcken.

P. Lond. I und **II** = F. G. Kenyon, Greek papyri in the British Museum. 1. Catalogue with texts. 2. Facsimiles. I Lond. 1893. II 1898.

P. Magd. = Papyrus de Magdôla publié par Pierre Jouguet et Gustave Lefébure. Bulletin de Corr. hell. XXVI 1902 S. 95—128 (Nr. 1—22); 1903 S. 174—205 (Nr. 23—41). Vgl. auch Mélanges Nicole S. 281 ff. unter II.

P. Mil. = Ant. Ceriani, Un Papiro greco del 162 a. C. in „Reale Istituto Lombardo dei Scienze e lettere, Rendiconti" Ser. II vol. IX. Milano 1876. S. 582 ff.

Mitt. PR = Mitteilungen aus der Sammlung der Papyrus Erzherzog Rainer I—VI. Wien 1887 ff. (röm. Zeit).

P. Oxy. I—IV = B. P. Grenfell and A. S. Hunt, The Oxyrhynchos-Papyri I 1898. II 1899. III 1903. IV 1904 (klassische Stücke, röm. u. byzant. Urkunden).

P. Par. = Notices et extraits des manuscrits de la bibliothèque impériale XVIII (2). Paris 1865. (Brunet de Presle.)

P. Petr. I, II und **App.** = John P. Mahaffy, The Flinders Petrie Papyri with transcriptions, commentaries etc. (Royal Irish Academy „Cunningham Memoirs“ Nr. VIII and IX). Part. I Dublin 1891. Part. II Dublin 1893. Appendix 1891.

P. Petr.² = On the Flinders Petrie Papyri with Transcriptions, Commentaries, and Index. By the Rev. John P. Mahaffy and Prof. J. Gilbart Smyly. Dublin, June 1905.*)

P. Reinach = Papyrus grecs et démotiques recueillis en Égypte et publiés par Théodore Reinach avec le concours de M. M. W. Spiegelberg et S. de Ricci. Paris 1905.*)

Rev. L. = B. P. Grenfell, Revenue Laws of Ptolemy Philadelphus, with an introduction by J. B. Mahaffy. Oxford 1896.

Rev. Mél. = E. Revillout, Mélanges sur la métrologie, l'économie politique et l'histoire de l'ancienne Égypte, Paris 1895.

P. Sakkakini = Papyrus gréco-égyptien inédit appartenant à la bibliothèque de l'université d'Athènes, texte et commentaire par M. Egger. Journal des Savants 1873 p. 30 ff. et p. 97 ff.

P. Tebt. 1 = The Tebtunis Papyri, part. I, edited by B. P. Grenfell, Arthur S. Hunt and J. Gilbart Smyly. With nine plates. London 1902.

Theb. Bank (Th. Bk.) = U. Wilcken, Aktenstücke aus der kgl. Bank zu Theben in den Museen zu Berlin, London, Paris in „Abhandlungen der Berliner Akademie“ 1886.

P. Tor. = Amadeo Peyron, Papyri graeci Regii Taurinensis Musei Aegyptii ed. atque illustrati. Pars I Taurini 1826. II 1827.

P. Vat. = Papyri greci del museo Britannico di Londra e della biblioteca Vaticana tradotti ed illustrati da Bernardino Peyron (Memoria della Reale Accademia delle scienze di Torino. Serie II. Tomo III). Torino 1841. [Vat. A—D.] Zwei weitere vatikanische Papyri [E und F] sind herausgegeben von Angelo Mai, Classicorum auctorum e Vaticanis codicibus editorum tom. IV et V. Romae 1831—33.

P. Weil = Henri Weil, Un papyrus inédit de la bibliothèque de M. Ambroise Firmin-Didot, in „Monuments grecs publiés par l'association pour l'encouragement des études grecques en France“ Nr. 8. 1879, S. 35.

Witk. Prodr. = Stanislaus Witkowski, Prodromus grammaticae pap. graec. aetatis Lagidarum. Krakau 1897. [Textrevisionen zu P. Tor., Vat., Leid. I, Par., Lond., Petr. I. II.]

---

*) Die Neuausgabe von Petr. I, II (mit zahlreichen Textverbesserungen und vielen neuen Stücken) wurde mir durch die große Güte der Herren Herausgeber John P. Mahaffy und J. Gilbart Smyly noch vor dem Erscheinen des Werkes in Aushängebogen zur Benützung überlassen. Ebenso hat mir Herr Geheimrat Professor Dr. O. Crusius, der mein Unternehmen von Anfang an förderte, die kurz vor dem Abschluß meiner Arbeit erschienenen Papp. Reinach aufs freundlichste zur Verfügung gestellt.

P. Zois = Amadeo Peyron, Papiri Greco-Egizi di Zoide dell' Imp. R. mus. di Vienna. 1828. Neu ediert von Wessely, Die griechischen Papyri der kaiserlichen Sammlungen Wiens 1885.

CIG = Corpus inscriptionum graec. Die ägyptischen Inschriften enthält Bd. III (1853), 281—458 (bzw. 516).

Dittenb. inscr. gr. or. I und II = Orientis graeci inscriptiones selectae edid. Wilhelm Dittenberger, Volumen prius. Lipsiae 1903. Volumen alterum, Lipsiae 1905.

Dittenb. Syll.² = Sylloge inscriptionum graecarum, iterum edid. Guilelmus Dittenberger. Vol. I—III. 1898—1901.

M. Letronne, Recherches pour servir à l'histoire de l'Egypte. Paris 1823. — Recueil des inscriptions de l'Egypte 1842—48.

O. Puchstein, Epigrammata graeca in Aegypto reperta. Straßburg 1880.

Max L. Strack, Sammlung griechischer Ptolemäerinschriften. Anhang zu „Die Dynastie der Ptolemäer" S. 215—275. Berlin 1897. — Neuere Publikationen ptolemäischer Inschriften gibt Strack im Arch. f. Pap. I 200—210; II 537—561; III 126 ff.

Wilck. Ostr. = U. Wilcken, Griechische Ostraka aus Ägypten und Nubien. Leipzig u. Berlin I u. II. 1899.

II. Abhandlungen und Zeitschriften.

Archiv = Archiv für Papyrusforschung und verwandte Gebiete, herausg. v. U. Wilcken. Leipzig bei Teubner. 1901 ff.

Anz, Subsidia = Henricus Anz, Subsidia ad cognoscendum Graecorum sermonem vulgarem e Pentateuchi versione Alexandrina repetita. Diss. phil. Halens. Vol. XII (1894) S. 259—387.

Bechtel, Einstämm. männl. Personennamen = F. Bechtel, Die einstämmigen männlichen Personennamen des Griechischen, die aus Spitznamen hervorgegangen sind. Berlin 1898. (Abhandl. der kgl. Gesellschaft der Wissensch. zu Göttingen. Phil.-hist. Klasse. Neue Folge. Band 2 (1897—99) Nr. 5.

Blaß A.³ = Friedrich Blaß, Über die Aussprache des Griechischen. 3. Aufl. Berlin 1888.

Blaß N. T. = Friedr. Blaß, Grammatik des neutestamentlichen Griechisch. Göttingen 1896.

Brugmann = Karl Brugmann, Griechische Grammatik. Dritte Auflage. München 1900. (Iwan Müllers Handbuch der klassischen Altertumswissenschaft II, 1).

Bull. corr. hell. = Bulletin de correspondance hellénique. Δελτίον ἑλληνικῆς ἀλληλογραφίας. Ἀθήνησι· Paris.

Class. rev. = The classical review. London, David Nuit.

Crönert qu. herc. = Guilelmus Crönert, Quaestiones Herculanenses. Götting. Diss. Lipsiae 1898.

Crönert = Memoria graeca Herculanensis cum titulorum Aegypti papyrorum codicum denique testimoniis comparatam proposuit Guilelmus Crönert. Lipsiae 1903.

Deißmann Bibelst. = G. Adolf Deißmann, Bibelstudien. Marburg 1895. — Neue Bibelstudien 1897.

Dieterich Unt. = Karl Dieterich, Untersuchungen zur Geschichte der griechischen Sprache von der hellenistischen Zeit bis zum 10. Jahrhundert n. Chr. Leipzig 1898. (Byzantin. Archiv Heft I.)

Eckinger = Theodor Eckinger, Die Orthographie lateinischer Wörter in griechischen Inschriften. Züricher Dissertation. München 1892.

Fick-Bechtel = Die griechischen Personennamen nach ihrer Bildung erklärt und systematisch geordnet von August Fick. Zweite Auflage bearbeitet von Fritz Bechtel und Aug. Fick. 1894.

GGA = Göttingische gelehrte Anzeigen unter Aufsicht der kgl. Gesellschaft der Wissenschaften.

Glaser de rat. = Otto Glaser, De ratione, quae intercedit inter sermonem Polybii et eum, qui in titulis saec. III, II, I, apparet. Diss. Gissen. 1894.

Hatzidakis Einl. = G. N. Hatzidakis, Einleitung in die neugriechische Grammatik. Leipzig 1892. (Bibliothek indogermanischer Grammatiken. Band V.)

Hecht I, II = Max Hecht, Orthographisch-dialektische Forschungen auf Grund attischer Inschriften. I Königsberg 1885. II Gumbinnen 1892.

Herwerden lex. suppl. = Henricus van Herwerden, Lexicon graecum suppletorium et dialecticum. Lugduni-Bat. 1902. Appendix 1904. Von demselben Nova addenda ad lexicon graecum suppletorium et dialecticum euisque appendicem in den Mélanges Nicole S. 241 ff.

Kälker = Friedrich Kälker, de elocutione Polybiana. Leipz. Stud. 1880, 217—320.

K.-Bl. I, II = Ausführliche Grammatik der griechischen Sprache von Raphael Kühner, in neuer Bearbeitung von Friedrich Blaß. I. Bd. 1890. II 1892.

Kretschmer Einl. = Paul Kretschmer, Einleitung in die Geschichte der griechischen Sprache. Göttingen 1896.

Kretschmer Entst. = P. Kretschmer, Die Entstehung der Koine. Sitzungsberichte der Wiener Akademie. Phil.-hist. Klasse. Bd. 143 X. 1900.

Kretschmer Vas. = P. Kretschmer, Die griechischen Vaseninschriften ihrer Sprache nach untersucht. Gütersloh 1894.

Kumanudes = Συναγωγὴ λέξεων ἀθησαυρίστων ἐν τοῖς Ἑλληνικοῖς λεξικοῖς. Ἐν Ἀθήναις. 1883.

Lautensach 1887 = Lautensach, Verbalflexion der attischen Inschriften. Progr. des herz. Gymn. Ernestinum zu Gotha.

Lautensach 1896 = Grammatische Studien zu den griechischen Tragikern und Komikern. Personalendungen. Programm Gotha.

Lautensach 1899 = Grammat. Studien zu den griech. Tragikern und Komikern. Augment und Reduplikation. Hannover.

Meister Gr. Dial. = Richard Meister, Die griechischen Dialekte auf Grund von Ahrens' Werk „De graecae linguae dialectis" dargestellt. 2 Bände. Göttingen 1882. 1889.

Meisterhans-Schwyzer (Mhs.-Schwyz.) = K. Meisterhans, Grammatik der attischen Inschriften. Dritte vermehrte und verbesserte Auflage von Eduard Schwyzer. Berlin 1900.

Mélanges Nicole = Recueil de mémoires de philologie classique et d' archéologie offerts à Jules Nicole professeur à l'université de Genève, à l'occasion du XXXe anniversaire de son professorat. Genève 1905.

G. Meyer^{3} = Gustav Meyer, Griechische Grammatik. Dritte vermehrte Auflage. Leipzig 1896. (Bibliothek indogermanischer Grammatiken, Band III.)

Nachmanson = Ernst Nachmanson, Laute und Formen der magnetischen Inschriften. Upsala 1903.

Phryn. Lob. (Lob. Phryn.) = Phrynichi Eclogae nominum et verborum atticorum . . . ed. expl. Chr. Aug. Lobeck. Lipsiae 1820.

Reinhold = Henricus Reinhold, De graecitate patrum apostolicorum librorumque apocryphorum novi testamenti quaestiones grammaticae. Diss. phil. Halens. vol. XIV. 1901.

Schmid Att. = Wilhelm Schmid, Der Attizismus in seinen Hauptvertretern von Dionysius von Halikarnaß bis auf den 2. Philostratus dargestellt. Stuttgart. I. Bd. 1887. II 1889. III 1893. IV 1896. Registerband 1897.

Schmidt Ios. eloc. = Guilelmus Schmidt, De Flavii Iosephi elocutione observationes criticae. Lipsiae 1893. Fleckeisens Jahrbücher. Suppl.-Band 20, S. 341—550.

Schulze Orthogr. = Guilelmus Schulze, Orthographica. Marburg 1894.

Schulze qu. ep. = Guilelmus Schulze, Quaestiones epicae. Gütersloh 1892.

Schweizer Perg. = Eduard Schweizer, Grammatik der pergamenischen Inschriften. Beiträge zur Laut- und Flexionslehre der gemeingriechischen Sprache. Berlin 1898.

Schwyzer Vulg. = Eduard Schwyzer, Die Vulgärsprache der attischen Fluchtafeln. Neue Jahrb. f. d. kl. Altert. Bd. V (1900) S. 244—262.

Solmsen Unt. = Felix Solmsen, Untersuchungen zur griechischen Laut- und Verslehre. Straßburg 1901.

Stern, Ludw., Koptische Grammatik. Leipzig 1880.

Sturz = Frid. Guilelmi Sturzii de dialecto Macedonica et Alexandrina liber. Lipsiae 1808.

Thumb Ngr. = Albert Thumb, Handbuch der neugriechischen Volkssprache. Straßburg 1895.

Thumb Hell. = Albert Thumb, Die griechische Sprache im Zeitalter des Hellenismus. Straßburg 1901.

Thumb Spir. asp. = Albert Thumb, Untersuchungen über den Spiritus asper im Griechischen. Straßburg 1888.

Völker Franciscus, Papyrorum graecarum syntaxis specimen. Diss. Bonn 1900. Von demselben Verfasser: Syntax der griechischen Papyri I. Der Artikel. Münster 1903.

Wackernagel, Verm. Beitr. = Jakob Wackernagel, Vermischte Beiträge zur griechischen Sprachkunde. Basel 1897.

Wackernagel, Über Bedeutungsverschiebung in der Verbalkomposition 1902. (Aus den Nachrichten der k. Gesellschaft d. Wiss. zu Göttingen. Phil.-histor. Kl. Heft 5.)

Wagner quaest. = Ricardus Wagner, Quaestiones de epigrammatis Graecis ex lapidibus collectis grammaticae. Diss. Leipzig 1883.

Wendland Arist. = Aristeae ad Philocratem epistula. Ludovici Mendelssohn schedis usus edidit Paulus Wendland. Lipsiae 1900.

Wessely proleg. = C. Wessely, Prolegomena ad papyrorum graecorum novam collectionem edendam. Vindobonae 1883.

Wilcken, Die griechischen Papyrusurkunden. Ein Vortrag. Berlin 1897.

Win.-Schmied. = G. B. Winers Grammatik des neutestamentlichen Sprachidioms. 8. Auflage, neu bearbeitet von Paul Wilhelm Schmiedel. I. Teil. Einleitung und Formenlehre. Göttingen 1894. II. Teil. Syntax. 1. Heft Göttingen 1897; 2. Heft 1898.

ERKLÄRUNG EINIGER ABKÜRZUNGEN UND ZEICHEN.

ALLGEMEINE VORBEMERKUNGEN.

Die nach einer Stellenangabe in runde Klammer gesetzte Zahl bedeutet, je nachdem a oder p dahintersteht, die Jahre vor oder nach Christi Geburt: also (164^{a}) = geschrieben im Jahre 164 vor Christi; (175^{p}) = im Jahre 175 nach Christi. I^{a}, II^{a}, III^{a} oder I^{p}, II^{p}, III^{p} etc. = im ersten, zweiten, dritten Jahrhundert vor bzw. nach Christi. Der Zusatz von i (z. B. I^{ai}, I^{pi}) bezeichnet den Anfang, m (z. B. II^{am}, II^{pm}) die Mitte, f (z. B. III^{af}, III^{pf}) das Ende des betreffenden Jahrhunderts. Eine eckige Klammer [ ] kennzeichnet eine Lücke im Text, die ergänzt wird; eine runde Klammer ( ) schließt die zur Ergänzung abgekürzter Wörter beigefügten Buchstaben ein; zwischen spitzige Winkel ⟨ ⟩ wird ein entweder durch Schreibversehen oder infolge eines lautphysiologischen Vorgangs ausgefallener und zu ergänzender Buchstabe bzw. eine derartige Buchstabengruppe oder Silbe gesetzt. Die Klammern { } schließen überflüssige Buchstaben oder Dittographien ein.

Ein Stern (*) will besagen, daß das nachfolgende Wort und der Zusammenhang, in dem es steht, orthographisch fehlerhaft ist; umgekehrt wird durch ein Kreuz (†) in einzelnen Fällen ausdrücklich hervorgehoben, daß der betr. Papyrus im allgemeinen sorgfältig redigiert ist und die Lesart feststeht. — Über (×) in der Stammbildungslehre vgl. Vorbemerkung vor § 82.

In der Akzentuierung ägyptischer Eigennamen herrscht noch immer keine Einhelligkeit. Maßgebend sollen im folgenden die Regeln sein, die U. Wilcken in den „Aktenstücken der königl. Bank zu Theben“ p. 35 und GGA 1894 p. 718 hierüber aufgestellt und selbst, namentlich in seinen „Griechischen Ostraka“, eingehalten hat.

Eine Grammatik der ägyptischen κοινή hat es eigentlich ausschließlich mit den Urkunden zu tun. Literarische Stücke werden nur herangezogen, soweit dieselben für die gleichzeitige Orthographie und Lautgeschichte von Bedeutung sind. Dagegen sind Schreibungen, die auf orthographischen Theorien beruhen, z. B. die Konsonantenverdoppelung in Homertexten zur Bezeichnung der Positionslänge in Fällen wie ἔδδειϲε, ἐνὶμ μεγάροιϲι und ähnliches derart, nicht erwähnt.

Die Stellenzitate der Papyri, Inschriften und Ostraka beziehen sich auf die Nummern der betreffenden Publikationen; nach Seiten (p.) werden zitiert die Lond. I und II, gelegentlich auch zum Zweck rascher Orientierung Petr.^{2}

BERICHTIGUNGEN.

S. 94 Note 1 Z. 5 v. oben lies θαλπωρή statt θαλπώρη.
„ 109 Z. 4 v. oben lies Theb. statt Teb.
„ 123 „ 3 v. unten lies κατητιῶ statt κατητίω.
„ 175 „ 1 v. unten ist als Belegstelle für δραπέδην einzusetzen Par. 45, 6 (153^{a}).
„ 187 „ 10 v. unten (Text) ist προδιεϲταμένου festzuhalten, was durch P. Rein. 18, 3 (διαϲταθέντοϲ) gestützt wird.
„ 218 „ 8 v. oben lies προϲενκολάπτεϲθαι statt προϲκολάπτεϲθαι.
„ 226 „ 3 v. oben ist ἐκδηήϲ als Beleg zu streichen, da Wilcken Add. et Corr. XV ἐνδη[ήϲ] hergestellt hat.
„ 272 „ 17 v. unten lies: in den ptolemäischen Papp. Vgl. Wortregister unter ὄρνιξ.
„ 294 Anm. 4 Z. 2 lies ἀξιοχρέουϲ statt ἀξιοχρέου.
„ 326 Z. 12 v. oben lies εἴη statt ἴη.
„ 389 „ 6 v. unten ist nach δια-, noch ἐγ-, einzusetzen.
„ 458 „ 8 v. oben ist εὐεργετηκῶϲ zu streichen, da an der betr. Stelle εὐεργετηκώϲ betont werden muß, wie auch Arch. III 129 zu berichtigen ist.

EINLEITUNG.

I. ALLGEMEINER CHARAKTER DER ÄGYPTISCHEN KOINH NACH LAUT-, FORMENLEHRE UND WORTSCHATZ.

§ 1. Ursprung der ägyptischen KOINH.

1. Als Grundlage der gesamten griechischen κοινή wird nachgerade mit annähernder Übereinstimmung das Attische angesehen. Eine sprachliche Untersuchung der ptolemäischen Papyri hat auch für das ägyptische Griechisch der drei letzten vorchristlichen Jahrhunderte im allgemeinen dasselbe Resultat ergeben, zu dem A. Thumb in seinem Werke „über die griechische Sprache im Zeitalter des Hellenismus" (Straßburg 1901) gelangt ist: die ägyptische κοινή ist weder ein ionisches Bauernidiom[1]), noch ein buntscheckiges Gemisch verschiedener Mundarten[2]), noch ein verflachtes, verunreinigtes Attisch[3]), sondern eine folgerichtig entwickelte, erweiterten Verhältnissen und zum Teil lokalen Bedürfnissen angepaßte, man möchte sagen modernisierte Ἀτθίς.[4]) Wenn aber Thumb a. a. O. (p. 207ff.) mit besonderem

1) U. v. Wilamowitz, Verhandlungen der 32. Philologen-Versammlung in Wiesbaden (1877) p. 40. W. Schulze, Berl. phil. Wchschr. 1893, 227.

2) So zuerst Sturz de dial. alex. 50ff. St. Witkowski Prodromus (1897) p. 3: Multa eiusmodi exempla in papyris inveniuntur, quae nobis ad oculos ponunt, quomodo in Aegypto variae dialecti inter se misceantur et paulatim nova „communis" lingua oriatur. Am weitesten geht P. Kretschmer „die Entstehung der Koine" Wien 1900 [Sitzungsberichte der Wiener Akademie philosoph.-histor. Kl. Bd. 143 X]. E. Schweizer (Schwyzer), Grammatik der pergamenischen Inschriften (1898) p. 28ff., nimmt einen weitreichenden Einfluß der alten „in hellenistischer Zeit und noch später fortlebenden" (p. 25) Dialekte auf die κοινή an. Vgl. auch A. Deißmann, Realencykl. f. protest. Theol. VII³ 1899, 633.

3) Steinthal, Geschichte der Sprachwissenschaft II² 25f. und namentlich p. 67.

4) Am attischen Grundcharakter der κοινή halten fest: Hatzidakis (z. B. Einleit. 186f.), Krumbacher (K. Z. XXVII 484; Sitzungsber. der bayr. Akademie 1886, 435; byzantin. Literatur² p. 789), W. Schmid (Götting. gel. Anz. 1895, 30ff.; Wchschr. f. kl. Phil. 1901, 597 Anm.), A. Thumb (Hellenismus, besonders

Nachdruck auf Übereinstimmung der neuen Sprache mit dem Vulgärattischen hinweist, wie es uns aus Vaseninschriften[1]) und Fluchtafeln[2]) einigermaßen bekannt ist, so erscheint der Beweis für direkte Abhängigkeit der κοινή von der attischen Volkssprache des 4. vorchristlichen Jahrhunderts keineswegs erbracht. Von den (7) Erscheinungen, mit denen Thumb die engere Verwandtschaft der beiden genannten Sprachidiome zu begründen sucht, lassen sich die meisten auch auf anderen Gebieten nachweisen.[3])

1. Die auch auf ptolem. Papp. vorkommende Vokalentfaltung (vgl. § 29), desgleichen

2. die ebendort noch häufigere Silbendissimilation (§ 57) bilden keine vulgärattischen Besonderheiten, sondern allgemein vulgärsprachliche Vorgänge.[4])

3. γίνομαι, γινώσκω statt γίγνομαι, γιγνώσκω finden sich nachweislich auf attischen Inschriften später als anderswo.[5])

4. Der Wechsel von ει > ε in Beispielen wie πλέον, δωρεά etc. ist ein gemeingriechischer, früh belegter Vorgang, der, ohne auf die attische Volkssprache beschränkt zu sein, seit dem 3. vorchristlichen Jahrhundert unter dem Einfluß der monophthongischen (geschlossenen) Aussprache des ει (vgl. § 10 II) immer weitere Ausdehnung annimmt.[6])

Abschnitt VI). Auch Wilamowitz hat später (Zeitschr. für Gymnasialwesen 38 (1884) 106 f.) seine frühere Annahme eines „ionischen Bauernidioms" wesentlich eingeschränkt und die attische Grundlage zugegeben. Desgleichen hat Witkowski in seinem Bericht über die Literatur zur Koine (Jahresberichte über d. Fortschr. d. kl. Altertumswissenschaft 1904 Bd. 32 S. 186 ff.) seine Ansicht modifiziert und bezeichnet nunmehr als Ausgangspunkt der Gemeinsprache in erster Linie den „stark ionisch gefärbten makedonischen Dialekt, den Alexanders Generale und Offiziere, sowie die Kanzlei nach Ägypten gebracht haben", d. h. ein Idiom, von dem wir so gut wie nichts wissen.

1) Kretschmer, die griech. Vaseninschriften ihrer Sprache nach untersucht. Gütersloh 1894.

2) CIA Appendix. Defixionum tabellae Atticae ed. R. Wünsch, Berl. 1897. E. Ziebarth, Neue attische Fluchtafeln. Nachr. d. Gött. Gesellschaft der W. 1899 S. 106—135. Dazu Schwyzer N. Ibb. f. kl. A. 1900, 244 ff.

3) Vgl. zum folgenden Schwyzer N. Ibb. f. kl. A. 1901, 246 ff. Kretschmer D. Lit. Z. 1901 Sp. 1051.

4) Über Vokalentfaltung vgl. Kühner-Blaß I 188 ff. G. Meyer[3] 157 ff.; über Silbendissimilation (Haplologie) Brugmann 134 f. G. Meyer 393. Meisterhans-Schwyzer 92. Schweizer Perg. 131. Dieterich Unt. 124.

5) Bei Mhs.-Schwyz. 178 begegnet das älteste γίνομαι 294[a] auf einer attischen Inschrift, auf ionischen seit dem 5. Jahrhundert, Brugmann 107. Über das Verhältnis in den Papp. § 33, 2.

6) Meisterhans-Schwyzer 40. G. Meyer 227 f. K. Bl. I 137 ff. Blaß Ausspr.[3] 51. Kretschmer Vas. 130. Schweizer Perg. 56 f. Nachmanson Magn. 43.

5. Die Verletzung des Aspirationsgesetzes in Formen wie θροφός, θρέφω statt τροφός, τρέφω mag in erster Linie der verderbten vulgären Aussprache und Orthographie entsprungen sein (vgl. G. Meyer 281); doch ist diese Erscheinung viel häufiger auf Inschriften des 6. und 5. vorchristlichen als späterer Jahrhunderte, und das weite Beobachtungsfeld der ptolem. Papyri liefert in keinem echtgriechischen Wort ein Beispiel dieser Art (vgl. § 39).

Was die beiden übrigen, von Thumb namhaft gemachten Erscheinungen: κατάβα für κατάβηθι und die Betonung ἰδέ, λαβέ betrifft, so können diese Formen ebensogut dem weiteren Kreise der attischen Schriftsprache zugewiesen werden, genügen jedenfalls nicht, den vulgärattischen Ursprung der κοινή zu begründen. Es ist überhaupt aus inneren Gründen nicht wahrscheinlich, daß die aus dem Attischen entwickelte und für den gebildeten Verkehr zwischen den griechischen Stämmen bestimmte Umgangssprache gerade von seiten der niedersten Schichten der attischen Volkssprache besonders starke Beeinflussung erfahren habe. Einzelne Übereinstimmungen zwischen beiden Gebieten — vgl. z. B. συνηργάσατο ebenso auf einer attischen Vase (Kretschmer Vas. 197) wie auf einem Pap. des 2. Jahrhunderts ἐξηργάζετο (Par. 22, 8) oder den singulären Übergang von ο > υ in διώρυφος = διώροφος Petr. II 8 (2) 10 und 12 (246[a]) wie in Δηίφυβος = Δηίφοβος (Kretschmer Vas. 118) — darf man, gerade weil sie so vereinzelt sind, vorläufig nicht als beweiskräftig ansprechen.

2. Dagegen hat zweifellos in Ägypten auf die schriftliche Form der gesamten Verkehrssprache die attische Staatskanzlei des 4. Jahrhunderts v. Chr. am nachhaltigsten eingewirkt. Ist uns doch neben zahlreichen, den Volkston wiederspiegelnden Privaturkunden eine beträchtliche Anzahl amtlicher Dokumente auf Papyrus erhalten, die der offiziellen Kanzleisprache angehören.

Hält man attische und ptolemäische Aktenstücke nebeneinander, so zeigt sich eine überaus weitgehende Übereinstimmung in lexikalischer, morphologischer und syntaktischer Beziehung. Aber auch die Privaturkunden mit ihren zahlreichen phonetischen Abweichungen von der Kanzleisprache sind ohne Zweifel in dem Sinn als Urkunden zur Schriftsprache zu betrachten, daß den Verfassern derselben die Schriftsprache als Norm galt und sie das bewußt verfolgte Ziel sich schriftsprachlich auszudrücken nur infolge mangelhafter Bildung nicht vollkommen erreichten. Volksdialekt zu schreiben hatte sicherlich keiner von ihnen die Absicht, wie denn überhaupt überall die schriftliche Darstellung reiner Volksdialekte in Zeiten einer über größere Kreise sich verbreitenden uniformierten Kultur nur allenfalls von Dichtern durchgeführt wird.[1])

§ 2. Reste altgriechischer Dialekte.

Wohl niemand wird alle dialektischen Einflüsse auf Ägyptens Boden bestreiten wollen, wo bald eine bunt zusammengewürfelte Soldatengesellschaft (vgl. Petr. I 42ff., II 18), bald ein internationales Handelsgetriebe von Kaufleuten aller Zungen im mündlichen Verkehr

---

1) Auf die Klassifizierung der einzelnen Papyri, sofern eine solche für die Sprache derselben von Wichtigkeit ist, sowie auf die orthographische Qualität mancher Stücke wird in den Einzelausführungen gebührend Rücksicht genommen werden. Über die Bezeichnung schlecht geschriebener Texte durch Stern (*) und verhältnismäßig gut überlieferter Stellen durch Kreuz (†) vgl. oben die Vorbemerkungen im Anhang an die Literaturübersicht. Selbstverständlich ist die Scheidung zwischen literarischen Texten und gleichzeitigen Urkunden. Erstere werden nur teilweise und vorwiegend für die Orthographie herangezogen. Dagegen hat sich eine Abhandlung des gesamten Stoffes nach den Klassen der Verfasser, in Hinsicht auf ihre Zugehörigkeit zu verschiedenen Nationalitäten, Ständen und Berufsarten, nach mehrfachen Versuchen als nicht durchführbar herausgestellt. Diese Unterscheidung ist übrigens für die Zwecke dieser Untersuchung nicht einmal nötig, insofern die für die Sprachentwicklung charakteristischen Erscheinungen größtenteils in den am vulgärsten geschriebenen Texten einfach häufiger sind als in den besser geschriebenen Stücken. In bezug auf soziale Stellung machen sich allerdings Unterschiede geltend, und man könnte in dieser Beziehung die aus der königlichen Kanzlei stammenden Dokumente, richterliche Entscheidungen und Aktenstücke, Kontrakte und Bankanweisungen, Schriftstücke niederer königlicher Beamter, den Privaturkunden, wie Briefen, Bittschriften, Traumberichten, Rechnungen usw. gegenüberstellen. Allein die hauptsächlichsten Charakteristika verbreiten sich auch hier über alle Klassen. Nur das vulgärste, lautlich am meisten von der schriftsprachlichen Norm abweichende, orthographisch bis zur Unverständlichkeit entstellte Griechisch wird man naturgemäß in privaten Schriftstücken und namentlich den dazu gehörigen Konzepten vorfinden. Die ausführlichste königliche, zugleich so ziemlich älteste uns erhaltene Urkunde, die sich durch sorgfältige Redaktion und größtenteils tadellose Schreibweise auszeichnet, ist das große Steuergesetz des Ptolemäus Philadelphus aus dem Jahre 259/8 v. Chr. Ein Gegenstück dazu aus dem Ende des 2. Jahrhunderts v. Chr. ist das wunderbar erhaltene („papyrus mire integerrimus" A. Peyron) Aktenstück zum Hermiasprozeß (Tor. I vom Jahre 117 v. Chr.). Das Rundschreiben des Finanzministers Herodes vom Jahre 165 v. Chr. (Par. 63 = Petr.² Einl. 18ff.) zeigt neben der für die ptolemäische Kanzlei charakteristischen Ausdrucksweise eine besondere Vorliebe für schnörkelhafte, gesuchte, sogar poetische Wendungen, neue Worte und lang gesponnene Sätze. Vgl. im einzelnen § 3, 1. Auch die neuestens (freilich erst zum kleinsten Teil) publizierten Magdôla-Papyri geben ein klares Bild vom Charakter des ägyptisch-griechischen Kanzleistils in der zweiten Hälfte des 3. vorchristl. Jahrhunderts.

Eine überaus praktische Übersicht über sämtliche bisher publizierten griechischen und lateinischen Papyrusurkunden, nach sachlichen Gesichtspunkten geordnet, gibt U. Wilcken im General-Register Archiv für Papyrusforschung I 1—28; 548ff.

genug Anlaß zur Sprachvermischung geben mochte. Allein die Tragweite dieses Faktors für die geschriebene Sprache ist nicht zu überschätzen, und man wird im alexandrinischen Griechisch so wenig als in der allgemeinen hellenistischen Verkehrssprache starke Überbleibsel der alten Dialekte erwarten dürfen.[1])

A. Dorismen.

Das dorische Element spielt in den Papyrustexten eine verschwindend geringe Rolle. Die meisten dorisch aussehenden Bildungen lassen sich auf lautlichem Wege (durch Lautwandel, Analogie-, Akzentwirkungen) oder anderweitig befriedigend erklären.

ὦς statt οὖς, das sich mehrfach im 3. und 2. Jahrhundert v. Chr. belegen läßt, erweist sich als falsche Analogiebildung nach den casus obliqui ὠτός, ὠτί etc.[2])

ἐρσενικά im Testament eines Kyrenäers, das der Nationalität des Verfassers angemessen erscheint, läßt sich ebensogut unter den Gesichtspunkt der Lautschwächung des unbetonten $\alpha > \epsilon$, beziehungsweise der Assimilation benachbarter Vokale stellen (§ 9 I), wie sich denn auch sowohl ἐρσενικά als ἀρσενικά in Stücken findet, die zur Annahme eines Dorismus (oder Ionismus) keinerlei Anlaß geben.[3])

λοχαγός, λοχαγία, ἐπιλόχαγος, neben ἀρχηγός, ἐλεφαντηγός, κυνηγός, λιθηγός, στρατηγός, συνόδηγος, χορηγία, χορηγεῖν u. ä. erklären sich historisch durch das Übergewicht der Dorier in militärischen Dingen und waren längst in Attika gebräuchlich.[4])

---

1) Vgl. im allgemeinen W. Schmid G. G. A. 1895, 32 ff. A. Thumb Hell. Abschn. III 53 ff., 65 ff.

2) ὦς Petr. I 20 (2) 15 = Petr.^{2} 19 (c) 15 (225^a). Grenf. I 12, 29 (nach 148^a); II 15, 2, 1 (139^a). Lond. II p. 3, 4 oben (II^a). Archiv I p. 65, 25 (123^a). — οὖς Petr. I 14, 23; Petr.^{2} 4 (2) 7 (237^a). K. Bl. I 463. Keil Herm. XXV 603. Crönert 167, 4.

3) ἐρσενικά Petr. II Einl. p. 23, 13 (238^a). σώματα ἐρσενικά Petr.^{2} 59 (b) 2 (III^a). ἀρσενικά ebda. 93 r. col. 7, 11 (III^a). ἀρς. Petr. II 35 (a) col. 3, 15. 16 (244—40^a). Witkowski Prodr. 3. Thumb Hell. 65. Crönert mem. herc. X bringt als weiteres Beispiel τέλος ὄνου ἔρενος λευκ(οῦ) Lond. II p. 79, 4 (144^p) und ist geneigt statt an Dorismus vielmehr an Ionismus zu denken.

4) λοχαγός Petr. I 13 (3) 12 = Petr.^{2} p. 8 (237^a). λοχα[γίαι Petr.^{2} 5 (a) 8 (237^a). ἐπιλόχαγος ebd. 21 (f) 3 (226^a). — ἀρχηγοί Rosettadekr. 47 (196^a). ἐλεφαντηγός Petr. II 40 (a) 26 (260^a). κυνηγοί Petr.^{2} 42 H (8f) 6; Petr. II 40 (a) 16 nach Wilcken (c. 250^a). λιθηγοί Petr. II 13 (18^a) 7; — γούς 11 (258^a). λιθηγῶν ebd. 14 (1a) 3. 8 (III^a). στρατηγός, ἐπιστράτηγος sehr oft. συνόδηγος (poet.) Grenf. I 1, 1, 8 (erot. Fragm. nach 173^a). χορηγία Petr. II 13 (5) 8. 10 (258^a). χορηγῶν ebd. 3 (a) 7 (260^a); Tebt. I 51, 9 (c. 113^a). χορηγεῖν Petr. II 4 (13) 3 (255^a). χορηγῆται ebd. 15 (1) 6 (241^a). χορηγηθῇ ebd. 4 (2) 7 (255^a). χορηγηθέντων Par. 63, 6, 171 (165^a) etc. K. Bl. I 20. Lobeck Phryn. 430. Thumb Hell. 59. Schweizer Perg. 38.

Dasselbe gilt von ἄγημα = ἥγημα (Garde), einem taktischen term. techn., der von Lakonien aus auch nach Makedonien übertragen worden ist.[1])

βορρᾶς, die stehende Form der ptol. Papyri, war neben βορέας schon im Attischen längst eingebürgert.[2])

Bei *παραστάναι[3]) wird niemand an einen Dorismus statt παραστῆναι denken; vielmehr liegt Verwechslung mit παρεστάναι vor.

Wenn die im Faksimile des Eudoxuspap. (Par. 1) col. 3, 13 (vor 165[a]) deutlich zu erkennende Lesart μᾶνες (Blaß liest im Original μ[ῆ]νες) wirklich zu halten ist, so kann es sich jedenfalls um keinen Dorismus handeln. Das η ist gemeingriechisch (cf. mensis); μᾶνες sagte man höchstens in Elis (vgl. Ζᾶνες). Die Form μείς (strengdorisch μής) findet sich ebenfalls im Eudoxuspap. Acrostich. v. 6 und col. 13, 1. Dies ist offenbar der ursprüngliche Nominativ, dem gegenüber μήν als attische, freilich ziemlich alte Neubildung zu betrachten ist (früheste Belege Thuc. V 54, 2 und Demosth. adv. Timocr. § 15). Die alte Form hat außerhalb Attikas länger weitergelebt. Die casus obliqui lauten im Eudoxuspap.: μηνός 295; μῆνα 84; μῆνες 301. 316; μησίν 120; μῆνας 296.

Das Wort στεφαλίβανος in einem Pap. des 2./1. Jahrhunderts erinnert zwar in seiner Zusammensetzung an Bildungen wie στεφηφόρος, στεφηπλόκος, muß aber vorerst wegen der Unklarheit seiner Bedeutung beiseite gelassen werden.[4])

διώρυφος = διώροφος Petr. II 8 (2) 10 und 12 (246[a]) könnte ebensogut äolisch als dorisch sein; da aber ein ähnlicher Lautwandel von ο > υ im Vulgärattischen nachzuweisen ist, bedarf es keiner dialektologischen Erklärung.[5])

---

1) ἄγημα Petr. I 11, 16. 19. 21 = Petr.[2] 12 (235[a]); Petr.[2] 11, 31; 13 (a) 13 (235[a]). Vgl. Xen. Lac. pol. 11, 9; 13, 6. Polyb. 5, 25, 1; 5, 65, 1; 31, 3, 8.

2) Belege für βορρᾶς § 58, 5. Auf attischen Inschriften begegnet seit dem 4. Jahrhundert neben βορέας die Form βορρᾶθεν, s. Mhs.-Schwyz. 100, 9; βορρᾶς auf attischen Vasen, s. Kretschmer Vas. 177. Thumb Hell. 65.

3) παραστάναι Leid. U 2, 11 (II[a]). Anders Moulton Class. rev. XV (1901) 436: er setzt (dem Sinn der Stelle zuwider) παραστάναι = παριστάναι und vergleicht damit ἀποδόναι = ἀποδιδόναι B U II 595, 4 (70—80[p]).

4) στεφαλίβανος Grenf. I 39 verso col. 2, 2 (II—I[a]). Thumb Hell. 66. Man könnte an haplologische Verkürzung denken = στεφανολίβανος (cf. ἀμ(φι)φορεύς, τέτρα(δρα)χμον etc), doch ist die Bedeutung unklar.

5) Dorisch ὑπωρυφία (Epidaurus) Collitz Samml. 3325, 42 (neben ὀροφά). Vergleicht man dazu εὐώνυμος, ἀν-, ὁμώνυμος neben ὄνομα, so erscheint die Annahme einer gemeingriechischen Form ὀρυφή in Zusammensetzungen neben ὀροφή berechtigt. G. Meyer 114f. Auf einer attischen Vase Δηίφυβος, s. Kretschmer Vas. 118. Thumb Hell. 63.

χαίρην = χαίρειν, χρήα = χρεία und verwandte Formen sind im Zusammenhang mit ähnlichen Lautveränderungen der Vulgärsprache zu erklären, wovon gehandelt wird § 10 III.

κλίβανος = att. κρίβανος ist nicht ausschließlich dorisch, sondern auch von Herodot gebraucht — also ebensogut ionisch, wenn nicht überhaupt ein weiteres Beispiel für das im Griechischen verbreitete Schwanken zwischen ρ und λ (vgl. § 41). Das Wort scheint semitischen Ursprungs zu sein. Vgl. unten § 4B.[1])

Unter solchen Umständen steht die Form νακόρος (Küster) Magd. 35, 7 (III^{a}), die allerdings nach dorischer Lautregel gebildet ist, völlig isoliert und läßt sich nur daraus erklären, daß die Verfasserin der Klageschrift dorischer Abkunft war.[2])

Auf die Flexion hat der dorische Dialekt keinerlei Einfluß geäußert. Dorische Eigennamen begegnen zwar in ziemlich großer Anzahl: wie Ἁγεμόναι (dat.), Ἀγροίται (dat.), Ἀθάνωρ, Ἀξίλα, Ἀσκλάπων, Βοίκας, Δάμων, Θεοξένα, Θεοφίλα, Κοσμέλας (fem. gen.), Μακέται (dat. zum Ethnikon Μακέτας, Makedonier), Μάτρων, Μνασίστρατος, Μύσται (dat.), Νικάνωρ, Νικάτας, Νικάτωρ, Ὀρόντας, Πατροφίλα, Περίτας, Στράταγος, Τιμακρίτα, Φιλίστα u. a. m.[3]); diese selbstverständlichen dorischen Namen für dorische Personen berühren den Gesamtcharakter

---

1) κλιβάνωι Petr.^{2} 140 (a) 3 (III^{a}). κλιβάνου Grenf. I 21, 14 (126^{a}). Ebenso später B U 34 V 11 (II^{p}). Herod. II 92 ἐν κλιβάνῳ. Lobeck Phryn. 179. W. Schmid G. G. A. 1895, 33. Thumb Hell. 74. Crönert 77, 4.

2) νακόρος auf dorischen Inschriften Dittenb. Syll.^{2} 581, 3 (Epidaurus); 597, 4 (Kos); 854, 21 (Delphi). ναοκόρος 845, 14. 15 (Delphi). Nach Schweizer 142 in Pergamum νεωκόρος (röm.); ebenso in Magnesia (Nachmanson 124). Crönert 165, 1. Mit meiner Vermutung stimmt überein Theod. Reinach in Mélanges Nicole p. 458: „Il y a là, ce semble, un indice d'origine; la femme volée est sans doute une dorienne (de Cos ou de Rhodes)."

3) Ἁγεμόναι Petr.^{2} 19 (e) 2 (225^{a}). Ἀγροίται Rev. Mél. 303, 3 (II^{a}). Ἀθάνωρ Petr.^{2} 54 (b) II 6 = Petr. II 35 (a) II 6 (244—40^{a}) nach Wilcken Add. et Corr. zu Petr.^{2} p. XVIII statt Ἀθηνόδωρος. Ἀξίλα Petr. I 18 (1) l. 12 (237^{a}). Ἀσκλάπωνος Petr. II 39 (a) 13 (III^{a}). Βοίκας Tebt. I 224 (108^{a}). Δάμων Ostr. 751, 1. 10 (106^{a}). Δάμωνος Petr. I 13 (1) 13; 14, 31 (237^{a}); Petr.^{2} 13 (a) 11 (235^{a}). Θεοξένα Lond. II p. 6 col. 2, 6. 13 (133^{a}). Θεοφίλα Petr. II 43 (a) 22 (III^{a}). Κοσμέλας (τῆς θυγατρός μου) Petr. I 18 (1) 13 = Petr.^{2} p. 31 (237^{a}). Μακέται Petr. I 13 (1) 7 = Petr.^{2} 4 (2) 23 (237^{a}). Μάτρων Petr. II 1, 17 (c. 260^{a}). Μνασιττράτου Tebt. I 79, 76 (c. 148^{a}). Μύσται (dat.) Petr.^{2} 1 (2) 23 (237^{a}). Νικάνωρ Petr. II 14 (1 d) 1 (III^{a}); 27 (2) 8. 13 (236^{a}); 20 (1) 3 (225^{a}). Νικάνορος Petr. I 15, 5 (237^{a}). Magd. 23, 1. 2 verso; 27, 1 (III^{a}). Par. 13, 28 (157^{a}). Νικάνορι Petr. II Einl. p. 32, 2 (III^{a}). Νικάτας Tebt. I 224 (108^{a}). Νικάτωρ Leid. Q 2 (260^{a}). Ὀρόντας Petr.^{2} 27 verso col. 1, 4; 2, 4; 100 (a) 6 (III^{a}). Πατροφίλα Bull. corr. hell. 1894, 145 (240^{a}). Περίτας (auch Name eines Hundes Alexanders d. Gr.) Petr. I 15, 5 (237^{a}). Στράταγος Tebt. I 121, 112 (94 oder 61^{a}). Τιμακρίτα Strack ptol. Inschr. Arch. I 204 n. 13 (245—21^{a}). Φιλίστα Magd. 33, 1; verso 2 (III^{a}). Vgl. Schweizer Perg. 50 f.

der κοινή natürlich nicht. Dasselbe gilt von den dorischen, aber selbst in Attika eingebürgerten (Meisterh.-Schwyz. 128, 16) männlichen Namen auf -λας statt -λαος, wie Νικόλας, Δεξίλας, denen gegenüber die Formen auf -λαος übrigens weitaus überwiegen (§ 59, 5).

Anmerkung. Für Δημῶϊ (dat.) Petr. II Einl. p. 23, 12 (c. 238a), das als Name einer Kyrenäerin den Schein einer dorischen Flexion erweckte (K. Bl. I 455), ist jetzt Petr.[2] 7, 12 das regelmäßige Δημοῖ hergestellt.

Insbesondere fehlt das Hauptkennzeichen der dorischen Mundart fast ganz: der Genitiv auf -α bei männlichen Eigennamen. Den vereinzelten Formen Αἰνέα (neben gewöhnlichem Αἰνείου), Εὐβάτα, Κίρκα, Λίχα, Ναύτα, Πολυδάμα stehen über 100 Genitive auf -ου gegenüber. Belege § 58, 4.

Das dorische Reflexivum αὐτοσαυτοῦ (geschrieben αὐτοσαυτō) aus der Feder der halikarnassischen Artemisia ist für den dorischen Charakter der κοινή natürlich ebensowenig beweisend, als für den ionischen die zahlreichen Ionismen im gleichen Stück.[1])

Als echter Dorismus mag immerhin gelten das wiederholte ἡ λιμός (neben ὁ λιμός), wiewohl auch hier schon eine andere Erklärung versucht worden ist.[2]) Über ὁ στάμνος (nach Sext. Empir. peloponnesisch) statt des attischen ἡ στάμνος vgl. § 59 Anm. 6.

An mehreren Stellen der ptol. Papyri begegnet das Wort βουνός (Hügel), das von Herod. IV 192 ausdrücklich als kyrenäisch bezeichnet wird und nach Phryn. Lob. 355 häufig bei sizilischen Dichtern vorkommt. Da es auch bei Aeschylus (Suppl. 109) und später bei den Alexandrinern sich findet, kann es ebensogut unter die der dorischen Poesie entlehnten Worte gerechnet werden.[3])

---

1) αὐτοσαυτō Artem. 3. 4. 5 (IIIa). Über die Ionismen vgl. Lit. C.

2) τῆς λιμοῦ Par. 12, 22 (157a); 26, 9 (163a). τῆι λιμῶι Lond. I p. 25, 20; 26, 18 (161a). — τῶι λιμῶι Petr.[2] 36 verso 29 (IIIa). Par. 22, 21 (165a); 27, 14; 28, 13; 38, 27 (160a). P. Mil. 10 (162a). τῶι λειμῶι Leid. E 14 (162a). — Τὴν λιμὸν Δωριεῖς, σὺ δὲ ἀρσενικῶς τὸν λιμὸν φάθι Phryn. Lob. 188. Am Dorismus halten fest: Ahrens dial. Dor. 386, Glaser de rat. 65; Thumb Hell. 67; Win. Schmiedel § 8, 10. Dagegen W. Schmid G. G. A. 1895, 33 führt den Gleichklang mit λοιμός als mögliche Ursache des Genuswechsels an. Stellensammlung bei Crönert 177. Wie völlig λιμός in der κοινή als fem. behandelt wurde, geht unter anderem daraus hervor, daß die Thukydidesscholiasten regelmäßig zu λιμός das Geschlecht (ὁ) angeben.

3) βουνοῦ Theb. Bank I col. 1, 3. 32; col. 2, 4 (131a). βουνοί P. Kairo Arch. I 64, 15 (123a). Auf Inschriften: Le Bas Voyage 3, 192, 31; 207, 6. Vgl. O. Glaser de rat. 64. Kaibel com. graec. fragm. 199, 9. Wie früh das Wort auch auf ionischem Gebiet in die Volkssprache eingedrungen ist, zeigt der Name Κοσκώβουνος für die Grabstätte einer der drei in Magnesia begrabenen thebanischen Mänaden auf einer magnesischen Inschrift aus hadrianischer Zeit, mitgeteilt von Wendland und Kern, Beiträge zur Gesch. der griech. Phil. u. Relig. S. 82, 39 u. S. 91. Der Name war jedenfalls lange vor Abfassung der Inschrift gebräuchlich. Vgl. auch Thumb Hell. 224. Über die Verbreitung des Worts im Zusammenhang mit der Glosse des Phrynichus vgl. Hatzidakis Einl. 157.

Zusammenfassend kann man sagen: der dorische Einfluß bleibt auf ein verschwindendes Minimum beschränkt und kann, da das Dorische höchstens als Bezugsquelle für Lehnwörter in Betracht kommt, hinsichtlich der Laut- und Formenlehre geradezu ignoriert werden.

B. Äolismen.

Noch spärlicher sind die Spuren des äolischen Dialekts. Äolischen Ursprungs ist wohl μαλοπαραύαν (apfelwangig), Beiwort einer Stute. Der Ausdruck mag sich als term. techn. im Pferdehandel aus den rossereichen nordgriechischen Bezirken verbreitet haben. Im selben Zusammenhang begegnet παραύα (einmal παρόα und παρούα) = παρειά. Als einen Beweis für Einwirkung des äolischen Dialekts überhaupt auf die Formen der κοινή wird diese Lehnwörter niemand betrachten.[1])

Auch ᾱ statt η ist nicht spezifisch äolisch in ἀθήρα (statt des attischen ἀθάρη oder ἀθάρα), das eher unter den Gesichtspunkt der Metathese benachbarter Vokale zu stellen oder als Analogiebildung zu betrachten ist, wenn nicht Hieronymus mit seiner Ableitung vom ägyptischen Worte θήρα = Mehl recht behält. Vgl. den Abschnitt „ägyptische Lehnwörter“ § 4.

νίτρον· τοῦτο Αἰολεὺς μὲν ἂν εἴποι, ὥσπερ οὖν καὶ Σαπφώ (frgm. 165), διὰ τοῦ ν̄, Ἀθηναῖοι δὲ διὰ τοῦ λ̄ (Phryn. ed. Rutherford p. 361). Ob Phrynichus mit dieser Glosse überhaupt sagen will, daß νίτρον eine spezifisch äolische Form sei, ist sehr fraglich; die Sapphostelle war ihm vielleicht nur zufällig präsent und bestimmte jenen Ausdruck. Die Papyri haben durchaus νίτρον, νιτρικός, νιτρία (Belege § 41 Anhang); diese Form geht auf einen semitischen Stamm zurück, ist also die ursprüngliche. Vgl. § 4 B.

C. Ionismen.

Der relativ stärkste Anteil an Dialektizismen fällt im ägyptischen Griechisch dem Ionischen zu, wiewohl auch hier die Zahl der unzweifelhaften Fälle eine außerordentlich geringe ist und ihre Bedeutung für den Gesamtcharakter dieser Sprache nicht ins Gewicht fällt.

---

1) μαλοπαραύαν Petr. II 35 (1) 11 (244—40ᵃ). Ebenda Z. 3 παρόαν (statt πυρράν); 5 ὡςαύτως παραύαν, ebenso (3) 9; (d) 7 παρούαν. Herodian II 563, 25 παραῦαι λέγουσιν οἱ Αἰολεῖς. G. Meyer 169. Theocr. XXX 6 παραύαις. Hesych. μαλοπάραυος· λευκοπάρειος. Theocr. XXVI 1 μαλοπάραυος Ἀγαύα. Thumb Hell. 62 f.

Abzusehen ist dabei von solchen Ionismen, die schon im Attischen Aufnahme gefunden hatten, wie βαϲίλιϲϲα (statt βαϲίλεια), das schon im 4. Jahrh. v. Chr. von Osten her eingedrungen war (Meisterhans-Schwyz. 101, 5; Belege aus den Papyri § 58, 8; ebenda für ἱέριϲϲα neben ἱέρεια). Hierher gehört ferner die einheitlich durchgeführte Flexion von υἱόϲ nach der o-Deklination (Belege § 16, 1); die Ersetzung von λεώϲ, νεώϲ durch λαόϲ, ναόϲ (§ 59, 5); Komposita auf -άρχηϲ statt -'αρχοϲ (§ 59, 3); Imperativendung auf -τωϲαν statt -των (§ 71, 19); thematische Bildungen von δίδωμι, δείκνυμι, wie sie Herodot gebraucht (§ 73, II); Formen wie εἶπαι statt εἰπεῖν (§ 72, 3). Die (übrigens nicht bloß ionische, sondern auch dorische und äolisch-lesbische) Kontraktion von εο > ευ beschränkt sich in altattischen Inschriften auf Eigennamen zugewanderter Fremder; dasselbe wird für die Papyri anzunehmen sein, in denen diese Erscheinung — mit der einzigen Ausnahme von ἡμίϲευ(ϲ) — ebenfalls nur in Eigennamen begegnet, wie Θευγενίϲ, Θεύδοτοϲ, Θευδότη, Θεύδωροϲ, Θεύτιμοϲ, Θεύξενοϲ und analog in Κερκευϲῖριϲ, Κλευπάτρα, Πετευϲορᾶπιϲ, neben gewöhnlichem Θεόβουλοϲ, Θεογένηϲ, Θεογονίϲ, Θεόδοτοϲ, Θεόδωροϲ, Θεοκλῆϲ, Θεόκτητοϲ, Θεόξενοϲ, Θεότιμοϲ, Θεοφάνηϲ, Θεόφαντοϲ, Θεόφιλοϲ, Κερκεοϲῖριϲ, Κλεοπάτρα usw.[1])

Auch der häufige Eigenname Διοϲκουρίδηϲ erscheint als Lehnwort neben Διόϲκοροϲ, während der Götternamen Διόϲκοροι lautet;

---

1) Θευγενίδι Petr.^{2} 44 (3) 4 (c. 246^a). Θεύδοτοϲ (über υ ein ο) theb. Inschr. Dittenb. inscr. orient. 74 (III^a); Θευδότου Magd. XIII 2; Θεύδοτον ebd. 11 und verso (III^a). Θευδότη Magd. VIII 2 (III^a). Θεύδωροϲ Petr. II 13 (12) 1 (*a* und *b*) sowie außen Θευδώρωι (258—53^a). Mahaffy zitiert dazu Petrie Naucratis II p. 65 Nr. 781 Θεύτιμοϲ. Θεύδωρον Petr. II 13 (19) 11 (258^a). Θευξένωι Petr.^{2} 139 (a) II 3 (III^a). Κερκευϲίρεωϲ Petr.^{2} 33, 2; 58 (e) col. 1, 26; 117 (g) col. 2, 8. 27; (h) col. 2, 12 (III^a). Tebt. I 62, 141. 146 (119^a); 85, 3 (113^a?); 101, 5 (120^a). Κερκευϲῖριν Tebt. I 106, 8 (101^a). Κλευπάτρα Tebt. I 2 (d) verso 9 (Anthologiefragment nach 100^a). Πετευϲορᾶπιϲ (für Πετεοϲορᾶπιϲ) Tebt. I 85, 21. 29. 85. 98. 141 (113^a). Über ἡμίϲευ(ϲ) vgl. § 28, 3. Unkontrahierte Formen: Θεόβουλοϲ Tebt. I 99, 67 (148^a). Θεογένηϲ Petr. I 16 (2) 4 (237^a); II 38 (b) 5 (242^a); 20 (3) 2. 6 (252^a). Ehrendekret der dionysischen Künstler bei Strack, Dyn. d. Ptol. Nr. 36, 39 (285^a) etc. Θεογένει Ostr. 1316, 1 (ptol.). Θεογονίδοϲ Petr. II 28 (2) 24; (5) 1 (III^a). Θεογονίδι Petr. I 11, 4 (220^a). Θεογονίδα Tebt. I 61 (b) 167 (118^a); 17, 5 (114^a) etc. Θεόδοτοϲ Petr. I 14, 23 (237^a); Magd. 16, 1 und verso; 20 verso (III^a); Dittenb. inscr. or. nro. 191, 7 (56^a). Θεόδωροϲ Petr. II 9 (1) 3 (241^a). Θεοκλῆϲ Petr. I 16 (1) 2 (230^a). Θεόκτητοϲ Tebt. I 99, 68 (c. 148^a). Θεόξενοϲ Petr.^{2} 58 (e) III 12. Θεότιμοϲ 57 (a) 1. 7; (b) 5 (III^a). Θεοφάνηϲ Petr. II 21 (c) 4 (III^a). Θεόφαντοϲ Tebt. I 99 introd. (nach 148^a). Θεόφιλοϲ Petr. II 28 (2) 9 (III^a); Petr.^{2} 117 (g) col. 2, 47 (III^a) etc. Κερκεοϲῖριν Petr. II 36 (2) 3 (III^a). Κερκεοϲίρηωϲ Petr.^{2} 66 (a) VIII 22 (III^a). Κλεοπάτρα Strack ptol. Inschr. Arch. III 127, 3 (c. 190^a) und oft. Vgl. Meisterhans-Schwyzer 61 § 19. Auf ionischen Inschriften findet sich diese Schreibung verhältnismäßig spät, vgl. O. Hoffmann gr. Dial. III und Fritsch Berl. phil. Wchschr. 1898, 1239.

einmal begegnet Διοσκούριον. Es hat sich also im Personennamen die episch-ionische Form erhalten, wenn auch im Götternamen die attische Form heimisch wird.[1])

Aber auch in solchen Fällen, wo ein Ionismus speziell der κοινή eigen zu sein scheint, ist große Vorsicht und sorgfältige Prüfung angezeigt, ob nicht eine andere Erklärung (auf analogischem Wege) näher liegt.

a) Lautlehre.

ᾱ ∼ η.[2]) Das η in der *a*-Deklination nach α, [ε], ι, ρ findet sich zunächst im ionischen Artemisiapapyrus (III^a) mit Formen wie Ἀρτεμισίη, -ην, ἱκετηρίην (neben ἱκετηρίας), sowie im poetisch gehaltenen erotischen Fragment (nach 173^a) mit ἀκαταστασίης (neben φιλίας, φιλίαν, διανοίαι, ἀδικίαν) und φιλίης, Παφίης in einer Hilarodie des 1. Jahrh. v. Chr. Ebenso bietet eine Inschrift aus dem 4. Jahrh. v. Chr. Ἀθηναίης.[3]) Alle diese Stellen beweisen für die κοινή nichts. Im prosaischen Urkundenstil tauchen nur ganz vereinzelte Beispiele auf. Das zweifelhafte ζεή = ζε(ι)ά Petr. II 23 (1) 2 (III^a) ist von Wilcken in ζεά berichtigt; das mehrfach zitierte θείηι Par. 15, 59 (120^a) beruht auf falscher Auffassung:[4]) es ist optat. aor. mit parasitischem ι προσγεγρ. ἐλάη = ἐλαίη in einer Rechnung des 3. Jahrh. v. Chr. kann als Zwitterbildung aus attischem ἐλάα und ionischem ἐλαίη angesehen werden.[5]) Die Form *ἀπιστηίην, die ein schlecht geschriebener Pap. des 2. Jahrh. vor Chr. bietet[6])

---

1) Διοσκουρίδης Petr. II 2 (3) 1 (260^a); (4) 3; 39 (i) 2. Magd. 4, 7 und Subscription; 23, 1. 2; verso 2 (III^a). Par. 61, 1 (156^a). Fay. 12, 28 (nach 103^a); Amh. II 38, 1 (II^a). Tebt. I 99, 45 (c. 148^a); 28, 1 (114^a). Διοσκουρίδου Lond. I p. 57, Pap. XV 1 (II^a); Tebt. I 121, 95 (94 oder 61^a). Διοσκουρίδη(ι) Lond. I p. 41, 111 (158^a); Ostr. 1202, 8 (ptol. unb.). -ει Lond. I p. 41, 112. P. Reinach 8, 6. 9. 18 (c. 140^a) u. oft. — Διοσκόρου Petr.^{2} 18, 3 (234^a); Grenf. II 16, 1 (137^a); Tebt. I 14, 18 (114^a). — Διοσκόρων Petr.^{2} 97, 6 (III^a). Διοσκούριον Petr. II 43 (a) 24 (III^a). Mhs-Schwyzer 27, 23. Schweizer Perg. 66f. (Dialektmischung).

2) G. Meyer 95 Fußnote 2. W. Schmid GGA 1895, 35. Win.-Schmiedel § 8, 1. Schweizer Perg. 39ff. Thumb Hell. 68ff. Moulton Class. rev. XV (1901) 34 und XVIII (1904) 108.

3) Ἀρτεμισίη Artem. 1. 9; -ην 12; Ἀρτημισίη 14. ἱκετηρίην 9, aber ἱκετηρίας 11 (III^a). — ἀκαταστασίης Grenf. I 1, 1, 4 (nach 173^a); ebd. 1 φιλίας, 4 φιλίαν, 5 διανοίαι, 12 ἀδικίαν. — φιλίης Ostrac. Reinach 1, 7; Παφίης 12 (I^a). Ἀθηναίης Πολιάδος Strack ptol. Inschr. Archiv. III 133, 11 (IV^a).

4) Schmid GGA 1895, 35. Thumb Hell. 69.

5) ἐλάη, P. Sakkakini col. 4, 24 (III^a). Über ionisches ἐλαίη vgl. K. Bl. I 382; über attisches ἐλά(ι)α vgl. Meisterhans-Schwyz. 31.

6) *κατ' ἀπιστηίην Par. 23, 5 (165^a). Wilcken bestätigt mir die Richtigkeit der Lesart im Original.

[Schweizer Perg. 64 setzt ihn fälschlich ins 2. Jahrh. nach Chr.], steht doppelt im Verdacht des Ionismus: wegen des inlautenden ηι und der Endung -ην. Die Bildung mit ηι könnte zwar rein lautlich als ionisch erscheinen; bedenkt man aber, daß tatsächlich eine ionische Form ἀπιστηίη niemals existiert hat (Herodot gebraucht ἀπιστίη, z. B. I 68 ὑπὸ δὲ ἀπιστίης; 193 εἰς ἀπιστίην; III 66 ἀπιστίη πολλή), so liegt es näher hier an ein Schreibversehen zu denken als eine unerhörte Nebenform ἀπιστηίη = ἀπιστεία einzuführen. Zwar fehlt es in Papyri und Inschriften nicht an Beispielen für den Lautwechsel von ει > ηι = ẹ̄, wie ἐπιστατηίας, στρατη[ίαι], Ἀρηίωι[1]) (ohne Wahrscheinlichkeit eines Ionismus): aber diese Analogien treffen, weil hier wirkliche Bildungen auf -εία oder -´ειος zugrunde liegen, für ἀπιστηίη nicht zu. Was aber die Endung -ην betrifft, so ist sie allerdings ohne Annahme eines Ionismus kaum verständlich. Es ist wohl denkbar, daß von einem Genitiv βύρσης durch falsche Analogie ein Akkusativ βύρσην (zum Nominativ βύρσα) gebildet wurde[2]), nicht aber von ἀπιστία ein Akkusativ ἀπιστίην.

Anders verhält es sich mit den der ganzen κοινή (LXX, N. Test., Apostol. Väter) eigentümlichen Genitiv- und Dativ-Formen auf -ρης, -ρηι zu Nominativen auf -ρᾰ. Auf ptolemäischen Papp. begegnen μαχαίρης, -ηι; ὀλύρης; πορφύρης; daneben in weitaus überwiegender Mehrzahl die attischen Formen μαχαίρας, -ραι; ὀλύρας; πορφύρας, πορφύραν.[3]) In späteren Texten mehren sich die Beispiele, beschränken sich aber so ziemlich auf dieselben Wörter wie ἀρούρης, λείτρης, μοίρης, σπείρης.[4]) Alle diese Formen lassen

---

1) ἐπιστατηίας Tebt. I 121, 2 (94 oder 61ª). στρατη[ίαι] Inschr. v. Pergamon I 13, 54 bei Schweizer 63f. Ἀρηίωι Pap. Tebt I 120, 34 (97 oder 64ª). Vgl. des weiteren § 20, 14.

2) βύρσην Petr. II Einl. p. 37 (d) 7; βύρσης ebd. Nr. 39 (e) links 10; rechts 16 (IIIª). Petr.² 112 (a) col. 1, 28 (IIIª).

3) μαχαίρης Tebt. I 112, 45 (112ª). ἐν μαχαίρηι ebda. I 16, 14 (114ª). ὀλύρης ebda. I 61 (b) 168 (118ª). πορφύρης ebd. 112 introd. 7 (112ª). — μαχαίρας Petr. II Einl. p. 22, 23 (238ª). τῆι μαχαίραι Par. 12, 15 (157ª). ὀλύρας Petr.² 46 (4) 3 (IIIª). Leid. E 31 (162ª). Lond. I p. 25, 26 (161ª). Tebt. I 61 (b) 88. 96. 101. 107. 109. 131. 136. 140. 142. 174. 179. 182. 184. 186 etc. πορφύρας Tebt. I 117, 38. 39 (99ª); 120, 3 (97 od. 64ª). πορφύραν Leid. S 2, 3 (160ª). Bei πορφύρης hat die Analogie kurz auslautender Stämme (δόξα, -ης) auch ein Wort mit langem Schluß-α ergriffen. Zum Akzent πορφύρα (nicht πόρφυρα) vgl. Herodian (Lentz) I 261, 12; 532, 22; II 14; 923, 29.

4) ἀρούρης BU 101, 22 (114—5ᵖ); 328 II 32 (138—9ᵖ); 349, 8 (313ᵖ); 234, 16 (121ᵖ). λείτρης BU 781, 6, 13 (Iᵖ, aber ebda. 9mal λείτρας). μοίρης Lond. I p. 134, 58; 135, 80; 136, 100. 113; 137, 144 (138ᵖ). Weitere Belege bei Crönert 160. σπείρης BU 26, 12 (174ᵖ). Par. 69 (C) 7 (233ᵖ). Fürs N. Test. vgl. Blaß, Gr. des n. Test. § 7, 1. Win.-Schmiedel § 8, 1 (πλημμύρης, πρῴρης); für die apostol. Väter Reinhold 48f. (κοσμητείρης).

sich ohne Annahme dialektischer Einflüsse durch Systemzwang nach der Gleichung δόξα : δόξης = μάχαιρα : μαχαίρης erklären.[1]) Gelegentlich hat dieselbe Analogie auch auf Adjektive und Partizipien eingewirkt, so einmal in καθηκυίης, eine Erscheinung, für die ebenfalls spätere Texte mehr Beispiele liefern.[2])

Anmerkung. Der Dat. Ἰαείρῃ auf einem ptolem. Ostrakon (Wilcken 1231) will bei dem semitischen Eigennamen nicht viel bedeuten.

Das ionische ἤν = ἄν (ἐάν) findet sich nicht nur in literarischen Stücken des 3. Jahrh. v. Chr., sondern auch in einer gleichzeitigen Urkunde. Übrigens war dieser Ionismus schon bei den älteren Attikern (Trag., Thukyd., Antiph.) eingebürgert und hatte sich in vereinzelten Fällen bei Aristophanes, Isokrates erhalten. Die letztgenannte Urkunde hat auch die Form παραλάμψεσθαι (vgl. § 44, 1), die im ionischen und dorischen Dialekt belegt ist, sich aber ebensogut als allgemeine Analogiebildung (zum Präsensstamm λαμβ-) verstehen läßt.[3])

διηνεκῶς statt des attischen διανεκῶς im gehobenen Ton eines Ehrendekrets scheint aus der ionischen Dichtersprache eingedrungen zu sein.[4])

Das ägyptische Wort für „Weizenbrot" erscheint durchgehends nicht in der attischen Form κυλλᾶστις, sondern in der seit Herodot geläufigen und aus Hecataeus bei Athenaeus erhaltenen Schreibung κυλ(λ)ῆστι(ς).[5])

---

1) So Hatzidakis Einl. 84. Schmid GGA 1895, 33ff; Attic. IV 577. Blaß N. Test. § 7, 1. Reinhold 48. Dagegen Schweizer Perg. 40ff.; Thumb Hell. 70ff.; Win.-Schmiedel § 8, 1 sind geneigt Ionismen anzunehmen, während selbst Kretschmer, Entstehung der κοινή 30 hier die Annahme von Ionismen ablehnt.

2) καθηκυίης Lond. I p. 29, 5 (161[a]). Sonst oft καθηκούσης, z. B. Leid. B 2, 20 (164[a]). Tebt. I 61 (b) 218 (118[a]) etc. εἰδυίης Amh. II 104, 16 (125[p]). ἰδυίης BU 327, 15. Weitere Belege bei K. Bl. I 383 Anm. 2 (ἐπιβεβηκυίης). Crönert 160, 2. Dieterich Unt. 180. Win.-Schmiedel § 8, 1. Reinhold 48. Trotz der Kontinuität der Erscheinung bis ins Neugr. (vgl. ἐλεύτερη, καθαρή etc.) bestreitet Hatzidakis a. a. O. mit Recht auch hier den Einfluß des Ionischen.

3) ἤν Petr. I 10, 26. 27 (rhetor. Fragm. c. 250[a]). Urkunde: Petr. II 42 (c) 14. 15. 17 (c. 250[a]). Ebenda 16 παραλάμψεσθαι. Herod. I 199 λάμψεαι. In der dorischen Mysterieninschrift v. Andania (91[a]) λάμψεσθαι, Dittenb. syll.[2] 653, 67. Vgl. K. Bl. II 472.

4) διηνεκῶς Dittenberg. inscr. or. 194, 12. 25 (42[a]). Nach Moeris p. 119 ist διανεκῶς attisch. διηνεκέως findet sich bei Homer (Od.), Hesiod th. 627; διηνεκῶς bei Äschyl. Agam. 319; διηνεκής einmal bei Platon legg. 839 A; auch bei Arrian, Dio Chrys., Aristides, dreimal im Hebräerbrief. Alciphr. III 37, 2 (Schepers). In byzantin. Zeit: διηνεκῆ χρόνον Par. 21[III] 14 (599[p]). διηνεκές Lond. II p. 326, 27; 327, 55; 329, 92 (616[p]). Schmid Attic. I 150; II 194.

5) κυλῆστι Par. 27, 20 (160[a]). κυληστηίων Lond. I p. 26, 13 (161[a]). κυληστητήων Leid. E 21 (161[a]). κυλλῆστι Par. 55[b], 1, 10 ff. (159[a]). Wilcken Ostr. 1305 (4[p]). κυλληστίων P. Mil. 15. 16 (162[a]). Dagegen κυλλᾶστις Poll. 6, 73 (Bekker καλλιστεῖς); Aristoph. bei Athen. III 114 c. — κυλλήστις (acc. plur.) Herod. II 77; Hecat. bei Athen. X 418e.

Eigennamen wie Πάνημος (Monatsname) statt Πάναμος (Πάνεμος), Cήραμβος statt Cάραμβος, Ἀξείνη, Μαccαλιῆται neben Μαccαλιῶται (wie bei Polyb. und Diod.) haben keine Beweiskraft für weitergreifenden dialektischen Einfluß.[1])

ἔcω, das in amtlichen Schriftstücken des 2. Jahrh. vereinzelt begegnet, gehört als Analogiebildung zu ἔξω der gesamten κοινή an. Einmal kommt der Komparativ ἐcώτερον hart neben dem Superlativ ἐξώτατος vor. εἴcω hat eine poetische Grabschrift des 2. Jahrh.; ἐc ist nirgends zu belegen.[2])

ἕνεκεν, die gewöhnliche Form der κοινή, die auch in Ägypten vorherrscht, (seltener ἕνεκα, je einmal εἵνεκα und οὕνεκα, poetisch τοὔνεκα, vgl. § 55,7), könnte wohl auf ionischen Ursprung zurückgehen; aber es kommen derartige Formen auf -εν, wie εἶτεν, ἔπειτε(ν), neben solchen auf -α auch außerhalb des ionischen Dialektgebiets inschriftlich und auf Papyrus vor.[3])

Bei τέccερες (statt τέccαρες), das übrigens bisher auf keinem ptolemäischen Papyrus, wohl aber auf einer ägyptischen Inschrift des 1. Jahrh. v. Chr. nachzuweisen ist, hat man sicherlich Lautschwächung des unbetonten ᾰ bzw. Assimilation an die benachbarten Silben anzunehmen.[4])

---

1) Πάνημος Grenf. I 9, 4. 14 (III[a]). Amh. II 44, 5. 22 (138—137[a]). Tebt. I 6, 50 (140—139[a]). Par. 4 (unb.). Dittenberg. inscr. or. I 137 (Ägypten) 11 (II[a]). — Πάναμος ist die ursprüngliche Namensform bei den Doriern, deren Kalender der Monat von Hause aus angehört; ebenso bei den Böotern und Ätolern (inschriftliche Belege gibt v. Herwerden lex. suppl. 617f). Πάνημος ist ionisch und gemeingriechisch: so auf Inschriften von Pergamum (Fränkel, d. Inschr. v. Perg. I p. 164; II p. 398) und Makedonien (z. B. Dittenberg. syll.[2] 318, 1. 18 v. J. 118[a]); ebenso im gefälschten Brief Philipps bei Dem. XVIII 157 und in der Literatur bei Kallimachus. Über die durch Lautschwächung entstandene Form Πάνεμος vgl. unten § 10, I. — Cήραμβος Petr. II 18 (2[a]) 10. 11. 13 (246[a]). Petr.[2] 14, 6 (235[a]). Petr. II Einl. p. 31, 3. 7. 8 (III[a]). — Ἀξείνη Ostr. 1189 col. 1, 16 (unb. ptol.). — Μαccαλιῆται Würzburger Sosylosfragment (II[a]) ed. Wilcken, Hermes XLI 106 col. II 5. 10 aber col. III 3. 28 Μαccαλιῶται. Vgl. Pol. 3, 95, 6. Diod. 14, 93. — Schweizer Perg. 50.

2) ἔcω Lond. I p. 39, 37; 40, 83 (158[a]). Par. 41, 17 (160[a]). ἐcώτερον Magd. 29, 10; ἐξώτατος 4 (III[a]). εἴcω Herodesepigramm Archiv I 220 Nr. 2, 6 (145—116[a]). Schmid Attic. III 18; IV 12. 579. Crönert 113, 1 ist durch obiges zu ergänzen.

3) εἶτεν Inschr. v. Lebadeia (175—71[a]) bei Dittenberg. Syll.[2] 540, 150. Inschr. v. Andania (91[a]) ebenda 653, 31; auch auf einem Papyrus bei A. Dieterich Abraxas 174. ἔπειτεν Dittenb. Syll.[2] 540, 85; 653, 28. 31. 32. ἔπειτε 660, 2 (IV[a]). Belege für ἔπειτα s. § 55, 8. Schmid Attic. IV 451. K. Bl. I 117. Mhs.-Schwyz. 215, 23. Für ionische Provenienz der Formen auf -εν stimmen Schweizer Perg. 35. 45 und Wackernagel K. Z. XXVIII 114; auch Thumb Hell. 71ff. 57 und Smyth Greek Dialects. Ionic 595ff.

4) [δεκατέc]cερα Strack ptol. Inschr. Archiv I 209, 22, 3 (I[a]). Vgl. unten § 9 I und § 26 II. Moulton Class. rev. XV (1901) 33; XVIII (1904) 108.

Über ἐρcενικά statt ἀρcενικά vgl. oben unter Dorismen S. 5.

ἱερεωcύνη, wie Dittenberger auf dem Kanop. Dekret 23 (237ᵃ) mit Recht hergestellt hat, ist als ältere, ursprüngliche Form statt des späteren ἱερωcύνη ebenso auf attischen Inschriften nachgewiesen. Mhs-Schwyzer 46, 5; Dittenberger inscr. orient. I 56 Anm. 43. Das Wort ist von ἱερεύc, nicht von ἱερόc abgeleitet und steht nach Wackernagel Philol. Anz. 1886, 73 für ἱερηϝοcύνη. Über Pergamum Schweizer 93.

Zweimal vorkommendes χλοίηc statt des attischen χλόηc kann ebenso wie ῥοιά neben ῥοά unter den Gesichtspunkt der Einschaltung von ι zwischen ο und nachfolgendem Vokal (vgl. καταβοιῆc, βοιηθόc, ὀγδοιήκοντα § 15, 5) gestellt werden.[1])

Formen wie θυρουρόc, θυρουρεῖν (neben θυρωρόc), πυλαουρούc (statt πυλαωρούc), cκοπαιουρήcοι (statt cκοπιωρήcοι) können auf den ersten Blick im Vergleich mit πυλουρόc bei Herodot als Ionismen erscheinen. Allein die Kontraktion in Nominalformen, deren zweiter Teil auf den Stamm ὁρ- (sehen) zurückgeht, wird verschieden behandelt, je nachdem der erste Teil ein α- oder ο-Stamm ist: im ersteren Falle wird richtigerweise αο > ω, also θυρωρόc, πυλωρόc (episch πυλαωρόc), im zweiten Falle aber οο > ου, also κηπουρόc, οἰκουρόc. Nun hat die Analogie der letzteren Klasse schon bei Herodot zur Bildung πυλουρόc geführt, die sich fortsetzt in θυρουρόc, πυλαουρόc etc. Als Ionismus braucht dies nicht zu gelten.[2])

Auch das einsam stehende Zahlwort ὀδώκοντα auf einem theb. Ostrakon des 1. Jahrh. v. Chr. (neben geläufigem ὀγδοήκοντα) erweckt den Schein einer ionischen Form. Über den Ausfall des γ vgl. § 33, 3 Anm. 2. Allein es fehlt jeder individuelle Grund für ionische Herkunft der kurzen Empfangsbescheinigung. Nun ist ὀγδώκοντα als Substrat der neugriechischen Form für die κοινή nicht zu bezweifeln: da ὀκτώ die einzige auf -ω endigende Einerzahl ist, mußte sie fast

1) χλοίηc Tebt. I 112, 46. 94 (112ᵃ). Vgl. Meisterh.-Schwyz. 58, 7. ῥοιάc Leid. C p. 93 col. 4, 4; ῥοιά 12 (c. 160ᵃ). ῥοάc Amh. II 37, 12 (196 oder 172ᵃ). ῥοῶν Tebt. I 121, 10 (94 oder 61ᵃ); 189 (Iᵃ¹). Aristeas 63 ῥοά. Alciphr. (Schepers) III 24, 2 ῥοιῶν.

2) θυρουρῶι Par. 37, 46 (163ᵃ); von derselben Hand θυρωρῶι 35, 32; ebenso Tebt. I 112 introd. 4 (112ᵃ). θυρωρόc ebenda 185 (112ᵃ); ebenso Herod. 1, 120. θυρουρεῖ Par. 34, 11 (157ᵃ). πυλάουρούc Ilias 24, 681 (Kenyon) statt des in den Texten stehenden πυλαωρούc (Iᵃ). cκοπαιουρήcοι Weil VI 3 (c. 160ᵃ) [vom Herausgeber in cκοπιωρεῖcθ' geändert]. πυλουρόc Herod. III 72. 77. 118. 140. 156. κηπουρόc Petr.² 59 (a) col. 1, 5 (IIIᵃ). Lond. I p. 175. 178. 183. 186. 188. 192. (Iᵖ). οἰκουρόc ebenda 124. Crönert 292.

notwendig per analogiam auf die Bildung des Zehnerkompositums wirken. Im Ionischen wie in der κοινή ist dies geschehen (Brugmann Gr. Gr.^{3} 215), aber vermutlich in beiden Fällen unabhängig. G. Meyer 216. Hatzidakis Einl. 150.[1])

Zu den sogenannten „Kompromißbildungen“ (Thumb Hell. 75), in denen der Zusammenstoß attischer und ionischer Elemente zu einem Ausgleich führte, ist zu bemerken, daß von den als hellenistisch (ionisch?) zu betrachtenden Formen nur ψέλιον (Zaum) statt des attischen ψάλιον belegt ist; sonst finden sich ausschließlich attische Formen, wie κύαθος; auf ψακάς gehen zurück ψακάδισσα, ψακαδίσχιος; ψίαθος; γνάφαλον, nicht κνέφαλον; selbstverständlich φιάλη; andererseits in attischer Weise πύελος, nicht πύαλος; σκιερός, nirgends das übrigens auch von Platon gebrauchte σκιαρός.[2])

Auf dem Gebiete des Konsonantismus ist vor allem zu erwähnen das Umspringen der Aspiration in den Worten κιθών, κιθώνιον, κύθρα, ἐνθαῦτα statt χιτών, χιτώνιον, χύτρα, ἐνταῦθα, was wir allerdings nur aus dem ionischen Dialekt belegen können.[3]) Thumb Hell. 71 zieht hierher κολόκυνθον, κολοκύνθινος, Formen, die in den Papp. neben κολόκυντον, κολοκύντινος sich finden. Vgl. § 36 III 2.

ἀπηλιώτης (statt ἀφηλιώτης) hat sich als term. techn. der ionischen Naturwissenschaft frühe im Attischen eingebürgert. Das Wort kommt überaus häufig in den Papyri vor.[4])

---

1) ὀδώκοντα Ostr. (Theb.) 323, 6 (I^{a}). ὀγδοήκοντα Ostr. 331, 6 (alt-ptol.); 340, 5 (141 oder 152^{a}). P. Tebt. I 106, 15 (101^{a}) etc. — ὀγδώκοντα Il. 2, 568. 652. Herod. 1, 163. Simonides frgm. 146, 2; 147, 6. Solon frgm. 20, 2. Hegemo Anth. P. 7, 436, 2. Hippocr. ὀγδοηκοστός. Vgl. Hoffmann III 570 ff.; im allg. § 149.

2) ψέλιον Petr. II 33 col. A 16 (III^{a}). — κύαθος Petr. II 32 (1) 23 (III^{a}). Dagegen κυέθους Numeri 4, 7 Vat. ψακάδισσαν Petr. II 35 col. 1, 7 u. 17. ψακαδισχίοις ebenda col. 3, 5 (244^{a}). Moeris 214 ψακάς Ἀττ., ψεκάς Ἑλλ. — ψίαθος Leid. C p. 92, 3, 6 (162^{a}). Par. 50, 10. 11. 12 (160^{a}). ψιάθου Tebt. I 112, 23 (112^{a}). ψιάθων 121, 70 (94 oder 61^{a}). γναφάλλων Magd. 8, 7 (III^{a}). γναφαλλολόγων Ostr. 1081, 3 (141/40^{a}). γναφαλλόγων ibid. 1082, 3 (141/40^{a}); 1086, 3 (136/5^{a}). φιάλας Tebt. I 6, 27 (140^{a}). — πυέλωι Magd. BCH 1903, 232 (III^{a}). Mélanges Nicole p. 282, 3 ἐκ τῆς πυέλου (221^{a}). Lobeck Phryn. 309. — σκιερός Eud. 11, 23; 12, 16 (165^{a}). σκιαρός Plato legg. I 625 b. Zum ganzen Schweizer Perg. 36 f. Crönert 101. Reinhold 39.

3) Belege für die Hauchversetzung § 38, 1. Über den ionischen Ursprung der Erscheinung vgl. G. Meyer^{3} 283. W. Schmid Attic. III 18 Anm. 21. Dieterich Unt. 86. ἐνθαῦτα auch auf attischen Fluchtafeln Def. 106 (a) 5 neben ἐνταῦθα 106 (b) 1. Mhs.-Schwyz. 103, 920. Schwyz. Vulg. 253.

4) ἀπηλιώτης stehend auf Pap. und Inschriften, z. B. Petr. I 21, 15 (237^{a}); Petr.^{2} 19 (c) 24 (225^{a}). Petr. II 36 (1) 30; 41, 11 (III^{a}); 38 (a) 20 (240^{a}). Eud. 2, 7 (vor 165^{a}). Par. 51, 3. 34 (160^{a}); ibid. 5, 1, 7. 9 (114^{a}); 66, 58 (III^{a}). Amh. II 51, 9 (88^{a}). Strack Dyn. der Ptol. (Inschr. v. Faijum) 143, 9 (98^{a}) usw. K. Bl. I 112 Anm.

Bildungen wie ἐγδοκή, ἐνεδέκετωι (= ἐνεδέχετο), μελανοδόκον, ναυλοδόκος u. ä. (Belege § 36 I 2) gehören meist schon der attischen Sprache an und bedürfen keiner dialektologischen Erklärung.

Einmaliges μόγις gegenüber häufigem μόλις beweist nichts für ionische Beeinflussung der κοινή, da das Verhältnis von μόγις: μόλις im Attischen selbst zu allen Zeiten schwankt.[1])

Über κλίβανος statt κρίβανος vgl. oben unter Dorismen S. 7.

Ein Ausgleich hat stattgefunden in der Behandlung von ρς und ρρ: das ionische ρς herrscht zwar vor, ist aber nicht vollständig durchgeführt, ein Verhältnis, das sicher der lebenden Sprache entspricht. Ähnlich verhalten sich zu einander ςς und ττ.[2])

Die unattische Elision des Diphthongs von καί vor Vokalen kommt nur im Artemisia-Pap., also in einem ionischen Schriftstück vor. Das häufigere κοὐθέν läßt sich auch als Krasis erklären.[3])

b) Flexion.

Die einzige offene Form im Genit. plur. eines S-Stammes βλαβέων (von τὸ βλάβος) könnte Ionismus sein; aber die S-Stämme lauten sonst im Gen. plur. regelmäßig auf -ῶν aus, und so ist eine vereinzelte Analogiewirkung, nach dem Vorbild der in der κοινή ständigen Bildungen ἀνθέων, ὀρέων, χειλέων, viel wahrscheinlicher.[4])

Die ganz vereinzelten Formen *ἀρχιερῆα und *Ἐργῆος Leid. U 3, 14; 4, 10 (II[a]) könnten wohl, entsprechend dem halb phantastischen, halb poetischen Ton des Traumberichts als poetisch-ionische Reminis-

---

1) μόγις Magd. 11, 4 (III[a m]). μόλις Petr. I 4 (1) 6; 9 (2) 12 (klassische Stücke c. 250[a]). Par. 22, 11; 63, 4, 101 (165[a]); ebenda col. 9, 42 μόλεις. Grenf. I 17, 14 (147 oder 135[a]). Lond. I p. 51 (XV) 5 (141/39[a]). Tebt. I 19, 10 (114[a]); 24, 35 (117[a]); 61 (b) 378 (118[a]); 72, 380 (114[a]). Theb. Bk. I 27 (130[a]); XII 13 (116[a]) etc. Vgl. K. Bl. I 155 A. Schmid Attic. III 138. Crönert 98, 2.

2) Belege für ρς und ρρ § 51. Thumb Hell. 77. Belege für ςς und ττ § 52.

3) Artem.-Pap. 6 κ' ἐγ γῆι κ' ἐν θαλάςςηι; 15 κ' οὐκ (III[a]). Hatzidakis Einl. 313 f. Thumb Hell. 82.

4) βλαβέων Tor. XIII 14 (137[a]). [γενέων Gen. 20, 3 (109[a]) ist von Wilcken Archiv I 553 in ἱππέων berichtigt. ετεων Petr.[2] 114, 14 gehört dem Zusammenhang nach kaum zu ἔτος, sondern zu einem in der vorhergehenden Silbe ausgefallenen Worte.] Über das Vorkommen offener Formen bei attischen Dichtern (Trag.) und Xenophon vgl. K. Bl. I 432 Anm. 5; in der κοινή Schmid Attic. IV 17; 581. ὀρέων Aristeas (Wendland) 119; ebenso im N. T. neben χειλέων, Win.-Schmied. § 9, 6. Schweizer 153 (mit weiteren Literaturangaben); über die apostolischen Väter Reinhold 52 (χειλέων, ὀρέων, ἀνθέων, τειχέων). Trotzdem nimmt Kretschmer Entst. d. κοινή 23 das einsam stehende βλαβέων unbedenklich als Ionismus in Anspruch. Vgl. auch Moulton Class. rev. XV (1901) 435.

zenzen aufgefaßt werden, lassen sich aber — zumal in dem sehr unorthographischen Stücke — ebensogut den vielen Fällen beizählen, in denen ϵ vor Vokal zu η geworden ist. (§ 10 III A^{1}). Ebenso singulär erscheint die einmalige Form ἡμίϲευ(ϲ) (statt des gewöhnlichen ἡμίϲουϲ) mit der dem Ionischen geläufigen Kontraktion εο > ευ (vgl. oben S. 10).[1])

Die Flexion διώρυγοϲ, διώρυγι etc., die in einer Glosse des Phryn. (Lobeck 230) ausdrücklich als unattisch bezeichnet wird gegenüber attischem διώρυχοϲ etc., herrscht ohne Ausnahme in der ptol. Zeit und wurde schon auf Rechnung des Ionischen gesetzt: doch ist auch hier analogistische Einwirkung von seiten des in der κοινή beliebten Aorists II ὠρύγην (Lob. Phryn. 318; Reinhold 77) nicht ausgeschlossen.[2])

Der im Neuionischen (Herod., Hippocr.) gebräuchliche Gen. δυῶν steht auf dem tanitischen Exemplar (A) der Inschr. v. Kanopus (237^{a}): v. 62 ϲταχύων δυῶν [B hat ϲτ. δύο]. Die Form ist zu vereinzelt, als daß man weitere Schlüsse daran knüpfen könnte, gehört zudem ebensogut der dorischen Mundart an (vgl. große Inschrift von Gortys I 40 und Hesych. s. v.). K. Bl. I 635, 3. 4. G. Meyer 496. Zur gewöhnlichen Flexion von δύο vgl. § 70, 2.

Die Ordinalzahlen τρειϲκαιδέκατοϲ, τεϲϲαρεϲκαιδέκατοϲ etc., wie sie in den Papyri vorherrschen, werden von Schweizer Perg. 165 auf ionischen Ursprung zurückgeführt gegenüber den regelmäßigen attischen Bildungen τρίτοϲ καὶ δέκατοϲ etc.: allein dieses Bildungsprinzip kommt (in seltenen Fällen) auch außerhalb der ionischen Sphäre vor.[3])

Als Neubildungen, die zweifellos auf ionischem Sprachgebiet erwachsen sind, betrachtet Thumb Hell. 230 ff. die zahlreichen Eigennamen auf -ᾶϲ, -ᾶ oder -ᾶϲ, -ᾶτοϲ (-ᾶϲ, -ᾶδοϲ findet sich fast nirgends

1) ἡμίϲϲυ(ϲ) μ(έρουϲ) Wilck. Ostr. 758, 3 (102^{a}). Belege für ἡμίϲουϲ § 68, 7.

2) διώρυξ (über den Akzent Lob. Phryn. 230) Par. 5, 1, 7 (114^{a}). BU 993 III 8 (127^{a}); 1000 I 6 (98^{a}). διώρυγοϲ Petr. I 23, 6 v. u. (250^{a}). Petr. II 39 (c) 3 und Einl. p. 31, 4 v. u. (III^{a}); II 6, 5; 13 (5) 2 (255^{a}); 36 (1) 5 (III^{a}). $Petr.^{2}$ 43 (2) r. col. 2, 13 (246^{a}); 98, 7. 17. 25 (III^{a}). Tebt. I 61 (b) 135 (118^{a}). διώρυγι Petr. II 4 (13) 2 (255^{a}); 36 (1) 3; 39 (c) 3 (III^{a}). $Petr.^{2}$ 28 (e) 20 (260^{a}); 42 F (c) 3 (252^{a}). διώρυγα Petr. II 13 (8) 1 ($258—53^{a}$). διωρύγων Par. 66, 73 (III^{a}). διώρυγαϲ ibid. 40. 49. — διώρυχοϲ BU 10, 17 (192^{p}). διωρύχ[ω]ν Gen. 78, 27 ($III—IV^{p}$). So Thukyd., Plato; aber Polyb., Diod., Strabo, Paus. mit γ. Lob. Phryn. 250: διώρυγοϲ, διώρυγι, διώρυγα οὔ· οἱ γὰρ ἀρχαῖοι ταῦτα διὰ τοῦ χ̅ λέγουϲι διώρυχοϲ. Thumb Hell. 74. Crönert Mem. herc. X.

3) Belegstellen § 70, 16. K. Bl. I 626 Fußnote führt ἑπτακαιδέκατοϲ aus Thuc. 7, 28 an, sonst allerdings nur Belege bei Herod., Hippocr. und auf pergam. Inschr. Attische Inschr. haben die betr. Formen erst zu Anfang der Kaiserzeit, s. Meisterhans-Schwyzer 163, 24. Thumb Hell. 72.

in den ptol. Pap.), sowie solche auf -οῦς, -οῦτος (nirgends -οῦδος), worüber gehandelt wird § 63 Anhang 1. 6. Vgl. Kretschmer, Entst. d. κ. 25 f.

χρᾶσθαι, χράσθωσαν neben gewöhnlichem χρῆσθαι etc. ist sicher Analogiebildung und kein Ionismus. Belegstellen und Literaturangaben § 73, 3.

Die Par. 63, 4, 111 (165[a]) von Witkowski (Prodr. 45) gelesene und von Crönert 280, 5 aufgenommene Aoristform κατενεικεῖν hat sich bei erneuter Revision des Textes nicht bestätigt: Letronne, Revillout und die neuesten Herausgeber von Petr.[2] Einl. p. 28 bieten nach dem Original κατενεγκεῖν.

Die abnormen Formen *προσένηκεν (= προσήνεγκεν) und *μετενῆκαι (statt μετενέγκαι) — beide in schlecht geschriebenen Stücken des III. Jahrh. — lassen sich (wofern nicht Schreibfehler vorliegen) durch lautliche Vorgänge der κοινή leidlich erklären: bei beiden ist (nach § 43, 1) der Nasal geschwunden, worauf aus προσήνεκε durch Umspringen der Quantität in zwei benachbarten Silben (§ 27) προσένηκε und aus ähnlich entstandenem μετένηκα der Infinitiv μετενῆκαι mechanisch gebildet ist. An μετενεῖκαι ist schwerlich zu denken.[1])

Die in Urkunden des III. Jahrh. auftauchende Aoristform ἠδυνάσθην (neben δυνηθῆναι) weist nicht unbedingt auf ionischen Ursprung hin: sie ist auch in der alten Dichtersprache außerhalb Homers und bei Herodot und Xenophon belegt, kann also aus der Literatursprache in die κοινή übergegangen sein.[2])

Formen wie ἐμπλεκείς, ἐμπλεκέντες, ἐντρεπέντος statt ἐμπλακέντες, ἐντραπέντος dürfen nicht etwa auf Grund von συμπλεκέντος bei Herod. III 78; VIII 84 (Hoffmann III 247) oder διαπλεκεῖσαι bei Hippocr. IX 100 A als Ionismen betrachtet werden, sondern sind wie ἐστρεμμένα, βρεχῆι statt ἐστραμμένα, βραχῆι durch Eindringen des Präsensvokals in den Aorist (ohne Ablaut) zu erklären.[3])

---

1) *προσένηκεν Petr. II 4 (6) 12 (255[a]). *μετενῆκαι Petr. II 14 (1[b]) 3 (III[a]). Crönert 281.

2) ἠδυνάσθημεν Petr.[2] 42 C 14, 4 (255[a]). ἠ]δυνάσθησαν ebenda 28 (e) 9 (260[a]). δυνηθῶσι Rev. Mél. 303, 7 (II[a]). K. Bl. II 404. Crönert 252, 3.

3) ἐμπλεκείς P. Reinach 7, 18 (c. 140[a]). ἐμπλεκέντες Tebt. I 39, 17 (114[a]). περιπλεκείς Timoth. Pers. (Wilamowitz) 157 (III[a]). ἐντρεπέντος Par. 37, 24 (163[a]). Weitere Belege für beide Formen aus der Literatur gibt Crönert 230, 1. 3. ἐστρεμμένα Eud. 12, 10 (vor 165[a]). βρεχῆι Tebt. I 106, 19 (101[a]). βρεχέντων citiert v. Herwerden Append. lexic. supplet. 247 aus Pap. Vitelli, Atene e Roma VII p. 123, 6. Ähnlich ἐπέστελκε auf einer delphischen Inschrift bei Collitz, Dialektinschr. 2733, 14 (III[a]).

Es ergibt sich aus der obigen, die Laut- und Formenlehre betreffenden Zusammenstellung, daß die Zahl unbestreitbarer Ionismen in den ptol. Pap. verschwindend klein ist und sich im wesentlichen auf Lehnworte beschränkt, also Lautgesetze und Formprinzipien des ionischen Dialekts im ganzen nicht als wirksam für die κοινή in Betracht kommen. Nach Abzug der teils strittigen, teils unbedingt abzulehnenden Erscheinungen bleiben als sichere Ionismen übrig: die Endung in ἀπιστηίην, die Fälle von Hauchversetzung in κιθών, κύθρα etc., ἡμίσευς und endlich die Eigennamen auf -ᾶς, -ᾶτος und οῦς, -οῦτος, wozu man allenfalls noch ἐλάη stellen könnte.

c. Wortwahl.

In weitaus stärkerer Zahl scheinen ionische Elemente (mit attischer Vokalisation!) in den Wortschatz der κοινή eingeströmt zu sein. Ohne Anspruch auf Vollständigkeit sei im folgenden in alphabetischer Reihe eine Anzahl von Wörtern verzeichnet, die ursprünglich in überwiegendem Gebrauch dem ionischen Sprachgut angehörten und Aufnahme in die vorchristliche ägyptische κοινή gefunden haben.[1])

ἀνακάμπτω (zuerst Herod. 2, 8; dann Pl. Phaed. p. 72B aus der Volkssprache; Arist., Theophr., Polyb., LXX, N. T.) Magd. 8, 10 (III^{a}). Vgl. Anz subsidia 314f.

ἀντιμέμφομαι [nur Herod. 2, 133. Marc. Ant. 6, 30] Par. 64, 6 (c. 160^{a}).

ἀπαρτίζω — καταρτίζω. Phryn. Lob. 447: ἀπηρτισμένον, ἀπήρτικα καὶ τὰ ἀπὸ τούτων ἅπαντα σόλοικα. ἀποτετέλεσται δὲ καὶ ἀποτετελεσμένον χρὴ λέγειν. Papp.: ἕως ἀπαρτίσῃ Theb. Bank XI 11; XI^{b} (116^{a}). ἀπαρτίζεις steckt wohl auch in der verderbten Stelle Tebt. I 12, 11 (118^{a}). ἀπαρτιζώμεθα Vat. B 12 (Mai V 602) c. 160^{a}. In röm. Zeit BU 448, 26. Das Wort ist zu belegen bei Hippocr., Arist., Pol., Ios., Diodor. Moeris p. 82 und Thomas Mag. 104 verwerfen es. καταρτίζω ist dem Herod. geläufig, dann erst wieder bei Pol., Sept., Dionys., N. T., Diod., Plut. Papp.: καταρτισθῶσι Tebt. I 6, 7

1) Anregung zu dieser Untersuchung gab Thumb Hell. 209ff., wo eine kurze Probe einer derartigen Zusammenstellung im Anschluß an alte Grammatikerangaben vorgelegt ist. Manchmal ist beim Zusammenfallen der ionischen und poetischen Literatursprache die Entscheidung schwierig, ob ein Wort den ionisierenden oder allgemein poetischen Sprachelementen beizuzählen ist; daher mag die § 3, 2 gegebene Zusammenstellung poetischer Lehnworte in gewissem Sinne als Ergänzung dieser Liste dienen.

(140—39[a]). καταρτιcόμεθα ebd. 24, 48 (117[a]). κατηρτίcατο Dittenb. inscr. or. I 177, 10 (97—96[a]); κατηρτίcθη ebd. 179, 9 (95[a]). καταρτιcμόc Tebt. I 33, 12 (112[a]).[1])

γειτνία [Hippocr.] ist gegenüber attischem γειτονία durchweg die Form der Papp. Übrigens findet sich γειτνιάω, das ebenfalls in den Papp. häufig ist, bei Ar., Dem., Luc.; γειτνίαcιc bei Arist., Theophr., Pol., Ael.[2])

γογγύζω. Phryn. Lob. 358: γογγυcμὸc καὶ γογγύζειν· ταῦτα ἀδόκιμα μὲν οὐκ ἔcτιν, ἰακά δέ. Pap. Petr. II 9 (3) 9 (241[a]) γογγύζει. Das Wort gehört auch der biblischen Gräzität an.[3])

γογγυλίc (Rübe) [Hippocr., Com., Theophr.], was Phryn. 103 billigt, ist zu belegen Petr.² 53 (m) 7 (225[a]); Leid. C p. 93, 4, 5 (II[a]), nicht aber das dort verworfene γογγύλη.

δαψιλήc vgl. poetische Wörter § 3, 2b.

διάκομμα kennt nur Hippocr. 100 G im Sinn von „Wunde, Schnitt", die Papp. = „Einschnitt, Kanal".[4])

διαcκορπιcμόc. Lob. Phryn. 218: cκορπίζεται Ἑκαταῖοc, Ἴων ὤν, οἱ δ' Ἀττικοὶ cκεδάννυταί φαcιν.[5])

διάφυcιc [Hippocr. — Arist., Theophr.] = Durchgang, leere Stelle: Leid. N 2, 11 (103[a]); M 1, 18 (114[a]). In der Dublette zu letzterem Stück bietet Par. 5, 10 διάφαυcιc (Lichtung), was nur noch bei Plut. Mor. p. 929 B zu belegen ist. ὑπόφαυcιc gebraucht Herod. VII 36. Zu διαφαύcκω vgl. Anz subsidia 315 [Her. Pol.].

διηνεκῶc vgl. oben S. 13.

δωcίδικοc [Herod. — Pol.] = iuri obnoxius. Par. 10, 14 (145[a]).

ἐγκολάπτω [Herod. — Luc., Plut.] Leid. U 3, 21 (II[a]). προcενκολάπτεcθαι Kanop. Dekr. 23 (237[a]). Anz subsidia 346.

---

1) Thumb a. a. O. 209.

2) γειτνία Grenf. II 15 (3) 3 (139[a]); 32, 13 (101[a]); 35, 15 (98[a]). Par. 15[b] I 2 (143[a]). Tebt. I 14, 10 (114[a]) usw. γειτονία Plat. legg. VIII 843 C. Aristot. rhet. 2, 21. — γειτνιώντων Par. 38, 9 (160[a]). γειτνιώcηc Tebt. I 105, 19. 60 (103[a]) u. oft.

3) Die ionische Provenienz des Wortes wird von W. Schmid G. G. A. 1895, 33 f. bestritten, weil dasselbe vom Antiatt. schon bei Alexandrides (IV[a]), dem attischen Komiker, nachgewiesen wird, dagegen von Thumb a. a. O. 215 verteidigt. Anz subsidia 368.

4) τὰ διακόμματα παλαιῶν χωμάτων Petr. II 36 (2) 4; 37 (1[b]) 14 (III[a]). Petr. I 23, 19 (257[a]). Ostr. 1025 (ptol. unb.).

5) διαcκορπιcμόc Tebt. I 24, 55 (117[a]). Das Verbum ist gebraucht von Pol., Sept., N. T., Ael. Vgl. Schmid Attic. III 236. Übrigens äußert sich Schmid G. G. A. 1895, 34 skeptisch über obige Phrynichus-Glosse und ist geneigt, das Wort dem attischen Volksdialekt zuzuschreiben. Anders Thumb a. a. O. 210.

ἔκπτωμα [bei Hippocr. = ausgerenktes Glied] Tebt. I 61 (b) 166 (118[a]); 72, 78 (114[a]) = Einsturz: διὰ τὸ γενόμενον ἔκπτωμα τοῦ μεγάλου περιχώματος.

ἐλλύχνιον. Phryn. 162: Ἡρόδοτος κέχρηται· Ἀθηναῖοι δὲ θρυαλλίδα λέγουσιν. Papp.: ἐλλύχνια Par. 57, 2, 6 (157[a]). ἐπελλύχνιον (Lampenöl) Rev. L. 40, 10. 12; 55, 9 (258[a]).

ἐμβόλιμος [Herod.— Plut., Diod.] Petr.[2] 22 (f) 2 (235[a]). Eud. 302. 316 (vor 165[a]).

ἔνσιμος [Hippocr.— Geopon.] Petr. I 19, 34 (225[a]). Petr.[2] 11, 1 (237[a]). Leid. N 2, 7 (103[a]).

ἐξασθενέω [Hippocr. — Plut., Ael., Hdn.] Tebt. I 50, 33 (112[a]).

ἐξοδεία [Herod.— Pol., LXX] Rosettainschr. 42 (196[a]). Glaser de rat. 64. Vgl. ἐφοδεία [Pol.] Tebt. I 96, 2. 3 (95 od. 62[a]); 120, 28 (97 oder 64[a]); 257 (I[a]).

ἐπαναπέμπω [Hippocr.] Petr. II 20 col. 4, 15 (252[a]).

ἐπιδιαιρέω [Herod. — Pol., LXX, Diod., App.] Petr. II 4 (6) 9 (255[a]). Anz subsidia 314 f.

ἐπισάσσω [Herod. — Xen., LXX, Luc.]. Ostr. 757 (106/5[a]) ἐπίσακτος. Anz subsidia 315. Thumb Hell. 215.

εὔθετος [Aeschyl., Hippocr. — Polyb.] Tebt. I 27, 44 (113[a]).[1])

θρῖδαξ. Phryn. Lob. 130: θρίδακα Ἡρόδοτος ἰάζων εἶπεν, ἡμεῖς δὲ θριδακίνην, ὡς Ἀττικοί. [Herod., Hippocr.— Theophr., Luc., Plut.] Papp.: θριδάκων Petr.[2] 53 (m) 8 (225[a]). Demnach ist zu ergänzen θρίδα(κος) Petr.[2] 140 (d) 2 (III[a]). Tebt. I 112, 11. 14. 36 (112[a]); 117, 13 (99[a]).

ἰδιόκτητος [Hippocr. — Strabo] Tebt. I 5, 111 (118[a]).

καθυστερέω [Hippocr. — Theophr., Pol., LXX, Luc., Plut.] Pap. Gizeh Mus. Archiv II 80, 14 (III[a]). P. Anton. 29/30 (41 oder 32[a]). Anz subsidia 341 f.

καμάρα — καμαρόω (Gewölbe — wölben): Phot. bibl. p. 454, 33 wundert sich, ὅτι κέχρηται ὁ συγγραφεύς (Agatharchides), ἀττικιστὴς καίτοι ὤν, τῇ τῆς καμάρας λέξει. Herod. I 199 gebraucht das Wort = überdeckter Wagen; Diod. Sic. 2, 9 = gewölbtes Zimmer; Arr. an. 7, 25, 5 = Schlafgemach. Auch Galen benützt es. Das Verb. denom. καμαρόω Grenf. I 21, 9 (126[a]). BU 997 I 5; II 6 (103[a]). καμάρωσις Petr.[2] 48, 2 (III[a]).

κατοχή [Herod.— Galen., Plut.] Papp. = klösterliche Zurückgezogenheit Leid. B 2, 1 (164[a]). Par. 22, 22 (165[a]); 23 verso (165[a]); 41, 7 (158[a]); 55[b], 60 (159[a]). Lond. I p. 9, 3 (162[a]). Vat. A (Mai V 601) 8

---

1) Glaser de rat. 63. Das Wort begegnet auch auf der Inschr. v. Andania (91[a]) Dittenberg. Syll.[3] 653, 74 εὐθέτους; 148 εὐθετωτάτους; 154 εὐθέτους.

(172ª) usw. Glaser de rat. 64. Zur Bedeutung vgl. W. Otto, Priester und Tempel I 119ff.

κοινολογία [Hippocr. — Pol., LXX] Pap. Fay. XII 15 (nach 103ª). κοινολογέομαι [Herod. — Arist., Pol., Luc.] Goodsp. 4, 9 (152 oder 141ª). Tebt. I 124, 10 (nach 118ª). Goetzeler p. 16. Glaser 45, 63.

λόγιμος = ἐλλόγιμος [Herod. — Dio Cass., Poll.] Pap. Leid. U 4, 1 (IIª): λόγιμα ἱερά.

μίσγω (ἐπι-, συμ-) [Hom., Hes., Herod. — Thuc., Plat., Xen., Pol., Aristeas, Call.]: ἐπιμίσγω Rev. L. 28, 17; 29, 1 (258ª). συμμείσγω Tebt. I 12, 7 (118ª); 26, 3 (114ª). συμμίσγω Tebt. I 12, 18 (118ª); Rev. Mél. 291, 4 (IIª). παρα-, προσμίσγω Ios. Vgl. Schmidt 510.

ὁλοσχερής. Par. 63, 81 (165ª) ὁλοσχερέστερον. Tor. I 7, 26 (117ª) ὁλοσχερῶς.[1])

παραθήκη. Phryn. Lob. 312: παραθήκην Ἱππίαν καὶ Ἴωνά τινα συγγραφέα φασὶν εἰρηκέναι, ἡμεῖς δὲ τοῦτο παρακαταθήκην ἐροῦμεν, ὡς Πλάτων καὶ Θουκυδίδης καὶ Δημοσθένης. Pap. Par. 37, 21 (163ª) τὰς τῶν πτωχῶν παραθήκας. Lond. I p. 32, 9 (163ª) παραθήκη.

πάρεξ (= χωρίς) [Herod., Hippocr. — Pol., LXX] Pap. Leid. U 3, 20 (IIª).

πλωτός [Od., Herod., Trag. — Pol., Ael., Strab., Plut., Philostr.] Tebt. I 92, 3 (IIªᶠ). Vgl. Schmid Attic. III 20. 215; IV 15. 325. 674.

σκέπη [Herod., Hippocr. — Plato, Xen., Pol.] Tebt. I 33, 12 (nach 100ª); 40, 9 (117ª); 210 (107/6ª).

στενοχωρέω [zuerst Hippocr., dann Machon bei Ath., Luc., Diod., N. T., Philostr., Chariton] Pap. Petr. I 26, 9 = II 12 (1) 13 (241ª).

τύλη [Sappho, Ar., Arist., Diod.] wird von Thumb Hell. 215 schwerlich mit Recht als Ionismus angesprochen. Papp.: τύ(λη) κοινή Tebt. I 181 (IIªᶠ). ἐντύλη Lond. II p. 11, 15 (IIª). Das attische τυλεῖον Rev. L. 94, 10; 102, 5 (258ª).

ὑπερπίπτω von der Zeit = παριέναι findet sich früher nur bei Herod. (III 71) und Hippocr. (p. 648); im Sinne von „überströmen" bei Pol. (IV 39, 8). In der Verbindung τοῦ ὑπερπεσόντος χρόνου Grenf. I 20, 14 (127ª); II 18, 16 (127ª); 21, 16 (113ª); 27, 15 (103ª). Amh. II 50, 19 (106ª).

---

1) Das Wort ist von Blaß mit Recht bei Isocr. V 135 getilgt und wird, wie es scheint, fälschlich von Clem. Alex. dem Sophocl. zugeschrieben (Thes. s. v.). In Prosa erscheint es zuerst bei Hippocr. p. 381, 15; dann auf ionischen Inschriften, so Dittenb. syll.² 877, 7 (Keos) ὁλοσχερέα (c. 420ª); endlich in der κοινή: ὁλοσχερῶς Ditt. syll.² 278, 4 (c. 196). ὁλοσχερές ibid. 517, 21 (Amorgos) IIª. Pergam. Inschr. 163B col. II 7 (Eumenes II). ὁλοσχερῶς Dittenb. syll.² 330, 19 Gythium (Iª); Dittenb. inscr. orient. (Aegypt.) 194, 20 (42ª). In der Literatur haben das Wort Theophr., Pol., LXX, Aristeas 27. Glaser 63.

ὑπορύσσω [Herod., Pol., Luc., Plut.] Petr.[2] 42 F (a) 5 (c. 250[a]). Tebt. I 13, 10 (118[a]).

χειριδωτός (χιτών) = mit Ärmeln versehen [Herod. — Ios., Strabo, Hdn., Philostr., Heliod., Poll.] Tebt. I 46, 34 (113[a]).

χειρίζω [Hippocr. von Operationen — Pol. = administrare; ferner bei Aristeas, Plut., Diod., Dio Cass.] Tebt. I 27, 41 (113[a]) κεχειρισμένος; ebd. 76, 3 (112[a]) κεχειρικόσι. Komposita: συνχειριοῦσιν Par. 62, 4, 16 (II[ai]) [Pol. VI 2, 14]. διαχειρίζειν auch im Attischen gebräuchlich. Davon

χειρισμός [Hippocr. = wundärztliche Operation — Pol. = Handhabung, Verwaltung] Pap. Tebt. I 111, 5 (116[a]); 114, 5 (111[a]). Weitere Derivata: προχειρισμός Amh. II 39 (= Arch. II 517) II[af].

χειριστής [Pol.] Lond. I p. 16, 7 (162[a]). Tebt. I 115, 22 (115[a]); 119, 5 (105[a]); 121, 84 (94 oder 61[a]); 188 (II[af]). χειριστικός Tebt. I 121, 49 (94 oder 61[a]). Inschriftliche Belege gibt Glaser de rat. 62.

Obige Liste, die sich auf besonders charakteristische und feststehende Fälle beschränkt, könnte zweifellos nicht unbeträchtlich vermehrt werden, namentlich durch Heranziehung gewisser Wortbildungen, für welche die κοινή in Übereinstimmung mit dem ionischen Dialekt eine ausgesprochene Vorliebe zeigt, wie die Neutra auf -μα, ein Typus, der übrigens in der ionischen Dichtersprache nicht minder beliebt war (vgl. die möglichst vollzählige Zusammenstellung in der Wortbildungslehre § 83, 15): aber schon die angeführten Beispiele genügen zum Beweis, daß ionische Elemente in den Wortschatz der neuen Sprache in nicht geringer Zahl eingedrungen sind, sei es nun, daß sie schon früher im Attischen vorhanden gewesen und nur der Schriftsprache fern geblieben waren oder daß sie direkt aus Ionien in die Gemeinsprache eingeströmt sind.

§ 3. Poetische Wörter und Redensarten.

Auffallen muß in der Sprache der ägyptischen Papyri ein nicht unbeträchtlicher Bestand an poetischen Wörtern und Wendungen, d. h. solchen Ausdrücken, wie wir sie in der klassischen Zeit vorwiegend im Gebrauch der Dichter finden. Es ist zuzugeben, daß bei unserer immerhin lückenhaften literarischen Überlieferung und dem Ineinanderwirken der Volks- und Literatursprache (z. B. in der Komödie) die Scheidung dichterischer und volkstümlicher Elemente oft sehr heikel, ja unmöglich ist; auch ist in einzelnen Fällen schwer zu bestimmen, ob ein Wort im allgemeinen der Sphäre des ionischen Idioms oder der von jeher ionisch gefärbten Dichtersprache angehört. Immerhin wird im folgenden der Versuch gemacht, die anscheinend dichterischen Bestandteile der Papyrussprache herauszustellen.[1]) Es sind zweierlei Möglichkeiten zu unterscheiden: entweder erklären sich dichterische Wörter und Phrasen aus dem individuellen Charakter eines Schriftstücks bzw. des Verfassers und seinem Bestreben, durch gehobene Ausdrucksweise zu wirken, oder — und dies ist für die Untersuchung der Gemeinsprache von höherem Wert — die poetischen Ingredienzen haben sich unvermerkt in die schlichte Prosa der Papyrustexte eingeschlichen, bilden also einen integrierenden Bestandteil der damaligen Volkssprache. Für beide Fälle fehlt es nicht an Belegen.

1. Abgesehen wird von der rhetorischen Kunstprosa, wie sie im sogen. erotischen Fragment (Grenf. I 1, geschr. nach 173[a]) mit künstlerischem Bewußtsein festgehalten wird.[2]) Ein Beispiel für ein ursprünglich poetisch abgefaßtes Schriftstück, das uns in prosaischer Umarbeitung vorliegt, ist der astronomische Papyrus (Par. 1): der sog. Eudoxuspapyrus (geschr. vor 165[a]). Fr. Blaß[3]) hat überzeugend nachgewiesen, daß noch vielfach die rhythmische Form des Gedichts (iambischer Senar) durchscheint; er hat längere Abschnitte wiederhergestellt. Kein Wunder also, wenn sich poetische Wörter in die Prosabearbeitung herübergerettet haben: es handelt sich meist um naturwissenschaftliche Kunstausdrücke, die uns früher fast nur aus Dichtern und neuionischen Schriftstellern bekannt waren, wie die Substantiva: ἡ ἕλιξ (Windung, Kreisbewegung), ἑωσφόρος, μείς, φέγγος.[4])

Die Adiectiva: ἀμαυρός, μεσημβρινός, μεσονύκτιος, σεληναῖος, σκιερός.[5])

---

1) Bestimmend war in dieser Beziehung der Vorgang von W. Schmid G. G. A. 1895, 36 und Thumb Hell. 216ff. Schon früher hatte W. Schmidt de Flavii Iosephi elocutione Ibb. f. kl. Ph. Suppl. XX 517ff. in der Sprache des Iosephus eine große Anzahl anscheinend poetischer Wörter herausgestellt. Auch Schmiedel § 3, 2, c. notiert die Tatsache, daß das N. T. eine Reihe seltener, nur von Dichtern und in höherem Stil gebrauchter Wörter und Formen enthält.

2) Vgl. U. v. Wilamowitz G. G. A. 1896, 299ff. Des Mädchens Klage, eine alexandrinische Arie. O. Crusius Philol. 55 (1896) 370. E. Rohde, kleine Schriften II 1ff.

3) Eudoxi ars astronomica, qualis in charta aegyptiaca superest, denuo edita. Kiliae 1887.

4) ἡ ἕλιξ [Il., hymn. hom., Anacr., Trag., Arist.] col. 5, 3. 10; 9, 2. 10; 20, 18. 28. ἑωσφόρος [Il., Hes., Plat.] 5, 2. 9 und in der Zeichnung vor col. 5. μείς vgl. S. 6. φέγγος [Hom., Pind., Trag., übrigens auch bei Plat., Xen. und später bei D. H., Ios. (W. Schmidt 520), bei Aeneas Tact. 10, 25, 26 = Fackel; 11, 14, 16; 12, 1, 18.

5) ἀμαυρός [Od., Hes., Trag., Xen.] 11, 19. μεσημβρινός [Aeschyl., Ar., Thuc. 6, 2] Eud. 17, 2. μεσονύκτιος [Phryn. Lob. 55 ποιητικόν, οὐ πολιτικόν] 17, 3. σεληναῖος [Orac. b. Herod., Ap. Rh.] 3, 26. σκιερός [Hom., Hes., Ibyc., Anacr., Eur., Ar., Xen.] vgl. oben S. 16.

Die Verba: δύνω; ἐπι-, ἐπανατέλλω.[1])

U. v. Wilamowitz hat zuerst darauf hingewiesen, daß dem Pap. Leidensis U (II[a]) ein Isishymnus zugrunde liegt, der in der legendären Erzählung seine Spuren hinterlassen hat.[2]) Da begegnen als poetische Epitheta der Göttin col. 2, 9: μεγαλόδοξος [Pind.] εὐεργέτεια (Wohltäterin, femininale Neubildung zu εὐεργέτης); 2, 11 und 3, 9 θεῶν ἄνα(ς)σα, womit zu vergleichen ἀνάσσης παρθένων im Kanopusdekr. 61 (237[a]); 2, 17 θεὰ θεῶν κράτος ἔχουσα. Des weiteren steht col. 2, 20 das dichterische Kompositum ἐπάκουσόν μοι und das vorwiegend poetische Adverb. ἀμέμπτως (ebenso Magd. 14, 13 [III[a]] und Leid. B 3, 17 c. 160[a]); 3, 20 φαμένων, πάρεξ; über τὰ λόγιμα ἱερά 4, 1 vgl. oben S. 23.

Ein seltsames Gemisch von Vulgarismen niedrigster Art und poetischen Brocken, das an den mysteriösen Ton der Zauberpapyri und Fluchinschriften (vgl. Artemisia-Pap.) erinnert, zeigen die Traumerzählungen Par. 50 und 51; Leid. C p. 117 ff., alle drei aus der Feder des Klausners Ptolemäus, Sohnes des Glaukias (c. 160[a]). Hervorgehoben sei im einzelnen Par. 51, 11 die Anrede ὄμμα ψυχῆς; 25 die wie es scheint im Isiskult geläufige Gebetsformel ἐπάκουσον.[3])

Von dem rhetorisch aufgeputzten, floskelreichen Stil, in dem das Rundschreiben des Finanzministers Herodes v. Jahre 165 v. Chr. gehalten ist, war oben (S. 4 Note 1) vorübergehend die Rede. Hand in Hand damit geht die Einstreuung einiger halbpoetischer Ausdrücke, wie die epische Form ἐτέτληто col. 9, 31; wahrscheinlich auch col. 7, 12 statt des bisherigen πε[ρ]ισπᾶσθαι das dem Sinne angemessene altepische Futurum πε[φιδ]ήσασθαι (sic), hergestellt in der Neuausgabe Petr.[2] Einl. p. 36, 204 (vgl. § 72 Anm. 7); ferner die unklassischen Adverbialbildungen ἄρδην 9, 37 und προσφάτως 8, 10 [ebenso Pol., LXX und Aristeasbrief 5 Wendland]. Auch τιθηνεῖν (4, 127) gehört ursprünglich überwiegend dem poetischen Sprachgebrauch an. Interlinear glauben die neuesten Herausgeber des Papyrus (Petr.[2] Einl. p. 26, 95) ἀλιτρός zu erkennen, ein ausschließlich poetisches Wort [Hom., Pind., Sol., Theocr.], das dem pretiösen Stil des Erlasses nicht unangemessen erscheint.

Als letztes interessantes Beispiel einer absichtlich mit gewählten Ausdrücken durchsetzten Stilform verdient Erwähnung ein amtlicher

1) δύνω — συγκαταδύνω [ep. neuion.] vgl. § 73 d 3. ἐπιτέλλω (aufgehen) [hymn. Merc., Hes., Theogn., Aeschyl., Hippocr.] Eud. 6, 8; 10, 10. ἐπανατέλλω [Hom., Hes., Trag., Her., Arist. meteor.] Eud. col. 15.

2) Witkowski Prodr. 17, wo Parallelstellen aus anderen Isishymnen (Kaibel epigr. 1028, 1029) mitgeteilt werden.

3) Vgl. U. Wilcken in den Mélanges Nicole p. 588.

Bericht über Unruhen in der Umgebung der Stadt Krokodilopolis v. Jahre 123[a]: Pap. Gizeh Mus. No. 10351, publ. im Arch. f. Pap. I 59 ff. Auf dem engen Raum von etlichen 50 kurzen Zeilen hat der Verfasser, um dem nüchternen Stoff ein gewisses Kolorit zu geben, allerlei Schnörkel und Floskeln angebracht. Der Ausdruck λαόν (v. 6) fällt weniger auf, da λαός (übrigens meist im Plural!) stehende Bezeichnung für „Leute, Bewohner" ist (vgl. unter 2.); dagegen erscheint schon die Phrase cυνάψαντες ἡμῖν δι' ὅπλων μάχην (v. 16) ziemlich gewählt, noch mehr das halbpoetische τροπωθῆναι (v. 18. 40); vollkommen dichterisch klingt νῆcoc περίκλυ<c>cτος (v. 34); ob man v. 41 λητηρίους (Hesych. λητῆρες· ἱεροὶ cτεφανηφόροι) oder (mit Crusius) ἀλιτηρίους oder (wohl am besten) λη<c>τηρίους (Räuberbande) liest, man bleibt in der Sphäre dichterischen Ausdrucks. Statt εἰς ποταμὸν ἐναλέcθαι (v. 41) [Trag., Ar.] läge der Prosa näher ἐμ-, εἰcπηδῆcαι, vgl. Par. 40, 36 (156[a]). Die drei letzten Zeilen endlich enthalten nicht bloß das der Komödie entlehnte Wort cυγκωθωνιcθέντων („als sie zusammen becherten"), sondern auch die zuerst von Archilochos gebrauchte sprichwörtliche Verbindung ἁλὸς καὶ τραπέζης μεταξὺ ὄντων (vgl. Jacobs z. Anthol. 7, p. 241 und Add. 12, p. 436).

2. Folgende Wörter und Redensarten, die ohne sichtbare individuelle Gründe von den Verfassern der Papyri gebraucht werden, machen den Eindruck, daß sie aus der Dichtersprache in die κοινή übergegangen sein können.[1])

a) Substantiva.

ἀγυιά (statt ῥύμη) [Hom., Pind., Soph., Xen.] Petr.² 4 (1) 9 (237[a]).

ἀλάcτωρ [Trag.] Par. 42, 4. 9 (156[a]) τοὺς ἀλάcτορας = Verbrecher; ähnlich schon Dem. cor. 324; ferner Alciphr. III 26, 3 (Schepers).

ἀλέκτωρ [Simonid., Pind., Aeschyl., Ar., Theocr., Callim.] Tebt. I 140 (72[a]) τιμὴν ἀλέκτορος καὶ ἀρτοπίνακος — eine Steuer in Ägypten, außerdem erwähnt BU 14 II 1 (255[p]); 269, 4. 8 (II—III[p]. Vgl. Wilcken G. G. A. 1895, 2 p. 141 ff. Thumb Hell. 217.

ἀνάπαυμα (Brachfeld) [Hes., Theogn., Orph., AP.] Tebt. I 61 (b) 385 (118[a]); 72, 389 (114[a]); 115, 3. 10. 15 (115—13[a]) etc.

ἁρμολεά, mit der Nebenform ἁρμολιά (Futter, Mundvorrat) Tebt. I 112 introd. (112[a]); 121, 78. 86 (94 oder 61[a]) findet sich nur bei Dichtern (Hes., Theocr., Ap. Rh.) in der Form ἁρμαλιά.

---

1) Thumb Hell. 220 erinnert daran, daß sich auch bei uns manches dichterische Wort im Volksmunde erhalten hat, wie Roß, Weib, Leu.

ἀρνός (gen. neben ἐλαίου) [Hom.] steht nicht ganz fest Tebt. I 117, 35 (99^a); [ἄ]ρνοις τισίν Magd. 21, 2 (III^am) ziemlich sicher. Vgl. § 67, 3.

ἄρτυμα (Gewürz im Plur.) Sakkakini 21. 27 (III^a). [Aeschyl., Soph., Batrach., Plut.]

βουνός [bei dorischen Dichtern] vgl. oben S. 8.

γρύτη [bei Sappho Schmuckkästchen, bei Späteren Tand] Petr. II 32 (1) 27 (III^a) σκευῶν γρύτην (Behälter mit Gerätschaften). Phryn. 230 Lob. verwirft das Wort. Phryn. in Bekk. Anecd. p. 34, 2 Σαπφὼ γρύτην καλεῖ τὴν μύρων καὶ γυναικείων τινῶν θήκην. Das Comp. γρυτοπώλης (geschrieben κρυτοπωλῶν) begegnet auf einem Pap. des 3. christl. Jahrh. BU I 9 col. I 12 (III^pf). Thumb Hell. 217.

γύης ein Feldmaß [Hes., Trag.] Magd. 31, 5 (III^a) und oft in den Papp. Tebt. I, z. B. 105, 15. 16 (103^a); 106, 10. 13 (101^a); 240 (I^a) etc. Schol. Hom. Il. I 579 γύης δέ ἐστι μέτρον γῆς μικρῷ τῶν δέκα ὀργυιῶν ἔλασσον. Vgl. E. M. p. 242, 21. Crönert Class. rev. 1903, 194f.

δέλφαξ Ferkel [Her., Comic., Arist.] Tebt. I 120 introd. (97 oder 64^a). Alciphr. II 29 (Schepers).

δρυμός [Hom., Trag., Orph., Nic., Arist., Polyb.] Petr. II 29 (a) 5; 43 (a) 7 ff. oft (III^a). Petr.² 112 (c) 16; 118 (b) 5 (III^a).

δῶμα [Hom., Trag., Pind., Her., Callim.] Petr. I 26, 10 = II 12 (a) 15 (241^a). ἐλόγευεν διὰ δομάτων = von Haus zu Haus Lond. I p. 32, 8 (163^a). Tebt. I 123, 11. 12 (I^a); 241 (74^a). BU 475, 22 (182^p).

Anmerkung. ἐργάνη (bei Dichtern Beiwort der Athene) scheint höchst zweifelhaft Petr. II 19 (2) 4 (III^a) οὔτε ἐργάνην (= Dienst, Arbeit?) ἔστιν εὑρεῖν διὰ τὴν ἐν[εστ]ῶσαν κακίαν τοῦ μαλακίζεσθαι π[όδας]. Auch in der Neuausgabe Petr.² p. 73 ist ἐργάνην nicht geändert. Vielleicht ἐργάτην (Arbeiter) zu lesen? [1]

ἔρευνα [Soph., Eur.] Tebt. I 38, 19 (113^a) ἔρευναν ποιησάμενος. Arist. oec. 2, 30 ἔρευναν ποιεῖσθαι τῶν οἰκιῶν. W. Schmidt de Ios. eloc. 518.

εὐδία heiteres Wetter; übertragen „glückliche Lage“ [Pind., Trag., Xen. An. V 8, 10] Rosettainschr. 41 (196^a) τὴν Αἴγυπτον εἰς εὐδίαν ἀγαγεῖν.

θρόνα Blumengewinde [Hom., Theocr., Lycophr., Nonn.] im Ausgabenverzeichnis Par. 55^b col. 1, 4 (159^a). Schol. Il. 22, 441 θρόνα· ἄνθη. Hesych. τὰ ἐκ χρωμάτων ποικίλματα. [Vielleicht θροῖα (Binsen) zu lesen, wie weiter unten im gleichen Papyrus?]

---

1) Meine Vermutung wird mir von U. Wilcken nach der Vergleichung des Originals bestätigt; statt π[όδας] liest derselbe ebendort π[άντας].

ἱςτός Gewebe [Hom., Hes., Eur., Pind., Xen.; Arist. von Bienenwaben; Ios., Philostr., Strab.] Rev. L. 90, 4; 94, 2. 5 (258[a]). Tebt. I 117, 53. 70 (99[a]) ἱςτοῦ μιςθός.

ἰςχάς trockene Feige [Ar., Com., AP., Arist., Theophr., Diosc.] Par. 57 col. 2, 12 (157[a]) εἰςχάδων.

κίςτη [Od., Ar.] Grenf. I 14, 9 (150 oder 139[a]).

κόμη (μυρικίνη) Tamariskenlaub Petr.[2] 43 (2) verso col. 4, 10 (246[a]). [κόμη = Laub Od. 23, 195; Antiphil., Theophr.]

κόπος [Anacr., Trag., Ar., Pl., Xen., Arist.] Tebt. I 21, 10 (115[a]) κόπους παρέχειν.

λαοί stehendes Wort für „Leute" (vgl. oben S. 27): Petr. II 4 (11) 4 (255[a]); 15 (1b) (241[a]). Rev. L. 42, 16 (258[a]). Par. 63, 4, 11; 5, 132 (165[a]); ebenda col. 6, 166 liest Revillout Mél. 257 mit Recht λαούς statt ἄλους. In Zusammensetzungen: λαοκρίτης Tebt. I 5, 216. 219 (118[a]). λαοκριτῶν Tor. I 7, 3 (117[a]). λαο(γραφία) Tebt. I 103, 1 (94 oder 61[a]); 121, 61; 189 (I[a i]).

ληΐςτωρ [Hom., Nic. Ther. 347, AP.] Alex. IX 14. 16 (III[a]) ληιςτόρων.

λίβανος, von Phryn. Lob. 187 für dichterisch erklärt gegenüber dem prosaischen λιβανωτός, begegnet in dem seiner Bedeutung nach rätselhaften ςτεφαλίβανος, von dem die Rede war S. 6.

μελίτωμα Honiggebäck [Batrachom. 39; Philitas (Crönert) bei Ath. XIV 646 C; Diosc. 4, 64] Leid. C p. 93 col. 4, 16 (160[a]), von Thom. Mag. p. 606 verworfen.

μέριμνα [Hes., Pind., Trag.] im gehobenen Ton einer Bittschrift Leid. B 2, 6 (c. 164[a]).

μυκτήρ Nase [Trag., Com., Arist., DH., D. Chr., Luc., Philostr.] Petr. I 13, 1; 15, 1 (237[a]); 19, 9 (225[a]).

οἰκητήριον [Eur., Lycophr., Bion, Tel., Philostr., Ceb., Plut., N. T.] Tor. III 23 (127[a]). Par. 14, 21 (127[a]). H. v. Müller de Teletis eloc. 53.

πόκ(οι) Schafwolle [Hom., Trag., Theocr., Theophr., Plut.] Tebt. I 116, 22. 29 (II[a f]).

πόρτις, ἡ junge Kuh [Il., hymn. hom., Trag., Mosch., Orph., Lycophr.] Petr.[2] 36 (b) col. 4, 5 (III[a]).

πρεςβεῖον [Hom., Soph., Pl., Dem.] Tor. VIII 60 (127[a]).

πυθμήν [Hom., Pind., Trag., Pl., Arist., Luc., Philostr.] Petr. I 29, 5 (III[a]) = Weinstock.

ςθένος [Hom., Trag., Pl., Xen.] Leid. G 14; H 13 (99[a]).

ςπάθη (δερματίνη) Tebt. I 112 introd. 23 (112[a]). Bedeutung unsicher; jedenfalls nicht „Schwert" wie bei Eur., Men., Diod.; eher ein „Webinstrument", wie Aesch. Cho. 232; Pl. Lys. 208 D (neben κερκίς); Leonidas AP 6, 288, 6; Lycophr.; oder „Striegel" (Poll. I 185). Nach Lewy, die semit. Fremdwörter im Griech. 122 ein semitischer Stamm.

στέγη [Trag., Her., Xen., N.T., Luc., Ael., Philostr.] Petr. I 26, 10 = II 12 (1) 11 (241[a]).

στόμωμα [Aeschyl. Pers. 855 = στόμα; Plut. Lyc. 9 = Schärfe des Eisens] Petr. II 4 (2) 25 (255[a]) στομώματ[α], wie es scheint, von scharfen Instrumenten.

συνέριθος Mitarbeiterin, Genossin [Od., Ar., Ap. Rhod., Callim., AP. Plat. legg. 10, 889 D; pol. 7, 533] Magd. 35, 3 (III[a]).

τρίμμα [Ar., Comic., Ath.] Par. 49, 22 (160[a]) = zerriebene Sesamfrucht.

ὑετός Platzregen [Hom., Hes., Ar., Pl., Arist.] Petr. II 49 (a) 16 (III[a]).

ὑπερῷιον (Obergemach) Magd. 24, 8 (III[a]). [Hom., Pind., Ar., Plut.].

ὑφορβός [Od.] Petr. II 33 (a) 30 (244[a]). ὑοφορβός Tebt. I 5, 171 (118[a]).

φερνή [Aeschyl., Eur., Her., Xen., Ios.] Petr. I 12, 14 (240[a]). Grenf. I 21, 19 (126[a]). Tebt. I 104, 4 (92[a]) usw.

χείρωμα [Aeschyl., Soph.] Rev. L. 94, 4 (258[a]).

b) Adiectiva.

ἄβροχος [Eur., Aeschin. π. παραπρ. 21 sprichwörtlich ἀπορράπτειν τὸ στόμα ὁλοσχοίνῳ ἀβρόχῳ das Maul mit ungerösteter Binse zunähen, d. h. verstopfen; Luc., Ael.] Petr. II 13 (5) 9 (258—53[a]). Magd. 3, 5 (III[a]). Tebt. I passim (II[a]).

ἄδυτος, das Neutrum substant. = Allerheiligstes [Hom., hymn. hom., Pind., Trag., Her., Pl. bildlich] Par. 35, 22 (163[a]); 37, 27 (c. 160[a]).

ἀέναος (vgl. L. Cohn, Bresl. philol. Abh. IV p. XLIII) Kanop. Dekr. 48 (237[a]); Lond. I p. 38, 33 (158—7[a]); auch LXX, Aristeas und Spätere wie Luc., Ael., Arist. Schmid Attic. III 179.

αἰωνόβιος [Synes. hymn.] Ehrentitel des Herrschers, im Münchener Pap. Arch. I 481 auf einer Königstitulatur des Ptol. Philopator (221—205[a]); ebenso Epitheton des Epiphanes auf der Rosettainschr. 4. 8. 9. 37 (196[a]); Dittenberg. inscr. or. I 168, 48 (115[a]). Pap. Lond. I p. 46, 19 (146—135[a]).

ἀκμαῖος [Aeschyl. — Pol., D. Chr., Luc., Philostr.] Tebt. I 24, 56 (117[a]) τοῦ ἀκμαιοτάτου καιροῦ.

ἀμναῖος Rev. L. 97, 7 (258[a]). Der Zusammenhang nicht ganz klar; wohl zu ἀμνός gehörig. [ἀμνός Ar. av. 1559; Ael. N. H. 85, 29. ἀμνειός Theocr. 24, 61].

ἀνθινός [Poet., Eratosth., Luc., Ael., Plut.] Tebt. I 182 (II[af]). Schmid Attic. I 320; III 182.

ἀντίπαλος [Pind., Trag., Her., Thuc., Ar.] s. unter ὑπέρτερος. Dittenb. inscr. gr. or. 194, 21 in gehobener Sprache [ὡς ἐξ ἀντι]πάλων χειμώνων εἰς εὐδινοὺς λιμένας ἤγαγεν (42[a]).

ἀσινής [Hom., Hes., Trag., Pl., Pol., Ael., C. I. A. III 2, 1418. 1419] Rev. L. 26, 5 (258[a]).

αὐτόπαις (?) [Soph. Trach. 823. Schol. γνήσιος παῖς] Petr.[2] 42 G (2) 5 = Petr. II 4 (7) 5 (250[a]) αὐτόπαιδα (geändert in σαυτόπαιδα).

αὐτόπυρος = von lauter Weizen [Alex. b. Ath. III 110 E] Petr. II 25 (a) 10; (b) 10; (e) 1. 6; (g) 2. 12 (226[a]). Das Wort gehört übrigens wie αὐτοπυρίτης (Poll. 7, 23) als t. t. der Bäckersprache an.

ἀχανής [Hegesipp., Pol., Luc.] Par. 6, 18 (127[a]).

γαλακτοφόρος [Nicand., Opp.] Lond. I p. 46, 22 (146—135[a]).

δαψιλής [Her., Epicharm., Arist., Callim., LXX, Aristeas, Pol., D. Chr., Plut., Diod., Alciphr. (Schepers) III 19, 7; 28, 4] Rosettainschr. 22 δαψιλεστέραι (dat. fem.); 32 δαψιλῶς = att. ἐκτενῶς (196[a]). Strack ptol. Inschr. Arch. III 129, 10 (II[a]). Herond. (Bücheler) VII 84. Glaser de rat. 64. Schmid Attic. I 150.

δέσμιος = δεσμώτης [Trag., A. P., Diod., N. T.] Tebt. I 22, 18 (112[a]).

ἔντοκος [Lycophr.] Tebt. I 53, 20 (110[a]).

ἐπήβολος [Od., Trag., Her., Pl., Arist., Theocr., Ap. Rh.] Petr.[2] 32 verso col. 2, 12 (c. 240[a]) nicht ganz sichere Lesart; ebenda 36 (a) recto 17 (III[a]) ἐφήβολος (über φ ein π).

εὔκνημος = mit starken Waden [Asklepiades A. P. 5, 203, 2. Poll. 2 191] Par. 10, 6 (145[a]) in einem Steckbrief. Schmid G. G. A. 1895, 36.

εὐμαρής [Trag., Pind., spät. Ep.; in att. Prosa selten. D. Chr., Luc., Ael., Plut.] Tebt. I 28, 20 (114[a]). W. Schmidt de Ios. eloc. 520.

εὔτεκνος [Trag., Xen., Callim.] Dittenb. inscr. or. I 53, 4 (285—247[a]) Λητοῖ εὐτέκνωι.

λευκομέτωπος, Parallelbildung zum homerischen εὐρυμέτωπος, steht von einer bestimmten Vogelart in einem Bericht über Vorbereitungen zum Empfang eines Beamten Grenf. II 14 (b) 3 (264 oder 227[a]). Petr.[2] 53 (m) 3 (225[a]).

μελίχρους-μελίχρως [Hippocr., A. P.]. Zahlreiche Belege für beide Formen § 68, 12.

νήπιος [Ep., Trag., Pind., Pl., Pol., LXX, N. T., Luc.] Leid. B 1, 22 (164[a]).

νησιῶτις [Aeschyl., Soph., Plut.] Grenf. II 15 (2) 2; (3) 3 (139[a]).

οἰνοφόρος [Crit. u. Archestr. b. Ath.; Poll. 6, 14; 10, 70] Lond. II p. 12, 22 (II[a]).

ὁμότιμος [Il., Theocr., Xen. von den persischen Pairs; Nonn.] Par. 15, 20 (120[a]) ὁμότιμος τοῖς συγγενέσι ägyptischer Hoftitel; ebenso Tebt. I 254 (113[a]).

ὄψιμος [Hom., Xen., Theophr., A. P.] Tebt. I 61 (b) 364 (118[a]); 72, 361 (114[a]).

παράσιτος [Com., Luc., Plut.] Dittenb. inscr. or. I 195 (33[a]) nicht im gewöhnlichen tadelnden Sinn, sondern ein Ehrentitel, nach Klearch v. Soloi frgm. 1 (Müller) eine ἀρχὴ ἔντιμος.

πάρεδρος [Pind., Trag., Herod.] ein Amt am ptol. Hof, Dittenb. inscr. or. I 185, 9 (69[a]).

πενιχρός [Od., Pind., Ar., Pl.] Petr.[2] 36 (a) recto 6 (III[a]).

πετεινός [Theogn., Trag., Her., Luc.] Ostr. 1523 (127[a]).

πετραί(ας) Tebt. I 84, 8 (118[a]) — steht nicht ganz fest. Das Adjektiv findet sich sonst nur bei Dichtern [Od., Hes., Pind., Trag., Com.].

πολύ]μιτος [Aeschyl. Suppl. 432 πολυμίτων πέπλων] Petr.[2] 120, 4 (III[a]).

σύνοφρυς [Anacr., Theocr., Arist.] Petr. I 16 (1) 4 (237[a]); 19, 34 (225[a]).

ταύρε(ι)ος Lond. II p. 11, 8 (152—141[a]), zwar auch auf einer attischen Inschrift 329[a] (Mhs.-Schwyz. 40, 12), im übrigen nur bei Dichtern belegt [Hes., Trag., Ar., Theocr.].

τρώξιμος [Theocr., Long.] Tebt. I 213; aber 117, 74 (99[a]) τρώξυμος.

ὑπέρτερος: ἀντιπάλων ὑπέρτερος Ehrentitel des Herrschers, Rosettainschr. 2 (196[a]). Pap. Monac. Archiv I 480 (221—205[a]) [Hom., Pind., Trag., Ar., Ap. Rh., Nonn.-Plut.].

χαροπός [Od., hym. hom., Hes., Soph., Her., Ar., Hippocr., Xen. Cyn. 3, 3 χαροποὶ κύνες. Theocr., A. P. al.] Petr.[2] 11, 4. 36 (235[a]). Petr. I 19, 23 (225[a]). Par. 10, 20 (145[a]) etc.

χλωρός [Hom., hymn. hom., Hes., Sappho, Trag., Pind., Ar., Theocr.-Thuc. 2, 49 σῶμα χλ.] Tebt. I 27, 36. 55 (113[a]); 61 (a) 218; (b) 396 (118[a]) von der Saat (τὰ χλωρά).

ὥριμος = ὡραῖος [Leon. Tar. 29; Nicomach. com.; dann LXX, Diosc., Greg. Naz.] Tebt. I 54, 7 (86[a]) τοῦ κλήρου ὡρίμου σπαρῆναι. Lob. Phryn. 52.

c) Adverbia.

διηνεκῶς s. oben S. 13.

ἐνδέξια [Hom., Trag.] Petr.[2] 73, 8 (III[a]) εἰσιόντων ἐνδέξια.

πάρος [Hom., Trag.] Petr. II 9, 16 (241[a]) καθάπερ καὶ πάρος ἐποίησαν, mitten im Geschäftsstil.

d) Verba.

ἀντάω, erhalten in der Form ἄντησον Petr. II 13 (5) 6 (258[a]) = Petr.[2] 42 B (2) 6 (nach Wilcken Add. et Corr. XV) beschränkt sich fast ganz auf den Dichtergebrauch [Hom., Pind., Trag., Her.], während die Prosa ἀπαντάω hat. Der Pap. enthält eine geschäftliche Korrespondenz des Architekten Kleon.

ἀποφάσκω, das in der stoischen Terminologie des Chrysippuspap. (Par. 2) wiederholt col. 13. 14 (II[ai]) vorkommt, ist früher fast nur Soph. O. R. 485, später häufiger bei Arrian, Galen u. a. belegt.

βιβρώσκω (κατα-, περι-) [Hom., Trag., Ar., Call., Pol., Luc., Plut., N. T., Diod.] Petr. II 4 (8) 5 (255[a]); Grenf. II 36, 15 (95[a]) καταβεβρωκέναι. Par. 6, 21 (126[a]) περιβρωθέντα.

δεσπόζω [hymn. hom.; Trag., Her., Pl., Pol., Luc., Philostr.] Theb. Bank I col. 1, 15 (131[a]). Tor. I 8, 26 (117[a]).

εἰλέω [meist poetisch u. spät] Kanop. Dekr. 63 (237[a]) περιειλημένην. Tebt. I 24, 62 (117[a]) ἐνειληκότων. [Hom., Eur., Her., Ar., Theocr., Ap. Rh., Pl. Cratyl. 409 A zur Etymologie von ἥλιος benützt.]

ἐκτινάσσω [Ep., Pind., Trag., LXX, Plut.] Par. 35, 11; 37, 12 (163[a]). Anz subsidia 268.

ἐντρέπομαι sich schämen [Hom., Soph., Alex., Pl., Xen., Diod., LXX, N. T., Plut.] Par. 47, 4 (153[a]); 49, 30 (160[a]); 37, 24 (163[a]). Thumb Hell. 218. Anz a. a. O. 269 f.

ἐξονομάζω [Ep., Trag., Plut.] Tebt. I 28, 17 (114[a]) οἱ ἐξονομαζόμενοι.

ἐπαιτέω [Il., Trag., Posid., LXX, N. T., Luc.] Lond. I p. 32, 4 (163[a]).

ἐπακούω [Hom., Trag., Plat.] Petr. II 14 (2) 21 = Petr.[2] 46 (2) 21; Petr. II 38 (b) verso 4 (240[a]). Vgl. oben S. 26.

ἐπιθύω dazu opfern [Aeschyl. Ag. 1485] Lond. I p. 13, 4 (162[a]).

ἐπισείω [Il., Luc., Ael., Aristid., Plut.] Petr.[2] 32 (f) 16 (III[a]). Tebt. I 61 (a) 1 (118[a]).

θάλπω [Hom., Hes., Pind., Trag., Ar., Theocr., LXX, Plut.] Dittenb. inscr. or. 194, 6 (42[a]). Thumb Hell. 215.

καινίζω [Trag., Callim., Ios.] Tor. V 18; VI 19. 32; VII 10. 17 (177 oder 165[a]). W. Schmidt de Ios. eloc. 521.

κατασπένδω [Eur., Ar.—Pol., Strab., Plut.] Petr.[2] 144 IV 19 κατεσπείσαμεν (c. 246[a]).

καταστέλλω [Eur., Ar., LXX, Ios., N. T., Diod., Ael., Plut.] Tebt. I 41, 21 (119[a]).

κοιμάομαι sich zur Ruhe legen [Hom., Trag., Her., Pl., Xen.] Goodsp. 3, 10 κοιμηθῆναι (III[a]). Belege aus christlichen Inschriften gibt H. van Herwerden lex. suppl. 460.

κύρω (προσ-, συγ-) [Il., Trag., Her., Pol., Ios., Luc., Strab., Plut.] Belege § 73, 4.

λακτίζω mit der Ferse stoßen [Od., Trag., Ar., Pl., Xen.] BU 1007, 7 (243 oder 218[a]) τὴν θύραν ἐλάκτιζον. Vgl. Ar. nub. 135 τὴν θύραν λελάκτικας.

λέπω [Hom., Nicand., Antiph. = abschälen] Par. 12, 15 (157[a]) = durchprügeln, das Fell gerben. [Nicarch. und Apollod. com. bei Ath. VII 280 e = ἐκδέρω].

ξύω [Hom., Xen.] Tebt. I 74, 52 (114[a]); 84, 16 (118[a]) κατεξύσθαι. Vgl. κοπρόξυστος Par. 11 verso 8 (157[a]).

περίκειμαι = an sich haben, tragen [Herod., Theocr., Luc., Plut.] Kanop. Dekr. (237[a]) 67 περικειμένων τὰς ἰδίας βασιλείας (Diademe).

προσφωνέω [Hom., Trag., Pol., N. T.] Petr. II 38 (b) 3 (242[a]). Tebt. I 27, 109 (113[a]); 124, 21 (II[af]). Leid. G 20 (99[a]). Auf einem Ostrakon, publ. von Goodspeed in Mélanges Nicole p. 187 Z. 12 προσφωνησάτω (allem nach römisch). Bedeutung überall „berichten, melden".

σκύλλω mißhandeln [Aeschyl., Nic., A. P., D. Chr., N. T.] Lond. I p. 34, 13 (161[a]). Par. 64, 37 (c. 160[a]). Oxy. I 190, 10. Opramoas, Inschr. v. Oinoanda Bull. c. hell. 21, 432 (II[p]). M. Diacon. Vita Porphyr., s. Index d. Bonner Ausgabe (1895). Thumb Hell. 219.

συλλύω aussöhnen [Aeschyl., Soph., LXX] Grenf. II 26, 4 συνλελύσθαι (103[a]).

συμπαρίστημι [Pind., Soph., Ios.] Amh. II 41, 10 (II[a]). Par. 42, 9 (156[a]).

συναντάω [Hom., Eur., Ar., Ion; Xen. Anab. I 8, 15; Dem. 18, 157 (eingeschobener Brief des Philipp); Polyb., LXX. Anz subsidia 277 f.] Petr. II 45 (2) 25 (246[a]). Kanop. Dekr. 5 (237[a]). B U 1004 I 4 (III[a]).

φάμενος [Epic., Trag., Her., selten in att. Prosa wie Plat. Alcib. 2 p. 142 D; Xen. Hell. 1, 6, 3] Belege § 73, II. Inschriftlich Dittenb. Syll.[2] 177, 14 (Teos) zwischen 306 u. 301 v. Chr.

e) Dichterische Redensarten.

Par. 47, 23 (153[a]): οὐκ ἔστι ἀνακύψαι με πόποτε (sic) ἐν τῆι τρικυμίαι, womit zu vergleichen ist τρικυμία κακῶν Aeschyl. Prom. 1017; Eur. Hipp. 1213 und das Sprichwort ῥανὶς ἀντὶ τρικυμίας. Übrigens findet sich der Ausdruck auch bei einigen Atticisten, wie Luc., Aristid.; vgl. Schmid Attic. I 349; II 209; IV 694.

Im gleichen Pap. Z. 9 müssen wohl auch die Ausdrücke ἐνβέβληκαν ὑμᾶς (= ἡμᾶς) εἰς ὕλην (in einen Wald von Not) und βαπτιζώμεθα (13) = wir werden überflutet[1]) bildlich verstanden werden.

Halb rhetorisch, halb poetisch gefärbt ist λείπω τὴν ὑπερβολήν

1) βαπτίζω in diesem Sinne ist im Spätgr. (Diod. 1, 73, 6; Plut.; Clem. Alex.; Heliod.; Liban.) geläufig.

= ich übertreibe nicht, Amh. II 36, 12 (nach 135ª). Endlich klingt auch die Wendung ἐπειγόμεναι ὑπὸ τῆϲ ἀνάγκηϲ Par. 26, 8 (163ª) poetisch an. Über die verschiedenen Möglichkeiten, wie diese und gewiß noch viele andere Wörter und Redensarten aus der Dichtersprache den Weg in die κοινή gefunden haben, handelt Thumb Hell. 220f.

§ 4. Fremd- und Lehnwörter.

A. Ägyptische Wörter.[1])

Der Bestand an ägyptischen Wörtern in den ptolemäischen Papyri ist geringer als man vermuten sollte, nicht als ob sich die Papyrussprache puristischer zeigte als die lebende Volkssprache — geben doch die ohne literarische Absichtlichkeit verfaßten Inventare, Rechnungen, Quittungen, Traumberichte, Briefe usw. die tägliche Ausdrucksweise ungeschminkt wieder —, sondern weil offenbar die ägyptische κοινή sich gegen fremdsprachliche Elemente überhaupt ablehnend verhielt und selbst die unvermeidlichen ägyptischen Wörter den griechischen Laut- und Flexionsgesetzen anpaßte. So haben sich die meisten ägyptischen Eigennamen an irgend ein, freilich oft wenig konsequent durchgeführtes, griechisches Schema angeschlossen (vgl. die einzelnen Stammformen der Nomina in der Flexionslehre). Verhältnismäßig selten begegnen indeklinable ägyptische Eigennamen wie Γοτνίτ, Κρούψ, Πρεμίτ, Σέμφθ, Χωνϲθούτ, Ψ(ο)ῦλιν u. ä.[2]) Übersetzungen von theophoren ägyptischen Eigennamen scheinen nicht vorzukommen. Vgl. R. Herzog Philol. 56, 56. In den Aktenstücken ist die Datierung nach ägyptischen Monaten beibehalten, nicht selten aber sind die makedonischen Namen beigesetzt. Gelegentlich wird auch ein ägyptisches Appellativ ins Griechische übersetzt: z. B. Leid. U 2, 6 πλοῖον παπύρινον, ὃ καλεῖται Αἰγυπτιϲτεὶ ῥώψ (IIª).

1. Von den schon aus älteren Quellen als Bestandteilen des griechischen Wortschatzes bekannten, ihrer Bedeutung nach feststehenden, ägyptischen Wörtern enthalten die ptol. Pap. folgende: ἀθήρα (Weizenbrei): Leid. S col. 6, 32 (164—160ª); Par. 55, 19 (159ª) ἀθήραϲ. Tebt. I 131 (100ª) ἀθήρα. Das Wort wird von Hieronym. in Genes. opera II col. 543 (ed. Martian) vom ägyptischen

---

1) A. Wiedemann, Sammlung altägyptischer Wörter, welche von klassischen Autoren umschrieben oder übersetzt worden sind, Leipzig 1883. Thumb Hell. 110ff.

2) ἐκ Γοτνίτ Grenf. II 23 (a) 5 (107ª). Σιμίαν καὶ Κρούψ Magd. 18, 3 (IIIª). ἐπὶ τοῦ Πρεμίτ Amh. II 35, 21 (132ª). Σέμφθ Par. 44, 3 (153ª). Übrigens Σέμφθεωϲ Petr. II 14 (1c) 1 (IIIª); Σέμφθει ebd. 38 (a) 1 (240ª). Χωνϲθούτ Par. 5 col. 11 (114ª). ὑπὸ Ψοῦλιν Par. 35, 31; Ψῦλιν 37, 43 (163ª).

θήρα = Mehl abgeleitet. Hesych s. v. ἀθήρα: βρῶμα διὰ πυρῶν καὶ γάλακτος ἡψημένον παρ' Αἰγυπτίοις. Dioscor. II 114. Galen. ad Glaucon. II 12 (ed. Kühn XI p. 142). Suidas s. v. ἀθάρα. Vgl. Wiedemann a. a. O. 9: „Nach Plin. hist. n. XXII 121 ist das Wort ägyptisch und bezeichnet abgekochtes Weizenmehl, das als Medizin zum Bestreichen für Kinder, aber auch für Erwachsene sehr gesund sei. Doch findet sich bisher im Ägyptischen kein entsprechendes Wort." Im Attischen begegnet teils ἀθάρη, teils ἀθάρα, z. B. Ar. Plut. 673. 683 (beide Formen überliefert); ἀθάρα Alciphr. III 31, 2 (Schepers). Vgl. Kühner-Blaß I 381 Anm. 1. Crönert Mem. herc. IX verteidigt mit Recht auf Grund obiger Papyrusstellen am angeführten Orte bei Plin. n. h. die Lesart atheram, die fälschlich in atharam geändert wurde. An einen Äolismus ist bei ἀθήρα nicht zu denken trotz Schol. Ar. Plut. 673: Ἀττικοὶ διὰ τοῦ $\overline{η}$ ἀθάρης, Αἰολεῖς ἀθήρα, ἡ δὲ κοινὴ διὰ τοῦ $\overline{α}$ ἀθάρας. Vgl. oben S. 9.

ἄμι (ein Gewürz) Tebt. I 55, 5 (II[af]); 190 (I[ai]) ἄμιος. Plin. h. n. XX 15, 58 est cumino simillimum, ... similis autem et huic usus; namque et panibus Alexandrinis subicitur et condimentis interponitur.

βᾶρις (ein ägyptisches Boot), kopt. bari: Pap. Gizeh Mus. Arch. I 59, 22 (123[a]) βάρει. Aeschyl. suppl. 881 (Dind.). Herod. II 41. 96. Diod. I 96. Plut. de Isid. et Osir. 18. Vgl. Wiedemann 17. Thumb Hell. 117. Lewy 97.

ζύτος (Gerstenbier) — dies die stehende Orthographie der ptol. Zeit —: Petr.[2] 138 II 11 (III[a]). Leid. C p. 93 col. 4, 12ff. (164[a]); Par. 60 (b) 14 (150[a]) ζύτον. Lond. II p. 2 recto 2 (II[a]) ζύτου. Derivata: ζυτηρᾶς (Biersteuer, sc. ὠνῆς) Par. 62, 4, 4; 5, 19 (II[ai]); 67, 10 (II[a]). ζυτηιρᾶι (sic) Par. 63, 4, 98 = Petr.[2] Einl. p. 26 (165[a]). ζυτοπ... Rev. L. fragm. 6 (h) 3 (III[a]). ζυτοποιῶν Petr.[2] p. 85 col. 4, 15 (257[a]). ζυτοποιοῖς (Bierbrauer) Petr.[2] p. 222 col. 1, 17; 223 col. 1, 10 (III[a]). Grenf. II 39, 3 (I[a]). ζυτοποιούς Tebt. I 5, 173 (118[a]). In römischer Zeit ζυθοπώλης Oxy. I 85 (IV[p]). ζυθόπωλις BU 38, 18 (I[p]). Belege aus der Literatur gibt Wiedemann 21. Thumb Hell. 111. Vgl. Wessely, Zythos und Zythera im XIII. Jahresber. des Gymn. in Hernals (1887). Wiedemann, Herodots II. Buch etc. S. 327ff.

ἶβις (höchst wahrscheinlich ägyptischen Ursprungs, vgl. Thumb Hell. 111) erscheint in der Verbindung ἰβίων τροφή, z. B. Tebt. I 5, 70 (118[a]); 62, 19 (119—8[a]); 63, 28; 64 (a) 9; 82, 38 (115[a]), im Derivatum ἰβιών = Ibispflegestätte (nach Crönert Wchschr. f. kl. Phil. 1903, 484) und den Zusammensetzungen ἰβιοβοσκός, ἰβιοταφεῖον und ἰβιοταφίον. Belege in der Stammbildungslehre § 83, 6. 27; § 87, 2b.

κάκις-κῖκι: κάκεις δὲ ἴδιόν τι ἄρτου γένος, στατικὸν κοιλίας, καὶ τὸ κῖκι καρπός τις σπειρόμενος ἐν ἀρούραις, ἐξ οὗ ἔλαιον ἀποθλίβεται Strab. XVII 824. κάκις Par. 60 (b) 24 (c. 150ª). κῖκι Petr. II 28 col. 5, 11. 32 (IIIª). Par. 22, 32 (165ª); 25, 7; 29, 7; 55, 31 ff.; 57 (b) 10. 13 (c. 160ª). Leid. B 2, 16 (164ª); T 2, 18 (c. 160ª). Ostr. 1236, 2 (unb. ptol.) usw. κικιουργός Par. 11 verso 3 (157ª). Herod. II 94 bezeichnet κῖκι ausdrücklich als ägyptisch. Wiedemann 24. 26. Thumb Hell. 111.

κυλ(λ)ῆστι(ς), ein ägyptisches, säuerlich schmeckendes, spitzig geformtes Brot. Belege oben S. 13. Vgl. Wiedemann s. v.

λωτός: Tebt. I 112 introd. 22 (112ª) λωτῶν ō. Sicherlich eher ägyptischer als, wie Lewy a. a. O. 46 annimmt, semitischer Herkunft (לֹט). Welche Pflanze gemeint ist, wird aus der einzigen Stelle schwer zu entnehmen sein. Vgl. κόρσεον, Wurzel des Lotos, § 11 I 7.

πάπυρος: Leid. S p. 97 col. 1, 8. 11 (c. 160ª). Par. 55ᵇ, 19. 25. 28. 36; 56 col. 2 u. 3 (c. 160ª) παπύρους. Par. 55ᵇ, 40 παπύρων. Derivata: παπύρινον Leid. U 2, 6 (IIª). παπυροειδές Kanop. Dekr. 63 (237ª). Das ägyptische Stammwort für diese berühmte Nilpflanze ist noch nicht sicher nachgewiesen. Man dachte an koptisches pa-puro = die königliche (Pflanze), weil die Chartabereitung Krongut war; andere setzten es = pu-apu d. h. Binse (?). Lagarde, Mitteil. II 260 f. gibt die Ableitung pa-bura = Pflanze von Bura, einer Stadt im Nildelta, aber die Pflanze stammt aus Oberägypten. Am einleuchtendsten leitet neuestens (1895) J. H. Bondi das Wort vom neuhebräischen פַּפִּירוּ = kopt. pa-p-eioor ab; darin steckt יְאֹר (der Nilstrom), das Präfix pa und der Artikel, also = das Stromgewächs. Vgl. Dziatzko Untersuchungen über ausgewählte Kapitel des antiken Buchwesens (1900) Vorbem. 3. Ob ὁ oder ἡ πάπυρος, läßt sich aus den ptol. Texten nicht entscheiden; in der Literatur bis Theophr. männlich, später, z. B. Philo II p. 532 weiblich; ebenso papȳrus fem. oder papȳrum. Über die Quantität des υ schreibt Moeris: πάπυρος μακρῶς Ἀττικῶς, βραχέως Ἑλληνικῶς.

2. Mehr oder weniger unklar ist die Bedeutung und Etymologie folgender, bisher unbekannter, allem Anschein nach ägyptischer Wörter:

ἀωίλια, ein Maß: Petr. II 4 (11) 4; ebd. Z. 2 v. u. (225ª); 15 (1ª) 4 (241ª); 36 (1) 15. 29. 32. 34 (IIIª). Petr.² 40 (a) col. 1, 8; 2, 8; 3, 8; 4, 4; 5, 5; (b) 1, 8; 2, 6; 43 (2) verso col. 3, 4; 4, 4 etc. (246ª). Nebenformen: αὐωίλια Petr. II 36 (2) 7 und λώια ibid.

36 (1) 2. 17 (III[a]). Über die Bedeutung des Wortes handelt ausführlich Wilcken Ostr. I 261ff., der es mit ναύβιον (vgl. unten) in Parallele setzt. Thumb Hell. 115 bringt koptische Stämme zum Vergleich bei. Vgl. auch Appendix zu Petr.[2] „On the meaning of Naubia and Aoilia" p. 339.

ἵνιον, das ägyptische Hohlmaß ‚Hin', Lond. II p. 11, 14 (II[a]). Nach Wilcken Arch. I 135. Hultsch[2] S. 103, 367.

κασέπας: Leid. T 2, 5 (160[a]) τῆς κασέπας, nach Leemans z. St. = Magddienst.

λεσῶνις „Tempelvorsteher": ὁ λεσῶνις (τοῦ Σοκνοπαίου) Amh. II 35, 11. 26 (132[a]). λεσώνιος ebd. 41, 15 (II[a]). τῶι λεσώνει ebd. 40, 1 (II[a]). λεσῶνιν ebd. 35, 38. Das Amt λεσωνεία ebd. 30. In römischer Zeit BU I 337, 13 (II[p]); III 719, 10 λεσονία (Ἴσιδος); 734, 7. 33 λεσωνία κορκοδίλων (III[p]). Vgl. Wilcken Ostr. I 382 und Archiv II 122, wo auch die koptische Wurzel des Wortes (nach Spiegelberg) angeführt ist. Walter Otto, Priester und Tempel im hellenistischen Ägypten (1905) I. p. 39.

μώιον (eine Lade? ein Maß?) Petr.[2] 65 (b) 6 (240[a]). Grenf. I 14, 13. 16 (150 oder 139[a]). Petr. II Einl. p. 42 Nr. X 4. Thumb Hell. 117 denkt an kopt. moh = implere. Dagegen bemerken die Herausgeber von Petr.[2] p. 186: μώιον is perhaps an earthen jar, cf. Hesych. μωύς· ἡ γῆ. Λυδοί. Demnach wohl semitisch?

ναύβιον (ein Raummaß): Par. 66, 8. 37. 38. 43. 66. 68f. (III[a]). Petr. I 23, 2. 6. 8. 12. 14. 20. 24 u. ebd. p. 66, 4. 5. 10. 13. 15. 18. 20. 22 (III[a]). Par. 66, 8. 37. 38. 43. 66. 68f. (III[a]), überall der Plural ναύβια; der Sing. τὸ ναύβιον nur Tebt. I 5, 15 (118[a]); 76, 9 (112[a]). Zur Sache Wilcken Ostr. I 259ff., der übrigens an der ägyptischen Herkunft des Wortes zu zweifeln geneigt ist, und Petr.[2] Appendix. Thumb Hell. 115.

ῥώψ = πλοῖον παπύρινον, vgl. oben S. 35.[1])

στυριόω-στυρίωσις sind dem ägyptischen Rechtswesen entlehnte, aber den griechischen Bildungsgesetzen angepaßte Kunstausdrücke. Tor. I 4, 18 συγγραφὴ ... ἐστυριωμένη (117[a]), was Peyron übersetzt: syngrapha sponsione munita und p. 116 seines Kommentars auf eine koptische Wurzel zurückführt. στυρίωσις begegnet im selben Pap. col. 7, 2. Revillout Mélanges 306 erwähnt den Ausdruck ἀποσθυρι-

1) U. Wilcken in den Mélanges Nicole p. 587 findet das ägyptische Wort wieder in der Schreibung ῥώμψ im Pap. Louvre 10593 Z. 9 ἐὰν δὲ μὴ ἔχητε πλοῖον, συνεμβήσητε ἅμα ἡμῖν εἰς ῥῶμσιν (wo Revillout Mél. 291 und Ricci Arch. II 515 ῥωησιν lasen) und erklärt „Remesbarke".

δώcειν (sic) ἐπὶ βλάβηι τὰc ὑποθήκαc; vgl. Theb. Bank XI 10 (116[a]) mit Wilckens Kommentar.

Σωμφεῖc (αἰλουροτάφοι) Par. 66, 25 (III[a]) ist wohl kein Appellativ ägyptischer Abstammung, wie Letronne zur Stelle vermutet hat, sondern, wie es scheint, eine Art Gaubezeichnung. Vgl. im selben Papyrus Petr.[2] Append. p. 342, 58 εἰc τὸ πρὸc ἀπηλιώτην Σώμφι[ο]c.

Der Bedeutung nach ziemlich sicher, aber der Form nach noch immer zweifelhaft ist χολχύτηc, χολχύτιc, χολχυτεῖν oder χοαχύτηc, χοαχύτιc, χοαχυτεῖν.[1]) Sammlung der Belegstellen § 39. Die Wörter bezeichnen die Zugehörigkeit zu einem niederen Priesterkollegium und dessen Tätigkeit, die sich in erster Linie auf Bewahrung und Bewachung der Mumien bezog. Genaueres bei W. Otto, Priester und Tempel im hellenist. Ägypten I p. 98—104.

3. Der Bedeutung und Etymologie nach ganz unerklärt sind u. a. folgende vermutlich ägyptische Wörter:

ἀνοῦχι Petr.[2] 44 (2) recto col. 1, 4 = Petr. II 37 (1[a]) 3/4 (c. 246[a]) ἐξαποcτεῖλαι ἀνοῦχι ὅτι πλεῖcτον. Ebenda verso col. 3, 12 = Petr. II 37 (2[a]) 12; ebenda (2c) verso ἀνούχιοc γόμουc. Petr.[2] 41 verso 2 τοῦ ἀνούχιοc τὸ ἀγώγιον (III[a]); 43 (2) verso col. 4, 14 ἀνοῦχι (246[a]). Allem nach ein Baumaterial beim παραφρυγανιcμόc (Faschinenanlage).

ἀταcτίται (ein Amt?) Leid. S 3, 1; ebenda 25 ἀταcτιτῶν (160[a]).

νεονχῶυ (eine ägypt. Salbe?) Petr. II 34 (b) 1 (III[a]).

ταπλαεῖται (ein Amt?) Leid. S 2, 8; 5, 1; ταπλαειτῶν 5, 10 (160[a]). Vgl. Leemans z. St.

Anmerkung. κροκόδιλοc (dies die Orthographie der ptol. Papyri, nicht κροκόδειλοc, vgl. unten § 11 III 5 und Witkowski Prodr. 59ff.), das vielfach im Verdacht ägyptischer Herkunft stand, wird neuestens von H. Diels und K. Brugmann (Indog. Forsch. XV 1—9, von κρόκη (κροκάνη) = Kiesel und δρῖλοc = Regenwurm abgeleitet. — λαβύρινθοc, Petr. II 20 col. 4, 6 (252[a]) = Petr.[2] 36 (b) IV 6 und Tebt. I 33, 14 (112[a]), ist wohl ein karisches Wort von λάβρυc = πέλεκυc, das Plut. quaest. graec. 45 erwähnt, abgeleitet mit dem Suffix -νθ-, wie Κήρινθοc, Κόρινθοc, Πέρινθοc, Ζάκυνθοc etc. Kretschmer, Einleitung in d. Gesch. der griech.

1) Für χολχύτηc etc. (von einem koptischen Stamm = involvere, also = „Einwickler") stimmten namentlich Buttmann, A. Peyron (Pap. grec. I 57ff.), Leemans, Letronne, Wessely (proleg. p. 2 Anm. 2), Witkowski (Prodr. 63), Ziebarth (griech. Vereinswesen 100f.); für χοαχύτηc (von χοὰc χεῖν = „Totenspendendarbringer"?) treten ein Ideler, Brunet de Presle (Not. et extr. XVIII, 2 p. 158 und 380), Lumbroso, Carl Wolff (de causa Hermiana papyris Aegyptiacis tradita p. 12ff.), Kenyon, Wilcken, Spiegelberg, auch Brugsch und neuestens W. Otto a. a. O. p. 98ff. Wäre χοαχύτηc, wie Otto u. a. wollen, aus dem Griechischen abzuleiten, so würde es einen sehr auffälligen und schwerlich motivierbaren Dorismus darstellen (vgl. χοηφόροc).

Sprache 402ff. Bedeutung: das Haus mit der Doppelaxt, dem Symbol des dort verehrten Gottes. Die Etymologie gewinnt an Wahrscheinlichkeit durch die zahlreichen im Palast zu Knossos gefundenen Darstellungen der Doppelaxt. Vgl. Ζεὺϲ Λαβρανδεύϲ.

B. Semitische Lehnwörter.[1]

Auch an Semitismen sind die ptolem. Papyri nicht übermäßig reich.

1. Fast alle erkennbaren semitischen Stämme, die in den Papp. zutage treten, sind aus älteren literarischen Quellen als Bestandteile des griechischen Wortschatzes bekannt.

a) Sicher semitischer Abkunft sind:

ἀρ(ρ)αβών Handgeld (עֵרָבוֹן): ἀρραβῶνα Magd. 26, 4. 8 (III^a^). ἀραβῶνα Par. 58, 14 (c. 160^a^). ἀρραβῶνοϲ Ostr. 1168, 3 (unb. ptol.). Das Wort hat schon Isaeus 8, 23 und Arist. pol. I 4, 5.

βῖκοϲ ein irdenes Gefäß (vgl. בַּקְבֻּק Lewy 101f.): βῖκον Petr.² 65 (b) 11. 12 (III^a^). βῖκοϲ ῥητίνηϲ Grenf. I 14, 4 (150 oder 139^a^). Später Pap. Goodsp. 30 col. 40, 14 (191—192^p^). In der Literatur zuerst bei Herod. I 194; dann Xen. Anab. I 9, 25. Poll. VI 14; VII 162. Hesych. ϲτάμνοϲ ὦτα ἔχων.

βύϲϲοϲ (בּוּץ syrischer Flachs): βυϲϲίνων [LXX, Aristeas] Rev. L. 103, 1 (258^a^). Rosettadekr. 17. 29 (196^a^). βυϲϲουργόϲ Tebt. I 5, 239. 245. 250; ebd. 243 βυϲϲουργικόϲ (118^a^). — [Herod. II 86 ϲινδὼν βυϲϲίνη (Tuch zum Einwickeln der Mumien). Aeschyl. sept. 1039. Theocr. II 73. Poll. VII 75. Paus. VII 21, 7; V 5, 2]. Lewy 125.

δέλτοϲ Schreibtafel (דֶּלֶת Türflügel, von den zwei Kolumnen einer Blattseite oder den zwei Holzdeckeln des δίπτυχον): δέλτον χαλκῆν P. Anton 26 (41 oder 32^a^). [Aeschyl., Herod.]. Lewy 171.

κιννάμωμον Zimmet (קִנָּמוֹן) Tebt. I 190 (I^ai^). Herod. III 111 (ἀπὸ Φοινίκων μαθόντεϲ). Lewy 37.

κύμινον Kümmel (כַּמֹּן) Tebt. I 112, 13 (112^a^). [Zuerst bei Aristophanes]. Lewy 38.

λίβανοϲ (לְבוֹנָה) Weihrauch, begegnet in der seltsamen Zusammensetzung ϲτεφαλίβανοϲ (vgl. oben S. 6). λιβανωτόϲ P. Sakkakini VII 49 (III^a^). λιβανωτικόϲ Ptol. Inschr. hinter Strack, Dynastie der Ptol. Nr. 109, 11 (130^a^). Herod. IV 75. Lewy 44.

μνᾶ (מָנֶה): Belege § 58, 5. Davon μναιεῖοϲ Par. 10, 10 (145^a^). μνα(ιαίων) Tebt. I 120, 75 (97 od. 64^a^). Lewy 118.

μύρον-μύρϲινον (Myrrhensalbe) — ζμύρνα (Myrrhe) — μυρίκινοϲ (zu μυρίκη Tamariske) gehören wohl alle zur Wurzel מַר bitter sein.

---

1) Vgl. insbesondere H. Lewy, die semitischen Fremdwörter im Griechischen 1895. Thumb Hell. 107ff. mit weiteren Literaturangaben.

μύρον Tebt. I 112, 35 (112ª). μύρcινον Petr. II 34, 10 (IIIª). Ζμύρνα Grenf. I 14, 9. 10 (150 oder 139ª). Tebt. I 35, 4. 16 (111ª). μυρίκινος Petr. II 13 (20) 7 (258ª). Petr.² 48, 4 (IIIª). Magd. 4, 3 (IIIªᵐ). Tebt. I 45, 37 (113ª); 47, 35 (103ª). Lewy 42. 44.

νίτρον (נֶתֶר) Laugensalz; νιτρική Waschnatronsteuer. Belege § 41, Anhang. Über die (altattische) Form λίτρον vgl. S. 9. Lewy 53.

παλλακή (פִּלֶּגֶשׁ) Nebenweib: Gen. 21, 4 (IIª). Tebt. I 104, 19 (92ª). [Hom. παλλακίc, seit Herod. παλλακή]. Lewy 66.

cάκ(κ)οc (שַׂק) — cακκοπήρα — cακκοφόροc: Belege § 49, 3. Lewy 87.

cήcαμον (aramäisch שׁוּמְשְׁמָא) Sesamfrucht und das Adj. cηcάμινοc. Sehr häufig Rev. L. (258ª), vgl. Index; ferner Magd. 5, 21 (IIIª). Par. 25, 7 (163ª); 49, 21 (160ª) usw. [Herod. I 192 cηcάμου. Xen. Anab. I 2, 22]. Lewy 29.

cυκάμινοc (שִׁקְמָה) Maulbeerfeigenbaum: Grenf. II 16, 4 (137ª) τὴν ὑπάρχουcαν ... cυκάμινον. Leid. C p. 93, 4, 14 (c. 160ª): cυκάμινον (die Frucht). [Arist., Theophr.] Lewy 23.

χιτών, ionisch κιθών (כְּתֹנֶת), Leibrock. Belege § 38, 1: [Seit Homer]. Lewy 82. Die der semitischen Form am nächsten stehende Schreibung κιτών, die G. Meyer 382 für ursprünglich hält, ist auf einer attischen Inschrift des 4. Jahrh. v. Chr. (Mhs.-Schwyz. 104, 932), dann P. Reinach 17, 19—21 (109ª) und in der Ilias Bankesiana Ω 225, 231 belegt. Belege aus der Kaiserzeit gibt Crönert 83, 1.

b) Des Semitismus verdächtig erscheinen:

ἄβαξ (zu hebr. אָבָק Staub, urspr. = eine mit Staub bestreute Zeichentafel, dann Rechenbrett, Spieltafel, Prunktisch): Lond. II p. 12, 29 (IIª) in einer Aufzählung von Möbelstücken. [Cratinus bei Poll. X 105 = Prunktisch; X 150 = Spieltisch; Alexis bei Athen. X 435ᵈ]. Lewy 173.

ἀλάβαcτροc (vgl. Lewy 55): ἀλαβάcτρων πόλιc Petr. II 47, 38 (192ª). ἀλαβαcτροθῆκαι Lond. II p. 12, 28 (152 od. 141ª).

κᾶc (ἐφίππιοc) Schabracke, Lond. II p. 11, 5 (152 od. 141ª) und κacῆc Tebt. I 181 (IIªᶠ); 38, 22 (113ª) scheinen auf den Stamm כָּסָה (bedecken) zurückzugehen. — Xen. Cyr. VIII 3, 6 κacᾶc τούcδε τοὺc ἐφιππίουc. 7 τώδε δύο κacᾶ. 8 τὸν κacᾶν. Über den Akzent Arcad. p. 24, 1.

κιβωτόc (תֵּבָה? Lewy 99f.) Revill. Mél. 131, 3mal (IIª). [Ar. equ. 996; vesp. 1056].

κλίβανοc (כְּלוּב) Backofen: Belege oben S. 7. [Zuerst Alkman fr. 20 κριβανωτόc; auch die Attiker mit ρ, Herod. mit λ; über den Wechsel von λ und ρ vgl. § 41, 1]. Lewy 105.

λωτόc (לֹט? Lewy 46) vgl. oben S. 37.

μάρcιπος (semitisches Etymon fehlt) Beutel, Börse: Grenf. II 38, 11 (81^{a}) μάρcιπον. Petr.^{2} 107 (d) col. 1, 9 (III^{a}) μαρcίππων. Tebt. I 112, 33. 40. 54. 56 (112^{a}) μαρcί(που). Leid. C p. 118, 2, 13 (c. 160^{a}) μαρcείπειον. Petr.^{2} 51, 5. 11. 12 (III^{a}) μαρcιππίωι. [Zuerst bei Xen. Anab. IV 3, 11]. Über die semitische Herkunft Lewy 92. Thumb Hell. 108. Schrader, Forschungen zur Handelsgeschichte und Warenkunde S. 140.

In der Ortsbezeichnung ἐπὶ τὸν νάβλα Dittenb. inscr. or. 175, 9 (105^{a}) könnte ein semitischer Stamm stecken, den wir im Musikinstrumente נֵבֶל (Harfe) finden und der in der griech. Transscription νάβλαc schon in einem Fragm. des Sophokles sowie anderweitig belegt ist. Vgl. Lewy 161.

ὀθόνη (ὀθόνιον) [אֵטוּן = Garn? Lewy 124f.]: ὀθόνιον Rev. L. 98, 9; 99, 5 (258^{a}). Amh. II 29, 13 (c. 250^{a}). Petr. I 30 (1) 3 (III^{a}). Par. 52, 5 (163^{a}); 32. 13. 24 (162^{a}); 53, 8. 42; 54, 38. 44. 58; 56, 4; 57, 19; 59, 14 (c. 160^{a}). Tebt. I 5, 64 (118^{a}) etc. [Seit Homer]. Die Ableitung vom Ägyptischen wurde erfolglos versucht.

cινδών (סָדִין leinenes Unterkleid): cινδόνες Par. 53, 4. 7. 13. 43 (c. 160^{a}); 54, 4. 7. 16 etc. (163^{a}). Tebt. I 182 (II$^{a f}$). [Herod. II 86. 95; VII 181; Thuc. II 49. Soph., Eur.]. Man dachte auch schon an einen ägyptischen oder indischen Stamm. Lewy 85 bevorzugt (mit O. Schrader) die Ableitung von סָדִין.

2. Zum erstenmal begegnet in ptolem. Zeit:

θῖβις (תֵּבָה = Kasten): Petr.^{2} 51, 4 (III^{a}) τῆι θίβει; ebd. 13 θῖβιν. Grenf. I 14, 10 (150—39^{a}) θίβεις. Das Wort läßt sich auch entdecken Par. 60 (b) 21 (150^{a}) in der Schreibung ⟨προ⟩θ⟨$\overset{\text{ηβις}}{\text{εcιc}}$⟩, wo also θῆβις in 2. Linie beabsichtigt ist. [LXX θίβη und θήβη = geflochtener Korb; Hesych., Sophronius im 7. Jahrh. n. Chr.] Lewy 100. Thumb 112.

C. Persische Lehnwörter,

die vielleicht an die persische Herrschaft über Ägypten erinnern, sind:

ἄγγαρος mit dem verb. denom. ἀγγαρεύω: Petr. II 20 (4) 5 ἀγγαρευθέντος; ebd. 14 ἀγγαρεύcας (252^{a}); mit Vokalschwächung ἐγγαρεύειν Tebt. I 5, 182. 252 (118^{a}) nach Wilcken Arch. III 325. Das Wort hat sich auch noch später in Ägypten erhalten, cf. C. I. G. III Nr. 4956 A 21 (49^{p}). H. van Herwerden Append. lex. gr. suppl. p. 15 citiert aus einer Inschrift (Arch. Zeit. 1890, p. 59) die Form ἀνενγαρεύτως, nach Mélanges Nicole p. 243 zu berichtigen in ἀνεγγάρευτος. Thumb Hell. 111. Deißmann Bibelstud. I 81 f. [Herod. VIII 98. Xen. Cyr. VIII 6, 17.]

ἀρτάβη (ein Hohlmaß) sehr gewöhnlich in den Papp., schon von Herod. I 192 bezeugt. Derivata: ἀρταβιεία Tebt. I 61 (b) 55 (118ª); τὰ ἀρταβίεια ebd. 5, 59 (118ª). Über die persische Abkunft Wilcken Ostr. I 738f.

γάζα (nach Hesych. persisch): Dittenb. inscr. or. 54, 23 (247—221ª).

κόνδυ (ein Becher) Petr. II 32 (1) 23 (c. 238ª). Lond. II p. 11, 13; 12, 33 (152ª). Sturz de dial. Maced. 91. Thumb Hell. 111.

παράδεισος Gartenland: Petr. II 22, 7 (IIIª); 46 (b) 3 f. (200ª); 30 (c) (235ª); 39 (i) 10. Rev. L. 24, 11; 29, 2; 33, 11. 13. 19; 36, 6. 13. 15; 37, 10 (258ª). Leid. L 1, 4 (187 od. 117ª). Rosetta-Dekr. 15 (196ª). Tebt. passim. [Zuerst bei Xenoph. an mehreren Stellen.]

πείπερι = πέπερι (Pfeffer) Sakkakini VI 42 (IIIª) [Theophr., Diod., Philostr., Plut., Ael.]

Anhang. Ein Wort keltischer Abkunft ist γαῖσος Wurfspieß (Pol. 6, 39), Tebt. I 230 (IIªʳ): nach Poll. 7, 156 bei den Libyern; nach Athen. XI 173 bei den Iberen; nach Diod. 15, 57 bei den Puniern. Lat. gaesum, Caes. b. G. 3, 4. Liv. 8, 8, 5; 26, 6, 5. Verg. Aen. 8, 661. Vgl. Holder, altkelt. Sprachschatz, I. Band s. v.

Seiner Abstammung nach unsicher ist σίναπι, wofür im Attischen τὸ νᾶπυ gebräuchlich war: σινάπεως Tebt. I 9, 13. 18; 11, 9 (118ª). Lobeck Phryn. 288 f. K. Bl. I 440 Note 1. G. Meyer 298.

Der Zuwachs an neuen Fremdwörtern ist nach den obigen Aufzählungen über Erwarten klein, am bedeutendsten natürlich aus der einheimischen ägyptischen Sprache, gering aus dem semitischen Sprachgut; auch die wenigen persischen Lehnwörter lassen sich vorher literarisch belegen. Man sieht auch hieraus, was oben bezüglich der griechischen Dialekte bemerkt wurde, daß die ägyptische κοινή sich ausgesprochen ablehnend gegen fremdsprachliche Einflüsse verhielt.

II. ORTHOGRAPHISCHES.

§ 5. Silbentrennung[1]).

Das Bestreben jede Linie mit einer vollen Silbe zu schließen ist zu allen Zeiten vorhanden, und zwar gelten bestimmte Grundsätze, die mit den Regeln der alten Grammatiker (Herodian περὶ ὀρθογρα-

1) Vgl. im allgemeinen K. E. A. Schmidt, Beiträge zur Gesch. der Gramm. 126ff. Kühner-Blaß I 349ff. Krüger § 6. Meisterhans-Schwyzer 7f. Schweizer 131 ff. Crönert 10 ff. Nachmanson 115 ff. Moulton Class. rev. XV (1901) 31.

φίας) im wesentlichen übereinstimmen. Subjektive Willkür oder Ungewandtheit der Schreiber, wohl auch Rücksicht auf den Raum, haben nur in seltenen Fällen zu unsyllabischen Trennungen geführt[1].

Anmerkung 1. Die Trennung Ζω|ίδιον Eud. 15, 5. 8; 17, 6 (vor 165^{a}) beweist, daß das Wort viersilbig gesprochen wurde.

I. Silbentrennung im Innern eines einfachen Wortes.

1. Die Grundregel der alten Grammatiker (Lentz, Herodian II 393 ff.), daß ein zwischen zwei Vokalen stehender Konsonant zum 2. Vokal gehört, wird höchst selten vernachlässigt, z. B. im Eudoxuspapyrus (Par. 1), einem schülerhaft nachgeschriebenen Kollegienheft über Astronomie, unter etwa 100 Fällen kaum dreimal[2].

2. Zwei gleiche, auch gleichartige Konsonanten, wie γκ, γχ, πφ, zwischen zwei Vokalen werden stets von einander getrennt[3].

---

1) Die meisten Fälle unsyllabischer Zerreißung bietet ein ungewöhnlich schlecht geschriebener Schuldschein Tebt. I 110: 5 μ|ηνί, 10 κ|αί, 12 τ|ό (92 oder 59^{a}). Goodsp. 5, 3 σπ|ουδῆς (II^{a}). Ferner Hyperid. κ. Φιλ. (Kenyon class. 46 ff.) col. IV 101 σ|υγγνώμην (II—I^{a}), wobei auffallenderweise das zeilenfüllende Zeichen > innerhalb des Wortes steht (vgl. § 6, 2 e). Blaß Hyperides praef. XI, XXI. Andere Fälle dieser Art beruhen auf sicheren Ergänzungen, wie μ|[ένων Petr. II 50, 3, 3 (Laches c. 300^{a}); σ]|καφείου Petr. II introd. p. 33 (III^{a}); πλ]|εῖστον Par. 63, 9, 30 (165^{a}). Dagegen ist ibid. Z. 34 ἀποσφ|αλῆναι (Letronne) nach dem Faksimile in ἀποσφα|λῆναι zu berichtigen. Der letztgenannte Papyrus, wiewohl offizielles Aktenstück, enthält auch andere Anomalien der Silbentrennung (vgl. die nächstfolgende Fußnote, sowie unten S. 45 Note 2; S. 47 Note 1). Trennungen wie κυκλ|οειδεῖς Eud. 19, 14 (vor 165^{a}), κωμογρ|αμματέως Tebt. I 77, 1 (110^{a}) sind wohl aus der Unfähigkeit des Schreibers zu erklären. Die Ostraka zeigen (wie die Vaseninschriften) wegen des eigenartigen Schreibmaterials eine größere Freiheit und gestatten sogar die Zerreißung eines Diphthongs, z. B. in Φαρμο|ῦτι Wilck. Ostr. 1335, 4 (altptol.); ähnlich übrigens auch auf einem sehr schmalen Papyrus Ἰμο|ούθην Arch. II 81 Gizeh Mus. Nr. 10274, 4 (III^{a}). Dagegen scheint bei Τετε|ιμούθιος Goodsp. 3, 13 (III^{a}) keine gewaltsame Zerreißung eines echten Diphthongs, sondern organische Trennung der beiden Bestandteile des ägyptischen Namens vorzuliegen. Als besonders auffällig ist zu notieren die bisher nirgends belegte Zerreißung des mit σζ wiedergegebenen Zischlautes (vgl. § 48, 1) in ἀνασ|ζητήσας Tebt. I 53, 29 (110^{a}).

2) Eud. 4, 15 ἐπιφαίν|ει (Blaß ἐπιφά|ει); 8, 13 μέν|οντα (wobei dem Schreiber μὲν ὄντα vorschweben mochte); 16, 9 μόρ|ια (vor 165^{a}). Ferner προστήσ|εσθαι, ὠν|αῖς Par. 63, 2, 40; 4, 98 (165^{a}). Νεκτον|αβῶι Leid. U col. 3, 2 = Mélanges Nicole p. 582 Wilcken (II^{am}). Auf sicherer Ergänzung beruhen ἥκ|[οντος Petr. I 5 (1^{a}) 2 (Phaedon c. 300^{a}); λέγ|[εις Petr. II 50 (5) 30 (Laches c. 300^{a}); δύν|[αιτο Petr. I 10, 32 (klass. Fragm. c. 200^{a}). Auch hier die Ostraka viel freier: στέφ|ανον Wilck. Ostr. 1528, 2 (122/1^{a}); δξιληφ|ώς ibid. 1085, 1 (136/5^{a}).

3) ἀπαγ|γέλλω Magd. 8, 9 (III^{a}). ἀπολ|λύμεθα Petr. II 4, 1, 4 (255^{a}). Φιλάμ|μονος Petr. I 18, 2, 5 (237^{a}). διαλλάσ|σων, ἐλάτ|τους, sogar ἀλ|λ'ὅταν Eud. 5, 8; 18, 17; 20, 21 (vor 165^{a}). ἀναγ|κάζεται Petr. I 8, 3, 5 (Phaedon c. 300^{a}). ἀνενεγ|κεῖν Lond. I p. 9, 28 (162^{a}). Σαπ|φώ Par. 2 col. 14 (vor 160^{a}). [Ausnahmen: *Ἀπο|λλωνίου, *ἀντιπατάσσ|οντες Par. 40, 4 u. 41 — ein schlecht beschriebener, ungewöhnlich schmaler Papyrusstreifen (156^{a}).]

3. Nicht bloß solche Konsonantengruppen, mit denen ein griechisches Wort beginnen kann (γρ, δρ, θρ, κλ, κμ, κρ, κτ, μν, πλ, πρ, πτ, τρ, φθ, χθ), sondern auch γμ, θμ, τν, χμ werden regelmäßig zum Folgenden gezogen[1]): Über c + Konsonant s. unter 5.

4. Dagegen wird bei jeder mit einer Liquida beginnenden Gruppe nach der Liquida abgesetzt[2]). [Über μν vgl. 3].

5. Ebenso wird das c an der Spitze von zwei oder drei Konsonanten in der Regel für sich abgetrennt[3]).

---

1) ἔ|γραψας Leid. D 10 (162ª). ἀν δρείαν Petr. I 10, 34 (c. 220ª). παρεφε-δρευόντων Par. 63, 8, 3 (165ª). ἠρυ θρίακε Tebt. I 37, 10 (73ª). κύ κλον Eud. 8, 16 (vor 165ª). Ἀλ|κμάν Par. 2 col. 12 (vor 160ª) [dagegen ἐξνηνεκ μέναι (sic) Lond. I p. 18, 21 (161ª)]. Σώ κρατεc Petr. II 50, 1, 11 (Laches c. 300ª). πι|κρόν Petr.² Einl. p. 28, 121 = Par. 63 (165ª). νυ κτί, ἕ|κτηc Eud. 2, 30; 4, 10 (vor 165ª). οἴ|κτου Hyperid. κ. Φιλ. VIII 203 (II—Iª). ἐνδί κτην Par. 45, 7 (153ª). ἀcυντά|κτωc Par. 32, 28 (162ª). Σκύ|μνοc Wilck. Ostr. 1231, 2 (ptol.). Με μνονείοιc Tor. 11, 17 (177 oder 165ª) Λι μναίου Petr.² 64 a (3) 2 (252ª). ὅ|πλοιc Par. 2 col. 5 (vor 160ª). λαμ πρός Eud. 7, 16 (vor 165ª). γέγρα πται Rev. L. 30, 9 (258ª). προγέγρα πται Amh. II 59, 11 (151—40ª). cυνπε πτωκέναι Par. 34, 2 (157ª). ἐγμε|τρητάc Petr. II 9, 2, 8 (241ª). μέ|τρα Par. 32, 23 (162ª). λη|φθέντι Petr. II 36, 1, 23 (IIIª). λε|χθείη Par. 2 col. 4/5 u. 6 (vor 160ª). προκηρυ χθειcῶν Rev. L. 59, 9; 15 (258ª). προcενε χθήcεcθ' Par. 46, 20 (153ª). [Ausnahme πραχθ ήcεcθαι Par. 62, 1, 11 (c. 170ª).] — πρά γμαθ' Petr. II 9, 4, 3 (241ª); Tebt. I 124, 3 (118ª); 39, 13 (114ª). διαπεπρα γμένοι Par. 38, 11 (160ª). τετα γμένωι Rev. L. 51, 23 (258ª); Tor. VII 16 (177 od. 165ª). cυν-αλλά [γματα Grenf. I 17, 14 (177 od. 136ª). προccτάγ γμαcιν (sic) Leid. U 3, 5 (IIª) = Mélanges Nicole p. 583, 5 (Wilcken). πεπλε γμένων Tebt. I 5, 156 (118ª). [Einzige Ausnahme: προcτάγ|ματοc Par. 63, 4, 113 (165ª).] cτα|θμῶι Arch. I 287 col. 2, 13 (IIIª). ἀρει θμοῦcει Leid. C p. 118, 2, 9 (c. 160ª). γει|τνίαc Tebt. I 14, 10 (114ª). Σα χμί Par. 48, 14 (153ª); aber Νεχθ μώνθηc Par. 5, 2, 6 (114ª).

2) ἀδελ|φῶν Petr. I 15, 7 = 16, 8 u. 9 (237ª). ἐπελ|θών Rev. L. 42, 8 (258ª). ἄλ|κιμον Par. 2 col. 12 (vor 160ª). παραλαμ βάνειν Petr. II 8, 3, 5 (267ª). ἀνα-κάμ|[πτοντοc Magd. 8, 10 (IIIª). ἀμεμ ψίμοιρον Par. 63, 8, 14 (165ª). πέν τε Eud. 7, 6. ἱλάρ χηc Petr. I 16, 12 (237ª). cπέρ ματα Par. 63, 4, 110 (165ª) usw. [Ganz vereinzelte Ausnahmen sind *ἀδε λφόc Par. 32, 27 (162ª); cύ] μβολον Petr. II 26, 2, 8 (240ª).]

3) Die alten Grammatiker waren über diesen Punkt nicht ganz einig. Sext. Empir. advers. grammat. 169. Blaß A.³ 89. Beispiele: παραγενέc θαι Petr. II 40 (a) 17 (260ª); κρινέc θω, κατεργαc θῆναι Rev. L. 46, 4; 64, 11; 66, 21 (258ª); λογίζεc θαι Par. 63, 5, 172 (165ª); ἐφάπτεc θαι Tor. 8, 73 (119ª). ἀπέφαc κεν Par. 2 col. 3 (vor 160ª) — aber φά cκων BU 1011 II 2 (219ª); γινώ|cκετε Par. 32, 5 (162ª). ἐγμιc|θωθείcηc Goodsp. 9, 2 (Iª). δεc μώταc Petr. II 5 (c) (255ª); εἰθιc μένον Par. 31, 9 (163ª); ἀπηρειc|μένοc Par. 6, 15 (126ª). Θέc πιc Par. 2 col. 8 (vor 160); ὥc περ Petr. II 50, 4, 2 (Laches c. 300ª). [Ganz vereinzelt *ἀcπ αcώμεθα Par. 32, 32 (162ª).] ἐc τεγαcμένην BU 997 I 4 (103ª); ἑκάc του Petr. II 8 (1 B) 6 (258ª); Θεμίc του Magd. III 2 (IIIª); ibid. 3 ἑκάc την; ἑκάc τηc Tebt. I 107, 5 (112ª); προεc τηκόcι Leid. E 16 (162ª); ἐc τίν Arch. II 83 Nr. 10 274, 11 (IIIª); Eud. 11, 21; ἀc τέραc, ἔc|ται ibid. 7, 9; 12, 8; χρηματιc τάc Tor. 3, 36 (127ª). [Ausnahme μέγι cτον Par. 63, 3, 76, daneben aber 74 μάλιc τα (165ª).] ἄc τρων Eud. 17, 25 (vor 165ª). νενοc φίcθαι Rev. L. 27, 10 (258ª). ἐc|χολακέναι Par. 32, 7 (162ª). Die wenigen Ausnahmen beschränken sich fast ausschließlich auf die Verbindung cθ, die in Verbalformen

II. Teilung zusammengesetzter oder in der Aussprache eng verbundener Wörter.

Das herrschende Prinzip der Wortbrechung ist auch bei Zusammensetzungen das rein lautliche Syllabieren; daneben tritt das Prinzip der Trennung nach Kompositionsbestandteilen mehr zurück. Blaß A^3. 126.

a) Trennung nach Silben.

6. Ist in einem Kompositum der letzte Vokal der Präpositionen ἀνά, ἀπό, ἐπί, κατά, μετά, παρά, ὑπό elidiert, so wird der Schlußkonsonant der Präposition in der Regel zur folgenden Silbe gezogen. Ebenso gewöhnlich ἐ|ξέντες, ἐ|ξουσία u. ä.[1])

7. Die Verbindung einer selbständigen elidierten Präposition mit einem vokalisch anlautenden Nomen oder Pronomen wird als Zusammensetzung angesehen und syllabisch getrennt. Dasselbe findet bei anderen Elisionen statt, wie οὐδ', δεῦτ', οἶδ', ἄγετ' usw.[2])

8. Ohne Rücksicht auf die Kompositionsglieder wird rein nach Silben getrennt in Fällen wie ἀπέϲ|τειλα, ἀπόϲ|χη, ἐπιϲ|ταλίϲηϲ, ἐπιϲ|τολάϲ, καταϲ|τῆϲαι, καταϲ|τοχήϲαμεν, περίϲ|ταϲιϲ, προϲ|τῆναι, προϲ|τάτηι, μακροπρό|ϲωποϲ, κω|μάρχηι, νο|μάρχηι, το|πάρχων, sogar διαγ]|νώϲεται, Ἀλε|ξάνδρου, Κλει|τάνδρου, Νι|κήρατοϲ, Νικόϲ|τρατοϲ etc.[3])

---

manchmal ungetrennt zum Folgenden gezogen wird, wie καταριθμεῖ|ϲθαι Par. 63, 4, 99 (165^{a}); δεῖ|ϲθαι Par. 32, 10 (162^{a}); μάχε|ϲθαι Petr. II 50, 4, 28 (Laches c. 300^{a}); ϲτερέ|ϲ[θωϲαν], γινέ|ϲ[θω] Rev. L. 51, 25; 37, 7 (258^{a}) — aber auch hier gewöhnlicher ἐπελεύϲαϲ|θαι Grenf. II 26, 14 (103^{a}); ψηφιεῖϲ|θαι, ψηφίζεϲ|θαι Hyperid. κ. Φιλ. III 71 u. 77 (II—I^{a}) usw.

1) ἀ|νήλωμα Sakkakini I, 3 (III^{a}). ἀ|πέφαϲκεν, ἀ|πεφαίνετο Par. 2 col. 8; 11; 13 (II$^{a\,i}$) — freilich von derselben Hand col. 10 u. 14 ἀπ|εφαίνετο und ἀπ|έφαϲκεν. ἀ|πέχειν P. Reinach 11, 3 (111^{a}). ἐ|πωνύμου Anton. 7 (41 oder 32^{a}). ἔ|φοδοϲ Gen. 20, 13 (109^{a}). κα|τεργαϲθῆναι Rev. L. 67, 14; 71, 15 (258^{a}) — aber κατ|έφθαρται Petr. II 19 (2) 6 (III^{a}). κα|θήκοντα Tebt. I 61 (b) 32 (118^{a}). κα|τοχῆι Vat. D 2 (104^{a}). Par. 30, 9 (109^{a}); 40, 7 (150^{a}); 41, 7 (158^{a}). ἐνκα|τέχομαι Par. 35, 8 (163^{a}). με|ταλλάϲϲει, με|θοπορινήν Eud. 8, 5; 22, 25 (vor 165^{a}). πα|ρεϲφραγίϲατο Par. 35, 16 (163^{a}) — aber παρ|εύρεϲιν ebenda 63, 1, 15 (165^{a}). ὑ|πάρξειϲ Rev. L. 68, 12 (258^{a}). ὑ|πάρχοντα Alex. VI 5 (III^{a}). ὑ|πάρχουϲαν B U 1012, 6 (170^{a}). — ἐ|ξέντεϲ Fay. XII 19 (nach 103^{a}). ἐ|ξουϲίαι Par. 63, 6, 176 (165^{a}). διε|ξαγωγήν Tebt. I 14, 6 (114^{a}). Eine Ausnahme machen die Doppelkomposita ἐξ|αποϲτεῖλαι Par. 36, 20 (163^{a}). παρ|επιγεγραφ[ότοϲ Par. 32, 9 (162^{a}).

2) κα|θ' ἡμέραν Tebt. I 58, 26 (111^{a}). κα|θ' ὅν, κα|θ' ἥλιον Eud. 6, 16; 13, 14 (vor 165^{a}). κα|τ' ἄνδρα, κα|[τ' ἔτοϲ Tebt. I 72, 9 (114^{a}); 106, 21 (101^{a}). με|θ' ἡμῶν Petr. II 45 (3) 10 (246^{a}). πα|ρ' ἐμοῦ Lond. I p. 8, 35 (164—3^{a}). Par. 54, 28 (163^{a}); 49, 13 (160^{a}). — οὐ|δ' ἔτι Par. 2 col. 6; οὐ|δ' ἴαν col. 8; δεῦ|τ' ἔμπεδοϲ, οὐ|δ' ἀϲτοῖϲι, οἶ|δ' ὅττι col. 13, 14 (II$^{a\,i}$). ἄγε|τ' αὐτόν Hyperid. κ. Φιλ. IV 90 (II—I^{a}). μη|δ' ἄλλον P. Reinach 11, 12 (111^{a}).

3) ἀπέϲ|τειλα Petr. II 23 (3) 6 (III^{a}). ἀπόϲ|τειλον Petr.^{2} 53 (k) 2 (III^{a}). ἀποϲ|τεῖλαι Magd. 3, 9 (III^{a}). ἀπόϲ|χη Eud. 14, 9 (vor 165^{a}). ἐπιϲ|ταλίϲηϲ Tebt.

9. Wenn ein konsonantisch schließendes Proklitikon vor vokalischen Anlaut zu stehen kommt oder vor einen anlautenden Konsonanten, der mit dem vorhergehenden Konsonanten eine organische Gruppe bildet, so kann der schließende Konsonant zur folgenden Silbe gezogen werden: dies ist immer der Fall bei οὐκ, einmal bei ἐκ und dem Artikel, und nach dieser Analogie wohl in weitergehenden Fällen wie μηδὲ|ν ἀντιπεcόν, ἂ ν ἐπείπαιμι, τὰ|c ἀποcκευάc, cτοιχειωδῶ|c ὑμῖν[1]). Über ἐ|ξέντεc u. ä. s. oben 6.

b) Trennung in der Kompositionsfuge

findet in der Regel statt bei der Zusammensetzung mit ἀμπ-(ἀμφι-), εἰc-, προc-, cυν-, ὑπερ-.[2])

Anmerkung 2. Trennungen, bei denen ein einzelner Vokal auf die eine oder andere Zeile zu stehen kommt, werden durchaus nicht vermieden.[3])

10. Ein Schwanken in der Silbentrennung scheint da vorzuliegen, wo ein in der Wort- oder Kompositionsfuge stehender Konsonant graphisch verdoppelt und auf beide Silben verteilt, oder umgekehrt ein auf der Wortgrenze als Aus- und Anlaut figurierender

---

I 75, 81 (112^{a}). ἐπιc|τολήν Petr.^{2} 44 (2) verso col. 2, 1 (c. 246^{a}). ἐπιc|τολάc Magd. 11, 2 (III^{am}). ἐπίc|τελλε Petr.^{2} 42 G (9) 8 (c. 260^{a}). καταc|τῆcαι Par. 35, 36 (163^{a}). καταc|ταθείc Rev. L. 46, 8 (258^{a}). ἀποκαταc|τήcωcι Grenf. I 10, 15 (174^{a}). καταc|-τοχήιcαμεν Tebt. I 58 recto 35 (111^{a}). περίc|τacιc ebd. 86, 45 (II^{af}). προc|τάτηι ebd. 120, 129 (97 oder 64^{a}). μακροπρό|cωποc Petr. I 12, 3 (238^{a}). κω|μάρχηι P. Magd. in den Mélanges Nicole (Jouguet und Lefébure) p. 283, 5 (221^{a}). νο|μάρχηι Rev. L. 43, 1 (258^{a}). το|[πάρχων Petr. II 1, 10 (c. 260^{a}). μη|δαμῶc Tor. I 8, 39 (117^{a}). διαγ]νώcεται Amh. II 29, 18 (nach 250^{a}). Ἀλε|ξάνδρου Petr.^{2} p. 8, 3 (236^{a}). Κλει|τάνδρου Wilck. Ostr. 1494, 3 (c. 256^{a}). Νι|κηράτου Petr. II 13 (4) 14 ($258—53^{a}$). Νικοc|τράτωι Petr. II 13 (18 B) 12 (258^{a}).

1) οὐ|κ ἐφρόντιcαc Petr. II 23 (3) 11 (III^{a}). οὐ|κ ἄξιον Hyperid. κ. Φιλ. (Kenyon.) 164 ($II—I^{a}$). οὐ|κ ἦν, οὐ|κ ἐξ, οὐ|κ ἐν, οὐ|κ ἀντίκειται, οὐ|κ ἔcτιν, οὐ|κ ἔχω, οὐ|κ ἧc (= ἦcθα), οὐ|κ εἶδον Par. 2 col. 3. 4. 5. 8. 9. 11. 13. 14 (II^{ai}). [Zur völligen Aphäresis des οὐ in κοῖδα, κεξαθρήcαc etc. im letztgenannten Papyrus vgl. § 25, 2.] — ἐ|κ τοῦ Lond. I p. 7, 18 (164^{a}) — dagegen ἐ[κ] | τοῦ Par. 36, 4, 106 (165^{a}). — μηδὲ|ν ἀντιπεcόν Par. 30, 24 (162^{a}). ἂ|ν ἐπείπαιμι Petr.^{2} Einl. p. 28, 111 = Par. 63 (165^{a}). τὰ|c ἀποcκευάc, cτοιχειωδῶ|c ὑμῖν ebd. 63, 7, 13; 4, 116 (165^{a}).

2) ὑπεραμπ|έχοντα Par. 2 col. 7 (II^{ai}). προc|ῆκον Par. 63, 13, 12 (164^{a}). πρόc|τιμα Rev. L. 21, 6 (258^{a}). προc|διδούc Eud. 2, 16 (vor 165^{a}). προc|φάτωc Par. 63, 8, 10 (165^{a}). cυν|ανατέλλει Eud. 19, 7 (vor 165^{a}). ὑπερ|ηφάνοιc Par. 63, 9, 51 (165^{a}) usw.

3) In literarischen Texten: ἀ|κολαcία Petr. I 5 (4) 13; ebd. 16 ἀ|ρετήν (Phaed. c. 300^{a}). ἀ]|ναcτρεφομένουc Petr. II 50 (4) 1 (Lach. c. 300^{a}). ἀναγκαῖ|α Hyperid. κ. Φιλ. (Kenyon.) III 75; ebd. V 128 ἐξουcί|α ($II—I^{a}$). — In Urkunden: ἐ|πιτολῶν Eud. 17, 4 (vor 165^{a}). ἐ|cόμεθα Lond. I p. 7/8, 24 (164^{a}). ἡ|μᾶc ebd. p. 7, 22. ἀ|πό Anton. 3 (41 oder 32^{a}). ἀ|ποcκευάc Par. 63, 3, 90 (165^{a}). ἀ|ποδόμενοc Grenf. II 32, 9 (101^{a}). Ἀπολλωνί|ωι Petr. II introd. p. 32, 9 (III^{a}). δι|ά Petr. II 12 (4) 6 (241^{a}); Lond. I p. 8, 26 (164^{a}); p. 19, 7 (161^{a}). ὀψόνι|α (sic)

Doppelkonsonant vereinfacht und der vereinfachte Laut nur zum zweiten Worte gezogen wird. Dies ist namentlich der Fall bei c und ν, und zwar sowohl vor einem Verschlußlaut als vor einem Vokal[1]). So erklären sich Schreibungen wie:

einerseits εἰccανγελέων st. εἰcαγγελέων, Ἴcιoc cΝεφορcῆτoc st. Ἴcιoc Νεφορcῆτoc, κατacτὰc cέωc st. κατacτὰc ἕωc, καταccταθῆναι st. καταcταθῆναι, κατέccπαρκεν st. κατέcπαρκεν, προccτάγ γμαcιν st. προcτά γμαcιν, ποιήcειc cκιάν st. ποιήcει cκιάν, ὑπέγραψαc Σαραπίων = ὑπέγραψα Σαραπίων etc.;

andererseits ἄφεc αὐτόν st. ἄφεc cαυτόν, ἐντιθέντα coῖcιν st. ἐντιθένταc coῖcιν, ἴcω cκoπεῖ st. ἴcωc cκoπεῖ, προcανενηνοχώ coι st. προcανενηνοχώc coι, τῆ cωτηρίαc, τοῖ cτρατηγοῖc, τούτοι cυνεργείαc, χρεία coι st. χρείαc coι, ὥ cφιν st. ὥc cφιν etc.

Beispiele für ν: einerseits χηλὴν ναύλοκοc st. χηλὴ ναύλοκοc, ἐνναντίοc, μεcοννύκτιοc;

andererseits ἐὰ νῦν für ἐὰν νῦν[2]).

§ 6. Satzzeichen.[3])

Vorbemerkung. Die folgenden Beobachtungen machen keinen Anspruch auf Vollständigkeit in Benützung des Materials und beschränken sich auf die wichtigsten Punkte.

1. An Stelle der scriptio continua, die in der Regel vorherrscht, tritt in wenigen Fällen durchgeführte Worttrennung und eine durch Absätze gegliederte Schreibweise.[4])

Lond. I p. 38, 26 (158ᵃ). ἀγνο ῶ Tor. 3, 9 (127ᵃ). εἴ η Par. 63, 1, 5 (165ᵃ). ὀμνύ ο (sic) Par. 47, 2 (153ᵃ). νεύ ι (Blaß) Eud. 8, 7 (vor 165ᵃ). Ἀχιλῆ ι Par. 2 col. 12 (IIᵃ ⁱ) usw.

1) Vgl. G. Meyer³ 304. 377. Blaß A.³ 89. 126. K. Bl. I 312 Anm. 7. Meisterhans-Schwyz. 89f. Kretschmer Vas. 50. Schweizer Perg. 132f.

2) Sammlung der Belegstellen unter §§ 49, II; 50, III.

3) Bekker Anecd. 675 Z. 14ff. Gardthausen, griech. Paläographie 1879, 270ff. K. Bl. I 351ff. Blaß im Hdb. kl. A.² I 310f.

4) Während der Chrysippuspapyrus (aus dem Anfang des 2. Jahrh. v. Chr.) uno tenore geschrieben ist (vgl. Th. Bergk, Commentatio de Chrysippi libris περὶ ἀποφατικῶν p. 21: scriptura est continua neque distinctionis ullum reperitur vestigium. Neue Ausgabe bei v. Arnim, Stoicorum vet. fragmenta II 52ff.), zeigt der so ziemlich gleichzeitige Eudoxuspapyrus (Par. 1) vollständig durchgeführte Worttrennung und abgesehen von den durch die Abbildungen herbeigeführten Spatien mancherlei Absätze und Anfänge a linea. Solche Absätze von vorne (häufig mit παράγραφοc) zeigt auffallend regelmäßig Par. 62 Planches XLI (Rundschreiben an die Finanzbeamten c. 170 a. Chr.). Schon in den Rev. L. (259/58ᵃ) sind die einzelnen Steuergesetze durch Spatien (und παράγραφοc) deutlich von einander geschieden und oft durch Überschriften eingeleitet. Über Spatien und Paragraphos im Würzburger Sosylosfragm. (IIᵃ) vgl. Wilcken Hermes XLI p. 105. In Privaturkunden sind Intervalle seltener.

2. Zur Trennung der Wörter, Sätze und Abschnitte sind folgende Zeichen im Gebrauch:[1])

a) Der von alters her geläufige, auch auf Inschriften vorkommende Doppelpunkt (:). Selten einzelne Wörter trennend, entspricht er bald unserem Punkt nach kleineren oder größeren Abschnitten, bald schwächeren Interpunktionen, wie Semikolon oder Komma; in poetischen Stücken scheint er zugleich der rhythmischen Koleneinteilung zu dienen.[2]) Als Zeilenfüller dient der Doppelpunkt auf dem Würzburger Sosylosfragment (II[a]) ed Wilcken, Hermes XLI p. 106 col. II 6; p. 107 col. II 16.

Über die Verbindung dieses Zeichens mit der παράγραφος vgl. unten c, α.

b) Weit häufiger begegnet die παράγραφος, ein Querstrich, der mit einem kleineren oder größeren nach unten gewandten Häkchen beginnt und unter diejenige Linie gesetzt wird, innerhalb welcher oder mit deren Abschluß ein Satz oder Abschnitt endet.[3]) Literarische Texte des 3. Jahrhunderts v. Chr. entbehren sie fast nie; auch in den folgenden Jahrhunderten bevorzugen diese Interpunktion wissenschaftliche und offizielle Dokumente, weniger private Urkunden, wie Briefe, Bittschriften usw. Dagegen steht die παράγραφος zu jeder Zeit gern am Schluß eines Schriftstückes.[4])

1) Mhs.-Schwyz. 11f. Gardthausen 270ff.

2) Nur worttrennend ist der Doppelpunkt z. B. im Artem.-Pap. 6 zwischen dem Adverbium κακῶς und dem dazu gehörigen ἀπολλύοιτο (III[a]); ebenso auf einer Inschrift aus der Zeit des 3. Ptolemäus (Strack, Arch. f. P. II 541, 15) nach καί. Unserem Punkt entspricht er Artem. 5 (nach θάψαι) und 9 (καθημένων); ebenso Petr. I 5 (3) 6 (Phaed. c. 300[a]), wo die Frage (ζῶςιν) und Antwort (ἀνάγκη) sowohl unter sich als vom folgenden getrennt erscheinen. Auf dem Kanop. Dekr. Z. 46 (237[a]) steht der Doppelpunkt am Schluß eines Abschnitts mitten in der Zeile. Strack, d. Dynastie d. Ptol. 230, 46. Bei Dittenberg. inscr. or. 104, 46 fehlen die Punkte. Ferner Par. 63, 8, 12 (165[a]) στοχαζόμενος: 15 παρέςχημαι: Schwächere Pausen liegen vor: Artem. 9, 11, 13, 16 (III[a]); Par. 63, 8, 4 nach δυςχεραίνειν (165[a]); Eud. 17, 1 nach διεξέρχεται (vor 165[a]); Grenf. I 14, 10 nach Ζμύρνης (150 oder 139[a]). Besonders häufig begegnet der Doppelpunkt im erotischen Fragment Grenf. I 1 (nach 173[a]), wo er nicht bloß logische, sondern sicherlich auch kolometrische Zwecke erfüllt: so col. 1, 1. 2. 4. 5. 6 (sogar nach καί). 10. 12. 14. 15. 17. 19; col. 2, 5. Vgl. O. Crusius Philol. 55, 380. U. v. Wilamowitz G. G. A 1896, 299ff.

3) Gardthausen 273. Hdb. kl. A.[2] I 311. Älteste Belege aus dem 5. Jahrh. v. Chr. C. I. A. I, 319; lakon. Damononinschr., abgebildet bei Röhl, Imag. inscr. gr. antiquiss.[2] S. 28 Nr. 16.

4) 3. Jahrhundert.

a) In klassischen Texten: Petr. I 1 und 2 (Antiopefragm. c. 245 geschrieben) an vielen Stellen, namentlich bei Personenwechsel; ebenda 3 und 4 (klassische Fragm. aus derselben Zeit) und insbesondere im Phädon- und Laches-

c) Manchmal verbindet sich die παράγραφος mit anderen Satzzeichen wie

α) mit dem Doppelpunkt;[1])

β) mit einem schrägen Strich am Rande, der unten mit einem Häkchen von innen beginnt und oben mit einem Häkchen nach außen endigt (⸓), also wie ein verkehrtes schiefliegendes *S* aussieht. Das Zeichen steht auch gelegentlich ohne παράγραφος.[2])

d) Der Buchstabe χ, bei den alexandrinischen Grammatikern das Zeichen für eine verdächtige oder erklärungsbedürftige Stelle (daher bei Scholiasten: ἐνδεῖ δὲ τοῦ χ, χιάζεται ὁ στίχος) findet sich im dialektischen Papyrus. Doch ist die Erklärung unsicher.[3])

---

papyrus (Petr. I Nr. 5—8 und Petr. II Nr. 50, beide c. 300ª); ferner Petr. I 9 (klassisches Stück), 10 (rhetorisches Fragment), 25 (Μουσεῖον des Alkidamas, geschr. 225ª) bei jedem neuen Zitat.

b) Urkunden haben die παράγρ. fast nur am Schluß größerer Abschnitte, namentlich bei Zahlensummierungen: Rev. L. (258ª) an vielen Stellen; Petr. II 14 (1ª) 12; 27 (1) 9. 11 (236ª); 29 (a) 11; (d) 3. 12; 37 (1ª) 4; 39 (g) 12. 20 usw. BU 1011 (amtliche Korrespondenz v. 219ª) auch bei kleineren Abschnitten, so II 5. 11. 15. 21; III 5. 9. 15. 18.

2. Jahrhundert.

a) Literarische Stücke: im Eudoxuspap. sehr häufig, sowohl im Inneren als am Schluß der Kolumnen (vor 165ª); im dialektischen Pap. (Par. 2) hauptsächlich bei neuen Zitaten (IIª¹); im Würzburger Sosylosfragment ed. Wilcken Hermes XLI p. 107 col. II 22; p. 108 col. III 27 und am Schluß; im erotischen Fragment Grenf. I 1 (nach 173ª) 9mal; im Pap. Weil I—VI (vor 161ª) und Hyperidespap. (II—Iª) häufig.

b) Offizielle Urkunden Par. 62, 4, 12. 14; 5, 2. 11. 15 (IIª¹); ebd. 63, 9, 27. 31. 32. 46; 11, 66. 79. 81; 12, 85. 87. 88. 92 (165ª). BU 1011 II 5. 11. 15. 21 (IIª). Tebt. I, 5 (118ª) königl. Amnestiedekret, nach jedem einzelnen Abschnitt. In Privaturkunden fast nur am Schluß oder bei größeren Abschnitten: Grenf. I 11, 2, 5 (157ª); 14, 7. 10. 12 (150ª) — Aufzählung von Gegenständen aller Art; Grenf. II 17, 18 (136ª); 21, 25 (113ª). Lond. II p. 11/12 (152ª). Im Inneren fehlt das Zeichen auch in den sorgfältigst geschriebenen Stücken, z. B. Par. 12 (157ª); 13 (157ª); 26 (163ª); 27 (160ª); 30 (162ª) usw.

1) Petr. I 5 (3) 6. 12 (Phädon, c. 300ª). Par. 49, 15. 17. 24. 26. 28 (zwischen Vorder- und Nachsatz). 30 (ein Brief, etwa 160ª). Grenf. I 1, 1, 5. 12 (nach 173ª).

2) Im Eud. vor einem größeren Abschnitt, z. B. col. 2 nach Z. 13 (vor 165ª). Par. 2 in allen vollständig erhaltenen Kolumnen beim Eintritt eines neuen Zitats (IIª¹). Nach Blaß, Hdb. kl. A. I 311 ist dies die Koronis, die man auch am Schlusse eines Buches findet (Isid. Orig. I 21). Das Zeichen begegnet auch auf einem Münchener Pap., herausg. v. Wilcken im Arch. f. P. I 475ff. col. I 1, auffallenderweise rechts am Rande. Wilcken vermutet, die Schleife könnte bedeuten, daß hier eine Umstellung vorzunehmen sei.

3) Par. 2 col. 6 wiederholt (IIª). Brunet de Presle bemerkt dazu (Not. et extr. 18, 2 p. 100): „les quatres lignes suivantes sont marquées en marge d'une sorte de χ, lequel me paraît indiquer qu'elles contiennent une répétition qu'il faut effacer". Doch wird sonst Nichtgültiges einfach durchgestrichen (διαγράφειν), so Par. 34, 20ff. (157ª); 63, 5, 143 (165ª); ebd. col. 13, 2 (164ª), manch-

e) Zur Zeilenfüllung am Schluß der Linie, zugleich als Trennungszeichen dient manchmal ein nach links offener Winkel (7 >). Auch zwei parallele schräge Striche (⍀) werden zur Raumfüllung benützt.[1]) Über die Verwendung des Doppelpunktes zu diesem Zweck vgl. oben unter a). Wilcken Hermes XLI p. 105 bemerkt, daß gelegentlich auch der einfache Punkt (z. B. im Theätetkommentar p. VIII) diese Funktion erfülle.

Anmerkung. Von der alexandrinischen Interpunktion des Aristophanes von Byzanz (τελεία στιγμή, ὑποστιγμή, μέση στιγμή) haben sich in den ptolemäischen Papyri, soviel ich sehe, keine Spuren erhalten.

§ 7. Zahlen und Zahlzeichen.

1. Das alexandrinische 27ziffrige Zahlensystem ist durchweg verwendet sowohl für Kardinal- als für Ordnungszahlen.[2])

2. Zahlzeichen sind die geläufigen 24 Buchstaben des Alphabets, außerdem als ἐπίσημα die alten Zeichen στίγμα (= 6), κόππα (= 90), σαμπῖ (= 900). Die Tausender sind durch ein rückläufiges Häkchen oberhalb des Zahlbuchstabens ausgedrückt: ͵Α = 1000, ͵Β = 2000 usw. Das lapidare Σ (in dieser gebrochenen Form) = 200 begegnet in der

---

mal zugleich oben oder unten punktiert (περιγράφειν): oben Par. 2 (also im gleichen pap. wie das χ!) col. 14, 16; ähnlich Tebt. I 72, 373 in πεσς̄εῖν (114ᵃ). unten Petr. I 14, 5. 14 (237ᵃ); 16 (1) 7 (237ᵃ); II 13 (18ᵇ) 9. 16 (258ᵃ); 14 (1ᵇ) 5 (IIIᵃ); Besser paßt auch hierher die Erklärung, die Brunet de Presle in der Einleitung zum Alkmanfragment (l. c. p. 418) von diesem χ gibt: „Le signe χ employé dès une assez haute antiquité dans les manuscrits pour signaler certains passages, qui avaient besoin de commentaire." Das χ steht im Alkmanfragment (IIIᵖ) col. 2, 25. 27; 3, 15. 30. 32 (hinter einer Glosse). Gardthausen 278.

1) Hyperid. κ. Φιλ. IV 90 ἄγε 7 τ'αὐτόν; 101 σ 7 | υγγνώμην (vgl. oben S. 44 Note 1); V 122 ἐπιστρατευσάν 7 | των (II—Iᵃ). Ein ähnliches Zeichen am Ende der Zeile 162 nach ἥ ist bloßer Füllstrich und mit Punkten umgeben, hinter Z. 85 auf dem freien Platze nach τούς ( ), worauf προέδρους folgt. Vgl. Blaß, Hyperid. Praefat. — Zwei schräge Striche (⍀) füllen den Raum auf dem Ostrac. 1148, 7 (IIᵃ). Über ähnliche Trennungszeichen aus römischer Zeit (Punkte, Häkchen, Querstriche) in einem Genfer Papyrusbuch berichtet Crönert, Arch. f. P. I 111 und in Oxyr. II 96—114 Nr. 223 Arch. I 503. 510; den Füllstrich erwähnt ebenderselbe Arch. II 367 (IIᵖⁱ), 369 (II—IIIᵖ), 376 (I—IIᵖ), 378 (Iᵖ).

2) So schon im Rev. Pap. (259—58ᵃ) und in den ältesten Urkunden der Sammlung Flinders Petrie bis in die römische Zeit. Gardthausen Paläogr. 264 ff. Blaß im Hdb. kl. A. I 282. Hinrichs ebd. 433 ff. und Larfeld I² 543 ff. Eine Zusammenstellung einzelner Zahlzeichen in den Papyri geben Brunet de Presle in den Not. et extr. 18, 2 p. 326 f.; A. Peyron Tor. Tavola VI; Leemans Pap. Leid. I 92; Mahaffy zu Petr. II Einl. 39. Neuestens handelt hierüber eingehend J. Gilbart Smyly, The employment of the alphabet in greek Logistic. Mélanges Nicole S. 515 ff.

Kursive des 3. und 2. Jahrhunderts v. Chr. Μ ist das Zeichen für 10000; $\overset{\Upsilon}{\mathrm{M}}$ z. B. = 30000.[1])

3. Wenn Zahlen im Zusammenhang mit Wörtern durch Buchstaben ausgedrückt werden (namentlich bei Jahres- und Monatsangaben), so wird häufig ein Querstrich über das Zahlzeichen gesetzt, z. B. $\overline{\kappa\epsilon}$ = 25; **Brüche** werden stets durch einen akzentähnlichen aufrechten Strich gekennzeichnet (z. B. η′ = $\frac{1}{8}$). Als Zeichen für $\frac{1}{2}$ dient ein nach rechts offener Winkel mit der Spitze nach unten (z. B. γ ∠ = $3\frac{1}{2}$). β′ bedeutet $\frac{2}{3}$. Alle anderen Brüche, deren Zähler größer als 1 ist (Zweigbrüche), werden durch oft recht komplizierte Zusammensetzungen einfacher Brüche (Stammbrüche) ausgedrückt, z. B. ∠ δ′ = $\frac{1}{2} + \frac{1}{4} = \frac{3}{4}$; γ′ι′ε′ = $\frac{1}{3} + \frac{1}{15} = \frac{2}{5}$; ∠ γ′ = $\frac{5}{6}$ usw.[2])

1) Das cτίγμα hat im 3. Jahrh. die alte Form des οὐαῦ (Digamma) ⊏, z. B. Petr. I 11, 4 (III^a); 12, 18. 21 (c. 238^a); 21, 12 (237^a); 23, 11; 26, 2. 4 (241^a). Petr. II 4 (2) 14 (255^a); 4 (11) 8 (255^a); 38 (b) 9 (III^a). Auch im Pap. Sakkakini, der schon aus diesem Grunde eher ins 3. als 2. Jahrh. v. Chr. gehört, hat das Zahlwort diese Form, z. B 54. Vgl. Par. 55^b, 38 (160^a). Im 2. Jahrh. beginnt eine Umbildung in der Weise, daß der untere Querstrich sich nach links hin als kleines Häkchen fortsetzt (Gardthausen l. c. 265), bis das Zeichen fast einem lateinischen *S* gleichsieht: z. B. schwach gewunden Par. 23 verso links letzte Zeile (165^a); 42, 15 (156^a); wie ein *S* Par. 48, 25 (153^a); mehr eckig Par. 46, 23 (153^a).

Das κόππα hat nirgends den senkrechten Strich in der Mitte des ο (= ϙ), sondern immer rechtsseitig, das ο mehr oder weniger offen, z. B. Rev. L. Append. II 5 (III^a); Petr. II Einl. p. 34, 8 (III^a); ebd. Nr. 13 (17) 3 (258—53^a); 28 col. 8, 22. 24 (III^a). Ashmol. Plat. XV, 40 (III^a). Eud. 2, 8. 16. 20 (vor 165^a). Nach Leemans zu Leid. C p. 92 hat es die Gestalt ϥ, z. B. Leid. S unter col. 4 (c. 160^a).

Das cαμπῖ hat noch im 2. Jahrh. die alte Form Τ, z. B. Par. 53, 32 und 35 (planches XXXVI col. 3) 163^a; 54 col. 2, 39; 3, 59. 77 (pl. XXXV) 163^a; 55 bis col. 1, 38 (pl. XXXVIII) 160^a; Leid. C p. 92 col. 4, 18; T col. 1, 2. 3 (c. 160^a). Tausender z. B. Petr. I 23 (4) 6. 8 ͵Δ = 4000; ebd. 12 ͵Α = 1000 (III^a). Rev. L. 60, 25 ͵Γ = 3000 (258^a). Fürs 2. Jahrh. zahlreiche Beispiele in den Rechnungen der im Serapeum dienenden Zwillingschwestern Par. nro. 53 ff. (c. 160^a) und sonst. — Σ = 200 Petr. II 4 (11) 4. 5. 7 (255^a). Petr.² 53 (m) 4 (225^a). Amh. II 61, 7. 10. 14 (163^a). Grenf. I 27, 3, 4 (109^a). Vgl. Mahaffy zur angeführten Stelle Petr. II und Einl. p. 39.

2) Zahlzeichen mit Querstrichen: Eud. 4, 22 τὸ $\overline{\iota}$ — τῆc $\overline{\kappa\gamma}$ = der 10. Teil — des 23. (Tages); 24 τῆc $\overline{\kappa\epsilon}$; 25 $\overline{\kappa\zeta}$ etc. Gelegentlich erhalten auch ausgeschriebene Zahlwörter den Querstrich: so Eud. 1, 19; 13, 13 $\overline{\tau\rho\epsilon\iota c}$; 13, 3 $\overline{\delta\iota c}$; 4, 18 $\overline{\grave{\epsilon}\nu}$; 5, 5 $\overline{\tau\rho\iota c\iota\nu}$. Auch Zahlwörter, die den Teil eines Kompositums bilden, werden manchmal durch Ziffern ausgedrückt, was schon zu Mißverständnissen geführt hat: so bedeutet $\overline{\gamma\kappa}^{\omega}$ Petr. II 28 (4) 2. 16 (III^a) nicht, wie Mahaffy gelesen, γεωργῶν κώμη, sondern Τρικωμία. Dies hat Wilcken gesehen in der Rezension von Kenyon, The palaeography of Greek Papyri, with twenty facsimiles and a table of alphabets, Oxford 1899 im Arch. f. P. I 357 Note 2.

Beispiele für einfache und zusammengesetzte Brüche sind seit dem 3. Jahrh. in Petr. II und namentlich in Tebt. I überaus zahlreich: z. B. κγγ′ = $23\frac{1}{3}$

4. Einer Zahlensumme wird der Buchstabe Γ (γίνεται) oder eine (daraus entstandene) schräg ansteigende Linie mit oder ohne Widerhaken am oberen Ende (/ /\) vorgesetzt. Bei Subtraktionen steht zwischen Subtrahend und Minuend das Zeichen L, das auch sonst angewandt wird, um Zahlen (Summen) von einander zu trennen. „Rest" bedeutet ein nach links offener Halbkreis ͻ, auch ⌒ und ⌒. Im übrigen sei auf die Siglenverzeichnisse in den Indices der Ausgaben verwiesen.[1])

§ 8. Sonstige Lesezeichen. Tachygraphie.

1. Unterscheidungspunkte über dem Jota (ϊ) und Ypsilon (ϋ) sind im Hyperidespap. (II[a]) angewendet, aber zunächst nicht bei der Diärese, sondern überhaupt da, wo der Vokal eine Silbe beginnt, z. B. ϊδιον, ϊππαρχος, ϋπέρ, εἰςϊῃς, τουτουϊ, οὑτοςϊ. Vgl. Blaß, Praefatio zur Hyperidesausgabe 1881 p. IX. K. Bl. I 243 Anm. 1. Der Papyrus Harris (Il. XVIII) aus dem 1. Jahrh. v. Chr.(?) soll in etwa $\frac{4}{5}$ der Fälle den Doppelpunkt über ι haben, wo wir ihn heute setzen.[2])

In Urkunden kommen diese Punkte außerordentlich selten vor, einmal — wenn dem Faksimile zu trauen ist — über anlautendem ι nach auslautendem ι in der Verbindung Δὶ ϊκανῶς, dann auf einer ptolem. Scherbe ϊππέων und im Inlaut νϊτρικῆς. Regelmäßig sind Schreibungen wie Ἀχιλῆι, ἐριουφαντῶν, προυπαρχούςαις, προυποκειμένων u. ä.[3])

Petr. II Einl. p. 35 (a) 5 (III[a]). Über β' = $\frac{2}{3}$ vgl. Index zu Tebt. I p. 642. πήχεως γ'ι'ε' Par. 5, 1, 18 (114[a]) wird ebendort col. 2, 2 mit Worten gegeben πήχεως τρίτον πεντακαιδέκατον (sic) = $\frac{1}{3} + \frac{1}{15} = \frac{2}{5}$ Elle. βδ'η' = $2\frac{3}{8}$ Tebt. I 87, 9 (II[af]). ρϙγ'ι'β' — $100\frac{5}{12}$ ebd. 91, 5 (II[af]). Als Beispiel für viele sei angeführt Petr. II 30 (a), wo folgende Brüche addiert werden: γ ∠ κ'ς' = $3\frac{1}{2} + \frac{1}{26}$, ξγ'η' = $60\frac{1}{3} + \frac{1}{8}$, ει'β' = $5\frac{1}{12}$, παι'β' $81\frac{1}{12}$. Der gemeinsame Nenner ist 996. Vgl. Mahaffy zur Stelle. Beispiel einer hohen Zahl mit Bruch: $\overset{\mu\varsigma}{\text{M}}$ˆΑφμεβ' = $461545\frac{2}{3}$ Tebt. I 99, 11 (nach 148[a]). Vgl. J. G. Smyly, Mélanges Nicole 520 ff.

1) Γ häufig in den Par. 52 ff. (c. 160[a]). Die schräge Linie schon Petr. II 25 (b) 21 (226[a]); 39 (f) 246[a]. Par. 66, 36. 49. 56. 65 (III[a]); Par. 9, 26 (107[a]) und unzähligemal in 'The land survey' Tebt. I 60 ff. (II—I[a]). Das Subtraktionszeichen z. B. Tebt. I 112 col. 1 (112[a]); das für „Rest" Petr. II 34 (b) 19; 39 (e) links 5. 25; rechts 12 (III[a]). Par. 52, 11 (pl. XXXV) 163[a]; 54, 2, 52 (c. 160[a]). Leid. C p. 92 col. 3 (164[a]) usw. Smyly a. a. O. 522.

2) So Winer-Schmiedel § 5, 5 Anm. 7. Dagegen stammen die Punkte, wie auch Akzente, Spiritus, Apostroph usw. in den Iliasfragmenten Not. et extr. 18, 2 p. 111 ff. sicherlich aus späterer Zeit; das älteste dieser Stücke (p. 120 ff.) hat keinerlei Punktation. Der Aristotelespapyrus (Ende des 1. christl. Jahrh.) hat die diakritischen Punkte.

3) Δὶ ϊκανῶς Par. 63, 1, 6 (165[a]) [Faksimile. Übrigens sind in der neuesten Ausgabe des Stückes nach der Kollation v. Wilcken (Petr.[2] Einl. 18 f.) diese

2. Die Diastole oder Hypodiastole, ein unserem Komma ähnlicher Strich, der in der scriptio continua nicht zusammengehörige Wörter trennt (K. Bl. I 353), findet sich (nach Jouguet und Lefébure) auf einem Pap. Magd. (Mélanges Nicole p. 282) in der Verbindung τό τε περιτραχηλίδιον ἐκ καθορμίων λιθίνων zwischen ἐκ und καθορμίων (221ª). Pap. ΕΚ'ΚΑΘΟΡΜΙΩΝ.

3. Die Versuche Tachygraphie in den ptolem. Papyri nachzuweisen sind bisher nicht gelungen; die betreffenden Schriftzüge haben sich als kursiv geschriebene eigenhändige Beamtenunterschriften herausgestellt.[1])

Punkte nicht bezeichnet]. ἱππέων Ostr. 1229, 6. νϊτρικῆς Ostr. 329, 3 (beide unb. ptol.). — Ἀχιλῆι Par. 2 col. 12, 1. 6. 11. 17 (IIª¹). ἐριουφαντῶν Tebt. I 5, 239 (118ª). προυπαρχούσαις Lond. I p. 7, 10 (164—3ª); Kanop. Dekr. 20 (237ª); Tebt. I 9, 4 (119ª). προυποκειμένων Tebt. I 61 (b) 354 (118ª).

1) Gardthausen, Paläogr. 218. Gitlbauer, die Überreste griech. Tachygraphie im Cod. Vat. gr. 1809 (p. 6), widerlegt von Wessely, Wiener Stud. III p. 1ff. Es handelt sich hauptsächlich um 4 Papyri des 2. Jahrh. v. Chr. (Par. Planches XVI, col. 50; XLIX; Vindobon. 26; Leid. M col. 2).

ERSTER HAUPTTEIL: LAUTLEHRE.

A. VOKALISMUS.

I. EINFACHE VOKALE.

Vorbemerkung. Im folgenden wird bei jedem einzelnen Abschnitte zunächst und vorwiegend von physiologischen Vorgängen gehandelt; psychologische Wirkungen werden, wo sie äußerlich ähnliche Formen wie die physiologischen hervorbringen, jeweils am Schluß des betreffenden Abschnitts nachgeführt.

§ 9. Der A-Laut.

I. Wechsel zwischen ᾰ und ε.

ᾰ > ϵ.

a) Physiologische Vorgänge.

Der Lautwandel von ᾰ > ϵ, dem noch G. Meyer[1]) wenig Bedeutung beimessen will, greift seit dem 3. Jahrh. v. Chr. in den Papyri immer mehr um sich, so daß man darin ohne Zweifel in einer großen Reihe von Fällen Lautschwächung erblicken darf. Die letzten Ursachen dieser Erscheinungen können verschieden sein: sie liegen teils auf dem Boden des Griechischen (Wirkung des exspiratorischen Akzents, Natur der umgebenden Konsonanten, Assimilation an benachbartes ϵ, Analogiewirkungen aller Art), teils sind sie gerade im ägyptischen Griechisch auf den Einfluß des Koptischen zurückzuführen.

α) Betroffen werden zunächst unbetonte Silben, und zwar

1. ohne Einfluß einer Vokalassimilation:

In literarischen Stücken:

ἐντιθέντα = ἀντιθέντα Wilcken Ostr. 1147 verso 1 (= Eur. Hippolyt. 620, geschr. II^{a}); doch ist hier die Möglichkeit einer varia lectio (ἐν-τιθέντα).

1) G. Meyer Gr. Gramm.^{3} 55: „von keinem Belang sind späte (?) Schreibungen wie Μεκεδόνος, ἔπαντες". Vgl. jetzt Dieterich Unt. 1 ff. Thumb Hell. 17 ff.

ἐόντε = ἐόντα Il. 24, 35 (Kenyon, class. frgm., geschr II—I^{a}).
καμόντε = καμόντα ebda. Il. 23, 444 (II—I^{a}).

In Urkunden:

ἐγγαρεύειν (Wilcken statt ἐπαρετεῖν) = ἀγγαρεύειν (persisches Wort, vgl. oben S. 42) Tebt. I 5, 182. 252 (118^{a}). Vgl. οἶνος ἐγγαρίας (Frohnwein) B U I 21 col. 3, 16 (340^{p}) und ἀνενγάρευτος auf einer Inschrift (Arch. Zeit. 1890, 59). Thumb Hell. 111.
ἐκούομεν Amh. II 37, 8 (196 oder 172^{a}). Vgl. ἐκόσαι = ἀκοῦσαι Amh. II 130, 7 (70^{p}).
ἐπειρότατον = ἀπειρότατον Par. 63, 2, 54 = Petr.^{2} Einl. p. 22 (165^{a}).
ἠργολεβηκ[ότες] Petr. II 13 (18^{b}) 8 (258—53^{a}) Aber ἠ]ργολαβηκώς Petr.^{2} 42 C 14, 2 (255^{a}) und unter dem Akzent ἠργολάβηκεν Petr. II 26 (5) 7 = Petr.^{2} 64 (a) 5, 7 (252^{a}).
περά, woraus nachträglich παρά verbessert wurde, Tebt. I 110, 4 (92 oder 59^{a}).
συνεκαλουθεῖν, verstümmelt aus συνακολουθεῖν Tebt. I 39, 14 (113^{a}).
Hierher gehört wohl auch αἰδικοῦνται (gelesen ἐδικοῦνται) Lond. I p. 26, 9 (161^{a}). Vgl. übrigens § 14, 8.

Ein spezieller, vielbesprochener Fall ist das Verhältnis von Cαρᾶπις : Cερᾶπις[1]). Der Name des unter einem der ersten Ptolemäer (nach Tac. hist. IV 83—84 Ptolemaeus I, vgl. Plut. de Iside et Osir. cap. 28) aus Sinope eingeführten Gottes, aus dessen Heiligtum bei Memphis ein großer Teil der erhaltenen ptolem. Papp. stammt (Leid., Lond., Par., Tor., Vat.), lautet seit dem 3. vorchristl. Jahrhundert regelmäßig Cαρᾶπις, ebenso die Derivata Cαραπιάς, Cαραπιεῖον, Cαραπίων — im ganzen über 200 Beispiele in ptolem. Urkunden. Dies ist offenbar die ursprüngliche Form.[2]) Später auftretendes Cερᾶπις er-

---

1) Der Akzent nach Wilcken G. G. A. 1894, 718. Theb. Bank 95 ff. Zum folgenden vgl. namentlich Joh. Schmidt K. Z. 32, 358 f.; Schweizer Perg. 98, die übrigens beide „Cάραπις, Cαραπίων“ etc. aus ursprünglichem Cέραπις, Cεραπίων durch Vokalassimilation herleiten. Ebenso Nachmanson 30. 67. Anders W. Schmid G. G. A. 1895, 39.

2) Das α hat sich erhalten:

α) eine Silbe vor dem Akzent in Cαρᾶπις Par. 31, 38 (163^{a}); 30, 12 = Leid. D 1, 11 (162^{a}). Lond. I p. 25, 29; 26, 25 (161^{a}). Vat. (Mai V 354) 34 (158^{a}) etc. τοῦ Cαρᾶπι (über das Prinzip dieser Genitivbildung vgl. Hatzidakis Einl. 76) Lond. I p. 25, 6 = 26, 6 (161^{a}). Cαρᾶπι als Akkus. Magd. 11 subscr. (III^{a}). — Cαράπιος Eud. 537. 542 (vor 165^{a}). Par. 31, 7 (163^{a}). Leid. B 1, 3; 3, 18 (164^{a}). Lond. I p. 34, 19 (161^{a}) etc. Cαράπει Par. 26, 48 (163^{a}); 29, 23 (160^{a}). Leid. B 3, 17 (164^{a}). Cαράπηι Leid. C p. 92, 4, 6 (162^{a}). Cαράπιδος Strack, Dyn. d. Ptol. p. 239 nro. 66 (221—205^{a}); Par. 11 verso 10 (157^{a}). Cαράπιδι Bull. Hell. 1894 p. 149, 3 (217^{a}); Strack, Ptol. Inschr. Arch. I

klärt sich aus dem vereinzelt schon früh vorkommenden Cεραπιεῖον, wobei die Lautschwächung des ᾰ > ε durch die Stellung in drittletzter Silbe vor dem Akzent (neben ρ) hinlänglich begründet erscheint. Die geschwächte Form wird in christlicher Zeit häufiger, wiewohl die ursprüngliche Schreibung zu allen Zeiten sich daneben erhält.[1])

Über Ὀcορᾶπις und Ὀcεραπις vgl. § 12 A I α.

2. Assimilation benachbarter, einander nicht berührender Vokale könnte die Ursache sein in folgenden Fällen:

progressiv: τέccερα = τέccαρα, in der κοινή sonst nicht selten, läßt sich nur inschriftlich belegen in δεκατέc]cερα Strack, Ptol. Inschr. Archiv I 209 Nr. 22, 3 (I[a]). In den Papp. u. Inschr. sonst durchweg τέccαρα, vereinzelt τέτταρα, vgl. § 52, 2. Hatzidakis Einl. 149f. Buresch Rh. Mus. 46, 117. Schweizer Perg. 163f. Nachmanson 146 Anm. 1. Schmid G. G. A. 1895, 39 (kein Ionismus). Crönert 199. Reinhold 38. Thumb Hell. 72.

τετεγμένος Rev. L. 41, 13 (258[a]). — τεταγμένων Par. 26, 19 (163[a]) u. oft.

regressiv:

ἐρcενικά neben ἀρcενικά, Belege oben S. 5.

203, 10; 205, 14. 17 (III[a]). Dittenb. inscr. or. 63, 1 (247—221[a]); 64, 3 (III[a]). Cαρᾶπιν Petr. II 46 (a) 3 (200[a]); Par. 51, 24 (160[a]); 47, 3 (153[a]). Lond. I p. 25, 9; 26, 9 (161[a]). Tebt. I 78, 14 (114[a]).

β) zwei Silben vor dem Akzent in Cαραπίων Petr. II 43 (b) 53 (III[a]). Par. 60, 6 (153[a]); 5, 9, 3 (114[a]). Lond. I p. 11, 13. 42. 134. 140 (160[a]). Tebt. I 86, 25 (II[a f]) etc. Cαραπίωνος Grenf. I 18, 1, 30 (132[a]). Tebt. I 135 (II[a f]). B U 993 II 9 (127[a]). Tebt. I 46, 4 (113[a]); 97, 7 (118[a]); 112, 104. 117 (112[a]) etc. Cαραπίωνι Lond. I p. 7, 1; 9, 1; 10, 2 (162[a]). Par. 27, 1 = 28, 1 (160[a]) etc. Cαραπίωνα Lond. I p. 10, 13; 11, 38 (162[a]).

γ) drei Silben vor dem Akzent in Cαραπιεῖον Par. 12, 6. 12 (157[a]); 23 18 (165[a]). Cαραπιείου Par. 11, 9. 17 (157[a]). Lond. I p. 14, 6; 16, 11 (162[a]) etc. Cαραπιείωι Par. 22, 3; 23, 2. 27 (165[a]). Lond. I p. 7, 4 (164[a]); 38, 11; 40, 64 (158[a]). Cαραπιάδος Grenf. I 21, 4 (126[a]). P. Reinach 16, 16. 32 ff. (109[a]).

1) Das ε steht in ptolem. Zeit nur in Cεραπιείωι Par. 34, 9 (157[a]) — daneben 14 Cαραπιεῖον. Mil. verso 2 Cεραπ(ιείωι) (162[a]). In römischer Zeit: Cεραπαμ[μῶν Not. et extr. 18, 2, p. 429 tessera 5, 1 (141[p]). Cεραπαμμῶνος Par. 17, 20; aber 13 Cαραπαμμῶνος (154[p]). Cεραπαμμῶνι B U I 151, 10 (christl. Zeit). Cεραπιάc ibid. I 332, 1 (II—III[p]). Cεραπιάδα ibid. I 46, 3 (193[p]) — aber I 9 col. 2, 14 Cαραπιάc (III[p f]). τοῦ Cαρᾶπι Leid. II 129. 131 (II—III[p]). Cεραπίων B U I 247, 2 (II—III[p]); Not. et extr. 18, 2 p. 433 tessera 13, 3 (163[p]). Cεραπ(ίωνος) B U I 213, 5 (112[p]). Cεραπίωνα ebenda I 246, 15 (II—III[p]) etc. — Die attischen Inschriften (Meisterhans-Schwyzer 14, 1) zeigen von III—I[a] nur Formen mit α, in der Kaiserzeit überwiegend solche mit ε; in Pergamum (Schweizer 98) herrscht ausschließlich α; in Magnesia (Nachmanson 67) findet sich inschriftlich nur Cαράπιδος (II[a]), Cερᾶπις auf einer undatierten Münze.

ἐφεστηκότα (ὦτα) = ἀφεστηκότα Grenf. II 33, 2 (100[a]). — ἀφεστηκότα (ὦτα) Goodsp. 6, 3 (129[a]). Par. 5, 1, 5 = Leid. M 1, 6 (114[a]); einmal ἀπεστηκότα Grenf. I 10, 9 (174[a]). Übrigens könnten auch die beiden Komposita ἀφεστηκότα und ἐφεστηκότα verwechselt sein. Dagegen an die Bedeutung „arrectae aures", wie v. Herwerden meint, kann ich nicht glauben.

κωμογραμμετέων = κωμογραμματέων Tebt. I 28, 3 (c. 114[a]).

Μεκεδώνος (sic) Par. 41, 7 (158[a]) und gleichlautend Μαικεδόνος Lond. I p. 24 (XXXV) 2 (161[a]).

παρεθέτωσαν = παραθέτωσαν (möglicherweise auch verschlepptes Augment?) Tebt. I 61 (b) 42 (118[a]).

Über ἕνεκα (εἵνεκα, οὕνεκα, τοὕνεκα) und ἕνεκεν (ἥνεκεν) vgl. § 55, 7.

β) Dieser Prozeß der Lautschwächung von ᾰ > ε ist in stetem Fortschritt begriffen, wie die zahlreichen Belege aus der römischen Kaiserzeit beweisen¹), und greift mit der Zeit auch betonte Silben an. In diesem Fall mag in Ägypten die koptische Aussprache mitgewirkt haben, in der (nach Stern, kopt. Gramm. § 13, 2) betontes a zu e werden kann. Vgl. Dieterich Unt. 11. Thumb Hell. 138.

Belege aus ptol. Zeit: ἐδέφους Tebt. I 72, 2 (114[a]), aber ἐδάφους I 30, 25 (115[a]).

παρέγεται = παράγεται Tebt. I 92, 8 (p. 410) II[a f].

Aus römischer Zeit: ἐνέτου = ἐνάτου Amh. II 87, 4 (125[p]).

ἕπαντες Par. 21 (b) 4 (592[p]).

ἐπένεγκες = ἐπάναγκες ibid. 24 (592[p]).

Anmerkung. Über das Vorkommen der als spezifisch hellenistisch (ionisch?) bezeichneten Formen ψέλιον statt ψάλιον, σκιερός statt σκιαρός und die in den Papp. herrschenden attischen Formen κύαθος, φιάλη, ψακάδισσα, ψακαδίσχιος, ψίαθος, sowie γνάφαλον (nicht κνέφαλον) und andererseits πύελος (nicht πύαλος) vgl. oben S. 16. — Aus einer Glosse zu einem Komikerzitat bei Herodian Philetaerus Vat. (mitgeteilt von Cohn, Rh. M. 1888 p. 414) λεκάνη διὰ τοῦ ε̄ „βούλει κομίσω σοι τὴν λεκάνην ἐγώ" ist zu schließen, daß die Form λακάνη in der Vulgärsprache später herrschte. Vgl. Suidas s. v. λακάνη. Die ptol. Papyri haben nur λεκάνη (Schüssel) Par. 35, 24 (163[a]). Lond. II p. 11, 7; 12, 32 (II[a f]).

1) Vgl. Stellensammlung bei Dieterich Unt. 5 ff. Dort ist noch aus vorchristl. Zeit angeführt ἠλεκάτη B. C. H. 6, 30 (171[a]). Aus röm. Papyri sei nur erwähnt ῥεφανίνου BU I 34 R. 5, 18. 20. 22 (unbest. röm.), während die ptol. Texte nur Formen mit α bieten, z. B. ῥαφαν... Petr.² 53 (m) 7 (225[a]). ῥαφάνια Leid. C p. 93, 4, 4 und ῥαπάνια ebenda 15 (164[a]). ῥαφάνω(ν) Tebt. I 112, 17 (112[a]); 244 (115[a]); aber auch später noch ῥαφινίνων (sic) Amh. II 93, 10; 13 ῥαφανίνου (181[p]). ῥαφάνινον Fay. p. 324, 16 (I[p]). — πεφρεγμένος Oxy. I p. 129, 1 (röm. Zeit). ἐπ' ἐμφόδου = ἐπ' ἀμφόδου Goodsp. 13, 6 (341[p]).

b) Psychologische Vorgänge

liegen zugrunde bei folgenden Erscheinungen, bei denen oft mehrere Faktoren als wirksam denkbar sind.

1. Analogie hat mitgespielt in den Verbalformen εἴωθεc = εἴωθαc, ὀμωμόκεμεν = ὀμωμόκαμεν, Perfekta mit den Endungen des Imperfekts und Plusquamperfekts, worüber zu vgl. § 71, 4.

In βρεχῆι = βραχῆι, ἐμπλεκέντοc, ἐντρεπέντοc, ἐcτρεμμένα ist der Präsensstamm ohne Ablaut auf andere Tempora übertragen, worüber zu vgl. § 78, 2 und 3, sowie Verbalverzeichnis § 81.

2. Ebenso sind wohl die zahlreichen Accus. plur. der 3. Deklination auf -εc statt -αc nicht auf physiologischem Wege durch Lautschwächung, sondern als Analogiebildungen zum Nominativ plur. zu erklären. Hatzidakis Einl. 139. 379. K. Z. 32, 423 f.

Belege.

III^{a}: πάντ]<$\overset{α}{ε}$>c τούc Petr.^{2} 144 III 10 = Petr. II 45 (246^{a}) nach Smyly.

II^{a}: κατατρίβων χιτῶνεc Petr.^{2} 36 (c) 21/22 (II^{ai}).
γυναῖκεc καθημέναc Par. 50, 21 (160^{a}).
τοὺc λέγοντεc Par. 47 verso 3 (153^{a}).
τοὺc ἐνέγκαντεc Par. 60 (b) 22 (II^{a}).
τοὺc ἐπειχάραντεc Strack, Ptol. Inschr. Arch. III 128, 4 (145^{a}).
τοὺc υἱοὺc ὄ(ν)τεc Tebt. I 24, 64 (117^{a}).
τοὺc κατεcχηκότεc ebd. 73, 4 (113—111^{a}).
θεοὺc Φιλομήτορεc cωτῆραc (das letzte α aus ε verbessert) Tebt. I 78, 14 (110^{a}).

II—I^{a}: τέccαρεc als Akkus. Ostr. 750, 5 (123^{a}); 1498, 3 (II^{a}).
ἀρτάβαc εἴκοcι τέccαρεc Tebt. I 110, 4 (92 oder 59^{a}).
δραχμὰc τέccαρεc Leid. O 25 (89^{a}).

Später häufen sich die Beispiele immer mehr: z. B. Ostr. Fay. p. 321, 2 ὀβολ(οὺc) δεκατέc<c>αρεc (23^{a}); p. 322, 8, 5 δραχμὰc τέccαρεc (5^{p}) und so oft in Quittungen. Grenf. II 59, 10 ἐπὶ μῆνεc εἴκοcι (189^{p}) usw. Beispielsammlungen bei Dieterich Unt. 156. G. Meyer^{3} § 365. Meisterhans-Schwyzer 204, 5 (erst aus der Kaiserzeit).

3. Bei τὰ διορθώμεθα = διορθώματα Par. 62, 1, 7 = Rev. L. Append. I col. 1, 7 (II^{ai}) mag dem Schreiber die Verbalform vorgeschwebt haben.

ε > α.

a) Physiologisch zu erklärende Fälle, in denen meist Assimilation benachbarter Vokale vorzuliegen scheint, sind:

ἀπάναγκον Leid. C p. 21, 10 (162[a]). Sonst ἐπάναγκον, wie Lond. I p. 46, 28 (146 oder 135[a]). Tor. IV 27 (117[a]). Gen. 20, 7 (109[a]). Grenf. II 25, 24; 26, 22 (103[a]). B U 998 II 12 (101[a]) usw.

(ἀ)δαλφοῦ Tebt. I 104, 11 (92[a]).

ὁ Φίλιππος ἐπέταξαν (Schreibversehen?) Par. 23, 6 (165[a]).

ἐπηγγέλμαθα (Verbalform) Tebt. I 58, 32 (111[a]).

παραθήσεται = παρεθήσεται Tebt. I 25, 10 (117[a]) — in der Kopie 4 παρεθήσεται.

παρανοχλεί<σ>θω Tebt. I 34, 9 (c. 100[a]). In den zwei letzten Fällen könnte sich auch das Wortbild der Präposition παρά selbständig behauptet haben.

b) Unter einen psychologischen Gesichtspunkt fallen:

1. Analogiebildungen wie πεντακαιδέκατος Par. 5, 1, 8 (114[a]), im Anschluß an ἑπτακαιδέκατος, ἐννεακαιδέκατος etc. entstanden; ebenso die durch Wechselwirkung zwischen Nomin. und Accus. plur. der konsonantischen Deklination herbeigeführten Nominative:

οἱ μῆνας Eud. 13, 12 (erste Hand) — vor 165[a]; sonst οἱ μῆνες wie Petr.[2] 134, 4 (III[a]). Über dieselbe Erscheinung im pontischen Dialekt berichtet Hatzidakis Einl. 22.

οἱ ἀστέρας Eud. 16, 15 (vor 165[a]).

Ἄραβας (nom. plur.) Par. 48, 2 (153[a]).

φρένας = φρένες Il. 24, 40 (Kenyon cl. fragm.) II—I[a].

2. Durch Vermischung des Aorist- und Futursystems erklären sich wechselseitige Vertauschungen der Infinitivendungen in ἐπελεύσασθαι, τάξασθαι statt ἐπελεύσεσθαι, τάξεσθαι und umgekehrt ἀσπάσεσθαι, ἐργάσεσθει statt ἀσπάσασθαι, ἐργάσασθαι, worüber gehandelt wird § 79, 3.

II. Wechsel zwischen *α* und *ο*.

α > ο.

In einzelnen Fällen, namentlich in der Nähe der Liquiden λ und ρ, tritt infolge dumpfer Aussprache ο an Stelle von α:

διό für διά P. Reinach 7, 29 (c. 140[a]).

οἱ ὄλλοι (erste Hand für οἱ ἄλλοι) Petr. II 45 (3) 20 (246[a]).

τόριχος P. Sakkakini verso 1 (III[a]) — daneben wiederholt τάριχος, z. B. recto 13. 33. 44. 54. 69. 75. 86. 95. 117. 122. 138. 148; verso 1. ταρίχους Petr.[2] Einl. p. 8, 9 (III[a]).

εὐφρονεῖν P. Weil I 23 (b), dagegen (α) richtig εὐφρανεῖ (vor 160[a]) [möglicherweise ist der Stamm φρονέω eingedrungen?].

τὴν ἄνασσον, Beiwort der Isis, Leid. U 3, 9 (II[a]) und ἄνασον ibid. 2, 10 steht für ἄνασσαν.

Statt ἁρμαλιά (Futtervorrat), bekannt aus Hes., Theocr., Ap. Rh., begegnen im 2.—1. Jahrh. v. Chr. zwei Nebenformen ἁρμολεά und ἁρμολιά (Belege S. 27), die um so verständlicher sind, als schon im Altertum ἁρμαλιὰ παρὰ τὸ ἁρμόζειν καὶ ἰςχυροποιεῖν τὰ μέλη (Hesych.) erklärt wurde. Vgl. Crönert, Wchschr. f. kl. Phil. 1903, 486. Erwähnt sei noch ἐμπρήςαντο = ἐμπρήςαντα ibid. I 61 (b) 289 (118ª).[1]

ο > α.

Mehrfach im Eudoxuspap. (vor 165ª), wie 14, 14 ἀγγεῖάν τι = ἀγγεῖόν τι; 18, 16 ἅταν = ὅταν; 22, 12 εἰc Ζέφυραν. Infolge progressiver Assimilation κακαλογίαc Tebt. I 24, 77 (117ª). Ferner παρθήcη = πορθήcη P. Weil IV 4 (vor 165ª). Ἰδαμενῆαc = Ἰδομενῆοc Il. 23, 888 (Kenyon class. frg. p. 105) Iª. — Neben παρακαλέcαντοc steht προτρέψαντας (gen.) Tebt. I 72, 374 (114ª). Vielleicht steckt in ἄρβια Leid. C p. 93 col. 4, 17 (c. 160ª) ὄρ(ο)βια, eher wohl als ἀράκια, wie Crönert Arch. I 212 Note 1 vermutet. Vgl. ὄραβοc Ashmol. Pl. XV 9. 14. 17. 27. 34. 40 (IIIª). ὄραβον Fay. p. 324, 16 (Iᵖ). — Statt cυνακολουθεῖν begegnet einmal die verstümmelte Form cυνεκαλουθεῖν Tebt. I 39, 14 (113ª).

Anmerkung. Nicht unter den Gesichtspunkt lautlicher Vertauschung, sondern der Verwendung verschiedener Stämme (femininaler A- und maskulinischer O-Stamm) zur Komposition gehören Doppelbildungen von Eigennamen wie Ἑρμάφιλοc neben Ἑρμόφιλοc, Θεαγένηc, Θεαγενίc neben Θεογένηc und Θεογονίc. Man findet dagegen nur Ἑρμάχοροc einerseits, andererseits Ἑρμογένηc, Ἑρμόδωροc, Ἑρμοκλῆc, Ἑρμόλαοc, Ἑρμοπολίτηc; ebenso nur Ἀcιόδωροc, dagegen einmal Ἡράcτρατοc statt des gewöhnlichen Ἡρόcτρατοc. Auch bei Appellativen begegnen teils doppelte Bildungen neben einander, wie βυβλιαφόροc, θροιαδέcμαc (wie es scheint, eine äußerliche Zusammenrückung des neutr. plur. mit dem zweiten Bestandteil des Kompositums) und βιβλιοφύλαξ, θροιοπόλιον (= θρυοπώλιον), teils im ersten Glied ein O-Stamm, wo man einen A-Stamm erwarten sollte, wie in ἐπιcτολογράφοc, ὠλενοcτρόφοc.[2]

1) Ähnliche Beispiele bieten Inschriften aus Bostra (arabischer Idiotismus?): Waddington zu Le Bas voyage arch. III 1916 παρό, ὀθλοφόροc, Θεονδρότιον, βίορχοc. 2090 πόντων = πάντων. 2427 εὐτυχίcοντεc (aor.). 2556 διό = διά. Aber auch auf späteren Papp. wie Amh. II 64, 4 (107ᵖ); I p. 31, 14. 15 (III—IVᵖ) begegnet μετοξύ; ebenso bei den apostol. Vätern nach Reinhold, de graec. patr. apost. 40, 2.

2) Ἑρμάφιλοc Petr. II 9 (4) 1 und 6; aber verso 1 Ἑρμόφιλοc (241—39ª). Ἑρμαφίλου Petr.² 43 (2) r. col. 2, 8; col. 3, 16; verso (f) 1 (IIIª). Tebt. I 62 (a) 39 (119—18ª); 63, 39 (116ª). Ἑρμόφιλοc Wilck. Ostr. 344, 2. 5 (150 oder 139ª); 345, 3 (149 oder 138ª); 1025, 2 (IIª); 1194 verso 1 (aber 11 Ἑρμίφιλοc) unb. ptol. Pap. Tebt. I 82, 14 (115ª). Ἑρμοφίλου Freiburger Tafel, public. v. Wilcken Ostr. I p. 67 (IIIª). P. Reinach 26, 8 (104ª). — Θεαγένουc Tebt. I 116, 19 (IIªᶠ). Θεαγένη(c) Tebt. I 94, 25 (c. 112ª). Θεογένηc Ehrendekret der Dionysischen Künstler, Dittenb. inscr. or. 51, 39 (239ª). Petr. I 16 (2) 4 (237ª). Petr. II 20 (3) 2. 6 (252ª); 38 (b) 5 (242ª). Θεογέ[νουc Petr. I 20 (2) 3. 10 (225ª). Θεογένει Ostr. 1316, 1 (ptol. unb.). Θεογονίδοc Petr. II 28 (2) 24; (5) 1 (IIIª). Θεογονίδι

III. Wechsel zwischen $\bar{\alpha}$ und η.

a) Physiologische, d. h. rein lautliche Vorgänge, deren Ursprung außerhalb der Sphäre der κοινή liegt, sind besprochen § 2.

b) Psychologisch, durch Analogiebildung sind zu erklären:

1. ἀνηλίσκω, ἀνήλωμα statt ἀναλίσκω, ἀνάλωμα. Die Schreibung mit η überwiegt und ist zurückzuführen auf das verschleppte Augment. Belege stehen § 72, 13.

2. χρᾶσθαι, χράσθωσαν statt χρῆσθαι etc., ebenfalls entstanden durch Systemzwang. Vgl. § 73, 3.

IV. Wechsel zwischen α und ι.

Der altpersische Name Mithradāta begegnet zweimal im 3. Jahrh. v. Chr. als Μιθραδάτης Petr.^{2} 58 (e) col. 1, 10; 3, 20 (III^a). Der Wechsel zwischen -ι- und -α- in diesem Namen beruht auf iranischen Lautgesetzen, hat also mit den speziell griechischen Verhältnissen nichts zu tun. Doch ist in älterer Zeit die Transscription mit -α- geläufig. Im Attischen (Meisterhans-Schwyzer 15, 7) herrscht -α- bis zum Beginn der röm. Kaiserzeit, von da ab -ι-. Vgl. Nachmanson 25. Schweizer Perg. 34.

Zum Wechsel zwischen αι und α vgl. § 14 I; über $\bar{\alpha}\iota$ und $\bar{\alpha}$ § 19, 2; über αυ > α § 17, 7.

§ 10. Die E-Laute.

I. Wechsel zwischen ε und η.

A. Wiedergabe eines ursprünglichen kurzen (offenen oder geschlossenen) $\breve{e}$ (ε) durch η ist zu beobachten vor Konsonanten oder im Auslaut, und zwar

a) in betonter Silbe [in den mit ° bezeichneten Wörtern könnte die Angleichung der Orthographie an den Vokal der folgenden oder vorangehenden Silbe die Störung veranlaßt haben]:

Petr. I 11, 4 (220^a). Θεογονίδα Tebt. I 61 (b) 167 (118^a); 17, 5 (114^a). Θεαγενίς 'in later centuries' nach Mahaffy zu Petr. I p. 34 Fußnote. Wessely, Denkschriften der Wiener Akademie Bd. 37, 105. — Ἑρμαχόρωι Tebt. I 61 (b) 58 (118^a). — Ἑρμογένης Petr. II 9 (2) 1 (241^a). Ἑρμογένους Petr.^{2} 21 (d) 5 (226^a); 112 (e) col. 2, 22 (III^a). Ἑρμογένει Ἑρμογένου Tebt. I 72, 213 (114^a). Ἑρμόδωρος Ostr. 1080—90 (ptol.). Ἑρμοκλέους Ostr. 734, 3 (150 oder 139^a); 735, 3; 737, 3 (151 oder 140^a); 740; 741 ff. Ἑρμολάου Petr.^{2} 100 (b) 2, 7 (III^a). Ἑρμοπολίτου Petr. I 11, 7 (220^a). — Ἀσιοδώρου Petr. I 27 (2) 9 (226^a). Ἡραστράτου P. Reinach 7, 29 (c. 140^a). Appellativa: βυβλιαφόροις Oxy. IV 710 (a) 2 (111^a). θροιαδέσμας Leid. S 2, 18. 19. 20. 21. 22—25; col. 6; T 1, 4 (160^a). βιβλιοφύλαξ Tebt. I 112 introd. (112^a). θροιοπόλιον Par. 40, 13 (156^a). ἐπιστολογράφος Dittenb. inscr. or. 139 (146—116^a). Par. p. 401, 6 (unb. ptol.). Tebt. I 112, 87 (112^a). Leid. G 16 (99^a). ὠλενοστρόφος Petr.^{2} 59 (a) col. 2, 10 (III^a).

III[a]: °δή statt δέ. (in der Verbindung εἰ δὴ μή im Sinne von εἰ δὲ μή, also syntaktische Vertauschung ausgeschlossen) Rev. L. 48, 9 (258[a]).

δη̊ (ε über η) Petr. I 10, 42 (rhetor. Stück c. 250[a]).

II[a]: In διηρηθέντων Leid. U col. IV 7/8 = Mélanges Nicole (Wilcken) p. 583/4 hat Wilamowitz mit Recht δὲ ῥηθέντων erkannt, wofür der ungewandte Schreiber δ(ι)ὴ ῥηθέντων geschrieben hat (II[a m]).

εὐςήβειαν Lond. I p. 29, 4 (161[a]).

ἥλικα für ἕλικα (Blaß) Eud. 20, 28 (vor 165[a]). Belege für ἕλιξ oben S. 25 Note 4.

ἥνεκεν Par. 64, 33 (164[a]).

ἧς = ἕως Par. 58, 20 (158[a]), worin schwerlich ionisiertes ἇς (dorisch) zu sehen ist.

ἦτος = ἔτος Ostr. 1085, 9 (136/5[a]).

°ὑπ]ηρῆται Rev. Mél. 330, 1 (II[a]).

b) in unbetonter Silbe:

III[a]: Ἀρτημιςίῃ Artem. 14 (III[a]).

°ἐνηςτηκότα — ἐξεβιάςατό μη (= με) Petr. II, 4 (6) 7. 12 (255[a]).

ητέραι (ε über η) Petr. II 45 (3) 7 (c. 246[a]).

μεμηριςμένον (ε über η) Rev. L. 45, 9 (258[a]).

Πάνημος = Πάνεμος (maked. Monat), Belege (III—II[a]) oben S. 14. Die Form Πάνεμος gebraucht Plut. Camill. 20; Aristid. 19; sie scheint nach Suidas s. v. schon im Makedonischen vorhanden gewesen zu sein.

πέντη = πέντε Petr.[2] 92, 6 (III[a]).

II[a]: °ἠζημίοται = ἐζημίωται Par. 47, 18 (153[a]). Vgl. § 72, 2.

Θηδώρου = Θεδώρου Leid. S 3, 6 (164[a]). Vgl. Θέφιλος = Θεόφιλος Petr. II 28 (g) 22 (III[a]).

°μητήνεκα Lond. I p. 41, 110 (158[a]).

°πρ[οπα]ρηςτηκόςι Petr.[2] Einl. p. 34, 183 = Par. 63 (165[a]).

ςφλαγγνίδης — γογγυλίδης (Plurale) Leid. C p. 93 col. 4, 3. 5. 13 (160[a]).

Nicht lautgesetzlich, sondern psychologisch begründet sind:

1. ἦλθη (Konjunktiv) und μετῆλθαι, Verschleppung des Augments in die Nebenmodi, worüber s. § 72, 13.

2 προςένηκε und ςυμπεριενενηγμένης, Umstellung benachbarter Vokale, vgl. § 27. Über μετενῆκαι (aus μετενέ(γ)και) s. § 2 S. 19.

3. πλήρης als Neutrum gebraucht Leid. C p. 118 col. 2, 14 (160[a]) kann als ältestes Beispiel der indeklinabeln Adjektivform gelten, die

in den Papp. der Kaiserzeit nicht selten ist, z. B. Par. 18 (b) 9 (II—III[p]). Crönert 179 gibt eine große Auswahl von Belegen aus allen Jahrhunderten. Vgl. auch Blaß N. T. 81; derselbe gibt zahlreiche Belege aus den LXX p. XI. Radermacher Rh. M. 57, 151. Reinhold 53. Moulton Class. rev. XV (1901) 35. 435; XVIII (1904) 109. E. Nestle Berl. ph. Wochschr. 1900, 252.

Über ϵ > η vor Vokalen vgl. unter III A.

B. Wiedergabe eines ursprünglichen offenen ē (η) durch ε tritt ein vor Konsonanten und im Auslaut:

a) in unbetonter Silbe:

III[a]: °αὐθϵ(η)μϵρόν (Akzent nach Herodian I 491, 1 L.) Petr.[2] 56 (b) 12 (260[a]). — αὐθημϵρόν Rev. L. 20, 9; 26, 15; 48, 9; 56, 11 (258[a]).
Δϵμήτριοϲ Petr.[2] 56 (b) 5 (260[a]).
°ϵἴλϵφϵν Alex. IV 15 (III[a]) und ἐξϵιλϵφότι Petr. II 14 (1 b) 2 (III[a]) neben gewöhnlichem und häufigem ϵἴληφα, ἐξϵιληφώϲ.
°ἐκπϵπϵδηκότοϲ Petr. II 45 (2) 13 (246[a]). — ἐκπηδηϲάντων Arch. I p. 62, 11 (163[a]).
°παρϵϲτϵκότϵϲ Petr. II 4 (6) 13 (255[a]).
Ϲιτάλκϵϲ (Nominat.) B. corr. hell. 18, 145, 5 (245[a]).
τὴν τϵτάρτϵν (nach Wilcken Ostr. I 397) Petr. I 28 (2) 9 (236[a]).
χρϵμάτιϲον Petr.[2] 46 (1) 14 (III[a]) = Petr. II 14 (1 b) 1.
[Statt Ϲωτϵρίδοϲ Petr. II 27 (3) 7 (236[a]) ist zu lesen [Φι]λωτϵρίδοϲ wie (a) 35 und (b) 1.]

II[a]: Auf literar. Papyrus τύχϵν = τύχην P. Weil I 43 b.
ἐξίουν ebd. I 17 b.
ἐρξάμην ebd. III 10 (vor 161[a]).
Auf Urkunden ἀλϵθϵίαϲ P. Reinach 7, 30 (c. 140[a]).
ἀπϵλλάγην Par. 40, 28 (156[a]).
°ἀρχϵιπϵρέτην für ἀρχυπηρέτην Lond. I p. 41, 121 (158[a]).

In δϵχομϵνίαν Leid. U col. II 2 = Mélanges Nicole (Wilcken) p. 581 steckt διχομηνία (II[am]).
°δραπέδϵν = δραπέτην (erste Hand) Par. 45, 6 (153[a]).
ὅπωϲ ἐγγλογίζϵται Lond. I p. 39, 41 — aber p. 40, 90 ὅπωϲ ἐγγλογίϲζηται (158[a]).
ϵἴϵ = ϵἴη Par. 44, 2 (153[a]).
°κωμϵγέται = κωμηγέται Dittenberg. inscr. orient. I 97, 10 (193—181[a]).
Πϵτϵα[ρτώ]τϵϲ (Nomin.) erste Hand Par. 41, 24 (158[a]).
ϲϵμῆναι (?) Ricci im Arch. II 517 = Grenf. I 30, 6 (103[a]).

ϲυνπλεροῦν Par. 63, 2, 57 (165ª) Revillout; aber Petr.² Einl. p. 22 ϲυμπληροῦν.

Iª: °ὑπερέ(τηι) Tebt. I 120, 20 (97 oder 64ª).

b) in betonter Silbe:

IIIª: διὰ τὸ μὲ (= μὴ) ἔχ[ειν] Petr. II 14 (2) 18 (IIIª).[1]) εἰ μὲν οὖν δίκαια μὲ (μὴ?) ἐποίηϲε ἐμέ τε καὶ τὰ τέκνα Pap. Artem. 3 (IIIª). Vgl. Hartel bei Wessely z. St. p. 9. [με (= μη?) Petr. II 4 (9) 7 (2 5ª) = Petr.² p. 103 C 2 hat sich bei wiederholter Vergleichung des Originals nicht bestätigt: Wilck. dafür αϲ, Revill. γε].

ἐκξαμένου Ostr. 336, 4 (IIIª).

εμ (η über ε) μετέχωϲι Petr. I 10, 37 (klass. Stück c. 250ª).

IIª: Literar. Stück: μέν = μή mit parasitischem ν (nach § 44, 2) Weil. III 9; ebd. 6 ἔμιψε = ἤμειψε (vor 161ª).

Urkunden: ἐπὶ τῶν μὲ (= μὴ) εὐδοκιμουμένων Tebt. I 25, 16 (117ª).[1])

καθέκει (ε in η verbessert) Lond. I p. 38 (XXIII) 21 (158ª).

μέτ' αὐτόν für μήτ' αὐτόν P. Reinach 11, 12 (111ª); ebd. 16 μέ in μή verbessert.

πυροειδέϲ — διϲκοειδέϲ — ϲκαφοειδέϲ (mascul.) im Eud. col. 5, 15. 20; col. 12, 8. 9 (vor 165ª).

Cωτέρ (Nomin.) Ostr. 703, 4 (unb. ptol.).

[ὑ]φέγηϲιν (erste Hand) Par. 63, 2, 52 (165ª).

Andere (psychologische) Erklärungen auf analogistischer Grundlage treffen zu in folgenden Fällen:

1. ἀφεύρεμα Petr.² 93 verso col. 3, 3. 5 (IIIª). Tebt. I 8, 23 (201ª). Par. 63, 3, 13; 6, 10 (165ª).

θέμα B U 995 IV 2 (109ª). Tebt. I 120, 125 (97 oder 64ª). 123 (Iª¹).

ἔκθεμα Rev. L. 26, 13; 23, 10; 57, 5; 59, 4 (258ª). Petr. II 13 (18ᵇ) 7. 10 (IIIª). ἔχθεμα Petr. II 13 (6) 19 (255ª); Petr.² 125, 8 (IIIª).

ἐκθεματιϲθῆι Tebt. I 27, 108 (113ª).

πρόϲθεμα Petr. II 2 (4) 9 (c. 250ª); 8 (2 c) 12. 13 (246ª).

Alle diese Formen sind als Analogiebildungen zu den Feminina εὕρε-ϲιϲ, θέ-ϲιϲ zu betrachten und der ganzen κοινή eigentümlich. Glaser de rat. 81. Schweizer Perg. 48 f. Crönert 284.

Nach der Gleichung εὕρημα: εὕρεμα = ὑπόμνημα: x entstand ὑπόμνεμα Petr. II 9 (5) 1 (241—39ª), aber ebenda verso ὑπόμνημα. Petr. II 37 (2 b) verso 5 (IIIª) ὑπομνήματι. So findet sich sowohl ϲτέ-

---

1) Der Fall ist offenbar anders zu beurteilen als das ΜΕ vor Vokalen auf kretischen Inschriften (W. Schulze K. Z. XXXIII 136).

ρηcιc Rev. L. 97, 3 (258ᵃ) [Aristeas 212] als auch cτέρεcιc Rev. L. 54, 13; cτέρεcιν Tebt. I 27, 75 (113ᵃ); sowohl οἰκήcεωc Petr.² 39 col. 1, 2 (IIIᵃ); Magd. 29, 3 (IIIᵃ); οἴκηcιν Par. 66, 67 (IIIᵃ) als auch οἰκέcεωc Eud. col. 11, 12; dagegen Z. 3 nachträglich in οἰκήcεωc verbessert. Statt des gewöhnlichen αἵρεcιc, wie z. B. Petr. II 1, 6 (260ᵃ), begegnet Magd. 29, 4 (IIIᵃ) διαιρήcεωc. Vgl. Lobeck zu Phryn. 447, wo das bei Plut. de profect. virt. p. 249 überlieferte αἵρηcιc als Irrtum des Schreibers bezeichnet wird. εὑρηcιλογία (nach εὕρημα) ist belegt P. Reinach 14, 23 (110ᵃ) [vgl. εὑρηcιεπής Ar. nub. 447]; dagegen εὑρεcιλογίαc ebenda 15, 21 (109ᵃ), wie Pol. 18, 29, 3; Plut. def. or. 8. Vgl. Lob. Phryn. 446. Konsequent werden geschrieben: einerseits οἴκημα Petr. II 32 (1) 6 (238ᵃ); διάcτημα Eud. 17, 6; 19, 10. 19; 20, 5. 8; 21, 20 (vor 165ᵃ); διαcτήμαcιν Würzburger Sosylosfragment ed. Wilcken, Hermes XLI p. 107 col. III 15 (IIᵃ) [ebenso Aristeas 255. 187; κατάcτημα ebd. 122. 165. 210. 278]; ὑπόδημα Petr. I 12, 22 = Petr. II Einl. p. 22 (238ᵃ); Lond. II p. 11, 10 (152 oder 141ᵃ); ἀθέτημα Tebt. I 124, 29 (118ᵃ); ἕψημα Petr.² 122 (d) 7 (IIIᵃ); andererseits nur ἄφεμα Tebt. I 226 (IIᵃᶠ).

2. Bei πεπονεκέναι (neben πεπόνηκεν, πεπονημένοc) Petr. II 14 (1 b) 3 (IIIᵃ) [nach Wilhelm Append. 4; auffallenderweise gibt die Neuausgabe Petr.² p. 137 wieder πεπονηκέναι] und Magd. 9, 3 (IIIᵃ) hat die Analogie des Aorists πονέcαι (neben πονῆcαι) und ähnlicher Formen mitgewirkt. Vgl. Formenlehre § 77, 1 e. In Fällen wie ἀπελάcαντο, διεγέρθη, ἐνεχύραcεν u. ä. liegt entweder Mangel des Augments (worüber gehandelt wird § 72, 7) oder falsche Trennung zwischen Augment und Wortstamm vor. Über προcένηκε und cυμπεριενενηγμένηc vgl. § 27.

Ergebnis. Aus den unter A) und B) aufgeführten Beispielen folgt mit Notwendigkeit, daß das Gefühl für den durch ε und η ausgedrückten quantitativen Unterschied der E-Laute seit dem 3. Jahrh. v. Chr. immer mehr verschwindet, aber auch von qualitativer Verschiedenheit der beiden Laute seit dieser Zeit nicht mehr viel zu spüren ist. Für das η ergibt sich überall da, wo es vor Konsonanten (und im Auslaut) mit ε verwechselt wird, eine dem früher geschlossenen, jetzt offenen ε gleiche oder doch sehr ähnliche Aussprache, die sich nach Aufhebung des Quantitätsunterschieds aus dem früheren offenen ē des ionischen Dialekts folgerichtig entwickelt hat. Vgl. Kretschmer, Entstehung der κοινή 7 ff. Thumb Hell. 229. Beispiele aus attischen Fluchtafeln des 3. und 2. Jahrh. v. Chr. gibt Schwyzer Vulg. 250.

II. Wechsel zwischen ε und ει.

A. Wiedergabe eines ursprünglichen geschlossenen ē (ει) durch ε.

a) ει > ε vor Vokalen, und zwar:

α) vor α in: Αἰνέα Petr. II 50 (3) 9 (Lachespap. c. 300[a], in den Texten Αἰνείου) — ebd. 18 (pap.) Αἰνείαν.

Ἀλεξάνδρεαν Petr.[2] 129 (a) 10 (III[a]). — Ἀλεξάνδρειαν Petr. II 8 (2 b) 9 (246[a]). Par. 60 (b) 42 (c. 150[a]). Ἀλεξανδρείαι Tebt. I 6, 26 (140—39[a]); 61 (b) 90 (118[a]); 72, 35 (114[a]); 104, 7 (92[a]) etc.

ἀλήθεαν Par. 47 verso (153[a]). ἀλήθεαμ πληιμ. Par. 63, 13, 10 (164[a]). — ἀλήθεια Tor. I 6, 12 (117[a]). ἀλεθείας (sic) P. Reinach 7, 30 (c. 140[a]).

διδασκαλέα = διδασκαλεία (abnorme Nebenform zu διδασκαλία) Eud. 24, 4 (vor 165[a]). Win.-Schmiedel § 5, 20 Note 40 nimmt διδασκαλέα = διδασκαλία mit Übergang von ι in ε, was wenig wahrscheinlich ist. Vgl. § 11 I.

ἐπικαλάμεα Tebt. I 115, 16 — aber 4 ἐπικαλάμεια (115—13[a]).

εὐθέας Eud. 7, 20 (vor 165[a]) — die einzige Form dieser Art, sonst εὐθείας, z. B. ebendort 18, 13; 19, 13 (fem. sing.); 7, 12 (acc. plur.). βραχεῖα (nom. sing. f.) Par. 63, 6, 168 (165[a]). εὐθεῖαν Dittenb. inscr. gr. or. I 175, 8 (105/4[a]) etc.

ζεά Petr. II 23 (1) 2 (III[a]) nach Wilcken Add. et Corr. zu Petr.[2] XVII statt ζεή.

Ἡράκλεαν Magd. III 2 (III[a]). Ἡρακλέας Petr.[2] 78, 9 (III[a]). — Ἡράκλειαν ebd. II 39 (a) 11 (III[a]). Ἡρακλείας Petr.[2] 79 (a) 12 (208[a]).

Θεαδελφέας Fay. XIII 2 (c. 170[a]). — Θεαδελφείας ebd. XII 4 (103[a]). Θεαδελφείαι Petr.[2] 82, 2 (III[a]). Fay. XI 8 (nach 115[a]).

ἱερέας (Priesterin) Par. 5, 1, 3 (114[a]). ἱέρεια passim.

λογέας Tebt. I 58, 55 (111[a]). Grenf. II 38, 15 (81[a]). — λογεία Petr. II 39 (c) 6. 8. 12. 13. 15 (III[a]) etc.

Μεμνόνεα Tor. V 5 (II[a]). Μεμνόνεια ebd. I 4, 29 (117[a]).

Πολυδευκέαι Petr.[2] 78, 5 (III[a]). — Πολυδευκείαι ebd. 79 (a) 6 (208[a]). -ας 81, 11 (III[a]).

πορέαν Eud. 2, 19 (vor 165[a]). — πορεία(ς) 4, 4. 29.

σημέαν (Kompagnie) Lond. I p. 38, 23; p. 39, 45; p. 40, 66 (158[a]). σημέας Vat. F (Witk.) 9. 13 (c. 158[a]). — σημεία Par. 23, 5 (165[a]). Über die lautlich verschiedene Nebenform σημαία vgl. § 83, 4 c.

ταύρεα Lond. II p. 11, 8 (152 oder 141[a]).

Φιλαδέλφεαν Petr. II 46 (b) 2 (200[a]). — Φιλαδέλφειαν ebd. (c) 10.

χήνεα (κρέα) Par. 54, 45. 68. 72 (163ª). Leid. C p. 93, 4, 10 (164—160ª).

χρέαν Petr. II 42 (b) 2 = Petr.² 42 (I) 2 (c. 250ª). — χρείαν Petr. II 4 (3) 10 (255ª); 20, 13 (252ª). Tor. VI 31 (IIª). Über χρήας vgl. unter III A S. 74.

Die in unseren Klassikern ausschließlich erscheinende Form δωρεά herrscht auch in den Papyri: δωρεᾶι B U 1010, 13 (219ª). Petr. II 39 (g) 14 (IIIª). δωρεάν Petr. II 15 (1ª) 4 (241ª). Petr.² 53 (s) 12 (IIIª). Tebt. I 5, 187. 250 (118ª). δωρεᾶς Magd. 28, 1. 3; verso 3 (IIIª). δωρεαῖς Rev. L. 36, 15; 44, 3 (258ª). δωρεαίας γῆς Berl. Tafel no. 8131, publ. v. Wilcken Ostr. I 66 (252ª). Über das alte δωρειά vgl. Meisterhans-Schwyzer 40.

β) vor ο, οι, ου, ω: ἀγεοχότ... Tebt. I 124, 6 und παραγεωχότας ebd. 5, 198 (118) sind zurückzuführen auf die in den Papp. herrschende Form ἀγείοχα (vgl. unten § 72, 9). Moulton Class. rev. XV (1901) 435/6 zitiert διαγέωχα aus Letr. Recueil 84 (Iª) und erklärt die Form durch Metathesis der Quantität aus διαγήοχα.

Αἰνέου Par. 5, 11, 10 (114ª). Tor. I 2, 23; 4, 27 (117ª).

βαλανεον Petr.² 140 (c) 5 (IIIª). — βαλανεῖον 137 I 15; II 6. 15 u. oft.

Ἡρακλέου (Heraklestempel) Wilck. Ostr. 1150, 4 (134ª).

Ἡρακλεώτης Petr. I 19, 6 (225ª); 11, 5. 12 (220ª). Petr. II 47, 31 (192ª) etc. — Ἡρακλειώτ[ης Petr. I 19, 21 (225ª); II 35 (a) 2, 1 (244—40ª).

Ηρακλεοπολίτου Tebt. I 92, 9 (IIªᶠ). Ἡρακλεοπολίτ[ισσα] P. Magd. publ. von Jouguet und Lefébure in Mélanges Nicole p. 282, 1 (221ª). — Ἡρακλειοπολίτην (das erste ι wieder getilgt) Tebt. I 24, 34 (117ª)

Μεμνονέοις Tor. VI 6 (IIª). — Μεμνονείοις ebd. VII 3 (IIª); I 4, 29 (117ª); II 14 (120ª); VIII 7 (119ª). Par. 5, 1, 5 (114ª); 6, 5 (127ª). Buttm. 2 (134ª). Amh. II 31, 8 (112ª) etc.

Μεμνονέων Leid. N 2, 9; 3, 6 (103ª).

μεσόγεον Leid. U 3, 14 (IIªᵐ). — ἐπίγεια Petr. II 8 (2 c) 10 (246ª). Über die vulgären Nebenformen (nicht lautlichen Varianten) ἔγγαιος, κατάγαιος, μεσόγαιος vgl. § 84, 1 f.

πορέοις Grenf. II 38, 18 (81ª). — πορείοις Petr. II 39 (d) 19. 21 (IIIª). πορείων Rev. L. 50, 11 (258ª).

Ποσιδεών (Monat) Par. 4, 6 (unb.), aus altattischem Ποσιδηιών (Mhs.-Schwyz. 54) durch Ποσιδειών entstanden. K. Bl. I 139.

σεσημέωμαι Fay. Ostr. p. 321, 2 (23ª).

Über das Verhältnis von πλείων : πλέων, πλειον- : πλεον-, πλεῖον : πλέον ist folgendes zu bemerken:

α) Vor langen Vokalen steht im 3. Jahrh. v. Chr. überwiegend ει, also häufiger πλείω, πλείους als πλέω, πλέους. ει : ε = 24 : 4. Im II.—I. Jahrh. fehlen Beispiele mit ε ganz.[1])

β) Vor kurzen Vokalen steht (in den obliquen Kasus) sowohl ει als ε.

Im III. Jahrh. ει : ε = 14 : 7.
Im II.—I. Jahrh. ει : ε = 24 : 4.[2])

γ) Das neutr. sing. lautet stets häufiger πλεῖον als πλέον.

Im III. Jahrh. ει : ε = 18 : 5.
Im II. Jahrh. ει : ε = 10 : 1.[3])

Über πλήω, πλῆον, πλήοcι aus πλείω, πλεῖον, πλείοcι vgl. S. 75.

---

1) III^a: πλείων Petr. II 20 col. 4, 9 = Petr.^{2} 36 (b) IV 9 (252^a). πλείω Petr. II 9 (2) 10; 12 (2) 12; (3) 18 (241^a); 13 (11) 1 (258—53^a). Petr.^{2} 40 (a) col. I 13 (III^a); p. 206 col. 2, 5 (224^a); p. 213, 19 (III^a); p. 230, 25. Rev. L. 58, 8 = 60, 16 (258^a). Ashmol. Mus. Transactions of the Royal Irish Academy XXXI (1898) part VI 198, 10; 199, 20. 28; 200, 35 (III^a). πλίω = πλείω Petr.^{2} 137 II 18 (III^a). πλείουc Rev. L. 4, 2 (258^a). Petr. II 18 (1) 10 (246^a). Petr.^{2} 11, 5 (235^a); 16, 5; p. 150, 8 (III^a). P. Magd. Mélanges Nicole p. 282, 4 (221^a). πλέων (= πλεόνων) Petr. II 32 (2^a) 21 (III^a). πλέω ebd. 4 (11) 7 (258^a). πλέουc ebd. 32 (2^a) 16 (III^a). πλέον^{ουc} ebd. 14 (1^a) 3 (III^a). — II^a—I^a: πλείω Amh. II 32, 12 (II^a). πλείωι Tebt. I 5, 39 (118^a); 61 (a) 186. 210. 217; 61 (b) 28. 354 (118^a); 67, 15. 56. 61. 78 (118^a); 70, 15. 27. 47. 53. 58 (111—0^a); 72, 346. 407. 450 (114^a) etc. πλείουc Par. 62, 6, 4 (II^a i). Tebt. I 39, 18. 30 (113^a); 44, 19 (114^a). Leid. H 11 (99^a) etc.

2) III^a: πλείονοc Rev. L. 49, 4; 40 12; 52, 2. 11 (258^a). Petr. II 38 (b) 2 und verso 1 (242^a). πλείονα Rev. L. 99, 5 (258^a). Petr.^{2} 42 C 9, 9 = Petr. II 13 (4) 9 (255^a). πλείοναc Petr.^{2} 41 verso 8 (III^a). πλειόνων Rev. L. 4, 3 (258^a). Petr. II 38 (b) 1 (242^a). Kanop. Dekr. 17 (237^a). BU 1004 II 22 (228^a). πλείοcιν Kanop. Dekr. 56 (237^a). — πλέονι Petr. II 5 (c) (c. 250^a); 13 (3) 8 (255^a). πλέονα ebd. 9 (2) 3 (241^a). πλεόνων ebd. 37 (2^a) verso 4 (III^a). πλέοcιν Magd. 21, 4 (III^a m). πλεονάκιc Petr. II 15 (1) 10 (241^a). πλεονάκι Magd. 25, 4 (III^a). — II—I^a: πλείονα Amh. II 32, 5 (II^a). Par. 26, 36 (163^a); 15, 62 (120^a). Rev. Mél. 321 col. 2, 1 (II^a). Tebt. I 6, 31 (140^a). Tor. I 7, 25 (117^a). πλείοναc Tebt. I 5, 69 (118^a); 61 (b) 26 (118^a). πλειόνων Grenf. I 11, 2, 12 (157^a). Vat. E (Mai t. V 354) 25 (158^a). Lond. I p. 61, 20 (157—146^a). Zoisp. I 27 (150^a). Theb. Bk. I 1, 13; II 17 (131^a). Tor. I 1, 8 (117^a); IX 5 (119^a). Rev. Mél. 321 col. 1, 9 (II^a). Tebt. I 5, 40 (118^a). P. Reinach 18, 21 (108^a); 19, 14 (108^a). Strack, Ptol. Inschr. Arch. III 132, 5 (58—55^a). πλείοcι Par. 2, 2, 4 (165^a). Tebt. I 41, 5 (119^a). πλειονάκιc Lond. I p. 34, 5 (161^a). Vat. C 17 (162^a). Rev. Mél. 295, 2 (II^a). — πλεόνων Fay. XI 19 (nach 115^a). πλεονάκιc Par. 8, 16 (129^a). Fay. XI 20 (nach 115^a). πλεονάκι Par. 26, 22 (163^a).

3) III^a: πλεῖον Rev. L. 29, 16; 53, 12; 57, 6; 59, 6 (258^a). Petr. II 13 (17) 14 (258^a); 39 (g) 18 (III^a). Petr.^{2} 36 (b) col. 4, 9 (252^a); 43 (2) recto col. 3, 4 (246^a); col. 4, 39; p. 124, 11; p. 126, 10 (246^a). Arch. II 81, 16 (225^a). Magd. 26, 7. 8 (III^a). — πλέον Rev. L. 28, 5; 50, 8 (258^a). Petr. II 17 (3) 5; 14 (1^a) 3 (III^a). Kanop. Dekr. 9 (227^a). — II^a: πλεῖον Rosettadekr. 16 (196^a). Eud. 10, 13 (vor 165^a) — [erste Hand πλῆον]. Lond. I p. 13, 25 (162^a); II p. 14, 12 (116—111^a). Amh. II 34 (d) 2 (nach 157^a). Tebt. I 5, 91. 176 (118^a); 35, 4. 16 (111^a); 72, 417 (114^a). BU II 543, 6 (28—27^a). — πλέον Eud. 10, 4 (vor 165^a).

b) ει > ε vor Konsonanten.

Die Erscheinung beschränkt sich auf verhältnismäßig wenige Fälle, die zudem teils zweifelhaft überliefert, teils auf analogistischem Wege entstanden sind.

1. Zu erwähnen sind vor allem einige Infinitivformen auf -εν, -έναι, -έcθαι statt -ειν, εἶναι, -εῖcθαι, die auf den ersten Blick den Schein erwecken, als ob hier nach altattischer Orthographie unechtes ει durch ε wiedergegeben wäre:

ἐλλείπεν Eud. 3, 19 (vor 165^{a}) aus der Feder des ungewandten Schreibers könnte Versehen sein wie auch ἔχεν = εἶχεν 11, 16.

λαβε̃ν = λαβεῖν Magd. 12, 11 (III^{am}) desgleichen.

ἐν τῶι τρέχε⟨ν⟩ (Inf.) τυγχάνει (Lachesp. Petr. II 50 (4) 3, geschr. c. 300^{a}): die Form ist dermaßen verstümmelt, daß ein Schluß bis auf weiteres unzulässig erscheint.

χαίρεν Petr.^{2} 42 G (6) 1 (c. 250^{a}).

Auszuscheiden sind die von Crönert q. herc. 23 zitierten Formen προcάξεν Petr. II 26 (6) 6 (240^{a}), wofür Wilcken zu Petr.^{2} 64 (a) 6, 6—7 προcάξειν hergestellt hat (Add. et Corr. XIX); ferner προcαγγέλλεν Par. 64, 22 (164^{a}) — der Pap. hat προcαγγέλλειν — und μαχέcθαι (= μαχεῖcθαι) Petr. II 50, 4, 3 (Laches c. 300^{a}), da es sich um kein Futurum handelt und unsere Platontexte (191 C) ebenfalls μάχεcθαι bieten.

*ἀποκτέναι Par. 11 verso 2 (157^{a}) erscheint neben εἰρηκέναι als dittographisches Versehen.

cυντελέcθαι Petr. II 13 (18^{a}) 12 (258—53^{a}) ist schwer in den Zusammenhang zu bringen; man könnte (nach § 72, 10) an ein unredupliziertes Perfekt denken, was vielleicht eher in den Kontext paßt.

So bleiben kaum zwei unverdächtige, zuverlässig überlieferte Formen bestehen, und mit Recht bemerkt Crönert q. herc. 23: vix inde effici posse fateor, ut vestigia prisci Atticorum usus apud Aegyptos propagata esse iure statuamus. Ähnlich Memor. hercul. 219, 3. Vielmehr hat man saloppe Schreibweise nach dem gesprochenen Laut (ẹ) oder förmliche Schreibfehler anzunehmen.

2. Dasselbe gilt wohl von ἀνάccεc = ἀνάccειc Il. 24, 202 (Kenyon class.), geschrieben I^{a}; ferner von ἐπιcτέλαc, wobei der Schreiber sein Versehen sofort durch übergeschriebenes Jota verbessert hat, Petr. II 45 col. 1, 22 (250^{a}). Auch Ποcεδωνίωι Par. 13, 1; 12, 1 (157^{a}) erscheint im Vergleich zu den vielen Stellen, wo Ποcειδώνιοc steht, als Lapsus. Im Lachespapyrus Petr. II 50, 4, 3 (c. 300^{a}) kann der acc. plur. ἱππε̃c (in den Texten ἱππέαc) nicht als literarische Tradition angesehen werden: Platon schrieb im neuionischen Alphabet,

welches jedes ē mit H wiedergibt. Zum Acc. auf -εῖc (seit 307 v. Chr.) vgl Meisterhans-Schwyz. 141, 9 und unten § 62, 6e.

3. χεροΥράφιον Petr.[2] 120, 2 (III[a]); χεριcτῆc Tebt. I 115, 22 (115—3[a]); 119, 5 (105[a]); 121, 84 (94 oder 61[a]) sind Analogiebildungen zu χερόc, χερί etc., worüber zu vgl. § 65, 2. In Fällen wie ἐξεληφότα Petr. II 46 (b) 2 (200[a]) = Petr.[2] 57 (a) 8 (vgl. Add. et Corr. XI); ἐληφότων Lond. I p. 19, 6 (161[a]); μετελη(φέναι) Tebt. I 64 (a) 37 (116[a]) erblickt Dieterich Unt. 215 das Augment an Stelle der Reduplikation, vgl. § 72, 10.

Über εἴcω : ἔcω vgl. oben S. 14.

B. Wiedergabe eines ursprünglichen kurzen ĕ (ε) durch ει.

a) ε > ει vor Vokalen, und zwar

α) vor α: in τὸν βαcιλεία Petr. II 45 (2) 23 (c. 246[a]). Par. 31, 24 (163[a]). Dresd. I (Wessely) 6 (162[a]). Lond. I p. 23, 35; p. 28, 22 (161[a]).

τὸν γραμματεία Petr. II 9 (2) 6 = Petr.[2] 43 (3) 6 (241—39[a]) nach Wilcken, Add. et Corr. XVI. Lond. I p. 40, 86 (158[a]), aber 95 γραμματέα.

εἰάν Petr. II 4 (2) 7 (255[a]). Die gewöhnliche Form der Papyri ist ἐάν; über ἤν vgl. oben S. 13; über ἄν § 28, 1.

Πετεαρcεμθεία Grenf. II 25, 17; 26, 16; 27, 29; 28, 16 (alle 103[a]); 30, 17 (102[a]); aber 19 und 32 Πετεαρcεμθέα.

β) vor ο: in δείον Tebt. I 27, 41 (113[a]); [aber 63 δέον]; 72, 187 (114[a]).

δίπλειον (διπλεῖον?) = δίπλεον Petr. II 13 (17) 4 (258—53[a]). Vgl. K. Bl. I 402 Anm. 4, wo auf Grund des kretischen διπλεία wenigstens im Femininum διπλέα als die ursprüngliche Form bezeichnet wird. — ὄψειοc Eud. 19, 20 (vor 165[a]) steht für ὄψεοc mit der Endung -'εοc statt -'εωc (vgl. § 60, 2 a). χρείοc Leid. I 380 p. 90 (II[a]). χρέ(ουc) Tebt. I 123, 1 (I[a i]).

γ) vor ου: in Τιμοθείου Tebt. I 169 (II[a f]); 93, 28 (112[a]). — Τιμοθέου ebd. 72, 40 (114[a]); 61 (b) 112 (118[a]); insbesondere aber in zahlreichen Genitivformen der S-Stämme, meist griechischer oder ägyptischer Eigennamen auf -κλῆc, -ῆc, wobei die Endung sogar häufiger -είουc (und -ήουc vgl. unten S. 76) als -έουc geschrieben wird, z. B. εὐκλείουc auf einer poetischen Grabinschrift aus der Zeit Euergetes' II (145—116[a]) Arch. I 220, 2, 3.

Ἀγαθοκλείουc Tebt. I 79, 29. 61 (148[a]). Ostr. Louvre Rev. Mél. 129 (II[a]). — Ἀγαθοκλέουc Wilcken Ostr. 1336, 2 (III[a]).

Ἀμφικλείουc Tebt. I 61 (b) 34. 111. 263 (118[a]); 72, 38 (114[a]).

Διοκλείους Fay. XII 5 (nach 103[a]).

Ἡρακλείους Petr. II 49 (f) I u. V (klass. Frgm. III[a]). Inschr. v. Philä publ. v. Borchardt, Archiv III 363 (Ptolem. VIII). Par. 23, 12 (165[a]). Wien. Pap. Nr. 26, 4 (120[a]). Wessely, Progr. des Frz. Jos.-Gymn. in Wien 1885 S. 10. Tebt. I 234 (114[a]); 104, 35. 47 (92[a]). — Ἡρακλέους Petr. II 20 col. 1, 10 (252[a]); 8 (2b) 12 (246[a]). Inschr. v. Adulis bei Strack, Dyn. d. Ptol. S. 232, 39, 4 (246—221[a]). Par. 44, 3 (153[a]) etc.

Μανρείους Petr. II 25 (i) 10, in derselben Zeile Μανρέους (226[a]). Μαρρείους Amh. II 34, 4 (nach 157[a]); 56, 2 (146 oder 135[a]). Tebt. I 41, 4. 21 (119[a]); 55, 3 (II[a]); 63, 25 (116[a]); 112, 60. 83 (112[a]); 154 (112—11[a]). — Μαρρέους Amh. II 30, 39 (II[a]); 59, 4 (151 oder 140[a]).

Μεγακλείους Tebt. I 81, 21 (II[af]).

Μεγχείους Tebt. I 9, 1 (119[a]); 149 (116—15[a]); 159 (112[a]).

Ὀρσείους Tebt. I 62, 235f. (119[a]); 120, 31 (97 oder 64[a]).

Πετεαρφρείους Tebt. I 12, 5 (118[a]).

Πρεμαρρείους Strack, Dyn. d. Ptol. 265 Nr. 141, 8 = Mahaffy, Hermathena 1895 XXI 243 (88[a]).

Προκλείους Tebt. I 61 (b) 353 (118[a]); 72, 344 (114[a]).

Ταμαρρείους Fay. XVII 2 (121[a]).

Τοθοείους Tebt. I 63, 158 (114[a]).

Φατρείους Tebt. I 61 (a) 64. 135 (118[a]). — Φατρέους Grenf. I 27, 2, 7 (109[a]); Par. 5, 10, 1; 25, 2 (114[a]); 9, 9. 19 (107[a]) etc.

b) vor ω: in ἁλιείων Amh. II 30, 29 (II[a]). Ostr. 1348, 2 (II[a]); 326, 1 (unb. ptol.); aber 1347, 1 ἁλιέων.

ἀξιόχρειωι Par. 10, 14 (145[a]). — ἀξιοχρέους Petr.[2] 43 (2) recto col. 4, 27 (246[a]).

βασιλείως Lond. I p. 27, 3 (161[a]).

βασιλείων Tor. VII 10 (117[a]) [aber in der Kopie V 17 βασιλέων]. Rosettadekr. 31 (196[a]).

ἀπὸ βραχείων (pl. masc.) Par. 63, 9, 42 (165[a]).

ἱερείως Petr.[2] 43 (2) recto col. 3, 2 und verso col. 2, 2 (246[a]). Grenf. I 25, 2, 2 (114[a]) [aber 11 ἱερέως]. B U 993 II 3 Pap. 9097 [aber 9078 ἱερέως] (127[a]); 994 II 2 (113[a]); 995 II 2 (109[a]); 996 II 2 (107[a]) [aber III 5 ἱερέως].

ἱερείων (Priester) Petr. II 45 (2) 23 (246[a]). Leid. E 8 (162[a]). Par. 27, 7 (c. 160[a]). Lond. I p. 46, 29 (146—135[a]). Pap. Gizeh Mus. Arch. I 61, 2 (123[a]). Grenf. II 20, 2, 8 (114[a]); 32, 2 (101[a]); 33, 6 (100[a]) — aber 35, 2 ἱερέων (98[a]); ebenso B U 993 II 7 (128[a]), dagegen ερείων in der Dublette Nr. 9079; 994 II 8 (113ª); 995 II 8 (109ª); 996 II 7 (107ª); 997 II 2 (103ª); 998 I 2 (101ª) etc.

ἱππείων BU 995 II 10 (109ª).

Σελ⟨ευκ⟩είων (Wilhelm) Petr. II 45 (2) 8 (c. 246ª).

b) ε > ει vor Konsonanten und im Auslaut.

Die Erscheinung ist auffallend und schwer verständlich.

1. In Fällen wie ἐξεινιαύτους Lond. I p. 10, 19 (162ª) — neben ἐξενίαυτον Par. 25, 12 (162ª); ἐξενίαυτα Amh. II 85, 14; 86, 11 (78ᵖ) und αἵρειςιν Dresd. II (Wessely 280) geschr. 162ª, kann man deshalb nicht an Epenthese[1]) denken, weil ει längst nicht mehr diphthongisch gesprochen wurde, sondern nur an regressive Assimilation, die noch nicht zur völligen Verwandlung des ε in ι geführt hat.

2. Unerklärt bleiben:

ἀνουθείτητος = ἀνουθέτητος [Demosth.] epist. III (Kenyon class. 59) § 11 (II—Iª).

ἡμείρας Lond. I p. 27, 3 (161ª).

μει für με Par. 63, 12, 93 (165ª). ὑγίαινει für ὑγίαινε Goodsp. 9, 9 (Iª).

Über παραφείςθω = παραφέςθω vgl. § 72, 13.

Anmerkung. Die Form εἵνεκα begegnet nur einmal in Poesie Ostr. 1148 (Theb.) IIª.

Ergebnis. Die zahlreichen Beispiele für den Wechsel von ει und ε vor Vokalen, wie sie schon in attischen Inschriften (Meisterh.-Schwyz. 40ff., 45ff.) häufig auftreten, sind in der κοινή nicht etwa so zu erklären, daß beim Eintritt von ε für ει von letzterem das ι spirantisch wurde und dann ausfiel, bzw. im umgekehrten Falle sich ein intervokalisches ι entwickelt hätte: sondern hier wie dort sind ει und ε ein äquivalenter graphischer Ausdruck für geschlossenes ẹ, mit Aufhebung des früher durch ει und ε bezeichneten Quantitätsunterschieds. Vgl. hierüber besonders Schweizer Perg. 56.

Die Fälle von Wechsel zwischen ει und ε vor Konsonanten und im Auslaut sind lautgeschichtlich bedeutungslos, nur nicht insofern, als sie die Annahme unbedingter Gleichwertigkeit des ει mit ι für das II. Jahrh. v. Chr. verbieten.

1) „Unter Epenthese versteht man gewöhnlich die Wirkung eines palatalen (gew. i) oder velaren (gew. μ) Vokals auf den davorstehenden Konsonanten und das diesem vorausgehende vokale Element, wodurch entweder eine Umlauterscheinung wie in den germanischen Sprachen entsteht oder der betreffende Vokal selbst in die vorhergehende Silbe tritt." So Schwyzer Vulg. 254, wo als Beispiele ταιχίςτην für ταχίςτην, Ὑαίκινθος für Ὑάκινθος aufgeführt werden. Vgl. auch G. Meyer 172. Schweizer Perg. 103 A. 3 (mit Parallelen aus dem Ngr.).

III. Wechsel zwischen ει und η.[1])

A. Wiedergabe eines ursprünglichen geschlossenen ẹ (ει) durch η.

a) ει > η vor einem Vokal, und zwar

α) vor α: III[a] τὴν φυτήαν Petr. II 32 (2a) 5 (c. 238[a]). — φυτείαν Amh. II 31, 8 (112[a]).

II—I[a] Ἀλεξάνδρηα Par. 51, 30 (160[a]). Strack, Ptol. Inschr. Arch. I 208 Nr. 22, 1 (I[a]).

ἀρταβιή(ας) Tebt. I 119, 11 (105—01[a]).

ἐγμαγῆα (Handtücher) Par. 52, 7; 54, 10. 21. 40. 73. 76. 80. 82 (c. 160[a]).

ἐπιστατή(ας) Tebt. I 189 (I[ai]).

ἐπιτήδηαι (sic Wilcken) Lond. I p. 38, 16 (158[a]).

εὐθῆαν P. Weil VI 5 (vor 161[a]).

ἐφοδή(ας) Tebt. I 257 (I[ai]).

κομογραμματήας (= κωμογρ.) Grenf. I 22, 6 (118[a]).

λειτουργήα Grenf. I 35, 2 (99[a]) wohl eher = λειτουργεία (vereinzelte Nebenform!) als vermöge des Itazismus = λειτουργία.

λήαις (aus dem gleichzeitig gebräuchlichen λεία, nicht aus ursprünglichem ληία entstanden) Tebt. I 5, 7 (118[a]).

μηνιήαν (Blaß) Eud. 15, 17 (vor 165[a]). — μηνιεῖος Goodsp. 7, 7 119—118[a]). μηνιείοις Par. 62, 8, 11 (II[ai]).

ὀρηάδος auf einer poetischen Grabschrift (c. 145—116[a]) Arch. I 219, 1, 3.

παιδήαι Par. 63, 8, 18 (165[a]).

πληάδα, πληάδος Eud. 22, 16. 17 (vor 165[a]). — 8, 7 πλειάδων.

προχρή(αι) Tebt. I 238 (116[a]).

σπονδῆα Lond. I p. 27, 5 (161[a]).

τοπογραμματήας Grenf. I 22, 3 (118[a]).

χήνηα Par. 54, 14 (163[a]).

χρή(ας) Tebt. I 29, 14 (c. 110[a]). — χρειῶν 35, 2 (111[a]) etc.

β) vor ο, ου, ω: III[a] ἐπιτόνηον = ἐπιτόνειον P. Sakk. 19, 126 (III[a]). σκαφήου (Wilcken) Petr. II Einl. p. 33, 5.

II—I[a] Ἀμμωνιήου Tebt. I 88, 50 (115[a]). — Ἀμμωνιεῖον Tor. VIII 47 (119[a]).

---

1) Der Beginn des Prozesses reicht der Zeit nach bedeutend weiter hinauf, als man bisher angenommen hat. Bl. A.[3] 59. G. Meyer 132. Meisterh.-Schwyzer 47 f. (wenige Beispiele aus II[a], die meisten später). Nachmanson 42. Schweizer 55.

Ἀνουβιήου Tebt. I 88, 44 (115^a). — Ἀνουβιεῖον Par. 12, 8. 9 (157^a). Tor. X 12 (II^a) etc.

Ἀρήου Lond. I p. 14, 4; 16, 9; 18, 16 (162^a). Ἀρήω Par. 54, 18 (163^a). Ostr. 1080, 1 (II^a). — Ἄρειος Grenf. I 18, 30 (132^a); 20, 22 (127^a). Ἀρείου Amh. II 40, 4 (II^a). Ostr. 1025, 5 (ptol.); Pap. Gizeh Mus. Arch. I 65, 26 (123^a).

Ἀσταρδιδῆ(ν)ον = Ἀσταρτιδεῖον Par. 41, 11 (160^a). — Ἀσταρτιδεῖον Par. 36, 10. = Vat. B 10; F 6 (158^a).

βαλνήω(ν) = βαλανείων Ostr. 318, 2 (ptol.).

βαφήω (βαφεῖον Färberei) Par. 53, 9 (160^a); 54, 11 (163^a).

δάνηον Leid. O 32 (89^a). δάνειον passim Tebt.

διδασκαλλήω (sic) Par. 51, 10 (160^a).

Ἡρακλή(ου) Tebt. I 90, 15. 18 (nach 100^a).

θῆον = θεῖον Lond. I p. 29, 4 (161^a).

Θ⟨ο⟩γηριήου Tebt. I 88, 16. 23 (115^a). — Θοηριείωι ebd. 39, 9 (114^a); 243 (II^{af}).

Ἰσιήου Tebt. I 88, 29 (115^a); 120, 26 (97 oder 64^a). — Ἰσιείου Petr.^{2} p. 253, 4 (III^a). Ἰσιεῖον Petr. II 39 (a) 8 (III^a); Magd. 9, 2 (III^a). Ἰσιείωι Petr.^{2} 39 col. 5, 2 (III^a). B U 993 III 4 (127^a). Tebt. I 44, 8 (114^a). Ἰσιείοις Tebt. I 5, 70 (118^a).

καπηλήωι Tebt. I 43, 18 (118^a).

οἰκηότητα Par. 63, 8, 22 (165^a). οἰκήου Grenf. I 33, 32 (103^a).

Ὀρσενουφιήου Tebt. I 88, 35 (115^a).

πλῆον (erste Hand statt πλεῖον) Eud. 10, 13 (vor 165^a). πλήοσιν Grenf. I 38, 12 (II—I^a). πλήω Leid. C p. 118, 2, 17 (c. 160^a). Über πλείοσιν — πλέοσιν, πλείω — πλέω S. 69.

πορή(ων) Tebt. I 121, 50 (94 oder 61^a); 195 (95 oder 62^a).

προφητηῶν Tebt. I 88, 2 (115—4^a).

Σαραπιγήωι (mit spirantischem γ nach § 24) Par. 40, 10 (156^a); 41, 10 (160^a). Belege für Σαραπιεῖον — Σεραπιεῖον S. 57.

σημήου Tebt. I 26, 19 (117^a).

Σουχιήου Tebt. I 88, 4 (115^a). — Σουχισίωι Petr. II 2 (1) 18 (260^a); Tebt. I 86, 35 (II^{af}).

στατηρειήους = στατηριείους Leid. C p. 118, 2, 12 (c. 160^a); ebd. 1, 15 σεληνειήοις = σεληνιείοις.

Anmerkung. Aus solchen Formen erklären sich auch die lateinischen Transskriptionen Aeneas, Dareus, Medea etc.

Durch Ausfall eines ο nach dem aus ει hervorgegangenen η entstanden Formen wie ἐγμαγῆν Par. 53, 43 (160^a); Ἰσιῆν Tebt. I 129, 62 (97 oder 64^a); μελάνθην (oder μελανθῆν?) = Schwarzkümmel Leid. C

p. 93 col. 4, 9 (160^{a}) gegenüber dem gewöhnlichen μελάνθειον, wie Tebt. I 66, 44 (121^{a}); 68, 52 (117—106^{a}); 69, 25 (114^{a}); Σαραπιῆν Par. 47, 20 (153^{a}); 58, 16 (165^{a}).

Überblickt man die lautliche Entwicklungreihe Ἀλεξάνδρεια, Ἀλεξάνδρεα, Ἀλεξάνδρηα; ἐάν, εἰάν, ἠάν; Ἡρακλέους, Ἡρακλείους, Ἡρακλήους; χήνεια, χήνεα, χήνηα (χήνια); χρεία, χρέα, χρήα (χρία) und ähnliche Wandlungen, wie sie unter I—III aufgeführt sind, so leuchtet ein, daß überall da, wo ein ε vor einem Vokal zu η geworden ist, derselbe Laut, der sonst mit ει gegeben wird, nämlich geschlossenes ẹ, zugrunde liegt.

So erscheint η an Stelle von ε (= ẹ) vor Vokalen:

α) in betonter Silbe:

II^{a} ἀρξιερήα — Ἐργήος Leid. U 3, 14; 4, 10 (II^{am}) [wohl kaum poetisch-ionische Formen, s. oben S. 17].

δήοντα Leid. E 10 (162^{a}). δήοντι Amh. II 87, 20 (125^{p}).

ἐννήα Leid. C 118, 1, 11 (c. 150^{a}).

νήον = νέον Tebt. I 11, 7 (119^{a}).

τεθήαμαι Par. 51, 38. 41 (160^{a}).

χρήος Tebt. I 111, 5 (116^{a}); 112 introd. 4 und Text 21. 91 (112^{a}); ebd. 114, 6 (114^{a}). χρέ(ους) 123, 1 (I^{ai}).

χρηστήον (erste Hand nach Witkowski) Par. 63, 2, 53 (165^{a}). [Petr.[2] Einl. p. 22 χρηστέον].

Besonders häufig, ja im 2. Jahrh. v. Chr. überwiegend steht ἥως = ἕως, z. B. in den Par. (II^{a}) gegen 25mal; Leid. C p. 118, 2, 21. 25 (162—0^{a}); S 2, 25; 3, 33. 37; 4, 20. 24; 6, 31; 7, 10 (160^{a}); T 1, 15. 33; 2, 16. 19 (158^{a}). Lond. I p. 8, 31 (164/3^{a}); p. 163, 9 (c. 160^{a}); p. 165, 11. 15. 21. Lond. I p. 22, 5 (161^{a}) in derselben Linie ἥως und ἕως. ἥως Weil VII (161^{a}). Ostr. 1085, 7 (136^{a}); 1087, 7 (135^{a}) etc. Über ἧς vgl. oben S. 63. Dagegen im 3. Jahrh. v. Chr. nur ἕως, z. B. Rev. L. (258^{a}) 5mal, Petr. II (III^{a}) über 20mal.

Endlich gehört hierher die ganze Klasse der Genitive auf -ήους, die bei den S-Stämmen (Nom. propr. auf -κλῆς, -ῆς) mit -έους und -είους alternieren (vgl. oben S. 71f.):

Ἡρακλήου (sic) πόλειν Par. 54, 79 (163^{a}).

Ἡρακλή(ους) Tebt I 120, 11 (97 oder 64^{a}).

Καιήους Grenf. I 34, 7 (102^{a}).

Μαρρήους Tebt. I 56, 1 (II^{af}).

Ὀρσήους BU 999 I 7. 8 (99^{a}).

Φατρήους Grenf. I 32, 4 (102^{a}) etc.

Also sind Ἡρακλέους, Ἡρακλείους, Ἡρακλήους lautlich identisch. Vgl. auch § 64, 4.

β) in unbetonter Silbe:

III[a] ἐνδηής Petr. II 4 (7) 7 = Petr.[2] 42 G (2) 7 (255[a]). Vgl. Addenda et Corr. XV.

ἠαρινά Petr.[2] 53 (m) 5 (225[a]).

Κερκεοσίρηως (Wilcken) Petr. II 28 (8) 22 (III[a]) = Petr.[2] p. 188.

Λησωνίδης Petr. II 28 (8) 4 = Petr.[2] 66 a (8) 4 (III[a]). — Λεωνίδης Petr.[2] 66 (b) col. IV 3; 100 (b) I 22 (III[a]). Λεωνίδου P. Reinach 11, 2 (111[a]).

II[a] ἠάν Par. 58, 11 (158[a]).

πληονεξίας (‚voluerat' Witkowski) Par. 63, 3, 68 (165[a]) [Petr.[2] Einl. p. 24 πλεονεξίας].

b) ει > η vor einem Konsonanten.[1])

III[a] χαίρην (kein Dorismus! vgl. S. 6) Petr. II (13) 1 (258[a]).

II[a] ἀπολέσης = ἀπολέσεις Par. 50, 8 (160[a]). Ebenso ποήσης = -σεις Tebt. I 56, 9 (II[af]) in der Verbindung καλῶς οὖν ποήσης und ποίσης Lond. I p. 43, 4 (162[a]). Über ἐγεγράφην = ἐγεγράφειν s. unten § 71, 1; über die lautliche Gleichheit von ἐπεποιήκησαν und ἐπεποιήκεισαν s. ebd. 11.

Bei dem sonderbaren Worte πολημιεῖον (= πωλημιεῖον?) schwankt ein Schreiber in der zweiten Silbe zwischen η und ει und setzt zweimal das ει über η Petr. II 13 (15) 3 und 4 (258—53[a]).

φανής (= φανείς) begegnet in einem Anthologiefragment Tebt. I 1, 1 (geschr. nach 100[a]).

Über ἥνεκεν (möglicherweise = εἵνεκεν) vgl. oben S. 63 und § 55, 7.

c) ει > η im Auslaut.

Διοκλῆ = Διοκλεῖ Tebt. I 120, 19 (97 oder 64[a]) — schwerlich Analogiebildung zu den Α-Stämmen.

ἡ — θέλις für εἰ — θέλεις Par. 44, 5; 45, 5 (153[a]). ἡ (ει übergeschrieben) Par. 64, 32 (164[a]). An das dialektische ἡ der kyprischen und kretischen Inschriften (G. Meyer 179) oder an ἤ(ν) ist nicht zu denken.

κατοίκη = κατώικει P. Weil II 6 (vor 161[a]).

Über Διογένη statt Διογένει u. ä. (Übergang in die Α-Deklin. mit Ausfall des ι προσγεγραμ.) vgl. Flexionslehre § 64, 3[b].

1) Auf die paläographische Ähnlichkeit von ει und η in manchen Handschriften weist mit Recht hin Crönert Mem. herc. 25. Oft ist die Entscheidung zwischen beiden Zeichen schwierig, ja unmöglich.

B. Wiedergabe eines ursprünglichen offenen ē (η) durch ει

konnte nach Ausgleichung der ē-Laute in der Aussprache als umgekehrte Schreibung zum vorigen nicht ganz ausbleiben, ist jedoch weit seltener.

a) η > ει im Auslaut.

Im Akkusativ der S-Stämme (Nomin.-ής) begegnet vereinzelt statt -ῆ die Endung -εῖ, die durch die nicht seltene Orthographie -ῆι (vgl. § 20, 13) herbeigeführt, nicht unmittelbar aus ῆ hervorgegangen sein mag: so τὸν συγγενεῖ Tebt. I 43, 33 (118ª); 7, 8 (114ª). τὸν εὐτελεῖ ebd. 61 (b) 30 f. (118ª). Der ägyptische Monat μεσορή (ich zähle über 50 Fälle) wird sowohl im 3. als 2. Jahrh. v. Chr. wiederholt (9mal) μεσορεί geschrieben: Rev. L. 83, 1 (258ª). Grenf. I 9, 8 (c. 239ª). Petr. I 16 (2) 12 (230ª); 23, 5. 15 (250ª). Par. 5, 50, 1 = Leid. M 2, 9 (114ª). Ostr. 1493, 1 (256/5ª); 1494, 1 (256ª); 1509, 1 (144 oder 155ª).

b) η > ει vor einem Vokal.

Hier steht allein das Perf. ἀγείοχα aus ἀγήοχα, das selbst wiederum aus dem gleichfalls auf Pap. erhaltenen ἀγήγοχα (nach § 72, 9) entstanden ist. Der Lautwandel η > ει soll (nach Crönert 243) auf Analogie mit τέθηκα: τέθεικα und ähnlichen Formen beruhen; wahrscheinlicher ist, zumal da die Form ἀγείγοχα nicht vorkommt, ι sich also als Vertreter von γ darstellt, daß das zweite γ aus Gründen der Dissimilation nach palatalem Vokal spirantisch geworden und dann ηj in εj übergegangen ist. Belege für beide Bildungen ἀγήγοχα und ἀγείοχα s. § 72, 9; über ἀγεοχότες (aus ἀγείοχα) vgl. oben S. 68. Angermann, die Erscheinungen der Dissimilation im Griechischen. Leipzig 1873.

c) η > ει vor Konsonanten.

IIIª Ἁρφεβεῖχιν neben Ἁρφεβῆχιν Petr.² 51, 7 und 9 (IIIª).
Λυκομείδηι Petr. II (1 B) 8 (259ª). — Λυκομήδους Magd. V 20 (IIIª).

II Iª ὅσα φέρει ἀνδρὶ αἰσχύνειν = αἰσχύνην Tebt. I 104, 30 (92ª) [Ehekontrakt]. Dagegen im gleichen Zusammenhang P. Gen. und P. Münch. ed. Wilcken im Arch. III p. 388, 11 αἰσχύνην (IIª).
ἀπει[λιώτου] = ἀπηλιώτου Leid. L 1, 8; 2, 2 (181—117ª).
Ἀσκ]λειπιείου Lond. I p. 25, 28 (161ª).
εἰβουλόμην für ἠβουλόμην Leid. C p. 118, 1, 8 (163ª). An Analogie (Augment εἰ- statt ἠ-) nicht zu denken.
εἶ μήν = ἦ μήν (im Schwur) Tebt. I 22, 13 (112ª); 78, 15 (110—8ª). B U II 543, 3 (28—27ª).[1]) ἦ μήν Rev. L. 56, 8 (258ª).

---

1) Wie grundlos und abenteuerlich die Hypothese war, daß diesem εἶ (εἰ) μήν die hebräische Schwurformel אִם לֹא zugrunde liege, zeigt sich aus dem Vor-

καταστεῖσαι = καταστῆσαι Rev. Mél. 295, 10 (130[a]), bestätigt durch Ricci Arch. II 518.

κλωστείρων für κλωστήρων in einer poet. Grabinschrift aus der Zeit Euergetes' II (145—116[a]) Arch. I 220, 1, 4 („wohl durch Versehen des Steinmetzen" Wilamowitz).

Anmerkung. Der armenische Name 'Dertrad', der sonst in der griechischen Transskription der Hds. mit Τηριδάτης oder Τιριδάτης wiedergegeben wird, erscheint in der Form Τειριδάτης (Wilcken für Τερριδάτης) Petr. II 30 (b) 19 (c. 235[a]). Vgl. Wilcken Add. et Corr. zu Petr.[2] XIX.

Unter diese Kategorie möchten wir trotz zahlreich entgegenstehender Auffassungen (G. Meyer 129. 640. J. Wackernagel, Studien zum griech. Perfektum. Göttinger Programm 1904 S. 19) auch die Form τέθεικα stellen, da es schwer ist, für eine psychologische Erklärung sichere Analogiezentren zu finden, und die physiologische Erklärung auf für die Vorgänge auf attischen Inschriften (Meisterh.-Schwyz. 189, 6) ausreicht. Nachdem aber einmal das aktive Perf. τέθεικα gebildet war, lag es nahe, ihm das mediale τέθειμαι an die Seite zu setzen, das sich in den ptol. Papyri häufig findet. Belege für beide Formen stehen § 77, 1. 4.

IV. Über den Wechsel von ηι und ει vgl. § 20, 2.

Aus den in diesem Abschnitte dargestellten lautlichen Veränderungen ergibt sich, daß in Ägypten auf dem Gebiete der E-Laute seit dem 3. vorchristlichen Jahrhundert eine immer weiter greifende Nivellierung und Verwischung aller feineren Unterschiede der früheren Sprache sich geltend macht, was mit der Zeit zu einer heillosen Verwirrung der Orthographie führen mußte. Dies zeigt sich in folgenden Tatsachen:

1. das η bezeichnet in der ägyptischen κοινή von Anfang an einen doppelten Laut:

a) ein offenes ē, das nach Aufhebung des Quantitätsunterschieds mit dem (früher geschlossenen, jetzt offenen) ε vor Konsonanten und im Auslaut zusammenfiel (I A und B);

b) das geschlossene ẹ̄, das zunächst mit ursprünglichem ει (echt oder unecht) zusammenfiel (III A), weiterhin nach Aufhebung des Quantitätsunterschieds auch für älteres ε vor Vokalen eintrat, endlich aber in reines ι ausmündete (Itazismus § 11).

---

kommen dieser Form in den ptol. Papyri. Darauf hat hingewiesen Deißmann, Neue Bibelstud. 35 ff. Vgl. Moulton Class. rev. XV (1901) 33. 434; XVIII (1904) 107.

2. Der Ausgleich zwischen echtem und unechtem ει war lange vor der Ptolemäerzeit abgeschlossen und spielt in den Papyri keine Rolle mehr. Ein Beweis für diphthongische Aussprache des ει ist aus den ptolemäischen Papyri nicht zu erbringen, wohl aber sprechen für Monophthongismus schwerwiegende orthographische Gründe:

a) der häufige Wechsel zwischen η und ει (III),

b) die Vertauschung von ε und ει (II),

c) die schließliche Gleichsetzung von ει und ι (§ 11, III).

Der Qualität nach ist der durch ει ausgedrückte Laut ein geschlossenes ẹ. Dies beweist die zunehmende Verwechslung von ι und ει, da der ursprüngliche Doppellaut e͡—i nur durch ẹ zum i werden konnte.[1])

§ 11. Der ι-Laut.

Über Ausfall und Zutritt des intervokalischen ι vgl. 14, 1—9; § 15, 1—6; über Wechsel zwischen ι und υ § 13, 1—11; über ι und οι § 15, 10—11.

Aus dem vorigen Abschnitt hatte sich in einer Reihe von Fällen für ε, η, ει ein gemeinsamer, dem ι ziemlich nahverwandter Laut auf der Linie e—i ergeben. Eine Folge davon war, daß gelegentlich orthographische Vertauschungen dieser drei Zeichen nicht nur unter sich, sondern insbesondere mit ι vorkommen: ein Schritt weiter auf dieser Bahn, und man war beim Itazismus angelangt, d. h. beim lautlichen Zusammenfall von η, ι, ει, [υ, οι], einer Erscheinung, deren erste Ansätze in Ägypten dem 2. vorchristlichen Jahrhundert angehören.

I. Wechsel zwischen ε und ι

ist abgesehen von den oben genannten Gründen bei der engen phonetischen Verwandtschaft zwischen i und ĕ im Koptischen (Steindorff, kopt. Gramm. 13 und Thumb Hell. 138) auf ägyptischem Boden nicht auffällig. Doch haben in den meisten zu beobachtenden Fällen teils andere lautliche Kombinationen (Assimilation, parallele Nebenformen) teils Analogiezwang mitgespielt. Vgl. Kretschmer, Wchschr. f. kl. Ph. 1899, 4.

---

1) Die Wiedergabe von ursprünglichem ηι durch ει, die im Attischen seit 306 v. Chr. überwiegt und 250—160 v. Chr. Regel ist (Meisterh.-Schwyz. § 15 b), kommt zwar auch in den Papyri als Rest traditioneller Orthographie vor, tritt aber in der alexandrinischen κοινή auffallend zurück. Vgl. über den Tatbestand § 20, 9—12.

1. Assimilation benachbarter Laute ist denkbar in
εἰκιτείας = ἱκετείας Par. 27, 22 (c. 160[a]).
ἐριβί(νθου) = ἐρεβίνθου Tebt. I 112 introd. (112[a]). — ἐρεβίν(θου) Petr.[2] 50, 12; 136 col. III 24 (III[a]).
πιρί = περί Tebt. I 35, 8 (117[a]) [in der Kopie 1 περί]; ebenso P. Reinach 11, 14 (111[a]).
συνκεκρεμένα = συγκεκριμένα Tebt. I 5, 54 (118[a]).

2. συνοικίσιον in der Verbindung ἐνιαυτὸς συνοικισίου Par. 13, 10 (157[a]) und ἀντίγραφον τοῦ συνοικισίου (Wilcken) in der Aufschrift auf der Rückseite des Pap. Gen. 21 (II[a]) ist eine vermutlich auf συνοικίζω zurückzuführende Nebenform zu συνοικέσιον (Phryn. 516), die für den Begriff „conubium" gebräuchlich ist. Die jüngere Form ist συνοικέσιον, z. B. Oxy. II 250, 16 (61[p]). Amh. II 71, 8 (178[p]). Vgl. Wilcken Arch. f. Pap. I 345. 487.

3. μεμνησκόμενος = μιμνησκόμενος Il. 24, 9 (Kenyon) aus I[a] kann durch den Anklang an μέμνημαι entstanden sein.

Anmerkung 1. Ποσιδωνέων statt Ποσειδωνίωι Par. 41, 1 (158[a]) und πρὸς Μέμφε = Μέμφι Par. 22, 3 (165[a]) sind, wenn richtig gelesen, zwei Schreibversehen; ἐμ Μέμφι Par. 60 (b) 33. 34. 35 c. 150[a].

4. Für und neben ε erscheint ι in Zusammensetzungen, deren erstes Glied von der Wurzel ἀρχ- kommt.

a) Nomina appellativa dieser Art haben vor Konsonanten regelmäßig ἀρχι-, vor Vokalen ἀρχ-, also:

α) ἀρχι-δικαστής, -κυνηγός, -μάχιμος, -πρύτανις, -σωματοφύλαξ, -τέκτων, -φυλακίτης, -φυλακιτεία;

β) ἀρχ-ενταφιαστής, -έφοδος, -ιερεύς [einmal mit Unterlassung der Elision ἀρχιιερεύς], -οινοχοῦς, -υπηρέτης, einmal ἀρχειπερέτης, ἀρχώνης. Sämtliche Belege stehen in der Stammbildungslehre § 87, 2.

Anmerkung 2. Von der oben bezeichneten Regel wäre eine Ausnahme zu konstatieren bei ἀρχεδέατρος (praegustator), wenn das Wort zu teilen wäre ἀρχε-δέατρος (= ἀρχε + δέατρος = δαιτρός) Belege § 87, 2.

b) Dagegen wechselt in den mit der Wurzel ἀρχ- im ersten Glied zusammengesetzten Eigennamen die (ältere) Form ἀρχε- mit ἀρχι-. Man liest Ἀρχεβίου Grenf. I 9, 9 und 14 — aber Ἀρχιβίου Z. 1 (239[a]). Ἀρχίβιος Amh. II 32, 15 (II[a]). Ἀρχίβιον Tebt. I 61 (b) 4. 23. 281 (118[a]); 120, 128 (97 oder 64[a]). Dagegen nur Ἀρχελάου B U 992 II 4 (162[a]). Ἀρχελαίδος Petr. II 28 (6) 1; (10) 6 (III[a]). Ἀρχέστρατος Petr. II 13 (6) 1 (258—53[a]); Petr.[2] 42 G (4) verso (252[a]); Petr. I 16 (1) 5 (230[a]). Andererseits nur Ἀρχίδημος Petr. II 26, 3 (III[a]). Über die attischen Inschr. vgl. Mhs.-Schwyz. 116, 5; über die

Vasen Kretschmer 122; über Pergamum Schweizer 43 f.; über Magnesia Nachmanson 24 f. Neben 'Αρχο-, 'Αρχε-, 'Αρχι- erscheint auf altattischen Fluchtafeln auch 'Αρχαμένης (analog zu Θεαγένης u. a. von femininalem Stamme gebildet). Schwyzer Vulg. 255.

5. Ein Schwanken zwischen ι und ε zeigt das auch sonst lautlich unsichere ἁρμολεά (neben ἁρμολιά), wohl identisch mit bisher bekanntem (poetischem) ἁρμαλιά. Vgl. oben S. 27 und 61.

6. Nur mit ι sind in ptolem. Zeit belegt: ἁλιεύς Par. 5, 13, 6; 19, 2; 41, 10 (114ª). Leid. P 16 (99ª). ἁλιέων Rev. Mél. 303, 2. ἁλιεῖς 7 (IIª). Weitere Stellen § 62, 6. Über ἁλεεῖς im N. T. vgl. Win.-Schmiedel § 5, 20.

ὄσπριον (Bohne): Bull. corr. hell. 18, 145, 14 (240ª); BU 993 III 10 (127ª) ὄσπρια. Tor. VIII 24 (119ª) ὄσπριον. Dittenb. insc. orient. I nro. 55, 15 (240ª); Petr.[2] 107 (e) 10. 28 (IIIª); Tebt. I 9, 8. 17 (119ª); 11, 10 (119ª); 68, 80 (117ª) ὀσπρίων. Das im E. M. 635, 48 verworfene ὄσπρεον kommt erst später vor, z. B. Lond. I p. 209, 11 (595ᵖ).

7. Mit ε wird geschrieben κόρσεον (Wurzel der Lotosblume): Tebt. I 112, 7 (112ª) κόρσεα; I 189 (Iª) κορσέων. Diod. Sic. I 10 κόρσεον. Dagegen κόρσιον bei Theophr. und Strabo XVII p. 629.

8. Eine ägyptische Baumart, deren Form in den Handschriften zwischen περσία, περσεία, περσαία und περσέα schwankt, heißt auf einer ägyptischen Inschrift bei Dittenb. insc. or. I 97, 9 (193—81ª) περσέα. Vgl. Dittenberger z. Stelle. Demnach heißt ein Dorf im arsinoitischen Gau Περσέα, so Petr. II 10 (1) 9 ἐκ Περσέας (240ª); 32 (2ᵇ) 6 ἐν Περσέαι (238ª). Dagegen Oxy. I 53, 7 (316ᵖ) περσίαν; BU 369, 10 (531ᵖ) der Eigenname Περσέας. Wilcken Arch. f. Pap. I 127. Zur Form Steph. Thes. s. v.

Über Τοθίους Tebt. I 164, 21 (IIªᶠ) aus Τοθέους durch Τοθείους vgl. S. 71 f.

Über διδασκαλέα aus διδασκαλία (?) vgl. S. 67.

II. Wechsel zwischen *η* und *ι*.

Völlig sichere Belege dafür, daß dem Buchstaben η ohne weiteres der Lautwert i zukomme, finden sich in dieser Periode nicht.

Vereinzelt und in besonderer Weise zu erklären sind folgende Fälle:

a) ι erscheint statt η

auf einem Homerpapyrus des I. Jahrh. v. Chr. ἔθικεν, erste Hand für ἔθηκεν Il. 23, 751 (Kenyon class. fragm.); auf einer Urkunde des III. Jahrh. v. Chr. τετελευτικότος (?) Alex. II 2. Die Lesung muß erst bestätigt werden. ἱμιτέλεςτα Leid. U 3, 8 (II[a]) und ἱμίχουν (Witkowski) Par. 43, 3 (154[a]). Sonst ἡμιτέλεςτος, z. B. Magd. 2, 4; 29, 8 (III[a]) und öfters; ebenso ἡμίχουν Petr. II Einl. p. 32, 4 (III[a]). In den beiden letzten Formen könnte leicht Assimilation des durch Tonlosigkeit schwach gewordenen Anlautvokals an die folgende Silbe die Ursache sein (vgl. ὀλοθρεύω, ἥμιcυ u. ä.)

Besonders zu beurteilen sind Fälle, in denen nach οι ein ursprüngliches η in der Schrift nicht ausgedrückt ist: so βοιθοῦ = βοηθοῦ Wilck. Ostr. 1084, 11 (136[a]); 1089, 7 (135[a]) und Formen von ποιέω, wie ποίcηc Lond. I p. 43, 4 (c. 162[a]); ποιcάμενοι Par. 41, 28 (156[a]); πεποιμένοc („ut videtur" Witkowski) Par. 40, 50 (156[a]); πεποίκαμεν Wilck. Ostr. 1150, 5 (134[a]). Diese Formen sind von den gemeinsamen vollkommenen Grundformen βοηθόc, ποιήcηc, ποιηcάμενοι etc. aus vermutlich in der Weise zu erklären, daß von den drei in der Grundform auf einander folgenden Vokalen jeweils entweder der 2. oder 3. ausfallen konnte. Die Annahme einer „plebeischen Kontraktion", die Blaß A.[3] 37 Anm. 94 geltend macht, ist ohne jeden Vorgang und hätte zur Voraussetzung den Itazismus, wie G. Meyer[3] 132 Anm. 2 richtig bemerkt. Die auf derselben Voraussetzung beruhende Auffassung Dieterichs, Unt. 44, daß in ποῖcον die beiden I-Laute (οι und η) in einen aufgegangen seien, ist jedenfalls für unsere Zeit nicht annehmbar, da οι noch nicht = i lautete. Der neueste Vorschlag von Blaß (K. Bl. I 641), wonach ποῖcαι aus ποιῆcαι durch Hyphäresis entstanden sei, enthält prinzipiell etwas Richtiges, nur durfte die Analogie von οἶμαι, ᾤμην (aus οἴομαι, ᾠόμην) nicht herangezogen werden, da οἶμαι (nach Wackernagel K. Z. 30, 316 und Vermischte Beitr. z. griech. Sprachkunde 1897, 18) auf der Umformung eines älteren Perfektums ᾦμαι beruht. Endlich erscheint auch die Annahme einer Nebenform ποίω oder ποίζω (vgl. Hatzidakis K. Z. XXIX 385 und Einl. 397) bei einem so außerordentlich viel gebrauchten Verbum wie ποιέω höchst zweifelhaft.

Eine anderweitige Erklärung (ohne Annahme itazistischer Aussprache) verlangen folgende Fälle:

ἀπολογίcωμαι Leid. A 31 (II[a]), wozu Leemans bemerkt: „per iotacismum pro ἀπολογήcωμαι scriptum puto" (p. 5) gehört zu dem sehr gewöhnlichen ἀπολογίζομαι; z. B. ἀπολογίζεται Petr.[2] 53 (n) 8 (c. 250[a]). ἀπολογίcαcθαι Petr. II 10 (2) 4 (vor 240[a]); 31, 7 (III[a]). Par. 35, 35 (163[a]); 16, 5 (141[a]); sehr oft in Tebt. I, wie 61 (b) 11. 196. 293 (118[a]); 72, 12. 463. 467 (114[a]); 99, 42 (148[a]). προcαπελογίζετο Tor. I 6, 2 (117[a]). ἀπολογιcμόc (Rechtfertigung) Par. 63, 8, 17 (165[a]). Vgl.

Hatzidakis Einl. 395: „Schon im Altertum sagte man sowohl ἀπολογέομαι als ἀπολογίζομαι". — ἀπολογεῖcθαι Petr.[2] 21 (g) 28. 39 (225[a]).

ἀcπορίcαι P. Kairo Arch. I 59, 8; 62, 7 (123[a]) hält Crönert (Wchsch. f. kl. Phil. 1903, 488) für einen bloßen Schreibfehler gegenüber ἀcπορήcειν Tebt. I 61 (b) 34 (118[a]) und ἀcπορεῖν 113; ἠcπορηκυίαc (γῆc) 322 und 68, 83 (117[a]); ἠcπορηκέναι 66, 56 (121[a]). Doch läßt sich neben ἀcπορέω ganz gut eine Nebenform ἀcπορίζω annehmen (beide in intransitivem Sinne). Vgl. die zahlreichen Doppelformen dieser Art bei Hatzid. Einl. 395 ff. (z. B. ἀcμενίζω neben ἀcμενέω). So begegnet ἀργί(ζω) neben ἀργέω Lond. I p. 171, 49 (Nro. CXXXI) recto und p. 190, 59 (78[p]) im gleichen Sinne. Wenn einmal von ἄcποροc ein verb. denom. neu gebildet wurde, lag für jene Zeit -έω und -ίζω gleich nahe; offenbar hat hier -έω das Feld schließlich behauptet.

Für ἐπιχωρίcαντοc Vat. F (Mai V 356) 12 (158[a]) im Sinne von ἐπιχωρήcαντοc ergibt sich (wenn die Lesart richtig ist?) im Zusammenhang des Satzes ἀξιώcαντόc cε καταχωρίcαι μοι τὸν ἀδελφόν μου Ἀπολλώνιον καί cου ἐπιχωρίcαντοc καὶ προcτεθέντοc τῆι Δεξιλάου cημέαι (Kompagnie) leicht analogistische Beeinflussung durch das vorausgegangene καταχωρίcαι. Auch Z. 18 folgt κεχώριcται ἐπὶ λειτουργίαν. Vgl. den Wechsel von προcχωριcθέντοc Leid. D 15 (162[a]) mit προcχωρηθέντοc Par. 30, 17 (162[a]) in derselben Bedeutung „sich begeben".

τὸ γεγονὼc (sic) λῖμμα Tebt. I 115, 23 (115—13[a]) ist nicht wie die Herausgeber annehmen = λῆμμα, sondern = λεῖμμα (Rest). Crönert a. a. O. 487.

Anmerkung 3. τῆι c⟨ῆ⟩ι τύχηι im P. Kairo Arch. I 59, 17 (123[a]) ist Schreibversehen.

b) η erscheint statt ι

in literarischen Stücken: ἀφήκετο für ἀφίκετο P. Weil II 8 (Medea v. 12), geschrieben vor 161[a].

*καὶφαίνηc' ἐμοί = κήφάνιζ' ἐμοί P. Weil V 8 — sehr unsicher und stark entstellt.

In Urkunden: ἰβηοταφίου Tebt. I 88, 53 (115[a]). — ἰβιοταφίου 87, 100 (II[af]). Bei der dem ε und ει angenäherten Aussprache des η vor Vokalen (vgl. S. 74 ff.) will dieses Beispiel wenig besagen.

Über λειτουργήα (eher = λειτουργεία als λειτουργία) vgl. oben S. 74.

Nichts beweisen: ἀρχηπορεία Eud. 4, 4 (vor 165[a]), was Letronne für ἀρχιπορεία nimmt: mit Recht hat Blaß aus 4, 30 ἀρχὴ πορεία⟨c⟩ hergestellt.

ὁ Σαρᾶπις καὶ Ἧσις Vat. D 13 (162[a]) ist zweifellos verschrieben aus ὁ Σαρᾶπις καὶ ἡ [Ἶ]σις; dies beweisen Parallelstellen wie Leid. D 1, 11 (169[a]) ὁ Σαρᾶπις καὶ ἡ Ἶσις; Par. 30, 12 (162[a]) ὁ Σαρᾶπις καὶ ΤΗΙϹΙ (mit koptischem Artikel); Vat. E 33 ἥ τε Ἶσις καὶ ὁ Σαρᾶπις; ebenso Mai t. V 358, 31 (c. 160[a]).

Anmerkung 4. Wenig Beweiskraft hat der Wechsel zwischen η und ι in transskribierten ägyptischen Eigennamen in Anbetracht der oben (S. 80) erwähnten Verwandtschaft zwischen e und i im Koptischen. η > ι in Τιτοῖς Ἁρπαίσιος Ostr. 314, 3 (III[a]), was Wilcken = Τιθοῆς Ἁρπαήσιος auffaßt — zwei Namen, die freilich nur in letzterer Form in den Ostr. wiederholt vorkommen (vgl. Index). ι > η in Στοτοήτης Petr. II 28 col. 2, 12; dagegen col. 5, 7 Στοτοῆτις (III[a]), wie gewöhnlich, z. B. auch 25 (i) 8. 9 (226) u. oft.

Die angeführten Beispiele berechtigen allerdings zu dem Schluß, daß sich die Aussprache des η in der ägyptischen κοινή früher als in irgend einer anderen Mundart erhöht hat und in manchen Fällen bis hart an die Schwelle des Itazismus gelangt ist. Doch bemerkt **Thumb** Hell. 138 mit Recht: „Schließlich wird man wohl auch die schon auf Papyri der Ptolemäerzeit vorkommenden Belege für Vertauschung zwischen η und ι der engen phonetischen Verwandtschaft von e und i zuschreiben dürfen, und diese Fälle sind eigentlich weder Belege für den Itazismus noch für den Etazismus."

ANHANG:

Wechsel zwischen *η* und *υ*.

Um die Frage nach dem Stand des Itazismus in den ptolem. Papyri auf einem anderen Punkte zu verfolgen, seien weiterhin die Fälle zusammengestellt, in denen η und υ in der Orthographie ihre Stelle wechseln.

a) υ erscheint statt η in

[τῶν] ἐρύμων τόπων Petr. II 7,5 (249[a]). — ὁ τόπος ἔρημος ebd. 4 (9) 9 (255[a]). ἔρημος Petr. I 27 (2) 3 (225[a]) nach Rev. Mél. 364. — Bei ἔρυμος kann das Wortbild ἔρυμα, ἐρυμνός störend den Schreiber beeinflußt haben.

τὴν λοιπὺν πᾶσαν Par. 63, 6, 178 (165[a]) ist in der Neuausgabe Petr.[2] Einl. p. 34 in τὴν λοιπὴν πᾶσαν berichtigt, wie schon Revillout Mél. gelesen hatte. τὴν λοιπήν Arch. II 81, 13 (225[a]).

*οὐδ' οὐκ ἔφυ = ὁ δ' οὐκ ἔφη Grenf. II 14 (c) 6 (III[a]) — die Stelle auch sonst stark orthographisch entstellt. Vgl. die Bemerkung der Herausgeber zur Gestalt des υ, das einem späteren η gleich sieht.

Über ὑμῶν = ἡμῶν etc. s. unter b).

Übrigens kann η nicht wohl = υ (ü) geklungen haben, und es müßte daher, wenn η und υ gleichen Lautwert gehabt haben sollen, schon im 3. Jahrh. v. Chr. nicht nur η, sondern auch υ = i gesprochen worden sein, wofür in den Papyri direkte Belege fehlen[1]). Auch eine Gleichstellung von υ mit geschlossenem ẹ kann durch die einzelne verstümmelte Stelle *εὐωμένων = εὐωνύμων Leid. U 2, 12 (II^am^) nicht gerechtfertigt werden; denn diese Erscheinung gehört im übrigen einer viel späteren Zeit an in Beispielen wie γλεκετάτῳ = γλυκυτάτῳ, σενεδύσει = συνειδήσει, σεναρεσάσης = συναρεσάσης Par. 21^b 7. 8. 20 (592^p). γλυκετ[ά]τῳ Bull. corr. hell. 24, 377 Nr. 24 (späte bithyn. Grabschrift). Schmid, Wchschr. f. kl. Ph. 1899, 507.

b) η erscheint statt υ in

ἤπηγεν (υ über η) Petr. II 45 col. 1, 22 (III^a), was in seiner Vereinzelung zunächst nur als Schreibfehler betrachtet werden kann.

Insbesondere häufig sind Verwechslungen zwischen ἡμῶν und ὑμῶν:

ἡμῶν statt ὑμῶν: Ostr. 1256, 3 (136/5^a) ἀπέχω παρ' ἡμῶν. P. Louvre Arch. II 518, 7 (130^a); Tebt. I 111, 4 (116^a); Leid. H 11 (99^a).

ἡμῖν statt ὑμῖν: Par. 24, 13 (156^a) [„ut videtur“ Witkowski]; Tebt. I 29, 9 (110^a); Leid. H 12 (99^a).

Umgekehrt: ὑμῶν statt ἡμῶν Eud. (Blaß) 18, 4 (vor 165^a); Tebt. I 55, 7 (II^af^); 100, 13 (117^a).

ὑμῖν statt ἡμῖν Grenf. I 30, 7 (103^a).

ὑμᾶς statt ἡμᾶς Par. 47, 9 (153^a); Tebt. I 156 (91^a).

Dem Wechsel zwischen ἡμεῖς und ὑμεῖς ist wenig Bedeutung beizumessen; derselbe findet sich in den Handschriften sehr häufig, wo keineswegs immer itazistische Aussprache schuld ist, und hat schließlich, um die Konfusion zu enden, mit zu den pronominalen Neubildungen ἐμεῖς, ἐσεῖς geführt.

Über οι ∼ υ, οι ∼ ι, οι ∼ η vgl. § 15, 7—12.

Zusammenfassung. Aus dem vorgelegten Material ergibt sich, daß von itazistischer Aussprache des η in dieser Periode nicht die Rede sein kann: vielmehr behauptet η im wesentlichen bis etwa ins 2. christliche Jahrhundert den E-Laut und beweist, wo es als Stellvertreter von ει vor Vokalen auftritt, daß in den betreffenden Fällen auch ει noch ē gesprochen worden ist. Vgl. zum Ganzen Blaß A.³ 35ff. Meisterhans-Schwyzer 19 setzt den Übergang zum Itazismus in die Zeit von 150—250 n. Chr.

---

1) Über kombinatorischen Lautwandel von υ > ι und umgekehrt vgl. § 13, 1—11. Übrigens nimmt Thumb Hell. 150. 193 für die Koine die Aussprache υ = i in Anspruch und führt sie auf fremden (kleinasiatischen) Einfluß zurück. Anders Schweizer Perg. 75. Kretschmer Vas. p. 119 ff. Im allg. G. Meyer 154 ff. Blaß A.³ 38 ff.

III. Wechsel zwischen *ει* und *ι*.[1])

1. Der lange geschlossene ẹ-Laut, in den das echte und unechte ει zusammengeflossen waren, hat sich in der Sprache der Papyri wesentlich früher und entschiedener als in attischen (pergamenischen und magnesischen) Inschriften zu i entwickelt. Während letztere im 3. und 2. Jahrh. v. Chr. nur vereinzelte Beispiele zeigen, den Abschluß der Entwicklung aber erst ums Jahr 100[a] erkennen lassen[2]), häufen sich in den Papp. die Fälle schon seit der Mitte des 3. Jahrh. v. C. und nehmen im 2. Jahrh. vollkommen überhand, so daß man zu dem sicheren Schlusse gelangt: ει hatte schon auf der Wende vom 3. zum 2. Jahrh. v. C. in Ägypten eine Aussprache, die das Ausweichen der Orthographie zu ι nahelegte. Blaß A.[3] 57ff. Zur Erklärung dieser Tatsache bedarf es keiner dialektischen Einflüsse (etwa böotischer Aussprache, wie Kretschmer Wschr. f. kl. Ph. 1898. 738 vorschlägt), sondern „nur der plausibeln Annahme, daß der keimhaft in attischem e[i] liegende Prozeß in Ägypten schneller auswuchs". (Thumb Hell. 228).

2. Freilich ist es hier, wenn irgendwo, geboten zwischen Literatur- und Volkssprache, geschriebenem und gesprochenem Wort, Texten höheren und niederen Stils zu scheiden. Die Steuergesetze des Ptolemaeus Philadelphus vom Jahre 259/8[a] enthalten nur je ein sicheres Beispiel für die Schreibung ι statt ει (ἀναλώcιν = ἀναλώcειν 50, 9) und ει statt ῑ (ἀποτεινέτω 46, 6 — möglicherweise falsche Analogie zu ἀποτειcάτω), noch keines für ει statt ῐ oder umgekehrt[3]), während gleichzeitige Privaturkunden in den Flinders-Petrie-Papyri schon zahlreiche Verwechslungen jeder Art aufweisen. Vgl. unten.

3. Auch der Kanzleistil des 2 Jahrhunderts v. Chr., wie er uns in musterhafter Gestalt vorliegt in den Hermiasakten (Tor. I ff. Par. 15 c. 120[a]) oder in den Aktenstücken der Bank zu Theben (c. 130[a]), ferner in vielen offiziellen Eingaben und Bescheiden (z. B. Par. 22 (165[a]); 26 (163[a]); 35 (163[a]); 61 (156[a]) u. v. a.) oder in dem Rundschreiben an die Finanzbeamten (Par. 62 = Rev. L. Append. c. 170[a]), hat noch teilweise die klassische Orthographie gerettet, während schon

---

1) Zum Ganzen vgl. H. W. Smyth, der Diphthong ει im Griech., Gött. 1885.

2) G. Meyer 180 ff. Meisterh.-Schwyz. 48 f. Schweizer 52. Nachmanson 40 f. Auf attischen Fluchtafeln findet Schwyzer Vulg. 251 im 3.—2. Jahrh. vereinzelte Schreibungen wie ἰc = εἰc, Φιδίαc, Διοκλῖ, χῖρα; daneben aber Κλέιανδροc, Δαμέιαc, Δωρόθειοc, Θειόδοτοc etc.

3) Zu ὑπολογειcθήcεται 34, 8 bemerkt Grenfell Comment. p. 112: The ε of ει is partly effaced, perhaps intentionally.

der schülerhafte Schreiber des Eudoxuspapyrus (vor 165^{a}), noch mehr aber die Verfasser der leichthin konzipierten Eingaben und Privatbriefe (z. B. Par. 23 ff. c. 165^{a}; Lond. I p. 40 ff. c. 158^{a}), namentlich aber der Traumberichte (Par. 50. 51 c. 160^{a}; Leid. U, nach Wilcken, Mélanges Nicole p. 580 in der ersten Hälfte oder um die Mitte des II. Jahrh. v. Chr. geschrieben) und der Tagebuchnotizen (Par. 22 ff. Leid. S und T) nachgerade jegliches Gefühl für den Unterschied zwischen ει, ῑ und ῐ vollkommen verloren haben. Daher der bunte Wechsel in diesen Lauten, der manchem Schriftstück schon im 2. Jahrh. v. Chr. ein ganz barbarisches Aussehen gibt.

Ein Muster von geradezu verzweifelter Orthographie ist u. a. die Traumerzählung des Klausners Ptolemaios im Leid. C p. 114 ff. (c. 160^{a}), wo 3 ῑ und 21 ῐ durch ει, nur ein ῑ und 4 ῐ richtig durch ι wiedergegeben sind, also die Tendenz herrscht, den i-Laut durchgehends durch ει auszudrücken. Dagegen wird ει an 13 Stellen richtig gesetzt.[1]

4. Eine Zusammenstellung sämtlicher Beispiele, in denen ει oder ι gegenseitig ihre Stelle gewechselt haben, ergibt mit Rücksicht auf die zeitliche Fortentwicklung des Prozesses und die Einwirkung des Akzents folgende Resultate:

III. Jahrhundert.

a) Die Wiedergabe von ursprünglichem ει durch ι setzt etwa gleichzeitig mit der umgekehrten Schreibung ει statt ι ein; im ersteren Falle hat der Akzent fast gar nicht mitgewirkt, wohl aber bei ι > ει, indem die betonten Silben entschieden bevorzugt werden.[2]

---

1) ῐ > ει: 1, 23 κλείμακος; 2, 13 μαρςείπειον, 27 οὐδείνουςα. — ῑ > ει: col. 1 und 2 ἐνύπνειον (3 mal); 1, 6 δειά, 7 ἀρειθμοῦςα — οἰκείας (Haus), 9 ἐπειςτρέψαι, 12 λέγουςειν, 13 ἐςτείν, 15 ςεληνειήοις = ςεληνιείοις, 18 δειακειμένη, 23 ἐπεί = ἐπί; 2, 9 ἀρειθμοῦςει, 11 Τάγητει, 12 ςτατηρειήους, 13 μαρςείπειον = μαρςίπιον, 14 λέγουςει, 15 εἰδού, ἀρειθμεῖν, 23 ἐπεικαλεῖν, 27 ἐπειλαμβάνετ(αι). — Richtig ι: 1, 11 εἰςί; 2, 18 ἐνύπνιον, 24 μέγιςτον; 1, 10; 2, 20. 28 ὅτι; 2, 25 τρίτος. — Richtig ει: ἀπελθεῖν 1, 13; Ἁρμάει 1, 2; δειακειμένη 1, 18; εἶδεν 1, 14; εἶδον 2, 18. 31; εἶναι 2, 26; εἰς 2, 29; εἰςί 1, 11; ἐμβάλλει 2, 29; ἔχει 2, 17; καταςτροννύει 2, 28; λύει 1, 12; χεῖρα 2, 29. — Ähnlich ist das Verhältnis in den Papp. Weil (geschr. vor 161^{a}):

ει > ι betont in 6, unbetont in 6 Fällen = 12
ι > ει „ „ 7, „ „ 5 „ = 12
ῐ > ει „ „ 18, „ „ 18 „ = 36 (fast überall ει für ῐ).

Daß gerade ῐ mit der Zeit ganz regelmäßig durch ει gegeben wird, muß wohl auf den Einfluß der einheimischen Aussprache zurückgehen; denn „da die Ägypter zwar langes ῑ, aber kein kurzes ῐ, sondern nur kurzes ĕ kannten, so lag es nahe, daß sie kurzes ῐ offen, d. h. wie ĕ aussprechen“. Thumb Hell. 138.

2) III. Jahrhundert: ει > ι a) in unbetonter Silbe: ἀνηλώςιν (Inf. fut.) Rev. L. 50, 9 (258^{a}). ἀποδιχθέν[τα Petr.[2] p. 125 col. 4, 2 (246^{a}). ἀποτιςάτω[ςαν

b) Für die Wiedergabe von ĭ durch ει finden sich im 3. Jahrh. v. Chr. nur drei Beispiele in betonter Silbe, und zwar alle aus der Feder desselben ungewandten Schreibers (Demetrios), dagegen auffallenderweise 14 in unbetonter Silbe (was ebenfalls für koptischen Einfluß spricht, vgl. vorige Seite, Note 1).[1])

Amh. II 29, 17 (c. 250ª). ἀπό]τισον Grenf. I 9, 5 (c. 239ª). ἄρξι Magd. 3, 3 (IIIª). διvόν Petr. II 4 (6) 15 (255ª). ἐπιδικνυόντων 32 (2ª) 4 (c. 238ª). εὐτύχι 7, 7 (249ª). ἱκονογραφῶσι 4 (5) 4 (255ª). κεκλιμένας = κεκλειμένας 13 (8) 1 (258—53ª). λιτυργούς (sic Wilcken) = λειτουργούς 4 (9) 11 (255ª). Πισικράτει I 12, 6. 13. 16 (238ª) — aber 1 Πεισίας, 15 Πεισικράτει. ποιήσις = ποιήσεις II 9 (5) 3 (241—39ª). χαίριν 7, 1 (249ª). — Die Formen ἀιδεῖ, ἀιδῆ, ἀιδές im Phädonfragment Petr. I 6 (1) 3; (2) 5. 12; (3) 7, wo unsere Platotexte ἀειδεῖ, ἀειδῆ, ἀειδές bieten, scheinen auf einem Wortspiel mit Ἅιδης zu beruhen; denn 8 (3) 17 steht σωματοειδῆ, (4) 8 μονοειδοῦς. — b) in betonter Silbe: ἀναγγιλ... mit ε über ι Petr. II 23 (1) 10 (unb. IIIª). ἀποστίλας ebd. 14 (2) 2 (IIIª). ἀποστῖλαι Magd. 19, 5 (IIIª). ἐξεπίγει Petr.^{2} 48, 3 (IIIª). Ἡρακλίδη Petr. II 28 (10) 20 (IIIª), gegenüber sehr häufigem Ἡρακλείδης, ist sicherlich durch Lautwandel entstanden. Vgl. vereinzeltes Ἡρακλίδου auf einer pergamen. Grabinschrift (IIª) bei Schweizer 52. καταλίπω Petr. I 19, 26 [25 καταλείπω]; Petr.^{2} 19 (c) 32 (225ª). κατελίφθη ebd. 137 col. I 4 (IIIª). παραδῖξαι Petr. II 14 (2) 10 (IIIª). πλίω = πλείω Petr.^{2} 137 II 18 (IIIª). Ποσίδεον (eine Festung an der Orontesmündung, die bei Strabo C 751 u. 753 Ποσείδεον heißt) ebd. 45 (2) 20 (c. 246ª). Über μεχίρ (= μεχείρ) vgl. unten am Ende dieses §.

ῑ > ει. a) unter dem Akzent: ἀνείεται = ἀνίεται Petr.^{2} 53 (p) 4 (IIIª). Crönert 29. Ἀρσινοείτηι Petr. II 4 (3) 2 (255ª). Βερνείκης Petr.^{2} 1 col. 2, 7 (237ª) nach Wilcken Add. et Corr. XI. γείνονται ebd. 13 (17) 9 (258—53ª). ἐνκλείναντος ebd. 37 (2ª) verso (IIIª). ἡμεῖν ebd. 2 (1) 21 (260ª); Magd. 3, 2. 11 (IIIª). καμείνους Petr.^{2} p. 121, 9 (246ª) — aber καμίνοις Petr. I 18 (1) 10 (237ª). κροκοδείλων Petr.^{2} 43 (2) recto col. 3, 15 (246ª) — aber col. 5, 6 κροκοδίλων u. verso col. 2, 5. κροκοδείλων nur noch Amh. II 45, 8 (150—145ª). Petr. I 16 (1) 11 (230ª) muß κροκοδίλων stehen. Vgl. unter Lit. 5c. Ὀσῖρις u. seine Komposita zeigen schwankende Orthographie: Ὀσείριος Kanop. Dekr. 51. 64 — aber 49 Ὀσίριος (237ª). Βουσείρει Petr. II 13 (18ª) 9 (258—53ª). Βουσῖριν Petr.^{2} 44 (4) 4 (c. 246ª). Βουσιρίτηι Rev. L. 31, 7 (258ª). Πετοσείριος Petr.^{2} 107 (a) 24 (IIIª). Πετοσεῖρις Petr. II 28 (7) 29; (9) 33 (IIIª). Πετοσείρει Petr.^{2} 58 (b) 5 (IIIª). Gewöhnlich Πετοσῖρις (cf. Index nominum zu Petr. II), Σενοσῖρις Petr.^{2} 59 (c) 1 r. col. 2, 7 (IIIª) etc. — πεῖπτον Petr.^{2} 53 (o) 9 (IIIª). Über εἴσχυον (Augment) vgl. § 72, 5. — b) in unbetonter Silbe: ἀποτεινέτω Rev. L. 46, 6 (258ª). γεινόμενον Petr. II 9 (5) 6 (241ª). εἰβιοβοσκοί Pariser Holztafel, Wilcken Ostr. I 65 A (in B ἰβιο...) IIIª. ἔρρειμαι = ἔρριμμαι Petr. II 19 (2) 9 (IIIª). κρειθαί Petr. II Einl. p. 32, 8 (IIIª). συνεισχομένων Grenf. II 14 (a) 13 (270 oder 233ª). Εἱμούθηι Petr. II Einl. p. 36, 1 (IIIª) — aber Ἰμούθηι (mit langem ι?) ebd. Nro. 38 (b) 3. 7 (IIIª). Ἰμούθου ebd. 36 (1) 1; 43, 57 (IIIª) etc.

1) ĭ > ει. a) unter dem Akzent: Ἀρσινοείδος — εἴδωσι (eher = ἴδωσι als = εἰδῶσι) Petr. II 4 (6) 8. 16. ἐπεί = ἐπί ebd. 4 (7) 3 (255ª). — b) in akzentloser Silbe: βασειλεικῶι Petr. II Einl. p. 36, 1 = Petr.^{2} 72 (a) 1 (IIIª). ἐνώικεισται Petr. II 8 (2c) 5 (246ª). ἐξειλεφοτει (ι über dem letzten ει) τὴν βασιλεικὴν ἐν Πτολεμαίδει ebd. 14 (1b) 2; ebd. (2) 21 οὐκέτει (IIIª). ἐπειτρέψειν Petr.^{2} 56 (b) 11 (c. 260ª). Κάλλωνει Petr.^{2} 30, 1; ebd. 5 Παῦνει (IIIª). νοσφειοῦμαι Rev. L. Append. II (2) 10 = Petr.^{2} 56 (b) 10 (c. 260ª). Πάσειτος = Πάσιτος Petr. II Einl. p. 36, 3

II.—I. Jahrhundert.

a) Die Wiedergabe von ursprünglichem ει durch ι ist weit häufiger als die umgekehrte Schreibung (150 : 70), in beiden Fällen werden ziemlich unterschiedslos betonte wie unbetonte Silben betroffen.[1])

b) Am allerhäufigsten aber verwandelt sich (in Papyrus niedrigsten Stils) ῐ in ει, und zwar häufiger in unbetonten als in betonten Silben (auf 100 unbetonte kommen etwa 30 betonte). Bemerkenswert ist, daß die Erscheinung besonders gerne vor Vokalen eintritt, wo man an Trübung des i-Lautes (unter koptischem Einfluß) denken kann.[2])

In attischen Inschriften begegnen die frühesten datierbaren Beispiele für ει = kurzem ι erst im 2. Jahrh. nach Chr., s. Meisterhans-Schwyzer 49, 27. Die wenigen Beispiele, die Schweizer 72 ff. aus Pergamum beibringt, sind noch später und zweifelhaft. Nachmanson 24 findet in vorchristlicher Zeit nur ein Beispiel Ἀπολλωνείου (I^{ai}), vier aus der Kaiserzeit.

5. Trotz der heillosen Verwirrung, die das Durcheinander von ει und ι in Stamm- und Flexionssilben anrichtet[3]), läßt sich doch aus der langen Reihe der in den Papyri vorliegenden Beispiele,

---

= Petr.^{2} 72 (a) 3 (III^a) u. ebd. 28 col. 10, 4. ὑπολογειcθήcεται(?) Rev. L. 34, 8 (258^a). ὦcει = ὦcι Petr.^{2} p. 120 col. 3, 3 (246^a).

1) Von einer Aufzählung aller Beispiele muß des Raumes wegen abgesehen werden. Besonders auffallend ist u. v. a. z. B. ἱ = εἱ Par. 47, 3. 25 (153^a). Gegen Ende des 2. Jahrh. v. Chr. liefern das reichste Beobachtungsmaterial die Tebtynis-Papyri. Eine angestellte Statistik aus den 124 Stücken ergab: für ει > ι 60 Fälle, und zwar in tonloser Silbe 20, unter dem Akzent 40; für ῐ > ει 40 Fälle, und zwar unter dem Akzent 25, in tonloser Silbe 15.

2) Auch hier wird von der Aufzählung aller Belege Abstand genommen. Die Tebtunenses enthalten 14 Beispiele (lauter unbetonte Silben): Ἀρτεμειδώρῳ, ἀφιᾶcει (3 mal), βαcιλεικόc, εἱερεῖ = ἱερεῖ, ἐνκαλῶcειν (conjunct.), ἐπειδεδομένον, ἐπειδιδόντεc, ἐπεικαλάμεια, ἐπειμένου für ἐπιμέλου, ἴcθει, παρεπειγέγραφα (2 mal). — ῐ > ει vor Vokalen: Par. 1, 357 δωδεκατημόρειον. 408 ἥλειοc (vor 165^a). 4, 9 ἐλαφηβολειών (unb.). 23, 23 δειακονεῖ; 27 Cαραπειείωι (165^a). 55 (b) 2 Μνήγειοc (gen.) 159^a. 57, 2, 4 εἱεροῦ (157^a). 58, 17 Ἀώνχειοc (c. 160^a). 63, 11, 60 ὑποχειρείουc (165^a). 67, 9 ἐπωνείων (I^a). Amh. II 58, 4. 8 u. verso εἱερῖ = ἱερεῖ (132^a). 60, 4 (nach 151—140^a) εἱερεῖc. Grenf. I 33, 50 ἀπηλειώτου (103—2^a). Lond. I p. 40, 75 ἐνειαυτόν (158^a). Leid. S 3, 30 (164^a) Ἅρμειοc. T 1, 12 (164^a) Ἀώνχειοc. Aus C p. 111 (c. 160^a) vgl. 9 Belege oben S. 88, Note 1. Tebt. I 115, 20 (115^a) εἱερεῖ. Pap. Weil. (vor 161^a): 1, 38 εἴδειον = ἴδιον. 2, 2 Πελεία; 5 Πελειάδαc. 6, 2 Κνίδειοc; 5 cταδείων; 7 παννύχειοc.

3) Blaß A^3 61: „Die Scheidung von ει und ι war zu einer crux orthographica geworden.“ Vom Buchstaben ι sagt Mar. Victor. p. 17 K.: orthographica Graecorum ex parte maxima in ista littera consistit.

meist in Übereinstimmung mit den attischen Inschriften, manche falsche Schreibung unserer Handschriften und früherer Schriftsteller-Ausgaben berichtigen. Vgl. Meisterhans-Schwyzer 50ff. G. Meyer 181ff. Crönert 28ff.

a) Der klassischen attischen Orthographie entsprechend werden mit ει geschrieben:

ἔμειξα, ἐμείχθη, ἄμεικτος, σύμμεικτος, ἀμειξία, ἐπίμειξις; dagegen neben einander μίσγω und μείσγω[1]); τείσω, ἔτεισα, ἔκτεισις, Τεισαγόρειος, Τεισαμενός.[2])

1) συνέμειξα Petr. II 20 (4) 6 (252^{a}) [nicht συνέπειξα, wie der Index Petr.^{2} noch immer zu Nr. 36 (b) IV 6 angibt]. συμμείξωμεν Petr.^{2} 28 (d) 8 (260^{a}). συμμεῖξαι Par. 49, 26 (153^{a}). ἐμείχθη Petr. I 1 (B) 20 (Antiope c. 250^{a}). μειχθεῖσα Weil. III 5 (vor 161^{a}). ἀμείκτοις Par. 22, 9 (165^{a}). σύμμεικτα Tebt. I 53, 19 (110^{a}). ἀμειξία Lond. II p. 14, 20 (116^{a}). Tebt. I 61 (b) 30f. (118^{a}); 72, 45 (114^{a}). ἐπι[μ]είξει Par. 63, 8, 23 (165^{a}). — Fehlerhaft συνμῖξαι Par. 48, 11 (153^{a}). μεμιγμένοι Bull. corr. hell. 18, 145, 10 (c. 240^{a}). Richtig mit ῐ wird geschrieben παντομιγῆ Tebt. I 1, 7; 2 (a) recto 3 (Anthol. Fragm. c. 100^{a}) [ἀμιγής Aristeas 197. 292. παμμιγής 112. 267]. — ἐπιμίσγειν Rev. L. 28, 17; 29, 1 (258^{a}). συνμίσγειν Rev. Mél. 291, 4 (II^{a}). Tebt. I 12, 18 (118^{a}). συμμείσγειν Tebt. I 12, 7 (118^{a}); 26, 3 (114^{a}). Meisterh.-Schw. 51. Schweizer Perg. 53. 180. Blaß A^{3} 61.

2) ἀποτείσω Petr. I 16 (2) 13 (230^{a}). Lond. II p. 6 col. 2, 16 (133^{a}). Amh. II 32 verso 8 (II^{a}). P. Reinach 29, 8. 15 (II^{af}). ἀποτείσει Rev. L. 15, 1. 9 (258^{a}). Petr. II 38 (c) verso 57 (228^{a}). Petr.^{2} 43 (2) recto col. 4, 41 (246^{a}). Par. 62, 6, 13 (II^{ai}). Lond. I p. 32, 18 (163^{a}). ἐκτείσει Zois I 24 (150^{a}). ἀποτείσουσιν Petr.^{2} 43 (2) recto col. 1, 1; col. 2, 26; col. 3, 5 (246^{a}). Par. 62, 3, 7 (II^{ai}); ebd. 2, 12 [ἀπό]τεισον. τείσεται Petr. I 1 (A) 3 (Antiope c. 250^{a}). ἐξέτεισε Grenf. II 26, 10 (103^{a}). ἐκτεῖσαι Lond. II p. 14, 29 (116—111^{a}). Fay. XI 16 (c. 115^{a}). Tebt. I 50, 41 (112^{a}). ἀποτεισάτω Petr. II 8 (1 B) 5 (272^{a}); 44, 20. 28 (nach 246^{a}); 22, 9 (= Petr.^{2} 126, 8) u. 13 (III^{a}). P. Reinach 9, 23 (112^{a}). Amh. II 43, 12 (173^{a}); 46, 9 (113^{a}); 47, 13 (113^{a}); 48, 12 (106^{a}). Grenf. I 23, 16 (118^{a}) 28, 7 (108^{a}); 31, 11 (104—3^{a}). Grenf. II 16, 9 (137^{a}); 24, 18 (105^{a}); 25, 21; 28, 18 (103^{a}); 30, 22 (102^{a}); 33, 12 (100^{a}). P. Kairo Arch. I 64, 19 (123^{a}). Leid. O 19 (99^{a}). προσαποτεισάτω B U 998 II 10 (101^{a}). P. Reinach 12, 13 (111—10^{a}); 13, 16 (110^{a}). ἀποτεισάτωι Grenf. II 26, 19 (103^{a}). Par. 7, 12 (99^{a}). Tebt. I 104, 25 (92^{a}). ἀποτεισάτωσαν Petr. II 44, 14 (nach 246^{a}). Amh. II 50, 16 (106^{a}). Grenf. I 18, 20 (132^{a}); 20, 13 (127^{a}). Grenf. II 18, 14 (127^{a}); 27, 12 (103^{a}); 29, 21 (102^{a}). Lond. II p. 8, 7; 9, 15 (118^{a}). P. Reinach 8, 14 (113—112^{a}); 16, 27 (109^{a}). — Diesen (60) Stellen gegenüber sind als orthographische Ungenauigkeiten zu betrachten folgende (7): ἀποτισάτω[σαν Amh. II 29, 17 (c. 250^{a}). ἀπό[τισον Grenf. I 9, 5 (c. 239^{a}). ἀποτίσω (fut.) Grenf. II 17, 5 (136^{a}). προσαποτίσω (fut.) Leid. C p. 22, 11 (162^{a}). ἐκτίσω (fut.) Tebt. I 110, 8 (92 oder 59^{a}). προσαποτισάτω Gen. 20, 15 (109^{a}). *προσαποδισάτωι (sic) P. Reinach 11, 20 (111^{a}). ἔκτεισις (starke Form) überwiegt entschieden: Petr. I 28 (2) 8 [Wilcken] (236^{a}). Petr.^{2} 55 (a) 16; 58 (c) 1/2 (235^{a}). Grenf. I 18, 23 (132^{a}); 20, 16 (127^{a}). Grenf. II 18, 19 (126^{a}). P. Reinach 8, 23 (113—112^{a}); 16, 30 (109^{a}); 26, 35 (104^{a}). Amh. II 50, 21 (106^{a}). — ἔκτισις Petr. II 46 (b) 1 (200^{a}). Grenf. II 27, 20 (103^{a}). Über arkadisches ἔστεισις vgl. G. Meyer 181; auf ionischen Inschr. (IV^{a}) ἔκτεισις Hoffmann III N. 139, 17. Crönert 30. — Τεισαγόρειον Strack, Ptol. Inschr. Arch. I 204, 13, 11 (245—21^{a}). Τεισαμενοῦ Petr.^{2} 112 (f) 20 (III^{a}).

Von den Parallelbildungen auf -εία und -ία handelt die Stammbildungslehre § 83, 4 und 11; ebenso von -'εια und -εία (-ία) § 83, 5; von -εῖον (-'ειον) und -ίον (-'ιον) § 83, 6 und 13. Dort sind jedesmal sämtliche Formen mit oder ohne Variante aufgeführt.

Über τρεῖς und τρειςκαιδέκατος vgl. die Zahlwörter § 70, 3. 16 und oben S. 18.

b) Mit ιει werden geschrieben:

die Tempelnamen Ἀμμωνιεῖον, Ἀνουβιεῖον, Ἀπιεῖον, Ἀπολλωνιεῖον, Ἁρψενησιεῖον, Ἀσκληπιεῖον, Ἀσταρτιεῖον, Ἡφαιστιεῖον, Θοηριεῖον, Ἰσιεῖον, Ὀρσενουφιεῖον, Σαραπιεῖον (Σεραπιεῖον), Σουχιεῖον — dagegen Βουβαστεῖον[1]); ferner κυριεία (Eigentumsrecht)[2]); πολ$\overset{ει}{η}$μιεῖον[3]); ταμιεῖον[4]); ὑγίεια[5]); ἐπιεικής, ἀνεπιεικής.[6])

Anmerkung. Die Kontraktion von ιει (ιῑ) in ι ist nur zu beobachten in εὐδινούς = εὐδιεινούς auf einer Inschrift des Jahres 37 v. Chr. bei Dittenb. inscr. or. I 194, 22 und in der Schreibung Σουχίωι = Σουχιείωι Tebt. I 114, 10 (111^{a}). διασεῖν P. Leid. G 19 (99^{a}), was Nachmanson 70 in diesem Zusammenhang erklären möchte, ist von Wilcken in διασίειν berichtigt.

c) Mit ι werden geschrieben: ἀληθινός[7]); ἀνθινός (von buntem

1) Ἀμμωνιεῖον Petr.^{2} 84, 3 (III^{a}). Tor. VIII 47 (119^{a}). Theb. Inschr. Merriam Amer. Journ. of archeol. 1886, 149. Über Ἀμμωνιήου und ähnliche Formen vgl. oben S. 74 ff. — Ἀνουβιεῖον Par. 12, 8. 9 (157^{a}). Tor. X 12 (II^{a}). Tebt. I 5, 71 (118^{a}). — Ἀπιεῖον Rosettadekr. 33 (196^{a}). — Ἀπολλωνιεῖον Strack, Ptol. Inschr. Arch. III 129, 2 (II^{a}). Ἁρψενησιεῖον Tebt. I 88, 40 (115^{a}). — Ἀσκληπιεῖον Petr. I 30 (1) 5 (III^{a}). Lond. I p. 25, 28 (161^{a}). — Ἀσταρτιεῖον Lond. I p. 34, 9 (161^{a}); dagegen Ἀσταρτεῖον (wenn der Lesung Mais zu trauen ist?) Vat. E (Mai V 352) 6. 12 (158^{a}). [Mit eingeschobenem δ: Ἀσταρτιδεῖον Par. 36, 10 = Vat. B 10; F 6 (158^{a}). Ἀσταρτιδῆνον Par. 41, 11 (158^{a}). Vgl. S. 75]. — Ἡφαιστιεῖον Leid. K 13 (99^{a}). — Θοηριεῖον Tebt. I 39, 9 (114^{a}); 243 (II^{af}). — Ἰσιεῖον Belege oben S. 75 (neben Ἰσιῆον und Ἰσιῆν). — Ὀρσενουφιήου = -ιείου Tebt. I 88, 35 (115—4^{a}). Σαραπιεῖον (Σεραπιεῖον) Belege oben S. 57. Σουχιεῖον Petr. II 2 (1) 18 (260^{a}); Tebt. I 116, 10; 243 (II^{af}) — einmal Σουχείωι ebd. 114, 16 u. 10 Σουχίωι (111^{a}). — Βουβαστεῖον Tebt. I 88, 47 (115^{a}).

2) κυριείαν Tor. I 4, 30; 7, 16 (117^{a}). Leid. G 14; H 13 (99^{a}). κυρείαν Aristeasbr. 25. Pol., LXX. Schweizer Perg. 58. 101. Glaser de rat. 73. Meisterh.-Schwyz. 55.

3) πολ$\overset{ει}{η}$μιεῖον = πωλημιεῖον (?) Petr. II 13 (15) 3. 4 (258—53^{a}).

4) ταμιεῖον Petr. I 21, 22 (237^{a}). Petr. II 41, 5 (III^{a}). Petr.^{2} 51, 1; 73, 7 (III^{a}). Amh. II 53, 3 (114^{a}). Aristeas 111. Schweizer 101. Dittenb. Syll. 3, 226. Crönert 35. Deißmann N. Bibelst. 10.

5) ὑγίειαν Leid. G 13; H 12 (99^{a}). Rosettastein 35 (196^{a}). Dittenb. inscr. or. I 168, 55 (115^{a}). ὑγίεια Münchener Ehevertrag, Arch. I 485, 14 (II^{a}). Erst später ὑγεία, z. B. Amh. II 132, 3. 18 (II^{p}). [Aristeas 190. 237. 259.] Schweizer 101. Nachmanson 71. Crönert 34.

6) ἐπιεικῆ Petr. II 3 (c) (c. 260^{a}). ἀνεπιεικές Leid. C p. 21, 10 (c. 160^{a}). Belege für ἐπεικής etc. bei Nachmanson 71. Crönert 35.

7) ἀληθινός (nach Herodian II 473, 7 L. mit ῑ) Petr. II 2 (3) 2 (260^{a}); 19 (1^{a}) 6 (III^{a}). ἀληθεινός ist als Analogiebildung zu ἀλήθεια zu betrachten. Crönert 295.

Stoff)[1]; ἐμπόριον[2]; θροιοπόλιον = θρυοπώλιον[3]; ἰλάρχης, ἐπιλάρχης[4]; ἱμάτιον, ἱματίδιον, ἱματίζω, ἱματιοπώλης, ἱματισμός[5]; Ἶσις, Ἰσιάς, Ἰσίδοτος, Ἰσίδωρος, Ἰσιεῖον (Ἰσιῆον, Ἰσιῆν)[6]; κροκόδιλος[7]; νίκη, νῖκος = νίκη, νικηφόρος, ἱερονῖκαι, Βερενίκη, Ἱππόνικος, Νικάνωρ, Νικήρατος, Νικόστρατος, Στρατόνικος; Φιλόνικος[8]; Ποσιδεών[9]; τιμάω, τιμή, τιμιόρα, τιμοῦχος, Τίμανδρος, Τιμόνικος, Διότιμος,

1) ἀνθινοῦ Tebt. I 182 (IIa f). ἐν ἀνθινοῖς Dittenb. Syll.² 564 (IIa v. Delos.) Luc., Strab. ἀνθινός. Vgl. Schmid Attic. I 320. Mit ει Ael. n. h. 2, 11. Diod. 4, 4; 5, 40. Lobeck Pathol. 189 verwirft die Nebenform auf -εινός, die später nach Analogie von ὀρεινός, σκοτεινός, ἀλγεινός etc. gebildet zu sein scheint. Crönert 294 f.

2) ἐμπόριον Rev. L. 9, 2; 93, 11; 107, 1 (258a); Petr. II 45 (3) 5 (246a). Tebt. I 5, 33 (118a); 6, 25 (140a) etc. ἐμπορεῖον Pol., Strabo.

3) θροιοπόλιον = θρυοπώλιον (nach § 15, 9). Par. 40, 13 (156a).

4) ἰλάρχης Petr. I 13 (1) 8; 16 (1) 12 (237a); 17 (2) 17. 19 (235a). Strack, Ptol. Inschr. Arch. II 548 Nr. 27 (c. 200a) durch Versehen des Steinmetzen ἀλάρχαι für ἰλάρχαι. ἐπιλάρχης Magd. 1, 2 (IIIa). Petr.² 11, 15 (237a). — εἴλη Herod. I 73. 202. εἴλας — εἰλάρχας Polyb. 6, 25, 1 (F. D. Hultsch) und ebenso εἰλάρχην — εἴλης 6, 35, 15 u. 18. Plut. Timol. 31.

5) ἱμάτιον Petr. II 32 (1) 18 (c. 238a). Petr.² 21 (d) 15 (226a). Par. 12, 14 (157a); 10, 21 (145a); 9, 30 (107a). Fay. 12, 19. 23 (nach 103a). Tebt. I 46, 33 (113a); 48, 23 (113a); 116, 25 (IIa f); 117, 32 (99a); 127 (113a); 230 (IIa f) etc. Orthographisch falsch, wenngleich etymologisch richtig (G. Meyer 181), ist εἱμάτιον Par. 59, 4 (160a). — ἱματίδιον Par. 10, 22 (145a). ἱματιεῖ Lond. I p. 32, 14 (163a). ἱματιοπώλης Lond. I p. 34, 32. Par. 36, 8 (161a). ἱματισμός Tebt. I 104, 16. 24 (IIa f). — εἱματισμός Dittenb. Syll. 653, 15. 16. 24. 25. 27 (Andania c. 150a); ebd. 6. 17. 18. 19. 20. 21 εἱμάτιον.

6) Gegenüber ungezählten Belegen von Ἶσις sind als seltene Ausnahmen zu erwähnen Εἶσιν Par. 50, 22 (160a). Dresd. I 6 (162a). Εἴσιδι Strack, Ptol. Inschr., Arch. II 558 Nr. 40 (52a). — Ἰσιάς Lond. I p. 32, 1 (172a). Ἰσίδοτος Tebt. I 121, 19 (94 oder 61a). Ἰσιδώρα Tebt. I 82, 28 (115a). Ἰσίδωρος Petr. II 27 (1) 12 (236a). Tebt. I 123, 2. 10 (Ia i). Belege für Ἰσιεῖον oben S. 75.

7) κροκόδιλος ist die stehende Form der ptol. Papyri vom III.—I. Jahrh. v. Chr. Vgl. Witkowski Prodr. Append. 57 ff. Z. B. κροκοδίλων πόλις s. Ind. Petr. I. II; dann Petr.² 53 (j) 18 (IIIa). Magd 7, 5; 14, 2; 28, 7 (IIIa). Amh. II 35, 10 (132a). Tebt. I 24, 26 (117a). Cop. 3. 6 (100—99a) etc. κροκοδίλου Tebt. I 63, 25 (116a); 84, 111 (118a). κροκοδιλοταφίον Grenf. II 14 d (c. 250a); Tebt. I 88, 4. 10 (115a). — Fehlerhaft κροκοδείλων Petr.² 43 (2) recto col 3, 15 (246a) (aber col. 5, 6 und verso col. 2, 5 κροκοδίλων); Amh. II 45, 8 (150—145a).

8) νίκη Rosettastein 3. 35 (196a). Leid. B 3, 18 (164a); G 14; H 12; J 14 (99a) etc. νῖκος B U 1002 II 14 (56a) [Lobeck Phryn. 647]. νικηφόρος Par. 14, 32 (127a). Tebt. I 43, 28 (118a). ἱερονῖκαι P. Anton. 11 (41 oder 32a). Βερενίκη Petr. II 28 (4) 8; (6) 32 (IIIa). Petr.² 8 (b) 235a etc. — Βερενείκης Grenf. I 24, 3 (146—117a). Βερνείκης Petr.² 1 col. 2, 7 (237a) nach Wilcken Add. et Corr. XI. Ἱππόνικος Magd. 31, 1. 3. 8 und verso (IIIa). Νικάνωρ Petr. II 27 (2) 8. 13 (236a). Νικηράτου Petr. II 13 (4) 14 (258—53a); aber Νεικηράτωι Par. 54, 19 (163a). Νικοστράτωι Petr. II 13 (18b) 12 (258a). Στρατονίκου Petr.² 104, 2 (IIIa). Φιλόνικος Petr.² 99, 28 (IIIa).

9) Ποσιδεών (Monat) Par. 4 (unb. ptol.); so schon auf attisch. Inschr. des 5. Jahrh. v. Chr. bei Meisterhans-Schwyz. 54. K. Bl. I 131. 139.

Ἐχετίμη, φιλότιμος[1]); (ἀπο-)τίνω[2]); χίλιοι, δισχίλιοι, τρισχίλιοι, χιλίαρχος etc.[3])

μεχίρ ist die gewöhnliche Schreibweise des ägyptischen Monats im 3. Jahrh. v. Chr., im 2. ausnahmslos μεχείρ.[4])

Als falsche Schreibungen sind zu notieren: οὐδείνουσα für ὠδίνουσα Leid. C p. 119, 27 (c. 160ª) und ὠκτείρετο für ὠικτίρετο Hyperid. κ. Φιλ. Kenyon class. p. 51 (II—Iª).

d) Übergang von ειϊ in εϊ

findet statt in στυππέϊνος statt στυππεϊ̈νος von στυππεῖον (Werg): Rev. L. 103, 2 (258ª) στυππείνων. Meisterh.-Schwyz. 52. Thumb Hell. 74. Phryn. 261.

§ 12. O-Laute.

A. Omikron.

I. Wechsel zwischen *o* und *ε*.[5])

a) ο wird ε durch Lautschwächung in tonlosen Silben.[6])

In Urkunden: ἐξάλμης steht für ὀξάλμης (Brühe aus Essig und Salzwasser) Leid. C p. 93 col. 4, 14 (163ª), wie Crönert Arch. I 212 sehr ansprechend vermutet.

---

1) Gegenüber ungezählten Fällen von τιμάω und τιμή aus allen 3 Jahrhunderten sind Schreibungen mit -ει- sehr in der Minderzahl: ἐτειμήσατο neben τιμησάμενος Arch. II 83 Nr. 10274', 8. 11 (IIIª). τειμή Leid. S 1, 4; 2, 5 (164ª). Grenf. I 22, 9 (118ª). Fay. XI 30 (c. 115ª). Tebt. I 27, 58 (113ª); 109, 15 — aber 14 τιμή (93ª). τιμιόρα (gebildet wie πληθώρη, θαλπώρη?) Lond. I p. 26, 17 (161ª). τιμοῦχος Par. 60 (b) 16 (c. 150ª). Τιμάνδρωι Petr. II 17 (4) 2. 3. 7 (IIIª). Τιμόνικος Leid. H 1 (99ª). Διότιμος Petr. II 13 (1) 4. 6 (253ª); 9, 13 (241ª). Ἐχετίμηι Petr. I 22 (1) 2 (249ª). φιλοτιμότατα Petr. II 42 (c) 13 (IIIª) etc.

2) ἀποτίνειν Par. 13, 14 (157ª). Tor. II 33 (120ª); I 7, 11 (117ª). ἀποτινέτω Rev. L. 19, 14; 26. 9; 40, 6; 43, 8; 44, 16; 45, 9. 15; 49, 20; 50, 18; 51, 8; 56, 11 (258ª). — Fehlerhaft 46, 6 ἀποτεινέτω; statt ἀποτ⟨ε⟩ινέτωσαν 47, 7 ist zu lesen ἀποτινέτωσαν. Crönert 30. 279.

3) χιλίας Arch. II 80, 14 (229ª). Wilck. Ostr. 350, 5 (122ª). 1232, 5 (143ª) etc. δισχιλίας ebd. 353, 4 (117ª). τρισχιλίας 351, 5 (122ª); 352, 3 (119ª). τρεισχιλίας 318, 4 (unb. ptol.). τρισχιλίων Petr. II 46 (b) 3. 5 (200ª). τετρακισχιλίας Ostr. 1233, 7 (143ª); 1234, 6 (120ª); 1235, 3 (106ª); 351, 5 (122ª); 352, 3 (119ª) etc. χιλίαρχος Petr. I 13 (3) 10 (237ª); 15, 2. 5 (237ª). χιλιαρχία Tebt. I 137 (IIª). χειλίας nur Ostr. 1231, 4; 354, 4 (101ª). G. Meyer 504. K. Bl. I 628.

4) μεχίρ Petr. II 25 (b) 1. 3. 7. 17; (c) 5 (225ª); 27 (2) 2. 4 (236ª); 30 (e) Rand (235ª). Ostr. 1236, 3 (IIIª?). — μεχείρ Rev. L. 86, 3 (ebd. fragm. 6 (a) 10 μεχίρ) 258ª; Petr. II 28 (6) 29 (IIIª). Magd. 26, 2 (IIIª). Im 2. Jahrh. unzähligemal μεχείρ.

5) Meisterh.-Schwyz. 22 ff. Kühner-Bl. I 118. Weber, Neue phil. Rundschau 1903 p. 108 f.

6) Eher um Schreibversehen als um var. lect. wird es sich handeln in folgenden Stellen eines Homerpapyrus: ἔμελλεν statt ἔμελλον Il. 23, 773 (Kenyon class. p. 104) Iª; ἐλεαίρεσκεν — ὀτρύνεσκεν ebd. 24, 23. 24.

ἐριγάνου statt ὀριγάνου Tebt. I 112 introd. 16 (112ᵃ).
ὀμόμεκα statt ὀμώμοκα B U 543, 21 (27ᵃ). Ebenso später ὀμώμεκα Oxy. II 251, 29 (44ᵖ). Mit Unrecht zitiert Crönert 271 ὀμωμέκαμεν Par. 46, 13 (153ᵃ), da der Papyrus (im Faksimile) deutlich ὀμωμόκεμεν bietet. Ähnlich ἐνηνεχόσι statt des gewöhnlichen ἐνηνοχόσι Tebt. I 253 (96 oder 63ᵃ).
τέμε]νες steht vermutlich für τέμενος auf einer Inschrift von Ptolemais bei Dittenb. inscr. orient. I Nr. 52 (III—IIᵃ); ebenso auf einer arkadischen Inschr. Ditt. Syll.² 289, 31. 42 (183ᵃ). Vgl. ὄφελες = ὄφελος Pap. Oxy. II Nr. 237 col. 8, 15 (römisch).

Hierher gehören mehrere Genitiv-Formen auf -ες statt -ος:
τοῦ κυρωθέντες Rev. L. 48, 17 (258ᵃ).
προσαγγελέντες (nuntiato) Tebt. I 38, 13 (113ᵃ).
συνπαρόντες Χρυσίππου Lond. I p. 16, 8 (162ᵃ).
Μαρρείους γενηματοφύλακες (gen.) Tebt. I 159 (112ᵃ).

Endlich zeigen Schwankungen zwischen -ο- und -ε- zwei ägyptische Götternamen: Ὀσορᾶπις — Ὀσερᾶπις und Σοκνοπαῖος — Σοκνεπαῖος, sowie der Name Νεφορσοῦχος — Νεφερσοῦχις.

1) Der altägyptische Gottesname Osiris Apis, d. h. der verstorbene Apis, der wohl ursprünglich nicht identisch war mit Σαρᾶπις, findet sich in der doppelten Form Ὀσορᾶπις und Ὀσερᾶπις: erstere herrscht durchweg im 2. Jahrh. v. Chr. in den Papyri, so τοῦ Ὀσορᾶπι Lond. I p. 28, 7 (161ᵃ). τοῦ Ὀσοράπιος ebd. p. 23, 23 (161ᵃ); Leid. G 11; H 10. 22; I 10; K 2 (alle 99ᵃ). τῶι Ὀσοράπει Par. 22, 3 (165ᵃ); im Eigennamen Πετευσορᾶπις Tebt. I 85, 22. 29. 85. 98. 141 (113ᵃ). Einmal Ὀσόρῳ τε καὶ Σαράπιδι Dittenb. inscr. or. I 97, 5 (IIᵃ). Dagegen Ὀσεράπις hat sich nur im ionischen Artemisiapap. (IIIᵃ) erhalten: 1 ὦ — Ὀσερᾶπι, Ὀσερ[άπιος]; 4 Ὀσερᾶπις; 7 Ὀσερ[άπι]ος, ἐμ Ποσερᾶπι (= im Haus des O.); 8 Ὀσεράπιος; 10 Ὀσ[ε]ρᾶπιν — Ὀσεράπιος. Vgl. Joh. Schmidt K. Z. 32, 360 Anm. Bern. Peyron Pap. graeci 5ff. Neuestens U. Wilcken, Arch. III 249ff., der die Verschiedenheit der beiden Götter Oserapis und Sarapis nachweist.¹) W. Otto, Priester und Tempel I 11ff.

2) Σοκνεπαίου Petr. II 28 (1) 20; (3) 6 (IIIᵃ) [aber (9) 8 Σοκνοπαίου]. Amh. II 60, 2. 3. 4 (151 oder 140ᵃ). Σουκενεπαίου (sic) Amh.

1) Aus dem älteren Ὀσεράπις ist nach Wilckens Annahme (l. c. 249) „durch eine Art Vokalharmonie (wie ὀβολός für älteres ὀβελός) Ὀσορᾶπις entstanden.“ Diese enttonte Form Ὀσορ findet sich in zahlreichen Eigennamen wie Ὀσορμνεῦις, Ὀσοροῆρις, Ὀσορουννῶφρις, Πετοσορσμῆτις etc.

II 58, 4 (132ª). Σοκνεπέου Grenf. I 48, 7 (191ᵖ). Sonst überall (und oft) Σοκνοπαίου, z. B. Amh. II 30, 3 (IIª); 33, 5 (157ª); 35, 3. 7. 17. 24 (132ª); 40, 2; 41, 2 (IIª); 43, 6. 11 (173ª); 56, 4 (146—35ª). Tebt. I 208 (95 oder 62ª). Dittenberg. inscr. or. I 177, 19 (96—5ª). Σοκνοπαῖτος Amh. II 35, 33 (132ª).

3) Νεφορσούχου Magd. 23, 1; verso Νεφερσοῦχιν. Spiegelberg, ägypt. u. griech. Eigennamen auf Mumienetiketten p. 25.

Anmerkung 1. Wenn das ganz vereinzelte Φιλοπατέρων (neben häufigem gleichzeitigen Φιλοπατόρων) auf einer Inschrift zu Alexandria bei Strack, Dynast. d. Ptol. p. 237 Nr. 55 (221—205ª) mehr ist als ein Versehen des Steinmetzen, so wäre höchstens an falsche Ableitung und Zurückführung auf das Stammwort πατήρ zu denken. — Διεμήδης Petr. I 13 (2) 4 (237ª) ist jetzt Petr.² p. 7 in Διομήδης verbessert.

Anmerkung 2. Die Papyri haben nur die älteren Formen ὀχυρόω Petr. II 9 (1) 8 (241ª); 37 (2ª) verso 15 (IIIª); ὀχύρωμα ebd. 4 (10) 2 (255ª); 13 (3) 2; (4) 3. 5. 10 (258—53ª), nirgends das nach ἔχω vokalisierte ἐχυρόω mit seinen Derivaten. G. Meyer 40. Crönert 103.

Die Ursachen des Lautwandels in den oben angeführten Beispielen können verschieden sein: teils liegt wohl selbständige lautliche Entwicklung (Lautschwächung infolge von Tonlosigkeit) zugrunde (ἐξάλμης, ἐριγάνου)[1]), teils Vokalassimilation (in den Genitiven auf -έντες statt -έντος, ἐνηνεχόσι, τέμενες), bei ὀμόμεκα umgekehrt Dissimilation. Bei den fremden Eigennamen endlich mögen einheimische Lautverhältnisse oder Nebenformen zum unbewußten graphischen Ausdruck gelangt sein.

b) ε wird ο.

α) Vokalassimilation könnte vorliegen in

δύω ἄνθρωποι ἐργάσζοντος (st. ἐργάσζοντες) Leid. C p. 118, 1, 22 (163ª).

ἐπιβαλόντος (st. ἐπιβαλόντες) Tebt. I 52, 4 (114ª).

γίτονο(ς) statt γείτονες Tebt. I 164 (IIªᶠ). ὅπορ = ὅπερ Tebt. I 24, 50 (117ª).

ὀβολός ist vom Attischen her stehend, z. B. Petr. II 4 (3) 9 (255ª); 26 (2) 7 (240ª); 44, 21. 25 (nach 246ª). Petr.² p. 124, 8 (246ª). Dagegen in Zusammensetzungen ἡμ[ιω]βέλιον Petr. II 26 (2) 9 = Petr.² 64 a (2) 9 (240ª). Meisterh.-Schw. 22, 8.

Auch in den verstümmelten Schreibungen ἐπιτόδοκα Lond. I p. 38, 2 und ἀπετώδοκα p. 41, 100 = ἐπιδέδωκα und ἀποδέδωκα (158ª) hat der folgende Vokal zurückgewirkt.

---

1) Daß dieser Vorgang ein organischer ist, beweisen ältere Beispiele, wie sie K. Bl. I 118 f. anführt. Ähnlich δεῦρε (Nebenform zu δεῦρο) auf attischen Inschriften 500—450ª (Meisterh.-Schwyz. 146, 5). ἄλεκχος = ἄλοχος Bull. corr. hell. 19, 12, 13; ebd. 11, 6 ἑβδέμαν (dorische Inschr. Vª). Vgl. Dittenb. Syll.² III 225.

β) Eine nicht mehr sicher erkennbare lautliche Beeinflussung, vielleicht auch Volksetymologie (πρόc), liegt vor bei προcβύτου P. Weil III 2 (trag. Frag.), geschr. vor 161^{a}. Ebenso προcβύτεροι Grenf. I 48, 5 (191^{p}). προ⟨c⟩βύτεροι Amh. II 134, 2 (II^{p}), aber 6 πρεcβύτερον. πρεcβυτέροιc Par. 60 (b) 13 (c. 150^{a}).

γ) Ägyptische Aussprache (oder eine Nebenform) ist denkbar bei Πετοcοῦχοc Grenf. II 36, 1 (95^{a}) statt des gewöhnlichen Πετεcοῦχοc wie ebd. Z. 24. Vgl. ähnlich klingendes Πετοβάcτιc, Πετοcῖριc. Über Πετεcοῦχοc s. d. Indices.

II. Wechsel zwischen *o* und *υ*.[1]

a) Statt o erscheint υ

in διώρυφοc = διώροφοc (mit zwei Dächern), wovon gehandelt wird § 2 (Dialekte) S. 6.

Über κολυκυντίνου statt κολοκυντίνου vgl. § 13, 3.

Einmal wird statt ὅcη geschrieben $\overset{ὅ}{υ}$cη Petr. II 14 (1^{b}) 3 (III^{a}).

b) Statt υ erscheint o

in ποκόφουc (Wollweber) = ποκύφουc Tebt. I 5, 170 (118^{a}) (vgl. λινύφοιc ebd. 249); ebenso λινοφάντηc Par. 53, 14. 30 (163^{a}). Journ. d. sav. 1873 p. 100. Das υ ist durch den Kompositionsvokal o verdrängt worden, vermutlich zunächst in Formen, in denen der letztere betont und dadurch vor Elision geschützt war.

Einigemal begegnet Ὀξόρυγχα statt des geläufigen Ὀξύρυγχα.[2]

Über o ∼ α vgl. S. 60f.; über o ∼ οι § 15, 1—5; über o ∼ ου § 18, a und b; über ωι ∼ o § 21, 9—10.

B. Omega.

Der quantitative und qualitative Unterschied der beiden O-Laute (ω offen und lang, o geschlossen und kurz) wird seit dem Beginn des 2. Jahrh. v. Chr. verwischt, o und ω werden vielfach vermengt, hauptsächlich in ungenau geschriebenen Privaturkunden, Konzepten, Briefen, Traumberichten, weniger häufig in öffentlichen Aktenstücken. Beispiele aus dem 3. Jahrhundert sind selten.[3]

1) G. Meyer 113ff.

2) Ὀξόρυγχα Magd. 21, 2 (III^{a}). Ὀξορύγχοιc — Ὀξόρυγχα P. Magd., publ. von Jouguet und Lefébure in Mélanges Nicole p. 282, 1—2 (221^{a}). — Ὀξύρυγχα Petr. II 10 (2) 3 (240^{a}). Ὀξυρύγχων Petr.[2] 66 (b) col. 2, 6 (III^{a}). Ὀξυρυγχίτηc Par. 62, 1, 1 ($II^{a\,1}$). Tebt. I 79, 87 (nach 148^{a}). Ὀξ]υρυγ[χί]τηι Rev. L. 31, 11 (258^{a}). Auch später stets Ὀξύρυγχα wie Fay. 86, 12 (II^{p}). Ostr. 1104 ($190—1^{p}$); 1122 (III^{p}).

3) Nach Meisterh.-Schwyz. 24 beginnen im Attischen Verwechslungen zwar ganz vereinzelt schon im 3. Jahrh. v. Chr., werden aber erst c. 100^{p} häufiger. Thumb Hell. 143. 172 Schwyzer Vulg. 250.

I. Wechsel zwischen ω und ο.

a) Statt ω erscheint ο

α) in tonloser Silbe:

3 Fälle aus dem 3. Jahrh. (2 unsicher); 50 aus dem 2. Jahrh. v. Chr.[1])

β) in betonter Silbe:

2 Fälle aus dem 3. Jahrh.; 20 aus dem 2. Jahrh. v. Chr.[2])

Summe der beobachteten Fälle von ω > ο im III. Jahrh. = 5; im II. Jahrh. = 70.

b) Statt ο erscheint ω

α) in betonter Silbe:

1 Fall aus dem 3. Jahrh.; 33 Fälle aus dem 2. Jahrh. v. Chr.[3])

---

1) IIIª: κάτοθεν Petr.^{2} 42 F (a) 6 (252ª) — leicht durch Analogie mit ἄλλοθεν, ὅθεν etc. entstanden. πολ$\overset{ει}{ῆ}$μιεῖον = πωλημιεῖον (?) Petr. II 13 (15) 3. 4 (258—53ª). — IIª: Par. 1, 47, 515, 521. 524 μεθοπορινάς; 193 τρίγονον; 418 ἀποτέρωι (vor 165ª). 26, 22 μισοπονήρος = μισοπονήρως (163ª) [vgl. Amh. II 35, 46 (132ª) μισοπονήρως]. 30, 5 ἀπέδοκα (162ª). 40, 17 πολοῦντος = πωλοῦντος, 20 πολεῖν (156ª). 45, 4 δίδομει (153ª). 47, 3 ὀμνύο, 18 ἠζημίοται (153ª). 51, 28 γένονται, 31 πρόσοπον und ἔγνον (160ª). 59, 9 ἀνήλομα (160ª). 63, 2, 36 ἐνοπίοις; 9, 49 ἀνθροπεί[ων] (165ª). — Lond. I p. 23, 23 ἀναγογῆς, 24 χιρογραφησάτοσαν = p. 26 (161ª). p. 24, 4 (XXXV) ἐπέδοκα (c. 162ª). p. 25, 18 ψομόν, πολοῦσι (= p. 26, 16), 20 ἀποδέδο[κε = p. 26, 19 (161ª). p. 32, 7 διαιτωμένον (gen. plur.), 8 δομάτων (163ª). p. 38, 2 ἐπετόδοκα (Mißform = ἐπιδέδωκα) 158ª. p. 40, 73 Θέονος 158ª. — Leid. S 1, 13 ἀνηλομάτων, ὀψονίων; 2, 2. 4. 5; 4, 5 ἀνήλομα (164—60ª). T 1, 9 κομασίας (164—60ª). C p. 118 col. 1, 16 εὔφονον; 2, 28 καταστροννύει (c. 160ª). Grenf. I 22, 6 κομογραμματήας (118ª). U col. 3, 10 und 4, 15 προδεδηλομένα; 3, 21 ἐνκολλαπτωμένον (gen. pl.) nach Wilcken, Mélanges Nicole p. 583 f. (II^{am}). Tebt. I 5, 73 ἀνιερομένων (118ª) — aber 57 ἀνιερωμένων; 22 verso γεοργῶν (112ª); 100, 13 Μελειστίονι [2 -ίωνος] (117ª). Weil II 3 Εἰολκίας; IV 2 λοτίσματος (vor 161ª). Ostr. 1084, 3 ὀνήν (137ª). — In einem Proklitikon P. Reinach 7, 12 (c. 140ª) ὁς = ὡς; ebs. 21, 30.

2) IIIª: Καλλιφο̄ντα Petr.^{2} 32 (g) recto (b) 10 (c. 240ª). Πετεχο̄ντος Petr. II 9 (5) 2 (241ª), aber ebd. 10 Πετεχῶντος. — IIª: Par. 1, 93 πρότου (vor 165ª). 4, 1 ἑκατονβαιόν (unb.). 40, 13 θροιοπόλιον = θρυοπώλιον (156ª). 47, 6. 24 πόποτε, 28 πλανόμενοι (153ª). 48, 21 ἐπιδο̄μεν (= ἐπιδῶμεν) 153ª. 51, 20 πόποτε. Lond. I p. 10, 13 μεταλαβόν (masc.) 162ª. p. 11, 3 ὁ προεστηκός (162ª). p. 23, 25 ἐνεστο̄τος; p. 25, 8 = 38, 10 νεότερον (161ª). p. 38, 26 ὀψόνια, 74 σιτόνιον (158ª). Leid. U 2, 12 ἐγ δεξιο̄ν; 4, 17 ἐγδιόξη (IIª). Ostr. 1089, 4 Ὅρου = Ὥρου (135ª).

3) IIIª: Μακεδώνος Magd. 1, 2 (IIIª). — IIª: Par. 1, 322 ὤ ἐστιν (vor 165ª). 30, 2 Μακεδώνος = 31, 2 (162ª) = 40, 6 (156ª). 41, 7 Μεκεδώνος (160ª). 30, 18 τώπους. 40, 7 ὤντως, 19 ἀποδώσθαι (nicht wohl morphologisch zu deuten!) 156ª. 44 verso ἡγεμώνι (153ª). 47, 13 βαπτιζώμεθα (ind.) 153ª. 51, 42 πρώκειται, 27 χρώνω (160ª). 53, 8 ὀθώνιον 163ª. 55 (b) 40 τὼν λόγον (159ª). 59, 6 ἠγώρακα (160ª). 63, 3, 65 ὤπως, 95 ἀνάλγητώς ἐστιν (165ª) [Petr.^{2} 26 jetzt ἀνάλητος]. — Lond. I p. 9, 3 Μακεδώνος = p. 26, 2. 29 (161ª). p. 28, 16 ἐδώθη, verso 2 προστεταχώτων (161ª). p. 39, 44 Μακεδώνα (158ª). — Leid. C p. 119 col. 2, 28 βοώς (c. 160ª). U 2, 9 μεγαλώδοξον; 4, 9 ὤνομα (IIª). — Dresd. 7 τὼ θεῖον (c. 160ª). Grenf. I 33, 33 μελιχερώου (103—2ª). — Tebt. I 115, 23 τὸ γεγονώς (115—113ª). Weil III 11 ὤσπερ = ὅσπερ, 14 τὸ παρών; V 4 ὤν (neutr.); VI 8 καιώμενον (vor 161ª).

b) in tonloser Silbe:

1 Fall aus dem 3. Jahrh.; 37 Fälle aus dem 2. Jahrh. v. Chr.[1]) Summe der beobachteten Fälle von ο > ω im III. Jahrh. = 2; im II.—I. Jahrh. = 70.

Hat beim Übergang von ω in ο sichtlich die Tonlosigkeit der Silben mitgewirkt, so läßt sich bei der umgekehrten Schreibung ω statt ο keineswegs, wie zu erwarten wäre, die Kraft des exspiratorischen Akzents erkennen, indem die Zahl tonloser Silben mit ω geradezu überwiegt. Jedenfalls war der quantitative und qualitative Unterschied der beiden Laute so gut wie geschwunden, eine Tatsache, die in dieser Entschiedenheit und in diesem Umfang auf keinem anderen Gebiet der griechischen κοινή für diese Jahrhunderte zu erweisen ist.

II. Wechsel zwischen *ω* und *ου*.

a) ω wird ου.

1. Über die scheinbar dialektischen Formen θυρουρός, θυρουρέω (neben θυρωρός), πυλαουρός statt πυλαωρός etc. vgl. oben S. 15. Zu einem anderen Stamme (ὤρα = Pflege, cf. Hesiod ἐργ. 30; Her. I 4, 9; III 155; Soph. O. C. 368. Theocr. 9, 20) gehören und werden stets mit -ω- geschrieben: πολυωρέω (vgl. ὀλιγωρέω), z. B. [πε]-πολυωρημένος Petr. II 2 (4) 7; πολυωρήσηι ebd. 3 (a) 3 (c. 260[a]); πεπολυωρημένοι Ditt. Syll.[2] 281, 6 (192[a]). πολυωρία P. Kairo Arch. II 81, 15 (225[a]) [πολυωρεῖ Aristeas 259]. σκευωρία Tor. I 6, 14 (117[a]).

2. Über ὀροῦσα (nicht = ὁρῶσα, sondern = οὐροῦσα) vgl. § 73, 6 Anm. 3 und § 18, a.

3. *ἐγδίδους steht für ἐγδίδως P. Weil I 20 (a und b) vor 161[a]. *οὐδείνουσα = ὠδίνουσα Leid. C p. 119 col. 2, 27 (163[a]).

---

1) III[a]: οἰκωνόμου Rev. L. 50, 22 (258[a]). Über ὠφειλήσηι (verschlepptes Augm.) s. § 72, 13. Über ὠμαλία (Analogie zu ἀνωμαλία (vgl. Stammbildung § 83, 11a. — II—I[a]: Par. 1, 56. 450 μεῖζων (neutr.), 211 ἔχων (neutr.), 315 ὠκταετηρίδα, 343 ὠρᾶται, 346 τὸν κύκλων (vor 165[a]). 30, 25 γίνοιτω (162[a]). 31, 10 δίδωσθαι (163[a]) [nicht morphologisch = διδῶσθαι zu erklären]. 40, 8 κατωχῆ, 25 ἀγωράσ[αι (156[a]). 44, 4 ἀγωράζει, 5 ἔχωντα (153[a]). 50, 21 δύω — ὀμνύωντας. 54, 82 ὠθόνιον = 56 col. 1 (163[a]). 55 (b) 65 ἀγωράσαι. 63, 6, 174 μόνων; 9, 39 ἀσχημωνοῦντα (165[a]). — Lond. I p. 10, 6 ἔχωντος; p. 11, 36 ἔχων (neutr.) 162[a]. p. 13, 8 κατὰ χρόνων (162[a]). p. 20, 23 παρεχωμένας (161[a]). p. 38, 12 σημαινωμένωι, 14 δέωμαι (ind.) 158[a]. p. 41, 113 Ἀπολλωδώρωι (158[a]). — Leid. E 14 διαλύωμεν (ind.), 31 ὠμοίως (162[a]). T 1, 3 ὠφίλημα (c. 160). U 1, 9 ἱερωγλύφου; 3, 8 πρωεστῶτος; 3, 21 ἐνκολλαπτωμένον (sic); 5, 2 κατανωῆσαι (II[a]). Gen. 20, 10 (109[a]) ἀνωμολογησάτω (vielleicht verschlepptes Augment, s. § 72, 13). Tebt. I 5, 174 (118[a]) ἕκαστων. Weil I 24 (b) ἔχων (neutr.); IV 3 ὑπερπέρωντες = ὑπερφέροντες (vor 161[a]). Über Analogiebildungen wie Νικάνωρος vgl. § 65 Anm., über Χαιρήμωνος, Θεογίτωνι etc. § 66, 5; über wiederholtes δύω im Nom., Acc. u. Gen. vgl. § 70, 2.

b) ου wird ω.

4. Über ὧc statt οὗc (nicht Dorismus, sondern Analogiebildung nach den cas. obl.) vgl. oben S. 5. In Δημητρίωι Cώcω Κρητεί Lond. I p. 11, 37 (162ª) wäre Dorismus bei dem Kreter nicht ganz ausgeschlossen, wenn nicht vielmehr die umgebenden Dative störend eingewirkt haben, wie allem nach Tebt. I 117, 45 ἐν τῶι Ὥρω (statt Ὥρου) κλ(ήρωι) (99ª).

5. ἀξιῶμεν statt ἀξιοῦμεν Lond. I p. 20, 29 (161ª) ist wohl schwerlich (woran man denken könnte) durch Übergang in die Klasse der contracta auf -άω zu erklären, sondern bei der großen Häufigkeit von ἀξιοῦμεν als lautliche Verwechslung zu betrachten. τῶ in der Verbindung cυνεπικελεύοντοc τῶ (= τοῦ) τούτου υἱοῦ Ἁρπαήcιοc B U 998 I 5 (101ª), ferner ἀπὸ νότω (statt νότου) Leid. N 2, 9 (103ª) dürften eine Erscheinungsform des Dativschwundes darstellen (Schmid Attic. III 56; Le Bas Voy. arch. III 1028 μετὰ τῷ τέκνῳ καὶ ἀνδρί).

6. Statt ἀποδώcωcι Par. 34, 22 (157ª) ist zu lesen ἀποδώcουcι. Auch *προcοίcωcιν scheint verdächtig Petr. II 4 (6) 15 (255ª): an einen Konj. aor. ist neben εἰ οὖν — ποιήcει schwerlich zu denken, vielmehr leitet προcοίcωcιν den Nachsatz ein und steht für προcοίcουcιν, aus dem es unter der Hand des ungewandten Schreibers entstanden sein mag. Mahaffy z. St. p. 10: „we have before us the autograph of an ignorant man."

Über den Wechsel zwischen ω und ωι handelt § 21, B.

Über ω aus οη in ὀ(γ)δώκοντα vgl. oben S. 15.

§ 13. Der Vokal *υ*.[1])

I. Wechsel zwischen *ι* und *υ*.[2])

a) Vokalassimilation oder Metathese.

1. ἥμυcυ ist fast ausnahmslos die Schreibart der Papp. des 3. Jahrh. v. Chr., im 2.—1. Jahrh. findet man ἥμιcυ und ἥμυcυ annähernd gleich häufig neben einander; dagegen schreibt man jederzeit nur ἡμίcουc, ἡμίcη etc.

Verhältnis von ἥμυcυ: ἥμιcυ im III^a = 8 : 1,
im II—I^a = 23 : 26

1) Über die noch immer sehr umstrittene Aussprache des υ in der κοινή handelt neuestens besonders A. Thumb an mehreren Stellen seines Hellenismus 139 ff. 150. 193 ff.: er nimmt schon für die vorchristliche Zeit drei verschiedene Nüancen an: ü, i (unter phrygischem oder überhaupt kleinasiatischem Einfluß) und iu (u). Vgl. auch oben S. 86 und Schluß dieses Paragraphen.

2) Blaß A.³ 40. K. Bl. I 70. 176. G. Meyer 153 f. Meisterhans-Schwyz. 28 f. Kretschmer Vas. 119. Schweizer Perg. 75 f. Thumb Hell. 139 f. Crönert 21 ff.

(mit Ausschluß der Ostraka, in denen ἥμιcυ im Verhältnis von 20 : 1 überwiegt).[1]

2. Das zufällig sehr häufig (über 50mal) vorkommende Wort δίδυμαι, διδύμων hat neben der gewöhnlichen, vorherrschenden Schreibung wiederholt (5mal) in beiden Silben υ, zweimal lautet es umgekehrt δυδίμη, einmal διδίμων.[2]

3. κολόκυντος und κολοκύντινος erfahren verschiedene orthographische Umwandlungen sowohl vokalischer als konsonantischer Art: Tebt. I 231 (100^{a}) κολύκιντος. Sakkakini 15. 71 κολόκυνθα; 26. 61 κολόκυντα (III^{a}). Rev. L. 55, 6. 9; 57, 18; 58, 2 κολοκυντίνου (258^{a}); ebd. 63, 22 κολοκυντί⟨$\overset{\text{v}}{\text{κο}}$⟩ου; 40, 10 κολυκυντίνου; 59, 21 κολ[οκύν]θινον; 39, 6 κολυκινθίνου.

4. Μιτυλην[αίωι] bietet schon ein Pap. des 3. Jahrh. v. Chr. Petr. II 39 (a) 1, während attische Inschriften diese Schreibung an Stelle des alten Μυτιλήνη nicht vor der römischen Kaiserzeit aufweisen. Meisterh.-Schwyz. 29, 7. Zur Erklärung des Vorgangs durch Vokalumstellung infolge von Versprechung vgl. Kretschmer K. Z. XXX 585 und G. Meyer 154 f. Schweizer Perg. 130 f. (ein Beleg aus d. 3. Jahrh. v. Chr.).

5. Λυβύης begegnet einmal Pap. Weil VI 2, 3 (vor 161^{a}). Sonst nur Λιβύη, wie Dittenb. inscr. orient. I 54, 5 (Adulis) 239/8^{a}; Lond. I p. 46, 8; p. 47, 41 (146—35^{a}); Tor. VIII 9. 10. 28 (119^{a}). P. Buttm. 2 (134^{a}). Λίβυς Petr. I 19, 35 (225^{a}); 21, 2 (237^{a}); II 25 (h) 2 (226^{a}).

6. Man liest μολυβδ ... Rev. L. 75, 8 (258^{a}); μολύβδινα Par. 35, 28; 37, 39. 45 (163^{a}); dagegen μολίβων Tebt. I 121, 52. 84 (94 oder

---

1) III^{a} ἥμυcυ Petr. I 16 (2) 9 (230^{a}). 30 (p. 80) 5 = II 11 (1) 5 (III^{a}). Petr. II 5 c (c. 250^{a}); 10 (1) 21 (vor 240^{a}); 23 (1) 8 (III^{a}). Petr.^{2} 42 F (c) 15 (246^{a}); p. 122, 28 (246^{a}). Ostr. I 67, 8 (III^{a}). ἥμιcυ Petr.^{2} 43 (2) r. col. 2, 26 (246^{a}). — II^{a} ἥμυcυ Par. 1, 96. 103. 108. 235. 236. 237. 242. 243. 245. 294. 321 (vor 165^{a}); 5, 1, 9 (114^{a}); 58, 5. 10 (c. 160^{a}). Lond. I p. 22, 6. 8. 11; p. 24 (b) 5; p. 25, 15. 17; p. 26, 12. 15 (alle c. 160^{a}). Ostr. 718, 3 (unb. ptol.). — II—I^{a} ἥμιcυ Par. 7, 7 (99^{a}); 22, 18 (165^{a}). Grenf. I 27, 2, 10 (109^{a}). Lond. I p. 46, 16. 24 (146—35^{a}). Leid. M 1, 23 (114^{a}); P 13 (zweimal). 14. 15. 16. 17 (dreimal). 20. 21 (99^{a}). Tor. I 5, 9. 13 (117^{a}). Dresd. II verso (zweimal) 162^{a}. Tebt. I 105, 23. 38 (103^{a}). B U 993 III 1 (127^{a}); 999 II 4 (99^{a}); 1002, 4 (55^{a}). [Pap. Weil, geschr. vor 161^{a}, hat dreimal ἥμιcυ, einmal ἥμειcυ]. — ἡμίcουc Zois II 10 (148^{a}). Tor. I 6, 18 (117^{a}). Lond. I p. 46, 7. 9. 19. 21 (146—35^{a}). Grenf. II 23, 2, 7 (107^{a}). ἡμίcευ(c) Ostr. 758, 3 (102^{a}). ἡμίcη Arch. I 287 col. 3, 4 (zweimal) 269^{a}. Lond. I p. 10, 21 (162^{a}).

2) δυδύμων Par. 53, 2; 54, 1. 33. 55 (163^{a}). δυδύμαις Par. 57 (b) 12 (c. 160^{a}). — δυδίμη Leid. C p. 118 col. 1, 3; 2, 11 (c. 160^{a}). — διδίμων Leid. E 3 (Note) 162^{a}. — Sonst δίδυμαι Par. 22, 2 (165^{a}); 26, 1, 1 (163^{a}); 29, 2 (c. 160^{a}); 30, 19 (161^{a}). Leid. D 16 (162^{a}). δίδυμοι (Zwillingsschwestern) Par. 5, 10, 2 [Witkowski] 114^{a}. διδύμη Weil VII 17 (vor 161^{a}). διδύμων Par. 50, 14 (160^{a}); 53, 24. 44 (160^{a}). Lond. I p. 7, 3; p. 8, 4 (164—3^{a}). διδύμας Par. 51, 9. 14 (c. 160) usw.

61[a]). Aristeas (Wendland) 90 μολιβοῦν. Moer. 257 Piers. μόλιβος Ἑλληνικῶς. μόλιβδος wird im E. M. p. 590, 8 völlig verworfen. Vgl. G. Meyer 154. K. Bl. I 70. Meisterh.-Schwyz. 30, 10. Über βδ > β Dieterich Unt. 121.

7. βυβλίον und βύβλος ist die gewöhnliche Schreibweise vom 3. vorchristlichen Jahrhundert an: βυβλία Petr. II 10 (2) 9 (vor 240[a]). βυβλίων Tebt. I 61 (b) 216 (118[a]); 72, 143 (114[a]). Grenf. II 41, 21 (46[p]). βυβλιαφόροις Oxy. IV 710 (a) 2 (111[a]). βύβλου Petr. II 49 (b) 12 (III[a]); kanop. Dekr. 70 (238[a]). Auch Polyb. schreibt βύβλος. Hultsch Pol. I² p. XXXII. — Dagegen βιβλιοφύλακι Tebt. I 112 introd. 10 (112[a]). βιβλίδιον Grenf. II 61, 19 (194—198[p]). βύβλος war ägyptisches Fremdwort im Griechischen. Die Assimilation des unbetonten υ an das betonte ι (in βιβλίον), die auf attischen Inschriften bis ins 2. Jahrh. v. Chr. (Meisterh. Schwyz. 28), sowie bei Platon u. a. vorkommt (K. Bl. I 70; G. Meyer 153), läßt sich auf Papyrus erst seit dem Ende des 2. Jahrh. v. Chr., häufiger in der Kaiserzeit belegen. Ausführlich handelt hierüber Crönert 21 f., wo der Tatbestand für alle Jahrhunderte gegeben ist. Aristeas (Wendland) βιβλιοθήκη, βιβλία, βίβλος.

Anmerkung 1. Die Form πυτία, die auch Moeris bezeugt [p. 290 ὀπός Ἀ., πυτία Ἑ.], neben der aber in handschriftlicher Überlieferung (Aristot., Theophr., Dioscorid.) zum Teil auch πιτύα auftritt, erscheint Par. 60 (b) 38 (c. 150[a]). Das attische ὀπός liest man Petr.² 140 (b) 3 (III[a]). Vgl. Hatzidakis Einl. 176.

b) υ wird ι infolge von Tonlosigkeit der Silbe.

8. *ἀρχειπερέτην (zu lesen = ἀρχιπερέτην) statt ἀρχυπηρέτην Lond. I p. 41, 121 (158[a]) ist vielleicht mißverstandene Form, als deren erster Bestandteil ἀρχι- empfunden wurde. — φιλακείτου = φυλακίτου Grenf. I 38, 3 (II—I[a]).

c) Nebenformen mit verschiedenen Suffixen gebildet.

9. ἁλικός ist durchweg an Stelle des früheren ἁλυκός getreten. Belege: τὰ ἁλικά Petr. II 4 (11) 3 (255[a]). ἁλικῆς ebd. Einl. p. 36 (a) 3; p. 37 (b) 1; (c.) 6. 7. 8; (d.) 2. 9; II 39 (f) 8. 12. 18. 20. Petr.² 67 (b) III[a] und sehr häufig auf Ostraka, hauptsächlich 305—316 (III[a]); älteste Stellen Ostr. (Theb.) 1337, 2 (264[a]); 1493, 2; 1494, 2 (256[a]) etc. — ἁλυκός B U 14 IV 22 (255[p]). — Moeris: ἁλυκόν, Ἀττικῶς· ἁλικόν, κοινῶς. Poll. 2, 110 kennt nur ἁλυκός, das er aus Platon belegt. ἁλυκά Alciphr. (Schepers) III 7, 2. Vgl. Lobeck Phryn. 210, Fußnote. ἁλυκός ist nicht aus ἁλικός entstanden, sondern selbständige Nebenform mit dem Suffix -uko- gebildet; ἁλικός ist an die zahlreichen Adjektiva auf -ικός angelehnt. G. Meyer 155.

10. Zweierlei Bildungen (auf -υμοϲ und -ιμοϲ) scheinen auch vorzuliegen, wenn Tebt. I 117, 74 (99[a]) τρωξύμων, aber Nr. 213 (c. 113[a]) τρώξιμα zu lesen ist.

11. Ebenso sind wohl *μαρϲείπειον (= μαρϲίπιον) Leid. C p. 118, 2, 13 (c. 160[a]); μάρϲιπον Grenf. II 38, 11 (81[a]); μαρϲί(που) Tebt. I 112, 33. 40. 54. 56 (112[a]); μαρϲίππων Petr.[2] 107 (d) col. 1, 9 (III[a]); μαρϲιππίω ebd. 51, 5. 11. 12 (III[a]) selbständige Nebenformen zu μάρϲυποϲ, μαρϲύπιον oder vielmehr verschiedene lautliche Wiedergaben des semitischen Fremdworts. Vgl. oben S. 42. Steph. Byz. erwähnt Μάρϲιπποϲ πόλιϲ Φοινίκηϲ. In den Papp. begegnet nirgends μαρϲύπιον (vgl. lat. marsu(p)pium).

Anmerkung 2. πάπυροϲ ist stehende Orthographie der Papyri, nirgends πάπειροϲ, wofür es überhaupt (trotz Phryn. Lob. 303, wo πάπυροϲ zu lesen ist) an Belegen fehlt. Stellenangabe oben S. 37. Crönert 23.

Ein zwingender Beweis für Aussprache des υ = i (ohne kombinatorische Nebenwirkungen) ist aus den ptolem. Papyri schwerlich zu erbringen. Scheinbare Ansätze dazu kann man vielleicht vermuten im oben angeführten φιλακείτου, ferner in Verschreibungen wie εὐλύμενον statt εὐλίμενον (mit schönem Hafen) P. Weil VI 2, 10 (vor 161[a]) und κύκιοϲ (statt κίκιοϲ) nach Leid. D, Note 28 (c. 160[a]). [Φραϲυϲθένηι Petr. II 14 (2) 6 (III[a]) hat Witkowski mit Recht in Φραϲιϲθένηι nach dem Faksimile verbessert.] Doch sind diese Fälle gar zu vereinzelt, als daß man daraus sichere Schlüsse ziehen könnte. Vgl. oben S. 86, Note 1.

II. Dagegen finden sich unzweideutige Belege für den

Wechsel zwischen *ου* und *υ*

(worüber § 18, S. 118), was in manchen Fällen für die Aussprache u zu sprechen scheint.

Über den Wechsel zwischen υ und η vgl. oben S. 85 f., über υ und ο S. 97; über υ und ευ § 17, 4.

II. VOKALVERBINDUNGEN.

§ 14. Der Diphthong *αι*.[1])

I. Wechsel zwischen *αι* und *α*.

1. αἰεί — ἀεί. In den Urkunden und Inschriften herrscht ἀεί: so Petr. II 2 (1) 15; 3 (b) 4 (260[a]). Petr. I 22 (2) 9 (257[a]). Kanop. Dekr. 20. 27 (237[a]). Magd. 1, 14 (III[a]). Eud. 2, 32; 6, 6. 7

1) G. Meyer 176 ff. Brugmann 48 f. Blaß A.[3] 62 ff. K. Bl. I 51 f.

(vor 165[a]). Par. 62, 8, 6 (II[ai]); 63, 11, 1. 65 (165[a]). Tebt. I 50, 28 (112[a]); P. Reinach 25, 13 (106—5[a]). ἀέναον Kanop. Dekr. 48 (237[a]). Lond. I p. 38, 33 (158[a]). ἀειζώιων (sic) Leid. G 11 (99[a]). ἀείμνηστος Dittenberg. inscr. or. I 139, 22 (c. 138[a]); 168, 13 (115[a]); 194, 134 (42[a]). — Das altertümliche αἰεί (nach Brugmann 48 durch den Einfluß von αἰών entstanden) begegnet (neben ἀεί) in den Phaedofragmenten Petr. I 6 (3) 1; 8 (4) 3 [ἀεί 6 (3) 21; (4) 17; 7 (4) 4]; Ilias 23, 648 (Kenyon class. p. 104) geschr. I[a] (aus ἀεί verbessert). Einmal hat sich αἰεί als literarische Reminiszenz in ein offizielles Aktenstück Tebt. I 27, 80 (113[a]) verirrt, begegnet dann wieder häufiger in der römischen Kaiserzeit, z. B. Lond. II p. 164, 4. 6 (10[a]). Amh. II 90, 17 (159[p]). — Auf attischen Inschriften αἰεί neben ἀεί bis 361 v. Chr.; dann nur ἀεί mit der bei Meisterhans-Schwyz. 33, 4 gegebenen Beschränkung. Cauer Curt. Stud. VIII 270 ff. K. Bl. I 136. Schweizer Perg. 78 f. Nachmans. 38. Crönert Ztschr. f. d. Gymnasialw. 1898, 579 und abschließend Mem. herc. 104 ff.

2. ἀετός (Adler) begegnet einmal im Eud. 1, 1 (vor 165[a]) und als Eigenname Ἀετοῦ Petr.[2] 112 (c) 2 (III[a]), wie auch auf ägypt. Inschr.; Ἀετοῦ τοῦ Ἀετοῦ Rosettadekr. 4 (196[a]) [vgl. Dittenberger z. St.]; Dittenb. inscr. orient. (Kairo) 128 (nach 146[a]). — Über altattisches αἰετός Meisterh.-Schwyz. 33, 5. Kretschmer Vas. 128 (seit 298[a] ἀετός). Den Tatbestand der Handschr. gibt Crönert 106.

3. Gegenüber zahllosen Fällen von Πτολεμαῖος steht einmaliges Πτολεμάου B. cor. hell. XX 184, 47 (114—107[a]). Περγᾶος (v. Perge in Pamphylien) Dittenb. inscr. gr. orient. I 70 (Redesîeh) 3 (247—221), aber Περγαῖος (vom selben Mann) Strack, Dyn. d. Ptol. 235 Nr. 50 (gleichzeitig). Ἰουδᾶοι erwähnt van Herwerden Append. lex. suppl. p. 107 aus einer ägypt. Inschr., publ. Bull. d. l. soc. arch. IV p. 49 (Zeit des Euergetes). Sonst liest man stets Πτολεμαιεύς P. Kairo Arch. I 65, 27 (123[a]). Πτολεμαιέων Strack, Ptol. Inschr. Arch. I p. 204 Nr. 11 (c. 245[a]). Φωκαιεύς Dittenb. inscr. or. I 37 (264[a]) etc. Über Formen wie Πειραεύς Meisterh.-Schwyz. 33, 6. Schwyzer Vulg. 252. Crönert 106. Dittenberger Syll.[2] III 224 f.

4. ἐλάη (ionisch?) = ἐλάα (Olive) hat d. P. Sakk. col. 4, 24 (III[a]). Vgl. Mhs.-Schwyz. 32, 3. Die seltsame Form ἔλαν = ἔλαιον Par. 31, 11 (163[a]) ist nur erklärlich aus der Mittelstufe ἔλαον, wobei das ο ausfiel. Blaß A.[3] 64. K. Bl. I 400. Oft ἔλαιον, z. B. Petr. I 29, 7 (III[a]). Petr. II 25 (a) 11 (226[a]). Leid. B 2, 17 (164[a]) usw.

Über das Adjekt. ἐλαικός statt ἐλαιικός s. unter 9.

5. Die attischen Formen κάω, κλάω kommen neben den hellenistischen καίω, κλαίω vor (das α ist hiebei lang).

Belege: κατακάομαι Grenf. I 1, 1, 13 — aber 9 καιόμενον (nach 173ᵃ).

ἀνακαιόμενον Tebt. I 1, 3 (Anthol. Fragm. nach 100ᵃ). [καίομαι Par. 51, 37 hat Witkowski wohl richtig in das allerdings barbarische καὶ ὄμην = ᾤμην verbessert.]

γυναῖκας κλαούσας (nicht καλούσας) Par. 34, 7 (157ᵃ).

κλάγω (nicht κλαίγω, wie man noch immer bei G. Meyer[3] 294 liest) ist offenbar = κλάjω, indem das γ als Ersatz für spirantisch gewordenes ι steht. G. Meyer § 220. Hatzidakis Einl. 119. 123. — κάω und κλάω bezeichnen Moeris und Schol. Ar. Plut. 62 als attisch; καίω, κλαίω als hellenistisch. Doch findet Meisterh.-Schwyz. 178, 24 nur καίω auf zwei attischen Inschriften des 5. Jahrh. v. Chr. Die Frage, ob κάω oder καίω? ist rein orthographisch. Vgl. G. Meyer § 64. Brugmann 49. Hatzidakis Einl. 404. Schmid Attic. III 41. Crönert 106f.

6. Die altattische Orthographie (Meisterh.-Schwyz. 18, 8) παλαστή (Handbreite) bestätigt sich in den Zusammensetzungen ἑπταπάλαστος Petr.[2] 41 verso 5 (IIIᵃ). τρισκαιδεκαπαλάστωι ebd. 43 (2) verso col. 3, 4 (246ᵃ). Dagegen παλαιστής (Ringer) Par. 5, 24, 8 (114ᵃ).

7. Über εὐφράνω = εὐφραίνω, das nicht phonetisch, sondern morphologisch zu erklären ist, handelt die Stammbildungslehre § 86, 6.

8. In einer nicht geringen Zahl von Fällen, die großenteils im Griechischen ohne Vorgang sind, muß wohl der Übergang von αι in α auf spezifisch ägyptischer Aussprache beruhen.[1]) So steht im Leid. U (IIᵃ) konsequent Ἀγύπτω 2, 11; Ἀγυπτιστεί 2, 7. 15; Ἄγυπτον (sic) 4, 2 — wohl nach dem gehörten einheimischen Laut (vgl. Brugschs Ableitung Hat-Ka-Pta). Namentlich aber ist bei echt griechischen Wörtern auf -αι mit unbetonter Schlußsilbe und bei καί (vor Vokalen und Konsonanten) der Abfall des ι zu beobachten: *γέγραπτα ποιεῖν Lond. I p. 39, 37; 40, 83 (158ᵃ). κεχρηματισστα (sic) τοῖς Leid. E 16 (162ᵃ). πράξετα ὁ Rev. L. 67, 12 (258ᵃ). αἱροῦμα βασιλέα Petr. I 18 (1) r. col. 13 (237ᵃ). ἡμέρα ἄλ(λαι) Tebt. I 120, 99 (97 oder 64ᵃ). κὰ οὔτε Petr.[2] 56 (b) 10 (c. 260ᵃ). κὰ τετράγωνα Eud. 15, 18 (vor 165ᵃ). κὰ τῆς Tebt. I 75, 20 (112ᵃ). κὰ παρ' Ἰουδαίοις Grenf. I 43, 5 (IIᵃ). τετρακαεικοστήν Tebt. I 36, 10 (IIᵃᶠ). Σαράπιδος χὰ (= καὶ) Ἴσδος (sic) Goldplatte aus Alexandria bei Strack, Dyn. d. Ptol. 239 Nr. 66 (221—05ᵃ). κὰ ἐν ἀδοξίαι Schwyz. Vulg. 254. κὰ ἐ[ν CIA II 50, 13 (372ᵃ) bei Blaß A.[3] 54, Note 171.

---

1) Auch Thumb Hell. 177 ist zu dieser Annahme geneigt.

Verständlich vom Standpunkt des Griechischen aus ist höchstens der Verlust des ι vor Vokalen: Blaß A.[3] l. c. erklärt überhaupt die Elision und Krasis bei αι in der Art, daß zuerst λέγετα' ἐν, κα' ἐν, dann λέγετ' ἐν, κ'ἐν oder κἀν entstand. Für den Abfall des ι vor Konsonanten fehlt jede griechische Analogie.

Aber auch im Inlaut kommen Beispiele vor, die wegen ihrer Häufigkeit nicht als bloße Schreibversehen, vielleicht aber zum Teil als syntaktische Entgleisungen (vgl. S. 100, 5) oder Assimilationen angesehen werden können. In unbetonten Silben: ἑτέρας — αἰτίαις — ταῖς πραγματείας Tebt. I 5, 7. 161 (118ª). ἄλλαις αἰτίας Tebt. I 14, 4 (114ª). πάσαις αἰτίας ebd. 72, 176 (114ª). [παρ' ἀτίαν Tebt. I 61 (b) 227 (118ª) und 72, 160 (114ª) hat Crönert in παρ' ἀξίαν berichtigt.]

Φαρβαθίτηι statt Φαρβαιθίτηι Rev. L. 68, 1 (258ª); ebd. 13 Φαρβαιθίτην; 31, 8 Φαρβαιτίτηι.

In betonten Silben: γυνᾶκας = γυναῖκας Wilck. Ostr. 1147 recto 2 (Hippolytusfragm.), geschr. IIª.

ταῖς διαστολᾶς Tebt. I 24, 45 (117ª).

Als umgekehrte Schreibung erscheint in analogen Fällen αι statt α: τὰς προφητείαις — καρπείαις Tebt. I 5, 65. 69 (118ª). τὰς ὑποδεδραμέναις ἐπιστατείαις Tebt. I 24, 68 (117ª).

In mehreren Fällen ist wohl Epenthese in dem oben (S. 73) bezeichneten Sinne anzunehmen: so in αἰδικοῦνται Lond. I p. 26, 9 (161ª); ἱεραιτείας = ἱερατείας auf einer Holztafel im Besitz des H. Heß, publiz. v. Wilcken, Ostr. I 67 (IIIª). καιτοικίας Tebt. I 72, 166 (114ª). χαίριν τῆς Tebt. I 12, 16 (118ª) = χάριν τῆς wie richtig Z. 6; χαιριεῖ ebd. Z. 26.

II. Übergang von αϊ in αι und umgekehrt.

9. Das Adjektiv zu ἔλαιον (vgl. oben 4) lautet durchweg ἐλαικός: so ἐλαικά Tebt. I 5, 195 (118ª). ἐλαική Rev. L. 43, 15 (258ª) und oft, vgl. Index; Lond. I p. 14, 4; 15, 3 (162ª). ἐλαικόν Tebt. I 39, 9 (113ª). ἐλαικῶν Petr.[2] 43 (2) recto col. 1, 4 (246ª). Tebt. I 105, 24 (103ª) usw. Ebenso zu Πτολεμαῖος: Πτολεμαικός Strack, Ptol. Inschr. Arch. I p. 204 n. 13 (c. 245ª); Πτολεμαικοῦ P. Reinach 13, 20 (110ª). Statt Πλαταικοῦ Petr. II 36 (1) 26 (IIIª) liest jetzt Wilcken Add. et Corrig. zu Petr.[2] p. XVII Παταίκου. Umgekehrt begegnet statt gewöhnlichem Πτολεμαίς (vgl. Ind. zu Petr. II und Tebt. I) auf einer Inschrift Πτολεμαιίδα Strack, Arch. I p. 204 Nr. 11 (245ª). Das αϊ bezeichnet als attisch Phryn. Lob. 39. Meisterh.-Schwyz. 33, 8. Schweizer 79.

III. Übergang von der Aussprache ai in den Laut ä.

10. Sind die oben angeführten Beispiele ein Beweis für diphthongische Aussprache, die zweifellos Regel war, so fehlt es seit dem 2. Jahrh. v. Chr. nicht ganz an Spuren der beginnenden natürlichen Entwicklung von ai zu ä. Freilich sind die Belege nicht gerade zahlreich und beschränken sich meist auf sehr inkorrekte Schriftstücke.[1])

a) αι wird ε

in literarischen Stücken: ἐκτέτατε = ἐκτέταται Pap. Weil. VI 4 (vor 161[a]). κλε̂ε = κλαῖε Il. 24, 4; ἐγῶν = αἰγῶν ebd. 24, 34 (Kenyon class.) I[a].

In Urkunden: ὁρᾶτε = ὁρᾶται Eud. 17, 11 (vor 165[a]). αὐθεραίτως = αὐθαιρέτως (gegenseitige Vertauschung der beiden Laute, vgl. § 27) Strack, Ptol. Inschr. Arch. III 132, 18 (58—55[a]). Dresd. I 10 (Wessely) ist in ἔλαιον das αι aus ε verbessert (161[a]).

b) ε wird αι

in literar. Stücken: βαίνεται = βαίνετε P. Weil V 2, 8 (vor 161[a]). ξεναικεῖν = (ἐ)ξενε(γ)κεῖν ebd. III 7. πιστεύσεται = πιστεύσετε ebd. V 4. βούλεσθαι παρήγειν = βούλεσθ' ἐπαρήγειν Il. 24, 39. γνώσεσθαι erste Hand = γνώσεσθε Il. 23, 497 (Kenyon class. p. 103) I[a].

In Urkunden: δαινεκθέντες = δ(ι)ενεχθέντες Tebt. I 26, 17 (117[a]). *ἔρρωσθαι = ἔρρωσθε, *εἰδῆται = εἰδῆτε Par. 43, 1. 4 (154[a]). Μαικεδόνος Lond. I p. 24 (XXXV) 2 (161[a]). σύνπεσαι = σύνπεσε Tebt. I 58, 57 (111[a]). Vgl. § 76, 4. τραπαιζίτ[ου] Fay. XII 22 (nach 103[a]). αἵρ[ε]σθε Grenf. I 30, 8 (103[a]) (nach Grenfell für ἔρεσθε?) hat Witkowski in αἱρ[εῖ]σθε berichtigt.

c) αι wird ηι [η].

In einem der inkorrektesten Stücke steht *γραφῆνηι = γραφῆναι Lond. I p. 38, 21 (158[a]), was wenig Beweiskraft hat. Statt διηρηθέντων, was = διαιρηθέντων (?) aufgefaßt wurde, hat Wilamowitz Leid. U 4, 7 δὲ ῥηθέντων glücklich eingesetzt.

Anmerkung. Nicht als lautliche Varianten, sondern als Nebenformen sind zu betrachten: σημαία — neben σημε(ί)α; ἀμναῖος im Vergleich zu ἀμνεῖος; ἔγγαιος, κατάγαιος neben ἔγγε(ι)ος, κατάγε(ι)ος; sowie umgekehrt σεληνιεῖος, στατηριεῖος, μηνιεῖος, μναιεῖος (die Endung gelegentlich -ῆος geschrieben) im Vergleich zu σεληνιαῖος, στατηριαῖος etc. Ähnlich begegnet αὐλεία (Vorhang) als Nebenform zu αὐλαία Dittenb. Syll.[2] 653, 36 (91[a]). Auch συνγεοῦχος

---

1) Blaß A.[3] 63 f. G. Meyer 177 ff. K. Bl. I 51 f. Meisterhans-Schwyz. 34 (seit 100 n. Chr.). Wagner epigr. 40—42. Schweizer 77 ff. Win.-Schmiedel § 5, 18.

Strack, Ptol. Inschr. Arch. I 209 N. 27 (unb. ptol.) ist nicht lautliche Variante zu (cυν)γηοῦχος, sondern andere Bildung, die später gewöhnlich ist, so γεοῦχος B U 34 I 2; II 6; III 3; IV 5. 12 etc.; 46, 5 (193p) u. öfter. Hierüber handelt die Stammbildungslehre § 83, 4c; § 84, I.

§ 15. Der Diphthong *οι*.

I. Übergang von *οι* in *ο*.[1])

a) vor Vokalen.

1. Der Schwund des intervokalischen ι bei οι kommt einmal vor in δόη = δοίη P. Artem. 4 (III[a]); in χόακ (ägyptischer Monat) statt χοίακ Tebt. I 37, 26 (73[a]); sehr häufig bei ποιεῖν.

Anmerkung 1. ἐπιχροήcωcι Tebt. I 28, 21 (114[a]) ist nicht = ἐπιχροιήcωcι (färben?), sondern verschrieben aus ἐπιχορηγῶcι, wie Crönert Wschr. f. kl. Ph. 1903, 458 glücklich gefunden hat.

2. Im Verbum ποιέω kann das ι überall fehlen vor folgendem E-Laut (ει oder η). Es kommen vor: ποεῖ, ποεῖc, ποεῖν, ποεῖcθαι, ποείcθω, ἐποεῖcθε, ποεῖται, ἐπόει, ποήcειc, ποήcετε, ποήcηc, ποήcουcι, ποῆcαι, ποήcαc, ποήcαντοc, ἐπόηcεν, ἐπόηcαν, ποήcαcθαι, πόηcαι, ἐποήcατο, ποηcάμενοc, πεπόηκε, πεποηκέναι, ἐπεποήκει, πεπόημαι, πεπόηται, πεποήμεθα, πεπόηνται, πεποημένοc, ποητήc, cιτοποεῖον.[2]) Dagegen fällt das ι niemals aus vor folgendem O-Laut; also immer: ποιῶν, ποιῶμεν, ποιῶcι, ποιοῦcι, ποιοῦμαι, ποιούμενοc, κακοποιοῖc, κλειδοποιῶ etc.[3])

---

1) Blaß A.³ 52. K. Bl. I 137. G. Meyer 227f. Meisterhans-Schwyz. 56f. Kretschmer Vas. 130. Schweizer Perg. 80. Nachmanson 45. Crönert 116ff.

2) III[a]: Rev. L. 12, 13; 47, 2 (258[a]) ποείcθω. Petr. I p. 80, 1 = II 11 (1) 1 ποεῖc. Ebd. II 13 (6) 8. 14 ποεῖν; (19) 11 ταὐτὸ ποεῖν. Petr. II 3 (a) 6 ποήcουcιν (260[a]); 13 (19) 8 ποῆcαι (253[a]); 42 (c) 10 ἐπόηcεν, 23 ἐπεποήκει (c. 250[a]). Magd. 16, 5 (III[a]) ποεῖ.

II[a]: Par. 1, 17 ποήcαc; 151 ποεῖ; 332 ποεῖται; 355 ποεῖ (vor 165[a]). 2, 16 ποητῶν, ebenso 3; col. 5 ποητήc; col. 6, 9 ποητήc; ebenso col 9 und 14; col. 11 ποητῶν (II[a i]). 11, 31 (157[a]) πεπόηκεν. 22, 5 (165[a]) πεποήμεθα. 24, 5 (164[a]) ποηcαμένου. 26, 18 (163[a]) ἐποεῖcθ', 30 ἐποήcατο. 29, 18 (160[a]) πεποημένον. 40, 50 (156[a]) πεποημένοc [Witkowski πεποιμένοc]. 48, 8 (153[a]) ποήcαντοc, 16 ποήcειc. 63, 2, 52 (165[a]) πεποημένων. 64, 8 (164[a]) πεποηκέναι. 65, 13 (146 bis 135[a]) πεπόηνται. 70 p. 411 (191[a]) ποεῖcθαι. — Amh. II: 34 (a) 7 (157[a]) πεποημένοc, (d) 6 ποηcαμένουc. 37, 6 (196[a]) ποήcειc. 40, 13 (II[a]) ποηcαμένων. 41, 9 ποήcετε, ποήcηται. — Fay. XI 14 (c. 115[a]) ποήcαcθαι, 23 πεποημένοc. — Leid. A 28 (II[a]) ποῆcαι. B II 5 (164[a]) ποεῖται, 8 ποεῖ. Lond. I p. 11, 55 ποῆcαι; p. 27, 4 ἐπόηcαν (161[a]); p. 32, 20 πεπόηκεν; 33, 28 ποῆcαι (163[a]); p. 36, 19. 23 ποήcαcθαι; p. 49, 12 cιτοποεῖον; 55, 4 ποῆcαι (131—30[a]). — Tebt. I 32, 19 (145[a]) ποήcειc; 56, 9 (II[a f]) ποήcηc, 15 ποήcαc. — Theb. Bk. I 2, 11 (130[a]) πεπόηται; VI 11 und VII 8 πόηcαι; VIII 13 ποήcετε, 18 ποεῖται. — Tor. VII 6 (II[a]) πεπόημαι; XI 10 (177 oder 165[a]) ποήcαντοc, 13 ἀντιπεπόηται. — B U 993 I 6; IV, 4 (127[a]) ἐποήcατο. Strack, Ptol. Inschr. Arch. II 557, 41 (37[a]) ἐπόει.

3) Merkwürdigerweise führen die alten Grammatiker den Ausfall des ι gerade für ποιῶ an. Etym. M. 679, 24: ἰcτέον, ὅτι οἱ Ἀθηναῖοι ἀποβάλλουcι τὸ „ι" λέγοντεc ποῶ.

Über das Zahlenverhältnis von ποι : πο vor E-Lauten gibt folgende Tabelle Aufschluß, die für das 3. Jahrh. v. Chr. aus Rev. L., Petr. I u. II, für das 2.—1. aus Amh. II, Fay., Grenf. I u. II, Leid. I, Par., Tebt. I, Teb. Bk., Tor. angelegt ist.

III. Jahrh. v. Chr.	ποι	πο	ποι : πο
vor ει	12	5	
vor η	42	4	
Summe	54	9	6 : 1
II.—I. Jahrh. v. Chr.	ποι	πο	ποι : πο
vor ει	22	8	
vor η	85	45	
Summe	107	53	2 : 1

Über das Verhältnis in attischen Inschr. vergl. Meisterhans-Schwyz. 57; (ο ist im 4. Jahrh. besonders häufig); in Pergamum 16 Fälle mit πο- aus der Königszeit, 5 aus der röm. Zeit, Schweizer 81; in Magnesia kein einziges Beispiel mit ο, Nachmanson 45; auf attischen Fluchtafeln πόει, ποῆcαι (drei Fälle) bei Schwyzer Vulg. 252.

Über ποίcηc, ποιcάμενοc etc. vgl. oben S. 83.

3. Auf ein Schwinden des intervokalischen ι in der Aussprache weist auch die Tatsache hin, daß οι manchmal im Verse kurz gemessen wird, z. B. in εὔνοια auf einer poetischen Grabschrift Arch. I 220, 1, 18 und 2, 5 (c. 145—116[a]). Vgl. Meisterhans-Schwyz. 58, 5.

b) vor Konsonanten.

4. Im Medeafragment P. Weil II 2 (geschr. vor 161[a]) steht *οὐ γὰρ τὸν δέcπονα ἐμή{ν} statt οὐ γὰρ ἂν δέcποιν' ἐμή. Aus dem auch sonst orthographisch entstellten Stück läßt sich kein Schluß auf die Aussprache ziehen. Ebenso erscheint ὁc für οἷc Tebt. I 214 (II[a]) als reiner Schreibfehler. In d. P. Tebt. I wird wiederholt λοπόc für λοιπόc geschrieben, z. B. λοπαί Tebt. I 71, 15 (114[a]); 113, 16 (114[a]); λοπογρ(αφουμέναc) 112, 53 (112[a]). Crönerts paläographische Erklärung (Wchschr. f. kl. Ph. 1903, 487) befriedigt nicht. Übrigens kommen daneben die vollen Formen vor: λοιπαί 112, 69; λοιπογρ. ebd. 34, λελοιπογρ(άφηται) 74. Goodsp. 7, 11. 18 (119—118[a]). — [λοπάc (Schüssel) Petr.[2] 140 (b) 2 (III[a]) und λοπάδοc Tebt. I 112, 50 (112[a]) gehören nicht hierher; vgl. § 83, 3.]

II. *o* wird *οι*.

5. Die umgekehrte Schreibung οι für ο vor Vokalen, die keine lautliche Bedeutung hat, findet sich manchmal zwischen ο und η: βοιηθεῖν BU 1007, 12 (243 oder 218[a]). βοιηθόν Leid. E 26 (162[a]); Mil. 19 (162[a]). Lond. I p. 25, 9; 26, 8 (161[a]). Par. 27, 23 (c. 160[a]). Aber Βοήθωι Arch. II 36, 1 (nach 135[a]). Βοήθου Goodsp. 6, 2 (129[a]). βοιηθείας Par. 37, 54 (163[a]). Amh. II 34 (d) 7 (nach 157[a]), aber βοηθείας Magd. 27, 8 (III[a]). καταβοιῆς Artem. 6 (III[a]). ὀγδοιήκοντα Petr. I 19, 22; 20 (1) 9 (225[a]). χλοίης Tebt. I 112, 46. 94 (112[a]). Über vermeintlichen Ionismus in dieser Form, sowie über ῥοιά neben ῥοά vgl. oben S. 15. Die Schreibung sieht nach einem Attizismus aus, wie ει für ursprüngliches ε. Vgl. zum Ganzen Meisterh.-Schwyz. 58, 7. Brugmann 46 Anm. 1. G. Meyer 228. Schweizer Perg. 82 Anm. 2. Nachmanson 46. Crönert 121.

Anmerkung 2. οἶcα Lond. I 39, 47 (158[a]) ist Schreibversehen statt ὅcα, nicht = ἴcα.

III. *οϊ* wird *οι*.

6. Neben πηλοποιίαν Petr. II 12 (4) 3 (241[a]) steht ἱεροποίαν 11 (2) 2 (III[a]). ὁδοποίαι Grenf. II 14 (b) 6 (264 oder 227[a]). Meisterh.-Schwyz. 58, 6. Nachmanson 46 Anm. Crönert 120.

IV. Wechsel zwischen *οι*, *υ*, *ι*, [*η*].[1])

a) οι wird υ.

7. Die frühesten, urkundlich nachweisbaren Stellen, in denen οι durch υ ersetzt wird, bieten zwei — freilich sehr schlecht geschriebene — Papyri des 2. Jahrh. v. Chr., Privaturkunden von derselben Hand, in den Formen *ἀνύγω Par. 51, 7; *ἀνύγετε 50, 7 (160[a]). Das nächste Beispiel zeigt eine Bankquittung v. 112[a] mit τῦχοι = τοῖχοι Amh. II 54, 3; dann ein Kaufvertrag ὔξει = οἴξει BU 999 I 8 (99[a]). Endlich steht auf einem Iliaspapyrus des 1. Jahrh. v. Chr. 24, 21 (Kenyon class. 106) ἀποτρύφυ = ἀποδρύφοι. Die Belege sind also noch so vereinzelt, daß ein Schluß auf weitere Verbreitung der Aussprache des οι = υ (ü) — durch ui hindurch — schon für diese Zeit kaum zulässig erscheint. Im Gegenteil sprechen die unter Nr. 1—5 besprochenen Fälle von Vertretung des οι durch ο und umgekehrt für diphthongische Aussprache des οι. Immerhin ist zu konstatieren, daß die im griechischen Lautsystem vorhandenen Keime einer späteren Entwicklung (Monophthongismus des οι) im

1) Blaß A.[3] 70. G. Meyer 185.

ägyptischen Vulgär am frühesten aufgegangen sind.[1]) Erst seit dem I. Jahrh. n. Chr. mehren sich die Fälle: z. B. cύ für coί Arch. II 103, 6 οὐδέν cυ ἐνκαλῶι (90ᵖ); 86, 17 ἐξεῖναί cυ (78ᵖ). χύακ = χοίακ Ostr. (Dakkeh) 1134, 4 (213ᵖ); 1144, 6 (IIIᵖ) etc. Meisterhans-Schwyz. 58 (das erste Beispiel auf attischen Steinen 238—244 n. Chr.). Schweizer Perg. (mit Literatur) 80. Nachmanson 44f. Win.-Schmiedel § 5, 16. Crönert 23.

b) υ wird οι.

8. Umgekehrt findet sich λοιμανάμενοι für λυμανάμενοι Grenf. I 17, 15 (nach 147 oder 135ᵃ); ebenso Opramoas-Inschr. XIV B 1 (Rhodiapolis in Lykien) c. 150ᵖ.

9. Statt der älteren Form θρύον (Binse), die zuerst Wilcken zu Petr. II 26 (4) 5 = Petr.² 64 a (4) 5 (252ᵃ) hergestellt und die sich seitdem wiederholt bestätigt hat, wie Petr.² 39 col. 2, 14. 15. 21 (IIIᵃ); 44 (2) 5 (246ᵃ); Tebt. I 105, 5. 60 (103ᵃ), und die auch in römischer Zeit wieder erscheint, z. B. Amh. II 91, 23 (159ᵖ); Ostr. 1302, 7 (unb. röm.), begegnet nicht selten in ptolem. Papyri die Form θροῖον: so θροῖα Leid. S 6 fin. (164ᵃ); Par. 40, 16 (156ᵃ). θροίου Tebt. I 105, 26 (103ᵃ) — neben θρύον (s. oben!). θροίων ebd. 112, 12. 47. 73. 95 (112ᵃ). In Zusammensetzungen: θροιαδέcμη Leid. S 2, 18ff. (164ᵃ). θροιοπόλιον = θρυοπώλιον Par. 40, 13 (165ᵃ). An θρῖον, ein Gebäck, das in Feigenblätter gewickelt wurde (Rezept bei Poll. 6, 57), denken — wohl mit Unrecht — die Herausgeber bei θροῖα Par. 55 (b) 9. 12. 22. 28. 42 (159ᵃ): auch hier ist θροῖα = θρύα.

c) οι wird ι.

10. καταλιφή (Bestreichen) Dittenb. I. O. II 737, 10 (IIᵃ) in der Verbindung καταλιφὴ καὶ κονίαcιc τοῦ . . . ἱεροῦ könnte für καταλοιφή stehen; doch ist eine selbständige Neubildung 'καταλειφή' vom Präsensstamm oder 'καταλιφή' zu ἀλήλιμμαι für diese Zeit näher liegend. Schon auf einer attischen Inschrift von 329—28ᵃ bei Dittenb. syll.² 587, 61 liest man εἰc τὴν περιαλιφὴν τοῦ τείχουc, daneben freilich Z. 203 ἀλοιφῆc. Wenn aber statt des gewöhnlichen und sehr häufigen χοίαχ (χοίακ) einmal χίαχ geschrieben wird Petr. II 4 (6) 19 (255ᵃ),

---

1) Dialektische Einflüsse (von seiten der böotischen Mundart) nimmt Kretschmer Wchschr. f. kl. Phil. 1898, 738f. und Entstehung der κοινή p. 6 an. Mit Recht bemerkt dagegen Thumb Hell. 228: „Wenn Kretschmer Wert darauf legt, daß die Monophthongisierung von οι (wie ει und αι) auf böotischem Standpunkt stehe, so ist kaum abzusehen, wie gerade der böotische Stamm in Ägypten allen übrigen Griechen seine Aussprache aufgezwungen haben soll, nachdem ihm dies in der nächsten Nachbarschaft, in Attika, nicht gelungen ist."

so dürfte hier wohl unsichere Wiedergabe eines ägyptischen Lautes anzunehmen sein (vgl. auf der vorigen Seite χύακ).

Anmerkung 3. Nur als Schreibversehen kann beurteilt werden θεῖϲ, erste Hand statt θεοῖϲ Petr. I 29, 2 (III[a]) — das ο nachträglich darüber gesetzt.

d) ι wird οι.

11. ἀϲπερμοί steht in demselben Papyrus neben ἀϲπερμί: Tebt. I 61 (b) 17. 18 (118[a]); ebd. 307 ἀϲπερμί, wie auch 67, 97 (118[a]). Eigentlich lautet das Adverb ἀϲπερμεί, so Amh. II 90, 6; 91,. 8 (159[p]).

Anmerkung 4. *ὑδρίων (Wasseruhr) = ἱδρύων = ἱδροίων, wie Tebt. I 116, 34 (II[af]) steht, ist eine gewagte Gleichung, die Crönert (l. c. 487) aufstellt. — *ϲυνηκολουθηκότοι Lond. I p. 9, 14 (162[a]), in einem sehr schlecht geschriebenen Stück, ist ohne Belang.

e) οι wird η.

12. Wenn Letronne Par. 55 (b) 11. 12. 14 (161[a]) ηνου = οἴνου erklärt und ihm Crönert Arch. I 212, Fußnote 3 beistimmt, so erscheint der Zusammenhang gar zu unsicher, als daß man den singulären Lautwandel für diese Zeit annehmen könnte. In einer gleichzeitigen Rechnung von derselben Hand findet sich οἴνου Par. 60 (b) 11. 15 (160[a]), wie überhaupt sehr oft.

V. Wechsel zwischen *οι* und *ει*.

13. Der Genitiv von δύο lautet Eud. 13, 4 (vor 165[a]) nach neuattischer Manier δυεῖν; ebenso BU I 256, 5 (unter Antoninus Pius). Phryn. Lob. 210 bezeichnet δυεῖν als gut attisch. Blaß A.[3] 56 f. K. Bl. I 633 Anm. 3. Brugmann 212. Weiteres hierüber s. § 70, 2 d.

Über rein lautmechanische Verwechslung von οι und ει vgl. Brugmann 48. 55 und K. Bl. I 135.

§ 16. Der Diphthong υι.[1])

1. Der Ausfall des ι vor Vokalen, wie er in attischen Inschriften seit dem 5. Jahrh. v. Chr. erscheint und im 4. sogar stehend ist (Meisterh.-Schwyz. 60), begegnet nur in zwei Wörtern: ὀργυάϲ Petr. II 9 (5) 5 (241[a]) und ὀπυαϲθώμεθα Grenf. I 1, 2, 11 (nach 173[a]). [Moeris bezeichnet ὀπύω ausdrücklich als attisch.] Sowohl das Part. perf. act. fem. auf -υῖα als die Formen von υἱόϲ haben durchweg den vollen Diphthongen; ebenso einmal ἀγυιά Petr.[2] 4 (1) 9 (237[a]).[2])

---

1) G. Meyer 201. Blaß A.[3] 50. K. Bl. I 136. Meisterh.-Schwyz. 59 f. Kretschmer Vas. 136. Schweizer Perg. 84 f. Nachmans. 46 ff. Crönert 123.

2) Part. perf. act. fem.: κατηγγυηκυῖαν Petr. II 17 (1) 30 (III[a]). διακεκυβερνηκυῖα — καὶ ἐληλυθυῖα Lond. I p. 13, 16 (172[a]). γεγονυιῶν Par. 63, 2, 36 (165[a]). προεληλυθυιῶν ebd. 62, 4, 11 (II[ai]). τετευχυῖα Par. 8, 23 (129[a]). μετηλλα-

Die alte Orthographie findet sich manchmal in literarischen Stücken gewahrt, z. B. ὑεῖc [Demosth.] epist. III (Kenyon) § 13 (II—I[a]). κυνάμυα Il. 21, 394 bei Grenf. II p. 6 (geschr. III[a]).

Anmerkung. In ἰχθυικόc Wilck. Ostr. 331, 4 (altptol.) gehört das ι nach υ zu dem in der κοινή üppig wuchernden Suffix -ικόc. Vgl. Stammbildung § 84, 9 c. Einmal wird auch getrennt ἰχθυ|ικῶν Ostr. 343, 2 (255[a]).

2. Der Dichtername Ἴβυκοc wird einmal Ἴβυικοc geschrieben: Par. 2 col. 9, 20 (vor 160[a]) οὐ [Ἴ]βυικοc, aber Z. 11 ὁ Ἴβυκοc.

§ 17. *αυ* und *ευ*.

1. Ein Schwanken zwischen αυ und ου ist zu beobachten bei μαλοπαραύαν (apfelwangig) und παρούαν, wozu sich als dritte Variante παρόαν gesellt — lauter äolische, wohl von Thessalien stammende Formen, die besprochen sind S. 9.

BU 997 I 7 (103/2[a]) ist über das α des richtig im Text stehenden αὐλήν ein irriges $\overset{\text{υ}}{\text{ο}}$ gesetzt.

Auf falscher Analogie zum Singular beruht ταύτων (femin.) = τούτων Lond. I p. 13, 23 (162[a]); Tebt. I 24, 98 (117[a]); ebenso auf einer delischen Inschrift bei Michel 1334, 11 (nach 336[a]). [Dagegen ist ταυτοιc Lond. I p. 36, 29 (160[a]) von Wilcken richtig als τ' αὐτοῖc erkannt, und τούτην ebd. p. 38, 17 (158[a]) = τοῦ τήν.] G. Meyer[3] 194. Meisterh.-Schwyz. 61 § 18. Dieterich Unt. 197.

2. αυ ∾ ευ. Die ptolemäischen Texte bieten ausschließlich ἐρευνάω, ἔρευνα: so Petr.[2] 64 (b) 5. 14 ἐρευνῆcαι; 10 ἐρευνῶντοc (III[a]). Par. 35, 9 (163[a]) ἐρευνηcάντων, 27 ἐρευνήcαντεc; ebd. 37, 10 (163[a]) ἐρευν[ῶ]το. Par. 60 (b) 15 (c. 150[a]) ἐρευνηταί. Tebt. I 5, 23 (118[a]) ἐρευνῶν; ebd. 38, 19 (113[a]) ἔρευναν-ποιεῖcθαι. Die im N. T. (Win.-Schmiedel § 5, 21[a]), auch bei Philo und Iosephus (Crönert 128) belegte Form ἐραυνάω erscheint in den Papp. erst nach Christus: so ἠραύνηται Oxy. II 294, 9. 10 (22[p]); ἐραυνᾶν ebd. 280, 30 (180[p]). ἔραυνα I 67, 18 (388[p]). „Demnach ist ἐραυνάω weder judengriechisch (Schmid G. G. A. 1895, 40) noch speziell alexandrinisch (Buresch

χυίαc ebd. 13, 16 (157[a]). προcπεπτωκυίαc Grenf. I 35, 7 (99[a]). ἐνεcτηκυῖαν Tor. I 4, 12 (117[a]); γεγονυίαc ebd. 5, 5. 14; 8, 5; 9, 24; πεπρακυῖαι ebd. 6, 17 usw. — Von υἱόc: υἱοῦ Par. 22, 5 (165[a]); 26, 28 (163[a]); 38, 9 (160[a]). Grenf. I 20, 7 (127[a]). Lond. I p. 36, 12 (160—59[a]). Leid. B 3, 14 (164[a]). υἱῶι Petr. I 12, 6 (238[a]). Petr. II 38 (b) 4. 8 (242[a]). Par. 26, 23 (163[a]). υἱόν Par. 22, 25 (165[a]); 14, 16 (127[a]). υἱοί Petr. I 15, 16 (237[a]). Par. 41, 20 (160[a]); 5, 2, 6. 8. 9; 4, 9; 10, 8. 10 (114[a]). υἱούc Par. 5, 48, 2 (114[a]). τοῖc υἱοῖc P. Kairo Arch. I 64, 6 (123[a]) usw. (cf. Index Tebt.).

Rh. Mus. 46, 214), wohl aber darf es als ein Kennzeichen des ägyptischen Griechisch betrachtet werden." Thumb Hell. 176 f. Reinhold 40.

3. Für die Kontraktion von εο in ευ bei fremden Eigennamen wie Θεύδοτος, Θεύδωρος etc. finden sich Belege oben S. 10; über ευ aus εου (Τιμόθευ) nach koptischer Art vgl. § 28, 5.

4. Statt ευ erscheint υ in ἱκετύουσα Artem. 9 Wessely (III[a]). Umgekehrt ευ statt υ in *εὐπογράφει Tebt. I 34, 11 (111[a]).

5. Die Schreibung ψειδεῖς statt ψευδεῖς Petr. I 2, 65 (Antiopefragm.) ist wohl durch Einwirkung der benachbarten Silbe entstanden. Vgl. Meisterhans-Schwyz. 62, 2.

6. Der römische Name Lucius (ein Senator) erscheint in der Transskription Λεύκιος Tebt. I 33, 3 (112[a]). Nachmanson 61, 2 vermutet Anlehnung an den echt griechischen Namen Λεύκιος.

7. Aussprache von αυ und ευ.

So sicher es ist, daß αυ und ευ von Anfang an echte Diphthonge = a + u, e + u gewesen sind (Blaß A.[3] 71—78; K. Bl. I 48. 55; Kretschmer Vas. 37 f.), so gewiß hat sich bei der zweiten Komponente der Übergang von u, durch halbvokalisches u̯ hindurch, zur Spirans zuerst in Ägypten, und zwar schon vor Christi Geburt durchgesetzt. Brugmann 51. G. Meyer 189. Hatzidakis Einl. 20. Buresch Philol. 51, 98 ff. Dieterich Unt. 78 ff., namentlich 80 Anmerkung. Anzeichen dieses Entwicklungsprozesses sind:

a) Der Ausfall des υ[1]):

α) vor Konsonanten in: Γλακίου = Γλαυκίου Par. 41, 6 (158[a]) — aber 40, 6 Γλαυκίου. Πολυδέκηι Par. 45, 6 (153[a]) — aber Πολυδεύκην Par. 44, 4 (153[a]). τοῖς ἀτοῖς Tebt. I 121, 92 (94 oder 61[a]). In αὐτοῦ Lond. I p. 42, 131 und αὐτ[ῶν ebd. p. 41, 167 (158[a]) ist das zu α gehörige υ erst nachträglich übergeschrieben. Schwyzer Vulg. 258 notiert ἀτός auf einer attischen Fluchtafel Def. 59, 6. Vgl. Ἀγούστων Goodsp. 12 col. 1, 11 (340[p]); Ἀγούστου 15, 5 (362[p]). Über Θέφιλος, Θήδωρος aus Θεύφιλος, Θεύδωρος vgl. § 25, 5 b, S. 148.

β) vor einem Vokal in σκεοφύλακα Petr. II 13 (10) 5 (258—53[a]) — sonst σκευοφυλάκιον ebd. 5 (a) 2 (250[a]). Ähnlich κατασκεάζεται Schwyz. Vulg. 252: Def. 94, 9.[2])

---

1) G. Meyer 191: „Halbvokalisches u̯ ist überall da als Vorstufe (zur Spirans) anzunehmen, wo es nach dem ersten Teil des Diphthongen ganz geschwunden ist."

2) Es mag zu Recht bestehen, was Blaß A.[3] 78 sagt: „Ich verstehe wohl, wie die Aussprache sich des wirklich unbequemen u entledigte, nicht aber, wie

Anmerkung 1. Anders zu beurteilen als ἀτός aus αὐτός sind ἐματόν Grenf. I 45, 7 (19ª); 46, 5 (18ª); ἑατούς [Dem.] epist. III (Kenyon class. 60) § 23 (IIª). Solche Formen sind, wie Wackernagel K. Z. 33, 4—8 nachgewiesen hat, durch Übergang von ᾱυ in ᾱ (wie ᾱ aus ᾱι, ω aus ωι oder ωυ) entstanden. Vgl. dazu namentlich Schweizer Perg. 51f. (mit vielen Beispielen) und Crönert 126f., der auch ἀτός durch Analogie mit ἑατοῦ erklären will. Dagegen sieht Blaß A.[3] 77 auch in ἀτός nichts weiter als „volkstümliche Erleichterung des häufigen, lästig schweren Wortes", das Stück für Stück an seinem Lautbestand verlor, bis schließlich nur noch τός übrig blieb.

b) Umgekehrt erscheint eingeschobenes υ (= w?) zwischen zwei Vokalen in αὐωίλια Petr. II 36 (2) 7; Petr.[2] 45 (4) 2 (IIIª) statt des geläufigen ἀωίλια (wofür Belege oben S. 37). Vergleicht man ferner Μνήγειος = Μνήιος Par. 55 (b) 2 (159ª) mit Μνήυιος Kanop. Dekr. 9 (237ª), Μνήυει ebd. 54 und Μνέυει Rosettadekr. 31 (196ª), sowie Ὀσορμνέυιος (zu lesen Osormnéwios) Leid. G 11; H 10. 12 (99ª), so scheint auch hier das υ (wie das γ) spirantischer Vokalteiler zu sein.

Anmerkung 2. Statt εὐναστήριον (Aeschyl. Pers. 156) steht im Antiopefragment Petr. I 2, 58 (c. 250ª) εὐναυστήριον.

c) Die Schreibungen αυ für αβ in ῥαύδους = ῥάβδους Par. 40, 33 (156ª); 41, 26 (158ª); [ῥαύ]τοις Par. 40, 41 (156ª) [sonst ῥάβδον Alex. IX 8 (IIIª). ῥάβδους Lond. I p. 34, 12 (161ª). ῥάβδωι Tebt. I 44, 19 (114ª). ῥαβδισμός ebd. 119, 46 (115—11); 229 (97 oder 62ª)]; und ευ für ἐπ in ἐμβλεύσαντες Lond. I p. 38, 15 (158ª), zunächst für ἐμβλέφσαντες und dies für ἐμβλέψαντες [sonst ἐμβλέψαντα Petr. II 20 (2) 4 (252ª); Par. 39, 10 (161ª); Tebt. I 28, 15 (114ª)] sind kaum erklärlich vom Standpunkt diphthongischer Aussprache des αυ und ευ. Zwar stammen alle diese Stellen aus der Feder desselben Verfassers, des Klausners Ptolemaios, könnten also individuell begründet sein, aber ihnen deshalb jegliche Bedeutung für die ägyptisch-griechische Aussprache abzusprechen scheint unberechtigt. Vgl. Blaß A.[3] 79. Anders G. Meyer 193, wo freilich fälschlich ῥαύβδους statt ῥαύδους zitiert ist.

d) In diesen Zusammenhang gehören wohl auch Schreibungen wie εὐγεργέταις Tebt. I 11, 18 (119ª) und εὐγεργέτιδι 26, 12 (114ª), in denen spirantisch gewordenes υ und in zweiter Linie Ent-

---

sie das υ gerade zwischen Vokalen hätte fallen lassen sollen." Aber dasselbe gilt nicht vom Ausfall vor Konsonanten, der nur bei halbvokalischer Aussprache begreiflich ist. Buresch Philol. 51, 98 ff. Anders freilich Dieterich Unt. 78 Fußnote, der vor Konsonanten erst recht vokalische Aussprache festhält und den Übergang von αυ, ευ > α, ε nicht ganz einleuchtend durch αο, εο hindurch erklären will.

faltung des γ (nach § 34), im ganzen also der bekannte neugriechische Vokalteiler βγ vorzuliegen scheint, von dem Hatzidakis Einl. 122 ff. ausführlich handelt, ohne freilich seine Entstehung endgültig zu erklären.

Anmerkung 3. Die im Faksimile (v. Devéria) deutliche Lesart βεύτιcτον Par. 63, 1, 26 (165[a]), die als weiterer Beleg neben kretisches αὐκάν = ἀλκήν, αὐγεῖν = ἀλγεῖν, εὐθεῖν = ἐλθεῖν, ἀδευφιαί = ἀδελφιαί zu stellen wäre, hat sich bei erneuter Durchsicht des Originals nicht bestätigt. Petr.[2] Einl. p. 20 bietet βέλτιcτον.

§ 18. Der Diphthong *ου*.

I. Wechsel zwischen *ου* und *ο*.[1])

a) ου wird ο.

Als Rest alter Orthographie ist es vielleicht zum Teil zu betrachten, wenn monophthongisches ου mit einfachem ο geschrieben wird.[2])

α) echtes ου in ἀκολόθωc = ἀκολούθωc Lond. II p. 6 col. 1, 20 (133[a]). ἀκολούθωc passim. — ἐκκρόεται = ἐκκρούεται Tebt. I 189 (I[a i]). ἐκκρούεται ebd. 241 (74[a]). ὀδέ = οὐδέ Il. 24, 26 (Kenyon class.) I[a]. ὀτ' (sic) = οὐδ' Weil II 5 (vor 161[a]). cποδήν Leid. U 3, 13 (II[a]). cπουδή Tebt. I 6, 11 (140[a]); 25, 6. 11 (117[a]); 27, 14 (113[a]); 33, 19 (112[a]).

β) unechtes ου in βολομένου Par. 40, 18. 21. 24 (156[a]); βολάμενοι Par. 48, 10 (153[a]). βόλομαι Amh. II 93, 3 (181[p]). ὀροῦcα = οὐροῦcα Par. 51, 21 (160[a]). Aber τὸ οὖρον Magd. 24, 9 (III[a]). *πολο̂ντοc = πωλοῦντοc Par. 40, 17 (156[a]). ὁμολογο̂ντα Amh. II 34 (d) 4 (nach 157[a]). κατὰ το̂ πατρόc Artem. (Wessely) 2 (III[a]); ebd. 3. 4 ταὐτοcαυτο̂ (dor. Refl.). τοῦ αὐτο̂ Tebt. I 61 (b) 288 (118[a]). τὸc πολεμίο[υc] — τὸc ἀνδρείουc Petr. II 50 (2) 17; (4) 12 (Laches c. 300[a]). πρὸc ἑαυτόc Par. 46, 13 (153[a]). τοὺc ἄλλοc Tebt. I 5, 255 (118[a]). Statt Νεχούτηc, wie Lond. II p. 15, 2. 5 steht, wird ebd. 11 geschrieben Νεχότηι (111[a]). Bei ἀπὸ τοῦ πένθοc

---

1) Blaß A.[3] 70. K. Bl. I 140. G. Meyer 194 f. Meisterh.-Schwyz. 63. Schweizer Perg. § 6. Nachmanson 61. Crönert 129 ff.

2) So erklärt auch Schwyzer Vulg. 248 die in den Fluchtafeln ganz gewöhnlichen Schreibungen ο statt ου als Reste des altattischen Alphabets, „wie sie sich gerade in den untersten Schichten der Bevölkerung ungemein zäh behauptet haben.“ Die Bedenken, die Nachmanson 61 gegen meine Vermutung geltend macht, haben mich so wenig überzeugt als sein Versuch einzelne Fälle anders zu erklären, z. B. πολο̂ντοc, ὁμολογο̂ντα durch Ausweichen der Kontracta in die Klasse der unkontrahierten Verba, eine Erscheinung, die (wenigstens in diesen Formen für die ptol. Papp.) ganz allein dastünde. Vgl. unten § 73, 4.

Lond. I p. 27, 2; Leid. E 23 (162[a]), ὑπάρχοντός μοι μέρος Magd. 27, 2 (III[a]) und ἀπὼ (sic) τοῦ τέλος Ostr. 1551 (34[p]) ist eine syntaktische Erklärung (Nominativ oder Akkusativ statt des Genitivs) nicht ausgeschlossen; vgl. ἀπὸ 'πηλιότης (sic) = ἀπὸ ἀπηλιώτου Par. 51, 34 (161[a]). παρὰ Ἀπολλώνιος Par. 60 (b) 28 (150[a]). παρὰ Πτολεμαῖος Lond. I p. 26, 29 (161[a]). τοῦ ὕδωρ Leid. S 3, 32; παρὰ Ἅρμαεις ibid. 5, 12 (164[a]). Ἅρμαις ἐπιγνόντος Par. 35, 19 (163[a]). ἔχω παρὰ Μαρρῆς (nomin.) Amh. II 58, 8 (135[a]). ἀκούω Τοθῆς (nom.) λέγων Par. 51, 10 (160[a]). etc. Schmid G. G. A. 1895 I p. 42; Attic. III 325.

b) ο wird ου (umgekehrte Schreibung).

δύου für δύο Lond. I p. 15, 5 (162[a]). *οὐδ' οὐκ ἔφυ = ὁ δ' οὐκ ἔφη Grenf. II 14 (c) 6 (III[a]). οὔση erste Hand für ὅση Petr.[2] 46 (1) 16 (III[a]). καθ' οὑν[τιν]οῦν τρόπον Tebt. I 5, 31. 100 (118[a]) in einem königl. Dekret; aber von derselben Hand richtig καθ' ὁντινοῦν 143. 161; ebenso Tebt. I 6, 43 (140[a]); dagegen wieder οὑντινοῦν 124, 26 (118[a]) in einem Aktenstück. μεγαλουπρεπέστερον Tebt. I 33, 6 (112[a]). τού = τό Tebt. I 27, 79 (113[a]). τούπου = τόπου (neben μέρος = μέρους s. oben) Magd. 27, 2 (III[a]). τούτου für τοῦτο (ἔτος τούτου ἑνδέκατον) Leid. D 1, 3; ebd. 16 τοὺ τοῦ εἰκοστοῦ ἔτους ἔλαιον statt τὸ τοῦ etc. (162[a]). τούτου δ' ἐστὶν τὸ ὀφείλημα = τοῦτο δ' ἐστίν ... Grenf. II 30, 27 (101[a]). Statt Πυανοψιών, welches die ältere in Inschriften erhaltene Form für Πυανεψιών ist, kommt Πυανουψιών vor Par. 4 (unb. ptol.). κούρας steht für κόρας, wie das Metrum verlangt, Weil II 9 (Medeafragm.), geschr. vor 161. Über die Eigennamen Διόσκοροι, Διοσκουρίδης etc. vgl. oben S. 10, über ἱερόδουλοι und ἱεροῦ δοῦλοι, ἱεροῦ πώλου, wofür manche Herausgeber fälschlich ἱερούδουλοι, ἱερουπώλου schreiben, vgl. Stammbildung § 87, 1 mit Anmerkung. Bei ἔνουχός εἰμι τῶι ὅρκωι = ἔνοχος Petr.[2] 56 (b) 17 (III[a]) könnte auch Analogie zu den Komposita auf -οῦχος (§ 87, 2b) angenommen werden.

Wenig Bedeutung für das griechische Lautsystem hat der Wechsel zwischen ο und ου in ägyptischen Eigennamen, z. B. Σουκνεβτύνιος Tebt. I 115, 20 (115—13[a]); sonst Σοκνεβτύνει ebd. 31; 62, 312 (119[a]); 89, 54 (113[a]). Statt Πετοβάστιος, wie Petr. II 9 (5) 9 (241[a]), steht Z. 1/2 Πετουβάστιος; statt des gewöhnlichen Σοκνεπαίου einmal Σουκενεπαίου (sic) Amh. II 58, 4 (132[a]).

Die Häufigkeit der Verwechslungen zwischen ο (ω) und ου legt die Auffassung nahe, daß in dieser Periode die Tendenz zu geschlossener Aussprache des o-Lautes überhaupt bestand.

II. Wechsel zwischen *ου* und *υ*.[1])

a) ου wird υ (zunächst in tonloser Silbe).

In einem Papyrus niedrigsten Stils steht viermal βυκόλος (Rinderhirt): Lond. I p. 28, 7. 16. 17. 19; zweimal βουκόλος 9. 17 (161[a]), wobei in den letzteren Fällen das ο[1] erst übergeschrieben ist. δευτέρυ = δευτέρου Eud. 13, 17 (vor 165[a]). λιτυργούς = λειτουργούς (nach Wilcken statt σιτηγούς) Petr. II 4 (9) 11 (255[a]). ὑπάρχυσαν (Wilcken, Herm. 28 p. 231) Lond. I p. 49, 5 (III[a]).

In betonter Silbe: θησαυρῦ = θησαυροῦ Par. 60 (b) 31 (c. 150[a]). ὗσαν (mit übergeschriebenem ο) = οὖσαν Petr. II 48, 23 (186[a]).

In ägyptischen Namen: Νεχούτυ = Νεχούτου (gen.) Lond. II p. 16, 15 (111[a]). Πηλυσίου Petr. II 39 (i) 16; aber Πηλουσίου ebd. 14. 16. 17 ff. (III[a]). Ψοῦλιν Par. 35, 31; Ψῦλιν 37, 43 (163[a]). Μαρρέυς (gen. v. Μαρρῆς) statt Μαρρέους Tebt. I 85, 18 (113[a]).

b) υ wird ου (zunächst in betonter Silbe).

Einmal begegnet διλούονται (sic) Lond. I p. 25, 20; wofür in der folgenden Kopie p. 26, 19 (161[a]) διαλύονται steht. In demselben Stück, das wiederholt βυκόλος enthält (vgl. vorige Nummer), findet sich νοῦν statt νῦν Lond. p. 28, 16 (161[a]). ὀμνούει = ὀμνύει Petr.[2] 56 (b) 5 (c. 259[a]). Erst später wird auch unbetontes υ zu ου: so ἥμισου = ἥμισυ Amh. II 91, 16 (zweimal) 159[p]; Ὄλουμπον Oxy. I 43 col. 2, 14 (295[p]).

Aus dem vorliegenden Material scheint sich zu ergeben, daß auch ου in dieser Zeit eine Richtung auf i zu nehmen anfängt.

III. Wechsel zwischen *ου* und *ω* (vgl. oben S. 99 f.).

IV. Wechsel zwischen *ου* und *ευ*.

Wilck. Ostr. 1221 (unb. ptol.) wird derselbe Name 1 Θοτεύτου, aber 2 u. 5 Θοτούτου geschrieben. Über ἥμισευ(ς) statt ἥμισους und die Kontraktion von ε + ου zu ευ (Τιμόθευ) nach koptischer Art vgl. unten § 28, 5. Über Λεύκιος = Lucius vgl. oben S. 114.

Anmerkung. Als auffallend sei notiert die Umschreibung des hebräischen Eigennamens דָּנִיֵּאל durch Δανοοῦλος Grenf. I 43, 6 (II[a]). Über die (namentlich in Magdôla) vorkommenden semitischen, manchmal ins Griechische übersetzten Eigennamen vgl. Wilcken Arch. II 390; über

1) Vgl. Thumb Hell. 194: „Wenn in Ägypten bisweilen ου statt υ (und umgekehrt) begegnet, so erklärt sich dies aus der Mischung der verschiedenen griechischen Elemente, welche daselbst zusammengekommen sind: ü war die Aussprache der Mehrheit, daneben u (und i).“ Zum Ganzen Blaß A.[3] 39 f. K. Bl. I 60. G. Meyer 141. Crönert 129.

die jüdischen Steuerpächter auf den Ostraka des II. Jahrh. v. Chr. Wilcken Ostr. I 523f. — Als Ersatz für lateinisches v steht ου im Eigennamen Οὐαλερίωι Dittenb. inscr. gr. or. I 196, 100 (32ᵃ). Nachmanson 62. Im allgemeinen Eckinger, die Orthographie röm. Eigennamen p. 77.

DIE LANGDIPHTHONGE ᾱι [ᾱυ], ηι [ηυ], ωι [ωυ].

§ 19. ᾱι [ᾱυ].[1]

1. Der Diphthong ᾱι wird richtig gesetzt

a) im Wortanfang: ἄιδειν Kanop. Dekr. 68 (237ᵃ).

b) im Wortinneren. IIIᵃ: Θρᾶιξ Petr. II 35 (1) 10; (2) 5 (240ᵃ). Petr. I 13 (3) 8 (237ᵃ). Petr.² 5 (b) 9 (237ᵃ); 10, 11 (235ᵃ); 21 (a) 3. 10; (c) 6 (226ᵃ); 112 (a) col. 1, 10 (IIIᵃ). Petr. II 46 (b) 1 (200ᵃ). Θραικός Petr.² 34 (a) 2 (c. 240ᵃ); 112 (a) col. 1, 4 (IIIᵃ). Petr. II 46 (c) 5 (200ᵃ). Θραικῶν Petr. II 30 (a) 1 (235ᵃ); Einl. p. 37 (b) 4 (IIIᵃ). Petr.² 112 (f) 14 (IIIᵃ). Θράικης Dittenberg. inscr. or. I 54 (Adulis) 15 (239ᵃ). Θράικην Tebt. I 8, 8 (201ᵃ). Θράισσηι Petr. I 19, 26 (225ᵃ). — ῥαιδίως Petr. I 4 (1) 11 (klass. Fragm. IIIᵃ); 6 (3) 4 (Phädon c. 300ᵃ). Petr. II 11 (1) 4 (IIIᵃ). ῥάιων Petr. II 50 (1) 24 (Laches c. 300ᵃ). ῥαιδιουργίας Magd. 35, 11 (IIIᵃ).

II—Iᵃ: Θρᾶιξ Amh. II 43, 16 (173ᵃ). Tebt. I 38, 24 (113ᵃ). Θρᾶικα Tebt. I 38, 4. 13. 18 (113ᵃ). — ῥαιδίαν Hyperid. κ. Φιλ. (Kenyon) § 82 (II—Iᵃ). ῥαιδίους [Demosth.] epist. III (Kenyon) § 23 (II—Iᵃ). ῥαιδίως Par. 63, 169 (165ᵃ). ῥαιδιουργίας Tor. I 6, 3 (117ᵃ).

c) am Wortschluß, und zwar:

α) im Dativ sing. der A-Deklination regelmäßig (Ausnahmen unter 2; Statistik unter 3).

β) im Indik. und Konj. praes. der Verba contracta auf -άω; z. B. IIIᵃ ἐρευν[ᾶ]ις Antiopefragm. Petr. I C 23 (c. 250ᵃ). ὁρᾶις (ind.) Petr. II 13 (19) 9 (258—53ᵃ).
IIᵃ ὀδυνᾶι Grenf. I 1, 1, 10 (nach 173ᵃ). νικᾶι Eud. Acrostich. 11 (vor 165ᵃ). ἀπαντᾶι περισπᾶι Lond. I p. 30, 3. 31 (172ᵃ). ἐφορᾶι ebd. p. 38, 30 (158ᵃ).

γ) im Konj. des unthemat. Aor. act. v. A-Stämmen, wie διαδρᾶι Petr. II 39 (e) 4 (245ᵃ).

δ) in den Adverbien ἰδίαι, λάθραι.

Belege aus IIIᵃ: ἰδίαι Rev. L. 19, 3 (258ᵃ). Dittenb. inscr. or. I 55, 12 (240ᵃ). Strack, ptol. Inschr. Arch. II 539, 8 (IIIᵃ).

---

1) Blaß A.³ 48. Meisterh.-Schwyz. 64, 1. 2. K. Bl. I 183 ff. G. Meyer 185 ff. Schweizer Perg. 86. Nachmans. 49 ff. 56 ff. Win.-Schmied. § 5, 11. Crönert 40—52.

II^{a}: ἰδίαι Lond. I p. 13, 21 (162^{a}). Par. 30, 29; Dresd. I, 9; Leid. D 17 (162^{a}). Tebt. I 5, 136. 151; 61 (b) 236 (118^{a}). λάθραι Par. 22, 28 (165^{a}).

2. Der Übergang von ᾱι in ᾱ (Schwund des ι προςγεγραμμένον) ist im 3. Jahrhundert v. Chr. ausgeschlossen[1]), auch in der ersten Hälfte des 2. eine große Seltenheit, häufiger erst ums Jahr 100^{a}, ein Beweis, daß seitdem das ι nicht mehr gesprochen wurde.[2])

Belege. a) im Inlaut: II^{a} 1. Hälfte ῥαθυμῆcαι Leid. U 4, 21. 2. Hälfte ῥαδιουργημέναc Tebt. I 42, 16 (114^{a}). Θρα(κόc) Tebt. I 86, 8. 16 (II^{af}). Θρακίδα (dat.) ebd. 42, 8 (c. 114^{a}).

I^{a}: Θρα(κόc) Tebt. I 120, 4. 6 (97 od. 64^{a}). Θρακί ebd. 121, 17. 65. 69 (94 od. 61^{a}). Θρακίδα (Eigenname) ebd. Z. 15. 33.

b) im Auslaut: II^{a} 1. Hälfte Ἀλεξανδρήα (dat.) Par. 51, 30 (160^{a}). καθειcτᾶ Par. 23, 11 (165^{a}). ἀπαντᾶ ebd. 44, 2; 45, 2 (153^{a}) [Letronne ἅπαντα, vgl. aber dieselbe Wendung τὰ ἄλλα coι κατὰ λόγον ἀπαντᾶι Lond. I p. 30, 3 (172^{a})].

II^{a} 2. Hälfte: Dative ἀγορᾶ Grenf. I 31, 14 (104—3^{a}); II 29, 25 (102^{a}). τῆι τοπαρχία Grenf. I 33, 18. 34 (103^{a}). τῇ ταινία ebd. 34, 5 (102^{a}); Grenf. II 28, 10 (103^{a}); 32, 5. 6 (101^{a}). Ἑρμία ebd. 23, 9 (108^{a}). Ἐcθλάδα 26, 13 (103^{a}). μίτρα auf einer poet. Grabschr. Arch. I 220 N. 2, 4 (145—116^{a}); ebd. 14 τόλμα (Dorismus). — Verbum contract. ὁρᾶ [Demosth.] epist. III (Kenyon) § 9 (II—I^{a}). ἐᾶ P. Reinach 18, 19 (108^{a}).

I^{a}: θεᾶ μεγάλη Strack, ptol. Inschr. Arch. III 131, 8, 2 (78^{a}). Θρακίδα Tebt. I 121, 15 (94 oder 61^{a}) etc.

In den Papp. Tebt. I (II—I^{a}) verhält sich auslautendes -ᾱι zu -α: in offiziellen Stücken (Nr. 5—54) = 25 : 14; in Privatkorrespondenzen und Landaufnahmen (Nr. 55—103) = 8 : 2; in Kontrakten (Nr. 104 —111) = 8 : 3; in Privatrechnungen und Ausgabenverzeichnissen (Nr. 112—123) = 0 : 11.

3. Zur Veranschaulichung des allmählichen Übergangs von ᾱι in ᾱ mag folgende Tabelle dienen, die für das 3. Jahrhundert v. Chr.

1) Das bisher ganz alleinstehende Cαμοθρᾶξι Dittenb. inscr. gr. or. I 69, 1 (247—21^{a}) in der Widmung eines Theräers Apollonios erklärt sich aus der bei Θρᾶ(ι)ξ von jeher schwankenden Orthographie. Vgl. unten.

2) Vielleicht auch schon früher, da sich die überlieferte Orthographie notorisch länger zu halten pflegt. Interessant in dieser Beziehung ist eine Bemerkung Strabos, die Blaß A.^{3} 49 Anm. 141 anführt: XIV p. 648 πολλοὶ γὰρ χωρὶc τοῦ ῑ γράφουcι τὰc δοτικὰc καὶ ἐκβάλλουcι δὲ τὸ ἔθοc φυcικὴν αἰτίαν οὐκ ἔχον. Die ältesten Beispiele für ᾱ statt ᾱι finden Meisterh.-Schwyz. auf attischen Steinen im 1. Jahrh. v. Chr.; Schweizer Perg. 87 einen Beleg aus der Königszeit (197—159^{a}); Nachmanson S. 49 in Magnesia 3 Fälle im 2., 2 im 1. Jahrh. v. Chr. Im übrigen vgl. G. Meyer 185. K. Bl. I 183 ff. Eine Erklärung des lautlichen Vorgangs versucht Schweizer Perg. 86 Anm. (entweder phrygischer Einfluß — nach Solmsen K. Z. 34, 51 — oder Wechsel des Akzentprinzips).

aus Flind. Petr. I u. II (mit Ausschluß der klassischen Stücke), für das 2. Jahrhundert (erste Hälfte) aus Lond. I, Leid., Par., Tor. und für die Wende vom 2. zum 1. Jahrhundert aus Grenf. I, II und Tebt. I hergestellt ist.

	3. Jahrh. v. Chr.	2. Jahrh. v. Chr. erste Hälfte	Wende vom 2. zum 1. Jahrh. v. Chr.
Anlaut ᾱι	1	0	0
Inlaut ᾱι	12	2	5
Inlaut ᾱ	0	0	12
Auslaut ᾱι	32	112	46
Auslaut ᾱ	0	4	36

4. Seitdem die zweite Komponente nicht mehr ausgesprochen wird (was sicherlich geraume Zeit vor der Wiedergabe des ᾱι durch ᾱ geschehen ist), erscheint nicht selten mißverständlich die „umgekehrte Schreibung“ αι statt α, und zwar sowohl bei kurzen als langen Silben, im In- und Auslaut (Blaß A.[3] 48).

Belege im III. Jahrh. v. Chr.: ἀλλάι Petr. II 50 (4) 18 (Laches c. 300[a]). Μεννέαι (Nomin.) Petr. I 21, 18 (237[a]).

Im II.—I. Jahrh. v. Chr.: ταὐτάι Par. 63, 7, 21 (165[a]). ἐπιτήδηαι neutr. plur. (Wilcken) Lond. I p. 38, 16 (158[a]). ἀπὸ βορρᾶι Grenf. II 23 (a) IIb (107[a]) — sonst ἀπὸ βορρᾶ Grenf. II 25, 9 (103[a]). Ἀπολλωνίαι — Κυρηναίαι (Nominative) Grenf. I 20, 2 (127[a]); 18, 3. 4 (132[a]). Tebt. I 104, 14. 21 (91[a]). βίαι προσαχθήσεται Tebt. I 61 (b) 33 (118[a]). εὐημερίαι καὶ εὐτυχίαι (sing. nom.) Par. 30, 29 (161[a]), vgl. die Kopie Leid. D. — κυρίαι ἔστω Tebt. I 105, 36. 52 (103[a]). Ganz sinnlos τὰι πορεῖα Tebt. I 5, 196 (118[a]). τὰ ἐκφόριαι ebd. 66, 61 (127[a]). Sogar im Inlaut: καιτά Par. 44, 2 (153[a]); Tebt. I 5, 93 (118[a]) — vielleicht momentane Verwechslung mit καὶ τά.

5. Ohne Jota werden geschrieben:

a) der Infin. der Verba contracta auf -ᾶν, da in der Grundform kein echtes ει vorliegt. Belege § 73, 2.

b) πραέως Par. 63, 8, 6 (165[a]) in Übereinstimmung mit einer att. Inschrift (Mhs.-Schwyz. 64, 2). Das falsche πρᾷος ist wohl durch Analogie mit ῥᾷον entstanden. K. Bl. I 532. Buttmann ausf. Gr. I 261. Crönert 50, 7. Herodian II 573 (Lentz) gibt eine falsche Grammatikertheorie, indem er ι vorschreibt.

6. Über καίω (κᾴω) und κάω, κλᾱίω (κλᾴω) und κλάω vgl. oben S. 104f.; über ἐμᾱυτοῦ und ἐμᾱτοῦ vgl. S. 115.

§ 20. ηι [ηυ].

Vorbemerkung. Die Frage nach dem Lautwert von ηι in der κοινή, ob von Anfang an monophthongisch (= ẹ̄) oder allmählicher Übergang von ē—i durch ẹ̄^{i} zu ẹ̄, worauf teils der Verlust des ι in der Schrift teils die Verwechslung mit ει hinzuweisen scheint, ist noch immer nicht endgültig entschieden. Zwar hat die erstere Annahme, die insbesondere Brugmann Gr. Gr.[3] 53 und nach ihm am entschiedensten Schweizer Perg. 59 ff., auch Meisterh.-Schwyz. 38 ff. vertritt, in der neuesten Zeit am meisten Anhänger gefunden (z. B. Nachmanson 51 ff.): allein die ältere Theorie, die zuerst G. Meyer 130 ff., in etwas veränderter Weise Meisterhans[2] 28—31, Blaß A.[3] 46 f. und insbesondere Hecht, Orthogr.-dialekt. Forschungen II (1886) verfechten, ist keineswegs ohne alle Möglichkeit oder ganz abgetan. Mag also immerhin der lautliche Prozeß beim Übergang von ηι > η ein wesentlich anderer sein als bei ᾱι > α oder ωι > ω, so war doch die orthographische Entwicklung dieselbe und verlief im großen und ganzen mit jenen Erscheinungen parallel. Dadurch empfahl sich die herkömmliche Besprechung des ηι in der Reihe der Langdiphthonge, wenn auch zweifellos der durch Doppelbuchstaben ausgedrückte Laut sehr früh monophthongische Bedeutung gehabt hat.

I. Der Übergang von ηι in η.[1])

A. III. Jahrhundert vor Chr.

1. Die Orthographie ηι hält sich noch:

a) im Anlaut augmentierter Diphthongstämme, wie ἀπήιτουν Magd. 1, 10; ἀπηιτημένος ebd. 17, 13; 25, 4; in der Mehrzahl der Fälle tritt dafür gleichzeitig entweder ει (nach attischem Vorgang) ein, so namentlich im Perf. von αἱρέω (vgl. unter 9), oder ebenso häufig η (Belege unter 2).

b) Im Inlaut findet sich ηι in literarischen Stücken: ἀποθν]ήισκειν Petr. I 5 (1[a]) 7 (Phädon c. 300[a]). ληιστής ebd. 9 (1) 15 (klass. Stück); II 49 (e) col. II, 3 (rhetor. Stück c. 250[a]). In Urkunden: ληιστῶν Petr.[2] 28 (e) verso (a) 260[a]; ebd. (e) 6 ληιστήρ[ιο]ν. ληιστόρων Alex. IX 14. 16 (III[a]).

c) Im Auslaut, und zwar sowohl in literar. Stücken als gleichzeitigen Urkunden:

α) im Dativ sing. der A-Deklination fast ohne Ausnahme.[2])

1) Außer der in der Vorbemerkung berührten Literatur vgl. insb. die sorgfältigen Sammlungen von Crönert 35 ff.

2) ἀπηλλαγμέν]ηει Petr. I 6 (3) 13 (Phädon c. 300[a]) beweist, daß das ι noch ausgesprochen wurde.

β) in den **Adverbien** ἡϲυχῆι Petr. I 16 (1) 4 (237[a]); 19, 5 (225[a]) und κοινῆι ebd. 12, 13 (238[a]). Magd. 29, 2 (III[a]). Strack, ptol. Inschr. Arch. II 539 Nr. 8 (III[a]). Dittenberg. inscr. orient. I 55, 11 (240[a]).

γ) in den **Verbalformen** auf -ηι, -ηιϲ (mit wenigen Ausnahmen, die unter 2 aufgeführt sind).

2. Schon um die Mitte des 3. Jahrhunderts v. Chr. — also weit früher als bei ᾱι (vgl. oben S. 120) — scheint die zweite Komponente ι, die dem einem geschlossenen ẹ angenäherten η lautverwandt war, im An- und Auslaut verstummt zu sein, weshalb sie gelegentlich von flüchtigen Schreibern weggelassen wird. In den Flinders Petrie Papp. und Magdôlapapp. 1—41 zähle ich (unter Weglassung der klassischen Texte) gegenüber von etwa 250mal richtig gesetztem ηι das η zweimal im Anlaut, elfmal im Auslaut.

Belege: Im Anlaut: ἠτήϲατο Petr. II 12 (2) 4 (241[a]). ἠτη[μένουϲ Magd. 17, 7 (III[a]). Dazu ἡρηκέναι Petr.[2] 21 (g) 19 (226[a]). ἐπηνεκέναι (zu ἐπαινεῖν) Tebt. I 8, 18 (201[a]).

Im Auslaut: δοθῆ Petr. II 2 (1) 10; ἀναγράψη 21 (260[a]). χορηγηθῆ 4 (2) 7; (7) 6 βλαβῆϲ (255[a]). ὑγιαίνηϲ 11 (1) 8 (III[a]). χρηματιϲθῆ καὶ ἐνλειφθῆι (sic) 13 (1) 6—7; ἀναχωϲθῆι καὶ ὁμαλιϲθῆ (8[a]) 5. 13 (258—53[a]). ἀνταναγνωϲθῆ 17 (1) 6; ἀποϲτείληϲ 23 (3) 7 (III[a]). διακριθῆ Magd. 10, 8; ῆ 35, 10 (neben achtmaligem ῆι) III[a].

Dazu kommen aus Rev. L. (258[a]) 22, 2 λη[φθ]ῆ; 40, 8 καταβλαβῆ; 44, 16 ἀναγάγη; 47, 9 ποιῆ. Petr.[2] 53 (q) 2 προαιρῆ; 67 (c) 9 μάθηϲ (III[a]); 3, 4 (237[a]) ἡϲυχῆ.

Außer dem letzten Beispiel sind es lauter Verbalformen, in denen also offenbar die monophthongische Aussprache am frühesten einsetzte, wenn nicht ursprünglich war.

3. Seitdem das Jota in der Schrift wegfallen konnte d. h. nicht mehr hörbar war, erscheint gelegentlich die „umgekehrte Schreibung" ηι statt η[1]): so νιτρικῆι (Nomin.) Petr. II 27 (3[a]) 1 (236[a]).

B. II.—I. Jahrhundert vor Chr.

4. Der Ausfall des ι nimmt immer mehr überhand:

a) im **Anlaut** augmentierter Diphthongstämme, wie ἡρεῖτο Tor. I 3, 21 (117[a]). προηρούμην Amh. II 38, 5 (II[a]). ἤϲχυνται Par. 49, 25 (c. 160[a]). ἠϲχύνοντο [Demosth.] epist. III (Kenyon class. 61) II—I[a]; ebd. 29 παρήει. ἀπητημένας Tebt. I 5, 66 (118[a]). κατητίω Par. 64, 2 (c. 160[a]).

b) im **Inlaut**: ἀποθνήϲκει Par. 23, 12 (165[a]). ἀποθνήϲκοντα Tor. VIII 31 (119[a]). Tebt. I 1, 18 (Anthol. Fragm. nach 100[a]). ὑπομιμνήϲκειν

1) Blaß A.[3] 48, 139. G. Meyer 187. Nachmans. 53. Schweizer Perg. 47 Anm. Crönert 45.

Par. 63, 6, 187 (165^a). μεμνηcκόμενοc (sic) Il. 24, 9 (Kenyon) I^a. ληcτάc Par. 12, 10 (157^a). ληcτῶν ebd. 46, 7 (153^a). ληcτικῶι Tebt. I 53, 11 (110^a). P. Reinach 17, 5 (109^a). Über ἀποκλήcαντεc vgl. unter 10.

c) Im Auslaut hält sich das ηι des Dativs in der Mehrzahl der Fälle (ηι : η = 5 : 1, weniger fest in den Verbalformen auf -ηι, -ηιc, wo ηι : η = 7 : 5.

Man liest aber häufiger εἰκῆ, ἡcυχῆ, κοινῆ, πανταχῆ, πάντη als die entsprechenden Formen mit -ηι.

Mit -η:	Mit -ηι:
εἰκῆ Leid. G 15; H 14. 24 (99^a).	ἡcυχῆι Leid. N 1, 7 (103^a).
ἡcυχῆ Grenf. I 33, 8 (103^a); B U 993 II 11 (127^a).	κοινῆι Par. 63, 1, 10 (165^a); 13, 12 (157^a). Strack, ptol. Inschr. Arch. III 129, 7 (II^a).
κοινῆ Tebt. I 80, 4 (II^{af}); 104, 15 (92^a).	πεζῆι Tebt. I 5, 28 (118^a).
πανταχῆ B U 998 II 13 (101^a). Tebt. I 110, 13 (92 oder 59^a). Tebt. I 156 (91^a). P. Reinach 11, 25 (111^a); 23, 25 (105^a).	
πάντη Grenf. I 34, 7 (102—1^a).	

5. An der Wende des 2. zum 1. Jahrh. v. Chr. (Grenf. I, 22—43 und II 16—39) halten sich im Dativ und Konjunktiv ηι und η die Wage (je 27 Fälle).

6. Ohne Jota schreibt sich der Infinitiv der Kontracta auf -ῆν. Belege bringt die Flexionslehre § 73, 2.

Zur Illustrierung der orthographischen Entwicklung dient folgende Tabelle:

	III. Jahrh. v. Chr. Petr. I, II. Magd. 1—41.	II. Jahrh. v. Chr. Lond. I. Leid. I. Par., Theb. Bk., Tor.	c. 100 v. Chr. Grenf. I 22—43. Grenf. II 16—39.
Anlaut ηι	3	0	0
Anlaut η	2	2	0
Inlaut ηι	3	0	0
Inlaut η	0	5	0
Auslaut ηι	c. 250	Dat. 350 Konj. 64 } 414	Dat. 23 Konj. 4 } 27
Auslaut η	11 (Konjunkt.)	Dat. 76 Konj. 45 } 121	Dat. 21 Konj. 6 } 27
Verhältnis von auslautendem ηι : η	23 : 1	3,4 : 1	1 : 1

Anmerkung. Am häufigsten ist der Schwund des ι beim Artikel eingetreten, so daß z. B. von den in der obigen Tabelle unter dem II. Jahrh. v. Chr. angeführten 76 Dativen auf -η über 30 Artikelformen sind, auf die nicht selten ein voller Dativ auf -ηι folgt. G. Meyer 187. Blaß A.³ 45 Fußn. 119. 120. Nachmanson 59 Anm. 2.

7. In den Papp. Tebt. I (II—I^a), die (abgesehen von dem aus III^{a i} stammenden ἐπηνεκέναι, vgl. oben 2) nur je ein Beispiel für in- und anlautendes η (ἀπητημένος, ληςτικῶι, s. oben 4b) aufweisen, verhalten sich die Fälle mit auslautendem ηι: η in offiziellen Stücken (Nr. 5—54) = 152 : 21 (7 : 1); in Privatkorrespondenzen und Landaufnahmen (Nr. 55—103) = 18 : 12 (3 : 2); in Kontrakten (Nr. 104 —111) = 34 : 10 (3,4 : 1); in Privatrechnungen (Nr. 112—123) = 20 : 7 (3 : 1).

8. Obigen Verhältnissen entsprechend wächst die Zahl der Stellen, in denen mißbräuchlich ηι für η gesetzt ist, im II.—I. Jahrh. v. Chr. außerordentlich. Es ist dies eines der häufigsten Schreibversehen in sonst ziemlich korrekt geschriebenen Urkunden, meist im Auslaut, doch auch manchmal im Inlaut der Wörter, in betonten wie unbetonten Silben. Mit einer gewissen Regelmäßigkeit kehren folgende Fälle wieder:

a) im Auslaut

α) der Nominativ (und Vokativ) sing. auf -ηι[1]):

Par. 1 (Eud.) 20, 7 (vor 165^a) ἥι [vgl. Kumanudes p. 144]; ebd. Z. 9 ὅληι. Par. 30, 29 (162^a) μορφήι.

Leid. N 2, 7. 8 (103^a) μέcηι — Περcίνηι.

Lond. I p. 11, 24. 43 (162^a) ὁ ὑποδιοικητήι (das ι an Stelle des nach § 46 IIc ausgefallenen c). Vgl. S. 136.

Tor. XII 7 (119^a) ὠνήι. B U 1002, 8. 11 (55^a) ῥύμηι; 12 αὐλήι.

Amh. II 31, 16. 17 (112^a) ταξαμένηι — cυνιcταμένηι.

Tebt. I 5, 1 (118^a) ἀδελφήι; 34 ἡι (Artikel); 27, 78 (113^a) προcοχήι; 60, 4 (118^a) κώμηι; 72, 150 (114^a) αὐτήι; 84, 25 (118^a) ἡ κεχωριcμένηι; 85, 144 ἱερὰ γῆι, ebenso 105, 14 (103^a); 106, 10; ebd. 11. 19 βαcιλικὴι γῆι; 109, 12 (93^a) γυνήι; 13 Περcίνηι; 156 (91^a) ἐπιφερομένηι; 159 (112^a) εἰcδοχήι. Poet. Grabschrift (145—116^a) Arch. I 219, 4 ἥιδε; 220 I 16 ἐνεγκαμένηι. Als Vokativ steht Εἰρήνηι Strack ptol. Inschr., Arch. III 128, 4 (145^a).

Besonders häufig erhält der ägyptische Monat μεcορή das pleonastische ι, wodurch möglicherweise ein einheimischer Laut wiedergegeben wird: so Par. 33, 34 (162^a). Tebt. I 28, 4 (114^a); 89, 32. 62. 70 (aber 75 μεcορή); 120, 33. 60 (97 oder 64^a); 241; 250 (74^a). Amh. II 51, 1. 21 (88^a). Ostr. 706, 1 (unbest. ptol.). Über μεcορεί vgl. oben S. 78.

1) Sollte vielleicht schon eine Spur von späterem Dativschwund in dieser Setzung der Dativform statt des Nominativs vorliegen?

β) Der Optativ auf -είηι: εἴηι Lond. p. 30, 3; Vat. A 3 (172[a]). Eud. 15, 11 (vor 165[a]). Par. 42, 2 (165[a]). Grenf. I 21, 2 (126[a]). Tor. I 9, 6 (117[a]). Tebt. I 78, 17 (110[a]); 210 (107[a]). — θείηι Par. 15, 59 (120[a]). Tor. I 7, 19; 8, 24 (117[a]). Analogiewirkung vom Konjunktiv.

γ) Der Accus. sing. masc. und Nominat.-Accus. plur. neutr. der S-Stämme auf ηι: *τὸν αὐτωτελῆι (sic) Lond. I p. 42, 129 (158[a]). εὐφυῆι Tebt. I 50, 12 (112—1[a]). κακοφυῆι 72, 371 (114[a]). συγγενῆι Grenf. I 21, 6 (126[a]). ἔτηι Lond. I p. 38, 16 (158[a]). Tebt. I 5, 95 (118[a]); 61 (b) 54 (118[a]); 106, 14 (101[a]). κτήνηι Tebt. I 5, 181. 234 (118[a]); 27, 72. 75 (113[a]). σκεύηι 5, 235 (118[a]). τέληι 5, 128. 131. ψευδῆι (adject.) Par. 47, 6 (153[a]).

δ) Aorist. pass. auf ηι: συνετάγηι Leid. B 14 (164[a]). ἐδηλώθηι Fay. XI 14 (nach 115[a]). μετέστηι Hyperid. κ. Φιλ. col. 1, 11 (II—I[a]). ἀπέστηι P. Reinach 7, 18 (c. 140[a]).

ε) ἦι Tor. IV 24 (117[a]). Tebt. I 5, 54 (118[a]); 75, 7 (114[a]); 11, 16 (119[a]); 35, 11. 18 (111[a]). ἤιτοι — ἢι — ἢ 5, 59. 99. 100 (118[a]). ἤδηι Tebt. I 24, 39. 95 (117[a]). μήι Par. 63, 2, 39 (165[a]). Amh. II 44, 10 (138[a]). Tebt. I 5, 91 (118[a]); 27, 108 (113[a]); 64 (a) 63 (116[a]); 72, 455 (114[a]); 111, 9 (116[a]).

b) nicht selten auch im Inlaut:

Par. 63, 4, 98 (165[a]) ζυτηιρᾶι. Lond. I p. 26, 1 (162[a]) ὑποδιοικηιτῆι; II p. 13, 1 (116—111[a]) ἐπιστρατήιγωι καὶ στρατηιγῶι. Tebt. I 5, 38 (118[a]) ἐπιβεβηικότας, 52 κτηιμάτων, 55 μηιθενί (aber 57 μηθέν), 58 μηιδέ, 59 ἤιτοι, 84 μήιτε (wohl = μηδέ) — μηιδεμιᾶι, 111 ἰδιόκτηιτον, 130 ἡιμέραις, 184 μηιδέ (neben öfterem μηδέ). NB! Der fehlerhafte Papyrus ist ein amtlich redigiertes Schriftstück. 35, 8 (111[a]) ἐκτεθήιτωι; 50, 26 (112[a]) μηιδέ; 58, 34 (111[a]) συνκεχώρηικεν, 35 καταστοχήισαμεν = κατηστοχήσαμεν; 61 (a) 32 (118[a]) εὐσυνθετηικέναι; 62, 43 (119[a]) Θηιβα(ίδα); 70, 42 (111[a]) τήιλει; 78, 7 (110[a]) ἐκβεβηικότος; 103, 36 (94 oder 61[a]) αὐλητής; 120, 124. 140 (97 oder 64[a]) τρυγήιτοις.

II. Wechsel zwischen *ηι* und *ει*.

Am einfachsten erklärt sich dieser Wechsel durch die Tatsache, daß η(ι) nach und nach den Lautwert von (echtem und unechtem) ει, d. h. ẹ̄ angenommen hatte, was nach dem Abfall der Komponente ι leicht verständlich ist. Übrigens läßt sich diese Erscheinung im Attischen schon seit c. 400 v. Chr. belegen; sie nimmt an Häufigkeit rasch zu, hat ihren Höhepunkt im 3. Jahrhundert, um alsdann rasch wieder abzunehmen, und hört mit dem Jahre 30 v. Chr. auf (Meisterh.-Schwyz. 39). Auch auf anderen Sprachgebieten ist der Vorgang mehr oder weniger geläufig: über Pergamum Schweizer 59ff. (mit ausführlichen Literaturangaben); über Magnesia Nachmanson 51f.

Zur Erklärung des Wandels Brugmann Gr. Gr.³ 53; G. Meyer 130f. und hauptsächlich Schweizer a. a. O. Beispielsammlung bei Dittenberger Syll.² III 226.

In Ägypten geht der Wechsel zwischen ηι und ει ziemlich gleichzeitig neben dem von ηι und η her; den Schlußpunkt der Entwicklung bildet die Schreibung ι, wofür schon die ptolem. Papyri einige Belege bieten.

A. ηι wird ει (bzw. η und ι).

a) Im Anlaut.

9. In den augmentierten Formen von αἱρέω, αἰςχύνω, αἰτέω, αἰτιάω, ἐπαινέω etc. schwankt die Orthographie der Papyri zwischen ηι (so nur im 3. Jahrh., vgl. oben Lit. 1), η (s. oben Lit. 2 und 4) und ει. Doch zeigt sich eine gewisse Gesetzmäßigkeit darin, daß nur αἱρέω im Perfekt (act. und pass.) fast ausnahmslos (19 : 1) mit ει anlautet, während im Imperf. von αἱρέω wie bei allen anderen Augmentformen der angeführten Verba seit dem 2. Jahrh. v. Chr. η durchaus herrschend ist (s. oben 2 und 4).

Belege für ει. III[a]: ἀφειρημένων Petr. II 8 (1 B) 9; (3) 3 (259 und 267[a]). καθειρηκότας Petr. II 12 (1) 11 (241[a]). διειρῆςθαι — διείρηται (nicht zu λέγω!) Magd. 29, 5 (III[a]). εἰρημένων Kanop. Dekr. 59 (238[a]) [ἡρηκέναι nur Petr.² 21 (g) 19 v. Jahr 226[a]]. II[a] καταδιειρημένος Eud. 16, 8; 17, 7 (vor 165[a]). ἐξειρῆςθαι Par. 64, 28 (c. 164[a]). προδιει[ρημέν]οις Tor. XIII 22 (137[a]). καθειρημένα Par. 15, 18 (120[a]); Tor. II 27 (c. 116[a]). καθειρημένος Amh. II 54, 3 (112[a]). καθειρημένης Par. 5, 1, 9; Leid. M I 15 (114[a]). ἀντανειρημένων Tebt. I 61 (a) 23 (118[a]); 61 (a) 85 (116[a]). ἐπανείρηται ebd. 43, 19 (118[a]). προείρηκεν Tebt. I 112, 31 (112[a]). Crönert 38.

Aus einem literarischen Stück, das die gleichzeitige attische Inschriften-Orthographie repräsentiert, ist anzuführen εἴδειμεν = ᾔδειμεν im Lachespapyrus Petr. II 50 (1) 5 (c. 300[a]).

b) Im Inlaut.

10. Die neue Schreibweise ει (statt episch-ionischem und alt attischem ηι) ist, wie im Attischen (seit c. 300 v. Chr. nach Meisterh.-Schwyz. 38), so in der ägyptischen κοινή von Anfang an durchgeführt in κλείω und seinen Derivaten, λεία, λειτουργέω (nebst Ableitungen), μνεία, χρεία. Dagegen hat sich noch im 3. Jahrhundert die alte Orthographie erhalten in ληιςτής, ἀποθνήιςκειν (vgl. oben 1b), wofür seit dem 2. Jahrhundert wohl ληςτής, ἀποθνήςκω, aber nirgends λειςτής, ἀποθνείςκω eintreten kann wie im Attischen (nach Meisterh.-Schwyz. Note 197. 199.)

Belege: κλεῖϲαι Petr. II 13 (8) 4 (258^{a}). Petr.^{2} 44 (4) 8 (c. 246^{a}). κλείϲαντοϲ Lond. I p. 34, 16 (161^{a}). κέκλεικα Petr. II 13 (8) 2 (258^{a}). ἐγκεκλειμένον Par. 37, 48 (163^{a}). ἐκκλεῖϲαι Magd. 8, 6; ἐκκλειϲθένταϲ ebd. 12, 4 (III^{a}). ϲυνέκλειϲα Par. 36, 15 (163^{a}). κλεῖν Petr. I 13 (2) 7 (237^{a}). κλειδῶν Petr. II 39 (d) 16 (III^{a}). κλειδοποιῷ Petr. II 39 (d) 15 (III^{a}). κλειδουχέω — κατακλεῖϲιν — κατακλεῖδαϲ Petr. II 13 (18^{a}) 4. 11 (255—50^{a}). — λείαν Petr.^{2} 28 verso (b) 3 (260^{a}). λείαϲ Rev. L. frgm. 1 (d) 1 (258^{a}). Petr. II Einl. p. 36 (a) 4; 37 (d) 3 (III^{a}). Tebt. I 27, 34 (113^{a}). — λειτουργοῦντα B U 1006, 10 (III^{a}). λειτουργοῦϲαι Par. 22, 2 (165^{a}). λειτουργοῖϲ (dat.) Petr. II 14 (3) 4 (III^{a}); λειτουργικόν Petr. II 39 in sechs Fällen (III^{a}). λειτουργίαϲ Leid. G 21; H 19; I 23 (99^{a}). Weitere Stellen bei Deißmann Bibelstud. I p. 137ff. — μνείαν Lond. I p. 30, 6 (172^{a}). — χρείαϲ Lond. I p. 32, 23 (161^{a}). Tebt. I 43, 40 (118^{a}); 212 (114^{a}). χρείαν Petr. II 4 (3) 10 (255^{a}); 20, 13 (252^{a}). Tor. VI 31 (II^{a}). χρειῶν ebd. 5, 144 (118^{a}); 35, 2 (111^{a}). χρείαϲ ebd. 27, 44 (113^{a}); 25, 15 (117^{a}). τὰϲ χρείαϲ 24, 65 (117^{a}).

Wenn hin und wieder in einem der angeführten Wörter η eintritt, so ist dies also nicht als unmittelbar aus älterem ηι, sondern durch Vermittelung von ει entstanden zu betrachten: so in ἀποκλήϲαντεϲ (aus ἀποκλείϲαντεϲ; ursprünglich, aber längst nicht mehr lebendig ἀποκλήιϲαντεϲ) Grenf. I 17, 16 (nach 146 oder 135^{a}). λήαιϲ Tebt. I 5, 7 (118^{a}). χρήαϲ ebd. 29, 14 (c. 118^{a}). προχρή(αι) ebd. 238 (c. 116^{a}). Vgl. Schweizer Perg. 66, wo auch Belege für ληtουργεῖν gegeben sind. Diese Beispiele sind der beste Beweis für monophthongische Aussprache des ηι und ει in der damaligen Zeit. Doch konnte sich diese Orthographie nicht dauernd behaupten, da schließlich der Aussprache entsprechend die Schreibung mit ι durchdrang. Ansätze dazu in den Papyri: ἐνκέκλικεν = ἐγκέκλεικεν B U 1012, 8 (170^{a}). λιτυργούϲ (Wilcken statt ϲιτηγούϲ) Petr. II 4 (9) 11 (255^{a}). λιτουργῶι (verbum) Lond. I p. 28, 14 (c. 160^{a}).

c) Im Auslaut.

11. Ein orthographisches Schwanken zwischen ηι und ει ist zu beobachten im Dativ sing. der A-Deklination, sowie in den Verbalendungen der 2. und 3. Pers. sing. Konj. act. und der 2. Pers. sing. Indic. Konj. med. pass. Weder die Häufigkeit noch die letzte Ursache dieses Wandels scheint in beiden Fällen gleich zu sein: die Verbalformen auf -ει, die in attischen Inschriften seit dem 4. Jahrhundert sehr zahlreich sind, begegnen verhältnismäßig am häufigsten in literarischen Texten des 3. Jahrh. v. Chr., die der gleichzeitigen attischen Orthographie folgen, weit seltener in Urkunden des 2. Jahrh., nie mehr im 1. Jahrh. v. Chr.; dagegen bei den erst seit dem 2. Jahrh.

v. Chr. häufigen Dativformen ist der Übergang von ηι in ει (und umgekehrt) sicherlich nicht auf rein lautlichem Wege, sondern unter gleichzeitigem Einfluß der Analogie erfolgt. Vgl. G. Meyer 130. Blaß A.^{3} 46f. Meisterh.-Schwyz. 38f. Schweizer Perg. 60ff. Crönert 36f.

Belege aus dem 3. Jahrh. v. Chr.

a) Literar. Texte. Verbalformen: ἂν θεὸς θέλει Petr. I 6 (2) 7 (Phädon c. 300^{a}. Texte ἐθέλῃ); ἕως ἂν ζεῖ (nicht ἄξει, wie Crönert 37, 3 zitiert) ebd. 7 (4) 7; ἐπειδὰν τελευτήσει 7 (4) 9; ὅτι ἂν νοήσει 8 (2) 6; ἐπειδάν τις ἡσθῆι ἢ λυπηθεῖ ἢ φοβηθεῖ ἢ ἐπιθυμήσηι 8 (2) 18. Dagegen in demselben Stücke 8 (2) 8 ἐὰν σκοπῆι; 8 (3) 19 ἅπερ ἂν φῆι. βούλει Petr. II 50 (1) 26 (Laches c. 300^{a}).

Dativ: ταύτει Petr. 8 (2) 12 (c. 300^{a}).

b) Urkunden. Verbalformen: ποιήσει (= σηι ind. fut. med.) Petr. II 4 (6) 14 (255^{a}). σὺ δὲ φαίνει (med.) Petr. II 13 (5) 2 (255^{a}) — aber 8 ἐὰν παραγένηι. ἀντιλαμβάν$\overset{\varepsilon}{\eta}$ι (med.) ebd. 3 (b) 7 (255^{a}). ἔσει Petr.^{2} 36 (a) recto 23 (III^{a}). προαιρεῖ (= ρῆι) Petr.^{2} 36 (b) col. 3, 1 (252^{a}) — aber προαιρῇ ebd. 53 (q) 2 (III^{a}). [ἐάν σοι δοκεῖ Petr. I 26, 8 (241^{a}) ist II 12, 13 in εἰ οὖν σοι δοκεῖ berichtigt]. — Dativ: ἐπιστάτει Magd. 35, 9 (III^{a}), dagegen in den Magdôla-Papp. Nr. 1—41 in 20 Fällen ἐπιστάτηι und so stets im 3. Jahrh. v. Chr. Vgl. Crönert 36, 2.

Im 2. Jahrhundert.

a) Literar. Texte. Verbalformen: προσκαθεῖ (= θῆι zu προσκάθημαι) Grenf. I 1, 1, 19 (erot. Fragm. nach 173^{a}); ebd. ἔσει.

b) Urkunden. Verbalformen: εἵνα διακονεῖ Par. 23, 23 (165^{a}). ἔσει ebd. 42, 13 (156^{a}) — aber ἔσῃ Tebt. I 56, 16 (II^{af}). χαριεῖ Par. 42, 8 (156^{a}). Goodsp. 4, 10 (152 oder 141^{a}). Tebt. I 12, 26 (118^{a}); 20, 4 (113^{a}); 55, 6 (II^{af}). χαριῆι ebd. 19, 13 (114^{a}).

Dative: Ἑρμεῖ Strack, ptol. Inschr. Arch. II 548 Nr. 26 (185—81^{a}). Dittenberg. inscr. or. I 130, 10 (146—116^{a}). Ἑρμῆι Strack, ptol. Inschr. Arch. II 553 Nr. 35 (II^{af}). ἐρκτεῖ Tebt. I 15, 13 (114^{a}). τῶι ἐπιμελητεῖ Par. 22, 31; 23, 23 (165^{a}); 30, 22 (162^{a}). Leid. E 11; D I 18 (162^{a}). Amh. II 35, 40 (132^{a}). ἐπιμελητῆι Par. 26 I 42 (163^{a}); 27, 10; 29, 21 (c. 160^{a}) etc. ἱππάρχηι καὶ ἐπιστάτει Par. 15, 8 (120^{a}). ἐπιστάτει καὶ ἀρχιφυλακίτηι Grenf. II 37, 1 (c. 100^{a}); Tebt. I 230 (II^{af}). ἐπιστάτει Par. 45 verso 2 (153^{a}). Tor. VIII 1 (120^{a}). Tebt. I 39, 5 (114^{a}); 52, 1 (114^{a}); 61 (b) 223 (118^{a}); 72, 153 (114^{a}); 99, 36 (c. 148^{a}). BU 1012, 1 (170^{a}). Leid. H 1 (99^{a}). Verhältnismäßig seltener ἐπιστάτηι, z. B. Tebt. I 120, 126. 129 (97 oder 64^{a}); Par. 27, 12 (160^{a}). ἐπιστάτει καὶ ἀρχιφυλακίτει Tebt. I 40, 15 (117^{a}) — aber ἀρχιφυλακίτηι 41, 1 (119^{a}) und oft. ἐν κατοχεῖ Par. 35, 36 (163^{a}), sonst κατοχῆ(ι) oft.

Verhältnis von auslautendem ηι : ει im 3. Jahrh. (nach Petr. II mit Ausschluß der literarischen Texte) = 30 : 1. Im großen Rev.

Pap. (258[a]) kein einziges Beispiel für ει. ηι : ει in den Urkunden des 2. Jahrh. v. Chr. (nach Par., Lond., Grenf. I, Leid. I, Tor.) = 20 : 1.

In den weitaus meisten Fällen also hat sich ηι erhalten. Man darf darin wohl die Folge einer archaisierenden Orthographie (alexandrinischer Grammatiker?) erblicken, die dem Lautbestand der gesprochenen Sprache keine Rechnung trägt. Dieselbe Zähigkeit im Festhalten des ηι zeigt auch die pergamenische Kanzlei (Schweizer 60f.).

12. Im Dativ der Eigennamen auf -ηϲ ist es unmöglich zu entscheiden, inwieweit orthographische (auf dem gesprochenen Laut beruhende) Schwankungen oder Systemzwang der Flexion mitspielen; denn es begegnen von Namen auf -δηϲ, die den Genitiv konsequent und richtig auf ου und den Akkusativ auf -ην bilden, gleichzeitig sowohl Formen wie Ἡρακλείδηι, Μεννίδηι, Διοϲκουρίδηι, Ταθώτηι als auch — und zwar weit häufiger — Ἡρακλείδει, Μεννίδει, Διοϲκουρίδει, Ἀϲκληπιάδει, Ἡρώδει, Ταθώτει etc. Umgekehrt bilden Namen auf -γένηϲ, -μένηϲ, -μήδηϲ, -ϲθένηϲ neben dem regelmäßigen Dativ auf -ει auch in vereinzelten Fällen Formen auf -ηι. Hier hat die Formenlehre nach historischen und morphologischen Gesichtspunkten zu scheiden; für die Lautlehre ist dabei nichts zu gewinnen. Stellensammlung und Statistik § 58, 3 (A-Stämme); § 64, 3 (S-Stämme).

B. ει wird ηι in selteneren Fällen.

a) Im Auslaut.

13. Falsche Analogie nach verwandten Flexionssystemen scheint die Ursache zu sein bei Formen wie χείληι = χείλει Grenf. II 23 (2) 6 (107[a]); Σαράπηι = Σαράπει Leid. C p. 93 col. 4, 6 (164—60[a]); μένηι (poet.) = μένει Weil IV 7 (vor 161[a]). Zweifellos ist dies der Fall bei Ἑρμογένηι und ähnlichen Formen (vgl. § 64, 3b) und den einem gemischten System folgenden ägyptischen Eigennamen Μαρρῆι, Μεγχῆι etc. neben Μαρρεῖ, Μεγχεῖ etc., worüber gehandelt wird § 64 Anhang.

b) Im Inlaut vor Vokalen.

14. Manche Nomina, die auf den ersten Blick das Aussehen ionischer Bildungen haben, wie ἀπιϲτηίη, ἐπιϲτατηία, ϲτρατηία, Ἀρηίω (Belege oben S. 12) erklären sich ungezwungen durch Vertauschung von ursprünglichem ει mit ηι, wofür Schweizer Perg. 63f. auch auf pergamenischen Steinen Belege beibringt. Ebenso alterniert einmal Ὀρϲηίουϲ Tebt. I 120, 94 (97 oder 64[a]) mit Ὀρϲείουϲ ebd. 31 u. 62, 235f. (119[a]), wofür wiederum Ὀρϲήουϲ B U 999 I 7. 8 (99[a]) = Ὀρϲέουϲ eintreten kann. Alle vier Schreibweisen wurden also gleich ausgesprochen.

Anhang. Der Diphthong ηυ (Blaß A.[3] 43. Meisterh.-Schwyz. 171, 14. G. Meyer 188) hält sich nur noch vereinzelt als literarische Orthographie in Augmentformen wie ηὕρισκεν, ηὐδοκίμησα, während die meisten mit εὐ- beginnenden Verba augmentlos bleiben. Vgl. hierüber Flexionslehre § 72, 6. 12c. Neben Μνεῦις, 'Οσορμνεῦις begegnet Μνηῦις, dafür im Genitiv einmal Μνήγιος, worüber gehandelt wird oben S. 115.

§ 21. ωι [ωυ].[1])

A. Orthographie.

1. Den Diphthong ωι haben richtig folgende Wörter:

a) im In- und Anlaut;

ἀθῷιος Tebt. I 44, 28 (114[a]).

ἐνώιδιον (Ohrengehänge): Petr. II 12, 24 ἐνώιδια (III[a]). Ebenso in attischen Inschriften, s. Mhs.-Schwyz. 65, 8. Dagegen auf einer delischen Inschr. ἐνώτια (nach K. Bl. I 148 und 640 haplologisch verkürzt aus ἐνωτίδιον). Das ι mag in ἐνώιδιον und ebenso in dem noch anzuführenden κώιδιον durch „Epenthese", d. h. Rückwirkung eines palatalen ι auf den davorstehenden Konsonanten und das diesem vorausgehende vokale Element, entstanden sein. Vgl. oben S. 73 und 106. Zum δ für τ vgl. Wackernagel, Phil. Anz. 15, 199 und unten § 36 III Anm.

ζῷιον, ζώιδιον (letzteres wohl viersilbig, wie die Trennung ζώ|ιδιον Eud. 15, 5. 8; 17, 16 beweist): ζώιων Petr. II 4 (13) 5 (255[a]). Kanop. Dekr. 9 (238[a]). Tebt. I 57, 12 (114[a]). Über verkürztes ζῶν = ζῴων vgl. § 57, 1c. ζώιου Petr.[2] 42 H (7) 4 (c. 250[a]). Tebt. I 61 (b) 268 (118[a]). ζώιοις Rosettainschr. 31 (196[a]). ζωιδίου Eud. 4, 7. 12; ζωιδίων ebd. 5, 18; 11, 1. 5. 10 (vor 165[a]). Über falsches ἀειζώιων vgl. Lit. 6 b.

Ἡρώιδης Petr. II 43 (a) 24 (III[a]). Par. 63, 1, 1 (165[a]). P. Reinach 9, 32 und verso oben (112[a]). Dittenberg. inscr. or. I 111, 14 (nach 163[a]); 130, 3 (146—116[a]). Ἡρώιδου Petr.[2] 32 (e) 2 (c. 240[a]). — Aber seit dem II. Jahrh. v. Chr. öfters Ἡρώδης: z. B. Name des Dichters einer Grabschrift unter Euerg. II (146—116[a]) Arch. I 220 N. 1, 26; 221, 24. Amh. II 59, 10 (151—40[a]). Tebt. I 62, 131 (119[a]); 63, 106 (114[a]). Ἡρώδης Ἡρώδου ebd. 80, 28 (II[af]); 82, 31 (115[a]); 83, 77 (II[af]). Ἡρώδει ebd. 12, 1; 61 (a) 34 (beide 118[a]). Ἡρώδην auf einer ägypt. Inschr. Bull. corr. hell. 18, 151 Nr. 2, 10 (unb.). Crönert 49, 4.

ἱδρῷια (Schweißtücher?) Lond. II p. 11, 18. 19 (152—141[a]).

---

1) Blaß A.[3] 42 ff. K. Bl. I 56. 183 f. G. Meyer 185 ff. Meisterhans-Schwyz. 65 ff. Schweizer Perg. 88 ff. Nachmanson 54. Crönert 48 ff.

κώιδιον (Fell): Petr. II 32 (1) 28 κώιδια; ebenso (nicht κωιδ[άρ]ια) Z. 9 (c. 238[a]). Vgl. das oben zu ἐνώιδιον Bemerkte.

Κῶιος (oder Κώϊος) Petr. I 19, 33 (225[a]). Κώιωι Petr. II 21 (c) 9 (III[a]). Κώιαν Petr. I 12, 17 (c. 250[a]). Arcad. 38, 7. E. M. 551, 29: Κῷος σὺν τῷ ῑ γράφεται, ἐπειδὴ εὕρηται κατὰ διάστασιν. Crönert 50, 2.

πατρῶιος: Dittenb. inscr. or. I 194, 5 πατρώιων (42[a]).

σώιζω: Par. 63, 11, 52 διασώιζεσθαι (165[a]). Über andere Formen des Verbs vgl. Lit. 5.

ὑπερῶιον Magd. 24, 8 (III[a]). Über verkürztes ὑπερῶν = ὑπερῷον § 57, 1 c.

ὠιδός: Kanop. Dekr. 69 ὠιδούς (238[a]); 70 ὠιδοδιδασκάλωι.

ὠιόν (Ei): Petr. II Einl. p. 32, 5 ὠιά (III[a]); ebenso Petr.[2] 136 col. III 20; 142, 3 (III[a]). ὠιοειδεῖς (Blaß) Eud. 19, 14 (vor 165[a]).

Ferner in augmentierten Verbalformen wie ἀνεωιγμένος, ἐπαρώινησαν, ἤνωιξα, ὠικοδόμηκα, ὠικονομημένος, ὤικουν, ὠικηκότα, συνώικησε, διωικημένος, ἐνώικ(ε)ισται, ὠιχόμην etc., wofür die Belege in der Flexionslehre § 72, 6. 11 c gegeben sind.

Endlich in ägyptischen Wörtern und Eigennamen:

ἀώιλια (oder ἀωίλια), αὐώιλια (oder αὐωίλια), λῶια (oder λώια); μῶιον (oder μώιον) vgl. S. 37 f. Ἰναρῶιτος (neben Ἰναρῶυτος, Ἰναρῶτος, Ἰναροῦτος) vgl. Anhang dieses Paragraphen. Κώιλει Petr.[2] 46 (5) 4 (III[a]). Λῶιτος Petr. II 39 (b) 12 (III[a]). Σεθρώιτης (ein Gau) Rev. L. 66, 3. 15 (258[a]). Τολῶιτος Petr.[2] 107 (b) 15. 18 = Petr. II 39 (b) 15. 18 (III[a]). Ὤιπεως Tebt. I 59, 5 (99[a]) etc.

b) im Auslaut:

a) der Dat. sing. der O-Deklination. Über Schwund des ι im folgenden.

b) die Konjunktive auf -ῶι wie: ἀποδῶι (3. pers.) Rev. L. 19, 14; 20, 9; 35, 4 (258[a]). Amh. II 43, 12 (173[a]); 44, 10 (138—137[a]); 46, 8 (113[a]); 47, 12 (113[a]). Grenf. I 23, 15 (118[a]); 29, 9 (105[a]); 31, 10 (104[a]); II 16, 9 (137[a]). Lond. II p. 7, 13 (II[a]). Par. 7, 11 (99[a]). παραδῶι Alex. II 3 (III[a]) Ausnahmen nächste Ziffer.

B. Wechsel zwischen *ωι* und *ω*.

ωι wird ω.

2. Auch bei ωι wurde wie bei ᾱι das ι vom ω übertönt und aufgesogen. Für Aussprache von ωι = ō spricht namentlich das unter Lit. 9 Angeführte (ωι ∼ ο).

Die ersten Beispiele für ω statt ωι sind fünf Dative der O-Deklination in einem und demselben Papyrus des 3. Jahrh. v. Chr: Petr. II

39 (d) 14 Ἀκουσιλάω, παιδαρίω; 15 κλειδοποιῶ; 20 und 22 ἱερείω. Dazu bemerkt der Herausgeber Mahaffy: „The omission of the ι postscript in dative forms, so common in later papyri, appears here only (I think) in these papers, and in a fine and careful hand.“ Dazu kommt um dieselbe Zeit Ἀριστομάχω τῶι στρατηγῶι Alex. I 10 (III[a]). [διώκηται Petr. II 16, 8 (c. 240[a]) ist in der Neuausgabe Petr.[2] 42 H (3) 8 nach dem Original in διώικηται berichtigt.]

Im 2. Jahrh. v. Chr. verhält sich ωι: ω im Dativ etwa = 5 : 1; im In- und Anlaut = 2 : 1.

Es entstanden nun außer den zahllosen Dativformen auf ω augmentierte Verba wie ἀνεωγμένος, ὠκοδόμηκα, ὠκτείρετο, ὤμην, ὤχετο, ἐγδιωκημένος u. a., die § 72, 6 aufgeführt sind; ferner ζώζουσα = σώιζουσα, worüber Lit. 5; Konjunktivformen wie ἀποδῶ Amh. II 32 verso 8 (II[a]); 48, 11 (106[a]); Tebt. I 104, 32 (92[a]); 105, 43 (113[a]); 110, 8 (92 oder 59[a]). δῶς ebd. 21, 7 (115[a]). ἁλῶ Hyperid. κ. Φιλ. 196 (II—I[a]).

3. Zur Veranschaulichung des allmählichen Übergangs von ωι in ω mag folgende Tabelle dienen:

	3. Jahrh. v. Chr. Petr. I. II.	2. Jahrh. v. Chr. Lond. I, Leid. I, Par., Tor., Theb. Bk.	Um 100 v. Chr. Grenf. I 18—44; II 16—39.
An- und Inlaut ωι	32	31	0
An- und Inlaut ω	0	16	0
Auslaut ωι	c. 400	775	92
Auslaut ω	5 (im gleichen Stück)	156	36
Auslautendes ωι : ω	80 : 1	4,7 : 1	2,5 : 1

Anmerkung. Auch hier wie bei ηι (vgl. oben S. 125) fiel das ι besonders häufig beim Artikel (und Relativpronomen) weg; z. B. Lond. I Nr. XXIII p. 38 ff. nicht weniger als 15mal τῶ. Nicht selten steht τῶ vor einem Nomen, das die volle Form auf -ωι hat, z. B. τῶ ὡρισμένωι χρόνωι Grenf. I 31, 10 (104—3[a]); ebd. 12 τῶ ἐχομένωι und oft.

In den Papp. Tebt. I (II—I[a]) verhält sich auslautendes ωι : ω in offiziellen Stücken (Nr. 5—54) = 165:5 (33 : 1); in Privatkorrespondenzen (Nr. 55—103) = 136 : 18 (7,6 : 1); in Kontrakten (Nr. 104—111) = 41 : 14 (3 : 1); in Privatausgabenverzeichnissen (Nr. 112—123) = 65 : 23 (3 : 1).

4. Ohne ι mit ω werden richtig geschrieben:
ζωγλύφος Lond. I p. 46, 15 (146[a]).
πρώην Par. 26, 24 (163[a]). Crönert 50, 8.

ὧδε Par. 2 (Chrysippospap.) col. 10, 2. 6. 11 (II[a]). Grenf. II 36, 17 (95[a]). Crönert 42, 4.

Anmerkung. Statt der richtigen Form ἡρῷον (Herosheiligtum) begegnet ἡρῶον Tebt. I 82, 35 (115[a]); ebenso 83, 79. 83. 132 (II[a f]), nirgends das ionische ἡρώϊον, das von Nachmanson 56 in der Form ἡρώειον nachgewiesen ist.

5. Die in ptolem. Papyri vorkommenden Formen von σώ(ι)ζω stimmen wenig überein mit den bisher geltenden Regeln. Vgl. Mhs.-Schwyz. Note 1484. 1501. K. Bl. II 544 f. Crönert 51. Im Präsens begegnet neben dem korrekten διασώιζεσθαι Par. 63, 11, 52 (165[a]) auch *ζώζουσα, vulgär entstellt = σώζουσα, in einem leichtfertig geschriebenen Traumbericht Leid. U 2, 19 (II[am]). Beide Stämme, σωι- und σω-, konkurrieren im Aor. und Perf. act.: bald σῶσαι Tebt. I 56, 11 (II[af]); Hyperid κ. Φιλ. (Kenyon) 107 (II—I[a]). διασῶσαι [Demosth.] epist. III (Kenyon) § 21 (II—I[a]); σώσας Dittenb. inscr. or. I 194, 8. 22 (42[a]); διασεσωκυῖα Vat. A 12 (172[a]) —; bald (und zwar in den frühesten, sorgfältigst verfaßten Schriftstücken) †διέσωισαν Petr.[2] 34 (a) 7 (240[a]); †ἀνέσωισεν — διέσωισαν Kanop. Dekr. 11. 18 (238[a]); †σεσωικώς Petr.[2] 36 (a) recto 23 (III[a]). Nur σω- herrscht im Perf. und Aor. passiv.: σέσωμαι Par. 12, 18 (157[a]). σέσωσαι Amh. II 35, 32 (132[a]). διασεσῶσθαι Vat. A (Mai V 601) 7 (172[a]) [nach K. Bl. l. c. wäre gerade σεσῶισθαι richtig]. σωθῆναι Par. 47, 12 (153[a]); ἀνασωθέντος 22, 12 (165[a]); διασωθείς 29, 4 (163[a]); διασωθῆι Vat. A 18 (172[a]). σωθησομένου Amh. II 41, 19 (II[a]).

ω wird ωι.

6. Die Schreibung ωι statt ω findet sich verhältnismäßig sehr früh — in einzelnen Fällen seit der Mitte des 3. Jahrh. v. Chr. —, so daß offenbar nicht überall polare Wirkungen (von der Schreibung ω für ωι) vorliegen, sondern, wenn man nicht lauter Schreibfehler annehmen will, eine zeitweilige, vielleicht durch Hiatusrücksichten mitbestimmte, Neigung der Aussprache anzuerkennen ist. Blaß A.[3] 48. G. Meyer 187. Meisterh.-Schwyz. 67, 13. Schweizer Perg. 90 Anm. Crönert 44 ff.

Die ältesten Fälle gehören der Mitte des 3. Jahrh. v. Chr. an und betreffen den Auslaut, wo auch ω für ωι schon vereinzelt vorkommt (vgl. oben 2): ἕως ἂν ζῶι Petr. I 15, 19 (237[a]), aber ebd. 16 (1) 16 ζῶ; δοκῶι (Konj.) Petr. II 13 (6) 20 (255[a]). ἔχωι Ostr. 1490, 2 (III[a]). ἔστωι Petr. II 8 (1 A) 3 (259[a]); τιθέσθωι 38 (b) 6 (242[a]). δεδότωι (= διδότωι) Petr. II 13 (14) 2 (258—53[a]). Crönert l. c. zitiert als frühestes Beispiel letzterer Art ἔστωι ἄ[δ]εια C. I. G. Phoc. 119, 7 („saec. IV. a. C.“ Dittenberger).

Auf ähnliche und andere Wortklassen beziehen sich, mit sichtlicher Regelmäßigkeit, die weit zahlreicheren Beispiele der nächsten Jahrhunderte, in denen fast kein auslautendes ω vor dem Schmarotzer ι sicher ist; auch inlautende Silben bleiben von dem Unfug nicht verschont.

Belege. a) Auslaut. Betroffen werden

α) die 1. pers. sing. act. des Verbums, namentlich der contracta, sowohl im Indikativ als im Konjunktiv:

B U 1002, 15 (55[a]) ἐπιτελέσωι (fut.). Fay. XIII 10 (c. 170[a]) ἐγκαλῶι. Leid. G 21 (99[a]) ἐπιτελῶι (Konj.). Lond. I p. 11, 45 = 16, 8 (161[a]) ζητῶι; p. 28, 14 (c. 160[a]) λιτουργῶι; p. 46, 27 (146—135[a]) ἀποστήσωι (fut.). Par. 8, 17 (129[a]) ἀξιῶι. Tebt. I 11, 4 (119[a]) ὁμολογῶι (ind.); 12, 24 (118[a]) ὑπερευχαριστῶι; 16, 2; 39, 2 (114[a]) τυγχάνωι (ind.); 37, 22 (73[a]) ἕως καταβῶ καὶ λάβωι; 38, 13 (113[a]); 39, 28 (114[a]) ἀγνοῶι (ind.); 44, 22 (114[a]) κινδυν[εύω]ι (ind.); 53, 27 (110[a]) ἀναφέρωι (ind.); 73, 3 (113—111[a]) προσαγγέλλωι (ind.); 107, 7 (112[a]) βεβαιώσωι (fut.); 111, 4 (116[a]); 164, 8 (II[af]) ὁμολογῶι (ind.); 111, 8. 10 (116[a]) ἀπομετρήσωι (fut.); 119, 23. 27 (105—101[a]); 120, 5. 106. 125 (97 oder 64[a]); 241 (74[a]) ἔχωι (ind.); 264 ἔχωι (Konj.); 241 (74[a]) ὀφείλωι (ind.). P. Reinach 17, 11 ἀγνοῶι (109[a]). — Ostr. 1314, 2 (II[a]) ἀπέχωι. Poet. Grabschrift Arch. I 220 N. 1, 24 (145—116[a]) ναίωι. Dittenberg. inscr or. I 196, 2 (32[a]) ἥκωι.

In literar. Texten: Hyperid. κ. Φιλ. 208 (II—I[a]) μακρολογῶι. [Demosth.] epist. III § 7 (II—I[a]) κρείνωι

β) die 3. pers. sing. imperat. auf -τω: ἀποδότωι Amh. II 47, 6 (114[a]). Grenf. I 31, 3 (104—3[a]). Tebt. I 106, 26 (101[a]). Par. 7, 8 (99[a]). ἀποκαταστησάτωι ebd. Z. 10. ἀποτεισάτωι Grenf. I 27, 3, 3 (109[a]); 29, 11 (105[a]); II 26, 19 (103[a]). Par. 7, 12 (99[a]). Tebt. I 104, 25 (92[a]). Belege für das häufigere ἀποτεισάτω s. oben S. 91 Note. ἔστωι Amh. II 47, 15 (113[a]); 49, 5 (108[a]) [aber ἔστω ebd. 46, 11 (113[a]); 48, 14 106[a])]. Grenf. I 27, 3, 3 (109[a]). Par. 7, 14 (99[a]). Tebt. I 106, 18 (101[a]); 156 (91[a]).

Am meisten überhand nimmt diese Schreibung in den Papp. Tebt. I, so daß in manchen Stücken Formen auf -ωι zahlreicher sind als solche mit -ω. Belege: Tebt. I 24, 95 (117[a]) ἐγδοθήτωι; 33, 7 (112[a]) ἐγδεχθήτωι; 34, 8 (c. 100[a]) ἀπολυθήτωι; 35, 8 (111[a]) ἐκτεθήιτωι (sic); 61 (b) 35 (118[a]) μεταμισθωθήτωι, 228 γραφήτωι, 275 παραδοθήτωι, 277 ἀναληφθήτωι; 72, 162 (114[a]) γραφήτωι, 197 ἐπισκεψάσθωι, 455 und 456 τιθέστωι (sic) [453 διδαχθήτω, die einzige reguläre Form in diesem Stück gegenüber 4 mit -ωι]; 105, 29 (103[a]) βεβαιώτωι, 38 κατεργασάσθωι, 48 ὑπολογείτωι, 49 προσαποδότωι, 50 ἐξέστωι [in diesem Stück von 62 Zeilen finden sich fünf solche Formen auf -ωι, zehn auf -ω]; 106, 21 ff. (101[a]) ἐπιτελείτωι — ἀναπαυσάτωι — ἐξέστωι, 23 δότωι, 25 παραδειξάτωι, 26 ἀποδότωι.

γ) Lokal- und Modaladverbia auf -ω, vielleicht mitveranlaßt durch grammatische Auffassung dieser Formen als Dative (G. Meyer 188 mit Literatur): ἀποτέρωι Par. 1, 418 (zweimal) vor 165ᵃ. ἐπάνωι — ὑποκάτωι Tebt. I 106, 19 (101ᵃ) — aber ἐπάνω Petr.² p. 120, 29 (246ᵃ) und oft. ὑποκάτω Grenf. I 21, 11 (126ᵃ). — κάτωι Par. 63, 7, 1 (165ᵃ). ὀπείσωι Tebt. I 58 r. 37 (111ᵃ) — aber ὀπίσω B U 1002, 16 (55ᵃ). οὕπωι (statt οὕτωι!) Tebt. I 58 recto 34 (111ᵃ). οὕτωι [Demosth.] epist. III (Kenyon class. 58) § 6 (II—Iᵃ).

δ) Νεκτοναβώι (ägyptischer König) funktioniert Leid. U 1, 10; 3, 3 (IIᵃᵐ) als Akkusativ wie Genitiv; 2, 2 in der Verbindung Νεκτοναβώι τοῦ βασιλέως καταγινομένου ist (nach Wilcken, Mélanges Nicole p. 581) das ι aus ς korrigiert oder umgekehrt. Nominativ vermutlich Νεκτοναβώ. Über andere Formen des Namens vgl. Namenlexikon von Pape-Benseler.

ε) Komparative auf -ω: Acc. sing. τὴν πλείωι Tebt. I 5, 39 (118ᵃ). Neutr. plur. πλείωι ebd. 61 (a) 186. 210. 217; (b) 28. 354; 67, 15. 56. 61. 78 (alle 118ᵃ); 70, 15. 27. 47. 53. 58 (111ᵃ). 72, 346. 407 (114ᵃ). ἐλάσσωι ebd. 61 (b) 22 (118ᵃ). 72, 106 (114ᵃ).

ζ) das Zahlwort ὀκτώ: ὀκτώι Amh. II 59, 5 (150 oder 140ᵃ). Tebt. I 13, 13 (114ᵃ). Fay. p. 321, 3 (Ostrac.) 3ᵃ. Grenf. II 41, 13. 21. 25 (46ᵖ). Amh. II 110, 16. 27 (75ᵖ).

η) ἐγώι Lond. I p. 28, 13 (161ᵃ) — eine Zeile vorher ἐγώ.

θ) Ein irrationales ι tritt an Stelle eines abgefallenen Schlußsigmas in τὰς ἅλωι (statt ἅλως) Tebt. I 61 (b) 373 (118ᵃ). Analog dazu ὁ ὑποδιοικητήι (oben S. 125, 8); μέχρι ῥύμηι (statt ῥύμης) B U 1002, 6 (55ᵃ); τῆι αὐτῆς = τῆς αὐτῆς Tebt. I 66, 62 (121ᵃ). Über ι an Stelle eines abgefallenen Schluß-ν vgl. § 43 Anm. 3.

b) im Inlaut: ἀειζώιων Leid. G 11 (99ᵃ). ληρώι[δη B U 1011 II 15 (IIᵃ). μελίχρωις Cop. 4 (99ᵃ). Vgl. Wilcken, Arch. I 559. πλα]νώιμενοι (Blaß) Eud. 21, 2 (vor 165ᵃ). εἰς συμπλήρωισιν Grenf. II 33, 7 (100ᵃ).

7. ωι ist ωϊ in Ζωίλος: Petr. II 38 (c) 6. 63 Ζωίλου (IIIᵃ). Ζωίλωι Petr.² 119 verso 2, 4 (IIIᵃ). Ζωί[λος Fay. XV 1 (112ᵃ). Über Κώιος vgl. außer den oben S. 132 angeführten Grammatikerstellen Herodian II 541, 11; 884, 16 f. (Lentz). Auch λώιος (Monat) scheint dreisilbig zu sein, da die getrennte Aussprache kenntlich gemacht wird durch λώειος Par. 4 (unb. ptol.); sonst λωίου Rev. L. 38, 1 (258ᵃ). Petr. I 28 (1) 6. 9 (225ᵃ); II 21 (d) 4 (IIIᵃ). Amh. II 43, 5 (173ᵃ) Dittenberg. inscr. or. I 37, 1 (264ᵃ). Aber λώου Magd. 4 (2. Hand) IIIᵃ. — πρώϊμος, nicht πρῷμος, ist zu lesen Kanop. Dekr. 68 (238ᵃ) [Dittenberger]; ebenso πρωϊμότερον Tebt. I 27, 25. 76 (103ᵃ). Vgl. Lobeck Phryn. 52. Über ζώιδιον vgl. oben Lit. 1. Auch bei den dort angeführten ägyptischen Wörtern und Eigennamen ist nicht leicht zu

entscheiden, ob ωι ein- oder zweisilbig gesprochen wurde. Zum Ganzen vergleiche Nachmanson 56, 2.

C. ωι wird οι.

8. In derselben Zeile eines sehr schlecht geschriebenen Stückes („a very rude hand") stehen die Worte γράψας Θεοδώρωι τῶι οἰκονόμοι, ὅπως δοῖ (= δῷ) Petr. II 9 (5) 5 (241—39ª). οἷ = ὧι Leid. U 4, 9 (IIªᵐ) = Mélanges Nicole p. 584 (Wilcken). Dagegen ist Lond. I p. 38, 21 statt οἷ vielmehr zu lesen οἷ[ς], wie die Parallelstelle Vat. D 19 bietet. Eine ptol. Inschr. bei Strack, Arch. III 137 Nr. 20, 18 (unbest.) hat ἐν τῶι ἐπιφανεστάτοι (τόπωι). Möglich, daß in ἱδροίων Tebt. I 116, 34 (IIªᶠ) das Wort ἱδρῶια (Schweißtücher?) steckt, das Lond. II p. 11, 18. 19 (152—141ª) und in der Schreibung ἱδρώων Goodsp. 30 col. 3, 22 (191 bis 192ᵖ) erhalten ist. Anders freilich Crönert, vgl. S. 112 Anm. 4.

In literar. Texten: κατοίκῃ für κατῴκει Weil II 6 (Medeafragm.) vor 161ª; κατοίκισας für κατῴκισας (möglicherweise augmentlose Formen) Wilck., Ostr. 1147, 3 (Hippolytusfragm.).

D. Wechsel zwischen ωι und ο.

9. ωι wird ο: *ἐν ὅ = ὧι Par. 40, 38 (156ª). *ἐν τô αὐτô Tebt. I 42, 7 (c. 114ª). τô αὐτô τρόπωι Eud. (Blaß) 14, 16 (vor 165ª)[1]), veranlaßt vielleicht durch das unmittelbar vorausgegangene τὸ αὐτὸ ὕδωρ. *καὶ ὄμην (Witkowski statt καιόμενον) = καὶ ᾤιμην Par. 51, 37 (160ª). *ἐν ὀλίο (= ὀλίγωι) χρώνω (sic) Par. 51, 27 (160ª). ἐν οἴκο (?) Tebt. I 117, 75 (99ª); 118, 8. 15 (IIªᶠ). Dagegen ist Lond. I p. 21, 6 (161ª) statt ἐν οἴκο zu lesen ἐνοίκο(ις). τô κεν Ilias 23, 547 (Kenyon class. 103) II—Iª.

10. Die umgekehrte Schreibung ωι statt ο findet sich in εἰς αὐτῶι Par. 63, 4, 118 (165ª); so bietet nämlich das Faksimile deutlich, während Revillout im Original ἐν αὐτῶι liest, was auch Petr.² Einl. p. 28 aufgenommen ist. Schmid Attic. III 59 dachte an „Brutalität des Akzents". Ein sicheres Beispiel ist die heillos verschriebene Mißform *ἐνεδέκετωι Lond. I p. 11, 44 (160ª), was in der Kopie p. 16, 8 richtig gegeben wird durch ἐνεδέχετο.

E. Wechsel zwischen ωι und ου

konnte eintreten, sobald ωι seine zweite Komponente verloren hatte und nach Aufhebung der Quantität = ο lautete (vgl. ο ∼ ου § 18, S. 116f.).

1) Blaß A³ 48 führt zu diesem Wandel τρόποι, οἷ (= τρόπωι ὧι) auf einer delphischen Inschrift an. Bei K. Bl. I 183 findet man Beispiele aus dem böotischen und arkadischen Dialekt, die aber in keiner Beziehung zur κοινή stehen.

11. ωι wird ου: *῞Ορου (= ῞Ωρωι) χαίρειν Wilck. Ostr. 1087, 4; 1089, 4; 1090, 4 (135ᵃ) — alle dreimal dieselbe ungewandte Hand. *ἐν τῆι κεχωριϲμένηι προϲόδου (statt -δωι) Tebt. I 77, 4 (110ᵃ).

12. Umgekehrt steht ωι für ου: τῶν τῆϲ προϲόδωι (statt -δου) προβάτων Tebt. I 64 (b) 16 (116ᵃ). ἀπὸ ὑπολόγωι Tebt. I 74, 44 (114ᵃ). [Möglicherweise ein syntaktisch zu erklärender Solözismus: vgl. ἐξ Ἡρακλήου πόλειν (sic Witkowski) Par. 54, 79 (163ᵃ); ἐκ κροκοδίλων πόλει Grenf. I 38, 4 (II—Iᵃ); διὰ δείϲηι (statt διὰ δεῖϲαν) Tebt. I 75, 74 (112ᵃ); εἰϲ τοξικοῦ φάρμακοϲ B U I 21 col. II 14 (340ᵖ); ἐν τὴν οἰκία (sic) μου B U I 22, 13 (114ᵖ). Vgl. oben S. 100, 5] ἀντὶ τῆϲ ἐπιϲταλείϲηϲ χέρϲωι Tebt. I 74, 64 (114ᵃ); 75, 81 (112ᵃ).

Anhang. Die im Attischen nur durch Krasis und auch da selten entstehende Lautverbindung ωυ (z. B. ὠύριπίδη = ὦ Εὐριπίδη, πρωυδᾶν = προαυδᾶν, ionisch ἑωυτοῦ, vgl. Blaß A.³ 43. K. Bl. I 62) begegnet in den Papyri nicht selten bei der Umschreibung ägyptischer Namen, wohl zum Ausdruck eines ägyptischen Diphthongs, der dumpfer als ωι klang, mit welch letzterem übrigens ωυ ebenso wie mit ω, gelegentlich auch mit αυ und ου, in demselben Worte wechseln kann.

ωυ: in θῶυθ (θῶυτ) Belege § 38, 1 Anm. Ἀρθώυθου Petr. II 23, 4 (IIIᵃ). Θαῶυτοϲ ebd. 27 (a) 29 (236ᵃ). Πεκῶυτοϲ Tebt. I 105, 14 (103ᵃ). Πετῶυϲ ebd. 25 (i) 7 (226ᵃ). Par. 60 (b) 7 (150ᵃ). Πετῶυτοϲ Magd. 36, 1 (IIIᵃ). . . .]ολμῶυϲ Petr. II 4 (12) 1 (255ᵃ). Ϲαμῶυϲ Ϲαμῶυτοϲ Petr.² 70 (a) col. 2, 13 (IIIᵃ).

ωυ, ωι, ω und ου schwanken in dem Namen Ἰναρῶυτοϲ Petr. II 10 (1) 3 (vor 240ᵃ); 39 (b) 11; (c) 13 (IIIᵃ). Ἰναρῶυτι Petr.² 46 (5) 6 (IIIᵃ). Ἰναρῶιτοϲ Lond. I p. 49, 2 (IIIᵃ). Ἰναρῶτοϲ Petr.² 107 (d) col. 1, 15 (IIIᵃ). Lond. II p. 10, 15 (152—141ᵃ). Tebt. I 82, 18 (115ᵃ) und oft. Ἰναροῦτι Petr.² 93 verso col. 2, 2. 10 (IIIᵃ).

ωυ und ω schwanken in θῶυθ und θῶθ (vgl. § 38, 1 Anm.). Χεϲθώυθηϲ Petr. II 28 (5) 1; 10, 26 (IIIᵃ). Χεϲθώθηϲ ebd. 28 (1) 9; (8) 15 (IIIᵃ).

ωυ und αυ in θαῦτ = θῶυτ Ostr. 314, 1 (256ᵃ); 315, 1 (252ᵃ).

III. KOMBINATORISCHER LAUTWANDEL IM BEREICH DES VOKALISMUS.

A. AKZENTWIRKUNGEN.

§ 22. Ausgleichung der Quantitäten.

Der Übergang von der musikalischen zur exspiratorischen Betonung hatte zur Folge, daß der Unterschied zwischen langen und kurzen Vokalen aufgehoben wurde, so daß alle unbetonten Vokale ziemlich isochron wurden, wie dies im Neugriechischen der Fall ist.

Um diesen Vorgang zu erkennen, sind wir lediglich auf die Verwechslung der Zeichen für die betreffenden Laute angewiesen. Die ägyptischen Papyri, die, wie keine anderen schriftlichen Denkmäler, vielfach ein getreues Spiegelbild der niedersten Verkehrssprache geben, zeigen diese Ausgleichung fast auf der ganzen Linie des Vokalismus.[1]) Eine Zusammenstellung aus dem §§ 9—21 behandelten Beobachtungsmaterial ergibt für die einzelnen Laute folgende Resultate, die teilweise für die κοινή überhaupt, teils nur für die ägyptische Mundart gelten.

Während beim A-Laut gesonderte graphische Ausdrucksmittel für Länge und Kürze fehlen, und daher aus schriftlichen Prosadenkmälern keine Quantitätsverschiebung, sondern nur Schwächung von ᾰ zu ε ersichtlich ist (vgl. § 9, I S. 55—59), sind Beispiele für Verwischung der Quantität bei den anderen Vokalen und Diphthongen auch in der literarischen Aufzeichnung vielfach erkennbar.

1. η wechselt nicht selten mit ε, wie umgekehrt ε für η in betonten und unbetonten Silben eintreten kann. Die Belege sind gegeben § 10 I A und B, S. 62—66; die frühesten fallen etwa ins Jahr 260 v. Chr., ihre Zahl nimmt stetig zu.

2. ει (gesprochen ē oder ī) kann ebenfalls seit c. 260ª die Stelle von ĭ vertreten, und zwar nicht allein in betonten, sondern noch weit häufiger in unbetonten Silben. Belege sind § 11 III, namentlich S. 87 f. gegeben.

3. ω und ο wechseln ihre Stelle selten im 3. Jahrh. v. Chr.; aber seit Beginn des 2. Jahrh. wächst die Zahl der gegenseitigen Vertauschungen, in betonten wie unbetonten Silben, ins Ungemessene, woraus mit Sicherheit zu entnehmen ist, daß beide Zeichen eine nicht näher bestimmbare, zwischen den früheren Lauten in der Mitte liegende Quantität ausdrückten. Stellen und genaue Zahlenverhältnisse s. S. 98f.

4. Der Wechsel zwischen αι und ε (gesprochen ä) hat gleiche Quantität beider Laute zur Voraussetzung. Die frühesten Belege (§ 14, 10, S. 107) fallen in die Mitte des 2. Jahrhunderts v. Chr., doch ist die Erscheinung in der ganzen Ptolemäerzeit selten.

5. οι und ῡ wurden nach ihrem Zusammenfall in υ und ι [η] verkürzt, wofür ganz vereinzelte Belege der 1. Hälfte des 2. Jahrh., mehrere der Wende vom 2. zum 1. Jahrh. angehören. Vgl. § 15, 7—12, S. 110ff.

6. Daß ου monophthongisch und kurz geworden, beweist der Wechsel zwischen ο und ου (§ 18, S. 116f.), sowie zwischen ου und υ (§ 18, S. 118).

---

1) Vgl. die grundlegende Untersuchung von P Kretschmer K. Z. 30, 591 ff; Blaß A³ 35; Hatzidakis Einl. 20 ff., 304 f., der diesen Vorgang besonders anschaulich vor Augen stellt. Weiter handeln davon Schweizer Perg. 94 f. Thumb Hell 143. Nachmanson 63 f.

7. Die Langdiphthonge ᾱι, ωι verlieren die zweite Komponente (§ 19, 2—3, S. 120f.; 21, 2—3, S. 132f.), während η(ι) allem Anschein nach schon in monophthongischer Aussprache nach Ägypten kam. ωι kann sogar zu οι und ο verkürzt werden und mit ου den Platz tauschen (§ 21, 8—12, S. 137f.).

§ 23. Vokaldehnung in betonter Silbe.

Daß die exspiratorisch betonten Vokale eine etwas längere Dauer als die unbetonten haben, ist eine a priori nicht unwahrscheinliche Vermutung, die P. Kretschmer K. Z. 30, 598f. aufgestellt hat. Einen indirekten Beweis könnte man mit Blaß A.³ 128 in der neugriechischen Aussprache finden: „denn der jetzige Grieche spricht betonte Vokale lang, unbetonte kurz“. Allein Hatzidakis hat diese Beobachtung nur für die nördlichen Dialekte bestätigt; Schweizer findet in den pergam. Inschriften (§ 26) keine Stütze für diese Hypothese. Auch die in den ptolem. Papyri für den Wechsel zwischen langen und kurzen Vokalen beigebrachten Belege zeigen kein durchgehendes Abhängigkeitsverhältnis zwischen Vokalqualität und Betonung. Den Tatbestand illustriert am besten eine aus dem §§ 10—21 gebotenen Material angelegte tabellarische Übersicht:

	3. Jahrh. v. Chr.	2. Jahrh. v. Chr.	Summe
I. ε > η betont	2	7	9
„ „ unbetont	7	6	13
η > ε unbetont	8	15	23
„ „ betont	4	11	15
II. ῐ > ει betont	3	3 [1])	6
„ „ unbetont	14	20	34
III. ω > ο unbetont	3	50	53
„ „ betont	2	19	21
ο > ω betont	1	33	34
„ „ unbetont	1	36	37
IV. αι > ε unbetont	—	3	3
„ „ betont	—	1	1
ε > αι betont	—	0	0
„ „ unbetont	—	11	11

1) Die Zahl repräsentiert nicht die Gesamtsumme der Fälle, sondern nur das der nächsten Kolumne entsprechende Beobachtungsgebiet.

	3. Jahrh. v. Chr.	2. Jahrh. v. Chr.	Summe
V. ου > ο unbetont	—	8	8
„ „ betont	5	8	13
ο > ου betont	1	3	4
„ „ unbetont	—	9	9
VI. ωι > ο unbetont	—	3	3
„ „ betont	—	6	6
ο > ωι unbetont	—	1	1

So durchgreifend also die Aufhebung der Quantitätsunterschiede gewesen ist, so läßt sich doch nur in beschränktem Maße von Vokaldehnung infolge des exspiratorischen Akzentes reden, und Kretschmers Behauptung: „In der Mehrzahl der Fälle sind betonte Kürzen als lang und unbetonte Längen als kurz bezeichnet" (l. c. 599) bedarf wesentlich der Einschränkung. Richtig ist allerdings, daß an Stelle der Bezeichnung für die langen Vokale η, ω, αι die entsprechenden Zeichen für kurze Vokale ϵ, ο, ϵ vorwiegend in unbetonter Silbe auftreten, dagegen keineswegs an Stelle von ϵ, ο in betonten Silben regelmäßig η (bzw. αι), ω (bzw. ου) oder an Stelle von ου in unbetonten Silben ο; am allerwenigsten aber trifft es zu, daß betontes ĭ regelmäßig durch ει wiedergegeben wird (vgl. S. 89 Note 1).

In einer Reihe von Fällen gibt die Schrift keinen sicheren Anhaltspunkt, ob mit der qualitativen Vokalveränderung eine quantitative verbunden war. Eine Übersicht gibt folgende Tabelle:

	3. Jahrh. v. Chr.	2. Jahrh. v. Chr.	Summe
I. οι > υ betont	—	4	4
υ > οι betont	—	12	12
„ „ unbetont	—	3	3
οι > ι unbetont	—	1	1
ι > οι betont		2	2
II. ου > υ unbetont	2	5	7
„ „ betont	—	2	2
υ > ου betont	1	2	3
III. ωι > οι unbetont	1	1	2
„ „ betont	1	3	4
IV. ωι > ου unbetont	—	4	4
ου > ωι unbetont	—	3	3

Bei dem rein orthographischen gegenseitigen Tausch zwischen ῑ und ει spielt der Akzent nur insofern eine Rolle, als im 3. Jahrh. v. Chr. bei der Wiedergabe von ῑ durch ει betonte Silben überwiegen; im 2. Jahrh. ist kein Unterschied mehr zu beobachten.

§ 24. Vokalschwächung.[1])

Unbetonte Vokale, namentlich a, i, o, unterlagen infolge der dominierenden Kraft des exspiratorischen Akzents einer starken Verwitterung und Trübung. Das ägyptische Griechisch war außerdem Einflüssen der einheimischen Sprache ausgesetzt, die in manchen Fällen auf dem Wege der Analogie eine Vokalschwächung herbeiführen konnte.

1. Schwächung eines unbetonten ᾰ zu ε ist in einer Reihe von Wörtern zu beobachten, die oben § 9, 1 S. 55—59 aufgezählt sind. Die Nähe eines ρ oder λ begünstigte den Prozeß, so in den ältesten Beispielen (III[a]) ἐρcενικά (kein Dorismus!), ἠργολεβηκότες und in Cερᾶπις aus ursprünglichem Cαρᾶπις.[2]) Doch ist der Vorgang nicht an die Liquiden gebunden, wie die späteren Beispiele ἐγγαρεύειν (vielleicht Volksetymologie auf Grund der Präposition ἐν, cf. Hatzidakis Einl. 375), ἐκούομεν, ἐπειρότατον u. a. beweisen. Nicht selten konkurriert mit der Lautschwächung in unbetonter Silbe oder hat sie vielleicht geradezu herbeigeführt die Assimilation benachbarter Silben (z. B. in ἐρcενικά, τετεγμένοc, τέccερα u ä.), wovon in § 27 gehandelt wird.

Über die unter einen psychologischen Gesichtspunkt fallenden Erscheinungen, wie εἴωθεc, ὀμωμόκεμεν, ἐμπλεκέντοc, ἐντρεπέντοc, ἐcτρεμμένα u. a. siehe die Flexionslehre § 71, 4. 8; § 78, 2; § 81 s. verbo. Eben dahin gehören die zahlreichen Acc. plur. auf -εc statt -αc, worüber zu vergleichen ist § 9, S. 59.

Wo aber betontes ε statt α in den ägypt. Papyri auftaucht, wie in ἐδέφουc, ἐνέτου, ἔπαντεc, ἐπένεγκεc etc., ist koptische Aussprache nicht zu bezweifeln. Vgl. oben § 9, S. 58.

1) P. Kretschmer K. Z. 29, 409 ff. Schmid Attic. IV 683; G. G. A. 1895, 39. G. Meyer 102 ff. Schweizer Perg. 96. Dieterich Unt. 3 ff. Thumb Hell. 65 f. 138.

2) Auch Wilcken Arch. f. P. III 251 kommt zu dem Ergebnis, daß Cαρᾶπιc, „für das die halikarnassische Inschrift bei Dittenberger, Or. Gr. inscr. sel. n. 16 das älteste urkundliche Zeugnis ist", die ursprüngliche (von 'Oςεράπιc zu trennende) Form des Gottesnamens ist, von der später eine Sekundärform Cερᾶπιc gebildet wurde, die zuerst sporadisch im II. Jahrh. v. Chr. auftritt und in der Kaiserzeit immer häufiger wird. Umgekehrt erklärt J. Schmidt K. Z. 32, 355 ff. 'Cάραπιc' aus älterem 'Cέραπιc', ihm folgen Schweizer Perg. 96. 98 u. Nachmanson 67.

2. Schwächung von i zu e.

Unbetontes i (geschrieben ι, ει, υ) kann namentlich in der Nähe von ρ zu ĕ erleichtert werden, doch nur unter Konkurrenz eines benachbarten ĕ, so in cυνκεκρεμένα (§ 11, S. 81). Dagegen Formen wie μεμνηcκόμενοc (Anklang an μέμνημαι), die Nebenkasus zu χείρ: χερόc, χερί etc. (nach χερcίν) und die Derivata χερογράφιον, χεριcτήc (vgl. § 65, 2) sind als Analogiebildungen zu erklären. In ἐληφότων = εἰληφότων steckt vielleicht das Augment statt der Reduplikation (§ 72, 10).

3. Schwächung von ω zu ου beruht auf Verdumpfung des Lautes (Hatzidakis Einl. 103 ff. Dieterich Unt. 15). Beispiele: ἐγδίδουc für ἐγδίδωc, οὐδείνουcα für ὠδίνουcα (§ 12, S. 99). Ob man aber die ziemlich zahlreichen Fälle, in denen unbetontes ο zu ου geworden ist, wie δύου, καθ' ούντινοῦν τρόπον, μεγαλουπρεπέcτερον, τούτου = τοῦτο, Πυανουψιών etc. (§ 18, S. 117) auf Lautschwächung zurückführen darf, im Sinne wie Hatzidakis und Dieterich a. a. Stellen dies für die byzantinische Zeit belegen, erscheint höchst zweifelhaft. Eher könnte man an umgekehrte Schreibung von ου > ο denken. Wenn vollends das aus ο entstandene ου betont ist, wie in τούπου für τόπου, οὖδε = ὅδε, τού = τό, οὗcη = ὅcη (vgl. d. angef. Stelle), kann von einer Schwächung nicht mehr die Rede sein.

4. Durch Annahme einer Lautschwächung von unbetontem ο zu ε erklären sich die § 12 I a (S. 94 f.) angeführten Schreibungrn ἐξάλμηc = ὀξάλμηc (denkbar auch Volksetymologie auf Grund der Präposition ἐξ, nach Hatzidakis Einl. 374 f.), ἐριγάνου = ὀριγάνου, ὀμόμεκα (eine Art Dissimilation), die Genitive cυμπαρόντεc Χρυcίππου, Μαρρείουc γενηματοφύλακεc, während in den ebendort angeführten Formen ἐνηνεχόcι, τέμενεc, ὄφελεc Silbenharmonie die treibende Ursache gewesen sein mag. Bei ägyptischen Namen wie Cοκνοπαῖοc — Cοκνεπαῖοc, Νεφορcοῦχοc — Νεφερcοῦχοc ist schwer zu entscheiden, welches die ursprüngliche Form war.

§ 25. Vokalschwund.

A. Im Anlaut.

1. Der kleinste Teil der Fälle, in denen ein anlautender Vokal verloren geht, läßt sich unter den Begriff der sogenannten Aphäresis (nach Kühner-Blaß richtiger Elisio inversa) bringen, die ursprünglich „darin besteht, daß, wenn auf ein mit einem langen Vokal oder Diphthongen endigendes Wort ein mit einem kurzen Vokal anlautendes

Wort folgt, dieser abgeworfen wird."[1]) Die Regel ist dahin zu erweitern, daß überhaupt beim Zusammentreffen von zwei ungleichen Vokalen, wie im Inlaut, so im Anlaut der artikulatorisch schwächere dem stärkeren unterliegt.

Beispiele von Aphäresis nach langem Vokal:

III[a]: τοῦ 'ρcινοίτου = τοῦ 'Αρcινοίτου (das Α erst nachträglich über die Linie gesetzt) Petr. I 28 (1) 2 (225[a]).

καὶ 'πελλυχνίου = καὶ ἐπελλυχνίου (das ε nachgetragen) Rev. L. 40, 12 (258[a]).

II[a] οἱ 'δελφοί Par. 23, 13 (165[a]).

νότου 'μπελών Grenf. II 28, 12 (103[a]).

Begreiflicher ist der Vorgang in Poesie, wo die Erscheinung niemals selten ist: οὔνομά μοι 'cτ' ὦ ξεῖνε poet. Grabschr. Arch. I 219, 7 (145—116[a]). ἡ 'μή auf einem Epigramm Ostr. 1148, 7 (II[a]). καὶ 'πί Ilias 24, 38 (Kenyon) I[a].

2. Dagegen darf man in der Mehrzahl ähnlicher Fälle, namentlich wo der vokalische Anlaut nach kurzvokalischem Silbenschluß abgefallen ist, die ersten Vorläufer jener im Neugriechischen so häufigen Erscheinung erkennen, der zufolge bei raschem Aussprechen unter dem Einfluß der Tieftonigkeit der Anlaut eines Wortes verstümmelt wird.[2])

Beispiele für diese Art von Vokalausstoßung sind in ptol. Papyri nicht selten.

a) Anlautendes ε geht verloren in:

τὸ 'γλογιcτήριον Lond. I p. 41, 111 (158[a]).

ὁ 'πελθών Grenf. II 26, 19 (103[a]); aber von der Hand desselben Schreibers ὁ ἐπελθών 28, 19 (103[a]); 30, 23 (102[a]).

ὁ 'ξιληφώc Ostr. 1085, 1 (136—5[a]); 1087, 1 (135—4[a]); daneben (mit Krasis) ὡξιληφώc 1089, 1 (135[a]) und gewöhnlich ὁ ἐξειληφώc 1081, 1 (141[a]); 1082, 1 (141—0[a]); 1084, 1 (137[a]); 1086, 1 (136[a]); 1088, 1 (135[a]). τοῦ μὲν ξεναικεῖν sinnlos verstümmelt aus τὸ μὴ ἐξενε(γ)κεῖν Weil III 9 (vor 161[a]).

Über ἐθέλω — θέλω vgl. Flexionslehre § 73, I d.

---

1) K. Bl. I 240 ff. (Aphäresis). Schmid Attic. I 404; II 252; III 294.

2) G. Meyer 197. K. Bl. I 183, 4. Hatzidakis Einl. 321 ff. Foy Lautsystem S. 117 ff. Dieterich Unt. 29 ff. — Daß derartige Verstümmelungen des Anlauts schon in der attischen Volkssprache geläufig waren, beweist das bekannte Zitat bei Athen. IV 224 d, wonach in einer Komödie des Amphis ein Fischhändler statt ὀκτὼ ὀβολῶν stets κτὼ βολῶν sagt. Kretschmer Vas. 124. Vgl. auch cκορακίζω = zu den Raben wünschen, Dem. 11, 11.

b) Schwund eines anlautenden α ist belegt:[1])

in δὲ 'πλανεῖς = δὲ ἀπλανεῖς (Blaß) Eud. 9, 12 (vor 165ª); ἀπὸ 'πηλιότης (sic) = ἀπὸ ἀπηλιώτου Par. 51, 34 (161ª). Sogar die neugriechische Form τούς, entstanden aus ἀτούς (= αὐτούς), ist zu beobachten in ἐὰν δὲ τούς = ἐὰν δὲ α(ὐ)τούς Tebt. I 105, 34 (103ª).

Anmerkung Auffallend ist nach konsonantischem Auslaut τοῦ ἑαυτῆς δαλφοῦ (= ἀδελφοῦ) Tebt. I 104, 11 (92ª), so daß man im Zusammenhang mit dem oben (unter 1) erwähnten οἱ 'δελφοί geneigt sein möchte, eine vulgäre Form δελφός = Bruder anzunehmen. Bei τοὺ<ς> παρ' αὐτῶν πολελειμμένους Par 63, 1, 24 = Petr.² Einl. p. 20 ist das α von zweiter Hand über πο gesetzt (165ª)

c) Wenn wiederholt im sog Chrysippospapyrus (Par. 2, geschr. c 170ª) das ου von οὐκ abgefallen ist in κοῖδα = οὐκ οἶδα col. 7; κεξαθρήσας (col. 7. 8); κεφάμην (col. 12); κῆς = οὐκ ἧς (col. 12), so müßte man, falls die Lesungen richtig sind, Aphäresis des ου wie im neugr. δέν = οὐδέν annehmen. Nun ist aber von Th. Bergk, Commentatio p. 23 und Arnim, Stoicorum veterum fragmenta Bd. II frgm. 180 mit Recht angenommen, daß das κ ganz gestrichen werden muß, weil die Negation nicht in den Sinn paßt.

Über silbische Verstümmelungen im Anlaut, die ebenfalls dem Übergewicht des exspiratorischen Akzentes zuzuschreiben sind, wie in ἐν τοχῇ = ἐν κατοχῇ, τὸ θῆκον = τὸ καθῆκον u. a. vgl. Haplologie § 57, 3

B. Im Auslaut.

3. Wie im Neugriechischen ἀπό vor dem Artikel zu ἀπ', ἀφ'-, παρά und περί in der Komposition vor Konsonanten zu παρ-, περ-, oder gar μετά, κατά zu μέ, κά werden können (Hatzidakis Einl. 152 ff., 341 ff.), so bieten schon die ptolem. Papyri ähnliche apokopierte Formen, die wohl größtenteils durch Übertragung der antevokalischen Form auf die Stellung vor Konsonanten ihre Erklärung finden. So δι' τοῦ Tebt. I 5, 229 (118ª). δι' τῶν (das α nachgetragen) Lond. I p 39, 41 (158ª). δι' μέ Tebt. I 51, 10 (114ª). — καὐτούς ist möglicherweise entstanden aus κὰ-αὐτούς = κατ' αὐτούς Par. 50, 68 (120ª). τὸ κἄνδρα aus κὰ ἄνδρα = κατ' ἄνδρα Tebt. I 72, 17 (114ª); sonst κατ' ἄνδρα oft. Doch sind vielleicht auch diese Fälle wie κατήν, κατά, κατό für κατὰ τήν, κατὰ τά, κατὰ τό durch Haplologie zu erklären. vgl. § 57, 2.

Ferner liest man παρ' τοῦ πατρός deutlich auf dem Rosettastein 47 (196ª) πα<ρὰ> τοῦ Tebt. I 120, 91 (97 oder 64ª). περ' τὴν κώμην Tebt. I

1) Daß α als allerstärkster Laut selten abgefallen ist, da es keinen stärkeren Laut gab, ihn zu überwinden, bemerkt Hatzidakis Einl. 328.

76, 2 (112[a]), aber 12 περὶ τὴν κώμην. Statt περ' τῶν Lond. I p. 9, 6 (162[a]) ist vielleicht zu lesen [ὑ]πὲρ τῶν, wie es p. 6 in der Parallelstelle heißt. ὑπ' τοῦ Artemisia-Pap. 7 (III[a]). Vgl. Wessely zur Stelle.

C. Im Inlaut.[1])

4. Synkope, d. h. Ausstoßung eines unbetonten Vokals im Innern eines Wortes zwischen zwei Konsonanten (K. Bl. I 181). Nach einem von P. Kretschmer erkannten Lautgesetz (Wchschr. f. kl. Ph. 1899, 5) „fällt ein unbetonter (kurzer) Vokal nach Liquida und Nasal aus, wenn die benachbarte Silbe denselben Vokal hat."

Das trifft zu in folgenden Fällen:

Aus ἀνακτήςει konnte zunächst ἀγκτήςει, daraus nach dem bekannten, im Neugriechischen fortwirkenden Lautwandel (κτ > χτ) ἀγχτήςει entstehen P. Reinach 7, 14 (c. 140[a]). Vgl. Dieterich Unt. 96 ff.

βαλνήων = βαλανείων Wilck. Ostr. 318, 2 (unb. ptol.). Sonst βαλανεῖον, z. B. Tebt. I 86, 4. 9; 5, 120 (118[a]).

Statt des gewöhnlichen Βερενίκη (vgl. Indices) begegnet Petr.[2] 1 col. 2, 7 (237[a]) Βερνείκης (Wilcken Add. et Corr. XI); ebenso Βερνικίω(νι) Tebt. I 120, 132 (97 oder 64[a]). Über Βενίκη vgl. § 57, 1.

Caρπιείωι steht für Caραπιείωι Lond. I p. 18, 8 (161[a]).

μουνχιών — αὔτναῖος = μουνιχιών — αὐδηναῖος Par. 4 (unb. ptol.). — αὐδυναίωι Amh. II 43, 8 (173[a]). Über αὔτναῖος § 36, III 1. Vgl. Kretschmer Einl. 247. Schweizer 107.

cκόρδον (nie cκόροδον): Petr.[2] 137 I 12. Sakk. verso 3 (III[a]). cκόρδα Leid. C p. 93, 4, 2 (c. 164[a]). cκόρδωι Tebt. I 70, 40 (111[a]).

Doch beschränkt sich der Vorgang nicht auf diese (häufigste) Komplikation, und das Lautgesetz ist dahin auszudehnen, daß die Synkope auch vor Liquida und Nasal eintreten kann, auch wenn in der benachbarten Silbe nicht derselbe, sondern nur ein verwandter Laut steht.

Belege: περιcτριδεῖc Grenf. II 14 (b) 4 (227[a]); aber περιcτεριδεῖc Petr.[2] 53 (m) 4 (225[a]).

Φιλοπάτροc = Φιλοπάτοροc Strack, Ptol. Inschr. Arch. III 131, 8, 1 (78[a]). Analogie zu πατρόc?

ἐξνηνεκμέναι (sic) = ἐξενηνεγμέναι Lond. I p. 18, 21 (161[a]).

ἐπηκλούθηκα = ἐπηκολούθηκα Tebt. I 100, 20 (117[a]), aber 21 (von anderer Hand) ἐπηκολούθηκα.

---

1) Meisterhans-Schwyz. 69 § 23. Hatzidakis Einl. 334. Schweizer Perg. 97. Kretschmer Vas. 124 f. Dieterich Unt. 37 ff. Nachmanson 65.

χλάcματοc = χαλάcματοc Cop. 7 (100[a]).
ἀπελήλθε = ἀπελήλυθε Lond. I p. 28, 18 (161[a]).

Endlich begegnen, auch ohne daß obige Bedingungen zutreffen, manche synkopierte Formen, die freilich vielfach den Eindruck von Abkürzungen bzw. Verschreibungen machen: wie γραμτεῖ — γραμμτεῖ Lond. I p. 41, 111. 118 (158[a]). Δωcθέου = Δωcιθέου Tebt. I 79, 63 (148[a]). Πτολμαίου Dittenb. inscr. gr. or. I 61, 1 („fortasse typothecae culpa") [247—221[a]]. φυλκίτου = φυλακίτου ebd. 22, 15 (112[a]). μ(ε)χείρ Lond. I p. 25, 11 (161[a]). [Statt ἄμτοc Leid. C p. 93, 4, 9 (c. 164[a]) ist zu lesen ἄλατοc; statt cυνκμένων Par. 63, 2, 50 (165[a]), wie das Faks. deutlich bietet, liest man in der Neuausgabe Petr.[2] Einl. p. 22 cυνκ[ι]μένων; ebd. v. 180 cυνκειμένοιc]. Eine betonte Silbe ist dem metrischen Bedürfnis geopfert in der sonderbar synkopierten Form εὐέρκται = εὐεργέται Arch. I 220 Nr. 2, 4 (145—116[a]).

Über ionisches γειτνία = γειτονία vgl. oben S. 21.

5. Es sind noch einzelne Fälle anzuführen, in denen ein Vokal zwischen Konsonant und Vokal bzw. zwischen Vokal und Konsonant ausgefallen ist. Eine Erklärung des Vorgangs (Verschmelzung der beiden Laute) versucht Hatzidakis Einl. 308. 337ff. Vgl. auch G. Meyer 195. Brugmann Gr. Gr.[3] 65f. Dieterich Unt. 45f.

a) Der Laut ι (nach G. Meyer 220 in diesem Falle Halbvokal, nach Dieterich 59 noch rein vokalisch) schmilzt zusammen:

α) mit folgendem α in λαγάνα Leid. C p. 93, 4, 2. 5. 12, womit ebendort λαγάνια wechselt. G. Meyer l. c. will in diesem Wort palatales ί erkennen; übrigens kann λάγανον ebenso gut Primitivform zum Deminutiv λαγάνιον sein. ὑγαίνηc steht für ὑγιαίνηc Tebt. I 12, 13 (118[a]). Vgl. § 33, 1 Anm.

β) mit folgendem ο in ἐνύπνον Leid. U 2, 6 (II[a]), aber ἐνυπνιοκρίτηι Par. 54, 78 (163[a]). ἐνύπνιον Par. 50, 2; Leid. C p. 118, 2, 18 (c. 160[a]) usw.

ἧλον = ἥλιον Eud. 13, 15 (erste Hand nach Blaß) vor 165[a].
ἡμόλιον = ἡμιόλιον Grenf. II 18, 15 (127[a]).
λειτουργῶν = λειτουργιῶν Lond. I p. 46, 17 (146—135[a]), vermittelt durch spirantisches γ.

γ) In κυρευούcηc Par. 13, 12 (157[a]); κυρεύουcαν Tebt. I 104, 15 (92[a]) — gegenüber κυριεύcει ebd. 21; κυριευέτω Tebt. I 105, 47 (103[a]); ἐκυρίευcαν Par. 14, 17 (127[a]); κεκυριευκότων ebd. 15, 13 (120[a]) etc. — liegt vermutlich eine Nebenform zugrunde. Vgl. späteres κυρά, κυρόc, worüber ausführlich handelt Dieterich Unt. 60ff.

Für den Ausfall eines betonten ι vor Vokalen gibt es schwerlich eine lautliche Erklärung; in manchen Fällen scheint bloßes Schreibversehen vorzuliegen.

Zu notieren: οὐϲα für οὐϲία Par. 23, 15 (165[a]). νεκραν Par. 23, 14; aber νεκρίαν Tor. I 1, 20 (117[a]). παιδαροιϲ Petr. II 4 (2) 11 (255[a]), aber 12. 13 παιδαρίοιϲ. Δημητρου = Δημητρίου Amh. II 43, 4 (173[a]). Cαραπωνι = Cαραπίωνι Lond. I p. 17, 14 (161[a]).

b) Schwund eines ο ist zu konstatieren

α) vor einem Vokal (η) in ägyptischen Eigennamen: Cτοτήτιοϲ Petr. II 25 (i) 9; aber 8 Cτοτοήτιοϲ (226[a]). Cτοτοῆτιϲ ebd. 28 (5) 7 (III[a]); 7, 16 (249[a]); 10 (1) 4 (c. 240[a]). Cτοτοήτηϲ 28 (2) 12 (III[a]).

Ὀϲορήριοϲ Tebt. I 61 (b) 196; aber Ὀϲοροήριοϲ 72, 13 (114[a]).

Τοτῆτοϲ Petr. II 27 (3) 33 (236[a]); aber Τοτοῆτοϲ 28 (1) 22; (5) 3; (8) 9 (III[a]).

Θήριδοϲ Tebt. I 121, 12. 89 (94 oder 61[a]). — Θοήριοϲ 61 (b) 59. 61 (118[a]). Θοήρεωϲ 72, 210 (114[a]).

Θηριήου Tebt. 88, 16. 23 (115[a]). — Θοηριείου 39, 9 (114[a]).

Κερκεθῆριν Tebt. I 120, 23; Κερκεθήρ(εωϲ) ebd. 70 (97 oder 64[a]); aber Κερκεθοήρεωϲ 140 (72[a]).

β) nach einem Vokal: in Ἡρακλειπολίτην = Ἡρακλειοπολίτην Par. 22, 13 (165[a]).

*πορεύμενον = πορευόμενον Par. 50, 7 (160[a]).

Formen wie Θέφιλοϲ = Θεόφιλοϲ Petr. II 28 (9) 22 (III[a]) und Θηδώρου (= Θε(ο)δώρου) Leid. S 3, 6 (164[a]) erklärt G. Meyer 193 so, daß der vor Vokalen gewöhnliche elidierte Stamm Θε- auf Komposita mit konsonantisch anlautendem zweiten Glied übertragen ist. Es besteht aber auch die Möglichkeit, die Form aus Θεύφιλοϲ mit konsonantisiertem υ zu erklären. J. Schmidt K. Z. 38, 40. Vgl. oben S. 114.

Nicht lautlich zu erklären, sondern wohl nach dem von Hatzidakis Einl. 76 aufgestellten Prinzip von einer Ausgleichung der Kasus zu beurteilen sind die nicht seltenen Genitive ägyptischer Eigennamen auf -ιϲ statt -ιοϲ (also Zusammenfall mit dem Nominativ): Ἅρμαιϲ = Ἁρμάιοϲ Par. 35, 19 (163[a]). Μεταϲῦτμιϲ Tebt. I 135 (II[af]). Πετοϲῖριϲ ebd. 84, 26 (118[a]). Τενεϲοῦφιϲ Amh. II 58, 2 (132[a]). Τοτοῆτιϲ B U 994 III 4 (113[a]). Φαῆϲιϲ Tebt. I 200 (I[ai]). Als polare Erscheinungen sind zu betrachten Nominative in Genitivform: Παπνεβτύνιοϲ Tebt. I 118, 7 (c. 100[a]). Πετεύριοϲ = Πετεῦριϲ ebd. 110, 1 (92 oder 59[a]).

Πτολεμαῖϲ = Πτολεμαῖοϲ, ἡμιόλιν = ἡμιόλιον etc. ist ein neuer, schon in ptolem. Zeit lebendiger Typus, von dem die Flexionslehre § 59, 6 handelt.

Über die Formen Cαραπιῆν = Cαραπιεῖ(ο)ν, Ἰcιῆν, ἐγμαγῆν, ἔλαν = ἔλαιον vgl. § 28, 9.

Über Νικόλαc = Νικόλαοc, Δεξίλαc vgl. oben S. 8.

Von οἶμαι, ᾤμην statt οἴομαι, ᾠόμην handelt die Flexionslehre § 73 Ib.

c) Antevokalisches ε ist ausgefallen in θάτρον = θέατρον P. Weil V 15 (kom. Fragm.) vor 161[a].

κτέρα = κτέρεα Ilias 24, 38 (Kenyon) I[a].

ἀξιώχρον = ἀξιόχρεον Grenf. II 41, 22 (46[a]).

Nach einem Vokal ist ε unterdrückt in εὐργετῶν Kanop. Dekr. 25 A (237[a]).

Nicht lautliche Varianten, sondern selbständige Nebenformen sind ἀμπελών, ληνών, περιcτερών, φοινικών, wie sie in den Papyri durchweg an Stelle der Bildungen auf -εών getreten sind.[1]) Belege in der Stammbildungslehre § 83, 27.

Ebensowenig sind ἴναι, προcίναι = ἰέναι, προcιέναι durch einen rein lautlichen Vorgang entstanden, sondern Analogieformen zu ἴμεν, ἴτε, worüber zu vgl. § 73 II 9.

d) Inlautendes α schwindet in ganz ähnlicher Weise wie im Auslaut (vgl. oben 3, S. 145) in *διδόχων = διαδόχων, *διcαφῆcαι = διαcαφῆcαι Lond. I p. 17, 14. 17 (161[a]). *διλούονται = διαλύονται, *τρίκοντα = τριάκοντα ebd. p. 25, 20; 26, 17 (161[a]) — alle vier Beispiele auf zwei schlecht geschriebenen Stücken.

e) Nicht anzunehmen ist die Verschmelzung von οι und η in den Formen βοιθόc für βοηθόc, ποίcω für ποιήcω etc., worüber zu vgl. S. 83.

f) Ein υ ist untergegangen in λινοφάντῃ Par. 53, 14 u. 30 (163[a]) statt λινουφάντῃ oder λινυφάντῃ, worüber zu vgl. S. 97. Ähnliche Beispiele aus dem Neugriechischen, z. B. πικροφήγηcιc = πικροαφήγηcιc, bietet Hatzidakis Einl. 339.

B. EINWIRKUNG VON VOKALEN AUFEINANDER UND VOKALISCHE NEUBILDUNGEN INNERHALB DES WORTES.

§ 26. Vokalassimilation.

Seitdem J. Schmidt in seiner grundlegenden Untersuchung über „Assimilationen benachbarter, einander nicht berührender Vokale" (K. Z. 32, 321—394) diese Erscheinung in das richtige Licht gestellt hat, ist die sog. „Fernassimilation" in weiterem Umfange beobachtet

1) Über das erneute Eindringen von -εών in die spätere κοινή vgl. H. Ehrlich K. Z. 38, 94; über das Fortleben der Bildungen auf -ιῶναc im Neugriechischen Hatzidakis Einl. 289.

worden.[1]) Nicht mit Unrecht wird neuestens der psychologische Gesichtspunkt des Versprechens und Verlesens in den Vordergrund gerückt.[2]) So entstehen gerade in der niederen Verkehrssprache, wie sie in vielen Papyri vorliegt, eine Menge von Wortbildern, die, oft ohne etymologischen Grund, lediglich durch schnelles Sprachtempo, Überwiegen des exspiratorischen Akzents oder Gewöhnung an undeutliche Aussprache den Verfassern in die Feder geflossen sind. Doch scheinen derartige Schreibungen, die nicht selten assimilierte Vokale zeigen, über die Bedeutung von „einfachen Schreibfehlern" hinauszugehen und manchmal nicht nur individuellem Gebrauche anzugehören, weshalb hinter den lautgesetzlich zu erklärenden Assimilationen auch solche Formen nachgeführt werden. Die besten Leiter der Fernassimilation sind Liquiden und Nasalen, doch bilden auch Verschlußlaute kein Hindernis.

I. Regressive Bewegung.

1) α > ε vor e: in ἐρcενικά, Μεκεδώνος und gleichlautendem Μαικεδόνος, ἐφεςτηκότα = ἀφεςτηκότα (möglicherweise Verwechslung der Komposita?), κωμογραμμετέων; nachfolgender und vorausgehender e-Laut kann mitgewirkt haben in τετεγμένος = τεταγμένος. Sämtliche Belege oben S. 57f.

In παρεθέτωcαν = παραθέτωcαν Tebt. I 25, 10 (117[a]) könnte auch das Augment verschleppt sein nach § 72, 13.

Die Schreibung παρέγεται statt παράγεται (S. 58) kommt, da der betonte Vokal schwerlich durch den unbetonten beeinflußt sein kann, eher von koptischer Aussprache.

2) ε > α vor a: in ἀπάναγκον = ἐπάναγκον (S. 60).

ψακάc statt ψεκάc in ψακάδιcca, ψακαδιcχίοιc (S. 16) ist vom attischen Dialekt her geläufig. In παρακαλέcαμεν = παρεκαλέcαμεν (§ 72, 4) ist der Schwund des syllabischen Augments durch Assimilation vermittelt.

ἐπηγγέλμαθα (Verbalform) S. 60 mag auf Versprechen oder Verwechslung mit ἐπάγγελμα beruhen.

3) α > ο vor o: in γναφολλολόγων (Sayce) Ostr. 1081, 3 (141[a]). — γναφαλλ<ολ>όγων Ostr. 1082. 1086 (II[a]).

4) ε > ο (ω) vor o: in den schwerlich rein physiologisch zu erklärenden Formen ἐπιτόδοκα und ἀπετώδοκα = ἐπιδέδωκα, ἀποδέδωκα S. 96.

---

1) Vgl. Kretschmer Vas. 28. 117. 225. Brugmann Gr. Gr.[3] 69. G. Meyer[3] 392 ff. Hatzidakis Einl. 330. Dieterich Unt. 19 ff. Schweizer Perg. 98. Schwyzer Vulg. 252 f. Nachmanson 66 f.

2) Vgl. hierüber Meringer und Mayer, Verlesen und Versprechen.

5) ο > ε vor e: Σοκνεπαίου (Soknepéu) aus Σοκνοπαίου, vgl. S. 95.
6) ι > ε zwischen zwei e: in cυνκεκρεμένα S. 81.
7) ε > ι vor i: ἐριβί(νθου) = ἐρεβίνθου; πιρί = περί S. 81.
8) ι > υ vor υ: ἥμυcυ; δυδύμων, δυδύμαις; Λυβύης S. 100f.
9) υ > ι vor i: κολοκινθίνου, βιβλιοφύ(λακι) S. 101f.
10) ο > υ vor υ: κολυκυντίνου S. 101.

II. Progressive Bewegung.

1) α > ε nach e: τέccερα S. 57.

2) ε > α nach a: (ἀ)δαλφοῦ S. 60. In παρανοχλεί⟨c⟩θω, παραθήcεται = παρεθήcεται hat sich die Präposition intakt erhalten (vgl. ebendort).

3) ε > ο nach o: Ὀcορᾶπιc aus früherem Ὀcερᾶπιc S. 95; ἐργάcζοντοc, ἐπιβαλόντοc, γίτονο(c), Nominative plur., sowie ὅπορ = ὅπερ (verschrieben) S. 96. Πτολεμαῖοc ist stehende Form, nirgends Πτολομαῖοc.

4) ο > ε nach e: ἐνηνεχόcι; Genitive wie τοῦ κυρωθέντεc, προcαγγελέντεc, cυνπαρόντεc Χρυcίππου, Μαρρείουc γενηματοφύλακεc S. 95.

5) ο > α nach a: κακαλογίαc S. 61. Ebenda neben παρακαλέcαντοc der Genitiv προτρέψαντας.

6) ε > ι nach i: εἰκιτείαc (aus ἱκετείαc) S. 81.

7) υ > ι nach i: διδίμων S. 101.

Anmerkung. Als ein äußerlich graphischer Vorgang ist es wohl anzusehen, wenn η und ε in benachbarten Silben einander angeglichen werden, da ja der Laut beider Zeichen seit dem 3. Jahrh. v. Chr. zusammenfiel (Belege S. 62ff.); ebenso, wenn im Antiopefragment Petr. I 2, 65 (c. 250ᵃ) einmal ψειδεῖc für ψευδεῖc geschrieben wird.

§ 27. Umstellung benachbarter Vokale.

Der psychologische Vorgang bei dieser Erscheinung, die Brugmann Gr. Gr. 137 „reziproke Fernversetzung" nennt, ist Versprechung und Vertauschung zweier Vokale in der Weise, daß der zweite antizipiert und der verdrängte nachgeholt wird.

Der Fall tritt meistens ein

a) bei ähnlichen Lauten: Statt des älteren Μυτιλήνη begegnet schon auf einem Pap. des 3. Jahrh. v. Chr. Μιτυλην[αίωι] (S. 101); ebenso in Pergamum bald nach 263 v. Chr. (Schweizer 130); in Attika erst in der Kaiserzeit (Meisterh.-Schwyz. 29). Crönert 23. — Ebenso wechselt gelegentlich δυδίμη mit dem gewöhnlichen διδύμη (S. 101). Auf einer attischen Inschrift Dittenb. Syll.² 534, 9 (III—IIᵃ) steht ὐλίν für ἰλύν. Andere Beispiele bringen Kretschmer Vas. 90 (Τύρινθι für Τίρυνθι) und Crönert 23 aus Dittenb. Syll.[2] 161, 24 (323[a]) Cυκιωνίων; ebd. 857, 13 (Delphi) ἐνδυδισκόμενος (156—151[a]). G. Meyer 154 f. Solmsen Untersuch. 43 ff.

Eine Umstellung der beiden (lautlich fast identischen) e-Laute ε und η liegt vor in προσένηκε = προσήνε(γ)κε Petr. II 4 (6) 11 (255[a]) [Analogie zu ἐνήνοχα?] und συμπεριενενηγμένης Par. 8, 14 (131[a]). Vgl. Nachmanson 64 Anm. 1.

αι und ε (lautlich verwandt) wechseln ihre Stelle in αὐθεραί-τως = αὐθαιρέτως Strack, Ptol. Inschr. Arch. III 132, 18 (58—55[a]).

b) Wenn solche Metathesen bei unähnlichen Vokalen vorkommen, sind sie wohl rein graphischer Natur. Sie seien immerhin notiert: *ἀνουμόμενον für ἀνομούμενον Par. 35, 34 (163[a]). *ἐμφενάς = ἐμφανές Petr. II 4 (6) 11 (255[a]). Νεχθόνβης Par. 50, 1 — Νοκθέμβης ebd. 3 (160[a]).

Auch bei ἀθήρα im Verhältnis zu attischem ἀθάρη könnte man an Metathese denken, wenn nicht vielmehr der ägyptische Stamm des Wortes bestimmend gewirkt hat. S. 9 und 35.

§ 28. Kontraktion.

1. ἐάν — ἄν. Die regelmäßige Form der Papyri ist ἐάν. Literarische Texte haben nicht selten das durch Kontraktion entstandene ἄν[1]), so vor allem in der Phrase ἂν θεὸς θέλῃ (Belege § 73 I d). Ferner νῦν ἂν ὀργισθῶμεν (nicht ἀνοργισθῶμεν = sich versöhnen) Grenf. I 1, 1, 24; ebd. 19 ἐάν per synizesin einsilbig (erot. Fragm. nach 173[a]). ἂν οὗτος … P. Weil I 30 (a); aber (b) ἠάν (vor 161[a]). ἂν φρονῆι [Demosth.] epist. III § 27 (unsere Texte ἐάν) II—I[a] etc.

Beispiele aus Urkunden: ἂν συντάσσηι Petr. II 14 (1[a]) 10 (III[a]). ἄν σοι φαίνηται ebd. 15 (3) 6 (241—39[a]). ἂν κατ[αβά]λῃ Par. 32, 19 (162[a]). ἂν δὲ μὴ ἀποδῶ Tebt. I 110, 8 (92 oder 59[a]).

Umgekehrt findet sich ἐάν statt ἄν in allgemeinen Relativ- und Zeitsätzen, was später immer häufiger wird. Ältestes Beispiel ὅσωι ἐὰν πλεῖον εὕρηι Petr.[2] 43 (2) recto col. 3, 4 (246[a]). ἐξ οὗ ἐὰν αἱρῆται Grenf. I 18, 27 (132[a]); Lond. II p. 6 col. 2, 6; ebd. 23 οὗ ἐὰν ἐπιφέρηται (133[a]). οἷς ἐὰν μισθώσῃς Tebt. I 107, 8 (112[a]). οἷς ἐὰν αἱρῆται ebd. 105, 23 (103[a]). περὶ ὧν ἐὰν αἱρῆτε Grenf. II 36, 14 (95[a]).

---

1) Brugmann Gr. Gr. 534 und G. Meyer 179. 209 nehmen Kontraktion an. Anders Dieterich Unt. 48. Den Tatbestand im Attischen gibt Meisterh.-Schwyz. 255 ff.; für Pergamum Crönert Ztschr. f. Gymnasialwesen 1898, 812. Vgl. Nachmanson 68. Schmid Attic. IV 123 ff. ἄν = ἐάν bei Diodor 22mal (R. Kapff, der Optativ bei Diodor, Tübinger Dissertation 1903 S. 110 f.), häufig bei Dio Chrys.

ἐν οἷς ἐὰν προσδέηςθε Tebt. I 59, 8 (99a). ὁπότ' οὖν ἐὰν λάβῃς Tebt. I 12, 9 (118a). περὶ ὧν ἐὰν βούληι ebd. 12, 25 (118a). περὶ ὧν ἐὰν ὀμόςωςι ebd. 37, 6 (73a). ἀφ' ἧς ἐὰ[ν ἀπ]αιτηθῆι 104, 32 (92a) etc. Daneben aber regelmäßig εἰς ὅτι ἄν Petr. II 31, 10 (IIIa). ἕως ἂν ἐγὼ ζῶι Petr. I 16 (1) 16 (230a). καθότει ἄν P. Reinach 11, 22 (111a); παρ' οὗ ἄν 16, 33 (109a); ἐξ οὗ ἂν αἱρῆται 26, 31 (104a) usw. Deißmann, N. Bibelstud. 30ff. Crönert 130f. Moulton Class. rev. XV (1901) 32. 434. Langdon American journ. of philol. XXIV 447ff.

Über das ionische ἤν vgl. S. 13; über εἰάν S. 71; über ἠάν S. 77.

2. Die Papyri kennen nur die unkontrahierten Formen ἔαρ, ἐαρινός [einmal ἠαρινά, cf. S. 77], Belege § 65, 1. στέαρ, φρέαρ, φρέατος, φρέατα, φρεάτων (§ 63, 4); dagegen nur ἡμίςη (acc. plur. neutr.), nirgends ἡμίςεα (§ 68, 7).

3. Die ionische Kontraktion εο in ευ findet sich manchmal bei fremden Eigennamen wie Θευγενίς, Θεύδοτος, Θεύδωρος, Θεύξενος, Θεύτιμος, ferner in Κλευπάτρα, Κερκεςεῦρις, Πετευςορᾶπις; doch herrschen überwiegend die Bildungen mit Θεο- vor, wie die Zusammenstellung S. 10 zeigt. Ganz isoliert steht ἡμίςευ(ς) statt des gewöhnlichen ἡμίςους Ostr. 758, 3 (102a). Über Θέφιλος, Θήδωρος s. oben S. 148.

4. Regelmäßig ist geschrieben νουμηνία: so Petr. II 4 (2) 6 (255a); I 19, 20 (225a). Petr.[2] 54 (a) (1) col. 1, 5 (250a). Kanop. Dekr. 37. 39 (237a). Par. 1, 68. 92. 404 (vor 165a). Ebenso Νουμήνιος Petr. II 17 (3) 9 (IIIa). Ostr. 727, 2 (154 oder 143a). Tebt. I 85, 117 (113a); 118, 5 (IIaf); 120, 112 (97 oder 64a). Erst in römischer Zeit begegnet das von Phryn. 148 Lob. verworfene νεομηνία, z. B. Ostr. 1158, 6; Goodsp. 30 col. 40, 9 (191—192p); ebenso Alciphr. (Schepers) III 25, 2.

Desgleichen lautet der Genitiv zu ἥμιςυς regelmäßig ἡμίςους (§ 68, 7); über ἡμίςευς vorige Nummer.

Anmerkung. Die Auflösung εο aus ευ kommt nicht vor, wohl aber steht einmal λεοτουργῆςαι für λειτουργῆςαι Grenf. II 14 (c) 4 (254 oder 227a), was um so auffallender ist, als das Wort damals schon ein monophthongisch klingendes ει hatte. Vgl. oben S. 128.

5. ε + ου wird nach koptischer Art (Stern p. 44, 79) zu ευ in Τιμόθευ Par. 65 (b) 28 (150a); sonst immer Τιμοθέου, z. B. Petr.[2] p. 119, 13 (246a); p. 161 (a) 5 (c. 260a). Par. 2 col. 7, l. 12 (vor 160a). Tebt. I 61 (b) 102 (118a); 72, 40 (114a). Μαρρεύς (gen. = Μαρρέους) Tebt. I 85, 18 (113a).

6. Nur an einer einzigen Stelle hat der Genitiv plur. eines neutralen S-Stammes (βλάβος) die offene Form βλαβέων (S. 17). πῆχυς bildet stets πηχῶν (§ 61, 1).

7. ἁλιέως, Ἐριέως, nicht ἁλιῶς etc., wie die strenge Ἀτθίς vorschreibt, bildet das 2. Jahrh. v. Chr. Den regelmäßigen Formen ἁλιέων, γονέων, ἱερέων, σκυτέων gegenüber bietet nur ein Brouillon die kontrahierte Form ἱερῶν für ἱερέων. Dagegen herrschen im Akkusativ plur. die kontrahierten Formen wie γονεῖς, γραμματεῖς, ἱερεῖς, ἱππεῖς (zum Ganzen vgl. § 62, 6).

8. Statt der gewöhnlichen offenen Form des Zahlworts ὀγδόου hat der Eudoxuspapyrus ὄγδου, ὄγδουν. Man findet nur ἀθροῦν (neutr. acc.), dagegen sowohl ἀρχοινοχοῦς, χρυσοχοῦς, ἡμίχουν, δωδεκάχουν, μελίχρους, μελάγχρου, μελίχρωι — als ὑδροχόος, τετραχόωι, μελαγχρόου, μελιχρόου; gegenüber geläufigem ἐρεοῦς, λινοῦς, σιδηροῦς, χαλκοῦς, χρυσοῦς und den Multiplikativen ἁπλοῦς, διπλοῦς etc. steht ganz vereinzelt χρύσεος auf einer Ptolemäerinschrift und in Poesie. Belege zu den genannten Formen siehe §§ 59, 4; 68, 3—6, wo auch die singuläre Auflösung δίπλειον = δίπλεον erwähnt ist.

9. Zweifelhaft erscheint es, ob Verkürzung oder Kontraktion zugrunde liegt in Formen wie Σαραπιῆν (= Σαραπιῆον, Σαραπιεῖον) Par. 47, 20 (153ᵃ); 58, 16 (165ᵃ). Ἰσιῆν (= Ἰσιεῖον) Tebt. I 120, 82 (97 oder 64ᵃ). ἐγμαγῆν (aus ἐγμαγεῖον Serviette) Par. 53, 43 (163ᵃ). μελάνθην (= μελάνθειον Schwarzkümmel) Leid. C p. 93 col. 4, 9 (160ᵃ). Bei ἔλαν aus ἔλα(ι)ον Par. 31, 11 (163ᵃ) ist Kontraktion nicht wahrscheinlich, da αο nur im dorischen Dialekt zu α kontrahiert wird. Vgl. Blaß A.[3] 64. — Beim neuen Typus Πτολεμαῖς, ἡμιόλιν, ἀργύριν liegt sicher keine Kontraktion vor, wie Meisterh.-Schwyz. 74, 4 annehmen. Vgl. § 59, 6.

10. Der Dativ von Ζεύς lautet einmal (vor folgendem ι) Δί Par. 63, 1, 6 (165ᵃ). G. Meyer 201.

11. Die ursprüngliche unkontrahierte Form ἱερεωσύνη (v. ἱερεύς!) ist belegt Kanop. Dekr. 23 A; dagegen B ἱερωσύνη (237ᵃ). Vgl. oben S. 15. K. Bl. II 285, 12. Schulze quaest. epic. 144 f. Hatzidakis G. G. A. 1899, 515. Schweizer Perg. 93 Anm. Nachmanson 70.

12. ὀγδοήκοντα ist einmal, wohl in Anlehnung an ὀκτώ, zu ὀ(γ)δώκοντα geworden. Vgl. S. 15.

13. Die Adiect. comp. auf -ειδής zeigen die unkontrahierten Formen wie ἀσπιδοειδής, ἀψιδοειδής etc. Stammbildungslehre § 88, 1 b.

14. Über das Verhältnis der kürzeren Komparativformen auf -ω (acc. sing. masc. fem. und neutr. plur.) und -ους (nom. acc. plur. masc. fem.) zu den längeren auf -ονα und -ονες, -ονας vgl. § 68, 20.

Anhang. Hier mag, im Gegensatz zur Kontraktion, eine doppelte orthographische Eigentümlichkeit erwähnt werden, die wie eine Art von Distraktion bzw. Pleonasmus sich äußert:

a) im Inlaut, indem vor einem Vokal derselbe oder ein verwandter Laut eingeschoben wird: so in ἐλεαίου = ἐλαίου Par. 23, 28 (165ᵃ). Ἰμο|ούθην Pap. Gizeh Mus. Arch. II 81 Nr. 10 274, 4 (IIIᵃ). ἐλαιοουργ[οί Rev. L. 49, 1; im letzteren Fall wurde wohl als zweiter Bestandteil -ουργός statt -εργός empfunden (vgl. πλινθουλκός § 31, 3 Anm.);

b) im Auslaut, indem ein Vokal doppelt erscheint: κίκιι Rev. L. 51, 18 (258ᵃ); προσταγχθῆη (sic) Lond. I p. 40, 76 (158ᵃ). σέε Lond. I p. 9, 21 (162ᵃ). σοίι Tebt. I 110, 8 (92 oder 59ᵃ). Σαραπιειόω Lond. I p. 40, 64 (158ᵃ).

§ 29. Vokalentfaltung (Prothesis und Anaptyxis).[1]

1. Das einzige Beispiel euphonischer Prothesis des Vokals α vor σπ (wie in ἀσπαίρω, ἀσπάλαξ, vgl. K.-Bl. I 188; G. Meyer 165) ist *ἀσπασάμενος = σπασάμενος in einem Papyrus niedersten Stils Par. 23, 7 (165ᵃ). Die Form steht jedoch ganz vereinzelt und berechtigt zu keinen weiteren Schlüssen. Sonst häufig σπασάμενος, so Par. 12, 15 (157ᵃ); Tebt. I 138 (IIᵃᶠ); 48, 19 (113ᵃ).

2. Beispiele für Vokalentfaltung (Anaptyxis) zwischen Konsonanten:

a) zwischen Verschlußlaut und Liquida μελιχερώου (sic) Grenf. I 33, 33 (103ᵃ). Belege für das geläufige μελιχρόου § 68, 12.

b) zwischen Verschlußlaut und Nasal ἐθινῶν = ἐθνῶν Petr.² 32 (f) 2 (c. 240ᵃ); aber verso 2, 11 ἐθνῶν. Σουκενεπαίου = Σοκνεπαίου (Σοκνοπαίου) Amh. II 58, 4 (132ᵃ). Vgl. oben S. 95 f.

c) zwischen σ oder π und τ: σετερέσθωσαν Rev. L. 50, 11 (258ᵃ), erste Hand. ἐνγράπιτων = ἐνγράπτων Magd. 18, 5 (IIIᵃ).

Anmerkung. προσετάγγμασιν (sic) Leid. U 3, 5 (IIᵃᵐ) hat Wilcken, Mélanges Nicole p. 583, 5 in προσστάγγμασιν berichtigt.

C. SANDHI (SATZPHONETIK).

§ 30. Elision.[2]

1. Mit welcher Inkonsequenz leichtere Elisionen (bei δέ, τε, ὥστε, ἀλλά, ἀπό, διά, ὑπό, ἐπί, παρά, κατά, τοῦτο, ταῦτα, εἶτα etc.) zu allen Zeiten in der Schrift bald vorgenommen, bald unterlassen

1) G. Meyer 157 ff. Brugmann Gr. Gr. 89. Kretschmer Vas. 125 (Ἑρεμῆς); 126 (Γοροςοῦς). Schwyzer Vulg. 254 (Ἑριμῆν). Schweizer Perg. 102 f. Dieterich 42 f. Hatzidakis Einl. 109. Thumb Hell. 207.

2) G. Meyer 224. K.-Bl. I 230. Meisterh.-Schwyz. 69 § 24. Brugmann 140 ff. Schweizer Perg. 134. Win.-Schmiedel § 5, 8. Nachmanson 71 ff.

werden, zeigt eine Gegenüberstellung der elidierten und nicht elidierten Formen.

Die Rev. L. vom Jahre 259/8 v. Chr. enthalten 58 leichte Elisionen gegenüber von 85 vollen Formen (also 2 : 3) vor Vokalen. Ein ähnliches Verhältnis ergibt zu Anfang des 2. Jahrh. v. Chr. der Eudoxospapyrus, in dem 32mal elidiert, 50mal nicht elidiert ist, während der annähernd gleichzeitige Chrysippospapyrus (Par. 2) umgekehrt 53 Elisionen und 15 volle Formen aufweist. In sämtlichen Par. Papp. des 2./1. Jahrh. zusammen verhalten sich die elidierten Worte dieser Art zu den nicht elidierten = 237 : 200.

2. Stärkere Elisionen sind, wie überhaupt in Prosa, ziemlich selten. Dahin gehören:

a) Der Diphthong αι in medialen Endungen der 1. und 3. Person sing., der 3. Person plur., des Infin. med. und perf. akt., sehr selten auch bei καί (Ionismus, vgl. Hatzidakis Einl. 313):

Verbalendungen: διεξέρχετ' ἐν Par. 1, 120. 128. 132. 135; aber 139 διεξέρχεται ἐν; 163 διεξέρχεται ὑπό (vor 165ª). προcενεχθήcεcθ' (inf.) αὐτῶι Par. 46, 21 (153ª). ὀφείλετ' αὐταῖc Lond. I p. 13, 8 (162ª). διαcτείλητ' αὐτοῖc (Wilcken) ebd. p. 36, 29 (160ª). δύνατ' ἐκκομίcαcθαι ebd. p. 13, 23. χρῶνθ' ὡc, περιωκοδομηκέν' αὐτούc, χρῆcθ' ὡc ebd. p. 36, 16. 23. 25. πειράcομ' ὡc P. Weil I 44 (vor 161ª). γένητ' ἀκολούθωc Tebt. I 72, 160 (114ª). — Bei καί: Artem. Pap. (Blaß) 6 κ' ἐγ γῆι κ' ἐν θαλάccηι; 15 κ' οὐκ (IIIª). κ' οὐθέν Lond. I p. 46, 25 (146—135ª); Theb. Bk. IV 2, 27 (131ª); Ostr. 757, 5 (106—5ª); aber καὶ οὐθέν Ostr. 1022, 6 (ptol. unb.); 1024, 5; 1027, 7; 1028, 5; 1080, 4 (IIª); 1523, 4 (127ª); 1530, 5 (121ª). κοὐθεὶc Tebt. I 27, 15. 92. 95 (113ª). Die Fälle κοὐκ, κοὐθέν könnten ebenso gut Krasis sein. G. Meyer 225. Bl. A.[3] 43. 54. K.-Bl. I 221 b; 226; 220 Anm. 1.

b) einmal οι in coί: ἅ c' οὐ = ἅ coι οὐ Par. 45, 3 (153ª). K.-Bl. I 239 F.

c) solche Fälle, in denen die Elision an Stelle des gewöhnlichen ν ἐφελκυcτικόν tritt, wie ἔcθ' ὁ ἥλιοc Par. 1, 446. 458 (vor 165ª). [εἰc' ἄνδρεc = εἰcὶν ἄνδρεc Tebt. 224 (108ª) ist mir zweifelhaft; eher doch εἰc ἄνδρεc (= ἄνδραc) — eine Entscheidung ist bei der unvollständigen Publikation des Stückes kaum möglich.] In Poesie γέγον' αἵρεcιc, ἔcτ' ἀνάδοχοc Grenf. I 1, 1. 2 (erotisches Fragment nach 173ª). K.-Bl. I 234.

d) Auch Beispiele wie πεντεκαίδεχ' ἡμέραc Par. 1, 277 (vor 165ª); ἐπέδωκ' ἔντευξιν Leid. H 24 (99ª) sind nicht gerade gewöhnlich in den Papyri. δ' ἡμέραc statt δι' ἡμέραc Par. 63, 3, 87 = Petr.[2] Einl.

p. 24 (das δ nachträglich über der Linie eingesetzt) ist gewiß Schreibfehler; ebenso ἤδ' ἐcτείν = ἤδη 'cτιν P. Weil I 36 (b), vor 161[a].

e) Der Dativ von ὁcτιcοῦν lautet bald ὡιτινοῦν (eigentlich ὧιτιν' οὖν), so Petr. II 8 (3) 9 (267[a]), bald ὡιτινιοῦν Rev. L. 49, 18 (258[a]), Archiv I 287 col. 2, 14 = Petr.[2] p. 41, 14 τρόπωι ⟨ὡι⟩τινιοῦν (246[a]), ἡιτινιοῦν Rev. L. Append. II 2, 11 (257[a]), ἡτινειοῦν Leid. U 4, 15 (II[am]). Im Akkusativ nur ὁντινοῦν: Rev. L. 34, 16 (258[a]). Par. 63, 11, 60 (165[a]). Tor. IV 22 (117[a]); VIII 24; XII 15 (119[a]). Tebt. I 5, 143. 161 (118[a]); 6, 43 (140[a]). Vgl. ὁντινοῦν Aristeas (Wendland) 24. Über οὔντινοῦν vgl. S. 117. Zum Ganzen K.-Bl. I 619.

3. Eine Sonderstellung nimmt das erotische Fragment (Grenf. I 1, nach 173[a]) ein, das der poetischen Rhythmik und Deklamation entsprechend nirgends die Bezeichnung der Elision unterläßt und auf 24 Zeilen 14 teilweise stärkere Elisionen enthält: 1 γέγον' αἵρεcιc. 2 ἔcτ' ἀνάδοχοc — μ' ἔχει. 5 μ' ἔρωc — ἔχουc' ἐν. 10 μ' ἀδικεῖ — μ' ὀδυνᾶι. 13 μ' ἔχει. 16 μ' ἀφῆιc. 17 μ' εὐδοκῶ. 19 δ' ἐνί. 21 γίνωcχ' ὅτι. 22 μαίνομ' ὅταν ἀναμνηcθῶμ' εἰ.

4. Im übrigen steht auch in Gedichten die scriptio plena sehr häufig da, wo die Elision metrisch gefordert ist, woraus man mit Sicherheit auch für die Prosa schließen darf, daß überall Elision gesprochen wurde, auch wo sie graphisch nicht ausgedrückt ist. Vgl. K. Bl. I 232. G. Meyer 221. Meisterh. Schwyz. 70, 1. Nachmanson 73.

Belege: Petr. I 1 A 1 (Antiopefragm.) μηδὲ ὅπωc. 15 τε εὐτυχῶc; 2, 21 ὄλωλε ἡμῶν; 44 δὲ 'Ιcμήνου. Sonst überall Elisionen, wie 1 A 3 μεθ' ἡμῶν τ' ἐχθρόν; 5 οὐδ' ἄν; 7 τόδ' ἔρχεται; 8 τῶιδ' ἐν; 13 δ' εἶναι; 14 τόδ' ἀλλά. B 2 τόδ' εἶπαc; 3 δ' οἶδ' ἐγώ usw. — Par. 2 (Chrysippospapyrus, vor 165[a]) col. 12 ὧδε μάλα ἐκπάγλωc (Homerzitat); col. 2 Οὔτοι με ξένον οὐδὲ ἀδαήμονα (Pindar); col. 3, 14 οὐκ ἄγαμαι ταῦτα ἀνδρόc (Euripides); col. 4 οὐκ ἔcτιν ὅcτιc πάντα ἀνὴρ εὐδαιμονεῖ (Sophokles). Par. 1 Acrostich. 12 ἥκει τὰ πάντα εἰc τὸ αὐτό, ὅταν ἔλθῃ ὁ χρόνοc (vor 165[a]). Vgl. insbesondere Pap. Weil I (Euripidesfragment) 10 ταῦτα οὐκ; 17 εἰc ἐμὲ οἷον; 18 πάντα ἅ; 20 ἀνδρί με ὡc; 27 μέλλων με ἀνήρ; 28 φίλε οὐδ'; 34 ὅτε ἦν; 35 ἄνδρα ὧι — τότε αἵρεcιc; 37 τοῦτο εἰκότωc; 38 κρίναcα ἐμαυτῆc. III 8 ἐκαρτέρηcα ἀρούραc (vor 161[a]). — In den lyrischen Fragmenten (Tebt. I, 1—3, geschr. c. 100 a. C.) ist in 21 Fällen Elision geschrieben, zweimal nicht: 1, 3 ἄcτοργε ἄπειc; 4 ἶλε (= εἶλε) Ἄρτεμιc.

5. Vor Eigennamen wird, namentlich in offiziellen Schriftstücken, die Präposition (ἀπό, κατά, μετά, παρά, ὑπό) mit Vorliebe ohne Elision geschrieben, wohl im Interesse kanzleimäßiger Deutlichkeit. Vgl. Blaß, N. T. 19. Nachmanson 72.

Belege: ἀπὸ Ὠρίωνος Par. 1, 492. 502 (vor 165[a]). κατὰ Ὥρου Par. 16, 7 (141[a]); Tor. I 18 (117[a]). μετὰ Ἀρτέμωνος Petr. II 10 (2) 1 (240[a]). παρὰ Ἁρμάιος Lond. I p. 32, 2 (163[a]). παρὰ Ἀπολλωνίου Par. 40, 4 (156[a]). παρὰ Ἑλήκιος Tor. I 5, 7. 9. 11 (117[a]). ὑπὸ Ἀπολλωνίου Petr. II 13 (1) 3 (258—53[a]); 4 (1) 2 (255[a]). ὑπὸ Ὥρου Tor. II 6 (120[a]). ὑπὸ Ἱστιαίου Petr. II 47, 35 (192[a]). Die Zahl der Beispiele ließe sich beträchtlich vermehren. Natürlich fehlen auch nicht Fälle wie παρ' Ἀντικλέους Petr. II 20 (1) 2 (252[a]) = (4) 2; παρ' Ἀσκληπιάδου ebd. 25 (a) 4; (b) 4 (226[a]); παρ' Ἀμμωνίου 30 (d) 3; (f) 4 (225[a]); παρ' Ὥρου Lond. I p. 30, 8 (172[a]) usw. — Vgl. auch κατὰ ἡμῶν Tebt. I 43, 13 (118[a]). Dagegen liest man stets ἀνθ' ὧν z. B. Leid. D 1, 21 (162[a]); Theb. Bk. IV 2, 1 (130[a]); Tebt. I 116, 18 (II[af]).

§ 31. Krasis.[1])

1. Die Krasis fristet in den ptolemäischen Papyri nur noch ein Scheinleben. Neue Verschmelzungen kommen nirgends vor; die alten stereotypen Verbindungen mit Artikel und καί werden mechanisch weitergeführt, manche mögen eher als Apokope (Elision) denn als Krasis empfunden worden sein.[2])

2. Krasis tritt ein:

a) mit dem Artikel in τἄλλα Lond. I p. 30, 2 (172[a]). Par. 29, 23 (160[a]); 42, 1 (156[a]); 62, 5, 18 (c. 170[a]); 63, 1, 5; 6, 183 (165[a]). Grenf. I 21, 8 (126[a]). Tor. VIII 56 (119[a]) etc. τἀληθές Par. 2 col. 7, zweimal (vor 160[a]). τἀπίλοιπα Tebt. I 58, 36 (111[a]). τἀπλανῆ Eud. 6, 35 (vor 165[a]). τἀναντία Petr. II 46 (a) 6 (200[a]). τἀντίγραφα ebd. II 4 (4) 2 (255[a]); 13 (9) 5 (258[a]). τἀντίγραμφον Lond. I p. 39, 55; 40, 58 (158[a]). τἀνδρί Weil I 16 (literarisches Stück) vor 161[a]. τἀνδρός Petr.[2] 22 (a) zwischen 3 und 4, sowie Zeile 6 (III[a]) — nach Wilcken Add. et Corr. XIII. τἀργύριον Petr. II 4 (5) 2 (255[a]). ταὐτά Rev. L. 20, 11 (259[a]). Par. 63, 7, 2 (165[a]); 8, 11 (129[a]). ταὐτό Petr. II 13 (19) 11 (258—53[a]); 33 (a) col. B 19 (242[a]). Rev. L. 18, 15 (258[a]). Petr.[2] 109 col. 2, 30;

1) K.-Bl. I 218 ff. Brugmann G. Gr.[3] 141. Meisterh.-Schwyz. 70 § 25. Schweizer Perg. 133. Nachmanson 74.

2) Schmid Attic. III 294: „In den Papyri der Ptolemäerzeit finde ich nichts, was der Annahme widerspräche, daß schon die κοινή des 2. Jahrh. v. Chr. die Krasis so wenig wie die Neugriechen gekannt, vielmehr nur Elision angewendet habe.“ Vgl. Hatzidakis Einl. 312 ff. Anders O. Crusius, der mir brieflich mitteilt: „Wegen der Krasis habe ich Bedenken. Herondas hat, nach Ausweis des Verses, die äußersten, durch Elision unerklärbaren Krasen gewagt, vieles unbestreitbar aus dem sermo (praefat. p. XXIII) und schwerlich unter Verkennung der organischen Gesetze.“

4, 25; 6, 7 etc. (III[a]). ταὐτοcαυτô (= -οῦ) Artem. Pap. 3. 4. 5 (III[a]). το]ὐναντίον Par. 63, 12, 85 (165[a]). τοὔνομα Rev. L. 104, 3 (258[a]). Über ὡξιληφώς, ὁ ᾿ξιληφώς und ὁ ἐξειληφώς vgl. oben S. 144.

Falsch gebildet κἆτ' ἐάν Weil I 31 (a), und ebenda (b) κἆθ' ἐάν statt κἆιτ' ἐάν (vor 165[a]). τἀιδελφῶι Grenf. I 23, 1 (II[a]). τὠιμῶι (statt τὠμῶι) Weil I 33 (vor 161[a]). K.-Bl. I 220, 4.

b) mit καί in κἀγώ Par. 49, 34 (153[a]). Ostr. 1256, 6 (136[a]). κἀμοῦ Petr. II 32 (1) 6 (c. 238[a]). Lond. I p. 13, 26 (162[a]). κἀμοί Artem. 17 (III[a]). Lond. I p. 38, 19 (158[a]). κἀμέ Tebt. I 39, 32 (114[a]). κἀκεῖνα Par. 2 col. 15 (vor 165[a]). κἄν (= καὶ ἐάν) Petr. II 50 (1) 5 (Laches c. 300[a]). Par. 63, 5, 133; 6, 176 (165[a]). 47, 11 (153[a]); 8, 11 (129[a]). Lond. I p. 33, 27 (163[a]). Theb. Bk. I 1, 19 (131[a]). Tebt. I 28, 16 (114[a]). καὐτός Artem. 6 (III[a]). Par. 32, 5 (162[a]); 37, 32 (163[a]); 38, 29 (160[a]). καὐτοί Par. 42, 1 (156[a]); 43, 2 (154[a]); 44, 1 (153[a]). Lond. II p. 9 oben (118[a]). Über κοὐκ, κοὐθέν vgl. oben S. 156.

3. Weit häufiger jedoch unterbleibt die Krasis, und zu allen Zeiten begegnen unzählige Fälle wie

a) mit dem Artikel: τὰ ἄλλα Par. 44, 2; 45, 1 (153[a]). τὰ ἀμπελικά Petr. II 13 (17) 3 (255[a]); 18 (b) 5. 20 (246[a]). τὰ ἀναγκαῖα Par. 22, 30 (165[a]). τὰ ἀντίγραφα Petr. II 4 (13) 1 (255[a]); 6, 2 (c. 250[a]); 13 (13) 2; (18[b]) 5. 20 (258—53[a]) etc. τὰ ἄcτρα Par. 1, 187. 205. 319. 322. 326 (vor 165[a]). τὰ αὐτά Par. 1, 201 (vor 165[a]); 61, 2 (156[a]). τὰ ἔργα Par. 66, 71 (III[a]). τὸ ἄλλο Par. 5, 2, 2; col. 17, 8; col. 45, 5 (114[a]). τὸ ἀχανῆ τὴν θύραν ἀφεθῆναι Par. 6, 18 (127[a]). τὸ ἀντίγραφον Par. 63, 8 (165[a]). Lond. I p. 10, 10; 11, 32 (162[a]) etc. τὸ αὐτόν Petr. I 7 (2) 6 (Phaedon c. 300[a], in den Texten ταὐτόν). τὸ αὐτό Petr. II 33 p. 66, 5; 36 (1) 34; (2) 7 (III[a]). Par. 66, 69 (III[a]). Petr.[2] 39 col. 2, 4 (III[a]); p. 124 col. 3, 1 (246[a]). Eud. 14, 16; 17, 21 (vor 165[a]). Zois I 1, 16 (150[a]); II 1, 16 (148[a]). Leid. B 2, 15 (164[a]). Rev. Mél. 321 col. 2, 4 (II[a]). Tebt. I 60, 44; 61, 156 (118[a]); 75, 37 (112[a]). Ostr. 717, 2 (ptol. unb.) usw. τὸ ὄνομα Rev. L. 11, 14; 91, 5; 93, 8 (258[a]). Par. 62, 8, 4 (c. 170[a]). Grenf. I 43, 6 (II[a f]). τὸ ἔλαccον Par. 63, 28 (165[a]). τὸ ἐλάχιcτον Par. 63, 34 (165[a]). τὸ ἐπιβάλλον ebd. 63, 11, 56. τὸ ἱμάτιον (im Attischen θοἰμάτιον) Par. 12, 14 (157[a]). τοῦ αὐτοῦ Par. 66, 59 (III[a]) u. v. a.

b) mit καί: καὶ αὐτός Par. 45, 2 (153[a]); 46, 4 (153[a]); 51, 6 (160[a]). Lond. I p. 38, 13 (158[a]) etc. καὶ αὐτοί Petr. II 40 (a) 9 (260[a]) und oft. καὶ ἐάν Ashmol. Pl. XVI 54 (III[a]).

c) Stets unterbleibt die Krasis in den mit προ- zusammengesetzten Verbalformen wie προεβάλετο Grenf. I 11, 2, 13 (157[a]). προενεγκαμένου

Petr. II 20 (4) 11 (252[a]). προεπισκηψάμενοι Tor. I 6, 7 (117[a]). προεστηκώς Petr. II 30 (e) 4 (235[a]). Rev. L. 41, 16; 43, 3 (258[a]). Lond. I p. 10, 4 (162[a]); p. 25, 10. 22; p. 26, 10. 20 (c. 160[a]). πρωεστῶτος (sic) Leid. U 3, 8 (II[am]). προετρύγησαν Rev. L. 26, 17 (258[a]). προεφερόμεθα Lond. I p. 13, 16 (162[a]). Tor. I 6, 32; 8, 3 (117[a]). προέχουσι Petr. II 12 (4) 4 (241[a]) usw. Vgl. Meisterh.-Schwyz. 73, 173. Schweizer Perg. 101. Nachmanson 69.

Anmerkung. In πλινθουλκοί (ziegelstreichend) Petr. II 14 (1 c) 3 und πλινθουλκία ebd. 14 (2) 13 Wilcken (III[a]) empfand man schwerlich Krasis, sondern eine Zusammensetzung aus πλινθ — ουλκοί. Vgl. ἐλαιο — ουργοί oben S. 155.

d) Wie die Elision wird auch meist die Krasis im Verse, da wo das Metrum sie fordert, nicht graphisch zum Ausdruck gebracht, woraus zu entnehmen ist, daß auch in Prosa die Schrift kein genaues Bild von der lebendigen Sprache gibt.

Beispiele: Euripideszitat Par. 2 col. 5 (II[ai]) Οὐκ ἐγ γυναιξὶ τοὺς νεανίας χρεών, ἀλλ' ἐν σιδήρωι καὶ ἐν ὅπλοις τιμὰς ἔχειν. Acrostich. vor Eud. Z. 12 ἥκει τὰ πάντα εἰς τὸ αὐτό, ὅταν ἔλθῃ ὁ χρόνος. Im erotischen Fragment (Grenf. I 1, nach 173[a]) müssen nach der metrischen Einteilung von Wilamowitz per crasin gelesen werden I 4 καὶ ὁ (= χὠ) τὴν φιλίαν ἐκτικώς; 8 καὶ ὁ (= χὠ) πολὺς ἔρως; 9 τὸ ἐν (= τοὐν) τῆι ψυχῆι; 11 ἐρᾶν μου αἰτίαν. P. Weil V 1 καὶ οὐκ = κοὐκ; 5 τὸ ἀγαθόν = τἀγαθόν (vor 161[a]). Tebt. I 1 (Anthol. Fragm.) 15 καὶ οὐκέτι = κοὐκέτι (100[a]).

§ 32. Hiatus und Synizese.[1])

1. Ein auffallender Hiatus wiederholt sich mehrfach im Chrysippospapyrus (Par. 2) zwischen der Negation οὐ und dem dazu gehörigen Begriff, wie col. 2 οὐ ἀληθῶς, οὐ ἀντίκειται; col. 3 οὐ ἀπεφήνατο (neben οὐκ ἀπεφήνατο); col. 4 οὐ Ἀνδρομάχη; col. 5 οὐ ἀντίκειται, οὐ ἀληθές; ebenso col. 6—11 und οὐ ἔστιν; col. 12 οὐ Ἀγαμέμνων; col. 7 οὐ οὕτως. Eine paläographische Erklärung gibt es nicht; auch an ein Versehen ist bei der Häufigkeit der Fälle nicht zu denken. Und wenn Th. Bergk, Commentatio de Chrysippi libris περὶ ἀποφατικῶν p. 24 meint: „Fortasse Aegyptii, qui graeca lingua usi sunt, ubique οὐ dicere soliti sunt, omninoque asperior fuit Aegyptiorum graeca dialectus", so hat sich diese Vermutung — abgesehen von einer einzigen Stelle Fay. XII 6 οὐ ἀπὸ τοῦ βελτίστου (nach 103[a]) — in dem seither ums Hundertfache angewachsenen Material der ägyptischen Papyri nirgends bestätigt. Vielmehr legt es der Zusammen-

1) Vgl. G. Meyer 196, wo in der Fußnote weitere Literatur angeführt ist.

hang der ganzen Schrift des Chrysippos nahe, daß diese singuläre Erscheinung irgendwie mit der stoischen Dialektik zusammenhängen muß, die vielleicht in der vorliegenden Gegenüberstellung kategorischer und negativer Urteile die Negation dadurch betont und hervorhebt, daß sie dieselbe für sich stellt. Also οὐ ἀντίκειται eigentlich nicht = „es steht nicht gegenüber", sondern „ein οὐ steht gegenüber". — Im 12. Vers des Akrostichons vor dem astronomischen Papyrus (Par. 1) darf der Hiatus in ἔλθῃ ὁ χρόνος um so weniger befremden, als es dem versifex in erster Linie um die Zahl der Buchstaben zu tun ist.

2. Zur Vermeidung des Hiatus bzw. des Zusammenstoßes konsonantischen Aus- und Anlauts bedienten sich sorgfältige Stilisten seit Isokrates eigener Nebenformen.

a) διότι statt ὅτι, bei Herodot sehr häufig, in der attischen Prosa seltener, z. B. Isokrat. π. ἀντιδ. 133 καὶ διότι; 263 εἴρηκα, διότι. Aeschines 1, 55 θαυμάζετε, διότι (vgl. Krüger zu Arr. Anab. IV 9, 7), auf attischen Steinen in der Bedeutung „daß" seit c. 300[a], nie aber = „weil" zu belegen, begegnet in ptolem. Papyri bisweilen nach Vokalen, und zwar

α) = „daß" Petr. II 4 (9) 8 (255[a]) οἶδας δέ, διότι; Petr.[2] 36 (a) recto 9 σύνοιδάς μοι, διότι; verso 2 γέγραφα, διότι (III[a]). Rosettastein 53 (196[a]) ᾗι, διότι. Lond. I p. 40, 76 (158[a]) δέ, διότι. B U 1011 I 19 (II[a]). Tebt. I 12, 20 (118[a]) καὶ διότι.

β) = „weil" Petr. II 20 col. 2, 9 (252[a]) ἢ διότι; 15 (1) 10 = Petr.[2] 45 (3) 10 (241—39[a]) συντελεῖσθαι, διότι. Tebt. I 24, 34 (117[a]) καὶ διότι.

Doch findet sich διότι auch nach Konsonanten und zwar

α) = „daß" Kanop. Dekr. 45 (237[a]) εἰδῶσιν, διότι. Par. 64, 35 (c. 160[a]) λογιζόμενος, διότι. Vat. E (Mai t. V p. 354) 22 (157[a]) ἐπιγνῶσιν, διότι; aber in der Parallelstelle F 17 ἐπιγνῶσιν, ὅτι.

β) = „weil" Petr. II 39 (g)·14 (III[a]) παρακολουθεῖν, διότι. Nach Wendland hat Aristeas διότι nur nach Vokalen und nie = quia; im N. T. ist das häufige διότι nur Kausalpartikel (Blaß N. T. 268, 6). Über die Attizisten vgl. Schmid Att. I 52. 115 (bei Lukian auch nach Konsonanten); II 95; III 293; IV 154.

Umgekehrt findet Wendland διό im Aristeasbrief bloß vor Konsonanten; aber Petr. II 3 (a) 1 (c. 250[a]) διὸ ἐπέχω. Sonst διὸ δέομαι Par. 24, 10 (164[a]) u. a. m.

b) Der Gebrauch von πᾶς und ἅπας ist vorwiegend durch Rücksicht auf Euphonie und Vermeidung des Hiatus bestimmt.

Übrigens ist ἅπας verhältnismäßig selten und gehört fast ausschließlich dem höheren Stil der Literatur- und Kanzleisprache an.[1])

Belege für ἅπας.

III^{a}. α) nach Konsonanten: Rev. L. 18, 9 (258^{a}) χρόνος ἅπας. Petr. 45, 11 (c. 246^{a}) ἀγαθῶν ἁπάντων; ebd. 9 (1) 5 (241^{a}) ἐναρχι·ν ἁπάντων; 14 . . . εν ἅπαντας (Wilcken). Kanop. Dekr. (236^{a}) 32 τῶν ἄλλων ἁπάντων; 45 ὅπως ἅπαντες; 54 und 57 ἐν ἅπασι; dagegen 23 ἐν πᾶσιν; 26 γέγονεν πᾶσιν; 50 χώραν πάντων.

β) Zweifelhafte Fälle Petr. II 3 (a) 8 (260^{a}) ἁπάντων am Anfang der Linie nach einer Lücke. Grenf. II 14, 7 (III^{a}) φανέντων ἅπαν.

II—I^{a}. α) nach Konsonanten: Eud. 15, 7. 12 (vor 165^{a}) ἐν ἁπάσηι; 4, 27 (Blaß) προστιθεὶ⟨ς⟩ ἅπαντα (Literatursprache). Par. 63, 9, 34 (165^{a}) ἐξ ἁπάντων (Kanzlei). Leid. B 3, 19 (164^{a}) οἰκουμένης ἁπάσης (feierlicher Wunsch). Lond. I p. 13, 29 (162^{a}); 38, 31 (158^{a}) τὸν ἅπαντα; ebenso Rosettastein 36 (196^{a}). Dittenberg. inscr. gr. or. I 139, 22 (146—116^{a}); 168, 14. 50 (116—81^{a}). Lond. I p. 34, 23 (161^{a}) βίαν ἅπασι (Amtsstil). Rev. Mél. 322 (II^{a}) τούτοις ἅπαντα. Tor. I 6, 11 (117^{a}) ἑλκυσθέντων ἁπάντων (Kanzlei). Tebt. I 5, 40 (118^{a}) πλει⟨όν⟩ων ἁπάντων; 43, 42 (118^{a}) εἰς ἅπαντα; 108, 5 (93 oder 60^{a}) τὴν ἅπασαν (offiziell); 56, 17 (II^{a}) τὸν ἅπαντα (privat).

β) nach Vokalen: Eud. 14, 17 τρόπωι ἅπαν (Literaturstil). B U 1011 II 7 (II^{a}) und Lond. I p. 34, 30 (161^{a}) περὶ ἁπάντων (amtl. Korresp.); ebenso P. Reinach 19, 19 (108^{a}).

Eine Übersicht über das Verhältnis von πᾶς: ἅπας (etwa = 8 : 1) gibt folgende Tabelle:[2])

	III. Jahrh. v. Chr. Petr. I. II. Rev. L. Magd. 1—41.	II. Jahrh. v. Chr. B U 993 ff. Grenf. I. II. Leid. Lond. II. Par. Tor.	II.—I. Jahrh. v. Chr. Tebtun. I.	Summe	
πᾶς nach Vokalen	22	48	8	78	πᾶς 156
πᾶς nach Konsonanten	25	44	9	78	
ἅπας nach Konsonanten	4	9	4	17	ἅπας 21
ἅπας nach Vokalen	0	4	0	4	

1) H. Diels hat in den G. G. A. 1894, 297 ff. den Gebrauch von πᾶς und ἅπας bei den attischen Prosaikern bis auf Aristoteles und Theophrast herab statistisch untersucht und im Hinblick auf die Aristotelische πολιτεία Ἀθηναίων geprüft. Von der ausgefeilten τέχνη des „großen Schulmeisters" Isokrates, der die strengsten Hiatusgesetze aufgestellt und selbst peinlich eingehalten hat, ist in den ptolem. Papyri (wenigstens bei πᾶς) nicht viel zu spüren, um so mehr vom „Widerstand des Individuums". Immerhin bleibt die kakophonische Verwendung von ἅπας nach Vokalen auch hier auf ein Minimum beschränkt und betrifft — mit der einzigen Ausnahme τρόπωι ἅπαν in dem zweifelhaft redigierten Schülermanuskript des Eudoxospapyrus (col. 14, 17) — nur die selbst von Isokrates zugelassene Verbindung περὶ ἁπάντων (Belege unten).

2) Eine Stichprobe, die Mekler (Wchschr. f. kl. Phil. 1904, 1055 Fußnote)

Anmerkung. Unsichere Fälle, wie ἵνα πᾶν (ἵν' ἅπαν) Par. 26, 47; 29, 22 (160^{a}) sind in der Tabelle nicht berücksichtigt.

3. Synizese ist durch das Metrum gefordert im Dochmius ἐὰν δ' ἑνὶ προcκαθεῖ (– ◡́ ◡ –́ ◡ –́) Grenf. I 1, 19 (erot. Fragm. nach 173^{a}).

B. KONSONANTISMUS.

I. EINFACHE KONSONANTEN.

a) MUTAE.

§ 33. Schwund.

Gutturale.

1. Der Schwund des intervokalischen γ (besonders nach I- und E-Lauten), das frühzeitig in der Volkssprache aus einem stimmhaften Verschlußlaut zur Spirans geworden war, setzt schon um die Mitte des 3. vorchristlichen Jahrhunderts ein.[1]) Der Vorgang ist belegt

a) nach hellen Vokalen (ι, ϵ, υ):

ὀλίον Petr. II 2 (1) 16 (260^{a}); 19 (2) 7 (III^{a}). Theb. Bk. XII 8 (II^{a}); ὀλίο = ὀλίγωι Par. 51, 27 (160^{a}). ὀλίων 26, 9 (163^{a}). ὀλίαιc Leid. U 4, 17 (II^{am}). ὀλίαc Par. 26, 14 (163^{a}). Tebt. I 17, 9 (114^{a}). ὀλίουc Par. 63, 4, 103 (165^{a}). P. Kairo Arch. I p. 60, 44 (123^{a}). — ὀλίγον Petr. II 16, 12 (III^{a}). ὀλίγον Petr. II 16, 12 (III^{a}). ὀλίγοc 40 (a) 13 und ὀλιγοψυχήcητε 12 (260^{a}). ὀλίγα P. Kairo Arch. I p. 62, 8 (123^{a}); Par. 5, 22, 8 (114^{a}) und oft. — Hatzidakis G. G. A. 1899, 514 und mit ihm Thumb Hell. 135 sind geneigt ὀλίον als Analogiebildung zu πλεῖον, μεῖον zu erklären; aber zur Zeit, in der die ersten Beispiele für ὀλίοc auftreten (III^{a}), ist fast nirgends πλίων oder μίων zu belegen [das einzige sichere Beispiel für πλίω in ptolemäischer Zeit finde ich Petr.^{2} 137 II 18, geschrieben III^{a}, während πλίονοc auf einem Ostrakon, publiziert von Goodspeed in Mélanges Nicole p. 187, 10 sicherlich der römischen Zeit angehört], vielmehr hielt sich die Mittelstufe πλῆον (vgl. S. 75). ὀλίοc wird in Athen schon

---

an Philodem. π. μουcικῆc anstellte, ergab für πᾶc nach Vokalen 32, nach Konsonanten 7; ἅπαc nach Konsonanten 8, nach Vokalen 0. Also πᾶc : ἅπαc = 5 : 1. Vgl. auch Schmid Attic. IV 702. Nachmanson 142, 2 mit Note 2. Blaß N. T. S. 157, Fußnote 1.

1) Blaß A.^{3} 107f. G. Meyer^{3} 294. Brugmann Gr. Gr.^{3} 108. Meisterh.-Schwyz. 75, 4. Schweizer Perg. 108. K. Dieterich Unt. 86ff. Kretschmer Entst. 15. Nachmanson 77. Thumb Hell. 134 hält die Erscheinung für spezifisch ägyptisch, da sie das Neugr. nur in wenigen einzeldialektischen Formen zeige. Vgl. auch Thumb Neugr. 14f. Crönert 91f.

an Hyperbolos als plebeische Aussprache verspottet und läßt sich seit c. 300[a] auf attischen Steinen und anderwärts nachweisen. Schwyzer Vulg. 252 (Ὀλιανθίδης); weitere Beispiele (ὀλιαρχία) gibt Dittenberger Syll.[2] III 228. Moulton Class. rev. XVIII (1904) 107[b].

ἐπιονῆς = ἐπιγονῆς Tebt. I 105, 54 (103[a]), aber ἐπιγονῆς 53 von einer anderen Hand, wie sonst sehr oft.

στρατηούς = στρατηγούς Tebt. I 5, 144 (118[a]).

Wenn neben ἀγήγοχα in der überwiegenden Zahl der Fälle ἀγείοχα (ἀγέοχα, ἀγέωχα) belegt ist (vgl. § 72, 9), so erblickt hierin Hatzidakis G. G. A. 1899, 514 das Produkt einer Dissimilation, worin ihm Thumb Hell. 135 beistimmt. Doch kann man auch hier an Spirantischwerden des γ und Übergang von ηj in ει denken (s. oben S. 78).

Der ägyptische Name Πορεγέβθις, wie er in der Regel lautet, z. B. Par. 5, 26, 2 (114[a]); Tebt. I 62, 109 (119[a]); 98, 78 (c. 112[a]); Ostr. 1150 (134[a]), erscheint auf einer Steuerquittung von 121[a] (Ostr. 1531, 2) in der Form Πορείβθις.

Über das früher von mir unter diesen Gesichtspunkt gestellte ἐγλοηθέντα vgl. Verbalverzeichnis (§ 81) unter λοέω.

ὑιαίνομεν steht für ὑγιαίνομεν Par. 42, 2; ebd. 14 ὑιαίνης (156[a]). — ὑγιαίνω passim; z. B. ὑγίαινον (imperf.) Par. 32, 5; ebd. 32 ὑγιαίνοντας (162[a]). ὑγίαινε Par. 49, 37 (c. 160[a]).

Anmerkung 1. In der Schreibung ὑγαίνης Tebt. I 12, 13 (118[a]), wie in λειτουργῶν (gen. plur. zu λειτουργία) Lond. I p. 46, 17 (146—135[a]) steht γ an Stelle der beiden Laute ‚γι'; umgekehrt = ‚ιγ' in Ἐπ⟨ι⟩γένηι Tebt. I 100, 2 (117—16[a]).

b) nach dem A-Laut:

ἀναπαομένους = ἀναπαγομένους Tebt. I 264 (II[af]).

σφραίδων = σφραγίδων Tebt. I 164, 19 (II[af]).

Anmerkung 2. Die Schreibung προσαχ̣ο̣γωσι (‚χο' is erased Petr.[2] p. 133) = προσάγωσι Petr. II 37 (2 c) 8 (III[a]) beweist vielleicht spirantische Aussprache des γ, die den Schreiber veranlaßte, zunächst ein χ statt γ zu setzen. — Vielleicht ist auch im Anlaut von ὑάλας Lond. II p. 11, 13 (152 oder 141[a]), das sich nicht von ὕαλος (Glas) ableiten läßt, ein spirantisches γ geschwunden und das vortrefflich in den Zusammenhang passende Wort γυάλας (makedonischer Becher) einzusetzen, worüber E. M. 243, 13; Athen. XI p. 467 A zu vergleichen ist. Wilcken Arch. I 135. van Herwerden lexic. suppl. et dialect. 180.

2. γιγνώσκω, γίγνομαι — γινώσκω, γίνομαι. Hier erklärt sich der Ausfall des γ vor dem Dental ν am einfachsten durch die auch im Lateinischen (gnatus — natus; gnosco — nosco etc.) geläufige (hier freilich auf den Anlaut beschränkte) Mittelstufe gn > ṅn,

d. h. Nasalierung des γ, worauf Vereinfachung des Doppellauts mit Ersatzdehnung eintrat. Bei γίνομαι (γείνομαι) hat die Analogie mit dem Aorist (γείναcθαι, γίναcθαι) den Prozeß erleichtert.[1])

Die Formen γιγνώcκω, γίγνομαι begegnen als überlieferte Orthographie nur noch in klassischen Stücken. γινώcκω, γίνομαι (nicht selten γείνομαι), nachweisbar seit 277 v. Chr., sind durch die ganze Ptolemäerzeit in den Urkunden ausschließlich herrschend.[2])

Belege: a) γιγνώcκω Petr. I 7 (3) 9; 8 (1) 12 (Phaedon c. 300[a]). ἀναγιγνωcκομένων Hyperid. κ. Φιλ. col. 9, 215 (Kenyon class. 53) II—I[a], aber ebenda col. 3, 60 (p. 48) ἀναγεινωcκομένων. — γιγνομένοιc [Demosth.] epist. III, 1 (Kenyon class. p. 58) II—I[a].

b) γινώcκω Petr. II 40 (b) 2 (277[a]); 13 (4) 6 (253[a]). Petr. I 29, 13 (III[a]). Petr. II 11 (1) 5; (2) 2 (III[a]); 9 (3) 2 (241[a]). Par. 32, 5 (162[a]). Tor. I 3, 20 (117[a]) γείνωcκε (exspirator. Akzent!) Tebt. I 12, 2 (118[a]) usw.

γίνομαι Petr. II 40 (b) 7 (277[a]); 2 (1) 13; (4) 7 (260[a]); 4 (11) 5 (255[a]); 13 (1) 4; (19) 5 (258—53[a]). παραγίνηcθε ebd. 29 (e) 3 (c. 250[a]). γινομένου Leid. Q 8 (260[a]) [sic! Leemans γιγνομένου]. ἐγίνετο Lond. I p. 7, 12 (164[a]). καταγίνεται Tebt. I 38, 5 (113[a]) usw. Auch der zur wissenschaftlichen Literatursprache neigende Eudoxospapyrus hat durchweg γίνομαι (γείνομαι).

γείνομαι Petr. II 9 (5) 6 (241[a]). Leid. C p. 92 col. 3, 7 (160[a]). Ostr. 1026, 4 (unb. ptol.); 1081, 6 (141—40[a]). γείνεται Grenf. I 22, 12 (118[a]). καταγείνεται Tebt. I 5, 175 (118[a]). παραγείνου Par. 63, 11, 72 (165[a]). παραγείνηται Eud. 15, 20 (vor 165[a]). παραγείνεcθαι Tebt. I 24, 28 (117[a]). γείνονται Petr. II 13 (17) 9 (258[a]). Eud. 18, 1; 19, 1 (vor 165[a]). παραγεινόμεθα Tebt. I 18, 2 (114[a]). γεινώμεθα Tor. V 24; VI 25 (177 oder 165[a]). γεινέcθω Fay. p. 49, 26 = Strack Arch. II

---

1) G. Meyer[3] 364. Brugmann Gr. Gr.[3] 107. 130. Meisterhans-Schwyz. 75, 4. Kretschmer Vas. 171 f. Schweizer Perg. 128. Nicht ganz entschieden äußert sich Blaß A.[3] 86 f.; auch K.-Bl. I 57 machen gegen obige Erklärung die Syllabierung πρᾶ-γμα geltend. Hatzidakis Deutsche Lit. Zeit. 1901, 1109 nimmt wie bei ἀγείοχα < ἀγήγοχα dissimilatorischen Schwund an; doch sind die Vorgänge lautlich verschieden (Nachmanson 109). Zur Analogie mit dem Aorist, die übrigens für sich allein kaum zur Erklärung genügt, vgl. Dieterich Unt. 120, ergänzt von W. Schmid Wchschr. f. kl. Ph. 1899 N. 19 S. 510. Über γείνομαι — γείναcθαι, namentlich γεινάμενοc, γειναμένη, das auch in Prosa bei Herod., Xenoph. u. a. vorkommt, handeln K.-Bl. II 389. Auf einem Ostrakon des Jahres 149/8 oder 138/7 v. Chr. steht τὸ γινάμενον (Wilcken Ostr. 1616, 6).

2) Hecht II 16. Lautensach 1887, 9. Meisterh.-Schwyz. 177. Fürs Vulgärattische Schwyzer Vulg. 252. Schweizer Perg. 128. Schmid Att. II 29; IV 579 (bei den Attizisten wieder γίγνομαι). Moeris 193: γίγνεται Ἀ., γίνεται Ἕ. Crönert 92.

556 (I[a]). γεινομένης Tebt. I 24, 59 (117[a]). γεινόμενον ebd. 33, 13 (112[a]). καταγεινομένου P. Reinach 17, 10 (109[a]).

3. Aus demselben Grunde (Nasalierung des γ vor μ) konnte ein Schreiber des Aktenstücks Par. 63, 1, 25 (165[a]) zuerst πραματείαις schreiben und das γ nachher darübersetzen; col. 5, 134 und 157 schreibt er richtig πραγματείαις. Über neugriechisches πρᾶμα vgl. Thumb Neugr. 15. Dieterich Unt. 119. Statt ἔκρηγμα (Kanaldurchbruch), wie B U 1003, 6 (III[a]), ferner Petr.[2] 23, 8 und 9, sowie Petr. II Introd. p. 31, 6 (III[a]) [nach Wilcken, Add. et Corr. XIII] richtig geschrieben wird, oder ἔκχρηγμα Tebt. I 120, 81 (97 oder 64[a]) begegnet einmal P. Mus. Gizeh 10351 Arch. I 59 col. 1, 10 und 14 (127[a]) die Schreibung ἐκχρήματα.

Ähnlich steht τεταμένους = τεταγμένους Tebt. I 5, 144 (118[a]); ebd. 145 ὑποτεταμένους; dagegen von zweiter Hand in demselben Dekret 162f. τεταγμένους... ὑποτεταγμένους. In ἀγνοίας Tebt. I 24, 33 (117[a]) ist das γ erst nachträglich über die Linie gesetzt; ebenso P. Reinach 22, II. Hand 30 (107[a]) zuerst τάμ[ατος], dann τάγμ[ατος]. Über dies sog. ἄγμα vgl. Blaß A.[3] 86. K. Dieterich Unt. 119.

Anmerkung 3. Im Anlaut steht ν für γν in ψυγμοῦ ⟨γ⟩ναφέ(ων) Tebt. I 86, 45 (II[af]), aber 51 ψυγμοῦ γναφέ(ων).

Anmerkung 4. Ein vereinzeltes Beispiel assimilatorischen Ausfalls von γ vor δ zeigt das Zahlwort ὀδώκοντα = ὀγδοήκοντα Ostr. (Theb.) 323, 6 (c. I[a]), von dem schon oben die Rede war (S. 15f.). Ähnlichen Schwund des γ vor λ und ν verzeichnet Kretschmer Vas. 170f. in Λαύκη, Λαῦκος statt Γλαύκη, Γλαῦκος; 'Αριάνη aus 'Αριάγνη, wozu ich noch 'Ραικός aus Γραικός (Hesych. s. v.) füge.

Anmerkung 5. Der Ausfall des χ in μετηνέθησαν = μετηνέχθησαν Grenf. I 39, 1, 13 (II—I[a]) ist vielleicht veranlaßt durch die schwache Aussprache der Aspirata. Crönert 69 führt als Parallele an μεταληθείς = μεταληφθείς bei Philo III 119, 13 G.

Labiale.

4. Eine wohl nur orthographische Erleichterung dreifacher Konsonanz scheint vorzuliegen, wenn in der Lautverbindung μπτ das π durch Assimilation an den vorausgehenden labialen Nasal ausfällt, so in ἀνεπιλήμτους Tebt. I 61 (b) 238 (118[a]) neben ἀνεπιλήμπτους ebd. 72, 176 (114[a]) und ἀνεπιλήπτους 5, 48 (118[a]), sowie in πέμτος Ostr. 3, 3; 4, 4 (17—18[p]); ebenso πέμτη Lond. II 209, 2 (156[p]). πεμθησομένους B U 235, 15 (II[p]). Brugmann Gr. Gr.[3] 131ff. W. Schulze Orthographica VIII Note 3 und Crönert 68, 1 geben weitere Belege, ersterer namentlich aus lateinischen Transskriptionen. Wenn aber statt des gewöhnlichen Τεβτῦνις oder Τεπτῦνις (Belege § 36 II 2) Tebt. I 59, 1 (99[a]) Τετύνει geschrieben wird, so mag dies eine Art Angleichung des stimmlosen π an τ und Vereinfachung der Laute sein, ein aus

dem thessalischen Dialekt bekannter Vorgang, für den G. Meyer 362 Belege anführt. Für πτιсάνη steht einmal τιсάνη Oxy. IV 51 (um Chr. Geb.).

Anmerkung 6. Πεμсᾶс hat sich, wie früher vermutet wurde (Programm von 1900, Note 360), als Eigenname herausgestellt: Petr. II 28 col. 3, 14; col. 6, 12 = Petr.² p. 187 (III[a]); ebenso Πεμсᾶι Petr.² 42 C 4, 14 (255[a]).. Vgl. Πεμсᾶιс Par. 5, 21, 8 und 24, 2; sowie Φριπεμсᾶιс ebd. 5, 43, 8 (114[a]). Πεμсάιτοс — Πεμсᾶιс Ostr. 1211, 1, 5 (röm.).

Anmerkung 7. Der Ausfall der Aspirata φ in с⟨φ⟩αίραс Eud. 7, 13 (vor 165[a]), wie in ἀνα⟨φ⟩θείρεсθαι Tebt. I 24, 32 (117[a]) ist lautphysiologisch nicht zu erklären, also wohl Schreibfehler. Letzteres Wort hält übrigens Crönert (Wchschr. f. kl. Ph. 1903, 456) für ein unverständliches Kompositum.

Dentale.

5. Πολεμαῖοс Tebt. I 105, 27 (103[a]) kann im Vergleich mit v. 25 und 31, wo derselbe Mann Πτολεμαῖοс heißt, als Versehen gelten. Doch kommt Πολεμαῖοс als seltene Nebenform zu Πτολεμαῖοс auch sonst vor, z. B. Dittenb. Syll.² 425 (Malta) 2 (c. 200[a]); 184, 2 (312[a]). I. Gr. Sept. 426, 3. Nachmanson 74.

6. Das durch Epenthese entstandene δ in der attischen Form μόλυβδοс (K. Bl. I 286; Meisterh.-Schwyz. 30, 10) verflüchtigt sich in der κοινή (nach Dieterich Unt. 121f.) ursprünglich infolge der durch Tonlosigkeit der vorangehenden Silbe bedingten Leichtigkeit der Aussprache und wohl auch im Zusammenhang mit der spirantischen Aussprache des β, so daß auf den Papyri des III. und II. Jahrh. v. Chr. zwar das ältere μόλυβδοс, im I. aber μόλιβοс angetroffen wird. Belege oben S. 101f.

7. Der Ausfall des θ zwischen с und λ, der in ionisch-äolischen Formen, wie ἐсλόс, μάсληс (Brugmann Gr. Gr. 132 g; K.-Bl. I 284, 10; G. Meyer 349) vorliegt, ist konserviert in dem dorisch-äolischen Eigennamen Ἐсλάδαс Grenf. I 39 verso col. 1, 13 (II—I[a]). Sonst häufig Ἐсθλάδαс wie Arch. I 65, 27 (123[a]); II 518 (131[a]). Ἐсθλάδου Grenf. I 12, 19. 23 (148[a]); 21, 4. 9. 10 (126[a]). Ἐс[θ]λάδαι Grenf. II 26, 13 (103[a]). Über γράψεсαι statt γράψεсθαι vgl. § 36 III 2.

Anmerkung 8. θῶυ⟨θ⟩ Tebt. I 122, 1 (96 oder 63[a]) ist wohl wie das häufige θῶ(θ) z. B. ebd. 120, 132 (97 oder 64[a]) als Abkürzung zu betrachten.

§ 34. Entfaltung eines inlautenden γ.[1])

Dem Schwund des intervokalischen γ (§ 33 Nr. 1) steht als polare Erscheinung gegenüber die Entfaltung (Anaptyxis) eines inlautenden spirantischen γ zwischen zwei Vokalen gleichsam zur Tilgung des Hiatus. Wie der Schwund, so findet auch die Neuentwicklung statt

1) Blaß A.³ 107. Brugmann Gr. Gr.³ 108. G. Meyer 221. Hatzidakis Einl. 122 f. Dieterich Unt. 91 f. Kretschmer K. Z. 33, 260.

a) nach einem dunkeln Vokal (a) in κλά-γ-ω (sic! nicht κλαί-γ-ω, wie noch Dieterich Unt. 91 anführt) Par. 51, 16 (160[a]);

b) weit häufiger aber nach hellen Lauten (e, i): εἰ-γ-ερόν = ἱερόν Weil VI 2, 6 (vor 161[a]), aber 10 ἱερόν, wie sonst überall. ὑγι-γ-αίνις — ὑγι-γ-αίνης Par. 63, 1, 5. 19 = Petr.[2] Einl. p. 18 (165[a]). Σαραπι-γ-ήωι = Σαραπιείωι Par. 40, 10 (156[a]); 41, 10 (160[a]). Belege für Σαραπιεῖον oben S. 57. Μνή-γ-ειος = Μνήιος Par. 55 (b) 2 (159[a]); auch Tebt. I 5, 77 (118[a]) eher Μνήγιος als Μνήσιος. Vgl. oben S. 115, wo auch (unter d) die Schreibung εὐγεργέτης etc. besprochen ist.

In einer Reihe ägyptischer Eigennamen ist schwer zu entscheiden, ob das intervokalische γ ursprünglich und in einzelnen Fällen geschwunden ist oder ob es sich nachträglich eingeschlichen hat. So begegnen nebeneinander Ἁρσιῆσις Grenf. II 32, 7 (101[a]); 33, 2. 3. 10. 12 (100[a]) etc. und Ἁρσιγῆσις Tebt. I 43, 17 (118[a]); 63, 8 (116—5[a]); 64 (a) 5 (116—5[a]); 73, 31 (113—11[a]); 85, 56 (113[a]). — Ἐριεύς Petr.[2] p. 177, 2 (III[a]); Ἐριέως Tebt. I 85, 124. 129 (113[a]) und oft; dagegen Ἐριγέως Tebt. I 83, 49 (II[af]). — Θοηριείωι Tebt. I 39, 9 (114[a]) — aber Θ(ο)γηριήου ebd. 88, 16. 23 (115[a]). — Ταγῆτι Par. 55 (b) 43; Ταγῆτος ebd. 53. 56 (159[a]). Τηγῆτος Lond. I p. 7, 2(163[a]). Θαγῆτος Lond. I p. 14, 4 (162[a]). Dagegen Θαῆτος Par. 28, 2 (c. 160[a]). Einerseits Ταυγής Wilck. Ostr. 1202, 3 (ältere Ptolemäerzeit); Ταυγῆστος (sic) Par. 23, 1 (165[a]) — andererseits Ταυής Ostr. 316, 5 (III[a]). Ταυῆτος Lond. I p. 16, 9 (162[a]). Θαυής Par. 22, 2 (165[a]); 26, 2 (163[a]). Θαυῆτος Par. 27, 2 (160[a]). Leid. E 2 (162[a]) etc. — Πετενιφιγῆς Πετενιφιείους Tebt. I 63, 7 (116[a]); 82, 16. 32 (115[a]).

Anmerkung. ὑγῶ = υἱῶ hat ein Papyrus des 2. Jahrh. v. Chr. (Lond. II p. 2 verso 3); doch sieht Kenyon in dem Γ eine eigentümliche Form des ι, das durch einen dicken Querstrich mit dem ω verbunden ist. — Ein spirantisches γ im Anlaut scheint vorzuliegen in τὴν δὲ γίσην = τὴν δὲ ἴσην Tebt. I 61 (b) 233 (118[a]), womit zu vergleichen ist neugriechisches γίδιος = ἴδιος, γέρημος = ἔρημος bei Thumb Neugr. 15.

§ 35. Verstärkung.

a) Die häufigste Form der Verstärkung einer Muta ist die Gemination einfacher Konsonanten, die bei allen drei Klassen (Gutturalen, Labialen, Dentalen) nicht selten ist. Davon wird gehandelt im Abschnitt über die Gemination § 50.

b) Eine Verstärkung durch Hinzufügung einer anderen Muta derselben Artikulationsklasse kann man erkennen,

1. wenn nach der alten Regel (Blaß A.[3] 101; K. Bl. I 276) „die Aspiraten kh, ph, th der wirklichen Aussprache gemäß nur dem ersten Teil nach verdoppelt werden." Dies ist der Fall in traditionellen Schreibungen wie Βάκχιος Petr. II 32 (3) 1. 5 (238[a]). Βακχίου Tebt. I 63, 98

(114ª); 84, 157 (118ª). Βακχίωι Tebt. I 62, 120 (119ª). Βακχιάδος Petr. II 6, 8 (255ª); 28 (7) 14; (9) 20 (IIIª). Magd. 8, 9 (IIIª). Fay. XV 4 (112ª); XVIII (b) 2 (Iª). Σαπφώ Par. 2 col. 8, 11; 9, 1 (vor 160ª). Von diesen beiden Wörtern gehört das erste einer fremden Sprache, das zweite dem äolischen Dialekt an. Über Βαχχιάς, τυχχάνω u. ä. vgl. § 37.

Anders zu beurteilen ist es dagegen, wenn statt προσανενεχθῇ Lond. I p. 40, 75 (158ª) προσανενεκχθῇ[1]) und συνηλάκχειν für συνηλλάχειν P. Reinach 7, 12 (c. 140ª) geschrieben wird, oder die Schreiber bei einigen Eigennamen schwanken zwischen Νεχτενίβιος Par. 37, 15 (163ª), Νεχθενίβιος Petr. II 39 (b) 13; (c) 14 (IIIª), Νεκτενῖβι Petr. II 40 (a) 2 (260ª), Νεκτενίβιος ebd. 23, 10; 28, 7, 33; 39 (b) 6 (IIIª) und Νικχθινῖβις Par. 35, 13. 26 (163ª). Vgl. auch Νεκχθφαροῦς Par. 5, 7, 9 (114ª). Hier, wo kein Grund vorliegt, eine Verdoppelung der Aspirata anzunehmen, und κχ für einfaches χ steht, ist die Verlegung der Silbengrenze in die Aspirata hinein graphisch ausgedrückt. Vgl. ὄκχος, δεδόκχθαι, μετηλλακχότος, πεφύλακχεν. So findet sich (freilich erst in byzantinischer Zeit) auf Papyrus analogisch auch ἐκχθρός (neben ἐχθρός) Amh. I p. 37 verso 5 (VIIᵖ). Brugmann Gr. Gr.³ 105, 3. Schweizer Perg. 114 f. Crönert 88 f. Über ἐκθρός vgl. § 36 I 2 c.

2. Wenn aber das in einer amtlichen Korrespondenz des III. Jahrh. v. Chr. richtig geschriebene Wort ἔκρηγμα im II. und I. Jahrh. in der Form ἔκχρη(γ)μα auftritt (Belegstellen oben S. 166), so hat sich hier unter der Einwirkung des folgenden ρ der Tenuis eine Aspirata beigesellt. Crönert Wchschr. f. kl. Phil. 1903, 487 f.

Über ἐκξάμενος = ἑξάμηνος vgl. § 48, 3.

Anmerkung. Ein Nasal tritt vor die anlautende Media β in θεοῦ μβούλησιν Leid. U 4, 9 (IIªᵐ), was explosive Aussprache des β beweist. Falsch ist die Vermutung Crönerts 74, der θεοῦμ = θεῶμ erklären will, da der Text διὰ τὴν τοῦ θεοῦ μβούλησιν hat. Von dieser Nasalierung der Media (vgl. den ägyptischen Namen Μβῖχις P. Reinach 19, 1. 6 vom Jahr 108ª) handelt Thumb Hell. 137. Statt eines einfachen Nasals (μ) bzw. μμ erscheint μβ in κρομβυοπώλης, wie Wilcken Par. 5, 20, 8 (114ª) hergestellt hat, im Vergleich mit κρόμ(μ)υον, wovon gehandelt wird § 50 Anm. 3.

§ 36. Gegenseitiger Wechsel zwischen den Mutae je einer Artikulationsklasse.

I. Gutturale.

1. κ und γ.

κ > γ. Statt der altattischen Form κναφεύς (Meisterhans-Schwyz. 74, 1) steht in den ptolem. Papyri ausschließlich das

---

1) Der Zusammenhang der Stelle ist so sehr gestört, daß man ebensogut einen unaugmentierten Indikativ προσανενέκχθη (= -ηνέχθη) vermuten könnte, wie ebd. Z. 80 ἐνέχθη statt ἐνεχθῇ denkbar ist.

weichere γναφεύς, das schon in einer attischen Inschrift des 4. Jahrh. v. Chr. vorkommt, im übrigen der κοινή eigen ist; ebenso γνάφαλ(λ)ον, γναφαλλ(ολ)όγος auf Papyrus und Scherben.

Belege: γναφεύς Par. 59, 10 (160[a]); 5 col. 11, 5; col. 12, 3; col. 18, 10 = Leid. M 1, 25 (114[a]). γναφεῖ Petr.[2] 137 II 11; 140 (a) 1; (b) 2 (III[a]). Tebt. I 112, 95 (112[a]); γναφέων ebd. 86, 51 (II[af]). γναφάλλων Magd. 8, 7 (III[a]). γναφολλολόγων (sic Sayce) Ostr. 1081, 3 (141—40[a]). γναφαλλόγων ebd. 1082, 3 (141—40[a]); 1086, 3 (136—5[a]). — Erst in römischer Zeit κναφεύς Ostr. 1487, 3. 5. Über Handschriften Crönert 87, 2. Allem Anschein nach ist κναφεύς die ursprüngliche Form. G. Meyer 335. K. Bl. I 147 f. J. Schmidt, Kritik der Sonantentheorie 86. Dagegen Kretschmer Einl. 287 nimmt schon fürs Attische einen Wandel von γν > κν an. Nachmanson 97 läßt die Frage unentschieden, bringt aber mehrere Grammatikerzeugnisse bei, wonach κναφεύς bei den Alten als spezifisch attisch, γναφεύς für die Form der κοινή galt. Bezeichnend für die schwankende Orthographie des Wortes ist namentlich Lucian iud. voc. 4: οὐκ ἄν ... τὸ γάμμα τῷ κάππα διηγωνίζετο καὶ ἐς χεῖρας μικροῦ δεῖν ἤρχετο πολλάκις ἐν τῷ γναφείῳ ὑπὲρ γναφάλλων.

Anmerkung 1. Die Form ἀπενήνεγται Pap. Brit. Mus. CCCCI 29 (Mahaffy, Hermath. 1895), die Witkowski (Prodr. 49) vertritt, ist falsch. Kenyon schreibt in der neuesten Publikation (Lond. II p. 14, 29 v. 116—111[a]) ἀπενήνεκται. Ebenso muß προσενήνεγται Petr. II Einl. p. 22 nach dem Faksimile in προσενήνεγκται verbessert werden, wie schon die erste Lesung des Testaments (Petr. I 12, 14) richtig bietet.

Über die Erweichung der Präposition ἐκ zu ἐγ vor β (π), δ (θ), λ, μ, ν, sowie in ἔγγονος = ἔκγονος vgl. § 53, 3.

γ > κ in ἐξ(ε)νηνεκμέναι Lond. I p. 18, 21 (161[a]) — dies wohl das älteste Beispiel ägyptischer Verhärtung einer gutturalen Media, dergleichen mehrere W. Schmid G. G. A. 1895, 31 Anm. namentlich aus späterer Zeit anführt (wie ἄκαλμα auf einer archaischen Inschrift, später ἔκραψε, ἀρκυρίου, ἡκοράκαμεν, Καλιλέα etc.). So steht κνώσσεσθε = γνώσεσθε Amh. II 135, 17 (II[p]). Für die Parallelerscheinung im Koptischen ist zu vergleichen Stern 18, 20.

Anmerkung 2. κυβερνήτης bieten die ptol. Papyri, z. B. Par. 5 col. 24, 2; 36, 1 ff. (114[a]), noch nicht γυβερνήτης (guberno seit Ennius) wie manchmal in der römischen Zeit: Grenf. I 49, 21 (220/1[p]). κυβερνᾶν Aristeas (Wendland) 147. 292. 251. — Ebenso ist die attische Form κράστις (Heu) aus dem II. Jahrh. v. Chr. belegt Grenf. I 42, 11 (II[a]); κράστεως Tebt. I 61 (b) 318 (118[a]); 89, 35. 41. 47 (113[a]), daneben aber auch das spätere vulgäre γράστις Petr.[2] 143 = Petr. II 33 (a) col. 33 γράστεως (III[a]). Moeris p. 200: κράστις διὰ τοῦ κ̄ Ἀττικοί, διὰ τοῦ γ̄ Ἕλληνες. — εὐέρκται in einer Grabschrift Arch. I 220 Nr. 2, 4 (145—146[a]) ist freie poetische Bildung eines Nomen agentis zu einem Thema εὐεργ- (statt εὐεργε-), lautgesetzlich richtig, morphologisch aber bedenklich.

2. κ und χ.[1])

κ > χ und zwar

a) zwischen Vokalen: ἄχυρος für ἄκυρος P. Reinach 11, 20 (111ª). ἀποδέδοχεν erste Hand statt ἀποδέδωκεν Lond. I p. 25, 19 (161ª). ἐμβατιχοῦ = ἐμβαδικοῦ Ostr. 1358, 8 (131—30ª). ἐπ' ἕχαστον (sic! vgl. § 45, 2 a) Rev. Mél. 302, 4 (130ª) erscheint zweifelhaft und ist jedenfalls nicht durch Umspringen der Aspiration zu erklären. σιτιχάς = σιτικάς Rosettadekr. 11 (196ª). εἴρηχας auf einem Ostrakon, publiziert von Goodspeed in Mélanges Nicole p. 185 Nr. 11, gehört kaum, wie der Herausgeber meint, der ptolemäischen, sondern der römischen Zeit an.

b) nach (oder vor) einem Konsonanten (λ, σ): ἀλχίμου = ἀλκίμου Weil IV 4 (vor 161ª). ἐπισχάζων = ἐπισκάζων (hinkend) BU 997 II 5 (103ª). Σαράπιδος χὰ (= καὶ) Ἴσδος (sic) Goldplatte aus Alexandria bei Strack, Dyn. d. Ptol. 339 Nr. 66 (221—205ª). Vielleicht ist χρητῆρας Grenf. I 21, 10 (126ª) = κρητῆρας.

c) Für den lautgeschichtlich bedeutsamen Wandel von κτ > χτ, wie er im neugriechischen νύχτα, ὀχτώ, χτυπῶ etc. häufig ist (vgl. namentlich die gründliche Auseinandersetzung von Dieterich Unt. 96 ff.), ist wohl das älteste Beispiel ἀγχτήσει = ἀν(α)κτήσει P. Reinach 7, 14 (c. 140ª), worüber zu vergl. S. 146.

χ > κ und zwar

a) zwischen Vokalen: ἐγδοκήν Par. 63, 3, 86 = Petr.² Einl. p. 24 (165ª). ἐνεδέκετωι = ἐνεδέχετο Lond. I p. 11, 44 (162ª). Gewöhnlicher ἐγδοχή Lond. II p. 4 (a) 4 (177ª). ἀναδοχή Tebt. I 25, 19 (117ª). διαδοχή Petr. II 40 (a) 15 (260ª). ἐνεδέχετο Lond. I p. 16, 8 (161ª). ἐνδέχεται Petr. II 45 (3) 8 (246ª). ἐνδεχομένων ebd. 15 (3) 4 (241ª) usw.

Weitere Derivate mit -κ- vom Stamme δεχ- (nach G. Meyer 285 ursprünglich δεκ-), die meist schon im Attischen ihre Vorbilder haben, sind: μελανοδόκον (Wilcken, Arch. I 135) Lond. II p. 12, 25 (152 oder 141ª) — aber Poll. 10, 60 μελανοδόχον. ναυλοδόκος Ostr. 1477, 3 (II)ª. Ξενοδοκίου (Eigenname) Ostr. 1521, 1 (127—26ª). Dagegen ἀποδόχιον Rev. L. 31, 1. 19; 32, 2; 54, 18 (258ª). Petr.² 36 (b) col. 2, 12 (252ª). ὑποδόχιον Petr. II 4, 4 (252ª); 9 (5) 7 (241ª). ὑδροδόχιον Tebt. I 84, 13 (118ª). An dialektische Einflüsse (Ionismus), die nicht durch das ältere Attisch vermittelt wären, ist bei

---

1) Das koptische χ lautete in griechischen Wörtern vor ε, ι, η, υ = k, so daß in diesen Fällen eine Verwechslung von κ und χ schon aus diesem Grunde denkbar ist. Vgl. Stern p. 16. Heß, Indog. Forsch. VI 129 will sogar aus koptischen Transskriptionen griechischer Worte beweisen, daß noch im 2. christlichen Jahrhundert χ = kh (tenuis aspirata), noch nicht der stimmhafte Reibelaut war.

den Formen mit -κ- keineswegs zu denken. Phryn. Lob. 307 empfiehlt πανδοκεῖον, πανδοκεύϲ, πανδοκεύτρια. Meisterh.-Schwyz. 76, 9 (πανδοκεῖον). Brugmann Gr. Gr.[3] 103 (δωροδόκοϲ). K. Bl. I 148 (ἱϲτοδόκη, δωροδοκέω, ξενοδοκέω). Crönert 88. 301. — Endlich steht ναύλοκοϲ für ναύλοχοϲ Weil VI 4 (vor 161[a]).

διαπεπρακότων = διαπεπραχότων gehört in die Flexionslehre, s. § 77, 2.

b) nach ϲ: αἰ[ϲ]κρο[τάτην] (Lesart sicher) Alex. Nr. IX 2 (III[a]). καταϲκεθέντα Petr. II 45 (2) 4 (246[a]); ebd. 12 καταϲκεθῆναι (über κ ein χ); aber ϲυνϲχεθέντα Petr. II 23 (2[a]) 20 (III[a]). καταϲχεθῶϲι Tebt. I 53, 25 (110[a]). ϲχεθηϲομένουϲ Amh. II 31, 6 (112[a]). — τετρακιϲκιλίαϲ Zois (Wessely) Nr. 1 col. 2, 10. 15 (160[a]); Nr. 2 col. 1, 4; col. 2, 14 (149[a]). Über τετρακίλιαι § 57, 1. τριϲκιλίαϲ Tebt. I 110, 10 (92 oder 59[a]). Von dieser Erscheinung (Hauchentziehung nach ϲ) handelt K. Dieterich Unt. 100 f. Schmid Wchschr. f. kl. Ph. 1899 Nr. 19 p. 510. G. Meyer 279 f. Brugmann Gr. Gr.[3] 106 mit weiteren Literaturangaben.

Anmerkung 3. Gegenüber ϲχελίϲ (Schinken), das sich neben ϲκελίϲ und dem gewöhnlichen ϲκέλοϲ in der attischen Vulgärsprache findet (Aristoph. eq. 362 ϲχελίδαϲ; Poll. 6, 33. 52 ϲχελίδεϲ, aber 2, 191 ϲκελίδεϲ) und ϲχελέων Hippocr. IX 70 U (Crönert 88) bieten die Pap. nur ϲκελίδα (nachträglich getilgt) Tebt. I 86, 25 (II[af]) und ϲκέλοϲ Par. 12, 16 (157[a]). G. Meyer 279.

c) vor θ: ἔκθραϲ = ἔχθραϲ Tebt. I 5, 259 (118[a]). Wie es scheint, wollte der Schreiber zuerst ἔκχθραϲ schreiben, was auch wohl lautphysiologisch als Zwischenstufe anzusehen ist nach S. 169. Ebenso erklärt sich die Mißform δαινεκθέντεϲ = διενεχθέντεϲ Tebt. I 25, 17 (117[a]). G. Meyer 286. Crönert 88 f. (ἐλεγκθέντοϲ, ἐγχαρακθῆναι).

d) in χοίακ (ägyptischer Monat) neben dem gewöhnlicheren χοίαχ.

Belege für χοίακ: P. Alex. 10, 8 (III[a]). Magd. 2 subscr.; 3, 5. 6 (III[a]). Petr.[2] 20 recto (3) 8 = Petr. II 8 (2 c) 8 (246[a]). Petr.[2] 119 verso col. 2, 5; 141, 1, 15 (III[a]). Rev. Mél. 295, 15 (c. 130[a]). In späterer Zeit ist χοίακ häufiger, wie Ostr. 114, 11 (118—19[p]); 145, 7 (128—9[p]); in einem magischen Papyrus des dritten christlichen Jahrhunderts Lond. I p. 93, 275 usw. Im III. und II. Jahrh. v. Chr. weitaus überwiegend χοίαχ z. B. Petr. II 7, 3. 8 (249[a]); Kanop. Dekr. 64 (237[a]). Petr.[2] 128, 3; 139 (b) I 1 (III[a]). Par. 54, 41. 76 (163[a]) im Faksimile χοίαχ (Letronne χοίακ). Tebt I 24, 18 (117[a]). Siehe die Indices. Über Lokalisierung der verschiedenen Formen in Elephantine, Theben, Dakkeh vergleiche Wilcken Ostr. I 808.

Über κιθών, κιθώνιον statt χιτών, χιτώνιον vgl. § 38, 1.

Anmerkung 4. Derselbe Eigenname wird Par. 50 (160[a]) bald Νεχθόνβηϲ 2, bald Νεκτόμβηϲ 13, bald Νοκθέμβηϲ 3 geschrieben. — Statt des gewöhnlichen Κερκεϲοῦχα, wie Magd. 23, 5; Petr. II 28 col. 1, 24. 28 (III[a]), steht im letztgenannten Papyrus col. 2, 19 Κερκεσούκων und Magd. 26, 2 Κερχεσούχων (III[a]). — Der ägyptische Name Ḥarpechrat erscheint am genauesten transskribiert in der Form 'Αρποχράτηι auf einer Ptolemäerinschrift Dittenb. inscr. orient. I 61, 4 (c. 247[a]); Syll.[2] 559 (Delos) 5 (nach 167[a]); ebenso Πετεαρποχράτην P. Reinach 7, 19 (c. 140[a]). In anderen Fällen führt die Analogie mit griechischen Bildungen auf -κράτης zu 'Αρποκράτηι Dittenb. inscr. orient. I (Ägypt.) 62, 3 (c. 247[a]); 175, 5 (114[a]). Nirgends auf ägyptischen Stücken findet sich die durch Hauchversetzung entstandene Form 'Αρφοκράτης, für die Dittenberger zu Syll.[2] 559, 5 mehrere Belege beibringt. 'Αρφοκρατίων auf attischen Steinen bei Meisterh.-Schwyz. 103.

3. χ und γ. Über σφλαγγνίδης = σπλαγχνίδες vgl. § 38, 1.

Anmerkung 5. προσενεγθέντος Athenaeum 7. Nov. 1891 (Nachtrag zu Petr. I 26, 3) ist von Mahaffy Petr. II 26, 8 (252[a]) in προσενεγχθέντος berichtigt worden. In ὑποδόχιον Petr. II 9 (5) 7 (241[a]) ist das χ erst nachträglich kreuzweise über ein γ geschrieben. Über προσαχọγωσι = προσάγωσι vgl. oben S. 164 Anm. 2.

II. Labiale.

1. π und φ.[1])

π > φ

a) nach σ in σφυρίδα Petr. II 18 (2[a]) 7 (246[a]). σφυρίδος Tebt. I 117, 20 (99[a]). σφυριδίου ebd. 120, 77 (97 oder 64[a]). σφυρίδων Ostr. 1152, 3 (Ende der ptol. Zeit). Daneben σπυρίδων Par. 62, 5 18; 6, 3 (c. 170[a]). σπυρίτων (sic Wilcken statt σπυριδίου) Petr. II Einl. p. 33, 4 (III[a]). [Die Belegstellen bei Crönert 85 Note 3 sind unrichtig angegeben.] Kuhn K. Z. 3, 321 ff.; K.-Bl. I 154. 265. Dagegen ist G. Meyer 279 geneigt, mit Bezzenberger (Bezz. Beitr. 7, 63 f.) die Aspirata für ursprünglich zu halten. Auch Lobeck Phryn. 113 schließt σφυρίς (wie σφόγγος) nicht vom attischen Gebrauch aus. Dieterich Unt. 100 Note 1. In attischen Inschriften σφόνδυλος Meisterh.-Schwyz. 78, 8; im N. T. σφυρίς, σφόγγος Win.-Schmied. § 5, 27 (e); Blaß N. T. 24. Moulton Class. rev. XV (1901) 33[b]; XVIII (1904) 107[a]. Deißmann Bibelst. 157; N. Bibelst. 13. Alkiphr. (Schepers) I, 4; III 20, 1 σπυρίς.

Dagegen bieten die Papyri nur σπάλακ[α Petr. II 35 col. 3, 2; σπάλακος (d) 5 (III[a]) von Pferden, die Maulwurfsfarbe haben; ebd. col. 1, 9 μελανοσπαλάκισσαν (maulwurfschwarz). Spätere Beispiele für σπάλαξ und ἀσφάλαξ (ebenso ἀσπάραγος — ἀσφάραγος) gibt Crönert 85, dessen Ausführungen zu diesem Abschnitt sehr lehrreich sind.

b) nach λ (ρ), vielleicht ebenfalls eine Nachwirkung des ursprünglich mit der Liquida verbunden gewesenen Hauches, in [Σα]λφηδόν' = Σαρπηδόν' Weil IV 1 (vor 161[a]). G. Meyer 328 Anm.

---

1) Belege für diesen Wechsel auf kleinasiatischem Boden gibt Schweizer Perg. 111.

c) Derselbe Stamm in variierender Form liegt vor einerseits in ὑπόϲκνιπος Petr.[2] 4 (2) 28 (237[a]); 13 (a) 12 (235[a]); 19 (b) 5 = Petr. I 20 (1) 5 (225[a]), andererseits in ὑπόϲκνιφος Petr.[2] 7, 26 (237[a]). Copt. 5 (100[a]). Grenf. II 35, 5. 6 (98[a]). Schon die alten Lexikographen gehen auseinander: Hesych. ϲκνιφόϲ, Poll. 2, 65 ϲκνιπόν· τὸν ἀμυδρὸν βλέποντα Cιμωνίδηϲ. Phryn. Lob. 398 ff. Roscher Curt. Stud. I 2, 71.

d) Das vorwiegend poetische Wort ἐπήβολος (vgl. S. 31) ist Petr.[2] 32 verso col. 2, 12 (c. 240[a]) unsichere Lesart; aber ebenda 36(a) recto 17 (III[a]) ist deutlich ἐφήβολος geschrieben, wobei freilich über dem φ ein π zu stehen scheint.

Anmerkung 6. Der ziemlich häufige Name Πορεγέβθιϲ, z. B. Tebt. I 62, 109 (119[a]); 63, 149 (114[a]); 112, 109 (112[a]), lautet einmal Φορεγέβθιϲ Tebt. I 61, 66 (118[a]) [koptische Aussprache?].

φ > π

a) zwischen Vokalen in ῥαπάνια Leid. C p. 93 col. 4, 15; aber Z. 4 ῥαφάνια (164—160[a]). Varro d. lingua lat. V 103 rapanus, sic enim antiqui Graeci, quam nunc raphanum. Vgl. neugriechisches ῥαπάνι (ῥεπάνι) bei Hatzidakis Einl. 27. Thumb Hell. 197. Dieterich Unt. 5 (ῥεπανόϲπορον bei Galen). Weitere Belege für ῥάφανοϲ etc. in den Papyri oben S. 58 Note 1.

b) vor θ in ὀπθαλμῷ Grenf. I 45, 5 (19[a]). Diese Erscheinung steht auf einer Linie mit ἐκθρόϲ (S. 172), indem in der Lautverbindung ph th die erste Tenuis Aspirata in eine Tenuis verwandelt wurde; doch ist dies bei Labialen viel seltener als bei Gutturalen. W. Schulze Orthographica p. 27 ff. Crönert 88. Brugmann Gr. Gr[3] 106 Anm. 2.

c) nach ρ (durch Hauchentziehung) in ὑπερπέρωντες = ὑπερφέροντεϲ Weil IV 3 (vor 161[a]).

Anmerkung 7. Der ägyptische Name Ὀρϲενοῦφιϲ — so Petr. II 39 (b) 4 (III[a]) — erscheint ebd. (c) 11; 28 (2) 10; (8) 14 (III[a]) in der Form Ὀρϲενοῦπιϲ. Der hebräische Name יוֹסֵף wird wiedergegeben Ἰωϲήποϲ Ostr. 731, 3 (ptol.); Ἰωϲήπιοϲ 729, 3 (164 oder 143[a]).

Über den Wechsel von φαμενώθ, παμενώθ, φαμενώτ; ἐπείφ, ἐφείπ, ἐφείφ vgl. § 38, 1 Anmerk.

2. π und β.

β > π in πακιλι(κῆϲ) = βαϲιλικῆϲ Tebt. I 224 (108[a]). Τεβτῦνιϲ ist die gewöhnliche Form des Dorfnamens, so Tebt. I 55, 3 (II[af]); 61, 54. 59. 62 (118[a]); 62, 161 (119[a]); 121, 67 (94 oder 61[a]). Τεβτυ(νίτου) ebd. 120, 56; Τεβτυνίταιϲ ebd. 21 (97 oder 64[a]). Daneben begegnet in einem Stücke 59, 1 (99[a]) Τεπτύνει, und Z. 14 Τετύνει (mit Ausfall des Labialen, vgl. oben S. 166). Als Nebenform erscheint Petr.[2] 46 (5) 10 (III[a]) Τεπτῦι (Dat.).

Anmerkung 8. Κάνωποc ist durchgehends die Schreibweise der ptolem. Papyri und Inschriften: Κάνωπον Petr. I 30 (3) 3; ebd. 4 Κανώπωι (III[a]). ἐν Κανώπωι Kanop. Dekr. 7 (237[a]). Κάνωπον Petr.[2] 130, 6 (III[a]). Κανώπου Weil VI 21 (161[a]). Steph. Byz. Κάνωποc· οὕτωc δεῖ γράφεcθαι διὰ τοῦ π, γράφεται δὲ ὅμωc διὰ τοῦ β. Etym. Mag. Κάνωποc δεῖ λέγειν, οὐ Κάνωβοc. Die Form Κάνωβοc hat Strabo XVII 1, 4 p. 788; 1, 18 p. 801. Diod. I 33, 7.

Über gegenseitigen Wechsel zwischen Tenuis und Media (in πάμποδοc, Καβάτοκοc) vgl. § 38, 2.

3. Über μ > β vgl. § 44 Anhang.

III. Dentale.

Das Schwanken zwischen den dentalen Lauten τ, δ, θ galt von altersher für eine besondere Eigentümlichkeit der ägyptisch-griechischen Mundart, d. h. der Ägypter unterschied, wie das Koptische beweist (Stern 15. 24), die dentalen Laute schwer und verwechselte leicht Tenuis, Media und Aspirata.[1]) Die Erscheinung ist auch auf dem Boden Kleinasiens (infolge einheimischer Aussprache) nachgewiesen, fehlt aber in der übrigen κοινή, z. B. auf den voll. hercul. ganz.[2]).

1. Wechsel zwischen τ und δ.

Zahlreiche Beispiele finden sich erst seit dem 2. Jahrh. v. Chr.[3]) τ > δ in ἀποδιcάτωι = ἀποτιcάτω P. Reinach 11, 21 (111[a]). Ἀcταρδιδῆνον (= Ἀcταρτιδεῖ(ν)ον) Par. 41, 11 (158[a]). Rückwirkende Assimilation. — Dagegen Ἀcταρτιδεῖον Par. 36, 10 = Vat. B 10; F 6 (158[a]). Ἀcταρτιεῖον Lond. I p. 34, 9 (161[a]). Ἀcταρτι . . . Par. 35, 8 (163[a]). — ἄφθιδοc (= ἄφθιτοc) P. Weil III 12 (vor 161[a]). δέ für τε P. Weil III 15 (vor 161[a]); Tebt. I 105, 46 (103[a]). δέκτων = τέκτων Tebt. I 131 (100[a]). δέλοc = τέλοc Wilck. Ostr. 1084, 5 (137/6[a]); 1085, 2 (136/5[a]); 1087, 2 (135—4[a]); dagegen τέλοc Z. 6; 1081, 7; 1082, 5; 1084, 11; 1085, 6; 1086, 2. 5 (136[a]); 1089, 2. 8 (135—4[a]). δώμου = τόμου (?) Grenf. II 38, 5. 6 (81[a]). ἐνδεθυμῆcθαι erste Hand Par. 63, 7, 9 (165[a]). πέδαcοc = πέταcοc (Hut) Par. 60 (b) 19 (II[a]). προcδιθεί(c) Eud. (Blaß) 4, 27 (vor 165[a]). τόδε = τότε Eud. 14, 10. φυδευμάτων — χρήμαδ' ἐcτίν P. Weil III 10; I (b) 22 (vor 161[a]). Bei δημοδικῆι Par. 63, 8, 18 (165[a]) und δραπέδην = δραπέτην könnte auch vorschreitende Assimilation mitgewirkt haben.

1) Sturz 116 ff. G. Meyer 273 f. K.-Bl. I 148 ff. Buresch Philol. 51, 94. Kretschmer K. Z. 33, 470. Schweizer 106. Dieterich Unt. 84 f.

2) Thumb Idg. Forsch. VIII 189 ff. Hell. 134. 136 f. Crönert 86.

3) Wir haben es bei diesem Wechsel meist mit Lautverderbungen in ägyptischem Munde zu tun, die für das Griechische im allgemeinen ohne Bedeutung geblieben sind.

Anmerkung 9. ἐνώιδια Petr. II 12, 24 (c. 238[a]) beruht nicht auf Verwechslung mit ἐνώιτια, sondern vermutlich auf Haplologie (= ἐνωτίδια) und ist in dieser Form auch auf attischen Inschriften nachgewiesen. Mhs.-Schwyz. 65, 8. K.-Bl. I 148. Wackernagel Phil. Anz. 15, 199. Vgl. oben S. 131.

Zur Umstellung der Tenuis und Media in εὐεργέδιτος und πάμποδος vgl. § 38, 2.

δ > τ in αἰγίτι — ἀποτρύφυ = αἰγίδι — ἀποδρύφοι Ilias 24, 20 (Kenyon class. 106) und v. 21 (I[a]). ἀκροτρύων (= ἀκροδρύων) Wilck. Ostr. 1278, 3; ebd. 1, 7 (Zusätze und Berichtigungen S. 430) ptol. unb.; 1344, 4 (II[a]). Belege für ἀκ(ρ)οδρύων s. § 40, 1. αὐτναῖος (neben αὐδναῖος), synkopierte Form des makedonischen Monats αὐδοναῖος, αὐδηναῖος, αὐδυναῖος: Par. 3 (unb. ptol.). αὐδναῖος Petr. II 44, 3 (nach 246[a]); I 15, 10 (237[a]) u. oft. Vgl. oben S. 146. βατίζειν, ἐμβατιχοῦ (= ἐμβαδικοῦ) Par. 51, 3 (160[a]); Ostr. 1358, 7 (131—0[a]), sonst ἐμβαδικόν ebd. 1024, 3; 1237, 4; 1262, 4; 1080, 3 (alle ptol.). ἐμβαδούς Grenf. I 21, 14 (126[a]). ἐμβατεύσας Lond. II p. 14, 19 (116—111[a]); Par. 14, 19 (127[a]). — δέτωκας (= δέδωκας) Ostr. 1089, 6 (135—4[a]). ἐπετόδοκα, ἀπετώδοκα, vulgär entstellt aus ἐπιδέδωκα, ἀποδέδωκα Lond. I p. 38, 2; 41, 100 (158[a]). Εὔτοξος (= Εὔδοξος) durchweg im Eudoxospap.: 22, 21. 24; 23, 5. 11 (vor 165[a]). ἦτε = ἦδε B U 998 II 13 (101[a]). ἱπποτάμου = ἱπποδάμου Il. 23, 472 (Kenyon class. 103) I[a]. Λύσιτος (= Λύσιδος) Petr.[2] 9, 1 (240[a]). — Λύσιδος Par. p. 401, 6 (II[a]). ξαντικοῦ (= ξανδικοῦ, s. unten S. 180) Tebt. I 33, 2 (112[a]). ὅτ' = ὅδ' Weil VI 6; ὀτ' = οὐδ' ebd. II 5 (geschr. vor 161[a]). παρεφετρευόντων Par. 63, 7, 14 (165[a]), aber παρεφεδρεύοντες 63, 1, 20 u. oft. προστέχομαι Ostr. 1089, 5 (135—4[a]). [ῥαύ]τοις Par. 40, 41 (156[a]), aber ῥαύδους (= ῥάβδους, vgl. oben S. 115) ebd. 40, 33; 41, 26 (158[a]). σεβίτιον (= σεβίδιον, Hesych. = πυξίδιον) Par. 10, 22 (145[a]); 60 (b) 26 (150[a]). σπυρίτων (= σπυρίδων) Petr. II Einl. p. 33, 4 (III[a]). τέ = δέ Weil III 14 (vor 161[a]); Eud. 14, 4 (vor 165[a]). τ' αὐτοῖς = δ' αὐτοῖς Par. 63, 1, 14 = Petr.[2] Einl. p. 18 (165[a]). τιδύμων (= διδύμων) Eud. 8, 1 — aber δίδυμοι im Bild nach 4, 30 und col. 24 (vor 165[a]), wie sonst oft. τοιόντε (= τοιόνδε) Weil III 2 (vor 161[a]). τοχῆς (= δοχῆς Tebt. I 131 (100[a]). τωδεκαμήνου Eud. 14, 2 — aber δωδεκαμήνωι 3, 10/11; δωδεκατημόρειον 16, 5. 11 (vor 165[a]). τωδεκάτου Tebt. I 105, 56 (103[a]).

Die Formen ταπίδυφος (Teppichweber) Par. 5, 19, 1 (114[a]) und ταπιδύφωι Ostr. 1213 (ptol.?) weisen auf die Orthographie τάπις = τάπης statt des altattischen δάπις hin. Die Orthographie des Fremdworts war von Anfang an schwankend. Bei Homer steht durchweg τάπης; bei Xenoph. Anab. VII 3, 27 τάπιδα. Die altattische Form lautet δάπιδες oder δάπητες (Aelius Dionys. Fragm. 116 Schwabe): so Aristoph Plut. 527 δάπισι; Xen. Cyr. VIII 8, 16 δάπιδα; Lukian Toxar. 57 δάπιδας. Vgl. Suid. s. v. δάπιδας. Synes. epist. 61 (Hercher) δάπιδα μεγάλην τῶν Αἰγυπτίων. G. Meyer 273. K.-Bl. I 148.

Anmerkung 10. Sehr schwierig ist oft die Entscheidung, ob τε — δέ, οὔτε — οὐδέ, μήτε — μηδέ (μηδέ — μηδέ) lautliche oder syntaktische Wechselformen sind. In den meisten Fällen wohl das letztere. Schon im Attischen sind dergl. Korresponsionen nicht unerhört. Vgl. im allgemeinen Krüger Sprchl. § 69, 16, 6 und zu Anab. VI 1, 16. Kühner II² 814, 3 A. Über τε statt δέ bei Diog. Laert. s. O. Voß, de Heraclid. Pont. vita 20. Schmid Attic. III 344; IV 562.

Auf Papyrus: τε — δέ Par. 64, 14/15 (c. 160ª) διά τε τὴν φιλίαν, πολὺ δὲ μᾶλλον. Die Verbindung τε — τε ist überhaupt auf Pap. selten und findet sich fast nur in künstlich stilisierten Stücken wie Par. 62, 8, 18 (c. 170ª); 63, 9, 32 ff. (165ª).

οὔτε — οὐδέ Petr.² 56 (b) 11 (c. 260ª) οὔτε αὐτὸc νοcφειοῦμαι οὐδὲ ἄλλωι ἐπειτρέψειν (= Revenue Laws p. 187). Petr. II 17 (3) 7 (c. 240ª) οὔτε ἀντιλογίαν γενομένην οὐδὲ παρόντας.

μήτε — μηδέ kommt besonders häufig vor und ist in manchen Verbindungen sogar stehend. Par. 22, 32 (165ª) μήτε τὸ γινόμενον ἡμῖν ἔλαιον καὶ κῖκι μηδ' ἄλλο μηδέν (sic.! Letr. μήτ' ἄλλο μηδέν). Tor. IV 18 (117ª) μήτ' αὐτὸν μηδ' ἄλλον μηδένα; ebenso B U 998 II 8 (101ª). P. Reinach 11, 12 (111ª); 12, 6 (111—10ª); 13, 10 (110ª). Tor. VIII 24 (119ª) μήτε ὄcπριον μήτε οἶνον μηδ' ἄλλο μηθέν. Tebt. I 5, 231 ff. μὴ πωλεῖν . . . μηδὲ τὰ κτήνηι μηδὲ τὰ ἄλλα cκεύηι μήτε προc[άγειν] πρὸc ἱερευτικὴν μηδὲ πρὸc ἄλλην (118ª). Grenf. I 27, 3, 2 (109ª) μήτ' αὐτὴν Σεβτῖτιν μηδ' ἄλλον μηδένα. Par. 15, 3, 63 (120ª) μήτ' ἐν τοῖc ἔμπροcθεν χρόνοιc . . . μηδὲ μὴν πρὸc ἑαυτούc. Tebt. I 27, 36 (113ª) μήτε τῆc ἐγδιοικήcεωc μηδὲ τῆc φυλακίαc. Demnach ergeben sich folgende Ergänzungen: Grenf. I 43, 7 (IIª) αὐτοῦ δὲ μηδ' ἀποδεδωκότοc ἡμῖν μ[ήτ]ε ἵππον μηδὲ τὴν πορείαν ἐπιδεδωκότοc; und Tebt. I 5, 30 (118ª) τὰc ταινίαc μή[τε ἀπαι]τεῖν μηδὲ (δ aus τ korrigiert!) πράccειν.

μηδέ — μηδέ — μηδέ in korrespondierenden Sätzen Tebt. I 5, 178 ff. (118ª).

μήτε steht für μηδέ: Leid. D 1, 16 (Note 16) μήτε χωριcθέντοc cου (163ª). Tebt. I 5, 84 (118ª) μηθένα [ἐκcπᾶν] μήιτε (sic) ἀποβιάζεcθαι. Ebenso

οὔτε für οὐδέ Petr. II 32 (1) 16 (IIIª) Διονύcιοc ὃc οὔτε (= οὐδέ) τελωνεῖ. Vgl. auch Eud. 8, 6 (vor 165ª), wo οὔτε ὁ 'Ωρίων ohne korrespondierendes Gegenglied steht. Umgekehrt hat der Schreiber Ilias 24, 40 (Kenyon class. 106—Iª) οὔτ' ἄρ φρέναc (sic) οὐδὲ νόημα geschrieben statt οὔτε νόημα, und ebd. 566 (p. 108) οὔτε γάρ statt οὐδὲ γάρ, offenbar nach dem gesprochenen Laut, während in den meisten obigen Beispielen syntaktische Abweichungen vorliegen mögen.

2. Wechsel zwischen τ und ϑ.[1]

Nicht hierher gehören

a) Vertauschung der Aspiration in Fällen wie κιθών = χιτών; κύθρα = χύτρα; θῶυθ, θῶυτ, τῶθ; φαμενώθ, παμενώθ, φαμενώτ, worüber gehandelt wird § 38, 1—2.

b) Falsche Aspiration (Vulgäraspiration), schon aus sehr alter Zeit zu belegen, beruhend auf falscher Aussprache und Orthographie der κοινή, wovon die Rede ist § 45.

τ > θ.

α) ἀναφάλαντοc ist die gewöhnliche Form der Papyri, so Petr. I 15, 13 (237ª); 16 (1) 13 (230ª). Grenf. II 15, 2, 8 (139ª).

1) Belege für diesen Wechsel auf kleinasiatischen und syrischen Inschriften gibt Schweizer Perg. 114 Anm. 2.

Par. 5, 1, 5 (114[a]). Vgl. Poll. 2, 26 φαλαντίας — ἀναφαλαντίας. Daneben findet sich gleichzeitig nicht selten ἀναφάλανθος: Petr. I 19, 4. 5. 7. 23 (225[a]); 20 (1) 5. 10 (225[a]). Lond. II p. 3, 3 oben (II[a]). Grenf. II 32, 5 (neben ἀναφάλαντος) 101[a]. Pap. Gizeh Mus. Arch. I 64, 22 (123[a]). Allem nach ist ἀναφάλανθος die ursprüngliche Form, wie der Eigenname des Gründers von Tarent Φάλανθος wenigstens für das lakonische Dorisch beweist (F. Bechtel, Griech. Eigennamen aus Spitznamen S. 38)[1]), scheint aber im Attischen auf Grund des Dissimilationsgesetzes in ἀναφάλαντος übergegangen zu sein (so bei Lukian und Pollux aus der attischen Komödie). Diese letztere Form ist wiederum in der κοινή zufolge der in diesem Zusammenhang belegten Lautentwicklung auf die ursprüngliche Form zurückgebildet worden.

β) Großes Schwanken beobachtet man bei κολόκυντον — κολόκυνθον (κολύκιντος), κολοκύντινος — κολοκύνθινος, wovon alle möglichen Variationen vokalischer und konsonantischer Art vorkommen. Belege oben S. 101. Lobeck zu Phryn. 435f. bezeichnet die Schreibung mit τ als attisch; Thumb Hell. 71 erblickt im θ Ionismus (vgl. oben S. 16). Im Neugr. κολοκύθι.

γ) Ein Übergang von στ > σθ findet statt in βέλτισθον Par. 63, 9, 48 (165[a]). ἐξέσθω (= ἐξέστω) Rev. L. 76, 5 (259[a]). ἐσθέ Ilias 24, 33 (Kenyon class. 106, I[a]). πασθοφόρου Grenf. I 38, 4 (II—I[a]) neben häufigem παστοφόρος, wie Par. 37, 14 (163[a]); 56, 2, 2 (157[a]); 11, 12 (157[a]). Grenf. II 34, 2 (99[a]); 35, 6. 8. 9. 14 (98[a]) etc. Wilck. Ostr. 136, 2 (126[p]) mit sonderbarer Umstellung πασαθφόρος. τῶι χρηματισθῆι Petr. II 14 (2) 7 (III[a]). [προσθῆναι (Revillout) Par. 63, 2, 67 (165[a]) ist in der Neuausgabe Petr.[2] Einl. p. 24 in προστῆναι berichtigt]. Da die Entwicklung umgekehrt von σθ > στ verlief (vgl. unter θ > τ), so ist hier „inverse Schreibung" anzunehmen.

δ) Bei διορθώμεθα = διορθώματα Par. 62, 1, 7 = Rev. L. App. I (c. 170[a]) hat offenbar dem Schreiber die Verbalform vorgeschwebt (vielleicht auch in dem eben angeführten χρηματισθῆι = χρηματιστῆι).

Anmerkung 11. Daß neben der (übrigens schon homerischen) Form θρόνα (Blumenverzierungen) eine alte Form τρόνα herging, wissen wir einzig aus Hesych. τρόνα· ἄνθη καὶ τὰ ἐκ χρωμάτων ποικίλματα. Vgl. Schol Il. 22, 440

1) Φάλανθος bei Strabo VI 278. 279. 282. Paus. 8, 35, 9 (der Berg); 10, 10, 6. 8; 10, 13, 10 (der Gründer). Daß übrigens auch die Orthographie des Eigennamens wechselte, wird durch Steph. Byz. s. v. Ἀθῆναι wahrscheinlich: Ἁλικαρνασσεῖς γοῦν Ἀνθεάδαι καὶ Φαλαντιάδαι οἱ Ταρεντῖνοι ἐλέγοντο ἀπὸ τῶν διασημοτάτων παρ' αὐτοῖς. Phryn. in Bekk. anecd. p. 71, 17. Lobeck paralip. 244. Henr. Steph. thes. s. v. φάλανθος.

θρόνα· ἄνθη. Par. 55 (b) 4 (159[a]) θρόνα [oder θροῖα?]. Vielleicht war τρόνα eine der ägyptisch-griechischen Dialektformen, auf die Hesychius mehrfach (z. B. s. v. Αἰγύπτιοι, Ἀλεξάνδρεια) Rücksicht nimmt. Roscher 109. G. Meyer 284. — Statt χιλωτήρ (Futtersack), wie Lond. II p. 12, 24 (152—141[a]), steht Grenf. II 38, 11 (81[a]) χιλωθήρου.

θ > τ.

a) Anlautend: τέcθαι = θέcθαι Tebt. I 5, 225 (118[a]).

b) Inlautend und zwar

α) zwischen 2 Vokalen in ζύτος (Gerstenbier) und seinen Derivaten ζυτηρά (Biersteuer, sc. ὠνή), ζυτοποιός (Bierbrauer). Die Schreibung mit τ ist in den ptolem. Papyri durchaus herrschend; erst in römischer Zeit kehren wieder Formen wie ζυθοπώλης, ζυθόπωλις. Belegstellen oben S. 36.

β) Besonders häufig tritt Hauchentziehung ein in der Verbindung cθ > cτ: so in den Infinitivformen ἀ[νάγ]εcται Petr. II 13 (19) 10 (259[a]). ἀποκεκαθίcται Par. 51, 22 (160[a]). καθῆcται Leid. U 2, 8 (II[am]). προέcται = προέcθαι) Lond. I p. 11, 26 (162[a]). Daß nicht an πρόειμι zu denken ist, beweist die Parallelstelle προεθῆναι Par. 25, 12 (163[a]); übrigens in demselben Pap. Lond. I p. 10, 18 (162[a]) προcεθῆναι. τίθεcτα(ι) Lond. I p. 40, 76 (158[a]). [Statt cυμβάλλεcται Par. 63, 3, 73 (165[a]), wie Revill. Mél. 254 schreibt, liest Wilcken cυμβαλεῖται, wie jetzt Petr.[2] Einl. p. 24 aufgenommen ist.] Ferner in Imperativformen μνήcτητι Lond. I p. 24 (XXXV) 4 = Kopie p. 26, 4 (161[a]). cυνταξάcτω (mit übergeschriebenem θ) Rev. L. 47, 13 (258[a]). τιθέcτωι Tebt. I 72, 455. 456 (114[a]). Diese Orthographie entspricht sicherlich der tatsächlichen Aussprache. Brugmann Gr. Gr.[3] 106. K. Dieterich Unt. 100 f. Zufall ist es wohl, wenn θ einmal ganz fehlt in γράψεcαι (θ nachträglich darübergesetzt) Petr.[2] 56 (b) 13 (c. 260[a]). Zum Schwund des c in dieser Lautverbindung vgl. § 46 II b.

Anmerkung 12. Fast unabsehbar sind die Kombinationen des Lautwandels zwischen θ und τ bei manchen ägyptischen Namen im An- und Inlaut: z. B. in den Namen der Zwillingsschwestern im Sarapeum Θαγῆτος καὶ Θαῦτος Lond. I p. 14, 4—5 (162[a]). Θαῆτος καὶ Θαοῦτος Par. 28, 2 (c. 160[a]). Θαυῆτος καὶ Θαῦτος Par. 33, 2; Lond. I p. 28 verso 1 (161[a]); Leid. E 2 (162[a]). Θαυῆτος καὶ Θαοῦτος Mil. 2 (162[a]). Θαῦτος καὶ Θαυῆτος Lond. I p. 19, 2 (161[a]). Θαυῆς καὶ Ταῦς Par. 22, 2. Θαυῆς καὶ Ταοῦς ebd. 26, 2; 27, 2; 29, 2. Lond. I p. 11, 28 (162[a]). Ταυγῆςτος καὶ Ταυτοῦς Par. 23, 1. Ταυῆτος καὶ Ταῦτος Par. 31, 5 (163[a]). Lond. I p. 16, 9. Vat. D 5 (162[a]). Τηγῆτος καὶ Ταῦτος Lond. I p. 7, 2 (164[a]) usw. — Im Inlaut zwischen Vokalen: bald Τοτοῆς wie Petr. II 28 col. 1, 22 (III[a]); Amh. II 31, 9. 26 (112[a]) etc., bald Τοθοείους Tebt. I 63, 158 (114[a]); bald Φαρβαιθίτην Rev. L. 68, 13 oder Φαρβαθίτηι ebd. 68, 1, bald Φαρβατίτηι 31, 18 (258[a]); statt der geläufigen Form φαρμοῦθι (ägypt. Monat) auf einer sehr alten thebanischen Scherbe φαρμοῦτι Ostr. 1335, 3 (III[a]). Vgl. Wilcken l. c. I 808. — Nach einem Nasal: bald Ψινταῆν Lond. I p. 25, 23 (161[a]); Mil. 20 (162[a]); Ψινταῆι Mil. 8;

Ψινταέους Par. 26, 23. 28 (163ª); Leid. B 3, 10 (164ª); bald Ψινθαῆς Par. 27, 11. 24; 28, 10 (c. 160ª). Nach einem Guttural Νεκτόμβης — Νεχθόνβης — Νοκθέμβης S. 172 Anm. 4; Νεχτενίβιος — Νεχθενίβιος — Νεκτενίβιος S. 169.

Über den Untergang des Spiritus asper in κατ' ἕκαστον, μετ' εἰκιτείας (= ἱκετείας) u. dgl. § 45, 2.

3. Wechsel zwischen δ und ϑ

kann ernstlich nicht in Betracht kommen. Die beiden einzigen Beispiele einer Verwechslung von δ mit θ in ἔθει = ἔδει Par. 40, 20 (156ª) und Grenf. I 11, 2, 20 (157ª) ἐγράψατο τῶι Πανᾶι μὴ ἐπελεύσεσθαι μηθ' ἄλλον (ob = μηδὲ ἄλλον oder = μήτε ἄλλον, ist nach S. 177 Anm. 10 nicht sicher zu entscheiden) μηδένα τῶν παρ' αὐτοῦ berechtigen nicht zu weitergehenden Schlüssen.[1])

Der umgekehrte Fall (θ > δ), der in der stehenden Schreibung des makedonischen Monatnamens Ξανδικός (statt Ξανθικός) vorzuliegen scheint, erklärt sich so, daß Ξανδικός die ursprüngliche makedonische Form ist, die erst durch gemeingriechische Volksetymologie in Ξανθικός verwandelt wurde. G. Meyer 277ff. Ahrens kl. Schriften I 361ff. 385. Kretschmer Einl. 287.

Belege: Ξανδικός Par. 3 (unb. ptol.). Ξανδικοῦ Dittenberg. inscr. or. I 38 (254ª). Petr. I 16 (2) 3 (230ª); 19, 15. 20 = Petr.[2] 9 (a) (225ª); 20 (2) 8 = Petr.[2] 9 (c) (225ª). Petr.[2] 21 (d) 9 (226ª). Rosettastein 6 (196ª). Par. 61, 4 (156ª). Tebt. I 105, 9 (103ª); 104, 7 (92ª). Ξανδικῶι Petr. II 17 (1) 21 (c. 240ª). — Ξανθικός Diod. Sic. 18, 56. Suid. Hesych. s. v. Vgl. Henr. Steph., Thes. gr. 1635.

Auch der unmittelbare Übergang von οὐδείς, μηδείς in οὐθείς, μηθείς ist lautlich unbegreiflich. Es muß eine Zwischenstufe (tenuis statt media) angenommen werden, die ja auf ägyptischem Boden am leichtesten anzunehmen wäre (s. oben S. 175f.).[2]) Allein da οὐθείς, μηθείς im Attischen schon seit 378ª vorkommen, seit 330 geradezu stehend werden (Meisterh.-Schwyz. 258f.), auch auf anderen Gebieten der

1) Gegen Buresch, der Philol. 51, 97 ägyptisches δ als spirantisch reklamiert, wendet sich mit Recht Heß, Indog. Forsch. VI 132. Brugmann Gr. Gr.[3] 109 (mit Literaturangaben). Schweizer 106. Kretschmer Entstehung 16.

2) Zum Beweis, „daß οὐθείς und μηθείς ihre Entstehung der Verwechslung von οὔτε und οὐδέ, μήτε und μηδέ verdanken" beruft sich W. Schmid G. G. A. 1895 Nr. 1, 41 auf Par. 63, 1, 13 (165ª) = Petr.[2] Einl. p. 18: ὅπως μητεν (nach Schmid = μηδέν) τῶν ἀδυνατούντων γεωργεῖν περισπᾶται μηθείς μήτε τῶν δυναμένων σκεπάζηται. Allein dieses μητεν korrespondiert offenbar mit dem folgenden μήτε, was noch überdies durch die Wiederholung des Satzes col. 5, 149 deutlich wird; also ist μήτεν = μήτε mit dem im ägyptischen Griechisch so überaus häufigen parasitischen ν (vgl. § 44, 2). Damit fällt auch die Erklärung von Schweizer Perg. 114, der ebenfalls μητεν = μηδέν faßt und auf lautlichem Wege durch direkten Übergang von δ > τ entstanden sein läßt.

κοινή um dieselbe Zeit sich finden (Schweizer Perg. 113f.; Nachmanson Magn. 77; Schmid Attic. II 138)[1]), darf nicht der ägyptische Dialekt speziell dafür verantwortlich gemacht werden: vielmehr ist hier die Wirkung jener altattischen Regel zu erkennen, wonach δ im Auslaut vor anlautendem h stimmlos, d. h. zur Tenuis und dann in der Schrift zu θ wurde. Meisterh.-Schwyz. 104. G. Meyer 298f. Brugmann Gr. Gr. 146. Kretschmer Einl. 156. Vas. 152. Wackernagel Philol. Anz. 1886, 67. Schweizer Perg. 113f. Crönert 155ff.

In Bezug auf die zeitliche Verteilung der beiden Formen ist folgendes zu bemerken. In den ptolemäischen Papyri und Inschriften überwiegt (im Einklang mit den gleichzeitigen attischen Inschriften) die Aspirata vom 3. bis 1. Jahrh. v. Chr. ganz entschieden. Noch die große Inschrift aus der Zeit der Kleopatra und des Ptolemaios Cäsarion (Dittenb. inscr. or. I 194 vom Jahre 37[a]) hat nur οὐθείς (16. 17), nirgends οὐδείς.[2]) Manchmal stehen beide Formen in demselben Satz neben einander, z. B. Petr. II 22, 11 (III[a]): μηθεὶς ἐνεχυραζέτω μηδὲ ἀποβιαζέσθω μηδέν. Par. 61, 15 (156[a]) μηθεὶς ὑπὸ μηδενός. Rev. Mél. 345 (II[a]) κοὐθὲν οὐδείς. Auch in klassischen Stücken findet man seit dem 3. Jahrh. nicht selten οὐθείς, μηθείς an Stellen, wo die rezipierten Texte durchweg οὐδείς, μηδείς bieten. Z. B. Phaedonpap. Petr. I 6 (3) 2 (c. 300[a]) οὐθέν; ebenda (4) 2 μηθέν; 8 (2) 20 οὐθέν. Petr. I 25, 40 (Hesiodzitat) τῶν μὲν μηθὲν ἄειδε (225[a]). Petr. II 49 (c) 9 (Laches c. 300[a]) οὐθέν; ebd. 49 (e) III (klassisches Stück) μηθέν (III[a]). Grenf. II 6 (b) 12 (Tragödienfragment aus dem 3. Jahrh. v. Chr.) μηθέν. Auch im sogen. Chrysippospap. (Par. 2) wird (v. Chrysippos?) wiederholt in klassischen Zitaten οὐθείς geschrieben, so col. 2, 21. 26 οὐθὲν πῆμα; col. 10 letzte Zeile; 11, 4. 8. 12 οὐκ ἔστιν οὐθὲν διὰ τέλους εὐδαιμονεῖν (Eurip.).

Über das genauere Frequenzverhältnis von οὐθείς, μηθείς — οὐδείς, μηδείς in den ptol. Pap. gibt folgende Tabelle Aufschluß, die fürs 3. Jahrh. v. Chr. aus Rev. Laws, Magdôla-Pap. 1—41, Amh. II und Petr. I. II., für das 2. Jahrh. aus Amh. II., Grenf. I. II., Leid; Lond.; Par.; Theb. Bk.; Vat., für die Wende vom 2. zum 1. Jahrh. aus BU 992ff. und Tebtun. I angelegt ist.

1) Bei Dio Chrys. läßt v. Arnim häufig οὐθείς, μηθείς stehen, und sogar Philostratos gebraucht einmal im Wortspiel οὐθέν (Schmid Att. IV 210), während sonst die Attizisten diese Formen vermeiden.

2) Thumb Hell. 14 weist darauf hin, daß οὐθείς und μηθείς als spezifische Übergangsformen der κοινή ein sehr langes Dasein gefristet haben (vom 4. Jahrh. v. Chr. bis zum Beginn unserer Zeitrechnung), um dann wieder allmählich aus dem Gebrauch zu verschwinden, ohne im Mittel- oder Neugriechischen eine Spur zu hinterlassen.

Es finden sich	οὐθείς	μηθείς	οὐδείς	μηδείς
III^a	43	35	7	6
Summe	θ 78		δ 13	
θ : δ	6 : 1			
II^a	51	59	18	27
Summe	θ 110		δ 45	
θ : δ	2,4 : 1			
II—I^a	10	23	3	8
Summe	θ 33		δ 11	
θ : δ	3 : 1			

Demgemäß gehen auch neben einander her: einerseits οὐδαμῶς Tebt. I 24, 53 (117^a); 27, 41 (113^a); 58, 4 (111^a). μηδαμῶς Par. 15, 64 (120^a). Tor. I 8, 28 (117^a). Tebt. I 24, 5 (117^a). μηδαμόθεν Rev. L. 52, 9 (258^a); andererseits μηθαμῶς Par. 50, 8 (160^a). μηθαμοῦ Petr. I 5 (2) 4 (Phädon c. 300^a, Texte μηδαμοῦ). οὐθαμόθεν Lond. I p. 38, 16 (158^a). Dagegen nur μηδέτερος B U 1011, 28 (II^a). Das Femininum von οὐδείς, μηδείς lautet regelmäßig οὐδεμία, μηδεμία z. B. Petr. II 37 recto 17 (III^a). Rev. L. 14, 7 (258^a). Par. 63, 1, 15 (165^a) und sehr oft; als einzige Ausnahme ist zu verzeichnen μηθεμιᾶι Petr^2. 20 p. 42 (c. 268^a). K.-Bl. I 614 Anm. 5. Meisterh.-Schwyz. 105. Schwyz. Vulg. 255.

§ 37. Assimilation benachbarter Mutae.

1. Mutae derselben Klasse (gleichnamige Mutae) erscheinen assimiliert in Βαχχιάδος (aus Βακχιάδος) Petr. II 28 (2) 10 (III^a). Strack, ptol. Inschr. Arch. II 560 Nr. 45 („Buchstaben der ersten Ptolemäerzeit"). Fay. XVIII 4 (109 oder 73^a).[1] Belege für regelmäßiges Βάκχιος, Βακχιάς s. oben S. 168f. Dieser Vorgang wird verschieden erklärt. G. Meyer 288 erblickt in dieser „Assimilation des explosiven Bestandteils der Affricata an den spirantischen die letzte Stufe in der Entwicklungsgeschichte der griechischen Aspiraten: sie

1) Weitere Belege für χχ < κχ (Ἴαχχος, Βάχχος, ἀρχιβάχχου, Βαχχυλίδου) gibt G. Meyer 288. Blaß A.^{3} 101, Note 384 und S. 140. Meisterh.-Schwyz. 76, Note 654. Roscher Curt. Stud. I 2 (1868) S. 89. Kretschmer Vas. 174. Schweizer Perg. 115.

waren zu Spiranten geworden". Demnach wäre einfaches χ auch hier wie in den oben (S. 169) angeführten Beispielen (ὄκχος, δεδόκχθαι, μετηλλακχότος etc.) der lautliche Ausgangspunkt gewesen, und seltene, meist späte Schreibungen wie Βάχιος, Βαχιάδα, Βάχις u. ä. (Belege bei G. Meyer l. c. und Meisterh.-Schwyz. 76, Note 654) würden allein den ursprünglichen Lautbestand des Fremdworts repräsentieren. Dagegen hält K. Bl. I 276 Anm. 1 die durch Dissimilation entstandene Form Βάκχος für alt und erklärt die vereinzelt vorkommenden Schreibungen wie Βάχχος (Σαφφώ) nur als „Sache einer abirrenden Orthographie." Auch Brugmann Gr. Gr.[3] 105 (Fußnote), nimmt in ähnlichen Fällen, wie ἰακχή, κακχάζω (und doch wohl auch Βάκχος?) ursprünglich Gemination an, die leicht vereinfacht werden konnte (Brugmann 131 Anm.).

Also erscheint Βαχχιάς im Verhältnis zu Βακχιάς als eine durch Aufhebung der Dissimilation oder — vom Standpunkt der herkömmlichen Schreibung aus — durch Assimilation der ersten Muta an die zweite entstandene Form, wobei allerdings frikative Aussprache des χ Voraussetzung ist, da khkh zu sprechen unmöglich ist (Blaß A.[3] 102/3).

Nasaler Guttural wird dem folgenden Guttural assimiliert in τυχχάνοι (aus τυγχάνοι) Artem. 11 (III[a]) und μετήνεκκα (aus μετήνεγκα) Lond. I p. 42, 133 (158[a]), woraus durch Vereinfachung der Geminata im selben Stück 110 μητήνεκα, 131 μετήνεκα wurde, während 129 und 130 über μετήνεκα das γ übergeschrieben ist. μετένεκκον BU 33, 9 (unb. röm.). Ähnlich ἐπάνακκον BU I 50, 13 (115[p]).[1])

Über ἔγγονος = ἔκγονος vgl. § 53 A 3, Anmerk.

2) Mutae verschiedener Klassen werden assimiliert (im Sandhi) bei der Präposition ἐκ, die vor den Mediae β und δ regelmäßig zu ἐγ (wie ἐγ βασιλέως, ἐγβαλεῖν, ἐγ δίκης, ἐγδέχομαι), vor θ und φ manchmal zu ἐχ wird (wie ἔχθεμα, ἐχθεῖναι, ἐχφόρια), worüber ausführlich gehandelt wird § 53 A 3—4.

§ 38. Stellentausch zwischen Mutae verschiedener Artikulationsstufen.

1. Tenuis und Aspirata wechseln gegenseitig ihre Stelle in aufeinanderfolgenden Silben bzw. am Anfang und Ende eines ein-

1) Brugmann Gr. Gr. 134 erklärt diese Form (wie ἀνεκκλήτως = ἀνεγκλήτως) durch dissimilatorische Verwandlung von γκ > κκ nach v. Vgl. Kretschmer K. Z. 35, 608. Moulton Class. rev. XVIII (1904) 111[b].

silbigen Wortes.[1]) Diese Verschiebung der Aspiration findet in folgenden Fällen statt:

bei κιθῶνας (statt χιτῶνας) Par. 52, 6 (163[a]); 53, 11. 15 (160[a]); 54, 44. 47. 70. 80 (163[a]). κειθῶνας ebd. 54, 13. 16. κιθώνιον ebd. 53, 45 (160[a]). Im 3. Jahrh. v. Chr. findet man nur χιτών, so Rev. L. 98, 4 (258[a]). Petr. II 32 (1) 22 (238[a]); ebd. Introd. p. 33, 3. 5 (III[a]). Petr. I 12, 18. 19 = II introd. p. 22, 18f. (c. 238[a]); aber auch später, wie Lond. II p. 11, 14 (152 oder 141[a]). Tebt. I 46, 34 (113[a]). 120 introd., sowie Z. 109; Nr. 127 (113[a]); 230 (II[af]) etc. Über κιτών (Kontamination aus beiden Formen) s. oben S. 41. — κύθρας statt χύτρας Tebt. I 112, 42. 47. 75 (112[a]). χύτρα Petr.[2] 140 (a) 5 (III[a]). — ἐνθαῦτα statt ἐνταῦθα Artem. 6. 11 (III[a]). Tebt. I 66, 91 (121[a]).[2]) Aber ἐνταῦθα Petr.[2] 32 (d) 5; 43 (3) 19. 20 = Petr. II 9 (3) 8. 9 (241 bis 39[a]). Tebt. I 67, 43 (118[a]); 72, 204 (114[a]). Man darf wohl in allen diesen Formen (κιθών, κύθρα, ἐνθαῦτα), die nicht auf Ägypten beschränkt bleiben, Ionismen erkennen. Vgl. oben S. 16.

In diesen Zusammenhang gehört auch das noch nicht genügend erklärte σφλανγνίδης Leid. C p. 93 col. 4, 3. 13 (164[a]). Die neueste Ableitung dieses Wortes, die Crönert Arch. I 211 Anm. 1 gibt, von ἀσπάραγος (Spargel) durch ἀσφάραγος, ἀσφάραγγος, σφάραγγος, σφράγγος σφλάγγος kann nicht befriedigen. Eher könnte man doch noch mit Leemans („intelligendum de visceribus") an die ungezwungenere Ableitung von σπλάγχνα (mit Verschiebung der Aspiration) glauben.

Über Ἁρποχράτης — Ἁρποκράτης vgl. oben S. 172 Anm. 4.

Anmerkung. Ein lebhaftes Schwanken ist zu beobachten in der griechischen Wiedergabe ägyptischer Monate, wobei Tenuis und Aspirata häufig umspringen.

a) Gewöhnlich ἐπείφ: Petr. I 16 (2) 10. 11 (230[a]); II 9 (4) 6. 7 (241[a]). Par. 63, 13, 3 (165[a]); 53, 11 (163[a]); 55, 42 (159[a]); 44, 7; 45, 9 (153[a]). Weil VII 6 (161[a]) etc. ἐπίφ Leid. M 1, 6 = Par. 5, 1, 4 (114[a]). Tebt. I 120, 1 (97 oder 64[a]). ἐπεῖφι Strack, ptol. Inschr. Arch. I 204 Nr. 13 (nach 245[a]); Arch. III 128, 5, 7 (118[a]). ἐπῖφι Par. 61 verso 1 (156[a]).

ἐφείπ Petr. II 4 (9) 6 (255[a]).

ἐφείφ Petr. I 23, 11 (250[a]); ebd. p. [66] Z. 6 v. u. (III[a]). Par. 54, 54 (163[a]). Lond. I p. 22, 5 und 23, 13 (161[a]). Wilcken Ostr. I 809.

---

1) Von dieser Hauchversetzung, die wohl zu unterscheiden ist vom sogen. Aspirationsgesetz, handeln Roscher Curt. Stud. I 2, 98ff.; K.-Bl. I 278 Anm. 9; G. Meyer 283; Mhs.-Schwyz. 103, 3.

2) Auch auf einer attischen Fluchtafel (Def. 106 (a) 5) entdeckte Schwyzer Vulg. 253 ἐνθαῦτα neben ἐνταῦθα, Def. 106 (b) 1.

b) Gewöhnlich θῶυθ: Petr. II 4 (9) 6. 13 (255a); 18 (2a) 1 (246a); 25 (i) 5 (226a). Par. 39 verso (161a); 54, 2. 33. 37. 50. 57. 72 (163a). Grenf. II 20, 1, 1 (114a). Tebt. I 53, 5 (110a). BU 999 I 2 (99a) usw. θῶυθυ Par. 24, 3 (164a).

θῶυτ Petr. II 26 (7) 1; (8) 3 (252a). Lond. I p. 7, 15 (164a). Rev. Mél. 322 col. 3, daneben 2mal θῶυθ (IIa). Ostr. 1084, 6 (137—6a); 1495, 2. 3 (IIa). θαύτ Ostr. 314, 1 (256a); 315, 1 (252a).

θώθ Ostr. 1085, 7 (136—5a); 1090, 7 (c. 130a). Grenf. I 35, 9 (99a). τώθ Par. 54, 9 (163a). Die Formen θώθ und θώτ sind in der römischen Kaiserzeit herrschend. Wilcken Ostr. I 807f.

c) Gewöhnlich φαμενώθ: Petr. II 2 (3) 6 (260a); 36 (1) 1 (IIIa); 39 (f) 16. 17 (246a). Petr.[2] p. 8, 6 (236a). Par. 25, 9; 54, 11. 25. 43. 63 (163a). Leid. S 1, 1; 2, 25; 4, 24 (160a); T 1, 1. 15. 24 (c. 160a). Tebt. I 31, 5. 9. 14 (112a). Par. 7, 1 (99a) usw.

παμενώθ Par. 54, 26 — daneben φαμενώθ 11. 25. 43. 63 (163a); ebd. 55, 29. 30 — aber φαμενώθ 9 (159a); 58, 19 (160a). Leid. S 4, 21. 25 — aber 24 φαμενώθ: ebd. 3, 21. 33. T col. 1 (neben φαμενώθ). P. Weil VII 5 (161a) usw.

φαμενώτ Par. 54, 89. 92 (163a) — neben φαμενώθ und παμενώθ. Zum Ganzen vgl. die Übersicht bei Wilcken Ostr. I 807ff. Über φαρμοῦθι — φαρμοῦτι vgl. oben S. 179 Anm. 12; über χοίαχ — χοίακ S. 172 d; über φαῶφι — παῶφι — παῶπι unten § 39.

2. Tenuis und Media sind vertauscht:

in εὐεργέδιτος Leid. N 2, 3 (103a). εὐεργέτιδι Petr. II 46 (b) 6 (200a) u. oft.

πάμποδος für πάμβοτος P. Weil III 1 (vor 161a).

Καβάτοκος Par. 32, 18 und Καβατόκου 21 (162a) ist schwerlich Nom. propr., sondern Volksname und steht für Καπ(π)άδοκος (der Kappadoker). Vgl. Weil zu Pap. III p. 19 und unten § 67, 3 d.

§ 39. Aspirationsgesetz.[1])

Das Gesetz der Hauchdissimilation, wonach die Tenues aspiratae ihren Hauch einbüßten, wenn im Anlaut der nächsten oder übernächsten Silbe ebenfalls aspirierte Konsonanz gesprochen wurde, ist (abgesehen von orthographisch entstellten Schreibungen wie πασθοφόρος etc. und den durch Systemzwang oder Analogie entstandenen Bildungen wie σχεθῆναι, σχεθήσομαι u. dgl.) einmal verletzt bei der altpoetischen attischen Form Φερσεφόνη (Mhs.-Schwyz. 103, 924) in einer metrischen Grabinschrift aus der Zeit des Euergetes II. (145—116a), publiziert

1) G. Meyer[3] 281 ff. 389 ff. Brugmann Gr. Gr.[3] 103 ff. K.-Bl. I § 67. Mhs.-Schwyz. 102 ff.

von Wilamowitz Arch. I 219, 4; 220, 20. 24. Unberührt von der griechischen Lautregel bleiben ägyptische Wörter wie χολχύτης (Bedeutung und Ableitung S. 39) und seine Derivata χολχύτις und χολχυτεῖν [vielleicht richtiger χοαχύτης etc.].

Belege: χολχύτης Lond. I p. 46, 3; 47, 40 (146—135[a]). Buttmann 2 (134[a]). χολχύτου Par. 7, 6 (100[a]). Leid. M 1, 14 = Par. 5, 1, 8 (114[a]). Par. 6, 4 (126[a]). χολχύται Par. 66, 34 (III[a]); Tor. IV 15 (II[a]). χολχυτῶν Par. 15, 11 (120[a]). Tor. I 1, 21 (117[a]); II 8 (120[a]). Leid. M 1, 4 = Par. 5, 1, 5 (114[a]). Par. 7, 4 (100[a]). Lond. I. p. 46, 16 (146—135[a]). χολχύταις Tor. IV 8 (117[a]). χολχύτας Tor. I 1, 10; 8, 15 (117[a]). Par. 5, 1, 6 (114[a]). χολχύτιδος Tor. XI 4 (II[a]). χολχυτέω Tor. I 8, 22 (117[a]); VIII 7 (119[a]). χολχυ ... Par. 5, 43, 9 (114[a]). Ebenso ägyptische Eigennamen: Χεσθώ(υ)θης Petr. II 28, 1, 8; 2, 24; 5, 1 (242[a]) neben Χεσθώτης Ostr. 706, 2 (ptol. unb.); 1194 verso 7. Ein Monatsname lautet gewöhnlich φαῶφι, z. B. Par. 36, 9. 24. 25 (162[a]); 42, 15 (156[a]). 53, 38 (163[a]); 54, 75 (163[a]). Lond. I p. 9, 13 (162[a]). P. Weil VII 10 (161[a]) usw. Daneben auch παῶφι Rev. Mél. 275 Ostr. 8533, 1 (ptol.) und παῶπι Wilck. Ostr. 343, 1. 3 (255—4[a]), sonst auch auf den Scherben φαῶφι, z. B. 317, 1; 352, 1 (119[a]) etc.

Im übrigen tritt regelmäßig Hauchdissimilation ein in Wörtern wie ἐκεχειρία P. Anton. 17 (41 oder 32[a]); τιθηνεῖσθαι Par. 63, 4, 127 (165[a]); τροφός (Amme) Bull. corr. hell. 18, 145, 3 (240[a]). Χαλκη[δόνιος Petr. II 47, 27 (192[a]). Über ἀναφάλαντος — ἀναφάλανθος s. oben S. 177 f.; über Ἁρποχράτης — Ἀρποκράτης — Ἁρφοκράτης S. 172 Anm. 4.

Anmerkung. ἐθρυθρίου Petr. I 21, 20 (237[a]) ist ebenso selbstverständlich verschrieben statt ἐρυθρίου, vgl. Petr.² 13 (a) 26 (235[a]), als κατασφραφίσηται und κατεσφραφήσατο (wenn die Lesart richtig ist?) aus κατασφραγίσηται und -γήσατο P. Alex. IV 17. 21. 24 (III[a]).

Über Metathesis der Aspiration vgl. § 38, S. 183 f.; über π ∼ φ, τ ∼ θ S. 173 ff.; 177 ff.; über falsche Aspiration § 45.

b) LIQUIDAE (λ, ρ).

§ 40. Schwund oder Zusatz einer Liquida.

1. Der Schwund eines inlautenden ρ oder λ (nach einem Verschlußlaut) kann herbeigeführt werden

a) durch Dissimilation, zur Vermeidung des Gleichlauts in zwei aufeinanderfolgenden Silben:[1])

ἀκοδρύων (Fruchtbäume, Baumfrüchte) Petr. II 43 (a) 28 (III[a]) neben ἀκροδρύων ebenda 27 (1) 7 (236[a]). Ostr. 1316, 3 (123[a]); 1346, 3

1) G. Meyer 391. Brugmann Gr. Gr.³ 80 f. K.-Bl. I 285. Meisterhans-Schwyz. 80. Dieterich Unt. 123.

(IIª); 1491, 2 (IIIª). Ostr. Ashmol. Mus. 3467 (IIª). ἀκροτρύων Wilck. Ostr. Nr. 1, 7 (vgl. Zusätze und Berichtigungen S. 430); 1278, 3 (unb. ptol.); 1344, 4 (IIª). In ἀκοδρύων hat die Volkssprache das erste ρ unterdrückt, wie manche Dialekte in φατρία = φρατρία, δρύφακτος = δρύφρακτος, θρέπτον = θρέπτρον etc.[1])

b) Τρωγοδύται statt der hergebrachten Form Τρωγλοδύται läßt sich wie aus Inschriften so aus Papyrus als die richtige Schreibweise belegen. Τρωγοδυτῶν Theb. Bk. IX 2 (134ª). ἐκ Τρωγοδυτῶν Dittenberg. inscr. gr. orient. I 70, 4 (247—221ª), dazu die Anmerkung von Schwarz; vgl. ebenda 70, 3. Wenn auf der Inschrift des Marmorsessels von Adulis in Abessynien CIG 5127 = Strack, Dyn. d. Ptol. 232 N. 39 (247—221ª) ἐλεφάντων Τρωγλοδυτικῶν gelesen wurde, so zweifelt Dittenberger inscr. gr. orient. 54 Note 11 mit Recht an dieser Lesung des Kosmas Indikopleustes, durch den die Inschrift allein überliefert ist, und bemerkt: In ipso lapide sine dubio Τρωγοδυτικῶν scriptum fuit. Auch zu Herod. 4, 183 bieten die guten codd. A'B' τρωγοδύται statt des rezipierten τρωγλοδύται. Strabo epit. XVI 55: ὅτι Τρωγοδύται ἄνευ τοῦ λ̄ λέγει ὁ Στράβων, wiewohl die Strabotexte nur die Form mit λ aufweisen. Zum Ganzen O. Puchstein, epigr. graec. in Aegypto reperta, Straßburg 1880 p. 53. Sayce Academy 1892 Nr. 1039 p. 333.

c) In manchen Fällen ist es schwer, für den Ausfall eines λ oder ρ andere Gründe als Versprechen und Verlesen bzw. Schreibversehen anzunehmen. Daß in Verbindung mit einer Muta die Liquida immer der schwächere Teil war, bezeugt Aristid. Quintil. de mus. I 21 p. 30, 18 ff. Jahn; II 14 p. 57, 10 f. So schwindet λ einmal in Ἡρακείδης Ostr. 734, 3 (150 oder 139ª), gegenüber ungezählten Beispielen von Ἡρακλείδης; ferner in διεσταμένου = διεσταλμένου Tebt. I 75, 16 (112ª), vgl. 74, 2 (114ª); ebenso scheint προδιεσταμένου P. Reinach 7, 11 (141?ª) für προδιεσταλμένου zu stehen.

Ein ρ geht unter in der Umgebung von 2 ρ in φρουάρχου BU 992 I 11 (162ª); ebenso wiederholt in der schwer auszusprechenden Lautverbindung σφρ bei σφαγῖδος Tebt. I 164, 12 und σφαγίδων 22 (neben σφραγῖσι) und σφα(γῖσι) ebenda 106, 2 (101ª). Vgl. συνσφαγιῶ = συνσφραγιῶ BU 86, 44 (155ᵖ). Endlich συγγαφήν für συγγραφήν Par. 8, 5 (129ª) und θαυστά = θραυστά Tebt. I 3, 4 (Epigramm Iªⁱ).

2. Die Entwicklung eines inlautenden λ oder ρ vor oder nach einem Konsonanten ist zu verzeichnen in den Mißformen διατρίλβοντος

1) Daß in solchen Fällen „Versprechen oder Verlesen" die letzte psychologische Ursache des Ausfalls ist, haben Meringer und Mayer in ihrem so betitelten Buche (1895) an vielen Stellen, z. B. 175. 188 nachgewiesen.

= διατρίβοντος Lond. I p. 32, 6 (163a) und ἀςτυπέρβαρτον (sic) = ἀνυπέρβατον P. Weil IV 6 (Tragödienfragment, vor 161a) — offenbar jedesmal unter dem Einfluß der vorausgehenden Liquida. Statt des gewöhnlichen dorisch-attischen μάραθον oder μάραθος (Fenchel) bieten Papyri des 2. Jahrh. v. Chr. μάραθρον (∼ βάραθρον?): Leid. C p. 93 col. 4, 9 (164a); Tebt. I 116, 41 (IIaf). Ebenso Alexis bei Poll. VI 66 (cod. A μάραθα). Dagegen μάραθον Strabo 3, 4, 9 (C 160). Nic. Ther. 33, 392. Epicharm. fr. 159. 161 Kaibel. G. Meyer 391.

Anmerkung. τρόπον für τόπον Eud. 7, 1 ist Versehen.

§ 41. Wechsel zwischen λ und ρ [ν, γ].[1]

1. Statt der attischen, von Phrynichus (Lobeck 179) empfohlenen Form κρίβανος (Backofen) haben die Papyri κλίβανος, das auch Herodot gebraucht. Belege und Näheres über scheinbaren Dialekteinfluß S. 7.

2. In einem literarischen Stück P. Weil IV 1 (vor 161a) steht Σα]λφηδόν' für Σαρπηδόν'. Über π > φ S. 173f.

3. ςικυήρατον (Melonenbeet) Petr. II 44, 13. 17. 26 (nach 246a). ςικηράτου (?) Ostr. 1075 (IIp). ςικυηράτῳ Jesai. 1, 8. Cf. Basilius vol. I p. 393 C. Lobeck Phryn. 86. Dagegen ςικυήλατον Gl. Hippocr. p. 234, 44.

4. Infolge von Lautdissimilation wird einmal das Wort ταριχηρός, wie Petr.² 117(h) II 3. 23 (IIIa) und Fay. XV 4 (112a) zu lesen ist, verwandelt in ταλιχηρός Petr.² 58(a) 2 (IIIa).

Anmerkung 1. ὑπερβερεταῖος ist die Form des makedon. Monats in den ptolem. Papyri und Inschriften: so Petr. II 8 (1 A) 16 (268a); 38 (C) 5. 62 (228a). Petr.² 54(a) (1) col. 1, 5 (c. 250a). Par. 4 col. 2 (unbst. ptol.). P. Reinach 13, 1 (110a). Dittenberg. inscr. gr. or. I 168, 25 (116—81a). — Erst in der Kaiserzeit begegnet ὑπερβελεταῖος, z. B. BU 174, 2 (7p).

Anmerkung 2. Auffallend häuft sich der Übergang von ρ > λ auf einer Scherbe von Kasr el Banât Fay. p. 322, 7 (4p): 3 δύο κελ(αμίων) = κεραμίων; 5 ἀλγυρίου = ἀργυρίου (Dissimilation); 7 πλήλης = πλήρης (Assimilation).

Anhang. Rein lautliche Wandlungen zwischen λ ∼ ν, λ ∼ γ ohne sichtlichen Einfluß von Analogie zeigen Formen wie νίτρον (νιτρία, νιτρικός), semitisches Lehnwort für das altattische λίτρον, und μόλις (∼ ἄλις?) statt μόγις. Sowohl νίτρον als μόλις sind herrschende Formen der Papyri.

Belege: νίτρον Leid. C p. 93 col. 4, 8 (164a). νίτρου Par. 55 (b) 7. 25 (159a); Tebt. I 120, 75 (97 oder 64a). 182 (IIaf). νιτρίας (Natrongrube) Petr.² p. 60, 10 (c. 260a). νιτρική (Waschnatronsteuer, Wilck. Ostr. I 264) Petr. II 27 (3) 1 (236a). Par. 67, 14 (IIa); Zois I 18 (150a); II 18 (148a). Ostr. 329, 3 (IIIa); 1497, 2 (IIa). — λίτρον altattisch

1) Von dieser Erscheinung, soweit sie auf Dissimilation beruht, handelt Brugmann G. Gr.³ 80, 3. G. Meyer 391.

nach Phryn. Lob. 305. λιτροπώλου CIA II add. 834 (C) 22 (317—307ª). νίτρον seit dem 3. Jahrh. allgemein gebräuchlich. K.-Bl. I 146. G. Meyer 241. Schmid Attic. IV 684. Crönert 98, 1. — Belege für μόγις und μόλις § 2 S. 17.

Anmerkung. Der Vollständigkeit wegen sei angeführt ἐπιμένου = ἐπιμέλου Tebt. I 58, 62 (111ª).

§ 42. Metathesis des ρ.[1])

1. Eine Umstellung von Liquida + Vokal oder von Vokal + Liquida geschah in folgenden Fällen:

a) ρο > ορ in Ἀφορδιτοπολίτου Leid. U 4, 9 (IIªᵐ) neben dem regelmäßigen Ἀφροδίτη Eud. 5, 2 (vor 165ª). Par. 11, 18. 27. (157ª). Ἀφροδίσιον Par. 34, 6 (157ª).

Κορκοδίλων πόλις Grenf. I 38, 5 (II—Iª). Κροκοδίλων πόλις sehr häufig. κορκοδι(λο)ταφίου Tebt. I 88, 4. 10 (115—4ª). Aber κροκοδιλοταφίου Grenf. II 14 (d), c. 250ª. Vgl. Albr. Dieterich Pap. mag. mus. Ludg. Bat., Fleckeisens Jhrb. Suppl. XVI: κορκοδειλοειδής III 15; κορκοδείλῳ VII 25; κορκοδείλου XII 30 und oft (p. 824), nur einmal κροκοδείλου (300—350ᵖ). Vgl. W. Schulze quaest. ep. 469 Note 2. Crönert W. St. 20, 1898, S. 61 Anm. nebst Nachtrag 79. Belege des Wortes aus d. LXX gibt A. Deißmann Theol. Rundschau I 470.

πόρσωπον Par. 47, 5 (153ª); 51, 32 (160ª). — πρόσωπον Eud. 11, 18. 21 (vor 165ª); Par. 22, 7 (165ª) etc.

φορντίζειν steht für φροντίσιν P. Weil III 15 (vor 161ª).

b) ορ > ρο in προθμίδων = πορθμίδων Petr.² 37 (b) verso col. 3, 14 (257ª). — In ἐπιχροήσωσιν Tebt. I 28, 21 (nach 114ª) hat Crönert (Wchschr. f. kl. Phil. 1903 Nr. 17) richtig ἐπιχορηγῶσιν erkannt.

c) ρυ > υρ in τύργη = τρύγη Tebt. I 120, 8 (97 oder 64ª). τρύγητον ebenda v. 120. 124. 140. Φύρνιχος statt Φρύνιχος führt Schwyzer Vulg. 253 aus einer attischen Fluchtafel an.

d) υρ > ρυ in der wiederholten Schreibung ἁθρύ(ρ) statt ἁθύρ (ἁθύρι) — ägyptischer Monat: ἁθρύ Lond. I p. 9, 29 (162ª) [aber 27 ἁθύρ wie gewöhnlich und oft]; p. 18, 21 (161ª). Ostr. 1090, 8 (c. 130ª). ἁθρύρ Lond. I p. 16, 6 oben (162ª). ἁθύρι Par. 50, 3 (160ª); Grenf. I 33, 27 (103—2ª). Wilcken Ostr. I p. 808.

Anmerkung. κρίκος (nicht κίρκος) steht Par. 10, 10 (145ª). Ebenso nur κρόταφος Grenf. I 44 (2) 5 (IIª); II 15 (2) 1 (139ª) B U 647, 11. 24 (130ᵖ): nirgends das von Lexikographen erwähnte κόρταφος. Crönert 81, 2.

1) G. Meyer 246 ff. K.-Bl. I 288, 2. Brugmann Gr. Gr.³ 81, 56; 135 ff. Meisterh.-Schwyz. 80. § 31. K. Dieterich Unt. 110 f. Crönert 81 f.

2. Antizipation eines ρ in den Anlaut der vorausgehenden Silbe liegt vor in διαγρέγαφεν = διαγέγραφεν Ostr. 1528, 2 (122/1). Andere durch Metathesis entstellte Formen des Wortes: γαρφούσης BU 80, 25 (158p). γαρφέσθω A. Dieterich, Fleckeisens Jahrb. Suppl. XVI 824. Vgl. im Attischen κάτροπτον, in den Inschriften weit häufiger als κάτοπτρον, Meisterh.-Schwyz. 80; βράταχος = βάτραχος, τράφος = τάφρος u. a. G. Meyer 247.

c) NASALES.

§ 43. Schwund.

Wenn der vor einem Konsonanten stehende Nasal schon im Altgriechischen einen reduzierten Klang hatte und daher mitunter ganz schwinden konnte[1]), so ist in den Papyrus aller Jahrhunderte die Auslassung des Nasals sowohl im Inlaut als im Anlaut eine häufige Erscheinung. Es ist dies die orthographische Wiedergabe des gehörten Lautes der Volkssprache.[2])

Der Nasal (μ, ν) schwindet

1. im Inlaut, und zwar

a) vor Labialen: in ἀντιλαβανομένου Dresd. II 3 (162a). Ähnliche Beispiele aus Schriftstellern gibt Crönert 74, 3. ἀποτυπανισθῶσιν Par. 11 verso 5 (157a). Vgl. typanum; aber τυμπανιστ(ής) BU 630, 4, 1 (c. 200p). Weiteres bei Crönert 72, 2. — Neben gewöhnlichem κράμβη, wie z. B. Petr.² 137 I 8, begegnet ebenda 139 b 9. 14 κράβη (IIIa). κράμβη auch Tebt. I 112, 9. 42. 46 (112a); 122, 10 (96 oder 63a). [συ(μ)βολῆ(ς) Tebt. I 112, 49. 89. 124 (112a) und συ(μ)πλήρωσι⟨ν⟩ ebenda 61. 105 (in einer Ausgabenliste) sind Abkürzungen.]

b) vor Gutturalen: in διεγυῆσαι Petr. II 14 (1 b) 1 = Petr.² 46 (1) 14 (IIIa). ἐγραφόμενον = ἐγγραφόμενον Lond. II p. 6 col. 2, 5 (133a). ἐλεχθέντες Tebt. I 24, 37 (117a). Spätere Beispiele Crönert 71, 1. Sonst ἐλεγχθῶ[σι Rev. L. 33, 17 (258a). ἐξελεγχθῆι Par. 61, 13 (158a). — μητήνεκα Lond. I p. 41, 110; μετήνεκα p. 42, 131; ebenda p. 42, 129. 130 das γ nachträglich übergeschrieben (158a). ἀνενεκεῖν Dresd. II verso (162a); Lond. I p. 18, 17 (aber 15 ἀνενενκεῖν) 161a; p. 38, 35 (158a). ξεναικεῖν = ἐξενεκεῖν P. Weil III 9 (vor 161a).

---

1) G. Meyer 381 ff. Meisterh.-Schwyz. 84, 716. Kretschmer Vas. 161 ff. Brugmann Gr. Gr. 76. Schweizer 122. Dieterich Unt. 111 ff.

2) Für die Vulgärsprache im Attischen liefert Beispiele Kretschmer Vas. 161 ff. Schwyzer Vulg. 252 (Πάφιλος).

Über Formen wie προcένηκεν, μετενῆκαι vgl. oben § 2 S. 19. cυνανάκαcον Petr.[2] 32 verso col. 2, 4 (c. 240[a]). Ob bei τυχάνοι Artem. 8 (III[a]) — neben τυχχάνοι 11 —; ἐντυχάνωcιν (mit übergeschriebenem γ) Par. 63, 13, 9 = Rev. Mél. 270 (165[a]); ἐντυχάνω Lond. I p. 107, 690 (III[p]) Schwund anzunehmen ist, bleibt zweifelhaft, da auch eine direkte Ableitung des Verbums vom Typus τύχη denkbar wäre. Zu τυχχάνοι vgl. S. 183.

c) vor Dentalen: in Partizipialformen wie ἀνενενκάτων = ἀνενεγκάντων Lond. I p. 16 (XIX) 5 (161[a]); τοὺc γράψαταc ebenda p. 17, 18; p. 19, 16 erste Hand (161[a]); ἐξακολουθούτων Par. 63, 5, 130 (165[a]); ὄτεc = ὄντεc Tebt. I 24, 64 (117[a]). Dagegen sind ἡκότων, ἐπανηκότων morphologisch zu erklären nach § 77, 1d. λοιπογραφοῦται Goodsp. 7, 111; aber 18 λοιπογραφοῦνται (119—118[a]).

Ferner ἀτιγραφεύc = ἀντιγραφεύc Lond. I p. 10, 12 (162[a]). τεccαράκοτα Ostr. 714, 7 (unb. ptol.). τεccαράκοντα ebd. 754, 4 (119[a]). φροτίcαι Lond. I p. 43, 5 (163[a]). Aus röm. Zeit z. B. Ἀλέξατροc = Ἀλέξανδροc B U I 9 col. I 9 (III[p]).

Anmerkung 1. Wie auf attischen Steinen seit 377[a] (Mhs.-Schw. 84, 719), so ist im 3. Jahrh. v. Chr. nur cαλπικτήc (nicht cαλπιγκτήc) belegt im Ehrendekret der dionysischen Künstler zu Ptolemais (239[a]) Dittenb. inscr. gr. orient. I 51, 64. Daß das von Lobeck zu Phryn. 191 empfohlene und vielfach (bei Thukyd., Demosth., Xen., Dion. Hal., Diod., Plut., Lukian, Ael. etc.) belegte cαλπιγκτήc in den Klassikerhandschriften tatsächlich weitaus überwiegt, beweist Crönert 71, 2. — λαψάνη (nicht λαμψάνη wie z. B. bei Diosc. 2, 142) begegnet in einem Ausgabenverzeichnis Petr.[2] 53 (m) 9 (225[a]).

Ein ägyptischer Name wird Par. 27, 11 (c. 160[a]) Ψιθαῆ, aber 24 Ψινθαῆν, ein andermal Leid. E 27 (162[a]) Ψιταυτῆν geschrieben. Über τ ∼ θ in diesem Namen vgl. S. 179 Anm. 12. Ebenso steht Ἀπύχι(ο)c Tebt. I 22, 3 (112[a]) für gewöhnliches Ἀπύγχιοc, wie 61 (a) 67 (118[a]); 63, 170 (115[a]) und oft.

Über den Schwund des nasalen γ in γι(γ)νώcκω, γί(γ)νομαι, πρα(γ)ματεία etc. vgl. oben S. 164 ff.

2. ν schwindet im Auslaut.

Das auslautende ν wurde schon in alter Zeit nicht immer oder nur schwach ausgesprochen. Dies beweisen Schreibungen wie ἐ(c) cτήλη, τὸλ λόγον (Mhs.-Schw. 111). Daß aber ν gerade in Ägypten schon sehr frühe infolge von Nasalierung ganz verloren ging, zeigen zahlreiche Beispiele seit dem 3. Jahrh. v. Chr., in denen Schluß-ν in der Schrift ausgefallen ist: sie spiegeln offenbar die laxere Volkssprache wieder.[1])

---

1) G. Meyer 398 f. Mhs.-Schw. 84, 2. Hatzidakis Einl. 11. Schwyzer Vulg. 252 findet auf den der Volkssprache am nächsten stehenden Fluchtafeln mehrere Beispiele, wie ἀτελῆ αὐτῆ<ν> εἶναι, ἧ<ν> Θεαγένει, τὸ<ν> χθόνιον, νοῦ<ν> θυμόν. Schweizer Perg. 122. Dieterich Unt. 88 ff. Fr. Völker Papyrorum Graecarum synt. spec. Diss. Bonn. 1900 S. 31 f. Crönert 64.

Die weitaus größte Zahl der Fälle trifft zu

a) vor Konsonanten (γ, δ, κ, λ, μ, ν, ξ, π, τ, φ) oder in pausa, und zwar insbesondere

α) beim Artikel und Nomen:

τῆ⟨ν⟩ δίκην Artem. 13 (III^{a}). τῶ⟨ν⟩ δ' ἐγδιωκημένων Tebt. I 89, 31 (113^{a}). τῶ⟨ν⟩ δειδύμων Par. 55 (b) 2 (159^{a}). μαρτύρω⟨ν⟩ δέκα BU 1002, 16 (55^{a}).

τῶν διαδόχω⟨ν⟩ καί Lond. I p. 11, 32 (162^{a}). τὸ⟨ν⟩ καθήκοντα (das ν nachträglich darübergesetzt) Leid. D 1, 19 (162^{a}). τῶν κασσοποιῶ⟨ν⟩ καί Wilck. Ostr. 1086, 2 (136—5^{a}). κενῶ⟨ν⟩ καί Tebt. I 241 (74^{a}). τῶν δυδύμω⟨ν⟩ (sic) λόγος Par. 54, 1 (163^{a}). διὰ παύρω⟨ν⟩ λέγω P. Weil III 4 (vor 161^{a}).

παρώ⟨ν⟩ μου Weil V 2 (vor 161^{a}).

λιμὼ⟨ν⟩ ξένια P. Weil III 1 (vor 161^{a}).

ἴδιο⟨ν⟩ (das ν übergeschrieben) προσφάτως Par. 63, 8, 10 (165^{a}). τὴν ... κειμένην γῆ⟨ν⟩ παραιρεῖσθαι Tebt. I 5, 146 (118^{a}). Πανῶ⟨ν⟩ πόλεως Teb. I 5, 138 (118^{a}).

νότου 'μπελὼ⟨ν⟩ Ταχώγιος Grenf. II 28, 12 (103^{a}). εἰς συ(μ)πλήρωσι⟨ν⟩ τῶν Tebt. I 112, 62 (112^{a}). οὑντινοῦ⟨ν⟩ τρόπον Tebt. I 124, 26 (118^{a}). ἐλάσσω⟨ν⟩ τῶν Sitzungsberichte d. Wien. Akademie phil.-hist. Kl., Bd. 142, 1900 (astronom. Lehrbuch aus d. 2. Jahrh. v. Chr.). — θεῶ⟨ν⟩ Φιλομητόρων P. Reinach 15, 5 (109^{a}). τῆ⟨ν⟩ φροντίδα Amh. II 135, 6 (II^{p}).

Vor einem Zahlzeichen: βαλνήω⟨ν⟩ γ Ostr. 318, 2 (unb. ptol.). παχὼ⟨ν⟩ ιγ 353, 1 (117^{a}).

Am häufigsten beim Akkusativ sing. der A-Deklination auf -αν und -ην: εἰς βορρᾶ⟨ν⟩ BU 1002, 6 (55^{a}). τὴν οἰκίαν καὶ αὐλή⟨ν⟩ Lond. I p. 49, 6. 16 (I^{a}). Ebenso Hermes XXVIII 231 (III^{a}). τὴν κάτω τοπαρχία⟨ν⟩ τοῦ Grenf. I 33, 36 (103/2^{a}). τὴν Ταγὴν εὔφονον (sic) οὖσα⟨ν⟩ καὶ εὖ διακειμένη⟨ν⟩ ... καὶ ὁρῶ τὴν Ταοῦν γελῶσα⟨ν⟩ καί ... Leid. C p. 118 col. 1, 17/18; ebenda 2, 27 ὤμην με βοῦν εἶναι καὶ οὐδείνουσα⟨ν⟩ = ὠδίνουσαν (160^{a}). εἰς τράπεζα⟨ν⟩ τῆς Wilck. Ostr. 1481, 3 (II^{a}). ἔχει τιμῆς πυτία⟨ν⟩ Par. 60 (b) 38 (unb. ptol.). καθημένην καὶ οὐ κινοῦσα⟨ν⟩ Par. 50, 13 (160^{a}) etc.

Da in den meisten dieser Fälle die Akkusativform des Artikels mit der scheinbaren Nominativform verbunden ist, so gehört die Erscheinung schwerlich unter einen syntaktischen Gesichtspunkt (Nominat. in der Funktion des Akkusativs).

β) In Verbalformen, namentlich beim Infinit. auf -ει⟨ν⟩:

ἐκομισάμη⟨ν⟩ τά Lond. I p. 41, 115; aber 126 ἐκομισάμην τό (158^{a}). ἐγὼ τεθνήκει⟨ν⟩ P. Weil V 3 (161^{a}). Die Verstümmelung der Form τεθνήκειν ist für diese Zeit weit wahrscheinlicher als die alte Form τεθνήκη, die auch τεθνήκει geschrieben sein könnte. Vgl. § 71, 1. ἔζη⟨ν⟩.

τοῦτο 1. pers. sing. P. Weil V 4 vgl. § 71 I 3. ἐπευχαρίcτου⟨ν⟩ Vat. A (Mai t. V 601) 9 (172^{a}).

Infinitive[1]): ὁμολογεῖ Ἀπολλόδωροc ἔχει⟨ν⟩ δι' ἐμοῦ Petr. II 27 (2) 11 (235^{a}). δέδωκαc χῆνα ἀγωράζει⟨ν⟩ (sic) Par. 44, 4 (153^{a}). κτανεῖ⟨ν⟩ πίcαc P. Weil II 5 (vor 161^{a}). ἔφη ἐπιχωρήcει⟨ν⟩ Amh. II 30, 44 (II^{a}). ὑπογρά(φηι) ταῦθ' οὕτωc ἔχει⟨ν⟩ ebenda 31, 21 (112^{a}). ἐν τῶι τρέχε⟨ν⟩ τυγχάνει Petr. II 50 (5) 20 (Laches ca. 300^{a}). Vgl. S. 70. Weitere Beispiele (vor Vokalen) unter b.

γ) Bei Präpositionen, Partikeln, Konjunktionen:

ἐ⟨ν⟩ Μέμφει Lond. I p. 23, 32 (161^{a}). Leid. U 2, 3 (II^{a}).

ἐά⟨ν⟩ γράφω Grenf. I 38, 19 (II—I^{a}). Vielleicht zu lesen ἐὰ [ν ἦι ἃ] γράφω. φέρ' ἐὰ⟨ν⟩ νῦν P. Weil I 27 (vor 161^{a}). οὖ⟨ν⟩ καί Tebt. I 12, 19 (118^{a}). οὖ⟨ν⟩ μέν Leid. E 15 (162^{a}). οὖ⟨ν⟩ ποιήcαιc Petr. II 14 (2) 1 (III^{a}). ἑτέρῳ μὲ⟨ν⟩ δώcιc P. Weil I 31 b (vor 161^{a}).

b) Seltener schwindet ν vor Vokalen in den angeführten Wortklassen:

εἰc τὴ⟨ν⟩ ἀρειcτεράν Par. 50, 20 (160^{a}). τούτω⟨ν⟩ ἀπέχει Par. 57, 2, 18 (160^{a}), aber τούτων ἀπέχω Leid. T 1, 22; 2, 6; 3, 1 (160^{a}). τὴν Ζεφυρεῖτι⟨ν⟩ ἀκουcομένην P. Weil V 2. 7 (vor 165^{a}). τὴν ὑπάρχουcα⟨ν⟩ ἡμῖν οἰκίαν Pap. Giz. Mus. Arch. II 83, 10 (III^{a}). ὅλην τὴν γῆ⟨ν⟩ ἐν Tebt. I 105, 6 (103^{a}). ὄλυρα⟨ν⟩ ἀπό Leid. E 18 (162^{a}). ἄρουραν μία⟨ν⟩ ἥμιcυ (1½ Morgen) Grenf. II 25, 11. 15 (103^{a}). [Gehört vielleicht richtiger in die Syntax unter nominat. pro accusat.]. τὸ⟨ν⟩ ἐγβηcόμενον Tebt. I 24, 30 (117^{a}). παρεύρεcι⟨ν⟩ εἰc ebenda 5, 253 (118^{a}). ἡμῖ⟨ν⟩ ἐκ (das ν nachgetragen) Par. 23, 25 (165^{a}). πλείω⟨ν⟩ ἡ φύcιc ἐγβῆι Rev. L. 60, 6 (258^{a}). ἐλάccω⟨ν⟩ ἤ Par. 67, 4 (III^{a}). Grenf. II 28, 4 (103^{a}).

ἐπιδιελεῖ⟨ν⟩ ἑκάcτωι Petr. II 4 (6) 9 (255^{a}). καθήκει⟨ν⟩ ἐλαίου Lond. I p. 17, 13 (161^{a}). ὥcτ' ἔχει⟨ν⟩ αὐτήν Tebt. I 112, 64 (112^{a}).

οὖ⟨ν⟩ αὗται Lond. I p. 28, 16 (161^{a}). οὖ⟨ν⟩ ὑμῶν Par. 24, 10 (164^{a}). οὖ⟨ν⟩ ἐπί Leid E 15 (162^{a}).

Anmerkung 2. In einer Menge von Fällen, namentlich in der Breviloquenz der Tabellen, Ausgabeverzeichnisse, Steuerkataster, ist es zweifellos auch möglich Abkürzungen zu erblicken, da ja das Wort an jeder beliebigen Stelle abgebrochen werden kann. Doch beweist die Häufigkeit gerade dieser Abbreviaturen, daß das ν ein schwach ausgesprochener Laut war. Beispiele aus den Tebt. I: γεωργό(ν) 34, 12 (c. 100^{a}). ἴσο(ν) 82, 6 (115^{a}); 83, 21. 25. 27. 31. 33 etc. (II^{af}); 85, 10. 17 (113^{a}) und so stets. ἰβίω(ν) τροφῆc 82, 38 (115^{a}). ἐκ τῶν ἐφοδειῶ(ν) 96, 2 (95 oder 62^{a}). εἰc τι(μὴν) ἄλλω(ν) 112, 111 (112^{a}). cὺ(ν) ἀνηλ. 116, 14; ἀνθ' ὧ(ν) εὐ. 18 (II^{af}). ἀπὸ μιcθῶ(ν) 117, 59 (99^{a}). ἄρτω(ν) δίπνου 118, 2 (II^{af}). εἰc ἄρτο(ν) 119, 16; παρ' ἀμφοτέρω(ν) 24 (105—101^{a}). μηνῶ(ν) δ 120, 42; ἀνθ' ὧ(ν) κέχρηκε 43. 49; τῶ(ν) ἀνήνοχε 58; τὸ πᾶ(ν) τάλαντα 69; ἡμερῶ(ν) λ 98;

---

1) Zum Infin. auf -ει u. -ε vgl. Wilcken Arch. f. Pap. II 119 u. G. Steindorff Kopt. Gramm.^{2} § 266.

ἄρτω(ν) 103. 111. 113; ἀνθ' ὧ(ν) 106. 118. 127; ἐρίω(ν) γυν. 109; τὴν πόλι(ν) 110; τιμή(ν) 113; τῶ(ν) ἐφόδω(ν) 118 (97 oder 64ª). ἄρτω(ν) Ζεύγη 121, 90. 142; τῶ(ν) ἀπολυομέ(νων) 120; Μάρω(ν) Ἀφύστιος 124; ἀπεληλυθότω(ν) 125; Ἀρίστω(ν) Ἐργέως 127; τῶ(ν) προκ. 135 (94 oder 61ª). χάρι(ν) τῶν προβ. Nr. 179 (IIªf). παχὺ(ν) τοῦ 105, 6 (103ª). ἐλάσσω(ν) μελίχρως Grenf. II 35, 4. 5 (98ª). τὸν ἀνάπλου(ν) εὑρεθῆναι Tebt. I 72, 55 (114ª) usw.

Anmerkung 3. Manchmal ist an Stelle des abgefallenen Schluß-ν (nach § 21, 6) ein irrationelles ι adscr. getreten: ἀφ' ὧι = ὧν Tebt. I 116, 24; τῶι (= τῶν) παιδίων 25 (IIªf). τούτωι (= τούτων) χάριν ebd. 34, 7; aber 13 richtig τούτων χάριν (111ª). προσαγγέλλωι (= ∠λλων) ebd. 73, 3 (113ª). ἀλώνωι (= ἀλώνων) Tebt. I 84, 8 (118ª).

Anmerkung 4. Anlautendes μ nach auslautendem ν ist geschwunden in μηθὲν ⟨μ⟩ῆτε Par. 63, 75 = Petr.² Einl. p. 24 (165ª).

Über Assimilation des Nasals vor Gutturalen und Labialen vgl. § 54; über bewegliches ν im Auslaut, namentlich das sog. ν ἐφελκυστικόν, vgl. § 55.

§ 44. Entfaltung eines Nasals.[1])

1. Die Entwicklung eines irrationalen Nasals vor Verschlußlauten im Innern eines Wortes läßt sich beobachten:

a) vor Labialen in ἀντίγραμφον (Analogie zu γράμματα) Lond. I p. 39, 55 (158ª), aber p. 40, 58 wie gewöhnlich und oft ἀντίγραφον.

Neben häufigerem λήψομαι findet sich nicht selten λήμψομαι, eine Mischbildung aus dem Präsensstamm λαμβ- und dem gebräuchlichen Futur, wozu die Mittelstufe λάμψομαι sich gleichfalls auf einem Papyrus des 3. Jahrh. v. Chr. erhalten hat. Analog dazu lautet seit dem 2. Jahrh. aor. und fut. pass. häufig λημφθῆναι, λημφθήσεσθαι (neben den geläufigen Formen) und es begegnen als Derivata ἀντίλημψις, ἔγλημψις, ἐπίλημψις, παράλημψις, πρόσλημψις, ἀντιλήμπτωρ, ἀνεπίλημπτος neben den regelmäßigen Bildungen.[2])

Belege für IIIª.

Mit Nasal.	Ohne Nasal.
λήμψονται Rev. L. 59, 20. 24. παραλήμψεται Rev. L. 60, 11; λημψόμεθα ebd. 14 (258ª).	λήψονται Rev. L. 57, 21; ἐγλήψοντ[αι 73, 5; παραλήψονται 52, 4; 53, 4; 74, 1. παραλήψεται 58, 5; λήψεσθαι—λημψόμεθα 53, 18. 19 (258ª).

1) G. Meyer 253. W. Schulze K. Z. 33, 366 ff. und Orthographica, Marburg 1894. K. Dieterich Unt. 92 ff. Thumb Hell. 135 ff., wo verschiedene Gründe und Möglichkeiten der Nasalierung erwogen werden. Crönert 65 ff.

2) Vgl. hierzu besonders W. Schulze Orthographica XVI. G. Meyer 86. Sturz 130 f. Win.-Schmied. p. 64, 30. Dieterich Unt. 93. Schweizer Perg. 189. Reinhold 46 f.

λήμψεται Petr.[2] 36 (b) col. 4, 9; 42 F (c) 15 (252[a]); 43 (2 recto) col. 4, 30 (246[a]). λήμψεcθαι 42 H (8 f) 14 (c. 250[a]).

παραλάμψεcθαι Petr. II 42 (c) 16 (c. 250[a]). Da im Papyrus mehrfach ἤν = ἐάν vorkommt, ist ionische Provenienz nicht ausgeschlossen. Vgl. S. 13.

λήψεται Petr.[2] 99, 16 (III[a]). λήψεcθαι Petr. II 20 col. 4, 9 (252[a]). λήψομαι Magd. 1, 18 (III[a]).

ληφθῆι Rev. L. 34, 7; καταληφθῆι 46, 5 (258[a]). ληφθῆναι Petr. II 39 (g) 16 (c. 250[a]); ληφθέντι ebd. 36 (1) 23 (III[a]).

ἀναληφθέντι Petr.[2] 45 (1) 23 (III[a]).

διάληψιν ebd. 46 (4) 2 (III[a]). ἔγληψιν Petr. II 46 (b) 4 (200[a]) usw.

Belege für II[a].

λήμψομαι Par. 14, 47; Tor. III 48 (127[a]). Not. et extr. XVIII p. 421, 1 (unbest.). λήμψει Weil I 33 (a und b) vor 161[a].

προcλημφθέντων Tebt. I 61 (a) 31. 108. 129 (108[a]); 62, 254 (119[a]); 63, 19. 190 (116[a]); 64 (a) 62. 83 (116[a]).

διαλημφθήcεcθαι ebd. 24, 78 (117[a]).

ἀντιλήμψεωc Lond. I p. 38, 20 (158[a]); P. Reinach 7, 36 (c. 140[a]); Tebt. I 43, 29. 42 (118[a]). ἐγλήμψεωc Tebt. I 38, 11 (113[a]). ἐγλήμψει Par. 62, 6, 20 (II[a i]). ἐπίλημψιc Tebt. I 5, 34; 43, 11; 124, 28 (118[a]). παράλημψιν Amh. II 35, 15 (132[a]). προcλήμψεωc Tebt. I 64 (b) 6 (116[a]). ἀντιλήμπτοραc Lond. I p. 38, 18 (158[a]). ἀνεπιλήμπτουc Tebt. I 72, 176 (114[a]). ἀνεπιλήμτουc (sic) 61 (b) 238 (118[a]).

λήψεται Par. 10, 13. 24 (145[a]).

προcλήψεται Tebt. I. 105, 21 (103[a]).

προcληφθέντων Tebt. I 61 (b) 217 (118[a]); 72, 144 (114[a]). -θεῖcι 79, 51 (148[a]). ἀναληφθήτωι 61 (b) 277 (118[a]); ἀναληφθεῖcαι ebd. 110; -θέντοc 99 introd. (nach 148[a]). ληφθῆναι 27, 32 (113[a]); Amh. II 34 (d) 1 (157[a]) etc.

ἀντιλήψεωc Lond. I p. 37, 34 (158[a]); Amh. II 35, 57 (132[a]); Par. 38, 30 (160[a]); 8, 24 (129[a]); 26, 39 (163[a]); Tor. V 27; VI 26 (II[a]) und sehr oft. ἔγληψιc Petr. II 46 (b) 4 (200[a]). Par. 62, 3, 4; 4, 13; 5, 6; 6, 14 (II[a i]). Rev. Mél. 303, 11; 321, 5 v. u. (II[a]). Zois I col. 1, 5. 15. 17 (150[a]); II col. 1, 6. 14. 16 (148[a]) etc. διάληψιν Par. 6, 28 (126[a]); -εωc Tor. I 8, 30 (117[a]). λήψεωc Tebt. I 238 (116[a]). παράληψιc Rosettastein 7. 28. 45 (196[a]). προcλήψεωc Tebt. I 61 (b) 254 (118[a]); 72, 246 (114[a]). ἀνεπιλήπτουc ebd. 5, 48 (118[a]).

b) vor Gutturalen.

Die Nasalierung im aor. pass., perf. plusqpf. med. pass. von φέρω (Anknüpfung an den St. ἐνεγκ-) beschränkt sich fast ausschließlich auf das 3. Jahrhundert v. Chr., das übrigens auch Formen ohne Nasal aufweist. Im 2. Jahrhundert (Beispiele aus dem 1. fehlen) sind nicht nasalierte Formen (mit einer einzigen Ausnahme) Regel. Für das fut. pass. läßt sich (II^{a}) nur ἐνεχθήcομαι belegen.[1])

Aorist pass.

Mit Nasal.

III^{a} με]τηνέγχθη Rev. L. 17, 14; μ[ετενε]γχθέντος ebd. 12. μετενεγχθέν 16 (258^{a}). προcενεγχθέντος Petr. II 12, 8 (241^{a}).

ἐξενεγχθέντα Kanop. Dekr. 10 (237^{a}).

II^{a} *ἀν { εν } ενεγχθέντας (sic) Lond I p. 17, 12 (161^{a}).

Weitere Belege aus Inschriften gibt Dittenberg. Syll. III 237.

Über προcανενεκχθῇ S. 169; über μετηνέθηcαν S. 166 Anm. 5.

Ohne Nasal.

III^{a} ἐξενεχθέντος Pap. im Bull. cor. hell. 18, 145, 18 (240^{a}).

ἐξενεχθέντα Magd. 13, 12 (III^{a}).

II^{a} ἀνενεχθέν Petr. II 4 (7) 34 (192^{a}).

ἀνενεχθῆναι Lond. I p. 13, 19 (162^{a}); Amh. II 32, 16 (II^{a}). ἐνεχθῇ Lond. I p. 40, 80 (158^{a}). ἐπενεχθείcης Par. 65, 17 (146—135^{a}). μετηνέχθη Th. Bk. IV 2, 4 (131^{a}). ἐξενεχθέντες Par. 14, 28; Tor. III 29 (127^{a}). ἐπενεχθειcῶν Par. 15, 39 (120^{a}). μετενεχθείcης Tor. VIII 43; ebd. 44 und 46. ἀνενεχθέντων (120^{a}). ἀνενεχθείcης Tebt. I 61 (b) 97 (118^{a}). ἀνενεχθέντων Tor. I 4, 7; -θέντες III 29 (116^{a}). δαινεκθέντες (sic) = διενεχθέντες Tebt. I 25, 17 (117^{a}) etc.

Perf. und Plusqpf. med. pass.

III^{a} προcενήνεγκται Petr. I 12, 14 = Petr. II Einl. p. 22, 14 (c. 238^{a}).

Über scheinbares ἀπ-προcενήνεγται s. S. 170 Anm. 1.

II^{a} προcενήνεκται Tor. I 6, 20 (117^{a}).

ἀπενήνεκται Lond. II p. 14, 29 (116—111^{a}); Tebt. I, 72, 454 (114^{a}). προcενήνεκτο Par. 13, 8 (157^{a}). Tor. I 4, 32 (117^{a}). προενηνέχθαι ebd. I 3, 29; ἐπενηνέχθαι ebd. 9, 29 (117^{a}). ἀνενηνέχθαι Tebt. I 73, 6 (113—11^{a}). προcανηνέχθαι 72, 263 (114^{a}), haplologisch verkürzt.

---

1) G. Meyer 385 Anm. K.-Bl. II 560 f. Mhs.-Schwyz. 183. 185. Schweizer Perg. 189. Nachmanson 168. Erschöpfende Zusammenstellung des Materials bei Crönert 69 ff.

Vor μ stets γ: ἀνενηνεγμένης Lond. I p. 19, 9 (164ª). -ων Par. 62, 6, 18 (c. 170ª). διενηνεγμένων ebd. 38, 8 (160ª). ἀνηνεγμένης (verkürzt) ebd. 33, 7 (162ª). συμπεριεν{εν}ηνεγμένης ebd. 8, 14 (129ª) usw.

Futur. pass.: προσενεχθήσεσθαι Par. 46, 21 (153ª); 63, 5, 128 (165ª); ebd. col. 13, 11 (164ª) προσενεχθησομένων. ἐπενεχθησόμενον ebd. 65, 11 (146—35ª). προσενεχθήσεται Tebt. I 33, 10 (112ª). ἀνενεχθησόμενον Amh. II 32, 9 (IIª).

Noch sei erwähnt das singuläre *προσταγχθῆη (sic) Lond. I p. 40, 76 (158ª) — vielleicht durch Analogie mit ἠνέγχθην entstanden.

c) Vor Dentalen entwickelt sich anorganisches ν in περιπαντοῦντει = περιπατοῦντι Leid. U 5, 1 (II^{am}). τηλικούντων P. Weil V 12 (vor 161ª). Πολύνδικος = Πολύδικος Petr. II 30 (b) 23 (235ª). σπειραντικαί (zu σπεῖρα) Lond. II p. 12, 21 (IIª). Die Erscheinung ist wohl in einzelnen Fällen zurückzuführen auf koptische Aussprache: da der Kopte griechisches δ (τ) mit t oder nt wiedergab (Heß, Ind. Forsch. VI 125 f. 132), so konnten die Schreibungen von τ, ντ und δ ebenso verwechselt werden wie τ und δ. Thumb Hell. 136. Aber auch auf einer attischen Defixion 86, 4 γλῶντας für γλῶττας bei Schwyzer Vulg. 254.

Anmerkung 1. ἀξιοῦνμεν Lond. I p. 26, 21 (161ª) ist schwerlich mehr als Schreibversehen.

Anmerkung 2. Zwischen Vokalen hat sich ein überflüssiges ν eingeschlichen in Ἀσταρδιδῆ{ν}ον *Par. 41, 11 (158ª) = Ἀσταρτιδεῖον, wie z. B. 36, 10; Vat. B 10; F 6 (158ª). Über gewöhnliches Ἀσταρτιεῖον vgl. S. 92.

2. Ein vulgärer Mißbrauch, der für das ägyptische Griechisch ganz besonders charakteristisch erscheint und seit dem 3. Jahrh. v. Chr. immer weitere Ausdehnung gewonnen hat, ist die Manier, an vokalisch auslautende Silben jedweder Art als nasalen Nachklang ein parasitisches ν anzuhängen, das als umgekehrte Schreibung im Vergleich zum Schwund des auslautenden ν (§ 43) nicht genügend begründet ist, sondern in den allermeisten Fällen jeglicher vernünftigen Erklärung spottet.[1])

Als solch anorganischer Vulgarismus erweist sich der Nasallaut:

α) in Nominativformen der A-Deklination auf -αν und -ην: σοὶ γίνοιτω (sic) ἐπαφροδισία{ν}, χάρις, μορφῆι Par. 30, 28 (162ª). [Die Kopien

1) Buresch Philol. 51, 93 ff. Schweizer Perg. 122. Dieterich Unt. 95. Völker Pap. gr. synt. spec. 32. Nachmanson 82.

Dresd. I 14 u. Leid. D ἐπαφροδιcία]. δέcπο(ι)να ἐμή{ν} P. Weil (Medeafragm.) II 2 (vor 161ᵃ); ebd. VI 4 χηλὴ{ν} ναύλοκος — Gemination, dadurch herbeigeführt, daß die Silbengrenze in das anlautende ν verlegt ist, vgl. oben S. 48. γραφὴ{ν} ἱερῶν (Titel eines Abschnitts) Tebt. I 88, 2 (115—4ᵃ). ἀλλ' ὅτε δή ῥ' ἐκ τοῖο δυοδεκάτη{ν} (sic) γένετ' ἠώς Il. 24, 31 (Kenyon class. p. 106—Iᵃ).

β) im neutralen Nomin. und Akkus. sing. und plur. vokalischer Stämme: τὸ{ν} βοιθοῦ τέλος Ostr. 1089, 8 (135ᵃ) — dagegen τὸ τοῦ βοιθοῦ τέλος 1084 (137ᵃ). τὸ{ν} [ὄνο]μα Tebt. I 38, 13 (113ᵃ). τὸ{ν} ἐπιστατικόν (neutr.) Tebt. I 189 (Iᵃⁱ). Im dialektischen Pap. (Par. 2) ist das Neutr. des Relativpronomens 4 mal (je 2 mal col. 1 u. 5) ὅ{ν} geschrieben in der Verbindung οὐ ἀληθές, ὃ{ν} ἔλεγεν (vor 160ᵃ). Zu beachten ist, daß in den letzteren Beispielen das ν vor einem anlautenden Vokal eintritt, also möglicherweise Hiatusrücksichten mitgespielt haben. Vgl. ταὐτό(ν), τοιοῦτο(ν), worüber § 69, 10 und 12.

εὐτελέστερα{ν} (neutr. plur.) Par. 40, 22 (156ᵃ). ἀρτάβας δέκα ἥμισυ{ν} = 10½ Artaben Amh. II 59, 7 (151 oder 140ᵃ).

γ) im Dat. sing. der A- und O-Deklination, wobei der Abfall des ι προσγεγρ. (nach §§ 19—21) Voraussetzung ist[1]): τῶι ἀρχυπερέτη{ν} (sic) Lond. I p. 41, 97. 121 (158ᵃ). Ἀπολλωνία{ν} Tebt. I 104, 17 (92ᵃ). ἰατρῶ{ν} ebd. 112, 14 — aber 16 richtig ἰατρῶ (112ᵃ). ἐν ἀπολογισμῶ{ν} Tebt. I 60 (a) 166 (118ᵃ). Ποσιδωνέω{ν} = Ποσειδωνίῳ Par. 41, 1 (158ᵃ). Κρατερῶ{ν} Lond I p. 16, 1 oben (162ᵃ). χρυσίη{ν} = χρυσείῃ Il. 24, 21 (Kenyon class. p. 106—Iᵃ). παρευρέσει μηδεμιᾶ{ν} (das ν nachträglich getilgt) Tebt. I 5, 226 (118ᵃ); ebenso ohne Tilgung des ν P. Reinach 11, 17 (111ᵃ). αὐτῶ{ν} Tebt. I 73, 15 (113ᵃ). Auch in Ἡρᾶν — εὐθυνομένωι Tebt. I 14, 3 (114ᵃ) scheint Ἡρᾶ{ν} Dat. mit parasitischem ν und ohne ι adscr. zu sein. (Vgl. § 58, 6.) Die Lesart Ἡρᾶτι Z. 12 ist zweifelhaft. Übrigens sind ι und ν in diesem Stück mehrfach verwechselt z. B. τῶν προκειμένωι 15.

δ) im Vokativ: Ἶσι{ν} Leid. U 2, 19 (IIᵃᵐ).

ε) in Verbalformen: I. Pers. sing. act. προσέχω{ν} Par. 45, 7 (153ᵃ). συνχωρῶ{ν} P. Anton. 19 (41 oder 32ᵃ). δώσω{ν} Tebt. I 9, 5 (119ᵃ). λέγω{ν} Lond. I Nr. 41, 20 (161ᵃ). Dieterich Unt. 247. III. Pers. sing. ἁρμόττει{ν} P. Weil I 2 (b), aber (a) hat ἁρμόττει; ebd. I 23 (b) εὐφρονεῖ{ν}, aber (a) εὐφρανεῖ; I 15 (b) ἔχει{ν} στέργειν; I 25 (b) ἔχει{ν} λαβεῖν; III 13 ἔχει{ν} τό (vor 161ᵃ).

ζ) in μήτε{ν} Par. 63, 1, 13 (165ᵃ); vgl. oben S. 180, Note 2. πάρα{ν} in pausa Weil III 1 (vor 161ᵃ). τοῦ μὲ{ν} ξεναικεῖν = τοῦ μὴ ξενε(γ)κεῖν ebd. III 9.

Endlich können in diesem Zusammenhang die in der ptolemäischen Epoche noch ziemlich spärlich vorkommenden, in der römischen Zeit

1) Vgl. Moulton Class. rev. XVIII (1904) 108.

häufigen Akkusativbildungen konsonantischer Nominalstämme auf -αν erwähnt werden, wiewohl sie nicht einem lautlichen, sondern morphologisch-analogistischen Vorgang ihre Entstehung verdanken (Übergang in die vokalische Flexionsklasse). Zu notieren aus ptolemäischer Zeit: χῖραν = χεῖρα *Par. 50, 20 (160[a]); τρίποδαν Il. 23, 40 (Kenyon class. p. 102—I[a]); πᾶν τὸν τόπον Par. 37, 11 (163[a]). Dieses πᾶν = πάντα findet sich auch bei den LXX (E. Nestle Septuagintastud. p. 11). Aus späterer Zeit μητέραν Par. 18, 5 (unb. röm.); θυγατέραν BU 148, 3 (II—III[p]); cφραγῖδαν ebd. 15 col. 2, 22 (197[p]); Καρανῖδαν ebd. 50, 7 (115[p]); τὸν παῖδαν Grenf. II 59, 7. 18 (189[p]); τρίποδαν Leid. I 395, 3, 25; χῖραν BU I 155, 13 (152—3[p]) u. a. m. Auch κατὰ μῆναν auf einem Ostrakon, publ. v. J. Goodspeed in den Mélanges Nicole p. 186, gehört sicherlich der römischen Zeit an. Vgl. unten § 67, 3[b]. Crönert 169, 4. Von Akkusativformen der S-Stämme auf -ῆν (statt -έα, -ῆ) wie Καλλικλῆν, ὑγιῆν, ἀcινῆν a. u. handelt die Flexionslehre § 64, 4 c mit Anm. und § 68, 9. Über bewegliches Schluß-ν vgl. § 55; über nasalen Vorschlag vor anlautendem β in θεοῦ μβούληcιν vgl. oben S. 169 Anm.

Anhang. Stellentausch der beiden Nasale (μ und ν) liegt vor in εὐωμένων = εὐωνύμων Leid. U 2, 12 (II[a]), vielleicht „reziproke Fernversetzung" nach Brugmann Gr. Gr.[3] p. 137. — Für c tritt ν ein in ἀνάμενοc für ἀνάμεcοc Eud. 16, 20 und ebd. 17, 3 μενοννύκτιοc für μεcονύκτιοc, sowie in βέλτιντον = βέλτιcτον Par. 63, 6, 162 = Petr.[2] Einl. p. 32 (165[a]), aber ebd. 1, 26 βέλτιcτον. — Für μ steht β in ῥύβην = ῥύμην P. 51, 17 (160[a]); sonst überall und oft ῥύμη, wie Petr. II 17 (3) 6 (c. 240[a]); Leid. M 1, 11. 16. 24. 25 (114[a]). Nachmanson 82. Kretschmer KZ 35, 603 ff. Dieterich ebd. 37, 415 ff. — Über μβ statt μ (μμ) in κρομβυοπώληc vgl. S. 169 Anm.

d) SPIRANTES.

§ 45. Aspiration (h).[1])

Schwankungen in der Aspiration, die sich teilweise aus dem allmählichen Schwinden des Spiritus asper in der Sprache des täglichen Lebens erklären, äußern sich in zweifacher Richtung:

1. in Wucherungen (Vulgäraspiration), und zwar

a) im Anlaut.

α) Analogien in öfters wiederkehrenden, formelhaften Wendungen, wie καθ' ἔτοc (nachweisbar seit 225 v. Chr.) und ἐφ' ἔτη neben

1) Thumb, Untersuchungen über den Spiritus asper im Griechischen, Straßburg 1888. G. Meyer 322 ff. Blaß A.[3] 90 ff. K.-Bl. I 107 ff.; 111—13. Hatzidakis Einl. 159 f. Kretschmer Vas. 155 ff. Schweizer Perg. 116 ff. Meisterh.-Schwyz. 85 ff. Schmid Attic. IV 607. Win.-Schmied. § 5, 10 und 27e. Dieterich Unt. 85 f. Crönert 145—158. Reinhold 36.

häufigerem κατ' ἔτος und ἐπ' ἔτη. Belege: καθ' ἔτος Petr.[2] 19 (c) 36 (225[a]). Eud. 3, 33 (vor 165[a]). Tor. XIII 10 (137[a]). Tebt. I 105, 56 (103[a]). Kumanudis συναγ. λεξ. ἀθησ. p. 170. ἐφ' ἔτηι (sic) Tebt. I 5, 95 (118[a]). Dagegen κατ' ἔτος Rev. Mél. 327, 2 (134[a]). Tebt. I 50, 28 (112—111[a]); 60, 117 (118[a]); 72, 106 (114[a]); 105, 2. 4. 17. 22f. (103[a]); 106, 15 (101[a]). BU 993 III 5 (127[a]) usw. ἐπ' ἔτη Tebt. I 61 (b) 59 (118[a]). Nach Analogie von καθ' ἔτος wird Lond. I p. 40, 75 (158[a]) μεθ' ἐνειαυτόν geschrieben gegenüber gewöhnlichem κατ' ἐνιαυτόν, wie Kanop. Dekr. 30. 34. 35 (237[a]). Petr.[2] 54 (a) 4 col. 2, 3 (III[a]). Par. 12, 6 (157[a]); 27, 8 (160[a]); 30, 8 (162[a]). Leid. D 1, 8 (162[a]); E 9 (162[a]). Lond. I p. 10, 5 (162[a]). P. Mil. 6 (162[a]). Tor. I 8, 19 (117[a]). Rev. Mél. 327, 10 (134[a]). Tebt. I 8, 21. 32 (201[a]); 10, 5 (119[a]) usw.

Zum Beweis dafür, daß der Hauchlaut noch lebendig war, können diese formelhaften Ausdrücke nicht angeführt werden. Es empfiehlt sich darum nicht auf ἔτος als ursprüngliche (digammierte) Form zurückzugreifen. Auch dialektischer (ionischer) Ursprung (wie Schweizer Perg. 119 annimmt) ist zwar möglich, aber nicht zu beweisen: vielmehr handelt es sich hier offenbar um Analogiebildungen innerhalb der κοινή zu καθ' ἡμέραν (so Petr. II 5 (a) 3 c. 250[a]) oder καθ' ὥραν, καθ' ἑβδομάδα, wie denn auch wieder umgekehrt κατ' ἡμέραν (CIA 4, 3, 830[b], 3) nach κατ' ἔτος ausgeglichen zu sein scheint. Über αὐτημερόν unter 2b. Auch ἐφ' αὔριον Tebt. I 119, 17 (105—1[a]) gehört in diese Kategorie. Bei ἔσθ' ἴσως P. Weil I (Euripidesfragm.) 4 (vor 161[a]) kann die altionische Formel ἐφ' ἴσηι καὶ ὁμοίηι mitgewirkt haben, die übrigens selbst wiederum der Angleichung an den spirantischen Anlaut von ὁμοίηι ihre Entstehung verdanken mag. Dagegen begegnet in ptol. Zeit nirgends das vulgäre, in attischen Inschriften seit c. 250[a] (Mhs.-Schwyz. 87) belegte καθ' ἰδίαν, sondern stets κατ' ἰδίαν, so Dittenberger inscr. gr. orient. I 51, 9 (239[a]). Strack, ptol. Inschr. Arch. III 129, 8 (II[a]). κατ' ἴδιον Par. 25, 27 (c. 160[a]). Erst Oxyr. I 70 καθ' ἰδιόγραφον (III[p]). Zum Ganzen vgl. Thumb Hell. 64. Hatzidakis Einl. 160. Blaß N. T. 16. Dieterich Unt. 86. Wilhelm, Wiener Sitzungsber. phil. hist. Kl. Bd. CXLII Nr. 4. Crönert 148—151. Beispiele bei Dittenberg. Syll.[2] III 227 (καθ'-, ἐφ' ἔτος, ἀφ' ἐτῶν, πένθ' ἔτη, καθ' ἐνιαυτόν; καθ' ἰδίαν, ἐφ' ἴση, ἀφ' ἴσου). Moulton Class. rev. XV (1901) 32f. und XVIII (1904) 106f.

β) ἐφ' Ἀσκληπιάδου P. Alex. IX 22 (III[a]) hat seine Parallele in Ἁφροδίτη, Εὐξίστρατος, Ἱλείθυια, Ἱσθμός etc., indem durch eine im Wort befindliche Aspirata oder Spirans die Aspiration auf den

Anlaut übertragen wurde. Übrigens sonst ἐπ' Ἀσκληπιάδου Petr. I 16 (2) 11 (230[a]). ἐπ' Ἀσκληπιάδην Lond. I p. 11, 29 (162[a]). G. Meyer 325. Kretschmer Vas. 156f.

γ) Vereinzelte Fälle, in denen bei Elisionen die Tenues aspiratae θ und φ für τ und π vor Wörtern erscheinen, die gewöhnlich, zumal im Attischen, nicht mit h anlauten, sind: μήθ' ἄλλον μηδένα Grenf. I 11, 2, 20 (157[a]). Vgl. übrigens das S. 180 hierzu Bemerkte. κἄθ' ἐάν P. Weil I (b) 31 (vor 161[a]) [α hat κἄτ' ἐάν]. In diesem Zusammenhang gewinnt auch die Annahme an Wahrscheinlichkeit, daß in καθ' αὐτοῦ Petr. II 19 (1[a]) 5 (III[a]), μεθ' αὐτοῦ Petr.[2] 53 (a) 7 (nach Wilcken Add. et Corr. XVII) und Magd. 29, 2 (III[a]), μεθ' αὐτῶν Par. 60 (b) 12 (150[a]), ὑφ' αὐτῶν Petr. II 32 (2[b]) 8 (238[a]) — überall ist das Reflexivpronomen ausgeschlossen — lautliche, nicht syntaktische Verwechslungen vorliegen. Schweizer Perg. 117. Aus letzteren Beispielen geht deutlich hervor, daß das Gefühl für die Aspiration schon im 3. Jahrh. v. Chr. bedenklich ins Wanken geraten oder ganz verloren war.

b) im Inlaut.

α) Nicht selten wird auch in Zusammensetzungen, zunächst auf analogistischem Wege, die vor aspirierten Vokalen geläufige Form der Präposition ἐφ', καθ', μεθ', ὑφ' auf nicht aspirierten Anlaut übertragen: so in ἐφεικοστός Rev. L. 56, 14; 34, 3 (258[a]), neben ἐπεικοστός Petr. II 48, 18 (186[a]). An das ursprüngliche Digamma in εἴκοσι ist nicht zu denken, eher an ἕφεκτος, ἐφέβδομος. Ebenso ist ἐφ-ιδεῖν Petr. II 23 (2) 3 (III[a]) sicherlich von ἐφ-ορᾶν aus entstanden: es wird in römischer Zeit häufiger, wie BU 647, 6 (143[p]); 51, 7 (173[p]), aber 10 ἐπιδών; ebenda 733, 13 (II[p]) ἐ]φιδοῦσα. Weitere Belege aus allen Jahrhunderten gibt Crönert 149. Thumb Spir. asp. 70. Blaß N. T. 16. W.-Schmied. § 5, 10a.

β) ἐφιορκοῦντι Petr. II 46 (a) 5 (200[a]). Tebt. I 78, 17 (110[a]); 210 (107[a]). BU 543, 13 (27[a]). Diese Form, die sich (statt des attischen ἐπιορκέω) ebenso auf delphischen, messenischen und pergamenischen Inschriften wie im N. T. findet, von Phrynichos aber s. v. ἐφίορκος (Lobeck 308) verworfen wird, hat Thumb l. c. 72 zuerst als Kontamination aus ἐπιορκεῖν und ἐφορκεῖν erkannt.[1]) Ihm stimmen bei G. Meyer[3] 327 Anm. Brugmann Gr. Gr.[3] 142. Schweizer Perg. 118. Blaß N. T. 16. Crönert 153. Kretschmer Vas. 228 zieht mit Recht ἱερός aus ἰέρός, ἀφ-εύω aus ἀπ-εύω und ähnliches zur Erklärung

1) Statt ἐπιάπτεσθαι Petr.[2] 2, 23 (237[a]) liest Wilcken (Add. et Corr. XII) jetzt ἐπιλα[β]έσθαι.

heran. Anders Osthoff, Morpholog. Untersuch. IV 228, der in ἐφί den Rest einer alten Präposition ‚ebhi‘ erkennen will.

γ) Gegenüber den Adjektiven ὕ]φαμμος Petr.[2] 43 (2) verso col. 4, 3 (246[a]) und ὕφαμμος Petr. II 6, 6 (255[a]), sowie dem Verbum ἐφαμμίζω, das in der Form ἐφημμίσθαι Tebt. I 60, 42 (118[a]); 75, 72 (112[a]) vorkommt, steht die schon in alter Zeit durch die συνήθεια (Io. Levitae Lex. de spir. p. 211) allgemein durchgeführte Orthographie ἄμμος, die in unseren Klassikertexten (Xenoph. memorab. III 3, 6; Plat. Phaed. 110 A etc. Thes. gr. 125) rezipiert und wohl auch für die κοινή, z. B. Petr. II 4 (9) 5 (255[a]) τὴν ἄμμον; Ostr. 1237, 5 (unb. ptol.) τῆς ἄμμου, vorauszusetzen ist. Über das Verhältnis von ψάμαθος, ἄμαθος, ψάμμος, ἄμμος vgl. J. Schmidt K. Z. 32, 362 („ἄμμος das jüngste Glied der Kette"). Crönert 137. Auf alle diese Bildungen, sowie die unter 2 aufzuführenden Beispiele vernachlässigter Aspiration läßt sich beziehen, was Schweizer Perg. 117 bemerkt: „Man schwankte in der Anwendung der Doppelformen ἐφ᾽ und ἐπ᾽, ὑφ᾽ und ὑπ᾽, καθ᾽ und κατ᾽ etc., für die man, als h geschwunden war, keinen Maßstab mehr hatte".

Anmerkung 1. μεθοπωρινός, die stehende Orthographie im Eudoxospapyrus: 1, 2 μεθοπω[ρινήν]; 2, 28 μεθοπορινάς; 22, 20. 25; 23, 3 μεθοπορινήν (vor 165[a]), kann wegen des lakonischen ὀπωρίς für eine echte Form gelten. Thumb Spir. asp. 70; Hell. 19ff. Blaß A.[3] 78. K.-Bl. I 108, 5. — Es findet sich ἐπετείων (nicht ἐφετ.) Tebt. I 27, 33 (113[a]); nur εἴληφα (nicht εἵληφα) z. B. οὐκ εἴληφα Petr. II 13 (17) 7 (258—53[a]); μετείληφα Leid. I 375 (Band I p. 89) II[a]; ebenso nirgends das vulgäre ἀφέσταλκα, sondern nur ἀπέσταλκα: Petr. II 2 (2) 5 (c. 260[a]); 6, 1 (c. 250[a]); 12 (1) 8 = Petr. I 26, 3 (241[a]). Magd. 32, 10 (III[a]). Rev. L. 37, 6 (258[a]). Par. 37, 44 (163[a]). Tebt. I 26, 6 (114[a]). ἐπεσταλκέναι Par. 63, 3, 81 (165[a]) usw. Mhs.-Schwyz. 103 (ἀφ — καθείληφα). Schweizer Perg. 119 Anm. Dittenberger Syll. III 227 (ἀφέσταλα, ἀφ — καθείληφα). Nachmanson Magn. 84 (nur ἔσταλκα). Thumb l. c. 12. 70. Crönert 150f.

2. Als direkter Beweis für den Untergang des Hauchlauts in der Rede des täglichen Lebens ist es zu betrachten, wenn vor ursprünglichem h der reine Verschlußlaut geschrieben wird. Dies ist manchmal der Fall

a) bei Elisionen: κατ᾽ ἕκαστον ὅλμον Rev. L. 46, 16 (258[a]). ἐπ᾽ ἕχαστον (?) Rev. Mél. 302, 4 (130[a]). Sonst ἐφ᾽ ἑκάστης Par. 62, 1, 8 (c. 170[a]). Brugmann Gr. Gr. 145f. Thumb l. c. 32f. 54f. Crönert 147 (mit Belegen aus späterer Zeit).

μετ᾽ εἰκετείας P. Mil. 17 (162[a]). μετ᾽ εἰκιτείας (sic) Par. 27, 22 (160[a]). Dagegen μεθ᾽ ἱκετείας Par. 39, 9 (163[a]). Leid. E 24 (c. 160[a]).

κατ᾽ ἡμῶν BU 1004 II 18 (228[a]). πέντ᾽ ἕκτον ($5^1/_6$) Ostr. 1622, 4 (127—126[a]); aber [τῆς] θ᾽ ἕκτης Eud. 4, 10 (vor 165[a]).

ἄρα τ' ὁμαλήν Eud. 16, 12. Letronne und Blaß ändern ἄρα γ' ὁμαλήν, aber der Papyrus zeigt auch 17, 24 ἄρα τε. Über dieses τε vgl. W. Schmid Attic. IV 563.

Der Schreiber des 24. Gesangs der Ilias (Kenyon class. p. 105ff.) hat kein Gefühl für den spir. asp., er schreibt ἀπό τ' Ἕκτορα 76 (1. Hand); ἔπειτ' ὑπό 340; οἴχοντ' ἧς 201; εἵνεκ' ἱκάνω 501 (I[a]).

Anmerkung 2. In der noch immer zweifelhaften Stelle Petr. I 2, 64 (Antiope — c. 250[a]) ζιτ εφρε, nach Mahaffy = Ζῆτ' ἔφρε (d. h. Ζῆθ' εὗρε), läge, die Richtigkeit der Lesart vorausgesetzt, ein Beweis für εὗρον (mit Psilose), während κατ' εὑρίσκοντος Zois I 24 (Peyron) [150[a]] von Wessely mit Recht in καὶ εὑρίσκοντος verbessert ist. Crönert 146, 3 gibt Beispiele für εὑρίσκω aus späteren Papyri. — Sehr auffällig, aber sicherlich beabsichtigte Aufhebung des Satzsandhis ist οὐκ ὁ im dialektischen Pap. (Par. 2 col. 9, vor 160[a]), der auch wiederholt nach οὐ den Hiatus gestattet, neben dem korrekten οὐχ ὧδε (col. 10). Vgl. § 32, 1.

b) bei Zusammensetzungen in der Wortfuge.

α) Analogien.

ἀπέστηκα: transitiv τὸν λόγον τῶν χαλκῶν ἀπέστηκα (?) Par. 59, 2 (160[a]); intransitiv ὦτ' ἀπεστηκότα (abstehende Ohren) Grenf. I 10, 9 (174[a]) läßt sich als falsche Analogie zu ἀπέστησα, ἀπέστην erklären. [Von umgekehrtem ὑφέστη, καθέστησεν handeln G. Meyer 326; Crönert 146, 2.] In der letzteren Verbindung sonst immer ἀφεστηκότα, z. B. Goodsp. 6, 3 (129[a]). Par. 5, 1, 5 = Leid. M 1, 6 (114[a]); einmal (mit Lautschwächung ἐφεστηκότα Grenf. II 33, 2 (100[a]). Ebenso nur ὑφεστάσθαι Rev. Mél. 303, 5 (c. 130[a]), καθεστάσθαι, wofür Belege § 77, 4.

αὐτημερόν Magd. 31, 11 (III[a]) ist wie κατ' ἡμέραν (oben Lit. 1 a) zu beurteilen. Dagegen αὐθημερόν Rev. L. 20, 9; 26, 15; 48, 9; 56, 11 (258[a]). Eud. 274 (vor 165[a]).

β) Für Formen wie φακεψῶν (Kochlinsen?) Par. 67, 16 (II[a]); ποκόφους (= πουκόφους) Tebt. I 5, 170 (118[a]) ist es schwer Analogien zu finden. Man könnte vielleicht erinnern an zusammengesetzte Eigennamen wie Γλαύκιππος, Κράτιππος, Λεύκιππος, Πρώτιππος etc. neben Ἔφιππος (Fick, die griech. Personennamen S. 153), in denen der etymologisch nicht berechtigte Hauch von jeher schwach oder gar nicht vorhanden war. K.-Bl. I 114.

Anmerkung 3. In ἀπηλιώτης (Ost) liegt eine unter ionischem Einfluß (Naturwissenschaften) längst eingebürgerte Form vor, die vom 3. bis 1. Jahrh. v. Chr. belegt ist. Vgl. oben S. 16f.

Zum ganzen Abschnitt vgl. auch § 36, namentlich κ ∼ χ, π ∼ φ, τ ∼ θ.

§ 46. Der S-Laut.

I. Wechsel zwischen σ und ζ (σζ).[1]

a) c > ζ (cζ). Nach dem Übergang von ζ (zd) in z, d. h. stimmhaftes s, tritt nicht selten statt c ein ζ oder dessen Stellvertreter cζ (vgl. § 48, 1) ein, und zwar naturgemäß zunächst vor stimmhaften Konsonanten (β) in ἀμφιζβήτηcιν Tor. I 8, 6 (117ª). διαμφιζβητουμένη ebd. I 9, 7. Häufiger vor μ: in ἀζμένωc Grenf. II 14 (a) 17 (IIIª). δεcζμοῦ Tebt. I 120, 70 (97 oder 64ª); sonst δεcμάc ebd. 122, 8 (96 oder 63ª) und öfters. ζμύρνα (Myrrhe) Grenf. I 14, 9; ebd. 10 ζμύρνηc (150 oder 139ª); Tebt. I 35, 4 (111ª); ζμύρναν ebd. 35, 16. Dieterich Abraxas 171. Crönert 96.— παραcφραγ[ι]ζμόν Rev. L. 51, 8 — aber 3 παραcφραγιcμόν (258ª). Seltener vor einem Vokal (also stimmlos): ζώζουcα = cώζουcα Leid. U 2, 19 (IIªᵐ). νομίζαντα = νομίcαντα Par. 30, 20 (162ª); dagegen in den Dubletten Leid. D, E, Dresd. νομίcαντα. Ähnlich ὕβριζαν Par. 40, 39 (156ª); 41, 28 (160ª). [Möglicherweise hybride Bildungen aus Präsensstamm und Aoristendung, vgl. § 76, 4.] φορντίζειν (sic) = φροντίcιν P. Weil III 15 (vor 161ª).

b) ζ > c. Weit seltener ist der umgekehrte Fall: ἐcύγη = ἐζύγη P. Weil III 14 (vor 161ª); ebd. V 8 scheint καιφαινηc' für κήφάνιζ' zu stehen. μίcονοc = μείζονοc auf einem Pap. schlechtester Orthographie Amh. II 130, 16 (70ᵖ). Τροιcῆνοc Dittenb. Syll.² 608, 5 (Halikarnaß, c. 100ª). Nachmanson 87.

II. Schwund.

a) Anlautendes c vor Konsonanten hat zu allen Zeiten starke Einbuße erlitten. K.-Bl. II 76. Neben ζμύρνα (= cμύρνα, siehe oben) steht μυρcίνου (Myrrhensalbe) Petr. II 34, 10 (IIIª). Schwacher Klang erklärt wohl Schreibungen wie ⟨c⟩τατῆ(ροc) Tebt. I 117, 39 (99ª) und ⟨c⟩τροβίλου ebd. 120, 80 (97 oder 64ª). cμικρόc ist nirgends belegt, häufig μικρόc. Vgl. Index Tebt. I. Crönert 136. Kretschmer Vas. 172 f. Nachmanson 86. — Zugesetzt erscheint c in den Formen cκοίκιον Tebt. I 45, 41 (113ª) und cκοίκια Leid. C p. 93 col. 4, 17 (160ª), die mit Recht von Crönert Wchsch. f. kl. Ph. 1903, 459 als Deminutivformen zu κόιξ erklärt werden. Poll. 10, 179 ἀγγεῖον ἀλφιτήριον κόιξ.

---

1) Blaß A.³ 89. 118. Brugmann Gr. Gr. 23, Fußnote 2; p. 125. 127. G. Meyer 302 f. Mhs.-Schwyz. 88, 8. Keller, Fleckeisens Jhrbb. 1886, 710. Win.-Schmied. § 5, 27 d. Blaß N. T. 10. Wessely Proleg. 63. Papyr. Erzherz. Rain. I p. 123. Nachmanson 84 f. Crönert 95 f.

b) Inlautendes c ist ausgefallen: in 'Α<c>κληπιάδου Tebt. I 84, 153 (118^a); ἐγνω<c>μένα ebd. 82, 2 (115^a) — kaum morphologisch zu erklären; μέγιτον, erste Hand, woraus μέγιcτον verbessert ist, Leid. U 2, 17/18 (II^a). πλεί<c>των Tebt. I 24, 60 (117^a); insbesondere aber vor θ, das, selbst auf dem Weg zum Spiranten begriffen, das c in sich aufnehmen konnte: so ἔcε^{c}θαι Petr. II 45 col. 1, 17 (246^a); ἐντεθυμῆ^{c}θαι Par. 63, 7, 201 = Petr.^{2} Einl. p. 36 (165^a) [möglicherweise der erste Vorläufer der in späterer Zeit (Julian, Epiphanius) nach der Gleichung ἄρχω: ἦρχθαι = βουλεύω: βεβουλεῦθαι gebildeten Inf. perf., dergleichen aufgeführt sind von Crönert 220, 3]. μί<c>θωcιν Ostr. 1256, 6 (136/5) neben μεμιcθωμένοc. παρενοχλεί<c>θω Tebt. I 34, 9 (nach 100^a). Über den umgekehrten Fall γράψε^{θ}cαι vgl. oben S. 179.

Anmerkung 1. Πολυπέρχων lautet der Eigenname in Übereinstimmung mit attischen Inschriften. Πολυπέρχοντοc Par. 15, 3 (120^a). Πολυπέρχωντοc Par. 5, 30, 5 (114^a). Mhs.-Schwyz. 91, 14. W. Schulze G. G. A. 1897, 895. — παλαιμοcύνη schreibt ein Abschreiber Hom. Il. 23, 701 (Kenyon class. p. 104—I^a), wo unsere Texte παλαιcμοcύνη haben. In κατε<c>φραγήcατο P. Alex. IX 19 (III^a) ist wohl das c wegen der ungewohnten, harten Lautverbindung cφρ ausgefallen, wie denn überhaupt dieses Wort an jener Stelle sich alle möglichen Entstellungen gefallen lassen muß (vgl. oben S. 186 Anm.). ὥ<c>περ P. Weil V 9 (vor 161^a).

c) Auslautendes c hatte (ähnlich wie wortschließendes ν, vgl. S. 191) einen schwachen Klang und wurde daher häufig entweder gar nicht geschrieben oder erst nachträglich hinzugesetzt.[1]) Der Fall tritt nicht nur ein vor einem zweiten anlautenden c infolge Verschiebung der Silbengrenze (vgl. Geminaten § 49 II), sondern auch vor anderen Konsonanten, Vokalen, Zahlzeichen und in pausa.

α) Das Schlußsigma ist ganz abgefallen:

vor γ, κ, χ: κλέο<c> γάρ P. Weil IV 2 (161^a). ἄλλοι<c> γένεcι Tebt. I 70, 37 (111^a). τοὺc ἰδίου<c> κλήρουc Petr.^{2} Einl. p. 26 = Par. 63, 107 (165^a). οἷ<c> καθήκει Lond. I p. 38, 21 (158^a); im Paralleltext Vat. D οἷc καθήκει. τοὺ<c> κωλυομένουc Tebt. I 5, 224 (118^a). ἐν τοῖc (τῆc)

1) G. Meyer^3 396f. mit der Bemerkung von E. Curtius: „literae c in fine nominum omissae in vasculis exempla sunt innumera". Kretschmer Vas. 185. Völker Pap. graec. syntax. spec. 33 (die Beispiele weder lautlich noch historisch genügend geordnet). Hatzidakis Einl. 11 spricht sich im Gegensatz zu R. Meister Gr. Dial. I 160f. vom Standpunkt des Neugr. entschieden aus gegen die Annahme physiologischen Abfalls von Schlußsigma und führt im Excurs II p. 232 die meisten Fälle auf Analogiewirkungen zurück. Aber in den ptolem. Papyri ist die Tatsache des Schwundes über allen Zweifel erhaben und analogistische Erklärung reicht nicht aus.

ταραχῆ<c> χρόνοις Lond. I p. 38, 9 (158[a]). Möglicherweise eine Confusio aus ἐν (τῇ) ταραχῇ und ἐν τοῖς χρόνοις.

Vor β, π: ἱερὰ<c> βα(σιλεῦσι) δραχμάς Grenf. II 30, 24 (102[a]). ταῖς δεδομέναι<c> δι' Tebt. I 24, 44 (117[a]). τοὺ<c> παρ' αὐτῶν Par. 63, 1, 24 = Petr.[2] Einl. p. 20 (165[a]). τοὺ<c> παρ' ἡμῶν Par. 33, 10; Lond. I 19, 13 (161[a]). οἷς οὐδὲ βουλομένοι<c> προσίναι Par. 63, 4, 109 = Petr.[2] Einl. p. 26 (165[a]) [Revill. Mél. 267 le sigma écrit en bas entre lignes]. τοῖ<c> παρακούουσι Par. 63, 5, 130 = Petr.[2] Einl. p. 28 (165[a]) [nach Rev. Mél. 256 das c nachträglich über die Linie gesetzt]. ἐξ 'Ηρακλήου<c> πόλειν (sic)[1]) Par. 54, 79 (163[a]); aber εἰς 'Ηρακλέους πόλιν Petr. II 8 (2b) 12 (246[a]); 20 col. 1, 10 (252[a]); 'Ηρακλείους πόλιν Par. 23, 12 (165[a]). διαλάβη<c> περί Par. 36, 21 (163[a]).

Vor δ, τ: σινδόνα<c> δραχμ. Par. 53, 43; aber σινδόνας β 54, 7. 16; 53, 13 (c. 160[a]). παραλαβόντα<c> τόν Magd. 3, 6 (III[a]). ἐν ἡμέραι<c> τρισίν Tebt. I 14, 5 (118[a]). ἀρχὴ πορεία<c> τοῦ Eud. (Blaß) 4, 5; aber 4, 30 ἀρχὴ πορείας (vor 165[a]). ὀφιλομένη<c> τῆς καθηκυίης ὀλύρας Lond. I p. 29, 5 (161[a]). τοῖς δυσὶν Πέρσαι<c> τῆς ἐπιγονῆς Grenf. II 27, 6 (103[a]) [möglicherweise freie Apposition im Nominativ statt Dativ?]. πρηνή<c>· τοτέ Il. 24, 11 (Kenyon class. p. 106—I[a]). ἀπὸ τοῦ τέλου<c> τοῦ Ostr. 1490, 4 (III[a]) [Metaplasmus nicht ausgeschlossen, vgl. § 64, 2]. τὰς ἅλω<c> τεθεωρῆσθαι Tebt. I 72, 375 (114[a]). τὰ<c> τοῦ χαλκοῦ — δραχμάς Amh. II 31, 22; aber 24 τὰς τοῦ (112[a]). πρὸς τοὺς χιρισμοὺ<c> τῶν Goodsp. 7, 17 (119—118[a]).

Vor λ, μ, ν: πρὸ<c> λύπας Petr. II 50, 4, 25 (Laches c. 300[a]). τοῦ παντὸ<c> λόγον Leid. T 2, 19 (164[a]). γραῦ<c> μοι παρεκάθητο Par. 51, 33 (160[a]). τοῦ ὑπάρχοντό<c> μοι B U 1002, 3 (55[a]). αὐτῆ<c> μοι συνταξάσης P. Reinach 11, 31 (111[a]). ἐν τοῖς ἄλλοι<c> νόμοις Rev. L. 68, 19 (258[a]).

Vor Vokalen: ἀπὸ μηνὸ<c> ἐφείπ Petr. II 4 (9) 6 (255[a]). τὰς συντάξεις, ἃ<c> ἔχουσι Dresd. verso 18 (161[a]). ταῖς β νεωτέραι<c> ἐκ Grenf. I 21, 19 (126[a]). βεβρεγμένης καὶ ἐσπαρμένη<c> ἕως Tebt. I 71, 3 (114[a]). τοὺ<c> ἐκ Par. 27, 20 [Witkow.] c. 160[a]; Leid. E 21 (162[a]). ἄλλο<c> ὑπέρ Leid. C p. 21, 8 (162[a]). σὺ χρηματίζει<c> αὐταῖς Par. 30, 21; in der Parallelstelle Leid. D χρηματίζεις. κἀκεῖνο<c> ἐπί Sosylosfragment, publ. von Wilcken, Hermes 41 p. 108 col. III 24 (II[a]).

Vor Zahlzeichen: τὰς ἐπαγομένας ἡμέρα<c> $\overline{\epsilon}$ Lond. I p. 25, 12 (161[a]); aber τὰς ἐπαγομένας ἡμέρας $\overline{\epsilon}$ p. 23, 14. 24; 24, 2, 4. 5; 25, 14. ἔτου $\overline{\iota\epsilon}$ Grenf. I 33, 28 (103[a]); aber 27. 29 ἔτους $\overline{\iota\gamma}$ [Metaplasmus möglich; vgl. § 64, 2]. ἄρτου<c> δ Lond. I p. 25, 29 (161[a]). ἅλα<c> Par. 53 (b) 6 folgt Zahl (c. 160[a]); vgl. ἄρτοι καὶ ἅλας 29; ἄρτων καὶ ἅλα(τος) 41.

---

1) Möglicherweise liegt in 'Ηρακλήου die in späterer Zeit nicht seltene metaplastische Flexion ('Ηρακλέου, -είου, -ήου) zugrunde, für die Crönert 162, 2 eine Reihe von Beispielen anführt. Vgl. unten § 64, 4 Anm. 3.

In Pausa: χρηματίζεις αὐτῇ = αὐταῖς Leid. D 17 (162^{a}). ἐν ὀλίαις ἡμέραι⟨c⟩ Leid. U 4, 11 (II^{a}). τῆς ἀςχολία⟨c⟩ Tebt. I 24, 64 (117^{a}). γῆ Καλίβιος πρεςβυτέρα⟨c⟩ Grenf. II 32, 7 (101^{a}). Nominativ in der Funktion des Genitivs?

β) Das Schlußsigma ist nachträglich ober- oder unterhalb der Linie hinzugesetzt: Petr.^{2} 56 (b) 1 Πτολεμαίου Cωτῆρο^{c}; 4 τῆ^{c} Ἀναδ... κάδου^{c}; 7 Ἀδελφού^{c} (III^{a}). Petr. II 17 (1) 17 τοὺ^{c} τετελ. (III^{a}). Par. 23, 28 πρὸ^{c} τήν (165^{a}); 26, 1, 3 πρὸ^{c} Μέμφει (163^{a}); 47 verso πρῶ^{c} (sic) τούς (153^{a}); 60 (b) 4 τοῖ^{c} νεανίςκοις (150^{a}). Lond. I p. 23, 31 οὖ^{c} λαμβάνουςι (161^{a}); II p. 14, 23 τῶι γυναῖκα^{c} ἡμᾶς εἶναι (116—111^{a}) usw. Vgl. die Belege unter α).

Anmerkung 2. Nach Abfall des Schlußsigmas konnte an seine Stelle treten: a) nach § 20, 8; 21, 6 ein überflüssiges Iota προςγεγρ: so τῆι (= τῆς) αὐτῆς Tebt. I 66, 62 (121^{a}). ὁ ὑποδιοικὴι ἐπέςταλκεν Lond. I p. 11, 24. 43 (162^{a}). τὰς ἅλωι ⟨τε⟩θεωρῆςθαι Tebt. I 61 (b) 373 (118^{a}); in der Parallele I 72, 375 τὰς ἅλω⟨c⟩ τεθεωρῆςθαι (114^{a}). μέχρι ῥύμηι B U 1002, 6 (55^{a}).

b) nach § 44, 2 ein parasitischer Nasal [Völker l. c. 36]: κειθῶνας λεινοῦν β = χιτῶνας λινοῦς β (möglicherweise auch = χιτῶνας λίνου mit parasitischem Nasal nach § 44, S. 197 ff.). Par. 54, 13 (160^{a}). (τῆς) ἀναφοραν = -φορᾶς Lond. I p. 9, 11 (162^{a}). κληρουχικῆς ςυνωψιςμένην = -μένης Tebt. I 82, 2 (115^{a}). Übrigens ist bei der Annahme solcher Vertauschungen große Vorsicht geboten: oft liegen andere Erklärungen näher. Z. B. εἰς Νεκτενῖβις Tebt. I 82, 21 (115^{a}) und μήτ' αὐτὸν Ψενενοῦπις Grenf. II 33, 10 (100^{a}) fallen eher unter den Gesichtspunkt von indeklinabeln Eigennamen oder von Solöcismen: gerade der Schreiber Hermias im letztgenannten und den benachbarten Stücken wirft alle möglichen Kasus und Genera durcheinander, z. B. 14 ἐπὶ τὸν Ἁρςιήςιος — κύριον εἶναι τὰ διομολογημένα; 11 διὰ τὸ γεγραφηκέναι Δημήτριος; 35, 6 ἀπὸ τῆς ὑπαρχούςης αὐτοῖς — παςτοφόριον ᾠκοδομημένον καὶ δεδοκωμένην καὶ τεθυρωμένην etc.

Endlich sind unzählige Fälle, in denen ein Schlußsigma fehlt, deutlich als Abkürzungen gekennzeichnet, deren Häufigkeit freilich durch lautliche Verhältnisse teilweise mit bedingt sein mag: z. B. Πρωτογένη(c) παρά Ostr. 343 (255—54^{a}). μελίχρω(c) τετανός Grenf. II 33, 2 (100^{a}); B U 1000 I 4. 7 (98^{a}). τῆς πίςςη(c) Ostr. 1152, 3 (Ende der ptol. Zeit). Besonders häufig in Tabellen und Verzeichnissen der Tebtunenses I: wie 94, 23 (112^{a}) Μαρρῆ(c) Πααλο(ῦτος) ... καὶ ἃς Τεῶ(c) μιςθωτή(c) ... ἃς Θεαγένη(c); 120 (97 oder 64^{a}) ὁμοίω(c) διά; — 112 — μιςθόν; 121, 141 (94 oder 61^{a}) ὁμοίω(c) τιμῆς; 112, 9. 42. 46 κράμβη(c), 41 πίςτεω(c), 75 κύθρα(c); 116, 26. 27 (II^{af}) κρόκη(c); 117, 11 (99^{a}) ἀπὸ τῆ(c) αὐ(τῆς), 120, 11 (I^{a}) ὑπὲρ τοῦ τέκτονο(c); ebd. 16. 43 ἀλόπω(ν) τιμῆ(c) usw.

III. Entfaltung.

a) Als polare Erscheinung zum Abfall des Schlußsigmas konnte (wie bei Schluß -ν, § 44, 2, S. 197) die Entwicklung eines überflüssigen c („umgekehrte Schreibung“) nicht ganz ausbleiben.

Belege: τὰ{c} τοῦ ςημαινομένων (= νου) χα(λκοῦ) (τάλαντα) Grenf. II 30, 16 (102^{a}). καταςταθεὶς ἐπὶ{c} τῆς ἀρχῆς Leid U 3, 4 (II^{am}). ἐν τῶι ἐπὶ{c} [τοῦ κατὰ Cυήνην ὅρους] Mahaffy auf einem Granitblock aus Assuan (116—108^{a}) Hermath. 1896 IX 273 = Strack, Ptol. Inschr.

Dyn. d. Ptol. p. 267, 46. Dagegen Dittenberg. or. gr. inscr. I 168, 46 liest ἐν τῶι ἐπι[φανεστάτωι τόπωι]. Jedenfalls ebendort 40 ἐπὶ τοῦ κατὰ Συήνην ὅρους. εἵλεως γινομένη{ς} ἐπάκουσον Leid U 2, 20 (II^{am}). ἐν ταύτη{ς} BU 999 I 7 (99^a). πρὸς τῆι κωμογραμματεία{ς} Tebt. I 9, 5 (119^a). κατὰ τὸ πρόσταγμα{ς} ebd. 73, 4 (113^a). ἐν τῆι κατακεκλ[υς]μένηι καὶ κεχερσωμένη{ς} ebd. 5, 94 (118^a). εἰ{ς} ἐπιβάλλοιμεν ebd. 28, 12 (c. 114^a). Ταθῶτις ἡ καὶ Ἑρμιόνη{ς} BU 1002, 3 (55^a).

b) Der ägyptische Monat παχών hat in alten Stücken (Scherben und Papyrus) ein scheinbar pleonastisches Schlußsigma und lautet in Daten (also in der Funktion des Genitivs) παχώνς, auch παχῶνος (παχῶνι) und παχᾶνες. Wilcken Ostr. I 808 erblickt darin archaische Formen, die noch deutlich den Gottesnamen Chôns erkennen lassen, und findet ein Gegenstück dazu in der sahidischen Schreibung 'paschons'. Stern p. 16, 16.

παχώνς Petr. II 13 (1) 11 (258^a). Petr. I p. [66] 2 = Rev. Mél. 379 (Ier fragment) 1 (III^a). Petr.[2] 37 (b) col. 3, 12 (257^a); 39 col. 1, 3. 13; col. 2, 17; col. 3, 4. 10. 16; col. 4, 2; 40 (a) col. 3, 4; (b) col. 1, 3; 45 (4) 6; 50, 9; 68 (b) 8; 129 (a) 7; (b) 1, 5. 10; 134, 5 (III^a). Ostr. (Theb.) 313, 1; 316, 1 (III^a). Berliner Tafel Nr. 8131, publ. v. Wilcken Ostr. I 66 Anm. 2 (252^a).

παχῶνος Petr. II 12 (4) 10 (241^a). Petr.[2] 41 verso 1 (III^a) Noch eine Inschrift aus dem Jahr 24 nach Chr. Bull. hell. 18, 153 Nr. 6 hat παχῶνος. Vgl. den Dat. ἐν τῶι παχῶνι Par. 8, 10 (129^a). παχῶνι (allein im Datum) Strack, Ptol. Inschr. Arch. II 558, Nr. 40 (52^a).

παχᾶνες Wilck. Ostr. 1335, 1 (Anfang des III. Jhr. v. Chr.).

παχών, die später regelmäßige Form, findet sich auch auf alten Dokumenten des 3. Jahrh. v. Chr.: Petr. II 9 (2) 4 (241^a). Petr.[2] 34 (a) 4 (c. 240^a); 76 r. col. 2, 6 (224^a); 93 r. col. 6, 22; 7, 2. 16; p. 254 (III^a). Par. 53, 41; 54, 45. 66 (163^a); 55, 36; 56, 6 (159^a) usw.

§ 47. Gutturale, labiale, dentale Spirans.

1. Spirantisches Jod ist im Griechischen entstanden entweder aus dem intervokalischen i zwischen o und e (a), wovon gehandelt wird § 15, 5, S. 110 [G. Meyer[3] 220f.] oder aus intervokalischem Gamma [G. Meyer 294f.]: in letzterem Falle zeigt sich sein Vorhandensein sowohl im Ausfall (§ 33) als in der Anaptyxis (§ 34).

2. Über die mit υ ausgedrückte labiale Spirans vgl. § 17, 7, S. 114f.

3. Eine Media dentalis aspirata, wie sie Buresch Philol. 51, 97 dem ägyptischen Griechisch zuschreibt, ist (wenigstens für die ptolem. Zeit) nicht zu erweisen. Vgl. S. 180 Note 1. Dagegen lassen sich, wenn nicht alles trügt, Spuren eines Übergangs der dentalen Tenuis

in dentale Spirans vor Iota entdecken, was auf die assibilierende Kraft des ι (K.-Bl. I 266) zurückzuführen ist. Statt ἱματιοπώλης, wie Lond. I p. 38, 32 (161[a]) zu lesen ist, bietet Par. 36, 8 = Vat. B (wenn Angelo Mai richtig gesehen hat?) ἱμασιοπώλου (163[a]). — Daß ferner Tor. VIII 68 (119[a]) in der Wendung αὐτοκρασίαι τινὶ ἐκφερόμ(ενος) das Nomen im Sinne von 'Herrschsucht' steht, hat A. Peyron zur Stelle (II p. 60) richtig gesehen und übersetzt 'dominandi cupiditate elatus'. Freilich lautet sonst das Substantivum zu αὐτοκρατής (z. B. [Plat.] ὅρ. 412 D) αὐτοκράτεια, weshalb Peyron falsche Analogiebildung nach den Derivaten von κεράννυμι : εὐκρᾱσία, ἀκρᾱσία annimmt. Allein diese Analogie stimmt nicht wegen der verschiedenen Quantität des α in αὐτοκρᾰτής und αὐτόκρᾱτος. Daher empfiehlt sich doch, auch in Anbetracht des obigen ἱμασιοπώλης eine lautphysiologische Erklärung (τ > σ vor ι), d. h. αὐτοκρασία = αὐτοκρατία (Nebenform zu αὐτοκράτεια). Gerade weil das Wort eine vereinzelte Bildung ist (anders z. B. δημοκρατία, ἰσοκρατία u. ä.), war es einer lautlichen Umgestaltung um so mehr ausgesetzt. Vgl. Cohn, Berl. phil. Wchschr. 1903 Nr. 15 p. 472.

II. KONSONANTENVERBINDUNGEN.

a) ECHTE DOPPELKONSONANTEN.

§ 48. Zeta, Xei, Psei.

Zeta.

1. Die Tatsache, daß stimmhaftes σ vor stimmhaften Konsonanten und μ nicht selten durch ζ ersetzt wird und umgekehrt für den stimmhaften Zischlaut manchmal σ eintritt (§ 46 I), ist ein Beweis, daß in der hellenistischen Zeit der Übergang vom ursprünglichen Doppellaut (ζ wohl = zd) zum einfachen Spiranten, vom stimmhaften zum stimmlosen Klang vollzogen ist.[1]) Dem widerspricht keineswegs die Bezeichnung von ζ durch σζ, das ebenso für stimmhaftes σ (§ 46) eintreten kann.

ζ > σζ: ἀνασ|ζητήσας[2]) Tebt. I 53, 29 (110[a]). — διαρπάσζεται Lond. I p. 26, 20 (161[a]); im Konzept p. 25, 21 διαρπάζεται. —

1) Die ursprünglich doppelkonsonantische Aussprache des ζ vertreten: Blaß A.[3] 112 ff., besonders 119. K.-Bl. I 57. G. Meyer 295 ff. Mhs.-Schw. 92, 2. Brugmann Gr. Gr. 35. 108 und namentlich Nachtrag p. 569 gegen O. Lagercrantz (Zur griechischen Lautgeschichte, Upsala 1898), der (besonders p. 106 ff., 125 ff.) von Anfang an für ζ einen einheitlichen Zischlaut annimmt.

2) Nachmanson 94 bringt diese Orthographie unter den Gesichtspunkt der Spirantengemination, analog mit Fällen wie ἀφεσσταλμένων, κατέσσπαρκεν etc., wofür in der Tat die Zerreißung von σζ in diesem Beispiel und ebenso in σώσ|ζεται Heberdey-Wilhelm 125 N. 205, 4 (Kilikien) zu sprechen scheint. Doch kommt σζ nie vor Konsonanten vor.

ἐγγλογίϲζηται Lond. I p. 40, 90 (158[a]); aber p. 39, 41 ἐγγλογίζεται. — ἐργάϲζοντοϲ Leid. C p. 118 col. 1, 21 (c. 160[a]). — παραϲζυγῆϲ Tebt. I 189. 190 (I[ai]); sonst παραζυγῆϲ ebd. 121, 52. 58. 83 (94 oder 61[a]); 262 (II[af]). — χρηματίϲζηται ebd. 70, 57 (111[a])[1]). Möglich, daß diese Schreibungen ebenso wie ἐκξαμένου und Ἀλεξcανδρεύϲ (s. unten 3 und 4) nur die Syllabierung deutlicher ausdrücken sollten.

Anmerkung. Wohl durch Versehen steht τάζει für τάξει Petr. II 50 (2) 28 (Laches c. 300[a]), δ[εί]ζω = δείξω Eud. Acrost. 1, und νύζ = νύξ ebd. col. 2, 23 (vor 165[a]).

Ξει.

2. Das altattische, bis c. 400[a] herrschende, später nur noch in formelhaften Wendungen fortlebende ξύν (Meisterh.-Schw. 220) begegnet in literarischen Texten als traditionelle Orthographie, ist aber auch hier häufig in ϲύν geändert. ξυνῇ Eud. Acrost. 5 (vor 165[a]). ξύμβουλοι Petr. II 50 (1) 8 (Laches c. 300[a], im rezipierten Text ϲύμβουλοι). Umgekehrt ebd. col. 4, 14 ϲύμπαντι, in den Texten ξύμπαντι. Im Medeafragment P. Weil II 7 ist das heute rezipierte ξὺν ἀνδρί durch ϲὺν ἀνδρί ersetzt; ebenda 14 ξὺν ἀγῶνει. Grenf. II 4 (Ilias 21, 390) ἔριδι ξυνιόνταϲ (III[a]). Die Urkunden bieten nur ϲύν. Schweizer Perg. 115 (nur ϲύν). Nachmanson Magnes. 85f. (nur ϲύν). Im allgemeinen G. Meyer 340.

3. Bemerkenswert ist die Schreibung ἐκξαμένου = ἑξαμήνου Ostr. 336, 3 (259—8[a]). Sonst ἑξαμήνου Eud. 3, 8 (vor 165[a]). Par. 62, 4, 5 (II[ai]). Lond. I p. 10, 15 (162[a]). Diese Schreibart wird häufiger in nachchristlicher Zeit: ἑκξ BU 189, 5 (8[p]); 911, 7 (18[p]). ἐκξουϲίαν Oxy. II 259, 18 (23[p]). ἕκξ Amh. II 130, 5 (70[p]). Ostr. 1332, 6 (II[pf]). ἐκξωδιαϲθῇ (sic) Amh. II 135, 19 (II[p]). Ähnliche Belege notiert Stern p. 16, 15 fürs Koptische. Nachmanson 94, Fußnote 1. Crönert 89, 5.

4. Die auf Inschriften von Chios und Korinth erhaltene (Blaß A.[3] 115) pleonastische Schreibweise ξϲ = ξ zeigt auch eine Ptolemäerinschrift in [Ἀλε]ξϲανδρεύϲ Archiv I 206 Nr. 19, 10 (180[a]). Später πράξϲω BU 602, 10 (II[p]). Crönert 95, 3.

Welche Formen ἐξ und ἕξ im Sandhi annehmen, zeigt § 53.

---

1) Das älteste Beispiel für ζ > ϲζ auf attischen Inschriften findet Meisterh.-Schwyz. 92, 2 etwa z. Jahr 268[a]; Beispiele aus dem 3. Jahrh. v. Chr. fehlen in den Papyri. [. . . οϲζωι Petr. II 13 (7) 1 (258[a]) ist in der Neuausgabe Petr. II in . . . οϲ Ζωπύρωι berichtigt.] Schweizer Perg. 128 f. bringt Belege aus Kleinasien (keinen aus Pergamon!). Weitere Stellen Dittenberger Syll.[2] III 229. Vgl. G. Meyer 303. Nachmanson 87. Crönert 97.

Psei.

5. πc statt ψ begegnet im Eigennamen Πέπcαι Petr. II 4 (2) 14 (255[a]). Über vermeintliches πέμcαc = πέμψαc vgl. S. 167 Anm. 6, über ἐμβλεύcαντας für ἐμβλέψαντας S. 115.

6. In ἐψιcκεψάμενον = ἐπιcκεψάμενον Lond. I p. 9, 28 (162[a]) liegt durch ein Versehen Antizipation des ψ vor; 25 richtig ἐπιcκεψάμενον, wie sehr oft.

Über ψάμμοc — ἄμμοc vgl. § 45, S. 202.

b) GEMINATEN.

§ 49. Vereinfachung geminierter Konsonanten.

Die Vereinfachung einer altgriechischen Geminate geschah infolge davon, daß die Silbengrenze statt in die Geminate vor dieselbe gelegt wurde.[1]) Dieser Prozeß hat, wie aus gelegentlichen Einfachschreibungen hervorgeht, in Attika schon im 4. Jahrh. v. Chr. eingesetzt (Meisterh.-Schwyz. 95f. Schwyzer Vulg. 251) und in den Papyri vom 3. Jahrh. an immer größere Fortschritte gemacht.

I. Vereinfachung im Innern eines Wortes zwischen zwei Vokalen.

Was die Häufigkeit der Fälle betrifft, so stehen in erster Linie die Liquidae mit den Nasales, in zweiter Doppelsigma, in dritter Doppelmuta.

1. Liquidae und Nasales (Crönert 75f.).

λ < λλ in Formen von ἄλλοc und seinen Derivaten:

τἄλα Par. 63, 6, 183 = Petr.[2] Einl. p. 34 (165[a]); Tebt. I 28, 7, 212 (114[a]). ἄλωc Tebt. I 53, 27 (110[a]). ἄλα ebd. 74, 25 (114[a]). ἄλαι 116, 26 (II[a f]). ἄλαc 60, 103 (118[a]); 112, 63 (112[a]). Dagegen Par. 63, 6, 166 = Petr.[2] Einl. p. 32 ist statt ἄλουc vielmehr λαούc zu lesen. Witkowski denkt mit Unrecht in dem Ausgabenverzeichnis Par. 55 (b) 29 (159[a]) bei ἄρτοι καὶ ἄλαc und 41 ἄρτων καὶ ἄλα an Formen von ἄλλοc, vielmehr ist ἄλαc vulgäre Nebenform zu ἄλc und

---

1) Brugmann Gr. Gr. 129 f. G. Meyer 374 f. Schweizer Perg. 122 ff. Nachmanson 88 ff. Crönert 73 ff. Sehr beachtenswert ist die Ansicht, die Schwyzer Vulg. 250 ausspricht: daß die sog. Geminaten nur gedehnte, in einem Hub gesprochene Konsonanten seien, da nur wenige Sprachen wirkliche Doppelkonsonanten haben. Demnach wäre die Vereinfachung der Geminaten nichts anderes als die Aufhebung des Unterschieds zwischen einfachen und gedehnten Lauten und stünde auf einer Linie wie im Vokalismus die Ausgleichung der Vokalqualitäten. Unter denselben Gesichtspunkt fiele die Verdopplung einfacher Laute in der Schrift.

an der 2. Stelle ἄλα[τος] zu ergänzen. Vgl. dazu § 67, 2. Ferner ἀλαγήν Par. 62, 5, 16 (II[a i]); aber ἀλλαγή Petr. II 27 (5) 3. 5. 6 (III[a]) und sonst sehr oft.

συνάλαγμα Par. 65, 5. 12 (146—135[a]); aber συνάλλαγμα Grenf. II 22, 10 (110[a]) u. o. συναλάξεως Tebt. I 61 (b) 89, aber 91 συναλλάξεως (118[a]). παραλα[γμ]ένου (Crönert) Tebt. I 5, 86 (118[a]). συνηλάκχειν P. Reinach 7, 12 (c. 140[a]).

ἀλ' ὅμως Par. 45, 4 (153[a]).

ἀπολύει (perdit) Par. 50, 9 (160[a]). — ἀπολλύοιτο Artem. 6 (III[a]). ἀπολλύμεθα Petr. II 4 (1) 4 (255[a]).

ἀντιβάλειν (präs.) Eud. 3, 32 neben παρεμβάλλονται 3, 29 (vor 165[a]). ἀναβάλουσιν Par. 66, 72 (III[a]) [Rev. Mél. 374 ὤ(ς) — ἀναβαλοῦσιν?]. ἐπιβαλομένοις (präs.) Rev. Mél. 321, 2 v. u. (II[a]). ἐμβάλειν, παραβαλούσας müssen Präsentia sein im Sosylosfragment, ed. v. Wilcken, Hermes 41 p. 107 col. II 27 und p. 108 col. III 19 (II[a]). Vgl. ebd. col. II 17 ἠλατ[τοῦτο] für ἠλλαττοῦτο.

ἐπαγγελομένου Petr. I 29, 12 (III[a]). — μᾶλον Par. 63, 9, 43 (165[a]).

In Eigennamen: Ἀπολώνιος Dittenberg. inscr. gr. or. I 83, 4 (221—205[a]). Vgl. Ἀπολωνίδου Nachmanson 91; ebd. Καλινίκου. Καλίστρατος Petr.[2] 76 r. col. 2, 5 (224[a]).

Anmerkung 1. In θρυλησθέν[τω]ν (sic) Par. 63, 9, 45 (165[a]) entspricht das λ der attischen Orthographie, die auch von Eustathius zu M 396 gegenüber von θρυλλέω empfohlen wird. Crön. 75, 5. — ψελίου Petr. II 33 col. A 16 (III[a]) ist dem Zusammenhang nach eher vulgäre Nebenform zu ψάλιον (vgl. S. 16) als im Sinne von ψέλλιον (Armband) zu verstehen. Beim ägyptischen Lehnwort κυλ(λ)ῆστι (Belege S. 3) ist noch unentschieden, ob Geminata oder einfacher Laut ursprünglich ist.

ρ < ρρ. Die schon im Attischen (Mhs.-Schwyz. 95; Lautensach 1887, 18, Note 1; K. Bl. I 270) keineswegs konsequente Verdopplung des ρ in der Wortfuge bei Zusammensetzungen und nach dem Augment des Verbums unterblieb auch vielfach im Hellenistischen; selten tritt Vereinfachung im Wortinneren eines simplex ein.

a) In Zusammensetzungen: ἀπο-ρεῖν, δια-ρεῖν Eud. 14, 17. 13 (vor 165[a]). Aber καταρρυῆναι Magd. 24, 5 (III[a]). ἀπό]ρρους Petr. I 2, 41 (c. 240[a]). μελιτόρρυτον Tebt. I 1, 10 (Anthol. Fragm., nach 100[a]).

ἀντίρησιν Tor. I 5, 35 (117[a]); aber ἀπορρήτων Tebt. I 5, 27 (118[a]).

ἀποριφέντα (sic! nicht wie Wessely ταρριφέντα) Lond. I p. 61, 23 (261 oder 223[a]). ἐπιρίπτειν Tebt. I 5, 183. 185. 249 (118[a]).

ἐπιρήcεcκε Ilias 24, 456 (Kenyon class. p. 107, I[a]); aber καταρραγῆναι Petr. II introd. p. 31 oben (III[a]).

εὐθύριν Pap. Gizeh Mus. Arch. I 65, 28 f. (123[a]); Par. 5, 1, 5; 2, 1 (114[a]). BU 994 II 11 (113[a]); 995 II 10 (109[a]). Leid. N 2, 6. 7. 8. 12 (103[a]). Grenf. II 23, 2, 4 (107[a]); 32, 5 (101[a]). Amh. II 51, 23 (88[a]). Goodsp. 6 col. II 4 (129[a]). εὐθύρινοc Grenf. I 25, 2, 12 (114[a]). εὐθυρίνου Grenf. II 23, 2, 6 (107[a]). ὀξύριν Petr. I 20 (1) 10 (225[a]). — Aber εὐθύρριν BU 993 II 11 (127[a]). κατάρριν Petr. I 18 (1) 7 (237[a]). ὀξύρρινοc ebd. 21, 15 (237[a]); ὀξύρριν 19, 11 (225[a]). Petr.² 13 (a) 10 (235[a]). παχύρριν Petr.² 6 (b) 5 (237[a]); 19 (a) 11 (225[a]). Stets Ὀξύρυγχοc (Ὀξόρυγχοc), Belege S. 97.

παρηcίαν (aus πανρηcία) Par. 63, 8, 7 (165[a]). — παρρηcίαι [Demosth.] epist. III 13 (Kenyon class. p. 59, II—I[a]). Win.-Schmied. § 5, 26, b. Blaß N. T. 11.

πολυρήνου P. Weil VI 2, 3 (vor 161[a]). Dagegen Eigenname Πολυρρήνιοc C. I. Gr. 4841, Botti 133 (145—116).

Anmerkung 2. Zur Etymologie von καταρ(ρ)άκτηc bemerkt Strabo 14, 667: ὁ καταράκτηc λεγόμενοc ἀφ' ὑψηλῆc πέτραc καταράττων und Eust. Il. p. 1053, 5: Ἀράccειν· ὅθεν καὶ οἱ καταράκται (also nicht zu καταρρήγνυμι). Trotzdem schwanken die Handschriften bei Strabo an mehreren Stellen zwischen ρ und ρρ. Crönert 79, 1 und Thes. gr. IV 1203 f. Eine Ptolemäerinschrift (von Essehel) Dittenberg. inscr. or. I 130, 11 (146—116[a]) hat καταράκτου. Lautensach, Gramm. Studien zu den griech. Trag. und Komik. 1899, 13 f. vertritt die Ableitung von καταρρήγνυμι (intrans.), namentlich auf Grund von Soph. Oed. C. 1590, wo das Metrum die Gemination verlangt.

b) Nach dem Augment der mit ρ beginnenden Verba: κατέρηξεν Grenf. I 38, 14 (II—I[a]). Doch überwiegt hier bei weitem ρρ, wie ἐξέρριψεν Lond. I p. 61, 13 (157—146[a]). ἐρράγη Petr. II 23 (1) 11 (III[a]). ἔρρειμαι = ἔρριμμαι von ῥίπτω ebd. 19 (2) 3 (246[a]). ἀπερρῖφθαι Magd. 29, 11 (III[a]). ἐπερρωμένου Par. 63, 10, 42 (165[a]). ἔρρωμαι, ἔρρωcαι, ἔρρωcο etc. passim.

c) Im Innern eines einfachen Wortes: βορᾶν Bull. cor. hell. 18, 148, 10 (c. 90[a]). Belege für βορρᾶc § 58, 5. Vgl. Kretschmer Vas. 177.

Anmerkung 3. Μυρίνην Petr. II introd. p. 23, 13 (238[a]) scheint richtig nach Μύρα (Stadt in Lykien) gebildet zu sein. — Gegenüber Μαραίου Petr. II 47, 8. 29 (192[a]) bietet das C. I. G. an mehreren Stellen Μαρραῖοc (s. den Index). — ἀραβών neben ἀρραβών erklärt sich als semitisches Lehnwort. Vgl. S. 40. Crönert 80, 5.

μ < μμ: ἀντειλημμέναι Lond. II p. 14, 30 (116—111[a]). περιειλημένη Kanop. Dekr. 63 B (237[a]).

γραματῖc Par. 31, 27 (163[a]). γραματεῦcι Par. 39, 51 (158[a]); ebd. 54 γεγραμένηc. προγεγραμένον ebd. 24 verso 4 (164[a]). προγεγρα-

μένη ebd. 49, 21 (160[a]). κωμογραματέως Tebt. I 78, 1; ebd. 3 γραματέως (110—8[a]); Nr. 121 Vorbem.
ἔρρειμαι = ἔρριμμαι Petr. II 19 (2) 3 (246[a]).
λημά(των) Tebt. I 120, 92 (97 oder 64[a]).

Anmerkung 4. Ein Schwanken ist zu beobachten bei ägyptischen Eigennamen: Ἀμῶνος Par. 5, 19, 7; col. 42, 9 (114[a]). Ostr. 321, 3 (unb. ptol.). Ἀμμῶνος Grenf. I 33, 37. 41 (103—2[a]). Tor. I 8, 18 (117[a]) etc. — Ἀμωνίου Ostr. 309, 3 (III[a]). Ἀμωνίωι Ostr. 1208, 7 (unb. ptol.); Amh. II 56, 5 (146—35[a]). Ἀμώ(νιος) Ostr. 1311, 3; aber 6 Ἀμμώνιος (II[a]). Ἀμώνιον Ostr. 1527, 2 (123[a]) neben Ἀμμώνιος, das sich z. B. Ostr. 319, 2. 3. 7; 351 (122[a]); 353 (117[a]) und sehr oft findet.

ν < νν: γεναί(ου). P. Weil III 17 (vor 161[a]). Dagegen hat man in den ausschließlich vorkommenden Formen γένημα, ἐπιγένημα, ἀγένητος etc. selbständige Neubildungen von γεν- (γίνομαι), nicht von γεννάω zu sehen. Lobeck Phryn. 286. Win.-Schmied. § 5, 26a. Schweizer Perg. 124.

Belege zahllos: z. B. γενήματα (Produkte) Petr. I 16 (2) 7 (230[a]). Petr. II 31, 8 (III[a]); 38 (a) 18 (240[a]); 2 (1) 19; 30 (a) 15 (235[a]); ebd. (c) 2 mal; (e) 5. Par. 62, 4, 11. 15. 20; 6, 18 (c. 170[a]). Lond. II p. 14, 30 (116—111[a]) usw. γενημάτων P. Kairo Arch. II 80, 8 (229[a]). Amh. II 59, 3 (151 oder 140[a]). γένημα Tebt. I 5, 185. 190 (118[a]); 21, 9 (115[a]) und sehr oft. ἐπιγένημα Rev. L. 17, 2. 4. 11 (258[a]). Par. 62, 6, 5. 6 (c. 170[a]) und oft. γενηματοφύλαξ, γενηματοφυλακία s. Ind. Tebt. ἀγένητα Petr. II 32 (3) 10 (III[a]).

Anmerkung 5. ἀέναος (nicht ἀένναος) steht richtig Kanop. Dekr. 48 (237[a]); Lond. I p. 38, 33 (158[a]). — ἀένναος Aristeas (Wendland) 279. 292. 311; auch LXX. Ebenso haben die Papyri gegenüber von ἐννέα durchweg die richtige Form ἔνατος: Eud. 4, 12; 20 (vor 165[a]). Grenf. II 24, 1 (105[a]). Ostr. 714, 4 (ptol.). ἐνακοσίας Buttm. 3 (134[a]). Ostr. 327, 3 (ptol.); 334, 5 (144[a]); 344, 4 (139[a]); 153, 7 (145—4[a]) etc. Nur Rev. Mél. 277 (Ostr. 8553) ἐννακοσίας (II[a]). Ebenso stets ἐνενήκοντα: Ostr. 1511, 5. 6 (143—2[a]); 1508, 5 (144[a]); 1255, 4. 5. 6 (154 oder 143[a]). Crön. 75, 2. — Ferner liest man πίνα (Muschel, Perle) Par. 10, 10 (145[a]), wie auch Hesych. vorschreibt. Bei Arist. u. Theophr. πίννα. Vgl. Thes. l. gr. s. v. πίννα und πίνος und van Herwerden lex. suppl. append. 173. — ὕνεις (Pflugscharen) Petr. II 39 (h) 7. 15 (III[a]). Über ὕννις vgl. G. Meyer 379. Plut. symp. 4, 5, 2 leitet das Wort von ὗς ab, da der Rüssel des Schweins den Anlaß zur Erfindung des Pflugs gegeben habe. — Ein Schwanken zeigen die Namen Ἀμεννέως Petr. II 27 (3) 13. 31; 25 (i) 8; aber Ἀμενέως ebd. 13 (10) 3 (258[a]). Μενέαι Petr.[2] 1, 2, 24; aber 18 Μεννείαι (237[a]). Vgl. Μεννέ(ου) Tebt. I 120, 55 (97 oder 64[a]).

2. Doppelsigma wird vereinfacht in folgenden Fällen: ἄνασον (Ἶσιν) Leid. U 2, 10; aber 3, 10 ἄνασσον = ἄνασσαν (II[am]). ἀνάσσης Kanop. Dekr. 61. 65 (237[a]). — βασιλίσης Par. 30, 6 = Dresd. 3 (162[a]). βασιλείσης Leid. C p. 22, 14 (162[a]). βασιλίσηι Lond. I p. 38, 4. 5 (158[a]). Par. 40, 61 (156[a]). Fay. 12, 1 (nach 103[a]). Weit häufiger βασίλισσα, Belege § 58, 8. ἔλασον (mit übergeschriebenem zweiten σ) Par. 63,

4, 120 = Petr.[2] Einl. p. 28 (165[a]); ebenso Eud. 3, 6; ἐλάcουc Eud. 19, 12 (vor 165[a]). μέcoν Weil VI 2, 1 (vor 161[a]), wo μέccoν durch das Metrum gefordert ist; ebenso μέcαυχον (sic) statt μέccαυλον Il. 24, 29 (Kenyon class. 106—I[a]). μεταλλάcει Eud. 8, 6 (vor 165[a]). πράcειc = πράccειc Par. 45, 8 (153[a]). — τέcαρεc Fay. (Ostr.) p. 321, 2 (23[a]). τεcαράκοντα Petr.[2] 74 (a) 9 [aber 4 τεccαράκοντα] (III[a]); ebenso P. Reinach 11, 6 (111[a]). Vgl. unten § 52, 2.

Anmerkung 6. Λαριcαῖοc Petr. II 35 (3) 8 (244—240[a]). Magd. 34, 1 (III[a]) entspricht der gut attischen Orthographie. Meisterh.-Schwyz. 98, 12. — Dagegen liest man Μυλαccέα im Sosylosfragm. ed. Wilcken, Hermes 41 p. 107 col. III 7 (II[a]). — πίcου (Erbse) Tebt. I 9, 11. 17 (119[a]). Bei Galen πιccόc, s. Thes. gr. s. v. — καcῆc (Fell, semitisches Wort?), nicht καccῆc, ist belegt; Stellen S. 41. Ebenso gewöhnlich καcοποιόc: Petr. II 32 (1) 10 (III[a]). καcοποιῶν Ostr. 1085, 2 (136[a]); 1087, 2 (135[a]); 1088, 2 (135—4[a]); 1616, 3 (149/8 oder 138/7). καcωποιῶν (sic) 1089, 2/3 (135/4[a]); 1090, 2 (ptol.). Dagegen καccοποιῶν Wilck. Ostr. 1081, 2; 1082, 2 (141—40[a]); 1084, 2 (137—6[a]); 1086, 2 (136—5[a]). Wilcken Ostr. I 224 nimmt als Grundform καccοποιόc an, von κάccoν (Hesych. ἱμάτιον παχὺ καὶ τραχὺ περιβόλαιον) und übersetzt „Rubberstoff-Arbeiter". Es ließe sich auch an eine Ableitung von κᾶc (Hesych. Gewand) denken; vgl. κᾶc ἐφίππι(οc) S. 41.

3. Vereinfachung von Doppelmuta ist verhältnismäßig am seltensten.[1])

κ < κκ: Im Fremdwort cάκ(κ)οc (Sack) schwankt die Orthographie, doch überwiegt die Geminata: cάκου Par. 54, 52 (163[a]). — cάκκου Petr. II 25 (i) 16 (226[a]). Tebt. I 116, 3 (II[a f]). cάκκον P. Reinach 17, 19. 21 (109[a]). cάκκουc Petr. I 25 (2) 6 (250[a]); II 23 (a) 19 (244 bis 40[a]); 33 col. A 9 (III[a]). cάκκοc Lond. II p. 11, 6. 11; p. 12, 26 cάκκοι; p. 11, 16 cακκοπήρα (152 oder 141[a]). cακκοφόροc Lond. I p. 34, 34 (161[a]); Tebt. I 39, 26 (113[a]). — ἐκείμενα wechselt mit προεκκειμένων Tebt. I 5, 205 u. 224 (118[a]).

π < ππ: πάπαc Par. 5, 44, 5 (114[a]). Eigenname Πάπου Tebt. I 121, 128 (94 oder 61[a]). — Aber πάπποc Tebt. I 62, 29. 36 (119[a]); 63, 39. 50; 64 (a) 23; πρόπαπποc 63, 33. 38; 64 (a) 15. 19 (116[a]). K.-Bl. I 269. Brugmann Gr. Gr.[3] 131: „Solcher Wechsel zwischen einfachen und geminierten Lauten ist bei onomatopoetischen Gebilden, Lall- und Kosenamen uralt." Kretschmer Einl. 344 ff. — Der Wechsel zwischen μάρcιπποc, μαρcείπειον und μαρcίππιον (Belege S. 42) ist bei dem semitischen Lehnwort weniger auffallend.

τ < ττ: einmal ἐλάτουc Eud. 18, 17/18 (vor 165[a]). Über ἐλάττουc unten § 52, 2.

---

1) Nicht wenige Belege gibt Schwyzer Vulg. 251 (Λύcιπον, Νόμιποc, Ἱπόνικοc, Ἱπολόχηc, γλῶτα, ἡτᾶcθαι, πράτει, Βαχίδα).

II. Vereinfachung einer Geminata in der Wortfuge.

Stoßen bei zwei aufeinanderfolgenden Wörtern im Auslaut des ersten und Anlaut des zweiten dieselben Konsonanten zusammen, so kann (durch Verrückung der Silbengrenze) einer der beiden Konsonanten, die in der scriptio continua eine Geminata bilden, ausfallen. Man artikulierte wohl in solchen Fällen die zusammenstoßenden Konsonanten nicht getrennt, sondern als einen Laut. Die Erscheinung beschränkt sich übrigens auf Nasale und Doppelsigma.[1])

ν/ν > ν: ἐὰ⟨ν⟩ νῦν P. Weil I 27 (vor 161^{a}).

c/c > c: τούτοι⟨c⟩ cυνεργείαc Leid. D 14 (162^{a}); in der Kopie Par. 30, 16 τούτοιc cυνεργείαc.

τοῖ⟨c⟩ cτρατηγοῖc Tebt. I 5, 141 (118^{a}).

ἄφεc ⟨c⟩αυτόν Amh. II 37, 10 (Wilcken) II^{af}.

χρεία⟨c⟩ cοι Tebt. I 43, 40 (118^{a}). κρόκη⟨c⟩ cταθμίου ebd. 117, 67 (99^{a}). προcανενηνοχώ⟨c⟩ cοι ebd. 16, 3 (114^{a}). ἐντιθέντα⟨c⟩ cοῖcιν Ostr. 1147 verso 1 (Hippolytosfragm.) II^{a}. ἴcω⟨c⟩ cκοπεῖ Weil I 12b (vor 161^{a}). ὥ⟨c⟩ cφιν Il. 24, 27 (Kenyon class. p. 106—I^{a}). τῆ⟨c⟩ cωτηρίαc Amh. II 133, 21 (II^{p}). τοὺ⟨c⟩ cοὺc Oxy. II 269 col 2, 13 (57^{p}). πρό⟨c⟩ cε Amh. II 93, 21 (181^{p}) etc. Vgl. oben S. 47f.

§ 50. Gemination einfacher Konsonanten.

„Ein Konsonant wird dadurch zur Geminata, daß die Silben grenze statt vor ihn in ihn hinein gelegt wird; die offene Silbe wird geschlossen.“[2]) Der Fall tritt vereinzelt seit dem 3. Jahrh. v. Chr., häufiger im 2.—1. Jahrh. ein.

I. Vor Konsonanten (wobei der verdoppelte Konsonant immer schon Bestandteil einer Konsonantenverbindung ist).

a) im Wortinnern: γμ > γγμ in προccτάγγμαcιν (sic) Leid. U 3, 5 = Mélanges Nicole p. 583, 5 (II^{am}).

πτ > ππτ in Ἄγυπτον (sic) Leid. U 4, 2 (II^{am}); aber 2, 11 Ἀγύπτῳ; 2, 7. 15 Ἀγυπτιcτεί.

cπ > ccπ in κατέccπαρκεν Rev. L. 42, 16 (258^{a}), aber κατέcπαρκεν P. Ashmol. Pl. XV 11. 29; XVI 45 (III^{a}).

---

1) Meisterh.-Schwyz. 96f. 9. 4. Schulze Herm. 28, 22f. Crönert 92. Nachmanson 89f.

2) Brugmann Gr. Gr.³ 131. G. Meyer 375ff. K.-Bl. I 269ff. Schweizer Perg. 122ff. Kretschmer Vas. 173ff. Win.-Schmied. § 5, 26. Nachmanson 93. Crön. 79ff. Über die Theorie von Schwyzer, wonach die graphische Doppelung nur eine Dehnung des einfachen Lautes bedeutet, vgl. oben S. 211, Fußnote. Vgl. auch unter „Silbentrennung“ oben § 5 S. 47f.

ϲτ > ϲϲτ in καταϲϲταθῆναι P. Reinach 7, 31 (c. 140^a). Leid. U col. III 5 (II^{am}) liest jetzt Wilcken (Mélanges Nicole p. 583) προϲϲτάγγμαϲιν statt προϲετάγγμαϲιν (Leemans). [κεχρημάτιϲϲτα(ι) Leid. E 16 (162^a) ist von Wilcken in κεχρημάτιϲτα(ι) berichtigt worden, Archiv I 213]. Es ist auffallend, daß diese zu allen Zeiten und in allen Dialekten, namentlich auf attischen Steinen (Mhs.^{3} 89 ff.) überaus häufige orthographische Eigentümlichkeit, das stimmlose ϲ vor stimmlosen Verschlußlauten zu verdoppeln, auf Papyrus so selten vertreten ist. G. Meyer 304. Kretschmer Vas. 174. Dittenberger Syll. 3, 229. Nachmanson 93. Crönert 93.

b) in der Kompositionsfuge eines zusammengesetzten Wortes oder auf der Grenze von zwei selbständigen aufeinanderfolgenden Wörtern.

γ/λ > γγ/λ in ἐγγλογίζεται Lond. I p. 39, 41; ἐγγλογίϲζηται ebd. p. 40, 90 (158^a).

ϲκ > ϲ/ϲκ in ποιήϲει{ϲ} ϲκιάν Eud. 11, 6 (Faksim.) vor 165^a.

ϲ/ν > ϲϲ/ν in Ἴϲιοϲ{ϲ} Νεφορϲῆτοϲ Amh. II 35, 4. 33 (132^a).

Anmerkung 1. Ein anderes Princip als Schwanken in der Silbentrennung (etwa Verschärfung des auslautenden Konsonanten?) muß wirksam gewesen sein bei der Schreibung ἐκκ πλήρουϲ Par. 26, 8 (163^a) [vielleicht auch beim obigen ἐγγ-λογίζεται]. Vgl. bei Mhs.^{3} 106, 2 ἐκκ πεπτωκότων (300^a), ἐκκ Πηλήκων (IV—I^a). Crönert 89, 5. Dittenb. Syll. 3, 229. Denn mit κπλ oder κπ konnte keine Silbe beginnen. In der Regel wird übrigens geschrieben ἐκ πλήρουϲ: Ashmol. Pl. XVI 55 (III^a). Lond. I p. 23, 30 (161^a). Amh. II 40, 22 (II^a). Tebt. I 6, 33. 47 (140^a) etc.

II. Nach einem Konsonanten findet im Wortinnern Verdoppelung eines Konsonanten statt: in *προϲτάγμματα (sprich prostammata) Lond. I p. 41, 116. 124. 126 (158^a). — παρεπειγέγρρ(αφε) Tebt. I 58, 46 (111^a). — Ϲενμμῶνθιϲ Ostr. 1618, 4 (ptol.).

III. Zwischen silbischen Vokalen wird häufig ein Konsonant auf zwei Silben verteilt und daher doppelt geschrieben.

a) in der Wort- und Kompositionsfuge (nur bei λ, ν und ϲ): διά{λ}λογον Tebt. I 58, 23 (111^a). χηλὴ{ν} ναύλοκοϲ P. Weil VI 4 (vor 161^a). ἐν{ν}αντίων Eud. 11, 20; aber 12, 13 ἐναντίων (vor 165^a). μενο{ν}νύκτιοϲ (sic) = μεϲονύκτιοϲ Eud. 17, 2 (vor 165^a). — εἰϲ{ϲ}ανγελέων Par. 41, 3 (158^a); aber 40, 3 εἰϲανγελέων. καταϲτὰϲ{ϲ} ἕωϲ Magd. 17, 4 (III^a). ὑπέγραψα{ϲ} Ϲαραπίων Lond. I p. 11, 43 (162^a). ὡϲ{ϲ} αὐτόπαιδα Petr.^{2} 42 g (2) 5 (c. 250^a). Spätere Beispiele gibt Crönert 93, 2. Brugmann 131, 2. Nachmanson 93 Anm. 1. G. Meyer 377.

b) im Innern eines einfachen Wortes bei folgenden Konsonantenklassen.

1. am häufigsten Liquidae und Nasales:

λ > λλ in ἀνειλλημμένωι Tebt. I 61 (b) 74; ebd. 116 ἀνειλλημμένου (118ª). — γναφάλλων, γναφαλλολόγων (Belege S. 170) gegenüber von γνάφαλον Poll. onom. 10, 41. — ἔλλαττον, ἐλλάττους Eud. 10, 6; 18, 7 (vor 165ª). — ἐνκολλαπτωμένων (sic) Leid. U 3, 21 (IIª); aber προσκολάπτεσθαι Kanop. Dekr. 23 (237ª). — καλλῶς Petr.[2] 42 H (5) 6 (c. 250ª). — κατακολλουθεῖν Lond. I p. 39, 38 (158ª). παρακολλουθῆς ebd. p. 40, 56. — ὑπακολουθεῖν Alex. I 13 (IIIª). συνακολουθείτω Petr. II 4 (2) 3 v. u. (255ª). κατακολουθοῦντα Par. 63, 2, 55 (165ª). κατακολουθήσας Grenf. II 23, 3. 10; ἀκολούθως 12 (108ª) usw. Vgl. auch die Eigennamen Κολλούθης Par. 5, 7, 6 (114ª); 52, 13 (162ª); 54, 43 (163ª). Κολλούθου Grenf. II 18, 3 (127ª). Κολλούθω Par. 54, 24 (163ª). — ὀφελλόμενα = ὀφειλόμενα Zois (Wessely) Nr. 1 col. 1, 21 (150ª); aber Nr. 2 col. 1, 19 ὀφειλόμενα (148ª). — πόλλοι (Pole) Eud. 6, 24; 17, 19; aber πόλος 6, 31; 7, 3; 9, 4 (vor 165ª). — προσαγγελλέντων (Aor.) Tebt. I 43, 24 (118ª) — möglicherweise Analogie vom Präsensstamm.

Anmerkung 2. In Σαρδανάπαλλος Par. 2, 2, 6. 10. 14. 18 (vor 160ª) hat sich die besser bezeugte Orthographie erhalten. Ebenso Herod. 2, 150. Luc. de Syr. dea c. 40. Arist. Eth. Nic. 1, 3. Diod. 2, 23. Strabo 14, 672; 16, 737. Σαρδαναπάλου Pol. 8, 12, 2; 37, 2, 6. Weiteres Crönert 76, 3. — Εὐρύπυλλος Par. 3 (Iliasfragm.) Not. et extr. XVIII 2 p. 123 v. 36 und Ταντάλλου Petr. I 2 C 59 (Antiope, c. 245ª) stehen sogar gegen das Metrum. — ἀνάσιλλος (mit struppigem Haar) ist die Schreibung des 3. und 2. Jahrh. v. Chr. Petr.[2] 3, 4 (237ª); Grenf. I 10, 11 (174ª). ἀνάσιλος Arist. physiogn. 5. Dagegen Poll. 4, 137 ἀνάσιλλος (Bekker ἀνάσιμος); ebenso Plut. Crass. 24 p. 538. Vgl. § 88, 7.

ρ > ρρ in Eigennamen, hauptsächlich nach ω (Crönert 20, 2): Δώρρου Petr. II Introd. p. 33 (IIIª). Δώρου Par. 5, 38, 10 (114ª); Tebt. I 62, 76 (119ª); 63, 67 (116ª). Δῶρος Petr. II 25 (g) 18 (226ª). Δώρωι ebd. 6, 1 und links in der Unterschrift (255ª). — Ὥρρου zitiert Crönert l. c. auf einer Ptolemäerinschrift bei W. Schwarz, die Inschr. d. Wüstentempels v. Redesiye Fl. J. 1896, 145 ff. Nr. 29. Ὧρος s. Ind. der Par. — Μάρρων Tebt. I 85, 59 (113?ª). Μάρων ebd. 34; 90, 19 (c. 100ª).

μ > μμ in Καμμάνδρου Petr.[2] 14, 6 (235ª) nach Wilcken, Add. et Corr. XII. λατομμίδα („Steinhauerarbeit" Wilcken) Petr. II 4 (6) 11; aber 2 λατομίδα (255ª).

ν > νν in ἀνναγεώσεις Tebt. I 5, 186 (118ª).

Anmerkung 3. κρόμμυον (Zwiebel) Petr.[2] 140 (a) 6 (IIIª); Tebt. I 262 (IIª ᶠ) stimmt überein mit der Orthographie des Herod. IV 17 und Aristoph.

Ach. 550; 1099. Eq. 600. Lys. 798. Ran. 653. Dagegen κρόμυον Hom. Il. Λ 630; Od. τ 233. Hesych. κρέμυον· κρόμυον. Vgl. J. Schmidt KZ 32, 346. Nachmanson 90 Anm. 2. Über κρομβυοπώληc (Zwiebelhändler) oben S. 169 Anm. — Auch das semitische Lehnwort κιννα(μώμου) Tebt. I 190. 250 (74ª) hat die Geminata. Dagegen bei Dionys. P. 945 κιναμώμων.

2. Doppelsigma.

c > cc in ἀφέccει (von ἄφεcιc) Tebt. I 85, 3 (113ª?). — ἐκπεccεῖν (das zweite c nachträglich getilgt) Tebt. I 72, 373 (114ª). — οὐccῶν (= οὐcῶν) BU 994 II 9 (113ª).

3. Mutae.

π > ππ in ἐππί Par. 5, 1, 15 (114ª). ⌊So, nicht ἐπὶ τὶ(ν), wie Dieterich Unt. 89 liest, steht im Papyrus.]

Anmerkung 4. cτυππείνων (aus Werg) Rev. L. 103, 2 (258ª) entspricht der attischen Orthographie. Mhs.³ 97, 10.

τ > ττ in *ὅττι Petr. II 4 (6) 17 (255ª), nicht in Poesie, sondern in einem Briefe. Auffallend ist ebenso ὕδα^ττι Petr.² 42 F (a) 7 (252ª). Über Βαχχιάc, τυχχάνω, μετήνεκκα vgl. § 37 S. 182f.

§ 51. Die Lautgruppe ϱϱ und ϱσ.[1])

Die im Ionischen und Altattischen beliebte Lautverbindung -ρc- ist im jüngeren Attisch, zum Teil schon in der altattischen Literatursprache (Xenoph.) der Assimilation zu -ρρ- gewichen.[2]) In der Κοινή hat eine Ausgleichung zwischen beiden Lauten stattgefunden. Wenn Moeris attisches ἄρρενα (p. 188), θάρροc (p. 199), μυρρίνη (p. 203) und hellenistisches ἄρcενα, θάρcοc, μυρcίνη einander gegenüberstellt, so zeigen weder die hellenistischen Schriftsteller (Polybius) noch die Attizisten oder die apostolischen Väter, weder die Κοινή-Inschriften noch die Papyri aller Jahrhunderte ein einheitliches Bild.[3]) „Daß dies Nebeneinander von ρc und ρρ den Verhältnissen der lebenden Sprache entspricht, wird durch das Neugriechische bestätigt." Thumb

1) Vgl. im allg. G. Meyer 353f. K.-Bl. I 147. Brugmann Gr. Gr.³ 119. Thumb Hell. 77. Kretschmer Entst. 27.

2) Über den Gebrauch bei den Klassikern s. K.-Bl. I 147; über attische Vasen und Inschriften Kretschmer Vas. 177 und Mhs.³ 99ff.

3) Über Polybius vgl. Kälker Leipz. Stud. III 233 (θαρρεῖν); über das N. T. Win.-Schmiedel § 5, 27, b und Blaß N. T. 23f. (meist ρρ, nur ἄρcην, θάρcοc, θαρcέω); über die frühchristl. Literatur Reinhold 44f. (ἄρρην, θαρρῶ — ἄρcην, θαρcῶ, χέρcοc, μυρcίνη); über die Attizisten Schmid Att. IV 579 (ρc neben ρρ); über Pergamon Schweizer 125 (Πύρροc, πορρωτέρω, θαρρῶ — Πύρcοc); über Magnesia Nachmanson 94 (ρc und ρρ nur in Eigennamen); über d. herkul. Rollen und gleichzeitigen ägypt. Papyri nebst handschriftlichen Varianten Crönert 133f.

l. c. 77. Hatzidakis Ἀθηνᾶ II 158. Das Verhältnis der beiden Laute ist in den ptolem. Papyri näherhin folgendes.

1. -ρϲ- findet sich — abgesehen von regelmäßigen, unter dem Systemzwang stehenden Flexionsformen und Bildungen wie ῥήτορϲι, τέταρϲι, Φιλομήτορϲι, ἀποκάθαρϲιϲ etc. und nie veränderten Wörtern wie βύρϲα (Belege S. 12 Note 2) nebst seinen Derivaten, z. B. βυρϲοδέψηϲ Petr. II 32 (1) 3 (c. 238ᵃ), oder Fremdwörtern wie κόρϲεον (S. 82, 7) μάρϲιποϲ (S. 42), περϲε(ί)α (S. 82, 8) —

a) in ἐρϲενικά, durch Lautschwächung entstanden aus ἀρϲενικά (Belegstellen S. 5 Note 3). Auch αρϲ Petr. II 35 (a) col. 3, 15. 16 (240—40ᵃ) scheint doch (trotz Mahaffys Zweifel p. 116) entsprechend dem vorausgehenden wiederholten θή(λεια) Abkürzung für ἄρϲ(ην) zu sein. ἄρϲεναϲ Aristeas (Wendland) 152; auch LXX. Nachchristlich: ἀρϲενόθηλυϲ Lond. I p. 103, 606. 609 (IIIᵖ); ἀρϲενικόϲ Oxy. II 235, 8 (c. 20ᵖ). Daneben ἄρρην BU II 468, 9 (150ᵖ); 413, 7 (219ᵖ). Lond. I p. 68, 105 (IVᵖ); p. 120, 5 (IV oder Vᵖ). ἀρρενικόϲ Lond. I p. 101, 522; p. 135, 61 (IIIᵖ). Crönert 133. Thumb l. c. 77. Moulton Class. rev. XV (1901) 33.

θαρϲήϲαϲ Petr. II 1, 8 (260ᵃ). θάρϲ[ει (imperat.) Par. 51, 11 (160ᵃ). εὐθαρϲεῖϲ Bull. cor. hell. 21, 142, 18 (88ᵃ). εὐθαρϲε[ϲτέ]ρουϲ Würzburger Sosylosfragm. ed. Wilcken, Hermes 41 p. 107 col. II 12 (IIᵃ). ἐθάρϲηϲεν Lond. II p. 164, 9 (10ᵃ). θαρϲαλέοϲ auf einer poet. Grabinschrift aus d. Zeit Euerg. II. (145—116ᵃ) Arch. I 219, 8. Später τεθαρρηκέναι Oxy. I 68, 19 (131ᵖ); ἐθάρρηϲεν II 237, 5, 6 (186ᵖ); θαρρῆ ebd. 8, 17.

μυρϲίνου (Myrrhensalbe) Petr. II 34, 10 (IIIᵃ). μυρρίνου in anderem Sinne bei Aristoph. eq. 964.

χέρϲοϲ Leid. L 1, 4 (187 oder 117ᵃ); Lond. II p. 14, 14 (116—111ᵃ); Tebt. I 60, 74 (118ᵃ) u. oft; Amh. II 31, 12 (112ᵃ). χέρ⟨ϲ⟩ου Tebt. I 79, 21 (148ᵃ). χερϲιτῶν Petr. II 32 (2ᵃ) 8. 14 (IIIᵃ). χερϲεύειν Tebt. I 61 (b) 114 (118ᵃ); 74, 29 (114ᵃ). κεχερϲευμένηϲ ebd. 60, 93 (118ᵃ); 72, 121 (114ᵃ). κεχερϲωμένηϲ ebd. 5, 94; 61 (b) 30—1 (118ᵃ); 75, 40 (112ᵃ). χερϲοκοπεῖν ebd. 105, 3. 6. 27. 59 (103ᵃ). χερϲοκοπία 105, 20. 33. 35. 57. χερϲεφίππου ebd. 60, 21 (118ᵃ); 62, 34 (119ᵃ) etc. Aus röm. Zeit χέρϲοϲ BU 197, 28 (17—18ᵖ); 177, 8 (46—47ᵖ); 487, 13 (IIᵖ). χερϲοῦν ebd. 195, 21 (IIᵖ). — Nirgends χέρροϲ. Die Belege auf attischen Inschr. für diese Form bei Mhs.³ 99, 886 reichen nur bis 338 v. Chr.

b) Eine Anzahl Eigennamen, meist ungriechischer Abkunft, haben -ρϲ-: Ἁρϲιῆϲιϲ Par. 16, 8. 10 (141ᵃ); 5, 46, 9 (114ᵃ) u. oft; s.

Ind. Tebt. Ἀρcινόη Petr. II 26 (8) 9 (252[a]). Petr. I 15, 9 (237[a]). Ἀρcινοίτηc Par. 11, 1 (157[a]) u. sehr oft. Μυρcίνη Grenf. I 21, 6 (126[a]). Ὄρcηc Bull. cor. hell. 21, 141, 7 (88[a]). Περcέαc (gen.) Petr. II 10 (1) 9 (vor 250[a]). Περcέαι (dat.) ebd. 32 (2 b) 6 (III[a]). Πέρcηc Par. 15, 9 (120[a]); Petr. II 35 (1) 12 (244[a]) u. oft. Περcίνη Grenf. I 29, 4 (105[a]); 20, 5. 6 (127[a]); 18, 9. 10 (132[a]) usw. Φερcῶι Leid. U 3, 19; 4, 7 (II[am]).

Anmerkung 1. Die nur in Poesie gebräuchliche Form Φερcεφόνη, der altattisches Φερρέφαττα auf Vasen und Inschriften gegenübersteht (Kretschmer 178. Mhs.[3] 100), findet sich in einer metrischen Grabschrift (145—116[a]) Arch. I 219, 4; 220, 20. 24.

2. Dagegen erscheint -ρρ-, abgesehen von den oben (S. 212f.) besprochenen Zusammensetzungen (wie ἀπόρρουc, καταρρυῆναι, ἀρρωcτία etc.) oder Eigennamen (wie Δῶρροc, Ὧρροc, Μάρρων, S. 218),

a) in πυρρόc und seinen Derivaten: πυρρόc Petr. I 13 (2) 12 (237[a]); 11, 12 (220[a]); 13 (1) 7 (237[a]). Lond. II p. 11, 17 (152 oder 141[a]). πυρράν Petr. II 35 col. 1, 7. 16. 18; col. 3, 5 (244—40[a]). πυρρι... Lond. II p. 2 recto 5 (II[a]). ὑπόπυρροc Grenf. I 33, 10. 11 (103—2[a]). πυρράκηc Petr. I 14, 30 (237[a]); 16 (1) 13 (230[a]); 21, 23 (237[a]). Petr.[2] 6 (a) 9 (237[a]); 19 (g) 2 (225[a]). — Auch in nachchristl. Zeit πυρρόc BU 467, 8, 24 (177[p]). — πυρcόc findet sich bei Dichtern: Eurip. Phoen. 32; Hecub. 1265. Aeschyl. Pers. 316. Orph. Arg. 1218; dann bei einzelnen Attizisten, wie Ael. I 391, 12, 26; 415, 13 (von Hercher in πυρρόc geändert) und Philostr. (neben πυρρόc), Schmid Att. IV 12f. Dagegen πυρρόc schon uralt (nicht bloß bei Herod., Hippocr., Plat., Arist.), wie die Heroennamen Πύρροc, Πύρρα und die bei Mhs.[3] 100 aufgeführten Namen beweisen. Ebenso in den ptol. Papyri: Πύρροc Lond. I p. 21, 5 (161[a]). Πύρρου Th. Bk. I col. 1, 19 (130[a]). Petr. I 11, 12 (220[a]); 13, 7 (237[a]). Ostr. 724, 4 (unb. ptol.). Πύρρωι Magd. 22, 5 (III[a]). Πυρρίου Petr. 28, 8, 5. Πυρρίαc (gen.) ebd. 9, 22 (III[a]). Πύρρανδροc Πυρράνδρου ebd. 29 (a) 9 (242[a]). Πύρριχοc Tebt. I 45, 14 (113[a]); 46, 10 (113[a]). Πυρρίχου ebd. 114, 11 (111[a]).

Anmerkung 2. Der Zusammenhang zwischen altem βορέαc und vulgärem βορρᾶc (dies die stehende und sehr häufige Form der Papyri, wofür Belege § 58, 5) ist nicht aufgeklärt. Mhs.[3] 97. 100. K.-Bl. I 386. Vielleicht handelt es sich um vulgäre lautmalende Gemination wie bei παπᾶc ∼ παππᾶc. Das ähnlich gebildete cτερρόc findet sich nirgends in den Papp., sondern nur cτερεάν Petr. II 4 (1) 3 (255[a]). cτερεοῦ Rosettastein 54 (196[a]); Grenf. I 25, 1, 3 (114[a]). P. Reinach 8, 5 (113—12[a]); 9, 14. 20 (112[a]) etc. Wackernagel K. Z. 29, 135. Crönert 134.

b) Weitere, meist ungriechische Personen- und Völkernamen mit -ρρ- sind: Ἀρριδαίου Petr. II 30 (b) 16 (235[a]). Ἀχομάρρηc Par. 26, 22. 25 (163[a]). Κάρριτοc Par. 5, 46, 3 (114[a]). Κόρραγοc (Κορραῖοc?)

Ostr. 1189 col. 1, 13 (unb. ptol.). Κορραῖος Petr. II 30 (b) 20 (235ª). Μαρρῆς Tebt. I 41, 29 (119ª) u. sehr oft (s. Ind. Tebt.). Μαρρέους Petr. II 39 (b) 7 (IIIª) — neben Μανρῆς ebd. 28, 7, 16; 9, 34 etc. Μερρῆς ebd. 28, 2, 1 (IIIª). Ταρριστίωνος Lond. I p. 41, 110 (158ª). Τυρρηνῶι Petr. II 44, 5 (nach 246ª). [Τερριδάτης Petr. II 30 (b) 19 hat Wilcken in Τειριδάτης berichtigt, s. oben S. 79 Anm.].

§ 52. Die Lautgruppe σσ und ττ.

Statt des attischen (kretischen und böotischen) ττ ist in der ganzen κοινή, wohl unter dem Einfluß außerattischer Dialekte, die Verbindung σσ zur Herrschaft gelangt.[1]) Doch ist der attische Laut nicht ohne Widerstand unterlegen. Thumb Hell. 78 ff. So finden wir denn in den Papyri wie auch anderwärts in der lebenden Sprache eine natürliche Mischung beider Elemente.

1) Nur -σσ- ist auf ptolem. Urkunden und Inschriften zu belegen in folgenden Nomina:

ἀνάσσης Kanop. Dekr. 61. 65 (237ª). ἄνασον = ἄνασσαν (Ἶσιν) Leid. U 2, 10; aber 3, 10 ἄνασσον (IIªᵐ).

βασίλισσα, das auch im Attischen als ionisches Lehnwort Bürgerrecht genoß seit 307ª (Mhs.³ 101, 5): Petr. I 19, 28 (225ª). Par. 63, 3 (165ª); 30, 14 (162ª); 38, 1 (160ª). Weitere Belege S. 214 und § 58, 8.

βύσσινος, βυσσουργός (semitisches Fremdwort) siehe oben S. 40.

γλωσσόκομα Grenf. I 14, 3 (150 oder 139ª). Später Oxy. III 521 (IIᵖ). Moulton Class. rev. XVIII (1904) 109ª.

δισσάς Tebt. I 27, 53 (113ª).

θαλάσσηι Grenf. I 9, 3 (c. 239ª). ἐπιθαλασσίαν Rev. L. 93, 5 (258ª).

Θεσσαλός Petr. I 19, 30 (225ª). Θράισσηι ebd. Z. 26. ἱέρισσα Tor. IX 14 (119ª); Par. 5, 40, 3. Grenf. I 25, 2, 7. 10 (114ª) und oft. Vgl. § 58, 8. μέλισσα Tebt. I 1, 10; 2 (a) recto 7; (b) recto 4; (c) verso 3 (nach 100ª). μελισσουργός Par. 5, 22, 5; col. 40, 3 (114ª). Par. 9, 9 (107ª). Tebt. I 5, 140 (118ª). πίσση Ostr. 1152, 3 (Ende der ptol. Zeit). πίσσης Tebt. I 120, 2 (97 oder 64ª). τρισσός Tebt. I 3, 27 (Epigramm Iª ⁱ).

---

1) Im allgemeinen G. Meyer 367 ff. K.-Bl. I 152. Hecht 1886, 16. Kretschmer Entst. 26 f. Vas. 178. Meisterh.-Schwyz. 101 f. (ττ durchgeführt, einmal τέσ(σ)αρα, seit 307 βασίλισσα). Schweizer Perg. 125 (σσ und ττ wechseln ziemlich regellos). Nachmanson Magn. 95 f. (σσ gewöhnlich, aber τετταρακοστήν, τέτταρτος, ἔλατον (sic), Θετταλή). Win.-Schmiedel § 5, 27, c; Blaß N. T. 6, 7 (gelegentlich auch ττ neben σσ). Schmid Attic. IV 579 f. (ττ empfohlen, aber nicht durchgeführt). Reinhold 43 f. (sehr häufig ττ neben σσ). Crönert 134 f. (σσ und ττ gemischt). Moulton Class. rev. XV (1901) 32.

Verba: ἀπαλλάccειc Petr. II 2 (3) 2 (260^{a}). διαλλάccον Eud. 3, 5; 5, 8/9 (vor 165^{a}). ἀντικαταλλαccομένη Par. 63, 6, 191 (165^{a}). ἐπικηρυccομένου Zois I 23 (150^{a}). ἀντιπατάccοντεc Par. 40, 41 (156^{a}). ἐcπάραccεν Petr. II 17 (4) 6 (III^{a}). τάccω Par. 63, 12, 98 (165^{a}); 65, 14 (146—135^{a}). Petr. II 3 (b) 6 (260^{a}); 13 (5) 8 (255^{a}) und oft.

2. ττ erscheint, meist neben Formen mit cc:[1])

in ἐλάττων und seinen Derivaten. So ἐλάττονοc Petr. II Append. 3, 10 (Grenfell) III^{a}; Rev. Mél. 303, 13 (II^{a}); aber 18 ἐλάccω. ἔλαττον erste Hand, korrigiert ἔλλαττον Eud. 10, 6; ebd. 11 ἔλαττον; 18, 17 ἐλλάττουc καὶ ἐλάτουc (vor 165^{a}). ἐλάττων Lond. II p. 165, 26 (10^{a}). ἐλαττούντων Magd. 26, 12 (III^{a}). ἐλαττώcαc Tebt. I 19, 11 (114^{a}). ἐλαττοῦcθαι Dittenberger inscr. gr. or. I 139, 10 (127^{a}). — ἔλαccον Petr. I 12, 17 = II Einl. p. 22, 17 (c. 238^{a}). Par. 63, 4, 120 (das zweite c übergeschrieben) 165^{a}; ebenso Eud. 3, 6 (vor 165^{a}). Tebt. I 5, 96 (118^{a}). ἐλάccονοc Petr. II 13 (18^{b}) 11 (255^{a}); Par. 62, 3, 16 (c. 170^{a}). ἐλάccω Par. 67, 4 (III^{a}). ἐλάccωι Tebt. I 61 (b) 22 (118^{a}); 72, 106 (114^{a}) und oft. ἐλαccόνων Tebt. I 24, 1 (117^{a}); 63, 31 (116—5^{a}); 72, 317 (114^{a}); 98, 29. 40 (112^{a}). ἐλάccοcιν ebd. 5, 70 (118^{a}). ἐλάcουc (sic) Eud. 19, 12 (vor 165^{a}). ἐλάccωμα Tebt. I 97, 2 (118^{a}). Weitere Belege § 68, 20.

ἧττον Petr.^{2} 55 (b) 26 = Petr. II 47, 26 (208^{a}) nach Wilcken, Add. et Corr. zu Petr.^{2} p. XVIII. — ἧccον Par. 61, 12 (158^{a}); 62, 3, 9 (c. 170^{a}). Tor. IV 27 (117^{a}). Gen. 20, 17 (109^{a}). Tebt. I 105, 26 (103^{a}) etc.

καταπλήττεcθαι Grenf. II 45, 3, 18 (c. 246^{a}).

κιττοῦ Dittenb. inscr. gr. or. I 51, 16 (Ehrendekret 239^{a}). — κιccοῦ ebd. I 50, 5 (240^{a}); Strack, Ptol. Inschr. Arch. I 204 Nr. 11 (245 bis 221^{a}); Bull. cor. hell. 21, 187, 6 (III^{a}). Eigenname Κιccόc Petr.^{2} 79 (a) 12 (208^{a}); Petr. II 33 col. A 31 (III^{a}). B. C. H. 21, 190, 5 (III^{a}).

πιττά(κιον) Tebt. I 112 p. 473 Vorbemerkung 1 (112^{a}); 209 (76^{a}); 120, 126 (97 oder 64^{a}). Auch im Neugriechischen πιττάκι, Hatzidakis K. Z. 34, 130 Fußnote 1.

πράττοντοc Grenf. I 42, 19 (II^{a}). — πράccω Rev. L. 8, 1; 20, 16; 29, 11 (258^{a}). Par. 5, 15, 4 (114^{a}); 7, 16 (99^{a}). Amh. II 48, 15 (106^{a}) und sehr gewöhnlich.

---

1) Man könnte dies einen Attizismus in der κοινή nennen, der, ohne Zweifel durch Wirkung literarischer Einflüsse, schon lange vor der attizistischen Reaktion erscheint und selbst im Neugriechischen (freilich selten genug) auftritt. In der natürlichen Entwicklung der κοινή ist von Anfang an das attische ττ durch das dorisch-ionische cc majorisiert worden.

τέτταρα Petr. II 33 (a) 22 (244—240ª). τέτταρας ebd. 48, 19 (186ª). τεττάρων Petr.² 45 (4) 1 (IIIª). — τέσσαρες Petr. II Einl. p. 23 Z. 2 von unten (IIIª). Leid. N 2, 8 (103ª). τεσσάρων Eud. 20, 15 (vor 165ª). τέσσαρσι Kanop. Dekr. 24 (237ª). τέσσαρας Ostr. 742, 6 (146 oder 135ª). τεσσαράκοντα Petr. II 44, 9 (nach 246ª); Petr. I 19, 6 (225ª). Grenf. II 14 (b) 6 (264 oder 227ª). Ostr. 337, 4 (142ª) usw.

τιττυβίζω (Onomatopoetikum) Tebt. I 1, 6; 2 (a) recto; (b) 1 (Antholog. Fragm., nach 100ª). Ebenso Poll. 5, 89. Ar. av. 235.

φυλάττειν Par. 60 (b) 9 (c. 150ª). — φυλάσσω Petr. II 21 (d) 10; 32 (a) 6 (IIIª). Par. 66, 22 (IIIª) etc.

In Eigennamen begegnet ττ: Ἄτταλος (zur Ableitung des Namens Kretschmer Einl. 350. Schweizer Perg. 125) Petr. II 35 (a) col. 2, 5 (244—40ª); 17 (3) 1. 11 (IIIª). Ἀττάλωι ebd. 17 (3) 7. 10. — Ἀττικοί Grenf. I 14, 8 (150 oder 139ª). Ἀττίνου Petr. II 39 (a) 8 (IIIª). Petr. I 23, 4 (257ª) und S. 66, 4. Ἀττίου ebd. 20 (2) 7 (225ª). Κότταβος Par. 60, 8 (153ª). Κότταλος ebd. 5, 34, 10 (114ª).

Anmerkung 1. Die klassischen Stücke haben ziemlich regelmäßig ττ erhalten: ἁρμόττειν P. Weil I 2 a und b (vor 161ª). ἀπαλλάττηται Petr. I 6 (3) 20 (c. 300ª). ἐλαττοῦσθαι [Demosth.] epist. III 23 (Kenyon class. p. 60, II—Iª). θάλατταν Petr. II 50 (4) 19 (Laches c. 300ª). πράττειν Petr. I 8 (4) 22 (IIIª) usw.

Anmerkung 2. Durchweg liest man in den Papyrusurkunden σήμερον: Petr. II 4 (9) 6 (256ª). Lond. I p. 23, 29; 25, 17; 26, 15; 27, 3 (161ª); 46, 26 (146 oder 135ª). P. Weil V 13 (161ª). Par. 35, 5; 37, 5 (163ª). Pap. Gizeh Mus. Arch. I 64, 7 (123ª). Tebt. I 21, 9 (115ª); 164, 24 (IIª?). Ebenso σευτλίον (Mangold): P. Sakkakini col. 3, 20 (IIIª). Petr.² 139 (b) I 6; und σεῦτλον ebd. 137 I 22 (IIIª). Vgl. § 82 das zu κεῦτλον (?) Bemerkte. Moeris p. 210: τήμερον Ἀττ., σήμερον Ἑλλ.; τευτλίον Ἀ, σευτλίον Ἑ. Schmid Attic. I 374; III 155; IV 232. 580. 684. Schweizer Perg. 126.

III. SATZPHONETISCHES AUS DEM GEBIET DES KONSONANTISMUS.

§ 53. Wortschließendes ξ.

A. Die Präposition ἐξ.[1])

1. Die volle Form ἐξ erscheint

a) vor allen Vokalen im Aus- und Inlaut: ἐξ ἀριστερῶν Par. 10, 7 (145ª). ἐξαποστεῖλαι Par. 63, 5, 52 (165ª). ἐξ ἐμοῦ Petr. I 15, 18 (237ª). ἐξήνεγκε Par. 35, 16 (163ª) usw.

1) Brugmann Gr. Gr. 147 d. G. Meyer 361 ff. Meisterh.-Schwyz. 105 ff. K.-Bl. I 261 Anm. 1. Blaß A.³ 123. Schweizer Perg. 126. Nachmanson 98 bis 100. Crönert 53—57. Beispielsammlungen bei Dittenb. Syll. 3, 230.

b) vereinzelt vor c: im Inlaut ἐξcτρατεύcαc Kanop. Dekr. 11 (237ᵃ). ἐξcπάcαι Par. 36, 11 = Vat. B 11 (163ᵃ). Aber ἐκcπᾶν Widmungsinschr. Fay. p. 49, 7 (Iᵃ). Im Auslaut (zusammengezogen) ἐξυντιμήcεωc Rev. L. 24, 11 (258ᵃ). ἐξοῦ = ἐκ coῦ Lond. II p. 164, 10 (10ᵃ); ebd. p. 211, 19 (166ᵖ) ἐξυμφώνου; aber ἐκ cυμφώνου Par. 63, 5, 52 (165ᵃ). G. Meyer 372. Crönert 56, 3.

c) einmal ausnahmsweise vor τ: πάρεξ τῆc ἐπιγραφῆc Leid. U 3, 20 (IIᵃᵐ). Crönert 57 weist nach, daß πάρεξ in Prosa auch vor Konsonanten meist seine Form behält.

2. ἐκ findet sich

a) regelmäßig vor den harten Explosivlauten κ, π, τ, c: Z. B. ἐκ κρίcεωc Petr. II 22, 10 (IIIᵃ). ἐκκύψαι ebd. 1, 16 (260ᵃ). ἐκ παίδων Artem. 5 (IIIᵃ). ἐκ Πηλουcίου Rev. L. 52, 26 (258ᵃ). ἐκπλεύcαc Dittenb. inscr. gr. or. I 60, 5/6 (247—221ᵃ). ἐκπορευόντων Par. 63, 1, 11 (165ᵃ). ἔκπτωμα Tebt. I 61 (b) 166 (118ᵃ); 72, 78 (114ᵃ). ἐκ τιμήcεωc Rev. L. 103, 6 (258ᵃ). ἐκ Τεβτύνεωc Tebt. I 42, 4 (nach 114ᵃ). ἐκτοπιcάντων Par. 15, 24 (120ᵃ). ἐκcτήcωcιν Tor. I 6, 9 (117ᵃ). ἐκcτῆναι Lond. II p. 14, 27 (116—111ᵃ) usw. Über ἐγ Πτολεμαίου, ἐγπλαγίc (fehlerhaft) vgl. unten 3, b; über ἐκκ πλήρουc oben S. 217; über ἐκείμενα = ἐκκείμενα S. 215.

b) gewöhnlich vor den Aspiraten χ, φ, θ.

Belege: ἐκχωρεῖν Lond. I p. 61, 16 (261ᵃ). Par. 15, 31 (120ᵃ). ἔκχυcιc Tebt. I 86, 9 (IIᵃᶠ). ἐκ Φαρβαίθου Petr. II 10 (1) 5 (vor 240ᵃ); Magd. 13, 1 (IIIᵃ). ἐκ Φιλοπάτοροc Arch. II 81, 7 (225ᵃ). ἐκ φυλακῆc Lond. II p. 6 col. 2, 3 (133ᵃ). ἐκφερομένων Par. 26, 20 (163ᵃ). ἐκ θηcαυρῦ (sic) Par. 60 (b) 31 (IIᵃ). ἐκ Θεαδελφείαc Fay. 12, 4 (nach 103ᵃ). ἐκ Θερμούθιοc Goodsp. 3, 12/13 (IIIᵃ). ἐκ Θανάτου Par. 12, 18 (157ᵃ). ἔκθεμα Rev. L. 26, 13 (258ᵃ). Petr. II 13 (18ᵇ) 7. 10 (258ᵃ). ἐκθεῖναι ebd. Z. 10; Lond. I p. 7, 7 (164ᵃ); p. 38, 25 (158ᵃ). Tor. VIII 87 (119ᵃ). Amh. II 34 (d) 5 (nach 157ᵃ). προεκθέcθαι Rev. Mél. 321, 1 von unten (IIᵃ) usw. Über ἔχθεμα, ἐχθεῖναι, ἐχφόρια siehe unten 4; über ἐγφάνητοc, ἐγθῆc unten 3, b.

c) vor γ: ἐκ γάρ Petr. I 8 (3) 19 (c. 300ᵃ). ἐκ Γοτνίτ Grenf. II 23 (a) 5 (107ᵃ). ἐκ γυναικῶν Ostr. 1147 recto 5 (Hippolytosfragm.) IIᵃ. Über ἔγγονοc = ἔκγονοc siehe unten 3, Anmerkung.

d) selten und ausnahmsweise vor den weichen Lauten β, δ, μ (statt des regelmäßigen ἐγ).

Belege: *ἐκβάλλουcα — *ἐκ βαcιλικοῦ Par. 23, 17. 25. 27 (165ᵃ). ἐκβεβηικότοc (sic) — das erste κ aus β verbessert — Tebt. I 78, 7 (110—8ᵃ). ἐκ Βε(ρενικίδοc) ebd. 13, 10 (114ᵃ) — aber ἐγ Βερενικίδοc 53, 17 (110ᵃ); 61 (b) 365 (118ᵃ); 72, 363 (114ᵃ) und oft. Auch in einem literarischen Stück (II—I[a]) begegnet ausnahmsweise ἐκβεβλήκατε [Demosth.] epist. III 37 (Kenyon class. p. 62). — ὑπεκδ[οχή] Petr. II 13 (16) 8 (258[a]). ἐκδηής (sic) Petr.[2] 42 G (2) 7 (252[a]). ἐκ δραχμῶν Grenf. I 22, 11 (118[a]); aber ἐγ δραχμῶν Petr. II 44, 8 (246[a]). — ἐκμετρητῶν Petr. II 27 (1) 5 (236[a]); sonst ἐγμετρητῶν ebd. 30 (e) 3 (235[a]) und oft. ἐκμεμέτ[ρηκεν] P. Reinach 23, 13 (105[a]).

3. ἐγ wird geschrieben:

a) regelmäßig vor den weichen Lauten β, δ, λ, μ, ν.

Belege. Vor β: ἐγβαίνοντος Tebt. I 84, 65. 99. 110 (118[a]). ἐγβαλεῖν Petr. II 44, 11 (nach 246[a]). ἐγβάλλειν Tebt. I 104, 22 (92[a]). ἐγ βασιλέως Petr. I 14, 19 (237[a]); 19, 27 (225[a]). Rosettadekr. 41 (196[a]). ἐγ βασιλικοῦ Petr. I 14, 16 (237[a]); 17 (2) 10 (235[a]); 24 (3) 3 (III[a]). Gen. 20, 7 (109[a]). Theb. Bk. I 1, 4. 23 (131[a]); IV 2, 11 (130[a]). ἐγβατηρίας Petr. II 4 (1) 2. 11 (255[a]); 23 (1) 6. 8; 37 (1[a]) recto 8 (III[a]) Tebt. I 33, 9. 11 (112[a]). ἐγβεβηκυίας Magd. 33, 3 (III[a]). ἐγβεβηκότων Tebt. I 81, 27 (II[af]). ἐγβῆι Rev. L. 58, 8; 60, 16 (258[a]). ἐγβῆναι Amh. II 31, 10 (112[a]). ἐγβησόμενον Tebt. I 24, 30 (117[a]). ἐγβιασάμενοι Tebt. I 39, 18 (113[a]). ἐγβολή Sakkak. 9, 66 (III[a]). ἐγ Βουβάστου Petr. II 33 (2[a]) 9. 24 (III[a]). ἐγ βουκόλων Grenf. II 14 (a) 12 (270 oder 233[a]) usw. Crönert 54.

Vor δ: ἐγ δέ Petr. II 30 (a) 4 (235[a]). Tebt. I 64 (b) 9 (116[a]); 89, 10 (113[a]). ἐγδέδεκται Alex. IV 11 (III[a]). Par. 9, 20 (107[a]). ἐγδεχθήτωι Tebt. I 33, 7 (112[a]). ἐγδεδικηκέναι Tor. I 6, 26 (117[a]). ἔγδειαν Rev. L. 17, 1. 18; 45, 16; 47, 9; 76, 5 (258[a]). ἐγδείας Par. 62, 1, 11 (c. 170[a]). ἐγδέδοται Par. 65, 19 (146[a]). προεγδεδομένων ebd. 63, 7, 10 (165[a]). ἐγ δεξιῶν Petr. I 16 (1) 4 (237[a]); 19 (4) 11 (225[a]); 21, 21 (237[a]). Grenf. I 44, 2, 9 (II[a]). Eud. 1, 10 (vor 165[a]). Leid. U 2, 12 (II[a]). Grenf. II 15, 1, 19; 2, 9 (139[a]) und oft. ἐγδεχομένων Par. 63, 1, 26 (165[a]). ἐγδημία B U 1011 II 1 (II[a]). ἐγ διαιρέσεως Tebt. I 61 (b) 68 (118[a]). ἐγδιδομένους ebd. Z. 27. ἐγδίδους = ἐγδίδως P. Weil I 20 a. b (vor 161[a]). ἐγδικάσαντες Tor. I 6, 8 (117[a]). ἐγ δίκης Grenf. I 18, 29 (132[a]); 20, 21 (127[a]); 23, 23 (118[a]); 28, 12 (108[a]); 29, 15 (105[a]); 31, 18 (104[a]). Grenf. II 18, 27 (127[a]); 21, 25 (113[a]); 24, 26 (105[a]); 27, 25 (103[a]); 20, 31 (102[a]). Lond. II p. 16, 13 (111[a]). Par. 7, 16 (99[a]). Auch Leid. O 28 (89[a]) ist ἐκ δίκης nach dem Faksimile in ἐγ δίκης zu ändern. Ferner Amh. II 46, 13; 47, 17 (113[a]); 48, 16 (106[a]). Crönert 54 belegt die Schreibung ἐγ δίκης bis ins 3. Jahrh. nach Chr. — ἐγδιοικήσεως Tebt. I 27, 37 (113[a]); ebd. 57 ἐγδιοικηθησομένων 59, προεγδεδομένοις. ἐγδιοικησίμοις Theb. Bk. I 1, 9 (131[a]). ἐγδιόξη = ἐγδιώξῃ Leid. U 4, 18 (II[am]). ἐγ Διός Petr. I 2, 34 (c. 250[a]). ἐγδιῳκημένων Tebt. I 89, 4 (113[a]). ἐγδοθείσης Theb. Bk. I 2, 6; II 5; III 1, 5 (131[a]). Lond. I p. 53, 8 (131[a]). ἐγδοκήν Par. 63, 3, 86 = Petr.[2] Einl. p. 24 (165[a]). ἐγδοχῆς Lond. II p. 4 (a) 4 (177[a]). ἀπέγδοσιν Petr. II 4

(10) 6 (255[a]); 13 (3) 6 = 13 (4) 2 (255[a]). ἔγδοτον Grenf. I 1, 1, 7 (nach 173[a]). ἐγ δραχμῶν Petr. II 44, 8 (nach 246[a]). ἐγδύcαντεc ebd. 33 (2[a]) 16 (III[a]) usw.

Vor λ: in allen Formen von ἐγλαμβάνειν als ἐγλαβεῖν Rev. L. 29, 13 (258[a]). Petr. II 46 (c) 8 (200[a]). Par. 62, 1, 13; 3, 17; 5, 10; 7, 10. 18 (II[ai]). Rev. Mél. 321, 4 von unten (II[a]). cυνεγλαβόντοc Zois Nr. 1 col. I 17 (150[a]); Nr. 2 col. I 15 (148[a]). ἐγλαβόνταc Tebt. I 8, 30 (201[a]). ἐγλαμβάνουcιν Par. 62, 4, 9 (II[ai]). Belege für ἐγλή(μ)ψομαι, ἔγλη(μ)ψιc Seite 194f.

Zu ἐγλείπειν: ἐγλείπει Eud. 18, 5. 10. 20. 21; 19, 6. 16. 17. 18 (vor 165[a]). Par. 27, 14 (160[a]). ἐγλιπεῖν Leid. B 2, 7 (164[a]); E 15 (162[a]). P. Mil. 10 (162[a]). Tebt. I 105, 44 (103[a]). ἐγλελειμμένα Rosettastein 18 (196[a]). Lond. II p. 3, 4 unten (c. 178[a]). ἔγλειψιc Eud. 18, 1. 15. 18; 19, 12; 20, 11 (vor 165[a]).

ἐγ Λατωνπόλεωc Tor. VIII 42 (119[a]). ἐγ λόγου Tebt. I 112, 30 (112[a]). ἐγλογιcτήν Rev. L. 18, 9; 37, 12 (258[a]). ἐγλογιcτοῦ Tebt. I 72, 449 (114[a]). ἐγλογῆι ebd. 5, 166 (118[a]). ἐγλεξάμενοc Magd. 29, 4 (III[a]). τὸ 'γλογιcτήριον Lond. I p. 41, 111 (158[a]). Über die Verdopplung des γ in ἐγγλογίζεται vgl. oben S. 217. ἐγλοηθέντα Petr. II 25 (a) 12; (b) 13 (226[a]). ἐγλύοντοc Tebt. I 49, 6 (113[a]). ἐγλέλυκαν ebd. 54, 16 (86[a]) usw.

Vor μ: ἐγμαγῆα (= ἐκμαγεῖα, Servietten) Par. 52, 7; 54, 10. 21. 40. 60. 73. 80. 83. ἐγμαγῆν (= ἐκμαγεῖον) ebd. 53, 43 (163[a]). ἐγμανθάνοιc Petr. I 2, 21 (c. 250[a]). [ἐγ]μαθεῖν, nicht [ἐκ]μαθεῖν ist zu ergänzen im Akrostichon vor Eud. 1 (vor 165[a]). ἐγ μεγάλων Dittenb. inscr. gr. or. I 60, 5 (247—221[a]). Vat. A 7 (172[a]). ἐγμεμιcθωμένηc Tebt. I 82, 12 (115[a]). ἐγ μέν Par. 27, 15 (c. 160[a]). Mil. 11 (162[a]). ἐγ μέρουc Par. 63, 6, 182 (165[a]). ἐγμεμετρῆcθαι Tebt. I 61 (b) 257 (118[a]). ἐγμετρήcαντεc Amh. II 31, 10 (112[a]). ἐγμετρητῶν Petr. II 30 (e) 3 (235[a]) — aber 27 (1) 5 (236[a]) ἐκμετρητῶν. ἐγμετρητάc ebd. 9 (2) 8; (3) 6 (241—39[a]) usw.

Vor ν: ἐγ νέων Tebt. I 61 (b) 315 (118[a]); 120, 139 (97 oder 64[a]). ἐγ νόμου Tor. I 4, 20 (117[a]).

b) ausnahmsweise und selten vor π, φ, θ.

Vor π: ἐγ Πτολεμαίου Petr. II 17 (2) 14 (238[a]); 46 (a) 2 (200[a]). Sonst regelmäßig ἐκ Πτολεμαίου Grenf. I 12, 1 (148[a]). ἐκ Πτολεμαίδοc Petr. II 13 (20) 7 (258[a]); 18 (1) 3 (246[a]) und oft. ἐγπλαγίc P. Weil II 4 (vor 161[a]). Vgl. G. Meyer 362, der Schreibungen wie ἐγπλευcαcῶν C. I. A. II 271, 10 mit Recht als orthographische Ungenauigkeit bezeichnet. Meisterh.-Schwyz. 108, g.

Vor φ: einmal ἐγφάνητοc Petr. I 16 (2) 6 (230[a]).

Vor θ: ἐγθῆc Grenf. I 11, 2, 20 (157[a]). ἐγ θηcα[υροῦ] Lond. II p. 4 (a) 2 (177[a]) [nach Wilcken, Arch. I 134 statt ἐγ Θαιcα . . .].

Anmerkung. Die auf attischen Inschriften (Mhs.[3] 107) bis etwa 300 v. Chr. nicht seltene Schreibung ἔγγονος (sprich eggonos, nicht engonos) für ἔκγονος ist belegt: ἐγγόνοις Dittenb. inscr. gr. or. I 49, 12 (285—247ª) = Bull. cor. hell. 21, 187 (Inschrift von Menshijeh) und ebenso Pap. Tebt. I 124, 25. 33 (118ª). Daneben auf Inschriften und Papyri: ἐκγόνους Kanop. Dekr. 27. 29 (237ª). ἐκγόνου Rosettastein 3 (196ª). ἐκγόνοις Tebt. I 79, 85 (c. 148ª). Zahlreiche Belege für ἔγγονος (auch ἐγγράφεσθαι = ἐκγράφεσθαι, ἐγ γαμετῆς) gibt Dittenb. Syll. 3, 230. Auch Aristeas (Wendland) 196. 248 οἱ ἔγγονοι. Vgl. G. Meyer 361. K. Bl. I 209. Schweizer 126. Nachmanson 99. Crönert 55, 1.

4. Die Schreibung ἐχ begegnet, wie in attischen Inschriften (nach Mhs.[3] 106 bis 292ª) vor θ, φ, χ: ἔχθεμα Petr.[2] 125, 8. 12 (IIIª). ἐχθέματα Petr. II 13 (6) 19 (255ª). ἐχθέ[σεως] Rev. Mél. 254, 64 (165ª). ἐχθεῖναι Petr.[2] 125, 9 (IIIª). Par. 26, 10 (163ª). ἐχθέν[τος] Grenf. I 42, 18 (IIª). Doch überwiegen ἔκθεμα, ἐκθεῖναι, vgl. oben N. 2, b und S. 65. ἐχφόρια Magd. 28, 10. 11 (IIIª); häufiger ἐκφόρια, z. B. ebd. 30, 3 (IIIª) Bull. cor. hell. 18, 145, 12 (240ª) und sehr oft Tebtun. I (s. Index). ἐχ χερῶν Timotheospap. 177 (col. IV 17, 22 Wilam.). — G. Meyer 361. Nachmanson 99. Crönert 56. Sammlungen bei Dittenberger Syll. 3, 230. Moulton Class. rev. XV (1901) 33.

5. ἐκχ erscheint einmal in ἐκχ-ρή(γ)ματα (Kanalöffnung im Damme) statt ἐκ-ρήγματα (Belege für beides S. 166). Hier hat sich unter der Einwirkung des folgenden ρ der Tenuis eine Aspirata beigesellt (vgl. die Linie ἐχθρός, ἐκθρός, ἐκχθρός), wovon die Rede ist § 35, S. 168f. Das κχ fällt auch hier unter den Gesichtspunkt der Verstärkung bzw. Verdopplung der Aspirata.

6. Die Form ἐ hat die Präposition ἐξ angenommen (infolge einer freilich auffallenden Art von Assimilation) in dem ganz vereinzelten ἐ Πανῶ<ν> πόλεως Tebt. I 5, 138 (118ª); dagegen 154 ἐκ Πανῶν πόλεως. Über die weniger auffallende Erscheinung von ἐ vor κ oder σκ vgl. Meisterh.-Schwyz. 109, 6.

B. Das Zahlwort ἕξ.[1])

1. Vor Vokalen steht ausnahmslos ἕξ, sowohl in der Zusammensetzung als in der Wortfuge: ἑξέτη (oder ἑξετῆ nach Herodian II 223, 6) Petr. I 22 (1) 5 (249ª). ἓξ ἄτοκα Grenf. I 29, 6 (105ª); II 24, 9 (105ª). ἓξ ἡμέραις Eud. 5, 12 (vor 165ª). ἕξ, ἀφ' ὧν Par. 14, 14 (127ª) usw.

2. Vor Konsonanten begegnet

a) in der Zusammensetzung teils ἑκ-, so in ἑκκαιδεκάτου Petr. I 24 (2) 4 (249ª). ἑκκαιδεκάτης Eud. 4, 17/18 (vor 165ª). ἑκ-

---

1) G. Meyer 501. Brugmann Gr. Gr. 132. 147. Meisterh.-Schwyz. 109. 158. Crönert Ind. p. 305.

καιεικοστόν Par. 29, 21 (163ª) etc., teils ἑξ-, so in ἑξμάρτυρον (cuγγραφήν) Leid. A 11 (IIª). Doch tritt in derartigen Zusammensetzungen (im Gegensatz zum klassischen Gebrauch, vgl. ἑξδάκτυλος, ἑγδάκτυλος; ἕξπους, ἕκπους Mhs.³ 109) in der Regel ein α zwischen Zahlwort und Nomen. Zu ἑξαμάρτυρος vgl. Archiv I 75; II 123; ἑξαμήνου (Halbjahr) Par. 62, 4, 5 (IIªⁱ); Eud. 3, 8 (vor 165ª). ἑκξαμένου (sic) Ostr. 336, 3 (IIIª). ἑξάχοα Magd. 26, 3. 6 (IIIª). ἑξαχοινίκωι Tebt. I 210 (107/6ª); 109, 20 (92ª).[1])

b) in der Fuge zwischen selbständigen Worten wird nur ἓξ geschrieben: πεντήκοντα ἓξ τέταρτον (56¼) Petr. II 15 (2) 7 = Petr.² p. 131, 7 (241ª) [statt des bisherigen ἑξ τε ἄρτον]. ἓξ Μακεδόνες Tebt. I 104, 35 (92ª); ebenso herzustellen Leid. O 30 (89ª). ἓξ τακτόμι(cθοι) P. Kairo, Arch. I 63, 31 (123ª). ἓξ τῶν Amh. II 43, 17 (173ª). ἓξ δίμοιρον Ostr. 734, 4 (150 oder 139ª); P. Reinach 15, 15 (109ª). Weitere Belege fehlen.

§ 54. Wortschließendes ν.[2])

A. Ny am Wortende.

Auslautendes ν wird oft ganz wie in der Zusammensetzung

a) vor Labialen zu μ.

Vor π: τὸμ παῖδα Petr. I 14, 17 (237ª). τὸμ πόδα P. Sakkakini 16, 108 (IIIª). ἂμ προκηρυχθῆι Rev. L. 55, 16 (258ª). τῶμ προκηρυχθέντων — τῶμ πλοίων ebd. 57, 8; 81, 2. ἐμ Πηλουσίωι ebd. 52, 18. 27 (258ª); Magd. 8, 3 (IIIª). ἐμ Πτολεμαίδι Petr. II 25 (a) 5; (b) 5. 6; (f) 5 (226ª); 26 (3); (4); (5); (6); (7) 5 (250ª) etc. τῶμ ποιητῶν Par. 2 col. 2. 11 (IIªⁱ). οὗμ ποιήσεις Petr. II 19 (2) 2 (IIIª) usw.

Vor β: ἐὰμ βούληται Rev. L. 47, 17 (258ª). τὸμ βασιλέα ebd. 51, 22. ἐμ Βουβάστωι Bull. cor. hell. 18, 145, 16 (240ª). ἐμ βαρυτέραι Par. 63, 6, 176 = Petr.² Einl. p. 34 (165ª) usw.

Vor φ: ἐὰμ φαίνηται Par. 8, 17 (129ª); 13, 23 (157ª); aber ἐὰν φαίνηται ebd. 12, 19 (157ª); 37, 47 (163ª); 40, 50 (156ª). ἐμ φυλακῆι Rev. L. 13, 13 (258ª). ἐμ φερνῆι Petr. I 12, 14 (c. 238ª) usw.

Vor ψ: τὴμ ψυχήν Petr. I 8 (1) 15 (Phaedon, c. 300ª); aber τὸν ψυγμόν Petr. II 32 (2ª) 7 (c. 238ª).

---

1) Meisterh.-Schwyz. 158, 4. Schweizer 164, 3. Nachmanson 147, 3.

2) Meisterh.-Schwyz. 110 mit Literatur. G. Meyer 358 ff. Hecht 1885, 6 ff. Schweizer Perg. 135. J. Schmidt K. Z. 38, 7 f. Nachmanson 100 ff. Win.-Schmiedel § 5, 25. Crönert 57—64. Dittenberg. Syll. 3, 229.

Vor μ: ἐὰμ μή Rev. L. 21, 8; 22, 1; 76, 5 (258[a]). Petr. II 44, 15 (nach 246[a]). Magd. 14, 8 (III[a]) — aber ἐὰν μή Rev. L. 89, 5 (258[a]). Petr. I 16 (2) 11 (230[a]); II 20, 2 (252[a]); 38 (c. verso) 53 (228[a]). ἐάμ μοι Petr. I 15, 19 (237[a]); 16 (1) 16 (241[a]). ἐμ Μέμφει Lond. I p. 39, 46 (158[a]). Par. 11, 21 und verso 6 (157[a]). Vat. E 18 (158[a]). Zois Nr. 1 col. 1, 1 (150[a]); Nr. 2 col. 2, 1 (148[a]). ἐν Μέμφει Par. 22, 6 (165[a]); 23, 1 (165[a]); 26, 4 (163[a]); 49, 21. 22 (c. 160[a]). ἐμ μέν Lond. II p. 9 (b) 4 (II[a]). ἐμ μέτρωι Tebt. I 18, 7 (114[a]). ἐμ μηνί Tebt. I 105, 22 (103[a]); 109, 19 (93 oder 60[a]). μέμ μοι Petr. I 11, 8 (220[a]); 12 (1) 4 (238[a]); 13 (3) 3 (227[a]); 18 (2) 10 (237[a]); 19, 24 (225[a]). Petr. II 46 (a) 5 (200[a]). Grenf. I 21, 2 (126[a]). Kairo Pap. Arch. I 63, 2 (123[a]) und oft in Testamenten; aber ebenso oft μέν μοι z. B. Petr. I 16 (1) 14 (230[a]); 17 (2) 8; (3) 8 (235[a]); 21, 4 (237[a]) usw.

Assimiliert werden am häufigsten einsilbige, eng an das folgende sich anschließende Wörter, wie die Artikelformen τόν, τήν, τῶν; ὅν, ἥν, ὧν; ἄν, ἐάν, ἐν, μέν, οὖν; seltener und überwiegend nur in älteren Stücken längere, selbständige Worte, wie ἄλλοθεν, ἡμῖν, οὐθέν, ὅσων, τούτων, Nomina der A- und O-Deklination im Akkus. sing. und Gen. plur., Infinitive auf -ειν u. ä.

Beispiele. α) Literarische Stücke: τούτωμ μέν — ὅσωμ μή Petr. I 8 (2) 1; (2) 2 (Phaedon c. 300[a]). ἱστὸμ μ[εταχειριζομένη] Petr. I 7 (4) 1 (c. 300[a]). οὐθὲμ πῆμα Par. 2 col. 3. 9 (dialekt. Pap. vor 160[a]); aber col. 2 und col. 3, 4 οὐθὲν π. προσιδοῖσαμ φάος (Zitat aus Sappho) ebendort col. 8 Ende; aber προσιδοῖσαν φ. col. 8 und 9 usw. β) Urkunden: ἄλλοθέμ ποθεν Rev. L. 49, 18 (258[a]). ἡμῖμ μέν Magd. 14, 10 (III[a]); ebd. 6, 8 ἱμάτιόμ μου; 11 περιιδεῖμ με; 28, 4 κα-[τέ]κ[λυ]σάμ μοι τὸν σπόρον ὥστε ἀ[χρεῖ]όμ μου γενέσθαι τὸν ἄρακον; 32, 3 ἐπίτροπόμ μου (III[a]). κροκοδίλωμ πόλει Petr.[2] 21 (a) 2. 7 (226[a]); aber (b) 2; (c) 3 und sonst überall κροκοδίλων πόλις. — κατ' ἀλήθεαμ πλημμελουμένοις Par. 63, 13, 10 (165[a]). πρότερομ μέν P. Mil. 3 (162[a]) usw.

Ungewöhnlich viele Assimilationen des ν vor Labialen zeigt eine offizielle Inschrift aus den ersten Jahren des Ptol. Philad. (zwischen 281 und 274), publiziert v. Strack, Archiv I 201 f.: 14 τὴμ πάτριομ πολιτείαμ πᾶσιγ καταστήσας. 16 τὴμ βασιλείαν. 20 θυσίαμ ποιεῖ. 22 τὴμ πρός. 27 τετιμηκόσιμ πρώτοις. 32 τὸμ πᾶσιν. 36 τὸμ πάντα χρόνον. 50 τῶμ πόλεων. 60 ὧι ἂμ Βάκχων.

Anmerkung 1. Vor μ kann die Präposition ἐν den Nasal ganz verlieren bzw. assimilieren, wie ἐ Μέμφει, worüber zu vergleichen § 43, 2, S. 193.

b) vor Gutturalen zu γ.

Vor κ: ἕως ἂγ κομίσωμαι Petr.[2] 74 (a) 8 (III[a]). ἐγ Κάδμου πόλει Petr. I 2, 56 (c. 250[a]). ἐγ κροκοδίλων πόλει Petr. I 14, 5 (237[a]); 15,

10; 16 (1) 11 (237^{a}); 17 (2) 5 (235^{a}); 18 (2) 6 (237^{a}); 19, 20; 26, 5; 28 (1) 6 (225^{a}). Magd. 14, 2 (III^{a}). Grenf. I 11, 2, 9 (157^{a}). Dagegen ἐν κροκοδίλων π. 11 mal in Petr. I und wiederholt in Grenf. I und II und Tebt. I. — ἐγ κώμηι Petr. I 28 (2) 10 (225^{a}); aber Petr. II Einl. p. 22, 12 ἐν κώμηι (c. 238^{a}). τὸγ κοινόν Magd. 21, 9 (III^{a}) usw.

Vor γ: ἐγ γαστρί Magd. 4, 6 (III^{a}). ἐπὰγ γάρ Eud. 15, 18; μὲγ γάρ ebd. 6, 30 (vor 165^{a}). νῦγ γε Lond. I p. 48, 5 (II^{a}); Vat. A 14 (172^{a}). τὴγ γραφήν — τὴγ γεγραμμένην Rev. L. 51, 22; 53, 10 (258^{a}). πλέογ γάρ Petr. II 50 (Laches c. 300^{a}) col. 1, 19; ebd. col. 3, 22 μὲγ γάρ, 25 πλήγ γε usw.

Vor χ: ἂγ χρείαν Rev. L. 96, 1 (258^{a}); ebd. 57, 3 τὴγ χώραν ἐγ χεροῖν — ὧγ χρή Petr. I (1 B) 12 (c. 250^{a}). τῶγ χειρῶν Lachesfragm. Petr. II 50 (5) 27 (c. 300^{a}) usw.

Vor ξ fehlen Beispiele. Nicht assimiliert z. B. in τὴν ξυλῖτιν Petr. II 39 (a) 7 (III^{a}).

Assimiliert werden vornehmlich: τόν, τήν, τῶν; ὅν, ἥν, ὧν; ἄν, ἐάν, ἐν, ἐπάν, μέν, αὐτόν, τοσοῦτον, πλέον; πλήν, νῦν.

Über die Häufigkeit der Assimilation des auslautenden ν (in den obengenannten kurzen Worten) vor Labialen und Gutturalen gibt folgende Tabelle Aufschluß, der für das 3. Jahrh. v. Chr. Magd. 1—41; Petr. I, II; Rev. L., fürs 2. Jahrh. Par. (mit Ausschluß von 1 und 2) zugrunde gelegt sind.

Ny wird	vor Labialen		vor Gutturalen	
im 3. Jahrh v. Chr.	assim.	nicht assim.	assim.	nicht assim.
	53	216	15	136
Verhältnis	1 : 4		1 : 9	
im 2. Jahrh. v. Chr.	10	110	0	80
Verhältnis	1 : 11		0 : 80	

Ergebnis.

Die Assimilation ist weit häufiger vor Labialen als vor Gutturalen.[1]) Die assimilierende Schreibweise der klassischen Zeit, wie sie in den attischen Inschriften vorherrscht, verhält sich zur nicht assimilierenden vor Labialen bis ins 3. Jahr. v. Chr. wie 1 : 4, vor Guttu-

1) Vgl. auch die Übersichten bei Meisterh.-Schw. 112; Schweizer Perg. 136. Nachmanson 102 mit ganz ähnlichen Resultaten.

ralen 1 : 9.[1]) Dagegen wird im 2. Jahrh. die Assimilation vor Labialen in je 11 Fällen nur einmal ausgedrückt, vor Gutturalen hört sie so gut wie ganz auf. Vereinzelte Beispiele sind: νῦγ γε Lond I p. 48, 5; Vat. A 14 (172ª). ἐγ κροκοδίλων πόλει Grenf. I 11, 2, 9 (157ª). ἐγ κατοχῇ Vat. F 25 (Witk. 'ut videtur') c. 158ª. — Man hat hierin einen gewissen Anhaltspunkt für die Abfassungszeit nicht datierter Urkunden. Die klassischen Stücke, welche die traditionelle Orthographie wahren, haben auffallend viele Assimilationen; z. B. in Petr. I Nr. 1—10 (Antiope, Phädon, klassische Fragmente) ist das Verhältnis der assimilierten zu den nichtassimilierten Fällen

a) vor Labialen = 12 : 8
b) vor Gutturalen = 10 : 2.

Ähnlich im Lachespapyrus. Noch im dialektischen Papyrus (Par. 2, geschr. vor 160ª):

a) vor Labialen 5 : 5
b) vor Gutturalen 7 : 0.

Auch der Eudoxospap. hat im Vergleich mit gleichzeitigen Urkunden die literarische Tradition in mehreren Assimilationen bewahrt: ἐμ βραχεῖ Acrost. 2; μὲγ γάρ 6, 30; ἐπὰγ γάρ 15, 8 (vor 165ª). Das Würzburger Sosylosfragment, ed. Wilcken (Hermes 41, 103 ff.) hat col. II 21 τὴμ μάχην; III 7 τὸμ Μυλασσέα; III 9 τῶγ καθ'; nur einmal III 22 τὴν προκειμένην, ein Verhalten, aus dem der Herausgeber mit Recht auf frühe Niederschrift (IIªᵐ) schließt.

c) Für die Assimilation des ν vor σ, λ, ρ fehlen in den Papyri und ptol. Inschriften Beispiele; sie war nicht mehr im Gebrauch. Man schrieb also τῶν Σκυθῶν Petr. II 50 (3) 20 (IIIª); τὸν λόγον Rev. L. 30, 19 (258ª); τῶν λίθων Petr. II 4 (2) 6 (260ª). τὴν λίμνην ebd. 6, 10 (255ª). τὴν ῥύμην Par. 51, 17 (160ª) [pap. ῥύβην] usw. nirgends τὸλ λόγον etc. Vgl. Mhs.³ 110 f. Dittenberg. Syll. 3, 229 f.

Anmerkung 2. Ganz abnorm und singulär erscheint die lautlich unvermittelte Schreibung τὸμ [θ]άν[ατον Petr. I 5 (3) 10 (Phädo 68 D, c. 300ª); τὸν θάνατον ebd. 9 (1) 12 (c. 250ª). Dagegen ist ἐμ τάχει Petr. II 4 (9) 12 nach dem Faksimile in ἐν τάχει zu verbessern, wie auch ebd. 13 (6) 18 (258ª) sicher ἐν τά[χει zu ergänzen ist. σὺμ τῆι Magd. 13, 7 (IIIª) scheint Druckfehler zu sein, da im Kommentar übergangen.

---

1) Besonders zahlreiche Fälle von Assimilation auch längerer Wörter (ohne proklitische Natur) vor Gutturalen bietet die oben (S. 228) zitierte ptol. Inschrift (zwischen 281 und 274ª): 15 εἰσφορῶγ κουφίσας. 21 γυμνικὸγ καὶ μουσικὸγ καί. 22 διαφυλάττωγ καί. 31 νῦγ κατά. 35 θυσίαγ καί. 37 ἰσόλυμπογ καί. 45 στρατηγῶγ χιλίων — ἕνεκεγ καί. 48 λιθίνηγ καί. 59 ἔφοδογ καί etc.

B. Auslautendes Ny in der Zusammensetzung.[1])

Durch das immer lebhaftere Bestreben die Silben zu isolieren und scharf abzuteilen ergab sich die unserer Schreibweise entgegenstehende Praxis, auslautendes ν in der Zusammensetzung vor Labialen und Gutturalen, sowie vor λ und c, nicht zu assimilieren. Dies ist namentlich der Fall bei ἐν, cύν, πᾶν, πάλιν, ἑκατόν u. ä.

a) Vor Labialen.

Vor π: ἐνποδίζειν Leid. B 3, 7 (164ª). Par. 63, 12, 95 (165ª). Aber ἀνεμπόδιcτοι Tor. V, 23; VI 23; VII 13 (IIª). — ἔνπροcθεν Petr. II 8 (1) col. A 7 (268ª); 13 (1) 8 (258ª). Par. 26, 11 (163ª); 63, 8, 36 (165ª). Aber ἔμπροcθεν Rev. L. 32, 7; 48, 14 (258ª). Par. 15, 63 (120ª); 51, 16. 46 (160ª). — cυνπαρόντων Par. 11, 3 (157ª); 15, 2 (120ª). Zois N. 1, 26 (150ª). Tor. I 1, 3 (117ª); IX 2 (119ª). Theb. Bk. I 1, 11 (134ª). Grenf. I 11, 2, 10. 26 (157ª). Lond. I p. 16, 8 ob. (162ª). Aber cυμπαρέcτωcαν Rev. L. 46, 14 (258ª). — παλινπρατοῦνταc ebd. 47, 16 (258ª). — ἐν Λατωνπόλει Grenf. II 15, 1, 11 (139ª) usw.

Vor β: ἐνβέβληκαν Par. 47, 8 (153ª). Aber ἐμβέβληκαν Par. 34, 21 (157ª). — cύνβολον Petr. II 46 (b) 7 (200ª). Lond. I p. 11, 42 (162ª); p. 55, 4 (131/30ª). Theb. Bk. VI 11. 14; VII 8 (130ª). Aber cύμβολον ebd. V 10 (134ª). Lond. I p. 11, 55 (162ª); p. 39, 41 = 40, 89 (158ª). Rev. L. 21, 1; 52, 16. 19. 24; 53, 1. 2; 89, 12; 99, 2 (258ª). Petr. II 25 (d) 4. 9 (226ª); 26 (1) 6. 10; (2) 8; (7) 8 (252ª); 27 (2) 9 (235ª). Par. 62, 2, 2. 6; 3, 6. 8. 10; 4, 3; 5, 12 (c. 170ª) u. sehr oft. — ἑκατονβαιόν Par. 4, 1 (unb. ptol.) usw.

Vor φ: cυνφωνηcάντων Petr. II 45 (2) 7 (c. 246ª). — cυμφώνου Par. 63, 5, 152 (165ª); 16, 19 (141ª). Eud. 3, 11; 20, 15 (vor 165ª).

Vor μ: ἐνμένονταc Par. 64, 11 (160ª). ἐμμένειν Tor. VIII 31. 35 (119ª); IX 18 (119ª). ἐμμείνῃ Lond. II p. 9 (b) 8 (IIª). — cυνμῖξαι Par. 48, 11 (153ª). cυμμεῖξαι Par. 49, 26 (160ª) usw.

Vor ψ: cυνψήcαντι Petr. II 33 (2ª) 18 (IIIª), aber ebd. Z. 9 cυμ-[ψ]ῶνταc.

b) Vor Gutturalen.

Vor κ: ἐνκαλουμένοιc Par. 8, 15 (129ª). Tor. I 1, 23 (117ª); II 13. 41 (120ª); III 20 (127ª). Par. 55 (b) 67 (159ª). ἐνκαλῶ Ostr. 757, 5 (106/5ª); 1022, 5 (unb. ptol.); 1024, 6; 1027, 7 (ptol.). ἐγκαλούμενοι Par. 14, 19. 38 (127ª); Tor. III 40. Leid. B 3, 14 (164ª). Rev. L. 8, 3; 86, 8 (258ª). Petr. II 25 (g) 18 (226ª). ἐγκαλῶ Ostr. 1028, 6 (ptol.); 1523, 4 (127ª); 1530, 5 (121/0ª) und oft. — ἐνκαιεικοcτόν Par. 29,

1) G. Meyer 358 f. Cauer, Curt. Stud. VIII 295 (288) ff. Bl. A.³ 84 ff. Hecht 1885, 27—29. Meisterh.-Schwyz. 112 (mit Literatur). Nachmanson 104. Crönert 58 ff.

16 (c. 160[a]). ϲυνκύροντα Petr. II 46 (b) 6; (c) 5 (200[a]); Grenf. I 21, 8 (126[a]). ϲυγκυρόντων Rev. L. 20, 16; 49, 7; 56, 10 (258[a]) usw.

Vor γ: ἔνγραπτοϲ Magd. 18, 5 (III[a]); Leid. A 29/30 (c. 150[a]). ἐνγραφῆναι Alex. II 4 (III[a]). ϲυνγραφή Rev. L. 42, 18; 47, 17 (258[a]). Leid. A 10 (c. 150[a]). ϲυγγραφή Rev. L. passim. Leid. M 2, 5 (114[a]) etc. ϲυνγενέϲειϲ Eud. 3, 34/5 (vor 165[a]). ϲυνγενοῦϲ Par. 6, 7 (127[a]). — ϲυγγενέϲι Par. 15, 21 (120[a]); Tor I 1, 14. 17; VI 1; VII 1 (II[a]) usw.

Vor χ: ἐνχρημαίζειν (sic) Petr. II 13 (18[a]) 16 (255—53[a]). μελάνχρωϲ Leid. N 2. 6 (131[a]). BU 993 II 11 (127[a]); 995 II 10 (109[a]); 996 III 8 (107[a]). Kairo Pap. Arch. I p. 65, 30 (123[a]). Grenf. II 23, 2, 6 (107[a]). μελάγχρου Petr. I 21, 14 (237[a]). πάνχρυϲον P. Weil II 1 (Medeafragm., vor 161[a]). ϲυνχωρηθέντα Petr. II 20 (4) 16 (252[a]). Tor. XIII 21 (137[a]). Par. 62, 4, 9 (c. 170[a]). ϲυνχωρῆϲαι Ashmol. Pl. XVI 33 (III[a]). ϲυνχωρήϲω — ϲυνχωρῶν Anton. 18. 19 (41 oder 32[a]). ϲυγχωρήϲαντοϲ Lond. I p. 32, 18 (163[a]) usw.

Zur Übersicht über die Häufigkeit der assimilierten und nicht assimilierten Formen diene folgende Tabelle:

Auslautendes ν in der Zusammensetzung				
wird	vor Labialen		vor Gutturalen	
im 3. Jahrh. v. Chr.	assim.	nicht assim.	assim.	nicht assim.
	58	8	58	14
Verhältnis	7 : 1		4 : 1	
im 2. Jahrh. v. Chr.	44	35	45	52
Verhältnis	4 : 3		5 : 6	

Während demnach die Assimilation vor Labialen zu allen Zeiten überwiegt, immerhin aber im 2. Jahrh. v. Chr. im Vergleich zum 3. der Sucht zum Syllabieren nachgeben muß, ist vor Gutturalen das Streben die Kompositionsfuge zu markieren noch erfolgreicher gewesen und hat die Fälle mit assimiliertem ν von der vierfachen Mehrheit in die Minderzahl zurückgedrängt.[1])

c) Vor λ und ϲ.[2])

Vor λ halten sich assimilierte und nicht assimilierte Formen so ziemlich die Wage. Man liest ἐνλείπειν Rev. L. 59, 11/12 (258[a]);

1) Die Unterlassung der Assimilation in zusammengesetzten Wörtern ist verhältnismäßig noch häufiger in den magnesischen Inschriften nach der Statistik von Nachmanson S. 105, wonach sich im 2. Jahrh. v. Chr. vor Labialen μ : ν verhält = 4 : 4; γ : ν vor Gutturalen im 3. Jahrh. v. Chr. = 9 : 0, im 2. Jahrh. = 3 : 9.

2) K.-Bl. I 267. G. Meyer 356f. Meisterh.-Schwyz. 112. Schweizer Perg. 136. Nachmanson 107.

ἐνλειφθῇ Petr. II 13 (1) 7 (258[a]); ἐνλιπόντα Leid. U 3, 18; 4, 16 (II[am]); Grenf. II 33, 6 (100[a]). Ostr. 1537, 3 (II[a]). ἐνλειπόντων Amh. II 61, 1 (163[a]). ἀνενλιπήϲ Dittenb. inscr. gr. or. I 194, 2 (42[a]). Dagegen ἐλλείπειν Rev. L. 57, 10; 59, 18 (258[a]). Petr. II 4 (2), 5 (255[a]). Eud. 3, 19 (vor 165[a]). Im Kanop. Dekr. (237[a]) steht Z. 9 ἐνλογίμων; dagegen schwanken die Abschriften 13 zwischen ἐνλιπέϲτερον und ἐλλιπέϲτερον, 45 ἐλλεῖπον und ἐνλεῖπον. Es findet sich nur ϲυνλελύϲθαι Tor. IV 9 (117[a]); Lond II p. 164, 14 (10[a]) und ϲυνλελογιϲμέναι Tebt. I 82, 3 (115[a]). Crönert 59, 1.

Von der heutigen Praxis ϲύν vor ϲ zu assimilieren, ἐν dagegen unassimiliert zu lassen findet man nur das letztere beobachtet: also stets ἔνϲημοϲ (sic! Letr. ἐμαυτόν) Par. 64, 27 (164[a]). ἔνϲιμοϲ Petr. I 19, 34 (225[a]). Leid. N 1, 7 (103[a]). ἐνϲεμνύνεϲθαι Tor. I 9, 1 (117[a]). ἐνϲκεψάμενον Lond. I p. 61, 28 (261 oder 223[a]). ἐνϲτάντων Par. 63. 11, 54 (165[a]) etc; dagegen schwankt die Orthographie einerseits zwischen ϲυνϲημηνάμενοι Petr. I 24 (2) 2 (268[a]). ϲυνϲτῆϲαι Petr. II 20 (3) 11 (252[a]); Tor. I 6, 20 (117[a]). ϲυνϲτήϲαϲθαι Tor. I 8, 2 (117[a]); ebd. I 6, 10; VIII 41. 89 (119[a]). Grenf. I 38, 8 (II—I[a]). ϲυνϲταθείϲηϲ Tor. I 3, 34; 6, 28 (117[a]). Amh. II 31, 17 (II[a]). Fay. XII 16 (nach 103[a]). ϲυνϲτρα(τευόμενοϲ) Tebt. I 124, 31 (118[a]). ϲυνϲτρατιώταϲ Ostr. 1535, 4 (II[a]). ϲυνϲτρώϲαϲ Petr.[2] 43 (2) recto col. 4, 15 (246[a]). ϲυνϲχεθέντα Petr. II 32 (2[a]) 20 (238[a]) etc. und andererseits ϲυϲϲημαίνοντοϲ Zois Nr. 1, 12 = Nro. 2, 12 (150—148[a]). ϲυϲτῆϲαι Petr. II 11 (1) 2 (III[a]). Vat. C 18 (162[a]). ϲυϲτηϲάμενοϲ Theb. Bk. I 1, 23 (131[a]); Tebt. I 44, 14 (114[a]). ϲυϲταθήϲεϲθαι Petr. II 11 (1) 5 (III[a]). Par. 62, 4, 13 (c. 170[a]). ϲύϲταϲιν Leid. B 1, 23 (164[a]) usw. Das Alter der Urkunden macht keinen Unterschied. Crönert 60.

C. Auch im Inneren eines nicht zusammengesetzten Wortes wird die Assimilation des ν vor Labialen und Gutturalen manchmal unterlassen.[1])

a) Vor Labialen: λανβάνειν P. Weil I 27 (b) geschr. vor 161[a]. Νεχθόνβηϲ Par. 50, 2 (160[a]), aber 13 Νεκτόμβηϲ·

b) Vor Gutturalen: ἀνανκαῖον Grenf. II 14 (a) 3 (270 oder 233[a]), aber 6 ἀναγκάζομαι. ἀνανκάϲι (= ϲει) Grenf. II 38, 17 (81[a]). —

1) Meisterh.-Schw. 113. Nachmanson 106. Crön. 58, 1. Reinhold 43. Außer „einer Art grammatischer Pedanterie zur Markierung der Kompositionsteile“ (Schmid G. G. A. 1895, 40) könnte auch die reduzierte Artikulation der Nasale (vgl. oben § 43) zu dieser ‘isolierenden Schreibweise’ (Nachmanson) geführt haben.

ἀπανγέλλειν Petr. II 2 (3) 5 (c. 260[a]). ἀπήνγελλον Petr.[2] 42 H (8f) 7 (c. 250[a]). εἰcανγελέων und εἰccανγελέων Par. 40, 3 (156[a]); 41, 3 (158[a]). ἐπανγέλλων Dittenberg inscr. gr. or. I 36, 6 (285—247[a]). παρανγελλόμενον Grenf. I 42, 6 (II[a]). προcανγελίαν ebd. 17, 13 (nach 147 oder 135[a]). — ἀνενένκωμεν Petr. II 14 (1[a]) 10 = Petr.[2] 46 (1) 11 (III[a]). ἀνήνενκεν ebd. 76 r. col. 2, 5 (224[a]). ἀνενενκεῖν Lond. I p. 18, 15; p. 40, 68 (158[a]). ἀνενενκάτων (= κάντων) ebd. p. 16, 5 (161[a]). — ἐνγύc Par. 23, 8 (165[a]). cύνενγυc Tebt. I 92, 6 (II[af]). — ἀλληλενγύοιc BU 1001, 12 (56/5[a]). cφλανγνίδηc Leid. C p. 93 col. 4, 3. 13 (164—60[a]). Sehr viele Belege aus kleinasiat. Inschriften bei Nachmanson l. c.

§ 55. Das Ny ephelkystikon.[1])

Eine Zusammenstellung der Fälle, in denen das sogenannte νῦ ἐφελκυcτικόν[2]) vorkommt oder nach der klassischen Tradition fehlt, ergibt folgende, nach dem Vorgang von H. Maaßen angelegte Übersichtstabelle (siehe Seite 237), bei der für das 3. Jahrh. v. Chr. Rev. L., Petr. I. II., Magd. 1—41; für das 2. Jahr. P. Par., Grenf. I. II., Leid. I., Lond. I, Tor., Theb. Bk., Amh. II (29—62), Fay. (II) N. 11—18; für den Übergang vom 2. ins 1. Jahrh. P. Tebt. I zugrunde gelegt sind.[3])

Ergebnisse.

1. Das -ν erscheint verhältnismäßig am häufigsten im 3. Jahrh. v. Chr. (10 : 3), weniger häufig im 2. Jahrh. (5 : 2); auf der Wende des 2. und 1. Jahrh. wird es öfter weggelassen als gesetzt (6 : 7).

2. Es steht im allgemeinen ohne Rücksicht auf den folgenden Anlaut, ob vokalisch oder konsonantisch. Zwar fehlt es etwas häufiger vor Konsonanten (5 : 3) als vor Vokalen (5 : 1), hat aber keineswegs so regelmäßig die Aufgabe den Hiatus zu verhindern, wie spätere Grammatiker und unsere Praxis vorschreiben und wie es in der gesprochenen Κοινή, so lange das Schluß-ν gehört wurde, der Fall gewesen sein muß. G. Meyer 399.

---

1) G. Meyer 399ff. (mit Literatur). K.-Bl. I 292 ff. Blaß A.[3] 85 f. Hedde Maaßen, de litera ν Graecorum paragogica quaestiones epigr. Lpz. Stud. IV 1 ff. Meisterh.-Schwyz. 113 f. Schmid Attic. III 293. Schweizer Perg. 137. Nachmanson 110 ff. Crönert 137—141.

2) Die Bezeichnung ist ganz mißbräuchlich, da die ursprüngliche Ausdrucksweise lautet: τὸ ε̄ ἐφελκυcτικόν ἐcτι τοῦ ν̄. Demetr. π. ἑρμ. § 175 τὸ ν̄ δι' εὐφωνίαν ἐφέλκονται οἱ Ἀττικοί. Maaßen p. 43.

3) Ähnliche Übersichtstabellen geben Schweizer 137 und Nachmanson 110. 112.

A. Ch. n.	Litera ν paragogica							
	ante vocales				ante consonantes			
	med. orat.		pausa		med. orat.		pausa	
300—200	adest	abest	adest	abest	adest	abest	adest	abest
nach (c)ι, (τι)	64	8	19	3	50	38	14	2
nach ε	29	0	2	0	32	7	4	2
Summe	93	8	21	3	82	45	18	4
	adest 114		abest 11		adest 100		abest 49	
Verhältnis etwa	„ 10 :		„ 1		„ 2 :		„ 1	
200—100	adest	abest	adest	abest	adest	abest	adest	abest
nach (c)ι, (τι)	124	41	32	6	75	71	19	10
nach ε	42	1	19	2	50	12	6	1
Summe	166	42	51	8	125	83	25	11
	adest 217		abest 50		adest 150		abest 94	
Verhältnis etwa	„ 4,3 :		„ 1		„ 1,6 :		„ 1	
c. 140—60	adest	abest	adest	abest	adest	abest	adest	abest
nach (c)ι, (τι)	16	10	0	0	6	45	4	4
nach ε	12	1	2	0	11	3	0	0
Summe	28	11	2	0	17	48	4	4
	adest 30		abest 11		adest 21		abest 52	
Verhältnis etwa	„ 2,5 :		„ 1		„ 1 :		„ 2,5	

3. Ebensowenig verlangt eine Sinnespause unter allen Umständen die Setzung des -ν, da dasselbe in $^1/_4$ der beobachteten Fälle weggelassen ist.

4. Ein Unterschied ist zu beobachten zwischen auslautendem cι einerseits, und ε, sowie speziell ἐcτί, andererseits. Während in Verbal- und Nominalformen wie ποιοῦcι(ν), Μακεδόcι(ν) u. ä. das -ν stehen und fehlen kann, ist es bei ἐcτί(ν) und in Verbalformen auf -ε(ν) vor Konsonanten wie vor Vokalen nahezu fest geworden.

Belege. a) -cι vor Vokalen.

III^a. Rev. L. (258^a) 14, 1 ὦcι οἱ. 15, 16 γράψωcι ἐν. 25, 14 ποιήcωcι οἱ. 26, 1 οἰνοποιοῦcι, ἀπογραψάcθωcαν; 10 διατιμήcωcι, ὅcα;

15 κατοικοῦϲι, ἀπογρ. Petr. I 24 (3) 3 (268ª) εἰλήφαϲι ἐγ. II 15 (1) 2 παλιτρχηλιοῦϲι, ἐντ. (241—39ª). 33 A 21 ὑπηρετοῦϲι ἡμερῶν (IIIª). 38 (b) verso εἰϲιᾶϲι ἐν.

IIª. Par. Eud. 9, 5 und 20, 22 (vor 165ª) ὦϲει (= ϲι) ἐν. Par. 15, 22 (120ª) ἔχουϲι ἐξέκλιναν = Tor. II 33 (120ª). 42, 10 (156ª) καταβῶϲι ἐκτόϲ. 50, 21 (160ª) προϲπαίζουϲι αὐτῷ. 62, 5, 10 (c. 170ª) ἐγλαβοῦϲι ἐξακολουθήϲει; ebd. col. 8, 7 παραμένουϲι ἕωϲ. Leid. C p. 118, 2, 14 λέγουϲει (= ϲι) αὐτῇ; p. 119 links 28 — ζουϲι αὐτήν (162ª). — Lond. I p. 9, 27; 10, 8; 13, 16 (160ª) γραμματεῦϲι ἐπιϲκεψαμένουϲ [ebenso Dresd. 281]; p. 22, l. 5. 9; 24 (b) l. 2. 4. 5; 25, 16; 26, 14 ἀπέχουϲι ἀπό (c. 160ª). p. 25, 18; 26, 16 (161ª) πολοῦϲι (= πωλ.) αὐτῶν; p. 22, 6. 7. 8. 26; 24 (b) 5 (c. 160ª) ἰλήφαϲι ἀλλ'; p. 22, 12 ἔχουϲι ἀρτάβαϲ; p. 24 (b) 2 ἰλήφαϲι ὀλυρῶν; p. 23, 30 ἰλήφαϲι· ἐάν (160ª); p. 34, 23 (161ª) ἅπαϲι εὔδηλον. Amh. II 33, 31 (157ª) πραχθῶϲι εἰϲ; 35, 16 (132ª) γεωγροῦϲι ἱερᾶϲ; 42, 9 (179ª) τοῖϲ τριϲὶ Ἀρϲινοίταιϲ; aber 34 τριϲὶν Ἀρϲ; 50, 14 (106ª) ἀποδῶϲι ἐν; 61, 8 (163ª) μετρῶϲι ἀπό; 47, 11 (113ª) ἀνηλώμαϲι· ἐάν. — Tor. IV 26 (117ª) βαϲιλεῦϲι ἀργυρίου; ebenso Grenf. I 27, 3, 4 (109ª); II 25, 22; 26, 21; 28, 20 (103ª); 33, 13 (100ª) BU 998 II 11 (101ª). Tor. IX 18 ϲυνκεχωρήκαϲι, ἐφ' οἷϲ (119ª). XIII 22 ἐνεϲτηκόϲι ἐπακολ. (137ª).

IIªᶠ—Iª. Grenf. II 21, 13 (113ª) ἀποδῶϲι ἐν; 23 II 7 δυϲὶ ἀρουρῶν (107ª). 36, 10 χωριϲθεῖϲι· ὑπελαμβάνοϲαν (95ª).

Tebt. I 5, 94 (118ª) καταφυτεύϲωϲι ἐν; 95 -ϲωϲι ἐφ; καταλείψουϲι ἥν. 20, 3 (113ª) κωμογραμματεῦϲι ἐϲόμενον. 24, 75 (117ª) ὑπογράφουϲι ἀφειδῶϲ. 37, 7 (73ª) ὀμόϲωϲι ἔργων. 41, 5 (119ª) πλείοϲι ἐν. 53, 24 (110ª) τύχωϲι ὧν; 25 καταϲχεθῶϲι ἐν. 105, 21 (103ª) δυϲὶ ἀπό; 13 ϲφραγῖϲι, ὧν. — Weitere Belege aus literar. Pap., späteren Urkunden und Handschriften gibt Crönert 138 f.

b) ἐϲτίν : ἐϲτί im III. Jahrh. v. Chr. (Petr. I. II) = 33 : 2.
„ „ „ II. „ „ (Par., Lond. I, Leid., Tor.) = 72 : 8.
„ „ „ IIªᶠ — Iª (Tebt. I) = 14 : 2.

ἐϲτί IIIª: Petr. II 13 (5) 9 (258—53ª) ἄβροχόϲ ἐϲτι ἡμῶν. Petr. I 14, 11 = Petr.² p. 12, 27 (237ª) ἐϲτὶ κ[.

ἐϲτί IIª. Vor Vokalen Par. 5, 45, 5 (114ª) μέτεϲτι Ὀϲοροήρει. Ebd. 47, 23 οὐκ ἔϲτι ἀνακύψαι (153ª). Ebd. 63, 3, 67 = Petr.² Einl. p. 24 (165ª) ἕκαϲτόϲ ἐϲτι ἱκανόϲ — unsicher, da ἱκανόϲ über der Linie nachgetragen ist und ebensogut vor ἐϲτι gehören kann; bei Rev. Mél. fehlt ἐϲτί ganz (p. 254). Lond. I p. 28, 19 (161ª) ἐϲτὶ ἀφελῖν. Vor Konsonanten Par. 5, 17, 18 (114ª) ὧν μέτεϲτι Πετοϲίρει. Ebd. 63, 1, 53 = Petr.² Einl. p. 22 (165ª) ἐϲτὶ χρηϲτέον. Lond. I p. 27, 6 (161ª) ἔθοϲ ἐϲτὶ ϲπένδειν; ebd. p. 32, 12 (163ª) ἔθοϲ ἐϲτὶ τοῖϲ.

ἐϲτί IIªᶠ. Tebt. I 24, 57 (117ª) ἔξεϲτι δέ. 27, 63 (113ª) ἐϲτὶ παραδοθέντων. BU 993 II 13 (127ª) ϲύνεϲτι κατά.

c) Für -ϵ statt -ϵν in Verbalformen finden sich vor einem Vokal nur ganz vereinzelte Beispiele in schlecht geschriebenen Stücken oder unsicheren Lesarten. Im Inneren des Satzes nur zwei sichere Beispiele *Par. 23, 9 (165a) ἀπεπήδηcϵ ϵἰc. *Tebt. I 120, 88 (97 oder 64a) κέχρηκϵ Ἀμμώνιοc (auf einem leichthin geschriebenen Ausgabenverzeichnis). Rev. Mél. 295, 8 (130a) προcπέπτωκϵ ὁ βα(cιλεύc) ist zweifelhafte Lesart. Ricci Arch. II 518 liest im Original προcπέπτωκεν γὰρ Παῶν. Vgl. § 73 Anm. 1. Vor einer Pause: Par. 32, 30 (162a) κατέπλευcϵ. Ἐπιμελοῦ δέ. Das Versehen mag durch die Interlinearbemerkung ἐμοῦ ἡτοιμακότοc (sic) πάντα, die über ἐπιμελοῦ gesetzt ist und zu κατέπλευcϵ gehört, herbeigeführt sein. Ein weiteres Beispiel *Lond. I p. 28, 18 (161a) ἀπελήλ(υ)θϵ (sic). Εὔγνωμων (= -ον) [οὖν] ἐcτιν — ein Stück niedrigsten Stils voll von Schreibfehlern. Für sich zu nehmen ist der Artemisiapap.: in περιεῖδϵ, ἐπὶ δέ (16 und 18) herrscht noch keine Klarheit über Text und Sinn; an ersterer Stelle steht zwischen περιεῖδϵ und ἐπί ein Doppelpunkt. Im selben Pap. Z. 3: δίκαια μὲ ἐποίηcϵ ἐμὲ καὶ τὰ τέκνα scheint entweder ἐμέ fälschliche Wiederholung des μϵ zu sein (Wessely) oder es steht das erste μϵ = μή (Hartel).

Aber auch vor Konsonanten ist -ϵ gegenüber von -ϵν weitaus in der Minderzahl (1 : 4). -ϵ im Satzinnern: ἀπεcτέρηcϵ καί Artem. 2/3 (IIIa). ἔδωκϵ τῶι Alex. IX 12 (IIIa). ἐνήνοχϵ τά Petr. II 32 (1) 34 (c. 238a). ἦλθϵ Λαμίcκη ebd. 17 (4) 3 (IIIa). προcπέπτωκέ μοι ebd. 38 (b) (242a). παρείλκυcέ με — ἔγραψϵ δέ Magd. 6, 10; 22, 1 (IIIa). ἔδωκέ μοι Par. 51, 46; 40, 26 (160a); 55, 41 (159a). Tor. I 2, 11 (117a). ἔδωκϵ τῶν Par. 24, 9 (164a). ἔλεγϵ δέ Par. 34, 16 (157a). ἐπόριζϵ τά Lond. I p. 13, 22 (162a). ἔγραψϵ Cαραπίωνι ebd. p. 17, 14 (161a). cυνῴκηcϵ Φιλίππωι Par. 22, 6 (165a); ebd. 7 ἔcχϵ τό. ἔcχηκϵ καί ebd. 7, 9 (99a). ἐξέτειcϵ Παcοῦc Grenf. II 26, 10 (103a). ἐδάνειcϵ Μαρρῆc Amh. II 43, 6 (173a). ἐπέcταλκέ μοι Tebt. I 32, 15 (145a); ἠρυθρίακϵ καί ebd. 37, 10 (73a). κεκόμικϵ δέ ebd. 55, 4 (IIaf).

-ϵ vor einer Pause: ἐποίηcϵ: δόη Artem. 4 (IIIa). ἐπηκολούθηcϵ. Μετά Petr. II 32 (2a) 24 (c. 238a). cυμβέβηκϵ. Καί Par. 63, 4, 100 (165a).

In großen Abschnitten wie Rev. Laws, Pap. Leid., Theb. Bk. findet sich kein einziges Beispiel für -ϵ, in den 120 Papp. Tebt. I nur 3 Belege (s. ob.).

5. ϵἴκοcι hat weder vor Vokalen noch vor Konsonanten jemals ein -ν[1]); auch πέρυcι verschmäht in der einzigen Stelle, wo es vorkommt, vor einem Vokal und in pausa das -ν; dagegen liest man nur παντάπαcιν.

1) Crönert 141, 2 bringt als einzigen Beleg für ϵἴκοcιν vor Vokal ϵἴκοcιν, ἅ Grenf. II 75, 7 (305p); vor Konsonanten stieß ihm kein Beispiel auf. Er behandelte schon früher diese Frage Ztschr. f. Gym.-W. 1898, 582. Wien. Stud. 21, 63. Vgl. auch H. Maaßen l. c. p. 34.

Belege. εἴκοcι a) vor Vokalen: εἴκοcι ἑνόc Leid. U 2, 14 (II[a]). εἴκοcι ἕξ Ostr. 735, 5. 7 (150 oder 139[a]). Ostr. Rev. Mél. 138, 4. 5 (II[a]). P. Reinach 15, 15 (109[a]). εἴκοcι ἑπτά Ostr. 724, 3. 6 (unb. ptol.). εἴκοcι ἐννέα Ostr. 731, 4. 6 (153 oder 142[a]). Rev. Mél. 278 Ostr. 8546, 4. 6 (II[a]). εἴκοcι ἥμιcυ Ostr. 747, 5 (131[a]). εἴκοcι ἀγωγάc Ostr. 1519, 4 (137[a]). εἴκοcι ἄνευ Tebt. I 105, 2 (103[a]). εἴκοcι ἡμερῶν BU 993 III 6 (127[a]) usw.

b) vor Konsonanten: εἴκοcι cυμβολοφύλαξι Rev. L. 12, 16 (258[a]). εἴκοcι δραχμάc Petr. II 44, 26 (nach 246[a]). εἴκοcι καί Kanop. Dekr. 30 (237[a]). Grenf. II 19, 8 (118[a]). Tor. IV 25 (117[a]). Tebt. I 105, 57 (103[a]); 106, 33 (101[a]). εἴκοcι τοῦ BU 993 III 4 (127[a]). εἴκοcι δύο Grenf. I 10, 12 (174[a]). Par. 7, 7 (99[a]). Ostr. 1221, 4 (ptol.). εἴκοcι τρεῖc Wilck. Ostr. I p. 67 unten Z. 6 (III[a]); Ostr. 724, 5. 8 (ptol.). εἴκοcι τέccαρα Rev. Mél. 330, 3 v. u. (II[a]). Tebt. I 110, 4 (92 oder 59[a]). εἴκοcι πέντε Amh. II 59, 6. 12 (151 oder 140[a]). Ostr. 332, 3 (ptol.). Rev. Mél. 275 Ostr. 8128, 4; 335 Pap. Z. 5 (135[a]) usw.

c) in Pausa und vor Zahlzeichen: Rev. Mél. 327, 6 (134[a]) und am Rand (L. 2 v. unt.). Wilck. Ostr. 325, 3 (III[a]); 720, 4; 739, 7 (149 oder 138[a]); 749, 2 (130[a]); 1615, 6 (156 oder 145[a]). P. Zois I col. 2, 17 (150[a]). Leid. C 14 ἴκοcι in pausa (II[a]). Rev. Mél. 334, 2 (135[a]) usw.

πέρυcι, ἐγκατάλειμμα Petr. II 4 (11) 2 (255[a]).

παντάπαcιν δέ Par. 63, 7, 13; col. 9, 40 (165[a]). Leid. B 1, 6 (164[a]).

6. Die mit dem Suffix -θε(ν) gebildeten Lokaladverbien auf die Frage woher? und wo? lauten in den Papyri durchweg auf -ν aus[1]); ebenso in den Urkunden πάλιν.

ἄλλοθεν Rev. L. 49, 18; 52, 9 (258[a]). ἄνωθεν Petr.[2] 43 (2) recto col. 4, 17 (246[a]). Zois I 34 (150[a]). Tebt. I 59, 7. 10 (99[a]). ἐπάνωθεν Tor. V 16; VI 17 (177 oder 165[a]). αὐτόθεν Petr. II 45 (2) 9 (c. 246[a]). ἔμπροcθεν Petr. II 8 (1) A 7 (c. 250[a]); 13 (1) 8 (255—53[a]). Rev. L. 32, 7 (258[a]). Par. 26, 11 (163[a]); 51, 16. 46 (160[a]); 63, 9, 36 (165[a]). Tor. I 6, 1 (117[a]). Tebt. I 27, 63 (113[a]); 50, 3 (112[a]); 61 (b) 197 (118[a]); 72, 115 (114[a]) etc. — ἐντεῦθεν Par. 15, 30 (120[a]). Petr. II 44 (2) 21 (nach 246[a]). ἔξωθεν Par. 29, 5 (160[a]). κάτοθεν (sic) Petr.[2] 42 F (a) 6 (252[a]). μακρόθεν Tebt. I 230 (II[af]). πάντοθεν Par. 5, 1, 10 (114[a]). Amh. II 51, 27 (88[a]) u. oft. πατρόθεν Par. 65, 14 (146[a]) usw. Über οὐθαμόθεν, μηδαμόθεν vgl. S. 182.

πάλιν τῶι Petr. II 5 (a) 5 (255[a]). πάλιν πρ- ebd. 14 (1 a) 4 (III[a]). πάλιν ποιεῖται Eud. 1, 10; πάλιν φηcὶν Lond. I p. 13, 19 (162[a]); πάλιν Cαραπίωνι 42, 136 (158[a]). πάλιν ἀποδείξει Eud. 1, 20; πάλιν τῆι ebd.

---

1) Meisterh.-Schwyz. 146, 7 bringt vereinzelte Beispiele auf -θε vom V—III[a] (ἔμπροcθε, ὄπιcθε, καθύπερθε); Crönert 140, 1 aus späteren Papyri (III—VII[p]) und Handschriften (ὄπιcθε, ἐκεῖθε, ἔξωθε, ἔμπροcθε u. a.).

2, 19. 21 (vor 165ª). πάλιν ἐντυχεῖν Par. 26, 9 (163ª). πάλιν ὑπερτείνουcαν ebd. 63, 3, 72 (165ª). πάλειν ... ebd. 23, 26 (165ª). Ferner P. Weil I 31 (a) [b πάλειν] geschr. vor 161ª. P. Kairo Arch. I 59, 11 (123ª). BU 1002, 5 (55ª). P. Anton. 24 (41 oder 32ª) usw.

Die vulgäre Nebenform πάλι (vgl. Philod. π. cημείων col. XIV 1 Gomp., de mus. p. 40 fr. 44, 2; 47 fr. 59, 13 Kemke und namentlich Crönert 140, 3), die auf attischen Steinen gänzlich fehlt und erst auf jüngeren Inschriften und Papyri begegnet (z. B. πάλι τειμάc Heberdey, Opramoas 24 VIII A 6, IIᵖ), kommt in ptol. Zeit nur in einem poetischen Stücke vor[1]): Tebt. I 1 (Anthol. Fragm. c. 100ª) 14 πάλι κοιμίζεται; ebenso 2 (a) verso 4. πάλι cὺρ̣ πάλι μ' ἔδερε 2 (a) verso 16. Dagegen ebd. 1, 2 πάλιν εἰc = 2 (a) verso 11. In der Zusammensetzung stehen einander gegenüber παλινπρατ[ο]ῦνταc (Verschleißer) Rev. L. 47, 16 (258ª) und παλιτραχηλιοῦcι Petr. II 15, (1ª) 2 (241ª). Spätere Beispiele bei Crönert l. c. Stellen für πάλι gibt auch Gregorio, Studi ital. di filol. class. IX 177, 8.

[Statt πέραν (K.-Bl. I 295) Petr. II 18 (2ª) 5 (246ª) liest jetzt Wilcken zu Petr.² 23, 5 (Add. et Corr. XIII) ἡμέραν.]

7. ἕνεκα (εἵνεκα, οὕνεκα, τοὕνεκα) — ἕνεκεν (ἥνεκεν).[2]) Gegenüber der attischen Form ἕνεκα, die auf attischen Steinen bis gegen Ende des 4. Jahrh. v. Chr. ausschließlich herrscht, während seit dem 3. Jahrh. ἕνεκεν überhand nimmt (Mhs.³ 216), ist die gewöhnliche Form der κοινή auch in Ägypten ἕνεκεν (vor Vokalen wie Konsonanten und im absoluten Auslaut). Doch begegnet daneben sowohl auf Inschriften als auf Papyrus (vor Konsonanten und Vokalen) nicht selten ἕνεκα; je einmal nur läßt sich in Prosa das altertümliche οὕνεκα, in Poesie εἵνεκα und τοὕνεκα belegen. Über den ionischen Charakter von ἕνεκεν vgl. oben S. 14.

Belege: ἕνεκεν a) vor Vokalen: ἕν]εκεν ἀναπλέων Petr. II 2 (3) 3 (260ª). οὗ ἕνεκεν ἐπιμελητήc Petr.² 36 (a) verso 6; ebd. 27 ἕνεκεν ἀπήχθην (IIIª). ἕνεκεν ἧc Dittenberg. inscr. gr. or. I 111, 11 (nach 163ª).

b) vor Konsonanten: ἕνεκεν τήν Rev. L. 56, 9 (258ª). ἕνεκεν διά Petr.² 43 (2) verso col. 4, 8 (246ª). ἕνεκεν τῆc Strack, Ptol. Inschr. Arch. II 548 Nr. 27, 6 (c. 200ª); Dynastie d. Ptol. 246 Nr. 75, 5 (c. 190ª). Dittenb. inscr. gr. or. I 100, 5 (nach 190ª); 114, 2 (181—146ª). ἕνεκεν τοῦ Tor. I 2, 10 (117ª). ἕνεκεν καί Dittenb. inscr. gr. or. I 99, 4 (188—81ª). Strack, Dyn. d. Ptol. 255 Nr. 107 = CIG 4860 (145—116ª). ἕνεκεν μηδ' Tebt. I 5, 259 (118ª).

1) Phryn. Lob. 284 πάλι· οὕτω λέγουcιν οἱ νῦν ῥήτορεc καὶ ποιηταί.

2) K.-Bl. I 117. G. Meyer 125. Meisterh.-Schwyz. 215 ff. H. Maaßen Leipz. Stud. IV 35. Wackernagel KZ 28, 109—130. Schmid Attic. II 104. Schweizer Perg. 35 f. Nachmans. 18 f. Win.-Schmied. § 5, 20 c. Crönert 113 f.

c) im absoluten Auslaut: εὐεργεςίας ἕνεκεν Dittenb. inscr. gr. or. I Nr. 181, 4 (114—108ª).

ἥνεκεν [τοῦ] Par. 64, 33 (164ª) könnte sowohl für εἵνεκεν als für ἕνεκεν stehen; doch nach § 10 I A eher das letztere. Vgl. Crön. 114.

Anmerkung 1. ἕνεκε findet sich ebensowenig als Kontaminationsformen wie ἕνεκαν oder ἕνεκον. Vgl. Nachmanson 19. Crön. Ind. 305.

ἕνεκα a) vor Konsonanten: ἕνεκα καί Dittenberg. inscr. gr. or. I 51, 18 (239ª); 141, 7 (146—116ª). Pap. Petr.² 53 (l) 9 (IIIª). ἕνεκα τῆς Strack, Ptol. Inschr. Arch. I 204 Nr. 11, 8 (245—221ª). Dittenb. inscr. gr. or. I 50, 6 (240ª). Kanop. Dekr. 17 (237ª). ἕνεκα τοῦ Rosettastein 11 (196ª). Pap. Tebt. I 66, 77 (121ª). Vat. E (Mai V 355) 16 (157ª). Lond. I p. 30, 14 (172ª).

b) vor Vokal: διαφόρου ἕνεκα, ἀξιῶ BU III 1006, 3 (IIIª).

οὕνεκα τοῦ Petr. II 19 (1ª) 2 (IIIª).

εἵνεκ' ἐμῆς Ostr. 1148 (Epigramm) IIª (Theben). Spätere Belege in prosaischen Papyri u. Handschr. bei Crön. 114.

τοὕνεκα in einer poet. Grabschrift aus d. Zeit Euergetes' II. (145—116ª) Arch. II 220 Nr. 2, 7.

8. ἔπειτα (nicht ἔπειτεν) ist stehende Form der ptol. Papyri: so Petr. II 45 col. 2, 17 (246ª); Rosettastein 43 (196ª). μετέπειτα Dittenb. inscr. gr. or. I 177, 14 (96/5ª) etc. Über scheinbar ionisches εἶτεν, ἔπειτεν s. oben S. 14. Vgl. Phryn. Lob. 124 εἶτεν καὶ ἔπειτεν ἐςχάτως βάρβαρα.

Über μήτεν = μήτε vgl. oben S. 180 Note 2.

9. Einmal begegnet ἐνόπι Lond. I p. 26, 6 (161ª) = coram statt ἐνώπιον wie Tebt. I 14, 13 (114ª); ἐνώπιον τινῶν Grenf. I 38, 11 (c. 100ª)[1]; ähnlich ἀπέναντι (aus ἀπεναντίον) Petr. II 17 (3) 3 (IIIª). Grenf. I 21, 14 (126ª) und κατέναντι Par. 50, 11 (160ª).

Anmerkung 2. Von den Neutra ταὐτό(ν), τοιοῦτο(ν), τηλικοῦτο(ν), deren ν aus der Analogie der sonstigen Neutra stammt, wird gehandelt § 69, 8. 10. 12.

§ 56. Bewegliches σ im Auslaut.[2])

1. οὕτως — οὕτω. Die gewöhnliche Form vor Vokalen wie Konsonanten ist οὕτως; doch findet sich nicht selten οὕτω vor Konsonanten, vereinzelt sogar vor Vokalen.

---

1) ἀνόπι erwähnt Schweizer Perg. 122, 2 auf einem Werkstück des großen Altars und vergleicht es der Bildung nach mit πέρυςι(ν), πάλι(ν), νόςφι(ν). Vgl. unter Stammbildung § 85, 14.

2) K.-Bl. I 296 ff. G. Meyer 395. Brugmann Gr. Gr. 147 Anm. Win.-Schmiedel § 5, 28 b. Nachmanson 112. Crönert 142 ff.

οὕτωc vor Vokalen: οὕτωc ἔχοντα Petr. II 12 (1) 9 (241^{a}). Amh. II 35, 42 (132^{a}). Par. 15, 31 (120^{a}). οὕτωc ὥcτε Petr.^{2} 28 (e) 7; οὕτωc ἔcται 41 verso 11; οὕτωc ἀ. 42 H (8 f) 9. 22; οὕτωc ἐπεμαρτυρόμην 65 (b) 17 (III^{a}). οὕτωc ἔχειν Amh. II 31, 21 (112^{a}). οὕτωc εἰc Eud. 14, 4 (vor 165^{a}). οὕτωc· οὗτοι Par. 2 col. 2, 1; ebd. col. 2, 5. 17 οὕτωc ἀπεφαίνετο; col. 3, 12 οὕτωc ἀπέφαcκεν; 23 οὕτωc Εὐριπίδηc; col. 5, 7 ff. οὕτωc ἀπεφήνατο (c. 170^{a}). οὕτωc ὥcτε Par. 33, 10 (162^{a}). οὕτωc ὑπήκουcαν Tebt. I 24, 25 (117^{a}). οὕτωc ὁ ebd. 39, 15; οὕτωc ἐν 72, 454 (114^{a}) usw.

οὕτωc vor Konsonanten: οὕτωc δίκαιον Petr. II 8 (2 b) 15 (246^{a}); οὕτωc ποεῖν 13 (6) 14; οὕτωc δέ 17 (255^{a}); 16, 14 (III^{a}). οὕτωc τευξ. Lond. I p. 34, 7 (161^{a}). οὕτωc τήν Par. 50, 22 (160^{a}). Tor. I 3, 27 (117^{a}). οὕτωc γάρ Par. 62, 8, 18 (II^{ai}). οὕτωc παντάπαcιν ebd. 63, 7, 13; ebd. col. 8, 8 οὕτωc προαιρούμενοc (165^{a}). οὕτωc καί Tebt. I 124, 18 (118^{a}). οὕτωc λήγονταc ebd. 24, 32 (117^{a}) usw.

οὕτω vor Konsonanten: οὕτω γάρ Petr. II 13 (19) 2 (258—53^{a}). οὕτω πρέπει Par. 63, 3, 84/85 = Petr.^{2} Einl. p. 24 (165^{a}). οὕτω δέ Eud. 13, 13 (vor 165^{a}). οὕτω λέγοι Par. 2 col. 1 (3 mal); οὕτω λεχθείη ebd. col. 4. 5. 6. 7 (II^{ai}).

οὕτω vor Vokal: δεῖν οὕτω, ἕωc Petr. I 7 (4) 8 (Phädon, wo wir in unseren Texten οὕτω δεῖν, ἕωc lesen, c. 300^{a}). οὕτω ἀπέχεται ebd. I 8 (2) 15 (Phädon, Texte οὕτωc ἀπέχεται). οὕτω· ἀφίλεcαν Lond. I p. 28, 14 (161^{a}). Ebenso in römischer und byzantin. Zeit οὕτω ἀπηρτίcθ[η Lond. II p. 153, 3 (138^{p}). οὕτω ὀρθῶc ebd. p. 328, 79 (619^{p}). Crönert 142, 1.

2. μέχρι(c) — ἄχρι(c). μέχρι ist stehende Form vor Konsonanten und Vokalen, μέχριc erst in röm. Zeit belegt. ἄχρι kennt in ptolem. Zeit nur die Poesie, die Prosa neben ἄχριc erst in röm. Periode.

μέχρι vor Konsonant: μέχρι τοῦ Petr. II 23 (1) 12 (III^{a}). Par. 70 p. 412 (191^{a}); ebd. 35, 9 (163^{a}); 62, 4, 8 (II^{ai}); 15, 56. 64 (120^{a}). Theb. Bk. II 5 (131^{a}). Tor. I 2, 30; 5, 20 (117^{a}). Grenf. I 35, 2 (99^{a}). Tebt. I 50, 26. 32 (112—1^{a}); 124, 37 (118^{a}); 183 (II^{af}); 12, 22 (118^{a}); 20, 4. 9 (113^{a}); 29, 17 (110^{a}); 48, 11 (113^{a}); 72, 192 (114^{a}) etc. μέχρι τῆc Eud. 4, 28 (vor 165^{a}). Par. 37, 9 (163^{a}); 5, 17, 10 (114^{a}). Tebt. I 72, 168 (114^{a}). μέχρι δέ Par. 13, 10 (157^{a}); 26, 7 (163^{a}). Tebt. I 61 (b) 13 (118^{a}); 14, 7 (114^{a}). μέχρι Cυήνηc (Faksimile! nicht wie Witkowski will, μέχρι Εὐ[ή]νηc) Par. 14, 35 (127^{a}), ebenso in der Kopie Tor. III 36.

μέχρι vor Vokal: μέχρι ἄν Tebt. I 27, 101 (113^{a}). Später μέχρι οὗ BU 339, 21 (128^{p}); 101, 20 (114^{p}). μέχρι ἐλαχίcτου Par. 20, 11 (600^{p}); μέχρι εὐτελοῦc ebd. 14. μέχρι ἀέρουc 21, 28 (616^{p}); 21^{b}, 16 (592^{p}).

μέχριс erscheint erst in röm. Zeit. Belege bei Crön. 144, 3.

ἄχρι nur in Poesie: ἄχρι καί Grabschrift des Herodes aus der Zeit des Euerget. II. Arch. I 220 Nr. 2, 6 (145—116ᵃ). In Prosa erst in röm. Zeit: ἄχρι τοῦ Ostr. 1129, 5 (207ᵖ). ἄχρι λόγου ebd. 1135, 5 (214ᵖ). ἄχρι τῆс BU 599, 3 (IIᵖ). Par. 20, 34 (600ᵖ). ἄχρι οὗ Oxy. I 104, 18 (96ᵖ). BU I 19 col. 1, 5 (135ᵖ); ebd. 34 verso col. 2, 1 (unb. röm.). — ἄχριс ἀναποδώсεωс (sic) Pap. Erzh. Rain. IV p. 61, 11 (IIIᵖᶠ). ἄχριс [πλη]ρομένου Berl. Pap. Not. et extr. XVIII 2 p. 255, 28 (600ᵖ). Weitere Beispiele bei Crönert l. c.[1])

3. Die Zahladverbien (multiplicativa) lauten der Regel nach auf -ιс aus, wie τετράκιс, in Zusammensetzungen διсχίλιοι, τριс-, τετρακιсχίλιοι; πολλάκιс, πλε(ι)ονάκιс. Selten begegnen in ptol. Zeit die kurzen Formen πολλάκι, πλεονάκι; bei Zusammensetzungen erst in röm. Zeit διχίλιοι, πεντακιχίλιοι etc.

Belege: τετράκιс Zois I 1, 3 (150ᵃ). Zusammensetzungen S. 94 Note 3. über τριс — τετρακιсκίλιαι § 36 S. 172. πολλάκιс μέν Petr. II 11 (1) 2 (IIIᵃ). πολλάκιс ἐπιβεβληκότοс Tor. I 2, 17 (117ᵃ). πλεονάκιс μου Petr. II 15 (1) 10 (241ᵃ). πλεο]νάκιс εἴρηκα Petr.² p. 111 (10) 2 (c. 250ᵃ). πλεονάκιс οὐκ Magd. 17, 3 (IIIᵃ). πλεονάκιс ἀπητημένοс Fay. XI 20 (c. 115ᵃ). πλεονάκιс [ἀπ]αιτούμενοι Par. 8, 16 (129ᵃ). πλειονάκιс δι. Vat. C 17 (162ᵃ). πλειονάκιс κεκ. Lond. I p. 34, 5 (161ᵃ).

πολλάκι τ... Par. 63, 11, 74 (165ᵃ) [Letronne fälschlich πολλὰ καί]. πλεονάκι ἀπηιτημένοс Magd. 25, 4 (IIIᵃ). πλεονάκι διεсτάλμεθα Par. 26, 22 (163ᵃ). διχειλίων Lond. II p. 152, 14 (129ᵖ). πεντακιχιλίων Amh. II 79, 32 (186ᵖ). πεντακιχίλιαι BU I 271, 2, 6 (II—IIIᵖ) etc. Crönert 143, 1—3.

Das Verhältnis der beiden Formen zu einander ist noch nicht ganz aufgeklärt. G. Meyer 398. Nach Brugmann Gr. Gr. 217 sind die Bildungen auf -άκιс Erweiterungen von -άκι nach δίс und τρίс.

4. In der Bedeutung „sogleich" steht sowohl εὐθύс als εὐθύ neben dem häufigeren εὐθέωс.

εὐθὺс τἀντίγραφα Petr. II 13 (9) 5 (258—53ᵃ). εὐθὺс τῆс ebd. 48, 7 (186ᵃ). εὐθὺс τά (Wilamowitz statt ἔτουс τά) Petr. I 29 verso 2 (IIIᵃ). εὐθύс сε Fay. 109, 2 (Iᵖⁱ).

---

1) Auf attischen Steinen nimmt weder μέχρι noch ἄχρι jemals ein -с an (Mhs.³ 212, 10; 219, 39). Ebenso schreiben die Attizisten (nach Schmid Att. I 113; II 90 f.; III 106. 286; IV 459) regelmäßig ἄχρι und μέχρι vor Konsonanten und Vokalen (Ausnahme ἄχριс ἐνταῦθα Aristid. art. rhet. p. 515, 16 Sp.). Im Aristeasbrief (Wendland) steht 7 mal μέχρι (nie ἄχρι) vor Konsonanten, einmal μέχριс οὗ (298). Im N. T. erscheint das -с fast nur in der Verbindung ἄχριс-μέχριс ἄν, -οὗ (Win.-Schmied. § 5, 28 b; Blaß § 5, 4). Dagegen benützen die apostolischen Väter vor Vokalen in der Regel das hiatusvermeidende Sigma (Reinhold 37).

εὐθὺ δεῖ Grenf. I 1, 1, 24 (erot. Fragm. nach 173[a]). εὐθὺ μέλαινα ἐγένετο (Traumbericht) Leid. C p. 119 col. 1, 27 (162[a]). εὐθὺ τὰ cώματα Aristeasbr. 24.

εὐθέωc α) vor Vokal: Kanop. Dekr. 47 εὐθέωc ἀπεδείχθη (237[a]). Petr. II 23 (1) 13 εὐθέωc ἤ (III[a]). β) vor Konsonanten: Petr. II 13 (3) 7 εὐθέωc γάρ; (18[a]) 16 εὐθέωc καί (258—53[a]). Lond. I p. 30, 11 (172[a]) εὐθέωc τοῖc. Par. 63, 11, 55 (165[a]) εὐθέωc καταπλεύcαc. Eud. 14, 7 (vor 165[a]) εὐθέωc φαίνεται. Tebt. I 39, 10 (114[a]) εὐθέωc παραλαβών; ebenso 38, 16 (113[a]). Petr.[2] 42 (I) 3 (c. 250[a]) unsicher. Aristeas (Wendland) 45 εὐθέωc οὖν; 158 εὐθέωc τότε.

Phryn. Lobeck 144: εὐθὺ τόπου ἐcτίν, εὐθὺ Ἀθηνῶν· εὐθὺc χρόνου. Das älteste Beispiel für den Mißbrauch ist Aristot. rhet. p. 148, 27 Spengel. Über die Attizisten vgl. Schmid Att. I 121 (Dio); 266 (Luc.); II 113 (Aristid.).

5. Nur ἑξῆc (ἐφεξῆc), nicht ἑξῆ, bieten die ägyptischen Papyri zu allen Zeiten vor Vokalen und Konsonanten [ebenso der Aristeasbrief].

a) ἑξῆc ἔχουcαι Par. 26, 47 (163[a]). ἑξῆc ἑνδεκάτῳ Amh. II 87, 14 (125[p]). ἑξῆc ἐντεταγμένοι ebd. 151, 12 (610—640[p]). ἐφεξῆc ἄχρει (= ἄχρι) ebd. 148, 10 (487[p]). ἑξῆc ὑποτεταγμένα Lond. II p. 325, 11; ἑξῆc ἅπαντα ebd. Z. 23 (616[p]) usw.

b) ἑξῆc ποτιεῖν Petr.[2] 56 (c) 8 (c. 260[a]). τὸ ἑξῆc, τῶν Par. 24, 6 (164[a]). [ἑξ]ῆc κατά Tebt. I 51, 10 (160[a]). ἑξῆc βαcιλικόc Amh. II 68, 67 (I[pf]); ἑξῆc ιδ̄ ebd. 88, 16 (128[p]). ἑξῆc πεποίηνται Lond. II p. 188, 11 oben (114[p]). ἑξῆc καθ' ἔτοc ebd. p. 327, 55. 58; 329, 91; ἑξῆc διαμαρτύρια ebd. p. 328, 72 (616[p]) usw. Über (ἐφ)εξῆ in herkul. Rollen, Inschriften u. Handschr. vgl. Crönert 144, 4.

Anmerkung. χῶρι ἄλλων steht Amh. II 113, 22 (157[p]), daneben im selben Stück χω[ρὶ]c ἄλλων. Die verkürzte Form zitiert auch G. Meyer 395 aus einer theräischen Inschr. (CIG 2448 V 8). Sonst auf Papyrus zu allen Zeiten χωρίc: z. B. χωρὶc ἀργυρίου Tebt. I 19, 8 (114[a]). χωρὶc cπέρματοc ebd. 61 (a) 186; 67, 16 (118[a]); 68, 26 (117[a]); 70, 15 (111—0[a]). χωρὶc τῆc Par. 5, 39, 2 (114[a]); 62, 5, 19 (II[a i]). Amh. II 79, 37 (186[p]); 85, 9. 12 (78[p]). χωρὶc τοῦ Par. 62, 6, 7 (II[a i]). χωρὶc γνηcίων Amh. II 86, 10. 15 (78[p]). χωρίc τινοc ebd. 151, 17 (610—640[p]) usw.

Schlußbemerkung. Überblickt man das gesamte in den §§ 55 und 56 zusammengestellte Material über die beweglichen Schlußkonsonanten, so drängt sich die Beobachtung auf, daß die Neigung zu hiatusfestem Wortverschluß für alle Fälle zunimmt.

ANHANG.

§ 57. Dissimilatorischer Silbenschwund (Haplologie).

Wenn zwei aufeinander folgende Silben den gleichen oder ähnlichen konsonantischen Anlaut haben, kommt es vor, daß eine von beiden verloren geht. Wesentlich ist dabei neben der Gleichheit der

Konsonanten die Gleichheit der Vokale, die in manchen Fällen schon an und für sich genügt, den Ausfall einer Silbe zu begründen, gewöhnlich aber mit dem ersten Grunde konkurriert.[1])

Der Fall tritt ein

1. im Inlaut eines Wortes.

a) Konsonanten und Vokale sind gleich oder sehr ähnlich:

γναφαλλόγων neben γναφαλλολόγων (Belege S. 170).

τετρακίλιαι Zois N. I 1, 3 (Peyron) — 150[a]. Belege für τετρακισχίλιαι, τετρακισκίλιαι siehe oben S. 172.

In Eigennamen: Θορταίου Grenf. I 17, 26 (nach 147 oder 136[a]). — Θοτορταῖος ebd. 11, 2, 13. 18 (157[a]). Θοτορταίου Petr.[2] 100 (b) 1, 5 (III[a]). Grenf. I 44, 2, 6 (II[a]). Tebt. I 61, 68 (118[a]); 247 (112[a]) und oft. — Τοήους Grenf. II 29, 8 (103[a]); 30, 6 (102). — Τοτοήους ebd. 27, 5 (103[a]); 32, 4 (101[a]).

Anmerkung 1. Wenn auch vielleicht lediglich Schreibversehen, so scheinen doch derselben Tendenz entsprungen zu sein Fälle wie ἀφίμωσις = ἀποφίμωσις? (Verschließen der Salben) Petr. II 34 (b) 3 (III[a]). ὑδοχίου = ὑδροδοχίου Tebt. I 84, 13 (118[a]) und φολογίας (?) Lond. II p. 14, 14 (116—111[a]), gegenüber φορολογία Rev. L. 33, 13. 20 (258[a]).

b) Nur die Vokale sind gleich:

ὑπόκκινος (scharlachrot) für ὑποκόκκινος Grenf. II 28, 5 (103[a]).

Βενίκην für Βερενίκην Petr. I 14, 20 (237[a]). Zur synkopierten Form Βερνείκη, Βερνικίωνι vgl. § 25, 4 S. 146.

Anmerkung 2. In einer Menge verkürzter Schreibungen scheinen graphische Versehen bzw. absichtliche Abkürzungen vorzuliegen, wobei sicherlich teilweise dissimilatorische Gründe mitgespielt haben: ἀκούσαντα für ἀκούσασαν τά Leid. U col. III, 10 (II[a m]). ἱππόμος Petr. II 25 (c) 12 — aber (a) 10 und (e) 5 ἱπποκόμους (226[a]). οἰκόνος Rev. L. 48, 5 — aber 1 οἰκονόμου; ebd. 55, 22 οἰκόνου — aber 21 οἰκονόμου (258[a]). Κιλίαι für Κιλικίαι Petr. II 45 col. 2, 6 (246[a]). Εὐγέτιδι Petr. II 46 (c) 6 — aber Εὐεργέτιδι (b) 6 (200[a]). Σαπιείωι Lond. I p. 15, 4 — aber ebd. 11 Σαραπιείου (162[a]). Über die synkopierte Form Σαρπιείωι siehe oben S. 146. ἐπιλογήριον Lond. I p. 42, 133 könnte Nebenform zu ἐπιλογιστήριον sein; ebd. p. 41, 11 τὸ ᾿γλογιστήριον (158[a]); λογιστήριον Petr. II 10 (1) 23 und (2) 4 (vor 240[a]). προσορμίσθω = προσορμιζέσθω (?) Rev. L. 99, 4 (258[a]). χρηματίσθαι = χρηματίζεσθαι Theb. Bk. VI 13 (II[a f]). παραστραγίας = παραστρατηγίας Lond. I p. 20, 25 (161[a]). Vgl. Witkowski Prodr. 32. προσβέσθαι Lond. I p. 40, 65 — aber p. 39, 44 προσλαβέσθαι (158[a]). ἐπιδεδο⟨μέ⟩νην ebd. p. 10, 22 — aber p. 16

1) Im allgemeinen handeln von dieser Lauterscheinung Meringer und Mayer, Versprechen und Verlesen 182ff. G. Meyer 393 (ἀμφορεύς, ἡμέδιμνον, σκίμπους, idolatria, κωμο — τραγῳδιδάσκαλος, καρδάμωμον, κελαινεφής, θάρσυνος, ζητρός, λειπυρία u. a.). Brugmann Gr. Gr. 134f. Meisterh.-Schwyz. 118 (κιόκρανον, τέτραχμον, ταρτημόριον). Kretschmer Vas. 88 (κυβιστής = κυβιστητής); 184 (Γλαυκλέης). K. Dieterich Unt. 124f. (ἀναβάζω, δέσκαλος, ἀνεωσάμην). Schweizer Perg. 131 (κατάσσειν = κατατάσσειν). Thumb Hell. 207. Nachmanson 113ff.

(XIX) 2 ἐπιδεδομένην (161^a). ὑπομνηματο<γρά>φος ebd. p. 42, 127; ἔγ<ρα>φε ebd. p. 42, 141 (158^a). δια<γρα>φῆς Par. 63, 2, 42/3 = Petr.^{2} Einl. p. 20 (165^a). προστ<αγ>μάτων Par. 15, 60 (120^a). δαιμ<όν>ιον ebd. 63, 9, 50 (165^a). βάσσης für βασιλίσσης [kursive Kurzform?] Grenf. I 24, 7 (146—117^a). ὀφεί<λε>τε Ostr. 1256, 5 (136^a). προφέ<ρε>ται Tebt. I 43, 44 (118^a). ἀκα<τα>[ν]εμή(τας) ebd. 66, 75 (121^a). διαιρέ<σε>ως ebd. 72, 16. 54. 61. 67 (114^a). ἐξαιρέ<σε>ως ebd. 5, 26 (118^a). Auch bei οὐ κρίναμεν ebd. 124, 5 (nach 118^a) ist wohl eher an haplologische Verkürzung aus οὐ<κ ἐ>κρίναμεν (unter dem Einfluß der raschen Aussprache) als an die augmentlose Form beim Simplex ἐκρίναμεν zu denken.

c) Haplologische Verkürzung bei vokalischem Anlaut der aufeinander folgenden Silben ist zu beobachten bei einigen Formen des Perf. med.-pass. von φέρω, wie ἀνηνεγμένης = ἀνενηνεγμένης Par. 33, 7 (162^a); προσανηνέχθαι Tebt. I 72, 263 (114^a); ferner in πλεῶν = πλεόνων Petr. II 32 (2^a) 21 (III^a). πλεῳν ἁπάντων Tebt. I 5, 40, ebd. Z. 78 ζῶν = ζῴων (118^a). ὑπερῶν = ὑπερῷον BU 999 I 6 (99^a).

2. In der Wortfuge wird die Präposition κατά mit dem darauffolgenden Artikel (wie schon auf attischen Inschriften) nicht selten zusammengezogen: κατά = κατὰ τά, ebenso κατήν, κατό etc.[1])

Belege: III^a κατ[ὰ] ^{πο}υγεγραμμένα (sic) = κατὰ τὰ ὑπογεγραμμένα Petr.^{2} 61 (c) Schluß = Petr. II 25 (c) letzte Zeile (226^a), hergestellt von Wilcken, Add. et Corr. zu Petr.^{2} XVIII.

II^a κατὰ ὑπό σου ἐπισταλέντα γράμματα Lond. I p. 17, 11 (161^a). κατὰ προγεγραμμένα Grenf. II 25, 24; 26, 23 (103^a); 30, 26 (102^a). BU 998 II 12 (101^a). κατὴν χώραν Petr.^{2} Einl. p. 26, 93 = Par. 63 (165^a). Tebt. I 15, 8 (114^a) — aber κατὰ τὴν 23 und 16, 6. Einmal ganz verwirrt κατὰ<τὴ>ν στρατηγίαν Tebt. I 72, 25 (114^a). — κατὸ διπλοῦν P. Reinach 11, 8 (111^a). —

Über καὐτούς = κα(τ)᾽ αὐτούς, κἄνδρα = κα(τ)᾽ ἄνδρα vgl. oben § 25, 3 S. 145.

Anmerkung 3. Die höchst auffallende Ausstoßung einer ganzen Silbe in der Schreibung κατὰ τ᾽ χειμῶνα Par. 63, 4, 108 (165^a) hat — nach der von Wilcken revidierten Lesung Petr.^{2} Einl. p. 28 — eine 2. Hand durch ein über die Zeile gesetztes τὸ[ν] verbessert.

3. Nicht sowohl einer dissimilatorischen Tendenz als dem Übergewicht des exspiratorischen Akzentes sind zuzuschreiben silbische Verstümmelungen im Anlaut, wie: ἐν τοχῆι = ἐν κατοχῆι Lond. I p. 26, 2 (161^a). τὸ θῆκον = τὸ καθῆκον ebd. 18, 22 (161^a). τὴν

---

1) Meisterh.-Schwyz. 217f. (auf attischen Steinen seit 363^a belegt). G. Meyer 402. Hatzidakis Einl. 153; K. Z. 33, 118ff. J. Schmidt K. Z. 38, 6ff. Brugmann Gr. Gr.^{3} 141 erklärt die Erscheinung durch Vereinfachung der Geminate nach Abfall des Schlußvokals, also κατόν = καττόν, während Schweizer, Indog. Forsch. X 212 darauf hinweist, daß diese Formen im Attischen erst zu einer Zeit auftreten, in der Doppelkonsonanz auch in der Schrift konsequent bezeichnet wurde. Schweizer nimmt also syllabische Dissimilation an.

θήκουcαν Leid. E 20 (162[a]). θερινὸc καὶ cημβρινόc = μεcημβρινόc Eud. 17, 2 (vor 165[a]). Schmid Att. IV 683. Über Apokope im Auslaut von ἀπό, διά, κατά, παρά, περί, ὑπό vor Konsonanten vgl. oben S. 145.

Anmerkung 4. Als Gegenerscheinung zu den unter Anmerkung 2 aufgeführten Verkürzungen ist es zu betrachen, wenn gleich oder ähnlich lautende Silben eingeschaltet werden. Derartige rein mechanische Dittographien, die höchstens als Symptome des Versprechens oder Verlesens mit der Grammatik zu tun haben, sind naturgemäß in den vulgärsten, salopp geschriebenen Konzepten am häufigsten: z. B. *{πα}παρά Lond. I p. 26, 29 (161[a]). *ἀν{εν}ενεγχθέντας ebd. p. 17, 12. cυμπερι{εν} ενηνεγμένηc Par. 8, 14 (129[a]). ἡμῶν{ων} Eud. 11, 7 (165[a]). ἐγγυ{γυ}ήcαc Grenf. II 27, 17 (103[a]). καταπονουμένου{νενου}c Par. 63, 3, 88 = Petr.[2] Einl. 26 (165[a]). ἀποκεκλει{κλει}μένην Grenf. I 1, 1, 16 (vor 173[a]). παcτοφόρ{ορ}ιον Par. 40, 29 (156[a]). προφέρ{οφερ}εται Amh. II 30, 7 (II[a]). Die Beispiele ließen sich leicht vermehren.

In κυληcτητήων Leid. E 21 (161[a]) haben wir wohl eine vulgäre Weiterbildung des dem griechischen Ohr ungewohnten Fremdwortes κυλ(λ)ῆcτι zu erkennen. Belege für κυλ(λ)ῆcτι oben S. 13. Man kann damit auf attischen Steinen die Formen εἰc-ἐξιτητήρια gegenüber von εἰc-ἐξιτήρια vergleichen. Meisterh.-Schwyz. 118.

ZWEITER HAUPTTEIL: WORTLEHRE.

A. FLEXION.

Vorbemerkung. Weder beim Nomen noch beim Verbum kommen Dualformen vor. Vgl. G. Meyer 481. Schweizer Perg. 138. Über künstliche Wiederbelebung des Dualis durch die Attizisten vgl. H. Schmidt, Bresl. philol. Abhandl. VI (1893) und W. Schmid Att. I 87 (Dio); 233 (Lukian); II 35 (Aristides); III 46 (Aelian); IV 43 (Philostrat.); 611 (zusammenfassend). Das Neugriechische hat keine Spur mehr davon.

I. DEKLINATION.

a) VOKALISCH AUSLAUTENDE STÄMME.

§ 58. ᾱ-Stämme.

1. Über den Abfall des ι προϲγεγρ. im dat. sing. auf ᾱ (ι) und η (ι) vgl. § 19, 2, S. 120f. und § 20, I, S. 122ff.; umgekehrt über pleonastisches ι im nom. sing. auf -αι, -ηι § 19, 4, S. 121 und § 20, 3. 8. S. 123. 125.

2. Alle männlichen griechischen Eigennamen auf -ηϲ mit den Ableitungssilben -́δηϲ (-ίδηϲ, -ιάδηϲ, -είδηϲ) und -ίνηϲ, sowie eine große Anzahl ägyptischer Namen auf -ηϲ, bilden durchweg den gen. sing. auf -ου, den acc. sing. auf -ην.[1])

3. Dagegen überwiegen im dat. sing. auch bei ᾱ-stämmigen Eigennamen immer mehr die Formen auf -ει gegenüber von -ηι, wofür vereinzelt auch -η auftaucht.[2])

---

1) Griechische Eigennamen auf -δηϲ in den ptol. Papyri: Ἀντιμενίδηϲ, Ἀπολλωνίδηϲ, Ἀριϲτ(ε)ίδηϲ, Διοϲκουρίδηϲ, Εὐριπίδηϲ, Ἡρακλείδηϲ, Ἡρώ(ι)δηϲ, Μεννίδηϲ, Πυθιάδηϲ, Φιλωνίδηϲ; auf -ίνηϲ: Λεπτίνηϲ. Bezüglich der zahlreichen ägypt. Namen sei auf die Indices verwiesen.

2) Die Entscheidung, ob in den Formen auf -ει Systemzwang der Flexion von seiten der S-Stämme oder Wandel des Lautwerts vorliegt, ist gerade bei den Eigennamen schwierig. Da hier die Analogie der S-Stämme in keinem einzigen Beispiel auf den gen. und accus. der A-Stämme eingewirkt hat (die

ει : ηι im III^a = 4 : 1.
im II^a = 5 : 1.

Belege. III^a auf -ει: Ἀπολλωνίδει Petr.² 67 (b) 5. 7 (III^a); 93 verso col. 1, 3. 5. 15 (III^a). Ἀσκληπιάδει Petr. II 23 (2) 1; 25 (i) 13 (226^a). Alex. IX 27; X 1. Grenf. II 14 (a) 1. 28 (270 oder 233^a). Διοσκουρίδει 32, zweite Hand (III^a). Ἡρακλείδει Petr. II Einl. p. 29, 1 = Append. III 1 (III^a). Πυθιάδει Magd. 29, 7 und verso; 41, 8 (III^a).

III^a auf -ηι: Ἡρακλείδηι Petr. II 20 (1) 13. 14 (252^a). Petr.² 32 verso col. 2, 8 (c. 240^a). Magd. 34, 3 (III^a). Διοσκουρίδηι Petr.² 140 (b) 6 (III^a).

II^a auf -ει: Ἀσκληπιάδει Leid. B subscr. III (164^a). Par. 25, 16 (163^a). Zois II 2 (148^a). Tebt. I 27, 18. 109 (113^a); 62, 143 (119^a); 76, 3 (112^a); 164, 9 (II^af). Διοσκουρίδει Lond. I p. 41, 112 (158^a); P. Reinach 8, 6. 9. 18 (c. 140^a). Ἡρακλείδει Zois I 5 (150^a); II 6 (148^a). Lond. I p. 55, 5 = Theb. Bk. VI 1. 13 verso; VII 1 (131^a). Tor. I 3, 9. 17; II 1 (120^a); VIII 1 (119^a). Par. 15, 27 (120^a). Tebt. I 111, 3 (116^a); 230 (II^af). Rev. Mél. 323. Arch. II 519, 1 = Rev. Mél. 302 (II^a). Ἡρώδει Tebt. I 21, 1; 61, 34 (118^a). Μεννίδει Leid. D 1, 18; E 11; Lond. I p. 9, 25; p. 10, 6 (162^a).

II^a auf -ηι: Ἀριστίδηι (sic) Ostr. 1616, 4 (149/8 oder 138/7^a). Ἡρακλείδηι Ostr. 1256, 1 (136^a). Tebt. I 112, 122 (112^a). Rev. Mél. 321. 343 (II^a). Λεπτίνηι Tebt. I 61, 7 (118^a). Μεννίδηι Lond. I p. 19, 15 (161^a).

II^a auf η: Διοσκουρίδη Lond. I p. 41, 111 (neben -ει 112) 158^a.

Anmerkung 1. Übergang von der A- in die O-Deklination zeigt der Eigenname Κολλούθης im Dat. Κολλούθῳ neben Κολλούθει, vgl. unter Metaplasmus § 67, 1.

4. Auch die männlichen Eigennamen auf ´-ας, ob einheimisch oder fremd, bilden regelmäßig den Gen. auf -ου. Ganz vereinzelt begegnet die dorische Endung -α in: Αἰνέα Petr. II 50 (3) 9 (Laches c. 300^a), wo unsere Platotexte Αἰνείου bieten, wie auch Par. 5, 11, 10 (114^a); Tor. I 2, 23; 4, 27 (117^a) geschrieben steht; ferner τοῦ Εὐβάτα Petr.² 10, 25; 11, 11; 12, 2; 13 (a) 22 (alle 235^a); τοῦ Ναύτα ebd. 10, 12. 14 (235^a); 21 (c) 9 (226^a). Κίρκα (unbekannter Ort in

---

attischen Steine freilich zeigen seit dem 3. Jahrh. v. Chr. derartige Übergänge, wie Καλλιάδους, Ἀντιφάτους, Αἰσχίνους, Μαρροῦς, Φερεκλείδη (acc.), vgl. Mhs.³ 119; vereinzelt auch die Inschriften von Kleinasien, vgl. Schweizer Perg. 138; Hatzidakis, Einl. 189), so darf man wohl als primäre Ursache den Übergang des offenen ηι zu geschlossener Aussprache bezeichnen. (Lautwert von ηι = ει, d. h. ẹ, vgl. oben S. 126 ff.) Dieselbe Schreibweise erstreckt sich — hier natürlich weit seltener infolge der festeren Haltung der Literatursprache — auch auf den dat. sing. α-stämmiger nomina appellativa, sowie auf Verbalformen, worüber zu vgl. § 20, 11—12, S. 128—130.

Ägypten) P. Reinach 17, 1 (109[a]). Λίχα Petr. I 16 (1) 12; 18 (1) 6 (237[a]), ein Akarnane, der auch Dittenberg. inscr. gr. or. I 82, 4 (221 bis 205) und bei Strabo XVI, 4, 14 p. 773 Cas. und 15 p. 774 erwähnt ist. Πο]λυδάμα Petr.[2] 117 (g) col. 2, 4 (III[a]).[1])

Belege für -ου: III[a]. Ἀρ]ιστέου Petr.[2] Einl. p. 8, 10 (225[a]). Δεινίου ebd. p. 282, 3 (III[a]). Δημέου ebd. p. 157 col. 2, 3 (III[a]). Ἑρμίου Petr. II 29 (a) 15 (242[a]). Λυσίου Magd. 33, 1 (III[a]). Μεννέου Petr. I 21, 18 (237[a]); 22 (1) 2 (249[a]). BU 1011 II 2 (219[a]). Νικίου Petr.[2] Nr. 112 (g) 20 (221[a]); Petr.[2] II 43 (b) 53 (III[a]). Παυσανίου Petr. II 39 (i) 8 (III[a]). Σωσίου Petr. II 38 (a) 2 (240[a]). Φανίου Petr. II 8 (2[b]) 5 = Arch. I 285 col. 2, 5 (246[a]). Φιλώτου Magd. 13, 5 (III[a]) usw.

II—I[a]: Ἀβδίου (jüdisch = Abbadias) Ostr. 721, 3 (ptol.). Ἀμύντου Dittenb. inscr. or. gr. I 106, 13 (172[a]). Ἀναξαγόρου Par. 9, 23 (107[a]). P. Reinach 14, 34 (110[a]); 15, 28; 23, 27 (105[a]). Ἀννίβου Würzburger Sosylosfragm. ed. Wilcken, Hermes 41 p. 108 verso (II[a]). Ἀρχίου Tebt. I 61, 4. 36 (118[a]); 62, 133 (119[a]). Ostr. 757, 8 (106[a]). Ἑρμίου Par. 5, 1, 4; 35, 8 (114[a]); 15, 6. 23. 68 (120[a]). Tebt. I 112, 112 (112[a]). Ostr. 728, 3 (154 oder 143[a]) und oft. Ἐσθλάδου Grenf. I 12, 19. 23 (148[a]); 21, 4. 9. 10 (126[a]) und oft. Εὐαγόρου poet. Inschr. (145—116[a]) Arch. I 219. Ἱκατίδας Ἱκατίδου Tebt. I 80, 31 (II[af]). Καλλίου Grenf. I 33, 21. 29. 52 (103[a]). P. Kairo Arch. I 64, 14 (123[a]). Ostr. 341 (140 oder 151[a]). Λεωνίδου Amh. II 55, 2 (150—145[a]). P. Reinach 11, 2 (111[a]). Λυσανίου Tebt. I 41, 11 (119[a]). Παπίου Dittenb. inscr. or. gr. I 130, 16 (145—116[a]); ebd. 26 und 34 Πελλίου. Παυσέου Par. 5, 45, 1 (114[a]). Πελαίου Amh. II 48, 8 (106[a]); 51, 25 (88[a]). Πυθαγόρου Dittenb. inscr. gr. or. I 106, 5 (145—116[a]). Φανίου Tebt. I 61 (b) 46 (118[a]). Φιλέου Fay. XI 6 (nach 115[a]); XII 13 (nach 103[a]). Φιλώτου Tebt. I 79, 67 (c. 148[a]) usw.

Anmerkung 2. In der Verbindung ἔχωι παρὰ Ἀμμεινία Tebt. I 120, 73 (97 oder 64[a]) steht der Name im Dat. ohne ι προσγεγρ., nach der üblichen Wendung in Rechnungen: ἔχωι παρὰ Ἀπολλωνίωι Par. 41, 5 (158[a]); ἀπέχωι παρὰ Ἀφροδεισίῳ ebd. 54, 50. 90 (163[a]). ἀπέχω παρὰ τῷ Σαράπει Lond. I p. 163, 8 (160[a]). παρὰ Πτολεμαίωι Leid. S 1, 2; παρὰ Ταλούτει ebd. 8 (164[a]). Auch Θρακίδα Tebt. 121, 15 (94 oder 61[a]) ist Dativ.

5. Die kontrahierte Deklination hat sich erhalten in folgenden Substantiven:

---

1) Hatzidakis Einl. 77f. Schweizer Perg. 139 (nur Νέρουα). Dieterich Unt. 171f. Schmid Wchschr. f. kl. Phil. 1899, 542. Nachmanson 120 (-ου und -α). J. Schmidt de Ioseph. elocut. 487ff. (-α häufiger als -ου). Bei den Attizisten nicht selten -α, Schmid Att. IV 586. Im N. T. häufiger -α als -ου, Win.-Schmiedel § 10, 5; ebenso in römischen Namen auf griechischen Inschriften (Eckinger, Orthogr. lat. Wörter 129). Polybius bildet von allen punischen Namen außer Ἀμίλκας, Ἀννίβας, Ἀσδρούβας den Gen. -ου.

a) feminina auf -ᾶ, -ᾶϲ: Ἀθηνᾶϲ κώμη Petr. II 28 (4) 1; (9) 38 (III^{a}). τῆϲ μνᾶϲ Amh. II 50, 20 (106^{a}). Grenf. II 18, 17 (127^{a}); 27, 16 (103^{a}). Tebt. I 35, 5 (111^{a}). Akk. plur. μνᾶϲ Petr. II 32 (1) 21 (c. 238^{a}). Rev. L. 51, 1 (258^{a}) etc.

Desgleichen auf -ῆ, -ῆϲ: γῆ sing. passim; Gen. plur. γῶν B U 993 III 10 (127^{a}). Tor. I 2, 10 (117^{a}). Akk. plur. γᾶϲ Tebt. I 6, 31 (140^{a}); 5, 59 (118^{a}).

b) masculina auf -ᾶϲ, -ᾶ: (ἀπὸ) βορρᾶ Petr. I 21, 11. 18 (237^{a}). Petr.^{2} 19 (c) 24 (225^{a}). Zois I 11 (150^{a}). Par. 15, 16 (120^{a}); 15 (b) II 3. 4 (121^{a}); 5, 1, 7. 8. 9 (114^{a}). P. Kairo Arch. I 59, 7 (123^{a}). Tebt. I 14, 19 (114^{a}); 105, 14—16 (103^{a}). Cop. 8 (100^{a}). Amh. II 51, 25 (88^{a}). βορρᾶι (dat.) Eud. 1, 12. 14. 30 (vor 165^{a}). βορρᾶν Petr. II 36 (1) 20; 37 II^{a} recto; 41, 1 (III^{a}). Petr.^{2} p. 125 col. IV 5 (246^{a}). βορᾶν mit vereinfachter Geminate S. 213. Nirgends hat sich die alte Form βορέαϲ erhalten. Über vermeintlichen Dorismus vgl. S. 9.

Desgleichen auf -ῆϲ: καϲῆϲ, καϲῆι (Decke), semitisches Fremdwort, worüber zu vgl. S. 41.

c) Eigennamen auf -ῆϲ, -οῦ: Ἑρμῆϲ Rosettadekr. 19 (196^{a}). Ἑρμοῦ Eud. 24, 7 (vor 165^{a}). Par. 5, 7, 10; 31, 11; 38, 8; 42, 6 (114^{a}). Tebt. I 24, 89 (117^{a}). Ἑρμῆι Strack, Ptol. Inschr. Arch. II 553 Nr. 35 (II^{af}). Ἑρμεῖ ebd. p. 548 Nr. 26 (185—181^{a}); p. 558 Nr. 39 (c. 80^{a}). Dittenb. inscr. gr. or. 130, 10 (145—116^{a}). Ἑρμῆν Strack, l. c. p. 560 Nr. 44 (II^{a}). — Ein Kurzname Ἡρῆϲ (Ἡρακλείδηϲ) Tebt. I 121, 122 (94 oder 61^{a}) scheint analog gebildet zu sein. Über den Typus -ῆϲ, -έουϲ (-είουϲ, -ήουϲ) oder -ῆτοϲ, -ῆτι und gelegentlich -ῆι vgl. unten § 63 Anhang. Zum ganzen Abschnitt vgl. K.-Bl. I 383. 385f. Meisterh.-Schwyz. 123f. Schweizer Perg. 138. Nachmanson 119. Crönert 163ff.

6. Der ursprünglich ionisch-dorische Typus von männlichen Kurz- und Spitznamen auf -ᾶϲ ist in Ägypten ziemlich häufig vertreten, wenn auch in der ptol. Zeit noch nicht so zahlreich, wie später.1) Doch bilden diese Namen in den Papyri nur selten ihre Kasus nach dem gleichsilbigen Schema -ᾶϲ, -ᾶ, -ᾶι, -ᾶν, in der Regel

1) Fick, die griechischen Personennamen^{2} 15ff. Fr. Bechtel, die einstämmigen männlichen Personennamen des Griechischen, die aus Spitznamen hervorgegangen sind. Berl. 1898. Über diese Bildungen handelt neuestens Thumb Hell. 230ff. (mit ausführlichen Literaturangaben). Er erblickt darin mit Recht ionisches Sprachgut der κοινή. Schweizer Perg. 139f. Nachmanson 120. Win.-Schmiedel § 16, 9.

auf -ᾶτος, -ᾶτι, -ᾶν.[1]) Daß letzteres eine speziell ägyptische Variante des ionischen Typus auf -ᾶδος, -ᾶδι ist, wird dadurch wahrscheinlich, daß eben diese letztere Flexion — mit der einzigen Ausnahme Δημᾶδι Petr.² 49, 7 (IIIª), vgl. unten Δημᾶτος — bei einem männlichen Namen in Ägypten bisher nicht belegt ist.[2])

Für die Flexion dieser Klasse genügt die Anführung folgender Beispiele:[3])

α) Kurz- und Spitznamen griechischer Abkunft: Ἀπελλᾶς (zu Ἀπόλλων oder zum Monatsnamen Ἀπελλαῖος, Fick 64): Ἀπελλᾶι Dittenb. inscr. gr. or. I 196, 7 (32ª); ebenda 11 Βαρωνᾶτι (lateinisch). Δημᾶς (Δημήτριος) Tebt. I 39, 26 (114ª); ebenda 61 (a) 69 (118ª); 91, 6 (Iª). Δημᾶτος ebd. 45, 3 (113ª). Δημιμᾶτι (wohl = Δημᾶτι?) ebd. 120, 18 (97 oder 64ª). Δωρᾶς (Δωρίων) Tebt. I 103, 39 (94 oder 61). Δωρᾶτος Tebt. I 121, 34 (94 oder 61ª). Ἑρμᾶς Petr.² 112 (c) 2 (IIIª). Strack, Ptol. Inschr. Arch. I 202 Nr. 4, 1 (IIIª). Ἡρᾶς (Ἡρακλείδης); Ἡρᾶ τοῦ ἐπιτη[ρητοῦ Ostr. 1229, 5 (ptol. unb.). Ἡρᾶτος Ostr. 1356, 2 (138ª). Über weibliches Ἡρᾶτος siehe unten Note 2. Ἡρᾶτι Tebt. I 14, 12 (114ª). Ἡρᾶν ebd. 14, 3. Θοᾶς P. Reinach 11, 29 (111ª). Κεφαλᾶς (zur Sippe Κεφάλων, Κεφαλίων, Κεφαλύτης, Bechtel 20f.) Tebt. I 61 (a) 60 (118ª); 63, 142 (116ª); 84, 101 (118ª); 174 (112ª). Κεφαλᾶτος ebd. 98, 67 (112ª); 97 introd. (118ª). P. Reinach 9, 23 (112ª); ebd. 27; 11, 3 (111ª); 13, 4 (110ª) usw.; aber τοῦ Κεφαλᾶ 18, 2 (108ª); 19, 1. 6 (108ª). Κεφαλᾶτι Par. 35, 32; 37, 46 (163ª). Tebt. I 62, 167 (119ª); 64 (a) 138 (116ª). Κεφαλᾶν ebd. 37, 2 (73ª). Κοννᾶς (zu κόννος· ὁ πώγων Hesych; Spitzname, von Bechtel 80 aus Kratinos belegt) Par. 54, 3, 61 (163ª). Κοννᾶ (gen.) ebd. 6; Κοννᾶτι 41. Μεγᾶς: Μεγᾶτος Petr.² 43 (3) 19 = Petr. II 9 (3) 8 (241ª) nach Wilcken, Add. et Corr. XVI. Μεστᾶς (Kurzname zu Μεστασῦτμις) Tebt. I 90, 62 (Iª¹). Πελεκᾶς (Spitzname nach dem Vogel πελεκᾶς, Pelikan, oder Gewerbebezeichnung zu πέλεκυς?): Πελεκᾶτος Ostr. 720, 3 (ptol.). Πινᾶς (aus Πινακᾶς oder Πινακιδᾶς? Georg. Choerob. I p. 43, 1): Πινᾶτος Lond. II p. 10, 9 (152 oder 141ª). Ποκᾶς (Gewerbebezeichnung zu πόκος?): Ποκᾶτος Grenf. I 38, 2 (II—Iª). Σαρᾶς (Σαραπίας, Σαραπίων, Fick 249) Par. 5, 24, 4 (114ª)

---

1) Herodian (Lentz) II 657, 5: τὰ εἰς -ᾶς περισπώμενα δύο κλίσεις ἐπιδέχεται καὶ ἰσοσυλλάβως κλίνεται οἷον Μηνᾶς Μηνᾶ καὶ περιττοσυλλάβως οἷον Πελεκᾶς, Πελεκᾶντος· χωρὶς τῶν Ἰωνικῶς ἐκφερομένων διὰ τοῦ -δος, οἷον Βιτᾶς Βιτᾶδος, Κυρᾶς Κυρᾶδος, ἔστι δὲ ὀνόματα κύρια.

2) Übrigens hält Thumb l. c. 232 auch eine echte τ-Bildung mit Rücksicht auf ionische Formen wie Θαλῆς, -ῆτος keineswegs für ausgeschlossen; ebenso Kretschmer K. Z. 33, 469. Über den verwandten teils männlichen teils weiblichen Typus auf -οῦς, -οῦτος, -οῦν vgl. unten § 63 Anhang 8. Das bisher älteste Beispiel eines weiblichen griechischen Eigennamens auf -ᾶς, -ᾶτος findet Crönert, Wchschr. f. kl. Ph. 1903, 453 in Ἡρᾶτος Tebt. I 87, 108 (IIª).

3) Zahlreiche Belege geben schon K.-Bl. I 493f.

Tebt. I 90, 18 (I^{ai}). Τατᾶς (Lallname) Tor. I 2, 25 (117^{a}). Vgl. Kretschmer Einl. 348. Τιμᾶς (Τιμόθεος): Τιμᾶτι Tebt. I 120, 26 (97 oder 64^{a}). Τορᾶς (zu τορός Schnitzmesser, Meißel?) Ostr. 1339, 3 (258^{a}). Φιλωνᾶς (Φιλωνίδης) Petr. I 20 (2) 13 (225^{a}). Ὠτᾶς Tebt. I 180 (92 oder 59^{a}) „ein Mann mit großen Ohren" etc.

b) Demselben Flexionstypus sind angepaßt fremde Namen, wie es scheint, vorwiegend semitischer oder ägyptischer Abkunft: Ἰωναθᾶς (יוֹנָתָן) — mit dem ausdrücklichen Zusatz συριστί — Petr. II Einl. p. 23, 15 (III^{a}). Μυρουλλᾶς καὶ Χαλβᾶς (2 Araber) Par. 48, 1 (153^{a}). Σαμβᾶς Ostr. 335, 3 (143 oder 154^{a}); 1503, 4 (156 oder 145^{a}); 1504, 4 (155^{a}). Βιηρτᾶς Ostr. 1522, 3; so wohl auch 349, 2 (130^{a}). Παᾶς Ostr. 1337, 4 (264^{a}). Παα λᾶτος Amh. II 35, 20; ebd. 23 der Akkusativ Πααλᾶσιν (!) 132^{a}. Πασᾶτος Grenf. II 19, 6 (118^{a}). BU III 997 I 9 (103^{a}). Πελαιᾶς Ostr. 736, 3 (150 oder 139^{a}). Πελμᾶτος Tebt. I 119, 55 (105—101^{a}). — Ἀμμωνᾶς Par. 5, 6, 6 (114^{a}). Im häufigen Namen Πανᾶς, z. B. Par. 5, 23, 6; 35, 7 (114^{a}); 7, 19 (99^{a}); Πανᾶτος Grenf. I 11, 2, 7. 18 (157^{a}); Par. 5, 2, 9 (114^{a}); 7, 5 (99^{a}); 9, 12 (107^{a}); 15, 11. 47 (120^{a}); Πανᾶι Grenf. I 11, 2, 13. 19. 25; τὸν Πανᾶιν (sic) ebd. Z. 2. 28 (157^{a}) etc., ist (nach Fick 229) Πᾶν substituiert für ägyptisches Chem. Πεμνᾶτος Tebt. I 61 (b) 410. 418 (118^{a}). Πενεμᾶτος ebd. 72, 420 (114^{a}); 83, 26 (II^{af}). Ψενεφθᾶτος ebd. 6, 2 (140—139^{a}). — Ἀρταβᾶς Tebt. I 85, 77 (113^{a}) steht neben Ἀρταβάζας (ebd. Nr. 145) und Ἀρταβάζου Nr. 64 (a) 33 (116—5^{a}) als Kurzform des persischen Namens.

Über Spitznamen auf -ίας in den Papp. vgl. Stammbildung § 83, 10^{a}.

7. Dialektische Flexionsformen werden im § 2 abgehandelt: Dorismen (namentlich Eigennamen auf -ας) S. 7f.; Ionismen auf -η S. 11f.

8. Bemerkungen zu einzelnen Wörtern.

a) Genusbildung.

α) Für „Göttin" steht auf Papyrus in der Regel θεά: so θεὰ θεῶν Par. 51, 24 (160^{a}). θεᾶς Par. 15, 17 (120^{a}); 35, 22. 25; 37, 27 (163^{a}). Tebt. I 6, 42 (140^{a}). Grenf. II 15, 1, 10 (103^{a}). θεᾶι Grenf. I 17, 12 (nach 147 oder 136^{a}). Tebt. I 6, 38 (140^{a}) usw. Nur einmal in einer Eingabe an die königl. Kanzlei liest man ἱερὸν Συρίας θεοῦ Magd. 2, 3 (III^{a}); dagegen θεὰ Συρία Strack, Ptol. Inschr. Arch. II 547 Nr. 25 (c. 186^{a}). In der Formel θεοὶ πάντες καὶ πᾶσαι vertritt θεός, wie von jeher, auch die Stelle des Femininum: so θεοὺς πάντας καὶ πάσας Petr. II 45 (a) 3 (200^{a}). Tebt. I 78, 15 (110—8^{a}). θεοῖς πᾶσι καὶ πάσαις Dittenberg inscr. gr. or. I 97, 7/8 (193—181^{a}). — Auf dem Kanop. Dekr. (236^{a}) werden beide Formen unterschiedslos nebeneinander gebraucht: 59 τὴν θεάν; 63 αἱ θεαί; 66 τῆι θεῶι; 68 τῆϲ θεοῦ.[1])

β) Über die Femininbildung von Titeln ist zu bemerken: Der offizielle Titel der Gemahlin des Herrschers ist βαcίλιcca. Die ältesten Belege in Ägypten: Strack, Ptol. Inschr. Arch. I p. 200, Nr. 2 (vor 270ª). Dittenb. inscr. gr. or. I 35 (285—247ª). Ferner Pap. Petr. I 19 (2) 28 (225ª). Par. 22, 1; 26, 1 (163ª); 29, 1 (160ª); 14, 1 (127ª). Grenf. II 15, 1, 1 (139ª); I 25, 2, 1 (114ª). Eidesformel ὀμνύω βαcίλιccαν Th. Bk. XI 2 (116ª). Häufige Verbindung τοῦ βαcιλέωc καὶ τῆc βαcιλίccηc Par. 30, 5 (162ª); 61, 5 (156ª). βαcίλεια = Königin kommt nicht vor. βαcιλεία bedeutet 1) Reich, z. B. οἱ ὑπὸ τὴν βαcιλείαν, die Untertanen des Ptolemäerreiches, Par. 61, 6 (156ª). Tor. I 7, 14 (117ª); 2) Diadem: Kanop. Dekr. 61 (237ª) τὰc χρυcᾶc βαcιλείαc; ebenso Rosettastein 43 (196ª); τὴν βαcιλείαν Adulisinschr. bei Dittenberg. inscr. gr. or. I 54, 6 (c. 247ª).

Die Form βαcίλιcca, die auch in Attika seit 307ª (Mhs.³ 101, 5) als ionisches Lehnwort auftaucht und der ganzen κοινή eigen ist [Pol., LXX, Aristeas, Perg., Magn., vgl. Nachmanson 121], trug nicht wenig zur Verbreitung der Endung -ιcca bei, wie Schweizer Perg. 140 an Beispielen deutlich macht. Dazu gehört auch die Bildung ἱέριcca, die in Ägypten seit dem 2. Jahrh. v. Chr. mit dem häufigeren ἱέρεια wechselt.

ἱέριcca Tor. IX 14 (119ª). Par. 5, 40, 3. Grenf. I 25, 2, 7. 10 (114ª). B U III 994 II 8 (113ª); 995 II 8; 996 II 8. Grenf. II 29, 2, 8 (114ª) etc.

ἱέρειαι Kanop. Dekr. 67 (237ª). ἱερείαc 'Αρcινόηc Grenf. I 10, 3 (174ª); 25, 2, 6 (114ª), aber 7 ἱεριccῶν, 10 ἱέριcca; 27, 2, 4. 5 (109ª). Grenf. II 15, 1, 4 (139ª); 20, 2, 7 (114ª). ἱερειῶν Grenf. II 15, 1, 9; 23 (a) 2, 1 (107ª); 23, 2 (101ª); 35, 2 (98ª) usw.

Über Adjektivbildungen auf -ιcca vgl. § 84, 8.

b) Kasusbildung.

α) ὁ γύηc (ein Feldmaß) ist die stehende Form in Papp. des 2. Jahrh. v. Chr., nirgends γύα. Belege oben S. 28.

β) Von πρεcβευτήc läßt sich πρεcβευτοῦ Par. 10, 2 (145ª) belegen. Für die schon im Attischen seit 250ª von Meisterh.-Schwyz. 144

---

1) Im älteren Griechisch (nach Homer) war ἡ θεόc üblich, so im Attischen bis gegen 300ª (Mhs.³ 125, 4). Doch fühlt schon der Attiker wenigstens bei gegensätzlicher Verbindung mit θεοί das Bedürfnis zur Neubildung von θεαί. Wackernagel, Verm. Beiträge 60. In der κοινή dringt θεά immer mehr durch. Schweizer Perg. 144. Nachmanson 126.

nachgewiesene Pluralform πρεcβευταί bringen zahlreiche Stellen auf kleinasiatischen Inschr. bei Schweizer 141; Nachmanson 121. Vgl. K.-Bl. I 504.

γ) Kein Zweifel besteht über die Richtigkeit der masculin. Form πτεροφόραι (zu einem nicht zu belegenden πτεροφόρας), ein Priesterstand in Ägypten, über den ausführlich handelt Dittenberger inscr. gr. or. I zum Kanop. Dekr. Nr. 56, Note 13 und neuestens W. Otto, Priester und Tempel I 86 ff. Belege § 83, 10.

Über θίβη — θίβειc vgl. Metaplasmus § 67, 1 und S. 42. Das Verhältnis von Kompositen auf -άρχης zu solchen auf ˊ-αρχος wird besprochen § 59, 3.

§ 59. *o*-Stämme.

1. Über den Abfall des ι προcγεγρ. im dat. sing. vgl. § 21, 2, S. 132 f.; über -οι und -ο = -ωι ebd. 8—10, S. 137.

2. Πτολεμαῖος figuriert ausnahmsweise als Vokativ Leid. C p. 118, 2, 7 (160[a]). Regelmäßige Form 'Απολλώνιε auf einer poet. Grabschrift Arch. I 221, 13 (145—116[a]).

3. Die von ἄρχω abgeleiteten Ämterbezeichnungen endigen a) nach alt-attischer Weise auf ˊ-αρχος in folgenden Wörtern:

III[a]: οἱ δεκάταρχοι Petr. II 4 (1) 1 (255[a]); 13 (1) 1 (258—53[a]); τοὺς δεκατάρχους ebd. 4 (2) 2 (255[a]); δεκατάρχου Petr. II Einl. p. 31, 6 (III[a]). — μονάρχους Dittenberg. inscr. gr. or. (Adulis) I 54, 16 (247—221[a]). — πεντακοσίαρχος Petr. I 11, 18 (220[a]); 13 (3) 2; 15, 12; 18 (1) 6 (alle 237[a]). — τριήραρχον Petr. II 9 (3) 10 (241[a]). ὑποτριήραρχος Petr. II 13 (7) 7 (258[a]). — φύλαρχον Kanop. Dekr. 32 (237[a]). — χιλίαρχος Petr. I 15, 2. 5; 13 (3) 10 (237[a]). χιλιάρχωι Petr.[2] 21 (d) 4. 12 (226[a]).

II—I[a]: γυμναcίαρχος Dittenb. inscr. gr. or. I 194, 4 (42[a]). — ἑκατόνταρχος P. Reinach 26, 4 (104[a]). -χωι 30, 2 (II[a]). — κωμάρχωι Tebt. I 43, 8 (118[a]). Über gewöhnliches κωμάρχης s. unten. — ὕπαρχον Grenf. I 36, 2, 4 (99—88[a]). — φρούραρχος Dittenberg. inscr. gr. or. I 111, 16 (172—163[a]). φρουράρχου Par. 14, 39 (127[a]). φρουράρχωι Leid. G 2 (99[a]). φρουράρχοις Tebt. I 6, 13 (140[a]). — χιλίαρχος Strack, Ptol. Inschr. Arch. II 555 Nr. 37 (116—108[a]).

b) auf -άρχης:

III—I[a]. θηβάρχηι Rev. Mél. 323, 2; 325 (II[a]). θηβάρχαι Dittenb. inscr. gr. or. I 139, 6 (127[a]). — ἰλάρχης, ἐπιλάρχης Belege S. 93 Note 4. — ἱππάρχης Künstlerdekr. v. Ptolemais Dittenb. inscr. gr. or. I 51, 3 (III[a]); 194, 4 (42[a]) γυμναcίαρχος καὶ ἱπ[πάρ]χης. B U III 1002, 3 (55[a]).

Grenf. I 20, 4 (127^a^). ἱππάρχου Par. 15, 2 (120^a^). ἱππάρχηι Petr.² 31, 1 (240^a^). Par. 15, 8. Tor. II 2 (120^a^). Tebt. I 54, 2 (86^a^). ἱππάρχην Petr. II 46 (b) 1 (200^a^). Petr.² 10, 3 (235^a^). ἱππαρχῶν Par. 16, 1 (141^a^). — κωμάρχης Petr. II 28 (8) 20 (III^a^). P. Magd. ed. Jouguet et Lefébure in den Mélanges Nicole p. 283, 5/6 (221^a^). Tebt. I 22, 1 (112^a^). κωμάρχην ebd. 50, 19 (112—1^a^). κωμάρχαις Petr.² 46 (1) 3 (246^a^). — λιβυάρχης Rev. L. 37, 5 (258^a^). — μεριδάρχηι Tebt. I 66, 60 (121^a^); 183 (II^a^f). — νομάρχης καὶ τοπάρχης Rev. L. 41, 7 (258^a^). νομάρχης Petr.² 43 (2) verso col. 5, 7 (246^a^). νομάρχηι ἢ τοπάρχηι Rev. L. 41, 17; 42, 5 (258^a^). νομάρχηι Par. 15, 21 (120^a^). Tor. I 1, 12. 14 (117^a^). νομάρχαι καὶ τοπάρχαι Rev. L. 42, 6 (258^a^). Petr. II 13 (20) 3 (258—53^a^). νομάρχαις Rev. L. 37, 3 (258^a^). Petr. II 9 (1) 4 (241^a^). νομάρχας Petr. II 37 (2c) 7 (III^a^). τοπάρχηι Tebt. I 48, 6 (113^a^).

Ergebnis. Die alt-attischen Formen auf ⸗αρχος halten sich am längsten in den Zusammensetzungen mit Zahlwörtern (δεκάταρχος, ἑκατόνταρχος, μόναρχος, πεντακοσίαρχος, χιλίαρχος) sowie in alten Titeln (γυμνασίαρχος, τριήραρχος, ὕπαρχος, φρούραρχος, nur einmal κώμαρχος); neue Komposita werden fast nur noch auf -άρχης gebildet.[1])

Anmerkung 1. Die analog gebildeten Eigennamen haben ausnahmslos die Bildung auf ⸗αρχος bewahrt: wie Ἀγάθαρχος, Ἀρίσταρχος, Δήμαρχος, Διδύμαρχος, Δικαίαρχος, Ἵππαρχος, Κλέαρχος, Μνήσαρχος, Νέαρχος, Νίκαρχος, Πολέμαρχος, Πρώταρχος u. a. m. Bechtel-Fick 73f.

Anmerkung 2. Auch die durch Zusammensetzung mit μάχ-ομαι gebildeten Eigennamen lauten regelmäßig auf ⸗μαχος aus: wie Ἀνδρόμαχος, Ἀριστόμαχος, Δαίμαχος (Ostr. 1189 II 12, unb. ptol.; auch Grenf. I 11, 2, 6 (157^a^) ist wohl Δαιμάχωι statt Δαγμάχωι zu lesen), Δωρίμαχος Petr. II 2 (2) 4 (260^a^), Ἐπίμαχος, Εὔμαχος, Καλλίμαχος, Λυσίμαχος, Μαίμαχος Petr. II 13 (16) 11 (258^a^); Petr.² 49, 4. 10 (III^a^), Νικόμαχος, Πρωτόμαχος etc. Bechtel-Fick 196f. Der einmalige Genitiv Ἀντιμάχους Par. 5, 4, 5 (114^a^) scheint demnach Schreibversehen zu sein. Meisterh.-Schwyz. 125.

4. Substantiva contracta auf -ους (-ουν) in ptolem. Zeit sind: πλοῦς und seine Komposita, wie πλῶν (gen. plur.) Dittenberg. inscr. gr. or. I 132, 9 (130^a^). ἀνάπλωι Petr. II 20 (3) 6 (252^a^). ἀνάπλουν ebd. 8 (2b) 9 = Arch. I 285 col. 2, 9 (246^a^). Tebt. I 72, 55 (114^a^); 33, 5 (112^a^). ἔκπλωι Petr. I 27 (1) 4 (226^a^). κατάπλου

1) Im Attischen herrscht ⸗αρχος bis in die Kaiserzeit vor. (Meisterhans-Schwyz. 124f. (einmal μεράρχαι 324^a^). K.-Bl. I 502f. -άρχης gehört ursprünglich dem ionischen Sprachgebiet an (Herod.), dringt von da in die attische Tragödie und breitet sich immer weiter in der κοινή aus. Thumb Hell. 58ff. Schweizer Perg. 144. Nachmanson 121f. J. Schmidt, de Ios. eloc. 485ff. (gew. -άρχης). Win.-Schmied. § 8, 9 (im N. T. gewöhnl. -άρχης). Über die Attizisten Schmid Att. IV 683. 691. Reinhold 54 (bei den Vätern häufig -άρχης).

Rosettastein 17 (196[a]). κατάπλουν Petr. II 38 (c) 59 (228[a]). Tebt. I 25, 2 (117[a]); 26, 4 (114[a]). περίπλουν Kanop. Dekr. 56. 58; ebd. 64 περίπλου (236[a]). — τὸν χοῦν (Schutt) Petr.[2] 43 (2) recto col. 4, 14 (246[a]); ebd. 46 (3) 10 οἰκοδομῆc (?) χοῦν (III[a]) nach Wilcken, Add. et Corr. XVII. Tebt. I 13, 14 (114[a]).[1]) Über die Flexion von χοῦc (Hohlmaß) und seine Derivata vgl. § 62, 3; die Adjektiva ἑξάχουc, πεντάχουc etc. werden § 68, 3 behandelt.

Kontrahierte und offene Formen wechseln in den mit umgelautetem Stamme χε- als zweitem Glied zusammengesetzten Nomina agentis: einerseits ἀρχοινοχοῦ Tebt. I 72, 447 (114[a]). χρυcοχοῦc Par. 5, 12, 2 (114[a]). χρυcοχῶι Tebt. I 121, 8 (94 oder 61[a]); andererseits ὑδροχόοc (vermutlich aus der ionischen Naturwissenschaft übernommen) Eud. in der Zeichnung des Tierkreises vor col. 24, wie auch nach col. 4 zu ergänzen ist (vor 165[a]).[2])

Weder λα(ο)ξοῦc noch λα(ο)ξόοc (Steinhauer) ist die Form der κοινή, sondern λαξόc (Herodian I 186, 27 Lentz) auf Inschriften und Papyri. λαξοί Strack, Ptol. Inschr. Arch. I 209 Nr. 26[a] (spätptol. oder römisch?); Seymour-Ricci Arch. II 436, 32 (Titus). λαξῶν Tebt. I 121, 13 (94 oder 61[a]). λαξῷ Fay. 44, 2 (16[a]?). λαξόc Amh. II 128, 80 (128[p]); ebenso auf einer (theb.?) Tablette (Zeit unb.), publ. von Goodspeed in Mélanges Nicole p. 180 Nr. 5. Weitere Belege Crönert 116. Analog χρυcοχόc C. I. A. IV 2 suppl. vol. I 311 (a) 9 und δορυξόc Ar. pax. 439. 541. Dagegen Poll. 7, 156 δορυξοῦc. Plut. Pelop. 12 δορυξόων.

Anmerkung 3. Als Eigenname findet sich Εὔνουc BU 999 I 4 (99[a]); 1000 I 7 (98[a]). Εὐνόου ebd. 999 I 7 [dagegen II 6 der ganz barbarische Genit. Εὐνοῦcoc!]; Amh. II 51, 5 (88[a]); ebd. 50, 6 Εὐνόωι (106[a]).

Über sämtliche Adjektiva auf -ουc vgl. § 68, 3.

5. Die sogenannte attische Deklination hat sich nur noch in spärlichen Resten erhalten und wird auf verschiedene Weise ersetzt.[3])

Es findet sich: τῆc ἅλω Petr. II 2 (1) 14 (260[a]). Rev. L. 39, 9; 41, 19 (258[a]). Bull. cor. hell. 18, 145, 13 (240[a]). ἀφ' ἅλω Petr.[2] 76 recto col. 2, 7; 4, 8; verso 4, 11 (224[a]). μιᾶc ἅλω Petr. II 38

1) Mit Recht zieht Lobeck paralip. p. 233 dieses Wort zur Klasse νοῦc, ῥοῦc, πλοῦc etc. und trennt es damit von χοῦc (Hohlmaß). K.-Bl. I 498 Note 3.

2) Zum Ganzen K.-Bl. I 402. Meisterh.-Schwyz. 126 f. Schmid Attic. IV 363. Schweizer 141. Nachmanson 122. Win.-Schmiedel § 8, 6. 7. 11. Crönert 166. Reinhold 50.

3) K.-Bl. 403 ff. G. Meyer 423 ff. Mhs.[3] 127 f. Schweizer 142 f. Schmid G. G. A. 1895, 32; Attic. IV 582. Nachmanson 123 ff. W. Schmidt de Ios. eloc. 493. Reinhold 50.

(a) 22 (240ª). ἐπὶ τῆϲ ἅλω Amh. II 35, 18 (112ª). τῆι ἅλῳ Tebt. I 105, 5. 24 (103ª). τὴν ἅλω Petr.² 34 (a) 5. 6, nachträglich mitgeteilt unter Addenda et Corr. p. X (IIIª). Tebt. I 48, 18 (c. 113ª) — heteroklitisch gebildet nach Meisterh.-Schwyz. 128, 21; K.-Bl. I 404 Anm. 1.¹) τῶν ἅλων Petr. II 38 (a) 23 (240ª). τὰϲ ἅλω<ϲ> (mit abgefallenem Schlußsigma nach § 46, II) Tebt. I 72, 375 (114ª). τὰϲ ἅλωι ebd. 61 (b) 373 (118ª) — wobei an Stelle des abgefallenen Schlußsigma ein irrationales ι adscr. tritt.²) Über die ähnliche metaplastische Form ἁλώνωι = ἁλώνων vgl. unten § 67, 3c.

ἕωϲ hat sich in ἑωϲφόροϲ Eud. 5, 2. 9 erhalten, während als simplex nur ἠοῦϲ ebd. 4, 12 (vor 165ª) belegt ist.

Für altattisches λεώϲ und νεώϲ erscheint im nomen simplex und compositum fast ausnahmslos λαόϲ und ναόϲ.

Belege. a) ὁ λαόϲ Rosettadekr. 12 (196ª). τὸν λαόν P. Kairo Arch. I 59, 6 (123ª). Belege für den Plur. und für Zusammensetzungen (λαογραφία, λαοκρίτηϲ) oben S. 29.

Als 2. Namenselement erscheint -λαοϲ in: Ἀγελάου Petr. II 39 (f) 14 (246ª). — Ἀκουϲίλαοϲ Amh. II 58, 1 (132ª). Tebt. I 90, 22 (c. 100ª); 58, 8 (111ª). BU 534, 1, 19 (27ª). Ἀκουϲιλάου Tebt. I 62, 108 (119ª); 84, 114. 120. 129 (118ª). Ἀκουϲιλάῳ Petr. II 39 (d) 14 (IIIª). Tebt. I 112, 89 (112ª). Fay. 18 (a) 2; (b) 3 (Iª) etc. — Ἀρχελάου BU 992 II 4 (162ª). — Δεξειλάου Lond. I p. 38, 23; Δεξιλάου ebd. p. 39, 45 (158ª). — Ἑρμολάου Petr.² 100 (b) 2, 7 (IIIª). — Κριϲιλάου Dittenberg. inscr. gr. or. I 83, 5 (221—205ª). — Κριτόλαοϲ Ostr. 1253, 6 (unb. ptol.). — Μενέλαοϲ Petr. II 25 (h) 2 (226ª); 30 (b) 14 (235ª). Petr.² 10, 17 (235ª). Μενελάωι Amh. II 43, 6 (173ª). — Νικόλαοϲ Petr. II 47, 28 (192ª). Ostr. 349, 2 (130ª). Νικολάου Petr. II 43 (a) 21. Petr.² p. 176 verso 19 (IIIª). Petr. II 47, 28 (192ª). Par. 66, 2 (IIIª). — Πευκολάου Petr.² 57 (b) 7 = Petr. II 46 (c) 7 (200ª), hergestellt aus Πευκάλλου von Wilcken, Add. et Corr. zu Petr.² p. XVIII. Πιθόλαοϲ Ostr. 1194 recto 5 (ptol.). — Πικόλαοϲ 1353, 3 (144/3ª).

Manche der obigen Namen erscheinen, wie frühzeitig schon im Attischen (Mhs.³ 74, 4; 128, 16), in der (nach dorischer Art) kontrahierten Form auf -́λαϲ: so Δεξίλαϲ Ostr. 1189, 11; Νικόλαϲ ebd. 1. 2 (ptol.); Ἡγηϲίλαι = Ἡγηϲιλάωι Petr.² 142, 10 (IIIª). Ob Μενέλλαι (dat.) Magd. 1,

---

1) Übrigens war ἅλωϲ vermutlich von Hause aus ein Wort wie ἥρωϲ. G. Meyer 424. K.-Bl. I 405. τὴν ἅλω auch Alkiphr. (Schepers) II 23.

2) Crönert mem. hercul. IX, der als 3. Beispiel dieser sonderbaren Flexion τὰϲ ἅλω aus Ios. Ant. 6, 272 (cod.) anführt, denkt an eine Analogiebildung zum acc. sing. nach der Gleichung ἅλων : ἅλω = ἅλωϲ : ἅλω, was mir doch sehr zweifelhaft erscheint. Im übrigen bringt er zahlreiche spätere Belegstellen für das Wort bei.

16 (III[a]) zu Μενέλας (= Μενέλαος) gehört, ist zweifelhaft. Eine ähnlich verkürzte Dativform ist Προπέλλωι (= Προπελάωι, wie vielleicht zu lesen ist) Tebt. I 99, 48 (nach 148[a]). Vgl. Προπέλας Προπελάου BU 235, 18 (I[p]). Fick-Bechtel, Personennamen 188 verzeichnet Πρεπέλαος. Vgl. Crönert, Wchschr. f. kl. Phil. 1903, 485.

b) τὸν ναόν Strack, Ptol. Inschr. Arch. I 200 (vor 270[a]).[1]) Dittenberg. inscr. gr. or. I 61 und 64 (247—221[a]). Rosettainschr. 41 (196[a]). Strack, Dyn. d. Ptol. S. 250 Nr. 89, 4 (nach 180[a]). Pap. Par. 35, 22; 37, 27 (163[a]). ναῶν Rosettastein 42, 44; ebd. 43 τῶι ναῶι (196[a]) usw. In der Zusammensetzung: συννάοις (θεοῖς) Dittenberg. inscr. gr. or. I 114, 2 (181—146[a]). Dedikationsinschrift Fay. p. 32, 3 (I[a]). συννάων Rev. Mél. 327, 5 (134[a]). Amh. II 35, 5 (132[a]). Über νακόρος vgl. oben S. 7.

Anmerkung 4. Das vereinzelte τοῦ νεώ in den Ehrendekreten der dionysischen Künstler zu Ptolemais bei Dittenb. inscr. gr. or. I 50, 12; 51, 25 (nach 285[a]) sieht wie ein beabsichtigter Archaismus aus.

Anmerkung 5. Von Μίνως findet sich der acc. Μίνω Weil III 11 (vor 161[a]). Ebenso bei Dio Chr. II 166, 26 Dindorf. Vgl. K.-Bl. I 456 Anm. 3. Schmid Attic. IV 21 f. Crönert 170, 7. — Der mythische ägyptische Königsname Νεκτοναβώ wird fast als indeklinabel behandelt (mit parasitischem ι adscript.): gen. Νεκτοναβῶι τοῦ βασιλέως Leid. U 3, 3; acc. Νεκτοναβῶι τὸν βασιλέα ebd. 1, 10; dagegen 2, 2 wunderlicherweise Νεκτοναβῶς (Leemans, dagegen nach Wilcken Mélanges Nicole p. 581 Νεκτοναβῶι, „das ι korrigiert aus c oder umgekehrt") τοῦ βασιλέως (II[am]). Über den Namen Λαγώς vgl. § 67 Anm. 1.

Alle Adjectiva auf -ως werden besprochen § 68, 6.

6. Der spätgriechische Typus von nom. masc. auf -ῖς und neutr. auf -ῖν, gen. -ίου, dat. -ίωι, acc. -ῖν begegnet auf Papyrus und Inschriften auffallend früh (seit c. 258[a]), und zwar sowohl im nomen appellat. als adiectivum: Θοτορτᾶις Par. 5, 33, 8; 37, 6 (114[a]). Πτολεμᾶις Par. 23, 19. 29 (165[a]). Tebt. I 24, 81 (117[a]) — aber 82 Πτολεμαῖος, wie sonst immer. — ἀργύριν Ostr. 329, 5 (alt-ptol.). τὸ ἀρτοκόπιν Dittenberg. inscr. gr. or. I 177, 19 (97/6[a]). ἐγκοιμήτριν Par. 53, 8 (163[a]). ἐκφόριν Tebt. I 61, 176; 67, 44. 71 (118[a]) [aber 51. 55 ἐκφόριον]; 115, 5. 17 (115—113[a]). ἐπιστόλιν Tebt. I 34, 3 (c. 100[a]). ἡμιόλιν Rev. L. 54, 3 (258[a]). ποτήριν Tebt. I 237 (97 oder 64[a]). στρουθίν Letr. Rec. 90 (I[a]). Beispiele aus römischer Zeit, namentlich auf den Ostraka, wären zahlreich beizubringen. Auf diese Bildung gehen auch zurück Formen wie ἐγμαγῆν, Σαραπιῆν, ἔλαν, worüber zu vgl. S. 154.[2])

1) Auf attischen Steinen bis 250[a] nur νεώς, von da an aber mit raschem Übergang ναός. Meisterh.-Schwyz. 127. Schweizer 145 (nur ναός). Nachmanson 124. Crönert 165.

2) Die Entstehung obiger Bildungen auf -ις, -ιν, die im Neugr. nicht vorkommen, ist noch immer nicht befriedigend erklärt. Die Hypothese von Hatzidakis (Einl. 317 ff.; G. G. A. 1899, 20; zuletzt Ἀθηνᾶ XI 1900, 288 ff.), daß dieselben auf römische Vorbilder (zunächst bei Eigennamen) zurückgehen, wird

7. Nomina feminina auf -oc in den ptolem. Papyri sind: ἄμμοc: τῆc ἄμμου Petr.^{2} 43, (2) verso col. 4, 2 (246ª). Ostr. 1237, 5 (unb. ptol.). τὴν ἄμμον Petr. II 4 (9) 5 (255ª). Petr.^{2} 43 (2) recto col. 2, 12 (246ª). — ἄμπελοc Petr. I 29, 4. 15 (IIIª). τῆc ἀμπέλου Rev. L. 36, 5 (258ª). Tebt. I 24, 3 (117ª). — ἄρκτοc (Sternbild): τῆc μικρᾶc ἄρκτου Eud. 7, 17; ebd. 6, 7. 32 αἱ ἄρκτοι (vor 165ª). — ἀτραπιτόc (in Poesie): τῆcδε δι᾽ ἀτραπιτοῦ metr. Grabschrift Arch. I 219, 2 (145—116ª). — βύβλοc: τὰc ἱερὰc βύβλουc Kanop. Dekr. 70 (236ª). — δέλτοc: δέλτον χαλκῆν P. Anton. 26 (41 oder 32ª). — ἤπειροc: τῆc ἠπείρου P. Kairo Arch. I 64, 2 (133ª). Grenf. I 27, 2, 10 (109ª); 33, 34 (103ª). τὴν ἤπειρον Rosettastein 21 (196ª). Vgl. § 68, 1. — ἵπποc (Stute): τὴν ἵππον Grenf. I 43, 5 (IIª). Aber τὸν ἵππον (Reitpferd) Petr. I 11, 10 (220ª). Grenf. I 21, 3 (126ª). τοῦ ἵππου Eud. 7, 19 (vor 165ª) etc. Im Pferderegister Petr. II 35 (a—c) wird zwischen Hengst und Stute streng unterschieden, letztere abgesehen vom femin. Artikel oder Attribut noch durch den Zusatz θή(λεια) bezeichnet (240ª). — κάμινοc: κάμινον τὴν οἰκοδομηθεῖcαν Petr.^{2} 46 (4) 1 (IIIª). ἐν ταῖc καμίνοιc Petr. I 18 (1) 10 (237ª). τὰc καμείνουc Petr.^{2} p. 121. 9 (246ª). — κιβωτόc Rev. Mél. 131 (3mal) IIIª. — κνῆκοc (Safflor): τῆc κνήκου Rev. L. 39, 12; 43, 18; 46, 17. 20; 53, 17; κνῆκον τὴν ἱκανήν 44, 6 (258ª). — κράνοc (Hartriegel): αἷc εἴχοcαν κράνοιc Tebt. I 39, 30 (114ª). — λήκυθοc Par. 10, 11 (145ª). — νῆcoc: ἱερᾶc νήcου Petr II 27 (7) 9 (IIIª). τῆc νή(cου) Grenf. I 16, 2 (146—135ª). τῆι νήcωι P. Kairo Arch. I p. 60, 39 (123ª). ἱερὰν νῆcον ebd. 59, 33 (123ª). Petr. II 29 (d) 6 (242ª) und oft. — ὁδόc und seine Komp.: ὁδὸc δημοcία Petr. I 21, 10. 11. 18 (237ª). βαcιλικῆc ὁδοῦ ebd. 23 p. 66, 7—8. 12 (IIIª). οὔcηc ὁδοῦ Leid. S 2, 1 (IIª). τὴν ὁδόν Par. 51, 46 (160ª).1) εἴcοδοc κοινή Petr. II 41, 3. 6 (IIIª). ἐφόδου ἧc Tebt. I 98, 41

durch obige Belege aus so früher Zeit widerlegt. Trotzdem hält Thumb Hell. 154 f. an der Einwirkung des Lateinischen fest. Viel wahrscheinlicher ist eine Einwirkung der Hypokoristika (Ζεῦξιc, Δᾶμιc) zunächst auf die Maskulinbildung -ιc, während bei den im Vulgär so viel gebrauchten Neutra (deminutiva) auf -ιν Schwund des unbetonten o infolge exspiratorischen Akzentes angenommen werden kann. Zum Ganzen vgl. K.-Bl. I 400 Anm. 3. Meisterh.-Schwyz. 74, 4 (Belege erst in der Kaiserzeit). Schweizer Perg. 143 (ebenso). Nachmanson 125. Dieter. Unt. 63 f. Moulton Class. rev. XV (1901) 34. 434 f. und XVIII 109.

1) τὸ[ν] — ὁδόν Petr. II 45 (3) 23 (246ª) scheint zweifelhafte Lesart zu sein. τοῦ ἀμφόδου Leid. C p. 118 col. 1, 6 (163ª) gehört vermutlich zu dem in röm. Zeit häufigem Worte τὸ ἄμφοδον (cf. Pollux 9, 36). Vgl. übrigens ἐπ᾽ ἀμφόδ(ου) Ἑλληνίδοc B U I 55 col. 2, 5 (145/6ᵖ), aber ἀμφόδου Ἑλληνίου ebd. 135, 5 (143ᵖ). ἐπ᾽ ἀμφόδου Κρητικοῦ καὶ Ἰουδαικῆc Oxy. I p. 163, 9; 138, 17. 23. ὁ ἄμφοδοc B U I 19ª (175ᵖ). Vgl. Index B U I p. 378. — οἱ ἔφοδοι Rev. L. 10, 16; 12, 17 (258ª) ist = ἐφοδευταί (Kontrolwächter).

(112[a]). τὴν ἔφοδον Tor. VIII 34 (119[a]). τῆς — προσόδου Petr. II 27 (5) 6 (236[a]). τήν πρόσοδον Rev. L. 16, 17; 29, 7 (258[a]). αἱ πρόσοδοι Magd. 35, 2 (III[a]). ταῖς προσόδοις Petr. I 22 (1) 4 (249[a]). Tebt. I 5, 211 (118[a]). ἀργυρικὰς προσόδους Rosettastein 11. 14 (196[a]) etc. τῆς συνόδου Tebt. I 119, 22. 25. 30 (105—1[a]). τὴν σύνοδον Dittenberg. inscr. gr. or. I 50, 3 (c. 250[a]). — ὄνος: τὴν ὄνον Petr. II 42 (b) 2 = Petr.[2] p. 116 (242[a]). Magd. 16, 4 (III[a]). Grenf. II 14 (a) 10 (270 oder 233[a]) — aber ebd. (b) 6 τοὺς ὄνους von männlichen Eseln. τῶι ὄνωι Petr.[2] 140 (a) 2 (III[a]). — παρθένος s. unten Anm. 7. — περίμετρος s. unten § 87, 4. — πλίνθος: τῆς πλίνθου Petr. II Einl. p. 30, 3 v. unten; ebd. II 14 (3) 2 (III[a]). ὀπτῆς πλίνθου Grenf. I 21, 8 (126[a]). Rev. Mél. 345 oben (II[a]). P. Kairo Arch. I p. 64, 14 (123[a]). τὴν πλίνθον Petr. II 14 (1 b) 3; (2) 13 (III[a]); 33 (a) 17 (244—40[a]). — πύελος (Badewanne) Pap. Magd. Bull. cor. hell. 1903, 232 und Mélanges Nicole p. 282, 3 (221[a]). — ῥάβδος: ἧι εἶχεν ῥάβδωι Grenf. I 38, 12 (II—I[a]); Tebt. I 44, 19 (114[a]). ταῖς [ῥαύ]τοις (= ῥάβδοις) Par. 40, 41 (156[a]). — συκάμινος (Maulbeerfeigenbaum): τὴν συκάμινον Grenf. II 16, 4 (137[a]). — ἡ τροφός Bull. cor. hell. 18 p. 145 (240[a]). — Über χέρσος vgl. § 68, 1. — ψῆφος: τὴν ψῆφον Par. 63, 8, 25 (165[a]). τὰς ψήφους Petr. II 13 (6) 15 (258—53[a]). — ἡ ψίαθος Par. 50, 12 (160[a]). τῆς ψιάθου ebd. 10; Leid. C p. 92 col. 3, 6 (164—160[a]). ἄλλην ψίαθον Par. 50, 11 (160[a]).[1])

Die Adjektiva zweier Endungen werden § 68, 1 behandelt.

Anmerkung 6. ἡ Αἴγυπτος folgt der Regel für die Ländernamen (mit zu ergänzendem χώρα) Rosettadekr. 11. 21 (196[a]). — Nur als Masculina kommen vor: θόλος (Schwitzbad): ἐν τῶι γυναικε[ίωι θό]λωι Magd. 33, 3 (III[a]), so sicher zu lesen nach dem Anhang p. 232. Aber Alkiphr. (Schepers) III 40, 2 εἰς τὰς θόλους τῶν βαλανείων. Vgl. K.-Bl. I 409. Hatzidakis Einl. 357. Nachmanson 128. — λίθος (Baustein): τοὺς λίθους Petr. II 13 (18[a]) 7 (258[a]). Παρίου λίθου Grenf. I 14, 16 (150—139[a]). στερεοῦ λίθου Rosettastein 54 (196[a]). ἡ λίθος in Attika = Edelstein (Mhs.[3] 129) oder überhaupt eine bestimmte Art von Stein. Crön. 177, 2. — στάμνος: τὸν στάμνον Par. 35, 20; 37, 23 (163[a]). στάμνον, ἐν ὧι Tebt. I 46, 35 (113[a]). Nach Sext. Empir. advers. math. I 148. 187 ist das Femin. attisch, das Masc. peloponnesisch; auch bei den LXX nachgewiesen. Win.-Schmied. § 8, 10. Blaß N. T. S. 26.

Zwischen maskulinem und femininem Gebrauch schwankt λιμός, wovon die Rede ist oben S. 8.

Nicht ersichtlich ist das Geschlecht von: ληνός: τῶν ληνῶν Rev. L. 26, 12; 31, 24 (258[a]). ἐν ληνῷ Tebt. I 120, 57 (97 oder 64[a]). ἡ ληνός klassisch nach K.-Bl. I 408; im N. T. beide Geschlechter nebeneinander. Win.-Schmiedel u. Blaß l. c. — πάπυρος, Belege S. 37. — τρίβος (poetisch) in der Verbindung τρίβον — ὄλβιον metr. Grabschrift Arch. I 221, 21 (145—116[a]), da ὄλβιος zweier Endungen sein kann.

1) Vgl. die Zusammenstellung bei K.-Bl. I § 116. Nachmanson 126f. Win.-Schmied. § 8, 10. Blaß N. T. § 7, 6.

Anmerkung 7. Verhältnismäßig selten äußert sich das später unaufhaltsame Bestreben, an Stelle der widerborstigen Feminina auf -οc weibliche Formen auf -α oder -η einzuführen; so einmal παρθένην Par. 57 (2) 20 (157ª). Dieselbe Form zitiert Hatzidakis Einl. 24 aus einem Papyrus im Journal des sav. 1873 p. 100. Sonst liest man παρθένοc Eud. col. 4 u. 24 in der Zeichnung (vor 165ª). παρθένον Kanop. Dekr. 47; παρθένων 61; τὰc παρθένουc 65; ταῖc παρθένοιc 66 (236ª). Dieterich Unt. 174.

8. Bemerkungen zu einzelnen Wörtern.

a) Genusbildung.

α) κολύκιντοc (nicht κολοκύντη oder κολοκύνθη) läßt sich nachweisen Tebt. I 131 (100ª).

β) τὸν ὄνιρον liest man Leid. U 3, 11 (IIªᵐ), nirgends τὸ ὄνειρον, wie gewöhnlich bei Herod. K.-Bl. I 499.

γ) ἐρεγμόc (geschrotene Hülsenfrucht) — nicht ἔρεγμα — ist gebraucht Tebt. I 9. 10; 11, 8 (119ª).

b) Kasusbildung.

α) υἱόc wird — abgesehen vom ionischen Artemisiapapyrus mit υἱεῖc (acc.) 14; υἱέων 2 (IIIª) — durchweg nach der o-Deklination flektiert. Einige Belege des häufigen Wortes S. 113 Note. Ebenso in Attika seit c. 350ª (Mhs.³ 144, 14). Schweizer Perg. 145 (nur o-Deklin.). Schmid Attic. IV 584. Nachmanson 126.

β) cταθμόc (Gehöfte) hat im Sing. wie im Plur. masculin. Endungen: τῶι cταθμῶι Petr. II 8 (2ª) 3; (c) 5 (246ª). οἱ cταθμοί ebd. II 8 (1 B) 10 (259ª). τοὺc cταθμούc ebd. 8 (3) 3 (267ª). Nirgends τὰ cταθμά. K.-Bl. I 500.

γ) Zum Metaplasmus ἐμβαδούc von ἐμβαδόν vgl. § 67, 4 Anm. 3.

§ 60. ι-Stämme.

1. Die Flexion der ägyptischen Eigennamen auf -ι(c) zeigt kein einheitliches Bild.[1])

a) Die große Klasse der männlichen Namen folgt im wesentlichen dem Schema: -ιc, -ιοc, -ει(ι), -ιν.[2]) Der Wechsel zwischen ́-ει und ́-ι im Dat. ist lautlich zu erklären (nach § 11, III): z. B. Ἀχόλπει Petr. II 29 (d) 5 (c. 250ª). Ἁρμάει Grenf. I 20, 5 (127ª).

---

1) Vgl. Meisterh.-Schwyz. 129, 3. Schweizer Perg. 145 f. Nachmanson 129.

2) Von der Aufzählung einzelner Belege kann bei der Häufigkeit und Regelmäßigkeit der Fälle abgesehen werden. Oft wiederkehrende Namen dieser Art sind z. B.: Ἅρμαιc, Ἁρπαῆcιc, Ἀχόλπιc, Βουcῖριc, Δαμᾶcιc, Κερκεῆcιc, Κερκεοcῖριc, Ὀννῶφριc, Ὀcῖριc, Ὀρcενοῦπιc, Πετῆcιc, Πετοβάcτιc, Πετοcῖριc, Παῦcιc, Cοκνομῖνιc, Cτοτοῆτιc, Φαγῶνιc, Φανῆcιc, Φῖβιc und unzählige andere, welche die Indices aufführen.

Βουϲείρει Petr. II 13 (18[a]) 9 (258—53[a]). Ὀννώφρει Petr. II Einl. p. 32, 7 (III[a]). Πετοβάϲτει ebd. Nr. 33 (a) A 28 (244[a]) etc. Dagegen Ἐριανούπι Grenf. I 31, 15 (104[a]). Νεκτενίβι Petr. II 40 (a) 2 (260[a]). Πατάνι Tebt. I 13, 4 (114[a]) usw. — Daneben beobachtet man nicht selten bei demselben Namen eine gemischte Deklination: teils lautet der Genitiv sowohl auf ⏑ιοϲ als auf ⏑εωϲ, teils tritt Übergang in Dentalstämme ein. So steht neben Θοήριοϲ Tebt. I 61 (b) 59. 61 (118[a]) gleichzeitig Θοήρεωϲ ebd. 72, 210 (114[a]) und Θ(ο)ήριδοϲ 121, 12. 89 (97 oder 64[a]); neben gewöhnlichem Ἁρμάιοϲ[1]), wie Petr. II 13 (14) verso (258[a]); 10 (1) 7 (c. 240[a]); 28, 2, 22 (III[a]); Tebt. I 116, 1 (II[af]) etc., auch Ἁρμάιτοϲ Petr. II 32 (2[a]) 1 (c. 238[a]), aber Ἁρμάει 38 (b) 1 (242[a]). Zu Λουβάϲιϲ lautet der Genit. Λουβάϲεωϲ Petr. II 9 (2) 5 (241[a]). Ebenso bildet Ἆπιϲ im Genit. bald Ἄπιοϲ Kanop. Dekr. 9 (236[a]); Par. 22, 24 (165[a]); 25, 9 (163[a]); Tebt. I 5, 77 (118[a]) — bald Ἄπεωϲ Par. 5 col. 7, 11; col. 13, 6; col. 21, 4. 5; col. 33, 7. 8; col. 35, 6; col. 42, 9; col. 43, 6; col. 45, 10; col. 46, 1 (114[a]). Dat. Ἄπει Kanop. Dekr. 53 (236[a]). Rosettastein 31 (196[a]). Μνηῦιϲ bildet Μνηύιοϲ Kanop. Dekr. 9 (236[a]). Über Μνήυειοϲ vgl. S. 115. Μνηύει Kanop. Dekr. 54. Μνεύει Rosettastein 31 (196[a]). Ὀϲορμνεύιοϲ Leid. G 11; H 10. 12 (99[a]). Über Ϲαρᾶπιϲ s. unten.

b) Die weiblichen Ortsnamen auf -ιϲ flektieren nach der Regel: ⏑εωϲ, ⏑ει(ι), ⏑ιν, wie Μέμφεωϲ Petr. II 28 (5) 29 (III[a]). Μέμφει Par. 11, 21; 12, 5 (157[a]); 22, 3; 23, 1 (165[a]); 24, 2 (164[a]); 40, 9 (156[a]) etc. Μέμφι Par. 60 (b) 33. 34. 35 (c. 150[a]). Μέμφιν Petr. II 20 (3) 7; (4) 13 (252[a]). Τάνεωϲ ebd. 28 (4) 15 (III[a]). Τάνει ebd. 4 (5) 1 (255[a]) usw.

Anmerkung 1. Die Endung ⏑εοϲ kommt nur auf einer poetischen Grabschrift vor in der Form Βαύθεοϲ (ein Gebirge) Arch. I 219, 3 (145—116[a]).

Dagegen bilden weibliche Personennamen den Genit. meist auf ⏑ιοϲ: wie Καλίβιοϲ Grenf. I 17, 3 (147 oder 136[a]); II 32, 7 (101[a]). Ϲιμμίνιοϲ Grenf. I 17, 1 (147 oder 136[a]). Ϲεμμώνθιοϲ ebd. 21, 12 (126[a]); dat. Ϲεμμώνθει ebd. 17. Τίϲρει Grenf. I 18, 10 (132[a]); verso Τίϲριν usw.

c) Ein Schwanken zwischen vokalischer und konsonantischer Flexion zeigen insbesondere die oft verbundenen Götternamen Ἶϲιϲ und Ϲαρᾶπιϲ (gelegentlich auch Ἀνοῦβιϲ).

---

1) Über Ἁρμάιϲ = Ἁρμάιοϲ und ähnliche Genitive s. oben S. 148, wo auch als polare Erscheinung Nominative auf -ιοϲ verzeichnet sind. Ein weiterer Beleg P. Reinach 11, 29 f. ὑπὲρ Ἐμϲιυήϲιϲ (statt -ιοϲ) τῆϲ προγεγραμμένηϲ; verso richtig χεῖρα Ἐμϲιυήϲιοϲ.

Belege für ᾿Ιcιc (alleinstehend): Gen. Ἴcιδoc Pap. Par. 5, 1, 3; col. 19, 6 (114ª). BU 993 II 10; III 4 (127ª); 994 II 5 (113ª). Grenf. I 25, 2, 5 (114ª); 27, 2, 3 (109ª). Ostr. 1361, 4 (105ª). — Dittenberger inscr. gr. or. I 138, 5; 139, 4. 23 (127ª).

Gen. Ἴcιoc Petr.² 82, 6 (IIIª). Kanop. Dekr. 36 (236ª). Pap. Amh. II 35, 4. 33 (132ª); 41, 3 (IIª). Leid. B 3, 18 (164ª).

Dat. Ἴcιδι Strack, Dyn. d. Ptol. S. 245 Nr. 73 (204—180ª); 250 Nr. 89, 3 (nach 180ª); in Poesie ebd. 220 Nr. 9 = CIGr. 4925 (306—285ª). Dittenberg. inscr. gr. or. I p. 254 Nr. 175, 4 (108ª); Nr. 185, 7 (69ª); 188, 6 (57ª); 191, 6 (59/8 oder 55/54ª). Εἴcιδι Strack, Ptol. Inschr. Arch. II 558 Nr. 40 (52ª) etc.

Dat. Ἴcει Dittenberg. inscr. gr. or. I 61, 47 = Arch. I 205, 14 (c. 247ª). Ἴcι ebd. 52, 4 (IIIª). [τη Ἴcι Par. 30, 12 (162ª) hält Wessely für den Nomin. mit vorangesetztem ägyptischen Artikel.]

Akkus. Ἶcιν Tebt. I 78, 15 (110ª). Dittenberger inscr. gr. or. I 189, 5 (80—51ª); 196, 3 (32ª). Εἶcιν Par. 50, 22 (160ª).

Vokat. Ἶcιν mit parasitischem Schluß-ν (nach § 44, 2, S. 198) Leid. U 2, 19 (IIªᵐ).

Beispiele für alleinstehendes Cαράπιoc, Cαράπει, einmal Cαράπηι Leid. C p. 93 col. 4, 6 (164—60ª), seltener Cαράπιδoc, Cαράπιδι, Cαρᾶπιν, Vok. Cαρᾶπι s. oben S. 56 Note 2.

Bei paarweiser Verbindung der Götternamen macht sich gegenseitige Angleichung der beiden Flexionsformen geltend. Man findet also im Gen.: Ἴcιoc καὶ Cαράπιoc Leid. B 1, 3; 3, 18 (164ª). Cαράπιoc καὶ Ἴcιoc Par. 31, 7/8 (163ª). Ἴcιoc καὶ Ὀcίριoc Rosettastein 10. 26 (196ª). Ὀcοράπιoc καὶ Ὀcoρμνεύιoc Leid. G. H 10. 22 (99ª). — Ἴcιδoc καὶ Cαράπιδoc Petr.² 97, 3 (IIIª). Cαράπιδoc χὰ (= καὶ) Ἴcδoc (sic) Goldplatte aus Alexandria Strack, Dyn. d. Ptol. 239 Nr. 66 (221—205ª).

Dat. Cαράπει καὶ Ἴcει Par. 26, 48 (163ª). Cαράπι Ἴcι Dittenberg. inscr. gr. or. I 16 (306—285ª). — Ἴcιδι καὶ Cαράπιδι Dittenb. inscr. gr. or. I 62, 4 (247—221ª). Ἴcιδι Cαράπιδι ebd. 89, 4 (221—205ª). Cαράπιδι καὶ Ἴcιδι ebd. 82, 3 (221—205ª); dazu καὶ Ἀνούβιδι ebd. 97, 6 (193—181ª). Cαράπιδι Ἴcιδι ebd. 21, 3 (306—285ª); 64, 3 (247—221ª); 87, 3 und Strack, Dyn. d. Ptol. 237 Nr. 55 (221—205ª). Ἄδωνιc bildet den Dat. Ἀδώνει Petr.² 142, 19 (IIIª).

d) Endlich werden die ägyptischen Namen auf -ι nicht selten als indeklinabel behandelt, worüber zu vergleichen Hatzidakis Einl. 76 ff. Gen. τoῦ Cαρᾶπι Lond. I p. 25, 6; 26, 6; τoῦ Ὀcoρᾶπι ebd. p. 28, 7 (161ª). τoῦ Cοκμῆνι Petr.² 72 (a) 3 (IIIª). τoῦ Νεχθανοῦπι Grenf. II 25, 13 (103ª). Akkus. Βερενίκην καὶ Cαρᾶπι Magd. 11 subscr. (IIIª). Ἀπoλλωνάριoν καὶ Φᾶβι P. Kairo Arch. I 60, 52 (123ª) usw.

2. Appellativa.

a) Griechische Wörter. Zu τῆλις (Bockshorn) lautet der Genit. τήλεως Tebt. I 55, 8 (II^a); der Dat. τήλει ebd. 69, 24 (114^a). Wenn ebenda 115, 12 (115—3^a) zweimal τήλη neben Genitiven (φακοῦ, φασήλου) steht, so braucht man schwerlich nach dem Vorgang von Crönert (Wchschr. f. kl. Ph. 1903, 487) τήλη(ως) = τήλε(ως) zu ergänzen; vielmehr darf man auf Grund der Hesychiusglosse s. v. Βουκέρας· τὸ σπέρμα τῆς τίλης (= τήλης) die auch sonst bezeugte mittelgriechische Nebenform τήλη (Gen. mit abgefallenem Schlußsigma nach § 46 II c.) darin erkennen, die deutlich im Dat. τήλῃ Tebt. I 66, 43 (121^a) vorliegt. Vgl. Henr. Steph. thes. gr. VII 2141. — In ὄψειος = ὄψεως (nicht ὄψιος) Eud. 19, 20 (vor 165^a) scheint die in späterer Zeit, namentlich bei Substantiven auf -εύς (§ 62, 6), nachweisbare Endung -εος an Stelle von -εως getreten zu sein. Crönert 168, 2. — ἐν πόλι Tebt. I 120, 79 (97 oder 64^a) ist lautliche Variante zum gewöhnlichen ἐν πόλει.

b) Ägyptische Wörter: Über ἄμι, ἄμιος vgl. S. 36. — Von βᾶρις (ägyptisches Fahrzeug), das in der Literatursprache bald als Dental-, bald als i-Stamm behandelt wird, ist nur der Dat. βάρει belegt P. Kairo Arch. I 59, 22 (123^a). Dagegen ἐν βάριδι Plut. de Is. et Osir. 18. — Zu ἶβις gehört ἰβίων τροφή, Belege S. 36. — κῖκι bildet κίκιος, so Petr. II 28 (5) 11. 32 (III^a). Par. 25, 7 (163^a); 29, 7 (c. 160^a); 11 verso 7; 34, 8 (157^a). Ostr. 1236, 2 (unb. ptol.). Weitere Belege S. 37. Zu κυλ(λ)ῆστι, gen. plur. κυλληστίων, κυληστηίων, κυληστητήων; acc. plur. κυλλήστις vgl. S. 13 Note 5; zu λεσῶνις, λεσώνιος, λεσώνει, λεσῶνιν vgl. S. 38.

c) Andere Fremdwörter: Das vermutlich persische Lehnwort πείπερι = πέπερι ist nur im Nominat. belegt vgl. S. 43. Das Fremdwort σίναπι (G. Meyer 298) bildet den Gen. σινάπεως, nicht nach ionischer Art σινάπιος, vgl. oben S. 43. Win.-Schmied. § 9, 5. Über θῖβις, θίβει, θῖβιν s. S. 42.

§ 61. υ-Stämme.

Als substantivische υ-Stämme sind belegt:

1. Appellativa.[1]

ἄστυ: ἄστεως Petr. I 2, 41 (Antiopefragm. c. 250^a).
γένυς: acc. γέν[υ]ν Petr. II Einl. p. 22, 4 (238^a).

---

1) K.-Bl. I § 125. Meisterh.-Schwyz. 138. Schweiz. Perg. 146. Win.-Schmiedel § 9, 4—6. Nachmanson 129.

ἰχθῦς (über den Akzent im Nom. u. Akk. sing. Herodian II 615, 21): gen. ἰχθύος Petr.² 107 (e) 7. 9 (III^a); pl. ἰχθύες Eud. Zeichnung des Tierkreises nach col. 4 und vor col. 24 (vor 165^a). Crönert 170, 7; 174, 1.

κόνδυ, τό (eine Art persischer Becher), nur im Nom. u. Akk. sing. belegt, Stellen oben S. 43.

μῦς: τὸν μῦν Grenf. II 36, 15 (95^a). Als Spitzname gebraucht Μῦς ἱματιοπώλης Lond. I p. 34, 32 (161^a); Μυὶ τῷ κοπροξύστῳ Par. 11, 7 (157^a). Bechtel, Grch. Personennamen als Spitznamen 62.

ἡ ὀφρῦς (zum Akzent vgl. die obige Herodianstelle unter ἰχθῦς): ἐπ' ὀφρύος ἀριστερᾶς Petr. I 11, 17 (220^a). ἐπ' ὀφρύι δεξιᾶι ebd. 21, 3; — ἀριστερᾶι 8 (links) 237^a; Grenf. I 12, 28 (c. 148^a). ὑπ' ὀφρύι Amh. II 51, 23 (88^a). ὀφρῦν Petr. I 13 (2) 12; 14, 2. 25; 15, 13. 14 (237^a). Petr. II Einl. p. 23, 8 (c. 238^a). Grenf. I 10, 12 (174); 12, 16 (nach 148^a). ὀφρύων Petr. I 11, 19; 19, 37 (225^a). Grenf. I 12, 31 (nach 148^a).

πῆχυς: Gen. sing. πήχεως Theb. Bk. I 1, 4 (131^a). Tor. I 6, 18 (117^a). Par. 5, 2, 2; col. 1, 8 = Leid. M 1, 13 (Leemans πήχεις) u. 22 (Leemans πηχέων). — Gen. plur. πηχῶν Petr. II 41, 2. 3 (III^a); ebd. 14 (3) 6 = Petr.² 46 (3) 7 (c. 250^a). Theb. Bk. I 2, 5 (131^a). Par. 14, 14 (127^a); 15, 43 (120^a). Tor. I 5, 10; 6, 17 (117^a). Leid. U 2, 14 (II^a). Ebenso in röm. Zeit, z. B. Lond. II p. 179, 9; 180, 23 (68^p); p. 265, 19 (103^p) etc. — Akk. plur. πήχεις Petr. II 41, 8. 9. 13 (III^a). Par. 14, 15. 42 (127^a); 15, 42. 45. 49 (120^a). Grenf. I 25, 1, 3 (114^a). Leid. N 2, 10 (103^a). BU 994 I 2 (113^a).[1])

πίτυς: πίτυος (in einem poet. Stück) Tebt. I 1, 6; 2 (a) recto 2 (nach 100^a).

στάχυς: σταχύων Kanop. Dekr. 62; Akk. pl. στάχυς τοὺς παρατεθησομένους 68 (236^a). Zum Akk. K.-Bl. I 439 Anm. 3. 5.

υἱύς: υἱεῖς, υἱέων vgl. § 59, 8, S. 263.

ἡ ὗς (Mutterschwein) Magd. 4, 4 (III^a) [im nächsten Vers χοιρίδιον im allgemeinen Sinn]. Schweizer Perg. 80 Fußnote 1; 146 § 53, 1.

---

1) Phryn. Lobeck 245 πηχῶν, πήχως· δεινῶς ἑκάτερον ἀνάττικον, δέον πήχεων καὶ πήχεος (sollte heißen πήχεως?). Moeris p. 298 πήχεων, οὐ πηχῶν. Dem entsprechend im Attischen regelmäßig πήχεων, Mhs.³ 138 § 55, 2. K.-Bl. I 442, 7. G. Meyer 442. Aristeas (Wendland) 57 πήχεος; 84 πήχεις; 57 πήχεων. Win.-Schmiedel § 9, 5. 6 (in LXX πήχεος und πήχεων, im N. T. nur πηχῶν) Schmid Attic. IV 20 (πήχεος bei Philostr.). Reinhold 52 (πηχῶν; acc. πῆχας). Unklar und irreführend ist die Angabe Crönerts 172, 3: „Forma bisyllaba(?) ita non valuit in communi lingua, ut in Aegypti papyris frustra quaeras", worauf fälschlich (infolge Druckfehlers?) eine Reihe von Papyrusbelegen für πήχεων angeführt ist, wo überall πηχῶν gelesen wird. Das Zitat Tor. I 34, 16 muß I 34, 10 heißen.

Anmerkung. δακρύων Petr. II 1, 4 (c. 260a) gehört nicht zu δάκρυ, sondern zu dem im Attischen wie in der κοινή gebräuchlichen δάκρυον. K.-Bl. I 505. Schmid Attic. III 26; IV 583 f. Im N. T. allerdings einmal τοῖς δάκρυσιν von dem poetischen δάκρυ, Win.-Schmiedel § 8, 13.

2. Nomina propria.

Einige ungriechische Eigennamen auf -υς werden teils wie υ-Stämme behandelt, teils haben sie gemischte Flexion: Βίθυ(ος) Tebt. I 120, 121. 153 (97 oder 64a); 90, 13. 19 (Iai); 123, 13 (Ia). Βιθύει ebd. 120, 118 (97 oder 64a). Κότυς: Κότυος Petr. II 18 (1) 5 (246a). Tebt. I 22, 7 (112a). Κότυι ebd. 34, 4 (c. 100a). Κότυν ebd. 119, 35 (105—1a). — Δονομάζυς Petr. II 47, 6; dat. Δονομάζει ebd. 19. 21 (208a). Ταλύσυς: Ταλύσυτος Par. 5, 1, 7 (114a); ebd. col. 6, 9 Ἀκόλφυος (gen.) u. a. m.

Über den Akkus. Ῥαδάμανθον zu Ῥαδάμανθυς vgl. Metaplasmus § 67, 1.

Die adjektivischen υ-Stämme werden § 68, 7 abgehandelt.

§ 62. Stämme auf Diphthonge.

(ōi̯, ōw, ou, au, oi, eu)

1. Von den fem. ursprünglichen ōi̯-Stämmen[1]) erscheinen mehrere Eigennamen: Ἀριστώ im Dat. Ἀριστοῖ Lond. II p. 13, 6 (116—111a) = Mahaffy Hermath. IX Nr. 21, 1895; Grenf. I 21, 12 (126a). — Δημώ im Gen. Δημ]οῦς Magd. 14, 2 (IIIa); Dat. Δημοῖ Petr.[2] 7, 12 (c. 238a); Akkus. Δημοῦν Magd. 14, 7 (IIIa), vom Genit. aus gebildet mit Übergang in den verwandten ionischen Typus auf -οῦς, -οῦτος (worüber unten § 63 Anhang 6).[2]) Λητώ: Gen. Λητοῦς Petr. II 28 (3) 4; (9) 29 (IIIa). Par. 64, 20 (164a); einmal νῆσος Λητοῦ Grenf. II 15, 2, 5 (139a), mit Annäherung an die o-Deklination.[3]) Dat. Λητοῖ Dittenberg. inscr. gr. or. I Nr. 53, 4 (nach 285a); Nr. 140 (146—116a). — Νικασώ: Gen. Νικασοῦς Amh. II 45, 7 (150—145a).

2. βοῦς (ἡ) wird ganz nach attischem Schema abgewandelt: nom. βοῦς Petr.[2] 26, 5 (IIIa). gen. βοώς (= βοός) Leid. C p. 119 col. 2, 28; acc. βοῦν ebd. 26 (c. 163a). τὴν βοῦν Par. 58, 4 (160a). Grenf. I 21, 13 (126a). plur. βόες P. Kairo Arch. I 64, 8 (123a). βοῶν Petr.[2] 30, 5 (240a). βουσίν ebd. 62 (c) 3. 7 (IIIa). τὰς βοῦς Petr. II 32 (2b) 3 (IIIa). K.-Bl. I § 128. Meisterh.-Schwyz. 139. Nach-

---

1) Mhs.[3] 139 § 56. Schweizer Perg. 147. Hatzidakis Einl. 25. Nachmanson 129 f. K.-Bl. I § 129.

2) So bei Herod. Ἰοῦν, Βουτοῦν, Λητοῦν, Τιμοῦν etc. K.-Bl. l. c.; bei Hesych. κακεστοῦν.

3) Dieterich Unt. 163 zitiert ἠχοῦ = ἠχοῦς Leid. I 395, 4, 42 (röm.).

manson 130. Crönert 170 f. — Nach βοῦc wird flektiert χοῦc (ein Hohlmaß): acc. sing. χοῦν Amh. II 93, 12 (181^{p}); 126, 46 (II^{pi}). Lond. II 255, 41 (III^{p}). acc. pl. χοῦc Petr. I 29, 8 (III^{a}). Die übrigen Kasus kommen, wie es scheint, nur in Abkürzungen vor, die nach der attischen Regel (Mhs.^{3} 139. K.-Bl. I 497 ff.) ergänzt zu werden pflegen: nom. sing. χ(οῦc) α′ (so nach dem Faksimile, nicht χό(οc) α′ wie bei Leemans) Leid. D 2, 8 (162^{a}). gen. χ(οόc) Tebt. I 212 (114—113^{a}). plur. χ(όεc) ebd. 179; 224 recto (II^{af}). χ(οῶν) 121, 35. 72 (97 oder 64^{a}); 190 (I^{ai}). Moulton Class. rev. XV (1901) S. 434^{b} zitiert χοϊ in den Inscr. mar. Aeg. (ed. von Gärtringen und Patòn) vol. III 248 (II^{a}). Die adiect. deriv. sind § 68, 4 abgehandelt. Über χοῦc (Schutt) vgl. oben S. 258.

3. Von au-Stämmen findet sich: γραῦ<c> μοι παρεκάθητο (über den Abfall des Schluß-Sigma vgl. S. 206) Par. 51, 33 (160^{a}); von ναῦc nur der (gut attische) Nom. plur. νῆεc Rosettadekr. 20 (196^{a}).[1]

4. οἶc ist durchweg durch πρόβατον ersetzt (οἶc μονοcυλλάβωc Ἀττ., πρόβατα Ἑ. Moeris p. 204): πρόβατον Petr. II 22, 6 (III^{a}). Petr.^{2} 72 (b) 18 (III^{a}). BU 1012, 8 (170^{a}). P. Kairo Arch. I 64, 8 (123^{a}). προβάτων Petr. II Einl. p. 36 (a) 4 (III^{a}). Par. 9, 29 (107^{a}). Tebt. I 53, 7 (110^{a}).[2]

5. Zu den Nomina auf -εύc ist zu bemerken:[3]

a) Der Gen. sing. lautet auch bei vorangehendem Vokal stets auf -έωc: ἁλιέωc Leid. P 16 (II^{a}). Ἑριέωc Petr. II 28 (5) 24; 39 (h) 1 (III^{a}). Dittenberg. inscr. gr. or. I 94, 3 (vor 193^{a}). Leid. A 8 (c. 150^{a}). Tor. I 2, 4; 3, 26 (117^{a}); VIII, 51 (119^{a}). BU 996 III 6 (107^{a}). Grenf. I 44, 2, 10 (II^{af}). Nur strengattisch -ῶc, K.-Bl. I 448 Anm. 1. Mhs.^{3} 141 f. Πειραιέωc auch auf einer attischen Defixio, Schwyzer Vulg. 257. Ganz vereinzelt und nur in Eigennamen, wie Ἀχιλλέοc Bull. corr. hell. 20, 186, 80 (ägypt. Inschr. 114—107^{a}); Ἑριέοc P. Par. 9, 19. 21 (107^{a}); Lond. II p. 33, 180 (94^{p}); Ἑργῆοc = Ἑργέοc (vgl. S. 17 und 76) begegnet in Ägypten die in der κοινή nicht seltene

---

1) Später scheint auch ναῦc für den Nom. plur. zu stehen: so bei Polemon (Schmid Attic. I 48, 24); Apollon. soph. lex. Hom. p. 114, 34 Bekker; Aelian (Schmid Attic. III 29). Phryn. 170 Lobeck: αἱ νῆεc ἐρεῖc, οὐχ αἱ ναῦc, cόλοικον γάρ. Vgl. dazu die Moerisstelle bei Schweizer Perg. 147, 3.

2) Als Grund des Übergangs von οἶc in πρόβατον, wie von ὗc in χοῖροc, findet Hatzidakis Einl. 176 teils die Vorliebe der späteren Sprache für „ausdrucksvolle und regelmäßige statt der kurzen und anomalen Bestandteile" teils das lautliche Zusammenfallen von οἶc und ὗc bei itazistischer Aussprache. Doch ist ὗc (vgl. oben S. 267) der κοινή nicht fremd.

3) Eine gründliche sprachgeschichtliche Untersuchung dieser Formen gibt Hugo Ehrlich K. Z. 38, 53—97 (1902).

Endung -έοϲ, wovon handeln Mhs.[3] 140, 5 (ein Beispiel aus dem I. Jahrh. v. Chr., andere aus späterer Zeit); G. Meyer 443; Schmid Attic. IV 21; Schweizer Perg. 148 (zahlreiche Belege aus nachchristl. Zeit zwar nicht aus Pergamon, aber aus anderen Teilen Kleinasiens, namentlich Lykien); Schwyzer Vulg. 257; Nachmanson 130f. (12 Belege aus Magnesia vom I.—III. Jahrh. nach Chr.). Crönert 168, 2 (Belege aus vorchristl. Dialektinschriften, nachchrist. Papyrus und Handschriften). Über ἱερείωϲ etc. S. 72.

b) Der Akkus. sing. zeigt nur offene Formen auf -έα, wie βαϲιλέα an vielen Stellen des III.—I. Jahrh. v. Chr. Αἰακιδέα Petr.[2] 11, 7 (237[a]) u. a. m. Auch nach vorausgehendem -ι- tritt nie Kontraktion ein: wie Ἀϲωπιέα Petr.[2] 21 (b) 10 (226[a]). Ἰϲθμιέα ebd 6 (a) 11; Ϲουνιέα ebd. 44 (237[a]). K.-B. I 448. Mhs.[3] 141f. Schwyzer Vulg. 257. Kontrahierte Formen auf -ῆ (nach Schweizer Perg. 148f. dorische Residuen) fehlen ganz. Thumb Hell. 92f. Crönert 169, 6. — Das ganz vereinzelte ἀρχιερῆα (Ionismus?) ist oben S. 17 und 76 besprochen. Über βαϲιλεία u. ä. vgl. S. 71.

c) Im Gen. plur. herrschen ebenfalls die unkontrahierten Formen nach Konsonanten und Vokalen: wie βαφέων Ostr. 1516, 3 (152 oder 141[a]). γονέων Par. 15, 65 (120[a]). ἱερέων Petr. 10, 25 (127[a]). ἱππέων Petr. II 8 (1) A 11 (268[a]); (B) 9 (273[a]); ebenso Pap. Gen. Nr. 20, 3 (109[a]) statt γενέων, wie Nicole gelesen hat. κωμογραμματέων Tebt. I 28, 4 (114[a]). ϲκυτέων Par. 5, 3, 3 (114[a]). Leid. N 2, 9 (113[a]). Wilck. Ostr. 334, 4 (II[a]) u. v. a. — Nach Vokalen: ἁλιέων Ostr. 1347, 1; 1029, 3 (147 oder 136[a]); 1522, 2 (130/29[a]); 331, 4 (altptol.); 335, 2 (143 oder 154[a]); 337, 3 (142 oder 153[a]); 339, 3; 340, 3. Rev. Mél. 303, 4 (c. 130[a]). Πτολεμαιέων Dittenb. inscr. gr. or. I 50, 6 (240[a]). — Über alt-attisches -ῶν Mhs.[3] 142. Nur einmal in einem leichtfertig geschriebenen Brouillon *Par. 28, 6 (160[a]) steht (wohl durch ein Schreibversehen) παρὰ τῶν ἱερῶν (Priester), während die Abschrift derselben Eingabe Par. 27, 7 ἱερείων und die Dublette Leid. E 8 ἱερε[ί]ων hat. Über ἱερείων = ἱερέων vgl. S. 72.

d) Der Dat. plur. hat regelmäßig -εῦϲιν, nirgends das in manchen Teilen Kleinasiens und auf Inseln nachgewiesene -εῖϲι, worüber zu vergleichen Schweizer Perg. 149; Nachmanson 132.

e) Im Akk. plur. findet sich, abgesehen von τοὺϲ γονέαϲ Artemis. 5 (III[a]), ausnahmslos die Nominativ-Endung -εῖϲ in Fällen wie τοὺϲ ἀρχιερεῖϲ Tebt. I 5, 62 (118[a]). τοὺϲ γονεῖϲ Dittenberg. inscr. gr. or. I 51, 4 (239[a]). Tor. I 9, 16 (117[a]). Par. 15, 38. 52. 63 (120[a]). τοὺϲ γραμματεῖϲ (-τῖϲ) Lond. I p. 17, 15. 18; p. 19, 17; p. 28, 21 (161[a]). τοὺϲ ἱερεῖϲ Kanop. Dekr. 22 (236[a]). ἱππεῖϲ P. Kairo Arch. I 59, 30; 60, 37 (123[a]). Grenf. I 42, 13. 16 (II[a]). Auch ἱππε͂ϲ im Lachesfragm. Petr. II 50 (4) 4 steht für ἱππεῖϲ (III[a]).[1])

Die ägyptischen Eigennamen auf -εῦϲ, -εῦτοϲ sind § 63 Anhang abgehandelt.

Anmerkung. Von Ἄρηϲ ist belegt: Nom. Ἄρηϲ Leid. U 2, 16 (II[am]).[2]) Gen. Ἄρεωϲ Petr. II 27 (3[a]) 6. 26 (236[a]). Tebt. I 61 (a) 116 (118[a]); 140 (72[a]). Auch Inschr. Le Bas-Waddington 505. Dagegen Ἄρεοϲ bietet ein literarisches Stück Weil IV 1 (Tragödienfragment, vor 161[a]). Der Dat. Ἄρηι begegnet auf einer Ptolemäerinschrift bei Dittenberger inscr. gr. or. I 86, 5 = Strack, Ptol. Inschr. Arch. I 206 Nr. 17 (c. 209[a]). Siehe dazu K.-Bl. I 513f. G. Meyer 420. W. Schulze quaest. ep. 424 ff. Schmid Attic. III 28; IV 23. Schweizer 151. H. Ehrlich K. Z. 38, 90 ff. Crönert 164.

b) KONSONANTISCH AUSLAUTENDE STÄMME.

§ 63. Stämme auf Verschlußlaute.

1. Gutturalstämme.

διώρυξ bildet seine Nebenkasus durchweg vom Stamm διωρυγ-; erst in römischer Zeit findet sich wieder die im Attischen und bei den Attizisten geläufige Flexion διώρυχοϲ etc. Belege oben S. 18.

Anmerkung 1. Die Stelle Grenf. II 26, 12 ff. (103[a]) τοῖϲ δανειϲταῖϲ Χαιρήμωνι καὶ Ἐϲθλάδᾳ καὶ Πνήφιοϲ γυνὴ (statt γυναικί) καὶ ἀδελφῆι fällt eher unter einen syntaktischen Gesichtspunkt (nomin. pro dat.) als daß eine Dativform γυνῇ anzunehmen wäre.

2. Dentalstämme.

a) Austausch zwischen i- und Dentalstämmen.

α) χάριϲ hat im accus. sing. ausnahmslos χάριν sowohl bei substantivischem als präpositionalem Gebrauch.

Als Substant. χάριν: Par. 30, 13 (162[a]); 31, 37 (163[a]); 42, 3 (156[a]). χάρειν Par. 63, 44 (165[a]); Lond. I p. 25, 30 (161[a]). — Als Präposition: χάριν Petr. II 32 (1) 34 (c. 238[a]). Par. 63, 5, 134 (165[a]); 64, 9 (164[a]); 35, 29; 37, 42 (163[a]); 34, 2; 47, 7 (153[a]). Tebt. I 12, 6 (118[a]); 6, 37 (140[a]) und oft (s. Index Tebt.). — Acc. plur. χάριταϲ Tebt. I 124, 7. 21 (118[a]). Dittenberg. inscr. gr. or. I 168, 50 (116—81[a]).

---

1) So schon im Attischen seit 307[a] (Mhs.[3] 141); ausschließlich in Kleinasien, Schweizer 150; Nachmanson 132. Aristeasbrief (Wendland) 182. 279. 283 βαϲιλεῖϲ; 318 τοὺϲ ἑρμηνεῖϲ. Auch bei den Attizisten häufiger -εῖϲ als -έαϲ, Schmid Att. III 22; IV 587; desgleichen bei den Apostol. Vätern, Reinhold 51 (nur einmal τροφέαϲ). Im allgemeinen K.-Bl. I § 128 Anm. 3. G. Meyer 461 f.

2) Ἄρευϲ als Name eines Schmieds (χαλκεύϲ) begegnet Par. 5, 42, 3 (114[a]), auch wiederholt in Petr.[2] (s. Index).

Meisterh.-Schwyz. 129 § 50, 1. Schweizer 151. Nachmanson 133. Crönert 170, 6 (in röm. Zeit χάριτα neben χάριν). Inschriftliche Belege für χάριτα bei Dittenb. Syll.² III 232.

β) Von κλείς kommen folgende Formen vor: κλεῖν Petr. I 13 (2) 7 = Petr.² 4 (2) 7 (237ª). κλειδῶν Petr. II 39 (d) 16 (IIIª). κατάκλεισιν ebd. 13 (18ª) 14; ebd. 11 κατάκλειδας (255—50ª) [Akzent nach Herodian Lentz I 240, 5; II 431, 26; 432, 21.]. Moeris p. 201 κλεῖν 'Α., κλεῖδα 'Ε. Das N. T. hat κλεῖδα (so auch P. Oxy. I p. 178) — κλεῖδας, nur acta apost. κλεῖν — κλεῖς. Win.-Schmiedel § 9, 7. Der Akk. pl. κλεῖς wird von den Attizisten empfohlen, s. Bekker anecd. 48, 7; 101, 19. Schmid Att. IV 21. Schweizer 151. Crönert 170, 5. Moulton Class. rev. XV (1901) 35ª.

γ) ὄρνις (ἡ) wird in der Regel als Dentalstamm flektiert: ὄρνιθος Tebt. I 120, 86 (97 oder 64ª). ὄρνιθα ebd. 122, 3 (96 oder 63ª). ὄρνιθες Petr. II 33 (a) 36 (244—40ª). Petr.² 142, 17 (IIIª). Grenf. II 14 (b) 4 (264—227ª). Par. 61 verso (156ª). ὀρνίθων Tebt. I 117, 65 (99ª). ὄρνιθας Grenf. II 14 (b) 3 (264—227ª). Petr.² 53 (m) 3 (225ª). Tebt. I 5, 184 (118ª); 112, 27 (112ª). Goodsp. 9, 8 (Iª). — Nur einmal Petr.² 71 verso ὀρνέων (IIIª), mit Übergang in die Nebenform τὸ ὄρνεον (also nicht ὄρνεων = πόλεων zu betonen!). K.-Bl. I 510. Schmid Attic. III 26. 142; IV 22 (Dio Chr. hat nur 9 Formen vom Dentalstamm, und zwar Nom., Gen., Akk. plur. gegenüber 19 Formen von ὄρνεον). Crönert 174, 5 bringt mehrere Beispiele für diesen Übergang aus röm. Zeit. Der gutturale Stamm ὀρνιχ- kommt in den Papp. nicht vor.

δ) Eigennamen auf -ις, -ιδος (-ιτος), -ιδι (-ιτι), -ιν (vgl. § 60). Griechische Namen dieser Bildung. Männlich: 'Αγάθιδι Petr.² 31, 1 (240ª). Δάμιδος Petr. II 13 (16) 8 (258—53ª). "Ηριδι (Kurzform von 'Ηρακλείδης oder "Ηριππος?) Fay. p. 49, 14 = Strack, Ptol. Inschr. Arch. II 556 Nr. 38; "Ηριδος 26 (wo man allerdings einen Nominativ erwartet, etwa 'Ηρώδης) geschr. II—Iª. — Λύσιδος Par. Not. et extr. XVIII 2 p. 401, 6 (IIª); aber Λύσιτος (wohl lautliche Verwechslung von δ und τ, s. S. 176) Petr.² 9, 1 (240ª). G. Meyer 417. Meisterh.-Schwyz. § 50, 3. Schweizer 152. Nachmanson 133f. — Weiblich: 'Αρτέμιδι Dittenberg. inscr. gr. or. I 18 (Abukir) 306—285ª. C. I. Gr. 2285 (145—116ª). 'Ηραίδι Grenf. I 18, 9 (132ª). τὴν Κύπριν Grenf. I 1, 11 (vor 173ª).

Auch fremdklingende, wohl meist ägyptische Eigennamen folgen vielfach demselben Schema, doch herrschen hier ´-ιτος, ´-ιτι vor.

Männlich: 'Αρμάιτος (statt des gewöhnlichen 'Αρμάιος), vgl. S. 264. 'Αρσάιτος Tebt. I 121, 109 (94 oder 61ª). Θ(ο)ήριδος (neben Θοήριος)

s. oben S. 264. Λοβάιτος Tor. I 3, 26 (117ᵃ). Par. 15, 41 (120ᵃ); ebd. 15 (b) 3 (143ᵃ). Λοβάιν Tor. I 3, 27 (117ᵃ). Λώϊτος Petr. II 39 (b) 15 (IIIᵃ). Πάις Petr. II 28 (VIII) 25 (IIIᵃ). Πάιτος ebd. 25 (i) 11; 27 (3ᵃ) 4 (236ᵃ). Par. 5, 1, 7 (114ᵃ). Πάιτι Petr. II 39 (a) 6 (IIIᵃ). Πάσιτος (-ειτος) Petr. II Einl. p. 36, 3; Nr. 14 (1c) 2 (IIIᵃ); 27 (3ᵃ) 9. 10 (236ᵃ); 28 (3) 4. 13; 43 (a) 17f. (IIIᵃ). Πάσιτι ebd. 32 (2ᵃ) 23 (c. 238ᵃ) etc. Πάτιτος ebd. 27 (3ᵃ) 27; 28 (1) 5 (IIIᵃ). Πίτιδος Lond. II p. 10, 10 (152ᵃ). Πόρτις Ostr. 1517, 3 (150 oder 139ᵃ). Πόρτιτος Grenf. I 23, 5 (118ᵃ). Par. 9, 15 (107ᵃ). Πόρτιτι ebd. Z. 23. Ostr. 1027, 2 (unb. ptol.). Σιτόιτος Tebt. I 39, 8; 21 Σιτόιτι (113ᵃ). Φάβιτος Petr. II 27 (3ᵃ) 33 (IIIᵃ). Ostr. 1194 verso 2 (ptol.) u. v. a.

Weiblich: Θάσιτος Tebt. I 164, 9 (IIᵃᶠ). Νέφορις Par. 22, 6. 17. 18. Νεφόριτος 22, 4; 23, 2 (165ᵃ). Νέφοριν Leid. B 1, 17; 2, 17. 21; 3, 13 (164ᵃ). Über Ἶσιδος — Σαράπιδος vgl. oben S. 265.

b) Reine Dentalstämme.

α) Von πᾶς begegnet einmal der auch sonst in der κοινή nicht unerhörte Akkus. sing. masc. πᾶν = πάντα in der Verbindung πᾶν τὸν τόπον Par. 37, 11 (163ᵃ). In der Parallelstelle freilich Par. 35, 10 (163ᵃ) steht πάντα τὸν τόπον, also möglicherweise an ersterer Stelle ein Versehen des Schreibenden. Vgl. oben S. 199. Schmid G. G. A. 1895, 42. Reinhold 52.

β) Nur unkontrahiert erscheinen στέαρ Rev. L. 50, 14 (258ᵃ). φρέαρ P. Kairo Arch. I 64, 13 (123ᵃ). φρέατος Lond. II p. 4, 13 oben (c. 178ᵃ); φρέ(ατος) Tebt. I 86, 36 (IIᵃᶠ). φρέατα Grenf. I 21, 8 (126ᵃ). φρεάτων Lond. II p. 14, 13 (116—111ᵃ).

γ) Indeklinables τοῦ ὕδωρ begegnet in einem Ausgabenverzeichnis Leid. S col. 3 am Ende rechts (160ᵃ), dagegen ebd. col. 4 am Ende ὕδατος τιμήν.

Anhang. Nicht wenige, dem Griechischen von Hause aus vielfach fremde Typen teils männlicher teils weiblicher Eigennamen werden im wesentlichen als Dentalstämme flektiert, doch keineswegs konsequent: Ausweichungen in andere Systeme sowohl vokalischer als konsonantischer Art sind häufig.

1. -ᾶς, -ᾶτος oder -ᾶ (Kurznamentypus) [fast nie -ᾶδος], -ᾶτι (neben -ᾶι), -ᾶν, meist männlich (außer einmaligem Ἡρᾶτος) vgl. oben S. 252f.

2. -άς, -άδος etc., alter Typus weiblicher Namen, Muster Ἀσκληπιάς Par. 7, 8 (99ᵃ). Ἀσκληπιάδος Z. 15; Par. 13. 4. 16 (157ᵃ). Ἀσκληπιάδι Par. 7, 4 (99ᵃ) u. a.

3. -αῦς, -αῦτος, -αῦτι (sowohl männlich als weiblich): z. B. Θραῦτος Par. 5, 42, 8 (114ᵃ). Παναaῦτος Leid. S 3, 12 (164ᵃ). Νεκθεραῦς — Νεκθεραῦτι Par. 54 col. 2, 44; col. 3, 64 (163ᵃ). Πταῦτος Par. 5, 8, 4;

col. 41, 2 (114ª). Cαμαῦτος Leid. S 3, 11; aber Cαμαῦςτος 6, 11 (164ª). Ταῦτος Par. 31, 6 (163ª). Andere Varianten desselben weiblichen Namens mit konsonantischem und vokalischem Wechsel der Orthographie sind verzeichnet S. 179 Anm. 12. Dieser Typus ist ziemlich häufig.

4. -εῦς, -εῦτος etc.: Θοτεῦτι Grenf. II 18, 2. 12. 22 (127ª). Παιεῦτος Ostr. 701, 3 (unb. ptol.). Cενεριεῦτος Tor. I 5, 7 (117ª). Φανεῦ[τ]ος Dittenb. inscr. gr. or. I 95, 5 (nach 193ª) usw.

5. -ῆς, -ῆτος, -ῆτι (Vorgang ionische Namen wie Θαλῆς, Θαλῆτος; in Ägypten lautete der Nomin. vermutlich auf -t, vgl. Menet, Phanet und dgl.).

Männlich: Βελλῆς Tebt. I 39, 26 (114ª). Ἐρβελλῆτος Par. 35, 14; 37, 16 (163ª). Θοτῆτι Tebt. I 117, 69 (99ª). Καιῆτι Grenf. I 23, 9 (118ª); -τος verso. Μαρρῆτι Amh. II 43, 7. 13 (173ª); Tebt. I 56, 3 (IIªᶠ). Μεγχῆτι Tebt. I 164, 9 (IIªᶠ). Παῆτος Par. 35, 21 (163ª). Πατῆς Grenf. I 27, 3, 8 (109ª); 44, 2, 10 (IIª). Πατῆτος Grenf. I 23, 3 (118ª); 34, 6 (102ª). Πατῆτι Amh. II 39, 3 und verso (IIª). Cαλῆτος Amh. II 47, 4 und verso (113ª). Cθοτῆτος Tebt. I 120, 17 (97 oder 64ª). Τοτοῆτος Petr. II 28 col. 1, 22 (IIIª). Φαιῆτος Petr. II 33 (3) 3 (IIIª). Φαμῆτος ebd. 39 (a) 6 (IIIª). Φανῆτος ebd. (möglicherweise auch griechisch Φάνητος?) 28 (3) 14 (IIIª). Φαυῆτος ebd. col. 8, 10 (IIIª) u. a. m.[1])

Die meisten dieser ägyptischen Namen lehnen sich ebenso oft (vom Nominativ aus) an die griechischen S-Stämme auf -κλῆς an, so daß im Gen. und Dat. Formen auf -έους (-είους, -ήους) und -εῖ (-ῆι) den obigen auf -ῆτος, -ῆτι mindestens die Wage halten. Belege folgen unter § 64 Anhang. Vgl. dazu auch die Stellensammlung bei Crönert 163.

Weibliche Namen auf -ῆς, -ῆτος sind oben S. 179 Anm. 12 aufgeführt. Der Akk. auch hier Ταγῆν Leid. C p. 118, 1, 16 (163ª); M 1, 12 = Par. 5, 1, 7 (114ª).

6. -οῦς, -οῦτος, -οῦτι, -οῦν, ein besonders häufiger Eigennamentypus, der seinen Vorgang im Ionischen hat[2]), teils männlich teils weiblich. Auch hier herrscht wie bei den Kurznamen auf -ᾶς ausnahmslos im Gen. und Dat. das τ statt δ.

Männlich: Ἀβαιοῦς Wilck. Ostr. 1231, 2 (unb. ptol.), so wohl auch 1516 (141ª) statt Ἀβδιοῦς (?). Ζμενοῦτι Grenf. II 16, 5 (137ª). Θοτομοῦτος Ostr. 711, 2 (ptol.). Λολοῦτος Amh. II 53, 3 (114ª). Μονοῦτος

---

1) Eine einheitliche Betonung dieser Bildungen herbeigeführt zu haben ist das Verdienst U. Wilckens (G. G. A. 1894, 718 f. und Theb. Bank 35). — Die Namen Κέλητος Grenf. II 15, 2, 6; col. 3, 2 (139ª); Μένητος Petr. II 12 p. 32, 2 (240ª) darf man wohl als genuine griechische Bildungen ansprechen und im Genit. als Proparoxytona betonen. Wenn man daneben Μενέους findet Par. 5, 1, 10; col. 8, 5. 7 (114ª), so liegt es nahe, einen Nominativ Μενῆς vorauszusetzen, der nach Analogie ähnlicher ägyptischer Perispomena (vgl. § 64 Anhang) die Flexion der S-Stämme (auf -κλῆς) annehmen konnte.

2) Den ionischen Ursprung hat zuerst W. Schulze erwiesen: K. Z. 33, 230 ff; Berl. philol. Wochenschr. 1893, 226; zuletzt handelt darüber Thumb Hell. 230 ff., wo die Literatur aufgeführt ist.

Grenf. II 21, 4 (113[a]). Νεοῦτος Par. 16, 5 (141[a]). Πακελλοῦτος Ostr. 727, 3 (154 oder 143[a]). Παοῦτος Grenf. I 18, 10 (132[a]); II 25, 10 (103[a]); 26 passim; 27, 18 (103[a]). Παπεοῦτος Grenf. I 29, 4 (105[a]); II 25, 5 (103[a]). Πατοῦς Grenf. I 17, 24 (146—35[a]). Ostr. 1619 (133[a]). Πατοῦτος Grenf. I 11, 1, 13; 2, 11 (157[a]); 27, 3, 2 (109[a]). II 17, 1 (136[a]); 18, 5 (127[a]); 23, 2, 8 (107[a]). Par. 15, 47 (120[a]). Ostr. 1621. 1622 (127[a]). Πατοῦτι Grenf. I 14, 2 (150—139[a]). τὸν Πατοῦν Grenf. II 16, 6 (137[a]). Πατσεοῦτι, -τος Amh. II 47, 4. 16 (113[a]). Ποανεμοῦν Ostr. 1505, 4 (155 oder 146[a]). Cελεβοῦτος Tebt. I 110, 1 (92 oder 59[a]). Cποτοῦς Ostr. 1189, 1, 3 (ptol.). Cποτοῦτος Par. 5, 28, 7; 29, 2 (114[a]). Φομμοῦτι Tor. V 1 (177[a]) usw.

Weiblich: Ταοῦς Grenf. II 23, 1, 3; col. 2, 3; col. 3; ebd. Ταοῦτος col. 2, 5 (107[a]). Ταοῦτι Par. 55 (b) 2, 49 (159[a]). Ταοῦν Leid. C p. 118, 1, 19. 23 (164[a]). Τατοῦς Grenf. II 23 col. 2, 3; col. 3 (107[a]). Vgl. auch S. 179 Anm. 12.

Anmerkung 2. Τακμηοῦς (masc.) figuriert Grenf. II 16, 3 (137[a]) als Nomin., 10 als Genit., Dat. Τακμηοῦτι Z. 7.

7. -ῶς (-ῶυς), -ῶτος (-ῶυτος), -ῶτι (-ῶυτι), -ῶν (meist masc.): Ἀβῶτος Ostr. 726, 3 (154—43[a]). Ἁρπῶτος Grenf. II 23, 2, 3 (107[a]). Θαςῶς Petr. II 28 (4) 10; (9) 32 (III[a]). Θαῶυτος ebd. 27 (a) 29 (236[a]). Θεμβῶτος Amh. II 30, 5. 41 (II[a]). Ἰναρῶς Par. 5, 24, 5; 37, 9 (114[a]). Belege für Ἰναρῶ(υ)τος, Ἰναρῶ(υ)τι, einmal auch Ἰναροῦτι s. oben S. 138. Κοννῶτος Tebt. I 51, 3 (114[a]). P. Reinach 17, 10 (109[a]). Κῶτι — Κῶτος Tebt. I 116, 4. 20 (II[af]). Ὀνῶτος Grenf. I 38, 2 (II—I[a]). Παῶτος Petr. II 10 (1) 2. 6 (c. 240); 43 (b) 65 (III[a]). Tebt. I 58, 9. 18 (111). Grenf. I 36, 2, 3 (99/88[a]). Πετῶτος Petr. II 28 (5) 22 (III[a]). Πικῶτος Ostr. 722, 3 (ptol.). Πνεφερῶτος Petr. II 32 (2[a]) 11; -τι 18 (238[a]). Cεμθῶς Petr. II 28 (9) 15 (III[a]). Cυλῶτος Potr.[2] 1 (2) 11. 16 (237[a]). Τακοννῶτος Tebt. I 39, 27 (113[a]). Ταπεντῶτος (fem.) ebd. 52, 3 (114[a]). Τεῶτος Petr. II 9 (4) 2 und verso (241[a]); 27 (3[a]) 8 (236[a]); 29 (a) 4 (242[a]) usw. Akkus. Τεῶν Magd. 10, 2. 9 (III[a]).

Ein abgekürzter griechischer Name dieser Flexion ist Ἀπολλῶς = Ἀπολλώνιος: so Ἀπολλῶτι Tebt. I 34, 1 (nach 100[a]).[1])

8. -ῶν, -ῶντος etc. (ägyptische Namen auf -nt, angepaßt den griechischen Kontrakta, wie Ἀντιφῶν, Δημοφῶν, Ξενοφῶν etc., K.-Bl. I 488), sämtliche masc.

Beispiele: Ἀκωναπιμῶντος Petr.[2] 1 (2) 16 (237[a]). Παρμενῶντος Petr. II 14 (1 d) 1 (III[a]). Παςτῶντι ebd. 4 (9) 1 (255[a]). Πετεχῶν Petr. II

---

1) Von diesem Typus, dem fast nur ägyptische und persische Namen angehören, handelt K.-Bl. I 494 e, wo auch die Frage erörtert wird, ob solche Namen Perispomena, Oxytona oder Paroxytona sind; obwohl Herodian III 714 für die letztgenannte Akzentuierung (z. B. Cαβάκως) spricht, stimmen doch die neueren Grammatiker (Kühner-Blaß, Mehlhorn) für Perispomenierung.

Einl. p. 31, 5 v. u. (III[a]). Πετεχῶντος ebd. Nr. 14 (1 d) 1 (III[a]). Tebt. I 85, 133 (113[a]). Πετεχῶντι Petr. II 40 (a) 4; 4 (2) 17 (255[a]); ebd. Einl. p. 33, 7 (III[a]) u. a.

§ 64. S-Stämme.

1. Von Neutra auf -ας finden sich folgende Formen: nom. acc. sing. γέρας Tor. I 8, 22 (117[a]). γῆρας Magd. 18, 6 (III[a]). κρέας Sakkakini XIV 96 (III[a]). gen. sing. γέρως BU 993 III 10 (127[a]). nom. acc. pl. τὰ γέρα Tebt. I 5, 65. 79. 80 (118[a]). κρέα Sakkakini verso (III[a]). Par. 53, 12; 54, 14. 45. 68. 72 (163[a]). Leid. C p. 93 col. 4, 10 (164—60[a]). gen. pl. γερῶν Tebt. I 6, 21 (140[a]). κρεῶν Petr.[2] 58 (a) 2; 140 (a) 8 (III[a]). Die Formen stimmen überein mit den attischen. K.-Bl. I § 121; § 123 S. 431 Anm. 2. Meisterh.-Schwyz. 143, 4. 5. G. Meyer 464. 467. Schweizer 156. Nachmanson 138, 5. Win.-Schmiedel § 9, 2. 6 (γήρει; κέρατα, κεράτων, aber τὰ κρέα). Auch die Attizisten brauchen von κρέας kontrahierte, von κέρας offene Formen, Schmid Att. III 21; IV 16. 580. Dagegen κέρα als plur. auf einer delischen Inschrift Dittenberg. Syll.[2] 588, 167; aber ebenda 204 κέρατα (etwa 180[a]). Reinhold 51 (γήρους, γήρει); 53 (τὰ κρέη, κέρη und κέρατα). Crönert 172$_i$ 1. Dieterich Unt. 164 f.

Über ἅλας = ἅλς (nach Analogie von κρέας gebildet) vgl. § 67, 2.

2. Neutra auf -ος.

a) Der Gen. sing. hat regelmäßig die Endung -ους: γλεύκους Petr. II 40 (b) 8 (277[a]). Grenf. II 24, 12 (105[a]). ἔθους Par. 63, 5, 155 (165[a]). ἔτους Petr. II 13 (4) 6 (258[a]); 35 (b) 1 (244—40[a]); 30 (d) 3 (235[a]); 26 (1) 5 (240[a]); 17 (4) 1; 16, 9 (c. 250[a]). Grenf. I 25, 1, 1 (114[a]); 27, 1, 1 (109[a]) und sehr oft. μέρους Petr. II 13 (4) 6 (258—53[a]). ὄξους Tebt. I 121, 14. 21 (94 oder 61[a]). πένθους Par. 22, 24 (165[a]). τέλους Petr. II 13 (19) 8 (258—53[a]) usw.

Eine Ausgleichung zwischen der vokalischen O-Deklination und den S-Stämmen mit der Nominativform -ος konnte in zweifacher Weise eintreten: entweder bilden konsonantische Stämme den Gen. auf -ου oder männliche o-Stämme flektieren wie neutrale S-Stämme im Gen. auf -ους. Für beides lassen sich in den ptolem. Papyri vereinzelte Beispiele finden: Einerseits τοῦ ἔτου Grenf. I 33, 28; aber 27. 29 ἔτους (103[a]). τοῦ γ̄ ἔτου λόγος Tebt. I 115, 13 (115—13[a]), aber 12 τοῦ β̄ ἔτους λόγος. — τοῦ τέλου τοῦ Ostr. 1490, 4 (III[a]); sonst oft τέλους. Andererseits: φασήλους als gen. Tebt. I 115, 14 (115 bis 13[a]); sonst φασήλου Tebt. I 119, 39 (105—101[a]). τοῦ ταρίχους statt ταρίχου Petr.[2] Einl. p. 8, 9 (225[a]). Dagegen nur ἐλέου Magd. 18, 6 (III[a]), nirgends das vulgäre ἐλέους.[1]).

Anmerkung 1. In Stellen wie *ἀπὸ τοῦ πένθος Lond. I p. 27, 2 (161[a]); Leid. E 23 (162[a]) — im letzteren Fall mit übergeschriebenem υ — oder ἀπὼ (sic) τοῦ τέλος Ostr. 1551 (34[p]) hat vielleicht der Nomin., wie später oft, Genitivfunktion, wenn man nicht in den schlecht geschriebenen Texten lautliche Vertauschung von ο und ου annehmen will. Vgl. oben S. 116f.

b) Der Dat. sing. hat regelmäßig -ει. Bei Schreibungen wie μένηι = μένει P. Weil IV 7 (vor 161[a]); χείληι Grenf. II 23, 2, 6 (107[a]) ist der oben (S. 130) besprochene Wechsel zwischen -ηι und -ει anzunehmen (vgl. ἔτηι = ἔτει Meisterh.-Schwyz. 39, 11).

c) Der Gen. plur. ist (wie auch d. nom. acc. pl.) regelmäßig kontrahiert: ἐτῶν Petr. I 19, 4. 5. 6. 13. 22. 30. 33. 35. 37 (225[a]) und oft. ζευγῶν Ostr. 1028, 4 (ptol.). κερδῶν Leid. M 2, 4 (114[a]). σκευῶν Petr. II 32 (1) 27 (238[a]). τελῶν Petr. II 45 col. 2, 23 (III[a]) etc. Das einmalige βλαβέων (von τὸ βλάβος, s. unten § 67, 3 c) Tor. XIII, 14 (137[a]) braucht nicht als Ionismus zu gelten, sondern hat seine Analogien in anderen vulgären Formen auf -έων (vgl. oben S. 17).

Anmerkung 2. Die (ionische) Form ἠοῦς (vom Stamm ἠος-, G. Meyer 411) begegnet Eud. 4, 12 (vor 165[a]) als t. t. der ionischen Astronomen. Ebenso auf einer böotischen Inschrift bei Schweizer 156 Anm., bei Iosephus neben häufigerem ἕως (W. Schmidt de Ios. eloc. 499), sowie bei Polybius (Krehling 32).

3. Eigennamen auf -́ης.[2])

Als S-Stämme sind zu betrachten alle Namen auf -άνθης, -γένης, -δεύκης, -κράτης (-χράτης), -κύδης, -μένης, -μήδης, -σθένης, -τέλης, -φάνης. Der Ausgleich zwischen der vokalischen und konsonantischen Deklination, dessen Endpunkt eine einheitliche Flexion nach dem Schema -ης, -ου, -ē (bald ει, bald ηι, selten η geschrieben), -ην darstellt, beginnt schon im 3. Jahrh. v. Chr., ist aber im 1. Jahrh. v. Chr. noch nicht ganz abgeschlossen.

a) Der Gen. endet noch im 3. Jahrh. v. Chr. überwiegend auf -ους, und zwar -ους : -ου = 35 : 4 (9 : 1);

im 2.—1. Jahrh. tritt -ους bedeutend zurück gegen -ου,

-ους : -ου = 18 : 44 (1 : 2, 5).

---

1) Zu diesen Analogiebildungen vgl. K.-Bl. I 514f. (ταρίχους). Schweizer 152. Dieterich Unt. 163f. Win.-Schmiedel § 8, 11. 13. Reinhold 54 (τὸ ἔλεος, ζῆλος, ἦχος, πλοῦτος, σκότος; τοῦ λίθους, ζόφους, πελάγου etc.). Crönert 176, 1—4 (τὸ φόβος).

2) Vgl dazu K.-Bl. I 512. G. Meyer 438ff. Meisterh.-Schwyz. 134ff. Hatzidakis Einl. 188f. Schweizer 153. Nachmanson 135f. Win.-Schmied. § 9, 8. Dieterich Unt. 158ff. Schmid Attic. IV 21. Crönert 160f.

Belege: III^{a} auf -ουc: Ἀλεξικράτουc Petr. I 19, 17; 20 (2) 10 (225^{a}). Ἀριcτογένουc Petr. II 36 (1) 11 (III^{a}). Ἀριcτοκράτουc Petr.^{2} 19 (c) 29. 30 (225^{a}). Ἀριcτοτέλουc Petr.^{2} 42 H (8f) 26 (c. 250^{a}). Ἀριcτοφάνουc ebd. 42 F (a) 3 (252^{a}). Δημοcθένουc Petr. II 29 (a) 6 (III^{a}). Διογένουc ebd. 13 (20) 8 (258^{a}). Διοφάνουc Magd. 28, 8 (III^{a}). Ἑρμογένουc Petr.^{2} 112 (e) 2, 22 (III^{a}); 21 (d) 5. 13 (226^{a}). Εὐκράτουc ebd. p. 225 col. 2, 20 (III^{a}). Θεο]γένουc Petr. I 19, 18 (225^{a}); II (20 (3) 2. 6 (252^{a}). Ἱπποκράτουc Petr. I 20 (1) 14 (225^{a}). Petr.^{2} 16, 11 (235^{a}). Ἰcοκράτουc Petr. II 39 (a) 1 (III^{a}). Καλλι]κράτουc Petr.^{2} p. 146 (b) 6 (III^{a}). Καλλιφάνουc Petr. I (22 (2) 4 (257^{a}). Petr.^{2} 11, 4 (237^{a}); 43 (2) R. col. 4, 4 (246^{a}). Λυκομήδουc Magd. 5, 20 (III^{a}). Μητροφάνουc Petr. II 47, 2 (c. 200^{a}). Περιγένουc Petr.^{2} p. 60 (b) 1 (260^{a}). Πολυάνθουc Strack, Ptol. Inschr. Arch. II p. 560 Nr. 45 (Buchstaben der ersten Ptolemäerzeit). Πολυδεύκουc Petr.^{2} 112 (b) 9 (III^{a}). Πρωτογένουc Petr.^{2} 32 (d) 2 (246^{a}). Cωκράτουc Petr.^{2} 130, 7 (III^{a}). Cωcθένουc ebd. 112 (c) 21 (III^{a}). Ὠριγένουc ebd. p. 171 col. 1, 31; 3, 15 (III^{a}).

III^{a} auf -ου: Ἀλεξικράτου Petr. I 28 (1) 1 (225^{a}). Ἀριcτοκράτου Petr.^{2} 21 (e) 5 (226^{a}). Θεογένου Petr. I 28 (1) 1 = Petr.^{2} 21 (f) 1 (225^{a}) [nach Rev. Mél. 364]. Καλικράτου (sic) Petr.^{2} 56 (b) 9 (c. 260^{a}). [Εὐτύχου Petr. II 16 (2) 4 kommt von Εὔτυχοc, vgl. W. Schmid Wchsch. f. kl. Ph. 1899, 541.].

II—I^{a} auf -ουc: Ἀντιγένουc Lond. I p. 46, 35 (146—135^{a}). Ἀπολλοφάνουc Tebt. I 49, 2 (113^{a}). BU 1001, 3 (56^{a}). Διογένου[c] Th. Bk. I 1, 12 (131^{a}). Ἐπιγένουc Tebt. I 100, 6 (117^{a}). Ἑρμογένουc ebd. 61 (b) 53 (118^{a}). Ἑρμοκράτουc Grenf. I 2, 12 (157^{a}). Εὐμένουc P. Reinach 15 verso (109^{a}). Θεαγένουc Tebt. I 116, 19 (II^{af}). Κράτουc Petr. II 47, 32 (192^{a}). Μεγαcθένουc BU 992 I 11 (162^{a}). Ναυκράτουc Ostr. Louvre Rev. Mél. 136, 3 (II^{a}). Ὀρνυμένουc Strack, Ptol. Inschr. Arch. III 127, 3 (c. 190^{a}). Περιγένουc Ostr. 1514, 2 (154 oder 143^{a}). Πολυκράτουc Petr. II 48, 3 (186^{a}). Cωγένουc Par. 23, 4 (165^{a}); Tor. XIII 5 (137^{a}). Cωcικράτουc BU 992 I 5 (162^{a}).

II—I^{a} auf -ου: Ἀντιφάνου Tor. III 40; Par. 14, 39 (127^{a}). Ἀπολλοφάνου Tebt. I 86, 45 (II^{af}). P. Reinach 14, 16 (110^{a}). Ἀριcτογένου Par. 10, 1 (147^{a}). Δεξιφάνου P. Weil VI 2 (161^{a}). Διαcθένου Tor. I 4, 24 (117^{a}). Ἐπικράτου Tebt. I 81, 6 (II^{af}). Ἐπικύδου Dittenb. inscr. gr. or. I 96, 3 (II^{a}). Ἑρμογένου Tebt. I 72, 213 (114^{a}). Tor. I 1, 6 (117^{a}). Ἑρμοκράτου Grenf. I 17, 4; 18, 3 (132^{a}). Καλλικράτου Par. 10, 18 (145^{a}). Tebt. I 61 (b) 239 (118^{a}); 63, 40 (116^{a}); 72, 77 (114^{a}); 85, 91 (113^{a}). Καλλιμήδου Grenf. I 17, 2 (nach 147 oder 135^{a}). Cop. 8 (100^{a}). Κλεογένου Tebt. I 80, 27 (II^{af}). Κράτου Par. 15 (b) 1, 1 (143^{a}). Λυcικράτου P. Reinach 7, 5 (c. 140^{a}). Μενεκράτου Genf-Münchener Ehekontrakt Arch. I 485, 10 zweimal (II^{a}). Παγκράτου Tebt. I 99, 6 (148^{a}); 116, 31 (II^{af}). Tor. I 1, 6 (117^{a}). Παcοκράτου Fay. 14, 7 (124^{a}). Παχράτου Par. 22, 5 (165^{a}). Tebt. I 121, 107 (94 oder 61^{a}). Ostr. 723, 5 (ptol.). Πετεαρχράτου Grenf. I 32, 9 (102^{a}). Πολεμοκράτου Tebt. I 91, 12 (II^{af}). Πολυάνθου Grenf. I 11, 1, 13; 2, 11 (157^{a}). Πολυδεύκου Ostr. 1234, 3 (120—19^{a}). Πολυκράτου P. Reinach 9, 31 (112^{a}); 15, 31 (109^{a}). Cωκράτου Par. 5, 11, 8 (114^{a}). Dittenb. inscr. gr. or. I 130, 36. 42 (145—116^{a}). Cωcιγένου Tebt. I 99, 64 (c. 148^{a}). Τιμοκράτου P. Reinach 9 verso oben (112^{a}).

b) Im Dativ überwiegt stets die Schreibung -ει gegenüber von -ηι, und zwar im III. Jahrh. v. Chr. etwa im Verhältnis von 48 : 4 (12 : 1), im II.—I. Jahrh. v. Chr. im Verhältnis von 20 : 10 (2 : 1). Ganz vereinzelt erscheint im III.—II. Jahrh. η.[1])

Belege. III^{a} dat. auf -ει: Ἀνδροcθένει Petr. II 9 (1) 4 (241^{a}); 23 (4) 1 (III^{a}). Ἀριcτοκράτει Petr.^{2} 19 (c) 18 (225^{a}). Δημοκράτει P. Ashmol. Pl. XVI 35 (III^{a}). Διογένει Petr. II 16, 3; 37 (1 b) recto 4 (III^{a}). Διοφάνει ebd. 2 (1) 1; (2) 1; (3) 1 (260^{a}). Petr.^{2} 72 (d) 11 (III^{a}). Magd. Pap. Nr. 1—35 in 27 Fällen (III^{a}). Εὐκράτει Petr. II Einl. p. 32, 1 (III^{a}). Καλλιμήδει Tebt. I 8, 12 (201^{a}). Πιcικράτει Petr. I 12, 6; 13, 15 (238^{a}). Πολυκράτει Magd. 17, 6 (III^{a}). Cωγένει ebd. 24, 11 (III^{a}). Cωcιφάνει Petr. I 24 (2) 3; 29, 1 (c. 250^{a}). Petr. II 23 (3) 2 (III^{a}). Rev. L. Append. II 2, 5 (c. 257^{a}).

III^{a} auf -ηι: Ἁρποκράτηι Dittenb. inscr. gr. or. I 61, 4; Ἁρποχράτηι ebd. 62, 3 (c. 247^{a}). Ἑρμογένηι Petr. II 9 (2) 12 (241^{a}). Ἀυκομείδηι = Λυκομήδει ebd. 8 (1 B) 8 (259^{a}).

III^{a} auf -η: Ἀριcτοκράτη Petr.^{2} 19 (c) 32 (225^{a}).

II—I^{a} auf -ει: Διογένει Lond. I p. 57 (13) 2 (131^{a}). Theb. Bk. X 3 (134^{a}); X^{a} 2 (130^{a}). Rev. Mél. 329. 330. 332 (II^{a}). Ἐπιφάνει Strack, Ptol. Inschr. Arch. III 3 (c. 190^{a}). Ἑρμογένει Par. 15, 1, 24 (120^{a}). Tor. II 36 (120^{a}). Tebt. I 72, 213 (114^{a}); 61 (b) 53 (118^{a}). Ἑρμοκράτει Grenf. I 43, 1 und verso; 11, 1, 3 (157^{a}). Θεογένει Ostr. 1316, 1 (123^{a}). Καλλικράτει Tebt. I 62, 45 (119^{a}). Λυcικράτει P. Reinach 7, 13 (c. 140^{a}). Παγκράτει Par. 11, 4 (157^{a}). Tebt. I 32, 13 (c. 145^{a}). Φιλοκράτει Leid. G 16; H 24 (99^{a}).

II—I^{a} auf -ηι: Ἁρποχράτηι Dittenb. inscr. gr. or. I 175, 5 (c. 114^{a}). Ἐπιγένηι Tebt. I 100, 3 (117^{a}). Ἐπιμένηι Lond. I p. 42, 128. 139 (158^{a}). Ἑρμοκράτηι Tebt. I 208 (95 oder 62^{a}). Παcικράτηι Amh. II 32 verso 2 und Aufschrift (II^{a}). Παχράτηι Amh. II 39, 3 (II^{a}). Πολυδέκηι (sic) Par. 45, 6 (153^{a}). Πρωτογένηι Ostr. 714, 2 (ptol.).

---

1) Daß auch hier gleichzeitig orthographische Schwankungen und Systemzwang vom Nomin. aus zusammengewirkt haben und keines von beiden ausschließlich verantwortlich zu machen ist, erscheint mir zweifellos. Vgl. Nachmanson 51 Fußnote 5; übrigens bieten die magnesischen Inschriften (Nachm. 137) auffallenderweise nur -ηι, nie ει. Auf attischen Steinen findet Mhs.^{3} 136 zweimal -ει (IV—III^{a}).

II[a] auf -η: Διογένη Theb. Bk. IX 3 (134[a]). Ἐπιγένη Tebt. I 100, 12 (117—116[a]).

c) Im Akkusat. ist die alte Form auf -η in keinem einzigen Falle zu belegen; die Ausgleichung mit den A-Stämmen ist vollkommen.[1])

Belege. III[a]: Διογένην Petr. II 37 (1[a]) recto 12; Magd. 18, 4 (III[a]). Διοφάνην Magd. Nr. 3—34 in 10 Fällen (III[a]); ebenso Mélanges Nicole p. 283, 10 (221[a]). Ἐπιγένην Petr. II 45 (1) 20 (246[a]). Θεογένην ebd. 38 (b) 5 (242[a]). Καλλικράτην P. Gizeh Mus. Arch. II 83 Nr. 10323, 17; 10274, 4 (III[a]). Παγκράτην Petr.[2] 120, 6 (III[a]) usw.

II—I[a]: Ἀπολλοφάνην BU 1001, 9 (56/5[a]). Μεσομήδην Vat. B 9 (c. 160[a]). Πολυδεύκην Par. 44, 5 (157[a]) usw.

4. Eigennamen auf -κλῆς und Analogiebildungen auf -ῆς.[2])

Belegt sind in ptol. Zeit folgende griechische Namen auf -κλῆς: Ἀγαθοκλῆς, Ἀμφικλῆς, Ἀντικλῆς, Ἀριστοκλῆς, Δημοκλῆς, Διοκλῆς, Ἑρμοκλῆς, Εὐκλῆς, Ἡρακλῆς, Θεμιστοκλῆς, Θεοκλῆς, Θρασυκλῆς, Καλλικλῆς, Μεγακλῆς, Νικοκλῆς, Ξενοκλῆς, Πατροκλῆς, Πολυκλῆς, Προκλῆς, Σωκλῆς, Τηλεκλῆς, Φιλοκλῆς.

a) Der Gen. zeigt regelmäßig -κλέους: Ἀγαθοκλέους Ostr. 1336, 2 (III[a]). Ἀντικλέους Petr. II 20 col. 1, 2. 9; col. 4, 2. 14 (252[a]). Ἑρμοκλέους Ostr. 1515, 3 (154—143[a]). Tor. IX 3 (119[a]). Εὐκλέους Petr. I 17, 13 (235[a]). Ἡρακλέους Petr. II 20 col. 1, 10 (252[a]); 8 (2[b]) 12 (246[a]). Par. 44, 3 (153[a]). Inschr. v. Adulis Dittenb. inscr. gr. or. I 54, 4 (246—221[a]). Θεοκλέους Petr. I 16 (I) 2 (237[a]). Θρασυκλέους Petr.[2] 58 (e) col. 1, 9 (III[a]). Καλλικλέους Petr. II 29 (c) 5 (c. 250[a]). Lond. II p. 8, 31 (II[a]). Πατροκλέους Petr. II 6, 9 (255[a]). Σωκλέους Petr. II 38 (c) 11 (240[a]). Φιλοκλέους Tor. I 3, 19 (117[a]); VIII 44 (119[a]) usw.

Die lautlichen Varianten auf -κλείους und -κλήους sind oben S. 71f. und 76f. aufgeführt. Über Πατρόκλου (alte Koseform -ος) siehe § 67, 3 d.

---

1) Selbst die attischen Inschriften zeigen das alte -η nur in wenigen Fällen bis ins 4. Jahrh., von da ab ausschließlich -ην; erst in der Kaiserzeit wieder vereinzelt -η. Meisterh.-Schwyz. 136, 13. Auffallenderweise haben die attischen Fluchtafeln des 3.—2. Jahrh. v. Chr. die Endung -η nicht selten bei S- und sogar A-Stämmen: wie Ἀνδροκλείδη, Ἀριστοκύδη, Μεταγένη, Παγκράτη — neben Ἀνδρομένην, Ἀνδροσθένην, Θεαγένην, Ἱπποκράτην, Σωσιμένην, Φιλοκύδην. Schwyzer Vulg. 256. Schweizer Perg. 155 (wiederholt Εὐμένη, sonst nur -ην). Schmid Att. IV 582 (-ην weitaus überwiegend, doch herrscht auch bei den Attizisten Unsicherheit). Nachmanson 137 (-κράτη aus Augusteischer Zeit, sonst nur -ην). Crönert 161, 3.

2) Vgl. Meisterh.-Schwyz. 132, 7—10. Schweizer 155f. Nachmanson 137f. Crönert 161ff.

Anmerkung 3. Die heteroklitische Form -κλέου(-κλήου), die im Attischen seit 350ª vereinzelt auftritt, später aber wieder verschwindet (Mhs.³ 133, 8), findet sich in ptol. Zeit sehr selten und nur beim Eigennamen Ἡρακλῆς: *Ἡρακλήου πόλειν (Faksim.) Par. 54, 79 (163ª). Ἡρακλέου B U 543, 15 (27ª). Zahlreichere Belege aus späteren Papp. und Handschriften gibt Crönert 162, 2. Vgl. auch Schweizer 155, 3 (Rhodos). Nachmanson 138 (Ἀρχικλείου in Teos, Ἡρακλήου in Bithynien und nach Journ. Hell. Stud. 21, 279 Nr. 2 in Ägypten).

b) Wenn im Dativ statt des gewöhnlichen -κλεῖ manchmal -κλῆ(ι) zu finden ist, so ist diese Erscheinung lediglich graphischer Natur (nach § 20, 13 S. 130).

Beispiele: Ἀντικλεῖ Petr. II 20 (4) 4 (252ª). Ἑρμοκλεῖ Tor. VII 17; XI 1 (177—65ª). Νικοκλεῖ Petr. II 8 (2ᵇ) 1 (246ª). Τηλεκλεῖ ebd. 30 (a) 14. 21 (235ª) etc. Aber Φιλοκλῆι Ostr. 1502, 2 (IIª). Διοκλῆ Tebt. I 120, 19 (97 oder 64ª). Dieselbe Form dieses Namens auch im CIA II add. 489 (b) 19 (IIªᶠ). Vgl. Mhs.³ 133 Note 1182, wo auch Θρασυκλῆι auf einer Fluchtafel des 4. Jahrh. v. Chr. angeführt ist. Weitere Beispiele Dittenb. Syll. III 231.

c) Den Akkus. bildet die κοινή auf -κλῆν (nach Analogie der A-Stämme wie Ἑρμῆς): Καλλικλῆν Petr. II 29 (c) 8 (c. 250ª). Lond. II p. 8, 35 (IIª). Διοκλῆν Fay. XII 29 (nach 103ª).[1])

Anhang. Eine große Anzahl ägyptischer Eigennamen hat sich dem Schema der Namen auf -κλῆς mit der Flexion -ῆς, -έους (-είους, -ήους), -εῖ (-ῆ[ι]), -ῆν angeschlossen; daneben folgen aber dieselben Namen nicht selten einer gemischten Deklination mit Übergang in die Flexion der Dentalstämme auf -ῆτος, -ῆτι (vgl. oben Seite 274) oder der griechischen Nomina auf -εύς, -έως (vom Dativ aus).[2])

Beispiele: Βελλῆς Βελλέους Ostr. 730, 2 (154 oder 143ª); Par. 5, 18, 6 (114ª). Καλλεβελλέους P. Kairo Arch. I 64, 16 (123ª). Καιήους Grenf. I 34, 7 (102ª). Καιῆτος, -τι S. 274. Alle möglichen Variationen zeigt Μαρρῆς: Nom. Μαρρῆς Tebt. I 41, 29 (119ª) und oft. Μαρρεύς Ἰμούθου Tebt. I 85, 46; aber 52 Μαρρῆς Ἰμούθου (113ª). Gen. Μαρρέους Amh. II 30, 39 (IIª); 59, 4 (151 oder 140ª). Μαρρεύς (für Μαρρέους nach koptischer Weise kontrahiert, vgl. S. 153, 5) Tebt. I 85, 18 (113ª). Μαρρείους Amh. II 34, 4 (nach 157ª); 56, 2 (146 oder 135ª). Tebt. I 41, 4. 21 (119ª); 63, 25 (116ª); 112, 60, 83 (112ª); 149 (116—5ª);

1) Phryn. Lob. 156: Ἡρακλέα, Περικλέα, Θεμιστοκλέα ἐπεκτείνων τὴν ἐσχάτην λέγε, ἀλλὰ μὴ Ἡρακλῆν καὶ Περικλῆν καὶ Θεμιστοκλῆν. Daher die attischen Inschriften bis 300ª -κλέα (Mhs.³ 133, 10), von da an -κλῆν. Schwyz. Vulg. 256. Crönert 162, 3. Nachmanson 138 (2mal -κλέα aus römischer Zeit). Die Attizisten meist -κλέα, nur Ael. Ἡρακλῆ, Schmid Att. III 21; IV 583 Note 8. Zur Erklärung der Endung -κλῆ aus -κλῆν (Belege bei Dittenb. Syll. III 232) vgl. Schweizer Perg. 156 Fußnote.

2) „In Kleinasien häufig" nennen diesen Typus Schweizer 155, 3 und Nachmanson 138. Vgl. dazu Kretschmer Einl. 422f. Crönert 162, 5.

154 (112—11[a]). Μαρρήουϲ ebd. 56, 1 (II[af]). Μαρρέωϲ Amh. II 33, 4 (157[a]). Dat. Μαρρεῖ Amh. II 42, 8, 32 (179[a]). Tebt. I 31, 6 (112[a]). Μαρρῆι Amh. II 55, 2 (176 oder 165[a]). Μαρρῆτι S. 274. Akkus. Μαρρῆν Amh. II 30, 8. 25 (II[a]); 43, 11 (173[a]). Tebt. I 43, 13 (118[a]). Ebenso Τοθοῆν P. Reinach 7, 20 (c. 140[a]) etc. — Zu Μεγχῆϲ erscheint der Gen. Μεγχείουϲ (Bel. S. 72), der Dat. Μεγχεῖ Tebt. I 17, 1 und subscr. und sehr oft von Nr. 18—40; Μεγχῆι ebd. 10, 1; 23, 1 (119[a]); beide Formen neben einander 40, 16. 23 und subscr. (117[a]). Μεγχῆτι S. 274. — Μενέουϲ Par. 5, 1, 10; col. 8, 5. 7 (114[a]), daneben Μενῆτοϲ S. 274. — Zu Ὀρϲῆϲ: Ὀρϲείουϲ Tebt. I 120, 31 (97 oder 64[a]) und Z. 94 Ὀρϲήιουϲ (vgl. S. 130). — Zu Τοθοῆϲ: Τοθοείουϲ Tebt. I 63, 158 (114[a]). Τοθοῆι 121. 14 (94 oder 61[a]). Τοτοῆν Amh. II 31, 9. 26 (112[a]). Auch Θοτέωϲ 120, 47 (97 oder 64[a]) derselbe Name. Zu Τοτοῆτοϲ etc. S. 274. — Φατρῆϲ Ostr. 1024, 2; 1194 verso 2 (ptol.); 1234, 2 (120[a]); 1356, 2 (138[a]). Φατρέουϲ Grenf. I 27, 2, 7 (109[a]). Par. 5, 10, 1; col. 25, 2 (114[a]); 9, 19 (107[a]). Φατρείουϲ Tebt. I 61 (a) 64. 135 (118[a]). Φατρήουϲ Grenf. I 32, 4 (102[a]). Φατρῆι Ostr. 1537, 2 (II[a]). — Ψινταέουϲ Par. 26, 23. 28 (163[a]). Ψιθαῆι (sic) Par. 27, 11; 28, 10 (160[a]). Ψινθαῆν Par. 27, 24 (160[a]) usw.

§ 65. R-Stämme.

1. Nur im Nominativ erscheint ἔαρ Eud. 21, 7 (vor 165[a]). ἔαροϲ Par. 66, 59 hat Rev. Mél. 374 in die Zahl α ρ π berichtigt.[1])

2. χείρ zeigt in den Nebenkasus außer dem Stamme χειρ- auch die kürzere Form χερ- und bildet

teils χειρόϲ B U 1011 II 25 (219[a]). Par. 63, 4, 125 (165[a]). Tebt. I 138 (II[af]). — χειρί Magd. 24, 6 (III[a]). — χεῖρα Leid. C p. 119, 2, 29 (163[a]). Tebt. I 39, 32 (114[a]); 71, 15 (114[a]). — χεῖραϲ Petr. II 1, 23 (c. 260[a]). Par. 63, 7, 16 (165[a]). Tebt. I 6, 39 (140[a]); 28, 8 (c. 114[a]). Leid. G 19 (99[a]);

teils χερόϲ Magd. 25, 2 (III[a]). Par. 50, 18 (160[a]). Tebt. I 109, 18 (93[a]). Leid. O 14 (89[a]). — χερεί (= χερί) Par. 50, 6 (160[a]). — χέρα Petr. II 20 (2) 7 (252[a]). Petr.[2] 93 verso col. 1, 6; 2, 14 (III[a]). Par. 62, 5, 8 (II[ai]). Lond. I p. 34, 11 (161[a]). — χερῶν Magd. 24, 8 (III[a]). — χέραϲ Petr. II 4 (6) 12. 15 (255[a]). Par. 50, 7 (160[a]);

1) Kontrahierte Formen von ἔαρ bieten die Papp. dieser Periode weder im Substantiv noch im Adjektiv: ἐαρινή Eud. 2, 6; ἐαρινάϲ 2, 28 (vor 165[a]); einmal ἠαρινά Petr.[2] 53 (m) 5 (225[a]). S. darüber auch K.-Bl. I 210; 217 Anm. 13; 425 Anm. 3. Meisterh.-Schwyz. 74, 3; § 52, 3 (ἔαρ, ἦροϲ, ἦρι). Schmid Attic. IV 11. 585 (nach attischem Muster). Crönert 168, 4 (vulg. ἤρουϲ = ἦροϲ). W. Schulze quaest. ep. 163. H. Ehrlich K. Z. 38, 86.

dagegen nur χερcίν Petr. II 9 (2) 4 (241—39[a]); 17 (4) 8 (c. 240[a]) Über χῖραν vgl. § 44 S. 199 und § 67, 3 b.

In Ableitungen begegnet selten χερ-: in χεροτράφιον Petr.[2] 120, 2 (III[a]). χερισταῖc Tebt. I 115, 22 (115[a]). [κεχεροτραφήκαcι (Crönert 115, 3) Petr. II 29 (d) 10 (c. 250[a]) ist in der Neuausgabe Petr.[2] 105 (2) 10 in κεχειροτραφήκαcι berichtigt.] Sonst immer χειριcτῆι Tebt. I 121, 84 (91 oder 61[a]). κεχειροτραφήκαcι Petr. II 29 (b) 8 (242[a]). κεχειροτράφηκεν Amh. II 35, 25 (132[a]). κεχειροτραφηκότων Tebt. I 48, 5 (c. 113[a]). κεχειριcμένα Tebt. I 27, 41 (113[a]). χειριcτικόν ebd. 121, 49 (94 oder 61[a]). χειριcμοῖc Par. 26, 18. 33 (163[a]). χειραγωγούμενον Par. 63, 2, 55 (165[a]). πολυχειρίαc Par. 14, 24 (127[a]). χειριδω(τόc) Tebt. I 46, 34 (113[a]). χειροτράφωι Ostr. 739, 10 (149 oder 138[a]) usw. Gelegentlich beobachtet man den orthographischen Übergang von ει > ι: χιριcτῆι Tebt. I 109, 5 (105[a]). προκεχιριcμένοι Fay. XIII 1 (124[a]).[1])

3) Vom Stamme μαρτυρ- sind belegt: μάρτυc Petr. I 24 (2) 1 (250[a]); II 21 (d) 5 (III[a]). μάρτυρα Par. 46, 10 (153[a]). μάρτυρεc Petr. I 14, 21 (237[a]); II 47, 27 (192[a]); Grenf. I 27, 3, 7 (109[a]). Tebt. I 104, 34 (92[a]) und oft. μαρτύρων Petr. II 21 (d) 9 (III[a]). Leid. A 11 (II[a]). μάρτυcι Grenf. I 17, 24 (146—35[a]).[2])

4. Zu Δημήτηρ ist überliefert der Gen. Δήμητροc Petr.[2] 97, 4 (III[a]).[3])

Über Metaplasmen wie Εὐπατόρου, χιλωθήρου vgl. § 67, 3 c und d.

5. κλήτωρ findet sich Petr.[2] 21 (g) 34 (226[a]), nirgends das attische κλητήρ. Mhs.[3] § 52, 1. Andere nomina agentis auf -τωρ und -τήρ sind aufgezählt in der Stammbildung § 83, 20 und 24.

Anmerkung. Wenn in den Papp. Tebt. 6maligem Νικάνοροc, -ορι gegenüber 123, 5 (I[a]) Νικάνω(ροc) steht, so ist wohl eher an eine analogische Umbildung des Suffixvokals als an lautliche Verwechslung von ο und ω (nach § 12 B S. 98 f.) zu denken, zumal da Crönert 170, 4 mehrere Belege für Νικάνωροc und Νικάνωρα beibringt.

§ 66. N-Stämme.

1. εἰκών bildet seine Kasus obliqui durchweg vom Stamme εἰκον-: εἰκόνοc Rosettastein 3 (196[a]). τῆι εἰκόνι Kanop. Dekr. 61 (236[a]). Rosettastein 54 (196[a]). τὴν εἰκόνα Dittenberg. inscr. gr.

---

1) K.-Bl. I 426 Anm. 8 (χειρcίν auf attischen Inschriften der Kaiserzeit). Meisterh.-Schwyz. 145, 17 (im Attischen auch χειρῶν 350—300[a]). Crönert 115, 3 (ausgiebige Beispielsammlung).

2) K.-Bl. I 510. Meisterh.-Schwyz. 143, 6 (μάρτυcι). Crönert 167, 1.

3) K.-Bl. I 429 Anm. 13. Crönert 169, 5.

or. I 51, 22 (239ª). Rosettastein 38 (196ª). Tebt. I 32, 21 (145ª). εἰκόνων Tebt. I 119, 53 (105ª). ταῖς εἰκόσιν Kanop. Dekr. 62 (236ª).[1])

2. Der Stamm ῥιν- (Nase) ist nur belegt im Dat. ῥινί Petr.² 11, 2 (237ª). Petr. I 11, 8 (220ª); 16 (1) 3; 21, 21 (237ª) und Akk. παρὰ ῥῖνα Par. 10, 6 (107ª); so auch Cop. 4 παρὰ ῥῖν[α (100ª), nicht παρὰ ῥιν[ί], wie Blinkenberg ergänzt. Ob also der Nomin. wie im Attischen (Mhs.³ 144, 11) ῥίς, oder wie in der κοινή (Thom. Mag. 323, 10 ῥὶς Ἀ., ῥὶν Ἕ.) ῥίν gelautet, ist bisher nicht auszumachen, doch lassen die Adjektiva εὐθύρ(ρ)ιν, κατάρ(ρ)ιν, ὀξύρ(ρ)ιν (S. 213) ziemlich sicher auf letzteres schließen.[2])

3. Der Gen. ἀ̣ρ̣νός zu dem auf einer attischen Inschrift (Mhs.³ § 58, 1) gefundenen Nom. ἀρήν kommt vor Tebt. I 117, 35 (99ª) — doch steht die Lesung nicht ganz fest. Über [ἄ]ρνοις siehe unten § 67, 3 c.

4. Das Verhältnis von kontrahierten und unkontrahierten Flexionsformen der Komparative auf -ίων, -ίονος und -́ων, -́ονος ist § 68, 20 besprochen.

5. Bei Eigennamen auf -́ων begegnen nicht selten Schwankungen in der Bildung der casus obliqui, indem oft bei demselben Namen sowohl -́ωνος, -́ωνι als -́ονος, -́ονι etc. geschrieben wird: so von Χαιρήμων teils Χαιρήμονος Tebt. I 61 (a) 37; 61 (b) 70f.; 62, 135; 84, 149 (118ª); 64 (a) 57 (116ª). -ονι 73, 8 (113—111ª) — teils Χαιρήμωνος Tebt. 72, 48 (114ª). Grenf. II 31, 20 (104ª). Χαιρήμωνι Lond. I p. 41, 112. 113 (158ª). Grenf. II 26, 13 (103ª). Χαιρήμωνα Tebt. I 34, 7 (nach 100ª) etc. Ähnlich im gleichen Stücke Tebt. I 100 (117—6ª) 13 Μελειστίονι, aber 2 Μελειστίωνος. Θεογείτονος Par. 55 (b) 32; 40 Θεογίτωνι (159ª). Während man von Ἀμ(μ)ῶν, wie es scheint, stets Ἀμ(μ)ῶνος bildete, so Grenf. I 33, 37. 41 (103—2ª); Tor. I 8, 18 (117ª); Ἀμῶνος Par. 5 col. 19, 7; col. 42, 9 (114ª); Ostr. 321, 3 (ptol.) [auch Strabo XVII 809 Ἀμμῶνα], so findet sich bisher nur Φιλάμμονος, z. B. Petr. I 13, 1; 14, 4 = Petr.² 6 (a) 20; Petr. I 15, 10 = Petr.² 2, 12; Petr. I 16 (1) 11; 18 (2) 5 = Petr.² 5, 5; Petr. I 21 links 4; Petr. II Einl.

---

1) Über Umbildungen εἰκοῦς (gen.), εἰκώ (acc.) vgl. K.-Bl. I 497. G. Meyer 422. Meisterh.-Schwyz. § 51, 2 (erst in der Kaiserzeit εἰκώ).

2) Unrichtig ist die Bemerkung bei G. Meyer 427: „κατάρριν ist Accus. von κατάρρις in Flinders Petrie Papyri p. 51, 1, 7" = Nr. 18 (1) 7 (237ª). Vielmehr ist das Wort in der Verbindung ἀναφάλακρος, κατάρριν, οὐλὴν ἔχων sicher Nominativ und gehört nicht zu οὐλήν, wie zahlreiche Parallelstellen beweisen: z. B. Petr. I 20 (1) 10 ἀναφάλανθος, ὀξύριν, οὐλὴ σιαγόνι; ebd. 19, 11 (225ª) μελίχρως, [ὀξύ]ρριν, οὐλὴ γενείωι. Pap. Gizeh. Mus. Arch. I 65, 28 μελίχρως, μακροπρόσωπος, εὐθύριν (123ª) etc. Weitere Stellen oben S. 213.

p. 23, 4 = Petr.[2] 7, 4; ebd. 4 (2) 17 (alle 237[a]). Die Häufigkeit und Regelmäßigkeit ähnlicher Fälle verbietet es, lediglich an Ausgleichung der Vokalqualität (nach § 12 B, S. 98f.) zu denken; vielmehr gibt Thumb Hell. 143 Fußnote 2 mit Recht zu erwägen, ob hierbei nicht analogische Umbildung des Suffixvokals anzunehmen sei. Vgl. Nachmanson 64 Fußnote 2. Crönert 170, 2. Dagegen mag immerhin das ganz einsam stehende *Θέονος Lond. I p. 40, 73 (158[a]) statt des ungemein häufigen Θέωνος (vgl. Tebt. index) auf lautlicher Verwechslung beruhen, wie jedenfalls Καλλιφο̂ντα, Πετεχο̂ντα neben regelmäßigem Καλλιφῶντα etc. (worüber zu vgl. S. 98 Note 2).

§ 67. Doppelte Stammbildung von Nomina aus einer Wurzel (Metaplasmus, Heteroklisie).

[Die einschlägigen Adjektiva sind im nächsten Paragraph behandelt.]

1. Ein Schwanken in der Verwendung verschiedener vokalischer Stämme liegt vor in den Compositis auf -άρχης und -'αρχος, von denen die Rede ist § 59, 3, S. 256f.

Neben δεςζμοῦ (Fessel) Tebt. I 120, 70 (97 oder 64[a]) steht in der Bedeutung „Bündel" δεςμήν (Akzent nach Hdn. I 324, 10 L; nach anderen δέςμη) Petr.[2] 41 verso 4 (III[a]); 8 δεςμάς; ebenso Petr. II 25 (c) 4; (g) 11 (226[a]). Tebt. I 122, 8 (96 oder 63[a]). τῆς δεςμῆς Rev. Mél. 322 (II[a]). δεςμῶν Petr. II 39 (d) 12 (III[a]). θροιαδέςμας Leid. S 2, 18—28 achtmal (164[a]). Nirgends τὰ δεςμά.[1])

Zum semitischen Lehnwort [θίβη][2]) (bei den Septuag. auch θήβη) erscheinen die Nebenkasus τῆι θίβει, θῖβιν, θίβεις, Belege oben S. 42.

Der häufige Eigenname Κολλούθης Par. 52, 13; 54, 43 (163[a]); 5, 7, 6 (114[a]). Tebt. I 63, 171 (116[a]); 159 (112[a]) u. oft (s. Index) bildet den Gen. Κολλούθου Par. 54, 3, 63 (163[a]). Tebt. I 60, 107 (118[a]); 85, 8. 12 (113[a]) etc.; den Dat. Κολλούθει Tebt. I 62, 224. 231 (119[a]); dagegen Κολλούθῳ Par. 54, 12. 24 (163[a]).

Zu [Ῥαδάμανθυς] (Plat. leg. 624; apol. 41 A) erscheint der Akkus. Ῥαδάμανθον P. Weil III 12 (Tragikerfragm., geschr. vor 161[a]).

Anmerkung 1. Nach Tebt. I 62, 103 (119[a]); 64 (a) 40 (116[a]). Amh. II 129, 21. 27 (127—8[p]) ist wohl ein Eigenname Λαγώς, acc. Λαγών anzunehmen. Dagegen wird man die Formen Λᾶγος Petr.[2] 97, 6 (III[a]); Λάγου Tebt. I 63, 86

---

1) Meisterh.-Schwyz. 143, 3 (δεςμοί und δεςμά). K.-Bl. I 499. Thom. Mag. 79 δεςμὰ κάλλιον ἢ δεςμοί. Bei den Attizisten daher δεςμά, Schmid Att. IV 584. Crönert 175, 3. Reinhold 54. S. auch Schol. Ven. A zu A 312.

2) Die Formen in eckigen Klammern kommen in den Papyri (vielleicht zufällig) nicht vor.

(116ª); 85, 50 (113ª) besser von dem bekannten makedonischen Namen Λᾶγος als von λαγός (Hase) ableiten. Letzteres empfiehlt Crönert Wchsch. f. kl. Ph. 1903, 453.

2. Eine doppelte konsonantische Stammbildung ist zu beobachten bei [ἅλς], ἁλός und τὸ ἅλας, ἅλατος.

ἁλός Petr.[2] 107 (c) 1 (IIIª). Ostr. 341, 3 (140 oder 151ª). P. Gizeh. Mus. Arch. I 60, 57 (123ª). Grenf. I 29, 6 u. verso (105ª). Tebt. I 117, 25 (99ª); 190 (I^a i) u. oft. ἅλες P. Sakk. XIV 93 (IIIª).

(τὸ) ἅλας (nach Analogie von κέρας gebildet) Petr.[2] 140 (a) 2 (IIIª). Leid. C p. 93 col. 4, 5. 10 (164—60ª); ebd. Z. 9 liest Egger Journ. d. sav. 1873 p. 98 ἅλατος statt ἄμτος, was Leemans = ἄμ(η)τας mit „placentas lacteas" zu erklären sucht. Ferner Par. 55 (b) 29 (156ª) ἄρτοι καὶ ἅλας; 41 ἄρτων καὶ ἅλα(τος?); 6 ἅλα(τος?).[1])

Über die Namen auf ‐́ωνος und ‐́ονος, sowie ‐́ωρος und ‐́ορος s. oben S. 283 Anm. und 284.

3. Mischung vokalischer und konsonantischer Stammbildung.

a) Fälle, in denen schon der Nominativ so geartet ist, daß er zweierlei Formationen zuläßt (sogen. Heteroklita), sind: ὁ τάριχος — τὸ τάριχος, gen. ταρίχους; ὁ φάσηλος, gen. φασήλους, sowie umgekehrt τὸ ἔτος — τοῦ ἔτου, τὸ τέλος — τοῦ τέλου, wofür die Belege § 64, 2 a S. 276 gegeben sind. Dem aus Herod. II 96 bekannten S-Stamm (τὸ) ῥῖπος (Schilfmatte, vgl. ῥίψ) entspricht der Plural ῥῖποι Petr.[2] 140 (a) 6 (IIIª). Über die gemischte Flexion der Eigennamen auf -ᾶς: teils -ᾶτος, -ᾶτι, teils -ᾶ, -ᾷ vgl. § 58, 6, S. 252f.; über solche auf -ις: teils ‐́ιος, teils ‐́εως, teils ‐́ιδος (‐́ιτος) vgl. § 60, 1, S. 263f.; sowie über den Austausch zwischen i- und Dentalstämmen überhaupt (χάρις, κλείς, ὄρνις, Eigennamen) § 63, 2, S. 271f. Von den Namen auf ‐́ης (Mischung von A- und S-Stämmen) ist die Rede § 58, 2. 3, S. 249f.; § 64, 3, S. 277ff.; von solchen auf -κλῆς und den ägyptischen Typen auf -ῆς etc. ebd. 4, S. 280f. nebst Anhang und § 63 Anhang, S. 273ff.

b) Eine namentlich im späteren Griechisch häufige Erscheinung besteht darin, daß an den Akkusativ eines konsonantischen Stammes noch überdies das Akkusativsuffix der vokalischen Reihe (-ν)

---

1) Oder sollte ἅλα nach Analogie von γάλα gebildet sein, was Schmiedel § 9, 10 Fußnote im N. T. für möglich hält? Vgl. weiterhin K.-Bl. I 423, 1. G. Meyer 471. Blaß N. T. 27, 6. Dieterich Unt. 164. Reinhold 53. — Als Kuriosität sei erwähnt der Plur. ἅλαες P. Goodsp. 30 col. 15, 9; col. 22, 4; col. 29, 14; col. 33, 7 (191ᵖ).

angehängt wird (Analogie von Substantiven der A-Deklination wie νεανίαν). Die vereinzelten Belege auf ptolemäischen Papp. s. oben S. 199. In römischer Zeit sind diese Formen sehr häufig und haben im Neugriech. vielfach zu Neubildungen auf -α, -αc geführt.[1])

c) Einzelne metaplastische Appellativa.

Zu [ἡ ἅλωc], τῆc ἅλω, τῆι ἅλωι, τὴν ἅλω (heteroklitischer Akkusativ), τῶν ἅλων, τὰc ἅλω<c> (auch τὰc ἅλωι), wovon gehandelt wird § 59, 5, S. 258f., bestand in der κοινή die Nebenform ἅλων, ἅλωνοc: ἐνεπρήcθη μου ἅλων BU 651, 5 (192^p); in ptolem. Zeit ἐκτὸc μιc(θώ-cεωc) ἁλώνωι (= -νων) Tebt. I 84, 8 (118^a). τῶν ἁλώνων BU 759, 10 (125^p).[2])

Von [ἀρήν], ἀρνόc (s. § 66, 3, S. 284) erscheint der metaplastische Dat. plur. ἄ]ρνοιc τιcίν Magd. 21, 2 (III^a).

τὸ βλάβοc herrscht in den ptol. Papyri vor: so Rev. L. 26, 10; 33, 18; 46, 6; 49, 9; 51, 11 (258^a). Petr. II 22, 9 (c. 250^a). Tebt. I 38, 25 (113^a); 39, 33 (114^a); 49, 13. 16 (113^a); 50, 16 (112^a). Leid. O 23 (89^a) u. oft. τὰ βλάβη Tebt. I 50, 21 (112^a); ebenso BU 1059^2, 15 (Zeit des Augustus). ὀλίγα βλάβη P. Reinach 19, 11 (108^a). τῶν βλαβέων (über die offene Form s. S. 277) Tor. XIII 14 (137^a). Dem gegenüber steht ganz vereinzelt εἰc βλάβαc Par. 15, 37 (120^a). In später Zeit (etwa seit 400^p) nur noch ἡ βλάβη.[3])

Dem Nominativ μείc entsprechen als cas. obl. μηνόc, μηνί, μῆνα etc., s. oben S. 6.

Neben ἡ νίκη findet sich das auch von den Septuag. und im N. T. (Win.-Schmiedel § 8, 13) gebrauchte τὸ νῖκοc. Belege für beide S. 93 Note 8. Reinhold 55.

Neben ὄρνιc, ὄρνιθοc etc. erscheint der Gen. plur. ὀρνέων (von ὄρνεον abgeleitet) s. oben S. 272.

---

1) G. Meyer 426 f. (das älteste Beispiel Δήμητραν Plat. Kratyl. 404 B). Sturz dial. maced. 127. Wagner quaest. de epigr. gr. p. 100—108. Meisterh.-Schwyz. 130, 7 (λιμέναν, πατρίδαν, χάριταν in später Kaiserzeit). Schweizer 156 (θυγατέραν Kaiserzeit). Dieterich Unt. 159 (sehr viele Beispiele von Inschr., Papyr. u. aus d. Lit. der röm. Zeit). Buresch Philol. 51, 93. Hatzidakis Einl. 54. 379 f. Schmid Attic. IV 586 (Δήμητραν in einem unechten Philostratusbrief). Win.-Schmiedel § 9, 9. Blaß N. T. 8, 1 (εἰκόναν, μῆναν). Reinhold 55 (sehr viele Fälle bei den apostol. Vätern). Kretschmer Entstehung 28. Nachmanson 133 (γυναῖκαν I^{ai}).

2) Win.-Schmiedel § 8, 13 (ἡ ἅλων). ἅλωνα Schol. Theocr. VII 34. Blaß N. T. 29. Crönert Mem. herc. IX. Moulton Class. rev. XV (1901) 34^a; XVIII (1904) 109^a.

3) K.-Bl. 1 503. Über die Attizisten Schmid Att. II 91 (Aristides τὸ βλάβοc); IV 645. 648. Crönert 175, 6. Moeris: βλάβοc Ἀττικόν· βλάβη κοινόν. Aristeas 131. 256. 260 τὰc βλάβαc. Bei Alkiphron (Schepers) III 6, 2 ἡ βλάβη; III 38, 3 βλάβοc.

Zu στατήρ findet sich στατήρου: Grenf. II 38, 8 (81[a]) μέλαν στατήρου; 9 θην(?) στατήρου; κηροῦ στατήρου.[1]) Dagegen sonst τὸν στατῆρα Rev. L. 60, 15 (258[a]); στατήρων Par. 60 (b) 32 (II[a]); στατῆρας Par. 25, 19 (II[a]); Lond. II p. 8, 34 (133[a]) etc. — Über τῆλις, τήλεως — τήλη, τήλης vgl. oben S. 266.

χιλωθήρου (θ statt τ nach S. 179) Grenf. II 38, 11 (81[a]) scheint als Gen. zum Nomin. χιλωτήρ Lond. II p. 12, 24 (II[a]) zu gehören.[2])

Anmerkung 2. In der Verbindung Πατῶτος παστοφόρος λόγος Par. 57, 2, 2 (160[a]) liegt es näher ein in der Breviloquenz nicht seltenes Anakoluth (freie Apposition im Nomin.) als einen metaplastischen Genitiv (παστόφορος ~ ῥήτορος) anzunehmen.[3])

d) Metaplastische Eigennamen.

Ἀντιμάχους als Gen. zu Ἀντίμαχος steht ganz vereinzelt und scheint Schreibversehen zu sein. S. oben S. 257 Anm. 2. Ebenso ist mit Recht μετ' Ἀριστοκρίτους Petr. II Append. p. 3, 7 (c. 240[a]) in der Neuausgabe Petr.[2] p. 67 (f) 7 in παρὰ Ἀριστοκρίτου verbessert worden. Vgl. ebd. (e) 1 Ἀριστοκρίτωι.

Εὐπατόρου begegnet Leid. N 2, 4 (103[a]) statt Εὐπάτορος, wie z. B. Par. 5, 1, 2 (114[a]); P. Reinach 20, 5 (108[a]) u. oft. Über Ἡρακλέου oder Ἡρακλήου neben Ἡρακλέους s. S. 281 Anm. 3.

Vom Genit. Καππάδοκος (zum Ethnikon Καππάδοξ) hat sich, wie es scheint, eine Nebenform Καππάδοκος, Καππαδόκου etc. gebildet, die in der Schreibung Καβάτοκος, Καβατόκου (mit gegenseitiger Vertauschung der tenuis und media) zu erkennen ist. Vgl. oben § 38, S. 185.[4])

Man findet Πατροκλέους Petr. II 6, 9 (255[a]) und Πατρόκλου ebd. 30 (b) 17 (235[a]). K.-Bl. I 504.

4. Weder Metaplasmus noch Heteroklisie, sondern einheitlich-attische Flexion mit uniformer Genusbildung zeigen

die vokalischen Stämme:

τὸ δένδρον: Gen. plur. δένδρων Grenf. II 28, 8 (103[a]). Crönert 174, 4.

---

1) Ob wir in στατήρου einen Gen. sing. zu στατήρ vor uns haben, ist freilich sehr zweifelhaft, da jedesmal hinter dem Worte ein dazugehöriges Zahlwort (ὀκτώ — πέντε) steht. Die Herausgeber vermuten daher jedesmal ein Versehen statt στατήρων oder στατῆρας.

2) Die Konstruktion und Bedeutung von χιλωθήρου ist unsicher. Zu χιλωτήρ (Futterbehälter) vgl. Poll. I 185 u. Hesych. s. v.

3) Zu den S. 117 angeführten ähnlichen Anakoluthien, die immer zahlreicher werden, füge ich einen inschriftlichen Beleg bei Le Bas-Waddington 2412 f. ἐπισκοποῦντος Ἀνέμου καὶ Βαυλάνης καὶ Πασίφιλος.

4) Schmid Attic. IV 22 findet bei Philostr. wiederholt Καππαδόκης (auch Plut. Sull. 22).

ὁ ἔλεος: ἐλέου § 64, 2a, S. 277.

τὸ θεμέλιον (Grundstein) Petr. II Einl. p. 30, 2; Petr.^{2} 46 (4) 4; Magd. 27, 4 (III^a). τοῦ θεμελίου Petr.^{2} 43 (2) r. col. 4, 13 (246^a). τὰ θεμέλια ebd. 46 (1) 17 (III^a). θεμελίοις ebd. 42 F (a) 5 (252^a). Moeris p. 185 θεμέλια καὶ θεμέλιον οὐδετέρως Ἀττικοί. Thom. Mag. θεμέλιος οἱ κοινοί· τὸ θεμέλιον οὐδετέρως Ἀττικοί. Dazu stimmt schlecht die Praxis der Schriftsteller, die auch im Attischen meist ὁ θεμέλιος (sc. λίθος), οἱ θεμέλιοι gebrauchen, z. B. Thukyd. 1, 93, 2, Pol. 1, 40, 9. Luc. de calum. 20. Macho bei Ath. VIII p. 346 A. Vgl. K.-Bl. I 499. Crönert 175, 5.

ἡ κοίτη (= Kasten, Büchse, wie Men. bei Ath. IV 146 C; Luc. epist. Sat. 21; Poll. 7, 79) Petr. II 4 (6) 10 (255—4^a) ἐν τῆι κοίτηι. Tebt. I 122, 1 (96 oder 63^a); 179 (II^{af}); 180 (92 oder 59^a). Nirgends ὁ κοῖτος (Lager). K.-Bl. I 502.

ὁ ὄνειρος: τὸν ὄνειρον s. S. 263.

ἡ σκέπη: τῆς σκέπης Tebt. I 40, 12 (117^a); 210 (107—106^a). σκέπην ebd. 34, 12 (nach 100^a). Nirgends τὸ σκέπος, womit zu vgl. Et. Mag. 597, 19; 747, 28.

τὸ στάδιον: τὰ στάδια (nicht στάδιοι) Tebt. I 92, 5 (II^{af}). K.-Bl. I 500. Crön. 175, 4.

ὁ σταθμός: οἱ σταθμοί s. S. 263.

ἡ στέγη (nicht τὸ στέγος): τὰς στέγας Petr. II 12 (1) 11 (241^a). K.-Bl. I 504.

υἱός (nicht υἱύς) vgl. S. 263.

Anmerkung 3. Als Abweichung bezüglich der Genusbildung eines o-Stammes im Plur. erscheint ἐμβαδούς Grenf. I 21, 14 (126^a) zu (τὸ) ἐμβαδόν Petr.^{2} 43 (2) verso col. 4, 5 (246^a); κατ' ἐμβαδόν Magd. 29, 10 (III^a). τὸ ἐμβαδόν hat auch Pol. 6, 21, 2 und die Mathematiker, vgl. Thes. gr. s. v.; ebd. s. v. [ἐμβαδός] wird als einzige Belegstelle für ἐμβαδούς angeführt Heron de mensur. p. 314. — Der Plur. κέραμα Petr.^{2} 138 II 10 (III^a) gehört wohl zum Sing. κέραμος, wie z. B. Petr.^{2} 107 (d) II 32 u. 34; 122 (e) 6; 139 (b) I 4 (III^a). Sonst gewöhnlich κεράμιον.

§ 68. Adjektiva.

I. Genusbildung.[1])

1. Von Adjektiven auf -ος (-η, -α), -ον sind zweier Endungen a) wenige Simplicia, und zwar

α) auf -μος, -ρος etc.: ἔρημος, z. B. δίκη ἔρημος (sic, nicht ἔριλλος, wie Mahaffy ursprünglich las) Petr. I 28 (1) 3. 8 = Petr.^{2} 21

1) K.-Bl. I 535 ff. Meisterh.-Schwyz. 148 f. Schweizer 158 f. Nachmanson 140 ff. Win.-Schmied. § 11, 1. Blaß N. T. § 11, 1. Crönert 180 ff

(a) 3. 9 (225ª); ebd. (b) 3; (c) 7; (c) 5 δίκαι ἔρημοι; ebenso (d) 3. 12 (226ª). ἔρημος δίκη BU 1004 I 6 (228ª). ἐρήμου (sc. γῆς) Tebt. I 61 (a) 152; ebd. 151 ἔρημοι (sc. χῶραι) 118ª.[1])

ἤπειρος: γῆν ἤπειρον Grenf. II 23 (a) col. 2, 7 (107ª). γῆς ἠπείρου ebd. II 32, 5 (101ª). BU 992 I 5 (162ª); 995 III 1 (109ª). Weitere Belege oben S. 261.

χέρσος: τῆς χέρσου (γῆς) Tebt. I 61 (b) 3. 229 (118ª). τὴν χέρσον ebd. 105, 19 (103ª). Weitere Belege § 51, 1, S. 220. Die beiden letztgenannten Wörter sind bei K.-Bl. I 409 unter den Substantiven aufgeführt.

In Poesie λάλος Tebt. I 1, 9 = 2 (a) R 6: λάλος ἠχώ (Anthologie-Fragment, nach 100ª).

β) mit den Ableitungssilben -ιος (-αιος), -ιμος:

γενέθλιος: γενέθλιον ἡμέραν Dittenb. inscr. gr. or. I 111, 29 (nach 163ª). Ebenso in Pergamon, Schweizer l. c.

δίκαιος: δικαίου νήσου Petr. II 28 (8) 6 (IIIª). χάρειν (= χάριν) δίκαιον καὶ φιλάνθρωπον P. Weil I 41 (b), geschrieben vor 161ª. Sonst δικαίας ἀντιλήψεως Grenf. I 15, 1 (vor 146 oder 135ª). μετρήσει δικαίᾳ Tebt. I 11, 7. 13 (119ª); 105, 41 (103ª); 109, 21 (93ª); 210 (107—6ª). σκυτάλῃ δικαίαι P. Reinach 20, 24 (108ª) usw. In Pergamon stets dreier Endungen, Schweizer 158. Alkiphr. (Schepers) II 20, 1 ἀμοιβὴ δίκαιος.

ἐνιαύσιος: ἐνιαύσιον περίοδον Eud. Acrost. 9 (vor 165ª). K.-Bl. I 537. Nachmanson 140. Crönert 184.

μέτριος: μ]έτ̣ριον κόλασιν ein Paradoxograph der ptolem. Zeit, Oxyr. II 218 (c) 12. Crönert 186.

οὐράνιος διδασκαλέα Eud. 24, 3 (vor 165ª). K.-Bl. I 537.

ῥάδιος: ῥαιδίους εἶναι τὰς λύσεις [Dem.] epist. III (Kenyon) § 23 (II—Iª) [Texte ῥᾳδίας]; aber ῥαιδίαν Hyperid. κ. Φιλ. (Kenyon) § 82 (II—Iª). Crönert 187.

σπόριμος: τὴν σπόριμον (γῆν) Tebt. I 5, 97 (118ª); 79, 59 (c. 148).

In Poesie ὄλβιος (τρίβος) auf einer metrischen Grabschrift Arch. I 221, 21 (145—116ª).

Anmerkung 1. Dreier Endungen sind ἀναγκαῖος: ἀναγκαίας Leid. H 11, 23; I 11 (99ª); βέβαιος: κυριείαν — βεβαίαν Tor. I 7, 16 (117ª); dagegen zweier Endungen Dittenberger Syll.² 858, 12 (Delphi) βέβαιος ἁ ὠνά (170—157ª). μηνιεῖος: μηνιῆαν Eud. 15, 17 (vor 165ª). Crönert 182, 9; 183, 5; 186, 3.

---

1) Im Attischen regelmäßig ἐρήμη δίκη (Ausnahmen Dem. 21, 85; 55, 2). K.-Bl. I 535. Nachmanson 142 Anm. 2. Crönert 184.

b) die **meisten Komposita**, und zwar:

α) solche mit ἀ- (ἀν-) privativum: ἄβροχος, ἀγεώργητος, ἀδιαίρετος, ἄδικος, ἀθάνατος, ἀκίνδυνος, ἄκυρος, ἄσημος, ἄσπορος, ἄτοκος, ἀφόρητος etc.; ἀνέγκλητος, ἀνυπόλογος etc.

β) solche mit Präpositionen: ἀμφίβολος, ἀνάδοχος (poet.), ἀπόκοιτος, ἀφήμερος, ἔγγυος (Θαῆσις πρεσβυτέρα Grenf. II 17, 7 v. J. 136[a]), ἔγδοτος, ἐγκύκλιος, ἔμβροχος, ἐνήλικος (s. unten 10), ἔνθεσμος, ἐξαγωγός (τῆς ἐξαγωγοῦ sc. ὁδοῦ Petr. II 4 (11) 1 v. J. 255[a], während Timarch. bei Athen. XI 501 ὁ ἐξαγωγός im gleichen Sinne gebraucht; anders τῆι ἐξαγωγῆι = Ausfuhr Petr. II 20 R. 1, 2 v. J. 252[a]), ἐπώνυμος, κατάβροχος, παράνομος, παρόδιος, συνάορος (poet.), σύγκλητος, ὑποδίφθερος, ὑπόπετρος, ὑπόπυρρος u. a. m.

2. **Adjektiva dreier Endungen** sind

a) nach altem Gebrauch die **Dekomposita** auf -ικός [und -ινός]:[1]) z. B. ἑπταρουρικὴν καὶ κληρουχικήν Tebt. I 128 (113[a]). ἐφοδικάς Tebt. I 32, 4 (145[a]). ἰσημερινάς Eud. 15, 3; ἰσημερινή 21, 5. πανδημικάς Eud. 3, 23 (vor 165[a]). παρασχι(στι)κήν Tor. IX 12 (119[a]). πατρικῆς Grenf. I 17, 23 (147 oder 136[a]). προγονικήν Leid. B 2, 3 (164[a]). Dresd. II p. 280 und verso (160[a]). Par. 14, 12. 15 (127[a]). συγγενικῆς poet. Grabschrift (145—116[a]) Arch. I 220, 10 (oben); 5 (unten) u. a. m. Dagegen πήχεις οἰκοπεδικούς Par. 15, 42 (120[a]). Tor. I 5, 9 (117[a]).

b) Nicht selten führte das Streben nach **Uniformierung** zur Vermeidung der Femininformen auf -ος, wozu die ersten Ansätze schon im Attischen nachweisbar sind.[2]) Betroffen werden

α) wenige **simplicia**, die schon früher gelegentlich drei Endungen haben, wie αὔλειος: αὐλεία (θύρα) BU 1007, 16 (243 oder 218[a]). Ebenso Dittenb. Syll.² 587, 122 (IV[a] attisch). Herod. 6, 69 αὐλείῃσι. Aristoph. Pax 982 τῆς αὐλείας. Theocr. 29, 39 αὐλείαις. Dagegen αὔλειος θύρα Plat. symp. 212 C αὐλείοισιν — πύλαις Eur. Hel. 438.

---

1) K.-Bl. I 538 c, α. **Nachmanson** 141.

2) Über diesen Vorgang, der im Neugriechischen konsequent durchgedrungen ist (das Ngr. kennt nur Adjektiva dreier Endungen), vgl. **Hatzidakis** Einl. 27. Über die Anfänge des Prozesses im Attischen vgl. **Meisterh.-Schwyz.** 148, 3 (θριπήδεσται, ἀδόκιμαι). K.-Bl. I 538 ff. **Schweizer** 158 (mit Grammatikerzeugnissen). **Dieterich** Unt. 178. **Win.-Schmied.** § 11, 1 (ἀργή, αὐτομάτη, παραθαλασσία). Selbst bei den Attizisten finden sich zusammengesetzte Adjektiva dreier Endungen, **Schmid** Att. IV 43 (ἀνομοία, μεσογεία, παγκάλη). A. **Sonny**, Analecta ad Dion. Chrysost. 209 (ἀργή). **Radermacher** G. G. A. 1899, 695. **Reinhold** 57 (ἐπιποθήτη, ὑπόλοιπαι, besonders Superlative). **Schmidt** de Ios. eloc. 502.

δίδυμος: διδύμη P. Weil VII 15 (161a). δυδίμη (sic) Leid. C p. 118, 1, 3 (163a). δίδυμαι Par. 22, 2 (c. 165a) [fehlt im Text bei Letronne]; 26, 1, 2 (163a); 29, 2; 30, 19 (162a). Leid. B 2 (164a); D 1, 16 (162a); διδύμαις Par. 25, 5; 32, 2 (162a); 57, 12 (c. 160a). Leid. D col. 2, 4 (162a). διδύμας Par. 51, 9. 14. 25. 26 (160a) etc.

Zweier Endungen ist δίδυμος bei Plat. Legg. III 691 D δίδυμον γένεσιν. Pind. Pyth. IV 209 δίδυμοι ζωαί [T. Mommsen δίδυμαι]. Eur. Her. fur. 656 δίδυμον ἥβαν. Plat. Crit. 113 E γενέσεις διδύμους. Dagegen Soph. Ant. 967 διδύμας ἁλός. Pind. Pyth. IV 79 αἰχμαῖσιν διδύμαισιν.

β) häufiger composita, und zwar Verbaladjektiva wie ἀντιθέτας Tebt. I 24, 63 (117a). ἐξόπτης (oder ἐξ ὀπτῆς?) πλίνθου Theb. Bk. XI 4 (130a). Grenf. I 21, 8 (126a).

Wörter auf -ιος: ἐνχωρίαν Tor. IV 14 (117a). K.-Bl. I 539. Crönert 184, 8. — ἐπιθαλασσίαν Rev. L. 93, 5 (258a). ἐπιθαλαττία Plat. Legg. IV 704 D. K.-Bl. I 540. — εὐοδίαι Dittenb. inscr. gr. or. I 77 (217a). — τῆι ἡμιολίαι Leid. C 13 (162a). Par. 13, 15 (157a). Tebt. I 110, 5 (92 oder 59a). τὴν ἡμιολίαν Grenf. I 26, 9 (113a); II 31, 16/17 (104a). Leid. A 12. 15 (c. 150a). Tebt. I 111, 10 (116a); 109, 25 (93a). Dagegen ἡμιόλιον τὴν τιμήν Grenf. I 23, 17 (118a). Par. 7, 14 (99a). ἀρτάβας ἡμιολίους Grenf. I 28, 9 (108a). K.-Bl. I 540. — ἰσουρανίαν poet. Grabschrift (145—116a) Arch. I 220, 1, 10. — προθεσμία (substantivisch gebraucht, zu ergänzen ἡμέρα) s. unten § 83, 11 h.

Vereinzelte anderweitige Adjektiva comp.: ἄκυραι (οἰκονομίαι) Petr. II 8 (3) 9 (267a). Sonst οἰκονομίας ἀκύρους Tor. I 7, 12 (117a). ἄκυροι αἱ δόσεις Par. 62, 5, 14 (IIai). ἔφοδος ἄκυρος Petr. II 47, 24 (192a). Tor. VIII 34 (119a). Grenf. I 27, 3, 3. 5 (109a); II 25, 20 (103a) und oft. ἡ παρατ ... ἄκυρος Arch. I 286 verso col. 1, 10 (IIIa). — ἐνθέσμοις καὶ ἐπωνύμαις ἡμέραις Tor. I 18, 17 (117a). — περιοίκας κώμας Tebt. I 41, 15 (119a). Ganz vereinzelt Φιλαδέλφηι Dittenb. inscr. gr. or. I 30 (285—247a). Sonst Ἀρσινόης Φιλαδέλφου Kanop. Dekr. 2 (236a). Dittenb. inscr. gr. or. I 34 (274a). Ἀρσινόηι Φιλαδέλφωι ebd. I 31 (285—47a). Ἀρσινόην Φιλάδελφον ebd. I 32. 33 (285—47a).

Anmerkung 2. Stets dreier Endungen ist ἴδιος. Sehr häufig begegnet ἰδία. Belege für ἰδίαι (adv.) S. 119f.; ferner τῆι ἰδίαι διαστάσει Eud. 8, 15/16; 9, 3 (vor 165a). τὰς ἰδίας Tor. VIII 27 (119a). Mhs.3 148, 2. ἴδιος οὐσία Plat. Prot. 349 B. ἴδιος ἡ νίκη Plut. mor. 25 p. 356, 13 Sintenis (Hiatusrücksicht?). K.-Bl. I 537. — κύριος: κυρίαν Petr. II 21 (d) 10 (IIIa). Tebt. I 104, 41 (92a). κυρίας Petr. II 21 (b) 7 (IIIa). κυρίαι (nom. sing.) ἔστω Tebt. I 105, 36 (103a).

Mhs.³ l. c. Crönert 185. — λοιπός: λοιπήν Par. 63, 6, 178 = Petr.² Einl. p. 34 (165ᵃ) [λοιπύν falsche Lesart!]. Pap. Gizeh. Mus. Arch. II 81, 13 (225ᵃ). — Über äolisches μαλοπαραύαν vgl. oben S. 9.

II. Kasusbildung.

a) Vokalische Stämme.

3. Die attischen Kontrakta auf -οῦς, -οῦν sind beibehalten

α) in Stoffbezeichnungen wie ἐρεοῦ Petr. II Einl. p. 22, 18 (c. 238ᵃ). ἐρεᾶ ebd. Nr. 32 (1) 20 (IIIᵃ). — λεινοῦν (= λινοῦς!) Par. 54, 13 (160ᵃ). — σιδηροῦν (acc. sing. masc.) Par. 10, 10 (145ᵃ). Grenf. II 17, 3 (136ᵃ). — χαλκοῦς Par. 34, 4 (157ᵃ); 44, 3 (153ᵃ); 49, 19 (c. 160ᵃ). Leid. C p. 118, 2, 8. 10. 15. 17 (160ᵃ). χαλκῆς, -οῦ Petr. II Einl. p. 22, 21 (238ᵃ). χαλκοῦν P. Gizeh Mus. Arch. II 80, 12 (229ᵃ). Amh. II 43, 10 (173ᵃ). Tebt. I 45, 41 (113ᵃ). χαλκῆν Kanop. Dekr. 74 (236ᵃ). χαλκοῖ Par. 35, 20; 37, 24 (163ᵃ). χαλκῶν Par. 57, 1, 3; 2, 16. 18 (157ᵃ); 59, 2 (160ᵃ). χαλκοῖς ebd. 36, 17 (163ᵃ) usw. — χρυσοῦν Kanop. Dekr. 59 (236ᵃ). χρυσᾶς (acc. pl. fem.) Rosettastein 43 (196ᵃ).

Anmerkung 3. Offene (ionische) Formen kennt nur die Poesie, so χρύσεον Tebt. I 3, 6 (Epigramm, Iᵃ) und ptolemäische Dialekt-Inschriften: χρυσέωι — ηι Dittenb. inscr. gr. or. I 141 (Kos) = Strack, Dyn. d. Ptol. Nr. 104 (146—114ᵃ).[1]

β) bei den Adiectiva multiplicativa auf -πλοῦς: ἁπλῆν Genf-Münch. Ehekontrakt Arch. I 485, 13 (IIᵃ). ἁπλᾶ Rev. Mél. 321 col. 2, 7 (IIᵃ). — διπλοῦ Magd. 7, 7 (IIIᵃ). διπλοῦν Amh. II 33, 19 (157ᵃ). διπλῆν Lond. I p. 38, 16—17 (158ᵃ). διπλᾶ Theb. Bk. IV 2, 22 (131ᵃ). Tebt. I 11, 16 (119ᵃ). Amh. II 31, 17 (112ᵃ). διπλῶν Tebt. I 140 (72ᵃ). Einmal δίπλειον (διπλεῖον?) Petr. II 13 (17) 4 (254ᵃ), worüber zu vgl. K.-Bl. I 402 Anm. 4. — τριπλοῦν Rev. L. 19, 14; 33, 18 (258ᵃ). Arch. I 287 col. 2, 15 = Petr. II 8 (1) A 15 statt πριταγιν (IIIᵃ). — πενταπλοῦν Rev. L. 11, 16; 40, 8 (258ᵃ). Arch. I 286 verso col. 2, 6 = Petr. II 8 (1) A 6 (IIIᵃ). δ]εκαπλοῦν Amh. II 92, 2 (nach 250ᵃ).

γ) ἀθροῦν (acc. neutr.) Petr. II 11 (1) 7 = Petr. I 30 comment. p. 89 Z. 3 von unten (IIIᵃ). Dagegen ἀθρόαν Aristeas 26 (Wendl.). Im Attischen gewöhnlich ἀθρόος, K.-Bl. I 402, Anm. 3. Ebenso meist

---

1) Ionische Bestandteile der κοινή erblicken in diesen Formen Kretschmer Entsteh. 23; Schweizer 141 f.; Thumb Hell. 63; Nachmanson 123. Die attischen Inschriften haben stets die Kontraktion, Meisterh.-Schwyz. 149, 4; doch finden sich vereinzelte offene Endungen auch bei attischen Schriftstellern (Trag.), K.-Bl. I 402 Anm. 3; beide Bildungen bei den LXX und im N. T., Win.-Schmied. § 8, 7; ebenso bei den apostol. Vätern, Reinhold 50. Zusammenfassend handelt davon Schmid Att. III 19 f.; IV 580. Crönert 178, 3.

bei den Attizisten, Schmid Att. I 104; II 72; III 98; IV 120. Spätere Belege aus Papp. und Handschriften bei Crönert 166, 6.

4. Offene und kontrahierte Formen gehen neben einander her

α) in den Zusammensetzungen mit -χοῦς (Hohlmaß): ἡμίχουν Petr. II Einl. p. 32, 4 = Petr.² 135 (III^a^). ἱμίχουν [Witkowski] Par. 43, 3 (156^a^). δωδεκάχου Rev. L. 45, 4 (258^a^). δωδεκάχουν ebd. 40, 11. Dagegen τετραχόωι Grenf. II 24, 13 (105^a^). ἑξάχοα — πεντάχοα (neutr. plur.) Magd. 26, 3. 6 (III^a^).

β) im Zahlwort ὄγδους, vereinzelt für ὄγδοος: ὄγδουν Eud. 4, 19 (Letronne fälschlich ὄγδοον) neben ὀγδόης; ὄγδου 14, 3 (Letr. ὀγδόου), geschr. vor 165^a^. Sonst ὀγδόου Rosettastein 29 (196^a^). P. Zois II 10. 33 (148^a^). Grenf. I 10, 1 (174^a^). Rev. Mél. 277 (II^a^). Grenf. II 23, 2, 1 (107^a^). Ostr. 9020, 2 (II^a^) etc. ὀγδόωι Rosettastein 24 (196^a^). ὀγδόηι Grenf. II 23, 2, 4 (107^a^). ὄγδοον Petr.² 73, 8 (III^a^) etc. Über die Flexion des Eigennamens Εὔνους vgl. oben S. 258 Anm. 3; zum metaplastischen Nomin. μελίχρους neben μελίχρως und analogen Formen s. unten 12.

5. Vom neuen Typus der neutra auf -ιν (statt -ιον) werden gebildet die Adjektiva ἐγκοιμήτριν (sc. ὀθόνιον), ἡμιόλιν, worüber zu vgl. S. 260.

6. Adjektiva auf -ως, -ων sind: αἰγόκερως (ziegenhörnig, vom Sternbild des Steinbocks) Eud. in der Zeichnung des Tierkreises vor col. 5 und 24; dat. αἰγόκερωι ebd. col. 9, 8; 15, 3; 20, 26 (vor 165^a^). Vgl. K.-Bl. I 542 Anm. 1. —

εἵλεως = ἵλεως (fem.) Par. 51, 25 (160^a^). Leid. U 2, 19 (II^a^). Über ἱλάων s. unten § 84, 11. — ἐσχατογήρως (ὄντος) Tor. I 7, 29 (117^a^). Während sonst ἀγήρως, καταγήρως nach der sogenannten attischen Dekl. flektiert werden (G. Meyer 424. K.-Bl. I 405 Anm. 6), scheint hier der Genit. nach dem Stammwort γῆρας, γήρως gebildet zu sein, wenn nicht vielmehr, was wahrscheinlicher ist, eine unflektierte, indeklinable Form vorliegt.

Über λευκόχρως, μελάγχρως, μελίχρως vgl. unten 12.

Anmerkung 4. Der Dat. ἀξιοχρείωι (= ἀξιοχρέωι, vgl. S. 72) Par. 10, 14 (145^a^) gehört wohl zum Nomin. ἀξιόχρεος. Dies beweist der acc. plur. ἀξιοχρέου Petr.² 43 (2) r. col. 4, 27 (246^a^). Vgl. übrigens bei Crönert 165, 3 ἐνεχ[υρασίαν ἀξιό]χρεω B U 239, 5 (160^p^). — Statt der attischen Formen μεσόγεως, ἐπίγεως, ἔγγεως etc. findet sich teils μεσόγεος Leid. U 3, 14 (II^a^), teils ἐπίγειος Petr. II 8 (2 c) 10 (246^a^), teils — und zwar am häufigsten — ἔγγαιος, Belege s. Stammbildung § 84, 1. An die Stelle von πλέως ist durchaus πλήρης getreten (s. unten Anm. 6).

7. υ-Stämme. ἥμισυς (über ἥμυσυ S. 100f.) hat stets die kontrahierte Genitivform ἡμίσους: so Petr.² 19 (c) 32 (225^a^); 43 (2) verso

col. 5, 2 (246[a]). Lond. I p. 46, 7. 9. 19. 21 (146—135[a]). Zois II 10 (148[a]). Tebt. I 5, 177 (118[a]). Tor. I 6, 18 (117[a]). Grenf. II 23 (a) 2, 7 (107[a]). B U 993 III 2 (127[a]); 1002, 4 (55[a]) etc. Über ionisierendes ἡμίcευ(c) vgl. S. 10. Acc. plur. masc. ἡμίcειc Strack, Ptol. Inschr. Arch. II 558 Nr. 39 (c. 80[a]); neutr. plur. ἡμίcη Arch. I 287 col. 3, 4 = Petr. II 8 (1) B 4 statt οἰκητούc (269[a]). Lond. I p. 10, 21 (162[a]).[1]) Ebenso wird flektiert πεντάπηχυc: gen. πενταπήχουc (ζῴου) Petr.[2] 42 H (7) 4 (c. 250[a]). acc. plur. εἰκό]ναc πενταπήχειc Strack, Ptol. Inschr. Arch. III 137, 20, 20 (unb. ptol.).

Im Feminin. der υ-Stämme erscheint gelegentlich wie im Attischen (Mhs.[3] 150) die Schreibung εὐθέαc für εὐθείαc (nach § 10 II S. 67) und umgekehrt βραχείων (masc.) für βραχέων (vgl. S. 72).

b) Konsonantische Stämme.

8. N-Stämme. Vom Stamme ῥιν- begegnen die Komposita εὔθύρ(ρ)ιν, κατάρριν, ὀξύρ(ρ)ιν, παχύρριν, wofür die Belege oben S. 213 gegeben sind. Über den metaplastischen Genit. εὐθυρίνου neben εὐθύρινοc vgl. unten Lit. 11; über den Nomin., nicht Akkus., κατάρριν vgl. oben S. 284 Fußnote 2.

9. S-Stämme. Die Flexion der Adjektiva auf -ηc weist in ptolem. Zeit keine bemerkenswerten Abweichungen auf. Der acc. sing. m. f. und der nom. acc. pl. neutr. lauten regelmäßig auf -η: z. B. sing.: δημοτελῆ Kanop. Dekr. 35 (236[a]). ἑξέτη[2]) Petr. I 22 (1) 5 (249[a]). παιδαριώδη τὴν ἐγδοκήν Par. 63, 3, 85 (165[a]). ψευδῆ cυγγραφήν Tor. I 4, 20 (117[a]). παντομιγῆ Tebt. I 1, 7 (Anthologie-Fragm. nach 100[a]). εὐώδη ebd. 120, 62 (97 oder 64[a]) usw. Plur. ἀτελῆ Par. 62, 6, 15 (II[a i]). εὐμενῆ ebd. 63, 11, 2 (165[a]) etc. Auch εὐφυήc bildet (καιρὸν) εὐφυῆι (pleonastisches ι προcγεγρ. nach S. 126, γ) Tebt. I 50, 12 (112[a]); ebenso (cπόρον) κακοφυῆι ebd. 73, 371 (114[a]).[3]) Akkusative wie ὑγιῆν καὶ

---

1) K.-Bl. I 443 Anm. 11. G. Meyer 465. Auf attischen Inschriften nur ἡμίcεοc; aber seit IV[a f] neben ἡμίcεα auch ἡμίcη, Meisterh.-Schwyz. 150, 12. Schweizer Perg. 146 f. (ἡμίcη aus hadrian. Zeit). πήχεοc καὶ ἡμίcουc Aristeas (Wendl.) 57; τοὺc ἡμίcειc 183. W. Schmidt de Ios. eloc. 503 f. (einmaliges ἡμίcεωc verworfen gegenüber der gewöhnlichen κοινή-Form ἡμίcουc, ebd. Belege für ἡμίcη). Reinhold 53 (ἡμίcουc, ἡμίcη). Moulton Class. rev. XV (1901) 35[a]; 435[a], wo ἡμίcωι aus Inscr. mar. Aeg. III 168 (I[a]) zitiert wird.

2) Vielleicht ist richtiger ἑξετῆ zu betonen, da die Gemeinsprache die Adjektiva auf -ετηc als Oxytona behandelt (Arcad. 27, 22. Herodian I 81, 10; 419, 5; II 687, 10). K.-Bl. I 545 Anm. 11.

3) Altattisch εὐφυᾶ, K.-Bl. I 433. G. Meyer 417. Meisterhans-Schwyz. 150 (seit c. 350 ὑγιῆ). Schweizer 153. Crönert 179. Die Attizisten haben gewöhnlich -ᾶ, Schmid Att. IV 581 f.; das N. T. -η, Win.-Schmied. § 9, 3. W. Schmidt de Ios. eloc. 504. Reinhold 53 (ὑγιῆ).

ἀσινῆν (oder ὑγιὴν καὶ ἀσινήν) gehören erst der späteren Papyrussprache an, z. B. BU I 13, 18 (289p).[1] Die Schreibung εὐτελεῖ = εὐτελῆ (acc.) erklärt sich lautlich nach S. 78.

Anmerkung 5. Wenn auf einem Obelisk zu Philä Dittenb. inscr. gr. or. I 137, 8 (145—116a) τὸν συγγενέα steht, so hat man darin nicht eine offene Form des S-Stammes, sondern Übergang in die Reihe der Nomina auf -εύς anzunehmen. Dieselbe Form zitiert aus den Vätern Reinhold 52; häufiger noch finden sich der nom. und dat. plur. συγγενεῖς, συγγενεῦσι im N. T. (Win.-Schmied. § 9, 9; Blaß N. T. 27), auch bei Strabo, Ioseph. und anderen Schriftstellern (Crönert 173). Vgl. auch Moulton Class. rev. XVIII (1904) 109b. Sonst in ptol. Zeit τὸν συγγενῆ Dittenb. inscr. gr. or. I 104, 2 (181—146a); 133, 2 (127a); 135, 5 (127a) etc. συγγενέσι Par. 15, 21 (120a). Tebt. I 61 (b) 79 (118a). Dittenb. inscr. gr. or. I 177, 7 (97/6a) usw.

c) Metaplasmus.

10. Nur der vokalische Stamm ἡλικ- läßt sich in ptol. Zeit belegen in ἀφηλίκους Strack, Ptol. Inschr. Arch. III 138, 20 (unb. ptol.). ἐνήλικοι (fem. plur.) Grenf. I 17, 11 (147 oder 136a). Vgl. Plut. mor. p. 184 B ἐνηλίκῳ; Timol. 13; Cato m. 24 ἐνηλίκοις. Dagegen ἀφῆλιξ in röm. Zeit: so ἀφήλιξι Grenf. I 47, 6 (148p); 49, 12 (221p). ἀφῆλιξ ebd. 65, 6 (VI—VIIp). Lond. I p. 201, 20 (VIp). ἐνῆλιξ ist nach Thes. gr. II 1078 überhaupt zweifelhaft.

11. Zu εὔθυριν erscheint sowohl der Genit. εὐθύρινος Grenf. I 25, 2, 12 (114a), ὀξύρρινος u. a. (Belege S. 213), als auch εὐθυρίνου Grenf. II 23, 2, 6; BU 996 III 1 (107a).

12. Die Adiectiva composita von χρώς, die eine Hautfarbe bezeichnen, zeigen im Nom. sing. Doppelformen auf -χρως und -χρους; der Gen. und Dat. sing. bleiben in der vokalischen Reihe teils offen, teils kontrahiert.

Belege. Nomin. sing. auf -χρως: λευκόχρως Petr. I 11, 21 = Petr.² 12, 21 (220a). Petr. I 17 (2) 7; (3) 7 (235a); 19, 4 (225a); 21, 19 (237a). Petr.² 5 (b) 10. 14; 7, 23 (237a); 14, 17; 16, 18 (235a); 19 (e) 7 (225a) etc. μελάγχρως Petr.² 10, 4 (235a); 11, 3 (237a); 14, 10 (235a). Lond. I p. 46, 5 (146—35a). Leid. N 2, 6 (103a). μελίχρως Petr. I 11, 15. 17 = Petr.² 12 (220a). Petr. I 13 (3) 7; 14, 1 (237a); 17 (1) 9 (235a); 19, 5. 11. 31. 36. 38; 20 (1) 7 (225a). Petr.² 5 (b) 12 (237a). 11, 16. 26; 14, 9; 16, 15; 19 (f) 5. 7 (225a). Grenf. I 27 (2) 6; (3) 9 (109a); II 15 (1) 14; (2) 7 (139a); 20 (2) 11 (114a). Par. 5 col. 1, 5; col. 2, 1 (114a) = Leid. M 1, 5; N 2, 6 (103a) usw.

---

1) G. Meyer 428 f. Schweizer 153. Crönert 178, 5. Win.-Schmied. § 9, 8. Reinhold 56 f. (ἐπιεικῆν, ἀσφαλῆν, συγγενῆν, πολυτελῆν u. a. m.). Zum Übergang in die Bildung auf -ός s. Thumb Neugr. 99.

Nom. auf -χρουc: μελάγχρουc Petr.[2] 10, 8. 12 (235[a]). — μελίχρουc Petr. I 14, 7. 22; 15, 6; 16 (1) 2. 4. 6; 18 (2) 9 (237[a]). Petr. II Einl. p. 23, 7 = Petr.[2] 7, 23 (238[a]). Petr.[2] 10, 14. 18. 20 (235[a]).

Genit.: μελάγχρου Petr. I 21, 14 (237[a]). μελαγχρόου Grenf. I 27 (2) 7; (3) 9 (109[a]). μελανχρόου ebd. II 23 (2) 6 (107[a]). μελιχρόου Grenf. I 25 (2) 11 (114[a]); II 15 (1) 13 (139[a]). BU 996 III 1 (107[a]). μελιχερώου Grenf. I 33, 33 (103[a]).

Dativ: μελίχρωι Grenf. I 10, 12 (174[a]). μελίχρωṭι Goodsp. 6 col. II 4 (129[a]) erscheint zweifelhaft.

Anmerkung 6. Indeclinabilia. Die im Tabellenstil (Breviloquenz) zutage tretende Neigung, den Nominativ als Stellvertreter für jeden Kasus zu gebrauchen (vgl. S. 117, auch 288 Anm. 2 mit Note) ist besonders zu bemerken bei πλήρηc, das mit der Zeit alle Kasus und Genera vertreten kann. Das älteste Beispiel hierfür bietet ein ptol. Papyrus *Leid. C p. 118 col. 2, 14 (c. 160[a]) in der Verbindung ἀρειθμοῦcει τῇ δυδίμῃ χαλκοῦc cτατηρειήουc μαρcείπειον πλήρηc („eine Börse voll"). Dagegen πλῆρεc τὸ ἀδιέγγυον μέροc Rev. L. 17, 3 (258[a]) und oft ἐκ(κ) πλήρουc, worüber zu vgl. S. 217 Anm. 1. Später häufen sich die Fälle und sind wohl durch Schuld der Abschreiber sogar in die Texte des Aristoteles, Polyb., Diod., Strab. und anderer Schriftsteller gedrungen. Vgl. auch oben S. 63f. — Übrigens gehört die Erscheinung unter einen syntaktischen Gesichtspunkt.

Von indeklinabeln ägyptischen Eigennamen auf -ι (Cαρᾶπι u. ä.) ist die Rede oben S. 265.

III. Komparation der Adjektiva.[1])

a) Formen auf ⸗τεροc, ⸗τατοc.

13. Nach muta c. liq. steht -ότεροc (nie -ώτεροc) z. B. μακρότεροc Petr. I 14, 7 (237[a]). μακροτέραν Eud. 6, 12. 14 (vor 165[a]). πικρότερον Par. 46, 20 (153[a]). πυκνότερον Tebt. I 41, 3 (119[a]) usw.

14. ὄρθριοc bildet einmal die Steigerung ὀρθρίτερον Par. 49, 20 (160[a]); ὄψιοc — ὀψίτερον Tebt. I 230 (II[af]); ebenso Hippocr. und Plut. cons. ad Apol. p. 362. Im Attischen ὀρθριαίτεροc, ὀψιαίτεροc, K.-Bl. I 560, 3.

15. Zu φίλοc findet sich der seit Homer gebräuchliche Superlativ φίλτατ[οc Petr. II 17 (1) 4 (III[a]). K.-Bl. I 561 A. 7.

16. Von Adjektiven auf -αῖοc sind in gesteigerter Form belegt: ἀκμαιότατοc Tebt. I 24, 56 (117[a]). ἀναγκαιοτάτοιc Par 46, 7 (153[a]). Grenf. I 42, 5 (II[a]). K.-Bl. I 559, 2.

17. Auf -ύτεροc, -ύτατοc kommen vor: βαθύτερον Petr.[2] 43 (2) R. col. 4, 13 (246[a]). βαρυτέραι Par. 63, 6, 175 (164[a]). βραδύτερα Ostr. 1027, 10 (unb. ptol.). βραδύτερον Ostr. 757, 9 (106—5[a]). βραχυτέραν Eud. 6, 11. 15 (vor 165[a]). βραχύτατα BU 1011 II 11 (219[a]).

---

1) K.-Bl. I 557 ff. G. Meyer 486—494. Meisterh.-Schwyz. 151 f. Schweizer 159 ff. Nachmanson 142 f. Win.-Schmied. § 11, 3—7.

ἡδυτέρα Leid. C p. 118, 1, 17 (164ª). παχύτατα Petr. II 4 (11) 5 (255ª). πρεcβύτεροc Petr. II 39 (a) 3. 14 (IIIª); 4 (6) 12 (255ª). Par. 66, 2, 21 (IIIª); 41, 13 (158ª); 66 (b) 13 (c. 150ª). πρεcβυτέρα Grenf. II 17, 7 (136ª) etc.

b) Formen auf -έcτεροc, -έcτατοc.

18. Regelmäßig werden so gesteigert die Adjektiva

α) auf -ήc, wie ἀκριβέcτερον Petr. II 16, 13 (c. 250ª). ἀcθενεcτάτοιc Petr.[2] p. 120, 27 (246ª). ἐπιcτρεφέcτερον Vat. C (Mai V 603) 19 (162ª). ἐπιφανεcτάτουc Petr. II 12, 15 (241ª). εὐμηκέcτατα Petr. II 4 (11) 5 (255ª). εὐτελέcτερα{ν} Par. 40, 22 (156ª). εὐφυέcτατοc Leid. U 4, 5 (IIª). καταδεεcτέραν Par. 63, 3, 71 (165ª). λυcιτελέcτερον Petr.[2] 36 (b) col. 4, 8 (252ª). Par. 62, 4, 8, (IIªⁱ). Rev. Mél. 322 (IIª). ὁλωcχερέcτερον (sic) Par. 63, 3, 81 (165ª). cυνεχέcτερον ebd. 186 (165ª) usw.

β) auf -ων: ἀγνωμονέcτατοc Par. 26, 27 (103ª).

c) Formen auf -ίων (-ων), -́ιcτοc.

19. Diese Steigerungsform hat sich nur in den gebräuchlichsten Wörtern erhalten, wie βελτίων Tebt. I 27, 80 (113ª); βελτίουc (acc. pl.) Petr. II 12 (1) 16 (241ª). βέλτιcτον Par. 63, 1, 26 = Petr.[2] Einl. p. 20; Par. 63, 9, 48 (165ª); ebd. col. 6, 162 = Petr.[2] Einl. p. 32 βέλτιντον (durch Versehen). ἀπὸ τοῦ βελτίcτου Tebt. I 5, 89 (118ª); ἐπὶ τοῦ βελτίcτου ebd. 27, 54 (113ª) usw. — ἐλάccων (ἐλάττων), Belege oben S. 223 und unten. ἐλαχίcτη Eud. 9, 6; 20, 23 (vor 165ª). ἐλάχιcτον Par. 63, 2, 34 (165ª). Tebt. I 24, 67 (117ª). — ἧccον (ἧττον), Belege S. 223. — καλλίcτη Leid. U 5, 3 (IIª). — κρατίcταc Amh. II 40, 6 (IIª). — μεῖζον Petr. II 13 (19) 4 (258—53ª), weitere Belege unter Lit. 20. μέγιcτα Par. 63, 8, 1 (165ª) u. sonst oft. — μείονα Theb. Bk. III 1, 13 (131ª). — πλείων (πλέων), Belege oben S. 69 und unter 20. πλεῖcτοι Par. 63, 4, 106 (165ª) u. sehr oft. — ταχίcτην Magd. 11, 12 (IIIª). τάχιcτα Petr.[2] 42 H (8 f) 17 (250ª). [ταχιcτάτην Rev. Mél. 390, 4 wird Petr.[2] Einl. 14 zurückgewiesen und ταχίcτην hergestellt.] — τῆc χειρίcτηc (γῆc) Amh. II 40, 9 (IIª). γῆν χειρίcτην Tebt. I 72 14 (114ª).

Anmerkung 7. Der Superlat. von αἰcχρόc lautet αἰcκροτάτην (sic) P. Alex. IX 2 (IIIª). βέλτατα Petr. II 9 (3) 7 (241ª) ist falsch gelesen statt τὰ κατά.

20. Über das Verhältnis der kürzeren Komparativformen auf -́ω, -́ουc zu den zweisilbigen Endungen auf -́ονα, -́ονεc, -́οναc ist folgendes zu bemerken:

Im III. Jahrh. v. Chr. findet sich noch überwiegend -́ω und -́ουc (-́ω : -́ονα = 6 : 1, -ουc : -ονεc und -οναc = 10 : 1).

Im II.—I. Jahrh. v. Chr. dringen die zweisilbigen, für die κοινή charakteristischen Endungen lebhaft ein, doch halten sich beide Bildungen bei ⏑́ω : ⏑́ονα noch die Wage (⏑́ω : ⏑́ονα = 10 : 10), ⏑́ους herrscht auch in dieser Zeit entschieden vor (⏑́ους : ⏑́ονες u. ⏑́ονας = 10 : 2).[1])

⏑́ω(ι) im 3. Jahrhundert.

a) Acc. sing. masc. fem. εἰς μείζω φόβον Petr.[2] 42 H (8 f) 15 (246[a]).

τὸν πλείω χρόνον Petr. II 9 (2) 10 (241[a]) = Petr.[2] 43 (3) 10. Petr. II 12 (2) 12; (3) 18 (241[a]) = Petr.[2] 29 (b) 12; (c) 18.

b) Neutr. plur. μῆλα μείζω Petr. I 21, 15 (237[a]).

ὦτα μείζω Petr. I 20 (1) 13 (225[a]).

ἐὰν δ' ὑπάρχηι πλέω (sc. σχοινία) Petr. II 4 (11) 7 = Petr.[2] 42 D (2) 7 (255[a]).

ἀφ' ὧν ἐστὶν ὧι πλείω ἀνήνενκεν Καλίστρατος (sic) Petr.[2] 76 II 5 (p. 206).

ἀφ' ὧν ἐστὶν ὧι ἐλάσσω . . . Petr.[2] 97 VII 23 (p. 230).

ὧι πλείωι διαγέγραπται Petr.[2] 80 (a) II 19.

ἀνταναιρουμένων δὲ ὧι πλείωι κατέσπαρκεν Ashmol. Mus. Transact. of the Royal Irish Acad. XXXI (1898) part. I 198, 10; 199, 20. 28; 200, 35 — wobei πλείω ebenso gut für πλείονα als für πλεῖον stehen kann. Vgl. Crönert Philol. 61, 168 Fußnote. Wilcken Archiv I 167. Unsicher und verdorben ist die Stelle Petr. II 13 (11) 1 (258[a]). τὸ ὕδωρ ἀναβέβηκεν πλείω . . .

In einer Reihe von Fällen könnte man an adverbielle Bedeutung von πλείω(ι) = πλεῖον denken; doch läßt sich vom Standpunkt der Syntax das Neutr. plur. im Sinne von πλεῖον rechtfertigen, ohne daß man die von Crönert Philol. 61, 161 ff. eingeführte Adverbialbildung auf -ω (nach Analogie von πόρρω, ἀνωτέρω etc.) anzunehmen braucht: so

πλείω λβδ' = „mehr" (ein Plus von) 32¼ Petr.[2] 40 (a) I 13 (III[a]).

πλείω α Petr.[2] 93 VII 25.

πλίω (folgt Zahl) 137 II 18 (III[a]).

ἐλάσσω ιδ' = „weniger" 14, Petr.[2] 40 (a) II 13; (b) I 13 (III[a]).

Endlich ist manchmal, wie es scheint, die Endung -ω durch Abfall des Schluß-ν (nach § 43 S. 192) entstanden: ἐὰν δὲ πλείω⟨ν⟩ ἡ ῥύσις ἐγβῆι Rev. L. 60, 6 (258[a]). ἐλάσσω⟨ν⟩ ἤ . . . Par. 67, 4 (III[a]).

---

1) Die attischen Inschriften haben fast ausschließlich die kurzen Formen. Meisterh.-Schwyz. 151, 17. Dagegen bevorzugt die κοινή zu allen Zeiten die zweisilbigen Endungen. Moeris p. 189 ἀμείνω 'Α., ἀμείνονα 'Ε.; p. 192 βελτίους 'Α., βελτίονες 'Ε. Schweizer Perg. 159. Nachmanson 143. Crön. 188 f. Die Attizisten lieben die kurzen Formen, Schmid Att. IV 581. Win.-Schmiedel § 9, 6. Blaß N. T. 8, 3. Reinhold 52 (beide Formen, doch häufiger zweisilbig).

⏑ονα im 3. Jahrhundert.

a) Sing. πλέονα χρόνον Petr. II 9 (2) 3 (241[a]) = Petr.[2] 43 (3) 3.
b) Plur. πλείονα cώματα Petr. II 13 (4) 9 = Petr.[2] 42 C (9) 9 (258—53[a]).
πλείονα (Nomen ausgefallen) Rev. L. 99, 5 (258[a]).

⏑ους im 3. Jahrhundert.

a) Nom. pl. πλείουc Petr.[2] 11, 5; 16, 5 (235[a]).
b) Acc. pl. βελτίουc Petr. II 12 (1) 16 (241[a]).
ἐλάccουc Rev. L. 57, 8; 59, 8 (258[a]).
πλείουc Rev. L. 4, 2 (258[a]). Petr. II 18 (1) 10 = Petr.[2] 32 (c) 10 (246[a]). Petr.[2] 53 (j) 8 (III[a]).
πλέουc Petr. II 32 (2[a]) 16 = Petr.[2] 32 (g) 16 (III[a]).
πλέον (ουc über -ον) (sic) Petr. II 14 (1[a]) 3 (III[a]).

⏑ονας im 3. Jahrhundert.

πλείοναc ἄξει δεcμάc Petr.[2] 41 verso 8 (III[a]).

⏑ω(ι) im 2.—1. Jahrhundert v. Chr.

a) Sing. acc. m. f. τὴν πλείωι γῆν Tebt. I 5, 39 (118[a]).
μηδεμίαν ἔχειν πλείω(ι) (γῆν) Amh. II 32, 12 (II[a]) — aber 5 πλείονα (γῆν).
b) Plur. neutr. ἐλάccω τῶν . . . ἐκφορίων Tebt. I 61 (b) 22 (114[a]).
ἐλάccωι τοῦ δεκάτου μέρουc Tebt. I 72, 106 (114[a]).
πλείωι τῶν . . . ἐκφορίων 72, 346 (114[a]).
μ[ὴ ἀπομ]ετρῆcαι πλείω (dem Sinne nach = πλεῖον, doch kein Adverb.) τοῦ κατὰ τὴν cυνάλ[λα]ξιν κεφαλαίου 61 (b) 28 (114[a]); analog Z. 354. ὧι πλείωι (= πλείονα) γράφει cυναχθήcεcθαι 61 (a) 186; 67, 15 (118[a]); 70, 15 (111—110[a]).

Die Form πλείω(ι), die in den obigen Beispielen zwanglos als Neutr. plur. betrachtet werden kann, scheint im Gebrauch des Rechnungsstils zu einer immobilen erstarrt zu sein, und so wird sie wohl am besten aufgefaßt in folgenden Fällen:

ἀπὸ τοῦ πλείωι cυναγομένου Tebt. I 61 (a) 210. 217; 67, 56. 61. 78 (118[a]); 70, 27. 47. 53. 58 (111—110[a]).

τῆc προcαγωγῆc γεγονυίαc πλείω τῆc . . . 72, 450 (114[a]).

τὰc πλείωι (ἀρτάβαc) Tebt. I 72, 407 (114[a]).

πλήω μου ἔχει χαλκοῦc Leid. C p. 118, 2, 17 (164[a]).

Über den Versuch Crönerts (Philol. 61, 161 ff. und Mem. herc. 188, 5) in diesen Formen Adverbien zu sehen, stimme ich überein mit Wendland G. G. A. 1905, 189 f.

Durch Abfall des Schluß-ν (nach § 43 S. 192) kann ω entstanden sein in ἐλάccω⟨ν⟩ ἢ μέcη Grenf. II 28, 4 (103[a]). μέcoc ἢ ἐλάccω⟨ν⟩

35, 4. 5 (98[a]). In einem astronomischen Lehrbuch des 2. Jahrh. v. Chr., herausgegeben von C. Wessely (Sitzungsberichte d. Wien. Akademie, phil. hist. Kl. Bd. 142, 1900) col. 1, 3: ὁ δὲ τοῦ Ἄρεώς ἐστιν ἐρυθρὸς καὶ ἐλάσσω⟨ν⟩ τῶν εἰρημένων.

-ονα im 2.—1. Jahrhundert v. Chr.

a) Acc. sing. masc. fem.: μείζονα καταφρόνησιν Lond. I p. 34, 27 (161[a]).
πλείονα χρόνον Tebt. I 6, 31 (140[a]).
πλείονα ... τὴν προθεσμίαν Tor. I 7, 25 (117[a]).
πλείονα (γῆν) Amh. II 32, 5 (II[a]).

b) Plur. neutr. τὰ ὀφειλόμενα διὰ τὸ εἶναι πλείονα Par. 26, 36 (161[a]).
ἐπὶ μείζονα προάγειν Lond. I p. 13, 15 (162[a]).
ἔτη πλείονα Par. 15, 62 (120[a]). Rev. Mél. 321 col. 2, 1 (II[a]).
μείονα Theb. Bk. III 1, 13 (131[a]).
ἐλάσσονα (ἱερά) Tebt. I 116 introd. (II[af]).

-ους im 2.—1. Jahrhundert v. Chr.

a) Nom. pl. ἐλάττους Eud. 18, 17 zweimal (vor 165[a]).
ἐλάσσους Eud. 19, 12.
μείζους Eud. 19, 13. 14.

b) Acc. pl. πλείους Par. 62, 6, 4 (II[ai]). Tebt. I 39, 18. 30 (113[a]); 44, 19 (114[a]). Leid. H 11 (99[a]).

-ονας im 2. Jahrhundert.

πλείονας Tebt. I 5, 69; 61 (b) 26 (118[a]).

d) Allgemeine Bemerkungen.

21. Eine doppelte Steigerungsform zeigt sich im Ausdruck ἐν τοῖς μάλιστα ἀναγκαιοτάτοις (καιροῖς) Grenf. I 42, 5 (II[a]); sonst nur ἐν τοῖς ἀναγκαιοτάτοις Par. 46, 7 (153[a]).[1])

22. Von den Adverbien ἔσω und ἔξω leiten sich ab der Komparativ ἐσώτερος Magd. 29, 10 und der Superlativ ἐξώτατος ebd. 29, 4 (III[a]). Schon Herod. 2, 125 bildet ἀνώτατα; 7, 23 κατώτατα; Xenoph. Kyr. VI 1, 52 κατώτατος, so daß Crönert Philol. 61, 188 solche Bildungen auf neuionischen Ursprung zurückzuführen geneigt ist. Derselbe gibt weitere Belege aus der späteren κοινή p. 189,

1) Doppelkomparative wie μειζότερος, ἐλαχιστότερος, ἐσχατώτερος u. ä. kommen nicht vor, wiewohl sie in der späteren κοινή nicht selten sind. Vgl. Lobeck zu Phryn. 135 f. Hatzidakis Einl. 177. K.-Bl. I 565 ff. G. Meyer 492. Schmid Attic. IV 614. Dieterich Unt. 180 f. Krumbacher KZ 27, 543 ff.; 29, 190 ff. Win.-Schmiedel § 11, 4. Reinhold 61 (μάλιστα εὐμορφοτάτη). Moulton Class. rev. XV (1901) 35[b].

Note 3 und Mem. herc. 194, 1. Win.-Schmiedel § 11, 6 bringt Beispiele aus LXX u. N. T.; ebenso Blaß N. T. S. 34, 5. — Der aus der Dichtersprache bekannte Komparativ ὑπέρτερος findet sich als Ehrentitel des Herrschers, vgl. oben S. 32.

23. Der Superlativ hat scheinbar Komparativfunktion Par. 63, 3, 75 = Petr.[2] Einl. p. 24 (165[a]): μηθὲν ⟨μ⟩ήτε μέγιστον μήτε ἀναγκαιότατον ἡγήση{ε}σθε τοῦ ... Die Herausgeber von Petr.[2] führen Einl. p. 40 neben einigen Homerstellen (Od. 5, 105 διζυρώτατον ἄλλων; 11, 482 σεῖο δ' Ἀχιλλεῦ, | οὔτις ἀνὴρ προπάροιθε μακάρτατος οὔτ' ἄρ' ὀπίσσω) als besonders treffende Parallele an Ephor. b. Macrob. v. 18, 7: οὐδὲν ἔχομεν αἰτιώτατον εἰπεῖν ἢ τοὺς ἐκ Δωδώνης χρησμούς. Die auch in attischer Prosa nicht seltene Erscheinung, für die als klassischer Beleg von jeher Thukyd. I, 1 πόλεμον ἀξιολογώτατον τῶν προγεγενημένων angeführt wird, erklärt sich zur Genüge aus der ursprünglich lokalen Bedeutung des Genit. comparat. = „vom Standpunkt einer Sache aus betrachtet", ohne daß man, wie früher beliebt war, eine confusio duarum constructionum annimmt, also jedenfalls auf syntaktischem Wege.

IV. Die verschiedenen Typen der Adverbien (auch der komparativischen und superlativischen) werden in der Stammbildung §§ 85 und 89 abgehandelt werden.

§ 69. Pronomina.[1])

a) Personalia (Reflexiva).

1. In Abhängigkeit von Präpositionen stehen meist nach attischem Vorgang die längeren, nicht enklitischen Formen ἐμοῦ, ἐμοί, ἐμέ: ἀπ' ἐμοῦ Vat. F (Mai V 356) 14 (157[a]). δι' ἐμοῦ Petr. II 27 (2) 11; 37 verso 7 (III[a]). κατ' ἐμοῦ Grenf. I 11, 1, 6 (157[a]). κατ' ἐμέ BU 1012, 14 (170[a]). Leid. A 38 (c. 150[a]). μετ' ἐμοῦ Petr.[2] 53 (q) 5 (III[a]). παρ' ἐμοῦ Petr.[2] 65 (b) 16 (III[a]). περὶ ἐμοῦ Tebt. I 30, 18 (115[a]). Leid. H 25 (99[a]). περὶ ἐμέ Vat. E (Mai V 354) 33 (157[a]). πρὸς ἐμέ Leid. C p. 118, 2, 6 (164[a]). Par. 49, 29 (160[a]). ὑπ' ἐμοῦ Grenf. II 14 (a) 16 (270 oder 237[a]). ὑπὲρ ἐμοῦ Petr.[2] 56 (d) 7 (c. 260[a]). Leid. C 8 (162[a]) usw. Dagegen findet sich nur εἴς με Magd. 24, 8 (III[a]). P. Reinach 7, 5 (c. 141[a]). Tebt. I 30, 20 (115[a]); 30, 20 (112[a]). Fay.

1) Im allgemeinen zu vgl. K.-Bl. I §§ 159—180. G. Meyer 504 ff. Meisterhans-Schwyz. 152—157. Schweizer Perg. 161 f. Dieterich Unt. 193—203. Nachmanson 144 f. Blaß N. T. § 13. Crönert 194—197.

XII 25 (nach 103ᵃ); gelegentlich auch περί μου Petr. II 20 (3) 13 (252ᵃ). ὑπό μου Magd. 34, 2 (IIIᵃ).[1])

Sonst wechseln je nach dem Zusammenhang betonte und unbetonte Formen: z. B. ἐργαζομένου μου Petr. II 32 (1) 4 (238ᵃ); καταβάντος μου ebd. 4 (6) 1, aber ebd. Z. 9 im Gegensatz βουλομένου ἐμοῦ (255ᵃ). Noch bestimmter γραψαμένου ἐμοῦ τε καὶ τῆς μητρός Reinach 18, 5 (108ᵃ). In der Testamentsformel begegnet ohne ersichtlichen Grund statt des gewöhnlichen τὰ ὑπάρχοντά μοι (μου), wie z. B. Petr. I 12, 7; 13 (1) 6; 18 (1) 9 (237ᵃ); II Einl. p. 22, 7 (c. 238ᵃ), gelegentlich τὰ ὑπάρχοντα ἐμοί Petr. II Einl. p. 23, 10 (IIIᵃ).

2. Wie im Attischen seit dem Anfang des 4. Jahrh. (Meisterh.-Schwyz. 153, 3), kommen als Reflexiva nirgends mehr die getrennten Formen ἡμῶν, ὑμῶν, σφῶν αὐτῶν vor[2]), sondern (nach Analogie von ἑαυτοῦ) nur noch ἑαυτῶν (αὑτῶν), und zwar seit dem II. Jahrh. v. Chr. mit der Ausdehnung auf die 1. und 2. Person.[3])

Belege. a) (ἑ)αυτῶν = ἡμῶν αὐτῶν: αὑτοὺς δεδώκαμεν Par. 47, 26 (153ᵃ). ἑαυτοὺς (nos) ἐπειδιδόντες Tebt. I 124, 8 (nach 118ᵃ). ταῖς ἑαυτῶν (unseren) ἀδελφαῖς Lond. II p. 13, 6 (116—111ᵃ). τοῖς καθ' ἑαυτούς (rebus nostris) Tor. V 25 (177 oder 165ᵃ); VI 26; VII 14. ἐξ ἑαυτῶν (von uns) P. Kairo Arch. I 60, 35 (123ᵃ). ἵν' ἡμεῖς μὲν κομισώμεθα τὰ ἑαυτῶν Tebt. I 47, 30 (113ᵃ). Vgl. Aristeas (Wendland) 3 ἑαυτοὺς ἐπεδώκαμεν; 217 u. 248 ἑαυτῶν; 227 ἑαυτοῖς; 213 ἑαυτούς.

b) ἑαυτῶν etc. = ὑμῶν αὐτῶν etc.: περὶ ἑαυτῶν κήδεσθε Petr.² Einl. p. 28, 128 = Par. 63, 128 (165ᵃ). ἑαυτῶν δὲ ἐπιμελόμενοι, ἵν' ὑγιαίνητε Rev. Mél. 291, 11 (c. 130ᵃ). Grenf. I 30, 9 (103ᵃ); 32, 9 (102ᵃ); 35, 7 (99ᵃ); II 36, 19 (95ᵃ).

Auch im Singular kann für das gewöhnliche ἐμαυτοῦ, σ(ε)αυτοῦ gelegentlich (ἑ)αυτοῦ eintreten.

---

1) Nach Krüger Sprachl. S. 77 Anm. 2, hat das Attische häufiger nur πρός με, selten περί μου, εἴς με. K.-Bl. I 347. Nachmanson 146 Anm. 2 (πρός με und πρὸς ἐμέ). Blaß N. T. 141, 3 (πρός με).

2) Etwas anderes ist die auch im Attischen belegte Verbindung αὐτῶν ὑμῶν (ἕνεκα) Petr.² 53 (l) 9 (IIIᵃ), wobei αὐτῶν nicht reflexive, sondern nur ausschließende Bedeutung hat. K.-Bl. I 599 Anm. 1.

3) Die ersten Ansätze dieses Gebrauchs (ἑαυτῶν = ἡμῶν, ὑμῶν αὐτῶν) lassen sich schon bei den attischen Tragikern, bei Herod., Isokr. u. a. nachweisen. K.-Bl. I 599 Anm. 2. Brugmann Gr. Gr. 421. G. Meyer 508. Meisterh.-Schwyz. 235, 2 bringt einen Beleg für ἑαυτῶν = ἡμῶν αὐτῶν auf einer delischen Inschrift (IIᵃ). In Attika fehlen Belege; ebenso in Pergamon (Schweizer 161, 1) und in Magnesia (Nachmanson 144 Fußnote). Über Polybius (ἑαυτ. auch für 1. u. 2. Person) vgl. Kälker Leipz. Stud. III 377. W. Schmidt de Ios. eloc. 568 (im Plural). Win.-Schmiedel § 22, 10. Hatzidakis Einl. 189 f. Dieterich Unt. 193. Schmid Attic. I 82. 228; II 19; III 67; IV 15. 69. Crönert 197.

a) Für die 1. Person: εἴη μέμ μοι ὑγιαίνοντα αὐτὸν τὰ αὑτοῦ διοικεῖν Petr. I 15, 15 = Petr.[2] 2, 17; Petr. I 13 (1) 5 = Petr.[2] 4 (2) 21 (237[a]); Petr. I 17 (1) 19 = Petr.[2] 14, 19 (235[a]). Sonst in dieser Formel τὰ ἐμαυτοῦ (ὑπάρχοντα), z. B. Petr. I 13 (1) 5; 18 (1) 8 (237[a]); 19, 24; 20 (2) 15 (225[a]); 21, 4 (237[a]). Petr. II Einl. p. 23, 9 (238[a]). Tebt. I 45, 34 (113[a]). — ἐκτὸς τοῦ ἑαυτοῦ (= ἐμαυτοῦ) ἱεροῦ εἰμι Leid. U 3, 7 (II[am]).

b) Für die 2. Person: τὰ ἐνοφειλόμενα ἑαυτῶι (dein Guthaben) Tebt. I 18, 5 (114[a]). Vgl. Aristeas 215 ὅπως ἑαυτῶι (tibi) συνιστορῆις; 228 σὺ δὲ καλῶς ποιεῖς ἅπαντας ... εἰς φιλίαν πρὸς ἑαυτὸν καθιστῶν. Schweizer 161. Hatzidakis Einl. 189 f.

Anmerkung 1. Wohl einem Versehen ist es zuzuschreiben, wenn Leid. B 2, 8 umgekehrt σαυτοῦ für ἑαυτοῦ steht in der Verbindung συνεστακότος δέ τινα τῶν σαυτοῦ συνήθων (164[a]). Ist nicht vielleicht ἑαυτοῦ zu lesen?

Daneben hält sich in der überwiegenden Zahl der Fälle ἐμαυτοῦ, σ(ε)αυτοῦ, und zwar sowohl für das reflexive Personalpronomen, z. B ἐμαυτὸν συνέκλεισα Vat. B (Mai IV 445) 15 (163[a]), als namentlich in reflex.-possessivem Sinne, indem ἐμαυτοῦ und σεαυτοῦ mit der Zeit überhaupt das adjektivische Pronomen ἐμός, σός verdrängen: so εἰς ταφὴν ἐμαυτοῦ Petr. I 15, 17 (237[a]). τῆι ἐμαυτοῦ γυναικί ebd. 17 (1) 22; (2) 11 (235[a]); 18 (1) 11 (237[a]); II Einl. p. 23, 10 (c. 238[a]). Nur Petr. I 14, 13 = Petr.[2] 6 (a) 29 (237[a]) τ]ῆι ἐμῆ[ι γ]υναικί. Vgl. Dieterich Unt. 194 Fußnote und Mahaffy zu Petr. I p. 39. — εἰς τὸ ἐμαυτοῦ παστοφόριον Par. 40, 28 (156[a]). τοιαύτην ἐμαυτοῦ [ἀν]ελευθερίαν ἐκτέθεικα ebd. 49, 2 (c. 160[a]) etc. Belege für σ(ε)αυτοῦ s. unten.

3. Wie bisweilen schon im Klassischen (Krüger Sprachl. 51, 2, 16; Schmid Attic. IV 70) hat das Reflexivpronomen ἑαυτῶν etc. seit dem II. Jahrh. v. Chr. nicht selten reziproke Bedeutung, doch erhält sich daneben ἀλλήλων: ἐθέμεθα πρὸς ἑαυτοὺς ὁμολογίαν Tor. VIII 5 (119[a]); ebd. 32 ἐν τοῖς πρὸς ἑαυτοὺς διωμολογημένοις; 38 πρὸς ἑαυτοὺς συνεχωρήσαμεν. Ebd. IX 18 πρὸς ἑαυτοὺς συνκεχωρήκαμεν (119[a]). ἔθεντο πρὸς ἑαυτούς Grenf. II 25, 4 (103[a]). — Dagegen ἐκ τῶν ἀλλήλων ἀποδιεσταλμένων κωμῶν Tor. VIII 22; ἐν ταῖς ἀλλήλων κώμαις 26 (119[a]). ἔγγυοι ἀλλήλων Grenf. II 27, 19 (103[a]). Tebt. I 109, 25 (93[a]). πρὸς ἀλλήλους ebd. 119, 36 (105—1[a]). Win.-Schmiedel § 22, 13. Blaß N. T. § 48, 9.

4. Ohne Not und ohne (direkte) Rückbeziehung auf das Subjekt stehen bisweilen reflexive Pronomina, ein Beweis, daß das Gefühl für die ursprüngliche Bedeutung verloren war: so Grenf. II 14 (a) 15 f. (270 oder 233[a]) ἀξιωθεὶς δὲ ὑπ' ἐμοῦ, διὰ τὸ διατετηρηκέναι ἐμαυτὸν μηδένα τρόπον ἐνοχλεῖν. *Par. 50, 2 u. 13 (c. 160[a]) τὸ ἐνύπνιον, ὃ

εἶδεν Νεκθόνβης περὶ τῶν διδύμων καὶ ἐμαυτοῦ (Rückbeziehung auf den Verfasser des Traumberichts). Ebd. 51, 15 (160[a]) ὁρῶ ϲεαυτὸν (möglich auch ϲε αὐτόν) καθιϲτῶντα αὐτάϲ. In manchen Fällen scheint freilich keine rein mechanische Verwechslung der Pronomina, sondern eine Art Anakoluth vorzuliegen: wie Gen. 20, 8 (109[a]) λαβὼν τὴν εἰθιϲμένην διαγραφὴν ἐπικεχωρηκέναι ταύτῃ τὴν ἑαυτῆϲ δ' μερίδα (sc. ἔχειν). Tebt. I 104, 8ff. (92[a]): ὁμολογεῖ Φιλίϲκοϲ... Ἀπολλωνίαι μετὰ κυρίου τοῦ ἑαυτῆϲ ⟨ἀ⟩δαλφοῦ (sic) ἔχειν παρ' αὐτῆϲ. Ganz analog P. Reinach 16, 18 (109[a]) μετὰ κυρίου τοῦ ἑαυτῆϲ υἱοῦ; ebenso 21, 6 (108[a]). Doch gehört dergleichen in die Syntax. Vgl. Win.-Schmiedel § 22, 11 e.

Anmerkung 2. Fälle wie καθ' αὐτοῦ, μεθ' αὐτοῦ etc. sind in der Lautlehre S. 201 besprochen. Sehr auffallend ist Amh. II 43, 13 (173[a]) ἡ πρᾶξιϲ ἔϲτω παρά τε ἑαυτοῦ (= αὐτοῦ) Μενελάου καὶ ἐκ τῶν ὑπαρχόντων. Übrigens bemerkt der Herausgeber „ε of ἑαυτοῦ corr. from τ".

5. Was den Gebrauch der Formen mit und ohne ε in ἑαυτ- und ϲεαυτ-, αὑτ- und ϲαυτ- betrifft, so haben sich beide Bildungen bis ans Ende des II. Jahrh. v. Chr. neben einander erhalten.

Verhältnis im III. Jahrh. αὑτ- : ἑαυτ- etwa = 3 : 1.
„ „ II. „ „ „ „ = 1 : 3.

Im I. Jahrh. läßt sich nur noch ἑαυτ- belegen.

Wenn demnach die gewöhnliche κοινή-Form ἑαυτ- auch in Ägypten mit der Zeit durchgedrungen ist, so besteht von Anfang an ein bemerkenswerter Unterschied im Gebrauch je nach dem Stil der Urkunden, worüber folgende Tabelle Aufschluß gibt.[1]) Zugrunde gelegt sind für III[a]: Petr. I. II, Petr.[2], Magd.; für II—I[a]: BU, Grenf. I. II, Leid. I, Lond. II, Par., Tebt. I, Theb. Bk., Tor.; für die Inschriften Dittenb. inscr. gr. or. I.

1) Auf attischen Inschriften ist von 300—30 v. Chr. das Verhältnis ἑαυτ- : αὑτ- = 100 : 7 (Meisterh.-Schwyz. 154), in Pergamon während der Königszeit = 24 : 5 (Schweizer 162); in Magnesia findet Nachmanson 144 v. III—I[a] kein ganz sicheres αὑτ-, dagegen etliche 20 ἑαυτ-; im N. T. herrscht ἑαυτ- (Blaß N. T. S. 35, Note 2. Win.-Schmied. § 22, 16 hält mehrfach αὑτ- für unerläßlich). Wenn in Ägypten αὑτ- sich in weit größerer Zahl erhalten hat, so ist natürlich nicht an die euphonisch-rhetorische Schulregel des Isokrates zu denken, sondern eher an vulgäre Bequemlichkeit der Aussprache, die von alters her wirksam sein mochte und der sich auch Isokrates in diesem Fall aus besonderen rhetorischen Gründen (Hiatusrücksicht, vgl. ἤν statt ἐάν bei Isokrates) akkomodiert hat. Demgegenüber steht die nach Untergang des weichen Hauchs entstehende Schwierigkeit, daß αὑτοῦ und αὐτοῦ in der Aussprache nicht mehr zu unterscheiden war, weshalb man lieber die ε-Formen zur Differenzierung rekonstruierte. — Übrigens sei zu der folgenden Statistik ausdrücklich bemerkt, daß vielleicht in einzelnen (wenigen) Fällen, namentlich wo αὐτοῦ attributiv zwischen Artikel und Substantiv zu stehen kommt, ebenso gut betontes αὑτοῦ etc. denkbar ist, was die Syntax entscheiden mag. Vgl. Blaß N. T. S. 165.

Es findet sich		in offiziellen Urkunden (Erlassen, Aktenstücken, Verträgen, Testamenten)	Bitt- und Klageschriften	Privaturkunden (Briefen, Traumberichten, Ausgabenlisten)	auf Inschriften	Summe
III^a	αὐτ-	6	10	2	5	23
	ἑαυτ-	5	2	0	2	9
II—I^a	αὐτ-	14	6	9	4 ?	33
	ἑαυτ-	68	9	6	15	98

Belegstellen. III^a αὐτ- a) in offiziellen Stücken: Rev. L. 36, 16 καθ' αὑτόν; 50, 16 καθ' αὑτό (258^a). Petr. I 15, 15 = Petr.[2] 2, 17 αὑτοῦ; ebenso Petr. I 13 (1) 5 = Petr.[2] 4 (2) 21 (237^a) und Petr. I 17 (1) 19 = Petr.[2] 14, 19 (235^a). Petr.[2] p. 49 (1) 14 cαυτῆc (226^a).

b) in halboffiziellen Eingaben: Petr. II 1, 13 καθ' αὑτούc (c. 260^a); 19 (1^a) 5 καθ' αὑτοῦ (III^a). 32 (2^a) 13 μεθ' αὑτοῦ; (2b) 8 ὑφ' αὑτῶν (238^a). Magd. 24, 6 τῆι αὑτῆc δεξιᾶι; 29, 6 τὰ αὑτοῦ, 9 τὸ αὑτοῦ; 33, 8 und 41, 3 ἐφ' αὑτόν (III^a). Ashmol. Mus. Pl. XVI 46 cαυτοῦ (III^a).

c) in Privatbriefen: Petr. I 30, 8 = Petr. II 11 (1) 8 cαυτοῦ (III^a). Petr.[2] p. 153 (o) 8 cαυ[τοῦ] (III^a).

d) auf Inschriften: Dittenberg. inscr. gr. or. I 31 ὑπὲρ αὑτοῦ (285—247^a); 72, 4/5 ebenso (247—221^a); Kanop. Dekr. 18 τῆc αὑτῶν ἀρετῆc μέγιcτον ὑπόμνημα καταλείποντεc; 56 ἣν ὁ πατὴρ ... ὠνόμαcεν ὅραcιν αὑτοῦ (236^a). Strack, Ptol. Inschr. Arch. II 548 Nr. 27 εἰc αὑτούc (c. 200^a).

e) in einem klassischen Stück: Petr. I 8 (4) 20 (Phaedon 84 A, c. 300^a) αὑτήν, im text. rec. ἑαυτήν.

III^a ἑαυτ- a) in offiziellen Urkunden: Petr. II Append. 3, 29 Z. 10 ἐξ ἑαυτοῦ (III^a). B U 1004 col. 1, 4 ἑαυτοῦ (III^a). Petr.[2] p. 118, 8 ἑαυτοῦ; ebenso p. 119, 30; p. 122, 35 ἑαυτῶι (246^a).

b) in Bittschriften: Magd. 29, 3 ἑαυτῶι; 32, 3 τὸν ἑαυτοῦ υἱόν (III^a).

c) auf Inschriften: Dittenb. inscr. gr. or. I 51, 10 ἑαυτόν (239^a); 54 (Adulis) 20 ὑφ' ἑαυτῶι (247—21^a).

II—I^a αὐτ- a) im Amtsstil: B U 1011, 8 cαυτόν (II^a). Grenf. II 15, 1, 13 μετὰ κυρίου τοῦ αὑτῆc ἀνδρόc (103^a). Par. 63, 1, 18 cαυτοῦ (165^a). Tebt. I 12, 12. 26 cαυτοῦ (118^a); ebenso 19, 15 (114^a); 20, 10 (113^a); 24, 62 αὑτοὺc ἐνειληκότων (117^a); 72, 197 δι' αὑτοῦ ἐπιcκέψαcθαι (II^a). Theb. Bk. I 1, 2 ἐν τῆι αὑτοῦ cιτοφόρωι; 6 ἐγδοθείcηc αὑτῶι; 24 ἐν τῶι ὑπάρχοντι αὑτῶι ἐποικίωι (131^a); II, 3 ὑπάρχοντοc αὑτοῖc (130^a) [in den vier letzteren Beispielen möglicherweise syntaktische Verwechslung mit αὐτοῦ]. Tor. I 8, 23 καθ' αὑτούc (117^a).

b) in Eingaben: Leid. B 2, 8 cαυτοῦ (164ª). Lond. I p. 28, 18 αὑτοῦ (161ª). Par. 35, 20 τὸν αὑτοῦ cτάμνον (163ª); 37, 23 cτάμνον αὑτοῦ (163ª). Rev. Mél. 295, 4 cαυτοῦ, 7 cαυτόν (c. 130ª).

c) in Privaturkunden: Grenf. I 32, 9 ἐπιμελόμενοι δὲ καὶ αὑτῶν (102ª). Par. 44, 7 cαυτόν: 46, 21 cαυτοῦ (153ª); 47, 26 αὑτοὺc δεδώκαμεν (153ª); 50, 9 τὸν αὑτοῦ παῖδα (160ª); 57, 3 τῶν αὑτοῦ χαλκῶν (c. 160ª); 60 (b) 12 μεθ' αὑτῶν (c. 150ª). Tebt. I 55, 9 cαυτοῦ (IIªf). cαυτοῦ Goodsp. 4, 13 (152 oder 141ª).

d) auf Inschriften: Rosettastein 52 παρ' αὑτοῖc (196ª) [unsicher, auch παρ' αὐτοῖc denkbar]. Dittenb. inscr. gr. or. I 120, 5 εἰc αὑτήν (181—146ª); 114, 2 (181—146ª) und 141, 7 (146—116ª) εἰc αὑτούc [auch die drei letzteren Fälle unsicher].

e) in Poesie: cαυτόν auf einer metrischen Grabschrift (145—116ª) Arch. I 221, 20. cαυτοῦ in einer Hilarodie Ostrac. Reinach 1, 10 (Iª).

II—Iª ἑαυτ- a) im Amtsstil: Amh. II 31, 14 (112ª) und 43, 13 (173ª) ἑαυτοῦ; ebenso BU 993 II 12. 13; III 1. 2. 8; 994 II 11 (127ª). Grenf. I 11, 1, 20 ἑαυτούc (157ª); 18, 4. 11 (132ª); 19, 5 (129ª); 25, 2, 10 (114ª) ἑαυτῆc; 27, 1, 4 ἑαυ(τοῦ), geschr. 109ª; 27, 2, 6 τῆι ἑαυτῆι (= ἑαυτῆc) θυγατρί; 33, 16 ἑαυτῶν, 31 ἑαυτῆc (102ª). Grenf. II 18, 6 ἑαυτῆc (127ª); ebenso 28, 4 (103ª); 25, 4 ἑαυτούc (103ª). Genf. Nr. 20 (109ª). Leid. N. 2, 8 ἑαυτῶν (103ª); H 23 ἑαυτοῦ (99ª). Par. 5, 3, 8 ἑαυ[τῶν] (114ª); 15, 18. 64 ἑαυτούc (120ª); 22 ἑαυτῶι, 65 ἑαυτοῦ; 63, 5, 128 περ[ὶ] ἑαυτῶν κήδεcθε = Petr.² Einl. p. 28; Par. 63, 6, 190 ἑαυτούc (165ª). Tebt. I 5, 41 ἑαυτούc (118ª); ebenso 6, 39 (140—139ª); 18, 5 ἑαυτῶι (114ª); 24, 46. 50 ἑαυτοῖc (117ª); ebd. 64, 74. 76 ἑαυτούc; 27, 32. 101 (2mal) ἑαυτοῦ (113ª); 35, 12. 19 ἑαυτόν (111ª); 66, 85 ἑαυτούc (121ª); 104, 10 ἑαυτῆc (92ª); 105, 47. 51 ἑαυτοῦ (103ª); ebenso 106, 2. 8 (101ª); 124, 8. 17 ἑαυτούc (118ª); ebenso 138 (IIªf). Tor. I 1, 29 ἑαυτούc; col. 4, 34 ἑαυτῶν; 5, 27. 33 (bis) ἑαυτοῦ; 6, 17. 33 ἑαυτῆc; 8, 8 ἑαυτῶν, 11 ἑαυτῶι (117ª); II 32 ἑαυτοῖc (120ª); ebenso III 22 (127ª); V 25 und VI 26 ἑαυτούc (177 oder 165ª); VIII 5. 32 ἑαυτούc, 70 ἑαυτόν (119ª).

b) in Bittschriften und Eingaben: Grenf. I 42, 7 ἑαυτούc (IIª). P. Kairo Arch. I 60, 36 ἑαυτῶν (123ª). Lond. II p. 8, 3 ἑαυτῆι (118ª); p. 13, 6 ἑαυτῶν (116—11). Par. 26, 13 ἑαυτῶν (163ª); ebenso Rev. Mél. 291, 11 (c. 130ª). Tebt. I 47, 31 ἑαυτῶν (113ª); 49, 7 ἑαυτοῦ (113ª); ebenso 50, 13 (112ª).

c) in Privaturkunden: Grenf. I 30, 9 ἑαυτῶν (103ª); ebenso 35, 7 (99ª); II 36, 19 ebenso (99ª). Leid. U 3, 7 ἑαυτοῦ (IIª). Par. 46, 13 ἑαυτόc = ἑαυτούc (153ª), 9 cεαυτόν [aber 21 cαυτοῦ].

d) auf Inschriften: Rosettastein 10. 12. 13. 27. 28. 35 ἑαυτοῦ (196ª). Dittenb. inscr. gr. or. I 100, 3 ἑαυτοῦ (c. 190ª); 140, 10 und 144, 4 ἑαυτήν (146—116ª). 169, 5 (116—81ª), 177, 11 (97—6ª) und

179, 9 (95[a]) ἑαυτοῦ; 194, 11 ἑαυτόν (42[a]); ebd. 20 ἑαυτοῦ; ebenso 195, 3 (33[a]).

Über ἑματόν, ἑατούς vgl. § 17, S. 115 Anm. 1. Vom dorischen Reflexiv αὐτοσαυτοῦ ist die Rede oben S. 8.

Anmerkung 3. Schon in hellenistische Zeit fallen die ersten Spuren vom Ersatz des possessiven Reflexivpronomens durch ἴδιος:[1]) z. B. Rev. L. 52, 13. 23 εἰς τὴν ἰδίαν (= ἑαυτῶν) χρείαν (258[a]). Besonders auffallend ist Par. 41, 11 οὗ ⟨ἐν⟩ κατοχῇ ἰμι μετὰ τοῦ πρεσβυτέρου ἀδελφοῦ ἰδίου (= ἐμοῦ) Πτολεμαίου (158[a]). Tor. VIII 27 (119[a]) εἰς τὰς ἰδίας αὐτῶν (= εἰς τὰς ἑαυτῶν) μετοικισθῆναι. Als stehende Phrase in Kontrakten (Anleihen) begegnet τοῖς ἰδίοις ἀνηλώμασιν, wie Amh. II 46, 7 (113[a]). Par. 7, 10 (100[a]); Tebt. I 10, 3 (119[a]); 105, 42 (103[a]); 109, 23 (93[a]) und oft. Überhaupt ist der ausgedehnte Gebrauch des Adjektivs ἴδιος zu beachten. Viereck Sermo 73. — οἰκεῖος in diesem Sinne beschränkt sich, wie es scheint, fast ganz auf die Literatur. Die frühesten Belegstellen auf Papyrus sind Grenf. I 33, 31 (103—2[a]) μετὰ κυρίου τοῦ ἑαυτῆς οἰκήου, und ebenso Grenf. II 28, 4 (103[a]). Norden, Antike Kunstprosa 144 § 16 (Inschrift von Nimrud-Dagh εἰς κόσμον οἰκεῖον).

b) Demonstrativa.

6. Das hinweisende ὅδε ist bis ins 2. Jahrh. v. Chr. nicht eben selten:[2]) τόδε Petr. II 21 (d) 14. 15 (III[a]). τόνδε ebd. 45 (1) 12 (246[a]). τῆιδε ebd. 10 (2) 5 (nach 240[a]). τῆσδε im Akrostich. vor Eud. v. 3 (vor 165[a]) und in der metr. Grabschrift Arch. I 219, 2 (145—116[a]). τήνδε Dittenb. inscr. gr. or. 101, 5 (c. 200[a]) [dagegen τήνδ' αὐτὴν Petr. I 21, 21 (237[a]) ist nach Petr.[2] p. 2 zu berichtigen in τὴν δ' αὐλήν]. Stehend ist die Testamentsformel τάδε διέθετο z. B. Petr. I 13 (2) 18 = Petr.[2] 4 (2) 18 (237[a]). Petr. I 14, 5 = Petr.[2] 6 (a) 21 (237[a]); Petr. I 15, 11 = Petr.[2] 2, 13; Petr. I 16 (1) 12; 18 (2) 7 (alle 237[a]); 19, 21; 20 (2) 13 (225[a]). Vgl. Petr. I 16 (2) 9 (230[a]); 18 (1) 5 (c. 237[a]); 24 (2) 3 (268[a]); II 17 (1) 24 (236[a]). Belege aus dem 1. Jahrhundert fehlen. Das Adverb. ὧδε („so") steht Grenf. II 36, 17 (95[a]) und in einem literarischen Stück Par. 2 (Chrysippospap.) col. 10, 2. 6. 11 (c. 160[a]). Auf Urkunden: οὐδ' ὥς Lond. I p. 34, 18 (161[a]); im selben Sinn οὐδ' οὕτως Tebt. I 24, 25 (117[a]). — ἐκείνως Petr. II 49 (e) III 13 (klassisches Fragm., III[a]).

7. Das emphatische -ί begegnet in dem Pronominaladverb τηνικαυτί Par. 63, 9, 26 (165[a]). Wenn die Lesart τουτίν Petr. II Einl.

1) Auf attischen Steinen begegnet ἴδιος für ἑαυτοῦ seit 69 v. Chr. (Mhs.[3] 235, 3). So auch bei den LXX, Dion. Hal., Plut., Philo, Ioseph. nach W. Schmidt de Ios. eloc. 29 = 369; im N. T. nach Win.-Schmiedel § 22, 17. Zur weiteren Entwicklung vgl. Dieterich Unt. 195. Krumbacher Münchener Sitzungsber. 1898 II 229. Schmid Wchschr. f. kl. Phil. 1899, 544f. Deißmann Bibelstud. 120f. Moulton Class. rev. XV (1901) 440f.

2) Nach Blaß N. T. § 13, 2 ist ὅδε im N. T. fast auf die Formel τάδε λέγει beschränkt. Win.-Schmiedel § 23, 1. Nachmanson 145. Dieterich Unt. 197. Hatzidakis Einl. 293.

p. 31, 3 v. unten (III[a]) feststeht, so hat man darin eine Bestätigung für das von Herodian I 509, 1 f. erwähnte -ίν (in νυνίν, οὑτωςίν), das nach K.-Bl. I 620 Anm. 1 in Handschriften selten vorkommt. Vgl. Crönert 141, 3. Meisterh.-Schwyz. 155, 7. Über νυνί s. unten § 85, 12.

8. τοιοῦτος — τοςοῦτος. Das Neutr. sing. nom. acc. lautet in der Mehrzahl der Fälle nach attischem Brauch auf -ον aus, vor Vokalen und Konsonanten; doch ist auch in beiden Fällen τοιοῦτο (v. III—II[a]) belegt.[1])

Beispiele für -τον a) vor Vokalen: τοιοῦτον ἦν P. Weil V 6 (Komödienfragment, vor 161[a]). τοιοῦτον ἐπιτηδεύει Par. 64, 32 (164[a]). τοςοῦτον εὐγνωμοςύνης Par. 63, 3, 83; ebd. col. 11, 70 τοςοῦτον ἡμεῖν (165[a]).

b) vor Konsonanten: τοιοῦτόν τι Amh. II 29, 17 (c. 250[a]). τοιοῦτον πεποιηκέναι Par. 64, 8; ebd. 10 τοςοῦτον προῆχθαι (164[a]). τοςοῦτον c. Rev. L. 17, 7 (258[a]).

für -το a) vor Konsonanten: τοιοῦτο γίνηται Petr. II 38 (b) 6 (240[a]). Par. 61, 14 (156[a]). Amh. II 41, 16 (II[a]). τοιοῦτό τι Magd. 11, 6 (III[a]); Lond. II p. 165, 20 (c. 10[a]).

b) vor Vokalen: τοιοῦτο ἐπιχειρεῖν διαπράςςεςθαι Tor. IX 17 (119[a]). τοιοῦτο ἐπί Tebt. I 72, 453 (114[a]).

Anmerkung 4. In zwei stark verstümmelten Stücken liest man die in Prosa höchst seltene Form τόςου (= τοςούτου?) Petr. I 24 (2) 8 οἴκημα τόςου ητρο . . . (268[a]) und Petr. II 21 (d) 15 (unb. III[a]) ἀλλὰ τόςου ἐςτὶν μέρος τόδε. Sonst nur τοςούτου Petr. II 11 (2) 4 (III[a]); 29 (b) 9; (d) 11 (242[a]). τοςαύτας ebd. 45 col. 2, 18 (246[a]) etc. K.-Bl. I 616 Anm. 1.

Anmerkung 5. Über ταύτων = τούτων (Analogiebildung) vgl. S. 113. τοῦτοι Leid. A 28 (c. 150[a]) ist unsichere Lesart, wofür Witkowski Prodr. 16 τοῦ τοι[.]ύτου μὴ γεγονότος vermutet.

9. Das temporale Demonstrativ τηνικαῦτα entspricht Vat. E (Mai V 354) 23 (157[a]) einem ὁπηνίκα. Über τηνικαυτί s. oben 7.

c) Determinativa.

10. An Stelle des in den Urkunden durchaus (vor Konsonanten und Vokalen) herrschenden τὸ αὐτό (seltener ταὐτό) begegnet vereinzelt in klassischen Texten τὸ αὐτόν (ταὐτόν): εἰς τὸ αὐτόγ γ[ε πάλιν] Petr. I 7 (2) 6 (Phaedon 82 B, c. 300[a]), im text. rec. ταὐτόν γε. ταὐτόν ἐςτιν Petr. II 50, 5, 15 (Laches 191 E, c. 300[a]).

Belege in den Urkunden für τὸ αὐτό und ταὐτό s. oben § 31, 2. 3, S. 158 f. Zum Ganzen vgl. G. Meyer 519. K.-Bl. I 608 (Plato meist

---

1) Das ν dieser Formen entstammt der Analogie mit den sonstigen Neutra. K.-Bl. I 295; 606, 2. Auch die attischen Dichter und Prosaiker bevorzugen die Formen auf -ον. Die attischen Inschriften bieten nur τοιοῦτον (IV[a]), Meisterh.-Schwyz. 155, 9. Das Material für spätere Papyri und Codices gibt Crönert 195, 1.

ταὐτόν, ebenso Isokrates, die Tragiker nach Bedürfnis des Verses) Meisterh.-Schwyz. 155, 10 (beide Formen gleichzeitig neben einander)

Anmerkung 6. In einem vulgären Traumbericht niedrigsten Stils *Par. 51, 32 (160ª) steht αὐτόν allein für das Neutr. im Satze οὐκ ἤθελον οὐδέν ὑποδεῖξαί μου τὸ πρόcωπον (sic) διὰ τὸ καλὸν αὐτὸν εἶναι — entweder Übertragung der adjektivischen Endung (zur Vermeidung des Hiatus?) oder parasitisches Schluß-νῦ (nach S. 197 ff.).

11. Mehrfach belegt ist das Pronominaladverb ὡcαύτωc: ὡcαύτωc δὲ καί Petr. II 4 (11) 7 (255ª); 12 (1) 12 (241ª); 13 (4) 9; (17) 8 (255ª). Par. 5, 4, 10 (114ª). Lond. I p. 46, 13. 14 (146—135ª). Grenf. I 17, 22 (nach 147 oder 136ª). Weitere Stellen sind im Index der Petr. II und Tebt. I angeführt.

Über die Form ἀτόc = αὐτόc vgl. oben § 17, 7, S. 114.

Anmerkung 7. Der Gebrauch von ὁ ἴδιοc für ὁ αὐτόc, den Schmid Attic. II 11. 228 schon in einer (wohl unechten) Rede des Aristides findet, läßt sich auch entdecken Eud. 8, 15/16 und 9, 3 im Ausdruck τῆι ἰδίαι διαcτάcει (vom Radius eines Kreises), womit 20, 19/20 im gleichen Sinn wechselt τῆι αὐτῆι διαcτάcει (vor 165ª). Damit ist zu vergleichen τοὺc ἴcουc (= τοὺc αὐτοὺc) ἄνδραc P. Kairo Arch. I 60, 49 (123ª). Vgl. Meisterh.-Schwyz. 235, 3. Dieterich Unt. 196. Win.-Schmiedel § 22, 17. Note 30. Krumbacher Münchener Sitzungsber. 1898 II 229. Moulton Class. rev. XV (1901) 440 f.

d) Relativa.

12. Ähnlich zu erklären wie αὐτόν = αὐτὸ (Anmerk. 6) ist wiederholtes ὅν = ὅ vor Vokal im dialektischen Papyrus (Par. 2): col. 1, 6 und 16 οὐ ἀληθέc, ὃν ἔλεγεν (im Wechsel mit ὅπερ λεχθείη ἄν col. 1, 1); ebenso col. 5, 3 und 20 εἰ ἀληθέc, ὃν ἔλεγεν (160ª). Eine Analogiewirkung von τοιοῦτον, ταὐτόν ist naheliegend. Ähnlich *Grenf. II 35, 16 (98ª) τὸ ἐπιβάλλον μέροc, ὃν ἠγόραcεν; doch ließe sich dies auch auf Rechnung des saloppen Schreibers (Hermias) setzen, der Kasus und Genera durcheinanderwirft.

13. Von dem nahezu untergegangenen ὅcτιc (dafür meist ὅc, im Plur. oft ὅcοι) begegnet die abgekürzte Form ὅτωι sicher nur im Akrostichon vor dem Eudoxospap. v. 4 (vor 165ª); zweifelhaft (infolge einer Lücke) Petr. II 36 (1) 12 (IIIª). Ebenso ist ἀφ' ὅτου Dittenberg. inscr. gr. or. I 94, 24 (42ª) erst vom Herausgeber aus ΑΦΟΛΟΥ hergestellt. ὅ, τι (ἄν) ist nicht selten, z. B. Rev. L. 45, 11 (258ª). Petr. II 31, 10 (IIIª) etc. ὅπερ ist belegt Petr. II 19 (1ª) 6 (IIIª) ὅπερ καὶ ἀληθινόν. Par. 2 col. 1, 1 ἔcτ]ιν ὅπερ οὕτω λέγοι [ἄν τι]c; ähnlich col. 4, 16. 27; col. 6, 1. 5 (IIªi). ὅπερ (geschr. ὅπορ) εἰκόc ἐcτι Tebt. I 24, 50 (117ª).

Anmerkung. 8. Der Gebrauch des Artikels als Relativpronomen, der hin und wieder inschriftlich auf attischen Privaturkunden seit IVª begegnet (Meisterh.-Schwyz. 156, 13; Brugmann Gr. Gr. 560) und den Dieterich Unt. 198 f. als

Eigentümlichkeit des ägyptischen Dialekts anführt, läßt sich für die ptolem. Zeit nur schwach belegen: Tebt. I 120, 58 (97 oder 64[a]) in der Verbindung ἀπὸ τῶ(ν) ἀνενήνοχεν Ἑρμίας, wo der Artikel ebenso gut in demonstrativischem Sinn aufgefaßt werden könnte. Die beiden Beispiele, die Völker, Syntax der griech. Papyri (Münster 1903) p. 6 dafür geltend macht (Grenf. II 41, 13 und Par. 19, 6), gehören der nachchristlichen Zeit an, sind überdies unsicher. Schief ist auch Völkers Argumentation an derselben Stelle, daß umgekehrt ὃς καί bei Doppelnamen für ursprüngliches ὁ καί stehe. Die Sache liegt vielmehr gerade umgekehrt. Die ältere, in der ptolem. Zeit allein belegte Nominativform ist ὃς καί (sc. καλεῖται), wie in der Tat ohne Ellipse gelesen wird Par. 10, 4 (145[a]) Ἕρμων ὃς καὶ Νεῖλος καλεῖται und wie Mahaffy Petr. II Einl. p. 23, 15 (238[a]) mit Recht ergänzt ὃς καὶ Συριστὶ Ἰωναθᾶς [καλεῖται]. Weitere Belege: Par. 14, 3 Ἀπολλώνιος ὃς καὶ Ψεμμώθης; ebenso Leid. F 12; Tor. III 3; IV 3 (alle 127[a]). Lond. II p. 2 (b) 2 Πανίσκος ὃς καὶ Πετεμῖνις (II[a]). P. Reinach 26, 2 Πασίων ὃς καὶ Πᾶσις (104[a]). Tebt. I 24, 84 Ἰμούθης ὃς καὶ Ἀσκληπιάδης und 88 Ἀμμώνιος ὃς καὶ Ἀτεῖς (117[a]); 105, l. 11. 54 Πτολεμαῖος ὃς καὶ Πετεσοῦχος (103[a]); 109, l. 11 (93[a]); 164, 6 (II[af]) usw. In einem Nebenkasus ist die relativische Form bisher nur durch ein Beispiel belegt: Grenf. I 33, 10 (103—2[a]) Ψεμμίνιος ἧς καὶ Ὀβράπις. Sonst treten hier durchweg die Formen des Artikels (mit leicht zu ergänzendem καλουμένου etc.) ein: Par. 14, 3 Ἑρμίου τοῦ καὶ Πετεφώντου; ebenso Tor. III 4; IV 3 (alle 127[a]). Par. 15 (b) 1, 3 Σιτόιτος τοῦ καὶ Ἐριέως (143[a]); ebenso Tor. I 5, 8 (117[a]). Grenf. I 17, 1 τῆς καὶ Σεμμίνιος (147 oder 136[a]); ebd. 21, 12 Ἀπολλωνίας τῆς καὶ Σεμμώνθιος, 17 Ἀπολλωνίαι τῇ καὶ Σεμμώνθει (126[a]). Ὥρου τοῦ καὶ Ἀπολλωνίου P. Reinach 11, 4f. (111[a]). Leid. G 9 Πτολεμαίωι τῶι καὶ Ἀλεξάνδρωι (99[a]); Διονυσίωι τῶι καὶ Πλήνει — Ἰσιδώραι τῆι καὶ Τάσιτι — Ἑρμοφίλου τοῦ καὶ Παχόιτος P. Reinach 26, 5—8 (104[a]) usw. Erst in römischer Zeit wird auch der Nominat. nach Analogie der Nebenkasus durch den Artikel ausgedrückt. Von den unzähligen Beispielen setze ich nur folgende her: BU 22, 25 ὁ καὶ Φίμων (114[p]). Not. et extr. XVIII 2 p. 431 (tessera) Nr. 7, 4 Πετορζμῦθις ὁ καὶ Ναβῶς (149[p]). BU 24, 4 ὁ καὶ Πολυδεύκης (unb. röm.); ebd. 26, 30 ὁ καὶ Ἥρων (174[p]); ebd. 39, 25 ὁ καὶ Ἀφ. (185—6[p]); 7 col. 1, 1 ὁ καὶ Διονύσιος (247[p]); 36, 4 ὁ καὶ Φανῆσις (II—III[p]). Genit.: BU 22, 11 τοῦ καὶ Φίμωνος (114[p]); 39, 2 τοῦ καὶ Πτολεμαίου (185—6[p]); 8 col. 1, 17 τοῦ καὶ Πολέμ[ωνος, col. 2, 19 τοῦ καὶ Ἁρποκρατίωνος (247[p]); 13, 1 Σαραπίωνος τοῦ καὶ Συρίωνος (289[p]); 30, 4 anakoluthisch Διοσκόρου ὁ καὶ Πτολεμαίου (unb. röm.). Dat.: BU 2, 1 Ἀπολλοφάνι τῷ καὶ Σαραπαμμῶνι (209[p]) usw. Vgl. zum Ganzen Schmid Attic. III 338, wo zahlreiche Beispiele auch von Inschriften gesammelt sind.

e) Korrelative Pronomina.

14. Es kommen vor: ποῖος — τοιοῦτος — οἷος; πόσος — τοσοῦτος (τόσος s. oben Anm. 4) — ὅσος; τηλικοῦτος, z. B. Par. 63, 2, 35; col. 4, 126 (165[a]) — ἡλίκος, z. B. Tebt. I 27, 78 (113[a]); adv. τηνικαυτί (s. ob. 7) — ὁπηνίκα Vat. A (Mai V 601) 18 (172[a]); E (Mai V 354) 22; F (V 356) 17 (157[a]).

f) Interrogativa und indefinita.

15. Nirgends ist zu τίς der verkürzte Gen. τοῦ oder τῷ statt τίνος, τίνι belegt. Statt τοῦ χάριν (weswegen) wie Letronne Par. 35, 29 (163[a]) liest, bietet das Faksimile deutlich τίνος χάριν.

16. Verlängerung der Relativa durch angehängtes -οῦν und -δήποτε (K.-Bl. I 619), wodurch dieselben zu sehr allgemeinen Indefinita

werden, liegt vor in folgenden Fällen:[1]) ὁcτιcοῦν: die Belege für dat und acc. sing. masc. fem. s. oben § 30, 2e, S. 157. ὅτιοῦν Petr. II 21 (a) 4 (III[a]). — ὁcδηποτοῦν: οὐδηποτοῦν Tor. I 8, 5 (117[a]). ὀνδηποτοῦν Tebt. I 124, 28 (118[a]). Widmungsinschrift, mitgeteilt Fay. p. 49, 9 = Strack, Ptol. Inschr. Arch. II 555 (zwischen 193 und 168[a]). ἡνδηποτοῦν Tebt. I 27, 82 (113[a]). — ὁποτερουοῦν Genf-Münch. Ehevertrag Arch. I 486, 18 (II[a]). — Adv. ὁμωcδηποτοῦν (statt ὁπωcδηποτοῦν) Par. 63, 8, 4 (165[a]).

17. Von Pronomina, die eine Zweiheit ausdrücken, haben sich erhalten: ἀμφότεροι: so Petr. II 16, 2 (III[am]) ἀμφοτέρας (acc. plur. fem.); ebd. 17 (4) 8 ἀμ]φοτ[έραιc] ταῖc χερcίν (III[a]). Tebt. I 119, 24 παρ᾽ ἀμφοτέρω(ν) (105—101[a]). — ἑκάτεροc: Petr. I 19, 34 (225[a]) ἑκατέρας (gen. sing. fem.). — ἕτεροc im sing. und plur. ziemlich häufig. — ὁπότεροc: Petr. II 44, 20 (III[a]). Amh. II 50, 25 (106[a]) ὁποτέρου; ebenso Grenf. II 27, 23 (103[a]); 29, 28 (102[a]). — μηδέτεροc BU 1011, 18 (II[a]). Vgl. Blaß N. T. § 13, 5.

§ 70. Zahlwort.[2])

Vorbemerkung. Im Zusammenhang mit der Breviloquenz mancher Stücke (wie Rechnungen, Rubriken, Soll und Haben), die auch sonst zu gelockerter Struktur der Satzglieder geführt hat, steht die Erscheinung, daß die flektierbaren Zahlwörter (vgl. Nr. 1—4) nicht selten als indeklinabel behandelt werden.

A. Grundzahlen.

1. ἕνα steht für μίαν Ostr. 707, 4 ἀγω(γὴν) ἕνα (unb. ptol.), vielleicht das älteste Beispiel eines indeklinabeln ἕνα. Dagegen ebd. 705, 3 (ptol.) ἀγω(γὴν) μίαν. Sonst ist ἕνα stets Akk. masc. (noch nicht Neutr., wie im Neugr.): ἐμβέβληκαν ἕνα Par. 34, 21 (157[a]). μετρητὴν ἕνα Lond. I p. 7, 9 (164—3[a]). ἕνα δὲ προελθόντα Leid U 2, 12 (II[a]) etc. Neutr. ἕν τι Tebt. I 25, 13 (117[a]) etc. Gen. ἐξ ἑνόc Amh. II 50, 24 (106[a]). Grenf. II 27, 23 (103[a]); 29, 28 (102[a]). Tebt. I 109, 27 (93[a]) etc. Dat. ἑνί Petr.[2] 51, 11 (III[a]).

Über das zu einem Ausdruck zusammengewachsene καθέν (καθ᾽ ἕν) = Liste s. Stammbildung § 89, 3; über οὐδείc, μηδείc ∼ οὐθείc, μηθείc s. oben S. 180ff.

---

1) Es sind meist amtliche oder literarisch gefärbte Urkunden, in denen diese Formen vorkommen.

2) Vgl. im allg. K.-Bl. I § 181—188. G. Meyer 494—504. Brugmann 211—217. Meisterh.-Schwyz. § 62. Schweizer Perg. § 62. Nachmanson § 67. Blaß N. T. § 12. Dieterich Unt. 185f. Crönert 197—200.

2. δύο. Die gewöhnliche Form für Nom. und Akk. ist δύο, z. B. Nomin. δύο ὀβολοί Petr. II 4 (3) 9 (255[a]). μετρηταὶ δύο — δραχμαὶ δύο ebd. 27 (1) 6. 9 (236[a]). οἱ δύο ebd. II 32, 14 (c. 238[a]) etc. Akkus. ὀβολοὺς δύο Petr. II 44, 21 und δύ' ὀβολούς ebd. 25 (nach 246[a]). ἡνιόχους δύο ebd. 25 (b) 6 (226[a]). χωματοφύλακας δύο ebd. II 6, 3 (255[a]) usw. Wenn daneben wiederholt δύω begegnet, so ist darin doch wohl etwas mehr als ein orthographischer Fehler zu erkennen. Zwar bieten die attischen Inschriften diese alte (homer.-hesiod.) Dualform nirgends (Meisterh.-Schwyz. 157, 1); sie ist auch (nach K.-Bl. I 632, Anm. 2) bei Dichtern sehr selten: aber da sie auf Inschriften, Papyrus und in Handschriften mit auffallender Regelmäßigkeit wiederkehrt (Crönert 198), darf man sie wohl (als Analogon zu ἄμφω) der Volkssprache zuschreiben. Beisp. *δύω γυναῖκες — καθημένας Par. 50, 21 (160[a]). *δύω καλάμους Par. 51, 39 (160[a]). δύω ἄνθρωποι Leid. C p. 118, 1, 21 (c. 160[a]). τάλαντα δύω Theb. Bk. IX 7 (134[a]). Auch Petr.[2] 57 (a) 4 = Petr. II 46 (a) 4 (200[a]) hat Wilcken (Add. et Corr. zu Petr.[2] p. XVIII) πρὸ[ς] τ[άλα]ντα δύω ε[ἶ]ν[αι] hergestellt. Über δύω als Gen. s. unten. Vgl. G. Meyer 495. Schweizer 163, 1 (2 Belege aus röm. Zeit).

Für den Genitiv sind folgende Formen überliefert:

a) seit dem 3. Jahrh. v. Chr. überwiegend δύο: τῶν δύο Petr. II 38 (a) 5 (240[a]). Grenf. II 22, 10 (110[a]). Meist nach dem Substantivum, wie σταχύων δύο Kanop. Dekr. [B] 62 (237[a]). ἡμερῶν δύο Petr. II 25 (g) 10. 13 (226[a]). δραχμῶν δεκαδύο ebd. II 27 (1) 5. 8 (236[a]). οἰκιῶν δύο Tor. XI 15 (176 oder 165[a]). ἐτῶν εἴκοσι δύο Grenf. I 10, 12 (174[a]). ταλάντων δύο Grenf. II 15, 2, 10 (139[a]). ἐτῶν δύο Tor. I 7, 26 (117[a]). υἱῶν δύο ebd. VIII 44 (119[a]). πλοίων δύο Grenf. II 23, 19 (108[a]). σφραγίδων δύο B U 995 III 3 (109[a]); ebd. III 5 ἀρουρῶν δύο usw. Vor dem Subst.: τῶν δύο ἐτῶν Magd. 1, 12 (III[a]). τῶν δύο μετρητῶν Par. 31, 16. 31 (163[a]). τῶν δύο ὠνῶν Rev. Mél. 322, 1 (II[a]). τῶν δύο συναλλαγμάτων Grenf. II 22, 10 (110[a]). δύο σφυρίδων Ostr. 1152 (ptol.) etc. [meist mit Artikel].[1])

b) δύω (Nebenform zu δύο): δύω χαλκίων Leid. T 1, 24 (164—160[a]). τῶν νεωτέρων δύω [möglicherweise Akkus.] Grenf. II 38, 12 (81[a]);

---

1) Vgl. Aristeas 57 δύο γὰρ πήχεων; 60 τῶν δύο κλιμάκων; 93 ταλάντων δύο. Attische Inschriften haben indeklinables δύο erst in der Kaiserzeit (Meisterh.-Schwyz. 157); dagegen nicht selten attische Schriftsteller, wie Thuc., Plat., Xen., Dem. (K.-Bl. I 633 Anm. 3; G. Meyer 496). Den Gen. δύο bevorzugen die Attizisten (Schmid Att. IV 587); er findet sich gelegentlich bei Polybius (Kälker Leipz. Stud. III 232), bei Iosephus (W. Schmidt 507), fast ausschließlich im N. T. (Win.-Schmiedel § 9, 11; Blaß § 12). S. noch Schweizer 163, 1. Crönert 198. Reinhold 61.

c) inschriftlich einmal δυῶν: Kanop. Dekr. 62 (Exempl. Tanit. A) σταχύων δυῶν (im Exempl. B δύο). Die Form findet sich sonst im Neuionischen (Herod., Hippocr.) und Dorischen, s. oben S. 18. Crönert 198 zitiert als weiteren Beleg ἀρουρῶν δυῶν BU 287, 25 (II p). Reinhold 61 (δυῶν Ap. Paul. 34).

d) Einmal erscheint als literarische Reminiszenz das nachklassische δυεῖν Eud. 13, 4 (vor 165 a).[1])

Der Dativ ist erst seit dem Ende des 2. Jahrh. v. Chr. belegt in der Form δυcί: ἐν cφραγῖcι δυcί Grenf. II 23 (a) col. 2, 7 (107 a). τοῖc δυcί Amh. II 50, 7 (106 a); Grenf. II 27, 5 (103 a). ἐν ἔτεcι δυcί Tebt. I 105, 21 (103 a); 230 (II a f).[2]).

Nirgends findet man, weder im Genit. noch im Dat. die klassische Form δυοῖν.

3. τρεῖc ist Nom. und Akk.: μετρηταὶ τριάκοντα τρεῖc Petr. II 30 (e) 9 (235 a). οἱ τρεῖc ebd. 47, 29. 31 (192 a). ἡμέραc τρεῖc Eud. 1, 18 (vor 165 a) etc. Die nicht seltene Schreibweise τρῖc ist lautlich durch den Itazismus zu erklären (nach § 11 III 3): τρῖc ἥμυcυ Par. 58, 10 (c. 160 a). (ἀρτάβαc) εἴκοcι τρῖc Amh. II 60, 8. 11 (nach 151 oder 140 a). cυγγραφὰc τρῖc Fay. XI 12 (nach 115 a). τριcκαιδεκαμήνου, τριcκαιδεκαπαλάcτωι s. unten Anmerk. 1.

Genit.: γεφυρῶν τριῶν Petr. II 13 (2) 7 (258—55 a). τριῶν θυρῶν ebd. 15 (1 b) 2 (241 a) etc. Dat.: μηcὶν τριcίν Eud. 5, 4. 11 (vor 165 a).

---

1) Zur Erklärung dieser Form, die auf attischen Inschriften gegen Ende des 4. Jahrh. aufkommt (Meisterh.-Schwyz. 157), ist zu vgl. Brugmann 48. 55 (rein lautmechanische Änderung der Aussprache von δυοῖν). K.-Bl. I 135 vergleicht damit οἴκει < οἴκοι (Menander) und τοῖc λοιπεῖc (att. Inschr., 100 a). Blaß A.[3] 56. Vgl. auch oben S. 112. Phryn. 210 Lob. billigt δυεῖν, beschränkt aber seinen Gebrauch auf den Genitiv. δυεῖν ist belegt bei Polybius, Auct. περὶ ὕψουc I 1 und auf späteren Inschriften (Kälker l. l. 232, 299), bei Strabo (z. B. p. 703, 754), bei Plut. (z. B. Crass. 27), selten bei Attizisten (Schmid Att. IV 586) und im N. T. (Win.-Schmiedel § 9, 11), mit einer Ausnahme niemals übereinstimmend überliefert bei Iosephus (W. Schmidt 506 f.), nirgends bei den apostolischen Vätern (Reinhold 61).

2) δυcί ist pluralische Analogiebildung zu τριcί, Brugmann 212. Zuerst in der neuionischen Mundart (Hippocr., nicht Herod.), dann bei Thucyd. 8, 101. K.-Bl. I 633. G. Meyer 497. Phryn. 210 Lob. verwirft δυcί statt δυοῖν. Seit Aristoteles in der κοινή geläufig. Das älteste inschriftliche Beispiel ist Dittenb., Syll.[2] 177, 26 (Teos, 304 a); auf attischen Steinen taucht die Form erst gegen Ende des 3. Jahrh. auf (Mhs.[3] 157). Über kleinasiatische Inschr. vgl. Schweizer Perg. 163. Über die Schriftsteller Polyb., Dion. Hal., Plut., Polyaen, Sext. Emp. vgl. W. Schmidt de Iosephi eloc. 507; über das N. T. Win.-Schmiedel § 9, 11. Blaß N. T. p. 35; über die Attizisten W. Schmid Att. I 226 (Lukian), II 17 (einmal bei Aristides), IV 587 (zusammenfassend); über die apostol. Väter Reinhold 61 (gew. δυcί). Crönert 199 (Strabo, Onos.)

Indeklinable Form: ταλάντων τρία ἥμυcυ Par. 58, 5 (c. 160[a]) ἐν τρῖc cφραγῖcι (wenn nicht τριc⟨ὶ⟩ cφρ. zu lesen ist) Tebt. I 106, 8 (101[a]). Über τρίτοι ὄντεc = τρεῖc ὄντεc s. unten 15.

4. Der Stamm des Zahlworts 4 lautet gewöhnlich τεccαρ-, nur ganz vereinzelt in älteren Stücken τετταρ- (Belege für beides § 52 S. 224). Das sonst in der κοινή nicht seltene τέccερα finde ich bisher nur auf einer ptolem. Inschrift, worüber zu vgl. § 9 S. 57. Vom Akkus. τέccαρεc (indeklinabel oder Analogie zum Nomin.?) ist die Rede § 9 S. 59. Der Dat. lautet im Kanop. Dekr. 24 (237[a]) τέccαρcι. Zu τέτραcι (Pind., Isokr.) vgl. K.-Bl. I 636. 645 und neuestens Crönert 199, 2 (zahlreiche Belege aus Aristot., Eukl., LXX, Philo, Diod., Ioseph.).

τετρα- behält nach attischer Weise (Mhs.[3] 158, 2) sein α in der Zusammensetzung vor nachfolgendem Vokal: κατὰ τετραετηρίδα Eud. 3, 31 (vor 165[a]). Zu τετρακαιεικοcτόc vgl. Nr. 17.

5. πέντε verliert sein Schluß-ε in der Zusammensetzung vor Vokalen: πενθήμεροc Rev. L. 48, 8 (258[a]). Amh. II 29, 13 (c. 250[a]). Par. 62, 2, 2 (II[a i]). πεντάρουροc Petr.[2] 100 (b) 2, 13 (III[a]). εἰκοcιπεντάρουροc Tebt. I 137 (II[a]). Dagegen führt die Analogie mit anderen Zahlen (τετρα-, ἑπτα-, ἐννεα-, δεκα-) nicht nur zum geläufigen πεντακόcιοι, πενταπλοῦc (S. 293), πενταπ[λάcιον, wie z. B. Par. 62, 8, 15 (c. 170[a]), sondern auch zu πενταπήχουc Petr.[2] 42 H (7) 4 (c. 250[a]); πενταπήχειc Strack, Ptol. Inschr. Arch. III 137 Nr. 20, 20 (unb. ptol.); πεντάχοα Magd. 26, 3. 6 (III[a]); πενταετῆ Amh. II 85, 22 (78[p]); einmal sogar zu πεντακαιδέκατον Par. 5, 1, 8 (114[a]).[1])

6. Über die Formation des Zahlwortes ἕξ im Aus- und Inlaut, sowie in der Kompositionsfuge vgl. § 53 B, S. 228f.

7. Die Dualform ὀκτώ zeigt in der Zusammensetzung den reinen Stamm ὀκτα-: ὀκταετηρίδα Eud. 13, 12; ebd. 14, 4 ὠκταετηρίδα (vor 165[a]). Über die Schreibung ὀκτώι vgl. S. 136.

8. Stets mit doppeltem ν wird geschrieben ἐννέα, z. B. Grenf. I 10, 10 (174[a]); II 23, 2, 11 (107[a]). Ostr. 712, 3; 708 (ptol.). ἐννεακαιδε[κάτωι Petr. I 18 (1) R. col. 2 (237[a]) etc.; dagegen nur ἔνατοc, ἐνενήκοντα, ἐνακόcιοι worüber zu vgl. § 49, S. 214, Anm. 5.

9. Die Zahlen 11—19 werden seit dem 3. Jahrh. in der Regel so gebildet, daß δέκα voransteht und der Einer folgt, und zwar ver-

---

1) Vgl. Phryn. 412 Lob. Brugmann 168. Meisterh.-Schwyz. 158, 3. Schweizer Perg. 164 (mit Grammatikerstellen). Nachmanson 147, 3.

binden sich wohl beide Zahlen (nach neugriech. Art) zu einem Wort, das dem gezählten Begriffe nachsteht.[1])

Belege: Für 11 hat sich ἕνδεκα erhalten im literarisch gefärbten Eud. 15, 7 (vor 167a), sowie auf einer tessera des Louvre Rev. Mél. 4, 7. 9 (IIa). [Statt ἕνδεκα μ.. Petr. II 4 (12) 8 (255a) jetzt Petr.² p. 110 ἐδώκαμεν]. Daneben aber δεκαμίαν Ostr. 736, 3. 6 (150 oder 139a). — δώδεκα nur Vat. F (Mai V 358) 31 (157a), sonst durchweg δεκαδύο: Petr. II 27 (1) 5. 8 μετρητῶν δεκαδύο (236a). Ostr. 740, 3 ... δεκαδύο (146 oder 135a). Amh. II 47, 5 ἀρτάβας δεκαδύο (113a). Leid. O 2. 11. 17. 33 δραχμὰς δεκαδύο (89a) etc. — Ebenso stets δεκατρεῖς: Grenf. II 29, 10 ἀρτάβας δεκατρεῖς (102a). Ostr. 701, 3 (ἀρτάβας) δεκατρεῖς (unb. ptol.). — δεκατέσσαρες: Ostr. 724, 7 (ἀρτάβας) δεκατέσσαρας (unb. ptol.); ebenso 735, 6 (150 oder 139a). — πεντεκαίδεκα nur im Eud. 12, 6 πεντεκαίδεχ' ἡμέρας (vor 165a). Sonst δεκαπέντε: Rev. L. 12, 17 δραχμ]αὶ δ[εκ]απ[έντ]ε (258a). Grenf. I 41, 4 τάλαντα δεκαπέντε (IIa). Tebt. I 111, 6 ἀρτάβας δεκαπέντε (116a); ebenso Ostr. 701, 5 (unb. ptol.). — δεκαέξ: Tor. III 15 = Par. 14, 14 πηχῶν δεκαέξ (127a); ebenso Tor. IV 12 (117a). Ostr. 757, 3. 7 κεράμια δεκαέξ. BU 1002, 16 (55a). — δεκαεπτά BU 993 III 5 (127a).

Anmerkung 1. In Zusammensetzungen haben sich die alten Formen erhalten: δωδεκάμηνος Petr.² 134, 4 (IIIa). Eud. 3, 10; 14, 2 (vor 163a). Par. 62, 1, 2 (IIai). δωδεκάχους Rev. L. 40, 11; 45, 4 (258a). τρεισκαιδεκαμήνου Eud. 14, 4; ebd. 13, 19 und 14, 1 schlecht τρισκαιδεκαμήνου (vor 165a). τρισκαιδεκαπαλάστωι Petr.² 43 (2) verso col. 4, 4 (246a).

10. Überhaupt steht bei allen aus Zehnern und Einern, Hundertern und Tausendern zusammengesetzten Zahlen regelmäßig die größere Zahl voran, dann folgt, meist ohne καί, die kleinere, und fast immer geht (in Urkunden) das Substantiv voraus.

Beispiele. a) unter 100: Ausnahmsweise noch im Kanop. Dekr. 30 εἴκοσι καὶ πέντε (237a). Petr.² Nr. 134, 1. 2 τριάκοντα καὶ ἕξ (IIIa). Sonst: Leid. U 2, 14 πηχῶν εἴκοσι ἑνός (IIa). Par. 7, 7 ἀρτάβας εἴκοσι δύο (100a). Grenf. I 10, 12 ἐτῶν εἴκοσι δύο (174a). Ostr. 724 (ἀρτάβας) εἴκοσι τρεῖς (ptol.). Tebt. I 110, 4 (ἀρτάβας) εἴκοσι τέσσαρες (92 oder 59a). Amh. II 59, 6 (ἀρτάβας) εἴκοσι πέντε (150 oder 140a). Eud. 5, 12 [εἴκοσι] ἕξ ἡμέρας (vor 165a); die Stellung vor dem Subst. entspricht dem Literaturstil. Petr. II 30 (e) 8 μετρηταὶ τριάκοντα τρεῖς (235a).

1) Bei attischen Schriftstellern sind derlei Bildungen im ganzen selten. K.-Bl. I 626 Note 1. Auf attischen Steinen findet sich nachgesetztes δεκαδύο seit c. 100a. δεκατρεῖς bei größeren Summen schon im 5. Jahrh., δεκαπέντε 400—350a, δεκαέξ nur außer Attika, δεκαεπτά 400—350a, δεκαοκτώ 347—295a (Meisterh.-Schwyz. 159 ff). Schweizer Perg. 165 Anmerk. (δεκαδύο, δεκατρεῖς im 3. Jahrh.). Nachmanson 147. Reinhold 62. Fürs Neugr. Hatzidakis Einl. 150 f. Dieterich Unt. 186.

Grenf. I 18, 13 ἀρτάβας τριάκοντα πέντε (132[a]). Petr. I 19, 4 ἐτῶν πεντήκοντα πέντε (225[a]). Petr. II 15 (2) 7 = Petr.[2] p. 131, 7 πεντήκοντα ἓξ τέταρτον (statt τε ἄρτον) geschr. 241[a]. BU 993 II 11 πεντήκοντα ὀκτώ (127[a]) usw.

b) über 100: Amh. II 59, 11 ἀρτάβας ἑκατὸν εἴκοσι πέντε (150 oder 140[a]). Tebt. I 105, 18 ἀρταβῶν ἑκατὸν εἴκοσι; ebenso BU 993 III 4 (127[a]). Zois II 5 ἑκατὸν ἑξήκοντα (148[a]). Petr. II 48, 19 ... ἑκατὸν ἑξήκοντα τέτταρας(186[a]). Grenf. II 27, 7 δραχμὰς πεντακισχιλίας ἑκατόν (103[a]). Ostr. 332, 3 (δραχμὰς) χιλίας πεντακοσίας εἴκοσι πέντε (ptol.). Petr.[2] 62 (b) 12 δε(σμὰς) χιλίας ἑπτακοσίας πεντήκοντα (III[a]). — Vor dem Substant. (mit Artikel) τῶν τριακοσίων τριάκοντα δραχμῶν Petr. II 47, 16. 20 (192[a]).

11. Beispiele für die Bildung von Komposita mit Zehnern und Zahlen über 20: mit ἄρουρα — δεκάρουρος, τριακοντάρουρος, ἑβδομηκοντάρουρος, ὀγδοηκοντάρουρος passim (namentlich in Abkürzungen); εἰκοσιπεντάρουρος Tebt. I 137 (II[af]); ἑκατοντάρουρος Petr. I 19, 3. 10; 20 (1) 4. 6. 9. 12 (225[a]). Magd. 34, 1 (III[a]). μυριάρουρος Petr. II 42 (a) 3 (III[a]). — δεχήμερος Petr.[2] 121 (b) col. 1 und 2 öfters; 134, 3 (III[a]). τριακονταχοίνικος Rev. L. 39, 2. 4 (258[a]). τριακοντετη[ρίδων] P. Münch. Arch. I 483, 7 (221—205[a]); aber τριακονταετηρίδων Rosettastein 2 (196[a]).

12. Das Wort für 1000 lautet χίλιοι. Vereinzelt vorkommendes χείλιοι ist als lautliche Verwechslung (nach § 11 S. 94 Note 3) zu betrachten; ebenso wenn statt des gewöhnlichen τρισχίλιοι einmal Ostr. 318, 4 (ptol.) τρεισχίλιοι geschrieben wird. Statt τετρακισχίλιαι (Belege S. 94) begegnet im Zoispapyrus mehrmals τετρακισκίλιαι (nach § 36 S. 172) und einmal τετρακίλιαι (vgl. § 57 S. 246).

13. Der Singular von μύριοι im Sinne von 10000 kommt bei kollektiven Substantiven vor, wie κατὰ μυρίαν δεσμήν (je nach 10000 Bündeln) Petr.[2] 41 verso 4; einfach κατὰ μυρίαν 7; τὴν μυρίαν 9 (III[a]). Vgl. Xen. anab. I 7, 10 ἀσπὶς μυρία und öfters bei Herodot.

14. Statt der Zahlwörter und in buntem Wechsel mit denselben stehen, namentlich bei Münzangaben, die Zahlzeichen, von denen § 7 die Rede war. Zahlreiche Beispiele bieten auch die Scherben. Auf Steuerquittungen wird meist die in Worten ausgedrückte Zahl noch mit Zeichen wiederholt (also umgekehrt wie bei uns): z. B. Ostr. 335, 3 δραχμὰς ὀκτακοσίας ἑξήκοντα ἑπτά, οὗ ἀλ(λαγὴ) ωξζ (143[a]); ebd. 337, 4 δραχμὰς δύο τρισχιλίας ἑξακοσίας τεσσαράκοντα πέντε, οὗ ἀλ(λαγὴ) δραχμὰς β'γχμε (142[a]) etc.

B. Ordnungszahlen.

15. Die Ordnungszahlen von 1—12 sind regelmäßig.

In der Verbindung τρίτοι ὄντεϲ (zu dritt) Par. 41, 21 (158ª) steht die Ordnungszahl für die Grundzahl τρεῖϲ. Zu πέμτοϲ vgl. § 33, 4, S. 166. Über ὄγδοοϲ ∼ ὄγδουϲ s. oben § 68, 4, S. 294; über ἔνατοϲ (nicht ἔννατοϲ) § 49 Anm. 5, S. 214. Der 11. heißt ἑνδέκατοϲ: Eud. 14, 23 τὸ ἑνδέκατον (vor 165ª); ebenso Leid. D 1, 3 (160ª). ἑνδεκάτηϲ Eud. 14, 15; Par. 10, 1 (145ª). ἑνδεκάτηι Tebt. I 104, 7 (92ª) etc. — Der 12. δωδέκατοϲ: Grenf. II 15, 2, 2 δωδέκατον (139ª); ebenso Ostr. 1500, 4 (IIª). Eud. 14, 24 (vor 165ª). δωδεκάτου Tebt. I 105, 9 (103ª).

16. Bei den Ordnungszahlen von 13—19 sind die alten, getrennt flektierten Formen nur noch in der Literatursprache erhalten: wie Eud. 14, 16 τετάρτηϲ καὶ δεκάτηϲ (vor 165ª). In den Urkunden herrschen ausnahmslos Komposita wie τρειϲκαιδέκατοϲ[1]) Par. 38, 4 (162ª); Lond. I p. 36, 5 (160ª). τρειϲκαιδεκάτηι Amh. II 43, 5 (173ª). τεϲϲαρεϲκαιδεκάτου Tebt. I 106, 4 (101ª). -τηι Leid. O 7 (89ª). Nirgends τεϲϲαρακαιδέκατοϲ, wie in röm. Zeit, z. B. Pap. Erzh. Rain. II 4 (129ᵖ). Crönert 200. πεντεκαιδεκάτηι Petr. II 47, 4. 36 (192ª). -του Tebt. I 105, 17 (103ª); 106, 24 (101ª). πεντακαιδέκατον (sic) Par. 5, 1, 8 (114ª). — ἑκκαιδεκάτου Petr. I 24 (2) 4 (249ª). ἑκκαιδεκάτηϲ Eud. 4, 17 (vor 165ª). ἑξκαιδέκατοϲ (in röm. Zeit) Crönert 200, 2. Reinhold 62. — ἑπτακαιδεκάτηι Par. 35, 17 (163ª). — ὀκτωκαιδεκάτηι Rosettastein 6 (196ª). B U 993 II 8 (127ª). — ἐννεακαιδε-[κάτηι Petr. I 18 (1) R. col. 2 (237ª).

17. Die zusammengesetzten Ordinalia von 21—99 werden in der Regel so gebildet, daß der Einer (bei 1 stets Grundzahl, bei 2—9 Ordnungszahl) dem Zehner mit verbindendem καί vorausgeht: wie ἓν καὶ εἰκοϲτόν Par. 29, 16 (160ª). ἑνὸϲ καὶ εἰκοϲτοῦ Dittenb. inscr. gr. or. I 37 (264ª). δευτέρου καὶ εἰκοϲτοῦ Tebt. I 109, 7 (93ª); 104, 5 (92ª). ἕκτου καὶ εἰκοϲτοῦ Amh. II 51, 20 (88ª). ἑνὸϲ καὶ τριακοϲτοῦ Rev. Mél. (Ostr.) 275 (IIª). Wilck. Ostr. 735, 1; 736, 1 (150—139ª). τρίτου καὶ τεϲϲαρακοϲτοῦ B U 993 II 2 (127ª) etc.

Ausnahmen: Neben ἕκτοϲ καὶ εἰκοϲτόϲ findet sich ἑκκαιεικοϲτόϲ Par. 29, 21 (163ª); für 24. findet sich τετρακαιεικοϲτῆϲ Petr. I 25 (2) 2. 4 (250ª); τετρακαιεικοϲτόν Ostr. 730, 3 (154 oder 143ª); [τετρα]-κα⟨ι⟩ει{ϲ}κοϲτήν Tebt. I 36, 9 (IIª).

18. Bei Angabe der Monatstage können statt der gewöhnlichen Ordnungszahl im Femininum allerlei Umschreibungen, zum Teil mit

1) Über den möglicherweise ionischen Ursprung dieser Bildungen vgl. oben S. 18.

Substantivnumeralien, eintreten. Z. B. ὀγδόης ἐ[πὶ] δεκάτ[ηι Eud. 4, 19; ebd. 4, 20 τῆς μιᾶς καὶ εἰκάδος; 28 τῆς τριακάδος (vor 165^a). ἕκτῃ καὶ εἰκάδι P. Reinach 14, 14 (110^a); ἐνάτῃ καὶ εἰκάδι 16, 13 (109^a). ὀγδόηι καὶ εἰκάδι Grenf. II 23 col. 2, 2 (107^a). μηνὸς ξανδικοῦ τετράδι Rosettastein 6 (196^a). ἕως παῦνι τριακάδος Leid. O 17 (89^a). ξανδικοῦ τετράδι καὶ εἰκάδι Tebt. I 105, 10 (103^a). P. Reinach 24, 9 (105^a). πέμπτην καὶ εἰκάδα Kanop. Dekr. 6 (237^a); ebd. 34 πέμπτηι ἐπ' εἰκάδι. πέμπτηι καὶ εἰκάδι Amh. II 45, 8 (150—145^a). ἐνάτηι καὶ εἰκάδι ebd. 41, 28 (179^a) usw.

C. Bruchzahlen.

19. $1/2$ wird ausgedrückt a) in der Regel durch das Neutr. (τὸ) ἥμιcυ (ἥμυcυ, vgl. S. 100f.), das sich wie alle Brüche ohne καί unmittelbar an eine ganze Zahl anschließen kann: z. B. τὸ ἥμυcυ Eud. 10, 4 ff. (vor 165^a). τρεῖc ἥμυcυ — τρία ἥμυcυ = $3\,1/2$ Par. 58, 10. 15 (160^a). (ἀρτάβας) δέκα ἥμιcυν (mit pleonastischem Schluß-ν nach § 44, 2, S. 198) Amh. II 59, 7 (151 oder 140^a). εἴκοcι δύο ἥμιcυ = $22\,1/2$ Par. 7, 7 (100^a) etc.

b) durch Zusammensetzung mit ἡμι-, z. B. ἡμίχουν (Belege S. 294); ἡμιαρτάβιον P. Reinach 9^b, 9 (112^a) etc.

20. $1\,1/2$ wird gewöhnlich durch das Adjektiv ἡμιόλιος ausgedrückt. Belegstellen S. 292. Doch findet sich auch (in der Artabenrechnung) μίαν ἥμιcυ Ostr. 733, 4 (151 oder 140^a).

21. Die übrigen echten Brüche mit dem Zähler 1, wie $1/3$, $1/4$, $1/5$, $1/6$ usw., können bezeichnet werden:

a) durch das Neutr. der Ordnungszahl, meist ohne Artikel, im Anschluß an eine ganze Zahl ohne καί: wie πέντε τρίτον = $5\,1/3$ Ostr. 745, 4 (132^a). τέccαρες ἕκτον 742, 6 (146 oder 135^a). τριάκοντα τρεῖc τρίτον Petr. II 30 (e) 8 (235^a). ἀρτάβαιc δέκα τριcὶ τρίτωι P. Reinach 15, 16 (109^a) etc.

b) bei Steuern, Abgaben und dgl. durch das Femin. der Ordnungszahl: ἕκτη Petr. II 30 (e) 9 (235^a). δεκάτη ebd. 17 (2) 4 (III^a); 38 (a) 26 (240^a). εἰκοcτήν ebd. 11 (2) 4 (III^a); 13 (17) 10 (258^a). τετρακαιεικοcτῆc ebd. I 25 (2) 2. 4 (250^a) usw.

c) durch Komposita der Ordinalia mit μόριον: wie δωδεκατημόρ(ε)ιον Eud, 16, 5. 11 (vor 165^a).

22. Für die in klassischer Zeit übliche Bezeichnung von Brüchen, deren Zähler größer als 1 ist, durch den bestimmten Artikel (wie τῶν πέντε τὰc δύο μοίραc = $2/5$ oder τὰ δύο μέρη = $2/3$) finden sich bisher in den ptolem. Papyri keine Belege, wohl aber auf der offiziellen Inschrift von Rosetta 18 τὰ δύο μέρη (196^a). $2/3$ wird in der

Artabenberechnung durch das neutr. δίμοιρον bezeichnet: z. B. πυροῦ δίμοιρον Ostr. 704, 3 (ptol.). ἓξ δίμοιρον 6 ⅔ Artaben Ostr. 734, 4 (150 oder 139ª). ἑπτὰ δίμοιρον 709, 6; δέκα ἑπτὰ δίμοιρον 1529, 4 (122ª); ἀρτάβας ἑκατὸν ἑξήκοντα ἓξ δίμοιρον 166 ⅔ P. Reinach 16, 19(109ª) etc.

Im übrigen tritt in manchen Fällen, namentlich auf zahlreichen Scherben in der Artaben- und Arurenberechnung, eine ziemlich komplizierte Methode mit mehreren ungleichartigen Brüchen ein.

Beispiele: πήχεως τρίτον πεντακαιδέκατον (sic) Par. 5, 1, 8; nachher mit Zeichen πήχεως γ' ιέ ebd. col. 2, 2 $= \frac{1}{3} + \frac{1}{15} = \frac{6}{15} = \frac{2}{5}$ Elle (114ª). τρίτον τετρακαιεικοστόν $= \frac{1}{3} + \frac{1}{24} = \frac{3}{8}$ Ostr. 730, 3 (154 oder 143ª). ἄρουραν μία⟨ν⟩ ἥμισυ τέταρτον $= 1\frac{3}{4}$ Grenf. II 25, 11. 15 (103ª). ἓξ ἥμισυ τέταρτον Ostr. 1311, 4 (IIª). ἥμισυ τρίτον $= \frac{5}{6}$ ebd. 736, 4 (150ª); 740, 7 (146 oder 135ª); 747, 5 (132ª); 756, 3 (117ª); Rev. Mél. 128, 5 (IIª) usw.

23. Um zu bezeichnen, daß zu einem Ganzen noch ein bestimmter Bruchteil davon hinzukomme, werden Adjektiva mit der Präposition ἐπί verwendet, die vor den durch das Ordinalzahlwort bezeichneten Nenner des Bruches tritt: so ἐπίτριτον = das Ganze $+ \frac{1}{3}$ desselben Tebt. I 72, 388 (114ª). ἐπιδέκατον Rev. L. 9, 3 (258ª). Par. 62, 1, 15 (IIªⁱ). Amh. II 33, 20. 32 (157ª). Rev. Mél. 303, 13 (c. 130ª). Leid F 4 (127ª). τῶν ἐφεικοστῶν Rev. L. 56, 14; ebenso zu ergänzen 34, 2 (258ª). In demselben Sinn ἐπεικοστόν Petr. II 48, 18 (186ª). Zur Sache Wilcken Ostr. I 534. 549. — Über Aufrundung der Brüche in der Arurenberechnung, die nur bestimmte Bruchteile kennt, handelt ebenfalls Wilcken Ostr. I 316. 778.

Die Multiplikativa auf -πλοῦς sind § 68, 3, S. 293 aufgezählt; die Zahladverbien auf -ις (ι) sind § 56, 3, S. 244 abgehandelt; über unbestimmte Zahlwörter wie οὐδείς ∼ οὐθείς vgl. § 36 III 3, S. 180ff.; über πᾶς ∼ ἅπας § 32, 2b, S. 161f.

II. KONJUGATION.

§ 71. Personalendungen.[1])

I. Endungen des Aktivs.

a) Indikativ.

Über das Verhältnis von -μι und -ω vgl. § 73, II.

I. Pers. Sing.

1. Im Augmenttempus vom Perfektstamm ist -ν angetreten nach Analogie der übrigen Augmenttempora in ἐγεγράφην Tebt I 27, 28

1) Im allgemeinen Brugmann 345ff. G. Meyer 532—553. K.-Bl. II § 209f. Meisterh.-Schwyz. 165ff. Lautensach 1896. Schweizer Perg. 165ff. Nachmanson 148ff. Crönert 210ff.

(113[a]), was (nach § 10 S. 77) lautlich gleichzusetzen ist mit ἐγεγράφειν. Demnach ist auch in ἐγὼ τεθνήκει P. Weil V 3 (vor 161[a]) Abfall des Schluß-ν (nach § 43, 2 S. 191ff.), nicht die altattische Bildung auf -η (-ει) anzunehmen.[1]) Die volle Endung zeigt cυνηλ(λ)άκχειν P. Reinach 7, 12 (c. 140[a]).

II. Pers. Sing.

2. Für die 2. Pers. sing. indic. praes. der Verba contracta auf -άω läßt sich nur die Endung -ᾶιc belegen, sowohl auf einem literarischen Stück Petr. II C 23 ἐρευν[ᾶ]ιc (Antiopefragm. c. 250[a]) als auf einer Urkunde Petr. II 13 (19) 9 ὁρᾶιc (258[a]).[2])

3. Die alte Endung -θα ist völlig verschwunden: für οἶcθα steht οἶδαc Petr. II 4 (7) 2; (9) 8 (255[a]). cύνοιδαc Petr.[2] 36 (a) 9 (III[a]). Statt ἔφηcθα liest man ἔφηc Petr.[2] 32 (g) verso 14 (c. 240[a]). Die 2. Pers. sing. imperf. v. εἶναι läßt sich bisher nicht belegen.[3])

4. Die Endung -εc für -αc im Perfekt begegnet nur einmal in εἴωθεc Hyperid. κ. Φιλ. 4, 20 (II—I[a]). Zu diesem Übergang vgl. Apollonios Synt. I 10 p. 37; 37 p. 71, wo die Formen εἴρηκεc, ἔγραφεc, γραψέτω bezeugt sind. Dieterich Unt. 239 schließt mit Recht „aus dem seltenen Vorkommen dieser Formen im Ägyptischen gegenüber dem übrigen Griechisch (auch die Beispiele aus Papp. röm. Zeit sind spärlich), daß diese Mischung der Tempora sich nicht in Ägypten vollzogen hat". Bei den LXX und im N. T. vereinzelte Fälle, Win.-Schmiedel § 13, 16; Blaß N. T. 46, 4. Reinhold 82f. Moulton Class. rev. XV (1901) 36[a] (ἤρηχεc = εἴρηκαc, οἶδεc aus II—III[p]).

---

1) Die attischen Tragiker und älteren Komödiendichter haben durchweg die Endung -η; erst in der mittleren Komödie (Anaxandrides) ist -ειν gesichert. Obiges τεθνήκει⟨ν⟩ steht in einem Fragment der neuen Komödie. Lautensach l. c. 7. Auch bei Platon sehr oft die ältere Form. K.-Bl. § 210, 1. G. Meyer 645. Schweizer 165. Crönert 211.

2) Schweizers Vermutung über ὁρᾶc als ursprüngliche Form (p. 166) auf Grund kommagenischer Inschriften (I[a]), sowie dieselbe Hypothese von Blaß (K.-Bl. II 47 und I p. XIII) bezeichnet Brugmann 347 Anm. mit Recht als unhaltbar.

3) Phryn. p. 236 Lob. ἔφηc: ἔcτι μὲν παρὰ τοῖc ἀρχαίοιc, ἀλλ' ὀλίγον· τὸ δὲ πλεῖcτον ἔφηcθα. Moeris p. 205 οἶcθα χωρὶc τοῦ c̄ 'Α., οἶδαc 'Ε. Herodian II 559, 13 (Lentz) οἶcθα, οἶδαc· ἑκατέρωc 'Αττικῶc. Beispiele für οἶδαc auch aus älterer Literatur sammelt Lobeck zu Phryn. 236f., weitere W. Schmidt Fleckeisens Jahrb. Suppl. XX 483. Die Attizisten haben nach Schmid Att. IV 599 beide Formen nebeneinander, bevorzugen aber im Ganzen doch οἶcθα. Im N. T. nur οἶδαc, Win.-Schmiedel § 14, 7. Lukian (Schmid I 233) und Iosephus (W. Schmidt l. c. 484) haben ἔφηc; Aristides (Schmid II 33) sowohl ἔφηc als ἔφηcθα. Zum Ganzen Crönert 270.

5. Das Plpf. bildet die 2. und 3. Pers. sing. in vereinzelten Fällen auf -ηc, -η: wie εἰρήκηc Par. 32, 16 (162[a]); ἐξειλήφη Magd. 10, 3 (III[a]); ἐcχήκη Tebt. I 116, 21 (II[af]); in der Regel aber auf -ειc, -ει: wie ἐγεγράφειc Par. 64, 1 (c. 164[a]); Grenf. I 11, 2, 7 (157[a]). ὑπετετάχειc Strack, Ptol. Inschr. Arch. I 204 Nr. 13 (245—21[a]). ἐγεγράφει Petr. II 13 (9) 2 (258[a]). Petr.[2] 125, 8 (III[a]). δεδώκει Tor. XIII 8 (137[a]). ἐνκατελελοίπει Par. 46, 8 (153[a]). ἠξιώκει Tor. XIII 13 (137[a]). προcεμεμαρτυρήκει BU 1004 II 23 (228[a]) usw.

6. Über ἀπολέcηc = ἀπολέcειc, ποήcηc (ποίcηc) = ποιήcειc vgl. § 10 S. 77.

III. Pers. Sing.

7. Die contracta auf -άω haben in der 3. Pers. sing. praes. ursprünglich regelmäßig -ᾶι, wie ἀπαντᾶι, ἐφορᾶι, νικᾶι, ὀδυνᾶι, περιcπᾶι etc., erst mit dem Schwinden des ι προcγεγρ. seit der Mitte des 2. vorchristlichen Jahrh. begegnen Formen wie ἀπαντᾶ, καθειcτᾶ, ὁρᾶ etc. Belegstellen § 19, 1 und 2, S. 119f.

I. Pers. Plur.

8. Während das Perf. seine gewöhnliche Endung auf -αμεν durchaus erhalten hat, ist die einmalige Form ὀμωμόκεμεν (Faksimile) Par. 46, 13 (153[a])[1]) entweder nach Analogie des Plpf. gebildet oder durch Lautschwächung des unbetonten α > ε (nach § 9 I S. 59) entstanden. — Dieselbe Person ist im Augmenttempus des Perfektstammes bisher nur an 2 Stellen belegt: in einem literarischen Stück εἴδειμεν = ᾔιδειμεν Petr. II 50 (I) 6 (Laches c. 300[a]) und in einer Urkunde ἐπιδεδώκειμεν Amh. II 33, 12 (157[a]). K.-Bl. II § 230, 2. Lautensach 1896, 14 (ᾔδειμεν bei Soph. Oed. R. 1232 überliefert, aber zweifelhaft; ᾔδεμεν metrisch gesichert bei Menand.).

III. Pers. Plur.

9. Neben der im Impf. und Aor. II geläufigen Endung auf -ν finden sich, vom sigmatischen Aorist sowie von ἦcαν und dem Imperf. der Verba auf -μι aus weiter verbreitet, seit der Mitte des 2. vorchristlichen Jahrhunderts die hellenistischen Bildungen auf -cαν auch in thematischen Präteritis, jedoch so, daß die regelmäßigen Formen immer noch weit überwiegen.[2]) Als Bindevokal dient gewöhnlich ο, daneben aber auffallenderweise auch ε (Analogie vom Singular?).

---

1) Wie Crönert 271 zur Lesart ὀμωμέκαμεν gekommen, ist nicht klar.

2) Lob. zu Phryn. 349. G. Meyer 546. K.-Bl. § 210, 6. Blaß N. T. 45. Win.-Schmiedel § 13, 14. Buresch Rh. Mus. 46, 229. Schweizer 166. Dieterich Unt. 242. Kretschmer Entst. 9. Thumb. Hell. 198ff. Nachmans. 148. Crönert 210. Reinhold 82, 6. Moulton Class. rev. XV (1901) 36; XVIII (1904) 110[b].

Imperfekta: ἐλαμβάνοϲαν Vat. D 11 (162ª). ἐλαμβάνεϲαν Lond. I p. 23, 31 (161ª). ὑπελαμβάνοϲαν Grenf. II 36, 10 (95ª). ἐφάϲκοϲαν Par. 34, 13 (157ª). εἴχοϲαν Tebt. I 39, 30 (114ª).

Aoriste: ἤλθοϲαν Tebt. I 179 (II^{af}). κατήλθοϲαν ebd. 24, 11 (117ª). ἀφίλεϲαν (= ἀφεῖλον) Lond. I p. 28, 15 (161ª). Inschriftliche Beispiele gibt Dittenberger Syll. 3, 234. Die Erscheinung erstreckt sich ziemlich gleichmäßig und gleichzeitig auf Imperf. und Aorist, so daß nicht einzusehen ist, warum Dieterich Unt. 242 jene Bildung speziell dem alexandrinischen, diese dem böotischen Dialekt zuschreibt.

10. Weit häufiger noch ist — nach der Gleichung ἔλυϲα: ἔλυϲαν = λέλυκα: λέλυκαν — die Endung -αν für -αϲι in das Perfekt eingedrungen, so daß schon Sextus Empir. (adv. gramm. § 213) derartige Bildungen für ein spezifisches Merkmal der alexandrinischen Mundart bezeichnen konnte.[1]) Doch bleiben die Formen auf -αϲι bis c. 170ª ausschließlich herrschend und selbst später noch entschieden in der Überzahl.

Beispiele. Im III. Jahrh. nur -αϲιν: εἰλήφαϲιν Petr. I 24 (3) 3 (c. 250ª); II 37 (I) verso 6 (IIIª). καταπεφρονήκαϲιν Petr. II 4 (6) 17 (255ª). προϲῳκοδομήκαϲιν — πεποιήκαϲιν Petr. II 12 (1) 12/13 (241ª). διεγγυήκαϲιν ebd. 14 (1c) 1; (1d) 1 (IIIª). δεδώκαϲιν Kanop. Dekr. 19 (237ª) usw.

Im II.—I. Jahrhundert

auf -αν	auf -αϲι(ν)
εἴληφαν Par. 25, 17. 19 (163ª). Leid. B subscr. III (164ª).	εἰλήφαϲιν Lond. I p. 18, 14 (162ª) und oft.
παρείληφαν Grenf. I 18, 18 (132ª); II 29, 19 (102ª).	παρειλήφαϲι Grenf. I 10, 14 (174ª).
ἀποδέδωκαν Tebt. I 29, 6 (c. 110ª). δέδωκαν Tebt. I 58, 39 (111ª). ἐπιδέδωκαν Lond. I p. 11, 50 (162ª). Rev. Mél. 321, 1 v. unten (IIª).	ἀποδεδώκαϲιν Par. 31, 28 (162ª) und oft.

1) Dagegen bemerkt Thumb Hell. 170 mit Recht: „Wenn Sextus Empir. uns belehrt λέξιϲ ὥϲ ἡ παρὰ τοῖϲ Ἀλεξανδρεῦϲιν „ἐλήλυθαν καὶ ἀπελήλυθαν“, so wissen wir jetzt besser, daß die Übertragung der Aoristendung -αν auf das Perfekt räumlich sehr viel weiter (über Kleinasien, Kreta, Lakonien) verbreitet war“. Zur Sache vgl. G. Meyer 545. Brugmann 353. Buresch Rh. M. 46, 193. Hatzidakis Einl. 111f. 185. Win.-Schmiedel § 13, 15. Blaß N. T. 45. Schweizer 167. Dieterich Unt. 235. Nachmanson 149. Witkowski Jahresb. über die Fortschr. der kl. Altertumsw. 1904 I. Abt. 198, Fußnote. Crönert 210. Reinhold 81, 4. Moulton Class. rev. XV (1901) 36. 435; XVIII (1904) 110.

κατέϲχηκαν Tebt. I 61 (b) 226 (118ª); 72, 159 (114ª).	κατεϲχήκαϲι Tebt. I 5, 47 (118ª).
ἔντευχαν (sic) Tebt. I 58, 43 (111ª).	ἐντετεύχαϲιν Par. 63, 7, 6 (165ª). Rev. Mél. 253, 4 (165ª).
ἐκτέθεικαν Par. 29, 16 (160ª). παρατέθεικαν Tebt. I 72, 7 (114—3ª).	
ἐμβέβληκαν Par. 34, 21 (157ª).	ἐγβεβλήκαϲι Magd. 12, 8 (IIIª).
ἐνβέβληκαν ebd. 47, 8/9 (153ª).	
ἐγλέλυκαν Tebt. I 54, 16 (86ª).	
κεκυρίευκαν Tor. I 1, 23 (117ª).	
ἠξίωκαν μέν schrieb der Schreiber zuerst Par. 31, 23 (162ª) statt ἠξιώκαμεν.	προϲτετάχαϲι Tebt. I 5, 6 (118ª) und oft.
πέπεικαν Tebt. I 36, 11 (IIaf).	ἀνενηνόχαϲιν Tebt. I 30, 8, 12 (115ª) und oft.
καταγέγραφαν B U 1001, 4 (56/5ª).	γεγράφαϲιν Tebt. I 6, 16 (140—39ª) und oft.

Anmerkung 1. Von der Zwitterbildung ὕβριζαν (Übertragung der Aoristendung auf den Präsensstamm, wenn nicht lautliche Verwechslung von ϲ und ζ?) wird gehandelt § 76, 4.

11. Im Augmenttempus des Perfektstammes läßt sich die III. Pers. plur. nur belegen mit der Endung ´-ηϲαν, die lautlich wohl mit ´-ειϲαν gleichzusetzen ist. Die Formen stammen sämtlich aus dem Ende des II. Jahrh. v. Chr.: ἐπεποιήκηϲαν P. Kairo Arch. I 60, 54 (123ª). ἐδεκώκηϲαν (für ἐδεδώκηϲαν) Fay. XII 23 (nach 103ª). παραβεβλήκηϲαν Tebt. I 24, 39 (117ª). Unsicher erscheint daher die Ergänzung ἐξεπεπτώκεϲ[αν Tebt. I 28, 7 (114ª). Nirgends begegnet ´-ειϲαν oder ´-εϲαν.[1])

b) Konjunktiv.

Über -ηι, -ηιϲ: -η, -ηϲ vgl. § 20 I S. 122ff.; über den Konjunktiv des unthemat. Aor. akt. der A-Stämme s. § 19, 1 S. 119.

1) Phryn. 149 Lob. ἠκηκόεϲαν, ἐγεγράφεϲαν, ἐπεποιήκεϲαν, ἐνενοήκεϲαν ἐρεῖϲ· ἀλλ' οὐ ϲὺν τῷ ῑ ἠκηκόειϲαν. Dagegen Herodian II 279, 9 L. (Choer. p. 122, 11 Hilg.) bezeichnet ´-εϲαν als ionische Form, die aber von den Attikern nicht selten gebraucht werde, und empfiehlt ´-ειϲαν. Eine attische Inschrift hat noch in makedonischer Zeit (323ª) παρειλήφεϲαν, Meisterh.-Schwyz. 165, 4. Auch K.-Bl. II 65 erklärt ´-εϲαν für echt attisch. G. Meyer 645 gibt „ganz späte" Belege für ´-ειϲαν auf böotischen und thessalischen Inschriften. Die Attizisten haben teils ´-εϲαν teils ´-ειϲαν, Schmid Att. IV 589f. Bei Polyb. häufiger ´-εϲαν als ´-ειϲαν, Hultsch Abh. der sächs. Ges. der W. XIV 90 A; Iosephus wiederholt εἱϲτήκεϲαν, W. Schmidt de Ios. el. 439. Im N. T. stets ´-ειϲαν, Win.-Schmiedel § 13, 20; Blaß 46, 6. Nachmanson 149 Fußnote 2 (πεποιήκειϲαν bald nach 190ª). Weitere Beispiele für ´-ειϲαν Dittenberg. Syll.² 3, 237. Crönert 210, 6. Reinhold 83 (bei den apostol. Vätern meist ´-ειϲαν außer εἱϲτήκεϲαν und einmaligem εἰλήφεϲαν). Moulton Class. rev. XVIII (1904) 110.

12. Der orthographische Wechsel zwischen ηι und ει, wie er in attischen Inschriften (Meisterh.[3] 38, 8) seit 380 v. Chr. auftritt und von dort in die κοινή überging (§ 20, 11 S. 128f.), konnte zur Folge haben, daß die III. Pers. sing. Konj. präs. akt. der Verba auf -ω mit der entsprechenden Indikativform, der Konj. aor. I mit dem Indik. fut. zusammenfiel. Doch finden wir diese Schreibung des Konjunktivs in den Papyri fast ausschließlich auf literarische Texte des III. vorchristlichen Jahrhunderts beschränkt, welche dem attischen Gebrauch noch nahe standen. Die Belegstellen — bezeichnender Weise gehören alle den Phädon- und Lachesfragmenten an — sind am oben bezeichneten Ort zu finden. Wenn eine einzige schlecht geschriebene Urkunde vor 165[a] *Par. 23, 23 εἵνα διακονεῖ für ἵνα διακονῆι aufweist, so kann diese Ausnahme nur beweisen, daß das ägyptische Griechisch diese Orthographie nicht nachgeahmt hat.

Anmerkung 2. Die Lesart ἐὰν οὖν cοι δοκεῖ Petr. I 26, 8 (c. 250[a]) ist in der zweiten Ausgabe Petr. II 12, 13 in εἰ οὖν cοι δοκεῖ berichtigt (was Crönert 37, 3 entgangen ist). Übrigens begegnet in der Tat der Indikativ statt des Konjunktivs in der Verbindung ἐὰν δεῖ Tebt. I 58, 56 (111[a]) [dagegen ἐὰν δέηι Petr.[2] 36 (a) verso 20 (III[a]) und ὃν ἂν δέηι Tebt. I 105, 30 (103[a])], eine Verbindung, die sich ebenso in einem Brief des Antigonos an die Teier (306—301[a]) findet (Dittenb. Syll.[2] 177, 7). Diese Ausdrucksweise wird teils syntaktisch als Vulgarismus niedrigster Art erklärt (so von Schweizer Perg. 192 Anmerkung, vgl. auch Schmid Attic. IV 90. 621; Dieterich N. Jahrb. f. Phil. Suppl. XVI 826), teils wird unregelmäßige Kontraktion von δέηι zu δῆι und Wiedergabe dieser Form durch δεῖ angenommen (so von Dittenberger Syll.[2] I p. 283 Fußnote 5). Letztere Annahme widerstreitet aber den von Brugmann Gr. Gr.[3] 59ff. entwickelten Kontraktionsgesetzen. Also ist syntaktische Erklärung anzunehmen.

13. Bemerkenswert ist die Konjunktivform δοῖ in einem (ziemlich schlecht geschriebenen) Pap. des III[a]: ὅπωc δοῖ Petr. II 9 (5) 5 (241—39[a]). Da jedoch der Schreiber in derselben Linie τῶι οἰκονόμοι (für οἰκονόμωι) schreibt, ist die Form lautlich (nach § 21, 8 S. 137), nicht morphologisch zu erklären (δοῖ = δῶι). Bei δοῖc auf einem Ostrakon, publ. von Goodspeed (Mélanges Nicole p. 186) ist es unklar, ob Konjunktiv oder Optativ vorliegt. Jedenfalls gehört das Stück nicht, wie der Herausgeber meint, in die ptolemäische, sondern in die römische Periode. Regelmäßige Konjunktivformen δῶ(ι), δῶ(ι)c s. oben § 21, 1 und 2, S. 132f. Spätere Beispiele für δοῖ geben Schweizer 192 Anm. und Crönert 216.

14. Der Konjunktiv Perf. wird in der Regel durch Umschreibung gegeben, wie ἐὰν ἦι πεποιηκώc Rev. L. 17, 1 (258[a]). ὦcι γεγεωργηκότεc Par. 63, 7, 19 (165[a]). ἵν' ὦ μετειληφώc ebd. 38, 29 (160[a]). ἵν' ὦ τετευχώc Tebt. I 30, 20 (115[a]) und oft. Doch hat ein offizielles Aktenstück die Form ἐνεcτήκη[ι]: ἐὰν δ' ὑπερβόλιον ἐνεcτήκη[ι] —

Letr. ἐνέστη καί — Par. 62, 8, 8 (II[a i]). Vgl. Aristeas (Wendland) 78 ὡς ἄν τις ἑστήκῃ. K.-Bl. II 98, 7.

c) Optativ.

15. Der Gebrauch des Optativs ist stark im Rückgang begriffen; auch bieten Inhalt und Stil der Urkunden weniger Gelegenheit zur Anwendung dieses Modus. Die vorkommenden Formen stimmen im allgemeinen mit den attischen überein.[1]) Präsensformen: ἔχοι Petr. II 11 (2) 2 (250[a]); 20 (3) 1 (252[a]); 40 (a) 8 (III[a]) in der stehenden Verbindung καλῶς ἂν ἔχοι. Im literarischen Chrysippospapyrus (Par. 2, II[a i]) καταφάσκοι col. 12; λέγοι, λέγοιτο col. 1; ἀποφαίνοιτο col. 7. 8. 11. 13. Von εἶναι: εἴης Petr. II 20 (3) 8 (252[a]) und oft; ἴη Petr. II 2 (3) 2 (255[a]). Petr.[2] 4 (2) 20; 5, 10; 6, 24; 8 (1) 13; 12, 8 (alle c. 250[a]). Par. 44, 2 (153[a]); 63, 1, 5 (165[a]) etc. εἴησαν (nie εἶεν) Par. 35, 29 (163[a]). Thematische Aoristbildungen: ἐπείπαιμι Par. 63, 4, 115 (165[a]). διαλάβοις-μεταλάβοις Par. 64, 35. 43 (c. 164[a]). γένοιτο ebd. Z. 9. Formen des sigmatischen Aorists: ποιήσαις Petr. II 4 (2) 8 (255[a]); 13 (2) 3 (258—53[a]); 4 (4) 7; 9 (3) 6; 14 (2) 1 (255—40[a]); 23 (4) 1 (III[a]). χρηματίσαις ebd. 14 (1[a]) 6 (c. 250[a]). ἐπερωτήσαις ebd. 17 (1) 20 (c. 250[a]). ὑποδεῖξαι Par. 64, 35 (c. 164[a]). ἐπιχωρῆσαι Tor. I 7, 24 (117[a]) etc. Äolische Formen kommen in Privaturkunden nicht vor; dagegen enthält ein amtliches Schriftstück B U 1011 II 13 (II[a]) πιστεύσειεν ἄν τις, wie vermutlich auch Par. 63, 4, 110 = Petr.[2] Einl. p. 28 (165[a]) herzustellen ist. Der letztgenannte Pap. bietet von einem verb. contract. die Form ἐπιχειροίη col. 4, 112; der ionische Artemisiapap. 12 ἀδικοῖ (III[a]). — δίδωμι bildet nebeneinander διδοῖ Par. 30, 12 (162[a]); Lond. I p. 26, 26 (161[a]); δοῖ Leid. D 11 (162[a]); C I G 6562 δοῖ σοι ὁ Ὄσῖρις τὸ ψυχρὸν ὕδωρ [παραδιδοῖ Aristeas (Wendland) 196] — und διδοίη Leid. B 3, 18 (164[a]); einmal (mit Ausfall des intervokalischen ι) δόη = δοίη Artem. 4 (III[a]); je einmal aus derselben Feder δοίησαν Vat. F (Mai V 358) 32 und

1) Zu demselben Ergebnis nach der formellen Seite kommt Karl Reik in einer Tübinger Dissertation (1901) „über den Optativ bei Polybius und Philo" (noch Manuskript). In syntaktischer Beziehung erscheint der sehr beschränkte Gebrauch bei Polybius immerhin noch als ein natürlicher und entspricht dem Prinzip der guten attischen Sprache, während bei Philo das scheinbare Vordringen des Modus auf künstlicher Wiederbelebung beruht. Noch bedeutend hinter Polybius steht Diodor zurück im Gebrauch des Optativs, insofern dieser Modus bei Polybius noch fast 3mal so häufig im Verhältnis sich findet als bei Diodor, so daß letzterer unter allen bisher daraufhin untersuchten Schriftstellern der höheren κοινή weitaus am untersten Platz steht und offenbar von der Vulgärsprache stark beeinflußt ist. Vgl. Rud. Kapff, Über den Optativus bei Diodorus Siculus, Tübinger Dissertation, 1903 S. 2f.

(wenn der Lesung Mais zu trauen ist?) διδώηcαν 35 (157[a]). ἀποδώη Aristeas (Wendland) 238; δώη 110. Vgl. Schweizer 191. Crönert 215. G. Meyer 660. W. Schmidt de Ios. eloc. 478. Moulton Class. rev. XVIII (1904) 111[b].

Über εἴηι, θείηι (Analogie des Konjunktivs) vgl. § 20, 8 S. 126.

16. Der Optativ perf. wird durch Umschreibung ausgedrückt, die schon in klassischer Prosa überwiegt (K.-Bl. II 99). Z. B. τεθεικὼc εἴηc Petr. II 20 (3) 8 (252[a]). Ebenso bei Polybius und Philo (Reik l. c.), sowie bei Diodor (Kapff S. 9).

d) Imperativ.

17. Die Endung -θι findet sich nur noch in ἴcθει (= ἴcθι, von εἶναι) Tebt. I 58, 51 (111[a]) und ἴcθι (v. οἶδα) ebd. 27, 42 (113[a]).

18. Das einzige Beispiel für einen sigmatischen Aorist mit primärer Imperativendung ist γράψε Lond. I p. 11, 26 (162[a])· Daneben gewöhnlich γράψον Petr. II 13 (18[b]) 15 (258—53[a]). Tebt. I 22, 11 (112[a]). Grenf. II 38, 15 (81[a]) und oft. Vgl. oben Lit. 4. G. Meyer 612 Anm. 2. Dieterich Unt. 248. Moulton Class. rev. XV (1901) 36.

19. In der 3. Pers. Plur. herrscht ausschließlich die in der hellenistischen Zeit gebräuchliche Endung -τωcαν; attische Formen auf -όντων, -άντων sind völlig unbekannt, ebenso Mischformen wie μιcθωcάντωcαν.

Beispiele: ἔcτωcαν Petr. I 15, 20 (237[a]); II 8 (3) 10 (267[a]); 13 (16) 5 (258[a]). περιέcτωcαν ebd. II 8 (1 B) 10 (259[a]). λυέτωcαν Petr.[2] p. 157 (3) 5 (III[a]). cυναγοραζέτωcαν Amh. II 29, 15 (c. 250[a]). ἀποτειcάτωcαν — βεβαιούτωcαν Petr. II 44, 12. 14 (nach 246[a]). ἀναγραψάτωcαν — ἀναθέτωcαν Kanop. Dekr. 74 (237[a]). λαμβανέτωcαν Par. 62, 5, 12 (II[ai]). γραψάτωcαν Grenf. I 32, 9 (102[a]). ἀποδότωcαν Tebt. I 109, 18 (93[a]) u. v. a. Vgl. im allgemeinen Brugmann 343. G. Meyer 650. K.-Bl. § 209, 10. Lautensach 1887, 2f. Meisterh.[3] 167. Schmid Attic. IV 589. Win.-Schmiedel § 13, 21. Schweizer 167. Nachmanson 149. Crönert 219. W. Schmidt de Ios. el. 443f.

Über ἔcτωι, καταcτηcάτωι u. ä. vgl. § 21, 6 S. 135.

e) Infinitiv.

20. Die Annahme einer verkürzten Infinitivform auf -εν oder -έναι statt -ειν oder -εῖναι (ebenso im Mediopassiv -έcθαι statt -εῖcθαι), wie sie Crönert zuerst in den quaest. Hercul. 22ff., dann (weniger entschieden) in der Memor. Hercul. 219ff. vertritt, scheint jedenfalls für die ptolem. Papyri nicht gerechtfertigt. Über die in Betracht kommenden Formen und ihre Erklärung vgl. § 10 II S. 70.

21. Der Infin. der verba contracta auf -άω und -ήω geht auf -ᾶν, -ῆν aus. Belege § 73, 2.

II. Endungen des Mediopassivs.

Über ἤμην: ἦν vgl. § 73 II[b], 10.

II. Pers. Sing.

22. Die Primärendung der 2. Pers. sing. im Indik. med. pass. lautet regelmäßig -ηι; doch ist die attische Schreibung -ει hier nicht so selten wie im Konjunkt. akt. (vgl. oben 12); nicht bloß die von jeher übliche Schreibweise βούλει (für οἴει, ὄψει fehlen noch Belege) kennen die Papp., z. B. βούλει Petr. II 50 (1) 26 (Laches c. 300[a]), sondern auch ἔϲει (neben ἔϲῃ), φαίνει (= φαίνηι) und ähnliche Formen; auch im sog. Fut. attic. liest man sowohl χαριεῖ als χαριῆι. Die Frage ist eine rein orthographische und nach § 20, 11 S. 129 zu erklären, wo auch das gesamte Stellenmaterial aufgeführt wird. Vgl. zur Sache Brugmann 354. Meisterh.-Schwyz. 165, 2. Blaß A.[3] 46. G. Meyer 549. K.-Bl. § 211, 3. Lautensach 1896, 23f. Schmid Attic. IV 588. Schweizer 168. Crönert 37.

In den Konjunktiv hat sich das -ει einmal verirrt in ἐὰν προϲκαθεῖ (= προϲκαθῆι zu προϲκάθημαι) Grenf. I 1, 1, 19 (erot. Fragm. nach 173[a]). Sonst hat der Konjunktiv stets -η(ι): wie βούληι Par. 46, 22 (153[a]); Tebt. I 12, 25 (118[a]). ἐὰν παραγένηι Petr. II 13 (5) 8 (258—53[a]). γένηι Tebt. I 37, 19 (73[a]) etc.

23. Als älteste bisher bekannte Vorläuferin der im Neugr. fortlebenden vulgären Bildungen auf -ϲαι, wie sie das N. T. in καυχᾶϲαι, ἀκροᾶϲαι, πίεϲαι etc. bietet, erscheint das singuläre χαριεῖϲαι = χαριεῖ Grenf. II 14 (c) 7 (264 oder 227[a]). ἀκροᾷ Ἀ., ἀκροᾶϲαι Ἕ. Moeris p. 188.

Nicht minder bemerkenswert ist die durch Systemzwang herbeigeführte Wiederherstellung der ursprünglichen sekundären Endung -ϲο in einmaligem ἔθεϲο (statt ἔθου) P. Reinach 11, 9 (111[a]), während bisher nur Formen wie ἐδύναϲο, ἐπίϲταϲο als hellenistisch bekannt waren. Im sigmatischen Aor. med. ist das -ϲ- regelmäßig geschwunden, z. B. ἐπηγγείλω Lond. I p. 13, 8 (162[a]). Ebenso im Imperfekt κατηγιῶ Par. 64, 2 (c. 160[a]).[1])

Anmerkung 3. I. Pers. Plur. Die Bedenken erregende Form πευϲόμεϲθα Petr. II 16, 3 (III[a]) mit der in Prosa kaum erhörten epischen Endung ist in der Neuausgabe Petr.[2] p. 112 in πευϲόμεθα berichtigt werden.

III. Pers. Plur.

24. Im Perf. und Plpf. med. pass. sind die alten Endungen -αται,

1) G. Meyer 549. K.-Bl. § 211, 2; 213 Anm. 5. Brugmann 355. Win.-Schmiedel § 13, 7 und 14, 2. Hatzidakis Einl. 188. Schweizer 168. W. Schmidt de Ios. eloc. 483 (ἐδύναϲο). Crönert 210, 1. Reinhold 83f. Moulton Class. rev. XV (1901) 36.

-ατο längst untergegangen: an ihre Stelle treten, wie übrigens nicht selten auch in anderen Personen und regelmäßig im Konjunktiv und Optativ, Umschreibungen mit dem Partic. und εἶναι: so ἀπενηνεγμένοι εἰσίν Magd. I 9 (III[a]). ἦσαν διαπεπραγμένοι Lond. I p. 36, 13 (160 bis 159[a]) usw.

In anderen Personen: ἤμην μεμισθωμένος Ostr. 1256, 7 (136[a]). ἦν ὑβρισμένος Tebt. I 16, 7 (114[a]). τεθλιμμένοι ἤμεθα Petr. II 4 (7) 3 (255[a]) — aber 4 τέθλιμμαι. Im Konj. und Optat.: ἵν' ὦ ἀντειλημ[μένος] Lond. II p. 5, 16 (133[a]). κἂν — κεχρημένος ἦι Par. 63, 176 (165[a]). ἵν' ὦμεν ἀντειλημένα (sic) Lond. II p. 14, 30 (116—111[a]). εἴησαν εἰσπορευσάμενοι Par. 35, 29 (163[a]) etc.

Dagegen bildete man von vokalischen Stämmen starke Formen, wie πέπρανται Rev. L. 22, 1 (258[a]). ἀνωμολόγηνται Petr. II 4 (2) 4 (255[a]). καταπροεῖνται Tebt. I 5, 190 (118[a]). ἐώνηντο Tor. I 9, 10 (117[a]). δεδήλωνται Amh. II 51, 17 (88[a]). ἐκτεταμίευνται P. Reinach 16, 19 (109[a]) etc. Zum Ganzen vgl. Brugmann 330f. G. Meyer 551. Meisterh.-Schwyz. 166. Lautensach 1896, 28f.

Anhang. Als Seltenheit sei angeführt ein Optat. fut. pass. (im Kanzleistil) Tor. I 2, 32 ἠξίωσα, ἵνα χρηματισθήσοιτο (117[a]); als Beispiel für den Optat. aor. pass. in einer Urkunde diene λυπηθείης Par. 64, 37 (c. 164[a]), in einem literarischen Stück λεχθείη Par. 2 col. 1. 4. 6 (II[ai]). — Die ganz singulären Zwitterbildungen ὅταν ἀναμνησθῶμ(αι) und ὀπυασθώμεθα (passive Aoriste mit medialer Konjunktivendung), sowie die hybride Partizipialform ἐπιμανοῦσ(α) = ἐπιμανεῖσ(α) (alle drei im alexandrinischen erotischen Fragment) werden in anderem Zusammenhang unten (§ 79, 1) besprochen werden.

§ 72. Augment und Reduplikation.[1])

I. Syllabisches Augment.[2])

1. Die regelmäßige und allein ursprüngliche Form des syllabischen Augments ist ε-. In dieser Gestalt erscheint dasselbe vor kon-

1) Vgl. im allg. K.-Bl. II 6—37. Brugmann 262—267. G. Meyer 554—563; 622—629. Meisterhans-Schwyz. 169—174. Lautensach, Verbalflexion der attischen Inschriften, Gotha 1887; Grammatische Studien zu den griechischen Tragikern und Komikern. Augment und Reduplikation, Hannover 1899. Schweizer Perg. 169ff. Schmid Attic. IV 590ff. Win.-Schmiedel § 12. Blaß N. T. 37—39. W. Schmidt de Ios. eloc. 437—443. Dieterich Unt. 209—216. Nachmanson 150—153. Reinhold 62—69. Crönert 202—209. Moulton Class. rev. XV (1901) 35f.; 435[b]; XVIII (1904) 109f.

2) Um nicht Zusammengehöriges zu trennen, werden hier wie beim temporalen Augment neben den Imperfekt- und Aoristformen auch die entsprechenden Perfektformen mitgeführt.

sonantischem Anlaut im Imperfekt, Aorist und Plusquamperfektum. Über den Ersatz der Perfektreduplikation durch syllabisches Augment vgl. unten 10a. Nur scheinbar vor einem Vokal (da tatsächlich ein F vorausging) steht ε- bei ἄγνυμι in κατέαξεν Par. 37, 32 (163ª) [über κάτᾱγμαι in Poesie s. unten 4, b]; bei ὁράω in cυνεορῶμεν Strack, Ptol. Inschriften Arch. III 132, 5 (58—55ª) [über ἑώρακα s. unten Nr. 8]; bei ὠνέομαι in ἐωνήcατο Lond. I p. 47, 42 (c. 146ª). Par. 15 II 4 (120ª). Gen. 20, 6 (109ª). ἐωνῆcθαι Par. 15, 37. 53 (120ª). Tor. I 2, 4 (117ª). ἐώνηται Grenf. II 15, 3, 4 (139ª). ἐώνητο ebd. I 11, 2, 29 (157ª). Par. 15, 46 (120ª). ἐωνημένοc ebd. 41. 50. 53; BU 993 III 1 (127ª). Tebt. I 88, 8 (115ª) und oft.[1]) Dagegen begegnet προcαπώcατο P. Magd. Mélanges Nicole p. 283, 7 (221ª). — Über die fast ausnahmslos durchgeführte Verdopplung des ρ nach syllabischem Augment siehe § 49 S. 213.

2. Das Augment ἠ- haben durchweg die Verba βούλομαι und μέλλω im Imperf., δύναμαι im Aorist: ἠβουλόμην Petr.[2] 53 (q) 5 (IIIª). Vat. A 9 (172ª). Par. 63, 11, 55 (165ª); einmal geschrieben εἰβουλόμην (nach § 10 III S. 78, schwerlich Analogie des Augments εἰ-) Leid. C p. 118, 1, 8 (163ª). ἠβούλετο P. Magd. Mélanges Nicole p. 283, 6 (221ª). ἠβούλ.... Petr.[2] 22 (f) 3 (235ª); 42 G (9) 5 (c. 250ª). ἠβουλόμεθα Goodsp. 4, 6 (152 oder 141ª). — ἤμελλεν (sic, Edit. ἤμελλον) Petr. II 45 (2) 19 (c. 246ª). ἤμελλον Goodsp. 3, 10 (IIIª). — ἠδυνάcθημεν Petr.[2] 42 C 14, 4 (255ª). Danach ist ebd. 28 (e) 9 (260ª) ἠ]δυνάcθηcαν zu ergänzen (nicht wie die Herausgeber ἐ]δυνάcθηcαν); ebenso Zeile 18.

Auch ἤθελον (wohl das Prototyp der ganzen Gattung) hat sich (vermutlich von ἐθέλω her) erhalten, obgleich nur θέλω vorkommt (§ 73 I d): Par. 51, 31 (160ª).[2])

In ἠζημίοται = ἐζημίωται Par. 47, 18 (153ª) möchte ich nicht mit Dieterich Unt. 212 ein „pseudotemporales Augment", sondern nach § 10 I S. 63 Verwechslung zwischen ε und η vermuten; ebenso

---

1) Vgl. Lautensach 1899, 4 ff. 17 ff. Brugmann 264. K.-Bl. II 15 ff. Über ὠνηcάμην (neben ἐωνηcάμην) auf kleinasiatischen Inschriften Schweizer 170. W. Schmidt de Ios. eloc. 442. Crönert 283.

2) G. Meyer 555 nimmt im allgemeinen für dieses ἠ- Analogiewirkung von ἤθελον an. Brugmann 265. K.-Bl. II 9, Anm. 1. Auf attischen Steinen erscheint ἠ- bei βούλομαι und δύναμαι erst seit c. 300ª, Meisterh.-Schwyz. 169, 3. Lautensach 1887, 4; 1899, 1 ff. Schweizer 173 Anm. 2 (kein pergamenisches, aber andere kleinasiat. Beispiele). Sorgfältigere Attizisten haben ἠ- nur bei βούλομαι und δύναμαι, Schmid Att. IV 590 f. Im N. T. stets ἤθελον, nie ἠβουλόμην, bei δύναμαι und μέλλω großes Schwanken, Blaß N. T. § 15. 3; Win.-Schmiedel § 12, 3. Dieterich Unt. 212. Crönert 202. Moulton Class. rev. XV (1901) 35. 435; XVIII (1904) 109.

in ἐνηcτηκότα = ἐνεcτηκότα Petr. II 4, 6, 7 (255ª) und πρ[οπα]ρηcτηκόcι Petr.² Einl. p. 34, 183 (165ª), wie es dem Charakter der betreffenden Schriftstücke angemessen erscheint. Über ἠργάcατο vgl. unten Nr. 3.

3. Das Augment ει- (von verschiedener Herkunft: Mischlaut, bald aus ε + (F)ε oder ε + (c)ε, bald aus der Reduplikation FεFε bezw. cεcε hervorgegangen) läßt sich beobachten:

a) für Imperf. und Aorist: εἵθην (ἑ-cε, Brugmann 263): διείθην P. Magd. Mélanges Nicole p. 283, 8 (221ª). — εἵλκυcα (Wurzel selq oder velq, G. Meyer 558. Lautensach 24): παρείλκυcε Magd. 6, 10 (IIIªᵐ). ἀφειλκύcθημεν Petr.² 32 (d) 4 (246ª). — εἷλον (ἑ-cε? Brugmann 263): ἀφείλετο Petr. II 32 (2b) 7 (c. 238ª). ἀφείλοντο Magd. 6, 5 (IIIª). ἀφίλεcαν (= ἀφείλεcαν) Lond. I p. 28, 15 (161ª). διίλοντο (= διείλοντο) Grenf. I 39, 1, 8 (II—Iª). — εἶπα, εἰπεῖν (ἔFε-ιπ-ον, ep. ἔειπον, Brugmann K. Z. 25, 306): εἶπα Par. 49, 15; 51, 22 (160ª). εἶπαc Lond. I p. 25, 6 (161ª). εἴπαμεν Par. 15, 69 (120ª); 16, 22 (141ª); 23 verso (165ª); Tor. I 10, 1 (117ª). εἶπαν Kanop. Dekr. 7 (237ª); Rosettastein 8 (196ª). ἐπείπαιμι Par. 63, 4, 115 (165ª). εἴπαc (part.) Par. 49, 20 (160ª). cυνείπαντοc Tebt. I 42, 8 (nach 114ª). ἀνεῖπαι Petr. II 32 (3) 3 (238ª). — εἰπεῖν Petr.² 51, 7 (IIIª). ἰπῖν Par. 45, 7 (153ª). ἀντειπόντοc Petr. II 9 (2) 7 (241ª). — ἴπητε Par. 51, 45 (160ª) kann ebensogut zu εἰπεῖν als zu εἶπαι gehören. — εἶχον (ἑ-cε, Brugmann 263; Lautensach 26): εἶχον Petr. II 9 (2) 4 (241ª); 32 (1) 24; Petr.² 53 (n) 3 (IIIª). Par. 51, 30 (160ª). cυνεῖχον Petr. II 32 (2ª) 10 (c. 238ª); 18 (2b) 2 (246ª). διακατεῖχον Tor. I 10, 5 (117ª) εἶχεν ebd. col. 2, 10. [ἔχεν Eud. 11, 16 ist wohl Schreibversehen nach dem gehörten Laut, schwerlich ε = unechtem ει]. εἴχομεν Par. 22, 28 (165ª); 23, 26 (165ª). εἴχοcαν Tebt. I 39, 30 (114ª) etc. — Über εἰβουλόμην = ἠβουλόμην vgl. vorige Lit.

b) fürs Perfekt: εἴθιcμαι — εἴωθα (ἑ-cF, Brugmann 265; Lautensach 28f.): εἴθιcται Petr. II 46 (c) 16 (200ª); Amh. II 61, 17 (163ª). εἰθιcμένοc Par. 12, 4 (157ª); 31, 9 (163ª). Petr. II 29 (b) 8 (c. 250ª). Lond. I p. 11, 46 (162ª). Rev. Mél. 303, 9 (IIª). Fay. XII 9 (nach 103ª). Gen. 20, 8 (109ª) etc. εἰωθότων Par. 66, 10 (IIIª). — εἶκα — εἶμαι (ἑ-cε, Lautensach 26): καθεῖκα Petr.² 42 C 14, 5 (255ª). ἀφεῖκεν Dittenb. inscr. gr. or. I 55, 13 (240ª). ἀφείκαμεν Petr.² 53 (s) 4 (IIIª). ἀφεικότεc Par. 63, 13, 2 (165ª) [nach Rev. Mél.]. ἀφικέναι Grenf. II 31, 17 (104ª). παρεῖται Tebt. I 85, 45 (113ª). καταπροεῖνται ebd. 5, 190 (118ª). ἀφείcθω Petr.² 11, 20 (237ª). ἀνειμένου Tebt. I 60, 81 (118ª). ὑφειμένων ebd. 5, 251 (118ª) etc. — εἴληφα

— εἴλημμαι (cε-cλ, Brugmann 261; anders K.-Bl. II 25 Anm. 6; Lautensach 107 f.): εἴληφα Petr. II 13 (17) 7 (258—53[a]). εἴληφαc Petr.[2] 42 C 13, 2 (255[a]). εἴληφεν Par. 23, 16 (165[a]). Tebt. I 104, 33 (92[a]). εἰλήφαμεν Lond. I p. 7, 13 (164—3[a]). εἰλήφαcιν Petr. II 37 (1[a]) verso 6; (1[b]) 2 (III[a]). εἴληφαν Par. 25, 17. 19 (163[a]). προcανειληφώc Petr.[2] 91, 2 (III[a]). εἰληφότων Petr. II 8 (1 A) 8 (III[a]); 9 (2) 3 (241[a]). ἐξειληφότοc Tebt. I 38, 10 (113[a]); 39, 2 (114[a]). εἰληφέναι Par. 27, 6 (c. 160[a]). ἀνειληφέναι Tebt. I 99, 29 (nach 148[a]) usw. Nirgends εἴληφα, s. oben § 45 Anm. 1, S. 202. Über ἐληφότων s. unten 10 a; über die Zwitterbildungen ἀντειλῆψαι, προcειλῆψαι § 79, 2. Passiv: ἀνειλῆφθαι BU 992 I 6 (162[a]). Tebt. I 99, 6 (nach 148[a]). ἀνειλημμένον Petr. II 39 (b) 3 (III[a]). εἰλημμένων Th. Bk. X 2 (130[a]). περιειλημμένουc Amh. II 31, 8 (112[a]). cυνειλ[ημ]μένοc Par. 64, 4 (c. 164[a]) usw. — εἵλκυκα (s. oben εἵλκυcα): παρειλ[κ]υκότων Leid. B 3, 12 (164[a]). Dagegen liest jetzt Wilcken (Add. et Corr. zu Petr.[2] p. XVI) Petr. II 42 (c) 22 (c. 250[a]) = Petr.[2] 42 H (6) 22 δὲ ἥλκ[υ]κα statt διηλκιυcα. Über ἐφελκυcμένην s. unten Nr. 7, a. — εἴργαcμαι (ἐ-Fε, Brugmann 264; nach Lautensach 23 aus FεFε): εἰργαcμένοι Petr. II 4 (9) 7 (255[a]). Petr.[2] 40 col. 1, 9 (III[a]) und oft. ἀπειργαcμένοι Petr. I p. 66, 21 (240[a]). εἰργαcμένων Petr. II 32 (1) 21 (III[a]). ἀπειργαcμένων Par. 66, 28 (III[a]). εἰργάcθαι Grenf. I 11, 1, 24 (157[a]). ἀπείργαcται Ostr. 1023, 1025 (altptol.). κατειργάcθαι Tebt. I 60, 70 (118[a]). κατειργαcμένηc ebd. 78 usw. Dagegen läßt sich für das Präteritum, wie auf attischen und pergamen. Inschriften (Meisterh.[3] 171, 11; Schweizer Perg. 170 f.), nur ἐξηργάζετο (Witkowski) Par. 22, 8 (165[a]) belegen. [Die von Revillout Mél. 369 zu Petr. II 8 (2c) 6 vorgeschlagene Lesung ἐξειργά[cατο hat sich nicht bestätigt, Petr.[2] p. 39 bietet jetzt ἐξητά[cθη]. — εἴρηκα-εἴρημαι (nach Blaß Ephem. arch. 1892, 67 f. aus FεFρ-, nach K.-Bl. II 24 aus ἐFρ; Lautensach 24): εἴρηκα Petr.[2] 42 G (10) 2 (c. 250[a]). εἰρηκέναι Petr. II 19 (1[a]) 15 (III[a]). Par. 11, 30 und verso (157[a]). εἰρήκηc (= εἰρήκειc) Par. 32, 16 (162[a]) etc. προειρημένου Magd. 1, 16 (III[a]). προειρημένοιc Par. 63, 2, 59 (165[a]). προειρημέναιc Tebt. I 27, 44 (114[a]); -νηc ebd. 105, 27 (103[a]) etc.

Anmerkung 1. Daneben begegnet von προαναλέγω (aufsagen, herzählen) προαναλελεγμένηc Tor. I 5, 26; -νουc col. 9, 1 (117[a]). ἐπιλέγω (sammle) bildet ἐπιλελεγμένων Petr. II 8 (3) 4 (267[a]).

Anmerkung 2. Echtes ει (ε + Fι, Brugmann 264; Lautensach 1899, 22) ist in der Orthographie des Aorists εἶδον überall erhalten: z. B. εἶδον Par. 50, 3. 6; 51, 21. 23; Leid. C p. 118, 2, 18. 31. εἶδεν Par. 50, 2. 13; Leid. C p. 118, 1, 2. 14 (alle c. 160[a]) etc.

Anmerkung 3. Nicht εἴcχηκα, εἴcχημαι, sondern ἔcχηκα, ἔcχημαι ist als Perf. von ἔχω belegt: z. B. ἔcχηκεν Strack, Ptol. Inschr. Arch. III 129, 23 (II[a]);

Par. 7, 9 (99[a]). προcέcχηκεν Magd. 3, 7 (III[a]). ἀπέcχη(κεν) Tebt. I 119, 30 (105—101[a]). ἐcχήκαμεν Par. 42, 3 (156[a]). ἐcχήκατε ebd. 63, 3, 79 (165[a]). κατεcχήκαcι Tebt. I 5, 47 (118[a]). κατέcχηκαν ebd. 61 (b) 226 (118[a]). ἐcχηκέναι Tebt. I 72, 467 (114[a]). μετεcχηκέναι Tor. I 2, 10 (117[a]). προcεcχηκέναι Petr. II 20 col. 2, 1 (252[a]). ἐcχηκώc Lond. I p. 38, 32 (158[a]). προcεcχηκυίαc Tebt. I 24, 76 (117[a]). ἐcχηκότων Amh. II 42, 7. 31 (179[a]). παρεcχη[κότων Grenf. I 42, 4 (II[a]) usw. παρέcχημαι Par. 63, 8, 15: ebd. col. 13, 3 ἐνεcχημένουc (165[a]). κατεcχημένων Tebt. I 61 (b) 254 (118[a]). παρεcχημένου Tor. I 7, 32 (117[a]) etc. Über εἴcχηκα, εἴcχημαι auf κοινή-Inschriften (III—I[a]) vgl. G. Meyer 175 f.; Schweizer Perg. 185. 188. Schweizer § 29 p. 102 hält wie Meyer diese Formen für Analogiebildungen zu εἴρηκα, εἴληφα; Crönert 256 f. bringt sie in lautlichen Zusammenhang mit ἴcχω, da ἴcχημαι = ἔcχημαι seit Philos Zeit häufig vorkommt.

4. Schwund des syllabischen Augments kommt ziemlich früh und häufig vor.

a) im Imperf. und Aor. act. pass. konsonantisch anlautender Stämme, doch fast nur in zusammengesetzten Wörtern, wie ἀνανεοῦτο Rosettainschrift 35 (196[a]). διαλάμβανον Tebt. I 24, 50 (117[a]). Statt ἐξέδυcαν schrieb der Schreiber Petr.[2] 28 (e) 18 (260[a]) zuerst ἔγδυcαν. κατάπλευcεν Petr.[2] 20, 2, 8 (246[a]). παραγενόμεθα Petr. II 45 col. 2, 22 — vgl. Append. p. 2 — (c. 246[a]). παρακαλέcαμεν (Assimilation benachbarter Laute? vgl. § 26 S. 150) Tebt. I 24, 46 (117[a]). ὑπολάμβανον Leid. U 2, 13 (II[a]). Für das einzige augmentlose Simplex οὐ κρίναμεν Tebt. I 124, 5 (nach 118[a]) wird oben S. 247 eine andere Erklärung gegeben.

Anmerkung 4. Statt ἐναποβιάζετο Petr. II 8 (2 b) 6 (246[a]) ist ὃν ἀπεβιάζετο zu lesen. ὑπολόγηcα Petr. II 27 (2) 18 (235[a]) erscheint unsicher, vielleicht eine verstümmelte Partizipialform; dagegen könnte in παράδιξιν Petr. II 14 (2) 17 (III[a]) παράδειξεν stecken.

b) Auch das Reduplikationszeichen ε- ist manchmal im Perfekt zusammengesetzter Verba abgefallen: ἐπιcταλκέναι Petr. II 32 (3) 6 (238[a]). Beispiele für ἀπέcταλκα, ἐπέcταλκα (nie ἀφέcταλκα) s. § 45 Anm. 1, S. 202. κάταγμαι (statt des seltenen κατέαγμαι) Tebt. I 2 (d) verso 14 (Anthologiefragm., nach 100[a]). καταφθαρμένου Petr. II 32 (2 b) 8 (238[a]); aber κατέφθαρται Petr. II 19 (2) 6 (III[a]). παραcπονδημένοc Par. 63, 8, 16 (165[a]); über παρεcπονδημένοc Meisterh.[3] 172, 20. παραcτάναι (= παρεcτάναι, nicht = παραcτῆναι wie Leemans annimmt) Leid. U 2, 11 (II[a]). [Statt ἐπιcκευάcθαι Petr. II 13 (18[a]) 19 (258—53[a]) lautet der Text jetzt Petr.[2] p. 111 (7) ἐπιcκευαcθῆι. Ebenso steht Tebt. I 27, 9 (113[a]) nicht παρεπίcταλται, wie van Herwerden im Append. lex. suppl. p. 164 angibt, sondern παρεπέcταλται]. Spätere Belege bei Dieterich Unt. 213 und Crönert 206, 3.

c) Verhältnismäßig selten hat das Plusqpfkt. vor der Reduplikation sein Augment verloren: δεδώκει Tor. XIII 8 (139[a]). ἐπιδεδώκειμεν

Amh. II 33, 12 (157[a]). ἐγὼ τεθνήκει<ν> P. Weil V 3 (Komikerfragm., geschr. vor 161[a]). προςτε[τά]γμην Lond. I p. 40, 80 (158[a]). παραβεβλήκηcαν Tebt. I 24, 39 (117[a]). — Normale Formen sind angeführt § 71, 1. 5. 11. Außerdem ἐπεποήκ[ει Petr. II 42 (c) 23 (c. 250[a]); Tebt. I 15, 22 (114[a]). ἐκεχρή(κει) Tebt. I 112, 44 (112[a]) etc. Med.-pass.: ὑπεγέγραπτο Petr. II 2 (2) 2 (260[a]). cυνετετέλεc[το Petr. II 3 (b) 6 (c. 260[a]). ἐτέτληто Par. 63, 9, 31 (165[a]). ἐπεποίητο Par. 64, 7 (c. 164[a]). προcεκέκλητο Tor. XIII 8 (139[a]). ὑπετέτακτο Tor. I 4, 24 (117[a]). περιεβεβλήμην P. Magd. Mélanges Nicole p. 283, 7 (221[a]). περιεβέβλητο Tebt. I 230 (II[af]) u. v. a.[1])

II. Temporales Augment erscheint

a) bei einfachen Vokalen.

5. Durch das temporale Augment wird anlautendes α regelmäßig zu η gedehnt: z. B. ἤγγελλεν Petr. II 13 (14) 1 (258—53[a]); ἠξίωcα Petr. II 20 col. 3, 11 (252[a]) [ἀξίωcα ebd. 10 col. 4, 15 (252[a]) ist in ἀξιῶ cε zu ändern]; ἠθετημένη Tebt. I 74, 59 (114—113[a]); ἐξηλμυρῶcθαι ebd. 72, 11 (114[a]); ἐξηcθενηκώc ebd. 50, 33 (112[a]). προcήφαμεν Lond. I p. 10, 11 (162[a]). So stets ἀνήλωκα, ἀνήλωται, s. unten 11 und 13.

Anmerkung 5. Formen wie ἐξίουν, ἐρξάμην, ἀπελλάγην (§ 10 S. 64) sind sicherlich, dem Charakter der betreffenden Schriftstücke entsprechend, auf lautlichem Wege (ε ∼ η) zu erklären.

Auch anlautendes ε und ο werden zu η und ω gedehnt: z. B. ἐπήρχετο Tebt. I 27, 34 (114[a]). ἠρυθρίακε ebd. 37, 10 (73[a]). ὤφειλον Tebt. I 212 (114[a]). προώφειλεν Par. 7, 18 (99[a]). ὡρμηκέναι Tebt. I 38, 23 (113[a]). διωρθωμένοc ebd. 27, 41 (113[a]) usw.

Bei anlautendem ι wird das Augment manchmal durch das Zeichen für ῑ, nämlich ει, ausgedrückt: z. B. εἴcχυον Petr. II 3 (b) 4 (260[a]). εἴcχυε Rendiconti della r. accad. d. Lincei 1897 p. 91, 27 (unb.). ἰc[χυκέναι Vol. herc. Crönert 263. εἰδρύcατο P. Weil VI 2, 5 (vor 160[a]). ἱδρύcατο Rosettainschr. 34 (196[a]). Schweizer 173.

---

1) Für die klassische Zeit wird die Weglassung des syllabischen Augments im Plusqpfkt. bestritten oder doch höchst selten zugestanden. Meisterh.[3] 170, 6 und Lautensach 1887, 21 finden kein einziges Beispiel auf attischen Inschriften. Lautensach 1899, 118—124 gibt bei den Tragikern nur in epischen und lyrischen Partien vereinzelte Fälle zu. K.-Bl. II 21, 9 will überall das Augm. herstellen. Vgl. namentlich Schweizer Perg. 169, 1 (mit weiteren Literaturangaben). Nachmanson 151. Im N. T. steht das Augment selten, Win.-Schmiedel § 12, 4; Blaß 39. S. auch Schmidt de Ios. eloc. 437 ff. (Iosephus setzt das Augment häufiger im Passiv als im Aktiv). Über die Attizisten Schmid Att. IV 591 (das Augm. fehlt nicht selten); über die apostol. Väter Reinhold 62 f. (unter 10 Passiva 8 augmentiert, unter 19 Aktiva nur 4). Crönert 209.

Beispiele für augmentiertes υ: ὕβριζαν (sic) Par. 40, 39 (156[a]). ὕβρικεν Lond. II p. 4 (a) verso (177[a]). ὑγίαινον Par. 32, 5 (152[a]). B U 1009, 2 (II[a]). Tebt. I 59, 2 (99[a]).

b) bei Diphthongen.

6. Anlautendes αι wird nur noch in wenigen älteren Stücken des 3. Jahrh. v. Chr. zu ηι, wie ἀπήιτουν, ἀπηιτημένος (Belege § 20, 1 S. 122); seit der Mitte des 3. Jahrh. schwindet der zweite Bestandteil des Langdiphthongs, wodurch Formen entstehen wie ἥρεῖτο, einmal ἡρηκέναι, ἠτήσατο, ἐπηνεκέναι etc. (Belege § 20, 2 und 4, S. 123); am allerhäufigsten aber tritt von Anfang an in allen drei Jahrhunderten für ηι als orthographischer Ersatz ει ein: so lautet z. B. das Perf. von αἱρέω fast ausnahmslos εἵρηκα, εἵρημαι (sämtliche Belegstellen § 20, 9 S. 127).

Von αἴρω sind belegt: ἠρκότων Tebt. I 120, 37 (97 oder 64[a]). ἠρμένος Petr. II 2 (1) 17 (260[a]). ἀπηρμένον 13 (5) 5 (258—53[a]). συνηρμένωι Amh. II 44, 13 (138—37[a]). P. Reinach 8, 7 (113—112[a]).

Anlautendes οι wird zu ωι augmentiert. Die überlieferte Orthographie ωι hält sich durchs ganze 3. Jahrh., vereinzelt noch bis ins 1. Jahrh. v. Chr.; seitdem aber das ι in der Aussprache des Langdiphthongs weggefallen ist, wird meist nur noch ω- geschrieben (vgl. § 21, 2 S. 132f.).

Belege für ωι: III[a] ὤικουν Petr. II 32, 1, 18 (238[a]). διωικήκασιν Rev. L. 30, 16 (258[a]). διώικηται Petr.[2] 42 H (3) 8 = Petr. II 16, 8 (c. 250[a]). ἐνώικειςται Petr. II 8 (2c) 5 (246[a]). ὠικοδόμησεν Magd. 29, 3 (III[a]); ebd. 8 ὠικοδόμηκεν. ἐνωικοδομηκότας Petr. II 12 (1) 12 (241[a]); ebd. προσωικοδομήκασιν; ὠικονόμησα Petr. II 1, 8 (c. 260[a]). ὠἰκονομημένον ebd. 11 (2) 2 (III[a]). ὤιοντο Petr.[2] 51, 5 (III[a]). ὠιχόμην Magd. 8, 9 (III[a]). ὤιχετο ebd. 35, 4 (III[a]); Petr. II 32 (1) 18 (c. 238[a]).

II—I[a]: ὠικηκότα Par. 15, 65 (120[a]). διωικημένων Par. 67, 6 (II[a]). συνώικησε Par. 22, 6 (165[a]). ὠικοδομημένης Par. 5, 1, 6. 8 (114[a]); BU 996 I 3 (107[a]). ὠικοδομημένην Amh. II 51, 11 (88[a]). B U 996 III 2 (107[a]).

Für ω II—I[a]: ὤμην Par. 50, 17; 51, 2. 29 (160[a]). Leid. C p. 119 col. 2, 26 (160[a]). ὤετο Hyperid. κ. Φιλ. II 43 (II—I[a]). ὠκοδομημένος Leid. M I 7. 12. 13 (114[a]). B U 997 I 4; II 6 (103[a]); 998 I 7; II 3 (101[a]); 999 I 5 (99[a]). Grenf. II 35, 6 (98[a]) etc. περιωκοδομηκέναι Lond. I p. 36, 24 (160[a]). ἐγδιωκημένων Tebt. I 89, 4. 31. 69 (113[a]); 174 (112[a]). μεταδιωκημένων ebd. 61, 9. 30 (118[a]). ὠκτείρετο (für ὠικτίρετο) Hyperid. κ. Φιλ. 140—41 (II—I[a]). ὤχοντο P. Reinach 17, 8 (109[a]).

Belege für οἰ- unter 7. Über ἀν-οίγω, παρ-οινέω s. unten 8 und 11c.

ευ im Stammanlaut wird höchst selten mehr augmentiert. ηὕρισκεν Petr.[2] 41 verso 3. 5 (III[a]) sind zwei ganz einsam stehende

Fälle[1]) gegenüber ungezählten Beispielen mit εὐ- (vgl. unten 7b). Über εὖ in der Parasynthese wird gehandelt unter 12c. Beispiele mit augmentiertem αυ, ει, ου sind mir nicht begegnet.

7. Schwund des temporalen Augments ist zu konstatieren

a) bei einfachen Lauten:

höchst selten bei α: κατ-αςτοχήιςαμεν (sic) hat Crönert hergestellt Tebt. I 58 r. 35 (111ª); ebenso παραλα[γμ]ένου (statt παρηλλαγμένου) ebd. 5, 86 (118ª). Dagegen hatte die lautliche Annäherung und allmähliche Ausgleichung von ε ∼ η, ο ∼ ω zur Folge, daß in manchen Fällen das temporale Augment bei ε und ο zunächst in der Aussprache und dann in der Schrift wegfiel. Die Erscheinung beschränkt sich übrigens (wie beim syllabischen Augment) meist auf Komposita.

Beispiele für ε. Aor. ἀπελάςαντο Par. 37, 17 (163ª). διεγέρθη Leid. U 3, 12 (IIª). ἐνεχύραςεν Petr. II 22, 14 (IIIª).[2]) εἰςέλθομεν Petr.² 144 IV 20 (c. 246ª). Über διεγγύηςαν s. unter 12 a; über mögliches προςανενέκχθη (sic) und ἐνέχθη für ἠνέχθη s. oben S. 169.

Perf. ἀπερημωμένον Par. 37, 38 (163ª). προςεδρευκέναι (s. unter Parasyntheta Nr. 12a.). ἑτοιμάκαμεν Grenf. II 14 (b) 1. 5 (264 oder 227ª). Dagegen verso ἡτοιμαςμένων und Par. 32, 30 (162ª) ἡτοιμακότος (Edd. fälschlich ἑτοιμακότος). ἐφελκυςμένην Leid. E unten am Rand (162ª); Lond. I p. 25, 29 (161ª). ςυνελκύςθαι Par. 64, 32 (164ª) — aber παρείλκυςα, — εἵλκυκα, — ειλκύςθην (s. oben 3).

Beispiele für ο. Aor. und Impf.: ἀνομολογήςατο Grenf. II 30, 13 (102ª); 31, 14 (104ª) — aber ἀνωμολογήςατο Par. 7, 17 (99ª). Auch ὁμολόγει und προςομολογοῦμεν Tor. VIII 7 und 21 (119ª) scheinen als Imperfekta zu figurieren. καθορμίςθημεν (über ο nachträglich ein ω gesetzt) Petr. II 45 (2) 20 (c. 246ª).

Perf.: διομολογημένα Grenf. II 28, 21 (103ª); 33, 14 (100ª). ἐνόχληται Petr. II 16, 10 (c. 250ª); über ἠνώχληςαι s. unter Nr. 11 c. ὁμαλιςμένην Tebt. I 105, 59; aber ebd. 26 ὡμαλιςμένην (103ª).

b) bei Diphthongen.

Eine ziemlich zweifelhafte Lesart ist τόποις τῶν ἀν]αιρημένων Rev. Mél. p. 274 = Petr. II 31, 5 (IIIª), wofür jetzt Petr.² p. 148 mit mehr Wahrscheinlichkeit von Meyer vorgeschlagen wird τόποις τῶν

---

1) ηὑρίςκετο findet sich auch im N. T. (mit Varianten) neben sonst überwiegendem εὑ- im Präteritum; Blaß N. T. § 15, 4; Win.-Schmiedel § 12, 5. ηὗριςκον ganz vereinzelt bei den apost. Vätern, Reinhold 65.

2) In diesen und ähnlichen Fällen wäre falsche Trennung zwischen Augment und Wortstamm ebenso wohl denkbar als vollkommener Mangel der Augmentation.

καταμεμετ]ρημένων. Über die verschiedene Augmentation von αἱρέω s. oben 6. — Unechtes ει wird nicht augmentiert in περιειλημένην Kanop. Dekr. 63 (237ª) und ἐνειληκότων Tebt. I 24, 62 (117ª). εἴδειμεν = ᾔδειμεν im Lachespap. ist attische Orthographie (vgl. § 20, 9, S. 127).

Unaugmentiertes οι erscheint seit dem 2. Jahrh. in οἴετο Par. 50, 15 (160ª). Leid. C p. 118 col. 1, 14 (c. 160ª). οἰκοδομημένοι Par. 15, 17; Tor. II 26 (120ª). ἀνοικοδομηκότες Inschr. von Philä Arch. III 363 (IIª). Daneben häufiger ᾤετο, ᾠκοδομημένος, s. oben Lit. 6. Über κατοίκη = κατῴκει und κατοίκισας = κατῴκισας vgl. § 21, 8, S. 137

ευ- im Stammanlaut wird in der Regel nicht mehr augmentiert: εὑρίσκω bildet εὑρίσκομεν (impf.) Petr. II 12 (1) 10 (241ª). Lond. I p. 16, 10 (162ª). εὗρον Tebt. I 58, 15 (111ª). εὗρεν Petr. II 32 (2ª) 8 (238ª); 12, 10 (241ª); Petr.² 28 verso (b) 3 (260ª). εὕρομεν Petr. II 38 (a) 26 (240ª). Petr.² 21 (g) 17 (226ª). εὑρήκαμεν Tebt. I 58, 6 (111ª); 149 (116—5ª). ἀφευρηκέναι Tebt. I 8, 19 (201ª); 38, 4 (113ª). εὕρηται Petr.² 51, 7 (IIIª). εὑρῆσθαι Tebt. I 61 (b) 90. 97 (118ª) usw.[1]) — προσεύχοντο Rendic. della real. accad. d. Linc. 1897 p. 93, 60 (unb. röm.).

Anmerkung 6. Das Präteritum zum Perf. ἔσχηκα hat nie ein temporales Augment: ἐσχήκη (= ἐσχήκει) Tebt. I 116, 21 (IIª·ᶠ). ἐσχήκ(ησαν) Tebt. I 120, 90 (97 oder 64ª); ebenso im Plusqpf. pass. von ἵστημι (Aktiv fehlt) διεστάμην Tebt. I 22, 4 (112ª) zu dem häufigen Perf. ἕσταμαι.

III. Doppeltes Augment.

8. Syllabisches und temporales Augment zugleich finden sich im Perfekt von ὁράω: ἑώρακα Par. 11 verso 11 (157ª). Petr. II 17 (3) 7 (IIIª). ἑωρακέναι ebd. 17 (1) 23. 27 (IIIª).[2]) Über das Imperf. ἑόρων s. oben 1.

Zu ἀνοίγω lautet das Perf. pass. part. ἀνεωιγμένος Petr. II 37 (1ª) R. 8; ebd. verso (IIIª). ἀνεωγμένος Grenf. I 21, 10 (126ª); 44 col. 1, 5 (IIª); 38, 9 (c. 100ª).[3])

Über doppeltes Augment in der Zusammensetzung s. unter 11 c.

---

1) Auch auf attischen Steinen kommt ηὑρ- seit 300 v. Chr. nicht mehr vor, Meisterh.³ 172, 14; ebenso auf κοινή-Inschriften, Schweizer 172 f. Nachmanson 153. Selbst die Attizisten haben εὑ-, Schmid Att. IV 591 f.; bei den apostol. Vätern fast nur εὑ-, Reinhold 65. Crönert 205 findet in spätröm. und byzantin. Zeit wieder ηὑρ-. Vgl. oben Lit. 6 am Schluß.

2) Vgl. die gründliche Besprechung der Formen ἑόρακα (alt) und ἑώρακα (vulgär) bei Crönert 272; ferner Lautensach 1899, 4 (mit Literaturangaben). Schmid Att. IV 592 (bei den Attizisten beide Formen). Win.-Schmiedel § 12, 2 (ἑόρακα nur in den Paul. Briefen). Nachmanson 151 (ἑωρακότες). Reinhold 100 (ἑώρακα). Im allg. G. Meyer 556. 557.

3) Vgl. Meisterh.³ 170, 7. Lautensach 1899, 7 ff.; 128 f. Win.-Schmiedel § 12, 7. Blaß N. T. § 15, 7. W. Schmidt de Ios. eloc. 442 f. Reinhold 69 (ἀνεῳγμένος neben ἠνέῳγμαι).

IV. Reduplikation.

9. Die sog. attische Reduplikation hat sich erhalten

a) in folgenden Perfektformen:

ἐνήνοχα — ἐνήνεγμαι: ἀνενήνοχεν Petr. II 29 (b) 4; (c) 5 (c. 250ᵃ). Lond. I p. 10, 13 = p. 11, 33 (162ᵃ). ἐξενήνοχεν Petr. II 32 (1) 29. 30. 34 (IIIᵃ). μετενήνοχεν Amh. II 35, 18 (132ᵃ). προσανενηνόχαμεν Tebt. I 24, 35 (117ᵃ). συνανενηνοχέναι Tor. I 3, 28; 4, 9 (117ᵃ). ἐνην]οχότων Grenf. I 42, 5 (IIᵃ). προσανενηνοχώς Tebt. I 16, 3 (114ᵃ). ἐξενηνοχότας Magd. 13, 4 (IIIᵃ). παρεισενηνοχότα Tebt. I 38, 14 (113ᵃ). ἐνηνεχόσι (sic, mit Lautschwächung) ebd. 253 (96 oder 63ᵃ) usw. Beispiele zum Perf. und Plsqpf. med. pass. finden sich § 44 S. 196 verzeichnet; über ἀνηνεγμένης, ἀνηνέχθαι (Verkürzung) und umgekehrt συμπεριεν{εν}ηνεγμένης vgl. § 57 Anm. 2 und 4, S. 247f. Crönert 207. Zum Ganzen Lautensach 1899, 115ff. Schweizer 171. Brugmann § 394, 2, S. 329. Nachmanson 151.

Analog dazu ist gebildet ἀγήγοχα von ἄγω. Dies ist die volle, auch von den Grammatikern vorausgesetzte Grundform der κοινή (εἰσῆχεν 'Α., εἰσαγήγοχα 'Ε. Moeris): ἀναγήγοχα Petr. II 4 (5) 3 (255ᵃ). εἰσαγηγοχότες Rev. L. 54, 8. 10 (258ᵃ). Durch Ausfall des intervokalischen (spirantischen) zweiten γ (§ 33) — vielleicht infolge von Dissimilation — entstand ἀγήοχα, wie das Perfekt seit Aristoteles lautet. Die Orthographie der Papyri ist aber sehr verschieden: gewöhnlich ἀγείοχα (ει < η nach § 10 III, S. 78), so ἀγειοχότων Leid. B col. 1, 4 (164ᵃ); Lond. I p. 9, 20 [Wilcken] 162ᵃ; ἐπαγειοχό[τος Par. 15, 67 (120ᵃ); προσαγειοχότας Tebt. I 19, 6 (114ᵃ). Allmählich kommt die monophthongische Natur des mit ει bezeichneten ẹ-Lautes zugleich mit dem Nachlassen des Gefühls für die Quantitätsunterschiede immer mehr auch orthographisch zum Ausdruck, und nun konnte von ungewandten Schreibern auch ἀγέοχα geschrieben werden: so ἀγεοχό[τας Tebt. I 124, 6 (c. 110ᵃ), einmal sogar Tebt. I 5, 198 (118ᵃ) ganz abnorm παραγεωχότας eintreten.[1]) Das Perf. med. pass. stets ἦγμαι, s. Verbalverzeichnis.

ἀκήκοα: ἀκηκοέναι Par. 34, 14 (157ᵃ). Auf einem röm. Pap. Oxy. II p. 237, 7, 23 (186ᵖ) ἠκουκέναι. Crönert 244.

ἐλήλυθα: ἐληλύθατε Par. 63, 3, 84 (165ᵃ). ἐληλυθυῖα Lond. I p. 30, 17 (172ᵃ). ἐληλυθότες Tebt. I 120, 149 (97 oder 64ᵃ); -ότι 121,

1) Phryn. 121 Lob. verwirft ἀγηόχασι gegenüber ἥχασι des Demosthenes. G. Meyer 627. K.-Bl. II 28 Anm. 3. Schweizer 171 (ἀγηγοχότων 263—241ᵃ). Schmid Attic. IV 602 (ἀγήοχα bei Dio Chr. und Aristid.). Schmidt de Ios. eloc. 469 (4 Beisp. bei Iosephus für ἀγήοχα). Crönert 243.

44. 60. 71 (94 oder 61[a]). ἀπελήλυθα Par. 32, 7 (162[a]). ἀπεληλυθέναι Magd. 23, 3 (III[a]) διελήλυθα Petr. II 12 (2) 3 (241[a]). παρεληλυθέναι Petr. II 13 (5) 3 (258—53[a]). ἐξεληλυθώϲ Par. 37, 4 (163[a]). προεληλυθυιῶν Par. 62, 4, 11 (II[ai]). προϲεληλυθέναι Tebt. I 37, 4 (73[a]) usw. Über ἀπελήλθε (mit Synkope) vgl. § 25, 4 S. 147.

ὄλωλα: ἀπολωλέναι Petr.[2] II 51, 5. 6 (III[a]); 53 (j) 8 (III[a]).

ὀμώμοκα Petr. II 46 (b) 6 (200[a]). ὀμωμόκεμεν (S. 322) Par. 46, 13 (153[a]). ὀμόμεκα (S. 95) B U 543, 21 (27[a]).

Anmerkung 7. Statt ὄπωπα? Petr. II 17 (3) 9 (III[a]) liest Smyly Petr.[2] p. 50 (c) jetzt ϲυμπα|[ρόντα. — ἐρείδω bildet nur ἠρειϲμένοϲ : ἀπηρειϲμένοϲ Par. 6, 15 (127[a]); -ένων ebd. 15, 32 (120[a]); -ένοι Tor. I 2, 19; 3, 13 (117[a]). Nirgends ἐρήρειϲμαι. Vgl. Schmidt de Ios. eloc. 470. — Zu ὀρύϲϲω erscheint das Perf. ὑπωρυχόταϲ Tebt. I 13, 10 (118[a]). Vgl. Crönert 207.

b) Aoristreduplikation ist nur noch erhalten in den geläufigen Formen ἤγαγον (ἀγαγῆϲαι) und ἤνεγκα — ἤνεγκον. Lautensach 1899, 95.

Belege für ἤγαγον: ἠγάγομεν Magd. 11, 4 (III[a]). παρήγαγον ebd. 12, 7 (III[a]). ἀγάγωϲιν Tebt. I 24, 55 (117[a]). ἀναγάγῃ Par. 10, 12 (145[a]). ἀπαγαγεῖν Petr. II 10 (2) 12 (241[a]). καταγαγεῖν Petr.[2] 53 (l) 5 (III[a]). ἀγαγεῖν Par. 63, 8, 8 (165[a]). μεταγαγεῖν Tor. I 2, 24 (117[a]). εἰϲαγαγών Tebt. I 20, 5 (113[a]). ϲυναγαγούϲηϲ Lond. I p. 32, 8 (163[a]). μεταγαγοῦντεϲ (Übergang in die Klasse der Kontrakta vom Infin. aus) Tebt. I 24, 8 (117[a]). ἐπαγαγέϲθαι ebd. 104, 19 (92[a]) usw. Über ἀγαγῆϲαι und ἦξα s. § 76, 4 b. Stellensammlung zu ἤνεγκα — ἤνεγκον § 76, 1.

Anmerkung 8. Höchst befremdlich ist mitten im Kanzleistil des Par. 63, jetzt Petr.[2] Einl. p. 36, 204 (165[a]), die neu eingeführte Lesart ὧν δεῖ πάντωϲ πε[φιδ]ήϲαϲθαι, die freilich dem Sinn der Stelle ganz entspricht [bisher Par. 63, 7, 12 unzutreffend ὧν δεῖ πάντωϲ πε[ρ]ιϲπᾶϲθαι]. Es hätte sich also die altepische vom reduplizierten Aorist πεφιδόμην (Il. Υ 464, Φ 101) abgeleitete Futurform πεφιδήϲομαι (Il. Ο 215, Ω 158. 187) in ein offizielles Aktenstück eingeschlichen, das allerdings wie kein anderer Papyrus poetische Ausdrücke und gesuchte Wendungen enthält (vgl. § 3 S. 26). Weniger auffallend ist die Endung -ϲαϲθαι statt -ϲεϲθαι, da gerade dieser Papyrus an 2 Stellen die Vermischung des Aorist- und Futursystems zeigt (von der § 79, 3 gehandelt wird): col. 2, 32 δεῖν πάνταϲ γεωργήϲειν; col. 6, 172 λογίϲεϲθαι δυναμένωι.

10. Ersatz und Schwund der Reduplikation. Die im Neugriechischen gänzlich aufgegebene Reduplikation wird schon im hellenistischen Griechisch manchmal als überflüssig empfunden und teils durch das Augment ἐ- ersetzt, teils ganz unterdrückt.[1])

1) Vgl. zum folgenden namentlich Dieterich Unt. 214 ff. Thumb Hell. 170 bemerkt: „Die κοινή strebte ganz allgemein darnach, die Grenzen zwischen Reduplikation und Augment zu verwischen."

a) Schon im Attischen wird die Reduplikation vor Doppelkonsonanten (ζ, ξ, ψ) regelmäßig durch das Augment ersetzt. Dem entsprechend bildet auch die κοινή Perfekta wie ἐζευγίσμεθα, ἐ-ξύσθαι, ἐψευδογραφηκέναι u. ä.; ebenso vor schwerer Verbindung von muta c. liq. wie ἔγνωκα, ἔγνωσμαι etc.; auch andere, namentlich mit σ beginnende Konsonantengruppen begnügen sich von jeher mit dem Augment (Meisterh.[3] 174, 30), z. B. σκ- ἐσκευάσθαι; σπ- ἐσπάρθαι; στ- ἐστιγμένος; σχ- ἐσχολακέναι; φθ- ἐφθαρμένος etc. (vgl. Verbalverzeichnis). Über ἔσχηκα (nicht εἴσχηκα) s. oben S. 332. Ein Schwanken herrscht immer beim Anlaut βλ. Lautensach 1899, 105ff. unterscheidet so: gehört die Lautverbindung βλ schon der Wurzel in ihrem normalen Zustand an, so genügt bloßes ἐ-, z. B. ἐβλαστηκότες; ist dagegen βλ erst durch Metathesis im Perfekt entstanden, so tritt Reduplikation ein, also βέ-βληκα. Dazu stimmt einerseits ἐβλαμμένος Grenf. I 33, 13 (103[a]); ebenso auf einer ephesischen Inschrift bei Dittenberg. Syll.[2] 510, 84 (86[a]) [wiewohl K.-Bl. II 23 Anm. 1 gerade für βλάπτω die Reduplikation verlangen], dagegen nicht ἐνβεβλοφέναι Lond. I p. 30, 21 (172[a]) [vgl. Antipater bei Stob. 70, 13 ἀποβέβλεφα]; andererseits lautet auch in der κοινή das Perf. von βάλλω stets βέβληκα, βέβλημαι, doch findet sich das Plsqperf. περιεβλήμην Grenf. I 38, 14 (II—I[a]) neben gewöhnlichem περιεβεβλήμην Magd. 6, 5 (III[a]); περιεβέβλητο Tebt. I 230 (II—I[a]).[1])

Zu κτάομαι bieten die Papp. teils κέκ[τηται B U 1004 I 10 (III[a]); κεκτημένοι Tebt. I 5, 97 (118[a]), teils im Plsqpf. ἔκτηντο (haplologische Verkürzung) B U 992 II 6 (167[a]).[2])

Das Perf. von κτίζω lautet einmal ἐκτικώς Grenf. I 1, 1, 4 (erotisches Fragm. nach 173[a]).[3])

Ob auch (ἐξ)εληφότων, μετεληφέναι) — Belege S. 71 — auf dem Übergang der temporalen Reduplikation in das Augment beruhen

1) K.-Bl. II 385 gibt Belege für βεβλάστηκα (Hippokr., Hellanik., Lukian); Lautensach 1899, 105f. für ἐβλαστηκώς (Eupol., Eurip.). Beispiele für βέβλαφα, βέβλαμμαι bei K.-Bl. II 384f. (Dem., Arist.) und Crönert 247 (vol. Hercul.); daneben ἔβλαφα — ἐβλαμμένος (Inschr. von Oropos und Ephesus) bei K.-Bl. l. c. Über βέβλεφα, βέβλεμμαι vgl. K.-Bl. II 385 und Crönert a. a. Ort. Moulton Class. rev. XV (1901) 36[a].

2) ἔκτημαι schon bei Thukyd., Aeschyl., Plat. K.-Bl. II 24. Auf attischen Steinen κέκτημαι, Meisterh.[3] 174, 32. Siehe noch Crönert 265. G. Meyer 623f. Schweizer Perg. 171. Schmid Attic. IV 597 (Philostr. ἐκτῆσθαι). Nachmanson 152 (κεκτημένος). Moulton l. c. S. 36. Um einen Ionismus handelt es sich bei ἐκτῆσθαι nicht.

3) Diod. fragm. 7, 3 κέκτικα; aber 15, 13 ἔκτικα; fragm. 19 ἔκτισμαι. K.-Bl. II 469. Schweizer Perg. 171 unten συνεκτικότων C I G 2771, 6; -ότος 2814, 6 (Aphrodisias — Kaiserzeit).

(wie Dieterich Unt. 215 annimmt) oder — was wahrscheinlicher ist — aus lautlicher Verwechslung von ει ∼ ε hervorgegangen sind, bleibe dahingestellt.

b) Völlige Unterdrückung der Reduplikation (zur Erleichterung langer Formen) ist nicht selten, doch fast nur in Kompositis: ἀποχωρηκέναι Tebt. I 24, 52 (117ᵃ) — sonst παρακεχωρῆcθαι ebd. 30, 23. 28 (115ᵃ). διαcειcμένων Tebt. I 43, 26 (118ᵃ) — aber ἐπιcεcειcμένων 61 (a) 1 (118ᵃ). διαχειρίcθαι Tebt. I 112 introd. 3 (112ᵃ). προχίριcθε für προκεχείριcθε Goodsp. 7, 20 (119—118ᵃ). εἰcμέτρηκεν Ostr. 1489 (Theb.) 2 (IIIᵃ). παραμετρῆcθαι Tebt. I 11, 4 (119ᵃ). ἔντευχαν ebd. 58, 43 (111ᵃ). θεωρῆcθαι ebd. 61 (b) 373 — aber in der Parallelstelle 72, 375 τεθεωρῆcθαι (118ᵃ). κατανεμημένηc ebd. 67, 18. 23 — aber parallel 61 (a) 188 κατανενε(μημένηc) (118ᵃ). Über ῥαδιουργημέναc s. unter 12, b. cυντελέcθαι Petr. II 13 (18ᵃ) 12 (258ᵃ) [vgl. oben § 10 II S. 70] — aber cυντετελεcμένοι Par. 14, 46 (127ᵃ); ἐπιτετελεκότεc Amh. II 38, 10 (IIᵃ).[1])

Anmerkung 9. πολεμημένουc Par. 63, 1, 24 (165ᵃ) wird von Dieterich Unt. 215 mit Unrecht herangezogen, da der Text ἀ]πολελειμένουc (sic) bietet.

V. Augment und Reduplikation der zusammengesetzten Verba.

11. In den mit Präpositionen parathetisch zusammengesetzten Verben tritt das Augment

a) gewöhnlich hinter die Präposition: so z. B. stets ἀνήλωκεν Petr. II 47, 18 (c. 200ᵃ). ἀνήλωται Par. 66, 68; Petr. II 34, 17 (IIIᵃ); augmentlose Formen wie ἀνάλωκα fehlen um so mehr, als schon das Präsens meist ἀνηλίcκω (mit verschlepptem Augment) lautet, worüber zu vgl. Nr. 13b. Nirgends begegnen von ἀνοίγω Formen wie ἤνοιξα, ἤνοιγεν, ἠνοίχθην, dergleichen z. B. Reinhold 69 in großer Zahl bei den apostol. Vätern belegt. Auch verba composita, deren simplicia in der gleichzeitigen Prosa ungebräuchlich oder selten sind, folgen dieser Regel: ἀπαντάω (auch das poetische ἀντάω ist auf Pap. belegt, S. 32) bildet ἀπήντηcε Petr.² 30, 8 (IIIᵃ); ἀπήντηcαν Par. 15, 29 (120ᵃ); Tor. I 2, 31; 3, 5 (117ᵃ). ἀπηντηκέναι Tebt. I 61 (b) 411 (118ᵃ); 72, 361. 421 (114ᵃ). Über ἠπήντηcε vgl. Crönert 208. — διαcαφέω (cαφέω ungebr.) hat im Imperf. διεcάφειc Lond. I p. 30, 8 (172ᵃ) etc. und im Perf. διαcεcαφημένηc Petr. II 38 (b) 3 (242ᵃ). — Zu ἐμποδίζω (ποδίζω, fessele die Füße, ist ein seltenes Wort, z. B. πεποδιcμένοc

1) Vgl. namentlich Dieterich Unt. 215. Hatzidakis Einl. 75. Nachmanson 152 Anm. 1.

Xen. An. III 4, 35; Cyr. III 3, 27) findet sich ἐμπεποδιςμένοι Tebt. I 47, 22 (113[a]). — Zu ἐξετάζω (außer bei Plat. Crat. 410 D, wo es zur Etymologie von ἔτος herangezogen ist, findet sich ἐτάζω nur bei den LXX, bei Aristides und bei späteren Dichtern, Lautensach 1899, 135; Schmid Att. II 173) ist belegt ἐξητάςθη Petr. II 8 (2c) 6 = Arch. I 285 col. 3, 6 (246[a]); ἐξηταςμένος Rev. L. 25, 10 (258[a]). Crönert 255. — Zu ἀποδιδράσκω (vom verschollenen διδράσκω) begegnet ςυναποδεδρακώς Par. 10, 17 (145[a]).[1])

Anmerkung 10. Folgt auf die Präposition πρό das Augment, so tritt nirgends Krasis ein. Vgl. § 31, 3 S. 159f.

b) Vor der Präposition steht das Augment nur in ἐκάθητο Petr.[2] 42 H (8f) 21 (c. 250[a]). παρεκάθητο Par. 51, 33 (160[a]). περιεκάθιςαν P. Kairo Arch. I 62, 10 (123[a]). ἀποκεκαθίςται (Inf. vgl. § 36 III S. 179) Par. 51, 22 (160[a]). K.-Bl. II 228. Lautensach 1899, 131f.

c) Sowohl vor die Präposition als an den Stamm tritt ein Augment (letzteres temporal) in ἤνωιξα Petr. II 37 (1[a]) r. 12 = Petr.[2] 44 (2) recto col. 1, 15 (246[a]); Petr.[2] 44 (2) verso col. 2, 2. 20. ἠν[ώι]ξαμεν Petr. II 37 (1[a]) r. 12. — ἐπαρώινηςαν ebd. 32 (2[a]) 16 (c. 250[a]); Petr.[2] 28 (e) 8. 19 (260[a]). Lobeck Phryn. 154. Crönert 209. — ἠνώχληςαι Amh. II 37, 9 (196 oder 172[a]). παρηνωχλήκαμεν Vat. C (Mai V 603) 17 (162[a]). Über ἐνόχληται vgl. oben 7. Crönert 208. Lautensach 1899, 163.

Doppeltes syllabisches Augment wie in ἀπεκατέςτηςε, ἐκατέβη etc. zeigt kein Verbum in einem ptolem. Papyrus. Vgl. hierüber Win.-Schmiedel § 12 Note 12. Reinhold 69. Crönert 207. Nachmanson 153 Anmerkung 3.

Anmerkung 11. Durchaus einfache Augmentation des Verbalstamms ist zu beobachten bei διοικέω (verwalten) und seinen Decompositis. Belege oben unter 6. Beispiele für späteres ἐδιώκουν, δεδιώκηκα, δεδιώκηται geben Lautensach 1899, 165; K.-Bl. II 401; Lobeck zu Phryn. 153; Crönert 208.

Anmerkung 12. Unbekannt ist in den Papyri das von Herodian II 388, 10 aus der alexandrinischen Umgangssprache überlieferte ἀνήγκακα, wobei ἀν- fälschlich als Präposition empfunden wurde, vielmehr ἠνάγκαςε P. Reinach 7, 18 (c. 140[a]). ἠναγκάςθην Amh. II 30, 33 (II[a]); ἠναγκάςθαι Tebt. I 23, 4 (119 oder 114[a]); ἠναγκάςμεθα Par. 26, 8 (163[a]) usw. Lautensach 1899, 139f.

12. Bei den Parasyntheta, d. h. den von Zusammensetzungen abgeleiteten Verben sind zu unterscheiden

a) Verba decomposita von Zusammensetzungen aus Präposition mit Nomen.[2])

---

1) Lautensach 1899, 124ff. 135ff. K.-Bl. II 32, 1; 36, 4. Meisterh.[3] 172, 18 (ἐξέταζεν neben ἐξητάςθη); 21 (ἀνήλωςα, ἀνήλωκα).

2) Vgl. namentlich Lautensach 1899, 141ff. K.-Bl. § 204.

α) In den meisten Fällen war die Analogie der direkt mit einer Präposition zusammengesetzten Verba maßgebend, d. h. das Augment steht nach der Präposition. Zu ἔγδικος: ἐγδεδικηκέναι Tor. I 6, 27 (117[a]); zu ἔγχειρ oder ἔγχειρος (nicht belegt) oder zum Präpositionalausdruck ἐν χειρί: ἐνεχείρηςα Petr. II 13 (6) 8 (258 bis 253[a]). Ähnlich παρεχίρηςαν Lond. Tafel b. Wilck. Ostr. I p. 66 (III[a]). Über die Zwitterform ἐπικεχειροῦντος s. § 79, 2. Dagegen sind δια-, προ-, cυγχειρίζω als echte Komposita zu betrachten, da auch das simplex χειρίζω (S. 24) vorkommt. — Zu ἔμπυρος (πυρίζω nicht belegt): ἐνεπύριcαν Petr.[2] 34 (a) 5 (c. 240[a]); ἐμπεπυριcμένων Tebt. I 5, 148; ebenso zu ergänzen 135 (118[a]). Zu ἐμφανής (φανίζω nicht gebräuchlich): ἐνεφανίζομεν Par. 26, 18 (163[a]). Zu ἔφαμμος (kein ἁμμίζω): ἐφημμίcθαι Tebt. I 60, 42 (118[a]); 75, 72 (112[a]). Zu ἔνδημος: ἐνεδήμει Petr.[2] 53 (q) 8 (III[a]). Zu ἔνθυμος: ἐντεθυμῆcθαι Par. 63, 7, 9 (165[a]). Lond. I p. 30, 20 (161[a]). Zu κατήγορος: κατηγόρηcεν Lond. I p. 28, 10 (161[a]). Zu πρόcεδρος: προcήδρευεν Tor. I 4, 31 (117[a]). Dagegen ohne Augment προcεδρευκέναι Tebt. I 24, 30 (117[a]); προcεδρευκότοc ebd. 58 r. 1 (111[a]). Zu cύνοψιc (Überblick): cυνωψιcμένην Tebt. I 82, 2 (115[a]) u. a. m.

β) Das Augment steht vor der Präposition, wenn die Zusammensetzung des Stammnomens mit der Präposition nicht auf den ersten Blick ersichtlich ist, so bei ἐνεχυράζω: ἠνεχυραcμένουc Tebt. I 57, 3; ebd. 9 ἠνεχ[υραcμένα] (114[a]). π[ροην]εχυράcθαι 61 (b) 274 (118[a]). Über unaugmentiertes ἐνεχύραcα s. oben 7. Lautensach 1899, 142.

γ) Ein steuerloses Schwanken zeigt sich besonders bei ἐγγυάω, das auf ἐν-γυῖον zurückgeht (vgl. Lautensach 1899, 143f.). Das Wort wird entweder wie ein simplex behandelt und bildet (nach attischer Weise) z. B. κατηγγυηκυῖαν Petr. II 17 (1) 30 (III[a]). διηγγύηcα Wien. Sitz.-Ber. 1895, 4, 5 (kar. Inschr. ptol. Zeit); κατηνγύα Oxy. III 472, 39 (II[p]) [K.-Bl. II 406. Lautensach l. l. 143f. Crönert X]; oder als echtes Kompositum aus ἐν-γυάω: ἐνεγυήcατο Petr. II 46 (c) 7 (200[a]) [Zitat bei Crönert X falsch!]; ἐνεγυ(ήcατο) Petr.[2] 58 (c) col. 1, 2. 7. 15. 19. 22. 27. 31; ebenso col. 2, 4. 8ff. (III[a]). ἐγγεγυη[μέ]νων Petr.[2] 119 (b) 4 (III[a]). κατεγγεγύηκαc Amh. II 35, 23 (132[a]); oder das Augment fehlt ganz: διεγγύηcε Petr.[2] 25, 28 (III[a]). διεγγύηcαν Petr. II 25 (i) 12 (226[a]). διεγγυήκαcι ebd. 14 (1c) 1; (1d) 1 = Petr.[2] 46 (1) 20. 25 (c. 250[a]). Vgl. Lobeck zu Phryn. 155: „Omnium maxime invidiosum fuit verbum ἐγγυᾶν", worauf für alle drei Formationen schon aus alter Zeit Belege beigebracht sind. Eine sonderbare Mischung der Formen erwähnt endlich Crönert l. c. mit ἐνηγγύησεν Athenaeum II (1873) 235 (ptol. Zeit).

Von ἐφηβεύω (ἔφηβος) bildet derselbe Verfasser sowohl ἐφηβευκότων Bull. cor. hell. 18, 147, 6 (96ª) als ἠφηβευκότων 148, 5. Vgl. Nachmanson 153 Anm. 3 (ἠφήβευσαν Milet 4ª; ἠφηβευκότων Alexandria, Ehreninschrift für Ptolemäus Alexander I). Schweizer 173 Anm. 1 (ἠφήβευσαν neben ἐφ-).

b) Die Verba decomposita von Zusammensetzungen aus Nominal- mit Nominal- oder Verbalstamm zeigen weniger Unsicherheit in der Ansetzung des Augments. Dasselbe steht in der Regel voran, wie: δεδικαιοπραγηκότων Tebt. I 183 (IIªᶠ). ἐδραγματοκλέπτει Petr.² 28 verso (b) 6 (260ª). ἐφιλοτιμοῦ ebd. 42 H (8f.) 3 (c. 250ª). ἐψευδογραφηκέναι Tebt. I 78, 17 (110ª). ἠργολάβηκεν Petr² 64 a (5) 7 (252ª). κεχειρογραφήκασι Petr. II 29 (b) 8; (d) 10 (242ª). ὑπεχειρογρ[άφησεν Theb. Bk. XI 1 und 18 (116ª). κεχορηγημένα Tebt. I 72, 313 (114ª). Über die Zwitterbildung κεχορηγηθέντα s. unter § 79, 2. πεφιλανθρώπηκε Rosettastein 12 (196ª). πεφιλανθρωπημένος Tebt. I 31, 21 (112ª). προπεφιλανθρωπημένος ebd. 124, 36 (118ª). προγεγεωμετρημένος Tebt. I 84, 65 (118ª); 87, 25 (IIªᶠ) usw. Augmentformen von οἰκοδομέω, οἰκονομέω s. oben 6.

Abweichungen: Unaugmentiert erscheint πολυωρημένος Petr. II 2 (4) 7 (260ª), wenn nicht statt γε πολυωρημένος vielmehr πεπολυωρημένος zu lesen ist[1]); jedenfalls πεπολυωρημένοι Dittenb. Syll.² 281 (Delphi) 6 (192ª). Ebenso unsicher ist ῥαδιουργημένας Tebt. I 42, 16 (114ª), da vor dem Verbum ein durchgestrichenes ρ zu erkennen ist. Ganz abnorm endlich ist ἐγκεκληματογραφηκέναι Leid. A 27 (c. 150ª), wobei sich die Reduplikation in die Fuge des Substant. compos. eingedrängt hat.

c) Verba decomposita von Zusammensetzungen aus dem Adverb εὖ [bezw. δυσ-] mit einem Verbalnomen.

Wie die mit εὐ- anlautenden Stammverba (s. Nr. 6), so haben auch die von Zusammensetzungen mit εὖ abgeleiteten Verba sehr selten eine besondere Augmentation.[2]) Ganz vereinzelt (als literarische Reminiszenz?) haben sich erhalten ηὐδόκησας Lond. I p. 46, 6 (146

1) Die Addenda et Corr. zu Petr.² 27 (d) 7 von Wilcken bestätigen meine Vermutung.

2) K.-Bl. II 33. Auf attischen Inschriften wird εὖ in der Zusammensetzung ebenfalls nicht augmentiert, Lautensach 1887, 5; Mhs.-Schwyz. 172 (Beispiele seit dem Ende des 4. Jahrh.); ebensowenig bei den attischen Tragikern und Komikern, Lautensach 1899, 146f. Schweizer 172.

bis 35[a]); ἀπηυδ[όκης]ας Leid. P 3 (II[a]). Sonst durchweg εὐδοκιμηκότα Leid. B col. 2, 2 (164[a]). εὐεργέτηκεν Rosettainschrift 9 (196[a]). εὐεργετημένος Strack, Ptol. Inschr. Arch. II 556 Nr. 38, 26 (II[a]); Widmungsinschrift Fay. p. 49, 24 (I[a]). Dittenb. inscr. gr. or. 139, 23 (127[a]). εὐσυνθετηκέναι (sic) Tebt. I 61 (a) 32 (118—117[a]). εὐχαρίστουν Lond. I p. 30, 11 (172[a]). ἐπευχαρίστου⟨ν⟩ Vat. A 8 (172[a]). εὐχρηστηκώς Par. 13, 26 (157[a]) etc.

Belege für Decomposita mit δυσ- fehlen.

VI. Verschlepptes Augment.

13. Das Augment ist bisweilen aus dem Indikativ der historischen Zeitformen in andere Modi, Verbalnomina und selbst Substantiva eingedrungen.[1])

a) Syllabisch: διεθέντος = διαθέντος Goodsp. 5, 2 (II[a]). ἐτεθεῖσαν = τεθεῖσαν Grenf. II 30, 9 (102[a]). Bei παρεθέτωσαν = παραθέτωσαν Tebt. I 61 (b) 42 (118[c]) kann ebensogut (nach § 26) Vokalassimilation die Ursache sein. In ἐρραγῆναι Petr. II 23 (1) 11 (III[a]) ist -ναι erst nachträglich über die Linie geschrieben, worauf der Schreiber das Augment zu tilgen vergaß.

b) Temporal: ἐγδιωκῆσαι = ἐγδιοικῆσαι Tebt. I 72, 461 (114[a]). μετῆλθαι Tor. I 5, 27 (117[a]). ἕως — ἦλθη Par. 23, 10 (165[a]). ὠφειλήσηι P. Alex. IV 10 (III[a]). Vielleicht ist letzteres Beispiel rein laut lich (durch Verwechslung) zu erklären, wie möglicherweise auch ἐξωμολογησαμένου Tebt. I 183 (II[a f]), παραφείσθω (für παραφέσθω) BU 1011 III 10 (219[a]) nach § 10 II S. 73 und jedenfalls Formen wie εἴδωσι = ἴδωσι, εἰδού (ecce), εἰδών, worüber zu vgl. § 76, 1 S. 364.

Fast stehend in ptolem. Zeit ist die Verbalform ἀνηλίσκω, wobei sich das η in allen Modi und Tempora hält, wie ἀνηλώσειν, ἀνηλωθῆι, ἀνηλωθήσεσθαι, ἀνηλωμένος; ebenso ἀνήλωμα, ἐπανήλωμα, ἀνηλωτικός. Nur ganz vereinzelt begegnen ἀναλίσκω, ἀνάλωμα.[2])

Belege: a) ἀνηλίσκειν Petr. II 13 (18[b]) 17; 18 ἀνηλισκομένοις (258—53[a]). ἀνηλισκόμενον Rev. L. 51, 18; 54, 19 (258[a]). προανηλισκέτω ebd. 53, 25. ἀνηλῶσιν (= σειν) ebd. 50, 9 (258[a]). ἀνηλωθῆι Petr.[2] F (c) 13 (252); 43 (2) recto col. 1, 24; col. 3, 5; verso col. 3, 12; 5, 11 (246[a]). ἀνηλωθήσεσθαι Rev. L. 51, 17 (258[a]). ἀνηλωμένον

1) Vgl. im allgemeinen G. Meyer 562. Meisterh.-Schwyz. 173, 28. Hatzidakis Einl. 63f. Dieterich Unt. 212. 214. Schmid Att. IV 607; G. G. A. 1895, 43.

2) Wackernagel Phil. Anz. 1886, Bd. 16, 80. K.-Bl. II 12, 3 (widersprechende Grammatikerangaben). Lautensach 1887, 6f. 19; 1899, 5ff. 30ff. Meisterh.-Schwyz. 174 Note 1447. Schweizer 174 Anm. 3. Nachmanson 153. Crönert 286.

Sakk. I 5 (III[a]). Tebt. I 112 (114[a]). Weitere Belege s. oben Nr. 11. ἀνήλωμα Rev. L. 48, 11; 51, 20; 55, 4 (258[a]). Petr. II 13 (14) 4 (258—53[a]); 33 (a) col. B (244—40[a]); 38 (c) verso 59 (c. 250[a]); 42 (c) 7 (III[a]). Petr.[2] 48, 15 (III[a]); 61 (d) 1; (g) 14 (225[a]); 112 (e) verso col. 1, 1 (221[a]); 129 (b) col. 2, 12 (III[a]); 138 I 1; 141, 4. Magd. 28, 5. Sakk. I 3 (III[a]). Par. 55 b 2. 39. 47 (159[a]); 60 b 1; 59, 9 (160[a]); 62, 5, 18; 6, 3 (II[a i]); 7, 11 (99[a]). Amh. II 46, 7 (113[a]). Leid. S 1, 13; 2, 2. 4. 5 (164—160[a]). Grenf. II 29, 18 (102[a]). Tebt. I 10, 2 (119[a]); 105, 5. 42 (103[a]); 109, 23 (93[a]) etc. ἐπανήλωμα Petr. II 33 col. B 1. 3 (244—40[a]). ἀνηλωτικός Petr.[2] 129 (a) 3 (III[a]).

b) ἀναλίσκειν Par. 49, 19 (c. 160[a]). εἰσαναλίσκοντες Petr. II 4 (1) 5 (255[a]). ἀνάλωμα Künstlerdekret von Ptolemais Dittenb. inscr. gr. or. I 50, 12 (240[a]); 51, 26 (239[a]). P. Magd. 5, 6 (III[a]).

Anmerkung 13. Zwitterbildungen mit unorganischer Augmentation und Endung wie ἀντειλῆψαι, προσειλῆψαι, ἐπικεχειροῦντος, κατατεθεῖναι, κεχορηγηθέντα, τεθελήκουσι werden § 79, 2 abgehandelt. [Statt μετηλλαχούσης Par. 13, 16 (157[a]) bietet der Papyrus μετηλλαχυίας.].

TEMPUSBILDUNG.

§ 73. Präsensstamm.

I. Verba auf -ω.

a) Kontrakta.

1. Offene Formen finden sich nur bei einsilbigen Stämmen auf -έω, wenn die Kontraktion nicht - ει - ergibt: wie δέω, δέομαι, δεόμεθα passim. δέον Tebt. I 27, 63 (113[a]). πλέον — πλέουσαν Petr. II 14 (1[a]) 3 = Petr.[2] 46 (1) 4 (III[a]). παραπλέοντος Par. 22, 12 (165[a]). συνπλεόντων Grenf. II 23, 17 (108[a]) usw. Dagegen δεῖ, δεῖν passim. ἔδει Eud. 178 (vor 165[a]). προσδεῖται Petr. II 37 (1 b) r. col. 18; προσδεῖσθαι ebd. 14 (1[a]) 5 (III[a]). καταπλεῖν Par. 48, 19 (153[a]) usw. Vgl. K.-Bl. II 136f. Mhs.-Schwyz. 175f. Schweizer Perg. 174. Win.-Schmiedel § 13, 23. Nachmanson 154. Reinhold 84f. (bei den Vätern sehr viele offene Formen wie δέεται, δέει, ἐδέετο, ἀποπλέειν, ἐκπνέειν, ἔρρεεν, ἐκχέειν etc.).

Anmerkung 1. Die Form πλῶν, die Revillout Mélanges 295 für πλέων nahm, ist unhaltbar. Seymour de Ricci (Archiv II 518, 8) setzt nach Stracks Vorgang den Eigennamen Παῶν ein. Besser noch liest jetzt Smyly Petr.[2] Einl. p. 12 die Stelle μέλλων ἀναπλεῖν statt πλῶν (oder Παῶν) ἀνατελεῖν.

Über den vermeintlichen Konjunktiv δεῖ in der Verbindung ἐὰν δεῖ vgl. oben § 71 Anm. 2, S. 325.

2. Von ursprünglichem ὁρᾶις, ἀπαντᾶι etc. und späterem ὁρᾶς, ἀπαντᾶ etc. wird gehandelt § 71, 2 und 7, S. 321f.

Der Infin. akt. der Verba auf -άω und -ήω hat kein Iota προςγεγρ., da in der Grundform kein echtes ει enthalten ist. Vgl. Lautensach 1887, 24. Brugmann 361, 2. G. Meyer 668c. Mhs.-Schwyz. 175, 2.

Belege für -ᾶν im III[a]: ἀροτριᾶν Petr.[2] 31, 7 (c. 240[a]). δρᾶν Petr. I 1 (B) 3 (c. 245[a]). ὁρᾶν Petr.[2] 36 (a) 6 (III[a]). τρυγᾶν Rev. L. 24, 14. 16; 32, 7 (258[a]).

II[a]: ἀπαντᾶν Grenf. I 13, 5 (152 oder 141[a]); Tor. I 3, 5 (117[a]); Tebt. I 14, 5. 15 (114[a]); 50, 34 (112[a]). ἐᾶν ebd. 5, 61. 135. 149 (118[a]). ἐρᾶν Grenf. I 1, 1, 11 (nach 173[a]). καταγηρᾶν Par. 39, 15 (161[a]). περισπᾶν Par. 63, 3, 91 (165[a]). Tor. I 8, 1 (117[a]). προσδιεγγυᾶν Par. 62, 3, 5 (II[ai]) usw.

— für -ῆν: ζῆν Par. 63, 3, 103; 9, 48 (165[a]). Lond. I p. 34, 15 (161[a]). Tebt. I 44, 22 (114[a]).

3. Neben gewöhnlichem χρῆσθαι, χρῆται finden sich die durch Analogie entstandenen Formen χρᾶσθαι, χράσθωσαν.

Belege: καταχρᾶσθαι Petr. II 31, 10 (c. 250[a]). καταχράσθωσαν Rev. L. 50, 14 (258[a]). — χρῆσθαι Petr. II 21 (b) 3 (III[a]). Magd. 11, 15 (III[a]). Lond. I p. 36, 25 (160—159[a]). κτᾶσθαι μηδὲ χρῆσθαι Tebt. I 5, 242. 245 (118[a]); 27, 39 (113[a]). προσχρῆσθαι Tor. I 4, 19 (117[a]). χρῆται Bull. corr. hell. 9, 133 (ägypt. Inschr. II[a]) etc.

Moeris p. 212 χρῆται Ἀ., χρᾶται Ἕλλ. G. Meyer 97. K.-Bl. II 150, Note 4. Mhs.-Schwyz. 175 (auf attischen Inschr. seit II[a]). Schweizer Perg. 175 (mit weiteren Literaturangaben). O. Glaser de rat. 22. Fürs N. T. vgl. Win.-Schmiedel § 13, 24; für die apostolischen Väter Reinhold 84. Crönert 223. Moulton Class. rev. XVIII (1904) 110.

Auf demselben Prinzip beruht ἔζων für altes ἔζην. Beide Formen lassen sich auf Papyrus belegen: ἔζων in einer Urkunde Par. 63, 2, 83 (165[a]); ἔζη⟨ν⟩ in einem literar. Stück P. Weil V 4 (vor 161[a]); ebenso Demosth. Timocrat. 7 fast in allen Handschriften. Eur. Alc. 295 v. l. Vgl. Blaß N. T. 46, Note 4. Lob. Phryn. 457. Moeris p. 196. Schweizer Perg. 175.

4. Schwanken zwischen barytonen und kontrahierten Stämmen.

Das Präsens ἐπιμελοῦμαι scheint den ptol. Papyri fremd zu sein. Da ausschließlich ἐπιμέλεσθαι, ἐπιμελόμενος (letzteres in sehr zahlreichen Fällen) vorkommt, ist sicher überall ἐπιμέλου (nicht ἐπιμελοῦ) zu betonen.[1])

1) Zwar bemerkt Moeris p. 196 ἐπιμέλου παροξυτόνως Ἀ., περισπωμένως Ἕ., aber diese Angabe stimmt auch nicht zum Gebrauch der attischen Inschriften: nach Meisterh.-Schwyz. 175, 4 ἐπιμέλεσθαι : ἐπιμελεῖσθαι = 4 : 34. Lautensach 1887, 19. Schweizer Perg. 174. Crönert 223.

Belege: ἐπιμέλεcθαι Rev. Mél. 295 = Arch. II 518, 4 (130[a]). ἐπιμελόμενος Petr. II 2 (4) 8 (260[a]). Petr.[2] 53 (o) 7 (III[a]). Vat. A 22 (172[a]). Par. 63, 1, 18 (165[a]); 42, 14 (156[a]). Tebt. I 19, 14 (114[a]). Grenf. I 32, 9 (102[a]); 35, 7 (99[a]). Rev. Mél. = Arch. II 516, 11 (99—98[a]). Grenf. II 36, 19 (95[a]) und sehr oft. — ἐπιμελού[μενος Par. 63, 12, 100 (165[a]) scheint zweifelhafte Lesart zu sein. — ἐπιμέλου Petr. II 11 (1) 8 (III[a]). Par. 32, 30 (162[a]); 46, 21 (153[a]) etc.

Ebenso kennen die ptol. Papyri nur προς-, cυγκύρω, nicht προς-, cυγκυρέω; umgekehrt nur ἀποςτερέω, aber cτέρομαι.

Belege: τῶν προcκυρόντων τόπων Lond. II p. 14, 28 (116—111[a]). περὶ τῶν cυγκυρόντων Rev. L. 20, 16; 43, 14; 49, 7; 56, 10 (258[a]). τὰ cυγκύροντα Petr. II 46 (b) 6 = Petr.[2] p. 164, 12 (200[a]). Strack, Ptol. Inschr. Arch. III 127, 3 (c. 190[a]). Grenf. I 21, 8 (126[a]). Lond. II p. 14, 20. 28 (116—111[a]). cυνκύρουcαν Dittenberg. inscr. gr. or. I 65, 9/10 (247—221[a]) mit späteren Belegen unter Note 5. Hesych. cυγκύρεται· cυντεύξεται. Das Wort war bisher (Thes. gr. VII 996) für verderbt gehalten worden. Crönert 224, 2.

ἀποcτεροῦντες Par. 31, 33 (163[a]). ἀποcτεροῦcιν ebd. 26, 34 (163[a]). cτερέcθω Rev. L. 49, 22; 76, 7 (258[a]). Petr.[2] 20 verso 1, 8 (246[a]). cτερέcθωcαν Rev. L. 51, 25; 52, 10. 25; 54. 8. 10; einmal mit Epenthese (S. 155) cετερέcθωcαν 50, 10 (258[a]).

Zweierlei Präsensstämme (kontrahiert und unkontrahiert) zeigen folgende Verba:

εἴργω: ἀνειργουμένων Tebt. I 5, 229 (118[a]); διείργοντος ebd. 50, 6 (112[a]).

θλίβω: θλιβουμένους Vat. D (Mai V 604) 14 (162[a]) [Peyron]; θλιβομένων Par. 26, 21 (163[a]). ἐκθλίβεcθαι Tor. I 6, 30 (117[a]).

ὀφείλω: ἐνοφειλουμένης (cf. Fut. ὀφειλήcω) Rev. L. 31, 3 (258[a]). ὠφίλεις Wilck. Ostr. 1525, 2 (124[a]) und προcωφείλει Petr. II 16, 12 (240[a]) sind eher Praesentia als Imperfekta. Sonst oft ἐνοφείλεται Rev. L. 18, 17 (258[a]). ὀφειλομένου Petr. II 13 (18[a]) 2 (258—53[a]). ὀφειλόμενα Par. 31, 20 (163[a]). προcοφειλομένους Par. 29, 14 (161[a]). ὀφείλομεν ebd. 9, 29 (107[a]). ἐνοφειλόμενα Tebt. I 17, 6 (114[a]). ὤφειλεν Petr.[2] 80 (c) 6 (III[a]). ὤφειλον Tebt. I 212 (114[a]). προώφειλεν Par. 7, 18 (99[a]). προcώφειλεν Petr.[2] 141, 18 (III[a]) etc.

Freilich können solche Formen (z. B. ὠφίλεις) auch auf lautlichem Wege entstanden sein. So ist jedenfalls *πλανόμενοι statt πλανώμενοι Par. 47, 28 (153[a]) ein orthographisches Versehen; auch bei Formen wie *πολō̃ντος = πωλοῦντος, ὁμολογō̃ντα = ὁμολογοῦντα wird man schwerlich (mit Nachmanson 61) ein Ausweichen der Kontrakta in die verba barytona, sondern lautliche Übergänge (nach § 18, S. 116) festzustellen haben.

Anmerkung 2. Das episch-ionische εἰλέω (attisch εἴλλω) liegt zugrunde in ἐνειληκότων Tebt. I 24, 62 (117ª) und περιειλημένην Kanop. Dekr. 63 (237ª).

5. Von Verben auf -όω sind folgende Präsensformen belegt:

Indikativ: ἀξιῶ, ἀξιοῖς oft. βεβαιοῖ Magd. 3, 8 (IIIª). δηλοῖ Eud. 193 (vor 165ª). Tebt. I 31, 2. 11 (112ª). ἀξιοῦμεν Petr. II 32 (2 b) 9 (238ª). Tebt. I 124, 18. 20 (118ª); 28, 15 (114ª); Lond. I p. 25, 22; 26, 21 (161ª); p. 7, 6 (164ª) etc. Über ἀξιοῦνμεν (sic) vgl. § 44 Anm. 1 S. 197; über ἀξιῶμεν s. Nr. 6.

Konjunktiv: ἐὰν μὴ βεβαιοῖ Tebt. I 105, 34 (103ª) etc.

Imperativ: δηλούτωσαν Rev. L. 30, 14 (258ª). βεβαιούτωσαν Petr. II 44, 14 (nach 246ª) etc. Einmal abnorm kontrahiert βεβαιώτωι Tebt. I 105, 29 (103ª), vielleicht analog zum häufigen βεβαιωτής, βεβαιώτρια gebildet; ebenso βεβαιῶσθαι Oxy. 265 (Iᵖ).

Imperf.: ἠξίουν Tebt. I 61 (b) 29 (118ª). Über ἐξίουν s. § 72 Anm. 5 S. 334 und 64. ἐδήλους Par. 65, 3 (146—135ª). ἠξίου Petr.² 53 (q) 10 (IIIª). ἐδηλοῦτο Tebt. I 61 (b) 28 (118ª). Tor. I 2, 12 (117ª). ἐδεξιοῦν[το] Petr. II 45 col. 3, 24 (246ª) etc.

Der Infin. lautet stets -οῦν, nirgends -οῖν: z. B. ἀξιοῦν Grenf. II 14 (a) 8 (270 oder 233ª); Par. 49, 16 (c. 160ª). ἐκπληροῦν Tebt. I 50, 44 (112—111ª); μεταμισθοῦν 105, 31 (103ª); ἐξαλλοτριοῦν 104, 23 (92ª) etc.

Zum späteren Infin. auf -οῖν vgl. Lautensach 1887, 25. Mhs. Schwyz. 176, 6. Hatzidakis Einl. 193. Win.-Schmiedel § 13, 25. Reinhold 85. Moulton Class. rev. XV (1901) 36; XVIII (1904) 110.

6. Vermischung der drei Kontraktionsklassen und Übergang in verwandte Bildungen.[1])

In einmaligem ἀξιῶμεν Lond. I p. 20, 29 (161ª) neben sehr gewöhnlichem ἀξιοῦμεν (s. vorige Nr.) könnte man Übergang von -όω in -άω annehmen; doch mag bei dem häufigen Wort eher lautliche Verwechslung vorliegen (§ 12 S. 100). ἀροτριᾶν ist Petr.² 31, 7 (c. 240ª) belegt, nirgends ἀροτριοῦν.

Anmerkung 3. Mit Unrecht wurde *ὀροῦσα Par. 51, 21 (160ª) mit ὁρῶσα gleichgestellt; es ist vielmehr (nach § 18 S. 116) = οὐροῦσα, was in den derbnaiven Traumbericht trefflich paßt. Crönert, Arch. I 213 und Mem. herc. 223.

Zum Übergang der verba contracta in verwandte Typen, namentlich auf -άζω und -ίζω, wie ἐγδεξιάζομαι = δεξιοῦμαι, συνηγοράζω = συνηγορέω, ἀσπορίζω = ἀσπορέω und umgekehrt δοκιμάω für δοκιμάζω, καταγηράω für καταγηράσκω, σκυλάω für σκύλλω vgl. die betreffenden Klassen in der Stammbildungslehre § 86. Über καθιστάω

1) Die zahlreichsten Beispiele derartiger Vermischung der Kontrakta gibt Reinhold 85 f. aus den apostol. Vätern.

= καθίϲτημι s. unter Nr. II b 2. S. außerdem Hatzidakis Einl. 397 f. Schmid Attic. IV 704 f.

b) Die zweisilbige Form οἶμαι ist belegt Petr. II 20 col. 2, 11 (252a); 39 (g) 13 (IIIa). Leid. C p. 118, 1, 16; aber Z. 19 οἴομαι, das sonst nirgends begegnet (160a). οἰμένων (das ο nachträglich übergeschrieben) Par. 63, 12, 87 (165a) — aber ebenda 63, 1, 27 οἰομένων (165a). οἴεται Tor. V 14 (177 oder 165a). ᾤμην Par. 50, 17. 21 (aber 15 οἴετο); 51, 2. 29. Leid. C p. 119 r. col. 26 (160a). καὶ ὅμην (= ᾤμην) von Witkowski aus καίομαι hergestellt Par. 51, 37 (160a). Zur Entstehung von οἶμαι (nicht Verstümmelung von οἴομαι, sondern aus einem Perfektstamm ᾦμαι hervorgegangen) vgl. Wackernagel K. Z. 30, 316 und „Vermischte Beiträge zur griech. Sprachkunde" 1897, 18. J. Schmidt K. Z. 38, 33.

c) Die Präsensbildungen auf -άζω, -ίζω, -ύζω, -άνω (αὔξω, αὐξάνω), -́νω, -́ϲκω sind in der Stammbildungslehre § 86 zusammengestellt.

d) Einzelnes.

1. Das attische ἁρμόττω ist nur auf einem literarischen Stück erhalten: ἁρμόττει P. Weil I 2 (a und b), geschr. vor 161a. Die stehende Form der Urkunden ist ἁρμόζω.[1])

Belege: ἁρμόζουϲαν Tor. XIII 22 (137a). Strack, Ptol. Inschr. Arch. III 138, 30 (unb. ptol.). -ούϲηϲ Tor. I 3, 14 (117a). Tebt. I 13, 23; 16, 24 (114a); 41, 23 (119a); 45, 35; 46, 30; 47, 32 (113a); 183 (IIaf). Fay. XII 33 (nach 103a). -όντωϲ Par. 63, 77 (165a). ἁρμόζουϲι Tebt. I 66, 60 (121a). ἥρμοζεν ebd. 24, 46 (117a).

2. γίνομαι — γινώϲκω herrschen ohne Ausnahme in den Urkunden der Ptolemäerzeit. Belege (seit 277a) stehen S. 165. γίγνομαι, γιγνώϲκω haben sich als überlieferte Orthographie nur in klassischen Stücken des III. Jahrh. erhalten.

3. Das poetische δύνω = δύομαι enthält an mehreren Stellen der Eudoxospapyrus (vgl. § 3 S. 26): δύνων 6, 6; δύνουϲι 6, 33; ϲυνκαταδύνει 18, 8; 19, 8 (vor 165a). Mhs.-Schwyz. 178, 22.

4. ἐθέλω — θέλω. Das alte (homerisch-attische) ἐθέλω hat nur der Phädonpapyrus: ἐθέλειϲ Petr. I 5 (3) 6 = Phaed. 68 D, wo die lectio vulg. ἐθελήϲειϲ hat (c. 300a).

Sonst steht, nicht nur in der alten Wendung ἂν θεὸϲ θέλῃ, sondern durchweg θέλω, selbst in literarischen Stücken, wo die rezipierten Texte ἐθέλω bieten.

---

1) Vgl. Schweizer 176. Schmid Attic. IV 684. Win.-Schmiedel § 13, 4. Crönert 135. Mhs.-Schwyz. 177, 19.

Belege: ἂν θεὸς θέλει Petr. I 6 (2) 7 = Phaed. 80 D [vulg. ἐθέλῃ], geschr. c. 300[a]; ἂν θεὸς θέλῃ ebd. 2, 3 (Antiope), geschr. c. 250[a]. — θέλω Petr.[2] 42 H (7) 8; (8 f) 16 (c. 250[a]). Petr. I 11, 9 (220[a]); II 42 (c) 10 (c. 250[a]). Par. 50, 16 (160[a]). θέλις Par. 44, 5 (153[a]). θέλει Petr. II 11 (2) 6 (III[a]). θέλῃς Par. 58, 11 (165[a]). θέλειν Par. 49, 23 (160[a]). Petr. II 50 (3) 30 = Lach. 191 A [vulg. ἐθέλειν], geschr. c. 300[a]. Auch die Poesie hat θέλω, z. B. Tebt. I 1, 2, 13 θέλων; 2 (a) verso 1. 2. 10 θέλετε (c. 100[a]).

Zum attischen ἐθέλω (seit 250[a] θέλω) Mhs.-Schwyz. 178, 23. Über das Imperfekt ἤθελον s. oben § 72, 2 S. 330.

5. Die attischen Formen κάω, κλάω finden sich neben den hellenistischen καίω, κλαίω. Weiteres s. § 14, 5 S. 104 f.

6. ᾠκτείρετο statt des korrekten ᾠκτίρετο begegnet Hyperid. κ. Φ. Kenyon class. p. 51 (II—I[a]).

7. Einmaliges ἐπισκεπόμενοι (= acht haben, Umschau halten) Petr. II 6, 4 (c. 250[a]) gehört nicht zu σκέπω, sondern ist wohl Versehen für ἐπισκεπτόμενοι. Übrigens ist auch diese Präsensform, die in attischer Prosa (Pl. Lach. 185 B) sehr selten, etwas häufiger bei Polyb., im N. T. (Win.-Schmiedel § 15), auch bei Herodian I 17, 7; Herond. VII 92 vorkommt, in den ptol. Papyri nicht wieder zu finden; man liest überall σκοπέω, z. B. σκοπεῖτε Par. 61, 3 (156[a]). ἐπισκοποῦντες Lond. I p. 10, 19 (162[a]). ἐπισκοποῦ (med.) Rev. Mél. 295, 12 (130[a]). Schmid Attic. I 135. Reinhold 100 findet σκέπτομαι, ἐπι-, συνσκέπτομαι, auch ἐπισκέπτω nicht selten bei den Vätern.

8. σώιζω — σώζω. Die attische Schreibweise (Mhs.-Schwyz. 179, 26) findet sich in einem amtlichen Aktenstück des 2. Jahrh. v. Chr.; διασώιζεσθαι Par. 63, 11, 52 (165[a]); in einer Traumerzählung etwa derselben Zeit die sonderbare Schreibung ζώζουσα = σώζουσα Leid. U 2, 19 (II[a]). Vgl. oben § 21, 5 S. 134. Schweizer Perg. 176. Crönert 51, 3.

II. Themavokallose Verba.

a) Verba auf ∠νυμι.[1])

Die alte Form ist bewahrt im Aktiv: δει]κνύτωσαν Rev. L. 89, 14; ἐπιδεικνύτωσαν ebd. 25, 2; 26, 16; 49, 13 (258[a]). προσυποδεικνύς Tor. I 6, 19; 7, 3 (117[a]). ἐπιδεικνύντος Tebt. I 27, 88 (113[a]). ὄμνυμι B U II 543, 2 (28/27[a]). — Medio-passiv: ἀπολλύμεθα Petr. II 4 (1) 4 (255[a]).

1) G. Meyer 578. K.-Bl. § 282 Anm. 6. Mhs.-Schwyz. 191. Win.-Schmiedel § 14, 18. Schweizer 178 (mit zahlreichen Grammatikerstellen). Schmidt de Ios. eloc. 474 ff. Dieterich Unt. 221 ff. Nachmanson 155 f. Reinhold 95 f.

παραπολλύμενος Petr.[2] 36 (a) verso 4 (III[a]). παραδείκνυσθαι Amh. II 34 (c) 7 (nach 157[a]). ὑποδεικνυμένοις Par. 63, 2, 56 (165[a]). ὑποδικνυμένων Tebt. I 24,58 (117[a]). ὑποδεικνύμενον ebd. 27, 23.78 (113[a]) usw.

Nach der thematischen Konjugation sind flektiert die aktiven Formen: παραδεικνύω Tor. II 42 (116[a]). παραδεικνύειν Grenf. I 11, 2, 7 (157[a]); Amh. II 34 (d) 4 (nach 157[a]). ἐπιδεικνύειν Tor. I 7, 4 (117[a]). ἐπιδικνυόντων Petr. II 32 (2a) 4 (III[a]). ἐπιδικνύοντας Tebt. I 26, 8 (114[a]). παραδεικνύοντος Petr. II 4 (8) 6 (255[a]). ὑπεδείκνυεν Par. 15, 36 (120[a]). ἀπολύει = ἀπολλύει Par. 50, 9 (160[a]). ὀμνύω Ashmol. Pl. XVI 38 (III[a]). Rev. L. 86, 10 (258[a]). Theb. Bk. XI 2. 19 (116[a]). ὀμνύο (sic) Par. 47, 2 (153[a]). ὀμνύομεν Tebt. I 22, 13 (112[a]). ὀμνύωντας (sic) Par. 50, 21 (160[a]). συνομνυέτωσαν Ostr. 1150, 8 (134[a]). Über ὀμνούει vgl. § 18 S. 118. καταστροννύει (sic) Leid. C p. 119 col. 2, 28 (c. 160[a]). καταστρωννύειν Tor. I 8, 18 (117[a]). — Das altattische ἀνοίγω (Mhs.-Schwyz. 191; Lautensach 1887, 8) begegnet im 2. Jahrh. v. Chr. in der Orthographie ἀνύγω, worüber zu vgl. § 15, 7 S. 110. Medio-passiv: ἀπολλύοιτο Artem. 6 (III[a]).

Danach herrschen im Aktiv die thematischen Formen entschieden vor (Moeris p. 205 ὀμνύναι Ἀ., ὀμνύειν Ἕ.); im Medio-passiv haben sich fast durchweg unthematische Bildungen erhalten.

b) Die übrigen unthematischen Verba des Attischen haben größtenteils ihren alten Präsensstamm gerettet; doch fehlt es nicht ganz an Beispielen, in denen sie im Kampf gegen die Analogie der Verba auf -ω (teils contracta, teils barytona) unterliegen. Nur εἰμί bleibt von analogistischen Einflüssen verschont.[1])

1. τίθημι bildet seine Formen regelmäßig vom Präsensstamm τιθε-: Aktiv: ὑποτίθημι Petr. II 46 (b) 5 (c. 200[a]). τίθεμεν Petr.[2] 41 verso 8 (III[a]). Tebt. I 61 (b) 13. 44 (118[a]); 72, 116 (114[a]). ἐκτιθέτωσαν Rev. L. 9, 2 (258[a]). ἀντιτιθέναι Par. 16, 21 (141[a]). ἐξετίθεσαν Par. 26, 16 (163[a]) usw.

Anmerkung 3. Die schon im Attischen an die Kontrakta angelehnte Imperativform τίθει (K.-Bl. II 45) läßt sich vielleicht in προσδιθει Eud. 4, 27 (165[a]) erkennen (Letronne προστίθει). Freilich ist die Stelle verdorben, der Zusammenhang schwer zu erklären, und Blaß liest προστιθεί⟨ς⟩.

Med.-Pass.: τείθεσθαι Lond. I p. 40, 71 (158[a]). διατίθεσθαι Par. 63, 8, 6 (165[a]). τίθεσται — τιθέστωι = τίθεσθαι, τιθέσθω (vgl. § 36 S. 179)

1) Über das Schicksal dieser Verba (auf -μι) in späterer Zeit handeln namentlich Hatzidakis K. Z. 33, 105 ff. und Dieterich Unt. 216 ff. (dessen Stellenangaben bezüglich der Papyri nicht zuverlässig sind). Über den Tatbestand in den attischen Inschriften gibt Aufschluß Mhs.-Schwyz. 188; in Pergamon Schweizer 176 ff.; im N. T. Win.-Schmiedel § 14; bei den apostol. Vätern Reinhold 86 ff.

Tebt. I 72, 455. 456 (114a). τεθεμ⟨έν⟩ων Tebt. I 66, 76 (121a) ist = τιθεμένων (durch Vokalassimilation?), nicht wohl = τεθειμένων, wie die Herausg. meinen; vgl. die Parallelstelle Tebt. I 60, 48 τιθεμένων (118a). ἐτίθετο Leid. B 1, 10 (164a). προσεξετίθετο Par. 15, 50 (120a). ὑπετίθετο Tebt. I 27, 32 (113a). Konj. ἐκτιθῆται Theb. Bk. XI 12 (116a) usw.

2. ἵστημι.

Aktiv: καθίστηϲι Grenf. I 17, 18 (nach 147 oder 136a). ἀποκαθιστάτω Rev. L. 17, 5. καθιστάτωσαν ebd. 44, 4 (258a).

Med.-Pass.: ὑφίσταμαι Petr.² 68 (a) 3; (b) 2 (IIIa). Theb. Bk. III 2, 5 (130a). συνίσταται Par. 65, 20 (146—35a). ἱστάμενος Lond. II p. 5, 12 (133a). παρισταμένην Par. 63, 181 (165a). προιστάμενος Petr. II 3 (b) 4 (IIIa). ἀφίστασθαι Tor. VIII 7 (119a). συνίστασθαι Tor. I 4, 21 (117a). συγκαθίστασθαι Amh. II 33, 16. 24 (nach 157a); Tebt. I 25, 5. 10 (117a). ὑφίστατο Theb. Bk. III 2, 8; -ντο ebd. I 1, 2; 2, 3 (130a) usw.

Mit den unthematischen Formen konkurrieren 2 thematische Präsensstämme: ἱστάω (von der Wurzel ἱστα-) und ἱστάνω (vom Infin. ἱστάναι hergeleitet), von denen letztere in späterer Zeit (z. B. schon im N. T.) die Oberhand gewinnt.[1])

Man liest im 2. Jahrh. v. Chr. vereinzelt

a) καθειστᾶ Par. 23, 11 (165a). καθειστῶσιν ebd. 14. καθιστῶντα Par. 51, 15 (160a). Vgl. καθιστῶν Aristeas (Wendland) 228. Schmid G. G. A. 1895, 45.

b) ἀνθιστάνειν Petr. II 37 (2a) verso 14 (IIIa). καθιστάνειν Aristeas 280. 281. Nachchristlich καθιστανόμενοι Amh. II 70, 4 (115p).

Anmerkung 4. Vom Perf. ἕστηκα, vielleicht mit Anlehnung an ἥκω, entstand im späteren Griechisch ein Präsens στήκω = stehe. G. Meyer 642. Kaibel epigr. 970, 2. Hatzidakis Einl. 399. Win.-Schmiedel § 14, 14. Reinhold 72. στήκω findet sich bei Polyb. und im N. T. Vorausgesetzt wäre dieser Präsensstamm im Fut. παραστήξεται (Strack) in der Rosettainschrift 39 (196a), wo jetzt Dittenberger inscr. gr. or. Nr. 90 παρεστήξεται liest.

3. δίδωμι. Auch hier überwiegen weitaus die alten unthematischen Präsensformen.

Beispiele. Aktiv: δίδωμι Grenf. I 12, 17 (nach 148a). P. Kairo Arch. I 64, 3 (123a). ἐπιδίδωμι Tebt. I 45, 27; 46, 23 (113a). δίδομει Par. 45, 4 (153a). ἐγδίδους = ἐγδίδως (§ 12 S. 99) P. Weil I 20 (a und b), geschr. vor 161a. δίδωσιν Rev. L. 14, 16 (258a). ἀποδίδωσιν Magd. 13, 9; 23, 3 (IIIam). προσδίδωσιν Eud. 40 (vor 165a). ἐπιδίδομεν Tebt. I 41, 19 (119a). παραδίδομεν Petr. II 32 (1) 11 (IIIa). διδόασι Petr. II 13 (20) 3 (258—53a). ἀποδιδόασι Magd. 1, 13 (IIIa). ἀποδιδότω Rev. L. 25, 13 (258a). εἰσδιδότω Petr.² 19 (c) 35 (225a). προσδιδούς

1) Schweizer 177. Hatzidakis Einl. 396. Schmid Attic. II 26; IV 605. Dieterich Unt. 218. Win.-Schmiedel § 14, 14. Nachmanson 157.

Eud. 2, 16 (165[a]). διδοῦϲα Petr.[2] 19 (c) 26 (225[a]). ἐπειδιδόντοϲ Tebt. I 124, 8 (nach 118[a]). διδόναι Petr. II 4 (3) 3 (255[a]); 10 (1) 12 (nach 240[a]). ἐὰν — ἀποδιδῶ Grenf. II 17, 5 (136[a]) usw.

Med.-Pass.: δίδοται Par. 9, 30 (107[a]). διδόϲθω Rev. L. 85, 3. διδόϲθωϲαν ebd. 55, 16 (258[a]). δίδοϲθαι Par. 22, 27; 26, 6 (163[a]); Leid. D 2, 4 (162[a]). ἐὰν — διδῶνται Par. 62, 6, 16 (II[ai]). Über den Optativ (διδοῖ, διδοίη, διδῴηϲαν) vgl. § 71, 15 S. 326.

Die einzige Spur eines Übergangs in die Klasse der Kontrakta zeigt vielleicht die Verbindung πλεονάκιϲ [ἀπ]αιτούμενοι οὐκ ἀ[π]οδιδῶϲι = ἀποδιδόαϲι Par. 8, 17 (129[a]). Dieselbe sonderbare Pluralform zitiert Reinhold p. 92 (übrigens mit dem Akzent δίδωϲιν) Acta Thomae 53, 31 und Schmidt de Ios. eloc. 477 f.; im übrigen lag die Kontraktion διδοῦϲιν näher und kommt später nicht selten vor.[1]). Dagegen ist δίδωϲθαι Par. 31, 10 (163[a]) sicherlich auf lautlichem Wege durch Vertauschung von ο mit ω zu erklären. Zum Ganzen vgl. Brugmann Gr. Gr. 280. Win.-Schmiedel § 14, 13. Blaß N. T. § 23, 3. Reinhold 93. Crönert 251 e.

4. ἵημι: ἀφίημι Petr. I 14, 18 (237[a]). Petr.[2] 8 (b) 8 (235[a]). ἀφιᾶϲει (= ϲι) Tebt. I 5, 2. 10. 19. 49 ff. (118[a]). ἀνείεται (= ἀνίεται) Petr.[2] 53 (p) 4 (III[a]). προιέϲθω Rev. L. 40, 5 (258[a]). ἀφῖναι Par. 47, 15 (153[a]) möchte ich nicht (wie das allerdings in der Nähe stehende ἵναι) mit Win.-Schmiedel p. 53 Note 45 und Dieterich Unt. 220 für einen Infin. praes., sondern = ἀφεῖναι erklären.[2])

5. κεῖμαι: durchaus regelmäßig. διάκειϲαι Par. 30, 26 (162[a]). ἀπόκειται ebd. 63, 10, 47 (165[a]). ὑπόκειται Tebt. I 32, 11 (145[a]). ἐπικεῖϲθαί ebd. 71, 8 (114[a]). διακείμενοϲ Petr. II 19 (2) 4 (III[a]). Das Partic. sehr häufig. ὑπέκειτο Petr.[2] 32 (g) verso 14 (240[a]) etc. Lebendig sind fast nur noch Indik. 3. p. sing., Infin. und Partic. Zur beschränkten Flexionsfähigkeit vgl. Dieterich Unt. 223; zur spätgriechischen Flexion Hatzidakis K. Z. 33, 105 ff.

6. ἧμαι ist als simplex (poetisch) und compositum noch im Gebrauch; vom Übergang in κάθομαι keine Spur.[3]) ἧμεν' Tebt. I 1, 6

1) Vgl. Crönert 250 f., wo ebenfalls (251, e) eine ganze Reihe handschriftlicher Belege für die Pluralform δίδωϲι (von δίδωμι aus gebildet?) angeführt wird. Auch Crönert neigt schließlich zur Akzentuierung διδῶϲι (kontrahiert aus διδόαϲι).

2) Thematische Formen von einem neugebildeten Verbum ἵω, ἵειϲ, wie sie z. B. Win.-Schmiedel § 14, 16 aus dem N. T., Reinhold 94 aus den Vätern, Schmid Attic. II 26 aus Aristides, Crönert 258 aus Inschriften und Handschriften anführen kommen in den ptol. Papyri nirgends vor. Vgl. auch Usener, der heil. Theodosius S. 136 f.

3) Moeris p. 201 κάθηϲο Ἀ., κάθου Ἕ. Schweizer 177. Win.-Schmiedel § 14, 2. 3. Reinhold 89.

(Anthologie-Fragm. nach 100[a]), in der Kopie ἥμεννε. καθημένη Par. 50, 10 (160[a]). προκαθημένου ebd. 63, 6, 165 (165[a]). ἐὰν προσκαθεῖ (= θῆι) Grenf. I 1, 1, 19 (erot. Fragm. nach 173[a]). καθῶνται Petr. II 9 (2) 10 (241[a]). Über die Augmentform (παρ)εκάθητο s. § 72, 11 S. 342.

7. δύναμαι: δύναcθαι Grenf. II 14 (a) 19 (270 oder 233[a]). Par. 38, 15 (160[a]). δυνάμεθα Par. 47, 10 (153[a]). δυνάμενοc Par. 63, 4, 107; 6, 173 (165[a]) und sehr oft. δύνωμαι Petr.[2] 32 verso col. 2, 6 (c. 240[a]). Lond. I p. 38, 27 (158[a]) usw.

Vom Konjunktiv aus stellte sich, wohl nach der Gleichung λύωμαι : δύνωμαι = λύομαι : δύνομαι, ein Präsens δύνομαι ein: so Par. 39, 10; Lond. I p. 36, 22 (161[a]). Vgl. G. Meyer 585. Schweizer 177. Win.-Schmiedel § 14, 2. Schmid G. G. A. 1895, 46. Dieterich 222. Reinhold 95. Crönert 252 (mehrere Beispiele aus späteren Papp. und bei Aristoteles).

Anmerkung 5. Umgekehrt begegnet statt des seit Homer gebräuchlichen ἀναίνομαι (vielleicht mit Anlehnung an ὀνίναμαι) die Form ἀπαναίναμαι Grenf. I 1, 1, 5 (erot. Fragm. nach 173[a]). Über βουλάμενοc, βολάμενοc (nach δυνάμενοc gebildet) vgl. § 76, 4 a.

8. φημί: φηcί Petr. II 17 (1) 2 (III[a]). Petr.[2] 20 (2) 10 (246[a]); 132, 18 (III[a]). Tor. I 7, 5 (117[a]). φαcίν Petr. I 29, 16 (III[a]); Petr.[2] 46 (1) 5 (III[a]). ἔφην Par. 35, 8 (163[a]). ἔφηc (nirgends ἔφηcθα) Petr.[2] 32 (g) verso 14 (c. 240[a]). ἔφη Tor. I 5, 29; 6, 20. 21 ff.; Petr.[2] 51, 10; 53 (j) 20 (III[a]) und oft. ἔφαcαν Leid. U 4, 13 (II[a]). Im Partic. tritt teils φάμενοc teils φάcκων, im Infin. φάcκειν ein: φάμενοι Rev. L. 55, 19 (258[a]). Petr. II 9 (3) 9 (241[a]). φαμένη Petr.[2] 21 (g) 19 (226[a]); 30, 6 (III[a]). φάμενοc Grenf. I 1, 1, 11 (nach 173[a]). φαμένων Leid. U 3, 20 (II[a]). Über den poetischen Charakter der Form vgl. § 3 S. 34. φάcκων Petr. II 37 r. col. 8 (III[a]). φάcκοντοc ebd. 18 (2[a]) 6 (246[a]). φαcκούcαc Par. 34, 7 (157[a]). φάcκειν Grenf. II 17, 9 (136[a]). Vgl. K.-Bl. II 211 f. Schweizer 177. Nachmanson 157.

9. εἶμι: ἄπειc Tebt. I 1, 3 (Anthologiofragm., nach 100[a]). εἰcίαcι Petr. II 38 (b) 12 (242[a]). ἐπιόντι ebd. 47, 22 (III[a]). κατιόντοc ebd. 32 (2 b) 5 (c. 240[a]). εἰcιόντων Petr.[2] 73, 7 (III[a]). εἰcιέναι Petr. II 16, 6 (c. 250[a]). Der seit dem 2. Jahrh. v. Chr. vorkommende Infin. ἴναι Par. 47, 17 (153[a]); προcίναι Par. 63, 4, 109 (165[a]); διεξίναι [Demosth.] epist. III (Kenyon) § 7 (II—I[a]) ist als Analogiebildung zu ἴμεν, ἴτε, ἴθι aufzufassen, das ι also kurz. ἐξίναι auch bei Machon (Athen. XIII 580 C) und bei Herodian (Lentz) I 523, 2; II 18, 2. Crönert 253. — Das Verbum εἶμι, dessen Futurbedeutung nicht mehr fühlbar ist,

wird immer spärlicher gebraucht und durch ἔρχομαι ersetzt; im N. T. ist es selten, dagegen auffallend häufig bei den apostolischen Vätern. Nachmanson 157. Reinhold 88.

10. εἰμί: εἰμί Petr.[2] 42 H (8 f) 5 (c. 250[a]); I 5. σύνειμι Lond. II p. 2 verso 4 (II[a]). εἶ Petr.[2] 36 (a) recto 23 (III[a]). Lond. I p. 13, 15 (162[a]). ἐσμέν Grenf. I 35, 8 (99[a]). Leid. B 3, 5 (164[a]). ἐστίν, εἰσίν, ὦ, ἦς etc., ὤν, εἶναι überall. Zum Optativ εἴη(ι), εἴησαν vgl. oben § 20, 8 S. 126 und § 71, 15 S. 326, über den Imperativ ἴσθι § 71, 17 S. 327. ἔστω Petr. I 16 (2) 14 (230[a]); 18 (1) 12 (237[a]). Amh. II 29, 22 (nach 250[a]). ἐξέστω Petr.[2] 42 F (c) 12 (252[a]). Petr. I 14, 13; 15, 16. 21 (237[a]). Belege für ἔστωι s. § 21, 6 S. 135; für ἐξέσθω § 36 S. 178. Pl. ἔστωσαν Petr. I 15, 20 (237[a]). περιέστωσαν Petr. II 8 (1) B 10 (III[a]) etc. Imperfekt: ἦν ist als 3. p. sing. geläufig, nirgends als 1.; dafür ἤμην Magd. 6, 6 (III[a]). Par. 8, 7 (129[a]) — statt ὠνήμην ist zu lesen ὢν ἤμην; Ostr. 1256, 7 (136—5[a]). συνήμην Grenf. I 12, 19 (nach 148[a]); 21, 4 (126[a]). Auch der Plur. 1. p. medial: ἤμεθα Petr. II 4 (7) 3 (255[a]). [ἤιμεθα Petr. II 23 (1) 7 (c. 246[a]) ist zu tilgen und zu lesen ἵνα ἦι μεθ' αὐ[τοῦ] (für μετ' αὐτοῦ), s. Wilcken Add. et Corr. zu Petr.[2] p. XVII; danach Crönert 253, 5 zu berichtigen.] — ἦτε Par. 63, 7, 205 (165[a]). ἦσαν gewöhnlich. — Zu den medialen Imperfektformen vgl. K.-Bl. § 298, 4. Schmid Attic. IV 599. Schmidt Fleckeis. Jahrb. suppl. XX 484. Win.-Schmiedel § 14, 1.

§ 74. Futurbildung (Aktivum — Medium).

1. Die sogenannte attische Futurbildung erhält sich

a) bei allen mehrsilbigen Verben auf -ίζω.[1])

Aktive Formen: ἱματιεῖ Lond. I p. 32, 14 (163[a]). κομιοῦμεν Petr.[2] 53 (k) 5 (III[a]). παρακομιεῖ ebd. 43 (2) recto col. 4, 35 (246[a]). παρακομιεῖν Petr. II 14 (2) 18 (III[a]). παλιτραχηλιοῦσι Petr. II 15 (1) 2 (241[a]). παραφρυγανιεῖ Petr.[2] 42 F (a) 8. 10; (b) 1 (252[a]); 43 (2) recto col. 4, 15 (246[a]). ποτιεῖν Petr.[2] 56 (c) 8 (c. 260[a]). συγχειριοῦσιν Par. 62, 4, 16 (II[a?]). φερνιεῖν Lond. I p. 32, 15 (163[a]). φροντιεῖ Petr.[2] 56 (c) 9 (c. 260[a]). χρηματιεῖ Rev. L. 77, 1 (258[a]).

Mediale Formen: ἀπολογιούμενον Par. 35, 35 (163[a]). νοσφειοῦμαι Petr.[2] 56 (b) 10 = Rev. L. Append. II 2, 10 (c. 260[a]). χαριεῖ (χαριῆι) Belege § 20, 11 S. 129.

---

1) K.-Bl. § 227, 4. Mhs.-Schwyz. 179. Lautensach 1887, 17. Schmid Attic. IV 595; G. G. A. 1895, 44. Schmidt de Ios. eloc. 447 ff. Schweizer 178 f. (mit Grammatikerzeugnissen). Dieterich Unt. 244. Win.-Schmiedel § 13, 5. Nachmanson 158 f. Reinhold 73.

Anmerkung 1. In καταρτιcόμεθα Tebt. I 24, 48 (117[a]) ist das o unsicher, also Konj. aor. möglich; über λογίcεcθαι δυναμένωι vgl. § 79. 3.

b) Von Verben auf -άζω kommen folgende Futurformen vor: ἐργᾶται Petr.[2] 43 (2) verso col. 3, 2 (246[a]). κατεργᾶται Tebt. I 10, 2 (119[a]). κατεργώμεθα hat Crönert 226 wohl mit Recht hergestellt aus κατωργώμεθα Magd. 10, 3 (III[a]). ἐργᾶται auch auf κοινή-Inschriften von Lebadeia bei Dittenb. Syll.[2] 540, 12. 73. 102. 115 (II[a]); ebenso καταcκευᾶν Herm. XVI p. 172 Note 1; Dittenb. Syll.[2] 226, 126. 150 (III[a]). Über ἐργάcεcθαι in Aoristfunktion (?) vgl. § 79, 3.

Mit c: ἐξετάcοντα Par. 63, 8, 25 (165[a]).

Anmerkung 2. Zweifelhaft ist *μηθαμῶc ἐργῆc Par. 50, 8 (160[a]): möglicherweise eine Kontamination aus Konjunktiv und aktiver Futurbildung? Schmid G. G. A. 1895, 44. Vgl. Schol. Theocr. XV 27 μὴ . . . θήcειc. Marc. Diac. vit. Porphyr. p. 74, 17 ed. Bonn. μὴ ἔcηται.

Zum Ganzen vgl. noch K.-Bl. II § 228, 3. Schweizer 179. Dieterich 244.

2. Die kurzvokalischen Kontrakta auf -άω und -έω haben in der Regel das sigmatische Futurum: wie περιcπάcει Par. 39, 13 (161[a]). τελέcει Theb. Bk. III 2, 23 (131[a]); Tebt. I 105, 4. 24 (103[a]). cυντελέcουcιν Kanop. Dekr. 65 (237[a]). ἐπιτελέcοντα Leid. B 2, 12 (164[a]). ἐπιτελέcειν Par. 26, 28 (163[a]). ἐπιτελέcιν (sic) Leid. U 4, 11 (II[a]). ἐπιτελέcωι B U 1002, 15 (55[a]). Dagegen in futuralem Sinn cυντελοῦcιν Petr.[2] 43 (2) recto col. 1, 7 (246[a]); aber ebd. col. 2, 29 cυντελέ[coυcιν] und verso col. 4, 6 cυντελέcει. B U 1001, 14 (56[a]) ὁμολογοῦμεν ἐπιτελεῖν (fut.). Auch ἀπόλλυμι bildet ein sigmatisches Futurum: *ἀπολέcηc = ἀπολέcειc (§ 10 S. 77) Par. 50, 8 (160[a]). Zum Ganzen vgl. K.-Bl. § 228, 3 b mit Anmerkung. Schweizer Perg. 179. Win.-Schmiedel § 13, 5. Reinhold 73. Dieterich 244. Moulton Class. rev. XV (1901) 435; XVIII (1904) 111.

3. Die Futurbildung der verba liquida ist bewahrt: ἀγγελεῖν Petr.[2] 56 (b) 12 (c. 260[a]). ἐπιβαλεῖ ebd. 43 (2) recto col. 4, 18; παραβαλεῖ ebd. verso col. 4, 5 (246[a]). cυμβαλεῖται (Wilcken) Par. 63, 3, 73 = Petr.[2] Einl. p. 24 (165[a]). cυμβαλοῦνται Petr.[2] 36 (c) 7 (c. 260[a]). ἐπιβαλοῦνται Par. 64, 37 (II[a]). ἐροῦμεν (zu εἴρω) Eud. 16, 17 (vor 165[a]). ἐνκλινῖ = ἐγκλινεῖ ebd. 11, 8. κρινοῦcι Grenf. I 1, 1, 26 (erot. Fragm. nach 173[a]). cπερεῖν Tebt. I 66, 60 (121[a]). ἀποcτελῶ Petr.[2] 42 H (7) 7 (c. 250[a]). ἀποcτελεῖν ebd. 56 (c) 4 (c. 260[a]). ἀνατελεῖ (aufgehen) Eud. 7, 2; ἐπιτελοῦcιν ebd. 6, 32 (vor 165[a]). Vgl. Schweizer Perg. 179, 4. Nachmanson 159 Anm. 1.

An die Verba liquida schließt sich an ἐπανελεῖται Par. 22, 8 (165[a]) zu ἐπαναιρέω vom Aor. εἷλον gebildet. Ebenso ἐξελεῖ auf einer Inschrift von Lebadeia Dittenb. Syll.[2] 540, 20 (II[a]). Win.-Schmiedel § 13, 5 weist die Form nach im N. T., Reinhold 73f. bei den Vätern.

4. Ein mediales Futurum haben folgende verba activa:[1])

ἀκούω: ἀκούcεται P. Weil V 1 (vor. 161[a]).

βαίνω: ἀποβήcεται Petr.[2] 42 H (8 f) 5 (c. 250[a]). ἐγβηcόμενον Tebt. I 24, 30 (117[a]). cυμβήcεται ebd. 27, 77 (113[a]) usw.

γινώcκω: διαγνώcεται Petr.[2] 43 F (c) 14 (252[a]); 43 (2) recto 4, 43 (246[a]). Amh. II 29, 3 (nach 250[a]) etc.

εἰμί: Belege für ἔcομαι § 77 am Ende, Anm. 2; für ἔcει, ἔcη(ι) § 20, 11 S. 129. παρέcται Petr. II 14 (a) 19 (III[a]). προcέcται Leid. P 27 r. (II[a]). ἔcεcθαι Petr. II 45 (1) 17 (c. 240[a]). ἐπεcόμενοι Par. 5, 4, 11; col. 11, 9 etc. (114[a]); P. Kairo Arch. I 64, 9 (123[a]) usw.

λαμβάνω: Belege für λήψομαι — λήμψομαι, λάμψομαι § 44, 1 S. 194f.

πίπτω: διαπεcεῖται Amh. II 33, 26 (157[a]). P. Reinach 18, 35 (108[a]).

τυγχάνω: τεύξεcθαι Lond. I p. 30, 19 (172[a]). τεύξεται Par. 36, 23 (163[a]). τευξόμεθα Amh. II 35, 42 (132[a]). ἐντευξομένουc Par. 26, 17 (163[a]) usw.

Anmerkung 3. κλαύθονται Tebt. I 3, 7 (Epigramm, nach 100[a]), was die Herausgeber mit κλαύcονται erklären, ist eher eine Präsensbildung auf θ (cf. πύθω, βρίθω etc. Brugmann Gr. Gr.[3] 296 f.).

§ 75. Sigmatischer Aorist.

1. Kurzen Vokal haben folgende Verba:

ἀρκέω: ἐπαρκέcαι Artemis. 15 (III[a]).

ἐλαύνω: ἀπελάcαντο (ohne Augm.) Par. 37, 17 (163[a]). ἐξελάcαντας Par. 11, 14 (157[a]). περιήλαcαν Tebt. 53, 18 (110[a]).

καλέω: ἐκάλεcαν Par. 51, 10 (160[a]). ἐνεκάλεcεν Petr. II 47, 12 (192[a]). μετακαλέcαc Tebt. I 23, 12 (119—114[a]). παρακαλέcαμεν (ohne Augm.) Tebt. I 24, 46 (117[a]). παρακαλέcαντεc P. Kairo Arch. I 60, 46 (123[a]). προcπαρεκάλεcα Par. 64, 11 (164[a]). εἰcκαλέcαcθαι Petr. II 12 (3) 10 (241[a]). παρεκαλεcάμην Leid. A 17 (c. 150[a]). προcκαλεcάμενοc Par. 26, 25 (163[a]) usw.

ὄλλυμι: προcαπώλεcεν Petr.[2] 28 (e) verso (b) 18 (260[a]). ἀπολέcηι ebd. 36 (a) verso 28 (III[a]).

ὄμνυμι: ὤμοcα Petr.[2] 56 (d) 10 (c. 260[a]). ὤμοcεν Theb. Bk. XI 1. 17 (116[a]). ὀμόcηι Rev. L. 56, 11 (258[a]). ὀμόcωcι Tebt. I 37, 7 (73[a]). ὀμόcαc Magd. 25, 7 (III[a]). κατομοcώμεθα ebd. 26, 13 (III[a]).

1) Vgl. die Zusammenstellungen bei K.-Bl. II p. 244 f.; Krüger Sprachl. § 39, 12.

πονέω: πονέcαι Magd. 11, 1 (III[a]). — πονήcαc Dittenb. inscr. gr. or. I 194, 11 (42[a]).

cπάω: ἔcπαcαν Par. 40, 40 (156[a]). ἀποcπάcαι Petr. II 9 (3) 1 (241[a]) ἐκcπάcαι Tebt. I 58, 29 (111[a]). ἐξcπάcαι § 53, 1 S. 225. cπαcάμενοc Par. 12, 15 (157[a]). ἐπιcπαcαμένη Magd. 24, 6 (III[a]). ἀcπαcάμενοc (mit prothetischem α) § 29, 1 S. 155.

(ἀπο)cτερέω: [ἀποc]τερέcαι Magd. 8, 12 (III[a]). Grenf. I 37, 8 (108[a]). — ἀπεcτέρηcε Artemis. 2 (III[a]).

τελέω: διετελέcα[μεν] Petr.[2] 144 col. 4, 14 (c. 246[a]). ἐπιτελέcαι Lond. I p. 9, 23 (162[a]). Leid. U 4, 5 (II[a]). ἐπιτελέcωcι Grenf. I 21, 17 (176[a]). cυντελέcαι Petr. II 4 (9) 10 (255[a]); 9 (3) 2 (241[a]). cυντελέcηι Petr.[2] 43 (2) recto col. 4, 33 (246[a]). ἐὰν — cυντελέcωμαι ebd. 42 H (7) 7 (c. 250[a]). cυντελεcαμένου Leid. U 2, 4 (II[a]). ἐπιcυντελέcαι Magd. 2, 4 (III[a]).

Vgl. Schweizer Perg. 180, 2. Schmid Attic. IV 602; G. G. A. 1895, 43. Win.-Schmiedel § 13, 3 (ἐφόρεcα, φθονεcάτω). Nachmanson 162. Reinhold 70. Zur Entstehung der Bildungen siehe Wackernagel K. Z. 33, 35 ff.

2. Die verba liquida haben die alte Bildungsweise beibehalten. Belegt sind: ἀγγεῖλαι: διήγγειλαν Petr. II 1, 12 (c. 260[a]). προcήγγειλεν Petr.[2] 28 (e) 13 (260[a]). παρηγγείλαμεν Amh. II 30, 40 (II[a]). παραγγείληc Par. 46, 17 (153[a]). Grenf. I 40, 6 (II[af]). παραγγείληι Petr.[2] 25, 24 (240[a]). ἀναγγείλαντοc Petr. II 8 (3) 1; Petr.[2] 20 verso 1, 2 (267[a]). προcαγγείλαντοc Tebt. I 5, 40 (118[a]). παραγγεῖλαι ebd. 14 5 (114[a]). Med. ἐπηγγείλω Lond. I p. 13, 8 (162[a]).

ἀνατεῖλαι (aufgehen): ἀνατείληι Eud. 14, 14/15 (vor 165[a]).

γῆμαι: γῆμεν auf einer poetischen Grabinschrift aus der Zeit des Euergetes II. (145—116[a]) Archiv I 219, 8.

ἐντεῖλαι (ἐντείλαcθαι): ἐνέτειλαc Par. 32, 9 (162[a]). ἐντειλάμενοc Grenf. II 14 (c) 6 (III[a]). ἐντειλάμενοι Petr. II 42 (a) 8 (c. 250[a]).

κλῖναι: ἐνκλείναντοc Petr. II 37 (2[a]) l. col. 7 (III[a]). ἐξέκλιναν Par. 15, 22 (120[a]).

κρῖναι: ἐκρίναμεν Grenf. I 30, 5 (130[a]). ἐκρείναμεν Tor. VI 35 (177 oder 165[a]). κρινάντων Petr.[2] 25, 3 (III[a]).

(ἀπο)κτεῖναι: ἀπέκτειναν Magd. 4, 5 (III[a]) ἀποκτῖναι Par. 23, 6 (165[a]). Über ἀποκτένναι s. § 10 S. 70.

μαρτύραcθαι: ἐπεμαρτυράμην Grenf. I 38, 15 (II—I[a]).

μεῖναι: προcυπομεῖναι Petr. II 9 (2) 7 (241[a]). παραμείνω[cιν Petr.[2] 2, 21 (237[a]).

cκῦλαι: cκύλαντεc Par. 37, 18 (163ª); ἔcκυλαν ebd. 27. cκύλωcιν Lond. I p. 34, 13 (161ª). cκῦλαι Par. 64, 37 (c. 160ª). Über die Nebenform cκυλάω vgl. Stammbildung § 86, 1.

cπεῖραι: κατέcπειρεν Magd. 1, 18. -αν 1, 8 (IIIª). κατεcπείραμεν ebd. 5, 5 (IIIª).

cτεῖλαι (cτείλαcθαι): ἀποcτεῖλαι Petr. II 8 (2c) 2 (IIIª); 9 (2) 9 (241ª); 10 (1) 21 (IIIª) und oft. ἀναcτείλαντοc Petr. II 13 (6) 6 (258ª). διαcτείλαντεc Par. 63, 13, 6 (165ª). διεcτειλάμεθα Tor. IX 17 (119ª). διαcτείληται Par. 38, 23 (160ª). διαcτείλαcθε Par. 61, 17 (156ª) usw.

(ἀπο)φήναcθαι: ἀπεφήνατο Par. 2 col. 2. 3 ff. (IIªⁱ).

Über ἡλόμην statt ἡλάμην von ἅλλομαι s. unten § 76, 1.

Nicht -η-, sondern -α- haben im Aorist folgende Verba liquida:

auf -αίνω: λυμαίνομαι — λοιμανάμενοι Grenf. I 17, 15 (nach 146 oder 135ª).

auf -ιαίνω: μιαίνω — μιάναντεc Par. 14, 29. Tor. III 30 (127ª).

auf -αίρω: καθαίρω — ἀνακαθᾶραι Petr. II 4 (9) 5 (255ª). Petr.² 43 (2) verso col. 4, 2 (246ª); 46 (5) 7 (IIIª).

χαίρω — einmal ἐπειχάραντεc Strack, Ptol. Inschr. Arch. III 128, 4 (145ª). Win.-Schmiedel § 13, 10 Note belegt dieselbe Form bei den LXX.

Zwischen -η- und -α- schwankt cημαίνω: a) cημῆναι Par. 63, 11, 63 (165ª). Grenf. I 30, 6 (103ª). Bull. corr. hell. 21, 142, 20 (88ª). ἐπιcημῆναι Tor. XIII 15 (137ª). cήμηνον (nicht cήμηινον, wie Letronne) Par. 64, 18 (c. 160ª). cημήναc Par. 42, 3 (156ª). cημηνάντων Tebt. I 61 (b) 38 (118ª). cυνcημηνάμενοι Petr. I 24 (2) 2 (c. 250ª).

b) cημᾶναι Antiope-Pap. (Blaß) nach K.-Bl. II 535. ἐcήμανεν Tor. XIII 8 (137ª). ἐπιcημανάcθωcαν Rev. L. 44, 1 (258ª). Aristeas (Wendland) 16 διεcήμαναν; 23 cημάναντα, aber 200 cημηναμένων. Zum Ganzen vgl. K.-Bl. § 267, 1. G. Meyer 610. Mhs.-Schwyzer 182, 6 (nur ἐcήμηνα). Schweizer 180, 3. Schmid Attic. IV 594. Schmidt de Ios. eloc. 459 ff. Win.-Schmiedel § 13, 12; Blaß § 16, 3 (im N. T. nur -ᾱνα, -ᾱρα). Reinhold 71 (´ανα, ´αρα herrschen vor). Dieterich Unt. 232. Hatzidakis Einl. 286.

3. Die Dentalstämme auf ´ζω bilden noch regelmäßig ihren Aorist auf -cα, nicht auf -ξα.

Beispiele (ohne Anspruch auf Vollzähligkeit):

ἀγλαίζω: ἐπηγλάιcαν (poet.) Grabinschrift unter Euergetes II. (145—116ª) Archiv I 220, 2, 4. — ἀγοράζω: ἀγοράcαι Par. 34, 2 (157ª). ἀγωράc'(αι) ebd. 40, 25 (156ª); 55b col. 3, 65 (160ª). ἠγόραcεν Par. 15 b, 2 (143ª). —

ἀναγκάζω: ἐπαναγκάσαι Petr. II 12 (3) 14 (241ª); 32 (1) 37 (c. 238ª). — ἀπαρτίζω: ἀπαρτίσῃ Theb. Bk. XI 11; XI^{b} (116ª). — ἀσπάζομαι: ἀσπασώμεθα Par. 32, 32 (162ª). — ἀσπορίζω: ἀσπορίσαι P. Kairo Arch. I 59, 8; 62, 7 (123ª). Vgl. § 11 S. 84. — ἀσφαλίζω: ἀσφαλίσασθαι Tebt. I 53, 29 (110ª). — ἀφανίζω: ἀφανίσαι Petr. II 17 (1) 10 (IIIª). — βιάζομαι: καταβιάσας Petr. II 45 col. 1, 2 (IIIª). βιασάμενος ebd. 8 (2ª) 2 (IIIª). Par. 35, 15 (162ª). ἀποβιασάμενος Petr. II 8 (1) col. B 6 (IIIª) etc. — γεμίζω: γεμίσαι Magd. 11, 12 (IIIª). — δανείζω: ἐδάνεισεν Petr. II 21 (d) 6 (IIIª) usw. — δεξιάζομαι: ἐξεδεξιασάμεθα Tebt. I 43, 11 (118ª). — ἐμπυρίζω: ἐνεπύρισαν Petr.² 34 (a) 5 (c. 240ª). — ἐμφανίζω: ἐμφανίσαι Petr. II 45 (1) 5 (c. 240ª). — ἐνεχυράζω: ἐνεχύρασεν (ohne Augm.) Petr.² 26, 12 = Petr. II 22, 13 (IIIª). — ἐργάζομαι: κατεργασάσθω Tebt. I 105, 38 (103ª). ἐργάσωνται Petr.² p. 118, 19 (246ª). ἐργάσεσθαι in Aoristfunktion § 79, 3. — θερίζω: θερίσαι Tebt. I 72, 374 (114ª). — θυσιάζω: θυσιάσαι Par. 12, 6. 7 (157ª); 26, 4 (163ª); 29, 5 (160ª). — καθίζω: ἀντικαθίσας Rosettainschr. 24 (196ª). ἐνκαθίσας Par. 22, 9 (165ª). περιεκάθισαν P. Kairo Arch. I 62, 10 (123ª). — κομίζω: ἐκομίσαμεν Petr. II 12 verso (241ª); 42 (b) 4 (c. 250ª). Petr.² 32 (g) verso 13 (c. 240ª). ἐκομίσατο Par. 22, 19 (165ª). διακόμισαι Petr.² 42 (I) 4 (c. 250ª). κομισάμενοι Petr. II 37 (1ª) l. col. 14; κομίσασθαι ebd. 2 (1) 9 (260ª) etc. — λογίζομαι: ἀπελογίσατο Tebt. I 61 (b) 293 (118ª); 72, 112. 463. 467. (114ª). ἀπολογίσωμαι Leid. A 31 (c. 150ª). ἀπολογίσασθαι Petr. II 10 (2) 4 (vor 240ª); 31, 7 (IIIª). παραλογισαμένης Lond. I p. 32, 10 (163ª) etc. — νομίζω: νομίσας Tebt. I 50, 11 (112ª). κατανομίσαντα Grenf. I 11 col. 2, 2. 23 (157ª) etc. — νοσφίζω: νοσφίσασθαι Petr.² 56 (c) 2 (c. 260ª). — ὁρκίζω: ὁρκίσαι Rev. L. 56, 8 (258ª). — πορίζω: πόρισον Grenf. II 14 (a) 11 (IIIª). — ποτίζω: ποτίσωμεν Petr. II 6, 6 (c. 250ª). ποτίσαι Tebt. I 72, 362 (114ª). — σκευάζω: ἐπισκευάσαντες Par. 15, 18 (120ª). κατασκευασαμένου 63, 9, 4, 44 (165ª). — σπουδάζω: ἐσπούδασας Grenf. I 32, 10 (102ª). σπούδασον Petr. II 13, (1) 5 (258—53ª). — στοχάζομαι: στοχασάμενοι Petr. I 40, 46 (156ª). στόχασαι Tebt. I 17, 5 (114ª). — ὑβρίζω: ὑβρίσαντα Petr. II 17 (1) 19. 27 (IIIª). Über ὕβριζαν s. § 76, 4a. — φροντίζω: φροντίσας Petr. II 37 (1b) r. col. 15 (IIIª). φροντίσαθ' Par. 63, 5, 149 (165ª) etc. — φρυγανίζω: φρυγανίσαι Petr. II 6, 11 (255ª). — χρηματίζω: χρηματισάντων Petr.² 25, 9 (240ª). — (κατα)χωρίζω: καταχωρίσαι Par. 26, 36 (163ª). καταχώρισον Zois I 1, 5 (150ª); II 2, 6 (148ª). καταχωρίσας Tebt. I 27, 28 (113ª) u. v. a.

Anmerkung. In einem poetischen Stück (Grabinschrift des Herodes aus der Zeit des Euergetes II., 145—116 v. Chr.) erscheinen neben einander die (schon bei Homer) parallelen Bildungen ἐκτερέϊξεν Archiv I 220 N 1, 17 und κτερίσαντι 221 Nr. 2, 19. Vgl. K.-Bl. II 469.

Zum ganzen Abschnitt ist zu vergleichen Schweizer 181. Nachmanson 163ff.; zum Übergang in -ξα namentlich Win.-Schmiedel § 13, 4 (ἔπαιξα, ἐνύσταξα, ἐστήριξα u. a.). Dieterich Unt. 233. Reinhold 70f. (ἥρπαξα, ἐβάσταξα, ἐσκεύαξα). Im allg. Kretschmer Entstehung 17 (mit viel zu weitgehenden Schlüssen auf dorischen Einfluß). Hatzidakis Einl. 134—137. Thumb Hell. 244.

§ 76. Asigmatischer Aorist.

1. Thematische Aoriste finden sich in ptolem. Zeit folgende:

ἀγαγεῖν — ἀγαγέσθαι: Belege § 72, 9 S. 339. Über ἀγαγῆσαι und ἦξα s. unten Nr. 4.

αἰσθέσθαι: αἴσθωμαι Petr.[2] 56 (c) 3 (260[a]). αἴσθωνται Petr. II 13 (1) 8 (259[a]). αἰσθομένη Magd. 35, 4 (III[a]). Tor. I 2, 9 (117[a]). Zwar läßt sich αἰσθάνομαι nirgends nachweisen; doch ist dies kein genügender Grund, in obigen Formen das Präsens αἴσθομαι (K.-Bl. II 354) zu vermuten.

ἁλέσθαι: ἐναλέσθαι P. Kairo Arch. I 60, 43 (123[a]). Win.-Schmiedel (ἐφαλόμενος).

βαλεῖν — βαλέσθαι: ἐνέβαλον Petr.[2] 20 (2) 4 (246[a]). καταβαλεῖν ebd. 64 (b) 8 (252[a]). ὑπερεβάλετο Petr.[2] 30, 5 (III[a]) usw.

γενέσθαι: die gewöhnliche Aoristform in unzähligen Fällen, die nicht angeführt zu werden brauchen. Daneben ziemlich häufig γενηθῆναι, vgl. § 78, 1 c. Die Form auf -άμην erscheint ganz vereinzelt in τὸ γινάμενον Wilck. Ostr. 1616, 6 (149/8 oder 138/7[a]), häufig erst in röm. und byzant. Zeit. Schweizer Perg. 181. Nachmanson 164. Crönert 237.

δραμεῖν: συνέδραμον Par. 11, 5 (157[a]). συνδραμόντων Lond. I p. 61, 19 (261 oder 223[a]).

εἰπεῖν — εἶπαι: Belege § 72, 3 S. 331. Die α-Formen überwiegen in allen Modi (εἶπα : εἶπον = 13 : 3). Mhs.-Schwyz. 184, 6. Lautensach 1887, 14. Schweizer 182. Nachmanson 164f. Reinhold 78f.

ἑλεῖν — ἑλέσθαι: ἐπιδιελεῖ⟨ν⟩ Petr. II 4 (6) 9 (255[a]). καθελεῖν Petr.[2] 43 (2) r. col. 3, 23 (246[a]). ἀφελῖν Lond. I p. 28, 13 (161[a]). ἀφίλεσαν (ἀφεῖλον) ebd. p. 28, 15. ἄφελε Par. 53, 35 (163[a]). περιέλωμεν Petr. II 4 (2) 10 (255[a]). ἀφείλετο Petr. II 32 (2[b]) 7 (c. 238[a]). ἀφείλοντο Magd. 6, 5 (III[a]). διίλοντο Grenf. I 39 col. 1, 8 (II—I[a]). ἐξελοῦ Petr.[2] 36 (a) recto 21 (III[a]). περιελέσθαι Par. 12, 13 (157[a]) usw.

ἐλθεῖν: ἐξῆλθον Petr. II 10 (2) 9 (c. 240[a]). ἐπέλθω Par. 49, 35 (160[a]). Leid. C 7 (162[a]). ἔλθηις Petr. II 11 (1) 9 (III[a]). ἔλθῃ Par. 63, 6, 162

(165ª). ἐλθέ Par. 51, 24 (160ª). Leid. U 2, 17 (IIª). ἐλθεῖν Petr. II 11 (1) 4 (IIIª); 13 (6) 10 (258ª). ἐλθόντων ebd. 4 (3) 5 (255ª) usw. μετῆλθαι, ἕως — ἤλθη (mit verschlepptem Augment) § 72, 13 S. 345; über (κατ)ἤλθοσαν = (κατ)ῆλθον vgl. § 71, 9 S. 323.

ἐνέγκαι (ἐνέγκασθαι) — ἐνεγκεῖν. Im III. Jahrh. v. Chr. herrschen durchaus Formen mit -α:

Belege: ἤνεγκα Petr.² 42 H (7) 2 (c. 250ª). ἀνήνεγκα Sakk. 1, 2 (IIIª). εἰσήνεγκα Lond. I p. 61, 25 (261 oder 223ª). εἰσήνεγκαν Strack, Ptol. Inschr. Arch. I 205, 13 l. S. 1 (245—221ª). ἐξήνεγκαν (Witkowski) Petr. II 45 (3) 24 (c. 246ª). εἰσενέγκας Magd. 33, 3 (IIIª). μετενενεγκάτωσαν Rev. L. 49, 15 (258ª). εἰσενέγκαντα BU 1004 I 13 (IIIª). προσενέγκαντες Petr.² 53 (m) 11 (225ª). ἀνενενκάμενον Petr.² 46 (1) 11 (IIIª). προσενεγκαμένου (Faksimile) Petr. II 20 col. 4, 11 (252ª) usw. Über *προσένηκε und μετενῆκαι vgl. § 2 S. 19 und § 27 S. 152.

Im II.—I. Jahrh. v. Chr. schwankt der Infin. zwischen -αι und -εῖν, während im übrigen nur α-Formen zu belegen sind.

Infin. auf -αι: ἐνέγκαι Amh. II 30, 35 (IIª). ἐξενέγκαι Par. 37, 22 (163ª). μετενέγκαι Tebt. I 72, 375 (114ª). προσενέγκαι ebd. 33, 21 (145ª). προσανενέγκαι ebd. 16, 22 (114ª); 38, 8 (113ª) etc.

auf -εῖν: ἀνενεγκεῖν Tebt. I 61 (b) 42 (118ª); 30, 25 (115ª); 14, 11 (114ª). ἀνενενκεῖν Lond. I p. 18, 15 (161ª). ἀπενεγκεῖν Par. 49, 24 (c. 160ª). κατενεγκεῖν Par. 63, 4, 111 = Petr.² Einl. p. 28 — nicht κατενεικεῖν, wie Witkowski gelesen hat — (165ª). προσανενεγκεῖν Grenf. I 11, 2, 8 (157ª) usw. Über ἀνενεκεῖν, ξεναικεῖν (= ἐξενε(γ)κεῖν) (mit Ausfall des Nasals) vgl. § 43, 1 S. 190f.

ἤνεγκα — ἠνεγκάμην (II—Iª): ἐξήνεγκαν Par. 37, 40 (163ª); ebd. 45 ἐξενέγκαντες. μετήνεκα (γ über der Zeile) (sic) Lond. I p. 42, 129. 130, 131 (158ª). ἐξενέγκαντος Par. 35, 25 (163ª); ἐνέγκαντες ebd. 60 (b) 22 (150ª). προσανενέγκας Tebt. I 32, 21 (c. 145ª). Über μετήνεκκα — μετήνεκα — μητήνεκα s. § 37 S. 183. Nichts beweist die sehr häufige 3. p. sing. wie ἐξήνεγκεν Par. 35, 16. 17 (163ª), und Konjunktive wie εἰσενέγκωσιν Par. 62, 3, 7; 8, 13 (IIª¹) etc. — Medium: ἀπηνέγκαντο Grenf. I 17, 10. 19 (nach 147 oder 136ª); Par. 6, 14 (127ª). Tebt. I 45, 23; 46, 19; 47, 19 (alle 113ª). ἐξηνέγκαντο Par. 37, 18. 20 (163ª). προηνεγκάμην Tor. I 1, 21; ebd. 4, 36 προηνέγκατο; 2, 4 -αντο; 7, 33 -άμενος (117ª); ebenso Lond. I p. 32, 11 (163ª). προσενεγκάμενος Par. 63, 1, 12; 5, 148 (165ª) usw.

Diphthongische Formen wie ἐνεικεῖν, ἐνειγκεῖν fehlen ganz; vgl. dazu § 2 S. 19 und Mhs.-Schwyz. 183, 5 (auf attischen Steinen ἐνείγκῃ, ἤνειγκαν zwischen 370 und 322 v. Chr.); G. Meyer 604.

Wackernagel, Vermischte Beiträge 48. — Zum ganzen Abschnitt ist noch zu vgl. Schweizer 182. Nachmanson 165. Reinhold 79. Win.-Schmiedel § 13, 13 (ἤνεγκα und ἤνεγκον). Schmidt de Ios. eloc. 456. Crönert 235 [das Zitat in der Note 9, Linie 5 ist zu berichtigen in προσενεγκῖν P. Grenf. II 112, 9 (III[p])].

εὑρεῖν: Indikativformen § 72, 7 S. 337. εὑρεῖν Par. 34, 6 (157[a]); 63, 4, 96 (165[a]) und oft. εὑροῦσα Magd. 33, 5 (III[a]). εὑρόντων Par. 35, 10 (163[a]) usw. Nirgends α-Formen wie εὕραμεν, εὑράμην, dergleichen Win.-Schmiedel § 13, 13 fürs N. T.; Schmidt, Fleckeis. Jahrb. Suppl. 20, 456 bei Iosephus; Reinhold 79 bei den Vätern; Crönert 234 auf späteren Papyri, bei Strabo und Synesius nachweisen. Schmid Attic. III 40. Dagegen begegnet hart neben εὗρον einmal εὑρήσαντες worüber zu vgl. Lit. 4.

θανεῖν: ἀποθανεῖν Par. 47, 11 (153[a]).

ἰδεῖν: Indikativformen § 72, 3 S. 332. περιιδεῖν Petr.[2] 20 col. 1, 8 (246[a]). συνιδεῖν Tebt. I 24, 57 (117[a]). ὑπεριδεῖν Petr. II 32 (1) 31 (c. 238[a]). Lond. I p. 32, 24 (163[a]). εἴδωσι = ἴδωσι Petr. II 4 (6) 16 (255[a]). εἰδού (imperat. med. = ecce) Leid. C p. 118 col. 2, 15 (160[a]). εἰδών (= ἰδών) Leid. U 3, 11 (II[a]) etc. ἐφιδεῖν (mit Vulgäraspiration) s. § 45, 1 b, S. 201.

ἱκέσθαι: καθί[κ]εσθε Par. 63, 6, 189 = Petr.[2] Einl. p. 34; ἀφικέσθαι ebd. 12, 95 (165[a]).

λαβεῖν — λαβέσθαι: ἐλάβομεν Petr. II 32 (2 a) 2 (c. 240[a]). λάβηι Petr.[2] 25, 27 (III[a]). λαβέ Lond. I p. 27, 3 (161[a]). Leid. C p. 118 col. 2, 8 (160[a]). Par. 59, 16 (160[a]). διαλαβεῖν Par. 63, 1, 8 (165[a]). ἐγλαβεῖν Rev. L. 29, 13 (258[a]). Petr. II 46 (c) 8 (200[a]). συνεγλαβόντες Zois I col. 1, 17; II col. 1, 15 (150—148[a]). ἀντιλαβέσθαι Par. 39, 11 (161[a]). ἐπιλαβομένου ebd. 35, 20 (163[a]) usw. Über scheinbares λῆψαι vgl. den Schluß dieses § und § 79, 2.

λαχεῖν: Herodesepigramm Arch. I 219, 3 (145—116[a]).

λιπεῖν — λιπέσθαι: ὑπελίπομεν Petr.[2] 36 (b) col. 3, 9 (252[a]). ἐνκαταλίπωμεν Petr. II 4 (9) 12 (255[a]). ἀπολιποῦσα Par. 22, 6 (165[a]). καταλιπόντες Grenf. I 17, 5 (147—136[a]). ἐγλιπεῖν Tebt. I 105, 44 (103[a]). ὑπελιπόμην Petr. II 11 (1) 6 (III[a]) usw. Nirgends ἔλειψα, wie später, z. B. καταλεῖψαι Par. 21, 32 (616[p]); 21 bis 18 (592[p]). Strabo hat den sigmatischen Aorist nur einmal p. 392, 6 Mein. (παρελείψαμεν). Crönert 234, 6 gibt Belege für ἔλειψα v. I—VII[p]. Win.-Schmiedel § 13, 10. Schmid Attic. IV 601. Schmidt de Ios. eloc. 458. Dieterich Unt. 238.

μαθεῖν: μάθηc Petr.[2] 67 (c) 9 (IIIa). [ἐγ]μαθεῖν Akrostich. vor Eud. 1 (vor 165a). μαθών Herodesepigr. Arch. I 220, 21 (145—116a); ebd. 221, 16 μαθεῖν, 19 μαθών.

ὀλέcθαι: ἀπόληται Petr.[2] 54 a (3) 6 (IIIa).

παθεῖν: ἐὰν πάθω stehend in Testamentsformeln, z. B. Petr. I 10 (2) 15 (237a) oder ἐ. πάθηι, Petr.[2] 13 (a) 28 (235a) und oft. παθόντοc Tebt. I 44, 27 (114a) usw.

πεcεῖν: πεcεῖν Petr. II 13 (4) 11 (258—54a). ἐκπεccεῖν (sic) Tebt. I 72, 373 (114a). cύνπεcαι = cύνπεcε ebd. 58, 57 (111a). ἐπιπεcών Petr. II 18 (2b) 14 (246a). πεcόντοc ebd. 13 (3) 4 (258—54a). ἀντιπεcόν Par. 30, 25 (162a) etc.

πιεῖν: πιεῖν Tebt. I 120, 13 (97 oder 64a). Nirgends das spätere πεῖν, wie z. B. BU 34 II 7. 17. 22 (röm. unb.).

πυθέcθαι: πυθέcθαι Petr. II 13 (6) 5 (252a). πυθομένων Par. 37, 41 (163a) etc.

cχεῖν — cχέcθαι: ἐπέcχον Petr. II 20 col. 1, 15; ebd. 10/11 cυνέcχεν (252a). ἔcχε Par. 22, 7 (c. 165a). ἔcχομεν Petr. II 2 (3) 2 (c. 260a). ὑπόcχωcιν Par. 35, 37 (163a). ὑποcχεῖν Petr. II 12 (3) 16 (241a). παρεπιcχεῖν Tebt. I 29, 16 (110a). ἐπικαταcχών ebd. 17, 8 (114a). cχόντοc Par. 12, 10 (157a). cχόντας Tebt. I 48, 26 (113a). παράcχωμαι Petr. I 16 (2) 13 (230a). παράcχηται Rev. L. 43, 6 (258a). ὑπέcχετο (zu ὑπιcχνέομαι) Par. 26, 27 (163a); 64, 13 (c. 165a). ὑποcχνούμενοc Tebt. I 58, 19 (111a), Kontamination aus ὑποcχόμενοc und ὑπιcχνούμενοc.

τεμεῖν: ἀπο]τεμόντεc Petr. 45 (2) 16 (c. 246a). περιτέμηι Lond. I p. 32, 16 (163a). Nirgends dialektisches ἔταμον.

τυχεῖν: ἔτυχεν Petr.[2] 53 (l) 15 (IIIa). Leid. G 15 (99a). cύντυχε Tebt. I 23, 14 (119—114a). τύχωμεν Tor. VII 6 (177 oder 165a). ἐντυχεῖν Petr. II 20 col. 1, 15 (252a) usw. τυχόντωc Fay. XII 15 (nach 103a).

φυγεῖν: ἐξέφυγεν Petr. II 32 (2 a) 10 (c. 238a). διαφύγηι Tebt. I 44, 28 (114a) etc.

ὤφελον: (poet.) Tebt. I 2 (a) verso II 3; ὤφελεc ebd. 5 (Anthologiefragm. nach 100a).

Zum ganzen Abschnitt vgl. Lautensach 1887, 13f. Meisterh.-Schwyz. 183. Schweizer 181—183. Nachmanson 164—165.

2. Von unthematischen Aoristen sind folgende belegt:

βῆναι: cυνέβη Petr. II 45 (2) 11 (246a); 20 (3) 12 (252a). cυμβῆι ebd. 19 (2) a (IIIa). ἐμβῆι Petr.[2] 26, 5 (IIIa). ἐγβῆι Rev. L. 58, 8; 60, 16 (258a). καταβῶ Tebt. I 37, 22 (73a). ἀναβῆναι ebd. 12, 25

(118^{a}). ἐγβῆναι Amh. II 31, 10 (112^{a}). καταβάς Petr. II 4 (6) 6; ebd. 1 καταβάντος (255^{a}). παραβάς Tor. V 15 (177 oder 165^{a}). ἀποβάντας Tebt. I 5, 39 (118^{a}) etc. Über βῆσαι s. unter Lit. 4.

γνῶναι: ἀνέγνων Petr. II 38 (b) verso (242^{a}). ἀνέγνωμεν Tebt. I 27, 97 (113^{a}). ἀναγνῶτε ebd. 26, 2 (114^{a}). συνγνούς Herodesepigramm Arch. I 219, 1 (145—116^{a}). καταγνόντες Tor. II 18 (120^{a}). διαγνῶναι Magd. 6, 14; 14, 12 (III^{a}). ἀντανα]γνῶναι Petr.^{2} 22 (a) 7 (235^{a}). διαγνῶναι P. Magd. Mélanges Nicole p. 283, 10 (221^{a}). διαγνοῦναι Petr. II 8 (2a) 13 (246^{a}) ist entstanden durch falsche Analogie nach der Gleichung δούς : δοῦναι = γνούς : γνοῦναι. Crönert 251, 2 zitiert ἐπιγνοῦναι aus den LXX.

δοῦναι — δόσθαι: Im Indikativ des aktiven Aorists sind nur κα-Formen gebräuchlich; s. unten Nr. 3. Konjunktiv- und Optativformen sind angeführt § 21, 1 und 2 S. 132f., § 71, 13 und 15 S. 325ff. Imp. δός Petr. II 15 (2) 2 (241^{a}). Petr.^{2} 85, 1 (III^{a}). Tebt. I 12, 17 (118^{a}). ἀπόδος Petr.^{2} 42 C 13, 2 (III^{a}). Par. 58, 7 (160^{a}). μετάδος Tebt. I 10, 6 (119^{a}). ἀποδότω Petr. I 12, 16 (241^{a}). Part. δούς Petr. II 13 (3) 6 (258^{a}); 19 (1^{a}) 4 (III^{a}). δόντος Lond. I p. 40, 61 (158^{a}). ἐπιδούς Tebt. I 27, 12 (113^{a}) etc. Infin.: δοῦναι Petr. II 4 (5) 2 (255^{a}); 13 (2) 4 (258—53^{a}). Par. 9, 17 (107^{a}). ἀποδοῦναι Petr. II 32 (1) 37 (c. 238^{a}). Par. 8, 20 (129^{a}). Grenf. II 14 (a) 18. 20 (270 oder 233^{a}). ἐπιδοῦναι Tebt. I 25, 13 (117^{a}). Nach Analogie von γνῶναι ist gebildet δῶναι Ostr. 1152, 4 (Ende der Ptolemäerzeit); ebenso später BU 36, 7; 38, 13 (unb. römisch). Weitere Belege bei Crönert 251, 2 (I—II^{p}). Vgl. Dieterich Unt. 232.

Medium. ἀπεδόμην Lond. I p. 46, 24 (146 -35^{a}). ἀπέδοτο Petr.^{2} 21 (g) 43 (226^{a}); 67 (a) 9 (III^{a}). Par. 5 I 5 (114^{a}). ἀπόδου (zum Akzent K.-Bl. II 84 Anm. 2) Par. 58, 13 (160^{a}). ἐγδόσθω Petr.^{2} 19 (c) 25 (225^{a}). ἀποδόμενος Par. 5 II 5 (114^{a}). Im Infin. ἀποδώσθαι Par. 40, 19 (156^{a}) wird man wohl richtiger lautliche Verwechslung (nach § 12 S. 98) annehmen (zumal der Papyrus auch andere derartige Fehler zeigt) als Eindringen des starken Stammes δω- (vgl. G. Meyer 573).

δρᾶναι: διαδρᾶι Petr. II 29 (e) 4 (245^{a}).

δῦναι: δύντος Eud. 14, 7. 12 (vor 165^{a}).

εἷναι — ἕσθαι: ἀφῶ Par. 50, 19 (160^{a}). ἀφῆι Petr. II 13 (15) 2 (258—53^{a}). ἄφες Amh. II 37, 10 (196 oder 172^{a}); Eud. 14, 13 (vor 165^{a}). ἀφείς Petr. II 18 (2^{b}) 11 (246^{a}). ἀφεῖσα Petr.^{2} 22 (d) 5 (226^{a}). ἐξέντες Fay. XII 19 (nach 103^{a}). ἀφεῖναι Petr. II 20 col. 4, 7 (252[a]). ἀφῖναι = ἀφεῖναι Par. 47, 15 (153[a]). Med. cυνπροοῦ Amh. II 61, 13 (163[a]). διέcθαι Petr. II 19 (1a) 8; 20 col. 1, 14 (252[a]). BU 1012, 16 (170[a]). προέcθαι Petr. II 4 (8) 7 (255[a]). Tebt. I 6, 5 (140—139[a]). προέcται (= προέcθαι nach § 36 S. 179) Lond. I p. 11, 26 (162[a]).

θεῖναι — θέcθαι: θεῖναι Tebt. I 61 (b) 220 (118[a]). ἀναθεῖναι Dittenb. inscr. gr. or. I 194, 27 (42[a]). ἐπιθεῖναι Par. 33 col. 2, 3 (162[a]). θείηι (sic) Par. 15, 59 (120[a]). ἔκθεc Petr. II 13 (18[b]) 10 (258[a]). πρόcθεc Par. 53, 36 (160[a]). παρεθέτωcαν = παραθέτωcαν (regressive Vokalassimilation oder festes Augment? s. § 26 S. 150 und § 72, 13 S. 345). θείc Petr. II 10 (2) 9 (vor 240[a]) usw. Med. ἐθέμην Par. 63, 11, 59 (165[a]). Tebt. I 42, 10 (114[a]). ἔθεcο (vgl. S. 328) P. Reinach 11, 9 (111[a]). ἔθετο Par. 13, 5 (157[a]). Tebt. I 42, 15 (114[a]). διέθετο formelhaft in Testamenten z. B. Petr. I 20 (2) 13 (225[a]) und oft. παρέθετο Par. 35, 21; 37, 25 (163[a]). παρέθεντο Par. 35, 31; 37, 46 (163[a]). διέθεντο Grenf. I 41, 1 (II[a]). cυνέθοντο Petr. II 45 col. 1, 7 [cf. Appendix p. 2] v. Jahr 246[a] — mit Übergang in die ω-Konjugation (vgl. den Optat. θοίμην statt θείμην etc., K.-Bl. II 190. Crönert 278, 5). κατάθου Tebt. I 27, 69 (113[a]). παραθέcθωcαν Rev. L. 44, 5 (258[a]). θεμένηc Petr.[2] 21 (g) 42 (226[a]). παραθέcθαι Tebt. I 72, 155 (114[a]) usw. τέcθαι = θέcθαι s. § 36 S. 179.

πρίαcθαι: ἐπρίατο Grenf. II 15 (2) 6. 12 (139[a]); I 25 col. 1, 4 (114[a]). BU 994 III 4 (113[a]); 995 I 4 (109[a]) und oft in Kaufverträgen. πριάμενοc Petr. II 46 (c) 4 (200[a]); Petr.[2] 48, 7 (III[a]) usw. — Daneben kommt ὠνήcαcθαι vor, z. B. Par. 40, 16 (156[a]); weitere Belege § 72, 1 S. 330. Vgl. dazu die Grammatikernotiz πρίαcθαι ἐρεῖc, οὐχὶ ὠνήcαcθαι bei Schweizer 180.

cτῆναι: ἐπιcτῆι Petr. II 31, 9 (III[a]). ἐκcτῆναι Lond. II p. 14, 27 (116—111[a]). καταcτῆναι Tebt. I 38, 7 (113[a]). προcτῆναι Par. 63, 3, 67 (165[a]). διαναcτάc Petr. II 18 (2) 16 (246[a]). καταcτάντοc Par. 15, 5 (120[a]). cυνκαταcτάc Par. 15, 34 (120[a]). cυμπαραcτάντεc Amh. II 41, 10 (II[a]) usw.

3. Der κα-Aorist.

Im Indikativ Aor. akt. der Verba δίδωμι, ἵημι, τίθημι lassen sich in den ptolem. Papyri nur Formen mit Kappa belegen sowohl im Singular als im Plural. Medialformen mit κ fehlen.

δίδωμι: ἔδωκα Petr. II 13 (12) b (258[a]). ἀπέδοκα (sic) Par. 30, 5 (162[a]). ἐπέδωκα Par. 15, 20 (120[a]). παρέδωκα Magd. 33, 5 (III[a]). ἔδωκαc Vat F (Mai V 356) 10 (c. 160[a]). ἔδωκεν Petr. II 21 (d) 9 (III[a]). Par. 51, 46; 40, 26 (160[a]); 55, 41 (159[a]); Tor. I 2, 11 (117[a]) etc.

ἐδώκαμεν Magd. 13, 6 (III^a^). Leid. E 6 (163^a^). Grenf. I 17, 13 (147 oder 136^a^). εἰϲεδώκαμεν Petr. II 12 (3) 3 (241^a^). ἐπεδώκαμεν Lond. I p. 28 verso 2 (161^a^). Par. 26, 5 (163^a^); 27, 5; 28, 4 (160^a^). μετεδώκαμεν Par. 26, 25 (163^a^). παρεδώκαμεν Petr.[2] 42 G (3) 8 (252^a^). Tebt. I 230 (II^af^). ἔδωκαν Magd. 21, 2 (III^a^); Petr.[2] 32 (g) recto (a) 17 (240^a^); 36 (a) verso 25 (III^a^). ἀπέδωκαν Kanop. Dekr. 53 (236^a^). Grenf. I 17, 14 (nach 147 oder 135^a^). ἐπέδωκαν Petr. II 30 (d) 6 (235^a^) usw.

ἵημι: προεφῆκα Tebt. I 120, 96 (97 oder 64^a^). ἀφῆκεν Petr. II 18 (2^b^) 16 (246^a^). Petr.[2] 28 (e) verso (b) 4. 7. 11. 15 (260^a^). ἀφῆκαν Petr. II 32 (2^a^) 25 (III^a^) usw.

τίθημι: κατέθηκεν Artem. 9 (III^a^). ἐξεθήκαμεν Lond. I p. 53, 8 = Wilck. Theb. Bk. II 11; III 1, 8 (131^a^). Tebt. I 24, 28 (117^a^).

Zum Ganzen vgl. G. Meyer 603 ff. Lautensach 1887, 12. Meisterh.-Schwyz. 188 f. (auch auf attischen Inschriften sind von 330—30 v. Chr. nur κα-Formen überliefert). Schmid Attic. IV 596 (bei Aristides und Aelian Schwanken, bei Philostr. nur κα-). Schmidt de Ios. eloc. 479 f. (ἔθηκαν neben ἔθεϲαν). Schweizer 183 f. Win.-Schmiedel § 14, 8 (regelmäßig mit κ, ebenso LXX). Nachmanson 166. Reinhold 89 (ausschließlich κ-Formen). Crönert 240 [Note 2, Zeile 7 zwei falsche Zitate: statt ἀπέδωκαν zu lesen ἐπέδωκαν und statt ἐπέδωκαν P. Grenf II 37, 13 (II^a^) vielmehr ἐδώκαμεν P. Grenf I 37, 13 (II^a^)].

4. Schwund des starken Aorists.

Bei diesem für die κοινή charakteristischen Prozeß, dessen erste Anfänge in den Doppelformen εἶπον — εἶπα, ἤνεγκον — ἤνεγκα schon der klassischen Zeit angehören, sind zwei Stadien der Entwicklung zu unterscheiden:[1])

a) Die Endungen des starken Aorists werden durch die des schwachen (sigmatischen) ersetzt: so in μετῆλθαι = μετελθεῖν (mit festem Augment) Tor. I 5, 27 (117^a^). Crönert 233 f. Im Satze *ἐὰν δεῖ ϲε ϲυνπεϲῖν τῶι Ἀνικήτωι, ϲύνπεϲαι Tebt. I 58, 56 f. (111^a^) läßt sich der Imperativ ϲύνπεϲαι kaum als Medialform erklären, obwohl ein Aor. med. von πίπτω bei Polyän (nach Veitch, Greek verbs irregular and defective), einmal bei Polyb. VI 37 Anf. ἐκπεϲαμένοιϲ als var. l. (Win.-Schmiedel p. 112) vorkommt und Reinhold 79

1) Vgl. namentlich Dieterich Unt. 237 ff. K.-Bl. II 103 Anm. 4. G. Meyer 612 f. Win.-Schmiedel § 13, 10 und 13. Schweizer 181 (mit ausführlichen Literaturangaben). Nachmanson 166, 5. Reinhold 78 ff.

aus dem Evangel. Petr. 18 ἐπέcαντο anführt: näher liegt, da aktives cυνπεcῖν unmittelbar vorhergeht, eine lautliche Erklärung, Wechsel von ε und αι (also = cύνπεcε), wie er dem 2. Jahrh. v. Chr. (nach § 14, 10 S. 107) keineswegs fremd und in diesem vulgär gehaltenen Stück leicht erklärlich ist.

Die Endungen des sigmatischen Aorists verirren sich sogar in den Präsensstamm, wodurch hybride Bildungen entstehen, wie *ὕβριζαν Par. 40, 39 (156ᵃ); 41, 28 (163ᵃ) und *νομίζαντα Par. 30, 20 (162ᵃ) [in den Dubletten Leid. D 1, 17; Lond. I p. 13, 20 und Dresd. νομίcαντα, also lautliche Vertauschung von c und ζ nach § 46 I S. 204 nicht ausgeschlossen]. In der Verbindung δυναμένων μέν, μὴ βουλαμένων δέ Par. 63, 3, 123 (165ᵃ) — so deutlich im Faksimile, während jetzt Petr.² Einl. p. 28 βουλομένων gelesen wird — könnte der Gleichklang mit δυναμένων mitgewirkt haben; sicher aber steht *βολάμενοι Par. 48, 10 (153ᵃ), zu dem Schweizer 182 auf einer kleinasiatischen Inschrift die Parallele βουλαμένῳ beibringt.[1])

Über das Eindringen der Aoristendung -αν ins Perfekt (statt -ᾱcιν) ist gehandelt § 71, 10 S. 323f.

b) Der schwache (sigmatische) Aorist tritt für den starken ein. So erscheinen zu ἄγω neben gewöhnlichem ἀγαγεῖν (s. oben) zwei sigmatische Aoristformen: ἀγαγῆcαι Par. 36, 12; Vat. E (Mai IV 445) 12 (163ᵃ), durch falsche Analogie vom Infin. ἀγαγεῖν abgeleitet, und das auch im N. T. (Win.-Schmiedel § 13, 10; Blaß § 19, 1) vorkommende ἄξαι in der Verbindung ἐάν τε διάξη{cθε} ἀντιποιούμενοc Tebt. I 22, 16 (112ᵃ). Zu ἦξα K.-Bl. II 347; zu beiden Formen spätere Belege bei Crönert 232, 2. —

Statt des geläufigen ἔβην (s. oben S. 365f.) findet sich der Aorist ἔβηcα (in intrans. Bedeutung) bei Revill. Mél. 291, 9/10 = Ricci, Archiv II 516 in der Konjunktivform cυνεμβήcητε (99ᵃ).[2]) — Par. 37, 11 ff. (163ᵃ) schreibt der Klausner Ptolemaios in dem ziemlich flüchtig verfaßten Brouillon einer Eingabe an den Strategen ... οὐθὲν εὗρον. ἐκπορευ-

1) Ähnliche Formen begegnen auf attischen Steinen der Kaiserzeit, Mhs.-Schwyz. 184, 7 (ἤλπιζα, ἤφερα). Die Fälle mehren sich mit der Zeit, so daß Reinhold 81 bei den apostol. Vätern deren eine Menge findet (ἀπέθνηcκαν, ἔγραφα, ἔκραζαν, ἔπεμπαν u. v. a.). Ein Beispiel von Ägypten ist ὄφειλαν P. Amh. II 110, 18 (75ᵖ). Dieterich Unt. 240 ff. handelt ausführlich von „der weittragenden Bedeutung, welche diese Vermischung des Aorist- und Präsenssystems für die ganze spätere Sprachentwicklung hatte.“

2) Sowohl Revillout („vous entrerez avec nous“) als Ricci („vous vous embarquerez avec nous“) scheinen die Form als Futurum zu fassen; aber sie steht parallell mit dem vorhergehenden cυνεξορμήcητε und wird gemeinsam regiert von finalem ὡc.

όντων δὲ τῶν φυλακιτῶν ἐξετίναξαν [καὶ μη]θὲν ἄτοπον εὑρήςαντες — also hart neben dem starken Aorist von εὑρίςκω der sigmatische. Die Lesart erregt Bedenken.[1]) Zweifellos aber gehört εὕρηςα der κοινή an. Vgl. Lobeck zu Phryn. 721. Win.-Schmiedel § 13, 10 (im N. T. neben εὗρα und εὗρον). Dieterich Unt. 238. Reinhold 75. — ἀντειλῆψαι Vat. D (Mai V 604) 12 (162ª), was Crönert 266 (übrigens in der ungenau wiedergegebenen Lesart ἀντιλῆψαι!) als Aorist = ἀντιλαβεῖν erklärt, wird in anderem Zusammenhang § 79, 2 zu besprechen sein. — Dagegen sei hier erwähnt ein dem klassischen Sprachgebrauch unbekannter sigmatischer Aorist zu οἶδα, vom Futur. εἰδήςω abgeleitet: εἰδῆςαι Petr. II 15 (1) 10 (241ª). Derselbe findet sich zumeist bei Hippokrates und gehört seit Aristoteles der κοινή an. K.-Bl. II 409. Schweizer 185. Win.-Schmiedel § 13, 10. Crönert 271, 2.

§ 77. Perfekt.

1. Vom κ-Perfekt sind folgende Bildungen hervorzuheben:

a) τίθημι hat regelmäßig τέθεικα (vgl. oben S. 79): ὑποτέθεικα Petr. II 46 (a) 4 (200ª); Petr.² 27 verso col. 1, 3 (IIIª). ἐκτέθεικα Par. 49, 4 (160ª). ἀνατέθεικεν Rosettastein 11 (196ª). ὑποτεθείκαμεν Petr. II 38 (c) 4 (c. 228ª). ἐκτέθεικαν Par. 29, 16 (160ª). παρατέθεικαν Tebt. I 72, 7 (114ª). συντεθεικῶς Petr. II 20 col. 3, 8 (252ª). ἐκτεθεικέναι Petr.² 125, 12 (IIIª). — Lautensach 1887, 21 und Mhs.-Schwz. 189 finden das älteste attische Beispiel für τέθεικα 69—62 v. Chr. (früher nur τέθηκα). Schweizer Perg. 184 zitiert ein Beispiel für τέθηκα auf einer pergamenischen Inschrift (241—197ª), sonst nur τέθεικα; bei Nachmanson 159 einmal ἐπιτεθεικότων (nach 190ª). Crönert 278, 3. Das Ägyptische schreitet auch hier den übrigen Idiomen merklich voraus.

Anmerkung 1. Höchst verdächtig erscheint die Lesart τ[έ]θη(κα) Tebt. I 120, 106 (97 oder 64ª), abgesehen von der unsicheren Überlieferung, schon mit Rücksicht auf die späte Abfassungszeit. Jedenfalls darf man hierin so wenig als in ἀνα[τέ]θηκα B U 388 I 43 (IIᵖ) die altattische Form, sondern falsche Analogie zu θήςω vermuten. Moulton Class. rev. XVIII (1904) 111.

b) Zu ἵςτημι gehören zwei Perfektformen auf -κα: ἕςτηκα, meist intransitiv, einmal transitiv (?), und ἕςτακα, nur transitiv gebraucht.

Belege. Intransitives ἕςτηκα: παρέςτηκας Petr. II 20 col. 4, 15 (252ª). παρέςτηκεν Petr.² 43 (3) 15 (240ª). συνέςτηκεν Par. 65, 9 (146—135ª). ἐνεςτήκῃ (Konj.) Par. 62, 8, 8 (IIªⁱ) usw. Besonders

1) Witkowski Prodr. 35 schlägt vor ἐξετίναξαν [πάντα? οὐ]θένα τόπον πλήςαντες im Vergleich mit der Dublette Par. 35, 11 καὶ μηθένα τόπον π[λη-ςάντων], wo Letronne ebenfalls μηθὲν ἄτοπον π[. . . . .] liest.

häufig erscheint das Partic. ἑcτηκώc. Was das Verhältnis von ἑcτηκώc : ἑcτώc betrifft, so haben sowohl das Simplex als die Komposita ἀφ-, καθ-, παρ-, προ-, προπαρ-, cυνίcτημι (mit der Ausnahme von πρωεcτώc (sic) im poetisch gefärbten P. Leid. U 3, 8 (IIª) und ἐφεcτώc Strack, Ptol. Inschr. Arch. III 138, 2 aus unbestimmt ptolem. Zeit) stets die vollen Formen auf -κώc.[1]) Von den 30 (mit Ausschluß von ἐνεcτηκώc — ἐνεcτώc) beobachteten Fällen kommen 13 auf das III., 17 auf das II. Jahrh. v. Chr. Dagegen gehen beim Part. perf. von ἐνίcτημι in der Bedeutung „bevorstehend, gegenwärtig, schwebend", namentlich in der Verbindung mit ἔτοc, ἡμέρα, beide Formen ἐνεcτώc und ἐνεcτηκώc neben einander her und zwar im Verhältnis von 13 : 10.

ἐνεcτώc im IIIª: ἐνεcτῶcαν (?) Petr. II 19 (2) 5 (IIIª).

IIª: ἐνεcτῶτοc Lond. I p. 25, 15; 26, 13 (161ª). Par. 15, 26 (120ª). Fay. XII 12 (nach 103ª). Tebt. I 43, 4 (118ª). ἐνεcτότοc (sic) Lond. I p. 23, 25 (161ª). τοῦ ἐνεcτόc (indeklinabel, nach Dieterich Unt. 207) Tebt. I 106, 14 (101ª). ἐνεcτῶτι Tebt. I 24, 17 (117ª) — aber Z. 56 ἐνεcτηκότοc; ebd. 42, 9 (114ª). ἐνεcτώcῃ Tor. XIII 21 (139ª) — aber 23 ἐνεcτηκόcι.

Iª: ἐνεcτώcηc BU 1002, 13 (55ª). ἐνεcτῶτι Dittenb. inscr. gr. or. I 194, 14 (37ª).

ἐνεcτηκώc im IIIª: ἐνηcτηκότα (sic) Petr. II 4 (6) 6 (255ª).

IIª: ἐνεcτηκότοc Grenf. I 11, 1, 5 (157ª) Tebt. I 24, 56 (117ª). ἐνεcτηκότα Leid. U 2, 5 (IIª). Par. 64, 39 (160ª). Tebt. I 7, 7 (114ª). ἐνεcτηκυῖαν Tor. I 4, 12; 8, 7 (117ª). ἐνεcτηκότων Theb. Bk. XII 1 (IIª). ἐνεcτηκόcι Tor. XIII 23 (139ª).

Zu ἀπεcτηκότα = ἀφεcτηκότα vgl. § 45, 2 S. 203; zu παρεcτεκότεc § 10 S. 64.

Transitiv steht ἕcτηκα im Ausdruck τὸν λόγον τῶν χαλκῶν ἀπέcτηκα (über die Psilose S. 203). Crönert 260, der nicht mit Unrecht an der Lesart zweifelt und an ἀπέcταλκα denkt, führt selbst Belege für transitives ἕcτηκα aus den herkulanensischen Rollen, den LXX, Iosephus u. a. an. ἕcτακα hat transitive Bedeutung in καθεcτακότεc Par. 62, 5, 4 (IIªⁱ). καθεcτακέναι (beweisen) Tor. I 5, 33 (117ª). cυνεcτακότοc Leid. B 2, 8 (164ª). παρεcτακότας Tebt. I 5, 196 (118ª). Vgl. Schweizer Perg. 184 f. (mit Literaturangaben).

c) Zu ἵημι erscheint εἷκα, Belege § 72, 3 S. 331; zu ἔχω stets ἔcχηκα (nicht εἴcχηκα), s. ebd. S. 332 Anm. 3.

---

1) Von „überwiegendem Gebrauch des Partizipiums ἑcτώc" (Nachmanson 160) kann demnach in der ägyptischen κοινή nicht die Rede sein. Dies gilt wohl vom N. T., wo ἑcτώc: ἑcτηκώc = 40 : 15 (Win.-Schmiedel § 14, 5; Blaß § 23, 5) und von den Vätern (Reinhold 91). Auf attischen Inschr. kommen seit 400ª überhaupt nur noch Formen mit κ vor. Lautensach 1887, 20 f. Mhs.-Schwyz. 189, 8.

d) ἥκω hat seiner Bedeutung entsprechend (analog mit οἶδα) Perfektendungen angenommen in Formen wie ἥκαμεν Par. 48, 9 (153[a]). ἥκατε Grenf. II 36, 18 (95[a]). ἡκέναι Par. 35, 30 (163[a]). καθηκυίηc (vgl. S. 13) Lond. I p. 29, 5 (161[a]). ἡκότων Tebt. I 121, 13 (94 oder 61[a]). ἐπανηκότων Amh. II 50, 5 (106[a]). ἡκόcι Tebt. I 189 (I[ai]). — Dagegen 1. p. sg. nur ἥκω, z. B. Dittenb. inscr. gr. or. I 186, 6 (62[a]); 195, 2 ἥκωι καὶ προcκεκύνηκα (33[a]) etc.; ebenso καθήκει Petr. II 22, 2 (III[a]). ἥκει Par. 49, 27 (c. 160[a]). καθῆκεν (imperf.) Petr.[2] 44 (1) 10 (258—53[a]) und namentlich im Partic. überwiegend ἥκοντα Petr. II 26 (7) 8 (252[a]). καθηκούcηc Tebt. I 61 (b) 218 (118[a]). καθήκουcαν Par. 26, 6 (163[a]). ἀνηκόντων Tebt. I 6, 9. 41 (140—39[a]); 32, 10 (145[a]). καθηκόντων Par. 13, 17 (157[a]). τοῖc ἀνήκουcι Tebt. I 43, 26 (118[a]). καθηκούcαc Tor. I 8, 21 (117[a]) usw. Win.-Schmiedel § 13, 2 (LXX und N. T. ἥκαμεν, -ατε, -αcι). Schmidt de Ios. eloc. 470 (ἥκεcαν als plspf.). Crönert 210. Reinhold 73 (ἧκαc, ἥκαcιν).

e) Den kurzen Charaktervokal behalten im Perf. folgende Kontracta auf -άω und -έω (K.-Bl. II 130f.):

αἰνέω: ἐπηνεκέναι Tebt. I 8, 18 (201[a]).

πονέω: πεπονεκέναι Petr. II 14 (1[b]) 3 (III[a]) — nach Wilhelm Append. 4 — [auffallenderweise gibt Petr.[2] p. 137 wieder πεπονηκέναι]; ebenso Magd. 9, 3; dagegen ebd. 36, 3 πεπονηκέναι (III[a]).

cπάω: περιεcπακέναι Par. 15, 36 (120[a]).

τελέω: ἐπιτετελεκότεc Amh. II 38, 10 (II[a]).

Über εἴλεφεν, ἐξειλεφότι, παρεcτεκότεc vgl. § 10 S. 64.

Im übrigen sei auf das Verbalverzeichnis (§ 81) verwiesen.

2. Vom alten Wurzelperfekt sind folgende Formen belegt:

ἀκήκοα: S. 338.

γέγονα: γέγονεν Par. 64, 44 (c. 160[a]). γεγονέναι Petr. II 13 (7) 3 (258[a]). παραγεγονώc Petr.[2] 41 verso 22 (III[a]). ἐπιγεγονότοc Lond. I p. 30, 23 (172[a]). προγεγονότα Tor. I 4, 31 (117[a]) und oft.

Anmerkung 2. γεγόναι Tebt. I 60, 28 (118[a]) ist wohl nichts anderes als (haplologische?) Verstümmelung von γεγονέναι.

εἴωθα: S. 331; ἐλήλυθα S. 338f.

ἑcτάναι: in παραcτάναι = παρεcτάναι Leid. U 2, 11 (II[a]). Über ἑcτώc siehe vorige Nr.

οἶδα: οἶδαc S. 321. οἴδαμεν Ostr. 1150, 6 (134[a]). οἴδαcιν Goodsp. 3, 7 (III[a]). ἴcθι S. 327. ἰδῶ = εἰδῶ Par. 44, 7 (153[a]). εἰδῶμεν Petr. II 11 (1) 7 (III[a]). εἰδῆται = εἰδῆτε (S. 107) Par. 43, 4 (154[a]). εἰδώc Petr. II 1, 7 (260[a]). cυνειδότων Rev. L. 8, 1 (258[a]). εἰδέναι Amh. II

37, 15 (196 oder 172[a]). Th. Bk. IX 12 (130[a]) usw. K.-Bl. II 240, 3. Schweizer 185. Reinhold 92.

λέλοιπα: ἀπολελοίπαμεν Petr. II 42 (a) 5 (c. 250[a]). ἀπολελοιπότος Lond. I p. 38, 9 (158[a]). ἐνκατελελοίπει Par. 46, 8 (153[a]).

ὄλωλα: ἀπολωλέναι § 72, 9 S. 339.

πέφευγα: ἐκπέφευγεν Par. 50, 18 (160[a]). καταπεφευγώς Petr. II 8 (2[b]) 15 (246[a]). καταπεφευγυῖα Magd. 33, 6 (III[a]). Lond. II p. 14, 25 (116—111[a]).

πέφηνα: πεφήναμεν Tebt. I 43, 31 (118[a]).

Vom aspirierten Perfekttypus sind folgende Exemplare erhalten:

ἀγήγοχα — ἀγείοχα — ἀγέοχα — ἀγέωχα: Belege § 72, 9 S. 338.

βέβλοφα: ἐνβεβλοφέναι S. 340.

γέγραφα: gewöhnliche und sehr häufige Form in allen 3 Jahrhunderten. Für III[a] vgl. Index Petr. II. Ferner γέγραφα Tebt. I 21, 2 (115[a]); 37, 17 (73[a]). γέγραφας Par. 31, 19 (163[a]). γέγραφεν Lond. I p. 10, 20 (162[a]). Bull. cor. hell. XXI p. 142, 4 (88[a]). γεγράφασιν Tebt. I 6, 16 (140—139[a]). γεγραφέναι ebd. 61 (a) 110 (118[a]). διαγεγραφέναι Zois I 29 (115[a]). διαγέγραφας Tebt. I 100, 2. 13 (117[a]). διαγρέγαφεν (sic) Ostr. 1528 (ptol.). ὑπογεγράφαμεν Par. 65, 16 (146—135[a]). παρεπιγεγραφότος Par. 33, 10 (162[a]). Th. Bk. XII 6 (116[a]). καταγέγραφαν B U 1001, 4 56/5[a]) usw. — Das in der klassischen Sprache beanstandete Perfekt γεγράφηκα (Lobeck zu Phryn. 764. K.-Bl. II 393) tritt beim Simplex erst im letzten Jahrhundert der Ptolemäerperiode auf: so γεγράφηκεν Tebt. I 12, 7 (118[a]). γεγραφηκέναι ebd. 34, 10 (c. 100[a]). Bei mehreren Compositis (ausgenommen διαγράφω, wie Wilcken Ostr. I 91 bemerkt) ist die Form schon früher gebräuchlich. So ἀναγε[γρα]φηκέναι Rev. L. 27, 18; ἀπογεγραφηκότες ebd 33, 15; 86, 12 (258[a]). ἐνκεκλησματογραφηκέναι Leid. A 27 (unb. ptol., aber nicht spät). Schon Dem. 56, 28. 34 παρασυγγεγράφηκας. Vgl. noch Schweizer 186. Reinhold 73 (γεγράφηκα, γεγραφήκαμεν).

δέδειχα: ὑποδεδείχαμεν Par. 63, 184 (165[a]). ὑποδέδειχεν ebd. 65, 10 (146—135[a]). παραδεδειχέναι Tebt. I 79, 54 (nach 148[a]). προσυποδεδειχότων Tor. I 9, 15 (117[a]).

δέδηχα: ἀποδέδηχεν Petr.[2] 27 recto 2 (III[a]).

εἴληφα: Belege § 72, 3 S. 331f. Über ἀντειλῆψαι — προσειλῆψαι § 79, 2.

ἐνήνοχα: Belege § 72, 9 S. 338.

ἔσκαφα: ἐξεσκαφότος Tebt. I 50, 26 (112—111[a]).

ἤλλαχα: μετήλλαχεν Par. 22, 14 (165^{a}). μετηλλαχυίας (Faksimile) Par. 13, 16 (157^{a}). συνηλλαχότας Par. 65, 13 (146—135^{a}). Tebt. I 5, 212 (118^{a}). Über συνηλάκχειν vgl. S. 169.

ἦφα: προσήφαμεν (gewähren, zuwenden) Lond. I p. 10, 11 (162^{a}).

κέκοφα: διακέκοφεν Petr. II 4 (6) 11 (255^{a}). διακεκοφότας (Witkowski) Par. 64, 9 (c. 160^{a}). κεκοφότας Tebt. I 5. 205 (118^{a}).

πέπομφα: πέπομφα Petr.^{2} 44 (3) 2 (246^{a}). Amh. II 38, 3; 41, 4 (II^{a}). πεπόμφαμεν Tebt. I 20, 2 (113^{a}); 22, 10 (112^{a}); 35, 12 (111^{a}). πεπομφότες ebd. 22, 6 (112^{a}) usw.

πέπονθα: πεπονθώς Tebt. I 27, 35 (113^{a}).

πέπραχα (trans.): πέπραχεν BU 1006, 2 (III^{a}). πεπραχότων Tebt. I 57, 7 (114^{a}). διαπεπραχότες P. Kairo Arch. I 62, 13 (123^{a}).[1] — Moeris p. 206 πεπραγώς ἐν τῷ γ̄ 'A., πεπραχώς Ἕ. Hatzidakis Einl. 201. Schweizer 186.

τέταχα: προστέταχεν Lond. I p. 10, 22 (162^{a}). προστεταχότων Amh. II 33, 16 (157^{a}). προστεταχώτων (sic) Lond. I p. 28, 2 von unten (161^{a}). ὑποτετάχαμεν ebd. p. 39, 55 (158^{a}). ἐντεταχέναι Par. 65, 15 (146—135^{a}). προστετάχασι Tebt. I 5, 6 (118^{a}). προστετάχαμεν ebd. 6, 41 (140—139^{a}) usw.

τέτευχα (zu τυγχάνω): τετευχώς sehr oft, z. B. Petr. II 8 (2^{b}) 16 (246^{a}); 32 (1) 39 (III^{a}). Par. 35, 38; 37, 53 (165^{a}); 12, 24; 13, 30 (157^{a}); 15, 33 (120^{a}). Tor. I 3, 15 (117^{a}) etc. τετευχυῖαι Lond. I 9, 25 (164^{a}). Par. 8, 23 (129^{a}). τετευχότες Petr. II 32 (2^{b}) 12 (c. 238^{a}). ἐντετεύχασιν Par. 63, 1, 23; 7, 6 (165^{a}). ἐντετευχότι Tor. XIII 23 (137^{a}). ἐντετευχότες Amh. II 35, 5 (nach 157^{a}). Tebt. I 22, 3 (112^{a}). τέτευχεν Dittenb. inscr. gr. or. I 194, 31 (42^{a}). ἔντευχαν (ohne Redupl.) S. 341.

Dem attischen τετύχηκα gegenüber verwirft Phryn. 395 (Lobeck) die Form τέτευχα, die, ursprünglich von Herodot und Hippokrates (K.-Bl. II 556) gebraucht, zuerst von Aristoteles aufgenommen wurde und als Stück des ionischen Sprachguts in die κοινή sich vererbte. Crönert 279. Nachmanson 160 Anm. 1. Schmidt de Ios. eloc. 468f. konstatiert bei Iosephus beide Formen, zwischen denen auch die Attizisten schwanken (Schmid Att. I 86; IV 40. 600). Die dritte von Phryn. l. c. angeführte Form τέτυχε hat z. B. auch Aristeas

---

1) διαπεπρακότων Tebt. I 5, 192 (118^{a}) muß wohl zu διαπράσσω gehören, also = διαπεπραχότων sein (nach § 36 S. 171 f.), da πιπράσκω keinen Sinn gibt. Vgl. den Kommentar zur Stelle p. 51. Auch Reinhold 73 hat in den Acta Thomae 48 P πέπρακα (zu πράσσω) entdeckt und vergleicht damit πεφύλακα (statt πεφύλαχα) bei den Vätern.

(Wendland) 180: cυντέτυχε und einmal das N. T. (Win.-Schmiedel § 13, 2).

τέτραφα: δι[ατ]ετραφέναι (?) Zois I 27 (150ª). K.-Bl. II 554 erklärt die Form für „spät und zweifelhaft". Bei Crönert 279 τετροφέναι auf einer herkul. Rolle.

τέτριφα: cυντετριφέναι Tebt. I 24, 10 (117ª).

ὤρυχα: ὑπωρυχότας Tebt. I 13, 10 (118ª).

3. Augmentformen des aktiven und mediopassiven Perfektstammes sind belegt § 71, 1. 5. 8. 11; § 72, 4 c.

4. Medio-passives Perfekt. Von einer Aufzählung sämtlicher vorkommenden Bildungen wird Abstand genommen und im einzelnen auf das Verbalverzeichnis (§ 81) verwiesen.

a) Verba auf -μι.

Zu τίθημι erscheint im medialen Sinn τέθειμαι: τέθειται Lond. II p. 5 col. 1, 10 (133ª). Grenf. II 28, 11 (103ª). παρατέθειται Th. Bk. II 9 (131ª). τέθειcθε Ostr. 1256, 5 (136/5). τεθεῖcθαι Tor. IV 13 (117ª). ὑποτεθεῖcθαι Th. Bk. XI 2 (116ª). Lond. I p. 56, 1 (131/0ª). ἐπιτεθεῖcθαι Tebt. I 15, 11 (114ª). παρατεθειμένων Tor. I 9, 9. 25 (117ª). Zur Entstehung der Form vgl. § 10 S. 79. Dieselbe fehlt ganz in attischen (Mhs.-Schwyz. 190, 10) und pergamenischen Inschriften (Schweizer 188); auf den magnesischen findet Nachmanson 162 nur ein Beispiel (138ª). Crönert 278, 6.

ἵcτημι bildet seit dem 2. Jahrh. v. Chr. (in passivem Sinn) ἕcταμαι: cυνέcταται Par. 65, 20 (146—135ª). καθέcταται Grenf. II 37, 6 (c. 100ª). καθεcτάcθαι Tebt. I 15, 14 (114ª). κατεcτάcθαι Rev. Mél. 303, 6 hat Ricci Arch. II 519 in καὶ ἑcτάcθαι berichtigt. cυνεcτάcθαι Par. 15, 64 (120ª). ὑφεcτάcθαι Rev. Mél. 303, 5 (IIª). Besonders häufig begegnet das Partizip: ἑcταμένου Ostr. 328, 3 (unb. ptol.). ἑcταμένοις Rev. Mél. 303, 20 (IIª). καθεcταμένος Par. 62, 5, 6 (IIª¹); 35, 6; 37, 6 (163ª). Th. Bk. XI 3 (116ª). Tebt. I 10, 2 (119ª). cυνεcταμένος Dittenb. inscr. gr. or. I 111, 25 (nach 163ª). Par. 33, 14 (162ª). Lond. I p. 11, 38. 49 (162ª); p. 199 (161ª). — ἀποκαθεcταμένος Grenf. I 10, 15 (174ª); 18, 16 (132ª); 23, 11 (118ª); 31, 7 (104ª); II 29, 15 (102ª) und oft. Vom Augmenttempus: διεcτάμην Tebt. I 22, 4 (112ª). — ἕcταμαι ist auf attischen Inschriften nicht vor dem 1. Jahrh. v. Chr. zu erweisen (Mhs.-Schwyz. 190, 9); in Pergamon (Schweizer 188) fehlt es gänzlich; in Magnesia (Nachmanson 162) findet sich nur einmal ἐνεcτάcθαι (transit. 138ª). Crönert 263 gibt zahlreiche Belege a) für ἕcταμαι =

ἕcτηκα (auf attischen Inschriften seit c. 100[a]); b) für ἕcταμαι sensu passivo (ägypt. Papp.); c) für ἕcταμαι sensu transitivo (Apollonius Cit.).

ἵημι: εἷμαι s. § 72, 3 S. 331.

δίδωμι: δέδοται Petr. II 13 (14) 2 (258[a]). Par. 9, 30 (129[a]). ἐγδέδοται Par. 65, 19 (146—35[a]). δεδόcθαι ebd. 25, 14 (163[a]). παραδεδόcθαι Tebt. I 60 (a) 177 (118[a]). παραδεδομένουc Petr. II 13 (3) 9; δεδομένην ebd. (17) 13 (258—53[a]) usw. δεδέcθω Lond. II p. 9 (b) 2 (II[a]) kann nicht zu δέω gehören, sondern ist wohl aus δεδόcθω (oder διδέcθω?) verschrieben.

δείκνυμι: παραδεδειγμένηc Tebt. I 79, 16 (nach 148[a]). ἀποδεδειγμένα ebd. 5, 262 (118[a]). — νουc 27, 61 (113[a]) usw.

b) Bildungen mit oder ohne Sigma.

α) Sigma nehmen an, und zwar nach der von K.-Bl. § 242 fürs Attische aufgestellten Lautregel, folgende Verba (meist verba pura mit Ausschluß der liquida):

ἕλκω (ἑλκύω): ἐ]φ[ε]λκυcμένην Leid. E 33 (162[a]). -νουc Lond. I p. 25, 29 (161[a]).

cπάω: κατεcπαcμένηc Lond. I p. 36, 8 (160—159[a]). Tebt. I 5, 134 (118[a]).

τελέω: cυντετέλεcται Petr. II 13 (16) 15 (258—53[a]). Petr.[2] 32 verso col. 2, 4 (c. 240[a]). cυνετετέλεcτ[ο Petr. II 3 (b) 6 (c. 260[a]). cυντετελεcμένα ebd. 9 (3) 5 (241[a]). -νοι Par. 14, 46 (127[a]). -νουc Amh. II 39, 7 (I[a]) usw.

Gegen die Regel, aber nach attischem Gebrauch, haben c:

γιγνώcκω: ἀνέγνωcται Tor. XIII 27 (139[a]). διέγνωcται Tebt. I 17, 2 (114[a]). ἐγνωcμένου Tebt. I 72, 200 (114[a]). ἐγνωμένα ebd. 82, 2 (115[a]) ist wohl Schreibfehler (schwache Aussprache des c, § 46 S. 205), nicht beabsichtigte Form.

ξύω: κατεξύcθαι Tebt. I 74, 52 (114—3[a]). κατεξυc(μένου) ebd. 84, 16 (118[a]).

cείω: ἐπιcεcειcμένων Tebt. I 61 (a) 1 (118[a]). διαcειcμένων (ohne Redupl.) ebd. 43, 26 (118[a]).

χόω: κεχωcμένου Petr. II 18 (2[a]) 8 (246[a]). cυν[κε]χωcμένον Tebt. I 50, 21 (112—111[a]) etc.

β) Das Sigma fehlt in Fällen, die auch sonst Schwankungen zeigen:

κλείω: κεκλιμένας Petr. II 13 (8) 1 (258—53[a]). κεκλει[μένοι Par. 51, 6 (160[a]). ἐγκεκλειμένον ebd. 37, 48 (163[a]). ἀποκεκλει{κλει}μένην Grenf. I 1, 16 (vor 173[a]). cυνκεκλειμένοc Par. 11, 2 (157[a]). ἐνκέκλει[μαι ebd. 37, 4 (163[a]). Bei Iosephus nur κέκλειcμαι, Schmidt 470 f.

κρούω: ἐκκεκρουμένην BU 1007, 16 (218[a]). Über κέκρουϲμαι K.-Bl. II 467. Mhs.-Schwyz. 185.

ῥώννυμι: ἔρρωμαι Par. 43, 1/2 (154[a]). ἔρρωται ebd. 63, 1, 1 (165[a]). ἐρρώμεθα Petr. II 11 (1) 1/2; (2) 2 (III[a]). ἐρρώμην Petr.[2] 53 (q) 4 (III[a]). ἐρρωμένοϲ Petr. II 11 (1) 9 (III[a]). ἐπερρωμένου Par. 63, 10, 43 (165[a]). ἐρρωμένωϲ ebd. 42, 2 (156[a]) usw. Die im Briefstil überaus häufigen Formen ἔρρωϲαι, ἔρρωϲθε, ἔρρωϲο, ἐρρῶϲθαι (s. Index Petr. II und Tebt. I) sind nach keiner Seite hin beweisend. Vgl. Schweizer 187.

ϲῴζω: Belege für ϲέϲωμαι, ϲέϲωϲαι etc. § 21, 5 S. 134. Vgl. Mhs.-Schwyz. 185. K.-Bl. II 544. Crönert 228.

χράομαι: κεχρημένων Tebt. I 28, 10 (nach 114[a]). κατακεχρήμεθα Petr. II 4 (3) 6 (225[a]). κατακεχρημένου Petr.[2] 39 col. 2, 15 (III[a]). ϲυνκεχρήμεθα Grenf. II 14 (b) 4 (264 oder 227[a]). — Schweizer 188 zitiert aus einem pergamen. Volksbeschluß (150[a]) κεχρηϲμένουϲ; Schmid G. G. A. 1895, 43 hält ein Schreibversehen für ausgeschlossen.

Zum ganzen Abschnitt vgl. Mhs.-Schwyz. 185f. Win.-Schmiedel § 13, 1.

Anmerkung 2. Eine Futurbildung vom Perfektstamm (Futurum exactum) liegt vor in παρεϲτήξεται Rosettainschr. 39 (196[a]) nach Dittenb. inscr. gr. or. Nr. 90 [Strack Dyn. d. Ptol. p. 234 liest παραϲτήξεται, worüber zu vgl. § 73 S. 353 Anm. 4]. In der Regel aber tritt Umschreibung durch das Part. perf. und ἔϲομαι dafür ein: so ἔϲομαι τετευχώϲ Petr. II 32 (1) 39 (c. 238[a]). ἔϲομαι ἐϲχηκώϲ Lond. I p. 38, 32 (158[a]). ἔϲομαι βεβοηθημένοϲ Tor. III 50 (130[a]). Par. 14, 50 (127[a]). Fay. XI 34 (nach 115[a]). ἐ. ἀντειλημμένοϲ ebd. XII 34 (103[a]). ἐ. τετευχυῖα Par. 8, 23 (129[a]). ἔϲει με ϲεϲωικώϲ (sic) Petr.[2] 36 (a) recto 23 (III[a]). ἔϲει κεχαριϲμένοϲ Par. 42, 13 (156[a]). ἔϲῃ κεχαριϲμένοϲ Tebt. I 56, 16 (II[a f]). ἔϲται διαπεπορευμένη Eud. 15, 21 (vor 165[a]). ἐϲόμεθα τετευχότεϲ Petr. II 32 (2[b]) 12 (c. 238[a]) und oft. K.-Bl. § 229, 1. Schweizer 188 Anm. 2.

§ 78. Passive Aorist- und Futurbildung.

1. Die Bildung auf -θην.

a) Kurzen Vokal haben

αἱρεθῆναι: ἀφαιρεθῆναι Petr. II 13 (6) 16 (258—53[a]). ἀναιρεθεῖϲα Tebt. I 61 (b) 221; -ϲηϲ 243 (118[a]); 72, 151. 182 (114[a]).

δοθῆναι: ἐδόθη Petr. II 35 (a) col. 3, 1. 4 (226[a]). Lond. I p. 41, 125 (158[a]). εἰϲεδόθη ebd. p. 40, 69. δοθῇ Petr. II 2 (1) 10 (260[a]). δοθῆναι ebd. 4 (2) 7 (255[a]). δοθέντοϲ ebd. 6, 1 (255[a]); 17 (1) 3 (III[a]); 46 (c) 2 (200[a]). δοθεῖϲαι Tebt. I 27, 58 (113[a]) usw. ἐδώθη Lond. I p. 28, 16 (161[a]) ist vom fut. δώϲω mit langem Stammvokal gebildet. Vgl. G. Meyer 573. Dieterich Unt. 232.

εὑρεθῆναι: εὑρεθέ[ντων Petr. II 13 (7) 12 (258—53[a]). εὑρεθῆναι Tebt. I 72, 56 (114[a]).

σχεθῆναι (zu ἔχω): συνσχεθέντα Petr. II 32 (2[a]) 20 (c. 238[a]). κατασκεθέντα (vgl. § 36 S. 172) ebd. 45 (2) 4 u. ebd. 12 κατασ$^{χ}_{κ}$εθέντα (246[a]). κατασχεθῶσι Tebt. I 53, 25 (110[a]). σχεθησομένους Amh. II 31, 6 (112[a]) in der Verbindung διεπεμψάμεθα τοὺς παρ' ἡμῶν εἰς τὰς τοπαρχίας σχεθησομένους τῆς εἰσαγωγῆς kann kaum passiven Sinn haben, sondern eher medialen = „achten, sich annehmen". K.-Bl. II 434.

Dagegen heißt es regelmäßig ῥηθέν Par. 63, 3, 85 (165[a]). τὸ ῥηθέν Par. 2, 10, 9 (sic! nicht, wie Letronne wiedergibt, ὃ λεχθείη ἄν), geschr. II[ai]. ῥηθέντων (Wilamowitz) Leid. U 4, 7 (II[a]). Über vulgäres ἐρρέθην vgl. K.-Bl. II 414f. (nur im Indikativ). Win.-Schmied. § 13, 3 (ἐρρέθην LXX). Reinhold 70.

b) -σ- haben im Aor. pass. vor der Endung folgende vokalische Stämme:

αἰδεσθῆναι: αἰδεσθείς Fay. XII 9 (nach 103[a]).

ἀκουσθῆναι: ἐπακουσθέντος Petr. II 38 (b) verso (240[a]). ἀκουσθῆναι Tor. I 7, 6 (116[a]).

ἀρκεσθῆναι: ἀρκεσθεῖσα Par. 22, 20 (165[a]). ἀρκεσθέντες Lond. I p. 36, 13 (161—59[a]). Par. 38, 11 (160[a]). Tor. I 2, 18 (117[a]). Schmidt de Ios. el. 464.

γνωσθῆναι: ἀνεγνώσθη Par. 15, 6 (121[a]). Tor. I 1, 11 (117[a]). ἀνταναγνωσθῇ Petr. II 17 (1) 6 (III[a]). γνωσθῆναι Tebt. I 72, 193 (114[a]). ἀναγνωσθέντος Grenf. 1 37, 15 (II[a]).

δυνασθῆναι: Belegstellen § 72, 2 S. 330; über die angeblich ionische Herkunft der Form s. § 2 S. 19. Daneben erscheint auch δυνηθῆναι, s. unter d.

ἑλκυσθῆναι: ἀφειλκύσθημεν Petr.[2] 32 (d) 4 (246[a]). ἑλκυσθέντων Tor. I 6, 11 (117[a]).

θρυλησθέντων Par. 63, 9, 45 (165[a]) — eine ganz unorganische Bildung. Vgl. oben S. 377 κεχρησμένους und unten χρησθῆναι.

κλεισθῆναι: ἐκκλεισθέντας Magd. 12, 4 (III[a]). Aber κέκλειμαι, s. S. 376.

μνησθῆναι: μνήστητι = μνήσθητι (vgl. § 36 S. 179) Lond. I p. 24 (XXXV) 4 = p. 26, 4 (161[a]). Über die Zwitterbildung ἀναμνησθῶμ(αι) vgl. § 79, 1.

σπασθῆναι: ἐπισπασθῆναι Tebt. I 27, 13. 48 (113[a]); ebd. 4 ἐπισπασθησομένων. περισπασθήσονται ebd. 43, 45 (118[a]) etc.

τελεcθῆναι: cυντελεcθῆι Petr. II 4 (11) 4 (255—54ᵃ). cυντελεcθήτω ebd. 9 (4) 3 (241ᵃ). cυντελεcθήcεται (das c vor θ über der Linie) ebd. 4 (6) 18 (255ᵃ). ἐπετελέcθη Par. 63, 6, 167; ebd. col. 1, 16 ἐπιτελεcθήτω Tor. XIII 2 (139ᵃ). ἐπιτελεcθήcεcθαι Tebt. I 27, 69 (113ᵃ) usw.

χρηcθῆναι: καταχρηcθείcηc Petr. II 14 (3) 2 (IIIᵃ).

χωcθῆναι (St. χοϝ nach W. Schulze K.-Z. 29, 365): ἀναχωcθῆι Petr. II 13 (18ᵃ) 5. 13 (255—250ᵃ).

c) Ersatz des medialen Aorists durch den passiven im Vergleich zum klassischen Sprachgebrauch (vgl. Hatzidakis Einl. 193f.; Nachmanson 168f.).

γίνομαι hat überwiegend γενέcθαι (S. 362), daneben erscheint jedoch häufig γενηθῆναι. Oft stehen beide Formen hart neben einander: z. B. Petr. II 10 (2) 3 (240ᵃ) παραγενομένου, 7 παρεγενήθη, 10 γενομένου. Par. 42 (156ᵃ) 11 παραγενηθείc, cύν coι γενόμενοc. Par. 25 (165ᵃ) 9 τὸ πένθοc ἐπεγένετο, aber 22, 23 ἐπιγενηθέντοc δὲ τοῦ πένθουc, 26 τούτου γενηθέντοc, dagegen von derselben Hand 23, 20 γενομένου δὲ τοῦ πένθουc. Weitere Belege für γενηθῆναι: ἐγενήθη Kanop. Dekr. 57. 58 (237ᵃ). γενηθῆι Petr. II 13 (19) 13 — aber 14 γενέcθαι (258—53ᵃ). παραγενηθείc Petr.² 25, 16 (240ᵃ). γενηθῇ Eud. 415. 427 (vor 165ᵃ). γενηθείcηc Par. 63, 3, 69 (165ᵃ). Strack, Ptol. Inschr. Arch. III 129, 2 (IIᵃ). Tebt. I 61 (b) 222 (118ᵃ); 27, 25 (113ᵃ). -cῶν Par. 26, 12 (163ᵃ). γενηθέντων ebd. 16, 19 (141ᵃ). γενηθήτω Tebt. I 40, 23 (117ᵃ). γενηθῆναι Par. 63, 3, 72 (165ᵃ). Leid. B 3, 15 (164ᵃ). Tebt. I 50, 16 (112—111ᵃ). παρεγενήθην Tor. I 2, 2 (117ᵃ). — θημεν Tebt. I 43, 7 (118ᵃ) usw.

Die passive Form wird vom III. Jahrh. an immer mehr gebräuchlich; Höhepunkt im II. Jahrh., dann Rückgang, wie es scheint. Schweizer 181 (mit Literatur). Schmid Attic. IV 603. Nachmanson 168. Crönert 236f. Schmidt de Ios. eloc. 462.

Von ἀποκρίνομαι läßt sich nur ἀποκριθῆναι belegen: ἀπεκρίθην Par. 34, 10 (157ᵃ). ἀπεκρίθηcαν 35, 30 (163ᵃ). ἀποκριθέντοc 15, 35 (120ᵃ). ἀποκριθῆναι Leid. U 3, 11 (IIᵃ). ἐκρίθη steht für ἀπεκρίθη Grenf. I 37, 14 (108ᵃ). Der passive Aorist ist die eigentliche κοινή-Form. Über attisches ἀποκρίναcθαι s. Mhs.-Schwyz. 194, 7; im N. T. gewöhnlich ἀποκριθῆναι, s. Win.-Schmied. § 13, 9. Blaß 46; bei den apostolischen Vätern beide Formen, Reinhold 77. Vgl. noch Schmid Attic. IV 603.

Anmerk. 1. Umgekehrt erscheint zu πορεύομαι einmal statt des klassischen πορευθῆναι, das auch der Papyrussprache nicht fremd ist (s. unten), εἰcπορευcάμενοι Par. 35, 30 (163ᵃ).

d) Weitere Deponentia passiva auf -θην sind

α) Vokalische Stämme.

δεηθῆναι (bitten): δεηθέντων Petr. II 45 (1) 16 (246[a]). προcδεηθέντοc Lond. I p. 9, 8 (162[a]).

δυνηθῆναι (über ἠδυνάcθην oben): δυνηθῶcι Rev. Mél. 303, 7 (II[a]). Futur δυνήcομαι, s. § 81.

ἐναντιωθῆναι Par. 63, 8, 22 (165[a]).

ἐνθυμηθῆναι: ἐνθυμηθείc Tebt. I 27, 77 (113[a]).

κοινολογηθῆναι (cf. Polyb. X 42, 4): κοινολογηθέντεc im Brief eines ägyptischen Nauarchen Dittenb. Syll. 921, 15 (III[a]). κοινολογηθῆι Tebt. I 124, 10 (118[a]). — κοινολογηcόμενον Goodsp. 4, 9 (152 oder 141[a]).

μεταμεληθῆναι: μεταμελη[θείc] Par. 70 p. 412 (191[a]).

μνηcθῆναι: s. oben S. 378. Daneben in Poesie μνηcάμενον Grabschrift des Herodes, Arch. I 221, 20 (145—116[a]).

νοηθῆναι: προνοηθείc Par. 63, 1, 12 (165[a]). Tebt. I 6, 7 (140[a]). προνοηθῇ Leid. B 3, 8 (164[a]). Tebt. I 27, 102 (113[a]). προνοηθῆναι Par. 39, 12 (161[a]). Tebt. I 43, 44 (118[a]); 28, 17 (114[a]); 27, 36 (113[a]). προνοηθήcεcθαι Tebt. I 27, 69 (113[a]).

πειραθῆναι: πειράθητι Petr. II 11 (1) 4 (III[a]). ἐπειράθην Aristeas (Wendland) 297. Fut. πειράcομαι Petr. II 16, 2 (250[a]). πιράcεται Par. 47, 14 (153[a]).

πορευθῆναι: ἐπορεύθην Magd. 24, 3 (III[a]). Über πορεύcαcθαι s. die Anmerkung auf der vorigen Seite.

προθυμηθῆναι: προθυμηθείc Tebt. I 23, 11 (119—114[a]).

β) Konsonantische Stämme.

αἰcχυνθῆναι: αἰcχυνθείc Par. 49, 28 (160[a]).

ἀναχθῆναι (ausfahren): ἀναχθέντεc Petr. II 45 (2) 22 (246[a]). Tebt. I 43, 16 (118[a]).

κωθωνιcθῆναι (bechern): cυνκωθωνιcθέντων P. Kairo Arch. I 60, 56 (123[a]).

ὀργιcθῆναι: ὀργιcθῶμεν Grenf I 1, 1, 24 (nach 173[a]).

ὁρμιcθῆναι: καθ$\overset{\text{ω}}{\text{ο}}$ρμίcθημεν Petr. II 45 (2) 20 (246[a]).

Zum Ganzen vgl. die Zusammenstellungen bei K.-Bl. II 246. Krüger Sprachl. § 39, 13.

e) Zu λαμβάνω — ἐλή(μ)φθην — λη(μ)φθήcομαι, sowie zu φέρω — ἠνέ(γ)χθην — nur ἐνεχθήcομαι, sind die Belegstellen gesammelt § 44, 1 S. 194ff.

Alle übrigen Formen enthält das Verbalverzeichnis § 81.

2. Die **Bildung auf -ην** ist vertreten in folgenden Fällen:[1])

ἀγγελῆναι: προσαγγελέντων Rev. L. 56, 9 (258ª). παραγγελέντος Par. 15, 21. 28 (120ª). Tor. I 2, 29 (117ª); II 30 (116ª). προσαγγελέντες (= έντος) Tebt. I 38, 13 (113ª) προσαγγελέντος ebd. 72, 443 (114ª). προσαγγελλέντων (sic) 43, 24 (118ª) [Einwirkung des Präsensstamms]. προσαγγελείσης 61 (b) 89 (118ª). προσαγγελῆναι 61 (a) 47 (118ª). προσηγγέλη Aristeas (Wendland) 173. Win.-Schmied. § 13, 10. Crönert 231.

ἀλλαγῆναι: ἀπηλλάγη Lond. I p. 61, 22 (261 oder 223ª). ἀπηλλάγησαν Fay. XII 19 (nach 103ª). Über ἀπελλάγην vgl. § 10 S. 64.

γραφῆναι: ἐπεγράφην Petr. I 24 (2) 1 (268ª); II 21 (d) 5 (IIIª). ἐπιγραφῆναι 15 (3) 5 (241—39ª). ἀναγραφῆναι Dittenberg. inscr. gr. or. I 50, 10 (240ª). ἀπογραφέντα Rev. L. 27, 9 (258ª). συγγραφέντων Petr. II 21 (d) 6 (IIIª). γραφείσης 12 (1) 1 (241ª). γραφέν Petr.² 21 (g) 8 (226ª). διαγραφῆναι Amh. II 61, 4 (163ª). γραφῆναι Lond. I p. 39, 37 (158ª). παρεπιγραφέν Th. Bk. III 2, 17 (131ª). παρεπεγράφη Tebt. I 61 (b) 34 (118ª). γραφήσεται Petr.² 21 (g) 32 (226ª); διαγραφήσεται Par. 62, 4, 21 (IIªⁱ). συνκαταγραφησομένων ebd. col. 6, 12 (IIªⁱ) usw.

διαλεγῆναι: διελέγην Petr. II 9 (3) 4 (241ª). Im Attischen nur διελέχθην, Mhs.-Schwyz. 187; auf den κοινή-Inschriften beide Formen (Schweizer Perg. 190. Dittenberger Syll. III p. 236), doch überwiegt διελέγην. Nachmanson 171.

θλιβῆναι: ἀποθλιβῆναι Gizeh Mus. Arch. I 59, 9 (123ª). ἀποθλιβέντες Tor. I 2, 13 (117ª).

πλεκῆναι: ἐμπλεκείς P. Reinach 7, 18 (c. 140ª). ἐμπλεκέντες Tebt. I 39, 17 (114ª). Vgl. συνεπλέκησαν Polyb. 21, 17. Der Vokal des Präsensstamms ist ähnlich wie bei ἐντρεπῆναι (s. unten) in den Aorist übergegangen, der ursprünglich in πλακῆναι ablautete. K.-Bl. II 522.

πληγῆναι: ἐπλήγη Petr. II 23 (1) 2 (IIIª).

ῥαγῆναι: ἐρράγη {ναι} Petr. II 23 (1) 11 (IIIª). καταρραγῆναι ebd. Einl. p. 31, 4 (IIIª).

ῥιφῆναι (zu ῥίπτω): ἀποριφέντα Lond. I p. 61, 24 (261 oder 223ª).

σπαρῆναι Magd. 3, 5. 7 (IIIª). Tebt. I 54, 7 (86ª).

σταλῆναι: ἀποστα[λέντα Petr. II 33 (a) col. A35; ebd. 10 ἀποσταλέντων (IIIª). ἀποσταλῆι Petr.² 27 verso col. 2, 6 (IIIª). ἐπισταλέν-

1) Über die große Neigung der κοινή zu solchen Bildungen vgl. Schmid Attic. IV 594f. Schmidt de Ios. eloc. 465ff. Nachmanson 171. Schweizer 190f. Reinhold 76f.

τος Par. 25, 10 (163ª). Lond. I p. 10, 17 (162ª). καταςταλέντος Tebt. I 41, 21 (119ª). ςταλέντων 24, 49 (117ª). ἐξαποςταλῶςι Tor. I 3, 43 (117ª). καταποςταλήςεται Par. 62, 3, 2 (IIªi) usw.

ςφαλῆναι: ἀποςφαλῆναι Par. 63, 9, 34 (165ª).

τραπῆναι: ἐπιτραπῆι Magd. 27, 6 (IIIª) ἐντραπῆναι Par. 49, 30 (153ª). ἐντρεπέντος 37, 24 (163ª) — Aufhebung des alten Ablauts und Durchführung des Präsensstammes (wie im obigen ἐμπλεκέντες und im Perf. ἐςτρεμμένα, vgl. S. 19). ἐτράπηςαν Aristeas (Wendland) 186. 198. 202. 261.

φανῆναι: φανέντων Grenf. II 14 (a) 7 (270 oder 233ª). φανέντα Dittenb. inscr. gr. or. I 187, 5 (58ª).

φθαρῆναι: καταφθαρῆναι Petr. II 19 (1b) 2; (2) 9 (IIIª). καταφθαρῶμεν Magd. 11, 5 (IIIª). καταφθαρέντα Par. 15, 29 (120ª).

χαρῆναι: ςυνεχάρην Lond. I p. 48, 3 (IIª). ἐχάρημεν Amh. II 39, 8 (Iª).

3. Ein Schwanken zwischen der -η- und -θη-Bildung ist zu beobachten in folgenden Fällen:

βλαφθῆναι—βλαβῆναι [Moeris p. 193 βλαφθέντες Ἀ., βλαβέντες Ἕ.]: βλαφθέντι Petr. II 22, 9 (IIIª). βλαβῆς 4 (7) 6 (255ª). καταβλαβῆ(ι) Rev. L. 40, 8; 45, 11. 15 (258ª). Schweizer Perg. 191. Crönert 232, 5.

ταχθῆναι—ταγῆναι: καταταχθέντας Rev. L. 44, 9 (258ª). διαταχ[θῆι] Par. 63, 179 (165ª). ἐπι]ταχθέντι Par. Not. et extr. XVIII p. 414 oben (IIª). προςταγχθῇ{η} (sic) Lond. I p. 40, 76 (158ª). — ςυνετάγηι Leid. B 2, 14; 3, 12 (164ª). ταγέντας P. Kairo Arch. I 60, 51 (123ª). προςταγεῖςι Tebt. I 72, 165 (114ª). ὑπετάγη Dittenb. insc. gr. or. I 168, 31 (116—81ª). καταταγηςομένους Kanop. Dekr. 27 (236ª). — Attisch ist allein ταχθῆναι, Mhs.-Schwyz. 187, 5. Über ταγῆναι Schweizer 190f. Schmidt, Fleckeis. Jhrb. Suppl. 20, 465 (beide Formen neben einander). Win.-Schmied. § 13, 10.

Anmerkung. 2. Neben βρεχθηςομένους Tebt. I 124, 42 (118ª) begegnet einmal ebd. 106, 19 (101ª) die Form βρεχηι in passivem Sinn: ἐὰν δὲ ἡ ἐπάνωι ἢ ἡ ὑποκάτωι γῆι βρεχηι, d. h. entweder βρεχῆι = βραχῆι (mit Präsensvokal ohne Umlaut) oder es ist βρεχ⟨θ⟩ῆι einzusetzen. Vgl. oben S. 19. βρέχω kommt nur transitiv vor, z. B. βρέχομεν (τὴν γῆν) Petr. II 13 (5) 5 (258ª); καταβρέχων Petr.[2] 41 F (a) 7 (252ª). Pass. βρεχομένην Petr. II 13 (5) 4 (258ª); häufig βεβρεγμένος (s. Verbalverzeichnis § 81).

§ 79. Hybride Verbalformen.[1])

Das Gebiet unorganischer Zwitterformen mit Kreuzungen der Tempusstämme und Endungen ist in den ptolemäischen Papyri im

---

1) Vgl. die grundlegenden Ausführungen von Hatzidakis Einl. 390—417. Dieterich Unt. 216ff. 231ff.

Verhältnis zur Masse des überlieferten Materials klein, weitaus kleiner als in der späteren Κοινή der römischen Kaiserzeit, ein Beweis dafür, daß die Sprachentwicklung der drei letzten vorchristlichen Jahrhunderte trotz allmählicher Zersetzung der alten Elemente sich immerhin in gesetzmäßigen Bahnen bewegt. Es ist hier nicht die Rede von zahlreichen Ansätzen zur Ausgleichung der alten Verbalsysteme nach dem Prinzip der Analogie in Fällen wie Verschleppung des Augments, βολάμενος statt βουλόμενος, δύνομαι statt δύναμαι, γράψε statt γράψον, εἴληφαν statt εἰλήφασιν, ἑλοῦμαι statt αἱρήσομαι, ἐμπλεκέντος, ἐντρεπέντος, ἐστρεμμένα statt ἐμπλακέντος, ἐντραπέντος, ἐστραμμένα, ἥκαμεν statt ἥκομεν, μετῆλθαι statt μετελθεῖν, ὕβριζαν, νομίζαντα u. a. m. Nur wirkliche Entgleisungen von der Bahn folgerichtiger Entwicklung, die als Solözismen gelten können, seien im folgenden genannt.

1. An den passiven Aoriststamm treten mediale Endungen: im erotischen Fragment Grenf. I, 1 col. 1, 22: ἀναμνησθῶμ(αι) und col. 2, 11: ὀπυασθώμεθα.[1]) Die mißbräuchliche Verwendung medialer Formen statt aktiver ist auch sonst in der damaligen Volkssprache nicht selten (vgl. § 80, 1b) und bildet eine Stütze für die genannten Formen.[2])

2. Vom Perfekt aus entstanden durch Verbindung mit Aoristendungen Mißformen wie κεχορηγηθέντα (κεχορηγημένον beabsichtigt) Tebt. I 61 (b) 298 u. 301 (118ᵃ) und προσειλῆψαι (Infinitiv kontaminiert aus Perfektstamm und Endung des sigmatischen Aorists) Par. 63, 8, 11 (165ᵃ) in der Verbindung ταύτην γὰρ ἀπέγνωκα ἴδιον προσφάτως προσειλῆψαι (Letronne προσειλῆφαι, im Faksimile deutlich ψ) φίλον. Auch ἀντειλῆψαι Vat. D (Mai V 604) 12 (162ᵃ) ist so zu beurteilen.[3])

Nicht minder abnorm erscheint ἐπικεχειροῦντος Tor. VII 7 (IIᵃ) — dem Sinne nach lediglich = ἐπιχειροῦντος. Peyron vergleicht zur Stelle Formen von Theokrit, wie πεφύκω (XV 1), πεποίθω (V 28), πεπόνθω (X 1), δεδοίκω (I 16; XV 58), ἐκλελάθω (I 63) u. ä., die G. Meyer § 562 dem syrakusanischen Griechisch zuschreibt. Doch sind dies immer noch organische, aus dem fertigen Perfektstamm entwickelte Formen, wie etwa τεθελήκουσι P. Amh. II Nr. 130, 16 (70ᵖ) oder τετεύχομεν, von Schweizer 187 Anm. aus einer pergam.

1) Andere Erklärungsversuche sind wenig überzeugend, z. B. die Teilung ὀπυὰς θώμεθα v. O. Crusius, Philol. 55, 374. Vgl H. Ehrlich K.Z. 38, 57.

2) Wenn in demselben Stück (col. 1, 17) die seltsame Zwitterform ἐπιμανοῦς' ὁρᾶν = ἐπιμανεῖς' ὁρᾶν begegnet, so darf man darin schwerlich ein neugebildetes Wort ἐπιμανέω vermuten.

3) Crönert 266 zitiert ungenau ἀντιλῆψαι und faßt die Form als regelmäßigen vulgären Aorist ἀντι-λῆψαι.

Inschr. zitiert, während in ἐπικεχειροῦντος das Perfekt nur durch die Reduplikation angedeutet ist.

Auch ἀνενεγκόσι B U 1010, 5 (219ª?) kann als Zwitterbildung, bestehend aus Aoriststamm und Perfektendung, verstanden werden, wenn man darin nicht eine bloß orthographische Variante für ἀνενεγκοῦσι sehen will, s. § 18 S. 116f.[1]) Dagegen läßt sich bei κατατεθεῖναι Strack, Ptol. Inschr. Arch. III 132, 14 (58—55ª) wegen der Unverständlichkeit des stark verstümmelten Textes schwer entscheiden, ob ein abnorm reduplizierter Aorist akt. oder ein Aor. pass. = κατατεθῆναι anzunehmen ist.

3. Weniger überraschend und auch auf anderen Sprachgebieten der Κοινή (Polybius, Inschriften) beobachtet ist die Vermischung des Aorist- und Futursystems. Vgl. namentlich Hatzidakis Einl. 190f. Schmid Attic. I 96; II 51f.; Phil. Wochenschr. 1899, 548. Moulton Class. rev. XVIII (1904) 111. Diese Erscheinung tritt vor allem auf beim Inf. akt. der sigmatischen Bildung. „Dadurch, daß dem Inf. aor. auf -αι drei Infinitive auf -ειν gegenüberstanden (Präsens, Futur, starker Aorist), kam man dahin, die Endung -ειν als Infinitivendung schlechthin zu fühlen, die nun die isolierte auf -αι verdrängt." Dieterich Unt. 245. Darauf beruht zunächst die Verwechslung des aktiven Infin. fut. mit dem Inf. aor., woran sich weiterhin in analoger Weise dieselbe Konfusion beim medialen Futur und Aorist angeschlossen hat.

a) Aktiv.

Der Infin. fut. steht für den Inf. aor.

Magd. II 7 (IIIª) γράψαι Μενάνδρωι — μὴ ἐπιτρέπειν τῶι Πώρει κωλύσειν ἡμᾶς οἰκοδομεῖν.

Petr.² 53 (n) 8 (IIIª) οὐ τυχὼν ἐπιδείξειν (da ihm der Beweis nicht gelang).

Grenf. II 14 (a) 3 (270 oder 233ª) ἀνανκαῖον (sic) ἄγω .... μηθέν σε ἐνοχλήσειν μηδ' ἀξιώσειν. Ebenda 21 ist vielleicht statt συντάξεις zu lesen συντάξειν = συντάξαι; doch könnte man auch an Ausfall von ὅπως vor ἐάν denken. Par. 63, 2, 32f. = Petr.² Einl. p. 20 (165ª) οἴεσθαι δεῖν πάντας γεωργήσειν.

Tor. VIII 7 (IIª) Ἰσιδώρου ἐπικεχειροῦντος (sic, vgl. oben Lit. 2) ζημιοπρακτήσειν ἡμᾶς τὰ μὴ καθήκοντα.

Leid. U 4, 10 (IIª) δύνασθαι ἐπιτελέσιν. Über δύναμαι c. inf. fut. vgl. Schmid Attic. II 52.

---

1) Moulton Class. rev. XVIII (1904) 111ᵇ bezeichnet die Form als „a very natural perfect".

Tebt. I 55, 2/3 (II^af) διέγνωκα ἐξοδεύσειν.
B U III 830, 18 (I^p) χρὴ οὖν ἑτοιμάσειν καὶ προαιρεῖν.
Die Beispiele ließen sich zweifellos vermehren.

b) Medium.

α) Infin. fut. statt Infin. aor.

Par. 63, 6, 172 = Petr.² Einl. 32 (165^a) λογίσεσθαι δυναμένωι. Grenf. I 30, 3 (103^a) ἐντετάλμεθα ἀσπάσεσθαι ὑμᾶς. Ebenda 37, 16 (II^af) ἐκρίθη (= ἀπεκρίθη) χρήσεσθαι.

Tebt. I 5, 8 (118^a) ἐργάσεσθαι in Aoristfunktion.

P. Reinach 19, 16 (108^a) ἠνάγκασμαι ... τὴν ἐπί σε καταφυγὴν ποιήσεσθαι; dagegen im gleichen Formular 18, 23ff. ποιήσασθαι.

B U II 451, 8 (I—II^p) ἀναγκαίως ἔσχαμεν ἀσπάσεσθαι; III 811, 3 (98—103^p) ἀναγκαῖον ... ἀσπάσεσθαι. III 969 I 23 (142^p) ἔθος ἐστὶν τὸν ἔχοντα ... ἀπεργάσεσθαι.

β) Bei der Unsicherheit des Sprachgefühls konnte die umgekehrte Erscheinung nicht ausbleiben: die Endung des Infin. aor. steht für die des Fut. med. In mehreren amtlichen Aktenstücken begegnen formelhaft ἐπελεύσασθαι, ποιήσασθαι und τάξασθαι neben korrektem ἐπελεύσεσθαι, ποιήσεσθαι und τάξεσθαι.

ἐπελεύσασθαι Grenf. II 25, 16; 26, 14; 28, 14 (103^a); 30, 17 (102^a); 33, 10 (100^a). B U 998 II 7 (101^a). Dagegen in derselben Formel ἐπελεύσεσθαι Grenf. I 11, 1, 20; 2, 19 (157^a).

ποιήσασθαι für ποιήσεσθαι P. Reinach. 7, 9. 21 (c. 140^a).

τάξασθαι (futural) Theb. Bk. II, 7 — aber τάξεσθαι I 2, 7 (130^a).

πε[φιδ]ήσασθαι (in futuralem Sinn) ist besprochen § 72 Anm. 8 S. 339.

§ 80. Zu den Genera verbi.[1])

Vorbemerkung: Die ausgeführte Lehre von den Genera verbi gehört in die Syntax. Hier wird der Gegenstand nur mit Rücksicht auf die Formenlehre kurz berührt.

1. Medium und Aktivum.

a) Übergang vom Medium ins Aktiv liegt vor in folgenden, meist vereinzelt auftretenden Formen:

καταβιάσας Petr. II 45 col. 1, 2 (246^a). Sonst nur βιάζομαι: βιάζεται ebd. 18 (2^a) 6 (246^a). ἀποβιαζέσθω 22, 11 (III^a). δν ἀπεβιάζετο (statt ἐναποβιάζετο) 8 (2b) 6 (246^a). εἰσεβιάζοντο Par. 36, 11 (163^a). (ἀπο)βιάσασθαι s. oben S. 361.

δέξαι = δέξασθαι Goodsp. 3, 1 μετὰ τὸ δέξαι (III^a). δέξασθαι häufig.

1) Krüger Sprachl. § 39, 12—14. Meisterh.-Schwyz. 192ff. Dieterich Unt. 204f.

ἐλαττόω steht für ἐλάττω εἶναι Magd. 26, 12 (III[a]) in der Stelle ἐπαναγκάσαι αὐτὸν ἀπ[οτίνειν ἡμῖν] τὸ δια[φέρον] τῶν ἐλαττούντων ιδ΄ κεραμίων.

ἐπελεύσοντες Grenf. I 21, 21 (126[a]). ἐπελευσόμενοι § 81 s. v.

ἐργάζοντος (= τες) Leid. C p. 118 col. 1, 21 (160[a]). — ἐργαζόμενος Petr.[2] 43 (2) recto col. 4, 22 (246[a]). συνεργάζηται Petr. II 44, 24 (nach 246[a]) usw.

ἐκπορευόντων Par. 37, 11 (161[a]) steht, wie es scheint, für gewöhnliches ἐκπορευομένων, doch ist transitive Bedeutung nicht ganz ausgeschlossen.

Anmerkung. παραγίνοντος Petr. II 25 (i) 14 (226[a]) ist falsch gelesen; jetzt Petr.[2] p. 181 (a) 14 τοῦ παρὰ Διονυσοδώρου. Lond. I p. 7, 8 (164[a]) ist γινόν Abkürzung = γιν(όμεν)ον. — ἐπισκεψάτω Petr. I 25 (2) 3 (250[a]) ist v. Wyse zu Petr.[2] 126, 3 in ἐπισκεψάμενος berichtigt. Reinhold 100 belegt ἐπισκέπτουσαι und ἐσκόπησα aus den Vätern.

b) Medium statt Aktivum.

ἀναπίπτομαι Par. 51, 4 (160[a]) — aber 5 ἀναπίπτει. Das Aktivum häufig. Über σύνπεσαι (Imperat. akt.) vgl. § 76, 4 S. 368 f.

2. Medium und Passivum.

a) Deponentia passiva auf -θην S. 379 f., auf -ην (διαλεγῆναι, τραπῆναι, φανῆναι) S. 381 f.

b) Deponentia mit passiver Aoristform in passiver Bedeutung sind: αἰτιαθῆναι, βιασθῆναι, δεχθῆναι, ἐργασθῆναι, λογισθῆναι, λυμανθῆναι, μεταπεμφθῆναι, πραγματευθῆναι, (κατα)χρησθῆναι. Belege im folgenden Verbalalphabet.

§ 81. Verbalverzeichnis in alphabetischer Ordnung.

Vorbemerkung. Unklassische, spätgriechische und für die κοινή charakteristische Formen sind durch gesperrten Druck hervorgehoben. Absolute Vollzähligkeit des Wortschatzes ist nicht angestrebt (vgl. dazu Stammbildung §§ 82 bis 90), doch wird auch auf geläufige Verba und regelmäßige Formen Rücksicht genommen. Andere Kompositionen der Verba simplicia mit Präpositionen als die jeweils in Klammer angemerkten kommen nicht vor.

ἀγγαρεύω (persisches Wort): ἐγγαρεύειν (mit Vokalschwächung), ἀγγαρεύσας, ἀγγαρευθέντος S. 42.

ἀγγέλλω (ἀν-, ἀπ-, δι-, εἰσ-, ἐπ-, παρ-, προσ-): Präs. häufig. ἤγγελλεν Petr. II 13 (14) 1 (253[a]). ἀνήνγελλον Petr.[2] 42 H (8 f) 7 (c. 250[a]). ἀγγελεῖν S. 357. ἤγγειλα, ἠγγειλάμην S. 359. ἀπηγγελκότες Lond. I p. 30, 26 (172[a]). παρηγγελκότες Tebt. I 14, 13 (114[a]). προσηγγέλθαι Petr.[2] 27 verso col. 2, 1 (III[a]). Tebt. I 61 (b) 216 (118[a]); 72, 143 (114[a]). παρηγγέλθαι ebd. 12, 24 (118[a]). ἐπηγγέλμαθα (= μεθα) 58, 32 (111[a]). ἐπηγγελμένων Lond. I p. 13, 12 (162[a]). προσηγγελμ⟨έν⟩ων Tebt. I 74, 4. 11 (114[a]) etc. ἠγγέλην S. 381.

ἀγνοέω (προ-): ἠγνοηκότων Tebt. I 43, 25 (118ª). ἠγνοῆσθαι Theb. Bk. I 1, 22; IV 2, 20 (130ª). ἠγνόηται 27. προηγνοημένων Tebt. I 23, 12 (119 oder 114ª).

ἄγνυμι: κατέαξα S. 330. κατά[ξατε] Tebt. I 1, 18 (Anthologiefragment, nach 100ª). κάταγμαι (poet.) S. 333.

ἀγοράζω (συν-): συναγοραζέτωσαν Amh. II 29, 15 (nach 250ª). ἠγόρασα S. 360. ἠγορακέναι Petr.² 132, 5 (IIIª). Amh. II 30 (1) 8 (IIª). ἠγώρακα (sic) Par. 59, 6 (160ª). ἠγορα{σ}κότας (Schreibfehler) Tebt. I 5, 99 (118ª). ἠγορασμένας Tebt. I 5, 79. 80 (118ª). συνηγορασμένον P. Kairo Arch. II 80, 6 (IIIª). ἀγοραστός Petr. II 20 col. 2, 5. 8 (252ª); 30 (a) 12. 19 (235ª); 31, 8. Petr.² 100 (b) 2, 12. 20. 29. 32 etc. (IIIª); 103, 5 (IIIª).

ἀγορεύω (ἀν-, ἀπ-, δι-, προσ-, συν-) διαγορεύει Petr. II 32 (1) 26 (IIIª). διαγορευούσης 2 (1) 9 (260ª). Magd. 3, 4 (IIIª). διαγορεύειν Grenf. I 37 verso (IIª f). προσαγορευόμενον Leid. U 2, 14 (IIª). ἀναγορεῦσαι Dittenberg. I. O. I 50, 9 (240ª). Daneben ἀνεῖπαι Petr. II 32 (3) 3 (238ª). συνείπαντος Tebt. I 42, 8 (114ª) gehört ebenfalls zu συναγορεύω. διηγορευμένοις Tebt. I 105, 30 (103ª).

ἄγω (ἀν-, ἀπ-, δι-, εἰσ-, ἐξ-, ἐπ-, κατ-, μετ-, παρ-, προ-, προσ-, συν-, ὑπ-; ἀναπ-, ἀντεξ-, διεξ-, εἰσαν-, ἐπαν-, ἐπισυν-, παρεισ-, προσαν-, συνεπ-): Präs. überall. ὑπῆγεν Petr. II 45 (1) 22 (246ª). κατῆγον Magd. 5, 22 (IIIª). ἐπανήγομεν Par. 63, 1, 6 (165ª). εἰσῆγεν Tor. I 3, 26 (117ª). ἄξει Petr.² 41 verso 8 (IIIª); 43 (2) verso col. 4, 8 (246ª). προσάξειν Petr. II 37 (2c) verso 3 (IIIª). Tebt. I 58, 20 (111ª). ἤγαγον, ἠγαγόμην S. 339. ἀγαγῆσαι, ἄξαι S. 369. ἀγήγοχα, ἀγείοχα, ἀγέοχα, ἀγέωχα S. 338. ἦγμαι Petr. II 4 (7) 2 (255ª). ἐπηγμένωι Petr. I 13 (2) 8 und p. 42, 2. 8 (237ª); 27 (3) 5 (226ª). προσηγμένος Petr. II 13 (18ª) 8 (238ª). διηγμένους (Faksimile) Par. 42, 4 (156ª). ἐξηγμένος Tebt. I 15, 13. 22 (114ª). προῆχθαι Par. 64, 10 (c. 160ª). προήγμεθα Tebt. I 43, 27 (118ª) etc. ἀπήχθην Petr.² 36 (a) verso 27 (IIIª). ἀχθῆναι Tebt. I 14, 8 (114ª); 28, 11; 74, 6 (113ª). διεξαχθῆναι Tor. I 2, 30 (117ª). ἀχθήσεσθαι Tebt. I 27, 75 (113ª). συναχθησομένους Par. 8, 22 (129ª).

ἀγωνιάω: ἀγωνιῶ Par. 44, 7 (153ª). ἀγωνιῶμεν Petr.² 53 (l) 16 (IIIª). ἀναγωνίατος Tebt. I 58, 51 (111ª).

αἰδέομαι: αἰδεσθείς S. 378.

αἰνέω: ἐπηνεκέναι S. 123 und 372.

αἱρέω (ἀν-, ἀφ-, δι-, ἐξ-, καθ-, παρ-, περι-, προ-, ὑφ-; ἀνταν-, ἀποδι-, ἐπαν-, ἐπιδι-, καταδι-, ὑπεξ-; προανταν-): ἡρεῖτο, προηρούμην S. 123. ἐπανελεῖται S. 357. εἷλον, εἱλόμην S. 331. εἴρηκα (ἥρηκα), εἴρημαι

S. 127. αἱρεθῆναι S. 377. ἀνταναιρετέα Tebt. I 61 (b) 220 (118ª). ἀφαίρετος, ἐξαίρετος § 84, 10. ἀδιαίρετος BU 993 III 2 (127ª); 1000 I 5 (98ª). αἵρεσις — διαιρήσεως S. 66.

αἴρω (ἀπ-, ἐπ-, συν-, ὑπερ-): ἄρασι Sakk. 152 (IIIª). ἠρκότων, ἠρμένος S. 335. ἀρθήτωσαν Petr. II 13 (16) 13 (258ª). ἀρθῆναι Petr.² 67 (a) 7 (IIIª). ἐπαρθέντας 46 (3) 11 (IIIª).

αἰσθάνομαι: Präs. nicht belegt. αἰσθέσθαι S. 362. ἀνεπαίσθητος Dittenb. inscr. gr. or. I 194, 13 (42ª).

αἰσχύνω: ᾔσχυνται Par. 49, 25 (c. 160ª). αἰσχυνθῆναι S. 380.

αἰτέω (ἀπ-, ἐπ-, παρ-): ἐπαιτῶ Lond. I p. 33, 4 (163ª). παραιτεῖσθαι Petr. II 38 (c) 48 (228ª). ἀπήιτουν Magd. 1, 10 (IIIª). ᾐτήσατο Petr. II 12 (2) 4 (241ª). ἀπηιτημένος Magd. 17, 13; 25, 4 (IIIª). ᾐτη[μένους ebd. 17, 7 (IIIª). ἀπητημένας Tebt. I 5, 66 (118ª). αἰτηθείς Rev. L. 20, 9 (258ª). ἀπαιτηθῶσι Petr.² 43 (2) recto col. 1, 6 (246ª). ἀπαιτηθήσονται Tebt. I 72, 355 (114ª).

αἰτιάομαι (κατ-): Impf. κατητιῶ Par. 64, 2 (c. 160ª). αἰτιάσεται (akt. Sinn) Tebt. I 35, 12. 19 (111ª). καταιτιαθέντος (passiv. Sinn) Tebt. I 61 (a) 22 (118ª); 64 (a) 84 (116—115ª).

ἀκούω (δι-, ἐπ-, παρ-, ὑπ-]: ἐκούομεν (mit Lautschwächung) S. 56. ἐπακούει Petr. II 14 (2) 21 (IIIª). ὑπακούει 4 (13) 7 (255ª). ἀκούσεται S. 358. ἠκούσαμεν Grenf. II 36, 15 (95ª). ὑπήκουσαν — ὑπηκούσαμεν Tebt. I 24, 26. 28 (117ª). διακούσαντα — διακοῦσαι Grenf. I 11 (1) 8; (2) 8 (157ª). ἐπάκουσον Par. 51, 25 (160ª); Leid. U 2, 20 (IIª). ἀκηκοέναι S. 338. ἀκουσθῆναι S. 378.

ἁλίσκομαι: ἁλίσκηται Petr. II 44, 27 (IIIª). Rev. L. 76, 6 (258ª). ἁλῶ S. 133.

ἀλλάσσω (ἀπ-, δι-, μετ-, παρ-, συν-; ἀντικατ-): Vereinfachung des Doppellambda S. 212. μεταλλάξαντος Lond. I p. 38, 8 (158ª). μετήλλαχα S. 374. ἠλλαγμένοι Tebt. I 124, 31 (nach 118ª). παραλα[γμ]ένου (Crönert) ebd. 5, 86 (118ª). ἀλλαγῆναι S. 381. ἀπελλάγην S. 64.

ἅλλομαι: ἐναλέσθαι S. 362.

ἀναγκάζω (ἐξ-, ἐπ-, συν-): ἐπαναγκάσαι S. 361. συνανάκασον (mit Nasalschwund durch Dissimilation) S. 191. ἠναγκάσθαι, ἠναγκάσθην S. 342 Anm. 12. ἀναγκασθῇ Lond. I p. 13, 26 (162ª). ἐξαναγκασθῆναι Magd. 28, 9 (IIIª). ἐπαναγκασθῆι Tebt. I 50, 39 (112—11ª). ἀναγκασθησόμεθα Petr. II 13 (5) 8 (258—53ª). ἀναγκασθήσεται Par. 62, 35 (IIª ⁱ).

ἀναίναμαι (poet.) für gewöhnliches ἀναίνομαι S. 355 Anm. 5.

ἀναλίσκω — gewöhnlich ἀνηλίσκω (εἰς-, προ-): Belege für Präs. akt. und pass., ἀνηλώσω, ἀνήλωκα, ἀνήλωται, ἀνηλωμένος, ἀνηλωθῆναι, ἀνηλωθήσεσθαι, ἀνήλωμα, ἐπανήλωμα (selten ἀνάλωμα), ἀνηλωτικός S. 345f.

ἀνδρίζομαι: ἀνδρίζεcθε Petr. II 40 (a) 13 (260[a]).

ἀντάω (ἀπ-, κατ-, cυν-): Fut. fehlt. ἄντηcον (poetisch) S. 32. ἀπήντηcα, ἀπήντηκα S. 341. cυνήντηcεν BU 1004 I 4 (III[a]). cυναντήcαν[τεc Petr. II 45 col. 2, 25 (246[a]). καταντήcαντοc Tebt. I 59, 3 (99[a]).

ἀντιόομαι: Dep. pass. ἐναντιωθῆναι S. 380.

ἅπτω (ἀν-, ἐν-, ἐφ-, προc-, cυν-; προcεν-): cυνάπτοντοc Petr. II 45 (2) 15 (246[a]). cυνάπτουcαι Grenf. II 28, 9 (103[a]). ἐφάπτεcθαι Amh. II 35, 39 (132[a]). ἐφάψεcθαι Amh. II 35, 27 (132[a]). Tebt. I 27, 55 (113[a]). cυνάψαντεc P. Kairo Arch. I 59, 16 (123[a]). ἅψαcθαι Leid. U 4, 21 (II[a]). προcήφαμεν S. 374. ἀνήφθη Tebt. I 1, 14 (Anthologiefragm. nach 100[a]).

ἀρέcκω: ἀρεcτόc [Herod., Xen. Mem. III 11, 10] Amh. II 48, 8 (106[a]). Grenf. II 24, 14 (105[a]).

ἀρκέω: ἀρκεῖcθαι Par. 15, 60 (120[a]). ἐπαρκέcαι S. 358. ἀρκεcθῆναι S. 378.

ἁρμόζω (cυν-) — ἁρμόττω: Präs. S. 350. cυναρμοcθέντοc Tor. XI 9 (177 oder 165[a]).

ἀροτριάω: ἀροτριᾶν S. 349.

ἁρπάζω: διαρπάζεται Lond. I p. 25, 21 (161[a]). διαρπάcζεται S. 209. ἥρπακεν Tebt. I 120, 119 (97 oder 64[a]).

ἀρτίζω (ἀπ-, κατ-): καταρτιcόμεθα, ἀπαρτίcῃ (Aor.), κατηρτίcατο, κατηρτίcθη, καταρτιcμόc, Belege S. 20f. Das Wort gehört zum ionischen Sprachgut.

ἄρχω (ἐν-, ὑπ-; προυπ-, προcυπ-): ὑπάρχω sehr häufig. προυπάρχω S. 54. προcυπάρχουcιν Petr. II 35 (2[a]) col. 3, 11 (225[a]). ἐναρχομένου Tebt. I 24, 36 (117[a]); ebd. 34 ἐνάρξαcθαι. ὑπῆρξεν Petr. II 39 (h) 1 (III[a]).

ἀcπάζομαι: ἀcπάcccθαι (in Aoristfunktion) S. 385. ἀcπαcώμcθα S. 361.

ἀcπορέω und ἀcπορίζω (beide intrans.): Belege S. 84.

ἀcτοχέω: καταcτοχήcαμεν (sic, ohne Augment) S. 336.

ἀcφαλίζω: ἀcφαλίcαcθαι S. 361. ἀcφαλιcθῆναι Tebt. I 13, 20; 28, 18 (114[a]).

ἀcχολέω (κατ-, ὑπ-): ἀcχολούμενοc Amh. II 35, 9 (132[a]). ὑπαcχολούμενοc Dittenb. inscr. gr. or. 179, 10 (95[a]). ἀcχοληθείc Par. 49, 25 (160[a]).

αὐξάνω — αὔξω: nur Präs. belegt, § 86, 6.

ἀφανίζω: ἀφανίcαι S. 361.

βαδίζω: βατίζειν (sic) Par. 51, 3 (160[a]).

βαίνω (ἀνα-, ἀπο-, δια-, εἰc-, κατα-, μετα-, παρα-, προc-, cυν-; προcκατα-, cυναναα-, cυνεν-): βαῖνε (Imperat.) in transit. Bedeutung Herodesepigr. Arch. I 220, 6 (145—116[a]). βήcομαι S. 358. ἔβην S. 365f. cυνεμβήcητε (Konj. aor. intrans.) S. 369. βεβηκότι Petr. II 42 (c) 5 (c. 250[a]). ἀναβέβηκεν 9 (3) 8 (241[a]). Petr.[2] 43 (3) 19 (246[a]). καταβεβηκέναι Par. 34, 1 (157[a]). παραβέβηκεν 46, 12 (153[a]). cυμβέβηκε 63, 4, 100 (165[a]). ἐκβεβηικότος Tebt. I 78, 7 (110—108[a]). βατός Th. Bk. XII 10 (116[a]).

βάλλω (ἀνα-, δια-, ἐγ-, ἐμ-, ἐπι-, κατα-, παρα-, περι-, συμ-, ὑπερ-; διανα-, παρεμ-): βαλῶ, βαλοῦμαι S. 357. βαλεῖν, βαλέσθαι S. 362. βεβληκέναι. Petr.[2] 42 H (8f) 9 (c. 250[a]). ἐγβεβλήκασι Magd. 12, 8 (III[a]). ἐμβέβληκαν Par. 34, 21 (157[a]); 47, 9 (153[a]). ἐπιβεβληκέναι (intr.) Bull. cor. hell. XXI p. 142, 11 (88[a]). παραβεβλήκησαν S. 324. ἐμβεβλῆσθαι Par. 34, 8 (157[a]). Tebt. I 37, 7 (73[a]). ἐμβεβλημένον Par. 34, 15 (157[a]). ἐπιβεβλημένους Par. 63, 5, 136 (165[a]). περιεβεβλήμην, περιεβλήμην S. 340. ἀναβληθῆναι Petr. II 37 (1b) recto 10 (III[a]). ἐπιβληθέντος Tebt. I 61 (a) 33 (118[a]). ἐπιβληθῆι BU 1002, 15 (55[a]).

βαπτίζω: βαπτιζώμεθα Par. 47, 13 (157[a]).

βαρύνω: βεβαρυμμένοι Tebt. I 23, 5 (c. 115[a]).

βιάζω (ἀπο-, εἰς-, ἐγ-, κατα-): aktiv nur καταβιάσας, sonst med. βιάζομαι, ἐβιαζόμην S. 385. ἀποβιάσασθαι S. 361. ἀποβεβιάσθαι Petr.[2] 125, 16. 19 (III[a]). εἰσβεβιασμένων Par. 15, 32 (120[a]). ἀποβιασθῶσι (pass.) Petr.[2] 27 verso col. 2, 5 (III[a]).

βιβρώσκω (κατα-, περι-): Belege S. 33.

βιόω: ἀναβεβίωκα Weil V 11 (vor (161[a]).

βλάπτω: καταβλάψηι Rev. L. 46, 4 (258[a]). Petr. II 22, 8. 10 (III[a]). ἐβλαμμένος S. 340. βλαφθῆναι — βλαβῆναι S. 382.

βλέπω (ἐμ-, ἐπι-): ἐμβλέψαντα Petr. II 20 col. 2, 4 (252[a]). Par. 39, 10. Lond. I p. 13, 21 (162[a]). Tor. I 3, 7 (117[a]). ἐμβλεύσαντες S. 115. ἐπιβλέψας Par. 51, 39 (160[a]). ἐνβεβλοφέναι S. 340.

βοηθέω (ἐπι-): ἐπιβεβοηθηκότων Tebt. I 15, 46 (114[a]). Häufig part. perf. pass. βεβοηθημένος (adiutus), z. B. Tor. III 50 (130[a]). Par. 14, 50 (127[a]). Fay. XI 34 (nach 115[a]) etc.

βόσκω: βεβοσκηκότες Magd. 6, 13; καταβεβοσκηκότα 38, 4 (III[a]).

βούλομαι (βόλομαι): βούλει S. 328. βούληι (Konj.) Par. 46, 22 (153[a]). βολομένου 40, 18. 21. 24 (156[a]). βολάμενοι — βουλαμένων S. 369. ἠβουλόμην (εἰβουλόμην) S. 330. βεβουλήμεθα Tebt. I 19, 8 (114[a]). βεβουλημένου 22, 8 (112[a]).

βρέχω (ἐγ-, κατα-): Präs. akt. und pass., βρεχῆναι (= βραχῆναι?), βρεχθήσομαι S. 382 Anm. 2. ἐγβεβρεγμένα Petr.[2] 43 (2) r. col. 3, 25 (246[a]). βεβρεγμένης Tebt. I 24, 31 (117[a]); 61 (a) 176 (118[a]); 71, 2 (114[a]). βεβρέχθαι 71, 6 (114[a]).

γαμέω: γῆμεν (poet.) S. 359. γαμετή Tebt. I 104, 17 (92[a]).

γείνομαι: Nebenform zu γίνομαι S. 165.

γειτνιάω: γειτνιώσης Tebt. I 105, 19 (103[a]). γειτνιώντων Par. 38, 9 (161[a]). Lond. I p. 36, 11 (160—59[a]) etc. S. 21.

γεμίζω: γεμίζηται Magd. 11, 9 (III^a). γεμίσαι S. 361.

γηράω (Nebenform zu γηράσκω): καταγηρᾶν Par. 39, 15 (161^a).

γίνομαι (nie in Urkunden γίγνομαι S. 165) [ἀπο-, ἐν-, ἐπι-, κατα-, παρα-, περι-, προ-, προς-, συν-; ἐπιπαρα-]: Fut. nicht belegt. γενέσθαι S. 362. γενηθῆναι S. 379. γέγονα S. 372. γεγένημαι sehr häufig, z. B. παραγεγενῆσθαι Petr.^{2} 25, 22 (240^a). γεγενημένον Petr. I 15, 18 (237^a). Tebt. I 28, 3 (114^a). γεγενημένης 78, 2 (110—8^a); 85, 1 (113^a). ἐπιγεγενημένον Petr. II 32 (2^a) 17 (238^a). προσγεγενημένοις Tebt. I 61 (b) 65 (118^a) usw.

γινώσκω (in Urkunden nie γιγνώσκω S. 164f.) [ἀνα-, ἀπο-, δια-, ἐπι-, κατα-, συν-; ἀντανα-, ἐπανα-, παρανα-]: γνώσεται S. 358. ἔγνων, γνῶναι, γνοῦναι S. 366. ἐ]πέγνωκα Petr. II 11 (2) 6 (III^a). ἀπέγνωκα Par. 63, 8, 10 (165^a). διέγνωκα Tebt. I 55, 2 (II^{af}). ἐπεγνωκότες Tebt. I 124, 5 (nach 118^a). ἔγνωσμαι, ἐγνω⟨σ⟩μένα S. 376. γνωσθῆναι S. 378. γνωστός (poet.) Herodesepigramm Arch. I 219, 6; ebd. 221, 11 γνωτοῖσι (145—116^a). εὐκατάγνωστος (leicht erkennbar) Tor. I 8, 11 (117^a).

γογγύζω (ionisch): Präs. S. 21.

γράφω (ἀνα-, ἀντι-, ἀπο-, δια-, εἰς-, ἐν-, ἐπι-, κατα-, παρα-, περι-, προ-, συν-, ὑπο-; ἀντιδια-, ἀποδια-, μετεπι-, παρεπι-, προεπι-, προσδια-, προσπαρα-, συγκατα-, συνυπο-): Präs. gewöhnlich. γράψειν Tebt. I 24, 26 (117^a) etc. ἔγραψα Petr. II 4 (2) 7 (255^a); (13) 1 (253^a). ἔγραψας 9 (3) 1 (241^a). ἔγραψε ebd. Einl. p. 31, 5 v. unten (III^a) etc. γράψον — γράψε S. 327. ἐγράψατο Petr. I 27 (2) 3 (227^a); 28 (1) 3. 8 (225^a); II 21 (c) 7 (III^a). ἀπεγράψαντο Rev. L. Frgm. 2 (d); ἀπογραψάσθωσαν 26, 1 (258^a) etc. γέγραφα — γεγράφηκα S. 373. ἐγεγράφην S. 320f. ἐγεγράφεις etc. S. 322. ἀπογεγράφθαι Rev. L. 27, 16 (258^a). συγγεγράφθαι Petr. II 29 (b) 6 (242^a). ἐπιγεγράφθαι Par. 63, 7, 8 (165^a). γεγράφθω Rev. L. 104, 2 (258^a). προγεγραμμένα Petr. II 25 (g) 17 (226^a). προγεγραμμένην 46 (a) 5 (200^a). -ης 18 (1) 6 (246^a). γεγραμμένων Tebt. I 24, 59 (117^a); -νης 32, 2 (145^a). γεγραμένος S. 213. γραφῆναι, γραφήσομαι S. 381. γραπτός Dittenb. inscr. gr. or. I 51, 23 (239^a). Petr.^{2} 21 (g) 41 (226^a). Par. 63, 40 (165^a). Leid. B 1, 13 (164^a). ἔνγραπτος Magd. 18, 5 (III^a). Leid. A 29/30 (c. 150^a). P. Reinach 18, 31 (108^a). ἐπιγραπτέον Petr.^{2} Einl. p. 28, 119 = Par. 63 (165^a). — Parasyntheta: ἐγκληματογραφέω, παρασυγγραφέω, ὑπομνηματογραφέω, χειρογραφέω, ψευδογραφέω, vgl. Stammbildung § 86, 2.

δάκνω: ἀποδέδηχεν S. 373.

δανείζω (ἐπι-): ἐδάνειcα S. 361. δεδάνεικα Petr. I 13 (2) 2 (237[a]). δεδανεικέναι Rev. L. 78, 1. 3 (258[a]). Tor. XIII 8 (139[a]) etc. δεδανειcμένος Amh. II 47, 7; -νη 46, 4. 12 (113[a]) u. oft.

δείκνυμι — δεικνύω (ἀπο-, ἐν-, ἐπι-, παρα-, ὑπο-; προcυπο-): δείκνυμι — δεικνύω, δείκνυμαι (nicht δεικνύομαι) S. 351f. δείξω Eud. Akrost. 1 (vor 165[a]) etc. ἐπέδειξα Tebt. I 50, 20 (112[a]). παραδειξάτω 105, 25 (103[a]). παραδεῖξαι 79, 58 (nach 148[a]). ἀποδείξωcιν 61 (b) 272. 275 (118[a]) etc. ἐπιδεικνύc[αc] (?) Grenf. II 37, 7 (II—I[a]). δέδειχα S. 373. ἀποδέδειγμαι S. 369. ἐπιδειχθῆι Tebt. I 104, 24 (92[a]). ἀποδιχθέντ ... Petr.[2] p. 125 col. 4, 2 (246[a]). ἀναπόδεικτος (aktiv = ohne Beweis) Par. 15, 62 (120[a]). Tor. I 6, 3 (117[a]).

δειλαίνω: δεδίλανται (3. p. sing.) Tebt. I 58, 27 (111[a]).

δεξιάζομαι: ἐξεδεξιαcάμεθα S. 361.

δεξιόομαι: ἐδεξιοῦν[το S. 349.

δέχομαι (ἀνα-, ἀπο-, ἐγ-, ἐν-, ἐπι-, παρα-, προc-, ὑπο-; προcειc-, προcεπι-): προcτέχομαι S. 176. ἐνδέχεται Petr. II 45 (3) 8 (246[a]). ἐνδεχομένωc 15 (3) 4 (241[a]). δεξομένων 13 (18[b]) 14 (258—53[a]). δέξαcθαι 45 (2) 19 (246[a]) etc. δέξαι (Inf. aor. act.) S. 385. ἐγδεδέχθαι Petr.[2] 44 (2) verso col. 3, 9 (246[a]). ἐγδέδεκται Par. 9, 20 (107[a]). ἀναδεδέχθαι Tebt. I 99, 38 (nach 148[a]). ἀναδεδέγμεθα 98, 27 (nach 112[a]). ἐπιδεδεγ(μένος) 64 (a) 54 (116—115[a]). προcειcδεδεγμένου Goodsp. 7, 8 (119—118[a]); 13 προcειcδεδέχθαι etc. προcδεχθῆι (passiv) Petr.[2] 25, 33 (III[a]). παραδεχθῆναι Tebt. I 214 (II[af]). ἐγδεχθήτωι 33, 7 (112[a]). παραδεχθήcεται Par. 62, 5, 9. 17 (II[ai]).

δέω (ermangle): Kontraktion im Präsens S. 346. ἐὰν δεῖ S. 325 Anm. 2. δεόντωc Par. 63, 6, 167. 189 (165[a]). Dresd. II verso 11 (162[a]). δεήcει Petr.[2] 36 (a) verso 18 (III[a]).

δέομαι (bitte) [ἐπι-, προc-]: δέομαι sehr oft. ἐπεδεόμεθα Lond. I p. 30, 22 (172[a]). προcδεδεῆcθαι Tebt. I 23, 6 (119 oder 114[a]). δεηθῆναι (akt. Sinn) S. 380. ἀπροcδέητος Tebt. I 19, 5 (114[a]); 23, 9 (119[a]).

διαλέγομαι: διελέγην S. 381.

διαcαφέω (προc-): προcδιεcάφειc Par. 42, 4/5 (156[a]). διcαφῆcαι (sic) S. 149. διαcεcαφημένηc Petr. II 38 (b) 3 (242[a]).

διδάcκω: διδάξειc Lond. I p. 48, 6 (II[a]). διδαχθήτω Tebt. I 12, 453 (114[a]).

διδράcκω (δια-, cυναπο-): διαδρᾶναι S. 366. cυναποδεδρακῶc S. 342.

δίδωμι (ἀνα-, ἀπο-, εἰc-, ἐγ-, ἐν-, ἐπι-, μετα-, παρα-, προ-, προc-; ἀνταπο-, προεγ-, προcαπο-, cυναπο-, cυνειc-, cυνεπι-): Unthematisches Präsens akt. und pass., ἀποδιδῶcι (Plur.) S. 354. Konjunkt. und Optat. S. 325f. δώcουcι Petr.[2] 36 (a) verso 16 (III[a]). ἀποδώcει

Lond. I p. 25, 30 (161a). ἀνταποδώcουcιν Par. 34, 22 (157a) etc. ἔδωκα, ἔδωκαc etc. (lauter κ-Formen) S. 367f. δοῦναι, daneben δῶναι (Analogie zu γνῶναι), δόc, δούc; ἀπεδόμην, ἀπόδου, ἀποδώcθαι (lautliche Verwechslung mit ἀποδόcθαι) S. 366. Konj. δῶ(ι), δοῖ S. 325. Opt. δοῖ, δόη, δοίηcαν S. 326. δέδωκαc Weil I 36 (b) vor 161a. ἐπετόδοκα = ἐπιδέδωκα Lond. I p. 38, 2 und ἀπετώδωκα = ἀπεδέδωκα p. 41, 100 (158a) sind vulgär entstellte Formen. ἀποδεδώκαμεν Petr. II 13 (15) 3 (258—53a). μεταδεδώκατε 38 (b) 4 (242a). δέδωκαν — δεδώκαcιν S. 323. δεδώκει, ἐπιδεδώκειμεν S. 333f. ἐδεκώκηcαν (vulgär entstellt) S. 324. δέδομαι S. 376. δοθῆναι, ἐδώθη S. 377. ἔγδοτοc Grenf. I 1, 1, 7 (nach 173a). ἀναπόδοτοc Tebt. I 105, 20 (103a); 106, 2. 24 (101a).

διοικέω s. οἰκέω.

διcτάζω: διcταζόμενον Par. 63, 2, 57 (165a). ἀδίcταcτοc Tebt. I 124, 26 (118a). Philod. Crönert 228.

διώκω: ἐγδιόξῃ (Aor. conj.) = ἐγδιώξηι Leid. U 4, 18 (IIa).

δοκέω: δοκεῖ Petr. II 4 (5) 2 (255a); 12 (1) 13 (241a). δοκῆι 17 (1) 24 (IIIa). Leid. G 16 (99a) etc. ἐδόκει Petr. II 4 (3) 4 (255a). δόξετε Tebt. I 25, 5. 10 (117a). Über (meist poetisches) δοκήcω s. K.-Bl. II 403. δεδόχθαι Strack, Ptol. Inschr. Arch. I 204, 11, 4 (245—21a). Dittenb. inscr. gr. or. I 194, 26 (42a).

δοκιμάω (Nebenform zu δοκιμάζω): δοκιμήcῃc § 86, 1. δοκιμαcτήc § 86, 22c.

δοκόω: δεδοκωμένοc Grenf. II 35, 6 (98a). Amh. II 51, 13. 23 (88a).

ΔΡΑΜ: s. τρέχω.

δράω: δρᾶν Petr. I 1 (B) 3 (c. 245a). δράcειc Petr. II 9 (1) 2 (241a).

δρύccω (?): δρυξάμενον, unbekanntes Primitivum, s. § 82 B.

δύναμαι: regelmäßiges Präsens, daneben δύνομαι S. 355. Imperf. fehlt. δυνήcομαι (nicht δυνηθήcομαι) Magd. 28, 11 (IIIa). Grenf. I 1, 2, 5 (erot. Fragm. nach 173a). δυνήcεται Par. 63, 4, 97 (165a). δυνηcομένουc ebd. col. 5, 138 usw. Crönert 237. ἠδυνάcθημεν S. 330; daneben δυνηθῶcι S. 380. δεδύνημαι Par. 45, 3 (153a). δεδυνῆcθαι Petr.[2] 25, 15 (IIIa) nach Wilcken Add. et Corr. XIV.

δύνω (poet.) [cυγκατα-]: Präs. S. 350. δύcονται Eud. 6, 32 (vor 165a). δύντοc S. 366.

δύω (trans.) [ἐγ-, ἐν-]: ἐξέδυcαν Par. 6, 14 (126a). P. Reinach 17, 6 (110—9a). Fay. XII 18 (nach 103a). ἐγδυcαν (sic) [ξέ] Petr.[2] 28 (e) 18 (260a). ἐγδεδυκότεc Magd. 6, 13 (IIIa). ἐ]νεδεδύκει Petr.[2] 22 (d) 4 (IIIa) nach Wilcken Add. et Corr. XIII.

ἐάω: ἐᾶν Tebt. I 5, 61. 135. 149 (118[a]). ἐάcθωcαν 61 (b) 233 (118[a]). ἐάcαντεc Petr. II 45 (3) 14 (246[a]). ἐαθῇ Petr.[2] Einl. p. 32, 162 = Par. 63 (165[a]).

ἐγγυάω (δι-, κατ-; προcδι-): προcδιεγγυᾶν Par. 62, 3, 5 (II[a i]). Schwund des Nasals in διεγυῆcαι S. 190. Augmentation S. 343f. προcδιεγγυήcωcιν Par. 62, 6, 8 (II[a i]).

ἐγδικέω: ἐγδεδικηκέναι S. 343.

ἐγείρω: διεγέρθη (ohne Augment) S. 336.

ἐγχειρέω: ἐνεχείρηcα S. 343.

ἐθέλω: nur in literarischen Stücken. Vgl. θέλω.

ἐθίζω (ἔθω): εἴωθα, εἴθιcμαι S. 331.

εἶδον: s. ὁράω.

εἰλέω (ἐν-, περι-): Belege für Perf. akt. und pass. S. 337.

εἰμί (ἔν-, ἔξ-, ἔπ-, μέτ-, πάρ-, περί-, πρόc-, cύν-, ὕπ-; cυμπάρ-, cυμπρόc-): Präsens und Imperf. (ἤμην, ἤμεθα) S. 356; ἔcομαι, ἔcει (ἔcῃ) etc. S. 358. ὄντωc Par. 63, 5, 138 (165[a]).

εἶμι (ἄπ-, εἴc-, ἔπ-, κάτ-, πρόc-): Präs. ἄπειc, εἰcίαcι, ἴναι, προcίναι (Analogiebildung zu ἴμεν, ἴτε, ἴθι) S. 355.

εἶπα — εἶπον: s. λέγω.

εἴργω (ἀν-, δι-): διείργοντοc — ἀνειργουμένων S. 348.

εἴρω (ἐρῶ, εἴρηκα, εἴρημαι, ἐρρήθην): s. λέγω.

εἴωθα: s. ἐθίζω.

ἐλαύνω (ἀπ-, ἐξ-, περι-): ἀπελαύνεcθαι (pass.) Tor. I 3, 32 (117[a]). ἤλαcα, ἀπελάcαντο (ohne Augment) S. 358.

ἐλέγχω (δι-, ἐξ-): ἐξελεγξέντων (= όντων) Tebt. I 25, 14 (117[a]). ἐλεγχθῶcι Rev. L. 33, 17 (258[a]). ἐλεγχθείc Petr.[2] 20 verso col. 1, 8 (246[a]). ἐλεγχθῆι Amh. II 33, 34 (nach 157[a]). ἐξελεγχθῆι Par. 61, 13 (156[a]). ἐλεχθέντεc (mit Schwund des Nasals) S. 100.

ΕΛΘ- (ἦλθον, ἦλθα, ἐλήλυθα, ἐλεύcομαι): s. ἔρχομαι.

ἕλκω (ἀφ-, δι-, ἐφ-, παρ-, cυν-): ἕλκηται Petr. II 13 (6) 17 (255[a]). ἐφέλκεται 32 (1) 16 (c. 238[a]). ἕλκειν Tebt. I 5, 179 (118[a]). ἕλκοντεc Magd. 11, 4 (III[a]). διελκομένων Par. 63, 11, 58 (165[a]). παρελκομένων 33, 7 (162[a]). Lond. I p. 19, 8 (161[a]). ἐφελκομένων Tebt. I 27, 63 (113[a]) etc. παρείλκυcε S. 331. ἑλκύcαι Petr.[2] 14 (1 c) 3 (III[a]). ἑλκύcαc 13 (6) 15 (255[a]). παρειλκυκότων, ἥλκυκα S. 332. ἐφελκυcμένην, cυνελκύcθαι (ohne Augm.) S. 336. ἀφειλκύcθημεν S. 378.

ἐμποδίζω: ἐμποδιζόμενοι Tebt. I 41, 16. 38 (119[a]). ἐμπεποδιcμένοι S. 341f. ἐμποδιcθῆναι Tebt. I 48, 27 (nach 113[a]). ἀνεμπόδιcτοc Tor. V 23 (177 oder 165[a]). Tebt. I 6, 48 (140[a]); 43, 40 (118[a]); 50, 43 (112[a]).

ἐμπολάω: ἐμπολωμένου Rev. L. 29, 14 (258[a]).

ἐμπυρίζω: ἐνεπύρισαν, ἐμπεπυρισμένων S. 343.

ἐμφανίζω: ἐμφανίζει Petr. II 17 (1) 23 (III[a]). ἐνεφανίζομεν S. 343. ἐμφανίσαι S. 361.

ἐναντιόομαι: s. ἀντιόομαι.

ἐνδημέω: ἐνεδήμει S. 343.

ἐνεχυράζω: ἐνεχυράζοντες (Faksim., Letronne ἐνεχυράξοντες) Par. 37, 43 (163[a]). ἐνεχύρασεν (ohne Augm.) S. 336. ἠνεχυρασμένους S. 343. ἐνεχυρασθήσεται Par. 62, 4, 19 (II[ai]).

ἐνθυμέομαι: ἐντεθυμῆσθαι S. 343. ἐνθυμηθείς S. 380.

ἐνοχλέω (παρ-): παρενοχλῶμεν (Konj.) Par. 33 col. 2 (162[a]). ἐνοχλήσω Petr. II 13 (6) 19; ἐνοχλήσ[αντες 9 (258—53[a]). παρηνωχλήκαμεν, ἠνώχλησαι S. 342. ἐνόχληται (ohne Augm.) S. 336. ἐνοχληθέντι Petr. II 25 (b) 17 (226[a]). παρενοχληθήσεται Tebt. I 43, 45 (118[a]). ἀπαρενόχλητος 41, 24 (119[a]). Tor. I 8, 23 (117[a]).

ἐξετάζω: ἐξετάσω S. 357. ἐξητασμένος, ἐξητάσθη S. 342.

ἐπαινέω: s. αἰνέω.

ἐπιμέλομαι: s. μέλω.

ἐπιορκέω: ἐφιορκοῦντι S. 201.

ἐπίσταμαι: nur Präsens zu belegen, z. B. ἐπίστασθαι Petr. II 25 (d) 5; (g) 19 (226[a]). Tebt. I 104, 40 (92[a]) und oft.

ἐπιχειρέω: Zwitterbildung ἐπικεχειροῦντος S. 383.

ἐργάζομαι (ἀπ-, ἐν-, ἐξ-, κατ-, συν-): akt. συνεργάσζοντος neben gew. ἐργαζόμενος S. 386. ἐξηργάζετο S. 332. ἐργᾶται, κατεργώμεθα, ἐργῇς (?) S. 357. ἐργάσεσθαι (Aoristfunktion) S. 385. κατεργασάσθωι, ἐργάσωνται S. 361. εἴργασμαι S. 332. ἐργασθῆναι (pass.) Petr. II 37 (1[b]) recto 15 (III[a]). ἐργασθείσης Petr.[2] 43 (2) verso col. 2, 14 (246[a]). κατεργασθεῖσαι Tebt. I 154 (112—111[a]). ἀκατέργαστος 61 (b) 32 (118[a]).

ἐρείδω (ἀπ-, ὑπ-): ἀπηρεισμένος S. 339 Anm. 7.

ἐρευνάω (δι-): nirgends ἐραυνάω in ptol. Zeit, S. 113.

ἐρυθριάω: ἠρυθρίακε Tebt. I 37, 10 (73[a]).

ἔρχομαι (ἀπ-, δι-, εἰσ-, ἐξ-, ἐπ-, κατ-, μετ-, παρ-, προ-, προσ-, ὑπ-; διεξ-, ἐπεισ-, ἐπεξ-, κατεξ-, προσπερι-): ἔρχομαι Par. 51, 17 (160[a]). διεξέρχεται Eud. 128. 132. 135. 139 (vor 165[a]). ἐρχόμεθα Petr. II 23 (1) 6 (III[a]). ἔρχονται Par. 34, 18 (157[a]). ἔρχεσθαι 12, 5 (157[a]); 15, 21 (120[a]). ἐρχόμενος Petr. II 32 (2[a]) 24 (c. 240[a]). ἐπερχομένωι Tor. I 5, 36 (117[a]). ἐρχομένων Tebt. I 24, 71 (117[a]) und oft. ἐπήρχετο 27, 34 (113[a]). Vgl. Reinhold 97. ἐπελεύσεσθαι Grenf. I 11, 1, 20; 2, 19 (157[a]). Tor. IV 18 (117[a]). Tebt. I 164, 24 (II[af]). P. Reinach 11, 13 (111[a]) etc. εἰσελεύσεσθαι Grenf. I 27, 3, 2 (109[a]).

μετελεύcεται Strack, Ptol. Inschr. Arch. III 128, 4 (145ª); εἰcελευcομένων ebd. 138, 28 (unb. ptol.). ἐξελευcόμενον Dresd. II verso (Wessely 281) 12 (162ª). Einmal ἐπελεύcοντες Grenf. I 21, 21 (126ª). Crönert 231. ἐπελεύcαcθαι (hybride Form) § 79, 3 S. 385. ἦλθον S. 362f. ἤλθοcαν S. 323. μετῆλθαι, ἤλθη (mit verschlepptem Augment) S. 345. ἐλήλυθα S. 338f. ἀπελήλθε (synkopiert) S. 147.

ἐρωτάω: ἠρώτηcεν Par. 15, 34 (120ª).

ἐτάζω: s. ἐξετάζω.

ἑτοιμάζω: ἡτοιμακότος (Faksimile, Letr. ἑτοιμακότος) Par. 32, 30 (162ª). ἑτοιμάκαμεν (ohne Augm.) Grenf. II 14 (b) 1 (264 oder 227ª). ἡτοιμαcμένων ebd. 1. 5.

εὐδοκέω: ηὐδόκηcαc S. 344f. εὐδοκηcάcηc Tor. XIII 11 (139ª).

εὐδοκιμέω: εὐδοκιμουμένων Tebt. I 25, 16 (117ª) [Passiv unklassisch, Diod., Plut.]. εὐδοκιμηκότα S. 345.

εὕδω: καθεύδουcιν Par. 34, 19 (157ª). καθεύδιc Tebt. I 2 (d) verso 18 (Anthologiefragm., nach 100ª).

εὐεργετέω: εὐεργέτηκα, εὐεργετημένοc S. 345.

εὑρίcκω (ἀφ-, ἐξ-, προcεξ-): εὑρίcκομεν Petr. II 12 (1) 10 (241ª). Lond. I p. 10, 20 (162ª). Tebt. I 30, 26 (115ª). τὸ εὑρίcκον Rev. L. 48, 16 (258ª) τοῦ εὑρίcκοντοc Par. 62, 6, 9 (IIª ⁱ) etc. ηὕριcκεν und εὑρίcκομεν S. 335f. εὗρον, εὕρηκα, εὑρῆcθαι S. 337. εὑρήcαντεc (?) S. 370. εὑρεθῆναι S. 378.

εὐcυνθετέω: εὐcυνθετηκέναι (sic) S. 345.

εὐφράνομαι: Analogiebildung zum Aorist von εὐφραίνω § 86, 6.

εὐχαριcτέω: εὐχαριcτήcειc (so Petr.² statt εὐχαριcτηθείc) Petr. II 2 (4) 6 (c. 260ª). (ἐπ)ευχαρίcτουν S. 345.

εὔχομαι: προcεύχοντο S. 337.

εὐχρηcτέω: εὐχρηcτηκώc S. 345.

ἐφαμμίζω (zu ἔφαμμοc): ἐφημμίcθαι S. 343.

ἔχω (ἀντ-, ἀπ-, ἐν-, ἐπ-, κατ-, παρ-, περι-, προ-, προc-, cυν-, ὑπ-; διακατ-, ἐγκατ-, ἐπικατ-, παρακατ-, παρεπ-, cυναπ-): Präs. allgemein. εἶχον, εἴχοcαν S. 331. ἕξω, ἕξομαι:[1]) ἕξειc Par. 64, 40 (c. 164ª). Lond. I p. 48, 8 (IIª). Tebt. I 23, 13 (119 oder 114ª). ἕξει Eud. 281 (vor 165ª). μεθέξει Par. 62, 6, 11 (IIª ⁱ). ἕξομεν Petr. II 5 (c) 2 (c. 250ª).

---

1) Moeris p. 207 παραcχήcομαι Ἀ., παρέξομαι Ἕ.; p. 188 ἀναcχήcομαι Ἀ., ἀνέξεται Ἕ. Auch auf attischen Inschriften (seit dem 5. Jahrh.) nur ἕξω. Lautensach 1887, 16. Mhs.-Schwyz. 180, 6. Schweizer 179, 5. Nachmanson 159 Anm. 1. Win.-Schmiedel § 15 p. 127 (N. T. nur ἕξω). Crönert 256 (Belege für beide Formen aus den voll. herc.).

Tebt. I 56, 14 (II[af]). παρέξομεν Rev. L. 57, 9; Petr. II 13 (5) 8 (258[a]). ἀφέξουσιν Eud. 229 (vor 165[a]). παρέξεται Petr. II 14 (1[a]) 2 (III[a]) usw. ἔσχον, ἐσχόμην S. 365. ἔσχηκα (nicht εἴσχηκα), ἔσχημαι S. 332f. ἔσχηκαν, ἐσχήκασιν S. 324. ἐσχήκη (3. p. s. Plspf.) S. 322. σχεθῆναι, σχεθήσομαι S. 378. προσεκτέον Tor. I 7, 35; 8, 4 (117[a]).

ἕψω: ἑψῆσαι Petr.[2] 140 (d) 3 (III[a]).

ζάω: ἕως ἂν ζῶ Petr. I 16 (1) 16 (230[a]); ἐὰν ἐγὼ ζῶι (mit falschem Iota) 15, 19 (237[a]). διαζῶντα Lond. I p. 32, 3 (163[a]). ζώσης Tebt. I 104, 20 (92[a]). ζώσηι Artem. 17 (III[a]). Poet. Grabschrift Arch. I 220, 20 (145—116[a]). ζῆν, ἔζων, ἔζην S. 347. Perf. ἀναβεβίωκα, nicht ἀνέζηκα.

ζευγίζω: ἐζευγίσμεθα Grenf. I, 1, 1, 1 (nach 173[a]).

ζεύγνυμι: ἀναζευξάντων Tebt. I 62, 43 (119[a]); 63, 42 (116[a]).

ἡγέομαι: ἡγουμένους Tebt. I 5, 45 (118[a]); 112 introd. (112[a]). ἡγησάμενοι Par. 63, 6, 188; ἡγήσησθε (geschr. ἡγήσηεσθε) ebd. col. 3, 76 = Petr.[2] Einl. p. 24, 76 (165[a]). ἥγησαι Tebt. I 27, 79 (113[a]).

ἥκω (ἀν-, καθ-, προσ-; ἐπαν-): ἥκω, ἥκεις, ἥκει, ἥκαμεν, ἥκατε, ἡκέναι, καθηκυίης, ἡκότων, ἡκόσι etc. neben gew. καθηκούσης ἀνήκουσι etc. S. 372.

ἧμαι (κάθ-; παρακάθ-, προκάθ-, προσκάθ-): simplex ἥμενος (poet.), καθήμενος, προσκαθεῖ (Konj.), καθῶνται S. 354f. (παρ)εκάθητο S. 342.

θάπτω: θάψαι Artem. 5 (III[a]). Par. 22, 17 (165[a]). τεθαμμένων Par. 6, 13 (127[a]).

θαυμάζω: θαυμάζειν Tebt. I 27, 34 (113[a]). ἐθαυμάζομεν Par. 63, 2, 34 (165[a]). θαυμαστός Petr. II 45 (3) 15 (246[a]).

θεάομαι: τεθεαμένον Petr. II 13 (5) 4 (258—53[a]). τεθήαμαι (sic) Par. 51, 38 (160[a]).

θέλω: Präsens S. 350f. ἤθελον S. 330. τεθελήκουσι (Zwitterform) S. 383.

θερίζω: θερίζων Tebt. I 117, 40. 44 (99[a]). θερίσαι S. 361. ἀθέριστος Tebt. I 61 (b) 370 (118[a]).

θεωρέομαι: τεθεωρῆσθαι Tebt. I 72, 375 (114[a]). θεωρῆσθαι (ohne Redupl.) S. 341.

θήγω (poet.): ἔθηγε Grabschrift Arch. I 220, 8 von unten (145—116[a]).

θλίβω (ἀπο-, ἐκ-): θλιβομένων — θλιβουμένων S. 348. θλιβώμεθα (Konj.) Petr. II 4 (1) 7 (255[a]). θλίψαντες Tebt. I 124, 17 (nach 118[a]). τέθλιμμαι Petr. II 4 (7) 4; τεθλιμμένοι 3 (255—53[a]). ἀποθλιβῆναι S. 381.

θνή(ι)σκω: über das ι προσγεγρ. S. 122f. ἀποθανεῖν S. 364. τεθνηκότες Par. 66, 35 (III[a]). τεθνηκότων Petr.[2] 114, 4, 15 (III[a]). Tebt. I 121, 128 (94 oder 61[a]). τεθνήκει⟨ν⟩ (Plpf.) S. 321.

θραύω: θ⟨ρ⟩αυστά Tebt. I 3, 4 (Epigramm, nach 100^{a}).
θρυλέω: über ein λ vgl. S. 212. θρυληcθέντων S. 378.
θυσιάζω: θυσιάσαι S. 361.
ἱδρύω: ἱδρύσατο — εἱδρύσατο S. 334. ἱδρυμένος Strack, Ptol. Inschr. Arch. III 127, 3 (c. 190^{a}).
ἱζάνω: καθιζάνει Par. 51, 21 (160^{a}).
ἵζω[1]) (ἀποκαθ-, περικαθ-): καθίσας S. 361. περιεκάθισαν, ἀποκεκαθίσται (Inf. Perf.) S. 179 und 342.
ἵημι (ἀν-, ἀφ-, δι-, ἐξ-, ἐφ-, καθ-, παρ-, προ-, προς-, ὑφ-; ἐπαφ-, καταπρο-, παραφ-, προεφ-, συνπρο-): Präsens S. 354. καταπροήσεσθαι Tebt. I 27, 61 (113^{a}). ἧκα, ἧκεν, ἧκαν S. 368. ἀφεῖναι, ἀφῶ, ἄφες, ἀφείς, προοῦ, διέσθαι S. 366f. εἷκα, εἷμαι, εἵθην S. 331. ἀφεθῆναι Petr. II 13 (19) 8 (258—53^{a}). προεθῆναι Par. 25, 12; Lond. I p. 10, 18 (162^{a}). ἀφεθέντος Petr. II 37 (1^{b}) r. 11 (III^{a}). προεθησομένων Tebt. I 27, 82 (113^{a}). παρεθήσεται 25, 4 (117^{a}), in der Kopie 10 παραθήσεται (vgl. S. 60 und S. 151).
ἱκνέομαι (ἀφ-, καθ-): καθί[κ]εσθε Petr.^{2} Einl. p. 34, 189 = Par. 63. ἀφικέσθαι Par. 63, 12, 95 (165^{a}).
ἱματίζω: ἱματιεῖ S. 356.
ἱστάνω: ἀνθιστάνω S. 353.
ἱστάω: καθειστᾶ, καθειστῶσι S. 353.
ἵστημι (ἀφ-, ἐν-, ἐξ-, καθ-, μεθ-, παρ-, περι-, προ-, συν-, ὑφ-; ἀποκαθ-, διαν-, παρακαθ-, προπαρ-, προσκαθ-, συγκαθ-, συμπαρ-) Präs. und Imperf. akt. und med. S. 353. ἀποστήσεσθαι Tor. IX 11 (119^{a}). προστήσεσθαι Tebt. I 27, 54 (113^{a}). στῆσαι Dittenb. inscr. gr. or. I 194, 27 (42^{a}). ἀποστῆσαι Amh. II 40, 17 (II^{a}). καταστήσηται Petr.^{2} p. 125, 7 (246^{a}). ὑποστήσασθαι Tebt. I 61 (b) 412 (118^{a}). στῆναι S. 367. ἕστηκα (intr.), ἀπέστηκα (transitiv und intransitiv), ἑστηκώς — ἑστώς, ἕστακα (trans.) S. 370f. ἑστάναι, παραστάναι S. 372. ἕσταμαι (passiv), διεστάμην S. 375. συνεστάθη Petr. II 2 (4) 4 (260^{a}). ἐπισταθῆι (aufgehalten werden) 20 col. 2, 6 (252^{a}). σταθέντα Ostr. 1022, 2 (ptol.). τῶι σταθέντι τόκωι Grenf. I 31, 1 (104—3^{a}). ἐπισταθῆναι Tebt. I 61 (b) 358 (118^{a}). κατασταθέντας 13, 22 (114^{a}). κατασταθῶσι 27, 44 (113^{a}) etc. συσταθήσεσθαι Petr. II 10 (1) 5 (III^{a}). κατασταθησόμενα Par. 62, 4, 2 (II^{ai}); 13 συσταθήσεται. ἀποκατα]σταθήσεται Tebt. I 61 (b) 321, womit wechselt ἀποκαταστήσονται

1) Über das Verhältnis von κάθημαι und καθίζω vgl. Hatzidakis Einl. 207: „Lucians Solöcista lehrt, daß man zu seiner Zeit κάθισον und κάθησο nicht mehr zu unterscheiden wußte, nicht etwa wegen des Itazismus, sondern weil die Synonyma sich vermengt haben."

(passiv) 315 (118[a]). παρεστήξεται S. 377 Anm. 2. (στήκω, παραστήξεται? S. 353 Anm. 4). ἀποκαταστατέα Tebt. I 61 (b) 221 (118[a]). στατός Grenf. I 14, 6 (150 oder 139[a]).

ἰσχύω: ἰσχύειν Magd. 22, 1 (III[a]). ὑ[πε]ρισχύειν Petr.[2] 32 (c) 12 = Petr. II 18 (1) 12 (246[a]). ἰσχύοντας Petr.[2] 43 (2) r. col. 4, 13 (246[a]). εἴσχυον S. 334.

ἴσχω: ἴσχετε Petr. II 49 (a) 2 (eleg. Fragm. III[a]). συνεισχομένων Grenf. II 14 (a) 13 (270 oder 233[a]).

καθαίρω: ἀνακαθᾶραι S. 360. καθαρθῶσι Petr.[2] 56 (c) 12 (c. 260[a]). ἀκάθαρτος Petr. II 4 (3) 8 (255[a]).

κάθημαι: s. ἧμαι.

καθεύδω: s. εὕδω.

καθίζω: s. ἵζω.

καίω — κάω (ἀνα-, κατα-, ὑπο-): καίομαι neben κάομαι S. 104f. κατακαῦσαι Amh. II 30, 36 (II[a]). κατέκαυσεν Magd. 33, 4 (III[a]). κατακαύσατε Tebt. I 1, 18 (Anthologiefragm. nach 100[a]). ἀνακέκαυκε Ostr. Reinach 1, 13 (I[a]). κατακέκαυκεν Tebt. I 1, 16; 2 (a) verso 7 (Anthologiefragm. nach 100[a]). κατακεκαῦσθαι Magd. 33 verso (III[a]). ὑποκαύστης (Heizer) Leid. S col. III 30; VII 8 (164[a]); T 5 (160[a]).

καλέω (ἀνα-, ἐγ-, εἰς-, ἐκ-, ἐπι-, μετα-, παρα-, προς-; προσπαρα-, συνεγ-): καλέσαι, καλέσασθαι S. 358. ἐγκέκληκα Petr. II 12 (2) 11 (241[a]); ἐγκεκλήκαμεν 13. παρακεκληκώς Tebt. I 12, 21 (118[a]) etc. προσκεκλήμεθα 58, 5 (111[a]). προσεκέκλητο Tor. XIII 19 (139[a]) etc. μετακληθῆις Par. 63, 8, 9 (165[a]). προσκληθέντος Tebt. I 49, 15 (113[a]). ἔγκλητος (angeklagt) 27, 42 (113[a]). ἔκκλητος Rev. L. 21, 10. 15 (258[a]). σύγκλητος (ἡ, Senat) Tebt. I 33, 4 (112[a]).

κατηγορέω: κατηγόρησεν S. 343. ἀκατηγόρητος Tebt. I 5, 47 (118[a]); 61 (b) 238 (118[a]); 72, 175 (114[a]). Strack, Ptol. Inschr. Arch. III 133, 40 (58—55[a]).

κεῖμαι (ἀντί-, ἀπό-, διά-, ἔγ-, ἔκ-, ἐπί-, κατά-, μετά-, παρά-, περί-, πρό-, πρός-, σύγ-, ὑπό-; προανά-, προέκ-, προυπό-): nur das Präsens (in beschränkter Anwendung) belegt, S. 354.

κηρύσσω (ἐγ-, ἐπι-, προ-, ὑπο-): προκηρύξομεν Rev. L. 54, 1 (258[a]). ἐνεκηρύξαμεν Petr.[2] 41 verso 2 (III[a]). προκηρυχθέν Rev. L. 53, 4; -θῆι 55, 16; -θέντος 57, 13; 59, 15; -θεισῶν 57, 8; 59, 9 (258[a]).

κίχρημι: s. χράω.

κλαίω — κλάω: κλάγω (Entfaltung eines inlautenden γ nach S. 167f.) — κλαούσας S. 105.

κλαύθω (poet. Nebenform = κλαίω): κλαύθονται Tebt. I 3 (Epigramm) 7 (I[a i]).

κλάω: κλαστός (kraushaarig) Petr. I 19, 7 (225[a]). Tebt. I 32, 23 (145[a]). P. Kairo Arch. I 65, 26 (123[a]). Leid. N 2, 6 (103[a]). ὑπόκλαστος (Deminutivbildung, nicht zu ὑποκλάω) s. § 88, 7.

κλείω (ἀπο-, ἐγ-, ἐκ-, συγ-): συνέκλεισα Par. 36, 15 (163[a]). κλείσαντος Lond. I p. 34, 16 (161[a]). κλεῖσαι Petr. II 13 (8) 4 (258—53[a]). Zur Orthographie ἀποκλήσαντες vgl. S. 128. κέκλεικα Petr. II 13 (8) 2 (258—53[a]). κέκλειμαι S. 376. ἐκκλεισθέντας S. 378.

κλίνω: ἐνκλινῖ = ἐγκλινεῖ S. 357. ἔκλινα S. 359. ἐνκέκλεικεν = ἐγκέκλικεν Eud. 249. 258 (vor 165[a]). κλιθέντα Tebt. I 3, 4 (Epigramm, I[ai]).

κλύζω: κατακέκλυκεν Tebt. I 49, 8 (113[a]). κατακεκλύκασι Magd. 28, 11; κατακεκλυκότας 8 (III[a]). κατακεκλύσθαι Tebt. I 56, 6 (II[af]). κατακλυσθῆναι 54, 9 (86[a]). περίκλυ⟨σ⟩τος (poet.) P. Kairo Arch. I 60, 34 (123[a]).

κοινολογέομαι: Dep. Pass. κοινολογηθῆναι S. 380.

κολάπτω (ἐγ-, προσεν-): προσενκολάπτεσθαι — ἐνκολλαπτωμένων (sic) S. 218.

κομίζω (ἀνα-, ἐκ-, παρα-, προσ-, συν-): ἐκόμιζον Magd. 11, 3 (III[a]). (παρα)κομιεῖν S. 356. ἐκόμισα, ἐκομισάμην S. 361. παρακεκομικότες Lond. I p. 30, 25 (172[a]). ἐκκεκόμισται Petr. II 32 (1) 25 (c. 238[a]). κεκομίσμεθα Par. 27, 20 (160[a]). κεκομισμένου Petr. II 2 (1) 11 (260[a]). κεκομισμέναι Par. 26, 7 (163[a]). ἀνακομισθέντων Par. 38, 26 (160[a]).

κόπτω: διέκοψαν Tebt. I 47, 16 (103[a]). διακόψαντες Gizeh. Mus. Arch. I 62, 6 (123[a]). κόψατε Tebt. I 1, 18 (Anthologiefragm. nach 100[a]). κέκοφα S. 374.

κρίνω (ἀπο-, δια-, ἐπι-, συγ-): ἔκρινον Grenf. I 40, 6 (II[af]). κρινοῦσι S. 357. ἔκρινα S. 359. συγκεκρίσθαι Tebt. I 72, 264 (114[a]). συγκεκριμένα Grenf. I 11 (1) 9; (2) 3. 8 (157[a]). συγκεκρεμένα (Vokalassimilation) Tebt. I 5, 54 (118[a]). διακεκριμένον Tor. I 7, 34 (117[a]). ἐκρίθη Grenf. I 37, 15 (II[af]). ἐπικριθῆι Rev. L. 28, 7 (258[a]). διακριθῆναι Par. 46, 15 (153[a]). κριθήσομαι Petr. I 16 (2) 11 (230[a]). διακριθησομένους Magd. 1, 15 (III[a]). ἀποκρίνομαι (antworten) bildet im Aor. nur ἀποκριθῆναι S. 379.

κρούω (ἐκ-, συγ-): ἐκκρο⟨ύ⟩εται (S. 116) Tebt. I 189 (I[ai]). ἐκκρούσαντες 46, 16 (113[a]). συγκρουσάντων 230 (II[af]). P. Kairo Arch. I 60, 38 (123[a]). ἐκκεκρουμένην S. 377.

κρύπτω: κεκρυμμένης Tor. I 6, 14 (117[a]).

κτάομαι (ἀνα-, ἐπι-, προσ-; προσεπι-): ἀνακτωμένους Par. 63, 4, 127 (165[a]). κτᾶσθαι Tebt. I 5 242 (118[a]). κεκτημένοι, ἔκτηντο S. 340. ἰδιόκτητος Tebt. I 5, 111 (118[a]).

κτείνω: ἀποκτεῖναι S. 359. ἀποκτέναι (?) S. 70.

κτερίζω (κτερείζω): ἐκτερέϊξεν, κτερίςαντι S. 361 Anm.

κτίζω: ἐκτικώς S. 340.

κυνέω: προςκυνῆςαι Par. 49, 34 (160[a]). προςκυνήςῃς 51, 36 (160[a]). προςκεκύνηκα Dittenb. inscr. gr. or. I 184, 5 (74[a]).

κύπτω (ἀνα-, ἐκ-, δια-): δια]κύψαςα Magd. 24, 3 (III[a]). ἐκκύψαι Petr. II 1, 16 (260[a]). ἀνακύψαι Par. 47, 23 (153[a]).

κύρω (προς-, ςυγ-): nicht κυρέω S. 348.

κωθωνίζομαι: ςυγκωθωνιςθῆναι S. 380.

κωλύω (ἐπι-, κατα-): κωλύειν Tebt. I 105, 31 (103[a]). ἐπικωλύηται Petr. II 6, 10 (255[a]). κατακωλυόμεθα 4 (11) 6 (255[a]). κωλυόμενος Tebt. I 5, 224 (118[a]). ἐπικωλύςωςι Rev. L. 30, 7 (258[a]).

λαγχάνω: λαχεῖν S. 364.

λακτίζω (poet.): ἐλάκτιζον BU 1007, 7 (243 oder 218[a]).

λαμβάνω (ἀνα-, ἀντι-, ἀπο-, ἐγ-, ἐπι-, δια-, κατα-, παρα-, περι-, προ-, προς-, ςυλ-, ὑπο-; προςανα-, ςυμπερι-, ςυνεγ-, ςυνεπι-): Präsens überall, z. B. λαμβάνειν Petr. II 8 (1) col. A 2; 11 (1) 7 (III[a]). Tebt. I 5, 56, 60 (118[a]). λαμβάνει Par. 23, 16 (165[a]). Lond. I p. 28, 8 (161[a]) usw. ἀντιλαμβανόμενος Grenf. I 30, 7 (103[a]). ἀντιλαβανομένου (mit Nasalschwund) S. 190. ἐλαμβάνεςαν, ὑπελαμβάνοςαν S. 323. λήψομαι, λήμψομαι, λάμψομαι S. 194. λαβεῖν, λαβέςθαι S. 364. εἴληφα S. 331 f. εἴληφαν — εἰλήφαςι S. 323. εἰληφώς, ἐληφώς S. 340. ἐξειλήφῃ (3. p. sg. Plpf.) S. 322. εἴλεφεν, ἐξειλεφότι S. 64. ἀντ-, προςειλῆψαι (Zwitterbildung, Infin.) S. 383. εἴλημμαι S. 332. ληφθῆναι — λημφθῆναι, ληφθήςεςθαι, λημφθήςεςθαι, ἀνεπίλη(μ)πτος, ἀνεπίλημτος, ἀντί-, ἔγ-, ἐπί-, παρά-, πρόςλη(μ)ψις S. 194 f.

λανθάνω (δια-, ἐπι-): διαλανθάνω Par. 61, 4, 11 (156[a]). ἐπιλελῆςθαι Par. 32, 11 (162[a]).

λέγω I (sammle): ἐπιλεξάντων P. Kairo Arch. I 60, 35 (123[a]); ebd. 49 ἐπιλεξαμένων, ἐπιλελεγμένων S. 332. ἐπίλεκτος Par. 63, 1, 21 (165[a]).

λέγω II (sage, zähle) [ἀνα-, ἀντι-, ἀπο-, προ-, ςυλ-; προανα-]: ἀναλεγόμενοι Eud. 77 (vor 165[a]). ἐρεῖν S. 357. εἶπα, εἶπον S. 331. εἴρηκα, εἴρημαι neben λέλεγμαι S. 332. εἰρήκῃς (plqpf.) S. 322. ῥηθῆναι S. 378. λεχθείς Eud. 16, 20 (vor 165[a]). λεχθείη Par. 2 col. 1, 4. 6 (vor 160[a]). ἐλέχθη Aristeas 300. ἀπόρρητος Tebt. I 5, 27 (118[a]). ῥητῶς Par. 63, 2, 62 (165[a]). Vgl. auch διαλέγομαι und ἀγορεύω.

λείπω (ἀνα(?)-, ἀπο-, δια-, ἐγ-, ἐν-, ἐπι-, κατα-, παρα-, περι-, ὑπο-· ἐγκατα-): καταλείψω Petr. II 2 (b) 1 (260[a]). λειψόμεθα 13 (6) 22 (258—53[a]). λιπεῖν, λιπέςθαι (nirgends ἔλειψα) S. 364. λέλοιπα, ἐνκατελελοίπει S. 373. ὑπολελειμμ[ένους Petr. II 29 (e) 1 (242[a]). ἀπολελειμμένους Par. 63, 1, 24 (165a). καταλελειμμένη Grenf. I 1, 1, 4 (nach 173a). ἀπολελεῖφθαι 17, 6 (nach 147 oder 136a). ἐνλειφθῇ — καταλειφθέντα Petr. II 13 (1) 7; (19) 11 (258—53a). ὑπολειφθέντες 25 (b) 6 (226a). περιλειφθήσεται Par. 63, 168 (165a). ἀδιάλειπτος Tebt. I 27, 45 (113a). Über die Nebenform λιμπάνω s. unten.

λέπω: λέπει Par. 12, 15 (157a).

λιμπάνω (Nebenform zu λείπω): καταλιμπάνω Petr. I 14, 9; 15, 17 (237a). Grenf. I 1, 3 (nach 173a). Weitaus häufiger ist jedoch καταλείπω, namentlich in Testamenten, z. B. Petr. I 11, 9 (220a); 16 (1) 15 (237a); 17 (2) 9. 13 (235a); 19, 25. 26; 20 (1) 2 (225a); 21, 6 (237a). ἀπολείπω 17 (1) 23 (235a) u. oft.

λογίζομαι (ἀνα-, ἀντι-, ἀπο-, δια-, ἐγ-, κατα-, παρα-, προς-, συλ-, ὑπο-; προσαπο-): ἀπολογιούμενος S. 356. ἀπολογίσασθαι S. 83. συνλελογισ(μέναι) Tebt. I 82, 3 (115a). ἀπολογισθῆναι (pass.) 99, 42 (nach 148a). λογισθήσεται Par. 62, 4, 1; 6, 6 (IIai).

λοέω (Nebenform zu λούω): ἐγλοηθέντα Petr. II 25 (a) 12; (b) 13 (226a). Die frühere Auffassung = ἐγλο(γ)ηθέντα (Heilbronner Gymnasialprogramm 1898, X) ist aufzugeben, namentlich wegen der schlagenden Parallelstelle Polyb. III 88, 1. — λουομένης Magd. 33, 2 (IIIa).

λυμαίνομαι: λοιμανάμενοι (sic) S. 111. λελυμάνθαι Petr.2 27, 3 (IIIa). λυμανθῆναι (pass.) Par. 6, 20 (127a).

λυπέω: λελυπηκώς Par. 61 (b) 13 (156a). λυπηθείης (ed. λυμηθείης) 64, 38 (165a).

λύω (ἀνα-, ἀπο-, δια-, ἐγ-, ἐπι-, κατα-, συν-; ἐπανα-, συγκατα-, συνδια-): διαλύω (intr. ‚komme um') Par. 12, 23 (157a). Leid. E 13 (162a); im gleichen Sinn διαλυόμεναι τῷ λιμῷ Par. 27, 13; 28, 12; 26, 9 (160a). διαλύωμαι 38, 27 (160a). διλούονται = διαλύονται S. 149. ἀναλύσειν (ausziehen) 15, 30 (120a). καταλύσω (einkehren) 49, 36 (160a); 40, 38 (156a). ἀπέλυσα 49, 19 (160a) etc. ἀπολελυκότες 63, 13, 2 (165a). ἐγλέλυκαν S. 324. ἀπολελύσθαι Lond. I p. 30, 26 (172a). συνλελύσθαι Tor. IV 9 (117a). διαλυθῆναι Par. 22, 21 (165a). ἀπελύθημεν Tebt. I 43, 21 (118a).

μαίνομαι: μαίνεσθαι, μαίνομαι Grenf. I 1, 13. 20. 22 (nach 173a). Tebt. I 2 (d) verso 14 (Anthologiefragm. Ia). ἐπιμανοῦσ(α) = ἐπιμανεῖσα (Zwitterform) S. 383 Note 2.

μανθάνω: μανθάνω Lond. I p. 48, 1 (IIa). μαθεῖν S. 365. μεμαθηκώς (edd. μεμαθευκώς) Par. 63, 8, 2 (165a).

μαρτυρέω bezeuge (ἀπο-, κατα-, προς-): μαρτυρεῖ Petr. II 21 (d) 2; -ρῶ 12 (IIIa). προσεμαρτύρουν Amh. II 30, 24; -ει 29 (IIa). καταμαρτυροῦνται Tor. I 5, 33 (177[a]). προσμεμαρτυρηκέναι Tebt. I 99, 39 (nach 148[a]). ἀπο-, προσμαρτυρηθῆναι Magd. 18, 4 (III[a]). Leid. A 37 (c. 150[a]).

μαρτύρομαι rufe zu Zeugen an (δια-, ἐπι-): μαρτύρομαι Petr. II 46 (a) 1 (200[a]). διαμαρτυρόμενος 37 (1[b]) 5 (III[a]). ἐπιμαρτυρομένου Lond. I p. 61, 17 (261 oder 223[a]). ἐπεμαρτυρόμην Petr.[2] 65 (b) 17 (III[a]). ἐπεμαρτυρόμεθα Petr. II 32 (2[a]) 22 (III[a]). ἐπεμαρτυράμην S. 359.

μεθύσκω (poet.): μεμεθύσμεθα Tebt. I 1, 15 (Anthologiefragm. I[a]).

μεθύω: μεθύων Tebt. I 2 (d) verso 20 (Anthologiefragm. I[a]). Ostrac. Reinach 1, 1 (II—I[a]).

μείγνυμι: Präsens fehlt. ἔμειξα, ἐμείχθη, ἄμεικτος, σύμμεικτος, ἀμειξία, ἐπίμειξις — fehlerhaft συνμῖξαι, μεμιγμένοι S. 91.

μέλλω: μέλλοντες προσγενέσθαι Petr. II 40 (a) 17 (260[a]). ἤμελλον S. 330.

μέλω (ἐπι-, μετα-): ἐπιμέλομαι (ἐπιμελούμενος unsicher) S. 347f. ἐπιμεμέληται Grenf. II 36, 13 (95[a]). μεταμεληθείς S. 380.

μένω (δια-, ἐμ-, κατα-, παρα-, ὑπο-; προσυπο-): μεῖναι S. 359. ὑπομεμένηκε Rosettastein 11 (196[a]).

μεσιδιόω s. § 86, 4.

μιαίνω: μιάναντες S. 360. μιανθῶσι (Faksimile) Par. 51, 28 (160[a]).

μιμέομαι: ἀμίμητος Dittenb. inscr. or. I 195 (33[a]).

μιμνήσκω (ἀνα-, ὑπο-): ὑπομιμνήσκειν (ohne ι προσγεγρ.) S. 123f. ἀναμνήσας Petr. II 20 col. 3, 10 (252[a]). ὑπομνήσαντα Lond. I p. 20, 23 (161[a]). μνησάμενον (poet.) Herodesepigr. Arch. I 221, 20 (145 bis 116[a]). μεμνημένον (oben erwähnt) Par. 63, 8, 19 (165[a]). -νης Tor. XIII 1 (139[a]). μεμνῆσθαι Strack, Ptol. Inschr. Arch. III 129, 17 (II[a]). μνήστητι = μνήσθητι S. 179. ἀναμνησθῶμ(αι) (Zwitterform) S. 383. ἀείμνηστος Dittenb. inscr. or. I 139, 21 (127—117[a]); 168, 13 (114[a]); (194, 32 (42[a]).

μίσγω (ἐπι-, συμ-): ionische Nebenform. Belege für μίσγω (μείσγω) S. 91.

νέμω: κατανέμηι (abweiden) Petr. II 22, 8 (III[a]). κατανέμοντα Petr.[2] 32 (g) r. (b) 4 (c. 240[a]). κατανενεμῆσθαι (verteilt sein) Tebt. I 72, 305 (114[a]). κατανενε(μημένης) 61 (a) 188; aber κατανεμημένης (ohne Redupl.) 67, 18. 23 (118[a]). ἀκατανέμητος 66, 75 (121[a]).

ΝΕΩ (?) poet. (spinnen): νῆσαν Herodesepigr. Arch. I 220, 14 (145 bis 116[a]).

νοέω (ἀπο-, ἐν-, ἐπι-, κατα-, προ-, προς-, συν-; προσεπι-): νοῶν (καὶ φρονῶν) formelhaft in Testamenten, oft Petr. I und II (III[a]). νοοῦντας Par. 63, 11, 61 (165[a]); col. 6, 192 κατανοῶσι. Pass. νοείσθω Eud. 142 (vor 165[a]). Med. προνοεῖσθαι Tebt. I 40, 12 (117[a]); 27, 67 (113[a]). προνοεῖται 43, 35 (118[a]). προνοεῖσθε Par. 63, 6, 185 (165[a]). συννοεῖcθαι 63, 11, 74 (165[a]). προcεπινοουμένου Tebt. I 27, 80 (113[a]). νοῆcαι 24, 72 (117[a]). ἐπινοηcαcῶν Par. 22, 21 (165[a]). προνόηcον 36, 23 (163[a]). προcνοήcαc Magd. 35, 3 (III[a]) etc. ἀπονενοημένουc 36, 15 (163[a]). προνοηθῆναι, προνοη ήcεcθαι S. 380.

νομίζω (κατα-): Präsens allgemein. νομίcαι S. 361. νομίζαντα (Zwitterform?) S. 369.

νοcφίζω: νοcφειοῦμαι S. 356. νοcφίcαcθαι S. 361. νενοcφίcθαι Rev. L. 27, 10 (258[a]).

ξενίζω: ἐξενίcθην Par. 64, 6 (c. 160[a]).

ξύω: κατεξύcθαι, κατεξυc(μένου) S. 34.

οἴγω (nie οἴγνυμι): ἀνύγω, ἀνύγετε, ὔξει S. 110. ἀνοίξω Petr.[2] 42 A 2 (257[a]). ἤνωιξα S. 342. ἀνοῖξαι Petr. II 13 (10) 4 (258—53[a]). Petr.[2] p. 133 verso col. 2, 23 (246[a]). ἀνοίξαντεc Par. 6, 11 (127[a]). ἀνεω(ι)γμένοc S. 337. ἀνοιχθῆναι Petr. II 13 (9) 4; ἀνοιχθήτωcαν (16) 6 (258—53[a]). ἀνοιχθήτω Petr.[2] 44 (3) 3 (c. 246[a]).

οἶδα (cύν-): οἶδαc S. 321. οἴδαμεν, εἰδῶ, εἰδώc, εἰδέναι S. 372. ἴcθι S. 327. εἰδῆcαι S. 370.

οἰκέω (δι-, ἐν-, κατ-, cυν-; ἐγδι- μεταδι-): Augment S. 342 Anm. 11. ἀδιοίκητοc Petr.[2] 71, 17 (249[a]). οἴκεcιc neben gewöhnl. οἴκηcιc S. 66.

οἰκίζω: ἐνώικειcται Petr. II 8 (2c) 5 (246[a]). Über κατοίκιcαc (ohne Augment) s. S. 137.

οἰκοδομέω (ἐν-, κατ-, περι-, προc-): Augment S. 335 und 337. οἰκοδομηθέν Petr. II 13 (4) 5 (258—53[a]). -θένταc 14 (3) 3 (III[a]).

οἰκονομέω: Augment S. 335. οἰκονομήcωνται Petr. II 8 (3) 8 (267[a]). οἰκονομηθῆι 38 (c) 61 (228[a]). Tebt. I 27, 9. 23 (113[a]). οἰκονομηθήcεται Par. 62, 4, 3 (II[ai]).

οἰκτίρω: ὠκτείρετο = ὠικτίρετο S. 94.

οἴομαι: οἶμαι, οἰ(ο)μένων, ὤμην (ὄμην) S. 350. Augment S. 335 und 337.

οἴχομαι: ὠιχόμην—ὤχοντο S. 335.

ὄλλυμι (ἀπ-; παραπ-, προcαπ-): ἀπολ(λ)ύει, ἀπόλλυμαι S. 352. ἀπολέcηc = ἀπολέcειc S. 77. ἀπώλεcεν S. 358. ἀπόληται S. 365. ἀπόλωλα S. 339.

ὁμαλίζω: ὡμαλιcμένη — ὁμαλιcμένη S. 336. ὁμαλιcθῇ Petr. II 13 (18[a]) 5. 13 (258—53[a]).

ὀμνύω (selten ὄμνυμι) [κατ-, cυν-]: ὀμνύω (einmal ὄμνυμι), ὀμνύομεν etc. S. 351 f. ὀμνούει S. 118. ὤμοcα S. 358. ὀμώμοκα, ὀμωμόκεμεν (Perf.) S. 322.

ὀνομάζω (ἐξ-, προ-): ἐξονομαζόμενοι Tebt. I 28, 17 (114[a]). προωνομαcμένον Lond. I p. 38, 21 (158[a]).

ὀπτάνω: ὀπτάνεται Par. 49, 33 (c. 160[a]). ὀπτανομένων Tebt. I 24, 5 (114[a]).

ὀπυάζω (poetisch = ὀπύω): ὀπυασθώμεθα (Zwitterbildung = ὀπυασθῶμεν) S. 383.
ὁράω (ἐφ-, παρ-, περι-, προ-, συν-, ὑπερ-): προορῶμαι (med.) Leid. D 1, 15 (162[a]). συνεορῶμεν S. 330. εἶδον S. 332. ἴδω, ἰδεῖν, ἰδού (ecce) S. 364. ἑώρακα (nicht ἑόρακα) S. 337. ὠμμένοι εἰσίν Petr. II 5 (a) 6 = Petr.[2] 42 B (5) 6 (255[a]) nach Wilcken, Add. et Corr. XV. παροφθέντας Par. 63, 2, 48; ὀφθῆναι ebd. col. 11, 56 (165[a]). παροραθησομένων Tebt. I 27, 16 (113[a]).
ὀργίζομαι: ὀργισθῶμεν S. 380.
ὀρθόω (δι-, κατ-; ἐπαν-, προσδι-): ἐπανώρθωσεν Petr. I 10, 1 (klassisches rhetor. Fragment III[a]). προσδιωρθώσατο Rosettastein 34 (196[a]). διορθώσηι Tebt. I 23, 12 (nach 119 oder 114[a]). διωρθωμένος 27, 41 (113[a]).
ὁρίζω: ὁρίζων Eud. 142; ὁρίζοντος 320 (vor 165[a]). διωρισμένος Tebt. I 105, 33 (103[a]).
ὁρκίζω: ἐξορκίζοντι Rev. L. 56, 12; ὁρκίσαι 8 (258[a]).
ὁρμάω (immer intrans.) [ἐξ-; συνεξ-]: ὁρμῶμεν Par. 63, 10, 42 (165[a]). ἐξορμήσοντες Tebt. I 24, 47 (117[a]). ὥρμησαν 230 (II[af]). ὁρμῆσαι 48, 24 (113[a]). ὡρμηκέναι 38, 23 (113[a]).
ὁρμέω landen: προσορμῆσαι Leid. U 2, 7 (II[a]).
ὁρμίζω (κατα-, προσ-): καθωρμίσθημεν S. 336.
ὀρύσσω: ὀρύξει Petr. II Einl. p. 31 unten (III[a]). ὑπορῦξαι Petr.[2] 42 F (a) 5 (252[a]). ὀρύξασι 46 (3) 10 (III[a]). ὑπωρυχότας S. 375. ὀρυχθέντα (nicht ὀρυγέντα) Petr. II 36 (1) 10 (III[a]).
οὐρέω: ὀροῦσα = οὐροῦσα S. 116.
ὀφείλω (ἐν-, προ-, προσ-): ὀφείλω, ὤφειλεν — ὀφειλούμενος, ὠφείλει S. 348. ὀφειλήσειν Grenf. II 16, 6 (137[a]). ὤφελον (poet.) S. 365. προσοφειλήσεις Petr.[2] 48, 12 (III[a]). Theb. Bk. XI 8 (116[a]). ὠφειλήσηι (mit festem Augment) S. 345. [προσ]ωφείληκεν P. Reinach 31, 7 (c. 109[a]). προσωφείληται Par. 26, 45 (163[a]). ὀφειληθησόμενα Par. 62, 4, 20 (II[ai]).
ὀφλισκάνω: ὠφλῆσθαι Rev. Mél. 322, 2 v. oben (II[a]).
παλιτραχηλίζω: παλιτραχηλιοῦσι S. 356.
παραχειρέω: παρεχίρησαν S. 349.
παροινέω: ἐπαρῴνησα S. 342. παροινήσας Petr. II 32 (2[b]) 6 (c 240[a]).
πάσσω (poet.): ἐπιπασθῇ Tebt. I 1, 19 (Anthologiefragm. nach 100[a]).
πάσχω: πάσχειν Petr. II 9 (3) 10 (241—39[a]). παθεῖν S. 365. πεπονθώς S. 374.
πατάσσω: ἀντιπατάσσοντες Par. 40, 41 (156[a]). πατάξαι 50, 8 (160[a]).
παύω (ἀνα-, κατα-): ἀναπαύσει Tebt. I 105, 23 (103[a]); 108, 6 (93 oder 60[a]). ἀναπαυσάτω 105, 38 (103[a]); 106, 22 (101[a]). ἀναπαῦσαι 105, 44 (103[a]). παύσομαι Par. 51, 27 (160[a]).

πείθω (ἀνα-, συμ-): ἀνέπεισεν Magd. 14, 4 (III[a]). συνεπείσαμεν Theb. Bk. XII 13 (116[a]) etc. πέπεικα Tebt. I 36, 8 (II[af]). πεπείκαμεν Lond. I p. 51 (XV) 5 = Theb. Bk. I 1, 17 (131[a]). πέπεικαν Tebt. I 36, 11 (II[a]). πέπεισμαι Petr. II 11 (1) 4 (III[a]). συνπεπῖσθαι Grenf. II 33, 8 (100[a]).

πεινάω: πινο͂ντες = πεινῶντες Par. 23, 18 (160[a]). πινῶν = πεινῶν 47, 23 (153[a]).

πειράομαι: πειράσομαι, ἐπειράθην S. 380. [πειράσεις Vat. A. 22 (172[a]) ist wohl in πειραθείς zu ändern]. καταπεπείραμαι (?) Par. 49, 7 (c. 160[a]). πεπειραμένοις Aristeas (Wendland) 264.

πέμπω: (ἀνα-, ἀπο-, δια-, μετα-, συν-; ἐπανα-): διεπεμπόμεθα Tebt. I 24, 8 (117[a]). ἀναπέμψαι Petr. II 32 (2[a]) 26; (2[b]) 10 (c. 240[a]). Par. 14, 33 (127[a]) etc. διαπεμψαμένης Petr. II 45 col. 2, 1 (246[a]). μεταπέμψασθαι 19 (1[a]) 8 (III[a]). μεταπεμψάμενος Par. 42, 6 (156[a]); 14, 37 (127[a]) etc. πέπομφα S. 374. πεμφθείσης Par. 63, 2, 62 (165[a]). μεταπεμφθέντων Tebt. I 27, 30 (113[a]) etc. ἀπόπεμπτος Petr. II 15 (1) 8 (241[a]).

πέτομαι: πεπτῆσθαι Ashmol. Pl. XVI 47 (III[a]).

πήγνυμι: καταπῆξαι Petr.[2] 43 (2) r. col. 4, 12 (246[a]).

πίμπρημι: ἐμπρήσαντα (geschr. ἐμπρήσαντο) Tebt. I 61 (b) 289 (118[a]).

πίνω: πείνουσι Tebt. I 208 (95 oder 62[a]). πιεῖν (nie πεῖν) S. 365.

πιπράσκω (ἐπανα-): Präs. fehlt. πέπρακα Par. 58, 4 (165[a]). B U 1002, 7, 9 u. oft (55[a]). πεπρακότων Tor. I 3, 27 (117[a]). πεπρακέναι Grenf. II 16, 3 (137[a]). Über διαπεπρακότων s. πράσσω. πέπραται Petr.[2] 67 (b) 12 (III[a]). πέπρανται Rev. L. 22, 1 (258[a]); ebda. 2, 1 πεπραμένων; -οις Petr.[2] 67 (a) 3 (III[a]). -νης B U 998 II 3 (101[a]) usw. πραθέντος Rev. L. 29, 19 (258[a]). πραθέντα Petr. II 46 (c) 6 (200[a]). ἐπαναπραθέν Petr.[2] 43 (2) recto col. 3, 4 (246[a]). ἐπαναπραθήσονται Par. 62, 3, 12; 6, 9 (II[ai]); -σεται Theb. Bk. I 1, 24 (131[a]) etc. ἄπρατος Tebt. I 5, 9 (118[a]).

πίπτω (ἀνα-, ἀντι-, ἀπο-, ἐκ-, ἐπι-, προ-, προς-, συμ-, ὑπερ-, ὑπο-): προσπίπτει Petr. II Einl. p. 36; -οντα 38 (c) 3 (228[a]). ἐκπείπτομεν Tebt. I 50, 27 (112[a]) etc. ἀναπίπτομαι S. 386. πεσοῦμαι S. 358. ἔπεσον S. 365. σύνπεσαι = σύνπεσε (Imperat.) S. 368. πέπτωκε Petr. II 34 (b) 28 (III[a]); 39 (f) 15. πεπτωκός 13 (3) 3; (4) 6 (258—53[a]). ἀποπεπτώκαμεν Par. 47, 27 (c. 15?[a]). ἀντιπέπτωκε Leid. U 3, 6 (II[a]) etc.

πλέκω (ἐμ-, ἐπι-; παρεμ-): παρεμπλέκοντα Tor. I 8, 28 (117[a]). ἐπιπεπλεγμένον Tebt. I 5, 140. 156. 211 etc. (118[a]). ἐμπλεκείς (mit Präsensvokal im Aor. II.) S. 19 und 381.

πλέω (ἀνα-, κατα-, παρα-, cυμ-; cυνεκ-): Präsens S. 346. ἀναπλεύcαντοc Petr. II 20 col. 3, 2 (252[a]); 4 καταπλεύcαc. παραπλεύcαντεc 45 col. 2, 2 (246[a]) etc. καταπεπλευκότων Petr. II 38 (b) 2 (246[a]).

πλήccω (ἐπι-, κατα-): πληccόμεναι Tebt. I 3, 8 (Epigramm I[a]). καταπλήττεcθαι Petr. II 45 col. 3, 18 (246[a]). Über cc ∼ ττ vgl. § 52 S. 222 ff. ἐπλήγη S. 381. ἀνεπίπληκτοc (ungerügt) Lond. I p. 34, 27 (161[a]).

πλώω: πλωτόc (Ionismus) s. S. 23.

ποιέω (ἐκ-, ἐμ-, περι-, cυμ-): ποέω, ποήcω etc. S. 108f. ποήcηc = ποιήcειc S. 77. ποίcηc, ποιcάμενοι, πεποίκαμεν, πεποιμένοc S. 83.

πολυωρέω: πολυωρήcηι Petr. II 3 (a) 3 (c. 260[a]). πεπολυωρημένοc S. 344.

πονέω (ἐκ-, ἐμ-, κατα-): πονέcαι — πονήcαc S. 359. πεπονεκέναι — πεπονηκέναι S. 372. ἐκπεπονημένον Par. 63, 9, 32 (165[a]).

ποντίζω: κατεποντίcθη Petr. II 40 (a) 26 (260[a]).

πορεύω (ἀνα-, δια-, εἰc-, ἐκ-, ἐπι-, κατα-, μετα-, παρα-, προc-): ἐκπορευόντων (intr.) S. 386. μεταπορεύεcθαι Petr. II 9 (2) 5 (241[a]). εἰcπορευcάμενοι S. 379 Anm. πεπόρευται Petr.[2] 44 (2) verso col. 3, 18 (246[a]). Par. 44, 2 (153[a]) διαπεπορευμένη Eud. 352 (vor 165[a]). ἐπορεύθην S. 380.

πορίζω: πόριcον S. 361.

ποτίζω: ποτίζομεν Petr. I 29 (A) 1 (III[a]). ποτίζεcθαι Petr. II 13 (11) 2 (258—53[a]). Tebt. I 50, 4 (112[a]) etc. ποτιεῖν S. 356. ποτίcαι S. 361. ἀπότιcτοc Tebt. I 71, 8—9 Note (114[a]).

πραγματεύομαι: πεπραγματευμένηc Tebt. I 61 (b) 37 (118[a]). πραγματευθείcηc (pass.) 72, 448 (114[a]). ἀπραγμάτευτοc Par. 33, 15 (162[a]).

πράccω (δια-, εἰc-; προcειc-): πράccω ∼ πράττω S. 223. πράξεται (eintreiben) Rev. L. 60, 23; 61, 17; 62, 20 (258[a]). πράξονται ebd. 103, 5. πρᾶξαι (handeln) Petr. II 13 (6) 13 (258—53[a]); 9 (3) 7 (241[a]). εἰcπρᾶξαι (eintreiben) Magd. 17, 7 (III[a]). πέπραχα, διαπεπρακότων S. 374. πέπρακται Tebt. I 23, 8 (119 oder 114[a]). πεπράχθαι 24, 74 (117[a]). διαπεπραγμένοι Par. 38, 11 (160[a]). πραχθῆναι 14, 43 (127[a]). πραχθήcεται Petr. II 14 (1[a]) 10 (III[a]) etc.

πρίαcθαι: ἐπρίατο, πριάμενοc S. 367.

προθυμέομαι: προθυμούμενοc Tebt. I 40, 10 (117[a]). προθυμηθείc S. 380.

προcεδρεύω: προcεδρεύετε Par. 63, 5, 138 (165[a]). προcεδρευόντων Tebt. I 48, 9 (nach 113[a]). προcέδρευcον 27, 95 (113[a]). προcεδρεῦcαι 58, 53 (111[a]). προcήδρευεν — προcεδρευκότοc S. 343. προc[ε]δρευκέναι Tebt. I 24, 30 (117[a]).

προϲτατέω: προϲτατῶν Tebt. I 20, 5 (113[a]). προϲτατῆϲαι Petr. II 13 (19) 4. 7. (258—53[a]). ἀπρόϲτάτητοϲ Rev. Mél. 321, 3 (II[a]).

πυνθάνομαι: πυνθάνομαι Par. 63, 11, 61 (165[a]). πυνθανόμεθα Amh. II 33, 15 (nach 157[a]). πυνθανομένων Par. 35, 29 (163[a]). ἐπυνθανόμην Petr. II 20 (3) 5 (252[a]). ἐπυνθάνετο Leid. U 3, 17 (II[a]) etc. πευϲόμεθα Petr.[2] p. 112 = Petr. II 16, 13 (III[a]) [nicht πευϲόμεϲθα!]. πυθέϲθαι S. 365.

(ἐμ)πυρίζω: ἐνεπύριϲαν, ἐμπεπυριϲμένων S. 343.

πωλέω (παρα-; ἐπανα-): πωλεῖν Tebt. I 5, 231 (118[a]). ἐπαναπωλεῖν Petr.[2] 43 (2) recto col. 3, 3; verso col. 3, 10 (246[a]). ἐπαναπωλεῖϲθαι Par. 62, 6, 22 (II[ai]). πολõντοϲ = πωλοῦντοϲ (lautliche Verwechslung) S. 116. παραπωλήϲαντα Tebt. I 38, 4 (113[a]).

ῥαδιουργέω: über das mangelnde ι προϲγεγρ. S. 120. ῥαδιουργημέναϲ (ursprünglich, wie es scheint, ῥ(ε)ραδιουργημέναϲ) S. 344.

ῥαθυμέω: ῥαθυμῆϲαι Leid. U 4, 21 (II[am]).

ῥέω (ἀπο-, δια-): ἀπο-ρεῖν, δια-ρεῖν statt ἀπορρεῖν, διαρρεῖν S. 212. καταρρυῆναι Magd. 24, 5 (III[a]). ῥυτόϲ Petr.[2] 42 H (7) 3 (c. 250[a]).

ῥήγνυμι: κατέρηξεν—καταρραγῆναι, ἐρράγη S. 213.

ῥίπτω (ἀπο-, ἐκ-, ἐπι-): ἐπιρίπτειν—ἐπιρρίπτειν S. 212. ἐξέρριψεν Lond. I p. 61, 13 (III[a]). ῥίψαντα Tebt. I 48, 23 (113[a]). ἔρρειμαι = ἔρριμμαι Petr. II 19 (2) 3 (246[a]). ἀπερρῖφθαι Magd. 29, 11 (III[a]). ἀποριφέντα = ἀπορριφέντα S. 212 und 381.

ῥώννυμι (ἐπι-; ἀνεπι-): ἔρρωμαι, ἔρρωϲαι, ἔρρωται, ἐρρώμεθα, ἔρρωϲθε, ἔρρωϲο, ἐρρωμένοϲ, ἐπερρωμένου, ἐρρῶϲθαι, ἐρρώμην S. 377.

ϲείω (δια-, ἐπι-): διαϲείειν Tebt. I 41, 10 (nach 119[a]). Leid. I 20 (99[a]). διαϲίειν Leid. G 19 (99[a]). διαϲείεϲθαι H 24 (99[a]). διαϲειόμενοϲ Tor. V 7 (177 oder 165[a]). Par. 39, 8 (162[a]). Leid. G 15 (99[a]) etc. διαϲεῖϲαι Par. 15, 37 (120[a]). ϲεϲεικέναι 11, 30 (157[a]). ἐπιϲεϲειϲμένων, διαϲειϲμένων (ohne Redupl.) S. 341.

ϲημαίνω (ἐπι-, ϲυν-): ϲημαίνεται Lond. I p. 10, 13 (162[a]). ϲημαινόμενοϲ 9. ἐϲήμαινεϲ Tebt. I 19, 4 (114[a]). ϲημῆναι, ϲημήναϲθαι—ϲημᾶναι, ϲημάναϲθαι S. 360. ϲεϲημηκέναι (?) Tebt. I 79, 48 (nach 148[a]), eine unerhörte Form, die auf ein analoges Verb. contract. zurückzugehen scheint. ϲημανθέντοϲ Amh. II 31, 8 (112[a]). -των Tor. I 9, 12 (117[a]). Tebt. I 61 (b) 266 (118[a]); 72, 152 (114[a]). -τι P. Reinach 7, 10 (c. 140[a]).

ϲκάπτω: ἐκϲκάψαντα Tebt. I 50, 23; ἐκϲκάψαι 40 (112[a]). ἐξεϲκαφότοϲ S. 373.

ϲκεδάννυμι: κατεϲκέδαϲε Magd. 33, 4 (III[a]).

ϲκέπομαι s. das folg. Wort.

σκέπτομαι (ἐν-, ἐπι-): ἐπισκεπόμενοι, wie es scheint, für ἐπισκεπτόμενοι S. 351. Über σκέπτομαι ∼ σκοπέω, σκοποῦμαι im Präsens ebenda. Aor. ἐσκεψάμην: ἐπισκέψασθαι Tebt. I 28, 6 (c. 114[a]). ἐπισκέψηται 24, 25 (117[a]). ἐπισκέψωνται Par. 8, 19 (129[a]); 14, 39 (127[a]). ἐπισκεψάμενος Petr. II 37 col. 1 verso 4 (III[a]); Par. 25, 16 (163[a]) und oft. ἐπεσκέμμεθα Tebt. I 24, 39 (117[a]). ἐπεσκεμμέναι Par. 62, 2, 10 (II[ai]). ἐπισκεφθησομένους Tebt. I 61 (b) 214 (118[a]); 72, 140. 469 (114[a]).

σκευάζω (δια-, ἐπι-, κατα-, παρα-): σκευάζειν Tebt. I 5, 60 (118[a]). ἐπισκευαζομένων Petr. II 20 col. 2, 7 (252[a]). σκευάσαι, σκευάσασθαι S. 361. διεσκευασμένα Tebt. I 24, 32 (117[a]). ἐπισκευασθῆι Petr.[2] p. 111 (7) c. 250[a] = Petr. II 13 (18[a]) 19, wo fälschlich ἐπισκευάσθαι steht. ἐπισκευασθῶσι Petr. II 13 (2) 12 (258—53[a]). κατασκευασθήσονται Tebt. I 33, 8 (112[a]).

σκυλάω, seltene Nebenform zum folgenden Wort: σκυλήσας Par. 35, 15 (163[a]); 19 προσεσκύλησεν; 22 ἐσκύλησεν.

σκύλλω: σκύλλεσθαι Par. 63, 1, 25 (165[a]). Leid. H 6 (99[a]); 13 σκυλλόμενος. Aor. ἔσκυλα S. 360.

σμάω: σμήσασθαι (sich seifen) Magd. 33, 3 (III[a]).

σπαράσσω: ἐσπάρασσεν Petr. II 17 (4) 6 (III[a]).

σπάω (ἀπο-, ἐκ-, ἐπι-, κατα-, περι-; προσεπι-): ἀπέσπα Petr. II 18 (2) 12 (246[a]). περισπάσει S. 357. ἔσπασα, σπασάμενος S. 359. ἀσπασάμενος (mit prothetischem α) S. 155. περιεσπακέναι S. 372. κατεσπασμένης S. 376. ἐπισπασθῆναι, περισπασθήσονται S. 378. ἀπερίσπαστος Grenf. I 11, 2, 4 (157[a]); Theb. Bk. XII 6 (116[a]). P. Reinach 18, 40 (108[a]).

σπείρω (κατα-): σπερῶ S. 357. ἔσπειρα S. 360. ἐσπαρκότες Rev. L. 43, 7 (258[a]). κατεσπαρκέναι Magd. 1, 18 (III[a]). κατεσπαρμένον Rev. L. 41, 6 (258[a]). Magd. 7, 8 (III[a]). -νης Petr. II 30 (d) 5 (nach 235[a]). ἐσπάρθαι Tebt. I 60 (a) 169 (118[a]) u. oft. σπαρῆναι S. 381.

σπουδάζω: ἐσπούδασα S. 361.

στέλλω (ἀνα-, ἀπο-, δια-, ἐπι-, κατα-, παρα-, ὑπο-; ἀποδια-, διαπο-, ἐξαπο-, εἰσαπο-, ἐξεπι-, καταπο-, παρεπι-, προδια-, προσεπι-, συναπο-): ἀποστελῶ S. 357. ἀποστεῖλαι, ἀποστεῖλασθαι S. 360. ἀπέσταλκα (nicht ἀφέσταλκα) S. 202. ἀπέσταλται Tebt. I 123, 9 (I[ai]). διεστάλμεθα Par. 26, 22 (162[a]). προδιεστάλμεθα Par. 26, 22 (162[a]). ἀπεστάλθαι 35, 31 (163[a]). ἐπέσταλτο 65, 6 (146—133[a]) etc. σταλῆναι, σταλήσεσθαι S. 381.

στερέω: ἀποστερέω — στέρομαι S. 348. ἀποστερέσαι neben ἀποστερῆσαι S. 359. στερηθῆναι Par. 15, 10. Tor. II 5 (120[a]). στερηθήσονται Par. 62, 8, 20 (II[ai]). στέρεσις neben στέρησις S. 65/66.

στίζω: ἐστιγμένος Par. 10, 8 (145[a]).

στοχάζομαι: στοχάσασθαι S. 361.

στρέφω (ἀνα-, ἐπι-): ἐπιστρέψας (intr. = sich begeben, zurückkehren) Par. 35, 17. 23 (163ª). -αντος 37, 13. 28 (163ª). -αντες 20. ἐπειστρέψαι Leid. C p. 118 col. 1, 9 (160ª). ἀνεστραμμένων Strack, Ptol. Inschr. Arch. III 132, 9 (58—55ª). ἐστρεμμένα (mit Präsensvokal) Eud. 281 (vor 165ª). Vgl. S. 19. ἀνεστραμμένως Tebt. I 25, 16 (117ª).

στρωννύω (κατα-, συν-): Präsens στρωννύω, nicht στρώννυμι S. 352. συνστρώσας Petr.² 43 (2) r. col. 4, 15 (246ª).

συκοφαντέω: συκοφαντηθῶμεν Tebt. I 43, 26 (118ª) ἀσυκοφάντητος Tebt. 61 (b) 237 (118ª); 124, 26 (nach 118ª); 72, 175 (114ª).

συνηγοράσαι = συνηγορῆσαι („Advokatenpraxis üben") Amh. 33, 20. 32 (157ª) — aber 31. 34 συνηγορήσαντες (im gleichen Sinn).

συνοψίζω (denom. zu σύνοψις): συνωψισμένη S. 343.

σφάλλω: ἀποσφαλῆναι S. 382.

σχίζω: ἀπεσχίσθην Petr.² 53 (r) 6 (IIIª).

σχολάζω: σχολαζον ... Petr. II 4 (8) 5 (255ª). ἐσχολακέναι Par. 32, 7 (162ª).

σώ(ι)ζω (ἀνα-, δια-): διασώιζεσθαι—ζώζουσα, ἔσωισα, σῶσαι, σεσωικώς — διασεσωκυῖα, σέσωμαι, σέσωσαι, διασεσῶσθαι, σωθῆναι, σωθήσομαι S. 134.

ΤΑΛ s. ΤΛΗ.

τάσσω (ἀπο-, δια-, ἐν-, ἐπι-, κατα-, παρα-, προς-, συν-, ὑπο-; προσεν-, προσκατα-, προσυπο-): τάξεται Petr. II 46 (c.) 12 (200ª). τάξαι 13 (5) 5 (258—53ª). προστάξαι 8 (3) 3 (c. 260ª); 13 (18ᵇ) 9 (258ª). Tebt. I 43, 32 (118ª). ὁ Φίλιππος ἐπέταξαν (= ξεν) Par. 23, 6 (165ª). προσυποτάξαντα Tebt. I 38, 26 (123ª) etc. τέταχα S. 374. τέτακται Grenf. II 15 (3) 1 (139ª). Par. 15 (b) p. 225, 3 v. unt. (121ª). τεταγμένος Rev. L. 18, 8; 19, 6. 7. 15; 32, 11 (258ª). Grenf. II 14 (a) 3 (IIIª). Tebt. I 5, 162ff. (118ª) u. oft. τετεγμένος (mit Lautschwächung oder möglicherweise Vokalassimilation) S. 57. ὑπετέτακτο Tor. I 4, 24 (117ª). ταχθῆναι — ταγῆναι, ταγησομένους S. 382. ἀπότακτος Petr.² 107 (d) col. 1, 32 (IIIª). Tebt. I 42, 12 (114ª); 106, 15 (101ª).

τείνω (ἐν-, ἐπι-, κατα-, προ-, ὑπερ-): ἐντείνεσθε Petr. II 40 (a) 28 (260ª). ὑπερτείνουσαν Par. 63, 72 (165ª). προτεινόμενον ebd. col. 6, 1. ἐπιτετακέναι Tebt. I 8, 17 (201ª). ἐπιτετακότος 19, 6 (114ª). ἐνταθῆς Petr. II 4 (13) 3 (255ª). κατατα?έντος Par. 63, 2. 50 (165ª). ἐπιταθέντος Lond. I p. 29, 4 (161ª).

τελέω (δια-, ἐπι-, συν-; ἐπισυν-): διατελῶ (Praes.) Lond. I p. 30, 4 (172ª). ἐπιτελεῖν Leid. U 4, 18 (IIª). ἐπιτελείτω Tebt. I 106, 21 (101ª). ἐπιτελοῦντα Leid. B 3, 4 (164ª). διετελοῦντο Lond. I p. 34, 20 (161ª).

Fut. gewöhnlich τελέσω, vereinzelt τελῶ S. 357. ἐπι-, συντελέσαι, -τελέσασθαι S. 359. ἐπιτετελεκότες S. 372. συντετέλεσται, συνετετέλεστο S. 376. τελεσθῆναι, τελεσθήσεσθαι S. 379. συντέλεστος Petr. II 37 (2[b]) verso 3 (III[a]). ἀσυντέλεστος Einl. p. 30 (III[a]); Petr.[2] 44 (2) verso II 26 (III[a]) nach Wilcken Add. et corr. XVII. ἡμιτέλεστος Magd. 2, 4 (III[a]). ἱμιτέλεστα = ἡμιτ. Leid. U 3, 8 (II[a]), vgl. S. 83.

τέλλω aufgehen von einem Gestirn (ἀνα-, ἐπι-; ἐπανα-, προανα-, συνανα-): ἐπιτέλλων Eud. 6, 8 (vor 165[a]). ἐπανατέλλει 15, 6. 10. ἀνατέλλει 7, 1; 17, 12. προανατέλλον (Blaß) 17, 14. ἀνατελε[ῖ] 7, 2. ἐπιτελοῦσιν 6, 32/33. ἀνατείλῃ S. 359. ἀνατεταλκότων 14, 18.

τέλλω vollenden (ἐν-; προσεν-): προσεντέλλομαι Tebt. I 59, 52 (111[a]). ἐνέτειλας, ἐντείλασθαι S. 359. ἐντέταλται Tebt. I 37, 11 (73[a]). ἐντετάλμεθα Grenf. I 30, 3 (103[a]).

τέμνω (ἀπο-, περι-): περιτέμνεσθαι (Beschneidung) Lond. I p. 32, 12 (163[a]). τεμεῖν (Aor.) S. 365. τέτμηκα Petr. II 4 (1) 6 (255[a]). τετμημένοι 13 (18[a]) 9 (258—53[a]).

[τετραίνω]: τετρημένος Grenf. II 15, 2, 1 (139[a]). Lond. II p. 3, 4 v. oben (II[a]) [nicht, wie Kenyon will, τετραμμένος]. P. Kairo Arch. I 65, 25 (123[a]). Auch Grenf. I 12, 29 (nach 148[a]) ist τετρ(ημένος) zu lesen.

τεύχω: ἔτευξεν (poet.) Weil VI 2, 9 (vor 162[a]) [Weil ohne Not ἔθηκεν]. Über τέτευχα vgl. τυγχάνω.

τήκω: συντηκέτωσαν Rev. L. 50, 17 (258[a]).

τίθημι (ἀνα-, ἀντι-, δια-, εἰς-, ἐκ-, ἐπι-, κατα-, μετα-, παρα-, προς-, συν-ὑπερ-, ὑπο-; ἐγκατα-, προεκ-, προσανα-, προσεκ-): Präsens und Imperf. S. 352f. ἐπιθήσετε Petr. II 49 (a) 9 (III[a]). θήσουσι 13 (1) 10 (258 bis 53[a]). θήσομαι Magd. 32, 6 (III[a]). θήσεσθαι Par. 13, 9 (157[a]). ἔθηκα, ἐθήκαμεν S. 368. θεῖναι, ἔκ-, πρόσθες, θείη, θείς; ἐθέμην, ἔθεσο, διέθετο, διέθεντο, συνέθοντο, κατάθου etc. S. 367. διεθέντος für διαθέντος (festes Augment) S. 345. τέθεικα (einmaliges τέθηκα unsicher) S. 370. τέθειμαι S. 375. εἰστεθῆναι Petr. II 8 (2c) 7 (246[a]). τεθῆναι Magd. 12, 4 (III[a]). ἀνατεθῇ Petr. II 4 (9) letzte Z. (255[a]). ἐκτεθέντος Par. 15, 58 (120[a]). ἐτεθεῖσαν (mit festem Augment) S. 345. τεθήσεται Par. 62, 2, 3 (II[a i]). κατατεθήσονται Tebt. I 27, 58 (113[a]). ἀδιάθετος (ohne Testament) Grenf. I 17, 5 (147 oder 136[a]).

τινάσσω: ἐξετίναξαν Par. 37, 12. ἐκτιναξάντων 35, 11 (beide 163[a]).

τίνω (ἀπο-, ἐκ-; προσαπο-): ἀποτίνω (ungenau ἀποτείνω) S. 94. ἀποτείσω, τείσεται (vereinzelt fälschlich ἀπο-, ἐκτίσω), ἔτεισα (selten fälschlich ἀπέτισα), ἔκτεισις (neben ἔκτισις), Τεισαμενός vgl. § 11 S. 91. Lautensach 1887, 14. Mhs.-Schwyz. 180, 6. G. Meyer 181.

[τιτρώσκω]: τετρω{μη}μένος Magd. 33, 7 (III[a]).

ΤΛΗ-: ἐτέτλητο (in Prosa!) Par. 63, 9, 31 (165ª). Vgl. S. 26.

τρέπω (ἀνα-, ἐν-, ἐπι-, προ-): ἐντρέπομαι (schäme mich) Par. 47, 4 (153ª). προτρέψαντος Tebt. I 61 (b) 372 (118ª). -τας 72, 374 (114ª) etc. προτρεψαμένου Par. 63, 6, 165 (165ª). ἀνατετραμμένης ebd. col. 9, 37. ἐντραπῆναι — ἐντρεπέντος (mit Präsensvokal) S. 19 und 382.

τρέφω: τρέφειν Tebt. I 5, 182 (118ª). διετρεφόμεθα Par. 22, 23 (165ª) etc. διατετραφέναι S. 375.

τρέχω (ἀπο-, κατα-, συν-, ὑπο-): κατατρέχω Par. 50, 18 (160ª). ἀποτρέχεις Grenf. I 1, 1, 23 (nach 173ª). κατατρέχοντα Par. 44, 6 (153ª). κατέτρεχεν 23, 8 (165ª). συνέδραμον S. 362. συνδρεδραμηκέναι Tebt. I 48, 26 (113ª). ὑποδεδραμημένας Tebt. I 24, 67 (117ª).

τρίβω (δια-, συν-; συνδια-): συνδιατρί{λ}βοντος S. 187/8. συνετρι[βόμεθα Petr. II 4 (3) 5 (255ª). συντρίψαντες Tebt. I 45, 21; 47, 13 (113ª) συντετριφέναι S. 375.

τυγχάνω (ἐν-, ἐπι-, συν-): τυγχάνω Lond. I p. 34, 10 (161ª) Tebt. I 16, 2 (114ª). τυγχάνει Lond. I p. 31, 28 (172ª etc. τυχχάνοι S. 183. τυχάνω (ohne Nasal) S. 191. ἐτύγχανεν Petr.² 32 (g) verso 16 (c. 240ª). Par. 15, 40 (120ª). τεύξεσθαι S. 358. τυχεῖν S. 365. τυχόντως Fay. XII 15 (nach 103ª). τέτευχα S. 374.

(ἀπο)τυπανίζω (τυμπανίζω): ἀποτυπανισθῶσι Par. 11 verso 5 (157ª). Über den Nasalschwund vgl. S. 190.

ὑβρίζω: ὕβριζαν (Zwitterbildung) S. 369. ὑβρίσαντα Petr. II 17 (1) 19. 27 (236ª). ὕβρικεν Lond. II p. 4 (a) v. 177ª. ὑβρικότες Magd. 6, 11 (IIIª). ὑβρικότος Leid. A 27 (c. 150ª). ὑβρισμένος Magd. 6, 11 (IIIª). Tebt. I 16, 7 (114ª).

ὑγιαίνω: Präsens häufig. ὑιαίνω (mit Schwund des intervokalischen γ), ὑγαίνῃς (γ für γι) S. 164. ὑγιγαίνω (Entfaltung eines spirant. γ) S. 168. Imperf. ὑγίαινον Lond. I p. 30, 4 (172ª). Par. 32, 5 (152ª). B U 1009, 2 (IIª). Tebt. I 59, 2 (99ª).

ὑπισχνέομαι: s. ὑποσχνούμενος (Kontamination aus Präs. und Aor.) Tebt. I 58, 19 (111ª). ὑπέσχετο S. 365.

φαίνω (ἀπο-, ὑπο-): ἀπέφαινεν Petr. II 30 (f) c. 235ª. Tebt. I 23, 3 (119 oder 114ª). ἀπέφαινες Par. 63, 12, 85 (165ª). ἀπεφαίνετο Par. 2 col. 2. 7. 9. 10; ἀποφαίνοιτο col. 7. 8. 13 (IIªⁱ). ἀπεφήνατο S. 360. πεφήναμεν (intr.) S. 373. φανῆναι S. 382.

φάσκω (ἀπο-, κατα-): Präsens S. 355. ἀπέφασκεν Par. 2 col. 3. 8. 11. 12. 13 f.; καταφάσκοι col. 12 (IIªⁱ). ἐφάσκοσαν S. 323. Vgl. φημί.

φείδομαι: φείσεσθε Par. 63, 5, 133 = Petr.² Einl. p. 30 (165ª). πε[φιδ]ήσασθαι S. 339.

φερνίζω: φερνιεῖν S. 356.

φέρω (ἀνα-, ἀπο-, δια-, εἰς-, ἐκ-, ἐπι-, μετα-, περι-, προ-, προς-; παρεις-, προςανα-, συμπερι-, συνανα-, συνεις-): Präsens gewöhnlich. προςανοίσω Petr.[2] 69 (a) 10 (III[a]). ἀνοίσουσι Par. 62, 2, 16; 8, 9 (II[ai]). Statt προςοίσωσιν Petr. II 4 (6) 15 (255[a]) ist προςοίσουσιν zu lesen. Vgl. Schweizer 180, 7. Nachmanson 158. ἤνεγκα, ἠνεγκάμην — ἐνεγκεῖν S. 363. ἀνενεκεῖν (mit Nasalschwund) S. 190. ἀνενεγκόσι (Zwitterbildung) S. 384. μητήνεκα, μετήνεκκα S. 183. προςένηκε, μετενῆκαι S. 19. Nirgends ἐνεικεῖν. ἐνήνοχα, ἐνηνεχόσι (Lautschwächung) S. 95. ἐνήνεκται, ἐνήνεκτο — ἐνήνεγκται (nur III[a]), ἀνηνεγμένης, ἀνηνέχθαι (haplologische Verkürzung) und umgekehrt συμπεριεν{εν}ηνεγμένης (dittographisch verlängert); ἐνεχθῆναι — ἐνεγχθῆναι, aber nur ἐνεχθήσομαι 196f. προςανενεκχθῇ S. 169. μετηνέθησαν (Schwund der Aspirata) S. 166. δαινεκθέντες = διενεχθέντες S. 107.

φεύγω (ἀπο-, δια-, ἐκ-, κατα-): φυγεῖν S. 365. πέφευγα S. 373.

φημί: Präs. akt. u. med., Imperf. akt. S. 355. Infin. u. Partic. durch φάσκειν und φάσκων (neben φάμενος) ersetzt. φή⟨σου⟩σιν Rev. L. 20, 8 (258[a]). ἔφησεν Petr.[2] 53 (q) 11 (III[a]). ἔφησαν Petr. II 20 (3) 9 (252[a]). Par. 37, 43 (160[a]). Tebt. I 15, 10 (114[a]). φήσας Tor. I 3, 32; 4, 10; 5, 3 etc. (117[a]). φήσαντος Petr. II 20 (4) 7 (252[a]). φήσαντες Par. 35, 30 (163[a]). Aristeas (Wendland) 197. 252. 254 ἔφησεν; 249. 255. 260 φήσας. Schweizer 181. Nachmanson 164 d.

φθάνω: προφθάσαντος Lond. I p. 34, 16 (161[a]).

φθείρω (δια-, κατα-; παρακατα-): ἐφθαρμένην Leid. B 1, 17 (164[a]). καταφθαρμένου (ohne Augment) Petr. II 32 (2[b]) 8 (238[a]). κατέφθαρται 19 (2) 6 (III[a]). καταφθαρῆναι S. 382.

φιλοτιμέομαι: ἐφιλοτιμοῦ Petr.[2] 42 H (8 f) 3 (c. 250[a]).

φροντίζω: φροντιεῖν S. 356. φροντίσαι S. 361. πεφροντικέναι Tebt. I 23, 9 (119 oder 114[a]).

φρυγανίζω: παραφρυγανιεῖν S. 356. φρυγανίσαι S. 361.

φυλάσσω (δια-, παρα-): παραφυλάξασθε Par. 61, 17 (156[a]). διαφυλαχθέντος Tebt. I 25, 3. 9 (117[a]).

φύω: φυομένων δένδρων Grenf. II 28, 8 (103[a]). φύσι = φύσει (trans.) Par. 50, 12 (160[a]).

χαίρω (ἐπι-, συγ-): ἐπέχαιρον Petr.[2] 21 (g) 26 (226[a]). ἐπειχάραντες S. 360, gew. χαρῆναι S. 382.

χαράσσω: χαρ[ά]ξαν[τες Rev. L. 44, 1 (258[a]).

χαρίζομαι: χαριεῖ — χαριῆι S. 129. χαριεῖσαι S. 328. κεχαρισμένος Par. 42, 14 (156[a]) etc.

χειρίζω (δια-, προ-, συγ-): συνχειριοῦσι S. 356. κεχειρικόσι Tebt. I 76, 3 (112ª). κεχειρισμένα 27, 41 (113ª). προκεχειρισμένου 24, 42 (117ª) etc. Vgl. S. 24.

χέω (κατα-, παρα-; ἐπεκ-): κατέχεεν Magd. 24, 9 (IIIª). ἐπεκχυθέντες Tebt. I 39, 24 (114ª).

χορηγέω (ἐπι-, προς-): κεχορηγημένα S. 344. κεχορηγηθέντα (Zwitterform) S. 383. χορηγηθῆναι Rev. L. 41, 25 (258ª). προσχορηγηθήσεται Tebt. I 27, 57 (113ª); 72, 356 (114ª). [Über ἐπιχορηγῶσι, von Crönert hergestellt aus ἐπιχροήσωσι, s. S. 108 Anm.]

χόω (ἀνα-, ἐπι-, συγ-): συνέχωσεν Tebt. I 50, 12 (112ª). κεχωσμένος, κεχῶσθαι S. 376. ἀναχωσθῆναι S. 379.

χράω (κίχρημι) [συν-] leihe, borge: κέχρηκας Par. 44, 3 (153ª). κέχρηκε Tebt. I 120, 43. 88 (97 oder 64ª). ἐκεχρή(κει) 112, 44 (112ª). ἐχρησάμην (entlehnte) Petr. I 29, 9 (IIIª). ἐχρήσατο Magd. 16, 4 (IIIª). συνκεχρήμεθα Grenf. II 14 (b) 4 (264 oder 227ª).

χράομαι (ἀπο-, κατα-, προς-): χρῆσθαι — χρᾶσθαι S. 347. χρώμεθα Petr. II 13 (18ª) 19 (258ª). χρῶνθ' ὡς Lond. I p. 36, 16 (160—59ª) etc. ἐχρήσατο Petr.² II 42 H (8 f) 8 (c. 250ª). χρησάσθω Petr. II 13 (16) 12 (258ª)· χρήσωνται 5 (b) 4 (255ª). ἀποχρήσασθαι 13 (3) 8 (258ª); (16) 4. χρησάμενοι Tebt. I 45, 20; 47, 13 (113ª) etc. κέχρημαι S. 377. καταχρησθείσης (passiv) S. 379. χρηστέον Par. 63, 2, 53 (165ª). προσχρηστέον Tor. I 4, 15 (117ª).

χρηματίζω (ἐγ-, κατα-; προσκατα-): ἐνχρημα⟨τ⟩ίζειν Petr. II 13 (18ª) 16 (255—53ª). χρηματιεῖν S. 356. χρηματίσαι S. 361. κεχρημάτιστα⟨ι⟩ Leid. E 15 (162ª). κεχρηματίσθαι Tebt. I 68, 92 (117—116ª). κεχρηματισμένη Petr. II 2 (2) 1 (260ª) etc.

χρωτίζω: χρωτίζεσθαι Grenf. I 1, 1, 23 (nach 173ª); χρωτισθήσομαι 15.

χωρέω (ἐπι-, παρα-, προς-, συγ-; περισυγ-): κεχωρημένον ἐστίν Petr. II 32 (1) 13 (c. 238ª). ἐπικεχωρῆσθαι Tor. XIII 23 (139ª). παρακεχωρημένος Grenf. II 25, 14. 19 (103ª). προσχωρηθέντος (refl. sich weiter begeben) Par. 30, 17 (162ª). συγχωρηθήσεται Tor. XIII 21 (139ª).

χωρίζω (ἐπι-, κατα-, προς-; προσκατα-): χωρίσαι S. 361. καταχωρίσαι — ἐπιχωρίσαντος (Analogiebildung, nicht = ἐπιχωρήσαντος) S. 84. κατακεχωρικέναι Rev. L. 22, 7. 10 (258ª). προσκατακεχωρισμένου Lond. I p. 11, 30 (162ª). χωρισθέντος μου (als ich mich entfernte, weg begab) Par. 22, 14 (165ª); 26, 29 (163ª); 15, 25 (120ª). Vgl. das vorige Wort. χωρισθείς Amh. II 40, 3 (IIª). προσχωρισθέντος Leid. D 1, 15 (162ª). χωρισθήσονται Tebt. I 19, 10 (114ª).

ψάω: συμψῶντας Petr. II 32 (2ª) 9 (c. 238ª)· συνψήσαντι 18. συνψήσαντες Tebt. I 13, 15 (114ª); 48, 31 (113ª).

ψύχω: ψῦξαι Petr. II Einl. p. 30 (IIIª).
ὠθέω (ἀν-, παρ-, προ-; προσαπ-): προωθῶν Petr. II 18 (2ª) 13 (246ª). προσαπώσατο P. Magd. Mélanges Nicol. p. 283, 7 (221ª). παρώσας Petr. II Einl. p. 31, 5 (246ª). ἀνῶσαι Lond. I p. 34, 21 (164ª).
ὠνέομαι (προσ-): ὠνησο[μένωι Theb. Bk. I 1, 16 (131ª). ἐωνήσατο, ἐώνηται, ἐωνῆσθαι, ἐώνητο S. 330. ὠνήσασθαι Par. 40, 16 (156ª).

B. STAMMBILDUNG.

Vorbemerkung. Die gewöhnlichen, in allen Epochen der griechischen Sprache verbreiteten Bildungstypen werden nur insoweit berücksichtigt, als neue, vorher unbelegte Exemplare der betreffenden Bildung in den Papyri, Inschriften und Ostraka vorkommen. Dagegen werden diejenigen Typen, die nach bisher gemachten Erfahrungen für die Sprache der Κοινή besonders charakteristisch sind, nach Möglichkeit vollständig registriert. Wörter, die sonst in vorchristlicher Zeit nur durch die LXX und den Aristeasbrief [Wendland[1])] belegt sind, werden als Neubildungen geführt. Wörter, die auch bei Polybius (Schweighäuser, lexic. Polyb.) vorkommen, sind durch (ˣ) bezeichnet.

Die Neubildungen sind gesperrt gedruckt; in kleinem Druck werden andere, aus früherer Zeit belegte, in den ptolemäischen Texten ebenfalls vorkommende Vertreter des betreffenden Typus beigefügt. In Methode und Auswahl dienten als Vorbild namentlich die Sammlungen von W. Schmid Attic. IV 685—712.

§ 82. Primitiva.

Folgende Primitiva, die in klassischer Prosa nicht belegt sind, erscheinen zum erstenmal in den ptolem. Papyri:

A. Substantiva.

ἄβαξ (ein Möbelstück) Lond. II p. 12, 29 (IIª). — Cratinus bei Pollux 10, 105. Athen. X 435 D. Über die vielleicht semitische Abstammung vgl. S. 41.

γέρδιος Weber [Hesych. γέρδιος· ὑφάντης] Tebt. I 116, 48 (IIªᶠ). Das Wort ist später in Ägypten nicht selten, z. B. in röm. Zeit Ostr. 1155. 1156. Die Belegstellen für das τέλος γερδίων (Webersteuer), das in Theben erhoben wurde, sind gesammelt von Wilcken Ostr. I 172 f.

1) Der Index verborum von Wendland hat mir gute Dienste geleistet. — Außer Polybius, Septuaginta und Aristeasbrief wird besonders der Wortschatz der pergamenischen und magnesischen Inschriften (Perg. Magn.) zur Vergleichung herangezogen.

δεῖcα Nässe, Schlamm [Suid. ἡ ὑγραcία καὶ κόπροc] Tebt. I 75, 74 (112ᵃ); 105, 6. 27. 60 (103ᵃ); 106, 26 (101ᵃ). BU I 14 col. 3, 13 παραφέροντεc δεῖcαν (255ᵖ).

θυμή (?) scheint im Sinne von θυμόc zu stehen Lond. I (XLII) p. 31, 27 (172ᵃ) in der Verbindung ἀηδίζομαι θυμήν.

κεῦτλον (?) in Rechnungen neben Gemüsearten erwähnt (vermutlich = cεῦτλον, S. 224) Tebt. I 112 introd. (112ᵃ); 190 (Iᵃⁱ). cεῦτλον wird von Moeris p. 210, 11 als hellenistische Nebenform zu cευτλίον bezeichnet. Auch ein dorisch redender Arzt bei Alexis fragm. 143, 6 k gebraucht das Wort (nach v. Herwerden, Append. lex. suppl. 195).

ὅροc (Wächter = homerischem οὖροc?) ist höchst zweifelhaft in der noch nicht endgültig erklärten Stelle Petr. I 29, 13 ff. (IIIᵃ): γίνωcκε δὲ καὶ ὅτι ὕδωρ ἕκαcτοc τῶν ὅρων (?) τὴν ἄμπελον φυτευομένην πρότερον δεῖν φαcιν, [ο]ὐ [δὲ ὑ]πάρχειν. Petr.² p. 149 wird jetzt vorgeschlagen τῶν ὁρ⟨ώντ⟩ων zu lesen. Eine mehr geistreiche als überzeugende Konjektur macht Wilamowitz, Reden und Vorträge S. 245.

ὕνιc Pflugschar Petr. II 39 (h) 7. 15 (IIIᵃ). Über die von Plutarch vorgeschlagene Ableitung vgl. oben S. 214 Anm. 5.

B. Ein bisher unbekanntes Verbum primitivum δρύccω scheint zugrunde zu liegen in δρυξάμενον τῆc γῆc ἀπὸ τῶν ὁρίων Grenf. I 11, 2, 14 (157ᵃ), vielleicht im Sinne von δρυφάccω (Lycophron) = abzäunen, schützen. Oder steckt verstümmeltes τρυγάω darin?

Weit reichlicher sind naturgemäß Neubildungen durch Ableitung und Zusammensetzung.

I. ABLEITUNG.

§ 83. Abgeleitete Substantiva.

1. Neutra auf -αιον.

IIIᵃ διατόναιον Querbalken Petr. II 4 (11) 6.

III—IIᵃ ˣκεφάλαιον [LXX, Aristeas] [1]. προcκεφάλαιον. ˣcυμβόλαιον.

2. Masculin.-vokal. Stämme auf -ᾶc und -ῆc.

IIᵃ κᾶc Lond. II p. 11, 5 und καcῆc Tebt. I 181 (IIᵃᶠ); 38, 22 (113ᵃ) = Decke, an Stelle der von Xenoph. Cyr. VIII 3, 6. 7. 8 gebrauchten Form καcᾶc für das (semitische) Fremdwort. Vgl. oben S. 41.

III—Iᵃ βορρᾶc sehr häufig, S. 252.

1) Tebt. I 24, 52; 67, 2 etc. ist statt ἐπικεφαλαίου getrennt zu lesen ἐπὶ κεφαλαίου; ebenso 119, 6 statt κατακεφάλ(αιον) vielmehr κατὰ κεφάλ(αιον).

3. Femininale D-Stämme auf -άς oder -ς.

III[a] προστάς (Hesych. προστάς· πρόστῳον) Dittenb. inscr. gr. or. I 51 (Ptolemais) 23.

III[a] ἀναδενδράς Petr. I 29, 7. ×τοκάς Petr.[2] 112 (d) I 9 χηνῶν τοκάδων; ebenso (g) 4. 24 u. (e) verso col. 1, 26 (III[a]). III—II[a] ἰσχάς Petr.[2] 136 III 22; 142, 16 (III[a]). Par. 57, 2, 12 (157[a]). λοπάς (ein Eß- oder Trinkgeschirr, z. B. Ar. eq. 1029; vesp. 511) Petr.[2] 140 (b) 2 (III[a]); λοπάδος (nicht = λοιπάς, wie Crönert Wchsch. f. kl. Ph. 1903, 486 meint) Tebt. II 112, 50 (112[a]). III—I[a] εἰκάς, τετράς, τριακάς — Zahlsubstantiva zur Bezeichnung der Monatstage. II[a] ×κοιλάς BU 993 III 8; 995 III 4 (II[af]). Statt φλιάδες Par. 66, 33 wird jetzt Petr.[2] Append. col. II 33 φυγάδες gelesen.

4. Femininale A-Stämme auf -εία.

a) Parallelbildungen zu Verben auf -εύω.

α) Ohne Variante auf -ία:

III—I[a] λογε(ί)α (λογεύω) Kollekte Petr. II 39 (c) 6. 8. 10. 12. 13. 15 (III[a]). Lond. I p. 46, 7 (146 oder 135[a]). Leid. M 2, 4; Par. 5 col. 27, 6; 39, 8 (114[a]). Tebt. I 58, 55 (111[a]). Grenf. II 38, 15 (81[a]) usw. Weitere Belegstellen bei Deißmann, Bibelstudien I 139f. W. Otto, Tempel und Priester I p. 359. Zu λογέα vgl. S. 67.

III—II[a] ×καρπεία (καρπεύω) Petr.[2] 53 (p) 5 (III[a]). Lond. I p. 46, 19. 21 (146 oder 135[a]). Leid. P p. 83 (II[a]). Par. 5, 39, 9 (114[a]). Tebt. I 5, 66. 68 (118[a]); 6, 23. 24 (140—139[a]).

λαχανεία (λαχανεύω) Gemüsebau [Ios., LXX] Tebt. I 60, 39 (118[a]); 86, 43. 50 (II[af]).

προφητεία [LXX] Pariser Holztafel bei Wilcken Ostr. I p. 65 A u. B; Londoner Holztafel ebd. p. 66 (III[a]). Tebt. I 5, 65. 79. 80 (118[a]); 6, 21. 34 (140[a]); 88, 2 (115[a]).

II[a] ἐπισκοπεία (ἐπισκοπεύω Phryn. 591 Lob.) Tebt. I 5, 189 (118[a]).

ἐπιστατεία (ἐπιστατεύω) Tebt. I passim.

παραλογεία (παραλογεύομαι) Amh. II 33, 13 (nach 157[a]).

πρακτορεία (ein πρακτορεύω vorauszusetzen) Amh. II 31, 7 (112[a]). Tebt. I 27, 106; 45, 9; 128 (II[af]).

II—I[a] ×κυριεία (zu κυριεύω) Tor. I 4, 30; 7, 16. 31 (117[a]). Leid. G 14; H 13 (99[a]). Über κυρεία s. oben S. 92.

I[a] ἀνεπισταθμεία Dispens von militärischer Einquartierung, Reskript des M. Antonius (42[a]) — zu ἐπισταθμεύω mit privativem ἀν-, Hermes 32, 509. [Polyb. 15, 24, 2 ἀνεπιστάθμευτος.]

×ἐφοδεία (ἐφοδεύω) Tebt. I 96, 2. 3 (95 oder 62[a]); 120, 28 (97 oder 64[a]); 257 (I[ai]).

β) Formen, die Bildungen auf -ία neben sich haben:

III—II[a] ×ἐξοδεία Kanop. Dekr. 60 (237[a]). Rosettastein 42 (196[a]). — ἐξοδία bei Herod. 5, 56 und Polyb. 8, 26, 1.

ναυτεία Beruf eines Schiffsmannes Rev. L. 85, 6 (258[a]). Rosettadekr. 17 (196[a]). Vgl. Dittenb. inscr. gr. or. I p. 153. — ναυτία = Seekrankheit bei Arist. (vgl. Phryn. 194 Lob.).

II[a] ἀcωτεία (ἀcωτεύομαι Arist., Ael.) Fay. 12, 24 (nach 103[a]). — ἀcωτία Pl., Arist.

ὀρφανεία (ὀρφανεύω) Par. 39, 11 (161[a]). — ὀρφανία Pind., Pl., Pol.

b) Titel und Ämter- oder auch Tätigkeits-, Massenbezeichnungen, von nominalen a-, i-, o- und eu-Stämmen abgeleitet.

III—II[a] ἀντιγραφεία (Amt des ×ἀντιγραφεύς) Petr.[2] 56 (b) 8 (c. 260[a]). Tebt. I 5, 85 (118[a]).

II[a] ἀρχιφυλακιτεία (ἀρχιφυλακίτης) Tebt. I 27, 21. 39. 68; 43, 10; 138 (II[af]). 121, 3 (94—61[a]) etc.

διδαcκαλέ(ι)α Eud. 24, 4 (vor 165[a]) — abnorme Nebenform zum gewöhnlichen διδαcκαλία. Vgl. oben S. 67.

ἐπικουρεία (statt ×ἐπικουρία falsch gebildet, ἐπικουρεύω nicht belegt) Par. 63, 9, 39 (165[a]).

καλαμεία — κουφεία Faschinenarbeit beim Kanalbau Tebt. I 5, 199 (118[a]). — τὴν οὖcαν καλαμίαν Lond. II p. 183 (CLXIII) 22 (88[p]).

κωμογραμματεία (κωμογραμματεύς) Tebt. I 9, 4 (119[a]); geschr. κωμογραμματήας Grenf. I 22, 6 (118[a]).

λεcωνεία (Amt des λεcῶνις, vgl. S. 38) Amh. II 35, 26 (132[a]).

×λιθεία Vorrat an Steinen Dittenb. inscr. gr. or. I 132 (Alexandria) 8 (142[a]). Delische Inschrift (250[a]) Bull. corr. hell. XXVII p. 75, 90 λιθείαν τὴν εἰς τὴν cτοάν. λιθία Strab. 9, 5, 16 v. l.

παραcχιcτεία (Amt des ×παραcχίcτης) Tor. VIII 14. 20 (119[a]).

τοπογραμματεία (τοπογραμματεύς) Rev. Mél. 303, 3 (c. 130[a]). Grenf. I 22, 3 (geschr. τοπογραμματήας). Tebt. I 24, 66; 25, 15 (117[a]).

I[a] λειτουργήα (= λειτουργεία) Grenf. I 35, 2 (99[a]) neben dem gewöhnlichen λειτουργία. Nicht wohl Itazismus. Vgl. oben S. 74.

c) Eine Sonderstellung nimmt ein:

II[a] ×cημεία Kompagnie Par. 23, 5 (165[a]); geschr. cημέα Lond. I p. 38, 23; 39, 45; 40, 66 (158[a]). Vat. F 9. 13 (158[a]). Die Schreibung cημε(ί)α, die auch gute Polybiushandschriften neben cημαία bieten, bestätigt sich als die ursprüngliche Form. cημαία ist übrigens nicht durch lautliche Vertauschung von ει > αι (vgl. S. 107 Anm.) entstanden, sondern spätere vulgäre Nebenform (ἔγγειος, αὐλεία : ἔγγαιος, αὐλαία = σημεία : σημαία).1) Glaser de rat. 75 ff. Dittenb., Syll.² 224 Note 58.

IIIª ἀνδρεία (nicht ἀνδρία) Petr. I 10, 34 (c. 220ª).
IIª ἁλιεία Fischerei Pathyr. Pap. Ricci Arch. II 519, 9 (c. 130ª) — früher belegt bei Arist. pol. 1, 8. — ἱερατεία [Arist. polit. 7, 8] Rosettastein 52 (196ª) — neben ἱερατεύω. προσεδρεία Tebt. I 24, 39 (117ª), die richtige Form, wie Thuk. I 126, 8; während Eur. Or. 93 des Metrums wegen προσεδρία hat. ×στρατεία (militia) Lond. I p. 38, 12. 19 (160ª). ×συνεδρεία Tebt. I 72, 155. 171 (114ª); ebd. 43, 30 (118ª) συνεδρ{ω}ία; 61 (b) 223 (118ª) συνε[δ]ρε[ίας u. 234 συνεδρ[εί]αν. Pol. 18, 37, 2 (mscr.) συνεδρία; ebenso Aristeas (Wendland) 303.
Iª ×σιτοδεία Dittenb. inscr. gr. or. I 194, 10. 14 (42ª). Das Wort hat im Gegensatz zu anderen von Adjektiven auf -εής abgeleiteten Substantiven, wie ἔνδεια, εὔκλεια etc. ein langes ᾱ. Herodian II 454, 23 ff. K.-Bl. II 277 Anm. 3.

5. Femininale A-Stämme auf ˊειᾰ.

a) Meist Nomina abstracta aus S-Stämmen:

IIIª ἐκτένεια (LXX, N. T.) Petr.² 144 IV 17 (c. 246ª). Über ἐκτενία s. unten S. 427.

IIª ἀήδεια (richtig von ἀηδής gebildet) Par. 48, 8 (153ª). Da aber schon im Attischen die Form ×ἀηδία stehend ist (K.-Bl. II 276), auch Par. 11, 23 (157ª) ἀηδία begegnet, wird man wohl besser in jenem vereinzelten Falle eine orthographische Abweichung (ει für ῑ) annehmen und ἀηδεία betonen.

×συνέργεια (zu συνεργής) Par. 63, 6, 163 (165ª); 30, 16 (162ª). Dresd. I 7. Leid. D 1, 14. Lond. I p. 29, 4 (161ª). — συνεργία (zu συνεργός Dem., Din., Pol., auch die voll. herc., worüber zu vgl. Crönert 32.

III—IIª ×ἀσφάλεια. ×βοήθεια. ἔγδεια. ×ἐπιμέλεια.
IIª ἐμφάνεια. ×ἐνέργεια [Aristeas] εὐχέρεια Dittenb. inscr. or. I 175, 9 (105/4ª). ×μεγαλομέρεια [Aristeas] Dittenb. inscr. or. I 168, 58 (116—81ª), nach Glaser 73 μεγαλομερεία zu betonen; vgl. Schweizer Perg. 54. περιφέρεια Eud. 348 (vor 165ª); ὑγίεια (s. S. 92).

b) Ausnahmsweise wird ein weibliches Nomen agentis auf -ειᾰ zu einem maskulinen a-Stamm gebildet.

IIª εὐεργέτεια (zu εὐεργέτης) Wohltäterin Leid. U 2, 9 f. (IIªf).

6. Neutra auf -εῖον (ˊειον).

a) Ohne Variante auf -ιον:

IIIª πολημιεῖον oder πολειμιεῖον (Bedeutung unsicher, vielleicht = πωλημιεῖον, Warenhaus?) Petr. II 13 (15) 3 (258—53ª). Vgl. Tebt. I 5, 46.

---

1) Hier sei auch angeführt das einzige in den Papyri auf -αία auslautende Substantiv συρμαία Petr.² 138 I 10 (IIIª); Sakkakini 100 (IIIª), ein Abführ- oder Brechmittel; nach Herod. II 125 eine Rettigart. Vgl. ebd. II 88. Ar. Pax. 1253 nebst Schol.; Diod. 1, 64. Weiteres im Thes. gr. s. verbo.

cιτοποεῖον Lond. I p. 49, 12 (III^{a} — nicht I^{a}).

III—II^{a} λινυφαντεῖον Magd. 36, 2 (III^{a}). Tebt. I 5, 538 (118^{a}).

II^{a} ἀνωτερεῖον (Bedeutung zweifelhaft) P. Gizeh. Mus. Arch. I 64, 13 (123^{a}).

ἱερακεῖον Habichtfutterstätte Tebt. I 5, 70 (118^{a}).

παcπερμεῖον allerlei Sämereien Tebt. I 11, 9 (119^{a}).

cπονδεῖον [LXX, Aristeas 33; Philo, Plut., Poll.] Opferschale Lond. I p. 27, 5 geschr. cπονδῆα (161^{a}).

b) Mit Variante auf -ιον:

III^{a} ἐπιτόνειον (ἐπιτόνηον) Wirbel zum Aufziehen der Saiten Sakkakini 125 (III^{a}). Die Nebenform ἐπιτόνιον Schol. Pl. rep. VII 357; Athen. X 456 D; bildlich Plut. educ. lib. 5.

III—II^{a} ἰβιοταφεῖον Holztafel von Paris bei Wilcken Ostr. I p. 65 A. B; ebenso Londoner und Berliner Tafeln ebd. p. 66f. — ἰβιοταφίον (oder ἰβιοτάφιον?) Tebt. I 88, 53 (114^{a}). ἰβηοταφίου (sic) P. Tebt. I 87, 100 (115^{a}).

III^{a} ×γραμματεῖον. τροφεῖον Petr.^{2} 2, 22 (237^{a}) nach Wilcken Add. et Corr. XII. τυλεῖον Rev. L. 94, 10; 102, 5 (258^{a}).

III—II^{a} ×βαλανεῖον. ×ἱερεῖον. ×cημεῖον. cκαφεῖον (Grabscheit). ×ταμιεῖον (nicht ταμεῖον S. 92).

III—I^{a} ×πορεῖον(κριθῆc), ein Beförderungsmittel, Petr. II 39 (d) 19. 21 (III^{a}). Tebt. I 5, 196 (118^{a}); 112, 72 (112^{a}); 121, 50 (94 oder 61^{a}); 195; 208 (I^{a}).

II^{a} ἀγγεῖον [Aristeas]. ×ἀρχεῖον. ×διδαcκαλεῖον. ἐγμαγεῖον (geschr. ἐγμαγῆον) Par. 52, 7; 53, 43; 54, 10. 21. 40. 60. 73. 80. 83 (163^{a}). ἐργαλεῖον. καπηλεῖον. κεραμεῖον. κρόνειον (wohl orthographische Variante zu κρόνιον) Grenf. I 11, 2. 16; (2) 15 (157^{a}). μελάνθειον (Schwarzkümmel), stehende Form der Papyri statt μελάνθιον: so Tebt. I 66, 44 (121^{a}); 68, 52 (117—116^{a}); 69, 25 (114^{a}). Einmal durch Kontraktion μελάνθην (oder μελανθῆν? vgl. S. 154) Leid. C p. 93 col. 4, 9 (160^{a}). Nicand. Ther. 43 μελανθίου mit langem ι. πρεcβεῖον (Soph., Pl.) S. 29. χαλκεῖον Kessel Leid. S 2, 16; 3, 2. 26 neben χαλκίον, zugleich ein Maß in der Größe des μετρητήc (Leemans I p. 109, 116). Über die Tempelnamen auf -ιεῖον vgl. oben S. 92.

7. Masculin. Nomina agentis auf -εύc.[1])

III^{a} κοπεύc Arbeiter, der die Früchte in der Ölfabrik zerschneidet, Rev. L. 45, 5 (259^{a}) — bei Lukian „Meißel".

ὀπτανεύc Brater, in einem unedierten Berliner Pap. bei Wilcken Ostr. I 693.

cτιβεύc Walker [Hesych. ὁ πλύτηc cτειβεύc. Schol. Ap. Rh. II 30 cτιβεῖc οἱ κναφεῖc] Petr.^{2} 59 (a) col. 2, 4 (III^{a}).

1) Merkwürdigerweise erscheint keine neue Werkzeugsbezeichnung auf -εύc, ein Typus, der doch sonst in der hellenistischen Sprache sich verbreitet (W. Schmidt Berl. philol. Wchschr. 1904, 391).

II[a] ἐγδοχεύς Zwischenhändler, Dittenb. inscr. or. I 140, 8 (146—116[a]). Vgl. Strack, Dyn. d. Ptol. Nr. 115.

ἐλεφαντεύς Arbeiter in Elfenbein (?) Par. 5 col. 43, l. 3 (114[a]).

III—I[a] ×ἀντιγραφεύς. βαλανεύς. ×γραμματεύς (über ἱερο-, κωμο-, τοπογραμματεύς s. Komposita § 87, 1). εἰcαγωγεύς. ἱερεύς. κουρεύς. πορθμεύς. cκυτεύς. χαλκεύς.

II[a] ×ἀγωγεύς (Leitseil) Lond. II p 12, 28 (II[a]). ἁλιεύς (nicht ἁλεεύς vgl. S. 82). βαφεύς Färber oft. γναφεύς (S. 169/70). εἰcαγγελεύς [Herod., Diod., Ael., Plut.] Par. 40, 2 (156[a]); 41, 3 (158[a]).]

8. Femininale A-Stämme: Oxytona auf -ή oder -ά.

Neubildungen aus Verbalstämmen, selten von einem verbum simplex, meist von einem verbum compositum: das Nomen ist teils nach Analogie schon vorhandener, von einem verbum simplex abgeleiteter Substantiva, teils direkt von zusammengesetzten oder denominativen Verben gebildet.

Simplex: III[a] βροχή Bewässerung [LXX Regen] Petr.[2] 43 (2) r. col. 2, 13 (246[a]).

Komposita: III[a] ἐπικαταβολή Magd. 31, 9 (III[a]).

ἐπιτιμή (= Buße) Petr.[2] 20 col. 2, 5 τὰc ἐπιτιμάc (246[a]).

×καταγραφή [D. H., Plut.] Rev. L. 34, 4 (258[a]). Zur Bedeutung („Übereignen durch Umschreiben auf den Namen eines andern") vgl. Gradenwitz, Einf. i. d. Papyrusk. 104. P. M. Meyer, Arch. III 89.

III—I[a] ἐπιγονή Nachwuchs, zweite Generation Petr. I sehr oft (s. Index). Lond. II p. 15, 4 (111[a]). Par. 63, 5, 136 (165[a]). B U 994 II 12 (113[a]); 996 II 10 (107[a]). Grenf. II 18, 3. 4 (126[a]). Tebt. I sehr oft (II[af]). Leid. O 10 (89[a]) usw.

III—II[a] προcευχή jüdische Synagoge [N.T., Philo] Magd. 35, 5 (III[a]). Dittenb. inscr. or. I 129 (146—116[a]); 96 (146—116[a]). P. Tebt. I 86, 17. 18. 29 (II[af]).

II[a] ἀντιδιαγραφή (ἀντιδιαγράφω) Ostr. 1509 (144[a]); 1518 (139[a]); 1533 (118[a]).

×ἀντιπαραγωγή Gegenunternehmen Par. 63, 5, 135 (165[a]). Leid. B 2, 21 (164[a]).

×ἀποcκευή Par. 63, 3, 90/91; col. 7, 7 (165[a]).

ἀποχή Quittung Leid. F verso (127[a]). Tebt. I 11, 14 (119[a]).

×διαcτολή [LXX, Aristeas] Amh. II 40, 25 (II[a]). Tebt. I 24, 45 (117[a]); 27, 20 (113[a]); 34, 13 (100[a]). Grenf. II 37, 8 (II[a]). Bedeutung: „Spezifizierte Rechnung". Wilcken Ostr. I 638.

διαcφαγή [LXX] P. Kairo Arch. I 62, 6 (123[a]).

×διατροπή Tebt. I 27, 104 (113[a]).

×διεξαγωγή gerichtliche Entscheidung Amh. II 35, 41 (132ª). Grenf. I 11 col. 2, 24 (157ª). Tebt. I 14, 6 (114ª). Glaser 34.
καταλιφή (= καταλοιφή oder καταλειφή, s. S. 111) Strack, Ptol. Inschr. Arch. III 129, 10 (IIª) = Dittenberg. I. or. II 737.
×καταρχή Eud. 4, 27 (vor 165ª).
καταςπορά Tebt. I 67, 74 (118ª). P. Reinach 18, 17. 32 (108ª); 19, 13. 19 (108ª).
κατοχή, neu in der Bedeutung klösterliche Zurückgezogenheit. Belegstellen S. 22f.
μετεπιγραφή [Ios., N.T.] Tebt. I 113, 4. 5 (114—13ª). S. unten ἐπιγραφή.
οἰκοδομή Grenf. I 21, 17 (126ª). Lob. Phryn. 490. 421.
×παραδοχή Tebt. I 79, 41 (148ª).
παραςυγγραφή Tor. VIII 35 (119ª).
προςοχή [Aristeas Wendland 62] Par. 63, 2, 42 (165ª). Theb. Bk. VIII 16 (130ª). Tebt. I 27, 78 (113ª).
ςυμπεριφορά Par. 63, 2. 44 (165ª).
II—Iª παραζυγή (Bedeutung zweifelhaft, nach Crönert etwa „außerordentlicher Gespanndienst") Tebt. I 121, 52. 58. 83 (94 oder 61ª); 262 (IIªf); 180—190 (II—Iª).

Vgl. auch Subst. comp. (mit einer Präposition) § 87, 4. Über χορτονομή vgl. Subst. comp. aus zwei nominalen Bestandteilen § 87, 1a.

IIIª ×διαδοχή = διάδοχοι Petr. II 40 (a) 15 (260ª). ×ἐκτροπή. ×ἐξαγωγή. ἐπαλλαγή Petr.² 37 (b) verso col. 4, 13 (257ª); 67 (a) 10 (IIIª). μετοχή. ×παραβολή Petr.² 93 verso II 2 (IIIª). ×παρακομιδή Rev. L. 48, 11; 55, 12 (258ª). προςαγωγή [Aristeas]. ταγή (= τάξις) λίθων Petr. II 4 (2) 3 (258—53ª).

III—IIª ×ἀλλαγή. ×ἀναβολή. ×διαγραφή Steueraufteilung Petr. II 46 (c) 20 (200ª). Leid. M 2, 12 (114a). Tebt. I oft. ἐντολή Petr. II 25 (a) 6 (258ª). Par. 65, 18 (IIª). ×ἐπιγραφή Steuerauflage [Wilcken Ostr. I § 46] auf vielen ptolemäischen Ostraka, wie 1489 (IIIª). 295. 703. 709. 712. 722. 733. 735. 737. 1253. 1355—56. 1619. 1621. 1622 (IIª). ×ἐπιτολή (vom Aufgang eines Gestirns) kanop. Dekr. 38 (237ª). Eud. 3. 378. 494 (vor 165ª). ×καταφορά Petr.² 144 IV 20 ἡλίου περὶ καταφορὰν ὄντος (c. 246ª). ὑπογραφή, namentlich von Beamtenunterschriften, Petr.² 7, 14; 25, 3 (IIIª). Tor. I p. 7, 33 (117ª).

IIª ×ἀγωγή (der Bedeutung nach neu = Fuhre, Ladung) Ostr. 705 ἀχύρου ἀγωγὴν μίαν (IIª). ×ἀναγωγή. ×ἀναδοχή. ×ἀναφορά. ἀναψυχή (Erholung) Lond. I p. 30, 19 (163ª). ×ἀπαρχή Tor. I 7, 10 (117ª), nach Wilcken Ostr. I 345f. eine Erbschaftsteuer. ἀποςτολή [Aristeas 15] Tebt. I 112, 6 (112ª). ἁφή (λύχνων) Tebt. I 88, 13 (115—114ª) [Herod., LXX, Aristeas]. γραμμή Eud. 187 (vor 165ª). διαλογή Rechnung [nur Arist. pol. 2, 8] Amh. II 33, 23 (157ª), zu aktivem διαλέγειν, wie Fay. XI 26 (nach 115ª). διατροφή Tebt. I 52, 16 (114ª). ×ἐγδοχή Lond. II p. 4 (a) 4 (177ª); ἐγδοκή Par. 63, 3, 86 (165ª). Vgl. oben S. 171. ×ἐγλογή

[Aristeas] Tebt. I 5, 166 (118ª). ˣκαταβολή [II. Maccab., Aristeas] = Bezahlung Grenf. II 19, 15 (118ª); 22, 13 (110ª). P. Reinach 7, 9 (c. 140ª). παραγραφή Tebt. I 188 (IIªf). περιφορά. cυναγωγή Strack, Ptol. Inschr. Arch. III 129, 1 (IIª). ˣφθορά. χοή.

II—Iª δοχή Tebt. I 112. 89 (112ª); 115, 8 (115ª); 120, 4. 55 (97 oder 64ª); 131 (100ª). εἰcδοχή Tebt. I 123, 4. 11. 15 (Iªi); 159 (112ª). Eur. Elect. 396.

Iª προcδοχή [Epicur] Tebt. 209 (76ª).

9. Femininale A-Stämme: Paroxytona und Proparoxytona.

a) Paroxytona auf ´ η.

ἐντύλη („a wrapper or rug") Lond. II p. 11, 15 (IIª).

IIª κροτώνη [Hesych. κροτώνη τὸ ἐπιγινόμενον τοῖc δένδροιc, μάλιcτα τῇ ἐλαίᾳ] auf einem Ostrakon, das Wilcken Theb. Bk. 59 veröffentlicht (135ª).

IIIª πτιcάνη (Gerstentrank) Petr.² 140 (d) 3. 5. 6. Dafür τιcάνη Oxy. IV 51 (um Chr. Geb.).

b) Ein Proparoxytonon auf -ᾰ ist

IIIª Μάκετα, femin. Ethnikon zu Μακεδών, Magd. 27, 1 u. verso 2 (IIIª): Ἡδίcτη Νικάνοροc Μάκετα. Die Herausgeber (Bull. corr. hell. 1903, 184) zitieren die Glosse des Steph. Byz. 428 λέγεται καὶ Μακέτηc ἀρcενικῶc καὶ Μακέτιc γυνὴ καὶ Μάκεcca ἐπιθετικῶc, ὡc Ἡρακλείδηc, καὶ Μάκεττα διὰ ττ καὶ δι' ἑνόc. Das Wort steht schon (wie es scheint, als Maskulinum) Petr. I 13 (1) 7 (237ª) καταλείπω τὰ ὑπάρχοντα (fehlt ein Eigenname) Πύρρου Μακέται. Vgl. Petr.² Einl. p. 4 und Nro. 4 (2) 23 (237ª). S. Henr. Steph. Thes. gr. s. v. Μακεδόνεc.

10a. Masculine A-Stämme auf -ηc und -αc [die Bildungen auf -τηc unter Nr. 22].

IIIª ἀρχώνηc Hauptpächter Rev. L. 10, 10; 11, 14; 13, 4. 7; 14, 2. 9; 34, 15. 18 (258ª). [Andocid. I 133 Konjektur.]

ˣἰλάρχηc, ἐπιλάρχηc, λιβυάρχηc. Belege S. 93 und 257.

III—Iª ἱππάρχηc Belege S. 256 f.

III—IIª πτεροφόραc (nur plur. πτεροφόραι), ein ägyptischer Priesterstand, Kanop. Dekr. 4 (238ª); Rosettainschr. 7 (196ª). P. Grenf. I 44, 2, 3 (IIª). Zu vergleichen sind analoge Bildungen βακτροφόραc, caμφόραc, τεττιγοφόραc (Ar. eq. 1331), ἡμεροδρόμαc, τειχομάχαc. Vgl. Dittenberger zu den genannten Inschriften u. W. Otto, Priester und Tempel I 86 ff. Hesych. schreibt fälschlich πτεροφόροι· καλοῦνται δὲ οὕτωc καὶ τῶν ἐν Αἰγύπτῳ ἱερέων τινέc. Vgl. S. 256.

τοπάρχηc [LXX]. Belege S. 257.

IIª θηβάρχης, μεριδάρχης, Belege S. 256f.

ἱματιοπώλης Lond. I p. 34, 32 (161ª). ἱμασιοπώλης (vgl. S. 209) Par. 36, 8 (163ª).

κρομβυοπώλης Zwiebelhändler Par. 5, 20, 8 (114ª) hergestellt von Wilcken Ostr. I 691. Zu μβ vgl. S. 169 Anm.

μυρτοπώλης Ägypt. Inschr. Journal des Savants Aug. 1879, 474 (Kum.)

παντοπώλης Trödler Ostr. 347. 348 (136ª).

Iª ἁλοπώ(λης) [Crönert] Tebt. I 120, 16 (97 oder 64ª).

ὀθονιοπώλης Leinwandhändler Leid. K 13 (99ª) — nach Wilcken.

τεταρτοπώλης Tebt. I 180 (92 oder 59ª).

IIIª βυρσοδέψης Gerber Petr. II 32 (1) 3 (c. 238ª). δεκατώνης (Anaxilaos bei Poll. 9, 29) Dittenb. inscr. or. I 55, 19 (240ª).

III—IIª γεωμέτρης Petr. II 1, 2 (c. 260ª); 11 (2) 3; 36 (1) 8 (IIIª). Tebt. I 58, 10 (111a). κωμάρχης (Xen. Anab. IV 5, 24), νομάρχης (Herod. 2, 177) Belege S. 257.

IIª ἐλαιοπώλης (Dem. 25, 47) Tebt. I. 38, 3 (113ª).

II—Iª ×τελώνης Grenf. II 15, 3, 2 (139ª); 34, 1 (99ª); 35, 14 (98ª). BU 994 III 10 (113ª). Tebt. I 140 (72ª).

10b. Spitznamen auf -ίας (vgl. Lobeck pathol. proleg. 488ff. Schmid Attic. IV 691, i).

IIIª μετωπ[ίας Petr.² 5 (b) 12 (238ª). Poll. 2, 43: εὐρυμέτωπος ὁ καὶ μετωπίας ὀνομαζόμενος.

τετραγωνίας vierschrötig Petr.² 12, 21 (235ª); ebenso zu ergänzen 8, 12 (238ª); 17 (b) 7 (IIIª). Hesych. τετραντίας· τετράγωνος καὶ ἰσχυρός.

IIIª ἐρυθρίας (Arist. categor. 8) Petr.² 13 (a) 26 (235ª) nach Add. et Corr. IX; 17 (b) 7 (IIIª). Auch ἐ⟨θ⟩ρυθρίου Petr. I 20, 20 = Petr.² 1 col. 2, 20 (237ª) gehört zu ἐρυθρίας. ἰσχυρίας Petr. II 10 (1) 10 (240ª). σχιζίας Petr.² 14, 7 (235ª). Cratin. bei Phot: σχιζίας· ὁ τετανὸς καὶ ἰσχνός. Vgl. Dikaearch bei Clem. Προτρεπτ. λόγ.: σχιζίας· λεπτὸς παρ' Ἀττικοῖς. Demnach übersetzt Fr. Bechtel, Einstämm. männl. Personennamen p. 16 nach dem Vorgang von Fick (Curt. Stud. 9, 183) σχιζίας = „ein Mann wie ein Span", also spindeldürr.

11. Femininale A-Stämme auf -ία.

a) angeschlossen an nominale O-Stämme:

IIIª ἀβροχία Regenmangel kanop. Dekr. 15 (238ª).

δεκαταρχία Pap. Gizeh Mus. Arch. II 81, 8. 9 (IIIª).

ἱεροποία (s. S. 110) Petr. II 11 (2) 2 (IIIª).

νιτρία Natrongrube Petr.² p. 60, 10 (c. 260ª). Strabo XVII 23 p. 803.

οἰνολογία (vgl. σιτολογία, φορολογία) Ostr. 711 (IIIª) = „Eintreiben von Weinlieferungen" nach Wilcken Ostr. I p. 268f.

πηλοποιία (s. S. 110) Petr. II 12 (4) 3 (241[a]).

πλινθουλκία Petr. II 14 (2) 13 (Wilcken) = Petr.[2] 46 (2) 13, wo jetzt πλινθολκία gelesen wird.

τριμηνία Rev. L. 22, 1; 34, 21 (258[a]).

III—II[a] ἀνιππία (zur Bedeutung vgl. Wilcken Ostr. I 344) Petr. II 39e (3) 15; (6) 9; (8) 22 (III[a]). Tebt. I 99, 56. 57 (148[a]).

διχομηνία [Plut. Dion 23] Vollmond Rev. L. 56, 18 (258[a]). Eud. 19, 2 (vor 165[a]). Leid. U II 2 (II[a m]), geschrieben δεχομενία.

φορολογία Rev. L. 33, 13. 20 (258[a]). BU 1010, 3 (219[a]). Rosetta-Inschrift 12 (196[a]). Par. Not. et extr. XVIII, 2 S. 413, 4 (II[a i]). Lond. II p. 14, 14 (116—111[a]). Tebt. I 24, 55 (117[a]); 27, 46 (113[a]); 29, 12 (110[a]) etc.

χειρογραφία Rev. L. 36, 10; 37, 13. 20 (258[a]). Petr. II 27, 1 (III[a]) Par. 62, 4, 12 (II[a i]). Tebt. I 27, 32. 53 (II[a]) etc.

ὡμαλία in der adverbiellen Verbindung ἐφ' ὡμαλίαν = „im gleichen Verhältnis" Petr.[2] 43 (2) verso col. 4, 6 u. 7 (246[a]). Ebenso Dittenb. Syll.[2] 540, 8 Inschr. v. Lebadeia (175—164[a]). Das ω ist durch falsche Analogie von ἀνωμαλία hereingekommen.

II[a] ἀμνηστία Par. 63, 3. 79 (165[a]). [Hesych. falsch ἀμνηστεία].

ἀντιδικία Tor. I 6, 9 (117[a]).

ἐπαφροδισία Par. 30, 28. Leid. D 1, 11. 24 (162[a]).

×εὐχρηστία [Aristeas 136 εὔχρηστος] Par. 63, 6, 191 (165[a]).

κακοικονομία (Philo κακοικονόμος) Tor. I 6, 14 (117[a]).

λυχνία Kandelaber (v. λύχνος abgeleitet) Lond. II p. 11, 17 (II[a]). Leid. T 1, 7 (c. 160[a]). Das Wort ist übrigens nicht spezifisch alexandrinisch, sondern auch in Kleinasien, z. B. C. I. G. 2825, 14. 61 (Didym.) v. Jahr 243[a]; 3071, 8 (Lyd.); bei Iosephus (W. Schmidt de Ios. eloc. 529) und von Attizisten gebraucht (Luc. asin. 40). Schmid Att. IV 686.

μισοπονηρία [II. Macc., Aristeas 280] Lond. I p. 34, 30 (161[a]).

νεκρία Totenstätte Par. 22, 15 (165[a]). Tor. I 1, 20 (117[a]).

σιταγωγία Tebt. I 57, 12 (114[a]).

σιτολογία Tebt. I 24, 63 (117[a]); 5, 85 (118[a]).

συνορία Nachbarschaft Dittenberg. inscr. or. I 168, 18 (116—81[a]).

τιμογραφία Rev. Mél. 324, 1 (II[a]).

τολμηρία Tor. VIII 66 (119[a]).

φιλαυτία Par. 26, 10 (163[a]).

χερσοκοπία (zu χερσοκόπος) Aufreißen (d. h. Pflügen) trockenen Landes Tebt. I 105, 20. 33. 35. 57 (113[a]).

χωματογραφία Tebt. I 237 (114[a]).

I^a ἀςτρατευςία (zu ἀςτράτευτος) καὶ ἀλειτουργηςία (zu ἀλειτούργητος) im Reskript des M. Antonius auf Papyrus (42^a) ed. Brandis, Hermes 32, 509. ἀλειτουργηςία auch bei Strabo XIII p. 595.

λαογραφία Tebt. I 103, 1 (94 oder 61^a); 121, 61; 189 (I^{ai}).

ςυναλλαγματογραφία Tebt. I 140 (72^a).

III^a ×ἀνυδρία Petr. II 9 (2) 6 (241^a). ×ἀψιμαχία [Aeschin.] Petr. II 4 (4) 3 (255^a). ἐργολαβία Petr. II 14 (1^b) 4 (250^a); 13 (6) 5; (18^b) 10 (255^a); 20 (4) 12 (252^a). ὁδοποιία Grenf. II 14 (b) 6 (264 oder 227^a). πολυωρία P. Gizeh Mus. Arch. II 81, 15 (Zeno bei Sext. Empir.). ςτεφανηφορία Kanop. Dekr. 40 (237^a). ςυναρχία Petr. II 45 (3) 21 (III^a). ×ςυνοικία (insula) Petr.[2] 65 (b) 9 (III^a); 73, 7 (III^a). ×χορηγία [Aristeas] Petr. II 13 (5) 10 (258—53^a).

III—II^a ×ῥαιδιουργία Magd. 35, 11 (III^a). Tor. I 6, 3 (117^a).

III—I^a ×λειτουργία [LXX, Aristeas] Par. 66, 13 (III^a). Lond. I p. 7, 17 (164^a); p. 20, 28; 28, 18 (161^a); 46, 9; 47, 42 (146—135^a). Par. 33, 19 (162^a). Tebt. I 5, 181; 124, 40 (118^a); 32, 4 (145^a). Weitere Belege S. 128.

II^a ×ἀγορανομία [Arist.] Grenf. I 10, 7 (174^a). Leid. N 2, 5 (103^a). ×ἀκαιρία [Dem.] Par. 63, 12. 94 (165^a). ἀλλοδημία Tebt. I 50, 9 (112—111^a). ×ἀμειξία (ἄμεικτος) S. 91. ×ἀςυλία Strack, Ptol. Inschriften Arch. II 555 Nr. 38, 7 (II—Ia); Fay. p. 48, 6. 18 (spätptol.). βαναυςία Par. 49, 3 (c. 160^a). ×δικαιολογία Tor. I 9, 4 (117^a). ×ἐγδημία (Verreisen) B U 1011 II 1 (II^a). εὐγηρία Dittenberg. inscr. or. I 168, 55 (116—81^a). Arist. rhet. 1, 5 p. 1361b, 26 εὐγηρία δ'ἐςτὶ βραδύτης γήρως μετ' ἀλυπίας. ×εὐημερία II. und III. Maccab., Aristeas] Par. 30, 29; Leid. D 24 (162^a). Würzburger Sosylosfragm. ed. Wilcken, Hermes 41, 106 col. II 7 (II^a) im Sinn von „Erfolg". εὐθυδικία Tor. I 6, 13 (117^a). ×θεωρία (Visitation) Tebt. I 33, 6 (112^a). ×ἰςημερία Eud. 37. 47 (vor 165^a). ×κατοικία (Ansiedlung). κεδρία Cedernharz [Herod. 2, 87) Tebt. I 88, 13 (115—114^a). κληρονομία. κοιλία Unterleib Leid. U II 16 (II^{am}). ×κοινολογία [Hippocr.] Fay. XII 15 (nach 103^a). ςκευωρία [Dem.] Tor. I 6, 14 (117^a). τρικυμία [poet.] S. 34. φιλανθρωπία Gnadenerlaß [LXX, Aristeas] Leid. H 19 (c. 100^a). χιλιαρχία [Xen. Cyr. IV 1, 4] Tebt. I 137 (II^{af}).

b) an A-Stämme angeschlossen:

III^a λινωνία (analog zu ςιτωνία, τελωνία gebildet) Petr. II 28 (5) 9; (8) 21; (9) 31.

ςιτομετρία Petr.[2] 87 (a) r. 17 (III^a); 140 (b) 4; 141, 15.

III—II^a νομαρχία (νομάρχης) Petr. I 16 (2) 6 (230^a); 22 (2) 4 (257^a). Petr. II oft. Petr.[2] 43 (2) r. col. 3, 10 (246^a). Tebt. I 24, 63 (113^a) etc.

×ςιταρχία Amh. II 29, 22 (nach 250^a). Vat. F (Mai V 356) 9. 14 (160^a). Rev. Mél. 330. 331 (II^a). Nirgends findet sich die von Dindorf Thes. gr. geforderte Form ςιταρκία.

τοπαρχία (τοπάρχης) [LXX, Ios.] Rev. L. 87, 4 (258^a). B U 995 III 2 (109^a); IV 3. Leid. N 2, 5 (103^a). P. Kairo Arch. I 63, 1 (123^a). Tebt. I 24, 62 (117^a) usw.

II[a] εὐθυμετρία (analog zu γεωμετρία — γεωμέτρης) Tebt. I 12, 6. 18; 83, 8; 84, 2; 85, 1 (II[af]).
θηβαρχία (θηβάρχης) Theb. Bk. III 2, 13; IV 2, 6 (130[a]).
ἱερωνία (Bedeutung?) Tebt. I 119, 32 (105[a]).
κωμαρχία (κωμάρχης) Tebt. I 24, 63 (117[a]).
λααρχία Tebt. I 60, 29; 61 (a) 111; 62, 258; 93, 193 (II[af]).

III[a] ἱππαρχία (ἱππάρχης).
II[a] συκοφαντία Par. 15, 67 (120[a]). τελωνία Par. 61, 9 (156[a]).

c) an S-Stämme angeschlossen:

II[a] αὐτοκρασία (= αὐτοκρατία Herrschsucht Tor. VIII 68 (119[a]). Zu τ > σ vgl. § 47 S. 209.
ἐκτενία (ἐκτενής) Par. 63, 1, 12 (165[a]). Vgl. oben S. 419 ἐκτένεια.
ἐντυχία [III. Macc., Aristeas 1] (analog zu ἀ-, εὐτυχία gebildet, der Bedeutung nach = ἔντευξις) Lond. I p. 34, 26 (161[a]). Tebt. I 61 (b) 26 (118[a]).

III—II[a] ἀμελία [Aristeas 248 ἀμέλεια] BU 1003, 9 (III[a]). Tebt. I 61 (a) 176. 179 (118[a]); 66, 57 (121[a]); 67, 71; 68, 84 (117[a]). Vgl. K.-Bl. II 276. Anm. 1. G. Meyer 183. Schmid Att. IV 685. Schweizer Perg. 54. Crönert 31.
II[a] ×ἀηδία (schon im Attischen regelmäßig, z. B. auch Alkiphr. (Schepers) IV 7, 8; 14, 1) Par. 11, 23 (157[a]). Über die Variante ἀήδεια (oder richtiger ἀηδεία) s. oben Nr. 5. αὐθαδία (αὐθάδης) [Aeschyl., Soph., Eur., Ar.] Grenf. II 31, 9 (145[a]). Tebt. I 16, 10 (114[a]). Crönert 32 αὐθαδία linguae pedestris auctoribus sine dubio reddenda est. Polyb. 16, 22, 1 und 38, 1, 6 bietet der rezipierte Text τὴν αὐθάδειαν.

d) an einen κ-Stamm angeschlossen:

II[a] φυλακία (zu φύλαξ oder möglicherweise zu vulgärem φύλακος) Tebt. I 27, 38 (113[a]) und sein Kompositum γενηματοφυλακία (neben γενηματοφύλαξ) Tebt. I 27, 4. 13. 48.

e) an einen ι-Stamm hat sich angeschlossen κονία Tor. I 8, 17 (117[a]).
f) an einen ρ-Stamm hat sich angeschlossen ×πολυχειρία (πολύχειρ Arist. polit. 3, 10; übrigens auch πολύχειρος Heracl. Alleg. 25 p. 88) Par. 14, 24 (127[a]). Tor. III 26 (127[a]).

g) Postverbale Bildungen auf -ία, angeschlossen α) an contracta:

III[a] ὀνηλασία (ὀνηλατέω oder ὀνηλάτης?) Petr.[2] 61 (i) 4 (226[a]) hergestellt von Wilcken Add. et Corr. XVIII.
II[a] εὐθηνία (εὐθηνέω) Rosettainschrift 13 (196[a]). Über εὐθένεια bei Aelian s. Schmid Att. III 241; IV 685.
παραστρατηγία (Täuschung) Lond. I p. 20, 25 (161[a]) hergestellt von Witkowski Prodr. 32. παραστρατηγέω D. H., Plut.

III[a] ×ἀντιλογία Petr. II 17 (3) 7 (III[a]). εὐλογία (εὐλογέω) Dittenb. inscr. or. I 74 (247—221[a]).

II ×κακολογία Tebt. I 24, 77 (117[a]). κακοτεχνία (κακοτεχνέω) P. Reinach 16, 26 (109[a]); 23, 20 (105[a]) etc.
II—I γειτνία (γειτνιάω) Belege oben S. 21.

β) an barytona:

III—II[a] ×προσαγγελία (Analogiebildung) Petr.[2] 51, 6 (III[a]). Grenf. I 17, 13 (147 oder 136[a]). Tebt. I 16, 21; 38, 8; 43, 16; 138 (II[af]). P. Reinach 17, 12 (109[a]).
II[a] ×ἐπισημασία Tebt. I 23, 6 (119 oder 114[a]).
II—I[a] κωμασία Tor. I 8, 21 (117[a]). Leid. T 1, 9 (c. 160[a]). Dittenb. inscr. or. I 194, 25 (37[a]).

II[a] εἰκασία Tebt. I 60, 53; 61 (a) 186. 198. 204; 61 (b) 374 (118[a]); 72, 376 (114[a]). ἐνεχυρασία Par. 35, 30 (163[a]). θυσία. ×κατεργασία [Arist., LXX, Aristeas] Tebt. I 61 (b) 129 (118[a]); 66, 9 (121[a]). ×ὀνομασία. ×προστασία [Aristeas] Par. 63, 4, 13 (165[a]). Theb. Bk. II 6 (131[a]).

h) Substantivierte Adjektiva auf -ία:

III—II[a] ἐγβατηρία (sc. χώρα) Landungsstelle Petr. II 4 (1) 2. 11 (255[a]); 23 (1) 6. 8; 37 (1[a]) l. col. 9 (III[a]). Petr.[2] 39 col. 1, 13; col. 2, 10 (III[a]). Tebt. I 33, 9. 11 (II[a]).

II[a] ×εὐδία (sc. ἡμέρα) poet. S. 28. προθεσμία (sc. ἡμέρα) Termin Tor. I 7, 26 (117[a]). Vgl. Plat. leg. 12, 954 DE.

i) Der Bildung wie der Bedeutung nach unklar ist:

ψελλινία (Halskette?) Par. 9, 14 (117[a]). Über πυτία vgl. S. 102 Anm. 1.

12. Deminutivbildungen.

a) auf -ίδιον:

III[a] ἐρίδιον [Luc.] Petr. II 32 (1) 10 = Petr.[2] 36 (d) 10 (c. 238[a]) nach Wilcken Add. et Corr. XIV.
περιτραχηλίδιον Halsband P. Magd. in Mélanges Nicole p. 282, 5 (221[a]).

III[a] κῳδιον Petr. II 32 (1) 9. 28 (c. 238[a]) — bei Pl., Ar., Arist. ohne ι adscr., vgl. § 21 S. 132. χοιρίδιον Magd. 4, 5 (III[a]).
II[a] ἀδελφίδιον Par. 39, 6 (161[a]) — nicht ἀδέλφιον wie die Herausgeber. ζῴδιον (S. 131). ἱματίδιον Par. 10, 22 (145[a]).

b) auf ´-ιον oder -ίον:

III[a] ἁπλοίδιον (zu ἁπλοΐς, einfaches Kleidchen) Petr. I 12 = II Einl. 22, 20 (c. 238[a]).
καθόρμιον Teil eines Halsbandes P. Magd., publ. v. Jouguet und Lefébure in Mélanges Nicole p. 282, 5 (221[a]).
κόπριον (Dünger) P. Sakkakini 66 ἐγβολὴ κοπρίων (III[a]).
κοφίνιον Petr.[2] 53 (m) 6 (225[a]).
ῥοπάλιον Petr.[2] 28 (e) 8 (c. 260[a]). Vgl. Dittenb. Syll.[2] 588, 146 (Delos).

III—II^{a} ῥαφάνιον Petr.^{2} 137 I 11; 139 (b) I 7; 140 (b) 1; (d) 2 (III^{a}). Leid. C p. 93, 4, 4; aber 15 ῥαπάνιον (164^{a}).
ϲτεφάνιον (eine Ehrengabe) Petr.^{2} 142, 19 (III^{a}). Par. 42, 12 (156^{a}). Ostr. 1530, 4 (121^{a}).
III—I^{a} ἐπιϲτόλιον Goodsp. 3, 11 (III^{a}). Par. 44, 4; 45, 3. 4 (153^{a}). Tebt. I 12, 15 (118^{a}); 34, 3 (100^{a}); 253 (94 oder 63^{a}). Zu ἐπιϲτόλιν vgl. S. 260.
II^{a} ἄρβια (vielleicht = ὀρ(ό)βια) s. oben S. 61.
ζωμίον (Süppchen) Tebt. I 112, 75 (112^{a}).
λαγάνιον (Kuchen) — neben λάγανον — Leid. C p. 93, 4, 2 (164^{a}). Über eine andere Auffassung s. § 25 S. 147.
$^{\times}$πιλίον Tebt. I 230 (II^{af}).
ϲεβίτιον = ϲεβίδιον (Hesych. ϲέβιϲ· πυξίϲ) Par. 10, 22 (145^{a}); 60 (b) 26 (160^{a}).
ϲκοίκιον (zu κόϊξ) Körbchen Leid. C p. 93, 4, 17 (164^{a}). Tebt. I 45, 41 (113^{a}). Vgl. § 46 IIa, S. 204.
ψωμίον (kleiner Bissen) Tebt. I 33, 14 (112^{a}).
πιττάκιον (Blättchen) Tebt. I 112 introd. (112^{a}); 120, 126 (97 oder 64^{a}).
I^{a} ϲταθμίον (ein Maß) Tebt. I 117, 17 (99^{a}) ausgeschrieben; in demselben Pap. u. 116 oft abgekürzt.
χαρτίον Grenf. II 38, 5 (81^{a}).

III^{a} ἐνώιδιον (haplologisch verkürzt aus ἐνωτίδιον?), s. § 21 S. 131 und § 36 S. 176. ϲχοινίον. φαρμάκιον (Plato) Petr.^{2} H (8 f) 25 (c. 250^{a}). φορτίον.
III—II^{a} θυγάτριον Lond. I p. 32, 6 (163^{a}). ἱϲτίον. $^{\times}$κεράμιον. $^{\times}$ὀθόνιον (Belege S. 42).
II^{a} κιθώνιον (S. 184). ληκύθιον Tebt. I 221 (c. 112^{a}). μόριον. χελώνιον (τοῦ οἴκου) „schildkrötenförmige Hülle des Riegels" Tebt. I 46, 17 (113^{a}). Später Oxy. I 113, 3 (II^{p}). Crönert, Wchschr. f. kl. Phil. 1903, 459. Vgl. auch van Herwerden, Lex. suppl. p. 897: χελώνιον τὸ ἐπὶ τοῖϲ κλειϲὶ λεγόμενον· ϲπανίωϲ δὲ παρὰ τοῖϲ παλαιοῖϲ εἰρημένον. Theognostus Can. 124, 15. Auf einer delischen Inschr. (250^{a}) Bull. corr. hell. XXVII p. 69 κλεὶϲ καὶ χελώνιον; p. 70 κλειδὸϲ καὶ χελωνίου.
I^{a} ϲφυρίδιον Tebt. I 120, 77 (97 oder 64^{a}). ϲπυρίδιον Ar. Ach. 428. 445.

c) auf -άριον:

III^{a} ὀψάριον [N. T.] Petr.^{2} 138 I 11 (III^{a}).
χιτωνάριον (Lucill. 47) Petr.^{2} 32 (g) recto (a) 18 (c. 240^{a}).
II^{a} $^{\times}$ϲιτάριον Par. 32, 10 (162^{a}). Lond. I p. 13, 26; 43, 5 (160^{a}).

III—II^{a} $^{\times}$παιδάριον Petr. II 4 (2) 11 ff. (255^{a}). Par. 10, 22 (145^{a}); 49, 31 (160^{a}) etc.
II^{a} λογάριον Tebt. I 20, 8 (113^{a}). οἰνάριον Par. 70 p. 414.

d) auf -άϲιον: κοράϲιον Par. 24, 8 (164^{a}).

e) auf -ίcκοc, -ίcκη: ×νεανίcκοc Par. 60 (b) 4. 10 (150ª). ×παιδίcκη Artem. 12 (IIIª). Petr. I 12, 9. 11 = Petr. II Einl. p. 22 (c. 238ª). Grenf. I 43, 3 (IIª).

f) auf -ίc:

IIª περιcτερίc (Witkowski) Par. 50, 18 (160ª): περιcτερίδ', nicht περιcτέρια.

III—IIª θυρίc Petr.² 48, 18 (IIIª). Lond. I p. 25, 5 (161ª).

g) auf -ιδεύc:

IIIª περιcτεριδεῖc Petr.² 53 (m) 4 (225ª); synkopiert περιcτριδεῖc Grenf. II 14 (b) 4 (227ª), junge Tauben. Vgl. K.-Bl. II 280 (ἀετιδεύc, λαγιδεύc).

13. Nomina auf -́ιον oder -ίον ohne deminutive Bedeutung von verschiedenartigen Stämmen abgeleitet.

Über Akzent und Quantität ist oft keine Sicherheit zu erreichen. Manche sind als substantivierte Adjektiva zu betrachten.

a) Mit Varianten auf -εῖον (vgl. oben 6):

IIIª ἀποδόχιον Rev. L. 31, 1. 19; 32, 2; 54, 18 (258ª). Petr.² 36 (b) col. 2, 12 (252ª). — LXX ἀποδοχεῖον.

ἱπποτρόφιον Petr.² 62 (b) 3 (IIIª). Strabo ἱπποτροφεῖον.

χαλκωρύχιον Petr. II 9 (2) 3 (c. 242ª). Petr.² 130, 2 (IIIª). Strabo χαλκωρυχεῖον.

III—IIª γραφίον Petr.² 53 (s) 5 (IIIª). Tor. XIII 9 (137ª). Buttm. 4 (134ª). Plut. γραφεῖον.

ἐλαιούργιον Rev. L. 44, 4; 45, 13; 49, 16; 50, 23; 55, 20; 58. 6; 60, 12 (258ª). Petr. II 27 (2) 15 (236ª). Ostr. 1608 (IIIª). Lond. II p. 4, 7 (IIª). Theb. Bk. Xª 2 (134ª). Bei Arist. schwankt die Überlieferung zwischen -εῖον und -́ιον.

ὑποδόχιον Petr. II 4, 4 (252ª); 9 (5) 7 (241ª). — Aristeas 89. 91 und Strabo ὑποδοχεῖον.

IIª ἀρτοκόπι(ο)ν (Bäckerei) Dittenb. inscr. or. I 177, 19 (113—112ª). Geopon. ἀρτοκοπεῖον.

ἰβιοταφίον (oder -τάφιον?) — ἰβιοταφεῖον s. oben 6.

IIª χαλκίον Kessel Par. 34, 7 (157ª); ein Hohlmaß Leid. S 2, 9. 10; 3, 18. 24. 34; 5, 2. 9; 6, 30 (c. 160ª). χαλκεῖον s. oben 6 Ende.

b) Ohne Variante auf -εῖον:

IIIª ἀγώγιον (Fuhre, Transport) Petr.² 28 (e) verso 13 (260ª); 41 verso 3. 7 (IIIª). [Xen. Cyr. VI 1, 54 v. l. für ἀγώγιμον.]

αὐτούργιον(?) Petr. II Einl. p. 31, 1 v. unten (IIIª).

εἰcόδιον Einkommen (LXX) Petr. II 16, 4 (c. 250ª).

θεμέλιον (Grundstein) s. § 67 S. 289.

ὄδιον (= ἐφόδιον) Grenf. II 14 (b) 4 (227ᵃ). Wilcken Ostr. I 390.
περιδέξιον Armband (LXX) Petr. II Einl. p. 22, 24 (c. 238ᵃ).
σευτλίον (= σεῦτλον Mangold, nur der Form nach deminutiv) Sakkakini 3, 20 (IIIᵃ). Vgl. S. 224 und 416.
σιτομέτριον (N. T.) Petr. II 33 col. B 15 (IIIᵃ).
σκευοφυλάκιον Petr. II 5 (a).
ˣστρατήγιον Feldherrnzelt Petr. II 10 (2) 11 (vor 240ᵃ).
χερογράφιον Petr.² 120, 2 (IIIᵃ).
χορτοβόλιον Heulager Petr. II 14, 3 (IIIᵃ). Rev. Mél. 392. Daneben χορτόβολον, worüber zu vgl. § 87 b β.

III—IIᵃ ἐποίκιον Nebengebäude, Landhaus Petr. II 27 (1) 4 (236ᵃ). Petr.² 43 (2) r. col. 3, 35; 4, 5 (246ᵃ); 65 (a) 4 (240ᵃ). Lond. II p. 14, 13 (116ᵃ).
ἐπώνιον (Wilcken Ostr. I 216) Petr.² 117 (j); 121 (b) col. 2, 5 (IIIᵃ). Par. 67, 16 (IIᵃ). Ostr. (Theb.) 1506 (144ᵃ).
κροκοδιλοτάφιον (-ταφίον?) Grenf. II 14 (d) 3 (IIIᵃ). Tebt. I 88, 4. 10 (115ᵃ).
τελώνιον (N. T.) Zollstätte Rev. L. 9, 5 (258ᵃ). Petr. II 11 (2) 3 (IIIᵃ). Par. 62, 8, 3 (IIᵃⁱ). Rev. Mél. 131 (IIᵃ).

III—I καταγώγιον Zuschlagszahlung für Transport Petr.² 67 (a) Z. 3 v. unten (IIIᵃ). Par. 62, 5, 17 (IIᵃⁱ). Tebt. I 35, 8 (111ᵃ) [dagegen 6 καταγωγίου (μ über ί)]; 121, 8 (94 oder 61ᵃ).

IIᵃ ἀγορανόμιον Tor. VIII 6 (119ᵃ).
γεώργιον Saat Par. 63, 2, 48 (165ᵃ). Tebt. I 72, 370 (114ᵃ). 149 (116ᵃ).
δωδεκατημόριον Zwölftel Eud. 358. 364 (vor 165ᵃ).
ἐπάρδιον ager irrigatus Amh. II 36, 9 (c. 135ᵃ).
ἐπαρούριον (sc. τέλος, Arurensteuer) Ostr. 332. 352. 1532 (Theben); 350 (Hermonthis); 1234 (Koptos) IIᵃ.
ἡμιαρτάβιον P. Reinach 9ᵇ, 9 (112ᵃ).
θρυοπώλιον (geschrieben θροιοπώλιων) Par. 40, 13 (156ᵃ). Vgl. S. 111.
ἱδρῶιον (oder ἱδρώιον?) Schweißtuch (?) Lond. II p. 11, 18. 19 (IIᵃ). Über ἱδροίων vgl. S. 137 und S. 112.
σιτώνιον Grenf. I 42, 9 (IIᵃ). Lond. I p. 40, 74 (158ᵃ). Theb. Bk. VI 17; VII 3 (131ᵃ).
συνοικίσιον (συνοικέσιον) conubium, Belege § 11 S. 81.
ὑ⟨δρο⟩δόχιον Tebt. I 84, 13 (118ᵃ).
ὑπερβόλιον Überschuß Par. 62, 8, 8 (IIᵃⁱ). Tebt. I 61 (b) 408. 418 (118ᵃ); 72, 418 (114ᵃ).

ὑπομνηματογραφίον (oder -γράφιον?) Tebt. I 58, 12 (111ᵃ).
χηνοβόσκιον Grenf. I 42, 14 (IIᵃᶠ).

Anmerkung. Ob μώστιον (ein Gefäß?) Grenf. I 14, 5 (IIᵃ) eine Deminutivbildung ist oder nicht, kann nicht ausgemacht werden.

II—Iᵃ παστοφόριον (LXX, Ios.) Tempelzelle Par. 11, 6. 22 25. 27 (157ᵃ); 37, 4 (163ᵃ); 40, 29 (156ᵃ). BU 993 III 10 (127ᵃ). Grenf. II 34, 3 (99ᵃ); 35, 8 (98ᵃ). Del. Inschr. Dittenb. Syll.² 559, 4 (nach 167ᵃ).

ὑποπόδιον (substantiviertes Adjektiv) Tebt. I 45, 38 (113ᵃ).

IIIᵃ διοσκούριον (S. 11). ἡμικλήριον Magd. 1, 6 (IIIᵃ). χειρωνάξιον (Arist. oecon. 2, 1) Petr.² 121 (b) col. 1, 1 (IIIᵃ). ˣψέλιον (Herod.) Petr. II 33 col. A 16 (IIIᵃ).

III—IIᵃ ˣἀφροδίσιον Petr.² 42 H (7) 2 (c. 250ᵃ). Tebt. I 6, 29. 37 (140ᵃ). βυβλίον (S. 102). ἐκφόριον Petr. II 2 (1) 10 (260ᵃ) u. oft (s. Index). Grenf. I 11 (2) 5 (157ᵃ) etc. ἐμπόριον (Pol., Strabo ἐμπορεῖον) S. 93. ἐννόμιον Weidegeld Rev. L. frgm. 4 (m) 8; 6 (c) 3; 14 (d) 7 (258ᵃ). Dittenb. inscr. or. I 55, 14 (240ᵃ). Ostr. 319. 324. 325. 1510 (144ᵃ) etc. ἐνοίκιον (Hausmiete) Petr. II 8 (3) 10 (267ᵃ); (2) a 12 (246); 33 col. A 5 (IIIᵃ). Tebt. I 112 introd. (112ᵃ). ˣἐφόδιον Petr. II 5 (b) 4 (255ᵃ). Tebt. I 116, 58 (IIᵃᶠ); 121, 31. 39. 45 (II—Iᵃ) etc. ˣξένιον Petr. II 10 (1) 13. 19 (nach 240ᵃ). Grenf. II 14 (b) verso (227ᵃ). Tebt. I 33, 11 (112ᵃ). ˣὀψώνιον [Aristeas., N. T., attische und pergam. Inschriften] Petr. II 13 (7) 10; (17) 6 (258—53ᵃ); 33 (a) 27 (IIIᵃ). Petr.² p. 156 col. 2, 1 (c. 250ᵃ). Sakkakini 43 (IIIᵃ). Par. 62, 5, 3 (IIᵃⁱ). Theb. Bk. VI 8, 10. 18; VII 3 (131ᵃ). Ostr. 714 (unb. ptol.).

IIᵃ ἀδίκιον (= ἀδίκημα) Par. 14, 44 (127ᵃ). Tor. III 44; IV 15 (117ᵃ). Leid. F 15 (127ᵃ). Par. 14, 44 (127ᵃ). διαπύλιον (Arist.) Torzoll Tebt. I 8, 19 (200ᵃ). ἐλλύχνιον (ionisch) vgl. S. 22. ὅριον Grenf. I 11, 2. 14. 15. 18 (157ᵃ); II 15, 2, 3 (139ᵃ).

II—Iᵃ ἀποστάσιον in der Verbindung ἀποστασίου συγγραφή BU 1002 II 16 (56ᵃ). Grenf. I 11 col. 1, 20 (157ᵃ), wie im attischen ἀποστασίου δίκη (Dem.).

Iᵃ κόριον Koriander (Nic. Alex. Ther.) Tebt. I 190 (Iᵃⁱ).

14. Femininale D-Stämme auf -ίς, alle von Nomina abgeleitet (außer dem nicht weiter ableitbaren σφραγίς).

IIIᵃ ἀμφιετηρίς Dittenb. inscr. or. I 51, 28 (239ᵃ).

ˣἐφαπτίς Überkleid über den Panzer Magd. 13, 6 (IIIᵃᵐ).

λατομίς Petr. II 4 (6) 2. 11 (255ᵃ) hat Wilcken als Substantiv erkannt = „Steinbrucharbeit" — bisher als Eigenname aufgefaßt.

προσαγωγίς (zweifelhafte Lesart Arist. polit. 5, 9, 3) Petr.² 107 (a) 2; (d) col. 1, 1 (IIIᵃ).

τριτωνίς (Bedeutung unbekannt). Das Wort kommt vor unter Geschenken, die für den König bestimmt sind, Petr. II 16, 7 (c. 250ᵃ) und, wie es scheint, auch Petr.² 42 H (7) 3 in ῥυτὸν τριτ . . . aus derselben Feder.

III—IIᵃ τριακοντ(α)ετηρίς vgl. S. 317.

IIa ἐφημερίϲ (Ios.) Tagebuch Par. 62, 8, 9 (IIai).
ὀκταετηρίϲ Eud. 13, 12; 14, 4 (vor 165a).
ποταμοφυλακ[ίϲ] Flußwachtschiff Amh. II 32, 13 (IIa). Vgl. Rev. Arch. 1865, 436. Wilcken Ostr. I 282.
ϲπλαγχνίϲ (Pap. ϲφλανγνίδηϲ plur.) Eingeweide Leid. C p. 93, 4, 3. 13 (160a). Vgl. § 38 S. 184.
τετραετηρίϲ Eud. 3, 31 (vor 165a).

IIIa πορθμίϲ (geschr. προθμίϲ) Petr.² 37 (b) verso col. 3, 14 (257a). ×ϲυνωρίϲ Petr. II 25 (a) 7; (c) 6; (e) 9 (226a). τριετηρίϲ Dittenb. inscr. or. I 51, 27 (239a).
III—IIa γογγυλίϲ S. 21.
III—Ia ἁλμυρίϲ Petr. II 30 (b) 7. 8. 10 (235a). Tebt. I passim. ϲπυρίϲ — ϲφυρίϲ S. 173.
IIa καπηλίϲ Fay. XII 23 (nach 103a). ×ϲφραγίϲ. φυλακίϲ (Wachtschiff) Par. 63, 22 (165a); bei Pl. allg. = Wächterin.

15. Nomina auf -μα, alle von Verben abgeleitet.
IIIa ἀνάϲταμα (Bedeutung?) Petr.² 114, 2. 3 (IIIa). Vielleicht gibt παραϲτάματα ('columnarum genus' v. Herwerden) in einer Lebadeiainschrift Bull. corr. hell. XX p. 324 den Schlüssel zur Erklärung des im Zusammenhang unverständlichen Wortes?
ἀποϲφράγιϲμα Rev. L. 31, 17. 19; 40, 2. 5; 84, 5 (258a). Petr.² p. 54, 38 (IIIa).
διάλημμα Petr.² 42 F (b) 2 (252a); (c) 4; 44 (4) 3 (246a); p. 290 col. 2, 11 (221a).
διάχωμα Petr. II 29 (e) l. 9; r. 1, 15 (242a). Petr.² 43 (2) r. col. 4, 7 (246a); verso col. 4, 6.
ἐγκατάλειμμα [LXX] Petr. II 4 (11) 2 (255a).
×ἔκθεμα — ἔχθεμα s. § 10 S. 65.
ἐπανήλωμα Petr. II 33 col. B 1. 3 (IIIa).
×κοίλωμα Petr. II 13 (18a) 13 (258a).
λόγευμα Rev. L. 3, 5; 12, 13; 56, 15 (258a).
παράπαιγμα (? von Pferden) Petr.² 54 (a) 1 col. II 3. 7 (IIIa).
×περίζωμα Rev. L. 94, 7 (258a).
πρόϲθεμα S. 65.
ταρίχευμα Petr. I 28 (2) 9 (235a).
τεχνίτευμα [Aristeas 78] Dittenb. inscr. or. I 51, 11 (239a).
III—IIa ἀπόπραμα (Afterpacht) Rev. L. 18, 16 (258a). Par. 62, 3, 17 (IIai).
ἀφεύρεμα (Fehlbetrag) S. 65.
ἐπιγένημα Rev. L. 17, 2. 4. 11. 12; 19, 4; 34, 14. 15; 41, 11; 55, 10. 14; 57, 17. 20; 59, 19. 23 (258a). Petr. II 2 (1) 19 (260a). Tebt.

I 27, 66 (113ª); 61 (b) 352. 360 (118ª); 66, 62 (121ª); 72, 343. 356 (114ª). Ostr. 1027 (ptol.) usw.

ˣκατάλυμα Herberge [Aristeas, LXX] Petr.² 21 (d) 14 (226ª). Par. 34, 5 (157ª). Moeris 241 καταγώγιον Ἀ., κατάλυμα Ἕ.

περίχωμα Par. 66, 22. 57 (IIIª). Grenf. I 27, 3, 2 (109ª); II 23 (a) 2, 8 (107ª). Tebt. I 61 (b) 167. 170 (118ª) etc.

πρόδομα (vorläufige Gabe) Petr.² 45 (4) 3; 91, 3 (IIIª). Theb. Bk. VI 14; VII 10 (131ª). Tebt. I 42, 15 (114ª). Weitere Stellen: BU II 5, 20 προδώματος, 35 προτώματος (86—87ᵖ); 636, 20 ἐν προδώιματι (20—21ᵖ); 607, 18 ἐκ προδόματος (162—163ᵖ). O. Glaser de rat. 81.

προσάγγελμα Petr. II 13 (18ᵇ) 12 (258ª). Petr.² Add. et Corr. p. X Z. 1 (IIIª). Tebt. I 18, 12; 19, 11; 24, 31; 39, 35; 71, 2; 73, 2; 78, 16 (alle IIªᶠ).

III—Iª ἀνήλωμα [ἀνάλωμα Thuc., Pl., Dem., Aeschin. al.] § 72, S. 346. γένημα § 49 S. 214. Über ἐπιγένημα s. oben, über προσγένημα unten.

IIª ἀθέτημα [LXX] Tebt. I 124, 19 (118ª).

ἄφεμα [LXX] Tebt. I 226 (IIªᶠ). Crönert 284.

διεγγύημα Zoisp. (c. 150ª). Par. 62, 2, 10 (IIªⁱ). Rev. Mél. 303, 21 (c. 130ª). Tebt. I 5, 12 (118ª). Theb. Bk. XIª (116ª).

ˣἐλάσσωμα Tebt. I 97, 2 (118ª). Glaser 53.

ἔνδυμα [LXX] Kleid Fay. XII 20 (nach 103ª).

ἐπίλεγμα Bittschrift Grenf. I 37, 15 (IIªᶠ).

κατάγνωσμα Tebt. I 5, 4; 124, 24 (118ª).

ˣκένωμα Amh. II 48, 8 (106ª). Tebt. I 241 (Behälter).

λαάρχημα Tebt. I 64 (a) 145 (116ª).

λεύκωμα der Staar im Auge Grenf. I 33, 14 (103ª); weiß getünchte Tafel Leid. G 20; H 19 (100ª).

παράπτωμα Versehen Tebt. I 5, 91 (118ª).

περίστελμα Ostr. Theb. 1535 (IIª): δέδωκας ὑπὲρ οὗ γεωργεῖς κλήρου Ἐριέως ... τοῖς συνστρατιώταις αὐτοῦ εἰς τὸ περ[ίστ]ελμα σὺν Πλάτωνι τῷ συγγενεῖ etc.

πλεόνασμα [LXX] Tebt. I 78, 7 (110ª); 81, 27 (IIªᶠ).

προσγένημα Par. 62, 4, 15 (IIªⁱ).

σεῖσμα [LXX] Tebt. I 41, 22 (119ª).

φάγη(μα) ἰβίων [Suidas φάγημα· βρῶμα] P. Reinach 40, 4 (c. 114ª).[1])

1) Unbedingt sicher erscheint Reinachs Ergänzung nicht; man könnte auch an einen Plur. zu einem Neutr. φάγος denken. Oder liegt vielleicht eine Infinitivform wie im neugr. τὸ φαγί (das Essen) vor?

×χάλαcμα Cop. 7. Grenf. II 23 (a) col. 2, 7 (107ª) in neuer Bedeutung = „verödeter, freigelassener Platz."
×χόρταcμα Futter Tebt. I 244 (115ª).
II—Iª ×διάπτωμα Tebt. I 188 (IIªf); 121, 87 (94 oder 61ª).
θέμα § 10 S. 65.
Iª θρήνωμα Beschwerde [Eur. Hel. 173 θρήνημα] Tebt. I 140 (72ª).
προcκύνημα Dittb. inscr. or. I 185 (69ª); 186 (62ª); 188 (89ª); 189 (89ª); 190 (51ª). 191 (59ª).

IIIª ×ἄγημα (Dorismus) S. 6. ἄλειμμα Strack, Ptol. Inschr. Arch. I 204 Nr. 13, 14 (245—221ª). ×δεῖγμα Petr. II 8 (2ª) 8 (246ª). διάκομμα Kanaleinschnitt [Hippokr. = Wunde] S. 21. δόμα (Pl. def. 415 B, LXX, Aristeas) Petr.² 42 C 1, 4 (255ª). ἕψημα Petr.² 122 (d) 7 (IIIª). ×ζεῦγμα. ×θῦμα (halbpoetisch; Aristeas) Petr. II 45 col. 3, 3 (IIIª). ×κήρυγμα. ×κρῖμα Petr. II 22, 2. Petr.² 36 (a) verso 20 (IIIª). ×οἴκημα Zimmer Petr. II 8, 1 col. B 6 (2 c); 12 (246ª); 17 (3) 2 (IIIª) etc. ὀχύρωμα; S. 96 Anm. 2. ×ῥεῦμα Petr. II 37 (2ª) verso 8 (IIIª). cτόμωμα (früher poetisch) S. 30. cφράγιcμα. τριηράρχημα Steuer für die Trierarchie Rev. L. 94, 3. 6 (258ª) — in anderem Sinn Dem. 50, 44. Vgl. Wilcken Ostr. I 401. χείρωμα (poet.) S. 30.
III—IIª ×ἁμάρτημα. ἀνάλωμα S. 346. ×ἀξίωμα. ×διάγραμμα. διάφραγμα Petr.² 48, 6 (IIIª). Par. 66, 72 (IIª). δικαίωμα. διόρθωμα Par. 62, 1, 7 (IIªi). ×ἔγκλημα. ×ἐπίταγμα. ὅραμα [Xen. Cyr. III 3, 66; Arist. eth. 10, 3, 7] Goodsp. 3, 5 (IIIª). Par. 51, 38 (160ª). ×παράδειγμα. πρόγραμμα. ×cυνάλλαγμα. ×τάγμα [LXX, Aristeas]. ×τίμημα. ὑπόδημα, ὑπόμνημα S. 65 f.
III—Iª ἔκρηγμα — ἔκχρηγμα S. 166. ὀφείλημα. ×cύνταγμα. ×χῶμα.
IIª ἀγνόημα. ἀνάπαυμα (poet.) S. 27. ×γνώριcμα Akrost. vor dem Eud. (vor 165ª). ×διάcτημα [LXX, Aristeas] S. 66. ἔκπτωμα [Hippokr.] S. 22. ἐπίδειγμα. θυμίαμα. μελίτωμα Honiggebäck (Batrach. 39) Leid. C p. 93 col. 4, 16 (160ª). ×μέτρημα Lond. I p. 38, 26 (158ª). ×παράγγελμα. ×πολίτευμα [II. Macc., Aristeas] = Gemeinde (τῶν Κρητῶν) Strack, Ptol. Inschr. Arch. III 129, 3. 18 (IIª). ×πτῶμα (was der Bank anfällt) Lond. I p. 47, 37 (146—135ª). τρίμμα zerriebene Sesamfrucht (poet. Wort) S. 30. ×χάλκωμα B U 993 III 12 (127ª).
Iª ×δαπάνημα B U 1001 I 13 (56ª). Glaser 53: non invenitur ante Polybium nisi uno Xenophontis loco (Cyr. VIII 1, 3) et apud Aristotelem.

16. Substantiva auf -μη (-μή).

IIª θροιαδέcμη (= θρυοδέcμη) Leid. S 2, 18 ff. (164ª). Vgl. S. 61 und 111.
παcπέρμη allerlei Samen Tebt. I 9, 12. 17 (119ª).

IIIª δεcμή (Akzent nach Herodian I 324, 11; II 426, 6 L., andere akzentuieren auch δέcμη): Petr.² 41 verso 4 δεcμήν; ebd. 8 δεcμάc (IIª); ebenso Petr. II 25 (c) 4; (g) 11 (226ª). δεcμῶν 39 (d) 12 (IIIª).

17. Substantiva auf -μόc.

IIIª καταλοχιcμόc Petr.² 93 r. col. 7. 24 (IIIª). S. unten λοχιcμόc.
παραcφραγιcμόc Rev. L. 26, 7; 51, 3. 8 (258ª).
παραφρυγανιcμόc Petr. II 14 (1d) 2; 37 l. col. 3; 6, 11 (255ª). Petr.² 41 r. 4 (IIIª); 43 (2) r. col. 3, 26 (246ª); p. 290 col. 1. 2 (221ª). Vgl. Tebt. I 180.

III—II^{a} δειγματισμός P. Gizeh Mus. Arch. II 81, 3 (III^{a}). Rosettainschrift 30 (196^{a}). Tebt. I 5, 247 (118^{a}). Zur Bedeutung Leemans vol. I p. 87.

ποτισμός [LXX] BU 1003, 12 (III^{a}). Petr. II 9 (4) 3 (241^{a}). Tebt. I 50, 16. 17. 29 (112^{a}); 106, 21 (101^{a}).

στολισμός [LXX, Aristeas 96] Kanop. Dekr. 4. 60 (237^{a}). Rosettastein 6 (196^{a}). Tebt. I 5, 247 (118^{a}).

ψυγμός [LXX] Trockenplatz Petr. II 32, 7 (c. 240^{a}). Dittenb. inscr. or. I 176, 10 (113/2^{a}).

II^{a} ἀγορασμός [LXX] Theb. Bk. I 14 (131^{a}).

$^{\times}$ἀπολογισμός Tebt. I 30, 25 (115^{a}); 61 (a) 164; (b) 216. 347 (118^{a}); 72, 2. 142. 293. 337 (114^{a}) etc.

ἀροσμός Tebt. I 49, 10 (113^{a}).

γενισμός Tebt. I 67, 5. 64 (118^{a}); 68, 5. 76 (117^{a}); 70, 5. 62 (111^{a}).

διασεισμός Drangsalierung Tebt. I 43, 36 (118^{a}). Par. 61, 9 (146^{a}); 63, 5, 134 (165^{a}). Tor. I 5, 1 (117^{a}).

διασκορπισμός [LXX] Tebt. I 24, 55 (117^{a}).

διελκυσμός Tebt. I 25, 2. 9 (117^{a}).

διστασμός (v. l. bei Theophr. neben διστα γμός] Par. 63, 3, 83 [Rev. Mél. 255] (165^{a}).

ἐπισπουδασμός Grenf. II 23, 18 (108^{a}).

ἐρεγμός [Hesych. ὁ κύαμος ὁ διακεκομμένος] Tebt. I 9, 10. 18; 11, 8 (119^{a}). Vgl. S. 263.

καταρτισμός Tebt. I 33, 12 (112^{a}).

καταχωρισμός Protokoll, Registratur Amh. II 35, 37 (132^{a}).

λοχισμός Tebt. I 93, 2. 17. 28. 34. 38. 53. 53. 58 (112^{a}), hergestellt von Crönert. Vgl. oben καταλοχισμός = Eintragung in die Katoikenlisten, Wilcken Arch. I 126.

πηχισμός Ellenmaß Tebt. I 164, 23 (II^{af}).

προδιαλογισμός Tebt. I 89, 2 (113^{a}).

προσλογισμός Zuschlag Tebt. I 124, 29 (118^{a}); 174 (112^{a}); 238 (116^{a}).

προχειρισμός Amh. 39, 1 (Arch. II 517) II$^{af.}$

σκυλμός Tebt. I 16, 5 (114^{a}); 41, 7 (nach 119^{a}): 48, 22 (113^{a}).

συνπαιγμός Tor. I 6, 15 (117^{a}).

σφραγισμός Amh. II 41, 13 (II^{a}).

σχοινισμός Ausmessen mit dem σχοινίον Tebt. I 12, 7; 61 (b) 333—8. 340 (118^{a}).

χωματισμός Tebt. I 106, 21 (101^{a}).

II—I[a] ˣἱματιϲμόϲ BU 993 III 11 (127[a]). Tebt. I 104, 16 (92[a]). Gen. 21, 8 (II[a]).

ῥαβδιϲμόϲ Dreschen Tebt. I 119, 46 (105—101[a]); 229 (97 oder 62[a]).

I[a] ἀποτροπιαϲμόϲ Tebt. I 140 (72[a]).

III[a] ˣδρυμόϲ (poet.) S. 28. κατακλυϲμόϲ. καυθμόϲ [Theophr.] Petr.[2] 139 (a) col. I 4 (III[a]). τετραγωνιϲμόϲ (Arist. phys. 1, 2) Magd. 29, 6 (III[a]).

III—II[a] ˣδιαλογιϲμόϲ [LXX, Aristeas] Rev. L. 16, 1. 15. 16; 17, 17; 18, 7. 13; 20, 5. 8. 34, 9 (258[a]). Tebt. I 27, 35 (113[a]); 72, 252. 457. 468 (114[a]). ˣἐθιϲμόϲ (Arist., LXX, Aristeas) Magd. 11, 6 (III[a]) Tebt. I 6, 40 (140—139[a]); 40, 22. 25 (117[a]); 50, 4. 25 (112—11[a]). ˣχρηματιϲμόϲ (LXX, Aristeas) = Unter- oder Beischrift eines Beamten, z. B. Lond. I p. 9 (XX) 22; p. 10 (XVII) 11. 18 (162[a]) und oft.

II[a] ἐπηρεαϲμόϲ (Arist.) Tebt. I 28, 4 (114[a]). λαχανιϲμόϲ (Thuc. 3, 111) Tebt. I 117, 73 (100[a]). ˣμεριϲμόϲ Lond. II p. 7, 12; 8, 30 (II[a]). Tebt. I 29, 15 (110[a]); 58, 38 (III[a]). ˣχειριϲμόϲ S. 24.

18. Substantiva abstracta auf -ϲιϲ.

III[a] ˣἀνακάθαρϲιϲ Petr. II 23 (1) 5 (III[a]).

ἀναμέτρηϲιϲ Rev. L. 27, 2 (258[a]). Petr. II 12 (4) 4 (241[a]).

ἀπέγδοϲιϲ locatio Petr. II 13 (3) 6; (4) 2 (258—53[a]).

ἀποθέωϲιϲ Kanop. Dekr. 56 (238[a]).

ἀφέψηϲιϲ Abkochen Petr. II 34 (b) 3 (III[a]).

ἀφίμωϲιϲ (= ἀποφίμωϲιϲ? Verschließen, Verpacken der Salben) Petr. II 34 (b) 3 (III[a]). Vgl. S. 246 Anm. 1.

διατίμηϲιϲ Rev. L. 55, 24 (258[a]).

δόρωϲιϲ Petr.[2] 46 (3) 7 (III[a]). Das Verbum δορόω CIA II 1054, 58.

ἔγχυϲιϲ Petr. II 40 (b) 7 (277[a]).

ἐκθέωϲιϲ Kanop. Dekr. 53 (238[a]).

ἐπιλόγευϲιϲ Rev. L. 19, 2 (258[a]).

καμάρωϲιϲ Petr.[2] 48, 2 (III[a]).

πάκτωϲιϲ (Poll. 1, 84) term. techn. beim Schiffsbau Petr.[2] 46 (1) 2. 6 = Petr. II 14 (1[a]) 1 (III[a]).

παράκαυϲιϲ Heizung Petr. II 25 (a) 13; (b) 16; (c) 1; (e) 7 (226[a]).

ˣϲύμπτωϲιϲ (τῶν θυρῶν) Petr.[2] 48, 5 (III[a]). s. Add. et Corr. X.

ϲυντίμηϲιϲ Rev. L. 24, 11 (258[a]). Petr.[2] 70 (a) col. 2, 1. 7. 10; 71, 20 (III[a]).

χρῖϲιϲ Petr. II 25 (a) 13 (226[a]).

III—II[a] ἔγληψιϲ—ἔγλημψιϲ conductio, Belege S. 195.

παράθεϲιϲ Verstärkung Petr.[2] 44 (2) r. col. 2, 12 (c. 246[a]). Rosettastein 22 (196[a]).

II[a] ˣἀνάταϲιϲ [Aristeas] Par. 40, 27 (156[a]).

ˣἀπάντηϲιϲ [LXX, Aristeas] Tebt. I 43, 7 (118[a]). Strack, Ptol. Inschr. Arch. III 129, 24; 133, 38 (II[a]).

×ἀποκατάcταcιc [Aristeas, Perg., Magn.] Par. 63, 9, 41 (165a). Leid. B 3, 15 (164a).
διαμίcθωcιc Tebt. I 72, 450 (114a).
διάπραcιc Tebt. I 8, 15 (nach 200a).
διάcειcιc Tebt. I 41, 30 (119a).
διαφόρηcιc Tebt. I 64 (b) 16 (116a); 72, 239 (114a).
ἐγδιοίκηcιc Tebt. I 27, 37 (113a).
ἔγκληcιc Tor. I 6, 24 (117a).
εἴcδοcιc [Aristeas 28. 33] Lond. I p. 39, 36 (158a); p. 41, 113. 115.
×ἐπίγνωcιc [LXX, Aristeas] Tor. XIII 16 (139a). Tebt. I 24, 33; 28, 11 (114a).
κατάχρηcιc Tebt. I 61 (b) 305 (118a); 72, 315 (114a).
κατεγγύηcιc Tebt. I 148 (113—111a).
κράτηcιc Tor. I 7, 16 (117a). Par. 15, 60 (120a).
×παράληψιc—παράλημψιc, Belege S. 195.
παραχώρηcιc Grenf. I 27, 1, 2 (109a). Tebt. I 30, 12 (115a); 31, 3. 7 (113a).
παρένθεcιc Par. 62, 1, 10 (IIai).
προκήρυξιc Versteigerung B U 992 I 10 (162a).
πρόκτηcιc Tor. I 9, 5 (117a).
προcτίμηcιc Tebt. I 5, 63 (118a).
cτυρίωcιc (ägyptisches Wort) S. 38.
cυγγένεcιc Eud. 86 (vor 165a).
×cυμπλήρωcιc [LXX, Aristeas] Tebt. I 61 (b) 382 (118a); 72, 385 (114a); 112, 7. 61. 105 (112a). Grenf. II 33, 7 (100a).
II—Ia κονίαcιc [Aristeas 90] Überstreichen Strack, Ptol. Inschr. Arch. III 129, 11 (IIa). Tebt. I 241 (74a).
Ia λύτρωcιc Tebt. I 120, 41 (97 oder 64a).
παράταcιc Tebt. I 37, 8 (73a).
προcφώνηcιc Grenf. I 35, 6 (99a).

IIIa ἀποκάθαρcιc Rev. L. 39, 10 (258a). ἄφιξιc [Aristeas 173] Petr. II 13 (18a) 6 (258—53a). ἐπίcχεcιc Petr. II 20 col. 3, 12 (252a). ὅραcιc Kanop. Dekr. 56 (237a) von der Erscheinung des Sonnengottes; in der Bedeutung „Gesichtssinn" bei Menand., Arist., Aristeas 142. Plut. ×ῥύcιc Rev. L. 47, 1; 58, 8; 60, 16 (258a).

III—IIa ×αἵρεcιc—αἵρηcιc, s. S. 66. ×αἴτηcιc. ×ἀνάκριcιc. ×ἄφεcιc. ×διάθεcιc. διοίκηcιc [Aristeas]. ἔκτ(ε)ιcιc S. 91. ×ἔντευξιc (Bittschrift). ×cύνταξιc [Aristeas].

III—Ia ×ἀπόδειξιc [III. IV. Macc., Aristeas]. δέηcιc. διεγγύηcιc [Dem. 24, 73] Petr. [2] 58 (c) col. 1, 1 (IIIa). Rev. Mél. 322 (IIa). δόcιc. ×ζήτηcιc. μέτρηcιc. μίcθωcιc. παρεύρεcιc Ausrede, Ausflucht [Dem. 18, 37 gefälschte Urkunde; Aristeas; in pergamen. Inschr. IIIa] Rev. L. 14, 7; 47, 3; 49, 7; 50, 6. 16; 54, 7; 74, 7 (258a). Par. 63, 1, 15; 8, 16 (165a).

Grenf. I 17, 10 (147 oder 136ª). Tebt. I 5, 61. 84. 187 ff.; 43, 39 (118ª) etc. ×πρᾶξις (nur vom Eintreiben des Geldes) Rev. L., Petr. I oft. Lond. II p. 16, 11 (111ª). πρᾶcιc. cτέρεcιc—cτέρηcιc [Aristeas] S. 65 f. ×τίμηcιc. II—Iª ×ἀμφιcβήτηcιc. ×ἀνανέωcιc. ×ἀναπλήρωcιc. ×ἄνεcιc [LXX, Aristeas]. ἀνταναίρεcιc Tebt. I 61 (b) 347 (118ª); 72, 337 (114ª) [Arist. top. 8, 3]. ἀντίληψιc—ἀντίλημψιc S. 195. ×ἀπόδοcιc. ×ἀπόλυcιc [III. Macc., Aristeas]. ἀρίθμηcιc [Herod. 2, 143, Strabo] Tebt. I 112. 92 (112ª). ἀφήγηcιc. βεβαίωcιc. ×βούληcιc [Aristeas]. γένεcιc. δέcιc (in der neuen Bedeutung ‚Geldkatze' = ζώνη) Par. 9, 9 (145ª). διάγνωcιc. ×διαίρεcιc, über διαίρηcιc S. 66. ×διάληψιc [II. Maccab., Aristeas]. διάcταcιc. διάφαυcιc — διάφυcιc (unter Ionismen S. 21). δίεcιc [Hippokr., Arist.] Grenf. I 17, 21 (nach 147 oder 135ª). ×διόρθωcιc [Aristeas]. εἴcπραξιc. ἔκθεcιc (Bekanntmachung). ἔκκρουcιc Abzug Tebt. I 121, 133. 135 (94 oder 61ª). [Xen. Cyneg. 10, 12 = Heraustreiben]. ἔκχυcιc. ×ἐξαίρεcιc Abladeort, Warenlager [Hyperid b. Poll. 9, 34] Tebt. I 5, 26 (118ª). ×ἐπαύξηcιc. ×ἐπίγνωcιc [LXX, Aristeas]. ×ἐπίδειξιc. ×ἐπίδοcιc [Aristeas 51]. ×ἐπίθεcιc [Aristeas]. ἐπίλυcιc Aussöhnung [Aeschyl. Sept. 124] Grenf. II 26, 27; 30, 31; 31, 19 (II—Iª). ἐπίπληξιc. ×ἐπίcκεψιc [LXX, Aristeas]. ×ἐπίcταcιc [Aristeas]. ×ἐπίταcιc. ×ἔφεcιc Grenf. I 17, 26 (147 oder 136ª). κάθαρcιc. ×κατάβαcιc. καταφρόνηcιc [II. Maccab., Aristeas]. ×κρίcιc [Aristeas]. κύρωcιc B U 992 I 10. λῆψιc. ×οἴκηcιc—οἴκεcιc S. 66. ×περίcταcιc Umgebung, Nachbarschaft Tebt. I 14, 19 (114ª); 27, 6. 50 (113ª); 60, 4 (118ª); 84, 6, 86; 151. 222 (IIªf). πλήρωcιc. ×πρόθεcιc [LXX, Magn., Aristeas]. πρόcληψιc. ×πρόφαcιc. ×cύγκριcιc. ×cύλληψιc Rosettastein 17 (196ª). ×cυνάλλαξιc Tebt. I 61 (b) 89. 91 (118ª). ×ὑπόcταcιc [Arist.] Tebt. I 61 (b) 194 (118ª); 12, 111 (114ª). ὑπόcχεcιc Tebt. I 10, 7 (119ª). ×φάcιc (astronom. term. techn. und = Ausspruch) Par. 15, 68 (120ª) φάcει κενῆι. Tebt. I 119, 42 (105—01ª); 191 (Iªi).

19. Substantiva auf -cύνη.

IIIª ἱερεωcύνη Kanop. Dekr. 23 (237ª). Zur Bildung vgl. S. 15.

IIª ×εὐγνωμοcύνη Par. 63, 3, 84 (165ª). Leid. B 1, 7 (164ª).

20. Substantiva auf -τήρ.

IIª ξυcτήρ Schabeisen Par. 36, 17 (163ª).

cφαιρω(τήρ) [LXX] lederner Riemen Lond. II p. 12, 22 (IIª).

χρητήρ (Bedeutung? = κρητήρ? oder ‚Benützer'?) Grenf. I 21, 10 (126ª) τοὺc δὲ λ/ο (λοιποὺc) οἴκουc καὶ χρητῆραc.

II—I χιλωτήρ Futtersack S. 179 und 288.

IIIª μυκτήρ Nase (poet.) S. 29. ψυκτήρ Kühlgefäß Petr. I 12, 21 (240ª). Petr.² 139 (a) I 5 (IIIª).

21. Substantiva auf -τήριον.

IIIª δεικτήριον (Bedeutung unsicher; vielleicht ein Ort, wo Waren ausgestellt sind, vgl. E. M. 261, 9) Petr.² 142, 27 (IIIª).

ἐφημερευτήριον Haftlokal Petr. II 10 (2) 13 (c. 240ª).

ἱπωτήριον Kelter Rev. L. 49, 6. 13; 51, 1. 2 (258ª).

ληιcτήρ[ιο]ν Räuberbande Petr.² 28 (e) 6 (260ª). Über ληιcτήριοι (?) vgl. oben S. 27.

λογευτήριον, Rev. L. 11, 13 (258[a]).

II[a] ἐγλογιστήριον Kanzlei der Steuerberechner, Lond. I p. 41, 111 (158[a]) τὸ 'γλογιστήριον. Vgl. ägypt. Inschrift C. I. G. III p. 302.

ἐπιλογήριον, wohl abgekürzt aus ἐπιλογιστήριον, Lond. I p. 42, 133 (158[a]).

ζωστήριον (= ζωστήρ) Lond. II p. 11, 8 (152—141[a]). Sophokles Lexic. zitiert aus Mauric. Goth. II 2, 12 p. 303 ζωστάριον.

καταχυτήρια ägyptisches Fest bei der Nilüberschwemmung Eud. 3, 75 (vor 165[a]).

κλωστήριον gesponnener Faden (geschr. κλωστήρει⟨α⟩) Ostr. 1525 (124/3[a]). Vgl. Wilcken Ostr. I 225f.

III[a] δεσμωτήριον. δικαστήριον. ×κριτήριον. λογιστήριον (Rechnungskammer) Petr. II 10, 35 (III[a]).

III—II[a] ×ἐργαστήριον. ποτήριον [Aristeas].

II[a] οἰκητήριον (poet.) S. 29. πρατήριον (Her. πρητήριον) Rev. L. Append. I col. 3, 15 (II[a]).

Ein neues Masculin. auf -τήριος ist χρηστήριος (Bedeutung unsicher) Petr.[2] 6 (a) 22 (237[a]), womit zu vergleichen ist χαριστήριος P. Reinach 9, 32 (112[a]); 15, 28 (109[a]); 16, 37 (109[a]). Wilcken (G. G. A. 1895, 136) erblickt im erstgenannten Wort eine Gaubezeichnung. S. Reinach zur Stelle.

22. Masculin. A-Stämme auf -της.

a) Paroxytona auf ´-της.

III[a] ἐργοδιώκτης [LXX; Philo II 86, 38] Frohnvogt Petr. II Einl. p. 6 u. Nr. 4 (1) 2 (255[a]). Wilcken Ostr. I 690.

σταθμοδότης Lond. I p. 61, 6 (261 oder 223[a]).

ὑποδύτης Panzerhemd [LXX] Magd. 13, 6 (III[am]).

III—II[a] χολχύτης (χοαχύτης?) Belegstellen § 39 S. 186; vgl. auch S. 39.

II[a] ×ἀποστάτης Amh. II 30, 34 (II[a]). Rev. Mél. 295, 12 = Archiv II 518, 12 (131/0[a]).

ἀρχυπηρέτης Par. 10, 19 (145[a]).

βαδιστηλάτης Tebt. I 262 (II[af]).

ἐνδίκτης (= ἐνδείκτης) [LXX] Par. 45, 4 (153[a]).

ἐριοϋφάντης Tebt. I 5, 239 (118[a]).

ἰατροκαύτης, „Spezialarzt für Brennen", hergestellt v. Wilcken Ostr. I 377 (aus ἰατροκλητής) Lond. I p. 48, 7 [nicht wohl ἰατροκαύστης].

ἱεροψάλτης Tempelsänger [Ios.] Dittenberg. inscr. or. II 737 (II[a]). W. Otto I 90.

κωμεγέται (für κωμηγέται) = κώμαρχοι Dittenb. inscr. or. I 97, 10 (nach 193[a]).

λινοφάντης (unrein komponiert statt λινοϋφάντης oder λινυφάντης) Par. 53, 14. 30 (163[a]).

μετασχίστης Ostr. 1, 5 (ptol.). Bedeutung unsicher; vgl. παρασχίστης.

οἰνοπότης [N. T.] Leid. U IV 21 (II[am]), hergestellt von Wilcken, Mélanges Nicole p. 584.

ὁρκωμότης Eidesleister Grenf. I 11 col. 2, 17 (157[a]); von Phot. lex. wie ὁρκιστής statt ὁρκωτής verworfen.

×παρασχίστης Aufschlitzer der zur Mumifizierung bestimmten Leichen Tor. VIII 2. 5; IX 6 (119[a]). XIV 3. Zur Sache vgl. Peyron Pap. gr. I p. I L. 21 u. W. Otto I 105ff.

σαυρήτης Tebt. I 57, 4 (114[a]); 211 (nach 99[a]). Nach W. Otto, Priester und Tempel I 111 eine Art Tierwärter, nicht wohl Krokodilpfleger, sondern Pfleger einer anderen Saurierart. Vgl. Diels, Indog. Forsch. XV (1903) 1ff.

τανυφάντης Tebt. I 5, 171 (118[a]).

ὑποκαύστης Heizer Leid. S III 30; VII 8; T 5 (160[a]).

φρεναπάτης (poetisch) s. Anhang zur Stammbildung nach § 90.

III[a] δεσμώτης Petr. II 13 (3) 9 (258—53[a]). κωμήτης Petr. II 6, 6 (255[a]). μύστης Petr. I 21, 23 (237[a]). ὀνηλάτης [Dem. 42, 7] Petr. II Einl. p. 32, 12 (III[a]); 25 (f) 1; (i) 11 (226[a]). Petr.[2] 61 (i) 4 (225[a]). P. Reinach 9[b], 5 (112[a]). σεμιδαλίτης (ἄρτος) aus feinem Weizenmehl bereitetes Brot [Hippokr. p. 356, 18 οἱ δε σεμιδαλῖται ἰσχυρότατοι πάντων τούτων τῶν ἄρτων] Petr. II 25 (b) 8. 20; (e) 3; (g) 6 (226[a]).

III—I[a] ἀπηλιώτης Ost (Ionismus, S. 16). ×ἐπιστάτης. ×ἐργάτης [Aristeas 231] Petr. II 32 (1) 8 (c. 238[a]); 33[a] col. A 21; auch 19 (2) 4 ist statt ἐργάνην vielmehr ἐργάτην herzustellen (III[a]). Petr.[2] 142, 21 (III[a]). Tebt. I 145 (113—1[a]). 252 (95 oder 62[a]); 121 introd. und 51 (94 oder 61[a]). ὑπηρέτης [Aristeas].

II[a] ×ἰδιώτης [Aristeas] Rosettainschr. 52 (196[a]). πλανήτης Eud. col. 7. χάρτης Tebt. I 112, 25. 61. 81. 118 (112[a]).

II—I[a] προφήτης Par. 5, 3, 1 (114[a]). Tebt. I 6, 3 (140[a]); 214 (II[af]); 140 (72[a]).

b) Nomina auf -ίτης.

φιλοτεχνίτης, Ehrentitel in einer Inschrift der dionysischen Künstler zu Ptolemais, Dittenb. inscr. or. I 51, 73 (239[a]). Über die vermutliche Bedeutung des Wortes „Patron des Technitenthiasos" vgl. Dittenb. i. o. I 50 Note 2 und 51 Note 19. Im allgemeinen vgl. Lüders, die dionysischen Künstler.

χερσίτης Petr. II 32 (2[a]) 8. 14 (c. 240[a]).

III—II[a] ἀρχιφυλακίτης, Belege unter den Zusammensetzungen § 87, 2.

φυλακίτης B U 1007, 14 (243ª). Petr. II 14 (2) 10; 32 (2ᵇ) 5; (2ª) 23 (c. 240ª). Petr.² 28 (e) 12 (260ª). Dittenb. inscr. or. I 85, 4 (221—05ª); 96, 4 (205—181ª); 139, 6 (146—116ª). B U 1012, 9 (170ª). Par. 63, 142 (165ª) etc.

IIª ἐνυπνιοκρίτης Par. 54, 78 (163ª).

θιασείτης (= θιασίτης) [Poll. 6, 8; delische Inschr., Moeris p. 186 θιασῶται διὰ τοῦ ω̄ 'Α., θιασῖται "Ε.] Dittenb. i. o. I 97, 11 (c. 190ª). θιασίτας auch auf einer Inschrift von Thera (164—159ª) Dittenb. l. c. II 735, 23f. συνθιασίτης [Ar. Plut. 508 συνθιασώτης] Grenf. I 31, 5. 15 (104—3ª). Ziebarth Rhein. Mus. LV 514.

καμηλίτης Kamelwärter Oxy. IV 710 (a) 4 (111ª). Ebenso (nicht καμηλείτης) ist zu ergänzen Goodsp. 30 col. 3, 17; 7, 27; 8, 8. 9; 12, 22; 30, 23; 35, 18 (191—192ᵖ). Vgl. B U II 544, 3 καμηλειτῶν (Zeit des Antoninus). Arist. h. a. 9, 47, 1. Strab. XVI p. 748 καμηλῖται.

κεντρίτης (κάλαμος) Stachelrohr Tebt. I 61 (b) 426 (118ª); 72, 435 (114ª); 152 (112ª).

κωμίτης (sonst κωμήτης, s. ob.) — zu κωμίον? — Par. 34, 3 (157ª).

λαοκρίτης Tebt. I 5, 216. 219 (118ª). Tor. I 7, 3 (117ª).

IIIª ˣτεχνίτης [Aristeas].

III—IIª ˣτραπεζίτης [Aristeas].

Über Femininalbildungen auf -ῖτις s. § 84, 8ᵇ.

c) Oxytona auf -τής.

IIIª ἐγμετρητής Petr. II 30 (e) 3 (235ª); 9 (2) 8; (3) 6 (241—39ª).

κονιατής Kalkanstreicher [Poll. 1, 125 Komödientitel des Amphis] Petr.² p. 290 col. 1, 7 (221ª). Sakkakini 151. 153 (IIIª). Goodsp. 30 col. 42. 17 (191—192ᵖ).

III—IIª ˣδιοικητής Rev. L. 23, 3; 38, 3; 86, 6. 7 (258ª). Petr. II oft. Par. 62, 3, 2; 8, 13 (IIªⁱ). Tebt. I passim.

ἐγλογιστής [LXX] Rev. L. 18, 9; 37, 12 (258ª). Tebt. I 72, 449. 452 (114ª); 124, 19 (118ª).

λογευτής Rev. L. 9, 2; 10, 1; 11, 16; 12, 12. 14; 13, 2; 16, 11; 52, 27 (258ª). Petr.² 67 (b) 6; 112 (f.) 1. 4. 9; 125, 11. 15 (IIIª). Pariser Holztafel bei Wilcken Ostr. I 65 A und B (IIIª). Fay. XI 29 (nach 115ª).

IIª βασιλιστής Dittenb. i. o. I 130, 6 = Strack, Dyn. d. Ptol. Anhang Nr. 108 (146—116ª), Mitglied eines Kultvereins. Vgl. W. Otto l. c. I 126ff.

ἐμφανιστής [Aristeas 167] Tor. I 8, 12. 32 (172ª).

ἐνταφιαστής [LXX] Par. 7, 6 (100ª). Später Oxyr. III 476, 9 (röm.).

ἐρευνητής Par. 60 (b) 15 (c. 150ª).
καλλυντής Par. 36, 25 (163ª). Lond. I p. 34, 6 (161ª).
κορδακιστής (Kordaxtänzer) Tebt. I 231 (IIªᶠ).
κωμομισθωτής Tebt. I 183 (IIªᶠ), ein Beamter bei der Verpachtung der königlichen Domänen.
πορευτής (= πορθμεύς) Ostr. (Theb.) 1351, 2; 1354. 1504. 1507. 1508 (c. 144ª).
πρωτοστολιστής (Priestertitel). Grenf. I 44, 2, 2. 6. 11 (IIª). C. I. G. III 4945. 4946. Vgl. W. Otto I 86.
ὑποδιοικητής Leid. B 2, 14 (164ª); D 1, 1 (160ª). L 1, 12. Grenf. II 23, 2 (108ª). Par. 27, 1 (160ª); 29, 9; 63, 7, 20 (165ª) etc.
φιλοβασιλιστής Par. 15, 4 (120ª). Grenf. I 30 verso (103ª). Amh. II 39 verso (IIª). Näheres bei Ziebarth, Griech. Vereinswesen S. 62: „eine staatliche Korporation, vielleicht eine Truppenabteilung (Leibwache?)." Vgl. Wilcken Arch. II 123.
II—Iª ˣβεβαιωτής „Hintermann der Bürgen" Wilcken Ostr. I 554. BU 995 III 9 (109ª); 996 III 9 (107ª); 997 II 10 (103ª). Tor. I 6, 10 (117ª). Grenf. II 15, 2, 10 (139ª); I 33, 4 (103ª). Par. 5, 2, 4 (114ª). Amh. II 51, 28 (88ª).
προπωλητής BU 996 III 9 (107ª); 997 II 10 (103ª); 998 I 11 (100ª). Par. 5 col. 2 (114ª) = Leid. M 2, 6; N 2, 12 (99ª). Grenf. II 15, 2, 10 (139ª); I 36, 8 (99—88ª). Amh. II 51, 28 (88ª).
ˣχειριστής, Belege S. 24.
Iª ἀντλητής Tebt. I 241 (74ª).
ἀρχενταφιαστής Leid. H 10. 22 (99ª). W. Otto I 109.
ἐπαρδευτής Tebt. I 108 introd. (93 oder 60ª); 120, 137 (97 oder 64ª); 209 (76ª).
λιμνα(στής) Tebt. I 209 (76ª). Wilcken Ostr. I 508 Note 2 erwähnt λιμναστὴς καὶ κατασπορεύς in einem unedierten Par. Pap. (wohl aus röm. Zeit?). Wie es scheint, bedeutet das Wort einen mit der Nilbewässerung beschäftigten Beamten. Das Amt λιμναστεία BU I 91, 5 (171ᵖ).
φιλοπυγιστής (poetisch), s. Anhang über dichterische Neubildungen am Schluß der Stammbildung nach § 90.

IIIª βαδιστής Paßgänger v. Esel [Eur. Med. 1182] Grenf. II 14 (b) 5 (227ª). δανειστής Petr.² 53 (j) 9 (IIIª). δοκιμαστής [Aristeas 252] Leid. Q 4 (260—59ª). Petr.² 50, 2 (IIIª). ˣἐγγυητής Rev. L. 11, 15; 20, 7 (258ª). κιθαριστής. κολλυβιστής Geldwechsler [Lys. b. Poll. 7, 33; N. T.; von Phryn. 440 (Lobeck) gegenüber ἀργυραμοιβός verworfen; doch auch bei Menand.] Petr.² 59 (a) col. 1, 7 (IIIª). ˣὀρχηστής — ˣσαλπικτής Dittenb. inscr. or. I 52, 43. 45. 64 (239ª). συναγωνιστής Dittenb. inscr. or. I 51, 56 (239ª).

III—II^a ×μετρητήϲ [LXX, Perg., Aristeas]. χρηματιϲτήϲ [Aristeas] (ein Richteramt, vgl. Mitteis Reichsrecht und Volksrecht 47 ff. und O. Gradenwitz Arch. III 22 ff.) Petr. II 8 (2 b) 2 (246^a); 38 (c) recto 3; verso 47 (228^a). Fay. XI 25 (nach 115^a); XII 27 (103^a). Tebt. I 5, 214. 218 (118^a); 24, 35 (117^a); 29, 1 (110^a). Par. 14, 35 (127^a). Tor. III 36; IV 11 (117^a) etc.

II^a ἀργεϲτήϲ [Akzent nach Spitzner zu Il. 11, 306; ebenso Herodian I 79, 1; II 74, 39 L.] Eud. 482 (vor 165^a). θεραπευτήϲ. ×παλαιϲτήϲ Par. 5, 24 8 (114^a). ×πρεϲβευτήϲ 10, 2 (145^a). ταριχευτήϲ (Herod. 2, 89) 5, 3, 9; col. 18, 1; col. 26, 10; col. 29, 5 (114^a); 61 verso (156^a). Fay. XIII 4 (c. 170^a). Tor. I 8, 14. 23. 33 (117^a). Leid. P 23 rechts (II^a). W. Otto I 105 ff.

II—I^a ἠπητήϲ Flickschneider [von den Attizisten gegen ἀκεϲτήϲ (Alkiphr. II 24, 1) verworfen, vgl. Phryn. 91 (Lobeck); doch in guten Mss. Xen. Cyr. I 6, 16] Tebt. I 112, 48 (112^a); 90, 24 (I$^{a\,i}$).

Unbestimmt ptolemäisch ἐξηγητήϲ Strack, Ptol. Inschr. Arch. III 138, 18.

Anmerkung. Femininale Substantiva auf ˊ–τηϲ sind überaus selten: z. B. οἰκειότηϲ Par. 63, 8, 22 (165^a). ὁϲιότηϲ 30, 15 (162^a); Dresd. I 7. Neubildungen kommen nicht vor. Im Sinne von ἐλευθεριότηϲ steht Par. 49, 7 (c. 160^a) ἐλευθερία.

23. Maskulin. Substantiva auf -τόϲ.

III^a ὀχετόϲ Petr. II 6, 9 (c. 250^a). ὑετόϲ 49 (a) 16 (klass. Stück III^a).

III—I^a ἐνιαυτόϲ Belege S. 200; ×ἱϲτόϲ Gewebe Rev. L. 90, 4; 94, 2. 5 (258^a). Tebt. I 117, 53. 70 ἱϲτοῦ μιϲθόϲ (99^a).

II^a ἀλοητόϲ (Xen. oec. 18, 5) Tebt. I 48, 17 (113^a).

I^a τρύγητοϲ Lesezeit [Herodian I 219, 29—220, 1 τρύγητοϲ ὁ καιρὸϲ μονογενῶϲ, τρυγητόϲ δὲ τὸ τρυγώμενον] Tebt. I 120, 120. 124. 140 (97 oder 64^a). Alkiphr. (Schepers) II 12.

24. Femininale Bildungen auf ˊ–τρα, ˊ–τρια, ˊ–θρα.

a) Nomina agentis auf ˊ–τρα:

II^a εὔϲτρα eine Gerstenart [Ar. eq. 1332 der Ort, wo Schweine abgesengt werden] Tebt. I 9, 13; 11, 9 (119^a). Vgl. E. M. ἀμφίκαυϲτιϲ· ἡ ὀρεινὴ κριθή, ἣν ἡμεῖϲ εὔϲτραν καλοῦμεν. Hesych. εὔϲτρα . . . ὁ ϲτάχυϲ, ὅταν μὴ πέπειροϲ ὢν ἀποφλογιϲθῇ. Vgl. van Herwerden Append. lex. suppl. p. 94. ξύϲτρα Striegel [Phryn. 299 (Lobeck) ξύϲτραν μὴ λέγε, ἀλλὰ ϲτλεγγίδα] Lond. II p. 12, 25 (II^a). Par. 10, 11 (145^a).

b) auf ˊ–τρια:

II^a βεβαιώτρια Grenf. I 33, 49 (103^a); verbunden gewöhnlich mit προπωλήτρια (Vorverkäuferin) BU 994 III 6 (113^a). Cop. 10/11 (100^a). Grenf. II 23 (a) 2, 11 (107^a).

c) auf ˊ–θρα:

III^a διαβάθρα [LXX, Aristeas] Schiffsleiter Petr. II 13 (8) 3 (258—53^a).

ἐμβλήθρα (oder zu ἔμβληθρον?) Ladung Petr.^{2} 129 (a) 13; abgekürzt 20; (b) col. 2, 3. 6 parallel neben φόρετρον (III^a).

25. Neutrale Substantive auf -τρον.

III^a ἐγκοίμητρον Petr.^{2} 9, 20 (c. 240^a).

θέριϲτρον Sommerkleid [LXX, Alkiphr. (Schepers) IV 12, 1; Theokr. 15, 69 θερίϲτριον] Petr. I 12, 18. 20 = II Einl. p. 22 (c. 238^a). In der neuesten Ausgabe desselben Stückes Petr.[2] Nr. 9, 19 bietet Kenyon die Lesart θερίςτου, die demnach neben zweimaligem θερίςτρου stünde. θέριςτον bisher mehrfach bezweifelt, vgl. Thes. gr. s. v. θέριςτρον.

III—I[a] φόρετρον Trägerlohn Petr. II 27 (2) 19 (236[a]); 30 (a) 13 (235[a]); 33 col. A 3; 39 (g) 8 (III[a]). Petr.[2] p. 313, 21; p. 129 (a) 21; (b) col. 2, 4. 8 (III[a]). Par. 60 (b) 18 (c. 150[a]). Theb. Bk. X[a] 5 (130[a]). Fay. XVIII (b) 6 (I[a]).

I[a] ἤπητρον Flickerlohn Tebt. I 120 introd. (97 oder 64[a]) ἤπητρα χιτῶνος.

ὕφαντρον Weberlohn Tebt. I 117, 37. 47. 49. 54. 57 (99[a]), jedesmal der Plural ὕφαντρα.1)

26. Nomina agentis auf ˊτωρ.

III[a] δυήτορες (Wehegötter von δυάω) liest Wessely Artem. 7: ὑπ(ὸ) τοῦ 'Οσερ[άπι]ος καὶ τῶν δυητό⟨ρ⟩ων (III[a]).

II[a] ἀντιλήμπτωρ [LXX ἀντιλήπτωρ] Lond. I p. 38, 18 (158[a]).

III[a] κλήτωρ [Dem. 34, 15 — aber in 2 codd. κλητήρων] Petr.[2] 21 (g) 34 (226[a]). ληΐςτωρ (poet.) S. 29.

III—I πράκτωρ [in Athen ein Finanzamt, Dem. 25, 28] Petr. II 13 (17) 2 (258—53[a]); 17 (1) 8. 15; 22, 15 (III[a]). Magd. 41, 5 (III[am]). Tebt. I 21, 3 (115[a]). 34, 8 (100[a]). 35, 8 (111[a]). 76, 11 (112[a]). 100, 12 (116[a]). 120, 60. 91 (97 oder 64[a]) etc.

II[a] ἀλάςτωρ (poet.) S. 27.

27. Substantiva auf -ών, -ῶνος mit lokaler Bedeutung.

III—I[a] ἀμπελών [Theokr. 25, 157 ἀμπελεών, früher nicht belegt] Rev. L. 25, 2; 26, 17; 33, 11. 13. 19; 36, 12. 15; 37, 10 (258[a]). Petr. II oft (s. Index). Lond. II p. 14, 11 (116—111[a]). BU 993 III 10 (127[a]). Grenf. II 28, 7. 9. 12. 14 (103[a]). Tebt. I 5, 99 (118[a]). 24, 43 (117[a]); 80, 22. 32 (II[af]); 120, 133 (97 oder 64[a]) u. oft.

III—II[a] περιςτερών Taubenschlag [Plat. περιςτερεών] Petr.[2] 69 verso 2. 5. 6; 119 col. 1, 4. 6 (III[a]). Grenf. I 21, 9. 11. 17 (126[a]). Tebt. I 62, 49 (119[a]); 79, 71 (148[a]); 84, 9 (118[a]); 86, 15 (II[af]). Ostr. 1228, 3. 6 (unb. ptol.).

φοινικών Palmenland, Petr. II 39 (i) 14—21; 43 (b) öfters (III[a]). Petr.[2] 68 (b) 3 (III[af]). Amh. II 31, 3 (112[a]).

---

1) Daß in diesen beiden Fällen Bildungen auf -τρον mit dem hier häufigen Plural vorliegen (vgl. δίδακτρα, θρέπτρα, κόμιςτρα, μήνυτρα), haben die Herausgeber zu Oxy. IV 736, 7 richtig erkannt an Formen wie ἄλεςτρα 736, 8. 31. 34. 72. 76; 739, 6; ἤπητρα 736, 11; κέρκιςτρα 77, κόλλητρα 91; ςιτοπόητρα 739, 4 (um Chr. Geb.). Als ähnliche Bildungen seien notiert: ἴατρα Collitz Dialektinschr. 3339. 3340. κάρτρα (πόκων) Scherlohn Lond. I (CXXXI) p. 173, 11 (78—79[p]). φύλακτρον Oxy. III 502, 43 (164[p]). Goodsp. 10, 10 (180[p]).

IIª ἀσφαλών (sicherer Platz? Schrank?) Grenf. I 14, 8 (150 oder 139ª).
ἐλαιών Ölland Tebt. I 81, 30; 82, 8. 22. 26 (115ª); 87, 43 (IIªᶠ).
ἰβιών Ibispflegestätte (= ἰβίων τροφή), hergestellt von Crönert (Wchschr. f. kl. Phil. 1903, 484) Tebt. I 62, 23; 64, 10. 11 (116ª); 121, 78 (94—61ª). So wohl schon Petr.² 68 (b) 4 τὸν ἰβι(ῶνα), geschr. IIIªᶠ.
ληνών Kelterplatz Lond. II p. 14, 13 (116—111ª).
Iª κοιτών Schlafgemach [von Phryn. 252 Lob. als vulgär verworfen] Tebt. I 120, 14 (97 oder 64ª).

Anmerkung. Einem besonderen Bildungstypus gehört an das vereinzelte κοινών (= κοινωνός), das Poll. 8, 134 als Ξενοφῶντος ἴδιον bezeichnet. Es ist erhalten Rev. L. 10, 10 (258ª) κοινῶνες = Genossen, Teilhaber; so zu ergänzen 11, 15; 14, 10. 16; aber in demselben Sinne κοινωνοί 18, 2. Das Wort findet sich in der Tat früher bei Xenoph. Cyr. VII 35; VIII 1, 16. 36. 40; außerdem bei Pind. pyth. 3, 28 als v. l. neben κοινᾶνι. Schmid, Wochenschr. f. kl. Phil. 1899, 541 ff.; 1901, 602. Radermacher, Rh. M. LVII 48, 1. K.-Bl. I 506 u. 519 Anmerk.

28. Einsam stehende Bildungen.

a) Ganz allein steht als maskulin. Substant. auf -νός:
II—Iª δεκανός Aufseher über 10, Tebt. I 27, 31 (IIªᶠ) δεκανὸς φυλακιτῶν (decuriones); ebd. 251 (Iªⁱ). Vgl. dazu das dunkle δεκανία Dittenb. inscr. or. II 615, 3 ἀφιερώθη ὁ πύργος μετὰ τῆς δεκανίας (260—68ᵖ) [aus Arabien] und Revue arch. Quatrième série II 1903 p. 167 n. 189 ἀνεθρεψάμην ἀνπέλων δεκανίαν. Marc. Diacon. vita Porphyr. (Teubn.) 35, 9; 36, 17. Auch Arrian und Aen. Tact. haben das Wort.

b) Ein vereinzeltes Femininum auf -όρα ist:
IIª τιμιόρα (= τιμή?) Lond. I p. 26, 17 (161ª). Vgl. ionisches πληθώρη.

c) ἁρμολιά (ἁρμολεά) Mundvorrat (poet.) vgl. S. 27.

Ergebnisse. a) Von postnominalen Bildungen stehen voran die im wesentlichen an vokalische Stämme angegliederten Abstrakta auf -ία (48 Neubildungen und zwar 33 von O-, 10 von A-, 3 von S-, 2 von K-Stämmen abgeleitet). Weit seltener werden von konsonantischen Stämmen Nomina auf ⏑́-εια gebildet (3). Die Suffixe -μονή, ⏑́-της (feminin.) sind gänzlich abgestorben; ebenso nahezu -σύνη. In ganz vereinzelten Fällen begegnet die femininale Bildung auf -άς und die neutrale auf ⏑́-αιον.

b) Unter den postverbalen Ableitungen sind -μός und -ή (-ά) an Verba barytona, -εία an Verba auf -εύω gebunden: auf -μός kommen 32, auf -ή (-ά) 25, auf -εία 28 neue Exemplare; die letztgenannten zerfallen in solche ohne (12) und in solche mit Variante auf -ία (9) und in Ämterbezeichnungen (6), denen scheinbar nominale (A-, I-, Eu-)Stämme, tatsächlich aber gleichfalls Verbalformen auf -εύω zugrunde liegen, wenn auch nur vorgestellte, nicht tatsächlich gebrauchte. Am üppigsten wuchern die bei allen Verbalstämmen möglichen Bildungen auf -μα und -σις, die je 45 neue Exemplare aufzuweisen haben. Der zu allen Zeiten seltene Typus ´-μη ist mit 2 Neubildungen vertreten. Über den ionischen Charakter mancher Bildungen auf -μα vgl. oben S. 24.

c) Noch lange nicht so zahlreich wie in nachchristlicher Zeit und im Neugriechischen sind die Deminutiva: 18 neue auf -ίον (´-ιον), 2 auf -ίδιον, 3 auf -άριον, je 1 auf -ίς und -ιδεύς, zusammen 25. Dagegen nehmen neutrale Bildungen auf -ίον und ´-ιον ohne deminutiven Sinn einen immer weiteren Raum ein: im ganzen 40 Neubildungen, darunter viele substantivierte Adjektive, manche mit Varianten auf -εῖον (8), das selbst wiederum 9 eigene Exemplare, größtenteils Komposita, getrieben hat. Ebenso finden sich 11 früher nicht belegte Substantive auf -ίς ohne deminutive Bedeutung; doch sind dies meist ursprünglich Adjektiva mit zu ergänzendem femininischen Gattungsbegriff. Das Suffix -τήριον hat in 6 Neubildungen lokale Bedeutung, in 3 Fällen scheint es auf ein substantiviertes Adjektiv zurückzugehen, in 1 Fall Weiterbildung eines Nom. agentis auf -τήρ zu sein.

Zur Bezeichnung eines Ortes dient außerdem das Suffix -ών, -ῶνος, das 8 neue Exemplare aufweist.

d) Nomina agentis sind besonders zahlreich auf -της, und zwar auf ´-της 20, auf -ίτης 11, auf -τής 24 neue Wörter; seltener auf -εύς (5), auf -τήρ (4) und auf -τωρ (2). Weibliche Parallelbildungen lauten auf ´-τρια und ´-θρα (je 2 Fälle), denen als neutrale Form 5 Bildungen auf -τρον zur Seite stehen.

e) So ziemlich ohne Vorgang sind die einsam stehenden Bildungen auf -νός und -όρα.

§ 84. Abgeleitete Adjektiva.

1. auf -αιος, -ιαῖος.

a) von O-Stämmen abgeleitet:

III[a] ἀμναῖος Rev. L. 97, 7 (258[a]) — wohl zu ἀμνός (Lamm) [Ar. av. 1559. Theokr. 5, 144. Ael. NA 85, 29], Parallelbildung zu ἀμνεῖος [Theokr. 24, 61].

III[a] ὑστεραῖος.

b) von femininalen A-Stämmen:

IIIª δωρεαῖος Pariser Holztafel bei Wilcken Ostr. I p. 65 A; dagegen B δωραίας; Londoner und Berliner Tafeln ebd. p. 66 f. δωρεαίας.

ˣπερικεφαλαία (substantiviert = Helm, Kopfbinde) Petr.² 140 (a) 3 (IIIª).

Iª κατάγαιος (vulg. κατάγειος, z. B. LXX) BU 999 I 7 (99ª).

III—I ἀγοραῖος. ˣἀναγκαῖος.

IIª ˣἀκμαῖος Tebt. I 24, 56 (117ª). ˣἔγγαιος (vulgär statt ἔγγειος, nach Glaser de rat. 80 ionisch) Zois I 25; II 25 (150—148ª). Grenf. I 12, 18 (148ª). Pap. Kairo Arch. I 64, 3. 7 (123ª). Tor. I 5, 37; 7, 31 (117ª). Lond. II p. 13, 8 (116—111ª). σεληναῖος [Orakel bei Herod.] Eud. 3, 26 (vor 165ª). Über σεληνιεῖος s. nächste Nummer.

Nach Analogie von σταδιαῖος, ὀργυιαῖος u. ä. entwickelten sich früh auch von Stämmen ohne auslautendes ι Formen auf -ιαῖος: in den Papyri findet sich das schon aus Aeschyl. belegte μηνιαῖος Rev. Mél. 302, 4 (IIª). Wilcken Ostr. I 641. Notices et extr. XVIII 2 p. 420; später oft, wie BU II 362 I 21 (214ᵖ); IV 20; 474 verso 2 (IIᵖ); 552, 4 (263ᵖ); 529, 5 (216ᵖ); 534, 5 (215ᵖ) etc. K.-Bl. II 292 Anm. 3. Glaser 77 ff.

2. auf -ε(ι)ος, -ιεῖος.

a) auf -ε(ι)ος:

IIª ἐπικαλάμειος auf dem Halme stehend Tebt. I 115 (IIªᶠ).

μεσόγεος (über den Ausfall des intervokalischen ι vgl. § 10 S. 68) Leid. U 3, 14 (IIª). Polyb. μεσόγαιος.

πρακτόρειος (Pap. πρακτ⟨ορ⟩είων) Tebt. I 72, 463 (114ª).

IIIª ἀνδρεῖος = einem Mann gehörig (χιτών) Petr. I 12, 18 = II Einl. p. 22 (238ª). ˣαὔλειος (αὐλεία θύρα) BU 1007, 16 (243 oder 218ª). ˣβασίλειος (γραμματεύς) Petr. II 23 (2) 1 — sonst immer βασιλικός. ˣγυναικεῖος Petr. I 12, 18 = II Einl. p. 22 (238ª). δίπλειον, falsch aufgelöstes δίπλεον, vgl. S. 71. ἐπίγειος Petr. II 8 (2 c) 10 (246ª). χοίρειος Magd. 4, 8 τὴν τιμὴν τ[ῶν χοι]ρείων (IIIª).

IIª ταύρεος Lond. II p. 11, 8 (152—141ª). χήνε(ι)ος S. 68, geschrieben χήνηα Par. 54, 14 (163ª).

b) auf -ιεῖος:

Analog der Bildung auf -ιαῖος (vorige Nummer) hat sich bei Maß-, Zeit- und Wertangaben ein Suffix -ιεῖος (oder -ίειος?) entwickelt. Hierher gehören:

IIª ἀρταβιεῖος (oder ἀρταβίειος?) Tebt. I 5, 59 (118ª); 61 (b) 55 (118ª); 119, 11 (105ª) ἀρταβιήα.

μηνιεῖος (cf. Nr. 1) Par. 62, 8, 11 (IIªⁱ) μηνιείοις; Eud. 348 μηνιήαν (vor 165ª). Goodsp. 7, 7 μηνιεῖος (119—118ª).

μναιεῖος [Lob. Phryn. 552] Par. 10, 10 (145ª).

σεληνιεῖος (cf. Nr. 1) Leid. C p. 118, 1, 15 σεληνειήοις (IIª). Glaser de rat. 77 ff.

στατηριεῖος Leid. C p. 118, 2, 12 στατηρειήους (IIª).

3. auf -ηρός:

III[a] δερματηρός (δερματηρά sc. ὠνή Hautabgabe) Petr. II 32, 1 unterste Zeile (c. 240[a]). Petr.[2] 32 (d) 3 (246[a]).

III—II[a] ζυτηρός (ζυτηρά Bierabgabe] Petr.[2] 32 (e) 4 (c. 240[a]); p. 289 col. 1, 7 (221[a]); p. 307, 5; p. 311, 2. Z. v. unt. (III[a]). Par. 63, 8, 98 (165[a]). Tebt. I 40, 4 (117[a]).

ταριχηρός [Athen. 137 F] in der Verbindung κρεῶν ταλιχηρῶν (sic) Petr.[2] 58 (a) 2 (III[a]); in anderer Bedeutung (Beamter, der bei der Balsamierung beschäftigt ist?) Fay. XV 4 (112[a]); so wohl auch schon Petr.[2] 117 (h) col. 2, 3. 23 (III[a]).

III—I[a] χαρτηρός (χαρτηρά Abgabe für χάρτης) Petr.[2] 115, 3. 7 (III[a]).

II[a] ὀθονιηρός (ὀθονιηρά Steuer für ὀθόνια) Ostr. 1499, 2 (Theb.) II[a]. Wilcken Ostr. I 266 ff.

III[a] λυπηρός Petr. II 13 (19) 13 (258—53[a]).

II[a] ἰχθυηρός [Ar. fragm. 449. LXX] — ἰχθυηρά Fischsteuer Par. 63, 4, 98 (165[a]). ×μοχθηρός Tebt. I 24, 57 (117[a]).

4. auf -ής (S-Stämme):

III[a] ×ἀσινής (poet.) S. 31.

II[a] ×ἀχανής (θύρα) Par. 6, 18 (126[a]). ×δαψιλής (poet.) S. 31. ×ἐκτενής. εὐμαρής (poet.) S. 31. ×ὁλοσχερής (ionisch) S. 23.

5. auf ⌐ιμος und ⌐σιμος:

III[a] δορώσιμος (vgl. δόρωσις S. 437) Petr.[2] 46 (3) 6 (III[a]) ὠλενῶν δορωσίμων.

πλύσιμος (bisher zweifelhaft) P. Sakkakini 59 f. 94 πλύσιμα = Wäsche (III[a]).

II[a] ἀπαιτήσιμος Tebt. I 61 (b) 191 (118[a]); 64 (b) 2 (116[a]). 72, 107. 218 (114[a]).

ἀφέσιμος Tebt. I 224 (108[a]).

δόσιμος Tebt. I 5, 176 (118[a]).

ἐγδιοικήσιμος Theb. Bank I 9 (131[a]).

καταγώγιμος Tebt. I 35, 5 (111[a]).

×πράξιμος Tebt. I 72, 294 (114[a]).

χειραγώγιμος Lond. II p. 6 (133[a]).

III[a] ἀγώγιμος Rev. L. 44, 11. 17 (258[a]). ×δόκιμος Petr. II 4 (8) 6 (255[a]). κάρπιμος Rev. L. 55, 20 (258[a]). ×μόνιμος Petr. I 21, 20 (237[a]).

III—II[a] ἐμβόλιμος (Herod.) S. 22. ἐργάσιμος [LXX, Aristeas] Petr.[2] 99, 11 (III[a]). Par. 60 (b) 25 (c. 150[a]): ἐργάσιμον τῶν ἄρτων (Bäckerlohn?). πρώιμος (nicht πρῴμος), Belege S. 136.

II[a] κατόχιμος (mit κλῆρος, den Kolonisten gehörig) Tebt. I 27, 67 (113[a]); 60, 102 (118[a]); 61 (b) 253; 64 (b) 6; 70, 65 (111[a]). 72, 226 (114[a]). Isaios 2, 28 = in Besitz genommen; LXX besessen; Luk. begeistert. λόγιμος (Herod.) S. 23. ×μάχιμος Tebt. I häufig. ὄψιμος (poet.) S. 32. σπόριμος oft Tebt. I.

I[a] τρώξιμος (τρώξυμος), ὥριμος (poet.) S. 32.

6. auf ́-ινος (-ινός).

III[a] κολοκύντινος, Belege S. 101.

στυππέινος S. 94.

×τήλινος (von τῆλις Bockshorn) Petr. II 34 (b) 9 (III[a]).

ὑάλινος Petr.[2] 42 H (7) 3 (c. 250[a]).

φοινίκινος (μύρον) Petr. II 34 (b) 7 (III[a]).

III—I[a] κνήκινος Rev. L. 40, 10; 49, 18; 53, 15. 22; 55, 8 (258[a]). Tebt. I 122, 11 (96 oder 63[a]).

II[a] ὀλύρινος Vat. D (Mai t. V p. 603) 7 (162[a]).

παπύρινος Leid. U 2, 6 (II[a]).

ὑποκόκκινος (Pap. ὑπόκκινος) S. 246.

χάλκινος Tebt. I 119, 51 (105—101[a]).

III[a] βύσσινος S. 40. ×ἑωθινός Petr. II 45 col. 2, 21 (III[a]). λίθινος Petr.[2] 42 G (1) 1 (c. 250[a]). Kanop. Dekr. 74 (237[a]) etc. μύρσινος [Aristeas] Petr. II 34 (b) 10 (III[a]). πήλινος [Dem. 4, 26] Petr.[2] 48, 9 (III[a]); ebd. πλίνθινος. ῥόδινος Petr. II 34 (b) 6. Zur Bezeichnung der Herkunft Σούσινος (v. Susa) Petr.[2] 127 col. 2, 11 (III[a]).

III—II[a] ×ἀληθινός S. 92. ×ἀνθρώπινος. μυρίκινος [Il. 6, 39] S. 40f. σησάμινος Rev. L. 40, 10. 15; 49, 18; 51, 13; 53, 7. 14. 27 etc. Petr.[2] 84, 5 (III[a]). Leid. B 1, 12; 2, 15; C p. 93, 4, 15 (164[a]). Ostr. Louvre bei Rev. Mél. 144 (II[a]).

II[a] ἀνθινός (oder ἄνθινος?) S. 92. δερμάτινος Tebt. I 112 introd. (112[a]). ×ἐαρινός — θερινός Eud. col. 2 u. 3 (vor 165[a]). ἰσημερινός — μεθοπωρινός ebd. öfter. μεσημβρινός (poet.) S. 25. ×μολύβδινος S. 101. περυσινός Rev. Mél. 303, 11 (c. 130[a]). πύρινος (v. Weizen) Amh. II 43, 9 (173[a]). Tebt. I 29, 15 (nach 110[a]). ×χειμερινός Eud. 44. 46 (vor 165[a]). Par. 62, 4, 5 (II[a i]).

Anmerkung. εὐδινούς steht für εὐδιεινούς S. 92. παθινοί Tebt. I 234 (114[a]) ist unverständlich.

7. auf -ιος.

III[a] ψακαδίσχιος Petr. II 35 (a) col. 3, 5 (226[a]), wie es scheint, Farbenbezeichnung für ein Pferd (v. ψακάς) getröpfelt, gesprenkelt, der Bildung nach übrigens unerklärt. Vgl. ψακάδισσα unter 8.

II[a] ἐγκοιμήτριος (zu ἐγκοίμητρον, vgl. oben S. 444) geschrieben ἐγκοιμήτριν (ὀθόνιον) Par. 53, 8 (163[a]).

θεσμοφόριος (zu θεσμοφόρος) gesetzgeberisch Tor. XIII 5 (139[a]).

II—I[a] παρόριος benachbart Dittenb. i. o. I (Syene) 168, 57 (116—81[a]) — sicher zu ὅρος, vgl. συνορία ebd. 18, nicht zu ὄρος.

III[a] ὑπερόριος jenseits der Grenze Petr. II 5 (b) 3 (255[a]). φαλιός Farbenbezeichnung für ein Pferd Petr. II 35 (a) col. 1, 1; (d) 2 (226[a]) — nach Procop. hist. p. 355 mit einem weißen Flecken an der Stirne. Vgl. Callim. frg. 176.

II[a] ἐγκύκλιος oft. ἐνιαύσιος Akrost. vor Eud. (vor 165[a]). ἐνώπιος [Theokr., LXX] Par. 63, 36 (165[a]). In der Verbindung ἔρια ἐντύλη Lond. II p. 11, 15 (II[a]) ist kaum ἔριος als Nebenform zu ἐρεοῦς, sondern eher orthographisches Versehen für ἐρεᾶ anzunehmen. Möglicherweise liegt ἔρειος [LXX] zugrunde.

Über ἐπελλύχνιον und ähnliche substantivierte Adjektiva dieser Bildung ist § 83, 13 S. 430ff. zu vergleichen.

7ᵃ. auf -ίδιος.

IIIᵃ μεσίδιος [Arist. polit. 5, 6; eth. 5, 4] Magd. 30, 3 (IIIᵃ). Vgl. Lobeck zu Phryn. 122f. Auch das bisher nur dort erwähnte Verbum μεσιδιόω hat sich in ptol. Pap. gefunden; vgl. unten § 86, 4.

8. Femininbildungen: a) auf ´ ισσα.

IIIᵃ μελανοσπαλάκισσα maulwurfschwarz (Pferdefarbe) Petr. II 35 (a) col. 1, 9 (226ᵃ).

ψακάδισσα gesprenkelt (vgl. vor. Nr.) ebd. col. 1, 7.

Anmerkung. In substantivischer Verwendung findet sich das (ionische) Suffix nur in Titeln wie βασίλισσα, ἱέρισσα, worüber zu vergleichen § 58, 8 S. 255.

b) auf -ῖτις.

IIIᵃ θωρακῖτις (ζώνη) Petr. I 14, 12 = Petr.² 6 (a) 28 (225ᵃ). Vgl. Addenda et Corr. IX.

ξυλῖτις Petr. II 39 (a) 7 (IIIᵃ).

IIᵃ ἀμπελῖτις (γῆ, Erde zum Belegen der Weinstöcke) Tebt. I 5, 93 (118ᵃ); 82, 4 und oft. Rosettainschrift 15. 30 (196ᵃ). Rev. Mel. (tessera) 73.

τροφῖτις (alimentaria) Tor. XIII 9 (139ᵃ). Tebt. I 51, 8 (113ᵃ) συγγραφὴν τροφῖτιν.

c. auf -ιῶτις: νησιῶτις (γῆ), früher nur bei Dichtern, S. 31.

9. Adjektiva auf -κός.

a) ohne Bildungsvokal.

III—IIᵃ θηλυκός Petr. II Einl. p. 23, 13. Petr.² 93 r. col. 7, 12 (IIIᵃ).

b) auf -ακός.

IIᵃ ἰλιακός in der Verbindung τριχοίνικον ἰλιακῶν Tebt. I öfters, vgl. Index, ist noch nicht erklärt.

III—IIᵃ τριβακός (abgetragen) Petr.² 9, 19 Kenyon (c 240ᵃ) θερίστου (sic) τριβακοῦ. Tebt. I 230 (IIᵃᶠ) τριβακοῖς ἱματίοις.

c) auf -ικός.

IIIᵃ ἁλικός (attisch ἁλυκός) s. S. 102.

ἀνηλωτικός S. 346.

βαλιδικός, bisher unerklärtes Beiwort zur Bezeichnung einer besonderen Sorte von Nüssen (κάρυα) Petr.² 142, 12 (IIIᵃ) neben Χαλκιδικά, Ποντικά.

δοκιμαστικός (τὸ δοκιμαστικόν Abgabe für den δοκιμαστής) Leid. Q 12 (260[a]) von Wilcken hergestellt, der statt des sinnlosen ἀνευδοκιμαστὶ καί jetzt ἄνευ δοκιμαστικοῦ liest.

ἐρικός Rev. L. 103, 2 (258[a]).

θεριστικός Magd. 8, 6 (III[am]).

καταστατικός Petr.[2] 57 (a) 2 von unten (III[a]).

κονιατικός Petr.[2] p. 290 col. 2, 1 (221[a]).

προπωλητικός Rev. L. 55, 15 (258[a]).

τεταρτικός (die τετάρτη betreffend) Petr.[2] 68 (a) 4 (III[a]).

φορικός Petr. II 20 col. 2, 5. 9 (252[a]).

φυλακιτικός Petr. II 30 (e) 6 (c. 235[a]); 39 (f) 5. 9; (e) l. col. 14. 23, r. col. 7. 20. Petr.[2] 32 (f) 9 (c. 240[a]); 109 col. 2ff. oft.

χορτικός Petr. II 38 (a) 19 (240[a]).

III—II[a] δοχικός gebräuchlich Par. 66, 26 (III[a]). Tebt. I 11, 6. 13 (119[a]); 61 (b) 390 (118[a]); 72, 395 (114[a]).

ἐλαικός [Aristeas] Belege § 14 S. 106.

κοσκινευτικός Petr.[2] 81, 5 (III[a]). Tebt. I 61 (b) 393 (118[a]); 72, 398 (114[a]); 92, 10 (II[af]).

λειτουργικός [LXX] Petr. II 39 (e) l. col. 16. 24; r. col. 8. 21 (III[a]). Tebt. I 88, 3 (115[a]) und oft.

νιτρικός (νιτρική Natronsteuer) Belege § 41 S. 188.

[×]σιτικός [Aristeas 112] Petr. II 20 col. 4, 16 (252[a]); 33 (a) col. B 4. Rosettadekr. 11 (196[a]). Amh. II 31, 6 (112[a]). Grenf. I 21, 16 (126[a]). Tebt. I 5, 11. 102. 185 (118[a]) und oft.

χωματικός Rev. L. App. II 2, 9 (III[a]). Petr. II 39 (f) 3. 7. 11; (e) l. col. 11; r. col. 4. 17. Petr.[2] 56 (b) 9 (c 260[a]); 109 col. 2 ff. sehr oft. Ostr. 1021 (altptol.). Tebt. I 13, 16 (114[a]).

II[a] ἀμπελιτικός Tebt. I 5, 17 (118[a]).

ἀναγνωστικός Grenf. I 14, 12 (150 oder 139[a]).

ἀποστατικός Tor. VIII 68 (119[a]).

ἀργυρικός Rosettainschr. 11 (196[a]). Tor. V, 9 (177[a]); VI 10. Grenf. I 21, 16 (126[a]). Amh. II 31, 6 (112[a]).

ἀχυρικός Ostr. 738. 744. 1352. 1501. 1519 (alle II[a]).

[×]βιοτικός (zu βίοτος, vgl. poet. Grabschrift aus der Zeit des Euerg. II. Arch. I p. 220 I 11; 221 II 20) Tebt. I 52, 9 (114[a]).

βοϊκός Theb. Bk. XII 14 (c. 116[a]) — von den Grammatikern, z. B. von Herodian II 416, 23 Lentz, verworfen gegen βοεικός (Xen. Anab. VII 5, 2), von anderen (jedoch mit ῑ) gebilligt.

βυσσουργικός Tebt. I 5, 243 (118[a]).

διοικητικός Tebt. I 24, 61 (117[a]).

ἐμβαδικός (τὸ ἐμβαδικόν = „Abgabe des Pächters für den Eintritt in das Grundstück" Mommsen) Belege S. 176.
ἐπταρουρικός Tebt. I 128 (113a).
ἐφοδικός (das Amt eines ἔφοδος betreffend) Tebt. I 13 introd. (114a); 32, 4 (145a); 61 (b) 74. 112 (114a); 72, 40 (114a); 208 (95 oder 62a).
θησαυροφυλακικός — θησαυροφυλακιτικός Tebt. I 61 (b) 317 (118a); 68, 89 (117a); 70 introd. (111a) etc.
ἱερευτικός Tebt. I 5, 236. 257 (118a).
ἱπποτροφικός Theb. Bk. VI 8 (131a).
ἰχθυικός Ostr. 331, 4; 343 (ptol.).
κατοικικός Tebt. I 105, 13 (103a).
λιβανωτικός Dittenb. i. o. I 132, 10 (130a).
λιθικός (λιθικοῖς ἔργοις) Leid. U 3, 22 (IIa). Strack, Ptol. Inschr. Arch. III 128 Nr. 5, 6 (118a).
λινυφαντικός Tebt. I 5, 242 (118a).
λογευτικός Tebt. I 105, 5. 24 (103a).
οἰκοπεδικός Par. 15, 42 (120a). Tor. I 5, 9 (117a).
οἰνικός Tebt. I 5, 184 (118a).
πανδημικός Eud. 74 (vor 165a).
παρασχιστικός Tor. IX 12 (119a).
πορφυρικός Tebt. I 8, 31 (nach 200a).
×πραγματικός Tor. VIII 59 (119a). Tebt. I 58, 18 (111a).
προγονικός Dresd. II p. 280 und verso (c. 160a). Par. 14, 12 (127a); 15, 12 (120a). Leid. B 2, 3 (164a).
προσοδικός Amh. II 33, 9 (157a). Tor. XIII 6 (139a).
σπειραντικός Lond. II p. 12, 21 (IIa) μάχαιραι σπειραντικαί, Dolche mit gewundener Klinge oder gewölbtem Heft. Die Nasalierung statt σπειρατικαί ist auffallend, vielleicht Analogiebildung? Vgl. S. 197.
ταγματικός zur Legion gehörig Theb. Bk. VIII 2. 5 (130a).
χρυσικός Tebt. I 72, 254. 297 (114a).
Ia καλαμικός Tebt. I 120, 77 (97 oder 64a).
συντακτικός Tebt. I 120, 50 (97 oder 64a); 253 (96 oder 63a).
χειριστικός Tebt. I 121, 49 (94 oder 61a).

IIIa ἀμπελικός [Hippokr.] Petr. II 13 (17) 3 (258a). Petr.² 100 (b) 2, 8. 32 (IIIa). γενικός [Arist.] Rev. L. 18, 13 (258a), mit Recht ergänzt aus späteren Papp. ἰατρικός Petr.² 111, 10 (IIIa). Petr. II Einl. p. 36, 6; Nr. 39 (e) 4. 19 (IIIa): ἰατρικόν = Ärztesteuer. ξυλικός [Arist. de part. anim. 3, 14] Tebt. I 8, 26 (201a). τελωνικός Rev. L. 21, 12 (258a). χρυσοχοικός [Dem. 21, 22] Petr. II 43 (b) 71; Petr.² 117 (e) 16; (f) 1 (IIIa).

III—I^a ×βαcιλικόc überall. ×γραμματικόc Kanop. Dekr. 64 (237^a) und sehr oft τὸ γραμματικόν (eine Taxe) in den P. Tebt. I (s. Index).
II^a ἁγνευτικόc [Arist. h. a. I 1] BU 993 III 4 (127^a). γεωργικόc. ×κηδεμονικόc. ×κοινωνικόc. ληcτικόc (nicht ληcτρικόc) Tebt. I 53, 11 (110^a). Reinach 17, 4/5 (109^a). μητρικόc [Arist.] Lond. II p. 3, 7. οἰκετικόc. ×παιδικόc. πολιτικόc. cυνηγορικόc [Ar. vesp. 691] Leid. F 3 (127^a), von Wilcken (Ostr. I 302) hergestellt statt des bisherigen ὠνητρικόν; ebenso Ostr. 1537 (Theben). ×cωματικόc (?) [Pl., Arist.] Tebt. I 95, 10 (II^{af}). τελεcτικόc Rosettastein 16 (196^a): τὸ τελεcτικόν ‚Weihesteuer' beim Eintritt in ein Priesteramt. Wilcken Ostr. I 397f. W. Otto I 212. τροπικόc (sc. κύκλοc) Wendekreis Eud. 149. 153 (vor 165^a).
II—I^a ×ξενικόc Dittenb. i. o. I 132, 11 (130^a) [Wilcken]. Tebt. I 5, 33. 221 (118^a); 121, 100; 253 (96 oder 63^a).
I^a βαλανευτικόc (ἐλαίου β.) Tebt. I 117, 61 (99^a).

10. Verbaladjektive auf -τοc. Die Belegstellen sind, wenn nicht hier angegeben, im Verbalverzeichnis § 81 unter dem betreffenden verb. simpl. aufgeführt.

a) von Verba simplicia:

III^a ἀγοραcτόc (sc. cῖτοc, frumentum emptum, opp. φορικόc = imperatum).
III—II^a γραπτόc [LXX, Aristeas].
κλαcτόc (kraushaarig).
II^a μηλωτή (sc. διφθέρα) Schaffell Tebt. I 38, 22 (113^a) — bisher nur Philemon bei Poll. 10, 176. 181 und Schol. Ar. Vesp. 670; Suid., Hesych.
πεπτόc Leid. B 1, 12 (164^a). Lond. I p. 27, 2 (161^a).
cτατόc, s. § 81 ἵcτημι.
τορυνευτόc P. Kairo Arch. I 64, 5 (123^a). τορνευτόc (mit Synkope) Lond. I p. 12, 31 (II^a).

III^a ῥυτόc, im Neutr. substantiviert τὸ ῥυτόν Trinkhorn Petr.[2] 42 H (7) 3 (c. 250^a). Vgl. Dem. 21, 158. Athen. XI 496f. Philod. de rhet. p. 319, 16 Sudh. ×τακτόc festgesetzt Petr. II 29 (b) 7 (242^a). τιμητόc geehrt [Dem. 27, 67] Petr. I 24 (3) 2 (254^a).
II^a ἀρεcτόc s. § 81 ἀρέcκω. βατόc. γνωcτόc—γνωτόc. ὀπτόc gebrannt, von Ziegeln. χειριδωτόc (χιτών) Ionismus s. S. 24.
I^a γαμετή s. γαμέω § 81.

b) von Verba composita. Über den Akzent vgl. K.-Bl. I 538f.

III^a ἀπόπεμπτοc Petr. II 15 (1) 8 (241^a).
ἐγφάνητοc Petr. I 16 (2) 6 (230^a).
ἐπάντλητοc Rev. L. 24, 8 (258^a).
III—II ×ἔγγραπτοc s. γράφω § 81.
II^a ἔγκλητοc angeklagt s. καλέω § 81.
ἐπίcακτοc (τὸ ἐπίcακτον zu ἐπιcάccω, wahrscheinlich = Emballage) Ostr. 757 (106—5^a).

III^a ἀφαίρετος weggenommen Rev. L. 55, 1 (258^a) [ἀφαιρετός wegnehmbar Pl. polit. 308 E]. ἔκκλητος s. καλέω. ἐξαίρετος Petr. II 40 (a) 19 (260^a). ×κατάφρακτος (τὸ κατάφρακτον der Harnisch) Magd. 13, 6 (III^a).
III—II^a ἀπότακτος s. τάσσω. II^a ἔξοπτος durchgebacken [Hippokr.] Grenf. I 21, 8 (126^a). ἐπίλεκτος Par. 63, 1, 21 (165^a). Tebt. I öfter. εὐχάριστος. περίκλυστος s. κλύζω. σύμφυτος Grenf. II 28, 7 (103^a). ×σύνκλητος s. καλέω. ὕποπτος Tebt. I 41, 14. 41 (nach 119^a); 48, 25 (nach 113^a).

Über echte Zusammensetzungen aus ἀ-, ἀν-priv., einer Präposition, εὖ etc. und einfachem Verbaladjektiv auf -τος s. unter Zusammensetzung § 88, 4. 6. 7.

11. Einsam stehende Bildungen.

a) Allein steht als Bildung auf -άκης

III^a πυρράκης [LXX] rötlich, Belege § 51 S. 221.

b) auf -ηλός.

II^a κατωμηλός (χιλωτήρ) ein von der Schulter herabhängender (?) Futtersack Lond. II p. 11, 9 (152 oder 143^a).

c) mit dem individualisierenden oder hervorhebenden Suffix -ων:

III^a ἱλάων (= ἵλεως) Artem. 8 (III^a) μηδὲ ἱλάονος τυχάνοι (sic) Ὀσεράπιος und 11 μηδαμῶς ἱλαόνων [τῶν] θεῶν τυχχάνοι.

Ergebnis. Am meisten Lebenskraft besitzt noch immer das bei Homer überaus seltene, erst in der attischen Blütezeit entwickelte (K.-Bl. II 294, 5) Suffix -ικός (mit 54 Neubildungen). Daneben behauptet sich für Stoffbezeichnungen -ινος (mit 9 neuen Exemplaren), während ´-ιμος und ´-σιμος auf postverbale Bildungen (9) beschränkt bleiben. Gering ist die Zahl neuer Adjektiva auf -ειος (3) und -ιος (5). Eine gewisse Vorliebe für wohlklingende Ausgänge zeigt sich im Vordringen von -αῖος (1) und -ιεῖος (5); auch die in alter Zeit seltene Endung -ηρός hat sich in 5 Neubildungen lebendig erhalten. Das Femininsuffix ´-ισσα (2) weist auf ionischen Einfluß; -ῖτις treibt noch 4 neue Exemplare. Ein ziemlich weites Gebiet beherrschen die Verbaladjektiva (meist ohne Bedeutung der Möglichkeit) auf -τος, und zwar gleichviel Simplicia wie postverbale Komposita (je 7).

§ 85. Adverbialbildung.[1]

1. Adverbien auf -α:

III—I^a ×ἅμα. ἐνταῦθα (über ἐνθαῦτα vgl. § 38, 1 S. 184). ἔπειτα (nie ἔπειτεν). μάλα. τάχα, z. B. Par. 63, 3, 84 (vor 165^a).

2. auf -ᾱι:

III—II ×ἰδίαι. II^a λάθραι — Belege für beide S. 119 f.

1) Vgl. zu diesem Paragraph insbesondere K.-Bl. §§ 336. 337.

3. Zahladverbien auf -άκι(ς).

III—I[a] πολλάκι(ς). πλε(ι)ονάκι(ς). τετράκις etc. Über das Verhältnis von -άκις: -άκι vgl. § 56 S. 244.

4. Akkusativbildungen auf -αν.

III—II[a] ×δωρεάν (gratis) Petr. II 15 (1[a]) 4 (241[a]). Tebt. I 5, 187. 250 (118[a]).

II[a] ἄγαν Par. 64, 3 (c 160[a]). λίαν Grenf. I 1, 1, 12 (erot. Fragm. nach 173[a]). Par. 42, 3 (156[a]).

5. auf ´-δην.

II[a] ×ἄρδην (poet.) S. 26.

6. auf -δόν.

III[a] ἡμερολεγδόν Rev. L. 4, 1 (258[a]). II[a] ×μετωπηδόν (Herod. 7, 100; Thuk. II 90, 4; Poll. 2, 27, 4; 11, 22, 10) Würzburger Sosylosfragm. ed. Wilcken, Hermes 41 p. 108 col. III 12 (II[a]). ὁμοθυμαδόν Tebt. I 40, 8 (117[a]). σχεδόν 58, 58 (111[a]).

7. auf η(ι). Über das ι adscr. vgl. § 20, 4 S. 124.

III—II[a] ×ἡσυχῆ(ι) ein wenig. III—I[a] κοινῆ(ι). II[a] ×πάντῃ. πεζῆι. II—I[a] πανταχῇ. I[a] εἰκῇ. Sämtliche Belege S. 124.

8. auf -ην:

II[a] ×πρώην Par. 26, 24 (163[a]).

9. auf -ης:

III—II[a] ἐξαίφνης Kanop. Dekr. 48 (237[a]). Par. 51, 7 (160[a]). ἐξῆς—ἐφεξῆς (nicht ἐξῆ) S. 245.

10. Lokaladverbien auf -θεν (nirgends -θε).

III[a] ×αὐτόθεν. ἑκατέρωθεν Petr.[2] p. 125 col. 4, 9 (246[a]). κάτωθεν (geschr. κάτοθεν) Petr.[2] 42 F (a) 6 (252[a]).

III—I[a] ἄλλοθεν. ἄνωθεν. ×ἔμπροσθεν. ×ἐντεῦθεν. ἔξωθεν. ×μηδαμόθεν, οὐδαμόθεν. II[a] ×μακρόθεν, πατρόθεν. II—I[a] πάντοθεν. Belege S. 240; die Negationen S. 182.

11. Lokaladverbien auf -θι:

II[a] αὐτόθι (ursprünglich ionisch, aber auch in attischer Prosa) Tebt. I. 39, 9. 21 (113[a]); 44, 7 (114[a]). Theb. Bk. X[a] 1 (II[a f]).

12. Adverbien auf -ί.

a) ursprünglich -εί.

II[a] ἀσπερμί Tebt. I 61 (b) 307; 67, 97 (118[a]); dagegen 61 (b) 17f. ἀσπερμοί geschrieben, worüber zu vgl. § 15, 11 S. 112.

III—II[a] ×πρωί Petr.[2] 42 H (8f) 6 (c. 250[a]). Par. 35, 17 (163[a]); 51, 19 (160[a]). πρωεί 37, 20 (163[a]).

b) Deiktisches -ί.

III—I ×νυνί mindestens ebenso häufig als νῦν ohne fühlbaren Unterschied der Bedeutung, vor Vokalen wie vor Konsonanten. τηνικαυτί Par. 63, 9, 26 (165[a]). οὐχί Grenf. I 1, 1, 25 (vor 173[a]).

13. Adverbien auf -ις:

III—II[a] ×μόγις—μόλις (gew. Form) § 41 S. 188 und S. 17.

14. Akkusativbildungen auf -ον und -ι(ν).

III—II^{a} ἐνώπιον [LXX] Tebt. I 14, 13 (114^{a}) absolut; Grenf. I 38, 11 (c. 100^{a}) mit Genitiv. Daraus entstand durch ἐνῶπιν (nach § 59, 6 S. 260) hindurch mit Abfall des Schluß-ν die Form ἐνόπι Lond. I p. 25, 6 (161^{a}). Vgl. ἀνόπι bei Schweizer Perg. 122, 2. Auf demselben Wege entstand $^{\times}$ἀπέναντι [LXX] Petr. II 17 (3) 3 (III^{a}). Grenf. I 21, 14 (126^{a}). Die volle Form ἀπεναντίον hat Herod. 7, 55. Vgl. Schmid Att. II 176. Ebenso ist zu beurteilen κατέναντι [LXX] Par. 50, 11 (c. 160^{a}).

ἐπάναγκον (früher ἐπάναγκες) Belege S. 60.

III—II^{a} ἀντίον Petr. II 45 col. 1, 17 (III^{a}). $^{\times}$αὐθημερόν—αὐτημερόν (Akzent nach Herodian 491, 1; 509, 20 L.) S. 203. $^{\times}$αὔριον. (ἐφ' αὔριον S. 200.) σήμερον S. 224 Anm. 2. III—I $^{\times}$πάλιν (so stets die ptol. Urkunden) — πάλι (poet.) S. 240 f. Zur Etymologie von πάλιν Solmsen, Berl. phil. Wchschr. 1906, 755. $^{\times}$χάριν ‚wegen' S. 271. Äußerlich betrachtet gehört hierher auch ἔνδον.

15. Lokaladverbien auf -ου.

II^{a} παντοῦ (πάντοθεν) Par. 5, 1, 10 (114^{a}).

II—I^{a} ἄλλου Par. 15, 14. αὐτοῦ ebd. 65 (120^{a}) und öfter. μηδαμοῦ. πανταχοῦ Lond. II p. 6 col. 2, 23 (133^{a}). Leid. O 28 (89^{a}).

16. Bildungen auf -σι(ν).

III^{a} πέρυσι (ohne ν paragog. vor Vokal) S. 240.
II^{a} $^{\times}$παντάπασιν (stets mit ν paragog.) Belege ebd.

17. Adverbien auf -τί (-τεί), von Verben abgeleitet.

II^{a} κοτυλειστί (zu κοτυλίζω) Par. 55, 41 (159^{a}).

III^{a} συριστί Petr. II Einl. p. 23, 15 (c. 238^{a}).
II^{a} αἰγυπτιστεί Leid. U 2, 7. 15 (II^{a}). ἑλληνιστί Theb. Bk. I 2, 13 (131^{a}). Tor. I 5, 4 (117^{a}). ἑλληνιστεί Leid U 2, 15.

18. Adverbien auf -ύ(ς).

III—I^{a} ἐγγύς mit stets festem Schlußsigma. εὐθύς—εὐθύ, beide im Sinn von „sogleich", s. S. 244 f.

19. Lokaladverbien auf -ω(ι). Über ωι vgl. § 21 S. 136, wo auch die Belege.

III—I^{a} $^{\times}$ἄνω, ἀποτέρω(ι), $^{\times}$ἔξω, ἐπάνω, κάτω, ὑποκάτω. II^{a} ἔσω (analog zu ἔξω gebildet, nicht wohl Ionismus) S. 14. II—I ὀπίσω.

20. Modaladverbien auf -ως.

a) von Adjektiven:

III^{a} $^{\times}$ἀφιλοτίμως Petr. II 3 (b) 7 (260^{a}).

$^{\times}$ἐκτόπως außerordentlich Petr.^{2} 53 (j) 14 (III^{a}).

III—II^{a} $^{\times}$μισοπονήρως Magd. 14, 8 (III^{am}). Lond. II p. 14, 30 (116—111^{a}). Par. 36, 22 (163^{a}).

III—I^{a} $^{\times}$κηδεμονικῶς Kanop. Dekr. 15. 53 (237^{a}). Dittenb. i. or. I 194, 5 (42^{a}).

II[a] ˣἀδιαλείπτως [LXX, Aristeas, Plut.] Tebt. I 27, 45 (113[a]).
ἀναμφιλέκτως Par. 14, 18 (127[a]); 15, 56 (120[a]). Tor. III 20 (127[a]); I 5, 20 (117[a]).
ἀνεμποδίστως Tebt. I 43, 40 (118[a]). Arist. Nicom. VII 12, 13.
ἀσυντάκτως Par. 32, 28 (162[a]).
ἐπιβούλως Grenf. I 1, 1, 3 (erot. Fragm. nach 173[a]).
εὐδιαλύτως Par. 63, 8, 5 (165[a]).
εὐεργετηκῶς(?) Strack, Ptol. Inschr. Arch. III 129, 7 (II[a]).
εὐεργετικῶς Rosettastein 11 (196[a]).
ἰσοχρόνως Eud. 124 (vor 165[a]).
κακοτρόπως Tor. I 6, 3 (117[a]).
ὀψίμως Tebt. I 72, 361 (114[a]).
ˣῥητῶς (= διαρρήδην) Par. 63, 2, 62 (165[a]). O. Glaser 35.
στενῶς (ἐπανάγειν) kärglich (leben) Vat. A (Mai V p. 601) 16 (172[a]).
στοιχειωδῶς Par. 63, 4, 116 (165[a]).
I[a] ἀγρύπνως Dittenb. i. or. I 194, 23 (42[a]); ebd. 19 εὐγενῶς.

III[a] ˣἀπροφασίστως. ἀρτίως. ˣἐναντίως (selten statt ἐναντίον) Petr. II 15 (1[a]) 14 (241[a]). ˣκυρίως. ˣτελείως (nicht das gewöhnliche τελέως) Petr.[2] 42 H (8 c) 3 (c. 250[a]).

III—II[a] ἀμέμπτως (poet.) § 3, 1 S. 26. ˣεὐθέως S. 245.

II[a] ˣἀκολούθως. ˣἁπλῶς. εὐτάκτως. ˣμεγάλως. ὁλοσχερῶς (ionisch) S. 23. πραέως Par. 63, 8, 6 (165[a]). προσφάτως (poet.) S. 26. πρώτως [Aristeas 4] Par. 63, 6, 181 (165[a]). Glaser 35. ὑπόπτως Tebt. I 41, 14 (nach 119[a]); 48, 25 (113[a]).

b) von Partizipien abgeleitet:

II[a] ἀνεστραμμένως Tebt. I 25, 16 (117[a]).
ἁρμοζόντως Par. 63, 3, 77 (165[a]).
ˣκαθηκόντως [Aristeas] Rosettainschr. 28 (196[a]). Glaser 35.
συντετηρημένως Leid. B 2, 7 (164[a]).

III[a] ˣἐνδεχομένως nach Möglichkeit [Dem. cor. 165 in einem ψήφισμα; Aristeas; LXX] Petr. II 15 (3) 4 (241—39[a]).

II[a] ˣδεόντως [Aristeas 54. 122. 256. 299] S. 392. ἐρρωμένως S. 377. κεχαρισμένως [Aristeas 273] Rev. Mél. 291, 7 = Ricci Arch. II 515 (vgl. Petr.[2] Einl. p. 10). ˣὁμολογουμένως [Aristeas 24] Par. 15, 66 (120[a]). Tor. I 5, 32 (117[a]). ὄντως s. εἰμί. πρεπόντως [Aristeas 302] Par. 63, 3, 77 (165[a]). τυχόντως Fay. XII 15 (nach 103[a]).

c) vom Pronomen abgeleitet:

III[a] ἐκείνως Petr. II 49 (e) col. 3 (klassisches Stück des III[a]).

III—I[a] ˣοὕτω(ς). Über das Verhältnis von οὕτως : οὕτω vgl. S. 242 f.; οὐδαμῶς, μηδαμῶς (μηθαμῶς) S. 182. οὐδ' ὥς — ὡσαύτως s. § 69, 6. 11, S. 308 und 310.

21. Komparativ- und Superlativadverbien.

a) Das Adverb vom Komparativ auf ˊ-τερος lautet gewöhnlich ˊ-τερον, wie z. B. βαθύτερον Petr.[2] 43 (2) recto col. 4, 13 (246[a]). ἐντονώτερον (nicht εὐτονώτερον) Petr. II 13 (18ª) 13 (258ª). πυκνότερον Tebt. I 41, 3 (119ª). ὁλοσχερέστερον Par. 63, 3, 81 (165ª) etc. Seltener kommt die Pluralendung ⏑τερα vor, z. B. βραδύτερα γράφειν Wilcken Ostr. 1027, 10 (unb. ptol.) statt des gewöhnlichen βραδύτερον γράφειν, wie Ostr. 757, 9 (106—5ª) u. oft. Nirgends findet man -τέρως, wohl aber ein Lokaladverb auf -τέρω(ι) : ×ἀπωτέρω, geschrieben ἀποτέρωι, Eud. 418 (vor 165ª). Über das ι προσγ. vgl. S. 136. Von adverbiell gebrauchtem πλείω(ι), ἐλάσσω(ι) u. ä. wird gehandelt § 68, 20 S. 299f.

b) Die Endung des Superlativadverbs ist durchaus -τα: z. B. βραχύτατα BU 1011 II 11 (219ª); oft τάχιστα. Formen wie μεγίστως [Aristeas 19], ἐσχάτως u. ä. fehlen ganz.

Anmerkung. Auffallen muß mitten im nüchternsten Geschäftsstil das poetische Adverb πάρος, worüber zu vgl. § 3 S. 32. — An Stelle des immer seltener werdenden ×εὖ ist meist ×καλῶς getreten: z. B. εὖ ἂν ἔχοι Petr.² 53 (r) 3 (IIIª). Grenf. II 14 (c) 5 (c. 250ª). εὖ εἴη Petr. II 46 (a) 5 (200ª). Tebt. I 78, 17 (110ª). Sonst weit häufiger καλῶς ἂν ἔχοι, εἴη, ποιήσαις etc., worüber die Indices, namentlich zu Tebt. I, Aufschluß geben.

Ergebnis. Die Mehrzahl der neu gebildeten Adverbien hat naturgemäß die stets lebendige Endung -ως (24), darunter 4 Partizipialadverbien. Als besonders charakteristisch für die κοινή erscheint der Gebrauch des Akkusativs neutraler Adjektive zur Modalbezeichnung (Schmid Attic. II 36ff.; III 49f.); bemerkenswert dabei ist 1 Neubildung auf -ον, 3 auf -ιον, das durch Synkope des ο zunächst zu -ιν, dann durch Abfall des Schluß-ν auf -ι zusammenschmelzen konnte. Andere Neubildungen sind nur vereinzelt: auf -αν (Akkusativ) 1; auf -ί (-εί) 1; Lokaladverb auf -ου 1; Modaladverb auf -τί (von einem Verb abgeleitet) 1.

§ 86. Abgeleitete Verba.

1. auf -άω und -ιάω.

IIª δοκιμάω schwebte wohl in δοκιμήσῃς Tebt. I 24, 78 (117ª) dem Schreiber vor als Nebenform zu δοκιμάζω (oder Analogie zu εὐδοκιμέω?). Ebenso läßt sich das unerhörte Perfekt σεσημηκέναι(?) Tebt. I 79, 48 (nach 148ª) nur verstehen durch Annahme eines Verb. contract. statt σημαίνω.

ἱστάω im Komp. καθιστάω, vgl. S. 353; über καταπειράομαι (bisher nur καταπειράζω bekannt) vgl. unten § 90 A Zusammensetzung mit κατά.

σκυλάω [AP] begegnet als seltene Nebenform zu σκύλλω, s. Verbalverzeichnis § 81 S. 409.

IIIª ἀντάω (poet.) s. S. 32f. ἐμπολάω Rev. L. 29, 4. τρυγάω Petr. II 40 (b) 3 (277ª) u. oft.

III—IIª συμψάω [Ar., Her.] in neuer Bedeutung „durchprügeln" Petr. II 32 (2 a) 9 (c. 238ª). Tebt. I 13, 15 (114ª); 48, 31 (113ª).

IIª καταγηράω Par. 39, 15 (161ª).

Wörter auf -ιάω: IIIª ἀροτριάω Petr.² 31, 7 (c. 240ª).

III—IIª ×ἀγωνιάω Petr. I 30, 8 = II 11 (1) 8 (IIIª). Par. 49, 31 (c. 160ª).

II[a] ×γειτνιάω [LXX, Aristeas] Par. 38, 9 (160[a]). Lond. I p. 36, 11 (160—59[a]). Tebt. I 105, 19. 60 (103[a]) u. oft. Vgl. S. 21.

I[a] ἐρυθριάω Tebt. I 37, 10 (73[a]).

2. auf -έω (fast lauter parasyntheta).

III[a] ἀνθυπολογέομαι Petr. II 39 (g) 6 (III[a]) = Petr.[2] 53 (f) 7 (nach Wilcken Add. et Corr. XVII).

ἀρχωνέω Hauptpächter sein Rev. L. 14, 3 (258[a]).

δραγματοκλεπτέω Garben stehlen Petr.[2] 28 verso (b) 6 (260[a]).

εἰκονογραφέω Petr. II 4 (5) 4 = Petr.[2] g (1) 4 (255—54[a]).

ἐλαιουργέω Rev. L. 50, 20; 51, 15 (258[a]).

εὐσταθέω Kanop. Dekr. 19 (237[a]).

λατομέω [LXX] Petr. II 4 (9) 2 (255[a]). Anz subsidia 354.

λοέω im Komp. ἐγλοηθέντα zugrunde liegend als Nebenform zu ×ἐκλούω. Näheres s. Verbalverzeichnis § 81 S. 402.

οἰνοποιέω (über προοινοποιέω s. Komp.) Rev. L. 24, 5; 25, 7; 26, 1. 11 (258[a]).

ὀλιγοψυχέω Petr. II 40 (a) 12 (260[a]).

παλιμπρατέω Rev. L. 47, 16 (258[a]).

παραχειρέω (nach Analogie von ἐπιχειρέω gebildet) Lond. Tafel Wilck. Ostr. I p. 66 παρεχίρησαν.

×παρεπιδημέω Petr. II 13 (19) 12 (258[a]).

σταθμοδοτέω Magd. 2, 2 (III[am]): σταθμοδοθέντος ist wohl verschrieben aus σταθμοδο⟨τη⟩θέντος (Wilcken).

τοπαρχέω Pariser Holztafel Wilcken Ostr. I p. 65 A. B; ebenso Lond. Tafel p. 66.

φλεβοτομέω zur Ader lassen Petr. II 25 (b) 13 (226[a]).

III—II[a] ×εὐδοκέω [LXX] Rev. L. 29, 8 (258[a]). Grenf. I 1, 1, 17 (erot. Fragm. nach 173[a]); 11, 2, 25 (157[a]). Tor. VIII 38 (119[a]); XIII 11 (139[a]). Tebt. I 33, 17 (112[a]). Ostr. 757, 10 (106—5[a]). Anz subsidia 358.

×εὐσυνθετέω Petr. II 9 (2) 2 (241[a]). Tebt. I 61 (a) 32 (118[a]); 64 (a) 113 (116[a]).

λοιπογραφέω in Rest schreiben Petr.[2] 53 (p) 4 (III[a]). Tebt. I 112, 34. 43. 74 (112[a]); 193 (II[af]).

×σιτολογέω Petr. II 48, 5. 14. Tebt. I 72, 326 (114[a]); 89, 12 (113[a]); 111, 2 (116[a]). Goodsp. 7, 5 (119—118[a]).

τελωνέω [LXX] Dittenb. i. or. I 55, 17 (240[a]). Tebt. I 5, 26 (118[a]).

ὑπολογέω [Arist. pol. 7, 3 v. l.] Rev. L. 28, 16; 77, 2 (258[a]). Petr. II 12 (4) 6 (241[a]); 27 (2) 18 (236[a]). Theb. Bk. VII 8 (131[a]). Tebt. I 61 (b) 391 (118[a]); 72, 396 (114[a]); 105, 49 (103[a]); 183 (II[af]).

χειρογραφέω Rev. L. 27, 5. 13; 78, 2 (258^{a}). Petr. II 29 (b) 8; (d) 10 (242^{a}). Pariser Holztafel Wilck. Ostr. I 65 B. Grenf. II 37, 8 (II^{af}). Amh. II 35, 25 (132^{a}). Lond. I p. 23, 34; 28, 22 (161^{a}). Tebt. I 48, 5; 66, 59; 72, 47; 99, 62 (II^{af}) etc.

II^{a} ×ἀθετέω [LXX, Anz 350f. 384] Tebt. I 74, 59 (114^{a}); 75, 77 (112^{a}).

ἀσπορέω (neben ἀσπορίζω), Stellen S. 84.

×ἀστοχέω (über κατ-αστοχέω s. Komp.) Par. 35, 26; 37, 35 (163^{a}). Vat. F (Mai V 356) 18 (157^{a}).

διαδικέω (διάδικος) prozessieren P. Reinach 18, 25 (108^{a}); 19, 16 (108^{a}).

×διανδραγαθέω (simplex Polyb.) Rev. Mél. 295, 3 = Arch. II 518, 3 Ricci (130^{a}).

×δικαιοδοτέω Par. 61, 6 (156^{a}).

×δικαιολογέω Tor. I 3, 18 (117^{a}).

ἐγδικέω [LXX] Tor. I 6, 27 (117^{a}). Anz 364.

ἐγκληματογραφέω Leid. A 26 (c. 150^{a}).

ἐμποδοστατέω Tebt. I 24, 54 (117^{a}).

ἐνοικιολογέω Par. 22, 19 (165^{a}). [ἐνοικολογέω Pap. Florent. ed. Vitelli in Atene e Roma IV (1901) Nr. 27, 7].

εὐπροσωπέω Tebt. I 19, 12 (114^{a}).

×εὐχαριστέω [LXX, Aristeas, Perg.] (zu ἐπευχαριστέω s. Komp.) Tebt. I 56, 9 (II^{af}).

×εὐχρηστέω borge Par. 13, 26 (157^{a}). Phryn. 402 Lob.

ζημιοπρακτέω Tor. VI 15; VII 7 (177 oder 165^{a}).

θυρουρέω (— θυρωρέω Luk. vit. auct. 7; vgl. S. 15) Par. 34, 11 (157^{a}).

καιροτηρέω [Aristeas 270 καιροτηρησία] Par. 22, 26 (165^{a}). Amh. II 34, 8 (132^{a}).

×καταταχέω Tebt. I 19, 13 (114^{a}); 24, 29 (117^{a}).

κλειδουχέω Dittenb. i. or. I 170, 9 (116^{a}).

κωμαρχέω Amh. 33, 11 (157^{a}).

λιθοκοπέω Vat. F (Mai V 356) 20 Witkowski (157^{a}); so sicher auch Vat. E (Mai V 354) 25, wiewohl Mai an beiden Stellen die Unform λιθοκοπετέω liest.

νομαρχέω Tebt. I 72, 205 (114^{a}).

ὑπομνηματογραφέω Tebt. I 61 (b) 263 (118^{a}); 64 (a) 88 (116^{a}).

φιλαγαθέω Tebt. I 124, 17 (118^{a}).

×φιλανθρωπέω [LXX, Aristeas] Tebt. I 31, 21 (112^{a}); 124, 36 (118^{a}) etc.

×χειραγωγέω Par. 63, 2, 55 (165^{a}).

χερσοκοπέω (trockenen Grund aufreißen) Tebt. I 105, 3. 6. 18. 27. 59 (103ª).

χολχυτέω (χοαχυτέω?) Belege S. 186.

II—Iª κακουχέω Gen. 21, 6 (IIª). Tebt. I 104, 22 (92ª).

Iª καλαμουργέω Tebt. I 120, 141 (94 oder 61ª).

Vgl. auch die Komposita.

Anmerkung. Statt ἀντοφθαλμῶν (zu ˣἀντοφθαλμέω) Par. 63, 2, 43 = Petr.² Einl. p. 22 (165ª) liest Wilcken ἀντ' ὀφθαλμῶν [θεμένου]ς. Desgleichen hat derselbe aus ἐπαρετεῖν Tebt. I 5, 182. 252 (118ª) ἐγγαρεύειν = ἀγγαρεύειν hergestellt. Statt προκεχρηστηκότων (zu etwaigem προχρηστέω) Par. 63, 6, 183 (165ª) bietet jetzt die Neuausgabe Petr.² Einl. p. 34 πρ[οπα]ρηστηκόσι (= προπαρεστηκόσι, vgl. S. 63). — ἀφανέω (= ἀφανῆ εἶναι) Tebt. I 43, 22 (118ª) in der Verbindung ἀπελύθημεν διὰ τὸ ἀντίους [ἀ]φανῆσαι erscheint zweifelhaft; doch ist auch Crönerts Vorschlag (Wchschr. f. kl. Ph. 1903, 458) διὰ τὸ ἀναιτίους φανῆναι keineswegs überzeugend.

IIIª ἀποκοιτέω [Dem. 18, 37] Petr. II 44, 20 (nach 246ª). ˣἀργέω. ἀρχιτεκτονέω [LXX, Anz 384] Petr. II 13 (5) 5 (258—53ª). ˣγεωμετρέω Rev. L. 41, 5 (258ª). ἐγδημέω. ˣἐνεργέω [Arist.]. ˣἐργολαβέω S. 56. θυροκοπέω [Ar. vesp. 1254] Magd. 21, 1 (IIIªm). ἱπποτροφέω [Isokr., Lykurg] Petr.² 54 a (2) col. 1, 4 (c. 250ª). μισθαρνέω (von der Prostitution) Magd. 14, 3 (IIIª). ˣοἰκονομέω. ˣπαροινέω S. 342 und 405. πολυωρέω [LXX, Aristeas, Magn.] S. 344. σιτοποιέω Lond. I p. 49 (Nr. L) 15 (IIIª). στενοχωρέω (Hippokr.) S. 23. στεφανηφορέω (bessere Form als στεφανοφορέω Lob. Phryn. 650) Petr. II 45 (2) 24 (c. 246ª). ταὐτὸ ποιέω ist Petr. II 13 (19) 11 (258—53ª) getrennt zu schreiben, wie auch CIG 4896 C (145—116ª), nicht aber Arist. eth. Nic. p. 1161, b 31.

III—IIª ˣἀρρωστέω oft. διασαφέω S. 392. κακοτεχνέω Petr. II 2 (1) 20 (260ª). Tebt. I 210 (107ª). φυγοδικέω (Dem. 40, 16) Petr.² 20 col. 2, 13 (c. 250) nach Wilcken, Add. et Corr. XIII. Par. 15, 2, 29 (120ª). ˣχορηγέω.

III—Iª ἐνδημέω Petr.² 53 (q) 8 (IIIª). Tebt. I 104, 17 (92ª). παρασυγγραφέω [Dem. 56, 28. 34] Petr. II 47, 23 (208ª). Magd. 3, 8 (IIIªm). Tor. VIII 33. 34 (119ª). Tebt. I 105, 34. 43 (103ª); 106, 29 (101ª). Leid. O 24 (89ª).

IIª ˣἀδυνατέω [Plat., LXX, Anz 376 = fieri non possum] Par. 35, 36 (163ª) διὰ τὸ ἐμὲ ἐν κατοχεῖ (sic) ὄντα ἀδυνατεῖν. Par. 63, 1, 13 τῶν ἀδυνατούντων γεωργεῖν; ebd. in demselben Sinne col. 3, 89 τοὺς ἀδυνατοῦντας (165ª). ˣἀλογέω transit. = einschüchtern Tebt. I 138 (IIªf). ˣἀσχολέομαι [Arist. eth. 10, 7] § 81 s. v. αὐτουργέω [Arist.] Par. 63, 4, 107 (165ª). ἐπιδημέω Par. 26, 4 (163ª). εὐημερέω Lond. I p. 13, 29 (162ª). ˣεὐτακτέω Par. 26, 15 (162ª). ˣζηλοτυπέω Grenf. I 1, 1, 18 (erot. Fragm. nach 173ª). ˣκοινολογέω [Hippokr., Herod.] S. 23. ˣλειτουργέω [LXX, Aristeas, Magn.] nicht im klassischen Sinn von öffentlichen Leistungen für den Staat, sondern von persönlichen Dienstleistungen, namentlich religiösen Funktionen, sehr häufig: z. B. Par. 22, 2 (165ª); 27, 3 (160ª); 29, 3. Leid. B 1, 2. 9 etc. Weitere zahlreiche Belege bei Deißmann Bibelstudien I 137. Vgl. Glaser 18. Anz 346 f. — ˣμισοπονηρέω Lond. I p. 32, 25 (IIªm). ˣπαρασπονδέω Par. 63, 8, 16 (165ª). ˣπροστατέω [LXX, Aristeas]. συμμαχέω. ˣὑπουργέω. χρονοτριβέομαι [Aktivum Arist. rhet. p. 1416 a 37] Par. 33, 21 (162ª). Lond. I p. 20, 29 (161ª). ˣψευδογραφέω Tebt. I 78, 17 (110ª).

Iª λιποψυχέω [Xen. λειποψυχέω] Dittenb. inscr. or. I 194, 17 (42ª).

3. auf -εύω.

III^{a} ἐπιμηνιεύω wohl = monatliche Frist geben (?) Petr.^{2} 136 col. I 2. 6. Vgl. C. I. G. 2058 B 83.

III—I^{a} ἀγγαρεύω (ἐγγαρεύω) persisches Wort, s. S. 42.

λογεύω (über ἐπι-, παραλογεύω s. Komp.) Rev. L. 4, 1; 39, 14; 52, 20 (258^{a}). Petr.^{2} 45 (3) 13 (III^{a}); 54 a (1) col. 2, 9 (250^{a}). Lond. I p. 32, 7 (163^{a}); p. 47, 40 (146—135^{a}). Tebt. I 5, 139. 155; 6, 26. 36. 38 (118^{a}). Tor. VIII 24 (119^{a}). Grenf. II 38, 14. 15. 16 (81^{a}) etc.

περιοδεύω (parasynthet. zu περίοδος) Petr. II 6, 4 (255^{a}).

III—II^{a} ἐπιμελητεύω Petr.^{2} 36 (a) verso 22 (III^{a}). Tebt. I 61 (b) 51. 57. 71 (118^{a}); 72, 48. 208. 212 (114^{a}).

II^{a} ×δευτερεύω Par. Not. et extr. XVIII 2 p. 401, 13 (unb. ptol.).

ἐργατεύω Par. 63, 4, 102 (165^{a}).

×ἐφοδεύω (zu ἔφοδος, Aufseher) Tebt. I 13, 3 (114^{a}).

ἱερατεύω [LXX, Anz 370 und Inschriften Dittenb. i. or. II Index] Rosettastein 51 (196^{a}).

χρησιμεύω [v. Phryn. 386 (Lobeck) verworfen] Theb. Bank I 16 (131^{a}).

III^{a} ἀφημερεύω, einen Tag abwesend sein [Dem. 18, 37 Psephisma] Petr. II 44, 20 (nach 246^{a}). ×δυναστεύω [LXX, Aristeas] Kanop. Dekr. 12 (237^{a}). ×καθαρεύω Petr. II 2 (1) 15 (260^{a}). ὀχετεύω [Her., Pl.] Petr. I 29 A 1 (III^{a}). φυγαδεύω verbannt sein Petr.^{2} 53 (j) 9 (III^{a}).

III—II^{a} ×κυρ(ι)εύω [LXX, Aristeas] § 25 S. 147. ×πραγματεύομαι.

II^{a} ×βραβεύω [Dem.] Par. 63, 70 (165^{a}). Leid. B 1, 22 (164^{a}). ἐμβατεύω S. 176. ×ἐπιτροπεύω Dittenb. i. or. I 141, 5 (146—116^{a}). κοσκινεύω [Demokr. bei Sext. Emp. adv. math. 7, 117] Tebt. I 11, 7. 12 (119^{a}). χερσεύω (transit.) Tebt. I 60, 93 (118^{a}); 61 (b) 114 τὴν γῆν χερσεύειν; 72, 121; 74, 29 (114^{a})

III—I^{a} γραμματεύω Petr. II 10 (2) 2 (240^{a}). Dittenb. i. or I 177, 5 (97—6^{a}).

4. Verba auf -όω.

II^{a} ἱκανόω (ἱκανωθῆναι) Tebt. I 20, 8 (113^{a}) [LXX, Anz 353].

καμαρόω (zu καμάρα, s. S. 22) Grenf. I 21, 9 (126^{a}). BU 997 I 5; II 6 (103^{a}).

μεσιδιόω vermitteln (Phryn. Lob. 121 μεσιδιωθῆναι· τέτριπται καὶ ἐν τοῖς δικαστηρίοις καὶ ἐν τοῖς συμβολαίοις. ἀλλὰ σὺ μεσεγγυηθῆναι) P. Reinach 7, 22 ἐμεσιδίωσεν; 32 μεμεσιδιωμένον (c. 140^{a}).

στυριόω, ein gräzisiertes ägyptisches Wort, worüber zu vgl. S. 38.

φαραγγόω (zu φάραγξ Einschnitt) Tebt. I 151 (II$^{a\,f}$) πεφαραγγωμένης.

χερσόω (synonym mit obigem χερσεύω = zu festem Lande machen) [Plut.] Tebt. I 5, 94 (118^{a}); 61 (b) 30. 31; 75, 40 (112^{a}).

I^{a} δοκόω (δεδοκωμένος) s. Verbalindex § 81 s. v.

Anmerkung. κατωργώμεθα Magd. 10, 3 (III^{a}), was die Herausgeber von unbekanntem κατοργόω = κατοργίζω erklären, betrachtet Crönert wohl mit

Recht als Schreibversehen für (ἐφ' ὧι) κατεργώμεθα (zu κατεργάζομαι). — Sehr zweifelhaft ist die Stelle Grenf. I 30, 8 = Arch. II 517 (IIª) ὡς πᾶν προθυμότερον μελεωθησόμενον. Grenfell vermutet μελετηθησόμενον; Ricci gibt ohne Bemerkung μελεωθησόμενον. Steckt nicht eine Form von (ἐπι)μέλομαι dahinter?

IIIª ˣδεξιόομαι Petr. II 45 col. 3, 24 (264ª). ˣὀχυρόω S. 96 Anm. 2.
III—IIª ˣκυρόω [Aristeas].

IIª ἀποθεόω (Nicol. com. bei Stob., Aristeas 137) Tebt. I 5, 78 (118ª). ˣλυτρόομαι Par. 22, 18 (c. 165ª). τροπόω (in die Flucht schlagen; bei Aeschyl. und Ar. = das Ruder an den Pflock binden) P. Kairo Arch. I 60, 40 (123ª). Vgl. S. 27.

II—Iª θυρόω (τεθυρωμένη) P. Kairo Arch. I 64, 9 (123ª). BU 996 III 3 (107ª); 997 II 7 (103ª). Grenf. II 35, 7 (98ª). Amh. II 51, 14 (88ª).

5. Verba auf -´ζω.

a) auf -άζω:

IIª ἐγδεξιάζομαι [simplex LXX] liegt wohl zugrunde in ἐξεδεξιασάμεθα Tebt. I 43, 11 (118ª); freilich könnte man auch an das poetische δεξιάομαι denken.

ὀπυάζω, vgl. Anhang über dichterische Neubildungen nach § 90.

πολυπλασιάζω [Plut.] Strack, Ptol. Inschr. Arch. III 138, 10 (unb. ptol.).

συνηγοράζω schwebte offenbar dem Schreiber vor, wenn er Amh. II 33, 20 u. 32 (157ª) συνηγοράσαι „Advokatenpraxis üben" schrieb, während er im gleichen Stück 31 und 34 συνηγορήσαντες gebraucht.

Anmerkung. προκεχειράκαμεν Amh. II 39 = Arch. II 517, 9 (IIªf) ist wohl Schreibfehler für προκεχειρίκαμεν. Vgl. Tebt. I 76, 3 κεχειρικότι (112ª).

IIIª πλεονάζω [Aristeas] Rev. L. 57, 13; 59, 15 (258ª). χορτάζω Rev. Mél. 390 zu Petr. II 4 (13) 5 (255ª).

IIª ˣἐξιδιάζομαι [von Phryn. 199 Lob. gegen ἐξιδιόομαι verworfen, übrigens aus Diphilos vom Antiatticista zitiert] P. Reinach 14, 18 ἐξιδίασται (110ª). θυσιάζω [zuerst Straton bei Athen. VIII p. 382 E; Aristeas 170; LXX. Anz 307] Par. 12, 6. 7 (157ª); 26, 4 (163ª); 29, 5 (161—60ª). ˣσκεπάζω Par. 63, 1, 15; 5, 151 (165ª). στεγάζω P. Kairo Arch. I 64, 9 (123ª).

b) auf -ίζω:

IIIª παλιτραχηλίζω (παλιτραχηλιοῦσι) Petr. II 15 (1ª) 2 (241ª).

ὑποστραβαινίζω (?) = ὑποστραβίζω ein wenig schielen Petr. I 17 (1) 11 (235ª).

φρυγανίζω (παραφρυγανίζω s. Komp.) Petr. II 6, 11 (c. 250ª).

IIª ἀηδίζομαι Lond. I p. 30, 14; 31, 27 (172ª).

ἀσπορίζω (ἀσπορίσαι) neben ἀσπορέω, s. S. 84.

ˣἀσφαλίζω [LXX, Aristeas] Tebt. I 13, 20 (114ª); 28, 18 (114ª); 53 29 (110ª).

εἰκονίζω kopieren, nachbilden Par. 65, 12 (146ª). Vgl. ἐξεικονίζω LXX, Plut. Anz 363.

ἐκθεματίζω Tebt. I 27, 108 (103ª).

ἐμπυρίζω (πυρίζω nicht nachzuweisen) Tebt. I 5, 135. 148 (118ᵃ) — von Lob. zu Phryn. 335 als unattisch verworfen.

ἐφαμμίζω (zu ἔφαμμος) Tebt. I 60, 42 (118ᵃ); 75, 72 (112ᵃ).

ζευγίζω (ἐζευγίσμεθα) Grenf. I 1, 1 (erot. Fragm. nach 173ᵃ).

ἱματίζω [LXX] Lond. I p. 32, 14 (163ᵃ).

συνοψίζω (parasyntheton zu σύνοψις, nicht zu ὀψίζειν, zu spät kommen) Tebt. I 82, 2 (115ᵃ) συνωψισμένη. Fay. 26, 13 (150ᵖ). Zur Bedeutung von σύνοψις („durchschnittliche Schätzung") vgl. Wilcken Ostr. I 505 Note 1.

φερνίζω [LXX, Anz 381] Lond. I p. 32, 15 (163ᵃ).

χωματίζω [LXX] Tebt. I 105, 26 (103ᵃ).

IIIᵃ ἀνδρίζομαι Petr. II 40 (a) 13 (260ᵃ). ×ἀφανίζω. ×γεμίζω Magd. 11, 9. 12 (IIIᵃ ᵐ). ×ἐμφανίζω. θερίζω Magd. 12, 12 (IIIᵃ). λακτίζω (Komiker) S. 34. μαλακίζω. ×μερίζω. ×νοσφίζω s. Verbalindex. ×ὁρκίζω [Dem. 18, 30; 19, 278] Rev. L. 56, 8. Anz 323. σφραγίζω [LXX].

III—IIᵃ ×δανείζω. ×ἐθίζω. ×ἐμποδίζω S. 341f. ×κομίζω. ποτίζω [Plat., LXX. Anz 329]. τραυματίζω Petr.² 28 (e) 7 (260ᵃ). Tebt. I 39, 31 (114ᵃ). χρηματίζω [LXX, Aristeas, Perg., Magn.].

IIᵃ βαδίζω Par. 51, 3 (160ᵃ). ×βαπτίζω Par. 47, 13 (157ᵃ). καινίζω (früher poetisch) S. 33. ξενίζω Par. 64, 6 (160ᵃ). ὁμαλίζω Tebt. I 105, 26. 59 (103ᵃ). Zu συγκωθωνίζομαι vgl. Komp. § 90. χειρίζω (Ionismus) S. 24.

c) auf -ύζω ist zu bemerken γογγύζω = murren, eigentlich gurren von den Tauben (Poll. 5, 89 καὶ περιστερὰς γογγύζειν). Nach Phryn. 358 (Lobeck) ursprünglich ionisch. Vor der Papyrusstelle Petr. II 9 (3) 9 (241ᵃ) nur aus dem Phokylideszitat bei Phryn. bekannt; später bei Arr., LXX, N. T., M. Anton., Epiktet. Vgl. oben S. 21.

d) Außer den angeführten Präsensbildungen auf ⏑́ζω finden sich noch:
×ἁρμόζω, stehende Form der ptol. Papyri, s. S. 350.
×δεσπόζω (früher poetisch) Belege S. 33.

6. Verba auf -άνω. Vgl. Meisterh.-Schwyzer 176. Schmid Att. IV 605. Schweizer Perg. 175. Nachmanson 154.

IIIᵃ ἱστάνω im Komp. ἀνθιστάνω s. oben S. 353.

IIᵃ εὐφράνω Par. 51, 40 (160ᵃ) — Analogiebildung zum Aorist von εὐφραίνω. Vgl. Hatzidakis Einl. 412. Schmid Att. IV 704f.

ὀπτάνω [LXX, N. T.]: Belege S. 404.

III—II καταλιμπάνω [Hippokr., Pl. epist., LXX, N. T.] Belege § 81 S. 402 unter λιμπάνω. Zum N. T. vgl. Blaß 58; zu den LXX Anz 309; zu den apostol. Vätern Reinhold 72. λαμβάνω allgemein. πυνθάνομαι Petr. II 20 col. 2, 1 (252ᵃ); col. 3, 7. Lond. I p. 48, 1 (IIᵃ). Tebt. I 15, 9 (114ᵃ) etc. S. 401.

IIᵃ αὐξάνω nur einmal Leid. B 1, 8 (164ᵃ); sonst überall αὔξω [Arist., Perg.]: αὐξόμενον Petr. II. 4 (12) 13 (255ᵃ). αὔξοντες Kanop. Dekr. 9, αὔξειν 22 (237ᵃ). ἐπαύξειν Rosettastein 37, αὔξουσι 52 (196ᵃ). συναύξεσθαι Dittenb. i. or. I 51, 11 (239ᵃ). αὔξων Strack, Ptol. Inschr. Arch. III 138, 2 (unb. ptol.). Im N. T. sowohl αὔξω als αὐξάνω, Blaß 54. Win.-Schmiedel § 15. Crönert 246. καθιζάνω S. 398. διαλανθάνω S. 401. μανθάνω S. 402.

III—I^{a} τυγχάνω — τυχάνω — τυχχάνω S. 412.
Nirgends läßt sich das Präsens αἰcθάνομαι belegen; vgl. S. 362.

7. Verba auf -́νω (-ύνω).

III—II τίνω (unrichtig τείνω) S. 94.
II^{a} βαρύνω Tebt. I 23, 5 (115^{a}). δύνω (poet. = δύομαι) s. S. 26. καλλύνω Par. 50, 17 (160^{a}). ὠδίνω (geschr. οὐδείνουcα) Leid. C p. 119 col. 2, 27 (c. 160^{a}). Zu ἐνcεμνύνομαι s. Komp.

8. Verba auf -́cκω. Vgl. dazu besonders Hatzidakis Einl. 164f. 415ff. J. Schmidt K. Z. 37, 26ff.

III^{a}: ἁλίcκομαι S. 388. III—II^{a} ἀνηλίcκω, seltener ἀναλίcκω S. 345f. ἀποθνή(ι)cκω, in den Urkunden stets ohne, in einem literarischen Stück mit ι προcγεγρ., vgl. S. 122f. γινώcκω (nie γιγνώcκω) S. 164ff. ×εὑρίcκω S. 396. μίcγω (μείcγω) aus μίγcκω S. 23. Strabo hat im Präsens nur die Form μίcγω. (ὑπο)μιμνήcκω (ohne ι adscr.) S. 123f. φάcκω S. 355. II^{a} τελίcκω (Nic. Alex. 596), seltene Nebenform zu τελέω, Rosettastein 32 (196^{a}). K.-Bl. II 548.

Ergebnis. Bildungen auf -άω sind zwar in einzelnen Fällen (δοκιμάω (?), ἱcτάω, cκυλάω) auf dem Wege der Analogie in benachbarte Gebiete eingedrungen, haben aber im allgemeinen die Fähigkeit zu organischer Weiterentwicklung verloren. Weit mehr Lebenskraft besitzen die Denominativa auf -έω: sie stehen an erster Stelle mit 52 Neubildungen, von denen 12 bei Polybius, 7 bei den LXX sich finden. Auch der Typus -όω fristet sich noch weiter mit 7 Neubildungen. Im übrigen erfahren die verba contracta von verschiedenen Seiten eine Einbuße: der Typus -άζω bedroht nicht allein den zunächst verwandten auf -άω, sondern selbst den auf -έω (cυνηγοράζω ∼ cυνηγορέω) und auf -όω (δεξιάζομαι ∼ δεξιόομαι; ἐξιδιάζομαι ∼ ἐξιδιόομαι). Der Ausgang -ίζω, der überhaupt nach -έω am meisten Lebensfähigkeit besitzt (15 Neubildungen) konkurriert mit -έω (ἀcπορίζω ∼ ἀcπορέω). Nach -ίζω kommt mit 10 Neubildungen -εύω, das besonders zur Bezeichnung von Ämtern und Titeln gebräuchlich ist. Neubildungen von Präsensstämmen auf -άνω (ἱcτάνω, ὀπτάνω, εὐφράνω) liegen ganz im Charakter der spätgriechischen und auf dem Wege zur mittelgriechischen Sprache. Hatzidakis Einl. 406ff.

II. ZUSAMMENSETZUNG.

§ 87. Zusammengesetzte Substantiva.

1. Komposita aus zwei nominalen Bestandteilen.

a) Beide Teile sind substantivisch, wobei

α) der 1. Teil vom 2. abhängig ist (meist Genitivverhältnis); das 2. Substantiv behält seine Form.

III^{a} δεκατοκύριος (= δεκαδοκύριος Aufseher über 10 Arbeiter, alternierend mit δεκάταρχος) Petr. II 4 (1) 10 (255^{a}).

ἐλαιοκάπηλος Petr.^{2} 86, 4 (III^{a}).

θηροφύλαξ Petr.^{2} 130 letzte Zeile (III^{a}).

σκε(υ)οφύλαξ Petr. II 13 (10) 5 (258^{a}).

συμβολοφύλαξ Rev. L. 10, 2; 12, 16; 13, 2 (258^{a}).

χωματοφύλαξ Petr. II 6, 3 (c. 250^{a}). Petr.^{2} 44 (4) 4 (246^{a}).

ᾠδοδιδάσκαλος Kanop. Dekr. 70 (237^{a}).

III—II^{a} δεσμοφύλαξ Petr.^{2} 28 (e) verso (b) 5 (260^{a}). Tebt. I 188 (II^{af}).

ἐρημοφύλαξ Wüstenwächter (Wilcken Ostr. I 359) Petr. I. 25 (2) 5 (250^{a}). Tebt. I 60, 24; 61 (b) 6. 330. 343 (118^{a}); 62, 53. 94. 100 (119^{a}).

ἱερογραμματεύς [Her. 2, 28 ὁ γραμματιστὴς τῶν ἱρῶν] Petr.^{2} 59 (b) 6 (III^{a}). Kanop. Dekr. 4 (237^{a}). Rosettastein 7 (196^{a}). Eud. 72 (vor 165^{a}). Rev. Mél. 327, 16 (II^{a}). Nach W. Otto I 87 „gelehrter Schreiber der Gottesbücher.“

κωμογραμματεύς Petr. II 1, 11 (260^{a}); 7, 6 (249^{a}); 38 (a) 1 (240^{a}); 42 (a) 4 (c. 250^{a}). Petr.^{2} 31, 3 (240^{a}). BU 992 II 3 (162^{a}). Par. 63, 5, 143. 146 (165^{a}). Tor. I 4, 6 (117^{a}). Theb. Bank I 1, 6 (131^{a}). Grenf. II 37, 3 (II^{af}) etc.

τοπογραμματεύς Ortsschreiber Petr. I 16 (2) 6 (230^{a}). BU 993 IV 2 (127^{a}). Par. 63, 5, 145 (165^{a}). Rev. Mél. 322 (II^{a}). Tor. I 4, 6 (117^{a}). Theb. Bk. I 1, 5 (131^{a}). Grenf. II 37, 2 (II^{af}). Tebt. I passim.

III—I^{a} γενηματοφύλαξ Magd. 1, 10 (III^{am}). Petr. II 2 (1) 16 (III^{a}). Tebt. I 159. 183 (II—I^{a}).

συγγραφοφύλαξ Notar Magd. 1, 10 (III^{am}). Petr. II 21 (b) 6 (III^{a}); 29 (b) 5 (242^{a}); (d) 7; 47, 33. 37 (192^{a}). Dittenb. i. or. I 120 (181—146^{a}). Amh. II 18 (173^{a}). P. Reinach 10, 28 (111^{a}). Tebt. I 104, 4. 36 (92^{a}); 105, 7. 53 (103^{a}); 109, 5 (93^{a}). Leid. O 30 (89^{a}) etc. Zur Sache J. C. Naber Arch. I p. 320. L. Mitteis, Reichsrecht und Volksrecht 46 Note 2.

II^{a} βιβλιοφύλαξ Tebt. I 112 introd. (112^{a}).

ἱερόδουλος Tempeldiener Leid. D 22 (162^{a}). Tebt. I 6, 25 (140^{a}). Dresd. I 13 (162^{a}). [Par. 30, 26 (162^{a}) τῶν ἱεροῦ δούλων]. W. Otto I 116f.

ἱεροψάλτης [Ios.] Strack, Ptol. Inschr. Arch. III 129, 16 (II^{a}) = Dittenb. i. o. II 737.

στρατοκήρυξ BU 992 II 4 (162^{a}).

σωματοφύλαξ Tor. VIII 1 (119ª). Über ἀρχισωματοφύλαξ s. unter Nr. 2.
χερσέφιππος Landreiter (berittene Garde zur Beobachtung des offenen Landes) Tebt. I 60, 21 (118ª); 62, 34 (119ª); 89, 63. 67 (113ª) etc.
II—Iª σιτοκάπηλος Getreidehändler Lond. I p. 34, 33 (161ª). Tebt. I 120, 125 (97 oder 64ª).
Iª ἀρτοπίναξ Brotteller Tebt. I 140 (72ª).
ἐριέμπορος Wollhändler Tebt. I 103, 26 (94 oder 61ª).
θησαυροφύλαξ Tebt. I 90, 40 (Iªi).

Anmerkung. ἱερουπωλου (Ἴσιδος), ein Priestertitel, ist nicht als Kompositum (ἱερούπωλος = ἱεράπολος?) zu betrachten, sondern nach dem Vorgang von Grenfell II 20, 2, 5 (114ª) in zwei Worten zu schreiben: ἱερὸς πῶλος = heiliges Füllen. So z. B. Par. 5, 1, 2/3 (114ª). P. Reinach 10, 5 (111ª). 16, 6 (109ª). BU 994 II 5 (113ª); 995 II 8 (109ª); 996 II 5 (107ª). Grenf. I 25, 2, 5 (114ª); 27, 2, 3 (109ª). Dittenb. i. or. II 739, 9 (112ª) etc. Vgl. G. A. Gerhard, Archiv f. Religionswissenschaft VII (1904) S. 520.

IIª ἀλαβαστροθήκη [Ar. bei Poll.; Dem. 19, 237] Lond. II p. 12, 28 (IIª) [Wilcken Arch. I 135]. ἀρκτοῦρος Bärenhüter (Sternbild) Eud. col. 21). 22 (vor 165ª).

β) Der zweite Teil als Träger des beherrschenden Begriffs wird durch den ersten in appositioneller Weise näher bestimmt.

IIIª κριθόπυρος Gerstenweizen, eigentlich Weizen, der Gerste ist, bärtiger Weizen, Petr. I 29, 11 (242ª). Petr.² 76 recto col. 2, 1 (224ª); 78, 14 (IIIª). Nicht wohl als Dvandva-Komp. zu erklären. Zur Sache C. Wachsmuth, Jahrbücher für Nationalökonomie und Statistik 1900 p. 777.
IIª θροιαδέσμη = θρυοδέσμη, ein aus Binsen bestehendes Bündel. Leid. S 2, 18—25 (c. 160ª); T 1, 4 (IIª).
χορτονομή Grasweide Tebt. I 60, 82 (118ª); 61 (a) 192; 75, 37 (112ª) und öfters.

IIIª μητρόπολις Rev. L. 48, 16; fragm. 4 (h) 8 (258ª).
III—IIª σακκοπήρα [Poll. 10, 161 aus Apollod. Caryst.] Magd. 13, 7 (IIIªm). Lond. II p. 11, 16 (IIª).

b) Der erste adjektivische Teil bestimmt den zweiten substantivischen näher, und zwar

α) der erste Bestandteil ist Attribut des zweiten:

IIIª ἐλευθερολατόμοι Steinhauer, die freie Leute, keine Sklaven sind, Petr.² 42 C 12, 1—2 = Petr. II 13 (1) 1—2 (255ª); ebenso in einem Brief an Theodoros, den Nachfolger des Architekten Kleon, Petr.² p. 105 (IIIªm).
×κοινοδίκαιον (gemeinsames Gericht) Magd. 23, 9; 28, 2 [Pol. 23, 15, 4]. Auch C. I. G. 2556, 58; von Böckh mit Unrecht in κοινοδίκιον geändert.

II[a] ψιλότοπος (oder ψιλότοπον?) = ψιλὸς τόπος Tor. XII 10 (119[a]). Das Wort ist auch für die byzantinische Zeit belegt Par. 21[b], 11 (594[p]) — beidemal im Genitiv.

β) Der Hauptbegriff stellt etwas Neues, mit keinem der nominalen Bestandteile sich Deckendes, vielmehr ein Produkt aus beiden dar.

III[a] ἀκ(ρ)όδρυα [LXX, Aristeas 122] (= was oben auf dem Baum wächst, Baumfrüchte), Belege S. 186 f.

c) Als Dvandva-Kompositum, d. h. Kombination von zwei koordinierten nominalen Begriffen, erscheint

II[a] ναυκληρομάχιμος Par. 63, 22 (165[a]). Tebt. I 5, 46 (118[a]). Zur Sache Wilcken Ostr. I 263.

2. Substantiva composita aus einem verbalen und einem nominalen Bestandteil.

a) Der erste Teil ist ein Verbalstamm, der den zweiten substantivischen näher bestimmt.

II[a] ×πειθανάγκη Amh. II 31, 11 (112[a]). Tebt. I 5, 58 (118[a]). Hieher gehören auch die in klassischer Zeit ziemlich seltenen, nunmehr aber zahlreichen Zusammensetzungen des Verbalstammes ἀρχ- in der Form ἀρχε-, ἀρχι-, ἀρχ- mit einem Substantiv (vgl. das deutsche „Erz"-). Vgl. oben S. 81.

III[a] ἀρχώνης Hauptpächter § 83, 10 S. 423.

III—II[a] ἀρχισωματοφύλαξ [LXX, Aristeas] Arch. II 80, 7 (229[a]). BU 1012, 18 (170[a]). Tebt. I 79, 52 (148[a]). Par. 12, 1 (157[a]). Grenf. I 38, 1 (II[af]). Tor. I 1, 2, 3 (117[a]); XI 1 (177 oder 165[a]). Dittenb. i. or. I 99 (205—181[a]); 111, 8 (nach 163[a]); 132, 5 (130[a]).

III—I[a] ἀρχιφυλακίτης Rev. L. 37, 5 (258[a]). Petr. II 20 (1) 11 (252[a]); Einl. p. 33, 7; Nr. 1, 22 (260[a]). Petr.[2] 28 (e) 14 (260[a]). Magd. 33, 5 (III[am]). Par. 6, 2 (126[a]); 15, 25 (120[a]); 35, 6 (163[a]); 37, 6 (163[a]). Tebt. I 5, 142. 159 (118[a]). Leid. G 3 (99[a]).

ἀρχιφυλακιτεία § 83, 4 S. 418.

II[a] ἀρχεδέατρος (ein makedonisches Wort, ein höheres Amt am ptolem. Hofe) Dittenberg. inscr. or. I 169 (116[a]); 181, 4 (114[a]); im Aristeasbrief 182 von Letronne aus ἀρχιητρός hergestellt. Vgl. S. 81 Anm. 2. Zur Sache s. O. Hoffmann, die Makedonen S. 77 ff.

ἀρχικύνηγος Oberjägermeister Dittenb. inscr. or. I 99, 2. 3 (205 bis 181[a]); 143, 3 (146—126[a]). Ostr. 1530 (121[a]).

ἀρχι]στολιστής Dittenb. i. or. I 111, 18 (nach 163[a]). Vgl. W. Otto, Priester und Tempel I 83.

ἀρχοινοχοῦς Tebt. I 72, 447 (114—13[a]).

ἀρχυπηρέτης Par. 10, 19 (145[a]). Lond. I p. 41, 97. 121 (158[a]). Ostr. 1538 (II[a]).

II—I[a] ἀρχέφοδος Polizeiaufseher Tebt. I 90 introd. (I[ai]).
ἀρχενταφιαστής Leid. H 10. 22 (99[a]).
ἀρχιμάχιμος Tebt. I 112, 86 (112[a]); 120, 128 (97 oder 64[a]).

III[a] ἀρχιθέωρος Dittenberg. i. o. I 37, 3 (264[a]). ×ἀρχιτέκτων Petr. II 15 (2) 2 (240[a]); 4 (1) 1 (255[a]); 9 (4) 7 (241[a]); 13 (18b) 13 (258—53[a]). ὑπαρχιτέκτων unter Nr. 4.

III—I[a] ×ἀρχιερεύς Par. 35, 7. 12 (163[a]). Rev. Mél. 327, 16 (II[a]). Leid. G 4 (99[a]); einmal ἀρχιιερεύς Petr.[2] 53 (p) 2 (III[a]). Über die Unterlassung der Elision vgl. K.-Bl. II 317 Anm. 3.

I[a] ἀρχιπρύτανις [auf Inschriften] Strack, Ptol. Inschr. Arch. I 209, 26[a] (späte Ptolemäerzeit).

b) Der zweite Teil ist ein Verbalstamm, der den vorausgehenden nominalen Begriff zum Objekt hat. Diese (objektiven) Verbalkomposita sind von Haus aus eigentlich lauter Adjektiva, die Grenze zwischen substantivischem und adjektivischem Gebrauch ist oft schwer zu ziehen. Vgl. daher auch Adjektiva composita § 88, 5. Das zusammengesetzte Wort ist entweder ein A-Stamm auf -ης oder -ας (vgl. die Belege unter § 83, 10 S. 423f.) oder ein O-Stamm auf -ος oder -ον. Komposita letzterer Art, in denen der 2. Teil ein gebräuchliches Substantiv ist, wie διδάσκαλος, ἔμπορος etc. sind mit den echten Nominalzusammensetzungen unter Nr. 1 a registriert.

α) Maskulinische O-Stämme auf -ος.

Im 2. Glied -αγός: III—I[a] θεαγός, ein Priestertitel (‚Gottesführer'), vielleicht = παστοφόρος. Petr.[2] 99, 4 (III[a]). Tebt. I 61 (b) 59 (118[a]); 72, 210 (114[a]); 121, 76 (94[a]). W. Otto I 95.

III[a] λοχαγός, ἐπιλόχαγος, term. tech. der dorischen Taktik, S. 5.

II[a] οὐραγός Führer des Nachtrabs P. Reinach 16, 15 (109[a]).

-αγωγός: III—I[a] ὑδραγωγός [LXX] Wasserleitung Petr.[2] 42 F (a) 4 (252[a]); 43 (2) r. col. 2, 12; col. 3, 35 (246[a]). Tebt. I 50, 8. 14. 21. 40 (112—11[a]); 84, 28. 110. 136 (118[a]); 87, 29 (II[af]); 106, 11 (101[a]); 240 (I[am]) etc.

'αρχος: III[a] δεκάταρχος (= δεκάδαρχος). πενταkοσίαρχος.

II[a] κώμαρχος.

III[a] ×τριήραρχος, ὑποτριήραρχος. φύλαρχος.

III—II[a] ×φρούραρχος. χιλίαρχος.

Sämtliche Belege § 59, 3 S. 256f.

-βοσκός: III[a] ἱερακοβοσκός Petr.[2] 99, 5 (III[a]).

III—II[a] ἰβιοβοσκός Magd. 19 verso (III[am]). Petr.[2] 58 (e) col. 2, 23 (III[a]); 82, 3 (III[a]). Pariser Holztafel bei Wilcken Ostr. I 65 A. B. (III[a]). P. Par. 11, 17 (157[a]). Tebt. I 61 (b) 401 (118[a]); 72, 410 (114[a]); 113, 11 (114[a]). BU 995 III 5 (109[a]) etc.

Auch das Simplex βοσκός begegnet Lond. II p. 2 recto 3 (II[a]); daneben ποιμήν Magd. 6, 11; 22, 6 (III[a]).

III—I[a] χηνοβοσκός (Cratinus bei Athen.) Petr. II 10 (1) 5. 8. 20 (nach 240[a]). Par. 5, 6, 5; col. 25, 5 (114[a]); 39 verso (161[a]). Tebt. I 5, 172 (118[a]); 38, 15 (113[a]); 121, 68 (94 oder 61[a]); 229 (97 oder 62[a]).

-γλύφος: II[a] ζωγλύφος Lond. I p. 46, 15 (146—135[a]) [AP]. ἱερογλύφος Leid. U 1, 9; 4, 2 (II[a]).

-γράφος: II[a] ×ἐπιστολογράφος Tebt. I 112, 87 (112[a]). Par. Not. et extr. XVIII 2, p. 401, 6 (unb. ptol.). Dittenb. i. or. I 139 (146—116[a]).

προχειρογράφος (?) Tebt. I 112, 116 (112[a]).

συναλλαγματογράφος Tebt. I 42, 6 (114[a]). Später Oxyr. II 237 col. 8, 36. Mitteis Arch. I 192.

II—I[a] ὑπομνηματογράφος Lond. I p. 42, 127 (158[a]). P. Kairo Arch. I 61, 1 (123[a]). Fay. V 14 (II—I[a]). Strack, Ptol. Inschr. Arch. II 556 Nr. 38, 14 (II—I[a]). Tebt. I passim.

ὡρογράφος (‚a precis-writter', der Herausgeber) Oxy. IV 710 (a) 3 (111[a]).

I[a] χειρογράφος Tebt. I 209 (76[a]).

-εργός s. u. -ουργός.

-εψός: II[a] μυρεψός Salbenkoch Leid. U col. V 3 (II[am]), zuerst gelesen von Wilcken Mélanges Nicole p. 584 (Pap. μυρεψε statt μυρεψοῦ).

-ηγός: Über adjektivisch gebrauchtes ἐλεφαντηγός, λιθηγός vgl. Adiect. comp. § 88, 5; über συνόδηγος Anhang über dichterische Neubildungen am Schluß von § 90.

III—II[a] κυνηγός Petr.[2] 53 (g) 16 = Petr. II 40 (a) 16 (260[a]) nach Wilcken Add. et Corr. zu Petr.[2] XVII (statt ὀνηγός). ἀρχικύνηγος S. 469.

II[a] ἀρχηγός Rosettadekr. 47 (196[a]).

-κόπος: III[a] ὀλυροκόπος Durraklopfer (οἱ πρεσβύτεροι τῶν ὀλυροκόπων, älteste nachweisbare Müllergilde) Strack, Ptol. Inschr. Arch. II p. 544 Nr. 22 (III[af]). Vgl. W. Otto I 130; Strack, Die Müllerinnung in

Alexandrien, Zeitschrift für neutestam. Wissensch. und die Kunde des Urchristentums IV (1903) 213ff.

II^a ἀρτοκόπος (Her., Xen.; von Phryn. 222 (Lobeck) gegen ἀρτοπόπος oder ἀρτοποιός verworfen) Par. 5 col. 6, 1ff. (114^a).

-λάβος: III^a ἐργολάβος (Pl. rep. II 373 C. Plut.) Petr.² 42 F (c) 1 252^a); 43 (2) recto col. 3, 5; 4, 41; verso col. 3, 12; 5, 11 (246^a).

-λόγος: III^a φορολόγος (Plut.) Petr.² 119 verso col. 2, 3 (III^a).

III—I^a σιτολόγος Magd. 11, 11 (III^am). Petr. II 48, 17 (186^a). Amh. II 61, 8 (163^a). Fay. XVI 2 (I^a). Tebt. I 123, 5 (I^ai); 186 (105^a). P. Reinach 40, 2 σειτολόγων (c. 114^a).

II^a γναφαλλολόγος, auch verkürzt γναφαλλόγος, S. 170.

-νόμος: III—II^a ἰσιονόμος, ein Priestertitel, Magd. 9, 1 (III^am). Petr.² 82, 5 (III^a). B U 993 II 10 (127^a).

II^a ἀγορανόμος.

-ξό(ο)ς: I^a λαξός (= λαξόος vgl. S. 258) Steinhauer Tebt. I 121, 13 (94 oder 61^a).

-ξυστος: II^a κοπρόξυστος der den Dünger auskehrt Par. 11 verso 8 (157^a).

-ουργός: III^a κεραμουργός (Manetho 4, 291) Petr.² 59 (a) col. 2, 2 (III^a).

×λειτουργός [LXX, Aristeas 95] Petr. II 14 (3) 4 (c. 250^a). Auch λιτυργούς (sic) Petr. II 4 (9) 11 (255^a) [nicht σιτηγούς wie Revillout] ist kaum = λιθουργούς, wie Wilcken annimmt, sondern = λειτουργούς, wie z. B. Petr.² 46 (4) 8 λειτουργοῖς für „Arbeiter" steht.

III—II^a ἐλαιουργός Rev. L. 44, 8. 14. 17; 45, 3. 5. 8. 10; 46, 10. 13; 47, 1. 6; 49, 1 (258^a). Petr.² 59 (a) col. 2, 3 (III^a). Tebt. I 5, 172 (118^a etc. Über ἐλαιοουργοί vgl. S. 155. Zu der sonderbaren Bildung αὐτοελαιουργός vgl. § 88, 2.

II^a βυσσουργός Tebt. I 5, 239. 245. 250 (118^a).

κικιουργός Par. 11 verso 3, 34, 13 (157^a). Tebt. I 5, 173 (118^a).

III^a ἀμπελουργός (Ar. P. 190) Petr.² 28 (e) 3 (260^a). II^a μελισσουργός Imker Par. 5, 22, 5 (114^a); 9, 9 (107^a); Leid. P 19 (II^a). σιδηρουργός (Theophr.). Par. 5, 31, 6 (114^a). Leid. P 7. 20 (II^a).

-ουρός (-ωρός): III^a κηπουρός. II^a θυρουρός neben θυρωρός. Belege S. 15.

-οῦχος: II^a τιμοῦχος Par. 60 (b) 16. 37 (c. 150^a).

Unbestimmt ptolemäisch: συνγεοῦχος Strack, Ptol. Inschr. Arch. I 209 Nr. 27.

III^a σταθμοῦχος Wirt (Poll. 10, 20f. in Fragmenten aus Äschylos und Antiphanes) Magd. 2, 1. (III^am). Petr. II 8 (2c) 10. 13 (246^a).

III—II^a κληροῦχος.

-ποιός: III^a κλειδοποιός Schlosser Petr. II 39 (d) 5 (III^a).

III—II^a κα(σ)σοποιός Rubberstoff-Arbeiter S. 215.

III—I^a ζυτοποιός Bierbrauer § 4 S. 36.

II^a χαρτοποιός Tebt. I 112, 62 (112^a).

III^a σιτοποιός Petr.[2] Nr. 117 (h) col. 2, 18. 25. 30 (III^a). σκευοποιός (Ar. eq. 232) Dittenb. inscr. or. I 51, 66 (c. 240^a). I^a ἱεροποιός Strack, Ptol. Inschr. Arch. I 209, 26^a (späte Ptolemäerzeit).

-σκόπος: III^a ἱπποσκόπος Petr.[2] 54 a (2) col. 1, 2; (4) col. 2, 2 (c. 250^a).

-στρόφος: III^a ὠλενοστρόφος Petr.[2] 59 (a) col. 2, 10. Vgl. S. 61.

-τάφος: III^a αἰλουροτάφος Katzenbegraber Par. 66, 25 (III^a).

II^a ἰβιοτάφος Grenf. II 15, 2, 7 (139^a).

κριοτάφος Tebt. I 61 (b) 401 (118^a); 72, 411 (114^a).

-τόμος: III^a λατόμος Petr. II 4 (1) 1. 7; (5) 3; (8) 2; (9) 1 (255^a); 13 (1) 2; (17) 11 (258—53^a). Petr.[2] 47 (a) 2; (b) 2; 119 (b) verso 6 (III^a).

-τρόφος: I^a κτηνοτρόφος Rinderzüchter Fay. XVIII (b) 2 (I^a).

-υφος: II^a λίνυφος Leineweber Tebt. I 5, 249 (118^a).

πεπλόϋφος Tebt. I 5, 250 (118^a).

ποκόφους (= ποκύφους) Tebt. I 5, 70 (118^a).

ταπίδυφος Teppichweber (S. 176) Par. 5, 19, 1 (114^a). Ostr. 1213 (ptol.).

-φόρος: III^a ×ῥαβδοφόρος Petr. II 8 (2c) 9 (246^a). Par. 66, 18 (III^a).

III—II^a παστοφόρος Petr.[2] 123, 1 (III^a). Tor. V 4 (177 oder 165^a). Leid. M 1, 24 (114^a). Par. 5, col. 5, 11; col. 7, 10 und oft. (114^a). Vat. F 17 (157^a). Leid. S 7 p. 102 (164^a); T 1, 10 (c. 160^a) etc. Nach W. Otto I 94ff. „Träger von Götterbildern."

IIª ἀϲιλλοφόροϲ der das Tragholz trägt Lond. I p. 34, 32 (162ª).
βυβλιαφόροϲ (ἀνήρ) Oxy. IV 710 (a) 2 (111ª).
ϲακκοφόροϲ Sackträger Lond. I p. 34, 34 (161ª). Tebt. I 39, 26 (114ª). — Vgl. auch § 88, 5 (Adjektiva auf -φόροϲ).

III—IIª ἀθλοφόροϲ, häufiger Priestertitel, Petr. II 47, 1 (208ª). Amh. II 42, 3. 25 (179ª); 43, 3 (173ª) 44, 4. 21 (138ª). B U 993 II 5 (124ª); 994 II 6; 996 5 II 6 996 II 6 (IIªf). Leid. N 2, 3 (IIª). Grenf. II 20, 2, 6 (114ª). Par. 5, 1, 3 (114ª) etc. — θεϲμοφόροϲ Petr.² 41 recto 6 (IIIª). κανηφόροϲ (Ἀρϲινόηϲ ἀδελφοῦ) Petr. I und II oft; s. Indices. Fürs 2. Jahrh. vgl. alle Stellen zu ἀθλοφόροϲ.

IIª ἑωϲφόροϲ Morgenstern Eud. 118 (vor 165ª). μαϲτιγοφόροϲ Tebt. I 179 (IIªf). ×μαχαιροφόροϲ Amh. II 38, 3 (IIª). Tebt. I 35. 13 (111ª). Strack, ptol. Inschr. Arch. III 129, 6 (IIª). ὑδροφόροϲ Par. 34, 20 (157ª). φωϲφόροϲ (βαϲιλίϲϲηϲ Κλεοπάτραϲ), ein Priesteramt, P. Reinach 10, 8 (111ª); 14, 9 (110ª); 15, 8 (109ªt); 16, 8 (108ª), 20, 9 (107ª).

-χόοϲ (-χοῦϲ): IIª ἀρχοινοχοῦϲ, ὑδροχόοϲ. Belege S. 258.

III—Iª χρυϲοχοῦϲ ebenda.

-φορβόϲ: IIª ὑοφορβόϲ Tebt. I 5, 171 (118ª).

Ein spezieller, seltener Fall ist die Verbindung eines Nomen adiectivum mit einem Verbalstamm auf -οϲ in der Weise, daß der erste (adjektivische) Bestandteil den zweiten (verbalen) näher bestimmt:

III—IIª μονόγραφοϲ = ὁ μόνοϲ γράφων Geheimschreiber Magd. 12, 5 (IIIªm). Petr. II 32 (2ª) 13 [statt κονογράφον] geschr. c. 238ª. Par. 49, 13 (c. 160ª); 65, 12 (146ª). Lond. I p. 46, 29 (146—135ª). Grenf. II 25, 12 (103ª). Vgl. Mitteis, Reichsrecht und Volksrecht p. 51 f.

IIIª ×μόναρχοϲ S. 256.

β) Neutrale O-Stämme auf -ον.

IIIª χορτόβολον Petr. II Einl. p. 30 (IIIª). Vgl. χορτοβόλιον § 83, 13 b S. 431.

IIª ἀριϲτοφόρον (Frühstückbrett?) Grenf. I 14, 7 (150 oder 139ª).

μελανοδόκον (Poll. 10, 60 μελανοδόχον) Tintenfaß Lond. II p. 12, 25 (IIª).

IIª γλωϲϲόκομον (oder γλωϲϲοκόμον?), eigentlich Flötenfutteral, dann allgemein Behälter, Kästchen (Timocl. com. bei Poll. 10, 154) Grenf. I 14, 3 (150 oder 139ª). Lob. Phryn. 98 ἐχρῆν γλωττοκομεῖον λέγειν.

In ˣχειρόγραφον (passiv) Lond. II p. 5, 10; p. 6, 2, 20 (133ª); Ostr. 739, 9 (138ª); P. Reinach 7, 8. 14. 22 (c. 140ª) bestimmt der erste nominale Bestandteil den zweiten modal nach Art eines Adverbs näher.

3. Substantiva composita aus einem adverbialen und einem nominalen Bestandteil. Der erste Teil ist ein Adverb, das den zweiten substantivischen Teil in attributiver Weise näher bestimmt.

IIIª πανυφύλαξ (?) Leid. C p. 93 col. 4, 6 (c. 160ª). πανυφύλακες vielleicht = Tag und Nacht wachende Wächter, opp. νυκτοφύλακες?

IIIª ˣἡμίονος.

4. Substant. comp. aus Präposition und Nomen.

a) Echte Komposition, d. h. die Präposition tritt determinierend vor das fertige Substantivum (simplex oder compositum).

IIIª διαβάθρα Schiffsleiter [Aristeas 106. LXX] Petr. II 13 (8) 3 (258—53ª).

ἐπανήλωμα (möglicherweise postverbal gebildet zu ἐπανηλίσκω) Petr. II 33 (a) col. B 1. 3 (IIIª).

ἐπιλάρχης Magd. 1, 2 (IIIªᵐ).

ἐπιλόχαγος Petr.² 21 (f) 3 (226ª).

ὑπαρχιτέκτων Petr. II 42 (a) 6 (c. 250ª); 4 (4) 9; (6) 3 (255ª).

ὑποτριήραρχος Petr. II 13 (7) 7 (258—53ª).

III—IIª ἐπιγένημα, der Überschuß an Feldertrag über das erwartete Quantum (γένημα), s. oben S. 433; ebenso πρόσγενημα (S. 434).

κάτεργον Taglohn [LXX = Werk] Rev. L. 21, 2; 46, 2; 53, 25; 55, 15; frgm. 6 (a) 14. Petr. II Einl. p. 34, 3; Nr. 4 (2) 8 (255ª). Petr.² 39 col. 2, 5. 22 (IIIª). Tebt. I 112, 25 (112ª).

III—Iª ἀπόμοιρα („Kirchensteuer", W. Otto I 340 ff.) Rev. L. 25, 12. 15; 27, 3. 17; 28, 14; 30, 18. 20. 21; 31, 1. 3; 32, 9. 17. 20 (258ª). Petr. II 46 (b) 2 (200ª); (c) 8. Rev. Mél. 275 (Ostr.) und 276 (IIª). Dittenb. i. or. I 55, 15 (240ª). Rosettastein 15 (196ª). Ostr. 321. 322. 352. 354. 305 (101ª). 711.

ἀπόπραμα (Afterpacht) Belege oben S. 433.

IIª ἀντισύμβολον Theb. Bk. VI 11 (131ª). Grenf. II 23, 7. 15 (108ª).

ἐπενέχυρον BU 993 III 11 (127ª).

II—Iª ἐπιστράτηγος Lond. II p. 13, 1 (116—111ª). Tebt. I 86 introd. (IIªᶠ). Rev. Mél. 332. 333 (IIª). Tor. I 1, 17 (117ª); V 1; VI 1 (177 oder 165ª). Dittenb. i. or. I 103, 4 (nach 181ª); 133, 4 (146—116ª); 168, 34 (116—81ª); 186, 2 (62ª); 190, 6 (51ª).

IIª συμπροστάτης Tebt. I 64 (a) 110 (116—115ª); 61 (a) 5. 10. 31. 35 (118ª).

cυ[μφ]υλακίτης (φυλακίτης S. 442) P. Reinach 17, 1 (109ᵃ).

cυνγένεcιc astronom. term. techn. (αἱ γενέcειc καὶ αἱ cυνγενέcειc, nach Blaß ἀναγενέcειc) Eud. 86 (vor 165ᵃ).

ὑποδιοικητήc § 83, 22c, S. 443.

IIIᵃ ἐξέδρα Petr.² 48, 17 (IIIᵃ). Dittenb. i. o. I 101, 5 (c. 200ᵃ). cυνέριθοc (poet.) S. 30.

IIᵃ ἄμφοδον, τό [Hyperid. bei Poll. 9, 36] Leid. C p. 118 col. 1, 6 (163ᵃ). Lond. II p. 8, 4 (118ᵃ). Vgl. S. 261 Note 1. ˣἐπίμετρον [Theophr.] Tebt. I 91, 11; 92, 11 (p. 410) IIᵃᶠ. ˣἔφοδοc, ἡ Grenf. II 25, 20 (103ᵃ) und sonst oft (vgl. ὁ ἔφοδοc unter b). περίδειπνον Leichenschmaus [Dem. 18, 288] Tebt. I 118, 1 (IIᵃᶠ). ˣπερίμετροc, ἡ Umkreis [Herod.] Tebt. I 60, 38 (118ᵃ); 61 (a) 150 (118ᵃ) — beidemal ἐν περιμέτρωι (κώμηc). προκύων (Sternbild) Eud. 190 (vor 165ᵃ). πρόπαπποc Tebt. I 63, 33. 38; 64, 15 (116ᵃ). cύνδεcμοc Eud. 415. 427 (vor 165ᵃ).

Iᵃ ˣὕπαρχοc Grenf. I 36, 2, 4 (99—88ᵃ) geht wohl kaum auf ὑπάρχω Statthalter sein (Thuk. 6, 87) zurück, sondern erklärt sich einfacher als Analogiebildung zu μόναρχοc u. ä.

b) Postverbale Bildungen (von Verba composita). Die femininalen A-Stämme dieser Art auf -ή und -ά sind unter den Nominalableitungen § 83, 8 S. 421 ff.; ebenso andere Komposita auf -μα, -cιc etc. unter den betreffenden Ableitungen aufgeführt.

IIIᵃ καταπήξ Pflock (καταπήγνυμι) Petr.² 43 (2) recto col. 4, 12 (246ᵃ) καταπῆξαι καταπῆγαc [Ios.]. Nach Lob. Phryn. 611 κατάπηξ (adjektivisch).

III—IIᵃ ˣἐμβαδόν Grundfläche, dazu der metaplastische Plur. ἐμβαδούc, Belege S. 289 Anm. 3.

μετάβολοc (= μεταβολεύc Zwischenhändler) Rev. L. 47, 12; 48, 3. 7 (258ᵃ). Tebt. I 116, 20. 50 (IIᵃᶠ).

IIᵃ εἰcαγωγόc Zuflußröhre Tebt. I 86, 4. 10. 11. 34 (IIᵃᶠ).

ἐντύλη (ἐντυλίccω) Wickeltuch Lond. II p. 11, 15 (152 oder 141ᵃ).

ἐξαγωγόc Abzugsröhre Tebt. I 13, 7. 11 (114ᵃ); 61 (b) 427 (118ᵃ). Petr.² 94 (b) 8; (c) 5 (180ᵃ).

πρόχρεια (προχράομαι) Tebt. I 238 (IIᵃᶠ). Nach Bekk. Anecd. 472 vulgär für ἀφορμή, πάροδοc.

IIIᵃ κατακλείc [Aristeas 61. 65] Kanalschleuße Petr. II 13 (18ᵃ) 4. 11 (255—50ᵃ). In and. Sinn (Türschloß) Ar. Vesp. 154. Poll. 10, 22.

III—IIᵃ ˣἔφοδοc (= ἐφοδευτήc v. ἐφοδεύω) Aufseher [Xen. Cyr. VIII 6, 16] Petr.² 93 recto col. 7, 33 (IIIᵃ). Tebt. I 30, 27 (115ᵃ); 60, 22. 104 (118ᵃ).

Iᵃ cυναγωγόc Versammler Strack, Ptol. Inschr. Arch. III 131, 8, 3 (78ᵃ).

c) Aus einem zu postulierenden Adverbialausdruck ist entstanden ἀπηλιώτηc (III—Iᵃ). Belege S. 16.

Anhang. Unorganische Zusammensetzung. ἄλλου παρουcία Petr. II 39 (e) l. col. 18; r. col. 24 (IIIᵃ), was von Witkowski, Prodr. 56 als

„iuxta posita quae dicitur vox" im Sinn von „anderweitigem Aufenthalt" erklärt wurde, hat Wilcken Ostr. I 275 und schon G. G. A. 1895 S. 160 mit Recht in zwei Worte geteilt = ἄλλου (sc. στεφάνου) παρουσίας, d. h. für einen anderen (Kranz), der anläßlich der Anwesenheit des Königs gespendet wurde.

§ 88. Zusammengesetzte Adjektiva.

Im Vordergrund stehen

1. Komposita aus zwei nominalen Bestandteilen: im 1. Teil ein Adjektiv, Substantiv oder Zahlwort, im 2. Teil ein Substantiv oder Adjektiv.

a) Adjektiv + Substantiv, das erstere Attribut des letzteren, das Ganze in possessivem Sinn.

III[a] κακοπώγων Petr. I 11, 17 (220[a]).
κλαστόθριξ kraushaarig Petr. I 19, 23; 20 (1) 10 (225[a]).
κοιλόσταθμος [LXX] Petr.[2] 48, 18 (III[a]).
λευκομέτωπος (Beiwort von Vögeln), poet. Bildung S. 31.
παχύρριν Petr.[2] 6 (b) 5 (237[a]); 19 (a) 11 (225[a]).
σπανοπώγων Petr. I 16, 6 (237[a]). Petr.[2] 13 (a) 12 (235[a]).
III—II[a] κοιλογένειος mit einem Grübchen im Kinn Petr.[2] 13 (a) 26 (235[a]). Par. 10, 6. 7 (145[a]). Grenf. I 10, 13 (174[a]); 34, 4 (102—1[a]).
μακροπρόσωπος Petr. I 12, 3 = II Einl. p. 22 (c. 238[a]). I 16 (1) 1. 6. 13 (237[a]); 19, 31 (225[a]); 20 (1) 5. 7 (225[a]). BU 993 II 11 (127[a]); 994 II 10 (113[a]); 995 II 10 (109[a]); 996 II 10 (109[a]); 997 II 5 (103[a]); 998 I 4 (100[a]). Cop. 5 (100[a]). Grenf. I 27, 2 (109[a]); II 15, 1, 12; 2, 8 (139[a]). Goodsp. 6 col. 2, 4 (129[a]). P. Kairo Arch. I 64, 22; 65, 25 (123[a]) etc.
τακτόμισθος Petr.[2] 13 (a) 25 (235[a]). Petr. I 19, 13 (225[a]); II 47, 8. 29 (208[a]). Lond. II p. 2 (a) verso 7 (II[a]). Leid. C 3 (162[a]). Grenf. I 10, 8 (174[a]). P. Kairo Arch. I 65, 31 (123[a]).
II[a] ἐσχατογήρως Tor. I 7, 29 (117[a]).
κάκοψις schlecht sehend (oder übel aussehend?) Grenf. II 28, 4 (103[a]).
×μεσόγεος Leid. U 3, 14 (II[a]). Vgl. S. 448.
πλατυπρόσωπος Lond. II p. 3, 3 (II[a]). Grenf. I 27, 2, 8 (109[a]); 44, 2, 4 (II[a]).
II—I[a] εὐθύρ(ρ)ιν Belege S. 213.

Anmerkung. Dem alleinstehenden Typus μελανοσπαλάκισσα (von μέλας und σπάλαξ Maulwurf) Petr. II 35 (a) col. 1, 9 (225[a]) liegt eine Vergleichung zugrunde: schwarz wie ein Maulwurf.

III[a] λευκόχρως S. 296 f. μεγαλόφθαλμος [Pseudoaristot. physiogn. 84, 6, 20] Petr.[2] 18 recto col. 6 (234[a]). ὀξύρ(ρ)ιν [Hippokr.] S. 213. πολύμιτος (poet.)

S. 32. τετανόθριξ mit schlichten Haaren [Pl. Eutyphr. 2 B] Petr. I 19, 31. 36; 20 (1) 13 (225a); 15, 1 (237a).

III—IIa μελάγχρως — μελάγχρους S. 296f. στρογγυλοπρόσωπος rundgesichtig [Arist. h. an. 1, 6; Pseudoaristot. physiogn. 3] Petr. I 13, 9; 15, 13 (237a); 19, 34. 36 (225a). Petr.[2] 16, 15 (235a). BU 996 III 1 (107a). Leid. N 2, 6. 7 (103a).

IIa ἰσόχρονος Eud. 368 (vor 165a). κοιλόφθαλμος Lond. I p. 46, 5 (146—135a). ὁμότιμος (τοῖς συγγενέσι), ein Ehrentitel [die ὁμότιμοι persische Pairs bei Xen. Cyr.] Tebt. I 254 (113a).

b) Substantiv + Substantiv: der erste Teil bildet das Attribut zum zweiten.

IIIa μαλοπαραύα, äolisches Lehnwort = μηλοπαρεία (apfelwangig) S. 9.
μελίχρως — μελίχρους honigfarbig S. 296f.
III—IIa αἰωνόβιος (poet.) S. 30.
IIa αἰγόκερως ziegenhörnig Eud. 222. 334. 472 (vor 165a). Hierher gehören auch die zahlreichen auf -ειδής auslautenden Adjektivbildungen, die sich gegenüber dem vulgären „Universal-Adjektivsuffix auf -ώδης" (Schmid Attic. IV 699) fast durchweg rein erhalten haben.
III—IIa ἀσπιδοειδής Kanop. Dekr. 62 (237a). Rosettastein 44 (196a).
IIIa παπυροειδής Kanop. Dekr. 63 (237a). [Schol. Eur. παπυρώδης.]
IIa ἀψιδοειδής Eud. 436; δισκοειδής 274. 279; κυκλοειδής 437; σκαφοειδής 280 (vor 165a).

IIa ×μηνοειδής Eud. 435; πυροειδής 131; σφαιροειδής 273; ὠιοειδής (Blaß) 437. Auf -ώδης nur ληρώι[δης BU 1011 II 15 (IIa). Vgl. S. 136. παιδαριώδης Par. 63, 85 (165a).

c) Zahlwort + Substantiv.

Mit ἄρουρα: IIIa μυριάρουρος. πεντάρουρος Petr.[2] 100 (b) 2. 13 (IIIa).
III—IIa ἑκατοντάρουρος [Aristeas 116].
IIa εἰκοσιπεντάρουρος. ὀγδοηκοντάρουρος und abgekürzt mit Zahlzeichen ἑβδομηκοντάρουρος, ἑπτάρουρος, δεκάρουρος, τριακοντάρουρος etc. Belege S. 317.
Mit μήν: IIa τρεισκαιδεκάμηνος Eud. 308. 312. 314 (165a).
Mit παλαστή (Handbreit): IIIa ἑπταπάλαστος. τρισκαιδεκαπάλαστος S. 105.
Mit χοῖνιξ: IIIa τριακονταχοίνικος Rev. L. 11, 6; 39, 2. 4; 49, 9; 51, 11 (258a).
II—Ia ἑξαχοίνικος Tebt. I 105, 40 (103a); 190, 20 (93a) und sehr oft in Abkürzungen.
Mit χοῦς: IIIa δωδεκάχους Rev. L. 40, 11; 45, 4 (258a). πεντάχους Magd. 26, 3 (IIIa).
IIa ἑξάχους Tebt. I 118, 2, 9 (IIaf).

III^a δεχήμερος Petr.² 121 (b) col. 1 und 2 oft. ἑπτάμηνος Petr.² 55 (a) 11 (235^a).
III—II^a δωδεκάμηνος Petr.² 134, 4 (III^a). Eud. 3, 10; 14, 2 (vor 165^a). Par. 62, 1, 2 (II^a¹). δωδεκατημόριος Eud. 358. 364 (vor 165^a). ×ἑξάμηνος S. 229. πενθήμερος Rev. L. 48, 8 (258^a). Par. 62, 2, 2 (II^a¹). Amh. II 29, 13 (nach 250^a).

2. Adiectiva composita bestehend aus Pronomen (1. Teil) und Nomen.

III^a αὐτοελαιουργός(?) Petr.² 58 (d) 3 (III^a).
I^a ἀλληλέγγυος sich gegenseitig verbürgend BU 1001 I 12 (56^a). Später Oxyr. IV 729, 21 (röm.).

III^a αὐτόπαις(?) S. 31. αὐτόπυρος ebd. I^a αὐτόκλητος Dittenb. i. or. I 194, 11 (42^a).

3. Adiectiva composita aus adverbialem und nominalem Bestandteil.

III^a ×δίμηνος Rev. L. 51, 16 (258^a). Petr. II 4 (9) 8 (255^a).
διώρυφος = διώροφος, mit doppeltem Dach S. 6.
πάνθεος (θεῶν πανθέων καὶ εὐσεβῶν) Strack, Ptol. Inschr. (Alexandria) Arch. II 546 Nr. 24; ebd. Ἑστίας πανθέου (III^a).
II^a εὔκνημος Par. 10, 6 (145^a).
εὔσταθμος Tebt. I 5, 85 (118^a).
ἡμικύκλιος Eud. 432 (vor 165^a). Astronomischer term. techn.

III^a ×εὐγνώμων. ×εὔκαιρος. εὐμήκης. εὔτεκνος (poet.) S. 31. ἡμικλήριος (Neutr. subst. = halbe Erbschaft) Magd. 1, 6. ×τρίμηνος Rev. L. frg. 6 (a) 10; h, 6 (c. 258^a).
III—II^a ×εὔσημος. ἡμίχους (Neutr. subst. = $^1/_2$ χοῦς) § 68 S. 294.
III—I^a εὐμεγέθης. ×ἡμιόλιος.
II^a δίδραχμος. δίμοιρος. εὔδηλος [Aristeas]. εὔκοσμος. ×τρίγωνος καὶ τετράγωνος Eud. col. 7 (vor 165^a). τρίστομος [Agatharchid. 28] Tebt. I 112, 2 (112^a).

4. Adiectiva privativa.

a) mit ἀ-, und zwar

α) mit reinen Nominalstämmen gebildet:

III^a ἀδιέγγυος Rev. L. 17, 3 (258^a).
ἄκριθος („ohne Gerste" — mit πυρός verbunden) Arch. II 80, 10 (229^a). Cf. Oxy. 101, 7. 37.
II^a ἀδιάστομος Par. 5 col. 15, 9; col. 39; col. 49 (114^a).

III^a ἄβροχος — ἀσινής (beide poet.) S. 30f. II^a ἀγένειος Par. 10, 5 (145^a). ×ἀδέσποτος Theb. Bk. III 2, 13 (131^a); IV 2, 9 (130^a). ἀκίνδυνος. ἄταφος. ἄτεκνος Lond. I p. 38, 13 (158^a). I^a ἄλοπος (sc. ἀμοργίς) ungehechelter Hanf [Ar. Lys. 736] Tebt. I 120, 16 (97 oder 64^a).

β) mit Verbaladjektiven gebildet:

III^a ἀκοσκί(νευτος) Petr.² 83, 3, 3 (III^a).

ἀςυντέλεςτος Petr. II Einl. p. 30, 1 (III^{a}).
ἀςφράγιςτος [zuerst Harpokrat.] Rev. L. 7, 1; 28, 1; 47, 5. 6 (258^{a}). Magd. 12, 5 (III^{am}).
II^{a} ἀγεώργητος Par. 63, 6, 168 (165^{a}).
ἀδιάθετος ohne Testament Grenf. I 17, 5 (147 oder 136^{a}).
ἀδίςταςτος [Philodem. Crönert 228] Tebt. I 124, 26 (118^{a}).
ἀθέριςτος ungemäht Tebt. I 61 (b) 370 (118^{a}).
ἀκατανέμητος Tebt. I 66, 75 (121^{a}).
ἀλόγητος sinnlos Par. 63, 7, 13 (165^{a}).
ἀμεμψιμοίρητος Par. 63, 8, 14 (165^{a}).
ἀπαρενόχλητος s. Verbalverzeichnis § 81 unter ἐνοχλέω.
×ἀπερίςπαςτος s. ςπάω § 81.
ἀπότιςτος s. ποτίζω ebd.
×ἀπραγμάτευτος [Aristeas 118] s. πραγματεύομαι.
×ἀπροςδέητος s. δέομαι.
ἀπροςτάτητος (τὰς προςόδους ἐάςαι ἀπροςτατήτας?) s. προςτατέω.
II—I^{a} ἀκατηγόρητος s. κατηγορέω.
I^{a} ἀμίμητος [Aristeas] s. μιμέομαι.

III^{a} ἀγένητος Petr.^{2} 32 (g) verso 18. ἀδιοίκητος [Dem. 24, 28] Petr.^{2} 71, 17. ἀκάθαρτος Petr.^{2} 42 (C) 5, 6. ἄτακτος.
II^{a} ἀδιαίρετος [Arist.] S. 388. ×ἀδιάλειπτος [Tim. Locr., Aristeas, Clem. Alex.]. ἄδυτος (Neutr. subst.) poet. S. 30. ×ἀθέμιτος (klassisch ἀθέμιςτος) Tor. I 2, 22 (117^{a}). Antiph. I 22 ἀθέμιτα v. l. neben ἀθέμιςτα; Her. 7, 33. Alkiphr. (Schepers) III 42, 1. ἀκατέργαςτος [Arist., LXX]. ἀλειτούργητος [Dem. 18, 91 im Psephisma der Byzantier] Vat. E (Mai V 354) 32 (157^{a}); F 26 (160^{a}). ἄμεικτος S. 91. ἀςυκοφάντητος [Aeschin, Luk.]. ἀφόρητος.

Sämtliche Belegstellen sind im Verbalverzeichnis § 81 unter dem betreffenden Verbum simplex aufgeführt.

Anmerkung. Ganz vereinzelt stehen Bildungen mit ἁ- copulativum, wie z. B. ×ἀχανής (offen, von einer Türe) Par. 6, 18 (126^{a}). ×ἀκόλουθος [Aristeas] Par. 35, 14; 37, 17 (163^{a}) und oft.

b) mit ἀν-, und zwar

α) mit reinen Nominalstämmen gebildet:

II^{a} ἀνεπίςταθμος Tebt. I 5, 168 (118^{a}).
ἀνυπόλογος Tebt. I 61 (a) 177 (118^{a}).
I^{a} ἀνενλιπής Dittenb. i. or. I 194, 12 (42^{a}).

II^{a} ×ἀνυπεύθυνος Tebt. I 105, 37 (103^{a}).

β) mit Verbaladjektiven gebildet:

II^{a} ἀναγωνίατος Tebt. I 58, 51 (111^{a}).
ἀναπόδοτος Tebt. I 105, 20 (103^{a}); 106, 2, 24 (101^{a}).
ἀνεπιςτρόφητος Tebt. I 27, 106 (113^{a}).

II[a] ἀνάλγητος Par. 63, 3, 94 (165[a]); jetzt Petr.[2] Einl. p. 26, 94 ἀνάλητος (?). ×ἀναπόδεικτος. ×ἀνεμπόδιστος [Arist.] Tor. V 23; VI 23; VII 13 (II[a]). ×ἀνεπίλη(μ)πτος S. 195. ἀνεπίπληκτος ungerügt. I[a] ἀνεπαίσθητος [Aristeas 176]. Sämtliche Stellen § 81 unter dem Verb. simplex.

5. Adiectiva composita aus nominalem und verbalem Bestandteil.

a) Der nominale geht voran und wird vom verbalen regiert. Vgl. die Subst. comp. Nr. 2[b], die ursprünglich ebenfalls Adjektiva sind.

III[a] ἐλεφαντηγός (ναῦς, Transportschiff für Elephanten) Petr. II 40 (a) 22 und 26 (260[a]).

κικιοφόρος Petr.[2] 45 (2) 5 = Petr. II 36 (2) 5 (III[a]) nach Wilcken, Add. et Corr. zu Petr.[2] p. XVII.

κροτωνοφόρος (γῆ) Petr.[2] 32 (g) recto (a) 12; (b) 2 (c. 240[a]).

λιθηγός (ναῦς) Petr. II 13 (18[a]) 7. 11 (258[a]); 14 (1[a]) 3. 8 (III[a]).

πλινθουλκός Ziegel streichend Petr. II 14 (1 c) 3 (III[a]).

χειρόβιος [bisher nur aus Suidas s. v. bekannt] = ἀποχειροβίωτος, χειρῶναξ (Poll. 7, 7) Magd. 33, 7 (III[a]).

III—II[a] νωτοφόρος [Xen. Cyr. VI 2, 34] „auf dem Rücken tragend" (sc. ἡμίονος) Petr.[2] 46 (2) 3 (III[a]). Tebt. 1 115, 7. 22 (115[a]). Moeris p. 57 ἀστράβη Ἀ., νωτοφόρος ἡμίονος Ἕ. ὑδροφόρος [Her., Xen.] Petr.[2] 137 I 7 (III[a]).

II[a] ἀμπελοφόρος [Theophr.] Tebt. I 82, 10 (115[a]). γαλακτοφόρος [Nicand. Ther. 554] Lond. I p. 46, 22 (146—135[a]). νικηφόρος (θεός) Par. 14, 32 (127[a]). Tebt. I 43, 28 (118[a]). οἰνοφόρος Lond. II p. 12, 22 (II[a]). Über πρωτοβόλος, ἰδιοκτήμων, ἰδιόκτητος s. unten Nr. 6.

b) Der verbale Bestandteil steht voran.

Dieser Typus treibt in der Prosa wenig neue Exemplare. Über die neuen Worte φιλοβασιλιστής (II[a]) und φιλοτεχνίτης vgl. oben § 83, 22 b und c, S. 441 und 443. Andere Neubildungen bringt der Anhang über poetische Wörter hinter dem § 90. Auch die ptolemäischen Königsnamen Φιλάδελφος, Φιλομήτωρ, Φιλοπάτωρ gehören ursprünglich der poetischen Sprache an, wie sie denn auch als Götterepitheta gemeint sind.[1])

III[a] φιλάργυρος Petr.[2] 53 (j) 14. III—II[a] ×φιλάνθρωπος. ᴴφιλότιμος. II[a] ×δωσίδικος [Herod.] Par. 10, 14 (145[a]). ×μισοπόνηρος [Dem.] Lond. II p. 14, 30 (116—111[a]). Par. 36, 22 (163[a]). φιλόσοφος Tebt. I 79, 84 (148[a]).

6. Adiectiva composita aus einem adverbialen und verbalen Bestandteil.

---

1) K.-Bl. II 317 Anm. 3 und Note 1 rechnen die Komposita mit φιλο- im ersten Glied teilweise nicht zu den „objektiven", sondern „adverbialen" Zusammensetzungen. Über die Königsbeinamen A. v. Gutschmid, Kl. Schr. IV 107. 112 ff.

III^a εὐίλατος [LXX] Petr. II 13 (19) 3 (258^a).

II^a εὐκατάγνωςτος leicht zu unterscheiden [Act. conc. Eph. = tadelnswert] s. γινώςκω § 81.

Dem Sinne nach gehören hierher die Neubildungen πρωτοβόλος zum erstenmal die Zähne abwerfend (von einem Pferde) Petr. II 35 (a) col. 3, 9 (226^a) und ἰδιοκτήμων Tebt. I 124, 32 (118^a).

II^a ×εὔθετος [Hippokr., LXX, Aristeas] S. 22. ×εὔτακτος Tebt. I 5, 55 (118^a); 6, 46 (140—39^a). ἡμιτέλεςτος Grenf. I 21, 9 (126^a); 44, 1, 3 (II^{a}f). Leid. U 3, 8 (II^a). Dem Sinne nach ἰδιόκτητος selbst erworben [Hippokr.] S. 22. II—I^a ×ἀείμνηςτος s. μιμνήςκω § 81.

7. Adiectiva composita mit Präpositionen im ersten Glied gebildet.

a) Präposition + nominal. Bestandteil:

α) Die Präposition bestimmt das Nomen in adverbieller Weise näher (verwandt mit den possessiven Komposita unter Nr. 1).

III^a διάλιθος [Aristeas 62, Strabo] mit Steinen besetzt Petr.^{2} 42 H (3) 7 (c. 250^a). Kanop. Dekr. 59 (237^a).

κατάρριν Petr. I 18 (1) 7 (237^a).

ὑποδίφθερος (pellitus) Petr.^{2} 109 (b) 12 (III^a).

III—II^a ἀνάςιλλος mit struppigem Haar [Poll. 4, 137. Plut. Crass. 24 p. 538; Pseudo-Arist. physiogn. 5 zweifelhaft] Petr.^{2} 3, 4 (237^a) = Petr. I 16 (1) 4. Grenf. I 10, 11 (174^a). Auch statt μυλλός Petr. I 12, 3 = Petr. II Einl. p. 22 liest jetzt Smyly Petr.^{2} 9, 3 ἀάνςιλλος, verschrieben aus ἀνάςιλλος.

ἀναφάλακρος Petr. I 18 (1) 7 (237^a); 19, 9. 38 (225^a). BU 997 II 5 (103—2^a); 998 I 4 (100^a). Leid. N 2, 6 (103^a).

ἀναφάλαντος — ἀναφάλανθος S. 177f.

II^a ἀπόλοιπος Grenf. I 14, 13 (150 oder 139^a).

κατάκνημος Par. 10, 20 (145^a).

προκέφαλος (mit vorstehendem Kopf) Grenf. I 33, 8 (103/2^a).

πρόςλοιπος Eud. 99 (vor 165^a).

ςύνναος in demselben Tempel verehrt Rev. Mél. 327, 5 (II^a). Lond. I p. 46, 29 (146 oder 135^a). Amh. II 35, 4. 35 (132^a). Fay. p. 32, 3 (I^a).

ὑπόκλαςτος (nicht zu ὑποκλάω, sondern eine Deminutivbildung zu κλαςτός = ein wenig kraushaarig, vgl. Hatzidakis Einl. 228; Schmid Attic. IV 698) Lond. II p. 3, 3 (II^a). Grenf. I 27, 2, 7. 9 (109^a); II 15, 1 (139^a). BU 996 III 1 (107^a); 998 I 6. 11 (100^a) etc.

ὑποκόκκινος (verkürzt geschrieben ὑπόκκινος) Grenf. II 28, 5 (103^a).

III—I^a ὑπόςκνιπος — ὑπόςκνιφος § 36 S. 174.

III^a ἐπίλοιπος Petr.^{2} 42 C (8) 3. ςύνοφρυς mit zusammengewachsenen Augenbrauen Petr. I 16 (1) 4 (237^a); 19, 34 (225^a). Petr.^{2} 10, 9 (235^a);

13 (a) 1 (235^{a}). ὕφαμμος mit Sandgrund Petr. II 6, 6 (255^{a}); ebenso Petr.^{2} 43 (2) verso IV 3 zu ergänzen.

III—II^{a} ἔνσιμος etwas stumpfnasig [Hippokr.] S. 22. ἐπίγρυπος etwas gebogen [Her., Pl., Arist.] Petr. I 13 (1) 4; (2) 12 (237^{a}). Petr.^{2} 4 (2) 20; 13 (a) 26 (235^{a}). Grenf. I 10, 9. 11 (174^{a}).

II^{a} ˣκατάλοιπος Leid. S p. 99, 32 (II^{a}). ˣπαραίτιος Par. 64, 44 (c. 160^{a}). ὑπόπυρρος in deminutivem Sinn [Arist.] Grenf. I 33, 7. 10. 11 (103^{a}).

I^{a} συνέφηβος [Äschin., neuattische Kom.] Dittenb. i. or. I 188, 7; 189, 8 (89^{a}).

β) Die Präposition regiert das Nomen.

II^{a} ἀφήλικος und ἐνήλικος, Nebenformen zu ἀφ-, ἐνῆλιξ S. 296.

ἔνθεσμος Tor. I 8, 17 (117^{a}).

ˣἔξαλλος ausgezeichnet Strack, Ptol. Inschr. Arch. III 129, 19 (II^{a}). Vgl. Radermacher Philol. 60 (1901) 497.

ἐξενίαυτος Par. 25, 12 (162^{a}) und in der Parallelstelle Lond. I p. 10, 19 (mit Mouillierung nach § 10 S. 73) ἐξεινίαυτος. Das Wort steckt wohl auch im Dresd. I p. 276, 5 ἐξενι⟨αύ⟩του. Bedeutung nicht ganz klar: entweder = verjährt oder, da ἐξενίαυτα Amh. II 85, 14 (78^{p}) = jährlich (ἐξ ἐνιαυτοῦ) ist, vielleicht auch an obigen Stellen = ein Jahr dauernd.

ἐπικαλάμειος auf dem Halme stehend Tebt. I 115 (II^{af}).

Als echtes Kompositum aus Präposition und dem Pronomen reciprocum fungiert das Adjektiv ˣπαράλληλος Eud. 226. 230 (vor 165^{a}), während in der klassischen Zeit παρ' ἀλλήλους etc. in zwei Wörtern geschrieben wurde.

III^{a} ˣἔννομος. ἐπίγειος. ἐπιζήμιος. ˣἐπιθαλάσσιος. ˣπαράδοξος.

III—II^{a} ˣἐπίτιμος, ˣπρόστιμος, beide häufig im Neutr. substantivisch = Buße (früher ἐπιτίμιον). σύμπας Par. 63, 4, 99 (165^{a}).

II^{a} ἀνάμεσος [Her.] Eud. 373 (vor 165^{a}). ἔγγαιος § 84 S. 448. ἔντοκος (πρόβατα ἔντοκα) S. 31. ἐνώπιος S. 450 und 457. παρόδιος (θύρα) Tebt. I 45, 22; 47, 14 (113^{a}) — früher Hyperid. bei Poll. 7, 121; später Plut. ὕπαιθρος Grenf. I 42, 3. 13. 16 (II^{a}). ὑπόπετρος [Her., Theophr.] Tebt. I 72, 14 (114^{a}).

b) Postverbale, direkt von einem Verbum compos. abgeleitete Bildungen. [Die Adiect. verbalia auf -τος sind unter den Ableitungen § 84, 10 S. 454 f. aufgezählt.]

III^{a} ἐνοῦχος oder ἔνουχος? (= ἔνοχος), nach Analogie von κληροῦχος, σταθμοῦχος etc. gebildet, die aber aktive Bedeutung haben, Petr.^{2} 50 (b) 17 (c. 260^{a}).

ἐπακόλουθος (ἐπακολουθέω) Petr. I 25 (2) 7 (250^{a}).

κατάβροχος (καταβρέχω) Magd. 3, 5 (III^{am}). Petr. II 4 (11) 4 (255^{a}). Petr.^{2} 99, 22 (III^{a}).

ˣπαρεπίδημος (παρεπιδημέω) Petr. I 19, 22 (225^{a}). Petr. II Einl. p. 23, 15 (III^{a}).

III—I^{a} ἀφήμερος (ἀφημερεύω). Petr. II 44, 19 (nach 246^{a}). P. Monac. Arch. I 485, 10 (II^{a}). Tebt. I 104, 28 (92^{a}). Oxyr. III 697, 4 (II^{pi})

II^{a} ἐγκάτοχος (ἐγκατέχω) Par. 35, 19 (163^{a}).
ἔμβροχος (ἐμβρέχω) Tebt. I 60, 68. 79. 92. 106. 118. 124; 61 (b) 92 ff. passim (118^{a}).
ἐπάναγκος (ἐπαναγκάζω), im adverb. ἐπάναγκον, § 9 S. 60.
$^{\times}$ἐπίμονος (ἐπιμένω) rückständig Lond. II p. 6, 22 (133^{a}); Tebt. I 24, 60 (117^{a}).
πρόσγραφος [D.H., Plut.] Goodsp. p. 8, 3 (111^{a}) Πέρσης τῶν προσγράφων.

III^{a} ἐνδεής (geschr. ἐνδηής) Petr.^{2} 46 G (2) 7 (255^{a}) nach Wilcken Add. et Corr. XV. ἔντονος (nicht εὔτονος) Petr. II 13 (18^{a}) 13 (258^{a}) = Petr.^{2} p. 111; ebenso Petr.^{2} 44 (2) 6 (246^{a}). ἐπήβολος — ἐφήβολος (poet.) zu ἐπιβάλλω S. 31. πάροικος Petr.^{2} 32 (g) recto (b) 6 (c. 240^{a}).
III—II^{a} ἀντίδικος. $^{\times}$διάφορος. $^{\times}$ἐνεργός. $^{\times}$ἔνοχος [Aristeas]. μέτοχος [Aristeas].
III—I^{a} ἀπόκοιτος (ἀποκοιτέω) [Aeschin.] Petr. II 44, 19 (nach 246^{a}). P. Monac. Arch. I 485, 9 (II^{a}). Tebt. I 104, 27 (92^{a}).
II^{a} διάδοχος. $^{\times}$ἐκτενής. ἐπίσκοπος beaufsichtigend Par. 63, 9, 49 (165^{a}). παράσιτος (poet.) S. 32. $^{\times}$πρόσφορος zuträglich. συγκάταινος (συγκαταινέω) [Dem. 18, 167] Tebt. I 22, 5 (112^{a}). σύνδειπνος (συνδειπνέω) Tebt. I 118, 4. 10 (II^{af}). $^{\times}$συνεχής [Aristeas] 41, 8 (119^{a}).
I^{a} πάρεδρος (poet.) S. 32. συναπόδημος [Arist. pol. 2, 5] Dittenb. i. or. I 196, 4 (32^{a}).

8. Zahlenkomposita.

a) Kardinalzahlen.

Zehnerbildungen mit vorangestellter Zehnerzahl sind, wie der ganzen κοινή, so den ptolem. Papyri geläufig. Vgl. § 70, 9 S. 315 f.

Als neu sind belegt:

III—II^{a} $^{\times}$δεκαπέντε. II^{a} δεκατρεῖς, δεκατέσσαρες, δεκαεπτά.
II—I^{a} δεκαδύο, δεκαέξ. Die Belege S. 316.

b) Vor die Ordinalia tritt die Präposition ἐπί, um zu bezeichnen, daß zum Ganzen noch ein bestimmter Bruchteil hinzukommt. Vgl. § 70, 23.

III—II^{a} ἐφεικοστός — ἐπεικοστός = $1\frac{1}{20}$.

III—II ἐπιδέκατος. ἐπίτριτος. Sämtliche Belege S. 320.

§ 89. Zusammengesetzte Adverbien.

1. Zusammengewachsene Adverbien, sogenannte uneigentliche Präpositionen, bildet die spätere Sprache etwas mehr als die klassische, und zwar insgesamt aus Präposition und Adverb. K.-Bl. II 322 Anm. 2. Blaß N. T. 69, 7.

III^{a} ἀπέναντι. II^{a} κατέναντι. ἐνόπι. Belege § 84, 14 S. 457.

III—I^{a} ἐπάνω, ἐπάνωθεν, ἔπειτα, μετέπειτα. $^{\times}$σύνεγγυς Tebt. I 92, 6 (II^{af}). $^{\times}$ὑποκάτω § 21 S. 136.

2. Das einzige echte Adverbialkompositum, das nicht von einem Adjektiv oder Verbum abgeleitet wäre, ist ἡμερολεγδόν Rev. L. 4, 1 (258[a]), während bei ὁμοθυμαδόν Tebt. I 40, 8 (117[a]) das Adjektiv ὁμόθυμος zugrunde liegt.

3. Einen ziemlich ausgedehnten adverbiellen Gebrauch macht die Sprache der Papyri von manchen Verbindungen einer Präposition mit einem Nomen oder Pronomen. Ob solche Wortgruppen als ein Wort zu fassen und zu schreiben sind (wie es in manchen Ausgaben geschieht) oder nicht, ist bei der scriptio continua aus den Originaltexten nicht ersichtlich.

Solche Verbindungen sind:

III[a] ἐμ μέσωι (ἐμμέσωι) Petr. I p. 66 col. 2 (III[a]).

καθ᾽ ὕστερον (καθύστερον) Ashmol. Pl. XVI, 3 (III[a]).

III--I[a] κατ᾽ ἄνδρα (κάτανδρα) Zois I 3 (150[a]) ἐπιδέδωκεν κατ᾽ ἄνδρα (männiglich). Besonders häufig substantiviert τὸ κατ᾽ ἄνδρα = Namensliste: Petr.[2] 96, 11 (III[a]). Par. 5, 2, 4 = Leid. M 2, 5 (114[a]). Tebt. I 24, 53 (117[a]); 27, 7 (113[a]); 61 (b) 41 (118[a]); 96, 1 (95—4[a]); 103, 1 (94 oder 61[a]). Dittenb. i. or. I 179, 21 (95[a]). τοῦ κατ᾽ ἄνδρα. Analog dazu ist der Ausdruck κατὰ φύλλον (κατάφυλλον) = Liste des bewirtschafteten Landes häufig in d. Papp. Tebt., z. B. 25, 12. 21 (117[a]); 38, 3 (113[a]); 61 (b) 5. 24. 225 (118[a]); 63, 2 (116[a]) und namentlich Nr. 66—70. Vgl. M. Rostowzew, Arch. III p. 202.

II[a] καθ᾽ ἕν (καθέν), τὸ καθ᾽ ἕν die Liste. Par. 62, 2, 6 τὸ καθ᾽ ἓν τῶν συμβόλων; ähnlich col. 8, 11 (II[a i]). Tebt. I 47, 34 ἔστιν δὲ τὸ καθ᾽ ἕν (113[a]); 61 (a) 164 (118[a]); 140 ὧν τὸ καθ᾽ ἓν ὑπόκειμαι (72[a]); 149 (116[a]); 190 (I[a]); ὧν τὸ καθ᾽ ἓν ὑπόκειται P. Reinach 17, 8 (109[a]).

III—II[a] ×ἀνὰ μέσον (ἀνάμεσον) [LXX, Aristeas] Petr. II 17 (2) 5 ἐν τῆι ἀνὰ μέσον ῥύμηι (c. 250[a]). Petr. I 11, 19 (220[a]); 19, 37 (225[a]); 23, 18 (250[a]). Lond. I p. 49, 11. 20 (II[a]). Leid. L 7 (187 oder 117[a]); N 2, 11 (II[a]). Par. 5, 1, 10 (114[a]). Tebt. I passim. Davon ist das Adjektiv ἀνάμεσος gebildet Eud. 16, 20 (vor 165[a]) schon bei Herod. 2, 108. — διὰ παντός (διαπαντός) [LXX, Aristeas] ‚durchgängig' Kanop. Dekr. 10. 40 (237[a]). Rosettastein 32 (196[a]). P. Lond. I p. 30, 6 (172[a]). Leid. B 2, 2 (164[a]).

III--I[a] ×καθά [Xen. Arist.] Petr. I 15, 20 (237[a]). B U 992 II 6 (161[a]). Tebt. I 5, 97 (118[a]); 27, 9. 109 (113[a]); 104, 25 (92[a]); 105, 34. 43. 50 (103[a]); 109, 23 (93[a]) etc. καθάπερ [Aristeas] Rev. L 29, 9; 52, 27 (258[a]). Petr.[2] 36 (a) recto 15 (III[a]). Tebt. I 6, 40 (140[a]); 109, 29 (93[a]). Amh. II 46, 12 (113[a]) etc. — ×καθότι [LXX, Aristeas] Rev. L 28, 7; 45, 13; 55, 16; 74, 3; fragm. 4 (m) 2 (258[a]). Par. 27, 22 (160[a]). Lond. I p. 38, 16 (158[a]); p. 40, 79 (158[a] etc. — καθώς (LXX, Aristeas, Magn.) [vgl. Lobeck zu Phryn. 426. Moeris 196 καθότι Ἀττικῶς, καθώς Ἑλλ.] Rev. L. 21, 3 (258[a]). Tebt. I 50, 40 (112[a]); 189 (II[a f]). Vat. D (Mai V 603) 10 (162[a]). Lond. I p. 23, 31 (161[a]). Leid. H 7 (99[a]) und oft. Die Attizisten vermeiden das vulgäre Wort, Schmid Att. IV 625.

— παραχρῆμα Rev. L. 18, 2; 26, 10; 30, 15 (258ª). Petr.² 42 F (c) 14 (252ª). Par. 62, 3, 14 (IIªⁱ). Grenf. II an 12 Stellen; Tebt. I an 10 Stellen (II—Iª), s. Index.

IIª ˣκαθόλου [Aristeas] Eud. col. 8, 4; 15, 4 (vor 165ª). Par. 15, 65 (120ª). Tebt. I 6, 29 (140ª); 27, 77 (113ª) und oft. — κατ' ἀρχάς (καταρχάς) Par. 26, 14 (163ª). — ˣπαραυτά (παρ' αὐτά) [Aesch. Ag. 737? Dem. 23, 157. Aristeas 20. Lob. Phryn. 47] Tebt. I 13, 15 (114ª). Oxy. I p. 187 verso 2 (röm. Zeit). — πρὸ τοῦ (προτοῦ) Par. 26, 12 (163ª); 15, 37 (120ª). Tor. I 7, 34 (117ª).

Anmerkung. Bemerkenswert ist die Doppelpräposition ˣπάρεξ c. gen. (Akzent nach Herodian II 931, 32 L.) Leid. U 3, 20 (IIª). — Partikelverbindungen sind: ˣἦ μήν (Schwurformel) Rev. L 56, 8 (258ª). Petr.² 2 p. 161 (a) 6 (c. 260ª); dafür geschrieben εἶ μήν Tebt. I 22, 13 (112ª); 78, 15 (110—08ª). Vgl. oben S. 78. — ἤτοι [Aristeas 2] Tor. I 8, 37 (117ª) neben und gleich dem einfachen ἤ; ebd. 9, 6. Tebt. I 5, 59 (118ª). — ὡςεί [Xen., Aristeas 13] Petr. II 18 (2ª) 8 (246ª). Theb. Bk. II 3 (131ª); XI 2 (116ª). Tebt. I 15, 2. 25 (114ª); 58, 27 (111ª).

§ 90. Verbalkomposita.

Nur die Neubildungen werden möglichst vollständig aufgezählt; in kleinerem Druck stehen früher belegte, aber für den Sprachgebrauch der κοινή besonders charakteristische Zusammensetzungen. Neugebildete Parasyntheta sind unter den betreffenden Klassen der Ableitungen (§ 86) aufgeführt.

A. Komposita mit einer Präposition (διπλᾶ).

Mit ἀνά.

IIIª ἀναπωλέω [Poll. 7, 12] Petr.² 42 F (c) 13 (255ª).

IIª ἀναλείπω Amh. II 61, 6 (163ª).

ἀναντλέω Vat. A (Mai V 601) 14 (172ª).

ἀναπορεύομαι Tebt. I 5, 28 (118ª).

IIIª ˣἀναγγέλλω [Trag., Thuk., Xen., Dem., LXX. Anz 283 f.] Petr. II 11 (2) 5 (IIIª). Petr.² 42 H (8 f.) 7 (c. 250ª) und oft, ganz wie ἀπαγγέλλω gebraucht. ˣ-καθαίρω § 75 S. 360. ˣ-κάμπτω (zuerst Herod. 2, 8) S. 20. ˣ-cτέλλω. -χόω [Dem. 55, 28] Petr. II 13 (18ª) 5. 13 ἀναχωcθῆι (258—53ª).

III—IIª ἀναβάλλω. ˣ-γράφω [Aristeas]. ˣ-δίδωμι. -μετρέω. -μιμνήcκω. -οἰκοδομέω [LXX, Aristeas]. -ὁμολογέω. ˣ-πέμπω. ˣ-πλέω.

IIª ˣἀναδέχομαι. ˣ-ζεύγνυμι (Anz 318). ˣ-ζητέω. ˣἀναιρέω. ˣ-καλέω. ˣ-κομίζω [LXX, Aristeas]. ˣ-κτάομαι [Aristeas]. ˣ-κύπτω [LXX, Aristeas] Par. 47, 23 (153ª). -λέγω aufzählen Eud. 77 (vor 165ª). ˣ-λογίζομαι. ˣ-λύω trans. versöhnen Lond. I p. 34, 17 (161ª); intr. aufbrechen Par. 22, 29 (165ª). ˣ-νεύω. ˣ-πείθω. ˣ-πίπτω und -πίπτομαι = lege mich nieder S. 386; von Phryn. 216 Lob. im Sinn von ἀνακλιθῆναι verworfen; ebenso LXX; Anz subsidia 301 f. -πράccω P Reinach 7, 4 (141ª?) [ἀ]ναπεπραγμένων εἴc με. — ἀναριθμέω. ˣ-cείω Tebt. I 28, 20 (114ª). ˣ-cτρέφω [Aristeas]. ˣ-cώζω. ˣ-τρέπω. -φθείρω [bisher nur Ar. av. 916] Tebt. I 24, 32 (117ª) wird von Crönert (Wchschr. f. kl. Ph. 1903, 456) beanstandet. ˣ-φωνέω [Pseudo-Arist. de mundo c. 6. Plut.] Fay. 14, 2 ἀναπεφωνημένου (124ª). ἀνείργω. ἀνιερόω [Arist. oec. 2, 2] Tebt. I 5, 57 (118ª); 60, 10; 62, 7; 63, 19 (116ª); 84, 10 (118ª). ἀνωθέω Lond. I p. 34, 21 (161ª).

Iª ˣἀνάπτω anzünden (poet.) Tebt. I 1, 14 (Anthol. Fragm. nach 100ª) ἀνήφθη.

Mit ἀντί.

III^a ἀντιλοιδορέω Petr.^{2} 21 (g) 20 (226^a).

II^a ἀντιλειτουργέω Par. 63, 6, 183 (165^a).

II^a ἀντιπατάσσω Par. 40, 41 (156^a).

III^a ἀνθιστάνω S. 353. II^a ×ἀνθομολογέω Par. 42, 7 (156^a). Tebt. I 21, 6 (115^a). ἀντέχομαι. ἀντιγράφω [LXX, Aristeas]. ⊥κειμαι [LXX, Aristeas]. ×-λαμβάνομαι sich annehmen, pass. unterstützt werden, namentlich part. ἀντειλημμένος, z. B. Lond. II p. 5, 16 (133^a); p. 14, 30 (116—111^a) Fay. XII 35 (nach 103^a) und oft. -λογίζομαι [Xen. Hell. VI 5, 24] Par. 62, 6, 6 (II^{a1}). -μέμφομαι (ionisch) S. 20. ×-πίπτω [Arist., LXX. Anz 343]. ×-ποιοῦμαι. Über das parasynthet. ἀντοφθαλμέω(?) vgl. S. 462 Anmerkung.

Mit ἀπό.

III^a ἀφευρίσκω Tebt. I 8, 19 (201^a).

II^a ἀπευδοκέω Leid. P 3 (II^a).

ἀπευτακτέω regelmäßig bezahlen Tebt. I 40, 22 (117^a).

ἀπολέγω (= ἀπαγορεύω) Tebt. I 22, 14 ἀπολέγοντος (112^a).

III^a ×ἀπαίρω. ἀπογίνομαι sterben Petr. II 17 (1) 28 (III^a). -γυμνόω Magd. 24, 7. -δικάζω Petr.^{2} 21 (a) 3. 9 (226^a). ×-ρίπτω [Aristeas] Lond. I p. 61, 23 (261 oder 223^a). ×-χράομαι. ἀφημερεύω § 86, 3 S. 463.

III—II^a ×ἀποβιάζομαι. ×ἀπογράφομαι (von der Steuerobjektsdeklaration, Wilcken Ostr. I 456ff.) Bull. corr. hell. XVIII (1894) 145ff. (240—39^a). Lond. I p. 49, 3 (III^a — nicht I^a). Grenf. I 17, 7 (147 oder 136^a) etc. ×-λογίζομαι S. 83. -μετρέω Petr. II 29 (b) 1. 9 (242^a). Grenf. I 11 (2) 5 (157^a). Tebt. I 61 (b) 28. 355. 376 (118^a) etc. ×-σπάω. ×-τίνω.

II^a ×ἀπαιτέω. ×ἀπαλλάσσω. ×ἀπαντάω [LXX, Aristeas] nicht bloß von Personen, sondern auch von Sachen = es trifft, ereignet sich [im letzteren Sinn bei den Klassikern selten, z. B. Pl. Phaed. p. 101 A ἐναντίος λόγος ἀπαντήσῃ durch Personifikation zu erklären; häufiger erst bei Polyb., Plut., vgl. Schmid Attic. III 232. Wendland Rh. M. LXII 25. Anz subsidia 351] in den Papp. stehend im Ausdruck κατὰ λόγον ἀπαντᾶν, wie Lond. I p. 30, 3 (172^a). Par. 44, 2; 45, 2 (153^a). Tebt. I 50, 34 (112^a); 72, 361 (114^a) etc. ×-αρτίζω (ionisch) S. 20. ×-εργάζομαι. ×-ερείδω S. 339 Anm. 7. ×-έχω als Empfangsbescheinigung = habe erhalten [zuerst Aeschin. 2, 50. Aristeas, LXX. Anz subsidia 318f.] Par. 52, 3. 11. 12. 18 (163—2^a); 32, 20 (162^a). Tebt. I 109, 17 (93^a). So stehende Quittungsformel in den ptol. Ostraka, z. B. 757, 2 (106—5^a); 765, 3 (4^a). 1024. 1027. 1085, 4 (136^a). 1087. 1256, 2 (ebenso). 1314 (II^a). 1359 (131^a). 1530. 1536 (II^a). Vgl. Wilcken Ostr. I 85f. Thumb, Prinzipien der Koine-Forschung, Vortrag auf der Hamburger Philologenversammlung. N. Jhrb. f. d. klass. Altert. 1906, 255. Deißmann Bibelstud. 228. Erman, Arch. I 77ff. — ×ἀποβαίνω. ×-γινώσκω. ×-δέχομαι [Aristeas]. ×-θεόω [Aristeas]. ×⊥κειμαι. ×-κλείω. ×-κληρόω Grenf. I 37 verso (II^{af}). -κολυμβάω [Thuc. 4, 25] Par. 22, 11 (165^a). ×-λαμβάνω [Aristeas]. ×-λείπω [Aristeas]. ×-λύω quittieren. ×-νοέομαι Par. 36, 15 (163^a). -πηδάω. ×-πίπτω Par. 47, 27 (153^a). -συλάω (früher vorwiegend poetisch) Par. 22, 29 (165^a). ×-τάσσω [LXX, Aristeas, Magn.] Fay. XII 27 (103^a). ×-τρέχω [LXX, Aristeas]. -τυπανίζω [Dem. 9, 41 ἀποτυμπανίζω] Par. 11 verso 5 (157^a). -φάσκω (poet.) S. 33. ×-χωρέω.

Mit διά.

IIIª διαδηλόω Rev. L. 16, 17 (258ª).

διομβρέω Petr. II 6, 12 (255ª).

III—IIª ×διαφωνέω, der Bedeutung nach neu = sterben, zugrunde gehen [Agatharchides bei Phot. cod. 250 p. 457, 25; Dittenberg. Syll.² 255 (Amorgos) 25 (IIIªᶠ); LXX und Diod. 16, 3. Anz subsidia 352f.] Petr. II 13 (3) 4 (258—53ª) διαφωνῆcαί τι τῶν cωμάτων. Tebt. I 8, 25 (201ª) διαπεφωνηκέναι. BU II 530, 30 κινδυνεύει τὰ φυτὰ διαφωνῆcαι (Iᵖ). Wenn P. Reinach 17, 14 (109ª) διαπεφωνηπένα wirklich, wie der Herausgeber meint, „les objets qu'on m'a détruits" bedeutet, so müßte transitiver Gebrauch von διαφωνεῖν oder mediales διαφωνεῖcθαι vorausgesetzt werden. Oder heißt διαπεφωνημένα (im Vergleich mit D. Hal. 1, 45) ‚Streitsache'?

IIª διανδραγαθέω P. Louvre Arch. II 518, 3 (Ricci) = Rev. Mél. 295 (130ª).

διευcχημονέω durchaus den Anstand wahren Lond. I p. 38, 14. 27 (158ª).

×διοδεύω [Arist. de mir. ausc. 27, 832ª, 28 zweifelhaft; Anz 344] Amh. II 36, 13 (nach 135ª).

IIIª διαγγέλλω. ×διαδιδράcκω S. 119. ×διαμαρτύρομαι. ×διανοέομαι. ×διαπειλέω. ×διαπρεcβεύω [Xen. Hell. III 2, 24] Petr.² 53 (j) 2. 13 (IIIª). διαcχίζω Petr. II 6, 5 (255ª). διατιμάω. ×διίημι. ×διορθόω.

III—IIª ×διαγινώcκω. διαγορεύω [Aristeas]. ×διαγράφω bezahlen Petr. II 13 (7) 9 (258—53ª). Tebt. I 35, 6. 16 (112ª). P. Reinach 7, 10 (c. 140ª) und oft. ×διαιρέω. ×διάκειμαι. ×-κόπτω Petr. II 4 (6) 11 (IIIªᵐ). Par. 64, 9 (160ª). ×-λέγω akt. = auslesen, Fay. XI 26 διαλέξαντες (nach 115ª); med.-pass. = sich unterreden Petr. II 9 (3) 4 (241ª). ×-λύω trans. = versöhnen Grenf. I 32, 8 (102ª). Petr. II; pass. = zugrunde gehen Par. 27, 13; 22, 21 (163ª); in derselben Bedeutung auch das Aktiv Leid. E 14 (163ª). ×-πέμπω [LXX, Aristeas]. ×-cτέλλω = ἐπιcτέλλω brieflich mitteilen. Vgl. Anz Subsidia 326f. Aristeas oft. ×-τηρέω [LXX, Aristeas, Inscr. Magn.]. ×-τρίβω. ×διεγγυάω. ×διοικέω [Aristeas].

IIª ×διαβάλλω. ×-δέχομαι. -ζάω. ×διακούω. ×διακρίνω [Aristeas]. διακυβερνάω [Pl. pol. 301 D] Lond. I p. 30, 16 (172ª). ×διαλαμβάνω in der neuen Bedeutung = entscheiden [LXX, Aristeas] Par. 15, 32 (120ª). Lond. II p. 14, 30 (116—111ª) etc. διαλανθάνω. ×διαλείπω [LXX, Aristeas]. ×διαλλάccω. ×διαμένω. ×διαπίπτω [Aristeas]. διαρπάζω. ×διαcείω (mißhandeln, schröpfen). ×διαcκευάζω [Aristeas]. -cώζω [Aristeas]. ×-τάccω [Aristeas]. ×-τελέω. -τρέφω. ×-τρέχω. ×-φέρω [Aristeas]. ×-φεύγω. -φορέω Tebt. I 233 (IIªᶠ). ×-φυλάccω [Aristeas]. ×-χειρίζω. ×-ψεύδομαι. διεγείρω [Hippokr.] Leid U 3, 12 (IIª). ×διείργω. ×διέλκω in die Länge ziehen Par. 63, 11, 58 (163ª). ×διερευνάω. ×διευτυχέω. ×διίcτημι [Aristeas]. ×διομολογέω. ×διορίζω.

Mit εἰc.

IIIª εἰcμετρέω Petr. II 39 (g) 18 (246ª).

III—II[a] εἰσδίδωμι [Aristeas] eine Eingabe einreichen Rev. L. 83, 7 (258[a]). Petr. II 12 (3) 4 (241[a]). Lond. I p. 40, 69 (158[a]). Tor. II 29 (120[a]). Tebt. I 72, 462 (114[a]). Das Wort existierte bisher nur als schlechte Lesart Her. 4, 44. 48 statt ἐκδίδωμι vom Münden eines Flusses.

III[a] εἰσαναλίσκω [Antiphan. b. Athen. III 104 A] Petr. II 4 (1) 5 (255[a]). Sakkakini I 3 (III[a]). -γράφω Petr. II 46 (c) 13 (200[a]). ×-καλέομαι Petr. II 12 (3) 10 (241[a]).

II[a] εἰσαγγέλλω Par. 6, 5 (126[a]). -πηδάω [Xen., Dem.] Par. 40, 36 (156[a]). -πορεύομαι [Xen. Cyr. II 3, 21; LXX. Anz 332] Par. 35, 30 (163[a]). Rosettastein 6 (196[a]). ×-πράσσω Tebt. I 24, 97 (117[a]); 39, 36 (115[a]); 41, 22 (nach 119[a]) etc.

II—I[a] εἰσβιάζομαι Par. 15, 32 (120[a]). Tebt. I 46, 15 (113[a]); 105, 36 (103[a]). Leid. G 17; H 25 (99[a]).

Mit ἐκ (ἐγ, ἐξ).

III[a] ἐγβρέχω Petr.[2] 43 (2) recto col. 3, 25 (246[a]).

ἐγλοέω (Nebenform zu ἐκλούω, Pol. 3, 88, 1) Petr. II 25 (a) 12; (b) 13 (226[a]). ἵππον ἐνοχλούμενον, ἐγλοηθέντα καὶ φλεβοτομηθέντα = ein Pferd, dem die Wunden (wohl mit Öl) ausgewaschen sind. Vgl. S. 402.

ἐκκαρπεύω (= ἐκκαρπόω) Petr. II 44, 13. 18 (nach 246[a]).

ἐξεπείγω Petr.[2] 48, 3 (III[a]).

III—II[a] ἐκταμιεύομαι Magd. 26, 5. 9 (III[a]). P. Reinach 15, 16; 16, 19 (109[a]); 20, 19 (108[a]).

ἐξακολουθέω BU 1007, 15 (243[a]). Par. 63, 5, 130 (165[a]). Tebt. I 5, 132 (118[a]).

II[a] ἐγδεξιάζομαι Tebt. I 43, 11 (118[a]).

ἐκθεματίζω Tebt. I 27, 108 (113[a]).

ἐκσκάπτω Tebt. I 50, 23 (112[a]).

ἐξαλμυρόω Tebt. I 72, 11 (114[a]).

×ἐξοδεύω Tebt. I 55, 3 (II[af]).

ἐξομολογέω Tebt. I 183 (II[af]).

II—I[a] ἐξαλλοτριόω Theb. Bk. XI 10 (116[a]). Gen. 21, 7 (II[a]). Tebt. I 104, 23 (92[a]).

III[a] ἐκκύπτω [Ar.] Petr. II 1, 16 (260[a]). ἐξαναγκάζω Magd. 28, 9 (III[a]). ×ἐξορκίζω [Dem. 54, 26; Aeschin. fals. leg. 85. 87; LXX. Anz Subsidia 321 f.] Rev. L. 56, 12 (258[a]).

III—II[a] ×ἐγβιάζομαι. ×ἐγδύω. ×ἐγμετρέω. ×ἐκκομίζω. ×ἐκπηδάω. ×ἐξαριθμέω.

III—I[a] ×ἐγλαμβάνω (von der Übernahme einer Pacht oder Leistung) Petr. II 4 (12) 2; 13 (1) 5; 14 (1[b]) 2 (III[am]). Vgl. Wilcken Ostr. I 539 Note 1.

II[a] ×ἐγλογίζομαι. ×ἐγλύω. ἐγμισθόω. ἐκκαρπίζω [Theophr.] Tebt. I 105, 30 (103[a]). ἔκκειμαι [Aristeas]. ×-κλίνω = ausweichen, entfliehen [Anz Subsidia 319] Par. 15, 1, 22 ἐξέκλιναν = erschienen nicht vor Gericht (120[a]); ähnlich Tor. I 2, 17 (117[a]). -κρούω. ×-πληρόω. ×-ποιέω

Tebt. I 105, 49 (103[a]). ×-πονέω. ×-πορεύω Par. 37, 11 (163[a]). ×-πορθέω. ×-cπάω. -τινάccω (poet.) S. 33. ×-τίνω. ×-τοπίζω Par. 15, 24 (120[a]). Tebt. I 38, 18 (113[a]). ×ἐξαιρέω Par. 64, 28 (c. 164[a]). -αντλέω Tebt. I 123, 6 (II—I[a]). ×-αργυρίζω [Thuk. Dem.]. Par. 63, 5, 136 (165[a]). -αcθενέω [Hippokr.] S. 22. ×-ελέγχω. -ονομάζω Tebt. I 28, 17 (114[a]). ×-ορμάω.

Mit ἐν.

III[a] ἐγκηρύccω Petr.[2] 41 verso 2 (III[a]).

ἐγχρημα⟨τ⟩ίζω Petr. II 13 (18[a]) 16 (258[a]).

ἐμπτύω [N. T., Plut.] Magd. 24, 7 (III[a]).

ἐνcκοπέω (ἐνcκέψαcθαι) Lond. I p. 61, 28 (261 oder 223[a]).

II[a] ἐνειλέω (ἐνειληκότοc) Tebt. I 24, 62 (117[a]).

ἐνcεμνύνομαι Tor. I 9, 1 (117[a]).

ἐνcταθμεύω Par. 64, 27 (c. 160[a]).

III[a] ἐνοικίζω. ×ἐνοικοδομέω.
III—II[a] ×ἐγκλίνω. ×ἐμβλέπω. ×ἐνδέχεται (unpersönlich). ×ἐνέχω [Aristeas]. ×ἐνλείπω. ×ἐντέλλω.
II[a] ἐγκολάπτω [Her., Plut., Luk.] S. 21. Vgl. προcεγκολάπτειν unter Doppelpräpositionen; über κολάπτω (zuerst Arist.) Anz Subsidia 346. ×ἐμπλέκω Tebt. I 39, 17 (114[a]). ×ἐμποδίζω. ×ἐμποιέομαι Par. 15, 56/7 (120[a]) οὐδενὸc — ἐμποιηcαμένου im Sinn von ἀντιποιεῖcθαι. Ebenso LXX, vgl. Anz 377. ἐμπυρίζω s. Ableitungen auf -ίζω. ἐνάρχομαι Tebt. I 24, 34. 36 (117[a]). ×ἐνδίδωμι (ἐντολήν) Leid. G. 17; H 25; J 18 (c. 100[a]). ἐνοφείλω [Dem. 49, 45] Tebt. I 17, 6; 18, 5; 45, 10 (113[a]). ἐντάccω. ×ἐντρέπομαι (sich kümmern, sich schämen) poet. S. 33.

Mit ἐπί.

III[a] ἐπιλογεύω Rev. L. 4, 3; 6, 1; 8, 4 (258[a]). Petr.[2] 32 verso col. 3, 1 (c. 240[a]); 109 (c) col. 1, 6; col. 3, 1 (III[a]).

ἐπιμιcθόω [Ael. v. h. 3, 14 v. l. neben ἀπομιcθόω] Petr.[2] 42 F (c) 13 (255[a]); 43 (2) recto col. 4, 40 (246[a]).

III—II ×ἐπιπορεύομαι Petr. II 10 (1) 11 (III[am]); 47, 25 (192[a]). Tor. I 7, 12 (117[a]). Grenf. II 25, 20; 26, 18; 28, 10 (103[a]).

×ἐπιcταθμεύω Petr. II 12 (1) 6. 11. 13 (241[a]). Petr.[2] 20 verso col. 1, 4 (246[a]). BU 1006, 2 (III[a]). Tebt. I 5, 101. 176 (118[a]).

II[a] ἐπαγρυπνέω Tebt. I 27, 75 (113[a]).

ἐπευχαριcτέω Vat. A (Mai V 601) 9 (172[a]).

ἐπιγεωργέω Tebt. I 105, 50 (103[a]).

ἐπιχωρίζω (Analogie zu vorausgehendem καταχωρίcαντοc) Vat. F (Mai V 356) 12 (158[a]). Vgl. S. 84.

ἐφαμμίζω s. Ableitungen auf -ίζω S. 465.

×ἐφημερεύω Par. 36, 6 (163[a]).

III[a] ἐπαντλέω. ἐπιμίcγω (ionisch) S. 91. ἐπικωλύω Petr.[2] 42 F (c) 7; 43 (2) I 7; II 30; 42 C (7) 10 (III[a]). ἐπιχαίρω Petr.[2] 21 (g) 26 (226[a]). ἐπιχόω [Arist. Mirab. 91] Petr. II 37 rechte col. 13 (III[a]).

III—II[a] ×ἐπισημαίνω [LXX, Aristeas] Ditt. i. or. I 51, 12. 13 (240[a]). Tor. XIII 15 (137[a]) etc. ἐφάπτεσθαι S. 389. ἐφιορκέω S. 201. ×ἐφοδεύω Petr. II 38 (a) 25 (240[a]). Tebt. I 13, 3 (114[a]).

II[a] ἐπαινέω (ἐπηνεκέναι) Tebt. I 8, 18 (200[a]). ἐπαιτέω (poet.), ebenso ἐπακούω S. 33. ×ἐπιβάλλω intr. „betreffen, gehören, zufallen" passim. ×ἐπιδέχομαι annehmen [Herod., Aristeas] Par. 63, 3, 90 (165[a]). Tebt. I 64 (a) 55. 63. 70 (116—115[a]); 72, 12. 411 (114[a]). -θύω dazu opfern (poet.) S. 33. -λύομαι sich versöhnen (vgl. ἐπίλυσις) Grenf. II 30, 4 (102[a]). ×-πλέκω [Meleag. AP] Tebt. I 5, 140. 156. 211 (118[a]); 6, 39 (140—39[a]). -ρώννυμι Par. 63, 10, 42 ἐπερρωμένος (165[a]). -σείω (poet.) S. 33. -σκάζω (Pap. ἐπισχάζω) [Nic. Ther.] BU 997 II 5 (103[a]); 998 I 5 (100[a]). ×-σκοτέω (c. dat.) Eud. 405. 449 (vor 165[a]). ×-στρέφω intr. = sich begeben, zurückkehren [zuerst Soph., Ar., Hippokr., Plut., LXX. Anz Subsidia 289] Belege § 81 s. v. στρέφω.

Mit κατά.

III[a] καταβιάζω (καταβιάσας) S. 385. Med. bei Thuk., Hippokr., LXX. Anz 322.

II[a] ×κατακολουθέω [LXX, Aristeas, Inscr. Magn.] Par. 63, 2, 55 (165[a]). Lond. I p. 39, 51; 40, 85 (158[a]). Amh. II 31, 12 (112[a]). Grenf. II 23, 3. 10 (108[a]).

κατανομίζω Grenf. I 11 col. 2, 2. 23 (157[a]).

κατανωτίζομαι verachten Tor. VIII 80 (119[a]). Fay. XI 21 (nach 115[a]).

καταξύω Tebt. I 74, 52 (114[a]); 84, 16 (118[a]).

καταπειράω (καταπεπείραμαι?) Par. 49, 7 (c. 160[a]). Bisher war nur καταπειράζω, namentlich bei Polyb. an vielen Stellen, nachzuweisen; auch κατεπείρασε 2. Makk. 13, 18 wurde daher zu καταπειράζω gezogen. Vgl. Anz Subsidia 274.

×καταπορεύομαι Tebt. I 5, 7 (118[a]).

κατασκοπεύω [LXX. Anz Subsidia 379] Tebt. I 230 (II[a f]).

κατ-αστοχέω Tebt. I 58, 35 (111[a]).

κατ-ασχολέω P. Reinach 18, 18 κατασχολούμενον med. (108[a]); 19, 13 (108[a]).

×καταταχέω (parasyntheton), s. Ableitungen auf -έω.

×κατατολμάω Par. 26, 19 (163[a]). Glaser de rat. 35.

καταφυτεύω [Diod., Luk., Plut., LXX. Anz 366] Tebt. I 5, 94. 202 (118[a]).

I[a] ×καταντάω Tebt. I 59, 3 (99[a]).

III[a] ×καθορμίζω Petr. II 45 (2) 20 (III[a]). ×καθυστερέω (ionisch?) S. 22. καταβλάπτω. καταβόσκω [Callim., Theokr., LXX, Plut.] Magd. 38, 4 (III[a]). Vgl. Anz Subsidia 353. ×καταγίνομαι [Teles b. Stob. flor. v. 2 p. 84 LXX, Plut., Anz a. a. O. 354] Magd. 9, 4 (III[a]). ×-δικάζω Petr.[2] 21 (b) 3. 9; (c) 5 (226[a]). -κωλύω. ×-νέμω abweiden und verteilen s. § 81 s. v. ×-ποντίζω Petr. II 40 (a) 26 (260[a]). ×-σπένδω (poet.) S. 33. -τάσσω Rev. L. 44, 9 (258[a]). κατοικοδομέω (hineinbauen) Petr.[2] 46 (4) 6 (III[a]).

III—II^{a} ×καθαιρέω. ×καθήκω = προcήκω passen, sich gehören [so seit Dem. 19, 185. Xen., Arist., Perg., Magn., LXX, Aristeas. Anz 332f.] sehr häufig. Einige Belege S. 372. καταλιμπάνω s. S. 465. ×καταρρήγνυμι [Aristeas] S. 213. ×-φθείρω [LXX, Aristeas]. ×κατεγγυάω Petr. II 17 (1) 30 (III^{a}). Amh. II 35, 23 (132^{a}). Tebt. I 53, 28 (110^{a}).

III—I^{a} καταβιβρώcκω (poet.) S. 33. -χωρίζω [LXX, Aristeas, Perg., Magn.] registrieren.

II^{a} ×καταιτιάομαι. κατακλύζω Tebt. I 5, 94 (118^{a}); 49, 8 (113^{a}); 54, 19; 56, 6 (II^{af}). -κολυμβάω [Arist. h. a. 7, 2] Par. 23, 10 (165^{a}). ×-κρατέω [Aristeas] Par. 63, 5, 153 (165^{a}). -λογίζομαι Tebt. I 72, 447 (114^{a}). -μένω [Aristeas]. ×-μετρέω. ×-πονέω [Menand Stob. flor. 29, 19] Par. 63, 3, 88 (165^{a}). ×-αριθμέω. ×-αρτίζω [Her.] S. 20. -cτέλλω abordnen Tebt. I 41, 21 (119^{a}). -cφραγίζομαι Par. 35, 21 (163^{a}). ×-τρέχω (feindlich) Par. 23, 7 (165^{a}); 44, 6 (153^{a}); 50, 18 (160^{a}) etc. ×-φιλέω [Xen. Cyrop. VII 5, 32; Arist., LXX. Anz Subsidia 334] Grenf. I 1, 1, 3 (erot. Fragm. nach 173^{a}).

Mit μετά.

II^{a} μετακληρουχέω Tebt. I 61 (a) 107. 128 (118^{a}). 62, 252. 325. 326 (119^{a}); 63, 188 (116^{a}); 66, 23 (121^{a}).

μεταμιcθόω Tebt. I 61 (b) 35. 353 (118^{a}); 72, 345 (114^{a}); 105, 31 (103^{a}).

II—I^{a} ×μεθερμηνεύω [LXX, Aristeas, N. T.] Leid. P 1 (II^{a}). BU 1002 II 1 (55^{a}).

III^{a} ×μεταπορεύομαι Rev. L. 44, 10 (258^{a}). Petr. II 9 (2) 5 (241^{a}).

II^{a} ×μετάγω [Aristeas]. ×-καλέω Par. 63, 8, 9 (165^{a}). Tebt. I 23, 12 (119 oder 114^{a}) etc. ∸κειμαι [Pl., Arist.] Tebt. I 32, 11 (c. 145^{a}). ×-αλλάccω mit und ohne βίον = sterben Lond. I p. 38, 8 (158^{a}). Par. 22, 14 (165^{a}); 13, 16 μετηλλαχυίαc (157^{a}).

Mit παρά.

III^{a} παραλογεύω Petr. II 38 (b) 6 (242^{a}).

παραριθμέω Rev. L. 76, 3 (258^{a}).

παραφρυγανίζω Petr.^{2} 42 F (a) 8. 10; (b) 1 (252^{a}); 43 (2) recto col. 3, 19. 20. 22. 24 etc. (246^{a}).

παραχειρέω (παρεχίρηcαν) s. § 86, 2 S. 460.

III—II^{a} παραcφραγίζομαι Rev. L. 46, 11; 54, 18; 57, 23; 60, 2; 76, 1 (258^{a}). Par. 35, 16. 18; 37, 19 (163^{a})

×παρομολογέω Petr. II 9 (2) 8 (241^{a}). Par. 62, 2, 1; 3, 5 (II^{ai}).

II^{a} παραπωλέω Tebt. I 38, 4. 12. 14 (113^{a}).

III^{a} ×παραιτέω [Aristeas] Petr. II 38 (c) 48 (228^{a}). ×-πορεύομαι [zuerst Arist., LXX. Anz Subsidia 348] Petr. II 13 (5) 3 (258—53^{a}). -cτέλλω hinsenden [Hippokr. = aufhalten, verhindern] BU 1004 II 19 (228^{a}). In röm. Zeit Par. 68 col. A 39 παρεcτάληcαν (III^{p}). -υφαίνω [zuerst bei Xen.] Petr.^{2} 120, 7 (III^{a}). -χέω, t. t. vom Badbereiten, παραχύτηc Badediener [Her. Plat. com. bei Ath. XV 665 B] Magd. 33, 2 (III^{a}). ×-ωθέω (παρώcαc) Petr. II Einl. p. 31 (III^{a}).

III—IIª ×παραγράφω Petr. II 13 (17) 2 (258—53ª). Tebt. I 5, 17. 189 (118ª); 99, 46. 54. 56 (148ª). ×-ακολουθέω. ×-κομίζω [Aristeas]. ×-λογίζομαι täuschen Magd. 29, 5 (IIIª). Lond. I p. 32, 10 (163ª). -μετρέω einfach = zumessen [Pl. Theaet. 154 A medium] Petr. II 39 (g) 11 παραμετρῆσαι (IIIª). Tebt. I 11, 4 παραμετρῆσθαι [sic] (119ª); 36, 11 παραμετρήσωμεν (IIªf). ×-τάσσω.

IIª ×παραιρέω. ×παράκειμαι in ganz neuer, transitiver Bedeutung = vorbringen, beibringen: Tor. I 7, 22 τὸν δὲ ἀντίδικον μηδεμίαν ἀπόδειξιν παρακεῖσθαι (117ª); ebd. 6, 4 παρακεῖσθαι αὐτὸν τὴν συγχώρησιν; ähnlich 7, 1; 8, 8. 33. Par. 15, 35 εἴ τινα ἀπόδειξιν παράκειται (120ª). Vgl. Crönert Mem. herc. 264, 3. Über ὑπόκειμαι in ähnlicher Bedeutung s. unten. — ×παρακούω Par. 63, 5, 130 (165ª). ×παραλλάσσω Tebt. I 5, 86 (118ª). ×παρασπονδέω (parasyntheton) s. unter Ableitungen auf -έω. ×παρατηρέω [Aristeas] Par. 42, 9 (156ª). ×παραφυλάσσω Par. 61, 16 (156ª). ×παρέλκω Par. 33, 7 (162ª). Leid. B 2, 19 (c. 150ª). ×παροράω [Aristeas] übersehen Par. 63, 2, 48 (165ª). Tebt. I 27, 16 (113ª).

Mit περί.

IIIª περιειλέω (περιειλημένη) [Aristeas 70] Kanop. Dekr. 63 (237ª). [Xen. Anab. IV 5, 36 v. l. neben περιδεῖν.]

περιοδεύω ist eher als parasyntheton zu περίοδος denn als echtes Kompositum zu betrachten; s. § 86, 3 S. 463.

IIª περιβιβρώσκω (περιβρωθέντα) [Plut., Diod.] Par. 6, 21 (126ª). Vgl. S. 33.

IIIª περιγράφω Petr.² 25, 30 (IIIª) = ausstreichen, tilgen. περίκειμαι = an sich tragen (poet.) S. 34.

III—IIª ×περιαιρέω Petr. II 4 (2) 10 (255ª). Par. 12, 13 (157ª). ×περιβάλλω [Aristeas]. ×περιελαύνω (πρόβατα) Petr.² 32 (g) recto (b) 4 (c. 240ª). Tebt. I 53, 18 (110ª).

IIª ×περιλαμβάνω [Aristeas] Rosettastein 24 (196ª). Eud. 444 (vor 165ª). Amh. II 31, 8 (112ª) etc. ×-λείπω Par. 63, 6, 168 (165ª). -οικοδομέω. ×-ποιέω (akt.) Lond. I p. 36, 12 (158ª), (med.) Amh. II 34 (d) 2 (157ª). ×-σπάω = drangsalieren Par. 15, 36 (120ª); 39, 13 (161ª); 63, 1, 14; 7, 2 (165ª) etc. ×-τέμνω, beschneiden, Lond. I p. 32, 12. 16 (163ª). Über die ägyptischen Beschneidungsurkunden vgl. Wilcken Arch. II 4 ff. Gunkel, Über die Beschneidung im A. T. ebd. 13 ff. ×-φέρομαι (von der Umdrehung der Gestirne) Eud. col. 8. 9. 20.

Mit πρό.

IIIª προοινοποιέω Rev. L. 27, 8. 15 (258ª).

προτρυγάω Rev. L. 26, 11. 17 (258ª).

IIª προαγνοέω Tebt. I 23, 12 (119 oder 114ª).

προγεωμετρέω Tebt. I 84, 65 und öfters (118ª); 87, 25 ff. (IIªf); 151 (IIªf).

προενεχυράζω Tebt. I 61 (b) 274 (118ª).

προονομάζω Lond. I p. 38, 21 (158ª).

προπραγματεύομαι Par. 62, 4, 10 (IIªi).

προφιλανθρωπέω Tebt. I 124, 36 (nach 118ª).

III^a προανηλίσκω S. 345. ×-ωθέω Petr. II 18 (2^b) 13 (246^a).
III—II^a ×προγράφω. ×-δηλόω. ×-κηρύσσω. ×-λαμβάνω.
II^a ×προαιρέω (προείρηκεν) Tebt. I 112, 31 (112^a); das med. sehr häufig. ×πρόκειμαι [Aristeas]. ×-νοέω. ×-οράομαι. -οφείλω. ×-πίπτω (vorher anfallen) [Hom., Trag., Arist.] Tebt. I 66, 76. 78 (121^a). ×προστατέω (parasyntheton) s. Ableitungen auf -έω. -φθάνω Lond. I p. 34, 16 (161^a). ×-χειρίζω Leid. L. 1, 9; 2, 2 (II^a). Amh. II 39 = Arch. II 517, 9 (II^{af}). Tebt. I 24, 42 (117^a) etc. Anz Subsidia 324.

Mit πρός.

III^a προσνοέω (προσνοήσας) Magd. 35, 3 (III^a). Demnach sind d. vv. ll. bei Xen. symp. 2, 16 (neben προσενενόησα); Cyr. VI 3, 7; Dio Chr. I p. 301, 19 Dindorf; Luk. Alex. c. 36 etc. nicht so unbedingt zu verwerfen, wie dies im Thes. gr. v. H. Steph. s. v. geschieht.
προσνομίζω Kanop. Dekr. 43 (237^a).
III—II^a ×προσαγγέλλω [LXX, Aristeas] Rev. L. 56, 9 (258^a). BU 1011 II.16 (II^a). Par. 64, 22 (160^a). Tebt. I 5, 40 (118^a); 38, 13 (113^a); 43, 24 (118^a) usw. — im ganzen über 20 Stellen (s. Index).
II^a προσδιασαφέω [Strab., Plut.] Par. 42, 4 (156^a). Amh. II 31, 14 (112^a).
προσκληρόω Par. 63, 8, 18 (165^a).
προσκύρω (nicht -κυρέω) § 73, 4 S. 348.
προσσκυλάω Par. 35, 19 (163^a). S. § 81 s. v.
προσχορηγέω Tebt. I 27, 57 (113^a); 61 (b) 360 (118^a); 72, 356 (114^a).
προσχωρίζω (προσχωρισθέντος) Leid. D 15 (162^a); statt προσχωρηθέντος in der Dublette Par. 30, 17 ist wohl auch προσχωρισθέντος zu lesen.

III—II^a ×προσβαίνω. ×-δέομαι [LXX, Aristeas]. ×-λαμβάνω [Aristeas]. -λέγω (προσλεγέτωσαν) Petr.[2] 54 (a) 2 col. 1, 1 (III^a). -λογίζομαι Petr.[2] 76 recto col. 3, 1 (224^a). Tebt. I 61 (b) 190 (118^a); 72, 106 (114^a). -μετρέω [Hyperid. b. Poll. 4, 166] Rev. L. 39, 10 (258^a). Tebt. I 92, 9; 124, 41 (II^{af}). -οικοδομέω. -ορμίζω. ×-οφείλω. ×-πίπτω [LXX, Aristeas]. ×-φωνέω (vor Polyb. nur bei Dichtern; Aristeas 312) S. 34.
III—I^a προσκυνέω [Aristeas] Kanop. Dekr. 61 προσκυνῆται (237^a). Dittenb. inscr. or. I 184, 6 (74); 196, 2 (32^a) προσκεκύνηκα; II 758, 1 (185^a) π, οσκυνῶν.
II^a ×προσαγορεύω Leid. U 2, 14 (II^a). ×-δέχομαι [Aristeas]. ×-δίδωμι. ×-εδρεύω. ×-καλέω. ×-κειμαι Lond. I p. 13, 27 = mit Bitten anliegen (162^a). ×-κομίζω. ×-μαρτυρέω Tebt. I 99, 39 (148^a). Amh. II 30, 24. 29 (II^a) etc. -ομολογέω. ×-ορμέω Leid. U 2, 7 (II^a). ×-παίζω Par. 50, 21 (160^a). -πηδάω. ×-πορεύομαι [zuerst Arist., LXX. Anz Subsidia 348] Par. 50, 3 (160^a). Amh. II 33, 17. 29 (157^a). ×-φέρομαι [Aristeas] sich betragen Par. 63, 5, 128 (163^a). -χράομαι (προσχρηστέον) Tor. I 4, 15 (117^a). ×-χωρέω (προσχωρηθέντος)? s. oben unter προσχωρίζω. -ωνέομαι [Dem. 27, 32] Par. 15, 53 (120^a).

Mit σύν.

III^a ×συγχράομαι [Aristeas, Magn., N. T.] für sich entlehnen Grenf. Grenf. II 14 (b) 4 (227^a).

συγχρηματίζω in amtlichen Verkehr treten Petr.² 87 (a) recto 27; verso 14 (IIIª). Wilcken Ostr. I 463.

III—IIª συγκύρω (nicht -κυρέω) § 73, 4, S. 348.

IIª συγκωθωνίζομαι [Athen. I 19 C] zusammenbechern [simplex bei Polyb.], vgl. S. 27.

×συγχειρίζω [Pol. VI 2, 14] Par. 62, 4, 16 (IIªⁱ).

συμμεριτεύω BU 993 III 2 (127ª).

συμπωλέω Grenf. I 25 (2) 12 (114ª); 33, 16 (103/2ª).

συνδανείζω Grenf. II 18, 8 (126ª).

συνευδοκέω Grenf. II 26, 25 (103ª).

συνοψίζω (parasyntheton zu σύνοψις) s. Ableitungen auf -ίζω § 86, 5b S. 465.

×συντηρέω [LXX, Aristeas, Magn., N. T., Plut.] Eud. 185. 188. Leid. B 2 (c. 160ª).

Iª συσφραγίζω (συνεσφράγισται) Leid. H 6 (99ª).

IIIª συγγεωργέω [Is. 9, 18] Petr. II 38 (a) 16 (240ª). συμποιέω Magd. 1, 9 (IIIªᵐ). συναγοράζω [Arist. oec. 2, 9] Amh. II 29, 15 (nach 250ª). ×συναντάω (vorwiegend poetisch vor Polybius) S. 34. συνίσχω (συνεισχομένων) Grenf. II 14 (a) 13 (270 oder 233ª). συνσημαίνομαι mitunterzeichnen [Dem. 36, 15] Petr. I 24 (2) 2 (268ª). συντήκω Rev. L. 50 17 (258ª).

III—IIª ×συγγράφω. ×σύγκειμαι. συγκομίζω. ×συμμείγνυμι zusammentreffen S. 91. ×συμπίπτω. συμψάω = durchprügeln S. 414. συνακολουθέω. ×συναναγκάζω [Aristeas]. ×συνάπτομαι [Aristeas]. ×συνεργάζομαι. ×συνίστημι = vorstellen, empfehlen. ×συντάσσω auftragen, befehlen [Dinarch., Xen., Dem. 18, 77 Brief Philipps, LXX. Anz Subsidia 324 f.] Petr. II 4 (2) 8 καλῶς ἂν ποιήσαις συντάξας χρηματίσαι (255—4ª); ebenso (11) 3; 13 (2) 2 (258—53ª) und oft (s. Index); ferner Par. 26, 1, 26 συνέταξεν ἀποδοῦναι (163ª); 35, 34 (163ª); 30, 9 (162ª); 12, 19 (157ª); 8, 18 (129ª); 15, 1, 24; col. 2, 30 (120ª) etc. Tebt. I passim. ×συντελέομαι (= akt.) [zuerst so Polyb., Diod., LXX. Anz a. a. O. 361] Par. 14, 46 f. (περὶ) ὧν συντετελεσμένοι εἰσὶν εἰς ἐμέ (120ª). ×συντίθεσθαι. συντιμάω (= τιμάω einschätzen, σύν pleonastisch) Petr. II 27 (1) 2. 13 συντιμᾶσθαι sein Eigentum schätzen (236ª); ebenso 30 (e) 5 (235ª); (c) 4. Aktiv von der Schätzung der Steuerbehörde Rev. L. 42, 9 (258ª). Zur Sache Wilcken Ostr. I 505 f. ×συντρίβω Petr. II 4 (3) 5 (255ª). Par. 35, 23; 37, 28 (163ª)

IIª συγγινώσκω. ×συγκλείω. ×συγκρίνω. ×συγκρούω (intr. zusammenstoßen) Tebt. I 230 (IIªᶠ). συγχώννυμι (συγχόω) [Aeschyl., Her., Xen.] Tebt. I 50, 12, 21 συνέχωσε — συγκεχωσμένος (112ª). ×συλλογίζω (pass.) Tebt. I 82, 3 (115ª). συλλύω aussöhnen (vgl. ἐπιλύω), früher vorwiegend poetisch, S. 34. ×συμμετρέομαι Amh. II 60, 6. 9 (151 oder 140ª). ×συμμίσγω [LXX, Aristeas] (Ionismus) S. 91. ×συμπείθω (συνπεπεῖσθαι) Grenf. II 33, 8 (100ª). συμπλέω. ×συμπληρόω. συναίρω. συναλλάσσω. συνδειπνέω. ×συνεδρεύω Par. 63, 5, 140 (165ª). ×συνεῖπα Tebt. I 42, 8 (114ª). συνέλκω Par. 64, 31 (IIª). συνεράω Grenf. I 1, 1, 16 (erot. Fragm. nach 173ª). ×συνθεωρέω [Aristeas] Tebt. I 61 (b) 33 (118ª). συνιστορέω [Menand. bei Stob. Flor. 24, 3. Aristeas] Par. 15, 22 (120ª) Tor.

I 8, 12 (117ᵃ). Tebt. I 24, 51 (117ᵃ). ×συννοέω. ×συνοικέω. ×συνοράω [Aristeas] (= ὁράω, σύν also pleonastisch) Grenf. I 17, 24 (147 oder 136ᵃ). P. Reinach 18, 17 (108ᵃ); 19, 12 (108ᵃ). ×συντρέχω (συνδραμεῖν). ×συστρατεύω [Aristeas] Tebt. I 124, 31 (IIᵃᶠ).

Mit ὑπέρ.

IIIᵃ ὑπερισχύω Petr. II 18 (1) 12 διὰ τὸ [μη]? ισχυειν von Smyly verbessert in διὰ τὸ ὑ[πε]ρισχύειν Petr.² 32 (c) 12 (246ᵃ).

IIᵃ ὑπεραυγέω Eud. 455 (vor 165ᵃ).

ὑπερευχαριστέω Tebt. I 12, 24 (118ᵃ).

III—IIᵃ ×ὑπερβάλλω Par. 62, 3, 14 im Preis überbieten (IIᵃⁱ). ὑπερβάλλεσθαι Petr. II 13 (18ᵃ) 17 (258ᵃ). ὑπεροράω (im Sinn v. περιοράω) Petr. II 32 (1) 31 (c 240ᵃ). Lond. I p. 32, 24 (163ᵃ) ὑπεριδεῖν (aus περιδεῖν nachträglich verbessert).

IIᵃ ×ὑπερτείνω [Aristeas] Par. 63, 3, 72 (165ᵃ). ×ὑπερτίθημι (ὑπερτιθεμένου τοῦ χρόνου) Tebt. I 24, 14 (117ᵃ).

II—Iᵃ ×ὑπερπίπτω v. der Zeit (Ionismus) S. 23.

Mit ὑπό.

IIIᵃ ὑποστραβαινίζω (?), vielleicht = ὑποστραβίζω ein wenig schielen Petr. I 17 (1) 11 (235ᵃ).

IIᵃ ὑποσκευάζω Tebt. I 5, 74 (118ᵃ).

ὑποχειρογραφέω Theb. Bk. XI 1 (116ᵃ).

Iᵃ ὑπασχολέω Dittenb. i. or. I 179, 10 (95ᵃ) τῶν ὑπασχολουμένων ἐν τῆι οἰκονομίαι.

Über ὑπολογέω (parasyntheton) s. Ableitungen auf -έω.

IIIᵃ ὑπακούω [Aristeas]. ὕπειμι Petr.² 56 (d) 6 ὑπέστω. ὑποκηρύσσω Rev. L. 53, 18 (258ᵃ). ×ὑπολείπω (akt. u. med.). ×ὑπολογίζομαι Rev. L. 34, 7; 53,23 (258ᵃ). ὑπορύσσω S. 339 Anm. 7.

III—IIᵃ ×ὑπάρχω. ×ὑπογράφω. ×ὑποδείκνυμι. ×ὑποδέχομαι. ×ὑπόκειμαι [Aristeas], einmal in transit. Sinn (vgl. oben παράκειμαι) Tebt. I 140 ὧν τὸ καθ' ἓν ὑπόκειμαι = wovon ich das Detail anführe (72ᵃ). Sonst entweder von der Zeit = gegenwärtig sein, so Tebt. I 14. 14 (114ᵃ) τοῦ ὑποκειμένου μηνός; 15, 1; 16, 4; 26, 20 (IIᵃᶠ); oder ὑποκείμενος v. Sachen = vorliegend, z. B. Tebt. I 5, 53 (118ᵃ); 29, 13; 61 (b) 354 (118ᵃ). ×ὑπολαμβάνω. ×-μένω. ×-τίθημι.

IIᵃ ὑπερείδω Leid. B 2, 19 (c. 160ᵃ). ×ὑπέχω. ὑπομιμνήσκω [Aristeas]. -πίπτω [LXX, Aristeas] (unpersönlich) Par. 33, 25 καθ' ὃν τρόπον σοι ὑποπίπτει (162ᵃ). Lond. I p. 20, 32 (161ᵃ.) ×-στέλλω = verschweigen, unterdrücken Tebt. I 24, 51 τῶν ὑποστελλομένων (117ᵃ). ×τρέχω (ὑποδεδραμημένας) ebd. 67. ×-φαίνω Tebt. I 165 (105ᵃ). ×ὑφαιρέω. ὑφίημι. ×ὑφίστημι.

Ergebnis. Die Zusammensetzung der Verba mit einfachen Präpositionen zeigt sich noch ziemlich triebkräftig. Mit 17 Präpositionen sind im ganzen 111 neue, d. h. literarisch früher nicht belegte Komposita gebildet; und zwar mit κατά 14, mit ἐξ 13, mit σύν 12, mit ἐπί 10, mit πρός 9, mit πρό 8, mit ἐν und παρά je 7, mit διά 6, mit ἀνά, ἀπό, ὑπό je 4, mit ἀντί, μετά, ὑπέρ je 3, mit εἰς, περί je 2.

Von diesen 111 Neubildungen gehören ins III.	Jahrh.	v.	Chr.	30,
ins III.—II.	„	„	„	10.
ins II.	„	„	„	66,
ins II.—I.	„	„	„	2,
ins I.	„	„	„	3.

In auffallender Weise treten gegen früher zurück εἰς und μετά: während beide im freien präpositionalen Gebrauch wesentlich die Oberhand behalten, wird in der Verbal- (und Nominal-) Komposition εἰς (infolge der Vertauschung von στάσις und κίνησις) vielfach durch ἐν, μετά entschieden durch σύν verdrängt, das in manchen Fällen ohne fühlbare Nüancierung des Begriffs (z. B. συντιμάω, συνοράω) angesetzt wird. Vgl. Schmid Att. IV 711 f., der dieselbe Beobachtung bei den Attizisten der Kaiserzeit macht und diesen Prozeß erst im neugriechischen Sprachgebrauch abgeschlossen sieht. Im übrigen ist auch der Gebrauch früher geläufiger Verbalkomposita im Verhältnis zur klassischen Sprache und zur gleichzeitigen Schriftsprache (namentlich Polybius) in keiner Weise eingeschränkt, höchstens durch gewisse Bedeutungsverschiebungen alteriert, wie die hinter jedem Typus in kleinem Druck beigefügten Bildungen erkennen lassen.

B. Komposita mit zwei Präpositionen (τριπλᾶ).

Vgl. Fr. Schubert, Zur mehrfachen präfixalen Zusammensetzung im Griechischen. Xenia Austriaca 1893, S. 191 ff. Schmid Attic. IV 708 ff.

Vorbemerkung. Die Wörter ἀναγκάζω, ἀναίνομαι, ἀναλίσκω, ἀπατάω, ἀπειλέω, ἐνεχυράζω, ἐπείγω werden als simplicia behandelt und demgemäß Zusammensetzungen wie ἐξ-, ἐπ-, συναναγκάζω, ἀπαναίνομαι, εἰς-, προσαναλίσκω, ἐξαπατάω, ὑπαπειλέω, ἐπενεχυράζω, ἐξεπείγω u. ä. unter den τριπλᾶ nicht geführt. Ebenso wenig werden Parasyntheta wie παρασυγγραφέω, παρεπιδημέω, προσδιασαφέω in diese Zusammenstellung aufgenommen. Anders Schubert a. a. O. 196.

1. ἀναπο[1]) — II^{a} ἄγω Tebt. I 26, 4 (II^{a} ¹).
2. ἀνεπι — II^{a} ῥώννυμι (ἀνεπερρωμένος) Tor. III 65 (119^{a}).
3. ἀνθυπο — III^{a} λογέομαι Petr. II 39 (g) 6 (unb.) = Petr.^{2} 53 (f) 7 ἀνθυπολογησαμένους. Vgl. Wilcken, Add. et Corr. XVII.

---

1) Die gesperrt gedruckten präfixalen Kombinationen sind von Schubert unter den klassischen Beispielen nicht aufgeführt; bei den Verbalstämmen bedeutet der gesperrte große Druck, daß das betreffende Kompositum neugebildet, d. h. in der früheren Literatur nicht belegt ist.

4. ἀντανα — III[a] γινώσκω Petr. II 17 (1) 16 (unb.).

III—II[a] ἀνταναιρέω Petr.[2] 76 recto col. 3, 1 (224[a]). Tebt. I an über 20 Stellen (s. Index).

5. ἀνταπο — II[a] δίδωμι Par. 34, 22 (157[a]).

6. ἀντεξ — II[a] ×ἄγω Tebt. I 105, 36 (103[a]).

7. ἀντιδια — III[a] γράφω Petr. II 30 (a) 12 (235[a]).

8. ἀντικατα — II[a] μετρέω Tebt. I 61 (b) 111 (118[a]).

II[a] ×ἀλλάσσω Par. 63, 6, 191 (165[a]).

9. ἀποδια — III[a] αἱρέω Petr.[2] 53 (a) 10 (III[a]) ἀποδιελώμεθα.

II[a] γράφω Theb. Bank XII 7 (c. 116[a]).

στέλλω [LXX] Tor. VIII 22, 48 (119[a]).

10. ἀποκατα — III—II[a] ×ἵστημι [Aristeas, LXX. Anz subsidia 330] Petr. II 37 (1[a]) verso 3 ἀποκαταστήσωσιν (III[a]). Rev. L. 17, 15 ἀποκαθιστάτω (258[a]). Rosettastein 18 (196[a]). Tebt. I 61 (b) 221 (ἀποκαταστατέα); 233 ἀποκαταστῆσαι; 315, 321 (118[a]); 72, 151, 170. 327 (114[a]) etc.

II[a] ἵζω Par. 51, 22 ἀποκεκαθίσται (160[a]). Vgl. S. 179.

11. διακατα — II[a] ×ἔχω Tor. I 9, 18 (117[a]). Tebt. I 88, 16 (115[a]).

12. διανα — II[a] βάλλω Tebt. I 50, 27 (112[a]).

III[a] ×ἵστημι [Aristeas, LXX] Petr. II 18 (2b) 16 (246[a]).

13. διαπο — II[a] ×στέλλω Lond. I p. 19, 18 (161[a]).

14. διεξ — II[a] ×ἄγω [LXX, Aristeas. Glaser de rat. 34: „non multo ante Polybii aetatem fictum] Grenf. I 11 (2) 13 (c. 140[a]). 15, 8 (157[a]). Tor. I 2, 30 (117[a]). Tebt. I 5, 219 (118[a]); 7, 5 (114[a]) etc. (12 Stellen in Tebt. I).

II[a] ἔρχομαι Eud. col. 5. 15. 16 (vor 165[a]).

15. ἐγδια — II[a] οἰκέω Tebt. I 27, 57 (113[a]); 61 (b) 27. 224 (118[a]); 72, 156. 461 (114[a]) etc.

16. ἐγκατα — II[a] ἔχω Par. 35, 8 (163[a]). Tebt. I 17, 8 (114[a]).

τίθημι Grenf. I 26, 5 (113[a]).

III—II[a] ×λείπω Rev. L. 53, 12 (258[a]). Petr. II 4 (9) 12 (255[a]). Tebt. I 26, 16 (114[a]); 61 (b) 357 (118[a]); 72, 352 (114[a]).

17. εἰσανα — II[a] ἄγω Par. 33, 16 (162[a]).

18. εἰσαπο — III[a] στέλλω Petr.[2] 42 H (7) 9 (c. 250[a]).

19. ἐξαπο — III—II[a] ×στέλλω [Dem. 18, 77 in einem interpolierten Brief des Philipp. Aristeas, Perg., Magn., Diod., LXX. Anz subsidia 356] Petr.[2] 44 (2) recto col. 1, 3 (c. 246[a]) = Petr. II 37 (1[a]) 3 (nicht ἐξεπιστεῖλαι!). Rosettastein 20 (196[a]).

Par. 36, 20 (163a); 38, 20 (160a). Tor. I 2, 34, 35; 3, 13 (117a). Grenf. I 38, 18 (IIa f). Tebt. I 22, 18 (112a). Vgl. Glaser de rat. 33.

20. ἐπανα — III—IIa πιπράςκω Petr.[2] 43 (2) recto col. 3, 4 (246a). Par. 62 col. 3, 12; col. 6, 9 (IIa i). Theb. Bk. I 1, 24 (131a).

πωλέω Petr.[2] 43 (2) recto col. 3, 3; verso col. 3, 10 (246a). Par. 62, 6, 22 (IIa i).

IIIa ×γινώςκω [Lysias, Aristeas.] Petr. II 2 (2) 3 (260a).
πέμπω [bisher nur Hippokr. 648, 7] S. 22.

IIa ἄγω [Aristeas] Par. 12, 20 (157a); 63, 1, 6 = danken (165a).
×αἱρέω [Her., Plat.] Par. 22, 8 (165a). Tebt. I 43, 19 (118a).
×ἥκω [Dem., Aristeas, LXX] Amh. II 50, 5 (106a).
τέλλω [Her., Arist.] Eud. col. 15 (vor 165a).

21. ἐπαπο — IIa ἵημι [Xen., Arist.] Tebt. I 27, 71 (113a).

22. ἐπειc — IIa ἄγω Pap. Gen.-Oxford-Münch. ed. Wilcken Arch. III 387, 4; Tebt. I 104, 19.
ἔρχομαι Par. 41, 19 (158a).

23. ἐπεκ — IIa χέω Tebt. I 39, 24 (114a).
IIa ×ἔρχομαι Fay. XII 26 (nach 103a).

24. ἐπιδια — IIIa γράφω Rev. L. 34, 14 (258a).
IIIa ×αἱρέω (Ionismus) S. 22.

25. ἐπικατα — IIa ἔχω [Dionys. Hal; Dio Chr., Luk.] Par. 35, 8 (163a). Tebt. I 17, 8 (114a).

26. ἐπιπαρα — IIIa ἀριθμέω Rev. L. 76, 2 (258a).
×γίνομαι Petr. II 32 (2b) 6. BU 1007, 8 (243a). Petr.[2] 30, 7 (240a); 65 (b) 15 (IIIa). Magd. 35, 6 (IIIa m).

27. ἐπιcυν — IIIa τελέω Magd. 2, 4 (IIIa m).
IIa ×ἄγω (zuerst bei Polyb., LXX, Aristeas. Anz subsidia 357 f.) Rosettastein 23 (196a). P. Kairo Arch. I 59, 5 (123a).

28. καταδια — IIa ×αἱρέω [LXX] Eud. 361. 391 (vor 165a).

29. καταπο — IIa cτέλλω Par. 63, 5, 137 (165a).

30. καταπρο — III—IIa ×ἵημι Rev. L. 27, 11 (258a). Tebt. I 5, 190 (118a); 27, 61 (113a).

31. κατεξ — IIa ἔρχομαι Lond. II p. 6 col. 2, 2 (133a).

32. μεταδια — IIa οἰκέω Rev. Mél. 303, 12 (IIa). Tebt. I 61 (a) 9. 30 (118a).

33. μετεπι — II[a] γράφω (einen Besitz umschreiben) Tebt. I 61 (a) 4. 41 (118[a]); 64 (a) 109 (116[a]); 73, 8. 15. 21 (113[a]); 124, 37 (118[a]).

34. παρακατα — II[a] φθείρω Par. 33, 19 (162[a]) [Witkowski].
III[a] ἵστημι (Isokr.) Rev. L. 54, 15 (258[a]).
II[a] ×ἔχω (Thuk.) Lond. I p. 34, 19 (161[a]).
×-ήμαι (Plat., Ar.) Par. 51, 33 (160[a]).

35. παρανα — II[a] ×γινώσκω [LXX, Aristeas, Magn.] Tor. I 3, 20 (117[a]).

36. παραπο — III[a] ὄλλυμι Petr.[2] 36 (a) verso 4 (III[a]).
II[a] ἵημι [Arist. eth. 8, 1] B U 1011 III 10 (II[a]).

37. παρεις — II[a] ×ἄγω [Isokr. 8, 82; Aristeas 20]. Tor. I 8, 4 (117[a]).
φέρω [Dem.] Tebt. I 38, 12. 14 (113[a]).

38. παρεν — III[a] πηδάω Petr.[2] 36 (d) 15 statt παρειςπηδάω, wie noch Petr. II 32 (1) 15 (238[a]) gelesen wird.
II[a] πλέκω Tor. I 8, 28 (117[a]).
II[a] ×βάλλω [Ar., Pl., Dem., Aeschin., LXX. Anz subsidia 311 f.] Eud. 80 (vor 165[a]).
×ὀχλέω [Dem., Arist.] Par. 33 col. 2 (162[a]); 63, 7, 15 (165[a]). Lond. I p. 20, 34 (161[a]). Tebt. I 32, 3 (145[a]); 34, 9 (100[a]) 43, 23. 38. 45 (118[a]) etc.

39. παρεπι — II[a] γράφω [Strabo] Par. 33, 9 (162[a]). Theb. Bank I 2, 8 (139[a]); XII 6 (116[a]). Lond. I p. 16, 7; 19, 2 (161[a]). Tebt. I 30, 25 (115[a]); 58, 46 (111[a]) etc. Das Wort ist besonders gebraucht von Randbemerkungen und Unterschriften der Beamten.
II[a] ἔχω Tebt. I 29, 16 (110[a]).
cτέλλω Tebt. I, 27, 9 (113[a]).
II—I[a] ×ἑδρεύω Par. 63, 1, 20 (165[a]); col. 7, 3. Amh. II 36, 8 (nach 135[a]). Dittenb. i. or. I 182, 2 (I[a i]).

40. περικατα — II[a] ἵζω [LXX., Diod.] (περιεκάθιcαν) P. Kairo Arch. I 62, 10 (123[a]).

41. περιcυν — II[a] χωρέω Tor. I 1, 24 (117[a]).

42. προανα — II[a] -κειμαι [Ioseph.] Dittenb. i. or. I 129 (146—116[a]).
λέγω Tor. I 5, 25; 9, 1 προαναλελεγμένης (117[a]).
τέλλω Eud. col. 17 (vor 165[a]).

43. προδια — II[a] cτέλλω. [Ioseph., Philo] Par. 63, 7, 18 (165[a]) καθότι προδιεcτάλμεθα = wie wir früher mitgeteilt haben. P. Reinach 7, 11 (c. 140[a]) ist προδιεcταμένου mit Unrecht vom Herausgeber in προδιεcτα⟨λ⟩μένου geändert. Vgl. διαcταθέντοc 18, 3.

44. προεκ — II[a] ×δίδωμι [D. H.] Par. 63, 7, 10 (165[a]). Tebt. I 27, 59 (113[a]).

-́κειμαι Tor. I 7, 18 (117ª). Tebt. I 5, 224 (118ª) etc.

ˣτίθημι [D. H., Diod., Plut., Luk.] Rev. Mél. 321 (IIª).

45. προεπι — IIª γράφω Tebt. I 60, 82 (118ª); 73, 11 (113ª).
σκήπτομαι Tor. I 6, 7 (117ª).
Iª ἵημι Tebt. I 120, 96 (97 oder 64ª).

46. προκατα — IIª ˣ-́ημαι (Plat., Arist., al.) Par. 63, 6, 165 (165ª).

47. προπαρα — IIª ἵστημι (προπαρηστηκόσι Smyly statt προκεχρηστηκόσι Letronne) Par. 63, 6, 183 = Petr.[2] Einl. p. 34 (165ª).

48. προσανα — III—IIª ˣφέρω [LXX, Aristeas] Petr.[2] 69 (a) 10 (IIIª). Par. 63, 3, 82 (165ª); 65, 21 (146—125ª). 34, 23 (157ª). Grenf. I 11 (2) 8 (157ª). Lond. I p. 40, 75 (158ª). Tebt. I (10 Stellen).
IIª ἄγω [D. H., Plut.] Par. 33, 12 (162ª).
III—IIª ˣλαμβάνω [Dem. 34, 10] Petr.[2] 91, 2 (IIIª). Tebt. I 25, 12 (117ª).
IIª τίθημι [Xen. mem. II 1, 8] Tebt. I 99, 5 (148ª).

49. προσαπο — IIIª ὠθέω (προσαπώσατο) P. Magd. Mél. Nicole p. 283, 7 (221ª).
IIª λογίζομαι Tor. I 6, 1 (117ª).
IIIª ˣὄλλυμι Petr.[2] 28 (e) verso 18 (260ª).
III—IIª τίνω [Pl. legg. XII 845 A; Hyperid. III 17] Rev. L. 50, 11; 52, 1. 25; 54, 11 (258ª). Petr. II 8 (3) 10 (267ª). Par. 30, 22 (162ª). Grenf. II 25, 21; 26, 19 (103ª) etc.
IIª δίδωμι (Dem. 41, 27) Leid. D 19 (162ª). Tebt. I 105, 49 (103ª).

50. προσδια — III—IIª γράφω (zum Begriff vgl. Wilcken Ostr. I 287) Petr. I 16 (2) 12 (230ª). Par. 62, 5, 5 (IIªⁱ). Fay. XIV 4 (124ª). Amh. II 31, 22 (112ª). Später Oxyr. III 513, 13. 14. 36. 40; 457 (röm.).
IIª ἐγγυάω Par. 62, 3, 5; 6, 8 (IIªⁱ).
ὀρθόω [Aeschin. 2, 87 προσδιορθοῦμαι v. l. neben προδ.] Rosettastein 34 (196ª) προσδιωρθώσατο.

51. προσεισ — IIIª πράσσω Rev. L. 52, 10; 93, 7 (258ª).
IIª δέχομαι Goodsp. 7, 8. 13 (119—118ª).

52. προσεκ — IIª τίθημι Par. 15, 40 (120ª).
II ˣεὑρίσκω [Hippokr., Ar., Isokr., Plut., Luk.] Tebt. I 61 (b) 196 (118ª); 72, 378 (114ª).

53. προcεν — III^{a} κολάπτω (vgl. oben ἐγκολάπτω) Kanop. Dekr. 23 (237^{a}).
II^{a} ἅπτω Par. 15, 68 (120^{a}) τοῦ ʽΕρμίου οὐθεν[ὶ τεκμ]ηρίῳ προc[εν]απτομένου.
τάccω Lond. I p. 11, 35 (162^{a}).
φυcιόω (προcεμπεφυcιωκότων) Par. 63, 2, 69 (165^{a}).

II^{a} ×τέλλομαι [Xen. Cyr. IV 5, 12. 34] Tebt. I 58, 52 (111^{a}).

54. προcεπι — II^{a} δέχομαι Theb. Bank XII 12 (c. 116^{a}).
×νοέω [Polyb. 20, 6, 4] Tebt. I 27, 80 (113^{a}).

II^{a} κτάομαι [Herod., Arist., Ioseph.]. Grenf. I 21, 3 (126^{a}).
×cπάω [Hippokr. p. 406, 33; Diod.]. Tor. I 8 30 (117^{a}).
×cτέλλω [Thuk., Xen.] Tebt. I, 27, 95 (113^{a}).

55. προcκατα — III^{a} ×ἵcτημι (N. T., Plut.) Petr. II 4 (2) 5 (255^{a}).
III^{a} τάccω Kanop. Dekr. 27 (237^{a}).
III—II^{a} χωρίζω Rev. L. 16, 9 (258^{a}). Lond. I p. 11, 30 (162^{a}). Theb. Bank II 8 (131^{a}).
II^{a} βαίνω Vat. E (Mai V 352) 10 (162^{a}).
χρηματίζω Lond. I p. 11, 33 (162^{a}).

II^{a} ×-́ημαι (Herod., Thuk., Plat.) Grenf. I 1, 1, 19 [erot. Fragm. nach 173^{a}).

56. προcπαρα — III^{a} γράφω (Plat., Dem.) Petr.^{2} 109 col. 4, 11 (III^{a}).
II^{a} ×καλέω (Thuk., LXX, Luk.) Par. 64, 11 (c. 160^{a}).

57. προcπερι — II^{a} ἔρχομαι Pathyr. Pap. (Ricci) Arch. 519, 20 (c. 130^{a}).

58. προcυπο — III^{a} μένω [Philo] Petr. II 9 (2) 7 (241^{a}).
II^{a} ×δείκνυμι [Aristeas] Tor. I 6, 19 (117^{a}).
τάccω [Sext. Emp.] Tebt. I 38, 26; 45, 29; 46, 25; 47, 27 (alle 113^{a}); 50, 36 (112^{a}).

III^{a} ἄρχω(?) [Dem. 21, 106] Petr. II 35 (2^{a}) col. 3, 11 (225^{a}).

59. προυπο — II^{a} -́κειμαι [Philo, Plut.] Tebt. I 61 (b) 354. 358 (118^{a}); 72, 346. 353 (114^{a}).

III—II^{a} ×ἄρχω (Pl., Dem., Arist., al.) Rev. L. 26, 1; 49, 10 (258^{a}). Petr. II 12 (1) 16 (241^{a}); 14 (1 b) 2; 25 (e) 2. 5 (226^{a}); 45 (1) 10 (246^{a}). Lond. I p. 7, 10 (164^{a}). Tebt. I 9, 3 (119^{a}); 50, 40 (112—11^{a}); 73, 28 (113—11^{a}) etc.

60. cυγκατα — II^{a} γράφω Par. 62, 6, 12 (II^{ai}).
δύνω (Theokr., Luk.) Eud. 410. 431 (vor 165$_{a}$).

II^{a} ×ἵcτημι (Trag., Thuk., Plat., Xen., al.) Amh. II 33, 16, 24 (157^{a}). Par. 15, 34 (120^{a}). Tebt. I 25, 5. 10 (117^{a}).
λύω (Thuk., Lys.) Par. 34, 12 (157^{a}).

61. ϲυμπαρα — III—II^{a} ×-ειμι (Xen., Dem., LXX., Aristeas, Magn., Luk., al.) Rev. L. 46, 14 (258^{a}). Petr. II 36 (1) 5 (III^{a}). Par. 11, 3 (157^{a}); 15, 2 (120^{a}). Lond. I p. 16, 3 oben (162^{a}); II p. 6, 17 oben (133^{a}). Fay. XII 14 (nach 103^{a}) etc.
II^{a} ἵϲτημι (Pind., Soph., Ioseph.) s. S. 34.

62. ϲυμπερι — II^{a} ×λαμβάνω (Pl., Dem.) Tebt. I 62, 48 (119—8^{a}); 84, 9. 17 ff. (118^{a}); 151; 222 (II^{a} f).
×φέρω Par. 8, 14 (129^{a}).

63. ϲυμπρο — II^{a} ἵημι Amh. II 61, 13 (163^{a}).

64. ϲυμπροϲ — III^{a} -ειμι (simul adsum) Rev. L. 27, 18 ϲυνπροϲέϲτω (258^{a}). Auch LXX.

65. ϲυνανα — II^{a} τέλλω [Astronom.] Eud. col. 18 (vor 165^{a}).
II^{a} βαίνω Tebt. I 21, 11 (115^{a}).
×φέρω [Arist. meteor I 3 fin., LXX, Aristeas.] Tor. I 3, 28 (117^{a}).

66. ϲυναπο — II^{a} δίδωμι (Sext. Emp.) Leid. N 2, 8 (103^{a}).
ἔχω Fay. XIV, 7 ϲυναπέχω = bestätige mit den Empfang (vgl. ἀπέχω S. 487) 124^{a}.
III^{a} ϲτέλλω (Thuk.) Rev. L. 27, 13; 30, 12; 42, 20 (258^{a}). Petr. II 13 (2) 11 (258—53^{a}). Tebt. I 8, 12 (201^{a}).
II^{a} διδράϲκω (Ar. ran. 81) Par. 10, 17 (145^{a}).

67. ϲυνδια — III^{a} λύω (Dem., Isokr.) Magd. 3 subscr. (III^{a}).
II^{a} ×τρίβω Lond. I p. 32, 6 (163^{a}).

68. ϲυνειϲ — II^{a} δίδωμι (s. εἰϲδίδωμι S. 489) Tor. I 2, 11 (117^{a}).
II^{a} φέρω (zuerst Xen. Hell. II 1, 5) Grenf. I 13, 3 (152 oder 141^{a}).

69. ϲυνεκ — II^{a} λαμβάνω Zois I col. 1, 17 (150^{a}); II col. 1, 15 (148^{a}) von gemeinsamer Pachtübernahme (vgl ἔγληψιϲ). Wilcken Ostr. I 546 Note 1; 551.
πηδάω (Philostr.) Tebt. I 15, 4 (114^{a}).
II^{a} ×ὁρμάω (Xen.) Tebt. I 18, 8 (114^{a}). Rev. Mél. 291, 8 = Ricci Arch. II 516 (cf. Petr.^{2} Einl. p. 10).
πλέω (Dem., Lys.) Herodesepigramm Arch. I 221, 11 (145 bis 116^{a}).

70. ϲυνεν — II^{a} καλέω Par. 15, 38. 56 (120^{a}).
I^{a} ×βαίνω Rev. Mél. 291, 9 = Ricci Arch. II; 516 = Petr.^{2} Einl. p. 10.

71. ϲυνεπι — III^{a} ×δίδωμι (zuerst Polyb.) Dittenb. i. or. I 51, 10 (239^{a}).
ϲφραγίζω Rev. L. 42, 19; 84, 2 (258^{a}).
II^{a} κελεύω Grenf. II 26, 24 (103^{a}). BU 998 I 5 (100^{a}).
III^{a} ἄγω (zuerst Thuk.) Petr. II 16, 5 (III^{am}).
λαμβάνω Petr.^{2} 27 verso col. 2, 2 (III^{a}).

72. cυνυπο — II[a] γράφω [Philo] Rev. Mél. 327, 8 (II[a]). Grenf. II 23, 4. 12 (108[a]). Theb. Bank I 18 (131[a]). Amh. II 31, 13 (112[a]).
δίδωμι Grenf. I 14, 21 (150 oder 139[a]). Nach Wilcken (vgl. W. Otto, Priester und Tempel I 320) ist statt cυνεπιεδω vielmehr cυνυπέδ(ωκεν) zu lesen.

73. ὑπεξ — II[a] αἱρέω [Trag., Thuk., Plat., al.] Eud. col. 3 (vor 165[a]).

C. Mit drei Präpositionen (*τετραπλᾶ*)

zusammengesetzt[1]) ist nur II[a] προανταναιρέω Tebt. I 61 (b) 219 (118[a]); 72, 147 (114[a]). Die Kombination προ-αντ-ανα ist neu und findet sich nicht unter den 18 von Schubert a. a. O. p. 195 aufgezählten τετραπλᾶ.

Zusammenfassung. Was die Verbalkomposita mit zwei Präpositionen betrifft, so weisen die ptolem. Papyri und Inschriften 73 verschiedene präfixale Kombinationen auf gegenüber 131, die Schubert in verbaler Verbindung bei klassischen Schriftstellern (von Homer bis Platon) gefunden hat.[2])

Neue präfixale Kombinationen, die früher nicht vorkommen, sind: ἀναπο (1), ἀποδια (3), διακατα (1), ἐπιcυν (2), κατεξ (1), μεταδια (1), περιcυν (1), προcειc (2); μετεπι, das sich im klassischen Gebrauch auf μετέπειτα beschränkt, verbindet sich mit einem Verbum (γράφω).

Absolute Häufigkeit der τριπλᾶ: 162 Bildungen; darunter Neubildungen: 96.

Über die Häufigkeit der einzelnen Kombinationen gibt folgende Zusammenstellung Aufschluß: hinter der Doppelpräposition folgt die Zahl der damit gebildeten Komposita, zuerst die neugebildeten ([n]), dann die alten ([a]); in Klammer steht dahinter zur Vergleichung die Nummer der Frequenzliste von Schubert p. 205—14.

1. Mit 8 Bildungen: ἐπανα 2[n] 6[a] (1).
2. Mit 6 Bildungen: προcκατα 5[n] 1[a] (46).

3—6. Mit 5 Bildungen: προcαπο 2[n] 3[a] (20); προcεν 4[n] 1[a] (36); προcεπι 2[n] 3[a] (31); cυνεπι 3[n] 2[a] (4).

1) Vgl. A. Großpietsch, De τετραπλῶν vocabulorum genere quodam. Breslauer philol. Abhandlg. Bd. VII 5. Breslau 1895.

2) Im ganzen zählt Schubert 162 Kombinationen, doch sind 16 davon dreifache Präpositionen, 15 kommen nur bei Adverbien, Adjektiven und Substantiven vor, nämlich ἀπαντι, ἀπεναντι, διαμφι, διαντι, διαπρο, ἐναντι, ἐξυπερ, ἐφυπερ, κατεναντι, καταντι, μετεπι, περιπρο, προμετα, ὑπεναντι, ὑποδια.

7—14. Mit 4 Bildungen: παρακατα 1^n 3^a (29); παρεν 2^n 2^a (30); παρεπι 4^n (97); προcανα 2^n 2^a (27); προcυπο 3^n 1^a (45); cυγκατα 2^n 2^a (2); cυναπο 2^n 2^a (47); cυνεξ 2^n 2^a (3).

15—21. Mit 3 Bildungen: ἀποδια 3^n (fehlt); ἐγκατα 2^n 1^a (5); προανα 3^n (45); προεξ 3^n (28); προεπι 3^n (64); προcδια 3^n (43); cυνανα 1^n 2^a (24).

22—43. Mit 2 Bildungen: ἀντανα 1^n 1^a (38); ἀντικατα 1^n 1^a (35); ἀποκατα 2^a (87); διανα 1^n 1^a (33); διεξ 1^n 1^a (33); ἐπεξ 1^n 1^a (10); ἐπιδια 1^n 1^a (40); ἐπιπαρα 2^n (59); ἐπιcυν 2^n (fehlt); παραπο 2^a (96); παρειc 2^a (145); προδια 2^n (44); προcειc 2^n (fehlt); προcεξ 1^n 1^a (52); προcπαρα 2^a (62); προυπο 1^n 1^a (119); cυμπαρα 2^a (9); cυμπερι 2^a (41); cυνδια 2^a (7); cυνειc 1^n 1^a (26); cυνεν 2^n (54); cυνυπο 2^n (104).

44—73. Mit 1 Bildung: ἀναπο 1^n (fehlt); ἀνεπι 1^n (22); ἀνθυπο 1^n (49); ἀνταπο 1^a (25); ἀντεξ 1^a (32); ἀντιδια 1^n (124); διακατα 1^n (fehlt); διαπο 1^n (74); ἐγδια 1^n (132); εἰcανα 1^a (47); εἰcαπο 1^n (108); ἐξαπο 1^n (13); ἐπαπο 1^a (53); ἐπειc 1^a (15); ἐπικατα 1^n (17); καταδια 1^n (140); καταπο 1^n (94); καταπρο 1^n (113); κατεξ 1^n (fehlt); μεταδια 1^n (fehlt); μετεπι 1^n (110 — aber nur in adverbieller Verbindung); παρανα 1^a (95); περικατα 1^n (79); περιcυν 1^n (fehlt); προκατα 1^a (16); προπαρα 1^n (56); προcπερι 1^n (153); cυμπρο 1^n (82); cυμπροc 1^n (157); ὑπεξ 1^a (6).

30 Kombinationen sind nur mit je 1 Beispiel vertreten, 22 mit je 2, 7 mit je 3, 8 mit je 4, 4 mit je 5, 1 mit 6; ἐπανα mit 8 nimmt wie im klassischen Gebrauch die erste Stelle ein.

Von den 95 Neubildungen fallen ins III.	Jahrh. v. Chr.	20,
ins II.	„ „ „	66,
ins I.	„ „ „	2,
gemeinsam dem III.—II.	„ „ „	7,
dem II.—I.	„ „ „	1,
		96.

An diesem Verhältnis mag zum Teil die ungleich größere Zahl der Texte aus dem II. Jahrh. (namentlich im Vergleich zum I.) die Schuld tragen; trotzdem läßt sich konstatieren, daß die Neigung zur Doppelkomposition seit dem III. Jahrh. eher zu- als abgenommen, aber auch im II. Jahrh. ihren Höhepunkt erreicht hat, und zwar gilt dies ziemlich unterschiedslos vom niederen Stil der Privaturkunden, wie vom höheren der offiziellen Akten.

Als erstes Kombinationselement werden bevorzugt — ganz entsprechend dem klassischen Sprachgebrauch — die Präpositionen cύν (13) und πρός (11); darauf folgen ἐπί (8); πρό (7); ἀντί, παρά (je 6); διά, κατά (je 4). In den Hintergrund treten ἀνά, ἀπό, εἰς, ἐξ, μετά, περί (je 2); ἐν, ὑπό (je 1). ἀμφί und ὑπέρ fehlen im 1. Gliede ganz; mit ὑπό an erster Stelle ist kein neues Kompositum nachzuweisen. Als zweites Element stehen nach alter Gewohnheit (Schubert 204) voran κατά und ἀπό (je 10); auch die spezifisch attischen Verbindungen cυνεπι und cυνδια sind mit 5 bzw. 2 Bildungen vertreten.

Anmerkung. Neugebildete Parasyntheta wie εὐδοκέω, εὐπροςωπέω, εὐςυνθετέω, παλιτραχηλίζω u. v. a. sind unter den einzelnen Ableitungsformen abgehandelt. Über den Charakter der mit Adjektiven gebildeten Zusammensetzungen vgl. K.-Bl. II 322[a].

ANHANG.

Über Neubildungen in der Dichtersprache.

Vorbemerkung. Berücksichtigt werden in der folgenden Zusammenstellung, die keinen Anspruch auf Vollständigkeit erhebt, die auf Papyrus, Scherben oder Stein erhaltenen, in der ptolemäischen Periode entstandenen poetischen Stücke: so vor allem das erotische Fragment (Grenf. I 1), bisher unbekannte lyrische Fragmente und Epigramme (z. B. Tebt. I 1—3; Archiv I 219 ff.; Wilcken Ostraka 1148. 1488; Ostraka Reinach, eine Hilarodie P. Rein. 1. Vgl. O. Crusius, Herondae mimiambi quart. edidit (ed. minor) Lipsiae Teubner 1905 p. 126—27), sowie Zitate (z. B. Par. 2).

A. Ableitungen.

1. Masculin. A-Stämme.

II[a] φρεναπάτης s. unten B, 2a.

I[a] φιλοπυγιςτής s. B, 2b.

2. Femininale A-Stämme.

a) vom Verbum gebildet mit oxytonaler Betonung:

II[a] ×προκοπή (ἐν προκοπαῖς „in gutem Avancement" Wilamowitz) Epigramm des Herodes, Arch. I 220, 12 (145—116[a]). Von Phryn. 85 Lob. wird das Nomen als unattisch verworfen.

b) Abstraktbildung von einem Adjektiv auf -τος.

II[a] ἀκαταςταςίη [N. T.] Grenf. I 1, 1, 4 (erot. Fragment nach 173[a]). Vgl. O. Crusius Philol. Bd. 55, 362.

3. Neutrale Substantiva auf -μα.

II[a] αἰώνιςμα Ostr. 1148, 6 (Epigramm über Homers Geburtsort).

II[a] λώτιςμα (Eur. Hel. 1609) P. Weil IV, 2 (vor 161[a]) geschr. λοτίςματος.

4. Mascul. Substant. auf -μός.

II[a] ἑςμός in der Bedeutung „Weg, Richtung" [Hesych. ἑςμός· ὁδός] Herodesepigramm, Arch. I 220 Nr. II 9 (145—116[a]).

5. Nomina agentis auf -τήρ.

II[a] εἰλατήρ (Bedeutung unsicher, viell. = ἱλαστήρ?) im Epigrammanfang τίς σε τὸν εἰλατῆρα Ostr. 1148 recto 5; verso 4.

II[a] κλωστήρ (Spindel) in der Orthographie κλωστείρων Herodesepigramm, Arch. I 220 Nr. I 14 (145—116[a]).

6. Deminutiva.

I[a] ἐμπύγιον — ὀστάριον [Nicarch. A. P.] Tebt. I 1, 18 (Anthol. Fragm. nach 100[a]).

I[a] λαμπάδιον Tebt. I 1, 13; 2[a] verso 3 (Anthol. Fragm. nach 100[a]).

7. Adjektiva.

a) auf -ής: I[a] βαρυηχής (βαρυαχεῖς) Tebt. I 1, 10; 2 (a) recto 8; (c) verso 4 (nach 100[a]). Oppian H. 4, 317.

παντομιγής (acc. παντομιγῆ) Tebt. I 1, 7; 2 (a) recto 3 (nach 100[a]).

b) auf -ικός: II[a] συγγενικός (einen συγγενὴς τοῦ βασιλέως betreffend) Herodesepigr. Arch. I 220 Nr. I 10; II 5 (145—116[a]). Der Bedeutung nach neu, die Bildung schon bei Aristoteles.

c) auf -ιος: II[a] γλύκιος, Nebenform zu γλυκύς, die sich in der Orthographie γλυκείαν = γλυκίαν an das femin. γλυκεῖα angeschlossen hat; doch ist die Annahme letzterer Form ausgeschlossen. Herodesepigr. Arch. I 221 Nr. 2, 13. 16 (145—116[a]). Vgl. Arist. eth. Eudem. 7, 2 ὥσπερ ἐπὶ τοῦ πόματος καλοῦσι γλύκιον. Vgl. Wilamowitz zur Stelle. — μονιός [Callim. Dian. 84; Luk. epist. sat. 34] Grenf. I 1, 1, 20 (erot. Fragm. nach 173[a]).

d) Verbaladjektive auf -τος:

Simplex: I[a] θ⟨ρ⟩αυστός Tebt. I 3, 4 (Epigramm).

Mit ἀ- priv. II[a] ἀμάραντος [N. T., Luk., Inschr.] unverwelklich, Herodesepigr. Arch. I 220 Nr. 1, 23 (145—116[a]).

8. Verba.

a) auf -άζω: II[a] ὀπυάζω (in der Zwitterform ὀπυασθώμεθα vgl. S. 383) Grenf. I 1, 2, 11 (erot. Fragm. nach 173[a]).

II[a] ×κοιτάζω (Pind. Ol. 13, 70, LXX, Aristeas) Grenf. I 1, 2, 6 (nach 173[a]).

b) auf -ίζω: II[a] ζευγίζω (ἐζευγίσμεθα) ebd. 1, 1, 1 (nach 173[a]).

II[a] ἐπαγλαΐζω (Ar. Eccl. 275) Herodesepigr. Arch. I 220 (145—116[a]). χρωτίζω Grenf. I 1, 1, 23 (nach 173[a]).
I[a] κοιμίζω (Trag.) Tebt. I 1, 14; 2 verso 4 (nach 100[a]).
μινυρίζω [Il., Od., Ar., Pl.] ebd. I 1, 6; 2 (a) recto 2.
τιττυβίζω [Ar. av. 245] ebd. I 1, 6; 2 (a) recto 3; (b) 1.

c) auf -εύω: I[a] βωστρεύω ebd. I 1, 8; 2 (a) recto 4; (b) recto 2.

d) auf -θω [zum Typus vgl. Hatzidakis Einl. 414]:

I[a] κλαύθω (κλαύθονται nicht = κλαύσονται) Tebt. I 3 (Epigramm).

B. Zusammensetzungen.

1. Nomina aus zwei nominalen Bestandteilen.

a) zwei Substantiva (objektiv):

II[a] βιοκλώcτειρα Lebensspinnerin Herodesepigr. Arch. I 221 Nr. 2, 15 (145—116[a]).

b) Adjektiv + Substantiv (possessiv):

II[a] ἰcουράνιοc Arch. I 220 Nr. 1, 10 (145—116[a]).

I[a] ἁβρόcφυροc (Ναΐδεc) Ostrac. Reinach 1, 3 (1[a]).

χαλκέμβολοc erzgeschnäbelt [Plut. Cim. 13 ναῦc] Tebt. I 2 (a) verso; 2, 9 (nach 100[a]).

I[a] ξουθόπτεροc [Eur. Herc. fur. 478] Tebt. I 1, 9; 2 (a) recto 7; (c) verso 3 (nach 100[a]). cιμοπρόcωποc [Pl. Phaedr. 253 e] Tebt. I 1, 9 (Anthologiefragm. c. 100[a]).

2. Nomina (adiectiva) aus einem nominalen und verbalen Bestandteil.

a) Das Nomen steht voran (als Objekt):

II[a] φρεναπάτηc sich selbst täuschend, eingebildet [N. T.] oder = Seelenbetörer Grenf. I 1, 1, 10 (erot. Fragm. nach 173[a]). Vgl. Blaß N. T. 68, Note 2.

I[a] μελιτόρρυτοc (Plat. μελίρρυτοc) Tebt. I 1, 10 (nach 100[a]).

πηλουργόc (Beiwort der Biene) ebenda.

b) Der Verbalstamm steht voran:

II[a] φιλοφρόcυνοc [A P] Herodesepigr. Arch. I 221 Nr. 2, 22 (145—116[a]).

I[a] λιπόκεντροc Tebt. I 1, 10; 2 (a) recto 8; (c) verso 3 (nach 100[a]).

φιλέρημοc die Einsamkeit liebend ebd. 1, 8; 2 (a) recto 5.

φιλοπυγιcτήc (cf. φιλοβαcιλιcτήc — φιλοτεχνίτηc S. 443 und 441) ebd. I 1, 17.

3. Adiectiva privativa.

I[a] ἀcκεπήc [A P] Tebt. I 1, 11; 2 (c) verso (nach 100[a]).

II[a] ἄμωμοc [Aeschyl., Herod., Theokr.] Herodesepigr. Arch. I 220, Nr. 1, 9 (145—116[a]).

4. Adiectiva aus einem präpositionalen oder adverbialen und einem verbalen Bestandteil.

a) postverbal:

II[a] ἀνάδοχοc (Bürge) Grenf. I 1, 1, 12 (nach 173[a]).

I[a] μονόκοιτοc (zu μονοκοιτέω) Tebt. I 2 (d) verso (nach 100[a]).

b) echte Komposition:

I[a] ἐγγύφωνοc Tebt. I 1, 5; 2 (a) recto 1 (nach 100[a]).

5. Nomen aus einem präpositionalen und einem nominalen Bestandteil.

II[a] cυνόδηγοc Grenf. I 1, 1, 8 (nach 173[a]).

6. Verbalkomposita.

a) mit einer Präposition: II[a] ἐξαθρέω genau betrachten, in einem Zitat des Chrysippospap. Par. 2 col. 8 (c. 170[a]). Der betreffende Vers wird dem Thespis zugeschrieben, stammt aber wohl von einem alexandrinischen Dichter. Vgl. die Herausgeber Not. et extr. XVIII 2, p. 90.

b) mit zwei Präpositionen: I[a] ἐξαναcτατόω Tebt. I 2 (d) verso 16 (nach 100[a]) — übrigens Parasyntheton (v. ἐξανάcτατοc).

Ergebnis. Die vorgenannten Neubildungen bewegen sich zum Teil in der Linie der älteren und gleichzeitigen Dichtersprache, vielfach aber wirken gemeinsprachliche Formprinzipien mit. Als Vulgarismen, die sich den für die Prosa gefundenen Kategorien leicht unterordnen, erscheinen die Ableitungen: αἰώνιcμα, ἀκαταcταcίη, γλύκιοc, εἰλατήρ(?), ἐμπύγιον, θραυcτόc, ὀcτάριον, cυγγενικόc, ζευγίζω, ὀπυάζω; ebenso die Zusammensetzungen: ἀμάραντοc, ἀνάδοχοc, ἀcκεπήc, πηλουργόc, cυνόδηγοc, φιλοπυγιcτήc, ἐξαθρέω, ἐξαναcτατόω; wogegen in den teilweise pretiösen Neuschöpfungen wie ἁβρόcφυροc, βαρυηχήc, βιοκλώcτειρα, ἐγγύφωνοc, ἰcουράνιοc, λιπόκεντροc, μελιτόρρυτοc (übrigens korrekter gebildet als das platonische μελίρρυτοc), μονόκοιτοc, παντομιγήc, φιλέρημοc, φιλοφρόcυνοc, φρεναπάτηc, χαλκέμβολοc sich mehr die Stilrichtung der alexandrinischen Poesie geltend zu machen scheint.

Was die dialektische Färbung dieser hellenistischen „Dichtersprache" betrifft, so zeigt das Herodesepigramm (Archiv I 220 ff.) eine eigentümliche Mischung dorischer und ionischer Formen (neben εὐοδίη, εὐτυχίη, cκοπέλοιcιν, ἐπιχθονίοιcιν, οὔνομα auch βουλᾶι, γᾶc, cκᾶπτρον, τόλμᾳ), während im übrigen die dem lebenden Dialekt fremden poetischen Formen ausschließlich aus der epischen Ias bezogen werden.

INDEX.

Die Zahlen bezeichnen die Seiten.

I. SACHREGISTER.

A.

D.

E.

F.

G.

II. WORTREGISTER.

Vorbemerkung. Um das Wortregister zu entlasten, sei für die Verbalformen (Lautliches und Morphologisches) teils auf das Sachregister (unter Konjugation) teils und namentlich auf das alphabetische Verbalverzeichnis (§ 81 S. 386—415) verwiesen; dort sind auch hinter jedem Simplex die in ptolem. Zeit vorkommenden Komposita aufgeführt, deren Belege § 90 S. 485 ff. unter den alphabetisch geordneten Präpositionen und Doppelpräpositionen beigebracht werden. Von sämtlichen Wortklassen (die Verba eingeschlossen) enthält das folgende Register in erster Linie und vollzählig die Neubildungen, außerdem möglichst erschöpfend die zwar früher belegten, aber für die κοινή besonders charakteristischen Wörter.

A.

E.

K.

N.

Ξ.

FSC
www.fsc.org
MIX
Papier | Fördert gute Waldnutzung
FSC® C083411

Kolibri 360 GmbH
Ferdinand-Jühlke-Straße 7
99095 Erfurt, Deutschland
produktsicherheit@kolibri360.de